elemente chemie 7–10

Gesamtband

für die Gymnasien in Rheinland-Pfalz

Oliver Blauth
Paul Gietz
Werner Schierle

Ernst Klett Verlag
Stuttgart · Leipzig

Hinweise zu den Versuchen
Vor der Durchführung eines Versuchs müssen mögliche Gefahrenquellen besprochen werden. Die geltenden Richtlinien zur Vermeidung von Unfällen beim Experimentieren sind zu beachten.
Da Experimentieren grundsätzlich umsichtig erfolgen muss, wird auf die üblichen Verhaltensregeln und die Regeln für Sicherheit und Gesundheitsschutz beim Umgang mit Gefahrstoffen im Unterricht nicht bei jedem Versuch gesondert hingewiesen.
Beim Experimentieren muss **immer** eine Schutzbrille getragen werden.

Bei der Erstellung dieses Unterrichtswerkes wurde auch auf andere Titel der Reihe **elemente chemie**, **elemente chemie Arbeitsblätter** und **Arbeitsblätter plus** zurückgegriffen. Deren Autorinnen und Autoren sind: Peter Anselment, Siegfried Abberger, Wolfram Bäurle, Insa Beier, Prof. Dr. Susanne Bickel, Annette Both, Prof. Dr. Gerhard Bouchon, Heike Brauer, Edgar Brückl, Achim Bühler, Harald Daumke, Silke Dittl, Torsten Eggert, Prof. Werner Eisner, Alexander Frey, Paul Gietz, Friedrich Glück, Erwin Graf, Yvonne Greve, Heike Große, Vanessa Herkenhoff, Ursula Himmler, Barbara Hoppe, Dr. Erhard Irmer, Marie-Luise Janning, Axel Justus, Rolf Kleinhenn, Dr. Andreas Korn-Müller, Elke Koßmann, Wencke Lehmacher, Prof. Dr. Klaus Laitenberger, Hans Linke, Martin Lüdecke, Antonia Marquart, Prof. Dr. Peter Menzel, Dr. Martina Mihlan, Anna Neumann-van-Duffelen, Hildegard Nickolay, Norbert Nuscher, Reinhard Peppmeier, Dr. Christian Preitschaft, Meike Reinhold, Nadine Richter, Gyda Rupprecht, Bernd Schäpers, Horst Schaschke, Hartmut Scheible, Prof. Dr. Werner Schierle (†), Bärbel Schmidt, Andrea Schuck, Holger Schulz, Bettina Sommer, Michael Sternberg, Chris Telscher, Eberhard Theophel, Dr. Jutta Töhl-Borsdorf, Tanja Tüllinghoff, Michael Wächter, Rudolf Wastl-Mayrhofer, Martina Weißmeyer, Burkhard Weizel, Reinhard Werner, Charlotte Willmer-Klumpp, Ulrike Wolf, Thomas Zahn, Peter Zehentmeier, Dr. Thorsten Zippel.

1. Auflage 1 6 5 4 3 2 | 2021 20 019 18 17

Alle Drucke dieser Auflage sind unverändert und können im Unterricht nebeneinander verwendet werden. Die letzte Zahl bezeichnet das Jahr des Druckes.

Redaktion: Bettina Sommer, Thomas Bitter, Alfred Tompert
DTP/ Satz: Elfriede König
Umschlaggestaltung: Susanne Hamatzek, Martin Raubenheimer

Autoren: Oliver Blauth, Paul Gietz, Prof. Dr. Werner Schierle (†)
Regionale Beratung: Tatjana Noé, Renate Wollscheid
Grafiken: Alfred Marzell, Schwäbisch Gmünd; Karin Mall, Berlin; Tom Menzel, Rohlsdorf; Otto Nehren, Achern; normaldesign, Schwäbisch Gmünd;
Grundkonzeption des Layouts: KomaAmok, Stuttgart
Druck: Firmengruppe APPL, aprinta druck, Wemding

Printed in Germany
ISBN: 978-3-12-756207-1

9 783127 562071

Neugierig auf Chemie?

Womit alles begann: Feuer verursacht Stoffveränderungen.

Leben – mit und ohne Chemie: Hände waschen, Zähne putzen, CD hören, Gummibärchen essen, Cola trinken, Blue-Jeans und bunte T-Shirts anziehen … alles ganz selbstverständliche Dinge. Jeder tut sie tagtäglich und denkt nicht viel darüber nach. Verantwortlich sind Entdeckungen in der Chemie. Wie sähe denn der Alltag aus, wenn es keine angewandte Chemie gäbe? Es gäbe keine Zahnpasta oder Zahnbürste, keine Gummibärchen, keine Blue-Jeans, keine bunten T-Shirts, keine …
Die angewandte Chemie trägt ganz wesentlich dazu bei, dass es uns gut geht.

Chemie ist überall

Chemie passiert ständig! …
… ohne sie kein Leben.

Durch Chemie lässt sich die Umwelt gezielt verändern ...

Alchemie, auf der Suche nach dem „Stein der Weisen“ ... (4.–16. Jh.)
... doch Unedles wollte nicht edler werden.

Seit dem 18. Jahrhundert gilt Chemie als exakte Naturwissenschaft.

...Chemisches Wissen ist für verantwortliches Tun wichtig!

Folgen für die Umwelt?
Folgen für den menschlichen Körper?
Folgen für das Zusammenleben?

Von der Beobachtung zur Theorie

B1 Brennendes Teelicht

B2 Teelicht erlischt unter dem Glas

Falsifizieren Eine Hypothese durch eine ihr widersprechende Beobachtung widerlegen

Durch das verstärkte Interesse an naturwissenschaftlichen Fragestellungen und die verbesserten Möglichkeiten zu forschen, hat das naturwissenschaftliche Wissen in den letzten Jahrzehnten stark zugenommen. Die Forscher der letzten 20 Jahre machen neunzig Prozent von allen in der Menschheitsgeschichte je aktiv tätig gewesenen Wissenschaftlern aus. Über 5000 Schriften werden täglich veröffentlicht.

Die Vorgehensweise, wie eine Vermutung zu einem naturwissenschaftlichen Gesetz werden kann, ist immer die gleiche.

Zunächst wird ein **Phänomen** beobachtet und eine **Fragestellung** formuliert. Nach weiterführenden Überlegungen kommt der Naturwissenschaftler zu einem Lösungsvorschlag und überprüft seine **Vermutung** mit gezielten **Experimenten.** Nach der Auswertung seiner Versuche stellt er eine **Hypothese** auf. Hypothesen sind unbewiesene Annahmen.
In nun weiter folgenden **Versuchsreihen** untermauert oder falsifiziert er seine Hypothese und korrigiert seinen Lösungsvorschlag. Stützen schließlich ausreichend viele Befunde seine Hypothese, so wird eine **Theorie** entwickelt. Meist wirft eine gefundene Theorie weitere Fragestellungen auf, sodass viele neue Theorien erarbeitet werden.

B3 Schülerinnen beim Protokollieren im Chemielabor

Hier ist ein Beispiel für die allgemeine Vorgehensweise gegeben:

Ein Naturwissenschaftler beobachtet, dass eine brennende Kerze erlischt, wenn ein Glas luftdicht über die Kerze gestülpt wird [B2].
Er untersucht schrittweise dieses Phänomen:

Beobachtung:
Die Kerzenflamme erlischt, wenn ein Glas luftdicht über die Kerze gestülpt wird.

Fragestellung:
Welcher Bestandteil von Luft ist für die Verbrennung nötig?

Experimente:
Der Forscher testet die Wirkung von verschiedenen Gasen, wie z. B. Sauerstoff, Kohlenstoffdioxid oder Stickstoff, auf das Brennverhalten der Kerze, indem er die verschiedenen Gase nacheinander in das Glas füllt und die Brenndauer misst. Er beobachtet, dass die Kerze in Sauerstoff brennt. In Stickstoff und Kohlenstoffdioxid erlischt die Kerzenflamme sofort.

Hypothese:
Bei Verbrennungen wird Sauerstoff benötigt.

Theorie:
Nachdem in Versuchsreihen noch weitere brennbare Stoffe getestet wurden, kann die Theorie aufgestellt werden: Für die Verbrennung ist Sauerstoff nötig.

Experimentieren im Chemieraum

In Beruf und Alltag gibt es viele Stoffe, von denen beim leichtsinnigen Umgang zahlreiche Gefahren ausgehen. Bei der Verwendung muss man über mögliche Risiken genau Bescheid wissen.

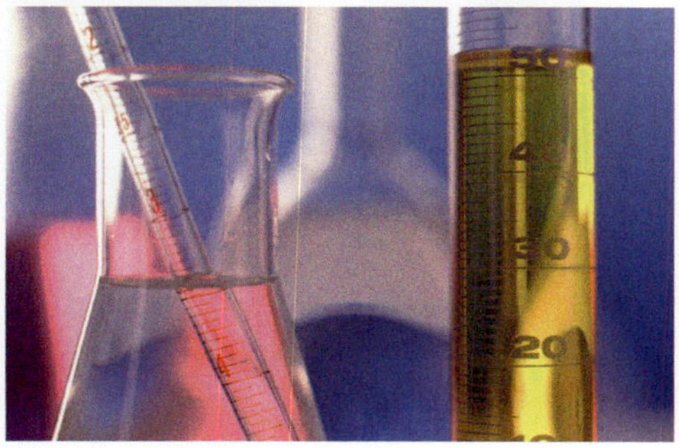

Der Umgang mit Stoffen, die brennbar, giftig oder auf andere Weise gefährlich sind, unterliegt besonderen Regeln und erfordert entsprechende Kenntnisse.

Ein Maler muss wissen, wie er mit Farbverdünnern oder Pinselreinigern umgeht; in der chemischen Industrie gibt es besondere Sicherheitseinrichtungen. Auch von manchen Haushaltsprodukten können bei unsachgemäßer Verwendung Gefahren ausgehen. Auf der Verpackung solcher Stoffe sind deshalb Warnhinweise vorgeschrieben.

Da im Chemieunterricht wie in großen Labors mit einer Vielzahl von Stoffen mit den unterschiedlichsten Eigenschaften gearbeitet wird, gibt es hierzu Kennzeichnungen, Sicherheitseinrichtungen und Regeln für den verantwortungsvollen, gefahrlosen Umgang. Ihre Kenntnis und Beachtung sind die Voraussetzung für sicheres Experimentieren.

Surftipp
h3bf95

Grundregeln des Experimentierens

B1 Beim Experimentieren sollte man die Versuchsvorschriften beachten

Die Chemie ist ein Unterrichtsfach, in dem man durch Experimente zu vielen neuen Erfahrungen kommen kann. Um planvoll zu experimentieren und Gefahren zu vermeiden, muss man sich an Versuchsvorschriften und Regeln halten. Unvorsichtiges oder leichtsinniges Arbeiten kann zu Unfällen führen, die Verletzungen und Gesundheitsstörungen zur Folge haben können.

B2 Sicherheitseinrichtungen im Chemieraum

Durch das Beachten von Regeln lassen sich Unfälle vermeiden. Diese Regeln betreffen sowohl das Verhalten im Unterrichtsraum als auch den Umgang mit Stoffen und Geräten.

Verhalten im Chemieraum. In Chemieräumen darf man sich nicht ohne Aufsicht durch eine Lehrkraft aufhalten.
Unerlaubtes Anfassen von Versuchsapparaturen, Experimentiergeräten und Chemikaliengefäßen sowie Spielen an Schaltungen und Armaturen können zu Unfällen führen und sind daher zu unterlassen.
Es ist wichtig zu wissen, wo sich die Sicherheitseinrichtungen wie der Not-Aus-Schalter, der Verbandkasten, die Feuerlöschdecke und der Feuerlöscher befinden und wie sie zu bedienen sind [B2].
In Experimentierräumen darf nicht gegessen und getrunken werden. Anweisungen des Lehrers müssen unbedingt befolgt werden.

Vor der Versuchsdurchführung:
- Die Versuchsanleitung genau lesen, die Durchführung besprechen.
- Geräte und Chemikalien auf dem Arbeitsplatz bereitstellen. Brenner, Geräte und Chemikalienbehältnisse in die Mitte des Tisches stellen, Geräte gegen das Herabrollen sichern.
- Schutzbrille (und evtl. Schutzhandschuhe) bereitlegen. Die Schutzbrille muss während des Experiments getragen werden.
- Längere Haare mit einem Band zusammenfassen.

B3 Schüler beim Experimentieren

B4 Geruchsprobe durch Zufächeln mit der Hand

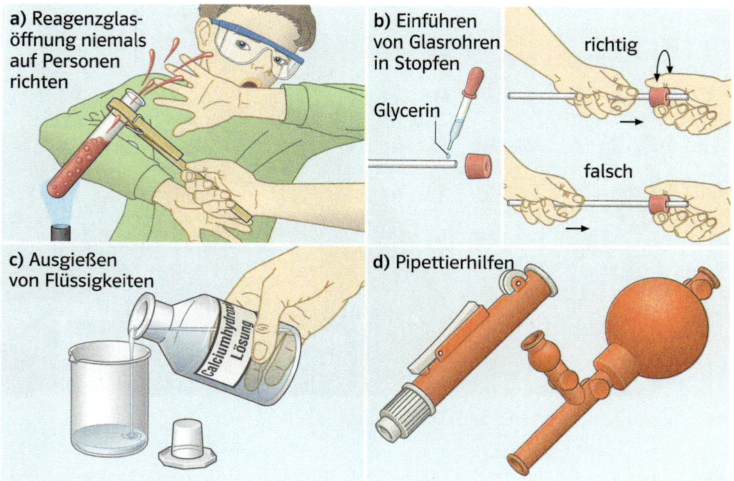

B5 Beachte beim Experimentieren

Regeln beim Experimentieren:
Ordnung, Sauberkeit und Genauigkeit sind Grundvoraussetzungen für erfolgreiches Experimentieren. Nur durch sorgfältiges und überlegtes Arbeiten sowie genaues Beobachten erhält man gute Versuchsergebnisse.
Beim Experimentieren wird grundsätzlich eine Schutzbrille getragen; wenn es erforderlich ist, werden auch Schutzhandschuhe benutzt.
Man beginnt erst mit der Durchführung des Experiments, wenn der Lehrer den Versuchsaufbau überprüft hat.

Glasrohre und Thermometer, die durch Stopfen geführt werden sollen, werden zunächst mit einem Tropfen Glycerin gleitfähig gemacht. Dann fasst man sie kurz vor dem Ende [B5b] und schiebt sie unter Drehen durch die Bohrung des Stopfens.
Werden Flüssigkeiten im Reagenzglas erhitzt, kann es leicht zum plötzlichen Herausspritzen kommen (Siedeverzug). Das Reagenzglas wird daher höchstens zu einem Drittel gefüllt und während des Erhitzens hin- und herbewegt (geschüttelt). Die Öffnung des Reagenzglases nie auf andere Personen richten [B5a].

Es gibt zahlreiche Stoffe, die Vergiftungen verursachen, selbst wenn sie nur in geringen Mengen in den Mund und – bei Gasen – in die Nase und in die Lunge gelangen. Geschmacks- und Geruchsproben [B4] darf man nur dann durchführen, wenn der Lehrer ausdrücklich dazu auffordert.

Umgang mit Chemikalien.
- Chemikalien sollen sparsam gebraucht werden, um Kosten zu vermindern, Gefahren und Umweltbelastungen zu verringern.
- Entnahme von Chemikalien: Die Flasche mit dem Etikett zur Handfläche ergreifen und öffnen [B5c]; den Stopfen umgekehrt auf den Tisch legen, nach der Entnahme die Flasche sofort wieder verschließen.
- Feste Stoffe mit einem Spatel oder einem Spatellöffel entnehmen, Chemikalien nie mit den Fingern anfassen. Flüssige Stoffe entnimmt man mit einer Pipette mit Saughütchen oder einer Pipettierhilfe [B5d].
- Nur einwandfreie Chemikalien gibt man wieder in die Vorratsflasche zurück.

Nach der Versuchsdurchführung:
- Chemikalienreste in dafür bereitgestellte Abfallgefäße geben.
- Gebrauchte Gefäße sorgfältig spülen, trocknen und wegräumen. Enge Gefäße, die innen nicht abgetrocknet werden können, mit destilliertem Wasser ausspülen und an das Abtropfbrett hängen.
- Beschädigungen an Experimentiergeräten dem Lehrer melden.
- Nach dem Abräumen der Geräte und Chemikalien den Tisch abwischen; prüfen, ob Gas- und Wasserhähne geschlossen sind.
- Hände waschen.

Der Umgang mit dem Gasbrenner

B1 Experimentieren mit dem Gasbrenner

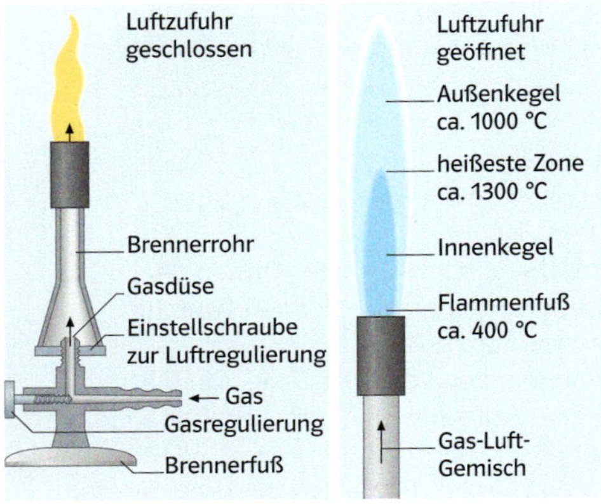

B4 Aufbau eines Teclubrenners und Flammentemperaturen bei geöffneter Luftzufuhr

Für viele Experimente wird im Chemieunterricht eine Wärmequelle benötigt. Man benutzt hierzu meist den Gasbrenner. Allerdings ist das Arbeiten mit dem Gasbrenner nicht ganz ungefährlich. Unverbrannt ausströmendes Gas kann mit Luft ein explosives Gemisch bilden, außerdem besteht bei unachtsamem Umgang mit dem Brenner Brandgefahr. Es ist daher wichtig, Aufbau und Wirkungsweise des Gasbrenners zu kennen, um vorschriftsmäßig mit ihm umgehen zu können.

Entzünden der Brennerflamme

1. Schließe den Brenner an den Gashahn des Tisches an. Prüfe, ob die Luftzufuhr geschlossen ist.
2. Setze die Schutzbrille auf und halte Streichhölzer oder Feuerzeug bereit.
3. Öffne zuerst die Gaszufuhr am Tisch, dann am Brenner und entzünde das ausströmende Gas **sofort.**

B2 Bunsenbrenner

Regulierung der Brennerflamme. Der Brenner zeigt bei geschlossener Luftzufuhr eine *leuchtende* Flamme; ihre Größe kann durch Verstellen der Gaszufuhr geregelt werden. Wird die Luftzufuhr etwas geöffnet, entsteht eine fast farblose, *nicht leuchtende* Flamme. Diese Flamme wird beim Erhitzen von Flüssigkeiten sehr häufig benutzt. Bei weiterem Öffnen der Luftzufuhr entsteht die *rauschende* Flamme. Sie ist die heißeste Flamme, die mit dem Gasbrenner erzeugt werden kann.

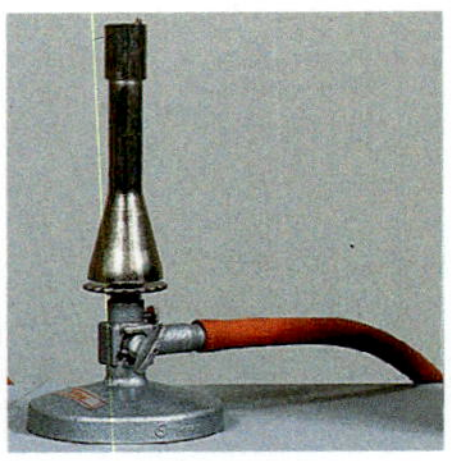

B3 Teclubrenner

Bedienungsfehler. Wird bei nicht leuchtender oder rauschender Flamme die Gaszufuhr vermindert, kann sich die Flamme in das Brennerrohr bis zur Gasdüse zurückziehen und dort weiterbrennen. Das Brennerrohr wird dabei sehr heiß. In diesem Fall muss die Gaszufuhr am Tisch sofort geschlossen werden. Nach dem Abkühlen des Brennerrohres und Schließen der Luftzufuhr wird die Gaszufuhr erneut geöffnet und das Gas entzündet.

A1 Zeichne einen Längssschnitt durch die rauschende Brennerflamme. Gib die drei Temperaturzonen und die in ihnen vorherrschenden Temperaturen an.

A2 Was ist beim Erhitzen von Flüssigkeiten im Reagenzglas zu beachten? Schreibe die beiden wichtigsten Punkte auf.

A3 Im chemischen Labor werden hauptsächlich drei Glassorten benutzt, die sich in ihren Erweichungstemperaturen unterscheiden (AR-Glas: 700 °C, DURAN-Glas: 815 °C, SUPREMAX-Glas: 950 °C).
Was geschieht, wenn ein Reagenzglas aus AR-Glas längere Zeit in der heißesten Zone der rauschenden Brennerflamme erhitzt wird?

A4 Beschreibe die Handlungsschritte, die nach der Nutzung des Brenners und vor dem Lösen der Verbindung zum Gashahn des Tisches vorgenommen werden müssen.

Praktikum Experimente mit dem Gasbrenner

V1 **Die Brennerflamme**
Geräte und Materialien: Gasbrenner, Magnesiastäbchen, Eisendrahtnetz, Tiegelzange.

Durchführung:
a) Entzünde die Brennerflamme nach Vorschrift.
b) Stelle durch langsames Öffnen der Luftzufuhr die drei verschiedenen Typen der Brennerflamme ein.
Die folgenden Versuche zeigen dir die Temperaturzonen in der rauschenden Brennerflamme.
c) Halte ein Magnesiastäbchen waagerecht über die Mitte des Brennerrohres in die Flamme. Durchfahre jetzt sehr langsam die Flamme mit dem Stäbchen von unten nach oben.
d) Halte das Eisendrahtnetz mithilfe der Tiegelzange waagerecht knapp über die Brennerflamme, bis es teilweise glüht. Durchfahre jetzt mit dem Drahtnetz die Flamme langsam von oben nach unten. Halte das Drahtnetz anschließend auch senkrecht in die Flamme, bis es teilweise glüht.

Auswertung:
Zeichne Querschnitte der rauschenden Brennerflamme in dein Heft. Wähle drei Bereiche: **a)** an der Spitze des blauen Innenkegels der Flamme, **b)** in der Mitte der Flamme, **c)** über dem Brennerrohr. Kennzeichne die unterschiedlich heißen Zonen mit verschiedenen Farben.

V2 **Erhitzen von Wasser im Reagenzglas**
Geräte und Materialien:
Gasbrenner, Reagenzglas, Reagenzglasklammer, destilliertes Wasser.

Durchführung:
Fülle das Reagenzglas etwa zwei Fingerbreit mit Wasser. Halte das Reagenzglas mithilfe der Reagenzglasklammer und erhitze das Wasser im oberen Bereich. Bewege (schüttle) es dabei aus dem Handgelenk. Lass etwa die Hälfte des eingefüllten Wassers verdampfen.

V3 **Bearbeiten von Glas**
Geräte und Materialien: Gasbrenner, scharfkantiger Glasstab, Glasrohr ($d \approx 7$ mm), Ampullensäge, Tiegelzange, Holzplatte.

Durchführung:
a) *Herstellen eines Rührstabes.* Halte einen Glasstab mit einem Ende von der Seite in die heiße Zone der rauschenden Brennerflamme oberhalb des blauen Innenkegels. Nimm den Stab aus der Flamme, wenn das Glas weich wird und zusammenläuft. Drücke nun das weiche Ende senkrecht auf die Holzplatte. Mit einem derart abgeplatteten Ende kann man z. B. Kristalle vor dem Lösen zerkleinern. Um einen Löffel zu bekommen, drückst du das weiche Ende mit der Tiegelzange zusammen. Falls das andere Ende des Stabes noch scharfkantig ist, kannst du es, wie unten beschrieben, rund schmelzen.
b) *Rundschmelzen eines Glasrohres.* Ritze ein Glasrohr mit der Ampullensäge an. Lege ein Tuch über das Glasrohr. Nimm das Rohr mit dem Tuch so in beide Hände, dass die innen liegenden Daumen gegenüber der angeritzten Stelle sind. Ziehe mit leichtem Abknicken das Rohr auseinander. Halte nun das scharfkantige Ende der einen Rohrhälfte (Vorsicht: Verletzungsgefahr!) von der Seite in die heiße Zone der rauschenden Flamme. Erhitze das Rohrende unter dauerndem Drehen, bis das Glas zu fließen beginnt.
c) *Blasen einer kleinen Kugel.* Halte die Mitte eines Glasrohres ($l > 10$ cm) mit beiden Händen waagerecht unter Drehen in die heiße Zone der rauschenden Flamme, bis das Glas erweicht. Nimm nun das Glasrohr aus der Flamme und ziehe es schnell auseinander. Trenne die beiden Hälften und erhitze eine Glasspitze wieder, bis sie zu einem Tropfen zusammenläuft. Schmilz den erhaltenen Boden unter ständigem Drehen rund. Wenn du das Glasrohr jetzt aus der Flamme nimmst und sofort kräftig hineinbläst, kannst du eine Kugel erzeugen.
Durch erneutes Erhitzen und Hineinblasen außerhalb (!) der Flamme kannst du die Kugel vergrößern.

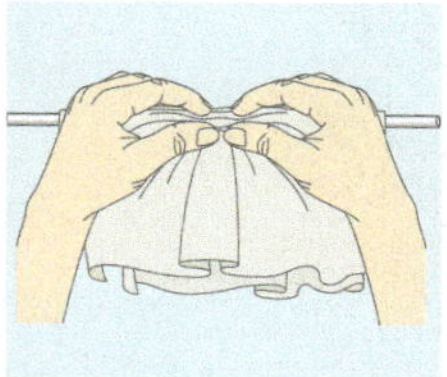

B1 Glasrohr brechen – die Ritzstelle befindet sich zwischen und gegenüber den Daumen

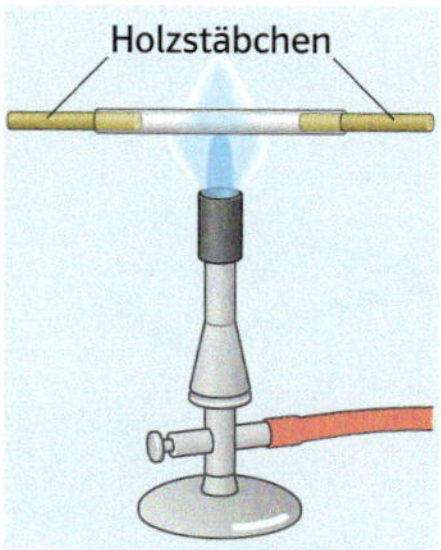

B2 Holzstäbchen zum „Verlängern" der Glasrohre, z. B. zum Biegen

Ein Experiment planen

Ein Versuch gelingt nur, wenn er sorgfältig geplant wird. Bei der Planung sind einzelne Schritte zu beachten.

A. Frage formulieren
Ein Versuch wird häufig mit einer „Frage an die Natur" verglichen. Das Ergebnis des Versuches ist dann die entsprechende Antwort. Zu Beginn eines Versuches wird zunächst eine Frage, ein Thema oder eine Aufgabenstellung formuliert, der man im Experiment nachgehen möchte.

B. Informationen sammeln
Zur Vorbereitung eines Versuches werden Informationen benötigt. Dazu lassen sich unterschiedliche Quellen nutzen, z. B.: Lexika, Chemiebücher, Broschüren und Informationshefte verschiedener Firmen, Internetseiten, Software auf CD oder DVD.

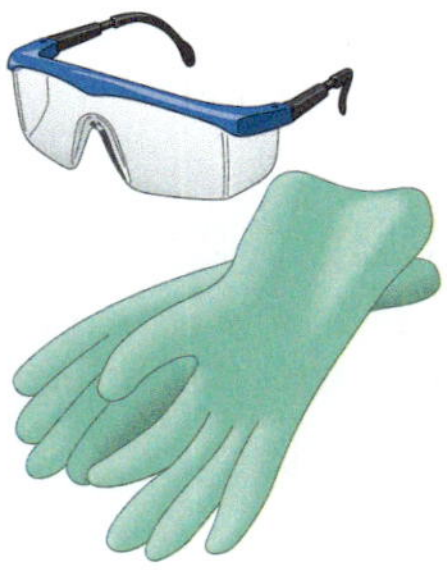

C. Geeignete Experimente auswählen
Aus den dir bekannten Experimenten müssen solche ausgewählt werden, die geeignet sind, das Problem oder die Aufgabenstellung zu lösen. Oft müssen mehrere Experimente hintereinander ausgeführt werden, um das gewünschte Ergebnis zu erzielen.

D. Liste mit benötigten Materialien erstellen
Damit bei der Durchführung eines Versuches alle benötigten Materialien zur Verfügung stehen, werden sie in einer Liste zusammengestellt. Die meisten Geräte und Chemikalien sind in der naturwissenschaftlichen Sammlung zu finden. Einige Materialien können auch von Hause mitgebracht werden.

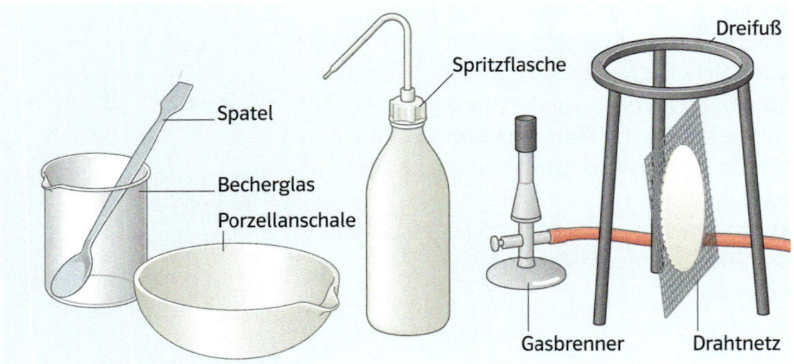

E. Versuchsskizze anfertigen
Zur Planung eines Versuches gehört auch die Anfertigung einer Skizze. Nach dieser Skizze wird später der Versuch aufgebaut.
Hilfreich für die Anfertigung einer Skizze ist eine Geräteschablone.

F. Schutzmaßnahmen
Bei einem Versuch wird die Schutzbrille immer getragen. Eventuell müssen auch Schutzhandschuhe getragen werden. Bleiben bei einem Versuch Abfälle übrig, muss auch an die richtige Entsorgung gedacht werden.

G. Versuchsprotokoll vorbereiten
Bereits vor der Durchführung des Versuches wird ein Versuchsprotokoll vorbereitet. Versuchsbeobachtungen und Auswertungen können natürlich noch nicht notiert werden. Thema des Versuches, die Materialien, die Skizze, die Versuchsanleitung, Sicherheitsmaßnahmen und die geplante Entsorgung können aber schon eingetragen werden.
Jetzt sind alle wichtigen Schritte sorgfältig geplant. Der Durchführung des Versuches steht nichts mehr im Wege. Bei der Durchführung darfst du aber nicht vergessen, alle Beobachtungen genau zu notieren. Nur so kann der Versuch später richtig ausgewertet werden.

A1 Plane ein Experiment zur Frage „Welcher Unterschied besteht zwischen Mineralwasser und destilliertem Wasser?"

Das Versuchsprotokoll

Ob im chemischen Labor oder in der Schule, wenn man experimentiert, arbeitet man oft nach Vorschriften und macht während des Versuchs Beobachtungen.

Damit ein Experiment jederzeit wiederholt und überprüft werden kann und Beobachtungen nicht in Vergessenheit geraten, wird ein Versuchsprotokoll erstellt.

Das Versuchsprotokoll soll einen schnellen Überblick über das durchgeführte Experiment und die dabei gemachten Beobachtungen erlauben. Auch die Auswertung des Beobachteten darf nicht fehlen. Zum Erreichen einer klaren Übersichtlichkeit hat es sich als zweckmäßig erwiesen, immer die gleiche Form des Versuchsprotokolls zu wählen.
Die folgende Gliederung hat sich bewährt:

Thema des Versuchs
Der Versuch wird als Thema oder als Fragestellung formuliert.

Material
Es werden alle nötigen Geräte, Hilfsmittel und Chemikalien notiert.

Sicherheitsmaßnahmen
Das Tragen einer Schutzbrille ist unerlässlich. Bei Verwendung von Gefahrstoffen müssen weitere Sicherheitsvorkehrungen getroffen werden.

Beobachtungen
Alle Einzelheiten, die während des Versuches beobachtet werden, gehören in das Protokoll, insbesondere die Messergebnisse.

Entsorgung
Häufig bleiben nach Beendigung des Versuchs Abfälle übrig (Chemikalienreste, Gerätebruch). Diese müssen vorschriftsmäßig entsorgt werden.

Versuchsprotokoll

Name: Datum: 10.12.2015

Thema: Was passiert beim Annähern eines brennenden Holzspans an eine Porzellanschale mit Brennspiritus?

Material:
Schutzbrille
Gasbrenner
Porzellanschale
Metallplatte
Holzspan
Brennspiritus

Aufbau

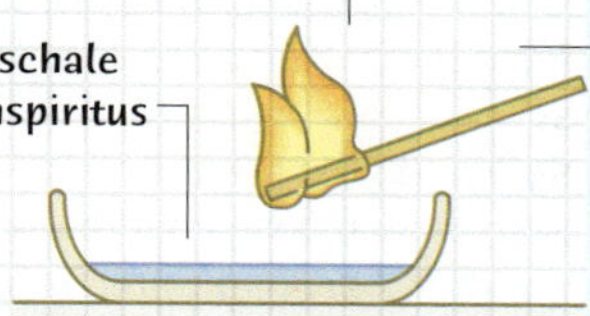

Sicherheitsmaßnahmen:
- Schutzbrille aufsetzen
- heiße Porzellanschale nicht mit bloßen Händen berühren
- Dämpfe des Brennspiritus nicht direkt einatmen
- alle brennbaren Materialien wegstellen

Durchführung:
Gib einige Tropfen Brennspiritus in eine Porzellanschale. Nähere einen brennenden Holzspan langsam der Schale. Lösche den brennenden Spiritus durch Abdecken mit einer Metallplatte.

Beobachtungen:
Die Flamme springt bereits über, bevor der brennende Holzspan den Spiritus berührt hat. Brennspiritus verbrennt mit bläulicher Flamme, die einen gelben Saum aufweist.

Auswertung:
Brennspiritus ist eine brennbare Flüssigkeit. Brennspiritus bildet Dämpfe, die leicht entzündlich sind. Brennspiritus ist deshalb ein feuergefährlicher Stoff.

Entsorgung:
Reste des Brennspiritus in den entsprechenden Sammelbehälter geben.

Name und Datum
Ein Versuchsprotokoll enthält den Namen des Protokollanten und das Datum der Anfertigung.

Versuchsaufbau
Damit man sich den Versuchsaufbau besser vorstellen kann, fertigt man eine Versuchsskizze an.

Durchführung
Die Vorgehensweise wird in kurzer, aber verständlicher Form beschrieben.

Auswertung
Aus den Versuchsbeobachtungen ergibt sich die Auswertung. Diese besteht häufig aus einer zusammenfassenden Aussage.

B1 Beispiel für ein Versuchsprotokoll. Auch Dein Protokoll soll klar gegliedert sein und alle wichtigen Angaben enthalten

Impulse Der Laborschein

Bisher hast du einiges über die Sicherheit beim Experimentieren im „Schullabor“ gelernt. An den folgenden Stationen kannst du überprüfen, ob du im Umgang mit Chemikalien, dem Brenner und anderen Geräten sicher bist und ob du die Sicherheitseinrichtungen deines Arbeitsplatzes bei Schülerübungen kennst.

Station 1: Der Chemieübungsraum
Kennst du dich im Chemieübungsraum aus? Zeichne eine Skizze des Chemieraums und trage alle Sicherheitseinrichtungen an den richtigen Stellen ein. Notiere auch den Standort des Telefons und die Notfalltelefonnummer.

Station 2: Gefahrensymbole
Solltest du einmal mit Gefahrstoffen umgehen müssen, sind die Gefahrensymbole wichtig für dich. Ordne den folgenden Gefahrensymbolen die jeweils richtige Bezeichnung und Gefahrenklasse zu.

Station 3: Gasbrenner
In manchen Versuchen muss man die Stoffe, mit denen man arbeitet, erhitzen. Meist geschieht dies im Chemieunterricht mithilfe des Gasbrenners. Dessen Bedienung sollte dir vertraut sein. Entzünde den Gasbrenner in Gegenwart deiner Lehrkraft und zeige, wie du Wasser im Reagenzglas erhitzt.

GHS05 (Ätzwirkung)	– Metallkorrosiv, – Hautätzend, – Hautreizend u. a.

GHS06 (Totenkopf mit gekreuzten Knochen)	– Akute Toxizität

GHS01 (Explodierende Bombe)	– Explosive Stoffe, – Selbstzersetzliche Stoffe u. a.

GHS08 (Gesundheitsgefahr)	– Krebserzeugend, – Erbgutverändernd u. a.

GHS09 (Umwelt)	– Gewässergefährdend

GHS04 (Gasflasche)	– Unter Druck stehende Gase

GHS03 (Flamme über einem Kreis)	– Entzündend wirkende Flüssigkeiten und Feststoffe, – Entzündend wirkende Gase

Station 4: Verhalten im Chemieraum
Achtung, hier läuft einiges falsch! Im Bild siehst du Schüler und Schülerinnen beim Experimentieren. Was ist gefährlich? Wer verhält sich falsch und unvorsichtig? Schreibe alles auf und gib Ratschläge, wie man es besser macht.

Station 5: Das Versuchsprotokoll
Bei Versuchen ist es wichtig, alles so festzuhalten, dass auch andere das nachvollziehen können, was du gesehen hast. Dazu ist eine bestimmte Form unerlässlich. Schreibe ein Versuchsprotokoll für den folgenden Versuch: Zünde die Kerze an deiner Station an und stülpe das Becherglas über die brennende Kerze. Ermittle die Zeitdauer, bis die Kerze erlischt. Denke daran, alle Punkte des Versuchsprotokolls genau zu bearbeiten.

Lass deine Ergebnisse überprüfen, nachdem du alle Stationen bearbeitet hast. Als Könner erhältst du von deinem Chemielehrer oder deiner Chemielehrerin den Laborschein. Er berechtigt zum Experimentieren im Unterricht.

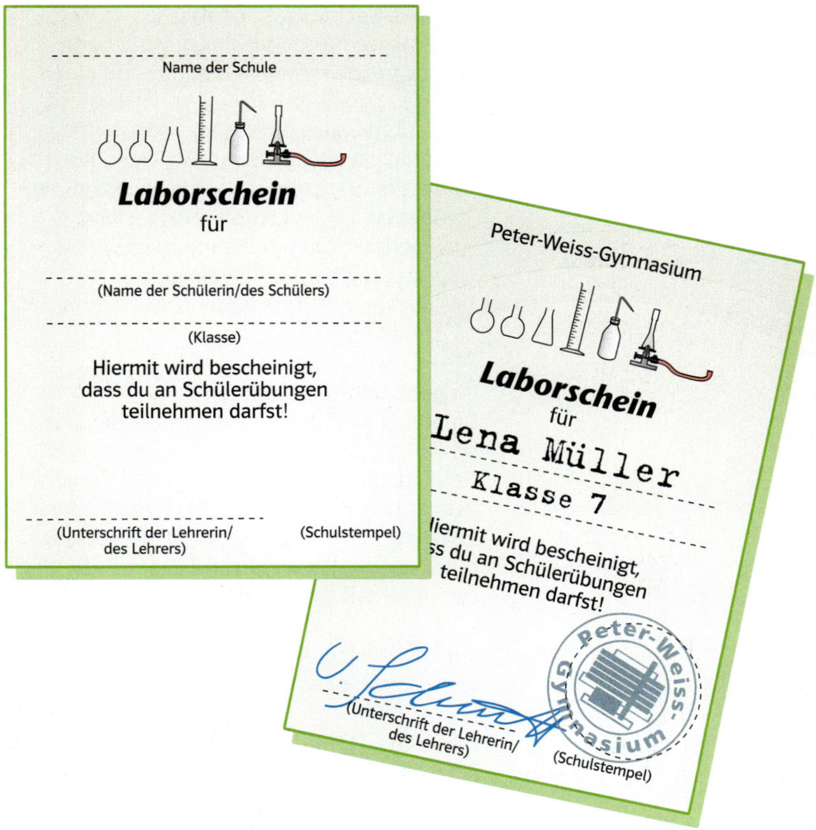

Durchblick Zusammenfassung und Übung

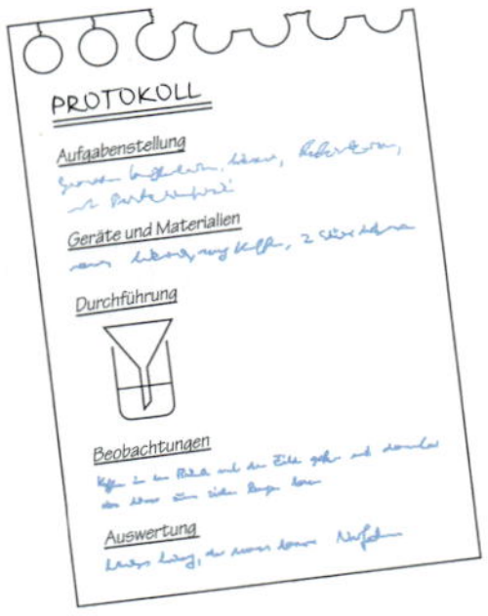

Experimentierregeln
- Informiere dich über die Sicherheitseinrichtungen im Chemieraum.
- Trage beim Experimentieren immer eine Schutzbrille.
- Lies die Versuchsanleitung genau, kläre offene Fragen vor dem Experimentieren.
- Achte auf Ordnung und Sauberkeit, arbeite exakt, beobachte sorgfältig.
- Gefährde deine Mitschüler nicht, halte Reagenzglasöffnungen immer von ihnen weg.
- Gefährde auch dich selbst nicht, führe Geruchsproben äußerst vorsichtig durch. Geschmacksproben werden höchstens auf Anweisung des Lehrers durchgeführt.
- Experimentiere immer mit möglichst geringen Chemikalienmengen.
- Entsorge die Chemikalienreste ordnungsgemäß.

Umgang mit Gefahrstoffen
Gefahrstoffe sind Stoffe, die Menschen und Umwelt schädigen können. Sie werden mit Gefahrenpiktogrammen und einem Signalwort gekennzeichnet. H-Sätze und P-Sätze auf den Etiketten der Gefahrstoffbehälter weisen auf besondere Gefahren hin und geben Ratschläge zur Sicherheit.

Ein Rohrreiniger kann z. B. die folgenden H- und P-Sätze aufweisen:

H-Sätze:	H314 H290
P-Sätze:	P280 P301+P330+P331 P305+P351+P338

Der Umgang mit dem Gasbrenner
- Öffne bei geschlossener Luftzufuhr die Gaszufuhr am Tisch, dann am Brenner und entzünde das ausströmende Gas.
- Reguliere die Flammenhöhe mit der Gasregulierungsschraube.
- Stelle mithilfe der Luftregulierungsschraube die nicht leuchtende oder rauschende Brennerflamme ein.
- Schließe nach Beendigung des Versuchs zuerst die Luftzufuhr, dann die Gaszufuhr am Tisch und drehe die Gasregulierungsschraube zu.

Das Versuchsprotokoll
kann so gegliedert sein:
- Aufgabenstellung (Thema)
- Geräte und Chemikalien (Materialien)
- evtl. Zeichnung des Versuchsaufbaus
- Durchführung (des Versuchs)
- Beobachtungen
- Auswertung

A1 Gib den Ort der Sicherheitseinrichtungen im Chemieraum an und beschreibe ihre jeweilige Funktion.

A2 Erkläre, warum es wichtig ist, sorgfältig zu experimentieren und auf Ordnung und Sauberkeit zu achten.

A3 Ordne der abgebildeten Brennerflamme die Begriffe „relativ geringe Temperatur“, „hohe Temperatur“, „höchste Temperatur“ zu.

A4 Recherchiere den Wortlaut der H- und P-Sätze des Rohrreinigers (siehe linke Textspalte).

A5 Recherchiere die H- und P-Sätze von Brennspiritus.

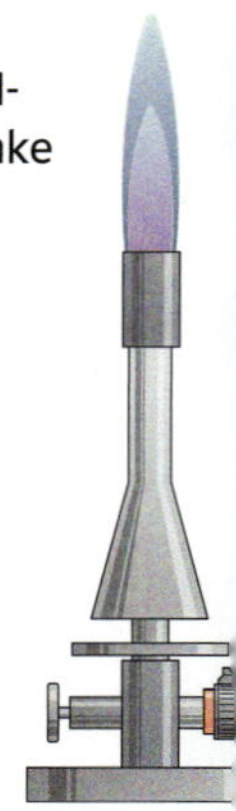

1 Stoffe und Atome

Viele Stoffe sind uns aus dem Alltag bekannt. Sie begegnen uns z. B. als Werkstoffe wie Stahl, Aluminium oder Nylon. Ihre unterschiedlichen Eigenschaften bestimmen ihren Verwendungszweck. In der Chemie interessiert man sich vor allem dafür, wie Stoffe aufgebaut sind und welche chemischen Reaktionen sie eingehen können.

- Es gibt viele Stoffe, die gleich oder sehr ähnlich aussehen. Optische Merkmale dienen also dazu, einen Stoff zu charakterisieren. Welche weiteren Untersuchungen kann man vornehmen, um Stoffe eindeutig zu identifizieren?

- Wie kann man erklären, dass Wasser in den drei Aggregatzuständen ganz unterschiedliche Eigenschaften besitzt?

- Im Mittelalter haben die Menschen erfolglos versucht, Metalle wie Blei in Gold umzuwandeln. Wieso konnte dies nicht gelingen?

- Bisher sind viele Millionen Stoffe bekannt. Wie kann es sein, dass diese aus nur etwa 110 Grundbausteinen, den verschiedenen Atomsorten, bestehen?

Surftipp
uq63mn

1.1 Auf den Stoff kommt es an

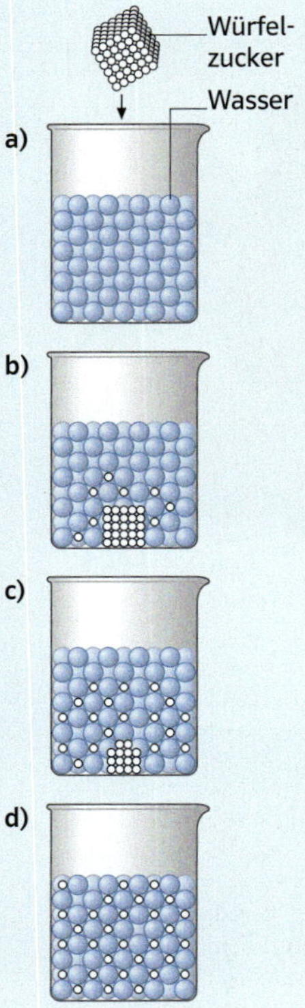

B1 Ein Stück Würfelzucker löst sich in Wasser

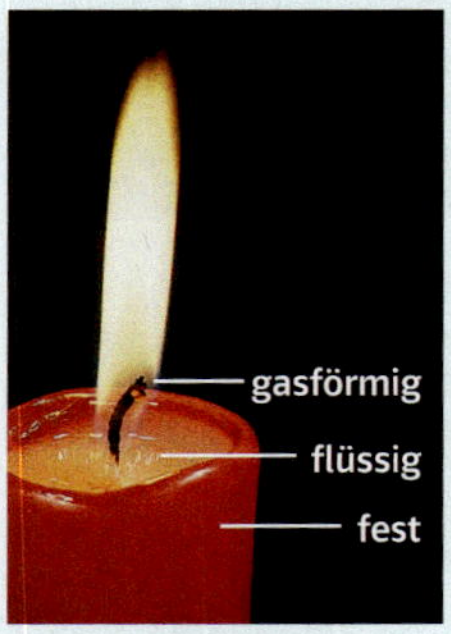

B2 Brennende Kerze

Stoffe in der Küche
Nur wenige Speisen kommen ohne Zucker oder Salz aus. Citronensäure verleiht vielen Getränken und Speisen einen angenehm sauren Geschmack.

B3 Gezuckerte Heidelbeeren, saure Zitronen und salzige Flips bzw. Käsegebäck

A1 **a)** Schreibe einige Getränke und Speisen auf, die Citronensäure enthalten.
b) Recherchiere, welche Stoffe im Tomatenketchup enthalten sind.

Die Eigenschaften sind entscheidend
Du kommst zu Hause, in der Schule und in deiner Umgebung mit vielen Gegenständen aus sehr unterschiedlichen Stoffen in Berührung.

B4 Küchenlöffel aus unterschiedlichen Stoffen

A2 Lege eine Tabelle wie in dem Beispiel in B5 an. Schreibe in eine Spalte die Gegenstände und in daneben stehende Spalten die Stoffe, aus denen die Gegenstände bestehen, sowie deren wesentliche Eigenschaften.

Gegenstand	*Stoffe*	*Eigenschaften*
Pullover	Baumwolle	saugt Wasser auf
Messer	Stahl	hart, glänzend

B5 Ausschnitt einer Tabelle

Fest, flüssig und gasförmig
Ein Stoff kann fest, flüssig oder gasförmig vorliegen. Der Aggregatzustand des Stoffes hängt von der Temperatur und dem Druck ab.

B6 Gasfeuerzeuge

A3 **a)** Nenne einige dir bekannte Stoffe, die bei Zimmertemperatur (20 °C) und Normdruck (1013 hPa) gasförmig, flüssig oder fest vorliegen.
b) Im Gasfeuerzeug liegt das Gas flüssig vor. Erkläre.
c) Beschreibe die Veränderungen des Wachses einer brennenden Kerze [B2].

Was passiert beim Lösen eines Stoffes?
Gibt man ein Stück Würfelzucker in Wasser oder ein Getränk, so verschwindet das Stück langsam. Das Wasser oder das Getränk schmeckt süß.

B7 Würfelzucker

A4 Beschreibe den Vorgang des Lösens eines Stückes Würfelzucker mithilfe von B1.

Auch Metalle können brennen
Nicht nur Holz, Erdgas, Heizöl und Benzin können brennen, sondern auch Metalle. In Feuerwerksraketen führt brennendes Magnesium zu grellem Leuchten. Verbindungen von Metallen wie Strontium und Barium erzeugen die bunten Lichterfontänen in der Silvesternacht.

B8 Silvesterraketen

A5 Beim Zünden von Silvesterraketen ist es ungewöhnlich, eine Schutzbrille zu tragen. Recherchiere, warum dies dennoch empfohlen wird.

Atome
Um 1800 entwickelte der Naturforscher John Dalton eine Art Zeichensprache, bei der er verschiedenen Stoffen bestimmte Symbole zuordnete. Diese Symbole wurden einige Zeit später vom Chemiker Jöns Jakob Berzelius durch die heute verwendeten Zeichen ersetzt.

A6 Recherchiere, welcher Stoff sich hinter B11 verbirgt und was die Symbole über den Aufbau des Stoffs verraten.

Periodensystem und Elemente
In vielen Chemieräumen hängt ein Periodensystem der Elemente (PSE). Einige der Informationen versteht man aber erst, wenn man mehr über den Aufbau der Atome erfahren hat.

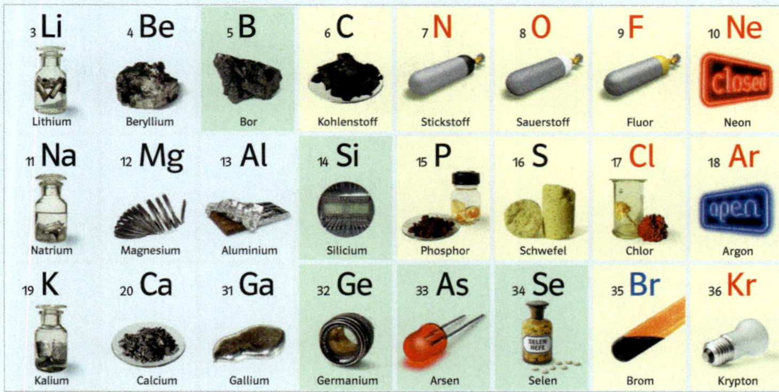

B9 Ausschnitt aus dem Periodensystem der Elemente

A7 Recherchiere, wonach die folgenden Elemente benannt worden sind: Kalium (K), Brom (Br), Chlor (Cl), Nickel (Ni).

Stoffgemische und Reinstoffe
Im Alltag begegnet man häufig Stoffgemischen, welche aus mindestens zwei Reinstoffen bestehen. Sind die verschiedenen Bestandteile erkennbar, liegt ein heterogenes Gemisch vor. Demgegenüber sind bei homogenen Gemischen auch bei stärkster Vergrößerung unter dem Mikroskop die unterschiedlichen Bestandteile nicht sichtbar.

B11 Ein Beispiel für Daltons Symbolsprache

Trennverfahren	Grundlage der Trennung	Anwendungsbeispiele
Auslesen	Aussehen (z. B. Farbe oder Partikelgröße)	Trennen von Müll, Sortieren von Diamanten
Sieben	Partikelgröße	Absieben von Spaghetti
Filtrieren	Partikelgröße	Zubereiten von Kaffee
Dekantieren (Abgießen)	Dichte	Trennen von Lehmwasser, Gold waschen
Extrahieren	Löslichkeit	Zubereiten von Tee
Chromatografieren	Löslichkeit, Haftfähigkeit	Trennen von Farbstoffgemischen
Eindampfen	Siedetemperatur	Gewinnen von Salz aus Salzwasser

B10 Trennverfahren und ihre Grundlagen

A8 Ein Gemisch aus Sand, Salz, Rosinen und Wasser soll getrennt werden. Beschreibe die Vorgehensweise.

1.2 Stoffe und Stoffeigenschaften

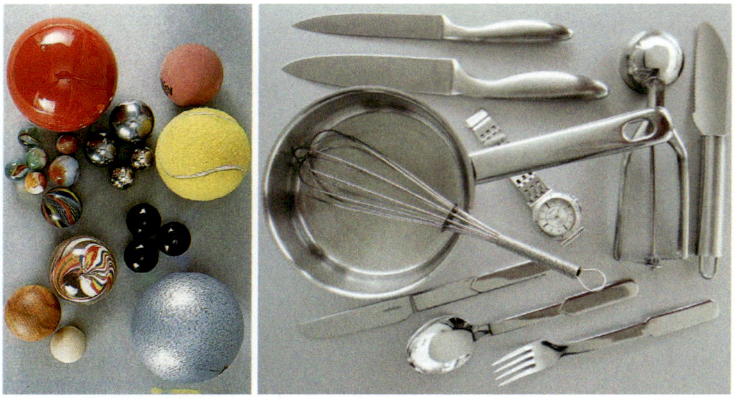

B1 Links: Gleiche Form – verschiedene Stoffe, rechts: Gleicher Stoff – verschiedene Formen

Alle Gegenstände bestehen aus Stoffen. Wir kommen täglich mit einer Vielzahl von Gegenständen in Berührung. Sie haben eine bestimmte Form oder Gestalt und bestehen aus unterschiedlichen Materialien. Solche Materialien werden **Stoffe** genannt. Zu den Stoffen gehören sowohl Flüssigkeiten wie Wasser und Benzin als auch Gase wie Sauerstoff und Erdgas sowie Feststoffe wie Zucker und Glas. Im Chemieunterricht werden immer nur kleine **Stoffportionen** untersucht.

Aussehen. Verschiedene Stoffe haben ganz unterschiedliche Eigenschaften, an denen man sie erkennen kann. Untersucht man einen Stoff, nimmt man zuerst seine **Farbe** wahr.

B2 Unterschiedliche Kristallformen: Kandis, Kochsalz

Stoffe	Löslichkeit in g pro 100 g Wasser
Zucker	203,9
Kochsalz	35,88
Kaliumnitrat (Salpeter)	31,66
Soda	21,66
Kalium-aluminium-sulfat (Alaun)	6,01
Gips	0,20
Löschkalk	0,12
Sauerstoff	0,0042
Stickstoff	0,0019
Kalkstein	0,0015

B3 Löslichkeit einiger Stoffe in Wasser bei 20 °C

Metalle zeigen zudem noch einen besonderen **Oberflächenglanz**. Andere Stoffe kann man an ihrer Kristallform erkennen [B2]. Häufig muss man zur Untersuchung der Kristallform eine Lupe oder ein Mikroskop benutzen.
Viele Stoffe kann man allerdings an ihrem Aussehen allein nicht erkennen. So lässt sich Puderzucker kaum von anderen weißen Pulvern unterscheiden.

Härte. Blei und Kerzenwachs lassen sich leicht ritzen, sie sind weich. Bei anderen Stoffen wie Eisen oder Glas gelingt das nicht so einfach. Sie weisen eine größere Härte auf.

Geschmack und Geruch. Viele Stoffe wie z. B. Salz, Zucker, Essig, Olivenöl erkennt man an ihrem besonderen Geschmack oder Geruch.
Es gibt aber zahlreiche Stoffe, die Vergiftungen verursachen, selbst wenn sie nur in geringen Mengen in den Körper gelangen. Deswegen ist es sehr gefährlich, Geschmack oder Geruch unbekannter Stoffe zu prüfen.

Geschmacks- und Geruchsproben werden im Chemieunterricht nur auf ausdrückliche Anweisung der Lehrkraft durchgeführt.

Löslichkeit. Löst man nach und nach immer mehr Kochsalz in einer bestimmten Portion Wasser, kann irgendwann kein weiteres Salz mehr aufgenommen werden. Nach Zugabe von 35,88 g Kochsalz zu 100 g Wasser erhält man eine **gesättigte Lösung** [B3]. Gibt man mehr Salz hinzu, setzt es sich als *Bodenkörper* ab.

Verformbarkeit. Wachs und Knetmasse lassen sich mit den Händen formen. Versucht man, dünne Stäbe aus Glas oder Eisen zu biegen, zeigen sie ein unterschiedliches Verhalten. Glas ist spröde und zerbricht, Eisen dagegen ist biegsam. Gegenstände aus Gummi sind zwar verformbar, nehmen aber anschließend wieder ihre ursprüngliche Gestalt an. Gummi ist elastisch.

Verhalten beim Erhitzen und Brennbarkeit. Hält man einen Glasstab in die heiße Zone der rauschenden Brennerflamme, glüht er nach einiger Zeit. Er wird weich und verformbar. Nach dem Abkühlen sind die ursprünglichen Eigenschaften des Glases wieder vorhanden, nur seine Form hat sich verändert. Erhitzt man Zucker, so entweicht Wasserdampf, der als Nebel sichtbar wird. Bei weiterem Erhitzen entsteht zunächst eine gelbbraune, zähflüssige Masse, die nach Karamell riecht. Danach bilden sich ein schwarzer poröser Stoff und stechend riechende, brennbare Gase. Die beim Erhitzen gebildeten Stoffe haben keine Ähnlichkeit mehr mit dem Ausgangsstoff Zucker.
Viele Stoffe beginnen zu brennen, wenn sie in eine Flamme gehalten werden. Ein Stück Papier entflammt auf diese Weise sofort. Zurück bleibt grauweiße Asche. Nähert man einer Porzellanschale, die etwas Benzin enthält, einen brennenden Holzspan, springt die Flamme bereits über, bevor der Span die Flüssigkeit berührt [B6]. Über der Flüssigkeit stehen Benzindämpfe, die rußend verbrennen.

Elektrische Leitfähigkeit. Untersucht man einen Eisendraht, einen Holzstab und eine Graphitmine (Bleistiftmine) auf ihre elektrische Leitfähigkeit [B4], so stellt man fest, dass nur der Eisendraht und die Graphitmine den elektrischen Strom leiten. Die Leitfähigkeit für den elektrischen Strom ist eine Eigenschaft von Metallen und Graphit.

Magnetisierbarkeit. Die Metalle Eisen, Cobalt und Nickel werden von einem Magneten angezogen. Sie sind magnetisierbar. Durch diese Eigenschaft kann man sie von anderen Metallen unterscheiden.

Stoffe erkennt man an ihren Eigenschaften. Stoffeigenschaften sind die Farbe, der Oberflächenglanz, die Kristallform, der Geschmack, der Geruch, die Löslichkeit, die Verformbarkeit, die Härte, die elektrische Leitfähigkeit, die Magnetisierbarkeit, die Brennbarkeit und das Verhalten beim Erhitzen.

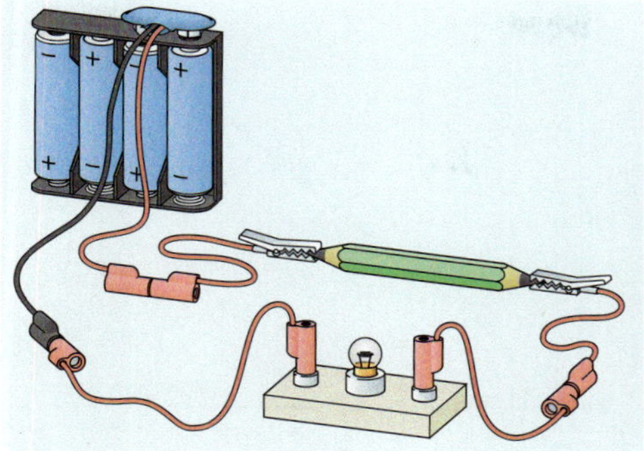

B4 Versuchsanordnung zur Prüfung der elektrischen Leitfähigkeit von festen Stoffen

B5 Kupfer lässt sich plastisch verformen

V1 Untersuche mit einer Apparatur nach B4 die elektrische Leitfähigkeit von Eisen, Holz, Glas, Kupfer, Graphit, Porzellan.

V2 Prüfe die Magnetisierbarkeit verschiedener Gegenstände, z. B. aus Eisen, Kupfer und Aluminium. Teste auch Cent-Münzen.

A1 Nenne Wörter, die den Begriff „Stoff" enthalten.

A2 Woran erkennt man, ob es sich bei einem Stoff um ein Metall handelt?

A3 Beschreibe einen Versuch, mit dem man die Löslichkeit von Citronensäure in Wasser in etwa bestimmen kann.

B6 Untersuchung der Brennbarkeit

Exkurs Saure und alkalische Lösungen

Der Saft vieler Früchte oder auch Speiseessig schmecken **sauer**. Dies wird durch Stoffe hervorgerufen, die im Wasser gelöst sind. Andere Lösungen wie Seifenlösung oder eine Haushaltsnatron-Lösung schmecken seifig und fühlen sich glitschig an. Solche Lösungen werden **alkalisch** genannt. Flüssigkeiten, die weder sauer noch alkalisch sind, z. B. der Reinstoff Wasser, heißen **neutral**.

Saure und alkalische Lösungen sind in der Regel reizend oder sogar ätzend. Darum kommt eine Geschmacksprobe nicht in Frage, wenn man wissen will, ob eine Lösung z. B. sauer ist. Man nutzt stattdessen Farbstoffe, die in sauren, neutralen oder alkalischen Lösungen unterschiedliche Farben zeigen [B7]. Sie heißen **Indikatoren**.

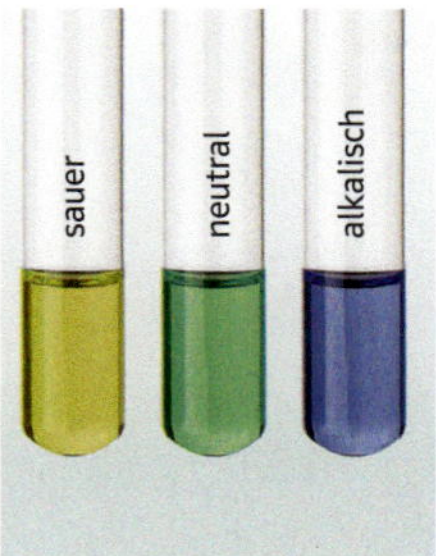

B7 Bromthymolblau in sauren, neutralen und alkalischen Lösungen

1.3 Dichte

Die **Dichte** wird meist in der Einheit g/cm³ angegeben.

1 ml = 1 cm³

Masse und **Volumen** werden immer von Stoffportionen bestimmt. Deswegen ist der Wortteil „-portion" hier nicht notwendig und entfällt von nun an.

Im Folgenden bedeutet *m*(Stoff): **Masse** einer Stoffportion
und
V(Stoff): **Volumen** einer Stoffportion

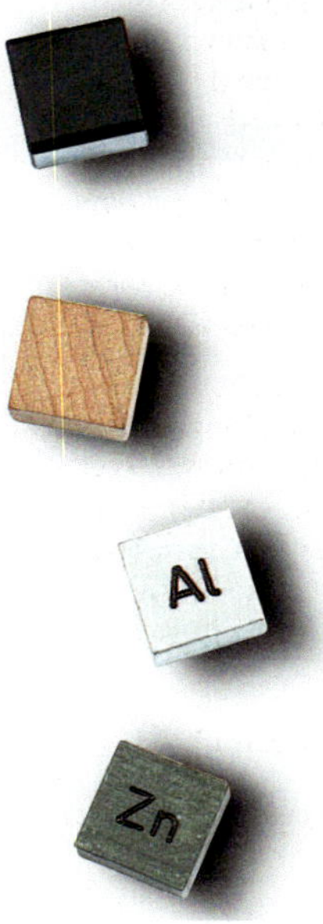

B1 Würfel mit gleichem Volumen sind wegen ihrer unterschiedlichen Dichte verschieden schwer

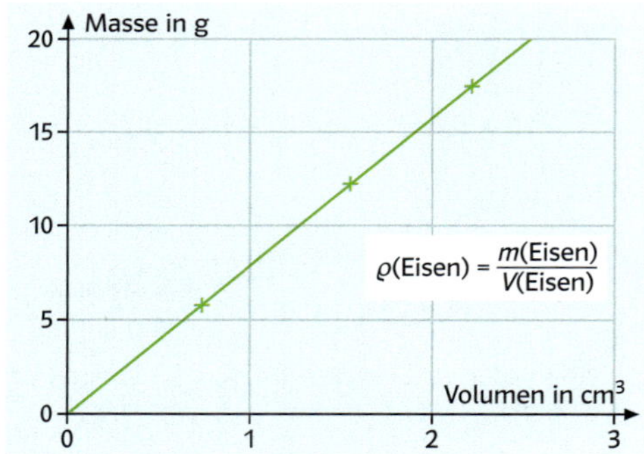

B2 Proportionale Zuordnung von Masse und Volumen bei Körpern aus dem gleichen Stoff

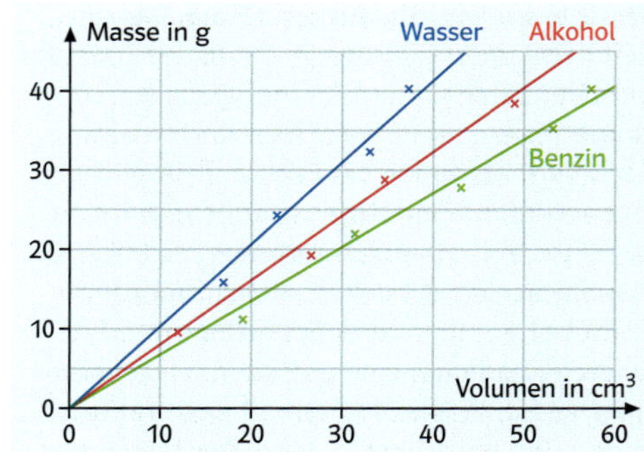

B3 Volumen und Masse einiger flüssiger Stoffportionen im Diagramm (Messwerte)

Von jedem Stoff lässt sich eine Portion mit einem beliebigen *Volumen* abmessen. Das Volumen einer Stoffportion ist kein für den Stoff typisches Kennzeichen. Ebenso kann man von jedem Stoff eine beliebige *Masse* bereitstellen. Auch die Masse einer Stoffportion ist *keine typische Stoffeigenschaft*.

Dichte als Stoffeigenschaft. Bestimmt man die Volumina verschiedener Portionen des gleichen Stoffes und deren jeweilige Masse und trägt sie in einem Diagramm auf, erhält man Messpunkte, die sich zu einer Ursprungsgeraden verbinden lassen. Es liegt eine *proportionale Zuordnung von Masse und Volumen* vor. Für die verschiedenen untersuchten Stoffportionen hat der Quotient aus Masse und Volumen den gleichen Wert [B2, B3].

Untersucht man in der entsprechenden Weise andere Stoffe, ergeben sich ebenfalls Ursprungsgeraden, die aber im Diagramm eine andere Steigung zeigen. Der Quotient aus Masse und Volumen hat also einen anderen, für den jeweiligen Stoff typischen Wert.
Er wird **Dichte** (Massendichte) genannt. Das Zeichen ist der griechische Buchstabe ϱ (Rho).

$$\text{Dichte} = \frac{\text{Masse}}{\text{Volumen}} \qquad \varrho(\text{Stoff}) = \frac{m(\text{Stoffportion})}{V(\text{Stoffportion})}$$

Dichten, vor allem die der Gase, sind abhängig von *Temperatur* und *Druck*. Tabellenwerte im Buch beziehen sich meist auf einen Druck von 1013 hPa und eine Temperatur von 20 °C.

Bestimmung der Dichte von Feststoffen und Flüssigkeiten. Wenn Masse und Volumen eines Körpers bekannt sind, lässt sich die Dichte des Stoffes leicht berechnen. Die Masse wird mithilfe der Waage ermittelt, das Volumen eines Körpers kann z. B. durch Wasserverdrängung bestimmt werden [B4].
Zur Bestimmung der Dichte flüssiger Stoffe misst man mit einem Messzylinder oder einer Pipette das Volumen einer Flüssigkeitsportion und bestimmt durch Wägung deren Masse.

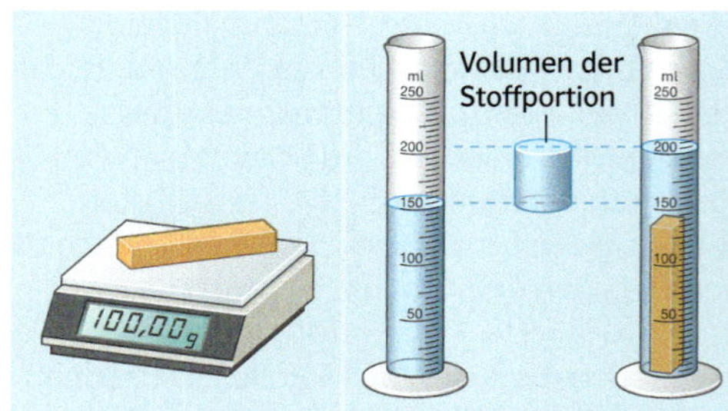

1. Bestimmung der Masse

2. Bestimmung des Volumens (Wasserverdrängung)

$$\text{Dichte} = \frac{\text{Masse}}{\text{Volumen}} \qquad \varrho = \frac{m}{V}$$

Im Beispiel gilt:

$$\varrho = \frac{100\text{ g}}{50\text{ ml}} = \frac{100\text{ g}}{50\text{ cm}^3} = 2\,\frac{\text{g}}{\text{cm}^3}$$

3. Berechnung der Dichte des Stoffes

B4 Bestimmung der Dichte eines Feststoffs

Bestimmung der Dichte von Gasen. Auch von gasförmigen Stoffen lässt sich die Dichte bestimmen. Dazu kann z. B. eine Apparatur nach B6 mit einer Gaswägekugel benutzt werden. Nachdem aus ihr ein Teil der Luft mit einem Kolbenprober abgesaugt worden ist, wird sie gewogen. Anschließend füllt man den Kolbenprober mit dem Gas, dessen Dichte bestimmt werden soll und lässt eine Portion mit bekanntem Volumen einströmen. Nach erneuter Wägung wird die Masse der eingeströmten Gasportion berechnet. Danach wird die erhaltene Masse durch das Volumen der Gasportion dividiert. Da man bei Gasdichten in der Einheit g/cm³ (g/ml) sehr kleine Werte erhält, gibt man diese Dichten auch in g/dm³ (g/l) an.

$$1\frac{g}{ml} = 1000\frac{g}{l}$$

Stoffe	Dichte in g/cm³
Stickstoff	0,00116
Sauerstoff	0,00133
Alkohol	0,79
Wasser	1,0
Quecksilber	13,55
Magnesium	1,74
Aluminium	2,70
Eisen	7,87
Kupfer	8,93
Blei	11,34
Gold	19,32

B5 Dichten einiger Stoffe (20 °C)

V1 Bestimme durch Abwiegen die Masse eines Aluminiumstückes. Ermittle das Volumen [B4]. Berechne die Dichte des Aluminiums.

V2 Baue eine Apparatur nach B6 auf und bestimme die Dichte der Luft.

A1 Ein Messzylinder, der im leeren Zustand 73 g wog, wurde mit 50 cm³ Alkohol gefüllt. Die Waage zeigte nun 112,5 g an. Berechne die Dichte des Alkohols.

A2 Berechne mithilfe von B5 das Volumen eines Eisenstückes der Masse $m = 3$ g.

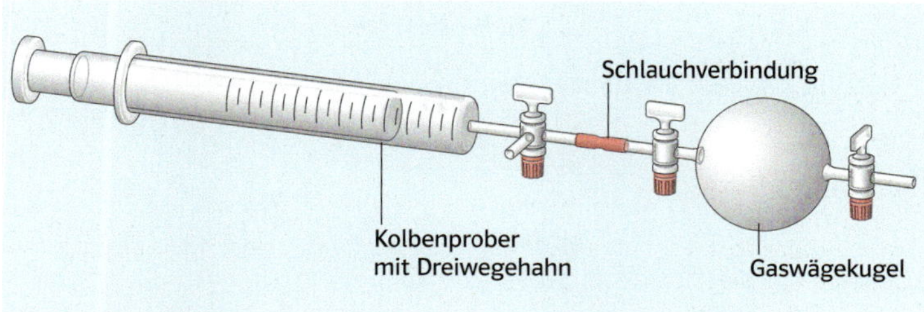

B6 Apparatur zur Bestimmung der Dichte von Gasen

Der Quotient aus Masse und Volumen ist eine charakteristische Stoffeigenschaft und wird Dichte genannt. Die Dichte wird meist in g/cm³ angegeben.

Exkurs ARCHIMEDES und die Krone

Der antike Mathematiker und Physiker ARCHIMEDES (287 – 212 v. Chr.) erhielt vom damaligen Herrscher von Syrakus den Auftrag, eine goldglänzende Krone auf ihre Reinheit zu untersuchen. Bestand sie aus purem Gold oder war sie eine Fälschung, bei der ein anderer, weniger wertvoller Stoff lediglich mit einer dünnen Goldschicht überzogen wurde?

Problematisch war, dass die womöglich wertvolle Krone nicht zerstört werden durfte. Ansonsten hätte man z. B. die Krone einschmelzen und die Schmelztemperatur des Metalls mit der Schmelztemperatur von Gold vergleichen können. Der Überlieferung nach kam Archimedes die zündende Idee in der Badewanne, als er beobachtete, dass sein Körper eine bestimmter Menge Wasser verdrängt. Archimedes soll sich so über seinen Einfall gefreut haben, dass er mit dem Ausspruch „Heureka!" (altgriechisch für „Ich hab's gefunden!") sogleich nackt durch die Straßen von Syrakus gelaufen sein soll.

A3 Beschreibe einen Versuch, mit dem Archimedes klären konnte, ob die Krone aus purem Gold war.

1.4 Schmelz- und Siedetemperatur

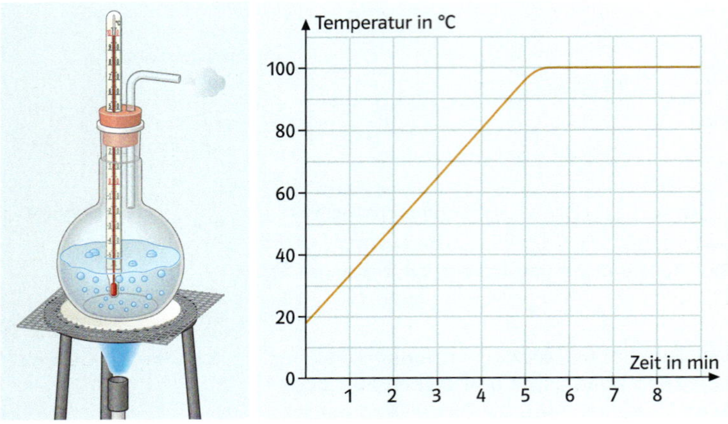

B1 Siedetemperatur von Wasser und Temperaturverlauf beim Erhitzen

1 hPa = 100 Pa

ϑ „Theta" ist das Größensymbol für die Celsiustemperatur

Zur eindeutigen Identifizierung eines Stoffes, ist es wichtig, mehrere Stoffeigenschaften zu betrachten. Besonders aussagekräftig sind messbare Eigenschaften wie Dichte, Löslichkeit oder Siede- und Schmelztemperatur, die sich mit Zahlen belegen lassen. Bei der Bestimmung von Siede- und Schmelztemperatur müssen einige Aspekte beachtet werden, um das Ergebnis nicht zu verfälschen.

Bestimmung der Siedetemperatur. Möchte man die Siedetemperatur von Wasser bestimmen, so erhitzt man dieses und verfolgt den Temperaturverlauf [V1]. Hat die Temperatur 100 °C erreicht, so beginnt das Sieden. Nun steigt die Temperatur nicht mehr an [B1]. Erst jetzt darf die Siedetemperatur abgelesen werden. Die Siedetemperaturen anderer Flüssigkeiten werden entsprechend ermittelt. Da die Siedetemperatur vom *Luftdruck* abhängig ist, gibt man Siedetemperaturen bei **Normdruck (1013 hPa)** an [B3]. Mit steigendem Luftdruck steigt auch die Siedetemperatur.

Bestimmung der Schmelztemperatur. Zur Bestimmung der Schmelztemperatur eines Feststoffes wird eine kleine Portion, z. B. von Cetylalkohol, erwärmt. Hat die Temperatur 49 °C erreicht, so beginnt der Schmelzvorgang. Von hier an erfolgt kein weiterer Anstieg der Temperatur, bis eine klare Schmelze entstanden ist. Erst dann steigt die Temperatur der Flüssigkeit weiter an [B2]. Zur Kontrolle kann bei langsamer Abkühlung die Erstarrungstemperatur gemessen werden [V2]. Sie stimmt mit der Schmelztemperatur überein.

Siede- und Schmelztemperatur sind messbare Eigenschaften vieler Stoffe und dienen zu ihrer Kennzeichnung und Identifikation.

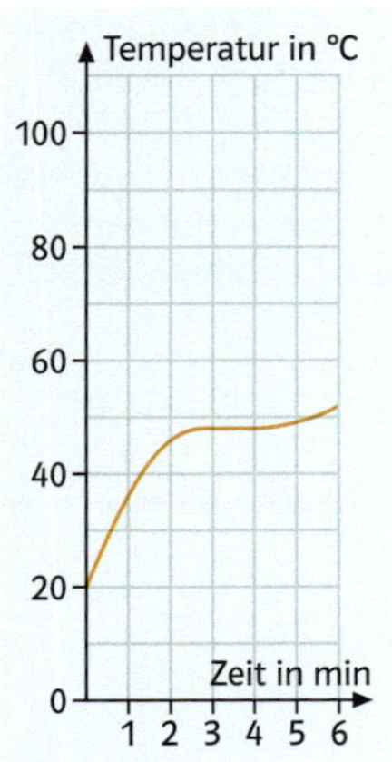

B2 Schmelzdiagramm von Cetylalkohol

Stoff	Schmelztemperatur ϑ_{sm} in °C	Siedetemperatur ϑ_{sd} in °C
Sauerstoff	−219	−183
Ether	−116	34
Alkohol	−117	78
Quecksilber	−39	356
Benzol	5	80
Glycerin	18	290
Schwefel	119	444
Blei	327	1740
Kochsalz	800	1460
Eisen	1535	2750

B3 Schmelz- und Siedetemperaturen einiger Stoffe bei Normdruck

V1 Erhitze in einer Apparatur nach B1 Wasser bis zum Sieden (Siedesteinchen). Notiere die Temperatur in Abständen von jeweils 1 min. Erstelle ein Siedediagramm und bestimme die Siedetemperatur.

V2 Bringe in einem Reagenzglas etwas Cetylalkohol im Wasserbad zum Schmelzen. Nimm das Glas einige Minuten, nachdem eine klare Schmelze entstanden ist, aus dem Bad und lass es an der Luft abkühlen. Ermittle im Minutenabstand (umrühren, solange es noch geht) die Temperaturwerte. Beende die Messung ca. 5 Minuten nach dem vollständigen Erstarren. Erstelle ein Diagramm und bestimme die Erstarrungstemperatur.

A1 Welche der in B3 aufgeführten Stoffe sind bei Zimmertemperatur (20 °C) fest, flüssig oder gasförmig?

1.5 Praktikum Experimente zu Cola-Getränken

V1 Cola-Getränk: einmal frisch und einmal abgestanden
Cola-Getränke enthalten Kohlensäure. Während der Produktion wird das Gas Kohlenstoffdioxid im Getränk gelöst und die Flasche verschlossen. Gelöstes Kohlenstoffdioxid bildet mit Wasser Kohlensäure. Beim Öffnen der Flasche wird das Kohlenstoffdioxid wieder langsam freigesetzt, es sprudelt.
Geräte und Chemikalien: 2 Messkolben (100 ml), Erlenmeyerkolben (250 ml), Waage, Cola-Getränk, dest. Wasser.
Durchführung:
1. Gib in einen zuvor gewogenen Messkolben rasch 100 ml Cola-Getränk [B2] und wiege erneut.
2. Bestimme die Masse des Cola-Getränks, indem du die Masse des leeren Messkolbens von der des gefüllten subtrahierst.
3. Miss erneut etwa 120 ml Cola-Getränk ab und schüttle es im Erlenmeyerkolben gut aus bzw. entferne die Kohlensäure durch Rühren. Wiederhole damit die Schritte 1. und 2.
Auswertung:
Berechne die Dichte des frischen und des abgestandenen Cola-Getränks und vergleiche.

V2 Löslichkeit von Kohlenstoffdioxid in Wasser
Materialien: Schutzbrille, Kunststoffwanne, Messzylinder (100 ml), Brausetablette, Wasser.
Durchführung:
a) Fülle in die Kunststoffwanne etwas Wasser. Der Messzylinder soll möglichst vollständig mit Wasser gefüllt sein. Verschließe den Messzylinder mit der Hand und stelle ihn mit der Öffnung nach unten in die mit Wasser gefüllte Wanne [B1].
b) Lege eine viertel oder halbe (dies sagt dir die Lehrkraft) Brausetablette so schnell wie möglich unter die Öffnung des Messzylinders. Lies ab, wie viel Gas entstanden ist, wenn die Gasentwicklung beendet ist. Lege die zweite Hälfte unter den Messzylinder. Lies wieder ab.
Auswertung:
1. Beschreibe und deute deine Beobachtungen.
2. Beschreibe ein Experiment, das zeigt, wie viel Kohlenstoffdioxid aus der Brausetablette gewonnen werden kann.

V3 Bestimmung des Zuckergehalts eines Cola-Getränks
Geräte und Chemikalien:
5 Messkolben (100 ml), Erlenmeyerkolben (250 ml), Messzylinder (250 ml), Waage, Haushaltszucker, Cola-Getränk, dest. Wasser.
Durchführung:
1. Gib in je einen zuvor gewogenen Messkolben 4 g, 8 g, 12 g, 16 g Haushaltszucker.
2. Fülle die Kolben zu etwa 2/3 mit dest. Wasser und schüttle, bis sich der Zucker vollständig gelöst hat.
3. Fülle nun mit Wasser bis zur Ringmarke auf, vermische den Inhalt und kontrolliere erneut das Volumen.
4. Bestimme die Masse der gefüllten Kolben und berechne die Masse der jeweiligen Zuckerlösung, indem du die Masse des jeweiligen leeren Messkolbens von der des gefüllten subtrahierst.
5. Miss etwa 120 ml Cola-Getränk ab und schüttle es im Erlenmeyerkolben gut aus und entferne die Kohlensäure durch Rühren mit einem Mixer.
6. Gib in den fünften zuvor gewogenen Messkolben 100 ml des geschüttelten Cola-Getränks und bestimme die Masse.
Auswertung:
a) Berechne die Dichten der hergestellten Zuckerlösungen und erstelle ein Diagramm (waagerechte Achse: Masse des Zuckers in 100 ml Lösung (in g/100 ml); senkrechte Achse: Dichte der Zuckerlösung (in g/cm^3)).
b) Bestimme rechnerisch die Dichte des Cola-Getränks und ermittle grafisch mithilfe des in a) erstellten Diagramms die Masse des Zuckers in 100 ml Getränk.

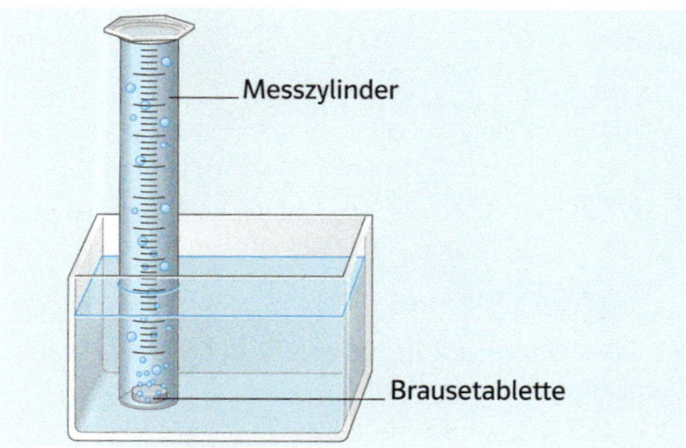

B1 Aufbau zu Versuch 2

B2 Ein Cola-Getränk

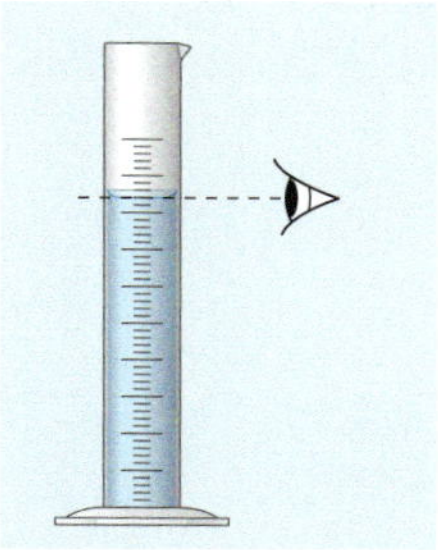
B3 Ablesen des Volumens. Es zählt die untere Wölbung der Flüssigkeitsportion. Das Auge muss sich etwa auf der gleichen Höhe befinden

1.6 Exkurs Siedetemperatur und Druck

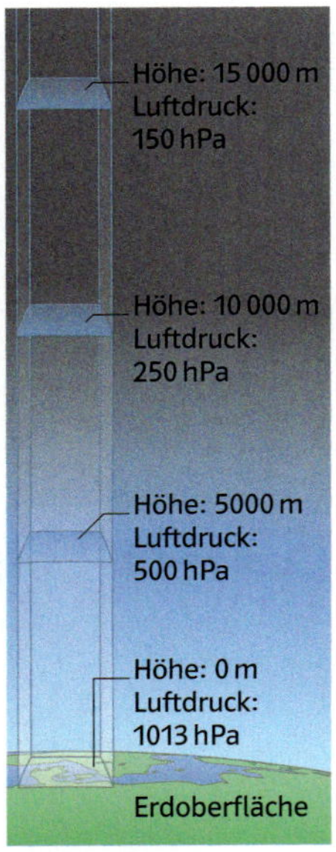

B1 Der Luftdruck hängt von der Höhe ab

Temperatur in °C	Dampfdruck in hPa
0	6
10	12
20	23
30	42
40	74
50	123
60	199
70	312
80	474
90	701
100	1013

B2 Dampfdruck des Wassers in Abhängigkeit von der Temperatur

Wasser siedet auf einem hohen Berg bei einer niedrigeren Temperatur als 100 °C. Der Luftdruck auf einem hohen Berg ist auch geringer als auf Meereshöhe. Im Folgenden wird der Zusammenhang zwischen der Siedetemperatur und dem Luftdruck erklärt.

Luftdruck. Als Druck (p) bezeichnet man in der Physik den Quotienten einer senkrecht auf eine Fläche wirkenden Kraft (F) zur Größe der Fläche (A).

$$\text{Druck} = \frac{\text{Kraft}}{\text{Fläche}} \qquad p = \frac{F}{A}$$

Der Druck wird meist in Hektopascal (hPa) angegeben.

Sehr anschaulich kann man sich den Luftdruck vorstellen, wenn man sich eine Luftsäule über einer Fläche vorstellt [B1]. Die Luftsäule drückt mit der Kraft ihres Gewichts auf die Bodenfläche. Im Mittel beträgt der Luftdruck an der Erdoberfläche 1013 hPa. Da der Luftdruck auf die Gewichtskraft der auflastenden Luftsäule zurückgeht, muss der Luftdruck mit der Höhe abnehmen. Denn je höher man kommt, desto kleiner ist die Luftsäule, die man noch über sich hat. Außerdem wird die Luft nach oben hin dünner, weil die Luft unter ihrer eigenen Gewichtskraft oben weniger zusammengedrückt wird als am Boden.

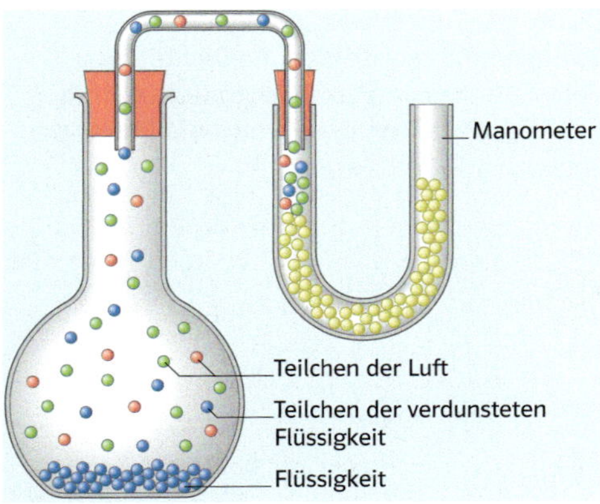

B3 Der Überdruck im Kolben ergibt sich aus dem Dampfdruck der Flüssigkeit

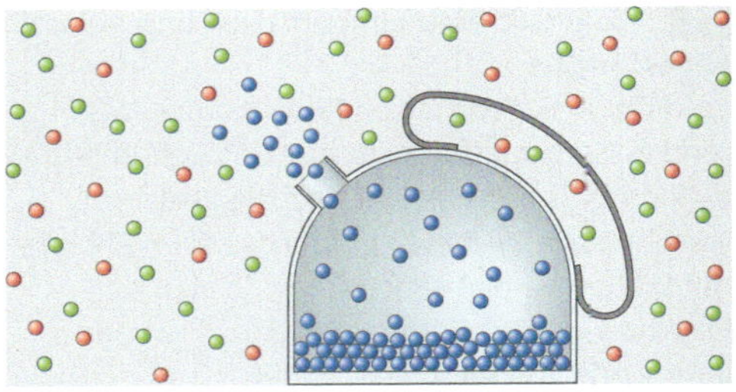

B4 Bei der Siedetemperatur entspricht der Dampfdruck der Flüssigkeit dem Luftdruck

Dampfdruck. Schließt man Wasser in ein Gefäß ein, so gehen Wasserteilchen in den Raum über der Flüssigkeit über, bis er mit Wasserdampf gesättigt ist. Diese Verdunstung führt zu einer Zunahme des Druckes im Inneren des Gefäßes [B3]. Der Druck, der auf das verdunstete Wasser zurückzuführen ist, wird Dampfdruck genannt.

Dampfdruck und Siedetemperatur. Erhöht man die Temperatur der Flüssigkeit in dem Gefäß, so nimmt auch der Dampfdruck zu. Wasser erreicht bei 100 °C den Dampfdruck p = 1013 hPa. Beträgt auch der Luftdruck 1013 hPa, so siedet das Wasser.

Eine Flüssigkeit siedet, wenn ihr Dampfdruck dem Luftdruck entspricht.

Auf einem 5 000 m hohen Berg beträgt der Luftdruck etwa 500 hPa, Wasser erreicht schon bei 81 °C den Dampfdruck 500 hPa und siedet deshalb bei dieser Temperatur auf dem Berg.

Alkohol erreicht bei 78 °C einen Dampfdruck von 1013 hPa, seine Siedetemperatur beträgt deshalb beim Normdruck (1013 hPa) 78 °C. Der Dampfdruck ist von der Temperatur und dem Stoff abhängig.

A1 **a)** Werte B2 grafisch aus.
b) Wie groß ist der Dampfdruck des Wassers bei 25 °C bzw. 95 °C?

A2 Warum beträgt die Siedetemperatur von Wasser in einem Schnellkochtopf 120 °C?

1.7 Diffusion und Kugelteilchenmodell

Der Botaniker ROBERT BROWN (1773–1858) untersuchte 1827 Pollenkörner und später Rußpartikel im Lichtmikroskop. Ihm fiel auf, dass sich die Pollenkörner und die Rußpartikel im Wasser bewegen. Weiter entdeckte er, dass ihre Bewegungen umso stärker ausfallen, je wärmer das Wasser ist.

Die eigenständige Bewegung von Stoffen kann beispielsweise durch den Versuch V1 sichtbar gemacht werden. Das violette Kaliumpermanganat verteilt sich nach einiger Zeit gleichmäßig im Wasser [B3], ohne dass ein Umrühren nötig ist.

Die in V1 und V2 beobachtete Bewegung bzw. Ausbreitung der Stoffe lässt sich erklären, wenn man annimmt, dass alle Stoffe aus **kleinsten Teilchen** aufgebaut sind [B4], welche sich bewegen. Hierdurch kommt es immer zur gegenseitigen Durchmischung.
Diese selbstständige Ausbreitung von Teilchen nennt man **Diffusion**.

Mit dieser Annahme lässt sich auch erklären, dass ein Luftballon, der zunächst prall mit dem Gas Wasserstoff gefüllt ist [B2], mit der Zeit kleiner wird. Denn jeder Luftballon besitzt kleinste Poren, durch die die Wasserstoff-Teilchen entweichen können.

Füllt man den Luftballon mit Sauerstoff, so entweicht dieser ebenfalls, allerdings langsamer. Diese Beobachtung lässt sich damit erklären, dass die Sauerstoff-Teilchen größer als die Wasserstoff-Teilchen sind. Die Sauerstoff-Teilchen passen daher nicht so leicht durch die Luftballonporen wie die kleineren Wasserstoff-Teilchen, sodass der Austritt von Sauerstoff länger dauert.

Stoffe bestehen aus kleinsten Teilchen, die sich selbstständig bewegen. Die selbstständige Ausbreitung der Stoffe bezeichnet man als Diffusion.

Da die Teilchen der Stoffe so klein sind, können sie nur schwer wirklichkeitsgetreu dargestellt werden. Zur Veranschaulichung des Diffusionsvorganges muss man sich daher eines Modells bedienen. Jedes Stoffteilchen besitzt eine bestimmte Größe und Masse, was im Modell gut darstellbar ist. Da die Teilchen der verschiedenen Stoffe jedoch unterschiedliche Formen besitzen, stellt man sie der Einfachheit halber als Kugeln dar. Dieses Modell wird daher **Kugelteilchenmodell** genannt.

Das Kugelteilchenmodell beschreibt, dass alle Stoffe aus kleinen, sich bewegenden Teilchen bestehen. Die Teilchen eines Stoffes sind gleich groß. Die Heftigkeit der Teilchenbewegung steigt mit der Temperatur.

In Rastertunnelmikroskopaufnahmen lassen sich die Teilchen im Verband erkennen [B1].

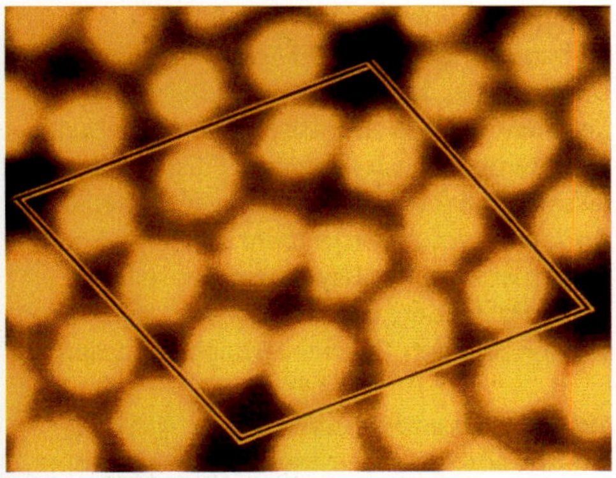

B1 Rastertunnelmikroskopaufnahme von Eisen-Teilchen

V1 Ein Kristall Kaliumpermanganat wird auf den Boden eines Standzylinders gelegt. Dann füllt man den Standzylinder vorsichtig mit Wasser und lässt diesen Ansatz so lange stehen, bis man eine deutliche Veränderung beobachten kann. Nicht umrühren!

V2 Gib gleichzeitig je einen Früchteteebeutel in ein Glas mit kaltem und in ein Glas mit heißem Wasser und beobachte, ohne umzurühren. Was fällt dir dabei auf?

A1 Kaliumpermanganat löst sich in Wasser. Beschreibe, wie man den Lösungsvorgang auf der Teilchenebene deuten kann [B4].

B2 Luftballons mit Wasserstoff gefüllt

Rußpartikel sind mikroskopisch kleine Rußflocken

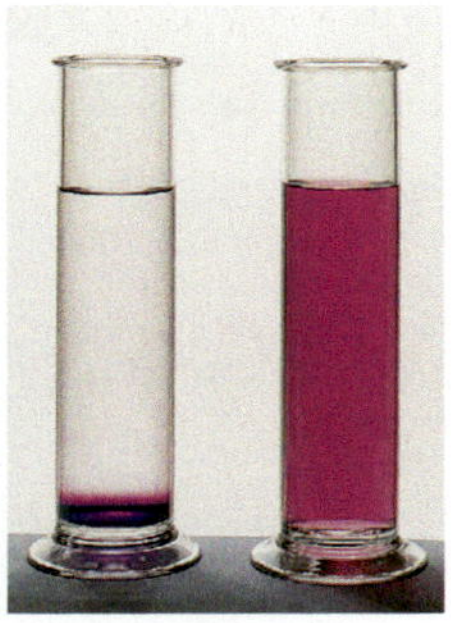

B3 Diffusion von Kaliumpermanganat

B4 Lösungsvorgang durch das Kugelteilchenmodell dargestellt

1.8 Teilchenmodell und Aggregatzustand

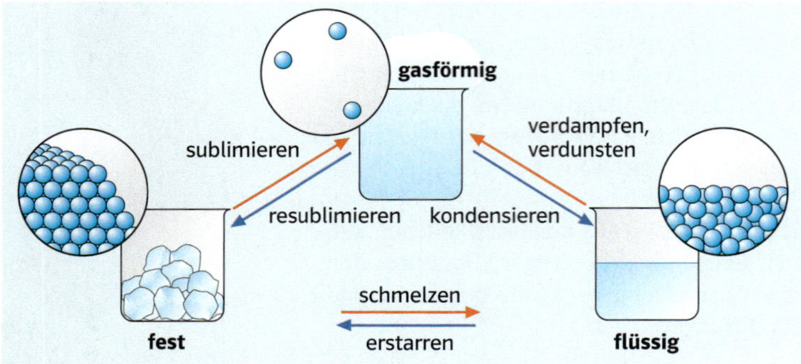

B1 Die Aggregatzustände und die Übergänge zwischen ihnen

Mit der Modellvorstellung vom Aufbau der Stoffe aus kleinsten Teilchen lassen sich die Aggregatzustände des Wassers und anderer Stoffe sowie die Übergänge zwischen den Aggregatzuständen gut deuten.

Kleinste Teilchen steht für die kleinsten gleichen Teilchen, aus denen ein Reinstoff aufgebaut ist

Thermische Energie wird als Wärme übertragen. (Entsprechend wird kinetische und potenzielle Energie als Arbeit übertragen.)

Stoffe im festen Zustand. Um einen Glasstab zu zerbrechen oder einen Eisenstab zu verbiegen, muss man Kraft aufwenden. Die kleinsten Teilchen des Feststoffes lassen sich offenbar nur schwer voneinander trennen und gegeneinander verschieben. Zwischen den Teilchen herrschen **Anziehungskräfte**. Diese halten die Teilchen auf ihren Plätzen fest.
Ein Feststoff lässt sich nicht zusammenpressen, weil die Teilchen dicht nebeneinander angeordnet sind. Sie führen lediglich Vibrationsbewegungen aus. Die Kristallform vieler fester Stoffe spiegelt die regelmäßige Anordnung der kleinsten Teilchen wider.

Stoffe im flüssigen Zustand. Flüssigkeiten lassen sich kaum zusammendrücken [V2b], sie sind jedoch beweglich und passen sich jeder Gefäßform an. Die Anziehungskräfte zwischen den kleinsten Teilchen des Stoffes können sich offenbar weniger gut auswirken als im festen Zustand. Die Teilchen nehmen keine festen Plätze ein, sie sind gegeneinander beweglich. Die strenge Ordnung des festen Zustands ist aufgehoben.

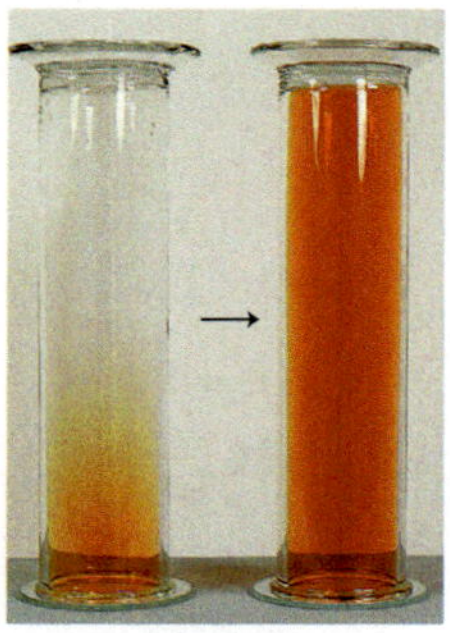

B2 Diffusion von Bromdampf in Luft

Stoffe im gasförmigen Zustand. Ein Gas lässt sich im Gegensatz zu einer Flüssigkeit oder einem Feststoff leicht zusammendrücken, es nimmt auch jeden zur Verfügung stehenden Raum ein [V2a]. Wegen der großen Abstände zwischen den Teilchen wirken sich die Kräfte zwischen ihnen kaum noch aus. Jedes Teilchen kann sich unbeeinflusst durch die Anziehung anderer Teilchen fortbewegen. Bei ihrer Bewegung stoßen die Teilchen ständig zusammen und ändern ihre Bewegungsrichtung. Sie bewegen sich ungeordnet im Raum. Diese Bewegung ist die Grundlage der Diffusion (Kap. 1.7) und erklärt z. B. auch die Durchmischung von Bromdampf und Luft [B2].

Veränderungen des Aggregatzustandes. In unserer Erklärung der Aggregatzustände mithilfe des Teilchenmodells spielen die Anziehungskräfte zwischen den kleinsten Teilchen eine wichtige Rolle. Die *Anziehungskraft* hängt von der *Entfernung der Teilchen* untereinander ab: je weiter sie voneinander entfernt sind, desto kleiner die Anziehungskraft. Je geringer aber diese Kräfte sind, desto ungeordneter können sich die Teilchen bewegen. Diese *Bewegung* ist umso heftiger, je *mehr thermische Energie* dem Stoff zugeführt wird.
Im festen Zustand führt die Zufuhr thermischer Energie zu immer heftigeren Vibrationen der Teilchen. Dabei nehmen die Teilchen im Mittel größere Abstände voneinander ein – der Feststoff dehnt sich aus. Die Vibrationen werden schließlich so stark, dass sich Gruppen von Teilchen voneinander lösen, die Ordnung bricht zusammen – der Stoff schmilzt. Durch die zugeführte thermische Energie vergrößern sich die Teilchenabstände. Erhitzt man die Flüssigkeit weiter, wird die Bewegung der Teilchen so heftig, dass immer mehr Teilchen den Teilchenverband verlassen – die Flüssigkeit siedet.
Die Tatsache, dass Wasser verdunsten kann, lässt den Schluss zu, dass auch unterhalb der Siedetemperatur Teilchen die Flüssigkeit verlassen können. An der Oberfläche wirken die Anziehungskräfte nicht mehr von allen Seiten. Auch hier kann die Bewegung der Teilchen so heftig werden, dass sie die Anziehung überwinden und den Teilchenverband verlassen.

Sublimation und Resublimation. Nicht nur Flüssigkeiten, auch Feststoffe können in den gasförmigen Zustand übergehen.
Wird festes Iod erwärmt [V3], so entsteht,

ohne dass das Iod schmilzt, violetter Ioddampf. Der Vorgang heißt Sublimation. Auch in diesem Falle wirken die Anziehungskräfte an der Oberfläche nicht mehr von allen Seiten. Einzelne Teilchen können den Teilchenverband aufgrund ihrer Bewegung verlassen.
Beim Abkühlen bildet sich durch Resublimation wieder festes Iod [B4]. Auch die Bildung von Raureif ist eine Resublimation [B3].

Teilchenbewegung und Gasdruck. Erhitzt man ein Gas in einem verschlossenen Behälter, kann der Druck so groß werden, dass der Behälter platzt. Bei ihrer Bewegung stoßen die kleinsten Teilchen eines Gases nicht nur untereinander, sondern auch mit der Gefäßwand zusammen. Der Druck im Gefäß wird mit zunehmender Erwärmung größer, die Stöße der Gasteilchen müssen also häufiger und heftiger werden. Das ist nur mit einer *größeren Geschwindigkeit* der Teilchen zu erklären. Vergrößert man den Raum, in dem sich das Gas befindet, stoßen die sich bewegenden Teilchen nicht mehr so häufig mit der Gefäßwand zusammen, der Druck sinkt.

Durch *Druck* lassen sich manche *Gase verflüssigen*. Werden die Abstände zwischen den Teilchen eines Gases so sehr verringert, dass die Anziehungskräfte zwischen ihnen wieder wirksam werden können, wird die Teilchenbewegung stark eingeschränkt. Der Stoff geht in den flüssigen Zustand über.

Die Teilchen der Stoffe üben Anziehungskräfte aufeinander aus. Teilchen von Feststoffen schwingen um ihre Ruhelage und sind nur schwer verschiebbar, während die von Flüssigkeiten leicht gegeneinander beweglich sind. Teilchen von Gasen bewegen sich ungeordnet im Raum.

Kleinstes Teilchen und Aggregatzustand. Aus den bisherigen Überlegungen folgt, dass ein einzelnes Teilchen eines Stoffes nicht in verschiedenen Aggregatzuständen vorkommen kann. Ein Aggregatzustand ist immer an eine Stoffportion gebunden, die aus einer sehr großen Anzahl von Teilchen besteht.

B3 Raureif auf einer Pflanze

V1 Fülle ein Reagenzglas etwa zu einem Drittel mit Eis. Stülpe über die Öffnung des Reagenzglases einen Luftballon. Erwärme langsam. (Achtung, heißer Wasserdampf!) Beschreibe deine Beobachtungen und deute sie mithilfe des Teilchenmodells.

V2 **a)** Schiebe einen mit Luft gefüllten Kolbenprober bei geschlossenem Hahn zusammen.
b) Wiederhole (a) mit etwa dem gleichem Kraftaufwand, aber mit einem zur Hälfte mit Wasser gefüllten Kolbenprober.
Vergleiche die Volumina vor und nach dem Zusammendrücken und deute mithilfe des Kugelteilchenmodells.

V3 Man gibt einige Iodkristalle in einen Weithals-Erlenmeyerkolben, deckt mit einem Uhrglas ab und gibt etwas Eiswasser darauf. Man erwärmt im Wasserbad. Nach dem Abkühlen nimmt man das Uhrglas vorsichtig ab und betrachtet die Unterseite. Fertige ein Protokoll an.

A1 Gib mithilfe des Kugelteilchenmodells an, welche Vorgänge ablaufen, wenn bei Frost Raureif entsteht.

A2 Drückt man bei einem mit Feuerzeuggas gefüllten Kolbenprober den Kolben fest in den Zylinder, bildet sich ein Beschlag aus Tröpfchen. Deute die Beobachtung mithilfe des Kugelteilchenmodells.

A3 Erkläre den Vorgang des Erstarrens, Kondensierens und Resublimierens mithilfe des Kugelteilchenmodells.

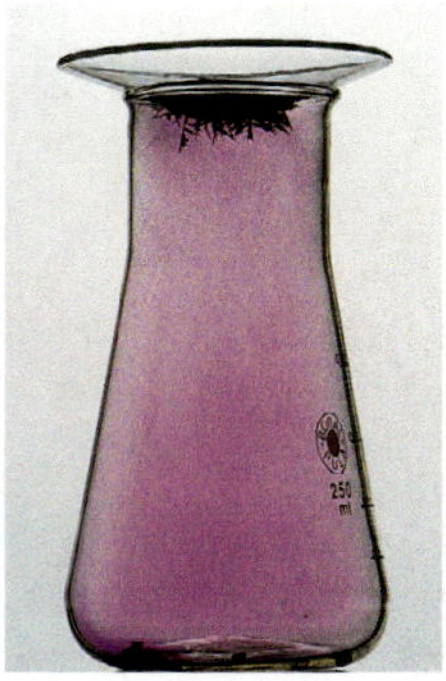

B4 Iod sublimiert und resublimiert

1.9 Exkurs Modelle im Alltag und in der Chemie

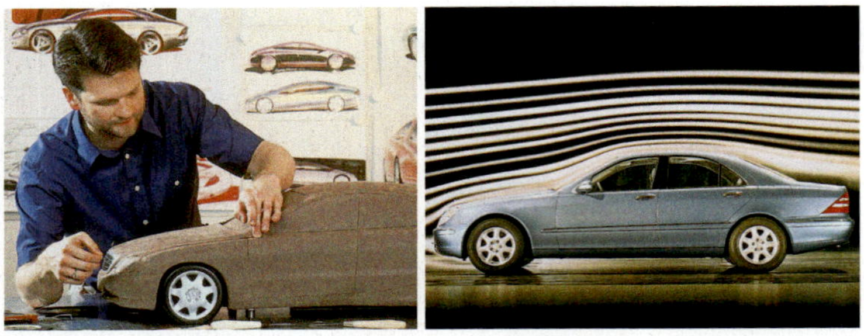

B1 Ein Automodell zum Test der Strömungseigenschaften der Karosserie

Sprechen wir im **Alltag** von **Modellen**, so versteht jeder meist darunter eine verkleinerte, möglichst maßstabsgetreue und wirklichkeitsnahe Nachbildung einer Maschine, eines Gebäudes, einer Person oder eines sonstigen Gegenstandes.

B2 Demokrit (ca. 460 – 371 v. Chr.)

Modell und Wirklichkeit. Modelle im Alltag finden nicht nur als Spielzeug ihren Einsatz, sondern auch in der Industrie. Um im Fahrzeugbau strömungsgünstige Karosserien zu entwickeln, können verkleinerte Modelle aus Holz oder Gips hergestellt und im Windkanal getestet werden. Ihre äußere Form muss der des Originals wirklichkeitsgetreu nachgebildet sein. Auch die Lackierung muss übereinstimmen. Andere Einzelheiten der Ausstattung sind dagegen nicht von Bedeutung. Nur wenige Merkmale eines Modells entsprechen der Realität. Bei einem Modell kommt es darauf an, für welchen Zweck es genutzt werden soll.

B3 Historisches Teilchenmodell

Modelle in der Chemie. In der Chemie werden wie in allen Naturwissenschaften Modelle genutzt. Diese unterscheiden sich von denen aus Alltag und Technik. Modelle in den Naturwissenschaften sind **Vorstellungs**- und **Erklärungshilfen**, um Beobachtungen zu erklären. Die Modelle weisen ähnlich wie ein Globus im Hinblick auf ihre Aussagekraft Grenzen auf. Der Globus eignet sich sehr gut, die Lage der Kontinente zu zeigen. Möchte man jedoch den Verlauf einer Straße nachsehen, so bedient man sich eines Stadtplans oder eines Navigationssystems.
Beides, der Stadtplan wie auch der Globus, sind Modelle von ein und derselben Welt.

Der Aufbau und die Eigenschaften der Stoffe, die Änderung der Aggregatzustände, die elektrische Leitfähigkeit von Metallen, das Verderben von Lebensmitteln sind Sachverhalte, die sich nicht mit einem einzigen Modell erklären lassen. In der Chemie werden mehrere Modelle eingesetzt. Oft ergänzen diese einander.

Woraus bestehen die Stoffe? Schon einige hundert Jahre vor Christus haben sich Menschen Gedanken über den Aufbau von Stoffen und damit den Aufbau der Welt gemacht. Vor allem die griechischen Philosophen befassten sich intensiv mit dieser Fragestellung.

Eine Vorstellung vom Aufbau der Welt hatten die griechischen Philosophen Leukipp und sein Schüler Demokrit [B2]. Demokrit stellte die Behauptung auf, dass sich alle Stoffe aus vielen Bausteinen zusammensetzen, die für das menschliche Auge nicht sichtbar sind. Diese Bausteine lassen sich nicht weiter teilen, sie sind unterschiedlich groß und besitzen die Form von Kugeln, Pyramiden oder Würfeln [B3]. Diese Teilchen können sich wie durch Haken und Ösen miteinander verbinden, wodurch unterschiedliche Stoffe entstehen. Die Vorstellungen der griechischen Philosophen der Antike vom Aufbau der Stoffe sind Vorläufer der heutigen Teilchenmodelle.

A1 Stelle einige Modelle aus Alltag (z. B. Schaufensterpuppe) und Technik zusammen und erläutere, mit welcher Absicht diese eingesetzt werden.

A2 Lege zu Hause einen Gegenstand in einen Schuhkarton und verschließe den Karton. Befestige den Deckel mit einem Klebestreifen.
Tauscht in der Klasse die Kartons aus, ohne sie zu öffnen. Bildet Kleingruppen und tauscht eure Vermutungen über den Gegenstand im verschlossenen Karton aus. Erstelle abschließend eine Zeichnung, wie der Gegenstand ungefähr aussehen könnte.

1.10 Die Verbrennung – eine chemische Reaktion

Verbrennungen erleben wir als Flammen, aber auch als kaum sichtbare Glut in alltäglichen Erscheinungen. Die meisten Verbrennungen, die wir direkt beobachten können, finden an der Luft statt. Vieles deutet darauf hin, dass die Luft Einfluss auf die Verbrennung hat.

Luft ermöglicht die Verbrennung. Ein Windstoß bringt eine Glut zum Aufflammen. Mit einem Blasebalg kann ein Grillfeuer entfacht werden. Findet im Kaminofen eine Verbrennung statt, wird Luft angesaugt oder eingeblasen, die entstehenden Abgase entweichen durch den Schornstein. Die rauschende Flamme des Gasbrenners erhält man bei geöffneter Einstellschraube. Dabei wird Luft angesaugt und mit Gas vermischt. Brennt eine Kerze, so strömt Luft aus der Umgebung zur Flamme. Die entstehenden heißen Verbrennungsgase entweichen nach oben. Wird die Luftzufuhr unterbrochen, erlischt die Flamme [B3, V1].

Verbrennung und Energieabgabe. Die Kerzenflamme erzeugt Licht und strahlt an ihre Umgebung ständig Wärme ab. Um Wärme zu nutzen, werden Energieträger wie Erdgas, Heizöl oder Kohle in großen Mengen in Heizanlagen und Heizkraftwerken verbrannt. Das dabei anfallende Verbrennungsprodukt Kohlenstoffdioxid entsteht auch bei der Verbrennung von Kraftstoffen in den Motoren von Kraftfahrzeugen.

Wird bei einem Lagerfeuer ein Stapel Holz verbrannt [B1], so bleiben nur wenig Asche und einige verkohlte Stücke zurück. Diese Holzkohle kann weiter verbrannt werden. Bei der Verbrennung von Holz und Holzkohle entsteht ebenfalls Kohlenstoffdioxid.

Die Verbrennung ist ein Vorgang, bei dem aus einem oder mehreren **Ausgangsstoffen** (Edukten) neue Stoffe entstehen. Eine solche Stoffumwandlung bezeichnet man als **chemische Reaktion**.

Die Verbrennung ist eine chemische Reaktion, die unter Energieabgabe verläuft.

B1 Brennendes Holz mit Asche und Glut (links), Lagerfeuer (rechts)

Die bei einer chemischen Reaktion neu gebildeten Stoffe nennt man **Reaktionsprodukte.** Die Reaktionsprodukte weisen **andere Eigenschaften** als die Ausgangsstoffe auf.

Eine chemische Reaktion ist eine Stoffumwandlung, bei der aus einem oder mehreren Ausgangsstoffen (Edukten) neue Stoffe (Reaktionsprodukte) entstehen.

B2 Eine Kerzenflamme erzeugt Licht

V1 Stülpe über ein brennendes Teelicht ein Glas, das mit der Unterlage dicht abschließt. Wiederhole den Versuch mit einem größerem Glas. Deute deine Beobachtungen.

V2 Stelle ein Becherglas mit kaltem Wasser auf ein Keramik-Drahtnetz und erhitze mit der rauschenden Flamme nur so lange, bis sich an der Außenwand des Becherglases eine Veränderung beobachten lässt. Beschreibe und deute diese.

A1 Begründe, dass die Verbrennung von Holz eine chemische Reaktion ist. Anhand welcher Stoffeigenschaften wird deutlich, dass tatsächlich neue Stoffe entstehen?

A2 Nenne einige chemische Reaktionen, die dir im Alltag begegnen. Beschreibe, woran man erkennen kann, dass eine chemische Reaktion stattgefunden hat.

B3 Teelicht unter Glas

1.11 Verbrennung von Metallen

Dass Metalle brennen, entspricht nicht der alltäglichen Erfahrung. Dennoch sind manche Metalle unter bestimmten Voraussetzungen brennbar.

B1 Magnesium verbrennt mit heller, weißer Flamme

Beobachtungen beim Verbrennen von Metallen. Hält man ein Magnesiumband in die Flamme eines Brenners, entzündet es sich und verbrennt mit grellweißer Flamme [B1]. Es entsteht ein weißer, ascheartiger Stoff, der keine Ähnlichkeit mehr mit dem Metall hat. Wird Eisenwolle entzündet, so beobachtet man ein lebhaftes Aufglühen. Es entsteht ein blauschwarzer, spröder Stoff. Bei der Verbrennung von Eisen ist keine Flamme zu sehen. Zu den Metallen, die nicht verbrennen, gehören Gold und Platin.

Manche Metalle können verbrennen. Dabei entstehen unter Wärmeabgabe neue Stoffe.

B2 Eisenwolle verbrennt ohne Flamme, sie verglüht

Verbrennung und Zerteilungsgrad. Versucht man, einen Eisennagel anzuzünden (Kap. 1.12, V2a), so zeigt sich, dass er – im Gegensatz zu Eisenwolle – nicht brennt. Er überzieht sich lediglich mit einer dünnen blauschwarzen Schicht. Lässt man dagegen Eisenpulver (Kap. 1.12, V2c) durch die Flamme eines Brenners rieseln oder bläst es durch die Flamme, so verbrennt es unter Funkensprühen. Mit zunehmender Zerteilung reagiert Eisen bei der Verbrennung heftiger. Dies gilt auch für andere brennbare Metalle und darüber hinaus für alle brennbaren Stoffe. Beim Zerteilen einer Stoffportion vergrößert sich die Oberfläche sehr stark [B3]. Die Luft kommt dadurch mit vielen Stellen in Kontakt, an denen dann die Verbrennung gleichzeitig und damit heftiger ablaufen kann.

Eine Stoffportion verbrennt umso heftiger, je stärker sie zerteilt ist.

Verbrennungsvorgänge können ganz verschieden ablaufen: schnell oder langsam, mit oder ohne Flamme. Explosionen und Verpuffungen sind sehr schnelle Verbrennungen, es wird in kurzer Zeit, d.h. auf einmal, viel Energie frei.

Die Rolle der Luft bei der Verbrennung. Dass Luft die Verbrennung von Eisen ermöglicht, lässt sich eindeutig nachweisen. Wird Eisenwolle in einem Verbrennungsrohr entzündet [V1], so verglüht sie hell aufleuchtend, solange Luft durch das Rohr gesaugt wird. Bei Unterbrechung der Luftzufuhr erlischt das Glühen. Andere brennbare Metalle verhalten sich ähnlich. Bestimmt man die Masse von Eisenwolle vor dem Verglühen und danach, so stellt man fest, dass die Masse des Reaktionsproduktes größer ist [B4, V2]. Verursacht die Luft diese Massenzunahme?

Sauerstoff in der Luft. Will man prüfen, ob die gesamte Luft bei der Verbrennung reagiert, verbrennt man in einer geschlossenen Apparatur Eisenwolle in einer abgemessenen Luftportion [V3a, B5]. Es zeigt sich, dass das Volumen nur um etwa ein Fünftel abnimmt. Eine Wiederholung des Experimentes mit einer größeren Portion Eisenwolle führt zum gleichen Ergebnis.

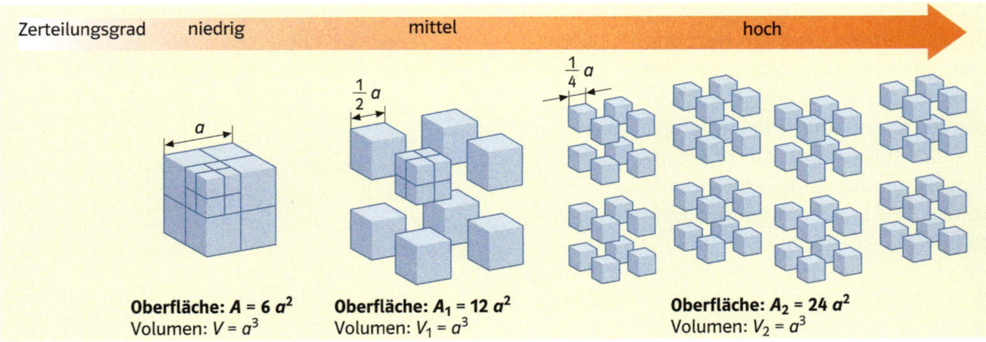

B3 Beim Zerteilen einer Stoffportion vergrößert sich die Oberfläche

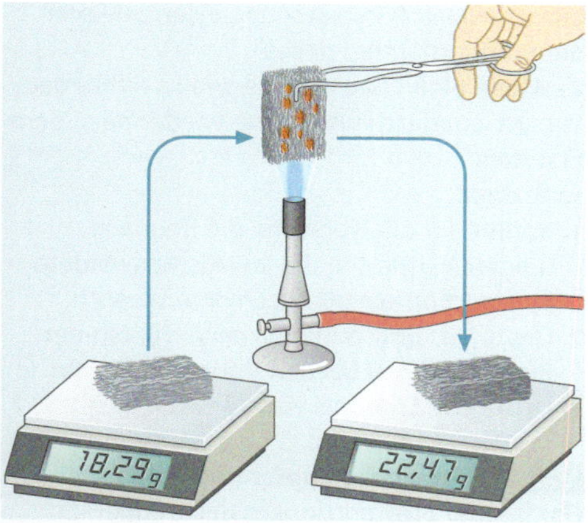

B4 Massenzunahme beim Verbrennen

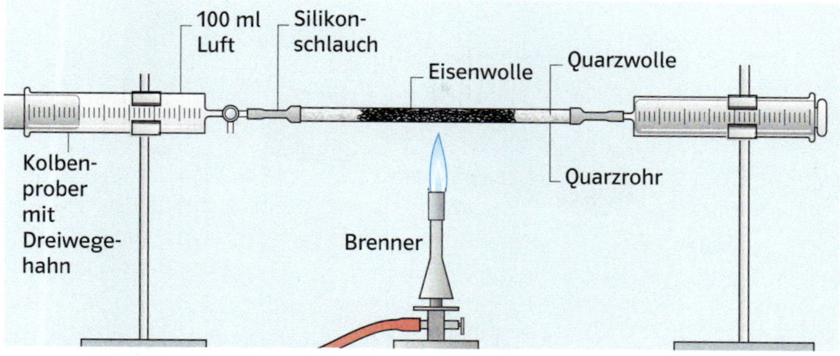

B5 Ermittlung des Sauerstoffanteils der Luft

Nur ein Teil der Luft reagiert also bei der Verbrennung. Der bei der Verbrennung reagierende Teil der Luft ist der Sauerstoff. In dem verbleibenden Restgas erstickt die Flamme eines Holzspans [V3b]. Dieses Restgas ist im Wesentlichen Stickstoff mit einem geringen Anteil anderer Gase.
Im Sauerstoff flammt dagegen ein Holzspan, der an der Luft nur glimmt, auf. Durch diese **Glimmspanprobe** kann Sauerstoff nachgewiesen werden.

Luft ist ein Gasgemisch. Der Volumenanteil des Sauerstoffs beträgt etwa ein Fünftel, der des Stickstoffs etwa vier Fünftel. Die Verbrennung ist eine Reaktion mit Sauerstoff.

V1 Fülle in ein Verbrennungsrohr Eisenwolle und verbinde es mit einer Wasserstrahlpumpe. Erhitze das Verbrennungsrohr, entferne den Brenner nach Entzündung der Eisenwolle und sauge stoßweise Luft durch das Rohr. Was beobachtest du?

V2 Wiege einen Bausch Eisenwolle vor und nach der Verbrennung.

V3 **a)** Baue eine Apparatur nach B5 auf. Schiebe die eingeschlossene Luftportion (100 ml) mehrmals über die erhitzte Eisenwolle. Lies das Volumen des Restgases ab und ermittle den Verbrauch.
b) Drücke das Restgas in ein Reagenzglas und halte einen brennenden Holzspan hinein.

A1 Nenne Maßnahmen, durch die sich die Temperatur bei der Verbrennung eines Stoffes erhöhen lässt.

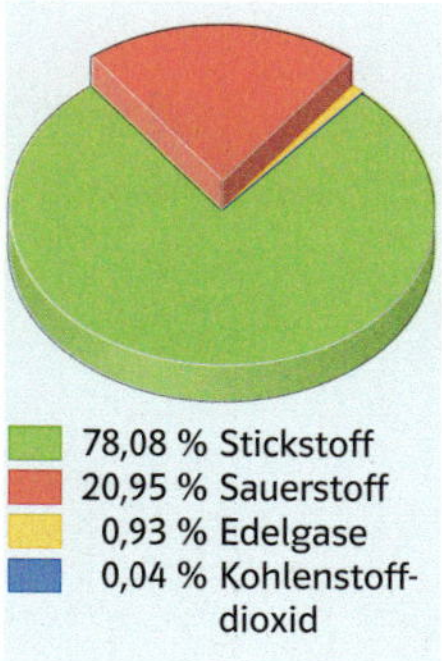

B6 Zusammensetzung der Luft (Volumenanteile)

Volumenanteil φ

$$\varphi_1 = \frac{V_1}{V_S}$$

V_1: Volumen des Bestandteils 1
V_S: Summe aller Volumina vor dem Mischen
Der Volumenanteil wird meist in % angegeben

Exkurs Durchtrennen einer Eisenplatte mit einem Schneidbrenner

Auf Baustellen kann man oft beobachten, dass Eisenplatten mit Schneidbrennern zerteilt werden. Zunächst erhitzt man das Metall mit der Brennerflamme. Danach schließt man die Zufuhr des brennbaren Gases und lässt nur noch reinen Sauerstoff auf die glühende Metalloberfläche strömen. Das Metall reagiert mit dem Sauerstoff unter starker Wärmeentwicklung. Es bildet sich ein heftiger Funkenregen von reagierendem Eisen und weggeschleudertem Reaktionsprodukt. Zurück bleibt ein schmaler Spalt.

1.12 Praktikum Erhitzen von Metallen an der Luft

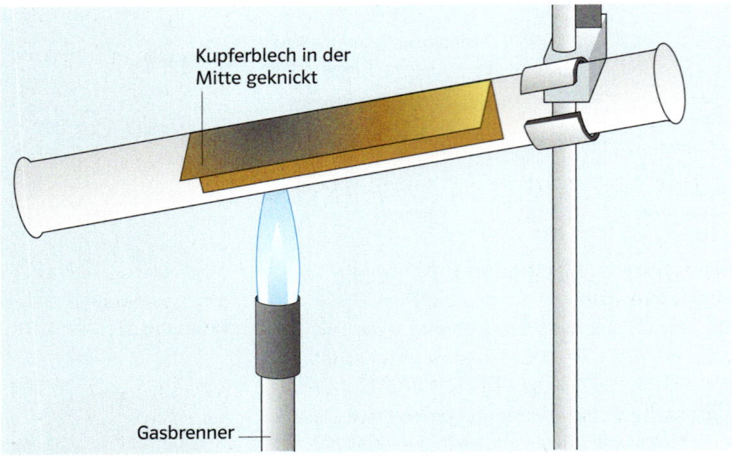

B1 Versuchsaufbau zu V2b

V1 Ist Eisen brennbar?

Geräte, Stoffportionen aus Eisen: Gasbrenner, Stativ, Klemme, Muffe, Tiegelzange, Waage, Eisennagel, Eisenwolle (Stahlwolle), Eisenpulver.

Durchführung:

a) Halte einen Eisennagel mit der Tiegelzange in die rauschende Brennerflamme. Untersuche den Nagel nach dem Erkalten.

b) Halte einen Teil eines Bausches Eisenwolle in die rauschende Brennerflamme, bis Rotglut sichtbar wird, und nimm den Bausch aus der Flamme.
Wiederhole den Versuch. Schwenke den Bausch kräftig hin und her.

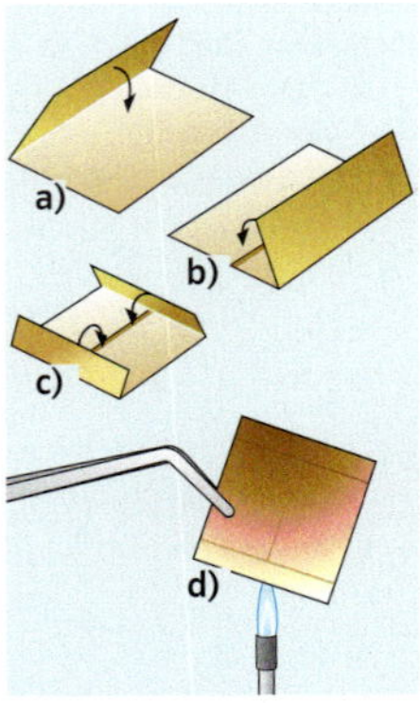

B2 Kupferbriefversuch

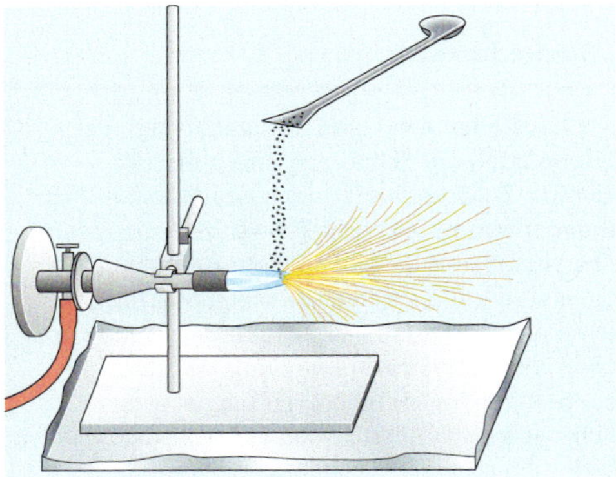

B3 Versuchsaufbau zu V1c

c) Lass, wie in B3 abgebildet, Eisenpulver in die Brennerflamme rieseln.

d) Wiege einen Bausch Eisenwolle. Führe den Versuch (b) durch und wiege wieder nach dem Erkalten.

Aufgaben:

1. Notiere für alle Versuche die Beobachtungen. Vergleiche die jeweils verwendete Stoffportion vor und nach dem Versuch.
2. Deute das unterschiedliche Verhalten der Eisenportionen bei den Versuchen (a), (b), (c).
3. Deute das Ergebnis von Versuch (d).

V2 Erhitzen von Kupfer und Silber

Geräte und Stoffportionen: Gasbrenner, Tiegelzange, Stativmaterial, Glasrohr, Porzellanschale, Kupferblech, Silberblech.

Durchführung:

a) Halte einen Teil des Kupferblechs in die rauschende Flamme, sodass es kurze Zeit glüht und lasse abkühlen. Verfahre in gleicher Weise mit dem Silberblech.

b) Baue den Versuch auf, wie es die Skizze B1 zeigt, und erhitze das Kupferblech mit der rauschenden Flamme etwa fünf Minuten lang. Lass den Inhalt des Rohres in die Porzellanschale fallen.

Aufgaben:

1. Notiere die Beobachtungen des Versuches V2a) und deute sie.
2. Beschreibe die Veränderungen des Kupferblechs bei Versuch (b). Vergleiche mit (a).
3. Für den Verlauf des Versuches (b) ist es wichtig, dass das Glasrohr schräg eingespannt ist. Deute den Versuchsverlauf.

V3 „Kupferbrief"

Geräte und Materialien: Gasbrenner, Tiegelzange, Hammer, Porzellanschale, Kupferblech.

Durchführung: Falte ein Kupferblech, wie es B2 zeigt. Hämmere das Briefchen so zusammen, dass die Flächen dicht aufeinanderliegen. Erhitze in der rauschenden Brennerflamme. Unterbrich einige Male, schwenke das Briefchen außerhalb der Flamme und erhitze wieder. Lass das Kupferbriefchen in der Porzellanschale abkühlen und öffne es.

Aufgabe:

Vergleiche die Innen- mit der Außenseite. Erkläre das Versuchsergebnis.

1.13 Metalle reagieren mit Sauerstoff

Ein Holzspan, der an der Luft nur an der Spitze glüht, flammt in reinem Sauerstoff auf. Offensichtlich verläuft die Verbrennung in reinem Sauerstoff heftiger als an der Luft.

Verbrennung von Metallen in reinem Sauerstoff. Eisenwolle, die an der Luft nur verglüht, verbrennt in reinem Sauerstoff unter lebhaftem Funkensprühen [V1, B2]. Magnesium verbrennt in Sauerstoff rasch und noch heftiger als in Luft. Das Reaktionsprodukt zeigt sich als weißer Rauch, der sich teilweise an der Glaswand niederschlägt [V1, B3].
Während sich eine Schicht aus Kupferpulver auf einer Magnesiarinne nicht entzünden lässt, kommt es in Sauerstoff zu einer Reaktion unter Aufglühen.
Bei diesen Versuchen unterscheiden sich die Reaktionsprodukte nicht von denen, die bei der Verbrennung der betreffenden Metalle an Luft entstehen.

Neue Stoffe aus Metallen und Sauerstoff. Wenn man ein Magnesiumband an einem Ende entzündet, pflanzt sich die Reaktion schnell durch das ganze Band fort [B3].
Es entsteht ein weißer, einheitlicher Feststoff, ein Reinstoff, dessen Eigenschaften keine Verwandtschaft mit den Ausgangsstoffen erkennen lassen. Durch eine chemische Reaktion ist ein neuer Stoff entstanden. Bei der Reaktion von Eisenwolle in Sauerstoff erhält man blauschwarze, spröde Brocken. Die Stoffe Eisen und Sauerstoff sind nicht mehr vorhanden. Auch in diesem Fall haben die Ausgangsstoffe (Edukte) zu einem neuen Stoff reagiert.

Metalle und Sauerstoff reagieren zu Metalloxiden. Metalle – mit Ausnahme von Platin und Gold – reagieren mit Sauerstoff zu neuen Stoffen. Ausgangsstoffe und Reaktionsprodukte haben völlig andere Eigenschaften [B1]. Die Reaktionsprodukte, die bei Reaktionen der Metalle mit Sauerstoff entstehen, heißen **Oxide**. Eine solche Reaktion wird daher auch Oxidation genannt. Beispiele sind: Magnesiumoxid, Eisenoxid und Kupferoxid. Metalloxide unterscheiden sich deutlich von den Metallen, aus denen sie entstehen können. Es sind spröde Stoffe mit hoher Schmelztemperatur.

Das Reaktionsschema. Chemische Reaktionen lassen sich durch eine Schreibweise darstellen, die man als Reaktionsschema bezeichnet. Dieses lautet für die Reaktion von Magnesium und Sauerstoff:

Magnesium + Sauerstoff ⟶ Magnesiumoxid

Lies:
Magnesium und Sauerstoff reagieren zu Magnesiumoxid

Auf der linken Seite des Reaktionsschemas stehen die Ausgangsstoffe. Auf der rechten Seite stehen die Reaktionsprodukte. Dazwischen steht der Reaktionspfeil. Er kennzeichnet die Richtung einer chemischen Reaktion und wird als „reagieren zu" gelesen. Das „+"-Zeichen ist ein aufzählendes „und".

Für die Reaktionen von Metallen mit Sauerstoff gilt allgemein:

Metall + Sauerstoff ⟶ Metalloxid

V1 Man benötigt zwei hohe Glasgefäße, deren Boden mit Sand bedeckt ist. In das erste Glasgefäß füllt man *Sauerstoff* und hält brennende Eisenwolle hinein. In das zweite Glasgefäß (mit *Luft*) hält man ein brennendes Magnesiumband hinein. (Vorsicht! Nicht direkt in die Flamme schauen! Schutzbrille!)

B2 Eisenwolle verbrennt in Sauerstoff

B3 Magnesium verbrennt in Sauerstoff

Oxide von griech./lat. Oxygenium, Sauerstoff

Metall/Metalloxid Name	Metall Eigenschaften	Metalloxid Eigenschaften
Magnesium/ Magnesiumoxid	silberglänzend; Schmelztemperatur 649 °C	weiß, spröde; Schmelztemperatur 2 802 °C
Eisen/ Eisenoxid	grau glänzend; Schmelztemperatur 1 535 °C	blauschwarz, spröde; Schmelztemperatur 1 594 °C
Kupfer/ Kupferoxid	rötlich glänzend; Schmelztemperatur 1 083 °C	schwarz, spröde; Schmelztemperatur 1 330 °C
Silber/ Silberoxid	silberglänzend; Schmelztemperatur 962 °C	schwarz, spröde; zersetzt sich ab 160 °C

B1 Eigenschaften einiger Metalle und ihrer Oxide

1.14 Verbindungen und elementare Stoffe

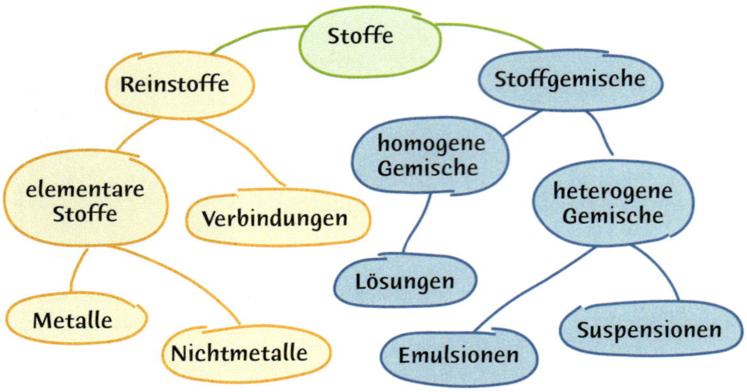

B1 Einteilung der Stoffe. Eine Möglichkeit zur Ordnung der Vielzahl der Stoffe

Analyse von griech. analysein, auflösen

Synthese von griech. synthesis, Verknüpfung

Viele Metalloxide kommen in der Natur vor [B2]. Aus ihnen können Metalle gewonnen werden. Lässt sich auch das wertvolle Silber aus Silberoxid gewinnen?

Zerlegung von Silberoxid. Wird schwarzes Silberoxid erhitzt, entsteht ein weißgrauer Feststoff. Gleichzeitig entweicht ein Gas [B3]. Der erhaltene Rückstand lässt sich zu einer silberglänzenden Kugel zusammenschmelzen und kann zu einem biegsamen Plättchen ausgehämmert werden. Im aufgefangenen Gas flammt ein glimmender Span auf (Glimmspanprobe).
Silberoxid ist in Silber und Sauerstoff zerlegt worden, aus denen es auch gebildet werden kann. Die **Zerlegung** eines Metalloxids ist eine chemische Reaktion.

Silberoxid ⟶ Silber + Sauerstoff

B2 Natürlich vorkommende Metalloxide. Oben: Magnetitoktaeder, unten: Cuprit

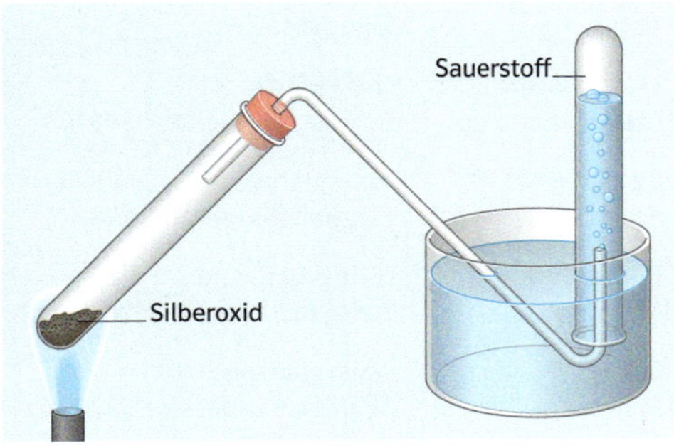

B3 Zerlegung von Silberoxid durch Wärmezufuhr

Sowohl Silberoxid als auch Silber und Sauerstoff sind **Reinstoffe**. Weder Silber noch Sauerstoff können durch eine chemische Reaktion in weitere Stoffe zerlegt werden. Man spricht dann von **elementaren Stoffen**. Silberoxid ist eine **Verbindung**.

Elementare Stoffe sind Reinstoffe, die sich nicht in andere Stoffe zerlegen lassen. Verbindungen sind Reinstoffe, die sich in wenigstens zwei elementare Stoffe zerlegen lassen.

Man kennt heute über 100 elementare Stoffe. Die meisten davon sind Metalle.
Die Zerlegung (Analyse) von Silberoxid ist die *Umkehrung* der chemischen Reaktion zur Bildung (Synthese) von Silberoxid aus den elementaren Stoffen Silber und Sauerstoff. Grundsätzlich lässt sich jedes Metalloxid in die elementaren Stoffe Metall und Sauerstoff zerlegen. Im Schullabor können die zur Zerlegung von Metalloxiden benötigten hohen Temperaturen allerdings oft nicht erreicht werden.
Auch die Oxide von Nichtmetallen (Kap. 1.16) lassen sich wieder in Sauerstoff und das entsprechende Nichtmetall zerlegen. Das Vorgehen ist dabei aber vergleichsweise aufwendig.

V1 Schutzbrille! Man gibt etwa 0,5 g Silberoxid in ein Reagenzglas und verbindet dieses über ein Gasableitungsrohr mit einem mit Wasser gefüllten Reagenzglas [B3].
Das Silberoxid wird mit kleiner Flamme vorsichtig erhitzt. Nach kurzer Zeit wird das Erhitzen für einen Moment unterbrochen und die Gasentwicklung beobachtet; anschließend wird sofort weiter erhitzt.
Vor dem Ende des Erhitzens wird das Gasableitungsrohr aus dem Wasser genommen.
In beiden Reagenzgläsern wird die Glimmspanprobe durchgeführt. Den enthaltenen Feststoff schmilzt man zusammen.

A1 Stelle jeweils das Reaktionsschema der Zerlegung von Eisenoxid und Kupferoxid in die entsprechenden elementaren Stoffe auf. Kennzeichne elementare Stoffe und Verbindungen.

1.15 Chemische Reaktion und die Masse der Stoffe

Bei der Reaktion von Eisen mit Sauerstoff entsteht der Stoff Eisenoxid. Wir konnten feststellen, dass bei dieser Reaktion das Eisenoxid eine größere Masse als die eingesetzte Eisenportion besitzt (Kap. 1.11). Wie verhält es sich aber, wenn man alle Massen der Stoffe vor und nach der Reaktion bestimmt?

Erhaltung der Masse bei der Bildung von Metalloxiden. Um bei der Oxidation des Eisens auch die Masse des Sauerstoffs zu berücksichtigen, muss die Reaktion in einer geschlossenen Apparatur durchgeführt werden. Vergleicht man die Masse der Ausgangsstoffe Eisen und Sauerstoff mit der Masse des Reaktionsproduktes Eisenoxid, so stellt man keinen Unterschied fest [V1, B2]. Allgemein gilt für die Reaktion der Metalle mit Sauerstoff:

Metall + Sauerstoff ⟶ Metalloxid
m(Metall) + m(Sauerstoff) = m(Metalloxid)

Gesetz von der Erhaltung der Masse. Verbrennt man Streichhölzer [V2, B1] in einem verschlossenen Reagenzglas und bestimmt die Masse des Reagenzglases mit Inhalt vor und nach der Reaktion, so stellt man ebenfalls keine Änderung der Masse fest. Bei einer beliebigen chemischen Reaktion lässt sich auch mit sehr empfindlichen Waagen **keine Massenänderung** feststellen.

Ende des 18. Jahrhunderts machte der französische Chemiker ANTOINE LAURENT LAVOISIER die Chemie zu einer messenden Wissenschaft. LAVOISIER führte viele chemische Reaktionen in geschlossenen Apparaturen durch. Von ihm stammt das *Gesetz von der Erhaltung der Masse.*

Bei jeder chemischen Reaktion ist die Gesamtmasse der Reaktionsprodukte gleich der Gesamtmasse der Ausgangsstoffe (Edukte).

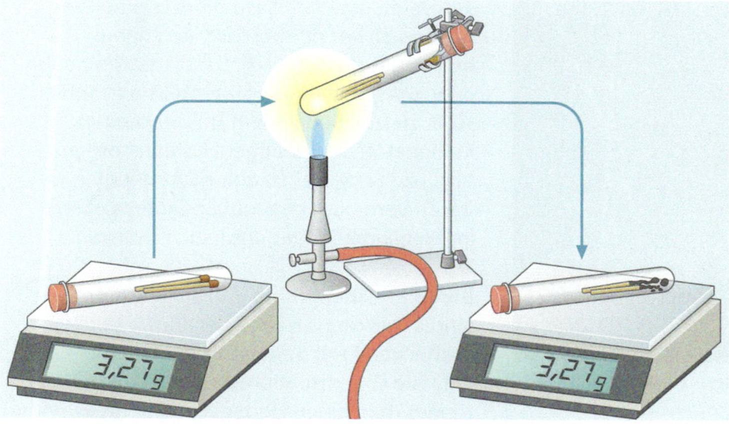

B1 Massenerhaltung. Die Masse des Reagenzglases mit Inhalt vor und nach der Reaktion ist gleich

V1 Man leitet Sauerstoff in einen Kolben, dessen Boden mit Sand bedeckt ist, und verschließt ihn mit einem Stopfen, in dem zwei Stricknadeln stecken, die einen Eisenwollebausch tragen. Man bestimmt die Masse der Apparatur. Gezündet wird durch eine Spannung von einigen Volt. Nach dem Abkühlen wird erneut gewogen.

V2 Gib in ein Reagenzglas zwei Streichhölzer mit dem Kopf zum Boden. Verschließe das Reagenzglas mit einem Stopfen. Befestige den Stopfen zusätzlich mit einem Klebeband am Reagenzglasrand. Bestimme die Masse des Reagenzglases mit Inhalt. Bringe durch Erhitzen des Reagenzglasbodens (Schutzbrille!) die Streichhölzer zum Entzünden. Bestimme nach dem Abkühlen erneut die Masse. Lege in deinem Heft eine geeignete Tabelle an.
a) Übertrage deine Werte in die Tabelle.
b) Trage die Werte der anderen Gruppen in deine Tabelle ein.
c) Deute die Versuchsergebnisse.

A1 Bei der Zerlegung von 464 mg Silberoxid werden 432 mg Silber gebildet. Wie groß ist die Masse der gebildeten Sauerstoffportion?

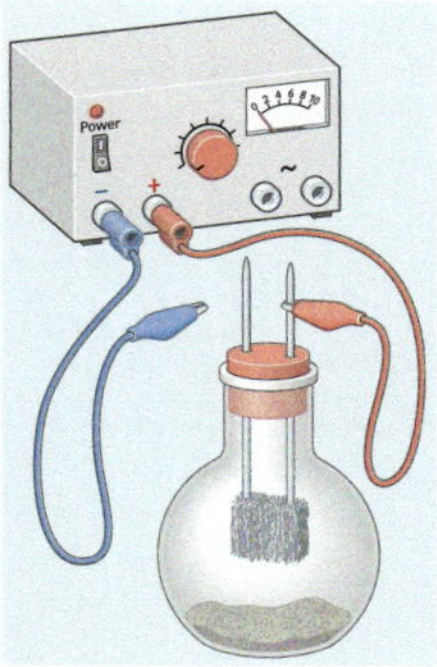

B2 Zu Versuch 1

B3 ANTOINE LAURENT LAVOISIER (1743–1794)

1.16 Nichtmetalle reagieren mit Sauerstoff

B1 Glimmender Holzspan

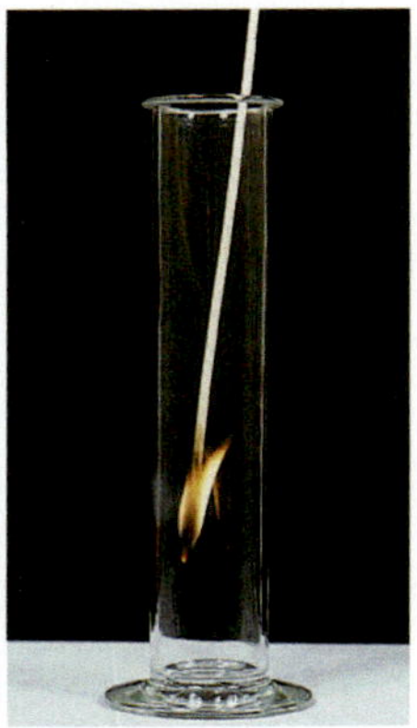

B2 Glimmspanprobe

B3 Mit Schwefeldioxid haltbar gemachtes Trockenobst

Verbrennungs- und Oxidationsreaktionen wurden bisher nur bei Metallen näher betrachtet (Kap. 1.11). Brennstoffe wie Kohle oder Koks bestehen größtenteils aus Kohlenstoff; Heizöl, Benzin und Holz enthalten Kohlenstoffverbindungen. Kohlenstoff gehört wie Schwefel zu den Nichtmetallen. Deren Verhalten gegenüber Sauerstoff soll im Folgenden näher untersucht werden.

Die Glimmspanprobe. Möchte man prüfen, ob die Reaktionsgefäße bei den Versuchen ausreichend mit Sauerstoff gefüllt sind, kann man die Glimmspanprobe durchführen: Entzündet man einen Holzspan, bläst die Flamme aus und hält den noch glimmenden Span in Sauerstoff, so flammt er wieder auf [B1, B2].

Mit der Glimmspanprobe kann Sauerstoff nachgewiesen werden.

Schwefeldioxid. Erhitzt man Schwefel, so schmilzt er und entzündet sich. An der Luft verbrennt Schwefel mit schwach blauer, in reinem Sauerstoff mit leuchtend blauer Flamme [B4, links]. Dabei bildet sich ein farbloses, gasförmiges, giftiges Oxid mit stechendem Geruch. Dieses Gas heißt Schwefeldioxid [V1a].

Schwefel + Sauerstoff ⟶ Schwefeldioxid

Schimmelpilze und Bakterien werden von Schwefeldioxid abgetötet. Deshalb wird es zum Haltbarmachen von Früchten und anderen Lebensmitteln [B3], ebenso zur Desinfektion von Wein- und Bierfässern aus Holz eingesetzt. Schwefeldioxid bleicht Blüten- und andere Farbstoffe [V1b]. Brennstoffe wie Kohle und Heizöl enthalten geringe Mengen Schwefelverbindungen. Aus diesen entsteht bei der Verbrennung Schwefeldioxid. Weil es die Umwelt belastet, müssen entweder der Schwefel vor der Verbrennung entfernt oder das Schwefeldioxid den Abgasen entzogen werden.

Verbrennung von Holzkohle. Holzkohle besteht fast ausschließlich aus Kohlenstoff, enthält aber zudem geringe Anteile von Mineralsalzen. Sie wurden zu Lebzeiten der Bäume von den Wurzeln in Wasser gelöst aufgenommen. Bei der Gewinnung von Holzkohle aus Holz bleiben diese Mineralsalze enthalten. Zündet man Holzkohle an, so glüht sie bei Luftzufuhr und in Sauerstoff hell auf und verglüht langsam [B4, rechts; V3]. Dabei entsteht farbloses, geruchloses Kohlenstoffdioxidgas, das in die Luft entweicht.

Kohlenstoff + Sauerstoff ⟶ Kohlenstoffdioxid

Die Mineralsalze bleiben als hellgraue, fast weiße Asche zurück.

Nachweis von Kohlenstoffdioxid. Schüttelt man ein Gefäß, in dem sich Kohlenstoffdioxid und Kalkwasser befinden, so bildet sich eine weiße Suspension [B6, V2]. Ein Reaktionsprodukt von Kohlenstoffdioxid mit Kalkwasser ist für die Trübung verantwortlich. Nach einer Weile setzt sich der Feststoff am Gefäßboden ab, es hat sich ein Niederschlag gebildet.

Die Trübung von Kalkwasser ist ein Nachweis für Kohlenstoffdioxid (Kalkwasserprobe).

Eigenschaften von Kohlenstoffdioxid. Die Dichte des Kohlenstoffdioxids ist etwa 1,5-mal so groß wie die der Luft. Kohlenstoffdioxid lässt sich deshalb umgießen wie eine Flüssigkeit und sammelt sich am Boden eines Raumes oder Gefäßes. Es ist nicht brennbar. Aus der großen Dichte und seiner Nichtbrennbarkeit ergibt sich seine Verwendung als Feuerlöschmittel [V3].

B4 Schwefel verbrennt in Sauerstoff (links), Holzkohle verbrennt in Sauerstoff (rechts)

B5 Trockeneis beim Tiefkühlen von Lebensmitteln

Verwendung von Kohlenstoffdioxid. Unter Druck verflüssigt kommt Kohlenstoffdioxid in grauen Stahlflaschen in den Handel. Festes Kohlenstoffdioxid wird als **Trockeneis** bezeichnet. Unter normalen Bedingungen sublimiert es und schmilzt nicht. Dabei kühlt es seine Umgebung stark ab. Trockeneis eignet sich daher zur Kühlung von Lebensmitteln bei der Herstellung und auf Transportwegen [B5]. In vielen Mineralwässern ist „natürliches" Kohlenstoffdioxid gelöst, das z.B. bei vulkanischer Tätigkeit entstanden ist. Limonaden und manchen alkoholischen Getränken wird es zugesetzt, um einen erfrischenden Geschmack zu bewirken. Mit steigendem Druck nimmt die Löslichkeit von Kohlenstoffdioxid in Wasser zu. Deshalb wird es in Getränke hineingepresst und entweicht sofort nach dem Öffnen der Flaschen zu einem großen Teil. In Gaststätten drückt Kohlenstoffdioxid das Bier zum Zapfhahn und bildet mit dem Bier den Schaum.

Kohlenstoffmonooxid, ein gefährliches Gas. Verbrennt Kohlenstoff bei unzureichender Luftzufuhr, so entsteht neben Kohlenstoffdioxid das *giftige, farblose, geruchlose Gas* Kohlenstoffmonooxid.

Kohlenstoff + Sauerstoff ⟶ Kohlenstoffmonooxid

Auch Kohlenstoffdioxid kann bei hohen Temperaturen (ca. 900 °C) mit Kohlenstoff zu Kohlenstoffmonooxid reagieren. Kohlenstoffmonooxid verbrennt mit *blauer Flamme* zu Kohlenstoffdioxid [B7]. Dies kann man als Nachweis verwenden.

Eingeatmetes Kohlenstoffmonooxid wird im Vergleich zu Sauerstoff etwa 300-mal so stark an den roten Blutfarbstoff gebunden. Dadurch wird der Sauerstofftransport blockiert. Eine Kohlenstoffmonooxidvergiftung ist die Folge. Die Abgase von Fahrzeugen ohne Katalysator enthalten Kohlenstoffmonooxid. Bereits ein Volumenanteil von 1% in der Atemluft kann tödlich wirken. Sofortige Sauerstoffbeatmung dient als lebensrettende Gegenmaßnahme.

V1 ⚠ **a)** (Abzug!) Schwefel wird entzündet und dann in einen mit Sauerstoff gefüllten Zylinder eingebracht.
b) Anschließend wird eine rote Rose oder Nelke in den abgedeckten Zylinder getaucht. Für einige Minuten lässt man den Standzylinder abgedeckt stehen.

V2 Bedecke den Boden eines kleinen, mit Sauerstoff gefüllten Standzylinders mit Kalkwasser. Senke auf einem Verbrennungslöffel ein Stück entzündete Holzkohle hinein. Entnimm den Löffel, verschließe den Zylinder und schüttle. Beobachte und erkläre.

V3 Stelle in eine Glaswanne brennende Kerzen verschiedener Länge. Fülle mehrere Bechergläser mit Kohlenstoffdioxid und gieße das Gas durch einen Trichter mit weiter Öffnung in das Glasbecken um.

A1 Formuliere das Reaktionsschema für die Reaktion von Graphit mit Sauerstoff (Graphit besteht aus Kohlenstoff).

A2 Begründe, warum die im Heizöl enthaltenen Schwefelverbindungen vor dessen Verbrennung entfernt werden.

A3 Der gasförmige Anteil des Tabakrauchs enthält etwa 73 % Stickstoff, 10 % Sauerstoff, 9,5 % Kohlenstoffdioxid, 4,2 % Kohlenstoffmonooxid und 3,3 % andere Gase (die Angaben sind Volumenanteile). **a)** Vergleiche die Zusammensetzung des Tabakrauchs mit der Zusammensetzung Luft (Kap. 1.11).
b) Recherchiere was mit „andere Gase" gemeint ist und welche gesundheitliche Problematik sich durch diese Gase ergibt.

A4 Recherchiere die Symptome einer Kohlenstoffmonooxidvergiftung.

B6 Nachweis von Kohlenstoffdioxid

B7 Kohlenstoffmonooxid verbrennt mit blauer Flamme

1.17 Atome

B1 John Dalton (1766 – 1844)

$$\frac{1}{10} = \frac{1}{10^1} = 10^{-1}$$

$$\frac{1}{100} = \frac{1}{10^2} = 10^{-2}$$

$$\frac{1}{10^{24}} = 10^{-24}$$

Atom von griech. atomos, unteilbar

atomare Masseneinheit u von engl. unit, Einheit

m_t Teilchenmasse

Zur Deutung bestimmter Stoffeigenschaften hat sich die Modellvorstellung vom Aufbau der Stoffe aus kleinsten Teilchen bewährt. Das Modell eignet sich aber nicht gut, um chemische Reaktionen zu deuten.

Die Atomvorstellung nach Dalton. Vor 200 Jahren entwickelte der englische Gelehrte John Dalton [B1] eine Vorstellung, die über das Teilchenmodell hinausgeht: Jeder elementare Stoff besteht aus einer Atomsorte. Die **Atome** einer Atomsorte unterscheiden sich von den Atomen anderer elementarer Stoffe in ihrer Größe und Masse. Diese Vorstellung von Atomen als winzigen Kügelchen nennt man Dalton-Atommodell.

Um verschiedene Atomsorten zu kennzeichnen, verwendet man Zeichen. Sie leiten sich meist von den lateinischen oder griechischen Namen der elementaren Stoffe ab [B2].
Für die Atomsorten wird der Begriff **Element** verwendet.

Ein elementarer Stoff besteht nur aus Atomen einer Atomsorte. Eine Atomsorte bezeichnet man als Element.

Elementname		Zeichen für das Atom	Atommasse in u
deutsch	lat./griech.		
Wasserstoff	Hydrogenium	H	1,008
Kohlenstoff	Carboneum	C	12,01
Stickstoff	Nitrogenium	N	14,01
Sauerstoff	Oxygenium	O	16,00
Magnesium	Magnesium	Mg	24,31
Aluminium	Aluminium	Al	26,98
Schwefel	Sulfur	S	32,07
Eisen	Ferrum	Fe	55,85
Kupfer	Cuprum	Cu	63,55
Zink	Zincum	Zn	65,41
Silber	Argentum	Ag	107,87
Blei	Plumbum	Pb	207,2

B2 Zeichen und Massen für Atome einiger Elemente

Die Masse von Atomen. Die Masse eines Atoms ist unvorstellbar klein. Für das Atom mit der geringsten Masse, das Wasserstoff-Atom, ergibt sich folgender Wert:

m_t(Wasserstoff-Atom) =
0,000 000 000 000 000 000 000 001 674 g

Es ist nicht zweckmäßig, die Masse einer Mücke in Tonnen anzugeben. Ebenso ist eine Angabe der Atommasse in Gramm sehr umständlich. Deshalb wurde die **atomare Masseneinheit u** eingeführt. Die heute festgelegte atomare Masseneinheit weicht geringfügig von der Masse des Wasserstoff-Atoms ab:

1 u = 0,000 000 000 000 000 000 000 001 661 g =
$1{,}661 \cdot 10^{-24}$ g (1,661 quadrillionstel Gramm)

Für das Wasserstoff-Atom ergibt sich damit:
m_t(H) = 1,008 u ≈ 1 u.
Ein Sauerstoff-Atom, m_t(O) = 16,00 u, besitzt damit ungefähr die Masse von 16 Wasserstoff-Atomen. Die Masse eines Atoms in der Einheit u gibt damit ziemlich genau an, wie viel Mal so groß die Masse dieses Atoms im Vergleich zu der eines Wasserstoff-Atoms ist.

A1 Suche drei Elemente und ihre Zeichen aus dem Tabellenanhang heraus, die nach Ländern benannt sind.

A2 Suche im Anhang die Zeichen und Atommassen für folgende Elemente heraus: Helium, Titan, Chrom, Gold und Platin.

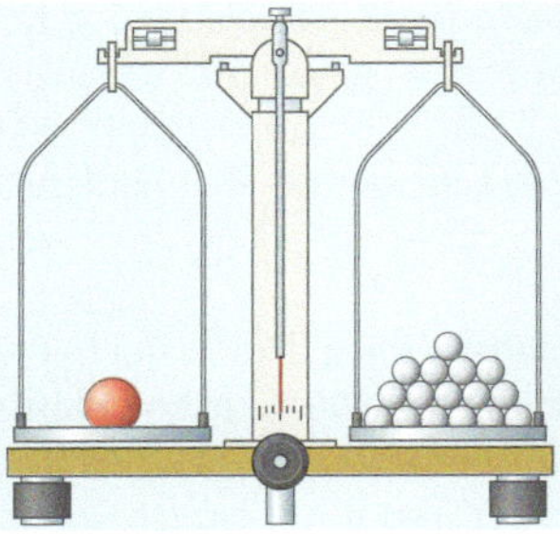

B3 Veranschaulichung von Atommassen.
m_t(Sauerstoff-Atom) = 16 · m_t(Wasserstoff-Atom)

1.18 Impulse Elemente-Bingo

Heute sind über 100 chemische Elemente bekannt. Aber keine Sorge – du musst nicht alle Zeichen (Symbole) auswendig lernen! Die Zeichen für Atome der Elemente, die häufig im Unterricht eingesetzt werden, prägen sich allmählich ein; du kannst sie jedoch auch spielerisch, z. B. in einer Partnerarbeit, erlernen:

Vorbereitung:
a) Jeder von euch beiden zeichnet für das Elemente-Bingo auf ein Blatt Papier ein Quadrat mit der Seitenlänge von ca. 8 cm und unterteilt dieses große Quadrat in 16 kleine Quadrate.
b) Tragt beide in die 16 Quadrate eures Spielfeldes 16 unterschiedliche Elementsymbole ein. Wenn ihr beiden eure *Spielscheine* ausgefüllt habt (nicht abgucken!), beginnt das Spiel.

Spielbeginn:
Nenne einen Elementnamen und schreibe diesen auf ein zweites Blatt. Hast du ein Element deines Partners erraten, sagt dieser „Bingo!".
Du darfst so lange weitere Elementnamen nennen, wie du Treffer erzielst.
Bei einem Nichttreffer nennt dein Partner Elementnamen und schreibt diese auf.

Hast du alle Elemente deines Partners erraten, ruft dieser dreimal „Bingo!" Hat dein Partner alle deine Elemente erraten, rufst du dreimal „Bingo".
Dann vergleicht ihr eure beiden Spielscheine. Habt ihr Elementsymbole den Elementnamen falsch zugeordnet oder die Zeichen nicht korrekt geschrieben, gibt es für jede falsche Zuordnung oder für jedes falsche Zeichen 2 Punkte Abzug.
Für jedes getroffene Element erhält jeder von euch einen Punkt.

Sieger ist der, der die meisten Punkte erzielt hat. In einer Spielrunde kann jeder Spieler also maximal 16 Punkte erreichen.

Silber
Lateinisch argentum
Englisch silver,
Deutsch Silber,
Französisch argent.

Das chemische Symbol „Ag" wurde 1814 von J. J. BERZELIUS eingeführt.

Die Griechen nannten das Silber „argyros", d. h. glänzend, davon leiteten die Römer „argentum" ab.

Der deutsche und der englische Name gehen wahrscheinlich auf das althochdeutsche „silabar" zurück, das wiederum auf das assyrische „sirapiim" zurückzuführen ist, dieses bedeutet „weißes Metall".

Die unterstrichenen Namen sind Treffer.

Ergebnis des Beispiels:
Sina: 13 Treffer;
Peter: 16 Treffer,
2 Zeichen falsch
(M für Mangan, richtig Mn;
Ka für Kalium, richtig K)
16 – 4 = 12 Punkte;
Sina ist die Siegerin!

Ein Beispiel für eine Elemente-Bingo-Spielsituation

1.19 Elementare Stoffe und Verbindungen im Atommodell

In Kap. 1.17 wurden die Bausteine aller Stoffe, die Atome, vorgestellt. Es gibt nur etwa 110 Elemente, sprich Atomsorten. Wie kann es dann sein, dass heute bereits mehrere Millionen unterschiedliche Verbindungen bekannt sind?

Elementare Stoffe. Ein elementarer Stoff besteht aus Atomen einer Atomsorte. Es gibt elementare Stoffe wie Kohlenstoff, deren kleinste Teilchen einem einzelnen Atom entsprechen. Um deutlich zu machen, dass ein Kohlenstoff-Teilchen ein einzelnes Kohlenstoff-Atom ist [B2], gibt man für Kohlenstoff das Atomzeichen an: C. Die Mehrzahl der elementaren Stoffe besteht wie Kohlenstoff aus einzelnen Atomen.
Einige elementare Stoffe sind jedoch aus Teilchen aufgebaut, die aus zwei oder mehr Atomen einer bestimmten Sorte bestehen. Z. B. bestehen Sauerstoff-Teilchen immer aus jeweils zwei Sauerstoff-Atomen [B2]. Die Formel von Sauerstoff lautet also O_2. Teilchen wie das Sauerstoff-Teilchen, bei denen es sich um mehrere fest verbundene Atome handelt, werden **Moleküle** genannt [B1]. Stoffe, die aus Molekülen aufgebaut sind, heißen auch **molekulare Stoffe**. Sauerstoff besteht also aus Molekülen und ist ein molekularer Stoff.

di- griech. zwei

Verbindungen bestehen aus Atomen verschiedener Atomsorten, also aus mehreren Elementen. Kohlenstoffdioxid ist eine Verbindung. Der Aufbau seiner kleinsten Teilchen ist bei diesem Stoff bereits aus seinem Namen ersichtlich. Jedes Kohlenstoffdioxid-Teilchen besteht aus zwei Sauerstoff-Atomen und einem Kohlenstoff-Atom [B2]. Kohlenstoffdioxid hat daher die Formel CO_2 und ist ebenfalls aus Molekülen aufgebaut. Es gibt folglich sowohl elementare Stoffe (z. B. Sauerstoff) als auch Verbindungen (z. B. Kohlenstoffdioxid), die aus Molekülen aufgebaut sind [B1].

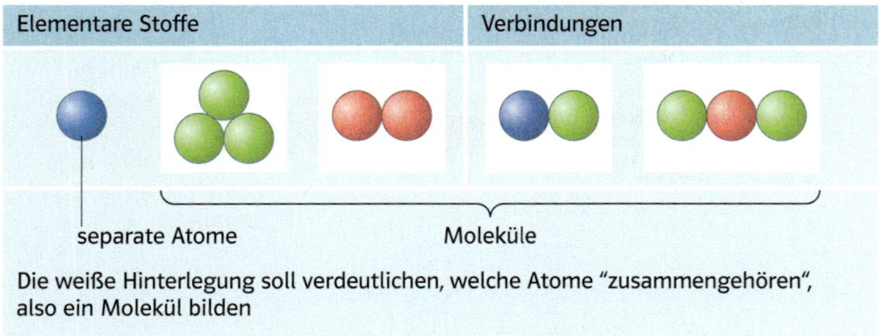

B1 Teilchen von elementaren Stoffen und Verbindungen

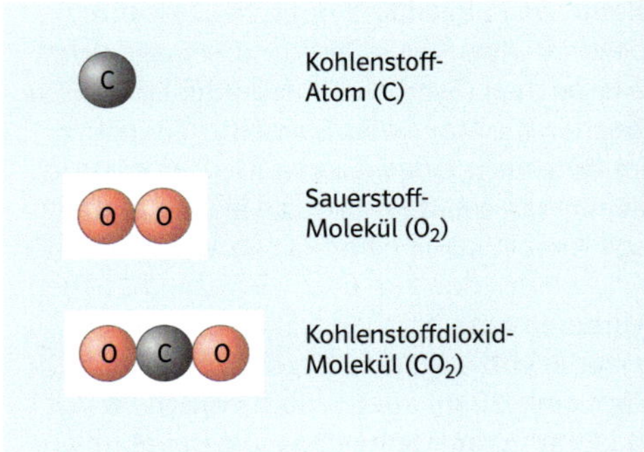

B2 Aufbau der kleinsten Teilchen von Kohlenstoff, Sauerstoff und Kohlenstoffdioxid

Elementare Stoffe können aus einzelnen Atomen oder aus Molekülen aufgebaut sein. Verbindungen bestehen aus verschiedenen Elementen. Sie sind nie aus Atomen nur einer Atomsorte aufgebaut.

Den Unterschied im Aufbau von elementaren Stoffen und Verbindungen hast du jetzt kennengelernt. Aber warum sind Verbindungen durch eine chemische Reaktion zerlegbar, elementare Stoffe jedoch nicht?

A1 **a)** Stelle die folgenden Teilchen analog B3 dar: Wasserstoff-Teilchen (H_2), Kohlenstoffmonooxid-Teilchen (CO), Helium-Teilchen (He). **b)** Benenne die jeweilige Teilchenart (Atom oder Molekül). **c)** Ordne dem jeweils zugehörigen Stoff die Begriffe „elementarer Stoff" oder „Verbindung" zu.

A2 Gib jeweils ein Beispiel an oder begründe, warum dies nicht möglich ist: **a)** ein elementarer Stoff, der aus separaten Atomen aufgebaut ist, **b)** ein elementarer Stoff, der aus Molekülen aufgebaut ist, **c)** eine Verbindung, die aus separaten Atomen aufgebaut ist, **d)** eine Verbindung, die aus Molekülen aufgebaut ist.

Chemische Reaktion und Umgruppierung von Atomen. Die Verbindung Kohlenstoffdioxid kann in die elementaren Stoffe Kohlenstoff und Sauerstoff zerlegt werden. B3 zeigt für alle an der Reaktion beteiligten Stoffe ihre zugehörigen Teilchen – separate Atome oder Moleküle. Es wird deutlich, dass sich die Atome aus dem Edukt-Teilchen zu neuen Teilchen zusammensetzen bzw. separate Atome entstehen.
Allgemein kann man jede chemische Reaktion als Umgruppierung der Atome deuten. Nach Beendigung der chemischen Reaktion haben die Atome eine andere Anordnung. Dabei gehen keine Atome verloren, wandeln sich in Atome eines anderen Elements um oder entstehen neu.

Eine chemische Reaktion kann als eine Umgruppierung von Atomen gedeutet werden.

Selbst sehr kleine Stoffportionen enthalten sehr viele Teilchen, sodass in Wirklichkeit viele Edukt-Teilchen und Produkt-Teilchen an einer Reaktion beteiligt sind [B3, unten]. Elementare Stoffe können nicht weiter zerlegt werden, weil diese nur eine Atomsorte enthalten. Die enthaltenen Atome können sich daher nicht zu anderen Teilchen zusammensetzen.

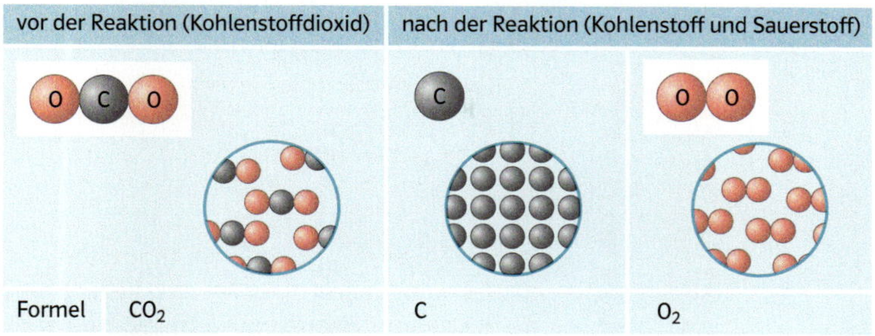

B3 Zerlegung von Kohlenstoffdioxid

A3 Recherchiere zwei weitere elementare Stoffe, die wie Sauerstoff molekular vorliegen.

A4 Erstelle analog zu B3 eine beschriftete Skizze, die die Bildung von Kohlenstoffdioxid aus Kohlenstoff und Sauerstoff zeigt.

A5 Im Mittelalter haben Alchemisten, Vorgänger der heutigen Chemiker, versucht, Gold aus weniger wertvollen Metallen wie Blei herzustellen. Erläutere, weshalb dieses Vorhaben scheiterte.

A6 Begründe das Gesetz von der Erhaltung der Masse (Kap. 1.15) mithilfe der Vorstellung einer chemischen Reaktion als Umgruppierung von Atomen.

Exkurs Reaktionsgleichungen

Wenn Stoffe miteinander reagieren, müssen die Edukt-Teilchen in einem bestimmten Anzahlverhältnis miteinander reagieren, damit sich die enthaltenen Atome vollständig zu passenden Produkt-Teilchen umgruppieren können. Es dürfen keine Atome aus den Edukt-Teilchen übrig bleiben oder fehlen. Bei der Bildung von Kohlenstoffdioxid reagiert jeweils ein Kohlenstoff-Atom mit einem Sauerstoff-Molekül zu einem Kohlenstoffdioxid-Molekül [B4]. Dies drückt man durch folgende **Reaktionsgleichung** aus:

$$C + O_2 \longrightarrow CO_2$$

Bei der Bildung von Kohlenstoffmonooxid reagieren jeweils zwei Kohlenstoff-Atome mit einem Sauerstoff-Molekül zu zwei Kohlenstoffmonooxid-Molekülen [B4]:

$$2\,C + O_2 \longrightarrow 2\,CO$$

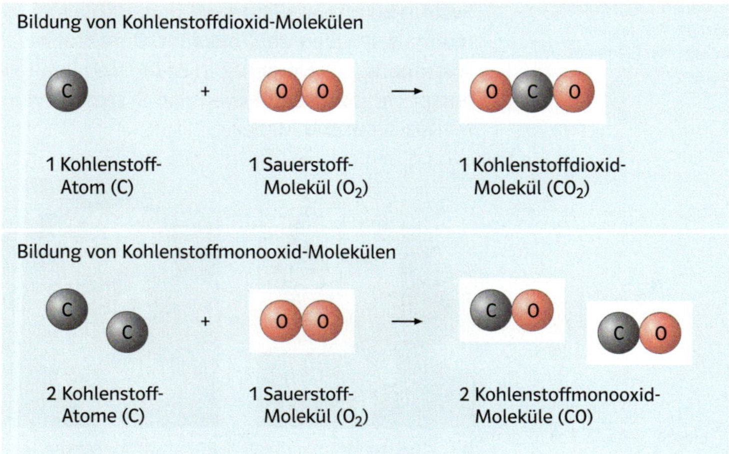

B4 Veranschaulichung von Reaktionsgleichungen

1.20 Das Periodensystem der Elemente

Perioden	I	II	III	IV	V	VI	VII	VIII
1	1,0 $_{1}$H							4,0 $_{2}$He
2	6,9 $_{3}$Li	9,0 $_{4}$Be	10,8 $_{5}$B	12,0 $_{6}$C	14,0 $_{7}$N	16,0 $_{8}$O	19,0 $_{9}$F	20,2 $_{10}$Ne
3	23,0 $_{11}$Na	24,3 $_{12}$Mg	27,0 $_{13}$Al	28,1 $_{14}$Si	31,0 $_{15}$P	32,1 $_{16}$S	35,5 $_{17}$Cl	39,9 $_{18}$Ar
4	39,1 $_{19}$K	40,1 $_{20}$Ca	69,7 $_{31}$Ga	72,6 $_{32}$Ge	74,9 $_{33}$As	79,0 $_{34}$Se	79,9 $_{35}$Br	83,8 $_{36}$Kr
5	85,5 $_{37}$Rb	87,6 $_{38}$Sr	114,8 $_{49}$In	118,7 $_{50}$Sn	121,8 $_{51}$Sb	127,6 $_{52}$Te	126,9 $_{53}$I	131,3 $_{54}$Xe
6	132,9 $_{55}$Cs	137,3 $_{56}$Ba	204,4 $_{81}$Tl	207,2 $_{82}$Pb	209,0 $_{83}$Bi	209 $_{84}$Po	210 $_{85}$At	222 $_{86}$Rn

B1 PSE der Hauptgruppenelemente. Die Ordnungszahl steht unter, die Atommasse in u über der Atomsorte

Atommasse 12,0
Ordnungszahl 6 **C**

B2 Atommasse in u und Ordnungszahl von Kohlenstoff

Ein auffälliges Ausstattungsmerkmal des Chemieraums ist eine besondere Tabelle, in der die Zeichen aller Atomsorten stehen. In diesem als **Periodensystem der Elemente (PSE)** bezeichneten System sind die Elemente in Zeilen und Spalten angeordnet.

Das System der Elemente von Mendelejew und Meyer. Bis Mitte des 19. Jahrhunderts waren etwa 50 Elemente bekannt. Der russische Forscher Dimitrij Mendelejew [B3] und der deutsche Chemiker Lothar Meyer [B4] ordneten die Elemente nach steigender Atommasse [B5]. Da zu diesem Zeitpunkt noch nicht alle Elemente entdeckt waren, enthielt das damalige Periodensystem Lücken.

Langperiodensystem
in einem Langperiodensystem werden alle bekannten Elemente dargestellt

Periodensystem der Elemente. Mendelejews System konnte erweitert werden. Heute sind mehr als 110 Elemente bekannt. Die aktuelle Anordnung der Elemente in Zeilen und Spalten entspricht im Wesentlichen den Systemen von Mendelejew und Meyer.

B3 Dimitrij Mendelejew (1834–1907)

B4 Lothar Meyer (1830–1895)

Die Zeilen der Anordnung bezeichnet man als **Perioden**. Untereinander in Spalten stehende Elemente gehören zu einer **Elementgruppe**. Das Periodensystem in B1 enthält nur einen Ausschnitt des vollständigen Periodensystems, die sogenannten *Hauptgruppen*. Ein PSE, das auch die Elemente der *Nebengruppen* berücksichtigt, befindet sich in diesem Buch hinter dem Anhang.
Die Reihenfolge, in der die Elemente im PSE angeordnet sind, wird durch die **Ordnungszahl** der Elemente beschrieben. Sie steigt innerhalb der Perioden beim Langperiodensystem von links nach rechts schrittweise um eins an.

A1 Nenne die Gruppe und Periode, in der das Element Stickstoff bzw. das Element Magnesium steht. Gib jeweils die Ordnungszahl und die Atommasse an.

A2 Erkläre die Sprünge der Ordnungszahlen der Elemente Calcium und Gallium, Strontium und Indium bzw. Barium und Thallium in B1.

A3 Verschafft euch einen Überblick über die Vielfalt der Periodensysteme, in gedruckter oder interaktiver Form, indem ihr einer Suchmaschine im Internet den Auftrag gebt, „Periodensysteme" zu suchen. Gruppiert die Periodensysteme in solche in Langform und solche in Kurzform. Was unterscheidet beide Darstellungen? Nennt die Vorteile der jeweiligen Form.

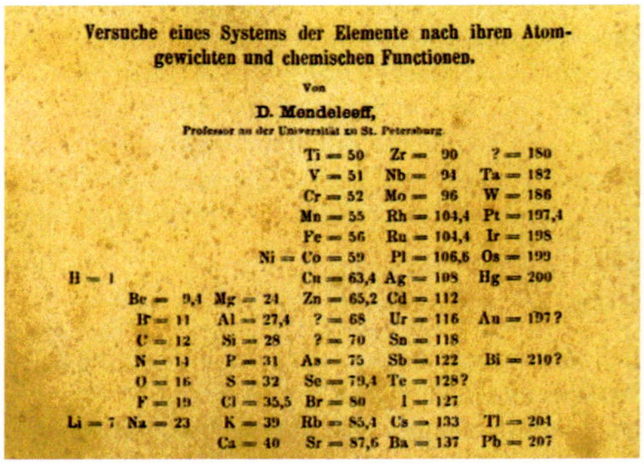

Versuche eines Systems der Elemente nach ihren Atomgewichten und chemischen Functionen.

Von

D. Mendeleeff,
Professor an der Universität zu St. Petersburg.

			Ti = 50	Zr = 90	? = 180
			V = 51	Nb = 94	Ta = 182
			Cr = 52	Mo = 96	W = 186
			Mn = 55	Rh = 104,4	Pt = 197,4
			Fe = 56	Ru = 104,4	Ir = 198
			Ni = Co = 59	Pl = 106,6	Os = 199
H = 1			Cu = 63,4	Ag = 108	Hg = 200
	Be = 9,4	Mg = 24	Zn = 65,2	Cd = 112	
	B = 11	Al = 27,4	? = 68	Ur = 116	Au = 197?
	C = 12	Si = 28	? = 70	Sn = 118	
	N = 14	P = 31	As = 75	Sb = 122	Bi = 210?
	O = 16	S = 32	Se = 79,4	Te = 128?	
	F = 19	Cl = 35,5	Br = 80	I = 127	
Li = 7	Na = 23	K = 39	Rb = 85,4	Cs = 133	Tl = 204
		Ca = 40	Sr = 87,6	Ba = 137	Pb = 207

B5 Mendelejews System der Elemente von 1869
Im Gegensatz zur heutigen Darstellung des PSE sind die Elementgruppen in Zeilen statt in Spalten angeordnet

1.21 Durchblick Zusammenfassung und Übung

Begriffe der Stoffebene

Stoffeigenschaften: Stoffe kann man an ihren Eigenschaften erkennen. Dazu gehören z. B. Farbe, Schmelz- und Siedetemperatur, Dichte und Löslichkeit.

Dichte: Masse (m) und Volumen (V) sind Eigenschaften einer Stoffportion, aber nicht typisch für den Stoff. Der Quotient m/V ist allerdings eine Stoffeigenschaft, die Dichte ρ (Rho) [B2].

Elementare Stoffe: Reinstoffe, die sich nicht in andere Stoffe zerlegen lassen.

Verbindungen: Reinstoffe, die sich aus elementaren Stoffen aufbauen und sich in wenigstens zwei elementare Stoffe zerlegen lassen.

Reaktionsschema: Beschreibt eine chemische Reaktion. Die Namen der Ausgangsstoffe werden vor, die der Reaktionsprodukte hinter den Reaktionspfeil geschrieben.

Kohlenstoff + Sauerstoff ⟶ Kohlenstoffdioxid

Begriffe der Teilchenebene

Teilchenmodell: Alle Stoffe sind aus kleinsten Teilchen aufgebaut. Sie werden meist als Kugeln dargestellt. Mit diesem Modell können die Diffusion von Stoffen sowie die verschiedenen Aggregatzustände und ihre Eigenschaften gut erklärt werden.

Atome: z. B. Wasserstoff-Atom (H), Kohlenstoff-Atom (C), Sauerstoff-Atom (O)

Elemente: Atome der gleichen Sorte.

Verbindungen: Formeln von Verbindungen erkennt man daran, dass verschiedene Elemente in der Formel vorkommen. Beispiele: CO_2, H_2O, CO.

Moleküle: Teilchen, die aus mehreren fest verbundenen Atomen bestehen. Es gibt sowohl elementare Stoffe (z. B. Sauerstoff) als auch Verbindungen (z. B. Kohlenstoffdioxid), die aus Molekülen aufgebaut sind.

Molekülformel: Gibt an, aus wie vielen Atomen welchen Elements ein Molekül aufgebaut ist. Molekülformeln gibt es sowohl für die Moleküle elementarer Stoffe (z. B. O_2) als auch für die Moleküle von Verbindungen (z. B. CO_2, H_2O).

$$\rho = \frac{m}{V}$$

B2 Formel zur Berechnung der Dichte

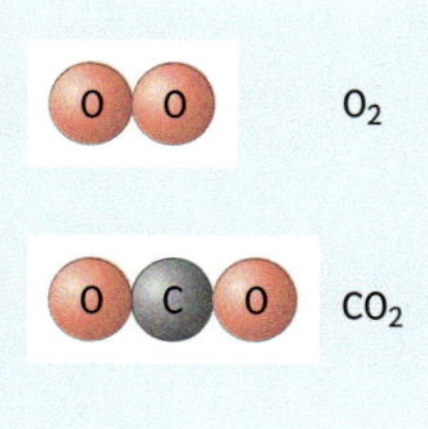

B3 Sauerstoff- und Kohlenstoffdioxid-Molekül

Aus der nebenstehenden Tabelle wird ersichtlich, dass man manche Begriffe sowohl auf der Teilchenebene als auch auf der Stoffebene findet. Beispiel: Verbindungen.

Chemische Reaktion
Einen Vorgang, bei dem aus Ausgangsstoffen, den Edukten, neue Stoffe entstehen, bezeichnet man als chemische Reaktion. Die neuen Stoffe nennt man Reaktionsprodukte.

Oxidation
Die Reaktion eines Stoffes mit Sauerstoff bezeichnet man als Oxidation. Bei der Oxidation eines Metalls entsteht ein Metalloxid, bei der Oxidation eines Nichtmetalls ein Nichtmetalloxid. Der für die Oxidation notwendige Sauerstoff kann auch aus der Luft stammen. Luft ist ein Gasgemisch. Der Volumenanteil des Sauerstoffs beträgt etwa ein Fünftel.

Gesetz von der Erhaltung der Masse
Bei jeder chemischen Reaktion ist die Gesamtmasse der Reaktionsprodukte gleich der Gesamtmasse der Edukte. Bei jeder chemischen Reaktion bleibt die Gesamtanzahl der Atome erhalten [B1]. Eine chemische Reaktion lässt sich als Atomumgruppierung deuten.

vor der Reaktion			nach der Reaktion
	+	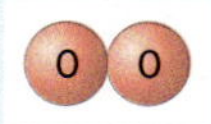	
1 Kohlenstoff-Atom (C)		1 Sauerstoff-Molekül (O_2)	1 Kohlenstoffdioxid-Molekül (CO_2)
m_t(Kohlenstoff-Atom)	+	m_t(Sauerstoff-Molekül)	m_t(Kohlenstoffdioxid-Molekül)
12 u	+	(16 u + 16 u)	(16 u + 12 u + 16 u)
	44 u		44 u

B1 Reaktion von Kohlenstoff und Sauerstoff zu Kohlenstoffdioxid und Masse der beteiligten Teilchen

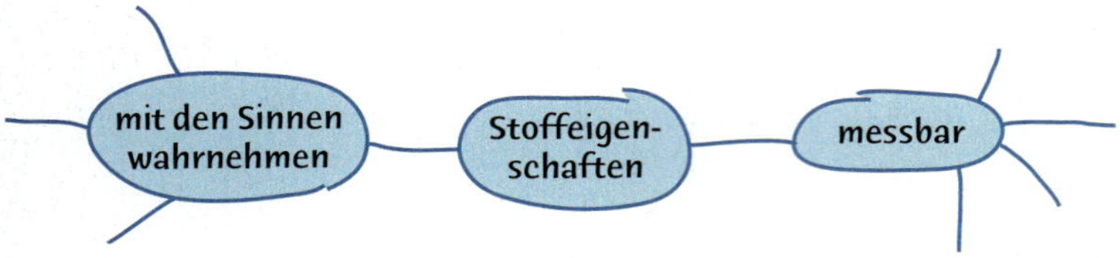

B4 Zu Aufgabe 1

mono-	eins
di-	zwei
tri-	drei
tetra-	vier
penta-	fünf
hexa-	sechs

B5 Griechische Zahlwörter bzw. deren Vorsilben

Buchstabensalat:
WAS, ECK, FEL, GO, TIN, STO, BER, LD, PLA, IUM, SER, QU, SCHWE, ALUM, FF, SIL, IN

B6 Zu Aufgabe 5

A1 Erstelle eine Mind-Map zu den Stoffeigenschaften [B4]. Unterscheide dabei zwischen mit den Sinnen wahrnehmbaren und messbaren Stoffeigenschaften.

A2 Der Duft eines Parfüms, das in einem offenen Gefäß auf den Tisch gestellt wird, ist nach einiger Zeit im ganzen Raum wahrnehmbar, ohne dass eine Luftströmung vorhanden ist.
a) Nenne den Fachausdruck für diese selbstständig erfolgende Durchmischung.
b) Erkläre die ablaufenden Vorgänge mit dem Teilchenmodell.

A3 Worin liegt der grundlegende Unterschied zwischen dem Mischen und Trennen von Stoffen und einer chemischen Reaktion? Beschreibe.

A4 Gib jeweils ein passendes Reaktionsschema an.
a) Eisen reagiert mit Sauerstoff.
b) Ein Stück Magnesiumband wird verbrannt.
c) Schwefeldioxid wird in die enthaltenen Elemente zerlegt.

A5 Setze aus dem „Buchstabensalat" [B6] die Namen von sechs elementaren Stoffen zusammen. Jedes Bruchstück darf nur einmal vorkommen und alle Bruchstücke müssen aufgebraucht werden. Gib auch die Elementsymbole und die durchschnittliche Atommasse an.

A6 Spielt in Partnerarbeit das Spiel „Elementenamen". Ihr nennt abwechselnd den Namen eines Elements. Das nächst genannte Element muss immer mit dem Endbuchstaben des zuvor genannten beginnen (z. B. Natrium ⟶ Mangan ⟶ Niob ⟶ Bor…) Spicken im PSE ist natürlich erlaubt. Wenn ihr innerhalb von 20 Sekunden kein passendes Element findet, erhält euer Partner einen Punkt. Wer zuerst drei Punkte erreicht hat, gewinnt das Spiel.

A7 Kann man mit dem Teilchenmodell oder mit DALTONS Atommodell die Elektrizität erklären? Begründe.

A8 Nenne jeweils einige Beispiele für elementare Stoffe und Verbindungen. Gib auch die passende Formel an, falls du sie kennst.

A9 Recherchiere, welche Stickstoffoxide es gibt. Notiere ihre Namen und ihre Formeln. Beschreibe dann den allgemeinen Zusammenhang zwischen dem Namen des Oxids und seiner Formel [B5].

A10 Stelle jeweils die Reaktion bildlich dar (vgl. Kap. 1.19). Kennzeichne außerdem elementare Stoffe und Verbindungen:
a) Wasserstoff (H_2) reagiert mit Sauerstoff (O_2) zu Wasser (H_2O).
b) Kohlenstoff (C) reagiert mit Sauerstoff zu Kohlenstoffmonooxid (CO).

A11 Erkläre mit eigenen Worten, weshalb sich Chemiker gewissermaßen in zwei Welten – der Stoff- und der Teilchenebene – bewegen. Beziehe dich dabei auf die Reaktion aus Aufgabe 10 b).

2 Vom Kochsalz zur Ionenbindung

Schon seit Jahrtausenden greifen Menschen auf Salz zurück, das aus der Natur zugänglich ist. Dazu müssen sie das Salz aus Salzlagerstätten oder aus dem Meer isolieren.

Im Altertum und Mittelalter war Kochsalz so kostbar, dass es als Tauschobjekt und Zahlungsmittel verwendet wurde.

Verletzte Personen mit hohem Blutverlust erhalten als Ersatz eine Kochsalz-Infusionslösung. Kochsalz wird als Konservierungsmittel, das die Lebensfähigkeit von Mikroorganismen verringert, genutzt.

Salze können aus Metallen und Nichtmetallen gebildet werden, Salze sind Metall-Nichtmetall-Verbindungen.

Salze sind aus positiv und negativ geladenen Teilchen aufgebaut. Der Zusammenhalt zwischen ihnen bestimmt die Eigenschaften der Salze. Wie positiv und negativ geladene Teilchen gebildet werden und wie sie aufgebaut sind, kann mit einem neuen Atommodell erklärt werden.

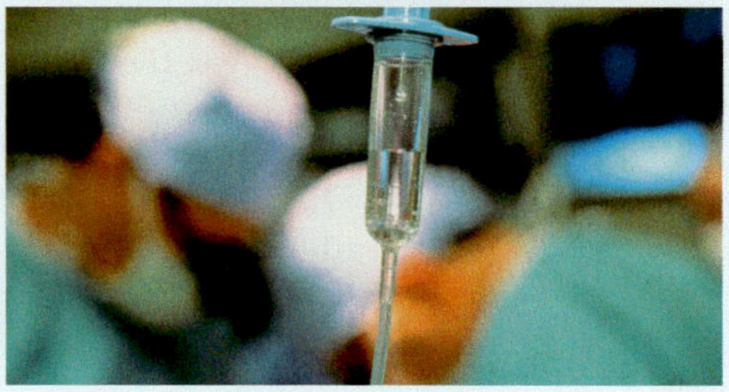

Surftipp
84d8za

2.1 Salz, nicht nur zum Würzen

Speisesalz
Kochsalz enthält lebensnotwendige Elemente. Verwendet man Kochsalz allerdings im Übermaß, sind Speisen nicht nur versalzen, sondern sie können auch gesundheitsschädlich sein.

B2 Speisen werden mit Salz gewürzt

A1 Ermittle im Lebensmittelmarkt, welche Speisesalze im Sortiment angeboten werden.
a) Kannst du auf der Verpackung Hinweise finden, wie das Salz gewonnen wird?
b) Die letale (tödliche) Dosis von Kochsalz bei Erwachsenen beträgt 0,5 g bis 5 g pro Kilogramm Körpergewicht. Berechne die letale Dosis für einen Erwachsenen, der 70 kg wiegt (Spanne angeben!). Gib diese letale Dosis auch in der entsprechenden Anzahl an Teelöffeln an. Auf einen Teelöffel Salz passen ca. 5 g Kochsalz.

B1 Salz aus Meerwasser

Salz aus dem Meer
In einigen Ländern wird Salz aus Meerwasser gewonnen [B1].

A2 Begründe, warum die Salzgewinnung aus Nordseewasser in Salzgärten wirtschaftlich nicht sinnvoll ist.

Streusalz
Im Winter begegnet man oft Streufahrzeugen. Das von ihnen verteilte Streusalz hilft, die Straßen von Eis und Schnee zu befreien. Jeden Winter liest man allerdings in der Zeitung, dass man kein Streusalz verwenden soll.

B3 Streusalzfahrzeug im Einsatz

A3 Gib eine Stellungnahme zu dem scheinbaren Widerspruch zur Verwendung von Streusalz ab.

Destilliertes Wasser – reines Wasser
Im Haushalt wird destilliertes Wasser z. B. für Dampfbügeleisen und Heizkörperverdunster eingesetzt. Bei Versuchen wird in der Regel ebenfalls destilliertes Wasser verwendet. Destilliertes Wasser wird im Handel häufig als entmineralisiertes Wasser bezeichnet.

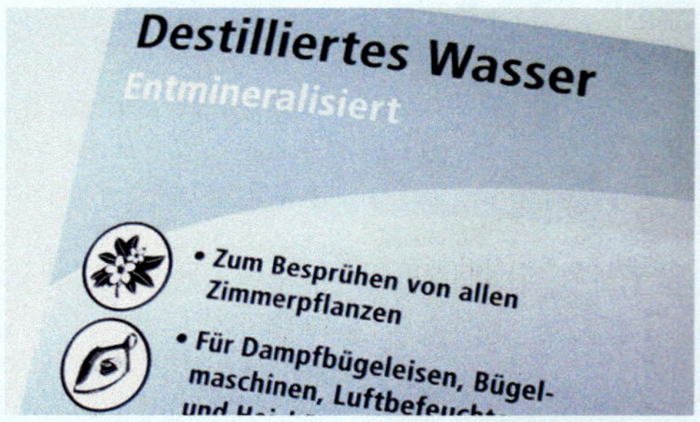

B4 Etikett auf einer Flasche mit destilliertem Wasser

A4 **a)** Erkläre, welcher Unterschied zwischen Leitungswasser und destilliertem Wasser besteht.
b) Worauf deutet die Bezeichnung destilliertes Wasser hin? Erkläre.

Isotonische Kochsalzlösung
Eine Lösung von 9 g Kochsalz in einem Liter Kochsalzlösung ist weltweit die am häufigsten eingesetzte Infusionslösung.

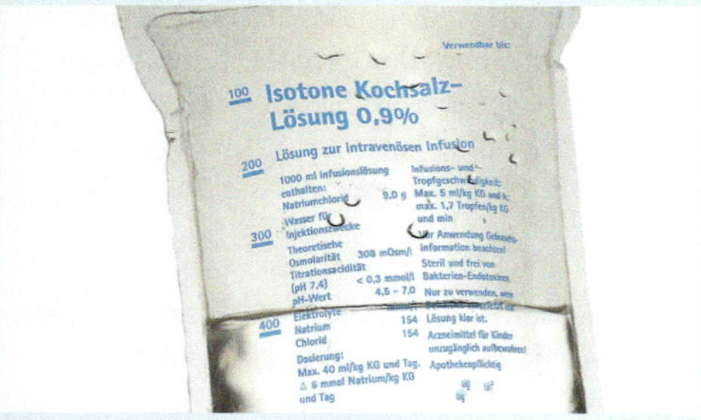

B5 Kochsalzlösung am Krankenbett

A5 Recherchiere, für welche Zwecke eine isotonische Kochsalzlösung eingesetzt wird.

Salz ist nicht unbedingt Kochsalz
Chemikerinnen und Chemiker verstehen unter Salzen eine ganze Gruppe von chemischen Verbindungen. Viele dieser Verbindungen sind in Alltagsprodukten wie z. B. Feuerwerkskörpern oder Zahnpasta enthalten.

B6 Zahnpasta enthält oft Natriumfluorid

A6 In viele Zahnpasten ist Natriumfluorid enthalten. Recherchiere dessen Funktion in der Zahnpasta.

Unser Körper benötigt Mineralstoffe
Nach Wettkämpfen sieht man oft Sportler, die anstatt Wasser mineralstoffhaltige Getränke zu sich nehmen.

B7 Eine Sportlerin trinkt ein mineralstoffhaltiges Getränk

A7 **a)** Recherchiere Verbindungen oder Teilchen, die in mineralstoffhaltigen Getränken enthalten sind.
b) Es ist ratsam, mineralstoffhaltige Getränke nach einem Wettkampf zu trinken. Erkläre.

Filter im Aquarium
Fische im Aquarium brauchen sauberes Wasser. Damit man das Wasser nicht ständig wechseln muss, pumpt man es durch eine Filteranlage [B8]. Filter in Aquarien können mit Sand und Kies, Filterwatte oder Aktivkohle gefüllt sein.

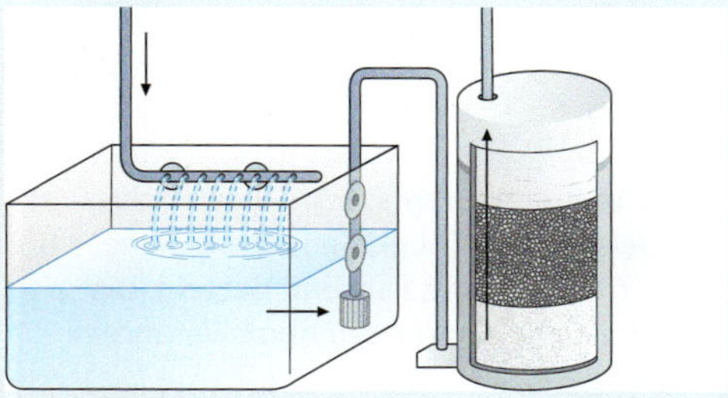

B8 Aquarienfilter

A8 Einige Fischarten können nur in Salzwasser gehalten werden. Begründe, warum im Aquarienfilter Salz und Wasser nicht voneinander getrennt werden.

2.2 Vom Steinsalz zum Kochsalz

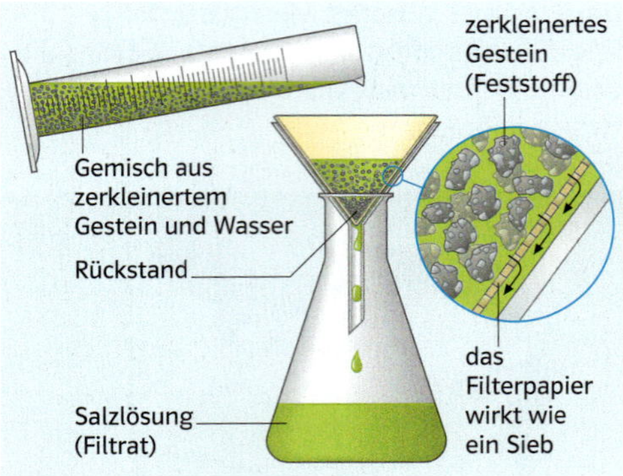

B3 Filtrieren. Suspendierter Feststoff und Lösung werden durch den Filter getrennt

B1 Steinsalz, ein natürliches Gemisch aus Kochsalz und Gestein

B2 Eindampfen. Der gelöste Stoff (Kochsalz) wird vom Lösungsmittel (Wasser) getrennt

In der Natur kommt Steinsalz in großen Lagerstätten vor. Untersucht man einen rohen Steinsalzbrocken, so erkennt man, dass Steinsalz ein Gemisch aus Kochsalz und Gestein ist [B1]. Wie lässt sich daraus der Reinstoff Kochsalz abtrennen?

Steinsalz wird in seine Bestandteile getrennt. Eine Trennung durch Auslesen aufgrund der unterschiedlichen Farbe der Gemischbestandteile wäre zu mühsam. Außerdem wäre eine vollständige Abtrennung nicht möglich.

Zur Trennung nutzt man die unterschiedlichen *Löslichkeiten* der Stoffe in Wasser aus. Kochsalz ist in Wasser sehr gut löslich, das Begleitgestein dagegen kaum. Gibt man zu zerkleinertem Steinsalz Wasser, erhält man eine Suspension. Das Kochsalz löst sich, grobkörniges Begleitgestein setzt sich am Gefäßboden ab.

Durch **Sedimentierenlassen (Absetzenlassen)** und **Dekantieren (Abgießen)** erfolgt eine grobe Trennung von Salz und Gestein. Die Lösung ist allerdings noch durch Verunreinigungen getrübt.

Schneller und vollständiger erfolgt die Trennung der Salzlösung vom Gestein durch **Filtrieren** [B3]. Ein Filter wirkt wie ein Sieb mit sehr feinen Poren. Die unlöslichen Bestandteile verbleiben aufgrund ihrer Größe als **Rückstand** auf dem Filter. Die Salzlösung kann ungehindert die Filterporen passieren. Die hindurchgeflossene Lösung, das **Filtrat**, ist klar [V1b].

Durch Filtrieren können unlösliche Stoffe von gelösten Bestandteilen getrennt werden.

Wir gewinnen Kochsalz aus der Salzlösung. Um aus der Salzlösung das feste Kochsalz zu gewinnen, muss das Wasser entfernt werden. Durch Stehenlassen der Salzlösung an der Luft würde das Wasser nach einiger Zeit verdunsten. Diese Methode ist jedoch sehr zeitraubend. Schneller geht es, wenn man die Salzlösung bis zum Sieden erhitzt [V2a]. Es verdampft nur Wasser. Nach völligem **Eindampfen** bleibt in der Schale das weiße Kochsalz zurück [B2].

Durch Eindampfen können viele feste Stoffe aus Lösungen zurückgewonnen werden.

Damit ist es gelungen, mithilfe von vier Trennverfahren: Sedimentieren, Dekantieren, Filtrieren und Eindampfen, den Reinstoff Kochsalz vom Begleitgestein abzutrennen.

Stoffgemische können durch geeignete Trennverfahren in Reinstoffe getrennt werden.

V1 Zerkleinere rohes Steinsalz und gib reichlich Wasser hinzu. Statt Steinsalz kann auch ein Gemisch aus Kochsalz und Sand verwendet werden.
a) Dekantiere einen kleinen Teil der überstehenden Lösung.
b) Filtriere einen Teil der Flüssigkeit von V1a. Verwende dazu einen Glastrichter und ein Filterpapier. Prüfe die Farbe des Filtrats. Bewahre das Filtrat für V2a auf.

V2 **a)** (Schutzbrille!) Gib das Filtrat von V1 in eine (schwarz glasierte) Porzellanschale und dampfe die Lösung vorsichtig ein.
b) (Schutzbrille!) Stelle eine Kochsalzlösung her und dampfe sie vorsichtig in einer Porzellanschale ein. Fertige ein Versuchsprotokoll an. Vergleiche die Rückstände aus (a) und (b) miteinander.

2.3 Industrielle Salzgewinnung

Salzlagerstätte aus einem Meer. Kochsalz gewinnt man heute zumeist aus Steinsalz, das in Bergwerken abgebaut wird. Eines der größten Steinsalzbergwerke Europas befindet sich in Borth am Niederrhein mit einer jährlichen Förderung von 2,5 bis 3 Mio. t Steinsalz aus einer Fördertiefe von 800 bis 1000 m. Die Salzlagerstätten haben sich hier vor etwa 250 Mio. Jahren in einem randlichen Becken eines Meeres gebildet, das damals weite Teile Norddeutschlands überdeckte. Diese Lagerstätten erstrecken sich über etwa 50 km als „niederrheinische Salzpfanne" von Rheinberg bis Winterswijk in einer Tiefe von 500 bis 1000 m und einer Mächtigkeit von etwa 200 m.

Gewinnung von Salz. Der Salzabbau im Bergwerk erfolgt durch Sprengung. Das losgesprengte Steinsalz wird mithilfe von Brechern so weit zerkleinert, dass es abtransportiert werden kann. Durch den Abbau entstehen im Salz stabile Hohlräume, die 20 m breit und bis zu 20 m hoch sein können. Dazwischen bleiben Pfeiler aus Steinsalz mit etwa gleicher Breite stehen.

Das gewonnene Steinsalz muss je nach Verwendungszweck noch gereinigt werden. Hierzu wird es gelöst, die so erhaltene Salzlösung (Sole) wird filtriert und in Verdampfungsapparaturen eingedampft [B3].

In schwierig abzubauenden Salzlagern mit relativ reinem Kochsalz sprengt man nicht, sondern leitet Wasser durch ein Bohrloch in die Salzlagerstätte. Dadurch löst sich das Salz und die unlöslichen Gesteinsbestandteile sinken im entstehenden Hohlraum zu Boden. Die Sole wird herausgepumpt und ebenfalls in Verdampfungsapparaturen eingedampft. Das so gewonnene **Siedesalz** wird vorwiegend als Speisesalz verwendet.

B2 Salzgewinnung in Salzgärten durch Verdunsten von Meerwasser

In südlichen Ländern gewinnt man unter Ausnutzung von Sonnenenergie **Meersalz** in Salzgärten durch Verdunsten von Meerwasser [B2].

Saline Betrieb, in dem Salz gewonnen wird. Man unterscheidet Meerwassersalinen (Salzgärten) und Siedesalinen

Kochsalz gewinnt man aus Salzlagerstätten und aus Meerwasser.

A1 Gib an, worauf die Trennwirkung eines Papierfilters beim Filtrieren beruht.

A2 Aus rohem Steinsalz soll reines Kochsalz hergestellt werden. Gib die notwendigen Schritte an und benenne die betreffenden Trennverfahren.

A3 Informiere dich über die Verwendung von Kochsalz in Haushalt, Alltag und Technik. Erstelle eine Tabelle.

B1 Losgesprengtes Steinsalz wird mit Baggern verladen

B3 Blick auf die Verdampfungskessel einer Siedesaline

2.4 Impulse Geschichte der Salzgewinnung

B1 Lüneburger Heide

Brauch:
Den neuen Haus- bzw. Wohnungsbewohnern bringen Gäste nach dem Umzug Brot und Salz mit. Diese drücken den Wunsch aus, dass kein Mangel an Lebensmitteln eintreten möge.

Natriumchlorid nimmt unter den in der Natur vorkommenden Salzen eine Sonderstellung ein. Es war in der Geschichte das teuer gehandelte „weiße Gold" und aller Einfallsreichtum wurde aufgeboten, um dieses Produkt zu gewinnen.

Siedesalz. Die Salzgewinnung durch Erhitzen von Sole (Salzlösung) war in Mitteleuropa die gebräuchlichste Herstellungsmethode [B2]. Man nutzte Solequellen oder laugte vorhandene Salzlager durch Zuleiten von Wasser aus; die entstehende Sole wurde in Brunnen gefördert und erhitzt. Dies erfolgte in Salinen. Die Betriebe konnten nur wirtschaftlich arbeiten, wenn billiges Brennmaterial in großen Mengen zur Verfügung stand. Viele Jahrhunderte lang war man auf Holz angewiesen; der Betrieb von Salinen führte zur Entwaldung ganzer Landstriche. So bildete sich z. B. die Lüneburger Heide aufgrund der Entwaldung durch den hohen Holzbedarf der Salinen von Lüneburg. Mit Beginn des Eisenbahnzeitalters konnte auch Kohle eingesetzt werden. Je geringer der Massenanteil des Salzes in der Sole ist (z. B. in Bad Kreuznach ca. 2 %, in Bad Dürkheim ca. 1 %), desto mehr Brennmaterial muss eingesetzt werden, um z. B. 1 kg Salz zu gewinnen. Zur Nutzung auch der salzärmeren Quellen baute man Gradierwerke: große, offene Gebäude mit Gestellen, gefüllt mit Schwarzdornreisig, über die die Sole herabrieselte und mehrfach umgepumpt wurde. Dadurch, dass die Sole über das Gradierwerk rieselte, verdunstete ein Teil des Wassers und hinterließ eine Lösung mit höherem Salzgehalt, die mit einem geringeren Aufwand an Brennmaterial eingedampft werden konnte. Heute spielen die Gradierwerke für die technische Salzgewinnung keine Rolle mehr. Trotzdem stehen sie noch in vielen Solebädern [B3], da der Aufenthalt in „salzhaltiger Luft" in der Umgebung der Gradierwerke eine ähnlich lindernde oder heilende Wirkung auf die Erkrankung der Atemwege besitzt wie ein Spaziergang am Meer.

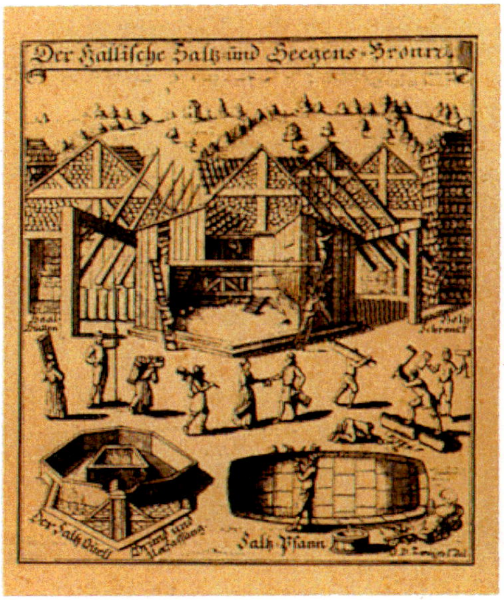

B2 Salzgewinnung in Schwäbisch Hall um 1715

Steinsalz. Im 19. Jahrhundert wurden neue Salzlager erschlossen (z. B. in Jagstfeld bei Heilbronn oder in Wilhelmsglück bei Schwäbisch Hall), die dann bergmännisch abgebaut werden konnten. Viele Salinen mit salzarmer Sole mussten dieser Konkurrenz weichen.

Hinweise auf Salz in Ortsnamen. Die Salzvorkommen, besonders die Solequellen, waren häufig Keimzellen sich entwickelnder Siedlungen. Orts- und Flussnamen wie -salz, -sulz, -sol oder -hall (von keltisch hal, Salz) weisen noch heute auf alte Stätten der Salzgewinnung hin.

B3 Großes Gradierwerk in Bad Kreuznach

Salzstraßen. Häufig waren die ersten Straßen und Wege, die angelegt wurden, Salzstraßen, wie z. B. die erste Handelsstraße Roms, die „via salaria". Auch Deutschlands erste Straßen waren Salzhandelswege. So exportierte man z. B. Salz von Reichenhall aus nach Bayern, Württemberg, Böhmen und in die Schweiz oder von Kreuznach und Dürkheim in die umliegenden Regionen.

Wasserwege. Besonders günstig war der Salztransport auf dem Wasser. Lübeck war z. B. der Verschiffungshafen für das Lüneburger Salz, das zunächst mit dem Schiff nach Lauenburg (Elbe) und dann mit Pferdefuhrwerken nach Lübeck transportiert wurde. Von Lübeck ging das Salz nach Friesland und vor allem nach Skandinavien, wo aufgrund des Hering- und Kabeljau-Fangs ein hoher Bedarf bestand. Die Salinen Lüneburgs stellten mit einer Produktion von ca. 22 000 t Salz pro Jahr im 16./17. Jahrhundert die größte Industrieansiedlung in Mitteleuropa dar. Schon 1390 wurde der Elbe-Trave-Kanal gegraben, der Lüneburg direkt mit Lübeck verband. Die Bedeutung Lüneburgs zeigt sich auch in der Aufnahme der Stadt in den Bund der Norddeutschen Hanse.
Wie die Produktion von Salz führte auch der Salzhandel zu Gründungen bzw. zur Entwicklung von Siedlungen, an Furten oder Brücken der Handelsstraßen, an Flussmündungen, Umladeplätzen, Maut- oder Zollstationen.

Salz und Geld. Arabischen Schriftstellern zufolge wurden in manchen Gebieten Afrikas Salz und Gold im Verhältnis 1:1 getauscht. Salz war jedoch nicht nur Tauschmaterial, sondern wurde auch als Zahlungsmittel verwendet.

Auch in Europa verweist Salz auf Geld. Im 13. Jahrhundert wurde in Schwäbisch Hall zur Bezahlung der Salinenarbeiter der „Häller" (später: Heller) geprägt. Er verbreitete sich in ganz Süddeutschland und ist auch heute noch in vielen Redensarten enthalten wie z. B. „auf Heller und Pfennig", „bis zum letzten Heller" oder „keinen roten Heller mehr besitzen".

Die Gewinnung von Salz brachte den entsprechenden Städten Blüte und großen Reichtum. In den Städten kam es zur Herausbildung einer selbstbewussten Bürgerschaft mit wachsendem politischen Einfluss gegenüber den Landesherren. Das städtische Selbstbewusstsein zeigte sich auch im Stadtbild mit entsprechend prachtvollen Bauten.

A1 Zur Schonung der Salinen-Wälder bestand schon vor ca. 500 Jahren in Bad Reichenhall die Vorstellung des „ewigen Waldes"; d. h., es durfte in einem Jahr nur so viel Holz gefällt werden, wie in dieser Zeit auch wieder nachwuchs. In welchen Bereichen spricht man heute von nachhaltiger Nutzung nachwachsender Rohstoffe?

A2 Schreibe Städtenamen auf, deren Ortsbezeichnung auf alte Stätten der Salzgewinnung hinweisen. Wähle eine Stadt aus und informiere dich über ihre Entwicklung im Lauf der Jahrhunderte.

A3 Informiere dich (z. B. in Geschichtsbüchern oder in einer öffentlichen Bibliothek) über die Handelsbeziehungen wichtiger Salzstädte wie Schwäbisch Hall, Bad Reichenhall, Hallein oder Lüneburg und trage diese in eine Kartenskizze ein.

A4 Welche Bedeutung hatten die Salzgewinnung und der Salzhandel für die wirtschaftliche Entwicklung im Mittelalter?

B4 Händleinheller, Schwäbisch Hall, 14. Jh.

2.5 Trinkwasser aus Salzwasser

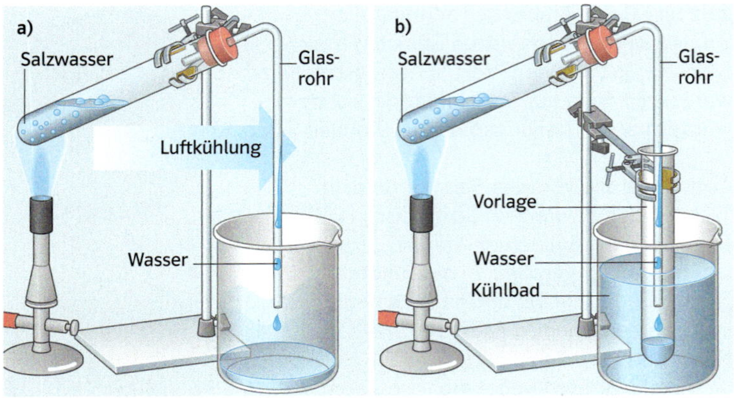

B1 Kondensation in luftgekühltem Glasrohr (a), Kondensation in wassergekühlter Vorlage (b)

Wegen seines hohen Salzgehalts ist Meerwasser als Trinkwasser und zur Bewässerung nicht geeignet. So enthält ein Liter Nordseewasser ca. 32 Gramm Salz. In vielen südlichen Ländern herrscht Trinkwassermangel, obwohl sie ans Meer grenzen. Es ist deshalb für die dort lebenden Menschen eine wichtige Aufgabe, Meerwasser zu entsalzen.

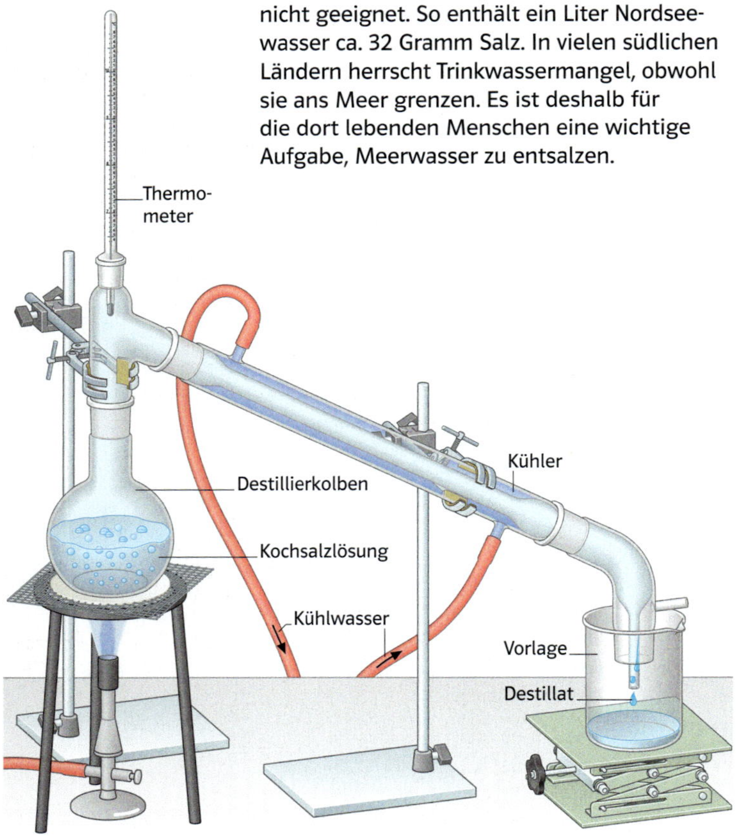

B2 Destillationsapparatur mit Gegenstromkühler. Der Wasserdampf kondensiert vollständig

Wie kann man aus einer Salzlösung *Trinkwasser* gewinnen? Durch Filtrieren ist eine Trennung nicht möglich. Dampft man die Salzlösung ein oder lässt das Wasser verdunsten, erfolgt zwar eine Trennung, das Wasser entweicht jedoch als Dampf. Wir müssen also eine Apparatur bauen, mit der man den Wasserdampf *auffangen und* wieder *verflüssigen* kann.

Wir entwickeln eine Destillationsapparatur. Hält man in den Dampf von siedendem Salzwasser eine Glasplatte, so schlägt sich der Wasserdampf nieder, er kondensiert. Das kondensierte Wasser ist nicht mehr salzig. Das Salz bleibt also im Siedegefäß zurück. Auf diese Weise lässt sich nur wenig reines Wasser gewinnen. Günstiger ist es, den Dampf in einem langen Glasrohr kondensieren zu lassen [B1a]. Die Ausbeute ist aber immer noch gering, weil sich das Rohr erwärmt und der Wasserdampf deshalb ohne zu kondensieren entweicht. Ein besseres Ergebnis wird erreicht, wenn man das Auffanggefäß, die Vorlage, zusätzlich von außen mit kaltem Wasser kühlt [B1b].

Eine weitere Verbesserung wird erzielt, wenn man das Kondensationsrohr mit einem Glasrohr umgibt, das mit Wasser gefüllt ist. In der Praxis verwendet man einen **Kühler** [B2]. Sein Kühlmantel wird von unten her von kaltem Wasser durchströmt, sodass der Dampf mit einer immer kühler werdenden Gefäßwand in Berührung kommt (Gegenstromprinzip). Man erhält **destilliertes Wasser** (von lat. destillare, herabträufeln). Es ist ein Reinstoff, der keine gelösten Bestandteile mehr enthält.

Destilliertes Wasser hat im Vergleich zu Leitungswasser einen faden Geschmack und ist ungenießbar. Trinkwasser ist eine Lösung aus Wasser und Mineralsalzen [V3]. Diese Mineralsalze sind für den Menschen lebensnotwendig, sie verleihen dem Trinkwasser den typischen Geschmack.

Die Trennung eines Stoffgemischs durch Verdampfen und anschließendes Kondensieren heißt Destillation.

Entsalzung von Meerwasser. In einigen südlichen Ländern wird die Destillation von Meerwasser zur Gewinnung von Trinkwasser angewandt. In großen Anlagen wird Meerwasser durch Sonneneinstrahlung erwärmt. Das verdunstete Wasser kondensiert an kühlen Teilen der Anlage und wird in Sammelrinnen aufgefangen [B3]. Vor der Verwendung als Trinkwasser werden ihm geringe Mengen an Mineralsalzen zugefügt. Nachteilig ist der große Flächenbedarf dieser Anlagen und die Abhängigkeit von der Sonneneinstrahlung.

Anlagen unterschiedlichster Größe sind mit dem heute modernsten Verfahren, der **Membranfiltration** möglich. Dabei wird Meerwasser unter hohem Druck (bis 80 MPa) durch Kunststofffolien mit Poren (Membranen) gepresst. Die Poren sind so bemessen, dass sie für Wasser-Teilchen durchlässig sind, jedoch nicht für die Teilchen des Salzes [B4].

V1 (Schutzbrille!) Baue eine Apparatur nach B1a auf und destilliere Kochsalzlösung. Verwende dann eine gekühlte Vorlage nach B1b. Wie wirkt sich die Veränderung aus?

V2 Baue eine Destillationsapparatur nach B2 auf und destilliere Kochsalzlösung. Fertige eine Versuchsskizze an.

V3 Dampfe Leitungswasser in einer (schwarz glasierten) Porzellanschale oder im Reagenzglas vorsichtig ein. Erläutere, ob es sich bei Leitungswasser um einen Reinstoff handelt.

A1 Nenne Gemische, die sich durch Destillation trennen lassen. Begründe deine Antwort.

A2 Vergleiche destilliertes Wasser, Meerwasser, Regenwasser (Geschmack, Reinstoff oder Stoffgemisch, Entstehungsweise).

A3 Erläutere mithilfe von B2 das Gegenstromprinzip.

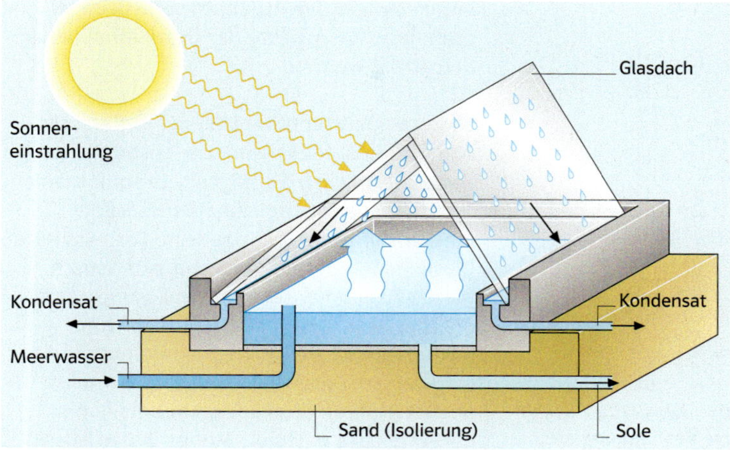

B3 Schemabild einer Destillationsanlage zur Entsalzung von Meerwasser

Exkurs Meerwasserentsalzung – Chancen und Probleme

Trinkwasser ist schon heute in vielen Gegenden der Welt eine knappe Ressource. Meerwasserentsalzung ist ein Weg, heute und in der Zukunft für ausreichend Trinkwasser zu sorgen. In den ölreichen Golfstaaten ist die Meerwasserentsalzung die Hauptquelle der Trinkwassergewinnung. Das Trinkwasser wird in Entsalzungsanlagen gewonnen, in denen das Salzwasser mit Gas oder Erdölprodukten erhitzt wird. Dieses ist sehr teuer. Auf den Kanarischen Inseln und z. B. auf Helgoland wird Trinkwasser durch Membranfiltration gewonnen. Bei allen Verfahren der Gewinnung von Trinkwasser aus Meerwasser wird eine Salzlösung in das Meer zurückgeleitet, die eine höhere Salzkonzentration als das Meerwasser aufweist. Dieses wird zum Problem für Pflanzen und Lebewesen insbesondere im Persischen Golf, da hier sehr viel Meerwasser genutzt wird und ein geringer Wasseraustausch mit dem Indischen Ozean besteht.

A4 Erkläre, warum es sinnvoll sein kann, eine Meerwasserentsalzungsanlage mit einer Anlage zur Salzproduktion zu kombinieren.

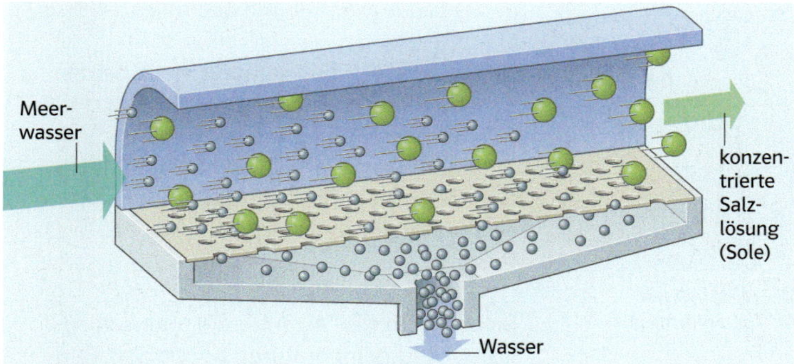

B4 Schematische Darstellung der Membranfiltration zur Entsalzung von Meerwasser

2.6 Exkurs Destillation und Teilchenmodell

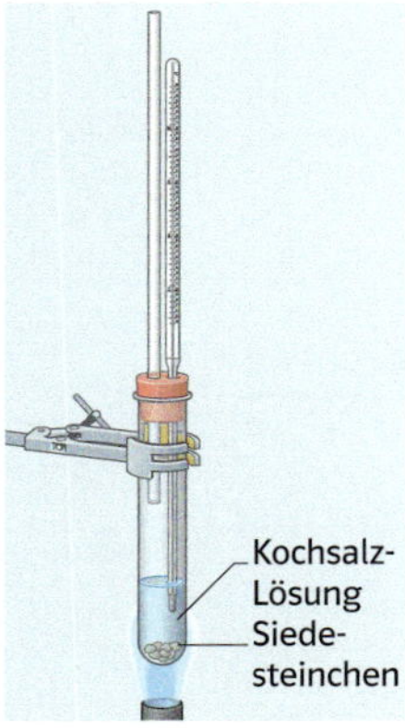

B1 Apparatur zur Bestimmung der Siedetemperatur

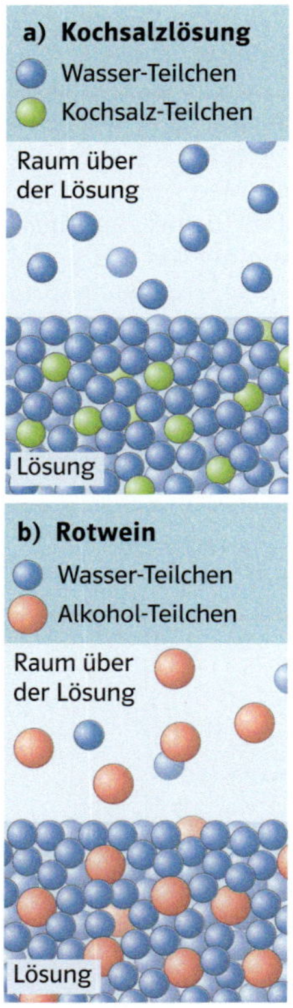

B2 Destillation im Teilchenmodell

Im nachfolgenden Abschnitt sollen einige grundlegende Aspekte der Destillation näher betrachtet werden.

Siedetemperatur einer Lösung. Untersucht man die Siedetemperatur der Lösung eines Feststoffs in einer Flüssigkeit, so stellt man fest, dass die Lösung eine höhere Siedetemperatur besitzt als das reine Lösungsmittel. Diese Siedetemperatur ist charakteristisch für die Zusammensetzung der Lösung. Wird die Lösung in einem offenen Gefäß zum Sieden erhitzt, steigt ihre Siedetemperatur langsam an. Durch das stetige Verdampfen und Wegführen des Lösungsmittels nimmt der Anteil des gelösten Stoffes in der Flüssigkeit immer mehr zu.

Destillation einer Salzlösung. Erhitzt man eine Salzlösung in einer Destillationsapparatur [V2], so steigt die Siedetemperatur der Salzlösung ebenfalls an, am Kühler kondensiert das Lösungsmittel Wasser. Das Thermometer im Kühler zeigt deshalb die Siedetemperatur des Wassers an.

Diese Vorgänge sollen mithilfe des Teilchenmodells betrachtet werden: Offensichtlich sind auch bei zunehmender Siedetemperatur der Lösung nur die Teilchen des Lösungsmittels Wasser in der Lage, die Lösung zu verlassen und in den Raum oberhalb der Flüssigkeit zu gelangen [B2a]. Die Teilchen des gelösten Salzes bleiben in der Flüssigkeit zurück und reichern sich an. Im Laufe der Destillation kommt es so zu einer vollständigen Trennung in das Lösungsmittel und den gelösten Stoff.

Die Ursache für die Trennung in die beiden Bestandteile liegt in den unterschiedlichen Anziehungskräften ihrer Teilchen begründet. Die Anziehungskräfte zwischen den Teilchen des Kochsalzes sind sehr viel größer sind als die Anziehungskräfte zwischen den Wasser-Teilchen.

Diese Kräfte sind auch für die unterschiedlichen Siedetemperaturen der beiden Reinstoffe verantwortlich ϑ_{sd}(Kochsalz) ≈ 1460 °C, ϑ_{sd}(Wasser) = 100 °C.

Bei einer Lösung verändert sich die Siedetemperatur während des Siedevorgangs.

Destillation von Rotwein. Rotwein ist ein homogenes Gemisch – hauptsächlich aus Wasser und Alkohol. Bei seiner Destillation [V3] verändert sich die Siedetemperatur der Flüssigkeit im Kolben. Allerdings ändert sich auch die Zusammensetzung der am Kühler kondensierenden Flüssigkeit.

Die Untersuchung der Flüssigkeitsportionen des Destillats auf Geruch und Brennbarkeit zeigt, dass zunächst hauptsächlich Alkohol abdestilliert, gefolgt von einem Alkohol-Wasser-Gemisch und schließlich hauptsächlich Wasser. Die Anziehungskräfte zwischen den Alkohol-Teilchen sind geringer als die zwischen den Wasser-Teilchen, sodass bei tieferen Temperaturen zunächst mehr Alkohol-Teilchen und weniger Wasser-Teilchen aus der Lösung in den Raum über der Flüssigkeit gelangen. Im Gegensatz zur Flüssigkeit sind hier wesentlich mehr Alkohol- als Wasser-Teilchen vorhanden [B2b], im Raum über der Flüssigkeit sind also Alkohol-Teilchen angereichert.

Erst bei höheren Temperaturen gelangen auch vermehrt Wasser-Teilchen in diesen Bereich. Die eher *ähnlichen Anziehungskräfte* zwischen den Wasser- bzw. Alkohol-Teilchen schlagen sich auch in den eher ähnlichen Siedetemperaturen der Reinstoffe nieder ϑ_{sd}(Alkohol) = 78 °C, ϑ_{sd}(Wasser) = 100 °C.

V1 Bestimme in einer Apparatur nach B1 die Siedetemperaturen von Wasser und einer konzentrierten Kochsalzlösung.

V2 Destilliere eine Salzlösung in einer Apparatur mit Zweihalskolben und Innenthermometer. Beobachte die Temperatur der Lösung und die der Gasphase.

V3 Man führt V2 mit Rotwein durch und wechselt mehrmals die Vorlage. Prüfe die verschiedenen Destillate auf Geruch und Brennbarkeit.

2.7 Eigenschaften von Kochsalz

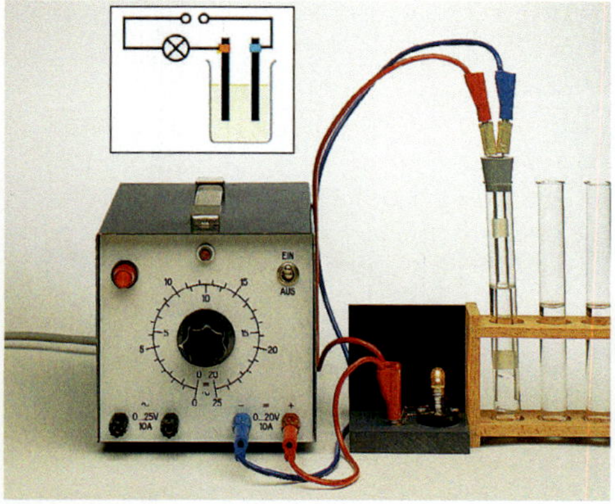

B1 Test der elektrischen Leitfähigkeit wässriger Lösungen

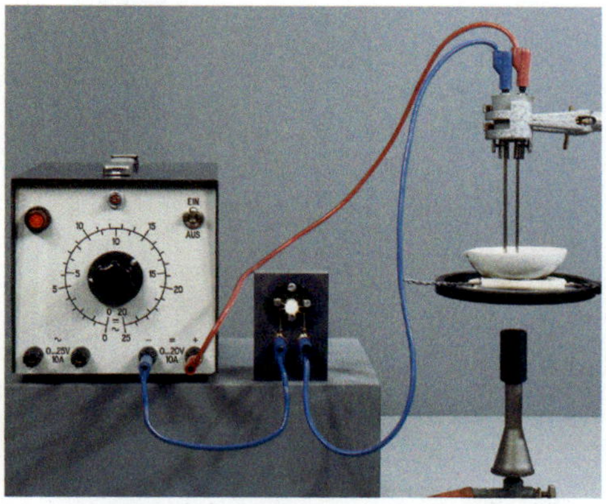

B2 Untersuchung der elektrischen Leitfähigkeit einer Schmelze

Kochsalz

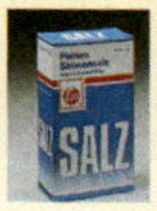

Zustandsform: fest

Farbe: weiß

elektrische Leitfähigkeit: in wässriger Lösung und als Schmelze

Schmelztemperatur: 800 °C

Dichte: 2,16 g/cm³

Zucker

Zustandsform: fest

Farbe: weiß

elektrische Leitfähigkeit: –

Schmelztemperatur: 185–186 °C

Dichte: 1,59 g/cm³

B3 Steckbriefe von Kochsalz und Zucker

Durch die Gewinnung und Isolierung eines Reinstoffes, kann man auch dessen Eigenschaften kennenlernen. Kochsalz hat eine hohe Schmelztemperatur, seine Dichte beträgt $\varrho = 2{,}16\,g/cm^3$. Kochsalz ist gut in Wasser löslich. Untersucht man die elektrische Leitfähigkeit von Kochsalz, so kann man etwas über dessen Zusammensetzung erfahren.

Elektrische Leitfähigkeit von Kochsalz.
Metalle leiten den elektrischen Strom. Beim Stromdurchgang verändert sich das Metall nicht.
Manche Stoffe, so z. B. Zucker, leiten weder im festen noch im geschmolzenen oder gelösten Zustand den elektrischen Strom. Voraussetzung dafür, dass eine wässrige Lösung oder Schmelze den elektrischen Strom leitet, sind geladene Teilchen. Eine Zuckerlösung enthält also keine geladenen Teilchen. Zucker besteht aus Molekülen.

Kochsalz leitet im festen Zustand den elektrischen Strom nicht. Allerdings leitet eine Kochsalzlösung sowie eine Kochsalzschmelze den elektrischen Strom. Demzufolge enthält eine wässrige Lösung von Kochsalz und dessen Schmelze geladene Teilchen.

Bei der Untersuchung der elektrischen Leitfähigkeit einer Kochsalzschmelze mit Gleichstrom, erhält man das Metall Natrium und das Nichtmetall Chlor. Kochsalz ist eine Natrium-Chlor-Verbindung, die Natriumchlorid heißt.

Kochsalz ist Natriumchlorid.

V1 Untersuche die elektrische Leitfähigkeit von Zucker und Kochsalz im festen Zustand und die elektrische Leitfähigkeit der wässrigen Lösungen der beiden Stoffe [B1, B2].

A1 Plane ein Experiment, mit dem man die Masse des Kochsalzes, das z. B. in 1 l Kochsalzlösung gelöst ist, ermitteln kann.

A2 Dem Speisesalz werden oft Rieselhilfen zugesetzt. **a)** Recherchiere deren Aufgabe. **b)** Auch Aluminium-Verbindungen werden als Rieselhilfen verwendet. Es gibt Hinweise auf damit verbundene gesundheitliche Probleme. Recherchiere.

Kältemischung. Vermischt man Eis mit Kochsalz, so schmilzt das Eis nicht nur, sondern die Temperatur der Mischung sinkt während des Schmelzens deutlich ab. Diese „künstliche Kälteerzeugung" ist schon seit dem 16. Jahrhundert bekannt. Sie diente zur Kühlung von Getränken und zur Bereitung von Speiseeis. Diese schon von französischen Königen hoch geschätzte Methode hielt sich bis zur Mitte des 20. Jahrhunderts. Sie wurde erst durch die Erfindung der Kältemaschine verdrängt, die heute in jedem Kühlschrank steckt.

2.8 Die Alkalimetalle

B2 Die Alkalimetalle

Lithium, Natrium, Kalium, Rubidium und Caesium liegen in der Natur nicht als elementare Stoffe, sondern nur als Verbindungen vor. Dies hängt mit ihren außergewöhnlichen Eigenschaften zusammen. Lithium, Natrium, Kalium, Rubidium und Caesium bilden die *Elementgruppe oder Elementfamilie* der **Alkalimetalle.**

Vergleich der Eigenschaften. Im Labor werden die elementaren Stoffe Lithium, Natrium und Kalium in Paraffinöl aufbewahrt. Rubidium und Caesium sind in Ampullen eingeschlossen. Nach Aussehen und Aufbewahrung zu urteilen, könnte man bezweifeln, dass es sich um Metalle handelt. Überraschenderweise lassen sich Lithium, Natrium und Kalium mit dem Messer schneiden. Es zeigt sich, dass die Stücke von einer Kruste überzogen sind. Die frischen Schnittflächen glänzen silbrig. Sie überziehen sich aber schnell wieder mit einem matten Belag.

B1 Schneiden von Natrium an der Luft

B3 Natriumstück an der Luft

Beim etwas zähen Lithium zeigt sich der Glanz ein wenig länger als beim weichen Natrium, dessen Schnittfläche sofort wieder matt wird. Das noch weichere Kalium überzieht sich schon während des Schneidens mit einer matt bläulichen Schicht. Lithium, Natrium und Kalium leiten den elektrischen Strom. Glanz, Verformbarkeit und elektrische Leitfähigkeit zeigen, dass Metalle vorliegen.

Lithium, Natrium und Kalium haben eine niedrigere Dichte als das Wasser. Alkalimetalle haben auch niedrige Schmelztemperaturen. Nur Lithium schmilzt bei einer Temperatur von über 100 °C. Erhitzt man frisch geschnittene Stückchen von Lithium, Natrium und Kalium, entzündet sich Kalium sehr schnell und brennt mit hellvioletter Flamme. Es folgt Natrium mit leuchtend gelber Flamme. Zuletzt entzündet sich Lithium und brennt mit kräftig roter Flamme. Kommen Rubidium oder Caesium mit Luft in Berührung, so entzünden sie sich schon bei Zimmertemperatur.

Die Reaktion der Alkalimetalle mit Wasser. Wird ein frisch geschnittenes Natriumstückchen in eine große mit Wasser gefüllte Schale geworfen, bildet sich sofort eine Kugel, die auf der Wasseroberfläche zischend hin- und herfährt und eine Spur von Gasbläschen hinterlässt. Die Kugel wird schnell kleiner und verschwindet; gleichzeitig bildet sich eine glitschig, seifige Lösung. Bei Zugabe einiger Tropfen einer Bromthymolblau-Lösung wird die Lösung blau. Es liegt also eine **alkalische Lösung** (Kap. 1.2) vor.

Alkalimetall	Zeichen für das Atom	Dichte in g/cm^3	Schmelztemperatur in °C	Siedetemperatur in °C	Härte	Entzündungstemperatur	Heftigkeit der Reaktion mit Wasser	Flammenfärbung
Lithium	Li	0,53	180	1342	nimmt ab	nimmt ab	nimmt zu	karminrot
Natrium	Na	0,97	98	883				gelb
Kalium	K	0,86	63	760				violett
Rubidium	Rb	1,53	39	686				dunkelrot
Caesium	Cs	1,88	28	669				blau

B4 Eigenschaften der Alkalimetalle im Vergleich

B6 Flammenfärbung durch Verbindungen der Alkalimetalle

Ein Stückchen Lithium reagiert bei diesem Versuch wie Natrium, jedoch langsamer und ohne zu schmelzen. Ein Stückchen Kalium auf der Wasseroberfläche schmilzt und entzündet sich sofort. Rubidium und Caesium reagieren mit Wasser explosionsartig. Bei der Reaktion der Alkalimetalle mit Wasser entstehen ein Gas und eine alkalische Lösung. Legt man ein kleines Stückchen Natrium auf ein nasses Filterpapier, schmilzt das kantige Stückchen durch die bei der Reaktion frei werdende thermische Energie sofort zu einer Kugel und entzündet sich [B5].

Verbindungen der Alkalimetalle. Eine in der Natur vorkommende Verbindung des Elements Kalium ist z. B. *Pottasche*, die man aus Pflanzenasche gewinnen kann. Wie die Verbindungen des Kaliums sind auch die des Natriums schon seit mehreren tausend Jahren bekannt. *Natron* und *Soda* sind Natrium-Verbindungen, die in Salzseen und Salzablagerungen vieler Trockengebiete vorkommen. Im Alltag begegnet uns Natron z. B. im Back- und Brausepulver, Soda in vielen Waschmitteln.

B5 Natrium auf einem nassen Filterpapier

Flammenfärbung. Bringt man eine Natrium-Verbindung in die nichtleuchtende Brennerflamme, leuchtet diese wie die Flamme des brennenden Natriums intensiv gelb. Auch die Verbindungen der anderen Alkalimetalle erzeugen charakteristische Flammenfarben [B6].

Lithium, Natrium, Kalium, Rubidium und Caesium bilden die Elementgruppe der Alkalimetalle. Sie weisen ähnliche Eigenschaften auf.

A1 **a)** Nenne das Alkalimetall, das auf Paraffinöl schwimmt. **b)** Nenne das Alkalimetall, das in der Hand schmelzen würde.

A2 Erkläre, warum ein Natriumbrand nicht mit Wasser gelöscht werden darf. Schlage ein Löschmittel für einen kleinen Natriumbrand vor.

V1 (Schutzbrille! Schutzscheibe!) Eine große, runde Glaswanne wird zur Hälfte mit Wasser gefüllt, in das Wasser werden einige Tropfen Bromthymolblau-Lösung gegeben. Auf die Wasseroberfläche gibt man zunächst ein etwa linsengroßes Stück Natrium, anschließend ein gleich großes Stück Lithium und Kalium. Man wiederholt die Versuche mit Natrium und Lithium auf einem schwimmenden Rundfilter.

Alkali von arabisch al-kali, Pottasche

2.9 Exkurs Erdalkalimetalle

B1 Calciumkörner

Ähnliche Eigenschaften wie bei den Alkalimetallen findet man bei den Elementen Beryllium, Calcium, Magnesium, Strontium und Barium. Da ihre Verbindungen wesentlich am Aufbau des Erdmantels beteiligt sind, bezeichnet man die Elementgruppe als Erdalkalimetalle.

Calcium. Das Metall Calcium wird im Labor meist in Form von Körnern, die man manchmal auch unter Paraffinöl aufbewahrt, verwendet [B1]. Reines Calcium glänzt silbrig und leitet den elektrischen Strom. Wird es an der Luft aufbewahrt, überzieht es sich mit einem matten, grauen Belag, der sich abschleifen lässt [V1]. Die glänzende Fläche wird nach einiger Zeit wieder matt. Wird ein Calciumkorn erhitzt, brennt es mit heller, rötlicher Flamme. Dabei entsteht ein weißer Rauch. In dieser Reaktion reagiert Calcium mit Sauerstoff zu Calciumoxid, einem Feststoff mit der Formel CaO. Mit Wasser reagiert Calcium unter Bildung eines Gases und einer alkalischen Lösung.

B2 Reaktion von Calcium mit Wasser

Magnesium. Das Metall Magnesium zeigt ähnliche Reaktionen wie Calcium. Magnesium wird häufig als Band oder in Form von Spänen verwendet. An der Luft wird die Metalloberfläche nach einiger Zeit matt. Magnesium verbrennt mit weißem, gleißend hellem Licht zu Magnesiumoxid, MgO [V2]. Auch Magnesium reagiert mit Wasser, die Reaktion ist jedoch nicht so heftig wie die mit Calcium [V3, B3].

B3 Reaktion von Magnesium mit Wasser

Strontium und Barium. Diese beiden Metalle reagieren wesentlich heftiger mit Sauerstoff und Wasser als Magnesium und Calcium. Strontium und Barium müssen daher unter Paraffinöl aufbewahrt werden.
In ihrem Verhalten sind sie den Alkalimetallen noch ähnlicher als Calcium und Magnesium. Strontium- und Bariumverbindungen werden als „Farbgeber" in Feuerwerken eingesetzt. Strontium ist für die rote, Barium für die grüne Farbe verantwortlich.

Die Erdalkalimetalle ähneln in ihren Eigenschaften den Alkalimetallen.

A1 Schreibe in einer Tabelle die Eigenschaften des Calciums und des Natriums auf. Vergleiche.

A2 **a)** Recherchiere, von welchem Mineral sich das Wort Brille ableitet.
b) Beschreibe Eigenschaften des Erdalkalimetalls, das sich aus diesem Mineral gewinnen lässt.

V1 Gib ein frisch geschmirgeltes Calciumkorn in ein Reagenzglas mit dest. Wasser. Füge anschließend 4 bis 5 Tropfen Universalindikator-Lösung zu und schüttle.

V2 (Blinzeln! Nicht in das Licht schauen! Feuerfeste Unterlage verwenden!) Ein Stück Magnesiumband wird in der Brennerflamme entzündet und außerhalb der Brennerflamme gehalten.

V3 Gib ein Stück abgeschliffenes Magnesiumband in ein Reagenzglas mit dest. Wasser. Beobachte etwa zwei Minuten und füge 4 bis 5 Tropfen Universalindikator-Lösung zu.

Erdalkalimetall	Zeichen für das Atom	Atommasse in u	Dichte in g/cm^3	Schmelztemperatur in °C	Härte	Heftigkeit der Reaktion mit Wasser	Flammenfärbung	Verhältnisformel des Oxids	Verhältnisformel des Hydroxids
Magnesium	Mg	24,3	1,74	649	nimmt zu	nimmt zu	–	MgO	$Mg(OH)_2$
Calcium	Ca	40,1	1,54	839			orange	CaO	$Ca(OH)_2$
Strontium	Sr	87,6	2,60	769	nimmt zu		karminrot	SrO	$Sr(OH)_2$
Barium	Ba	137,3	3,51	725			grün	BaO	$Ba(OH)_2$

B4 Eigenschaften der Erdalkalimetalle im Vergleich

2.10 Exkurs Feuerwerk der Farben

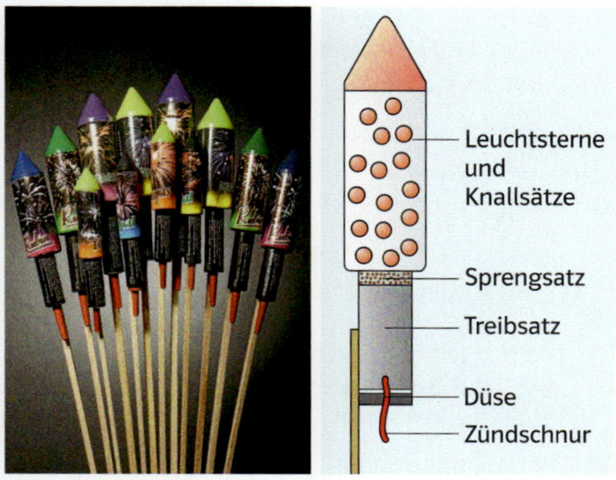

B1 Feuerwerksraketen (links), Aufbau eines Feuerwerkskörpers (rechts)

Feuerwerk und Farben. Die Farben eines Feuerwerks werden auf verschiedene Weise erzeugt. Grellweißes Licht entsteht beim Verbrennen von Magnesium. Verbindungen von Calcium, Strontium und Lithium leuchten in verschiedenen Rottönen. Natrium-Verbindungen erzeugen ein gelbes, Kalium-Verbindungen ein violettes und Barium-Verbindungen ein grünes Licht.

Wenn man eine Rakete an der Zündschnur zündet, brennt zunächst der Treibsatz ab, der die Rakete in die Luft steigen lässt. Danach werden im Feuerwerkskörper die sogenannten Leuchtsterne gezündet. Diese erzeugen verschiedenfarbige Funken, die durch Sprengsätze weiträumig am Himmel verteilt werden. Eingebaute Knallsätze erzeugen zum Teil heftige Knallgeräusche.

B2 Feuerwerk

Praktikum Flammenfärbung

Bringt man Proben von Alkalimetallen, einigen Erdalkalimetallen oder ihren Verbindungen in die nicht leuchtende Flamme eines Gasbrenners, so zeigen sich charakteristische Flammenfärbungen, die zum Nachweis der jeweiligen Elemente dienen können.

Geräte und Chemikalien: Schutzbrille! Gasbrenner, Stativ, Doppelmuffe, Universalklemme, Becherglas (100 ml), 8 Uhrgläser, 2 Magnesiastäbchen, Cobaltglas, Tropfpipette; Lithiumchlorid, Natriumchlorid, Kaliumchlorid, Calciumchlorid, Strontiumchlorid, Bariumchlorid, Speisesalz, Pflanzenasche, Backpulver, unbekannte Alkali- oder Erdalkalimetallverbindung, Salzsäure ($c \approx 2\,\text{mol/l}$).

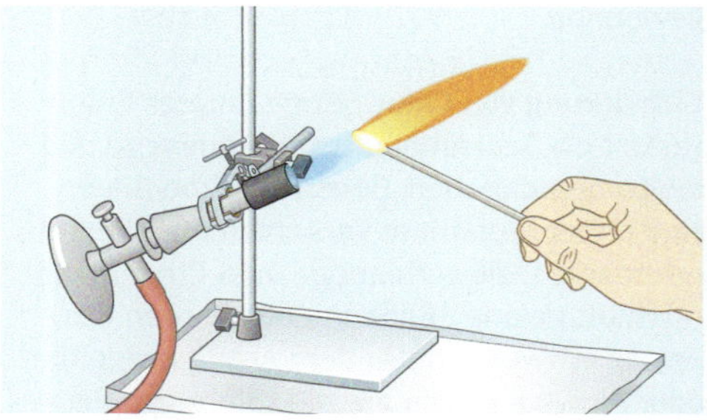

B3 Versuchsaufbau

Durchführung: Spanne den Gasbrenner wie in B3 gezeigt ein. Tauche ein Magnesiastäbchen in die verdünnte Salzsäure (im Becherglas) und glühe es in der rauschenden Brennerflamme so lange aus, bis die Flamme nicht mehr gefärbt ist. Tauche dann das abgekühlte Magnesiastäbchen noch einmal kurz in die Salzsäure ein, damit es befeuchtet ist, und tupfe es auf die Kristalle der Probe. Halte nun das Stäbchen mit der Stoffprobe etwas oberhalb des hellblauen Innenkegels der rauschenden Brennerflamme. Beobachte die Flammenfärbung und notiere die Farbe.
Reinige das Magnesiastäbchen vor jeder weiteren Untersuchung einer neuen Probe durch Eintauchen in Salzsäure und Ausglühen. Betrachte die Flammen auch durch das Cobaltglas.

Auswertung:
1. Beschreibe das Aussehen der Flammen.
2. Welche Alkali- oder Erdalkalimetalle sind in den Verbindungen des Speisesalzes, der Pflanzenasche (z. B. Holzasche), des Backpulvers oder der unbekannten Substanz enthalten?
3. Bei welchen Proben war das Cobaltglas nützlich? Erkläre seinen Nutzen.

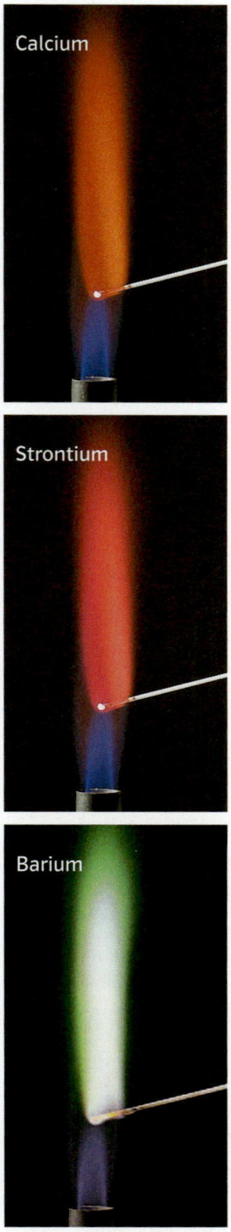

B4 Flammenfärbungen durch Verbindungen der Erdalkalimetalle

2.11 Halogene

B1 Bleichende Wirkung von Chlor. Farbstoffe werden zerstört

Vorsicht

Nicht zusammen mit Säuren und sauren Reinigern, z. B. WC-Reinigern und Entkalkern, verwenden. Es können gefährliche Chlordämpfe entstehen. Bei Spritzern in die Augen sofort mit Wasser ausspülen. Bei irrtümlicher Einnahme viel Wasser oder Milch trinken. In beiden Fällen sofort Arzt aufsuchen.

B2 Sicherheitshinweise auf dem Etikett eines Sanitärreinigers

Die elementaren Stoffe Fluor, Chlor, Brom und Iod sind Nichtmetalle, die alle gesundheitsschädlich bis sehr giftig sind.

Chlor ist ein stechend riechendes, gelbgrünes Gas, das seinen Namen von dieser Farbe erhalten hat (von griech. chloros, grün).
Es besitzt eine größere Dichte [B5] als Luft (ϱ(Luft) = 0,0012 g/cm³). Chlor löst sich in Wasser. In 100 g Wasser lösen sich ca. 0,74 g Chlor, das entspricht einem Volumen von ca. 0,25 l (bei 25 °C und 1013 hPa).
Chlor kann im Labor aus seinen Verbindungen, Calciumhypochlorit bzw. Salzsäure, hergestellt werden [V1]. Industriell wird es aus Kochsalz gewonnen.

Giftwirkung von Chlor. Eingeatmetes Chlor verätzt die Schleimhäute der Atemwege und die Lungenbläschen. Beim Experimentieren sind daher besondere Vorsichtsmaßnahmen erforderlich, die verhindern, dass Chlor in die Atemluft gelangt. Experimente werden deswegen entweder unter dem Abzug ausgeführt oder Aktivkohlefilter auf die Öffnungen der Apparatur aufgesetzt. Solche Filter nutzt man auch in Atemschutzgeräten, um bei Unglücksfällen eventuell enthaltenes Chlor aus der Atemluft an der Oberfläche der Aktivkohle festzuhalten, zu adsorbieren.

Verwendung. Viele Farbstoffe werden von Chlor gebleicht [B1]. Sie verlieren ihre ursprüngliche Farbe, werden „bleich", weil sich ihre Moleküle bei der Reaktion mit Chlor verändern. Auf dieser Reaktionsfähigkeit beruht auch der Einsatz von Chlor zum Bleichen von Papier und Textilien. Alle Farbstoffe darin werden zerstört. Chlorbleichlaugen und manche Haushaltsreiniger [B2] enthalten Chlor-Verbindungen, die zu Chlor und anderen Reaktionsprodukten reagieren können.

Ein wichtiger Einsatzbereich für Chlor liegt in der Wasseraufbereitung. Bei der Chlorung wird dem Trinkwasser Chlor oder Chlordioxid zugesetzt, damit sich in den Leitungen keine Bakterien ansiedeln und vermehren können. Um die Gesundheit nicht zu gefährden, wird die Dosierung möglichst niedrig gehalten:

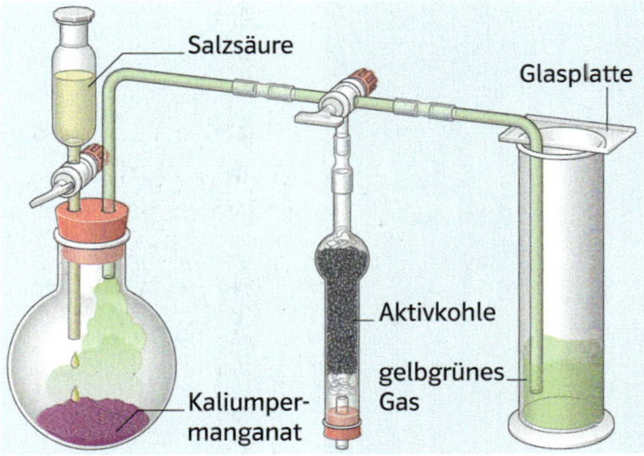

B3 Herstellung von Chlor aus Salzsäure

in Trinkwasser 0,1 mg Chlor, in Schwimmbädern dagegen 0,3 bis 0,6 mg Chlor pro Liter Wasser. Zur Herstellung von PVC (Polyvinylchlorid) und anderen Kunststoffen sowie vielen weiteren Produkten kommt Chlor in der Industrie in großen Mengen zum Einsatz.

Brom ist eine leicht verdunstende, rotbraune, sehr giftige Flüssigkeit. Der unangenehme Geruch der Bromdämpfe (von griech. bromos, übel riechend) hat dem Element den Namen gegeben. Bei Kontakt mit Brom kann es zu starker Reizung der Augen und der Atmungsorgane kommen, auf der Haut entstehen tiefgehende Verätzungen.

Iod ist bei Zimmertemperatur ein Feststoff, der in Form von metallisch glänzenden, grauschwarzen Plättchen vorliegt. Bereits bei geringer Erwärmung sublimiert er merklich.

Chlorunfall im Schwimmbad – Mehrere Verletzte

27.08.2011, 18:31 Uhr | dpa – Deutsche Presse-Agentur GmbH, dpa

Markt Indersdorf (dpa) – Bei einem Chlorgasunfall in einem Schwimmbad in Oberbayern sind mehrere Menschen verletzt worden, darunter auch Kinder. Im Schwimmbad fand gerade ein Eltern-Kind-Schwimmkurs statt, als die Badegäste plötzlich über Hustenreiz und Atembeschwerden klagen. Die 16 Besucher und ein Mitarbeiter verließen das Bad und riefen die Polizei. Sie wurden in Krankenhäuser gebracht. Ursache für das Chlor in der Luft war eine kaputte Mischanlage.

B4 Halogene Chlor, Brom, Iod (von links) und ihre Farben im gasförmigen Zustand

Halogen	Molekülformel	Atommasse (u)	Farbe (Gas)	Schmelztemperatur in (°C)	Siedetemperatur in (°C)	Dichte bei 20 °C (g/ml)
Fluor	F_2	19	hellgelb	−219	−188	0,0016
Chlor	Cl_2	35,5	gelbgrün	−101	−35	0,0030
Brom	Br_2	80	rotbraun	−7	59	3,12
Iod	I_2	127	violett	113	184	4,93

B5 Die Eigenschaften der Halogene verändern sich innerhalb der Elementgruppe in gleichmäßiger Weise

Dabei entsteht violetter Ioddampf. Der Farbe des Dampfes (von griech. iodes, veilchenblau) verdankt das Element seinen Namen. Ioddämpfe sind gesundheitsschädlich.

Bei Iodtinktur handelt es sich um eine Lösung von Iod in Alkohol. Früher wurden mit Iodtinktur kleinere Wunden desinfiziert. Der Alkohol verursacht ein Brennen in der Wunde. Heute werden das besser verträgliche Povidon-Iod, das eine Iod-Verbindung enthält, oder andere Antiseptika zur Desinfektion eingesetzt.

Fluor ist ein hellgelbes Gas mit einem chlorähnlichen Geruch. Es verursacht schwere Verätzungen der Atemwege und der Haut. Wegen seiner außerordentlichen Reaktionsfähigkeit ist im Umgang mit Fluor größte Vorsicht geboten. Viele Stoffe reagieren mit Fluor unter Flammenbildung. Weil es auch Glas zerstört, wird Fluor in Kupfergefäßen aufbewahrt.

Halogene. Man fasst Fluor, Chlor, Brom und Iod zur Elementgruppe der Halogene zusammen. Die Eigenschaften der elementaren Stoffe sind ähnlich und ändern sich gleichmäßig in einer Reihe vom Fluor zum Iod [B5]. Die elementaren Stoffe der Halogene bestehen aus zweiatomigen Molekülen: F_2, Cl_2, Br_2, I_2.

Fluor, Chlor, Brom und Iod gehören zur Elementgruppe der Halogene. Die elementaren Stoffe der Halogene weisen ähnliche Eigenschaften auf.

V1 ⚠ (Vorsicht! Abzug!) Zur Herstellung von Chlor lässt man halbkonzentrierte Salzsäure mit Calciumhypochlorit oder Kaliumpermanganat reagieren [B3]. Die Standzylinder mit dem aufgefangenen Chlorgas verschließt man sofort. Ein Rohr, welches mit Aktivkohle als Adsorptionsmittel gefülltes ist, wird angeschlossen.

V2 ⚠ (Abzug!) In ein Gefäß mit Chlor gibt man farbige Blüten [B1] oder ein angefeuchtetes Stück farbig gemustertes Textilgewebe.

V3 ⚠ (Abzug!) Man gibt in ein mit Bromdampf bzw. Chlorgas gefülltes Gefäß etwas Aktivkohle und schüttelt.

V4 **a)** Versuche, im Reagenzglas durch Schütteln etwas Iod in Wasser zu lösen.
b) Wiederhole den Versuch mit Alkohol (Brennspiritus) als Lösungsmittel.

A1 Welches Volumen an Chlor benötigt man im Durchschnitt, um 1 l Schwimmbadwasser zu chloren? Berechne.

A2 Recherchiere Eigenschaften, Herstellung und Verwendung der Halogene. Verwende dazu dein Buch und das Internet. Stelle deine Ergebnisse auf einem Plakat dar.

A3 Recherchiere, welche Alternativen es zum Chloren von Wasser gibt.

A4 Fluor, Chlor und Brom kommen in der Natur nicht als elementare Stoffe vor. Begründe.

2.12 Halogene sind Salzbildner

Halogen von griech. hals, Salz und griech. gennan, bilden

B1 Natrium reagiert heftig mit Chlor

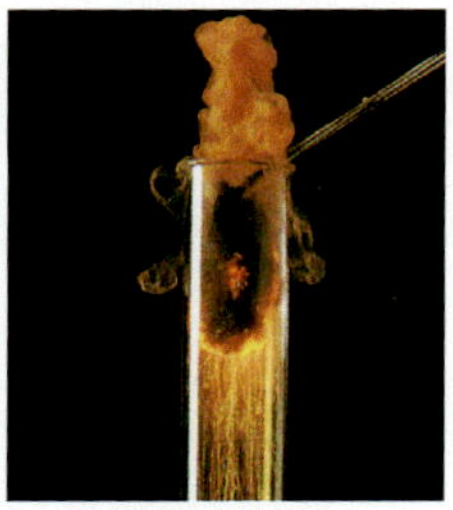

B2 Reaktion von Eisenwolle mit Chlor

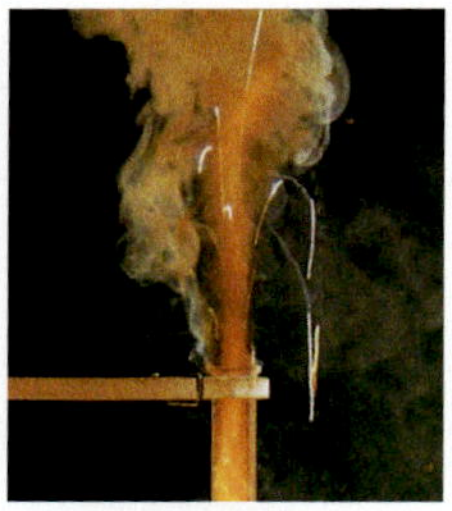

B3 Reaktion von Aluminium mit Brom

B4 Kupfer reagiert mit Bromwasser

Halogen bedeutet Salzbildner. Wenn Halogene Salze bilden können, müssen sie reaktionsfähige elementare Stoffe sein. Als Reaktionspartner wählen wir zuerst verschiedene Metalle, wie z. B. Natrium.

Reaktion von Chlor mit Natrium. Lässt man Chlorgas auf geschmolzenes Natrium einwirken [B1, V1], so setzt unter Aussendung von gelbem Licht eine heftige Reaktion ein. Dabei verschwindet die gelbgrüne Farbe des Chlors und es entsteht ein weißer *Feststoff*, der als **Kochsalz** (Natriumchlorid) identifiziert werden kann. Zum Beispiel löst er sich gut in Wasser und es sind nach dem Verdunsten des Lösungsmittels die für Natriumchlorid typischen quaderförmigen Kristalle zu erkennen.

Natrium (s) + Chlor (g) ⟶ Natriumchlorid (s)

Im Gegensatz zu den Ausgangsstoffen Natrium und Chlor ist Natriumchlorid ein Stoff, den jeder Mensch jeden Tag zu sich nimmt.

Andere Metallhalogenide. Metallchloride lassen sich aus dem jeweiligen Metall durch Reaktion mit Chlor synthetisieren. Mit Eisen erhält man *Eisenchlorid* [B2, V2], mit Kupfer *Kupferchlorid*.

Eisen (s) + Chlor (g) ⟶ Eisenchlorid (s)

Kupfer (s) + Chlor (g) ⟶ Kupferchlorid (s)

Alle drei Reaktionen verlaufen mit unterschiedlicher Heftigkeit. Von den eingesetzten Metallen reagiert Natrium am heftigsten, Kupfer am wenigsten heftig. Natrium ist also am reaktionsfähigsten.

Aus Aluminium und Brom entsteht *Aluminiumbromid* [V3, B3]:

Aluminium (s) + Brom (l) ⟶ Aluminiumbromid (s)

Kupfer reagiert mit in Wasser gelöstem Brom zu löslichem *Kupferbromid* [B4, V4].

Kupfer (s) + Brom (l) ⟶ Kupferbromid (aq)

Aus Magnesium und Iod entsteht in einer exothermen Reaktion *Magnesiumiodid* [V5]. Die Reaktion wird durch Zugabe von Wasser ausgelöst.

Magnesium (s) + Iod (s) ⟶ Magnesiumiodid (s)

Die Reaktionsprodukte aus Metallen und Halogenen, die **Metallhalogenide**, sind feste Stoffe mit meist hohen Schmelztemperaturen, viele lösen sich gut in Wasser. Die Metallhalogenide leiten sowohl in Wasser gelöst als auch in geschmolzenem Zustand den elektrischen Strom. Die Ähnlichkeit der Eigenschaften dieser Stoffe mit denen des Natriumchlorids („Salz") führte zum Oberbegriff Salze. Zunächst bezog sich die Bezeichnung Salze nur auf alle Verbindungen aus Metallen und Halogenen, den Metallhalogeniden. So wird verständlich, warum Halogene als Salzbildner bezeichnet werden.

Metall + Halogen ⟶ Metallhalogenid

Metalle reagieren mit den Halogenen zu Metallhalogeniden. Diese sind Salze.

V1 ⚠ (Abzug, Schutzbrille!)
a) In ein bis zum Erweichen erhitztes Reagenzglas bläst man ca. 2 cm über dem Boden ein Loch. Ein erbsengroßes, entkrustetes Natriumstück wird darin erhitzt. Kurz bevor sich das Natrium entzündet, taucht man das Reagenzglas in einen Zylinder mit Chlor.
b) Der entstandene weiße Stoff wird in möglichst wenig Wasser gelöst. Einen Tropfen der Lösung lässt man auf einem Objektträger eintrocknen und betrachtet den Rückstand unter dem Mikroskop.

Zur Kennzeichnung der Aggregatzustände der Ausgangsstoffe und der Reaktionsprodukte können die folgenden Kurzzeichen: **s** für *fest* (solid), **l** für *flüssig* (liquid) und **g** für *gasförmig* (gaseous) in Klammern hinter den jeweiligen Namen geschrieben werden. Liegt der Stoff in Wasser gelöst vor, kann man dies durch das Kurzzeichen **aq** (aqua) kennzeichnen.

Zu den Salzen zählen auch andere Metall-Nichtmetallverbindungen wie die *Oxide* (z. B. Magnesiumoxid) und *Sulfide* (z. B. Zinksulfid).

Reaktionsfähigkeit der Halogene. Vergleicht man die Reaktionsfähigkeit der Halogene Chlor, Brom und Iod mit jeweils demselben Metall [B5, V6], stellt man fest, dass auch die Halogene eine unterschiedliche Reaktionsfähigkeit zeigen. Sie nimmt von Chlor über Brom zum Iod hin ab.

Abnehmende Reaktionsfähigkeit →

Fluor Chlor Brom Iod

Bei den Halogenen erkennt man eine abgestufte Änderung der jeweiligen Eigenschaften. Auch die Reaktionsfähigkeit mit Metallen ist eine Stoffeigenschaft. Die Reaktionsfähigkeit nimmt von Fluor zu Iod hin ab.

Nachweis von Halogeniden. Man sieht es einem Metallhalogenid nicht an, ob es sich z. B. um eine Chlor- oder Bromverbindung handelt. Dazu benötigt man ein *Nachweismittel.*

Gibt man zu Lösungen von Chloriden *Silbernitrat-Lösung*, so entsteht jeweils eine weiße, trübe Flüssigkeit, eine Suspension, in der sich sofort ein weißer flockiger Feststoff absetzt. Man sagt: Es ist ein *weißer Niederschlag ausgefallen*. Das feste, weiße Produkt ist aus den in beiden Lösungen enthaltenen Teilchen durch Umgruppierung dieser Teilchen entstanden. Der neue Stoff heißt Silberchlorid.

Entsprechend erhält man bei der Reaktion von Bromiden mit Silbernitrat-Lösung weißgelbes *Silberbromid*, bei Iodiden gelbes *Silberiodid*. An der Farbe des Niederschlags ist erkennbar, welches Halogenid vorliegt.

Silbernitrat-Lösung ist ein Nachweismittel für in Wasser gelöste Chloride, Bromide und Iodide. Man kann sie an der Farbe des Niederschlags unterscheiden.

V2 ⚠ (Abzug!) Ein Standzylinder, dessen Boden mit Sand bedeckt ist, wird mit Chlor gefüllt. In das Gas wird erhitzte Eisenwolle getaucht. Der Versuch wird mit erhitztem Kupferblech wiederholt.

V3 ⚠ (Abzug!) In ein Reagenzglas füllt man ca. 1 cm hoch Brom und stellt es in Sand. Hierzu gibt man frisch abgerissene, aufgerollte Alufolie (ca. 5 cm · 3 cm).

V4 ⚠ (Abzug!) Man gibt im Reagenzglas zu Bromwasser etwas Kupferpulver bzw. Zinkpulver und schüttelt kräftig. Beobachte die Farbänderung.

V5 ⚠ (Abzug!) Man verreibt 1 g Magnesiumpulver mit ca. 2 g Iod und bildet daraus einen flachen Kegel. Man tropft etwas Wasser auf das Gemisch.

V6 ⚠ (Abzug!) Man hält eine Kupferfolie (Blattmetall) in je einen Standzylinder mit Chlor-, Brom- und Ioddampf. Vergleiche die Reaktionsabläufe.

V7 Stelle jeweils eine Lösung von Natriumchlorid, Kaliumchlorid, Calciumchlorid, Natriumbromid, Kaliumbromid, Natriumiodid und Kaliumiodid in dest. Wasser her und gib in jedes Reagenzglas einige Tropfen Silbernitrat-Lösung. (Vorsicht! Silbernitrat-Lösung darf nicht in die Augen gelangen!)
Beschreibe deine Beobachtungen.

A1 Entscheide, bei welchen der folgenden Stoffe es sich um Salze handelt: Kohlenstoffdioxid, Kaliumbromid, Magnesiumoxid, Iod, Calciumchlorid.

A2 Natriumchlorid, -bromid und -iodid sind weiße kristalline Substanzen. Proben von ihnen werden auf je ein Uhrglas gegeben und so vertauscht, dass ihre Herkunft nicht mehr erkennbar ist. Wie können die Substanzen identifiziert werden? Erstelle eine Versuchsplanung. Gib die zu erwartenden Ergebnisse an.

B5 Reaktion von Halogenen mit Kupfer. Die Reaktionsfähigkeit nimmt von Chlor (oben) über Brom (Mitte) zu Iod (unten) ab

2.13 Elektrische Ladung im Atom

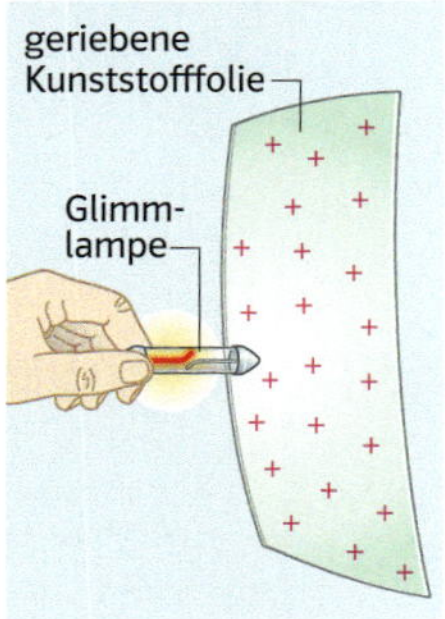

B1 Oben: Nachweis der Ladung einer Kunststofffolie mit dem Elektroskop
unten: Nachweis der Polung: Die Glimmlampe leuchtet am negativen Pol

MENDELEJEW und anderen Forschern seiner Zeit gelang es noch nicht, die Rätsel zu lösen, die das Periodensystem aufgab. Er gab aber einen wichtigen Hinweis: „Aller Wahrscheinlichkeit nach liegt die Ursache in der inneren Mechanik der Atome und Moleküle." Durch welche Erkenntnisse erhalten wir „Einblicke" in das Atominnere?

Stoffe können sich elektrisch aufladen. Verbindet man ein Metallstück mit dem Pol einer Spannungsquelle, wird es elektrisch aufgeladen. Gegenstände können sich jedoch auch ohne Spannungsquelle *elektrisch aufladen*. Reibt man eine Kunststofffolie mit Papier [V2], so ziehen sich beide gegenseitig an. Werden zwei Folien jeweils mit Papier gerieben und zusammengebracht, so stoßen sie sich ab. Am Zeigerausschlag des Elektroskops ist zu erkennen, dass Folie und Papier elektrisch aufgeladen sind [B1, oben]. Mit der Glimmlampe lässt sich zeigen, dass die Folie bei unserem Versuch *positiv* und das Papier *negativ* aufgeladen wird [B1, unten].

Alle Stoffe besitzen positive und negative Ladungen. Ladung kann portionsweise mit einem Ladungsträger, z. B. mit einer Metallkugel mit Isoliergriff, transportiert werden. Auch im Stromkreis erfolgt der Ladungstransport durch Ladungsträger. Es handelt sich dabei um geladene Teilchen. Sie sind in allen Gegenständen, auch in denen, die weder positiv noch negativ aufgeladen sind, enthalten. Die positiven und negativen Ladungsportionen sind hier gleich groß und heben sich in ihrer Wirkung nach außen auf. Sie neutralisieren sich.
Durch innige Berührung (z. B. beim Reiben) können Ladungsportionen von einem Gegenstand auf einen anderen übertragen werden. Dabei kann ein Überschuss an positiver oder negativer Ladung entstehen. Gleichnamig aufgeladene Gegenstände stoßen sich ab, zwischen entgegengesetzt aufgeladenen wirkt eine Anziehungskraft.

In Metallen lassen sich geladene Teilchen verschieben, wie der folgende Versuch zur elektrischen Influenz zeigt. Bringt man

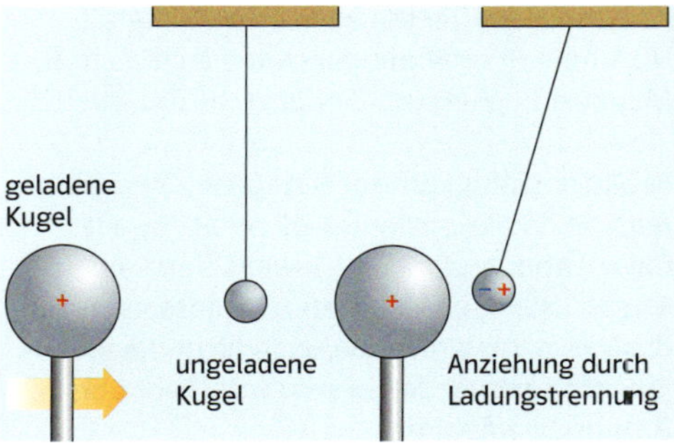

B2 Elektrische Influenz. Die isoliert aufgehängte Metallkugel wird von der geladenen Kugel angezogen

eine positiv oder negativ geladene Kugel in die Nähe einer neutralen, isoliert aufgehängten Metallkugel, so wird diese angezogen. Die zunächst gleichmäßig verteilten positiven und negativen Ladungen werden durch die von der geladenen Kugel ausgehenden Kraft getrennt [B2]. Dabei müssen die Ladungsträger gegeneinander verschoben worden sein, eine Ladungstrennung hat stattgefunden.

Welche Ladungsträger sind beweglich?
In einem luftleeren (evakuierten) Glaskolben befindet sich eine Metallplatte und ihr gegenüber eine Glühwendel aus dünnem Draht. Die Metallplatte ist positiv geladen, wenn sie mit einem positiv geladenen Elektroskop verbunden wird [B3]. Glüht die Drahtwendel, kann beobachtet werden, dass der Zeigerausschlag zurückgeht. Das Elektroskop wird entladen.

V1 Reibe nacheinander zwei Acetatfolien (Arbeitsprojektorfolien) mit Papier. Halte beide Folien parallel und nähere sie einander.

V2 Reibe zwei Acetatfolien mit je einem gleich großen, dicht aufliegenden Blatt Papier. Trenne das Papier von der Folie und lege eine Folie kurz auf die Metallplatte eines Elektroskops [B1]. Verbinde die zweite Folie mit einer geerdeten Glimmlampe. Führe diese Versuche auch mit dem zum Reiben verwendeten Papier durch.

Wird das Elektroskop und damit auch die Metallplatte negativ aufgeladen, verändert sich der Zeigerausschlag dagegen nicht.
Das Elektroskop wird nicht entladen. Dieser glühelektrische Effekt ist ein Hinweis darauf, dass in Metallen nur Teilchen mit negativer Ladung beweglich sind. Die Glühwendel gibt negativ geladene Teilchen ab, die zur positiv geladenen Platte gelangen, von der negativ geladenen aber abgestoßen werden. Diese Teilchen heißen **Elektronen**.
Sie haben alle die gleiche, im Vergleich zu den Atomen, sehr geringe Masse. Die gleich große Ladung der Elektronen ist die vom Betrag her kleinste auftretende negative Ladungsportion, die *negative Elementarladung*.

Fließt Strom durch einen metallischen Leiter, so bedeutet dies, dass Elektronen fließen. Sie stammen von den Metall-Atomen.
Der festsitzende positive Rest des Atoms ist charakteristisch für das betreffende Metall und besitzt fast die ganze Masse des Metall-Atoms. Auch Verbindungen von Nichtmetall-Atomen können Elektronen abgeben [V2]. In fast allen Teilchenverbänden aus Nichtmetall-Atomen sind Elektronen aber kaum beweglich.

Von den Atomen aller Atomsorten lassen sich Elektronen abspalten. Sie sind Bauteilchen der Atome.

A1 Wie lässt sich die Ladungsart einer elektrisch geladenen Kugel nachweisen?

A2 Was lässt sich beobachten, wenn zwei baugleiche Elektroskope, von denen eines positiv, das andere bis zum gleichen Ausschlag negativ aufgeladen ist, mit einem Experimentierkabel verbunden werden?

A3 Der Zeiger eines ungeladenen Elektroskops schlägt aus, wenn sich diesem eine geladene Kugel nähert, ohne dass ein Kontakt erfolgt. Erkläre.

A4 Beim glühelektrischen Effekt bleibt der Zeigerausschlag des negativ aufgeladenen Elektroskops erhalten. Nenne die Ursache.

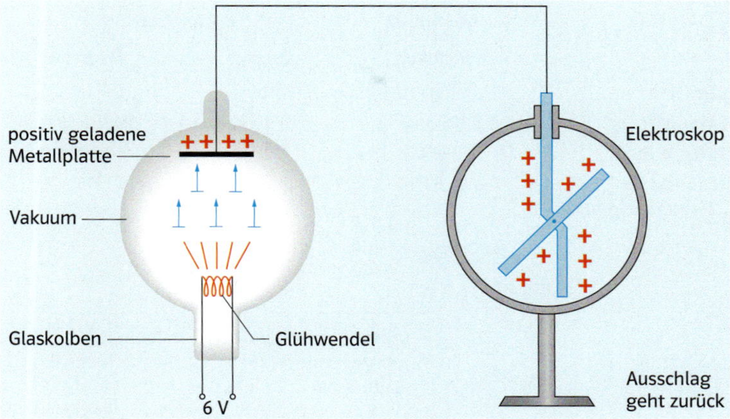

B3 Glühelektrischer Effekt. Ein glühender Metalldraht sendet negative Ladung aus

Exkurs Marie Curie

Wesentliche Erkenntnisse über den Atombau ergaben sich durch die Entdeckung der Radioaktivität. 1896 beobachtete der Physiker Henri Becquerel, dass Uranverbindungen unsichtbare Strahlen aussenden, die eine lichtgeschützte Fotoplatte schwärzen. Von Marie Curie wurden diese Untersuchungen weitergeführt. Dabei entdeckte sie, dass die Strahlung des Uranerzes Pechblende intensiver ist als die des Urans. Auf der Suche nach der Ursache fand sie zwei stark strahlende Elemente, die in winzigen Spuren im Erz enthalten sind. Marie Curie, die auch den Begriff Radioaktivität prägte, gab ihnen die Namen Radium (von lat. radius, Strahl) und Polonium (nach Polen, dem Land ihrer Herkunft).
Zusammen mit ihrem Ehemann, dem Physiker Pierre Curie, entdeckte sie, unabhängig von den zeitgleichen Forschungsergebnissen Rutherfords, dass Radium drei verschiedene Strahlenarten aussendet, α-, β- und γ- Strahlen.
Bis 1902 hatte Marie Curie in mühevoller und gefährlicher Arbeit aus zwei Tonnen Pechblende 100 mg Radiumchlorid gewonnen.
Ein Jahr später erhielt sie den Nobelpreis für Physik, zusammen mit ihrem Ehemann und Henri Becquerel. Für ihre Forschung auf dem Gebiet der Radiochemie wurde sie 1911 mit dem Nobelpreis für Chemie ausgezeichnet.

Zunächst waren die Gefahren, die von radioaktiver Strahlung ausgehen, nicht bekannt. Zunehmend an den Folgen der Strahlung leidend, starb Marie Curie 1934, ein Jahr vor der Auszeichnung ihrer Tochter Irène Joliot-Curie mit dem Nobelpreis. Sie erhielt ihn zusammen mit ihrem Ehemann Frédéric Joliot für die gemeinsame Forschung auf dem Gebiet der Radiochemie.

2.14 Das Kern-Hülle-Modell

	Atomhülle	Atomkern	
	Elektron	**Proton**	**Neutron**
Zeichen	e^-	p^+	n
Masse in kg	$9{,}109 \cdot 10^{-31}$	$1{,}673 \cdot 10^{-27}$	$1{,}675 \cdot 10^{-27}$
Masse in u	0,0005	1,0073	1,0087
Ladung in Elementarladungen	−1	+1	0

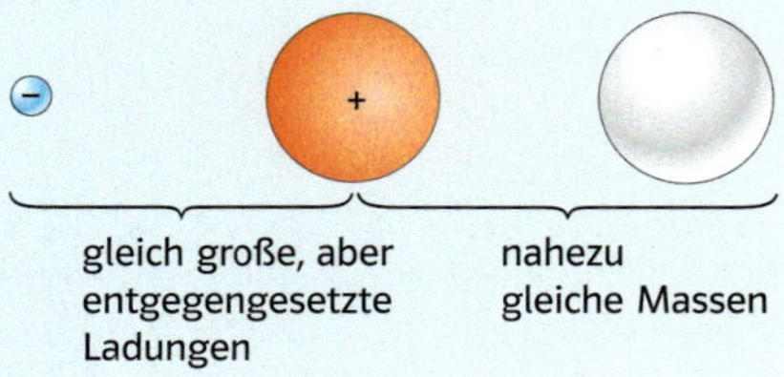

B1 Bauteilchen der Atome. Die Elementarteilchen unterscheiden sich in ihrer Masse und Ladung

Atom von griech. atomos, unteilbar

Proton von griech. proton, das Erste

Untersuchungen zeigen, dass Atome doch nicht unteilbar sind, wie es der Name eigentlich nahelegt. Dies führt zu einer Modellvorstellung, nach der Atome aus kleineren Bauteilchen bestehen. Diese bezeichnet man als *Elementarteilchen*.

B2 Kern-Hülle-Modell eines Atoms in verschiedenen Darstellungen. Der positiv geladene Kern (rot) wird vom negativ geladenen Elektron umhüllt (blau)

Das Kern-Hülle-Modell. Alle Atome enthalten im Zentrum einen Atomkern sowie eine ihn umgebende Atomhülle. Der Atomkern ist im Vergleich zum gesamten Atom sehr klein. Sein Durchmesser beträgt nur etwa 1⁄100 000 des Atomdurchmessers.
Der Atomkern ist außerdem positiv geladen und besitzt nahezu die gesamte Masse des Atoms. Seine positive Ladung wird dadurch ausgeglichen, dass die Atomhülle negativ geladen ist. Das Atom ist also insgesamt ungeladen.

Der Atomkern. Atomkerne sind stets positiv geladen. Die Größe der positiven Ladung ist charakteristisch für eine Atomsorte. Von allen Atomkernen hat der Kern des Wasserstoff-Atoms die kleinste Masse. Seine Ladung ist die kleinste positive Ladungsportion, die *positive Elementarladung*. Ihr Betrag entspricht dem der negativen Elementarladung, ihr Vorzeichen ist jedoch positiv. Den Kern des Wasserstoff-Atoms nennt man **Proton**.
Protonen sind am Aufbau der Kerne aller Atomsorten beteiligt und gehören zu den Elementarteilchen. Mit Ausnahme des Wasserstoff-Atomkerns enthalten alle anderen Atomkerne ein weiteres Elementarteilchen: das **Neutron**. Neutronen besitzen keine Ladung. Ihre Masse unterscheidet sich nur wenig von der Masse eines Protons.

Die Atomhülle. Die Atomhülle wird von negativ geladenen Elementarteilchen gebildet, die sich im Anziehungsbereich des Kerns befinden, den **Elektronen**. Die kugelförmige Atomhülle wird daher auch als *Elektronenhülle* bezeichnet [B2a].
Elektronen haben eine sehr geringe Masse und tragen die negative Elementarladung [B1].

Ein Atom besteht aus einem im Vergleich zum gesamten Atom sehr kleinen, positiv geladenen Atomkern, der fast die gesamte Masse des Atoms vereint. Er enthält Protonen und Neutronen. Die Atomhülle ist negativ geladen und enthält Elektronen.

Man weiß, dass sich Elektronen nicht auf bestimmten Bahnen um den Atomkern herum bewegen. Ein Elektron kann überall in der Elektronenhülle angetroffen werden. Auch sein Weg in der Hülle lässt sich nicht verfolgen. Die Ladung des Elektrons ist damit über die gesamte Hülle verteilt.
Um die Verteilung zu veranschaulichen, denken wir uns viele Momentaufnahmen der Position des Elektrons übereinandergelegt [B2b]. Je dichter die Punkte erscheinen, desto größer ist die Wahrscheinlichkeit, das Elektron in diesem Bereich zu finden.

A1 Ein Fußball hat einen Durchmesser von etwa 22 cm. Stell dir vor, der Fußball wäre ein Atomkern. Berechne den Gesamtdurchmesser eines entsprechenden Atoms. Suche weitere Größenvergleiche!

A2 In einer Metallportion liegen die Atome dicht aneinander. Wie lang wäre ein 1 m langer Metallstab, wenn stattdessen die Atomkerne dicht beieinander liegen würden? Berechne.

2.15 Exkurs Der Rutherford-Versuch

Das Kern-Hülle-Modell sowie die Eigenschaften von Atomkern und Atomhülle hast du bereits kennengelernt. Wir betrachten nun einige Experimente, die Wissenschaftler zu diesem Modell geführt haben.

Experimente zum Atombau. Zu Beginn des 20. Jahrhunderts zeigten Versuche mit Kathodenstrahlen, dass stark beschleunigte Elektronen dünne Metallschichten durchdringen können, obwohl diese aus vielen Lagen dicht gepackter Atome bestehen. Daraus wurde geschlossen, dass die Atome keine massiven Kugeln sein können, sondern zum größten Teil aus leerem Raum bestehen.

Um weitere Aufschlüsse über den Bau der Atome zu erhalten, bestrahlte der Physiker ERNEST RUTHERFORD [B2] ebenfalls dünne Metallschichten. Er verwendete dazu jedoch die von ihm entdeckten α-Strahlen, eine von radioaktiven Elementen ausgehende Strahlenart. Die schnell fliegenden Teilchen dieser Strahlung sind positiv geladen und ihre Masse ist ungefähr 7000-mal so groß wie die Masse eines Elektrons. Als Strahlenquelle diente ein Radiumpräparat in einem Bleiblock. RUTHERFORD erhielt dadurch einen scharf begrenzten Strahl von α-Teilchen. Diesen richtete er in einer evakuierten Apparatur auf eine dünne Goldfolie [B1].
Um auf den weiteren Weg der α-Teilchen schließen zu können, benutzte RUTHERFORD einen Leuchtschirm. Auf diesem ließen sich Lichtblitze beobachten, die von den auftreffenden α-Teilchen verursacht wurden. Zur Auswertung des Experiments mussten die Blitze mühsam ausgezählt werden. Später war es möglich, für derartige Untersuchungen das von RUTHERFORDS Mitarbeiter HANS GEIGER entwickelte Zählgerät (Geigerzähler) einzusetzen.
Als experimenteller Befund ergab sich, dass nahezu alle α-Teilchen die Goldfolie (mit einer Schichtdicke von etwa 2000 Atomen) ungehindert durchdrangen. Nur ein sehr geringer Anteil wurde deutlich abgelenkt [B1].

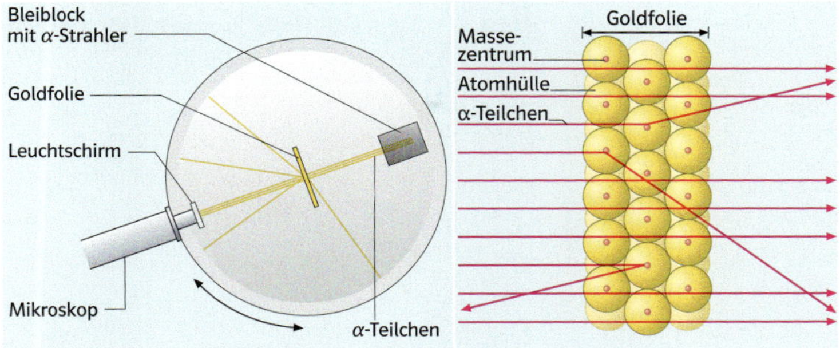

B1 Streuversuch. Durch Drehen von Folie und Strahlungsquelle ließen sich die abgelenkten α-Teilchen erfassen. Nur wenige wurden abgelenkt

Atomkern und Atomhülle. RUTHERFORD ging davon aus, dass die α-Teilchen abgelenkt werden, wenn sie in die Nähe von positiv geladenen Teilchen gelangen [B1, V1]. Aus den Versuchsergebnissen schloss er, dass die positiv geladenen Teilchen und mit ihnen fast die ganze Masse eines Goldatoms in einem winzigen Bereich, dem Atomkern, vereinigt sind.
Aus den Bahnen der abgelenkten α-Teilchen ergab sich, dass der Kern des Gold-Atoms eine hohe positive Ladung besitzt. Untersuchungen mit Folien verschiedener Metalle führten zu entsprechenden Ergebnissen.

V1 Modellversuch zur Ablenkung von α-Teilchen in Atomen: Ein mit Aluminiumbronze überzogener Tischtennisball wird an einem langen Faden aufgehängt. Dicht daneben stellt man eine große, isolierte Metallkugel und lädt diese mit einem geriebenen Kunststoffstab auf. Die kleine Kugel wird durch Berührung mit der großen Kugel gleichsinnig aufgeladen. Man lässt die kleine Kugel an der großen vorbeipendeln und beobachtet die Bahn.

A1 Stelle in einer Tabelle dar, welche Aussage des Kern-Hülle-Modells durch welche experimentelle Beobachtung begründet wird.

B2 ERNEST RUTHERFORD (1871 – 1937)

2.16 Atomkern und Isotope

Atom	Atomkern (Zusammensetzung) Proton Neutron		Zeichen
Wasserstoff			$^{1}_{1}\mathrm{H}$
Helium			$^{4}_{2}\mathrm{He}$
Lithium			$^{7}_{3}\mathrm{Li}$
Beryllium			$^{9}_{4}\mathrm{Be}$
Bor			$^{11}_{5}\mathrm{B}$
Kohlenstoff	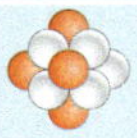		$^{12}_{6}\mathrm{C}$

B2 Schematische Darstellung der Kerne von Atomen der Elemente mit der Ordnungszahl 1 bis 6

Welche Informationen kann man der Kennzeichnung des Atoms einer Atomsorte und des Atomkerns entnehmen?

Allgemein:

Nukleonenzahl (Massenzahl) / Protonenzahl — $^{A}_{Z}\mathrm{X}$ — Zeichen für das Atom

Nukleonenzahl (*A*)
– Protonenzahl (*Z*)
= Anzahl der Neutronen

Atommasse in u / Ordnungszahl — $^{m}_{Z}\mathrm{X}$

Aus dem Zahlenwert der Atommasse erhält man durch Runden auf eine natürliche Zahl die Nukleonenzahl (Massenzahl) eines Atomkerns der Atomsorte.

Beispiel: Aluminium-Atom:

Atommasse in u / Ordnungszahl — $^{26,98}_{13}\mathrm{Al}$

Für die Nukleonenzahl ergibt sich durch Runden 27.

Atomkern:

Nukleonenzahl (Massenzahl) / Protonenzahl — $^{27}_{13}\mathrm{Al}$

Anzahl der Neutronen:
27 – 13 = 14

B1 Kennzeichnung des Atoms einer Atomsorte und des Atomkerns

Die Zugehörigkeit zu einer Atomsorte ist durch den Atomkern festgelegt.

Die Atomkerne verschiedener Atomsorten. Der Atomkern des Wasserstoff-Atoms besteht nur aus einem Proton. Auf den Wasserstoff folgt im Periodensystem das Helium. Ein Helium-Atom weist zwei Protonen im Kern und zwei Elektronen in der Hülle auf. Die Masse der beiden Protonen beträgt etwa 2 u. Da die Masse eines Helium-Atoms aber 4 u ist, muss der Kern noch zwei Neutronen enthalten. Jedes Neutron hat etwa die Masse 1 u. Die Masse der Elektronen ist gegenüber der Masse des Atomkerns verschwindend klein. Die Masse des Atomkerns entspricht daher ziemlich genau der Atommasse.

Die Zahl der Protonen steigt im Periodensystem von Element zu Element um ein Proton. Das 3. Element des Periodensystems ist Lithium. Alle Lithium-Atome weisen drei Protonen im Kern auf. Die Ordnungszahl entspricht also der Protonenzahl. Im Atom stimmt die Anzahl der Elektronen mit der Anzahl der Protonen überein. Die Ordnungszahl gibt daher zugleich die Anzahl der Elektronen in einem Atom an.

Zur Kennzeichnung eines Atoms und seines Kerns wird die in B1 erläuterte Schreibweise verwendet. Die Kernbausteine Protonen und Neutronen bezeichnet man als **Nukleonen**

A1 Gib die Anzahl der Nukleonen, Protonen, Neutronen und Elektronen für folgende Atome an: $_{9}\mathrm{F}$, $_{53}\mathrm{I}$, $_{79}\mathrm{Au}$.

A2 Schweres Wasser (D_2O) ist zu einem geringen Anteil Bestandteil des Wassers. In einigen wenigen Kernkraftwerken wird schweres Wasser eingesetzt.
In solchen Schwerwasserreaktoren entstehen aus Deuterium durch Neutroneneinfang geringe Mengen Tritium. Erkläre, wodurch sich Deuterium- und Tritium-Atome von Wasserstoff-Atomen unterscheiden.

und den Atomkern als **Nuklid**. Die Nukleonen werden im Kern durch riesige Kräfte zusammengehalten, die durch einfache Modellvorstellungen nicht erklärt werden können. Die Anzahl der Nukleonen nennt man die Massenzahl. Sie unterscheidet sich unwesentlich von der Atommasse.

Ein Atomkern wird durch Protonen- und Nukleonenzahl, das Atom durch Ordnungszahl und Atommasse gekennzeichnet.

Rein- und Mischelemente. Es gibt nur 22 Elemente, die **Reinelemente**, deren Atome mit jeweils nur einer Atomkernsorte vorkommen [B4]. Allein bei diesen Elementen ist die Massenzahl und der Zahlenwert der Atommasse annähernd gleich groß. Bestimmt man die Massen der Atome dieser Atomsorten, so erhält man nur einen Wert.

Ermittelt man die Atommassen der übrigen Atomsorten, so ergeben sich mehrere Werte. Atome z. B. mit der Protonenzahl 12 haben nicht die Masse 24,3 u, sondern drei verschiedene Massen: 24,0 u, 25,0 u, 26,0 u. Folglich gibt es drei Arten von Magnesium-Atomen. Die Kerne dieser Atome unterscheiden sich nur in der Anzahl ihrer Neutronen. Die Atome werden **isotope Atome** genannt oder kurz: **Isotope**. Sie gehören zu einem Element und stehen daher am gleichen Platz im Periodensystem. Elemente, die aus einem Isotopengemisch bestehen, werden als **Mischelemente** bezeichnet.

Das Verfahren der Massenbestimmung liefert zugleich die Teilchenzahlanteile. Da die Isotopenzusammensetzung von Magnesiumportionen unterschiedlichen Ursprungs gleich ist, lässt sich eine allgemeingültige *mittlere Atommasse* für Magnesium berechnen [B3].

Isotope unterscheiden sich nicht in ihrem chemischen Verhalten. Man verwendet deshalb für isotope Atome dasselbe Zeichen.

Eine Ausnahme bilden die drei Wasserstoff-Isotope, für die verschiedene Zeichen verwendet werden [B5], da sie sich in ihrer Masse erheblich unterscheiden. Damit hat der Wasserstoff gegenüber allen anderen Isotopengemischen eine Sonderstellung.

Radioaktive Elemente. Alle Atomarten mit einer größeren Protonenzahl als 83 sind **radioaktiv**, sie setzen sich jeweils aus einer großen Anzahl isotoper Atome zusammen. Von Radium kennt man über 30 isotope Radium-Atome. Die Atomkerne verändern sich durch die von ihnen ausgehende Strahlung. Dieser radioaktive Zerfall kann z. B. zur Altersbestimmung von Kohlenstoff-Verbindungen genutzt werden. In der Strahlentherapie werden manche Krebserkrankungen mithilfe der Strahlung radioaktiver Isotope bekämpft. Im Periodensystem ist für die radioaktiven Elemente nur die Kernsorte mit der geringsten Zerfallsgeschwindigkeit eingetragen, mit der dazu gehörenden Angabe der Protonen- und Nukleonenzahl.

Isotop von griech. isos, gleich und topos, Platz

$_{4}Be$	$_{33}As$
$_{9}F$	$_{53}I$
$_{11}Na$	$_{55}Cs$
$_{13}Al$	$_{83}Bi$
$_{15}P$	

B4 9 Elemente der Hauptgruppen sind Reinelemente

Wasserstoff	$^{1}_{1}H$
Deuterium	$^{2}_{1}H$, D
Tritium	$^{3}_{1}H$, T

B5 Wasserstoff-Isotope und deren Benennung

Exkurs Die atomare Masseneinheit

In der Natur gibt es drei verschiedene isotope Kohlenstoff-Atome: $^{12}_{6}C$, $^{13}_{6}C$, $^{14}_{6}C$ [B6]. Aus der Häufigkeit der isotopen Atome ergibt sich der durchschnittliche Wert $m_t(C) = 12{,}01\,u$. Die Definition der atomaren Masseneinheit beruht auf der Masse des häufigsten Kohlenstoff-Isotops $^{12}_{6}C$, für die genau 12,00 u festgelegt wurde. Damit ist

$$1\,u = \frac{m_t(1\ ^{12}_{6}C)}{12}.$$

Für Mischelemente werden die mittleren Atommassen angegeben.

Beispiele: $m_t(H) = 1{,}008\,u$, $m_t(Li) = 6{,}941\,u$

Zur Berechnung von mittleren Atommassen müssen die Massen der verschiedenen isotopen Atome entsprechend ihres Anteils berücksichtigt werden [B3].

isotope Magnesium-Atome	$12e^-$ / $12p^+$ $12n$	$12e^-$ / $12p^+$ $13n$	$12e^-$ / $12p^+$ $14n$
Masse der Atome	24,0	25,0 u	26,0 u
Teilchenzahlanteil	79,0 %	10,0 %	11,0 %
mittlere Atommasse	0,79 · 24,0 u + 0,10 · 25,0 u + 0,11 · 26,0 u = 24,3 u		

B3 Das Mischelement Magnesium besteht aus einem Gemisch von isotopen Atomen

m_t(X): Masse eines Teilchens X

$^{12}_{6}C$	98,9 %
$^{13}_{6}C$	1,1 %
$^{14}_{6}C$	$<10^{-10}$ %

B6 Anteile der isotopen Atome beim Mischelement Kohlenstoff

2.17 Schalenmodell und Periodensystem

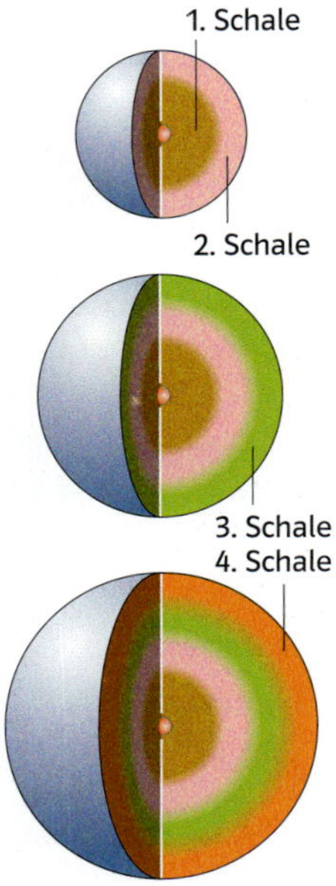

B1 Modelle verschiedener Atomhüllen

Bei einer chemischen Reaktion kommen Atome verschiedener Atomsorten miteinander in Berührung und beeinflussen gegenseitig ihre Atomhüllen. Den Atomhüllen kommt für das Reaktionsverhalten die entscheidende Bedeutung zu. Daher ist es erforderlich, den Aufbau der Elektronenhüllen näher zu betrachten. Dazu werden die Atome zunächst als isolierte Teilchen angesehen.

Das Schalenmodell der Atomhülle. Die Elektronen befinden sich jeweils in einem kugelförmigen Raum, der den Atomkern umgibt. Dieser Bereich kann verschieden groß sein. Wir können uns die Aufenthaltsräume verschiedener Elektronen in einem Atom vorstellen als verschieden große Kugeln mit einem gemeinsamen Mittelpunkt, dem Atomkern. Diese Kugeln werden Schalen genannt. Die Hülle eines Atoms, dessen Elektronen sich in drei unterschiedlichen Schalen befinden, lässt sich durch drei konzentrische Kugeln veranschaulichen [B1, Mitte].

In der Atomhülle befinden sich die Elektronen in verschieden großen Aufenthaltsräumen, den Schalen.

Elektronenkonfiguration Elektronenanordnung

Ordnungszahl eines Elements Anzahl der Protonen im Kern seiner Atome

Verteilung der Elektronen in die einzelnen Schalen. Das Wasserstoff-Atom (H) hat nur ein Elektron, es hält sich in der Atomhülle in einem kugelförmigen Bereich dicht um den Atomkern auf. Dies ist die 1. Schale.

Der Kern des Helium-Atoms (He) umgibt sich mit zwei Elektronen. Beide befinden sich in der ersten Schale. Mehr Elektronen kann die 1. Schale nicht aufnehmen. Wasserstoff und Helium bilden die 1. Periode.
Beim Lithium-Atom (Li) mit drei Elektronen wird wieder zuerst die 1. Schale mit zwei Elektronen besetzt. Zusätzlich enthält ein größerer kugelförmiger Aufenthaltsbereich, die 2. Schale, das dritte Elektron. Die 2. Schale wird bis auf insgesamt acht Elektronen beim Neon-Atom aufgefüllt. Mehr Elektronen können nicht aufgenommen werden. Die Elemente von Lithium bis Neon (Ne) bilden die 2. Periode.
Beim Übergang von Neon zum Atom mit der nächsthöheren Anzahl an Elektronen, Natrium (Na), wird zusätzlich eine 3. Schale benötigt. Diese enthält beim Natrium-Atom ein Elektron. Die Verteilung der Elektronen auf die einzelnen Schalen wird als **Elektronenanordnung** des Atoms bezeichnet. Diese kann wie in B2 oder am Beispiel von Schwefel (S) wie folgt dargestellt werden:

1. Schale: 2 Elektronen
2. Schale: 8 Elektronen
3. Schale: 6 Elektronen

Periodensystem der Elemente. Es besteht also ein Zusammenhang zwischen der Stellung der Elemente im Periodensystem und dem Bau ihrer Atome. Entscheidend für diesen Zusammenhang ist der Aufbau der Atomhülle.

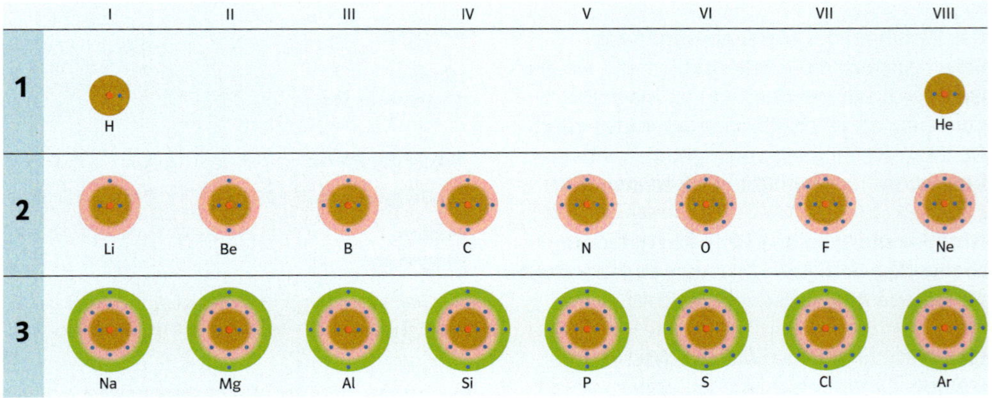

B2 Schalenmodell der Atomhülle

Sehen wir uns erneut die Elektronenanordnung der bisher betrachteten Atome an, so wird deutlich, dass die Atome in einer Periode jeweils die gleiche Anzahl von Schalen besitzen. Beim Übergang von einem Atom der VIII. Hauptgruppe zum Element mit der nächsthöheren Ordnungszahl in der I. Hauptgruppe wird eine neue Schale aufgebaut. Die untereinander in einer Hauptgruppe stehenden Atome unterscheiden sich in der Anzahl der Schalen, besitzen jedoch in der äußersten Schale die gleiche Anzahl an Elektronen. Nur das Helium-Atom weicht davon ab.
Die Elektronen der äußersten Schale eines Atoms nennt man **Außenelektronen**. Außenelektronen werden auch als **Valenzelektronen** bezeichnet. Sie bestimmen das chemische Verhalten und die Stoffeigenschaften der Elemente einer Gruppe. Deshalb genügt es häufig, für ein Atom nur die Außenelektronen anzugeben. Sie können durch Punkte um das Zeichen zfür das Atom dargestellt werden [B3]. Die Elektronen der inneren Schalen (d. h. alle Schalen bis auf die äußerste Schale) bilden zusammen mit dem Atomkern den **Atomrumpf**.
Die noch nicht betrachteten Atome der Hauptgruppenelemente zeigen dasselbe Aufbauprinzip. So besitzt z. B. ein Caesium-Atom (Cs) (6. Periode, I. Hauptgruppe) sechs Schalen. Die äußerste Schale umfasst ein Elektron.
Die Nummer der Periode, in der ein Element steht, und die Anzahl der Schalen seiner Atome stimmen überein. Die Nummer der Hauptgruppe entspricht der Elektronenanzahl auf der äußersten Schale.

Für Hauptgruppenelemente gilt:
Gruppennummer = Anzahl der Valenzelektronen
Periodennummer = Anzahl der besetzten Schalen

Nebengruppenelemente. Im Periodensystem sind die Elemente nach steigender Protonenanzahl geordnet. Diese ist gleich der Elektronenanzahl und entspricht zudem der Ordnungszahl des Elements.
Bei dem in Kap. 1.20, B1 dargestellten Periodensystem folgt auf das Calcium-Atom (Ca) mit 20 Elektronen das Gallium-Atom (Ga) mit 31 Elektronen. Weitere Lücken finden wir auch nach $_{38}$Sr und $_{56}$Ba. In diesem Periodensystem sind in der 4. und 5. Periode je 10 Atome nicht berücksichtigt. In der 6. Periode fehlen sogar 24 Atome. Das Periodensystem hinten im Buch zeigt pro Periode jeweils 10 dieser Atomsorten in den **Nebengruppen**.
Dies ist auch der Grund, warum es in der 3. Periode in Kap. 1.20, B3 nur 8 Hautgruppenelemente gibt, obwohl die 3. Schale Platz für 18 Elektronen bietet.

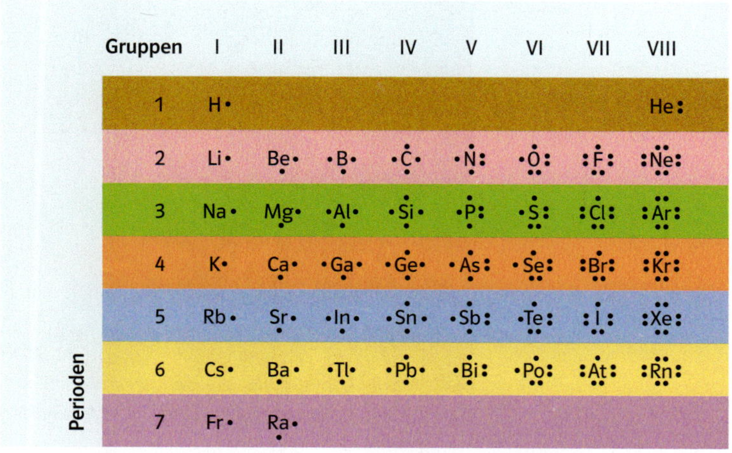

B3 Außenelektronen. Ihre Anzahl entspricht der Gruppennummer (mit Ausnahme des Helium-Atoms)

A1 Zeichne das Schalenmodell
a) für ein Kalium-Atom und ein Calcium-Atom,
b) für ein Iod-Atom. Zeichne bei b) nur die Außenelektronen ein.

A2 Welche Gemeinsamkeiten besitzen die Atome
a) derselben Hauptgruppe,
b) derselben Periode?

A3 Wodurch unterscheidet sich ein Helium-Atom von den übrigen Atomen der achten Hauptgruppe?

A4 Recherchiere, welche Elemente des Periodensystems häufig auf den Etiketten von Mineralwasserflaschen aufgeführt sind.

2.18 Exkurs Ionen sind lebenswichtig

B2 Radler trinken ein mineralstoffhaltiges Getränk

Lösungen, die bestimmte Ionen enthalten, sind sowohl für jede Pflanze als auch für Mensch und Tier lebensnotwendig. Demnach müssen wir die Ionen täglich mit unserer Nahrung zu uns nehmen. In welchen Lebensmitteln sind Ionen enthalten?

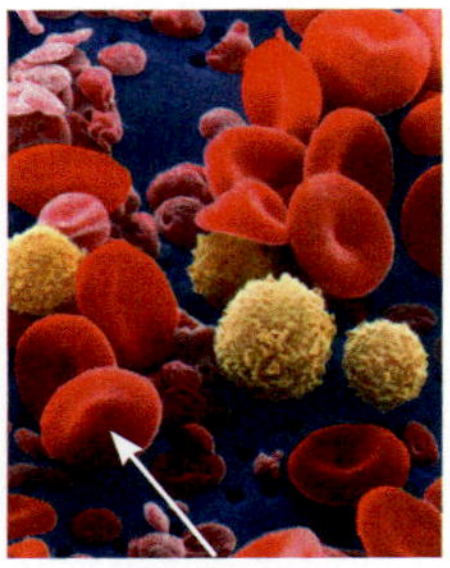

B1 Rote Blutkörperchen

Mineralwasser. Betrachtet man z. B. das Etikett einer Mineralwasserflasche genauer, findet man dort eine Liste der enthaltenen Ionen. In einer Spalte stehen die *positiv geladenen* Ionen (*Kationen*), in der anderen die *negativ geladenen* Ionen (*Anionen*) [B3]. Zudem erkennt man, dass sowohl einfach als auch mehrfach geladene Ionen vorkommen. Die Frage ist, wie diese Ionen in das Mineralwasser kommen. Wurden sie zugesetzt oder sind sie als natürliche Bestandteile darin enthalten?

HEILWASSER

Analyse

Kationen		mg/kg	Anionen		mg/kg
Kalium	K^+	31,00	Chlorid	Cl^-	117,00
Natrium	Na^+	973,20	Fluorid	F^-	0,30
Lithium	Li^+	2,35	Sulfat	SO_4^{2-}	318,50
Ammonium	NH_4^+	0,91	Nitrat	NO_3^-	0,58
Calcium	Ca^{2+}	136,30	Hydrogencarbonat	HCO_3^-	3001,00
Magnesium	Mg^{2+}	107,00	Hydrogenphosphat	HPO_4^{2-}	0,37
Strontium	Sr^{2+}	1,00	Metakieselsäure	H_2SiO_3	11,62
Eisen	Fe^{3+}	0,02	Metaborsäure	HBO_2	11,61

natürliches Mineralwasser ohne Zusatz von Kohlenstoffdioxid

Abfülldatum 02.02.2015 Mehr als 3 Jahre haltbar 0,7 l

B3 Etikett eines Mineralwassers

Bereits der Aufdruck „Natürliches Mineralwasser" lässt den Schluss zu, dass die enthaltenen Stoffe nicht zugesetzt werden. Auf seinem Weg bis zur oberirdischen Quelle durchströmt das Wasser viele Gesteinsschichten, die zum Teil etwas angelöst werden. Gesteine bestehen aus *Mineralien*. Viele Mineralien sind Salze. Deshalb sind im Gestein Ionen vorhanden, die sich im Mineralwasser wiederfinden. Sportler trinken oft mineralstoffhaltige Getränke [B2], um die Mineralsalze, die mit dem Schweiß ausgeschieden wurden, zu ersetzen.

Ionen im Organismus. Mineralsalze benötigt der tierische bzw. der pflanzliche Körper nur in geringer Menge, daher rührt ihre Bezeichnung als Spurenelemente im Zusammenhang mit unserer Ernährung. Mineralsalze sind also keine Nährstoffe, aus denen Energie gewonnen werden kann. Bei Mineralsalzmangel treten Krankheiten auf. Einerseits sind Ionen direkte Bauteilchen zur Bildung von Knochen und Zähnen, andererseits sind sie z. B. Bestandteile von Enzymen. Ein Mangel an Iodid-Ionen beispielsweise führt zu Störungen der Schilddrüsenfunktion, zum Kropf. Eisen-Ionen sind Bestandteil des Hämoglobins, dem Farbstoff der roten Blutkörperchen [B1]. Hämoglobin ist für den Sauerstofftransport zuständig. Symptome von Eisenmangel können z. B. Müdigkeit und Konzentrationsstörungen sein.

Mit unserer Nahrung müssen wir täglich lebensnotwendige Ionen aufnehmen.

A1 **a)** Sammle die Etiketten von wenigstens 4 verschiedenen Mineralwasserflaschen. Klebe sie in dein Heft und vergleiche in einer Tabelle die Gehalte von mehreren positiven bzw. negativen Ionen.
b) Worauf sind die unterschiedlichen Werte zurückzuführen?

A2 Erläutere, warum iodiertes Speisesalz zum Würzen empfohlen wird.

2.19 Edelgase und Elektronenanordnung

B1 Ein Luftschiff fliegt mithilfe von Helium

Die Alkalimetalle und die Halogene sind sehr reaktionsfreudige Elemente. Die Atome der Alkalimetalle weisen jeweils ein Elektron, die Halogen-Atome sieben Elektronen auf der Außenschale auf.
Es gib eine Gruppe von Elementen, deren Atome acht Elektronen bzw. ein Element zwei Elektronen auf der Außenschale besitzen und die vollkommen andere Eigenschaften als die bisher behandelten Elemente haben. Es handelt sich um die Elementgruppe der **Edelgase**. Diese sind die Elemente der VIII. Hauptgruppe (Kap. 2.17, B3). Die Edelgase wurden erst Ende des 19. Jahrhunderts entdeckt.

Eigenschaften. Die elementaren Stoffe Helium, Neon, Argon, Krypton und Xenon sind alle in der Luft enthalten. Ihr Anteil ist, mit Ausnahme des Argons, sehr gering. Alle Edelgase sind farblos und geruchlos.
Es zeigte sich, dass das zuerst entdeckte Argon mit keinem anderen Stoff reagiert. Entsprechend verhielten sich die anderen oben erwähnten elementaren Stoffe. Wegen ihres „edlen Charakters" nannte man sie Edelgase. Erst seit 1962 weiß man, dass Krypton und Xenon in besonderen Fällen reagieren.
Die Atome der Edelgase bilden wegen ihrer Reaktionsträgheit keine Moleküle. Sie bestehen also aus einzelnen, nicht gebundenen Atomen.

Verwendung. Da die Edelgase reaktionsträge sind, werden sie als *Schutzgase* verwendet. Dadurch können unerwünschte Reaktionen verhindert werden, so z. B. die Oxidation von Metallen beim Schweißen.
Da Helium eine geringere Dichte als Luft besitzt, wird es als Füllgas für Ballone und Luftschiffe eingesetzt [B1].
Edelgase erzeugen in Leuchtstoffröhren charakteristische Farben. Vor allem Neon wird daher für Leuchtreklamen eingesetzt [B3].
Xenon findet man überwiegend als Füllgas von Lampen. Dadurch kann in Glühlampen die Temperatur auf über 2500 °C gesteigert und damit die Lichtausbeute erhöht werden. Das Xenonlicht eines Autoscheinwerfers ist etwa 2,5-mal so lichtstark wie das eines Halogenscheinwerfers.

Elektronenanordnung. Das Helium-Atom besitzt 2 Elektronen auf der Außenschale, diese Schale ist damit voll besetzt. Die Atome der anderen Edelgase haben acht Elektronen auf der Außenschale. Der Elektronenanordnung der Edelgas-Atome werden wir auch bei anderen Teilchen begegnen.

Neon

B3 Leuchtreklame

Die besonderen Eigenschaften der Edelgase beruhen auf der Elektronenanordnung ihrer Atome.

Argon von griech. argos, träge

A1 Erläutere die Bezeichnung „Edelgas" für die Elemente der achten Hauptgruppe.

A2 In welchem Zusammenhang hast du etwas von Xenonlampen gehört? Beschreibe.

Edelgas	Zeichen des Atoms	Atommasse in u	Siedetemperatur in °C	Dichte (20 °C, 1013 hPa) in g/l	1 l Luft enthält (ml)	Licht der Leuchtstoffröhre
Helium	He	4,0	−269	0,17	0,0046	gelb
Neon	Ne	20,2	−246	0,84	0,016	rot
Argon	Ar	39,9	−186	1,66	9,3	rotstichiges Blau
Krypton	Kr	83,8	−152	3,48	0,0011	gelbgrün
Xenon	Xe	131,3	−107	5,49	0,00008	violett

B2 Die Edelgase bilden eine Elementgruppe

2.20 Die Bildung von Ionen

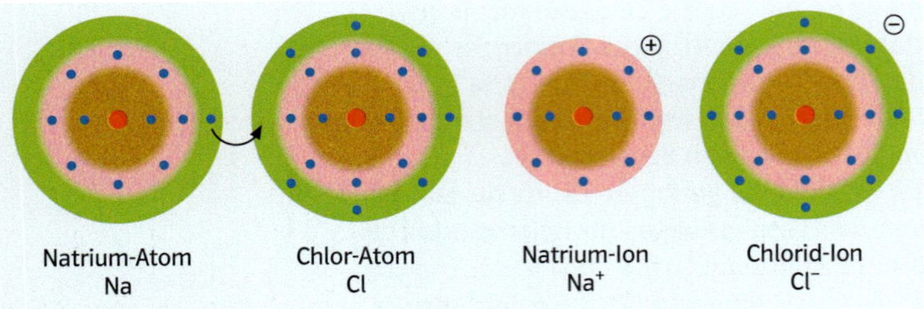

B1 Ionen entstehen durch Abgabe oder Aufnahme von Elektronen

Natrium reagiert mit Chlor zu Natriumchlorid. Was passiert dabei auf der Teilchenebene?

Kationen	Anionen
Na^+ Natrium-Ion	F^- Fluorid-Ion
Ca^{2+} Calcium-Ion	Cl^- Chlorid-Ion
Mg^{2+} Magnesium-Ion	Br^- Bromid-Ion
	O^{2-} Oxid-Ion
	S^{2-} Sulfid-Ion

B2 Beispiele für Kationen und Anionen

Abgabe und Aufnahme von Elektronen. Bei der Reaktion von Natrium mit Chlor gibt jedes Natrium-Atom sein Außenelektron ab. Vor der Reaktion hat das Natrium-Atom 11 Protonen im Kern und 11 Elektronen in der Hülle. Nach der Reaktion sind es nur noch 10 Elektronen. Diese gleichen die Ladung des Kerns nicht mehr aus. Aus dem neutralen Natrium-Atom hat sich ein einfach positiv geladenes **Ion** gebildet [B1]. Die *Elektronenabgabe* kann man wie folgt darstellen:

$$Na \longrightarrow Na^+ + e^-$$

Aus dem Chlor-Atom dagegen ist durch *Elektronenaufnahme* ein einfach negativ geladenes Ion entstanden:

$$Cl + e^- \longrightarrow Cl^-$$

Positiv geladene Ionen heißen **Kationen**, negativ geladene Ionen nennt man **Anionen**.

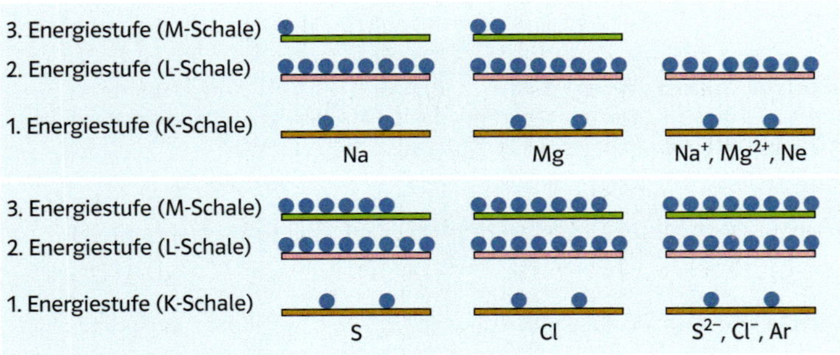

B3 Elektronenverteilung einiger Atome ihrer Ionen und entsprechender Edelgasatome

Ionen sind positiv oder negativ geladene Teilchen. Sie entstehen, wenn Atome Elektronen abgeben oder aufnehmen.

Wie Natriumchlorid sind auch andere Metall-Nichtmetall-Verbindungen Ionenverbindungen. Bei ihrer Bildung geben Metall-Atome Elektronen ab, Nichtmetall-Atome nehmen Elektronen auf.

Die Alkalimetall-Ionen sind einfach positiv geladen, unabhängig davon, in welchem Salz sie vorkommen. Halogenid-Ionen sind einfach negativ geladen. In Salzen gibt es auch mehrfach positiv geladene Metall-Ionen, z. B. die Ionen von Erdalkalimetallen, z. B. Ca^{2+} und Mg^{2+}. Sind als Nichtmetalle Sauerstoff oder Schwefel an der Reaktion beteiligt, nehmen ihre Atome jeweils zwei Elektronen in ihre äußerste Schale auf. Oxid-Ionen und Sulfid-Ionen sind zweifach negativ geladen. Wonach richtet sich die Anzahl der abgegebenen oder aufgenommenen Elektronen?

Ionenladung und Edelgasregel. Das Natrium-Ion weist die gleiche Elektronenanzahl und Elektronenverteilung auf wie ein Atom des im Periodensystem vor ihm stehenden Edelgases Neon. Entsprechend erhält ein Chlor-Atom durch die Aufnahme eines Elektrons die Elektronenhülle eines Atoms des Edelgases Argon. Die Außenschale der Edelgas-Atome (außer Helium) hat 8 Elektronen. Man spricht von einem **Elektronenoktett**.

Auch die Ionen der Erdalkalimetalle und die Ionen des Sauerstoffs oder Schwefels haben die Elektronenanordnung eines Edelgas-Atoms [B3].

Bei der Bildung von Ionen aus Atomen, weisen die Ionen der Hauptgruppenelemente meist die Elektronenanordnung eines Edelgas-Atoms auf.

A1 Erläutere, welche Ladung und Elektronenverteilung **a)** ein Oxid-Ion und **b)** ein Calcium-Ion hat.

2.21 Das Natriumchlorid-Gitter

Aus den elementaren Stoffen Natrium und Chlor kann sich Natriumchlorid bilden, welches aus Ionen besteht. Die gebildeten Kationen und Anionen sind entgegengesetzt geladen und ziehen sich an. Da Ladungen nach allen Richtungen im Raum wirken, können von einem positiv geladenen Natrium-Ion mehrere benachbarte negativ geladene Chlorid-Ionen angezogen werden. Ebenso kann ein Chlorid-Ion mehrere Natrium-Ionen anziehen. Ionen mit gleichnamiger Ladung stoßen sich ab.

Ionenverband. Bei der Reaktion von Natrium mit Chlor entsteht eine riesige Anzahl von Natrium- und Chlorid-Ionen. Diese gruppieren sich so, dass sich eine größtmögliche Anziehung und geringstmögliche Abstoßung ergibt.

Die Bindung, die auf der Anziehung entgegengesetzt geladener Ionen beruht, bezeichnet man als Ionenbindung.

Es bildet sich ein Ionenverband, in dem die Ionen regelmäßig angeordnet sind [B2]. Ein Natrium-Ion ist von sechs Chlorid-Ionen umgeben; um jedes Chlorid-Ion ordnen sich sechs Natrium-Ionen. Jedes Ion hat also sechs nächste Nachbarn. Insgesamt ist die Anzahl der beiden Ionensorten im Ionenverband gleich; die **Verhältnisformel** ist NaCl. Die regelmäßige Anordnung der Ionen in einem Ionenverband nennt man **Ionengitter**.

In B2 erkennt man, dass die Ionen an den Ecken von Würfeln sitzen, die durch die Verbindungslinien zwischen den Mittelpunkten der Ionen gebildet werden.

Das Modell in B1 ergibt sich, wenn man die tatsächlichen Abstände zwischen den Ionen berücksichtigt und dass Natrium-Ionen nur etwa den halben Durchmesser der Chlorid-Ionen haben. Sowohl im Kristall [B3] als auch im Modell kann man rechtwinklige, würfelförmige Strukturen erkennen.

Ionenverbindungen mit Natriumchlorid-Struktur. Viele Feststoffe sind Ionenverbindungen. In einigen Salzen sind die Ionen so angeordnet wie die Natrium-Ionen und Chlorid-Ionen im festen Natriumchlorid. Beispiele sind viele Halogenide, z. B. Lithiumchlorid, Kaliumchlorid, Kaliumbromid. Man sagt, diese haben *Natriumchlorid-Struktur*.

A1 Zeichne ein Schnittbild durch den Ionenverband des Natriumchlorid-Gitters.

A2 Stelle eine Hypothese für die unterschiedliche Größe von Natrium- und Chlorid-Ionen auf.

A3 Baue aus Papierkugeln oder Styroporkugeln ein Natriumchlorid-Gitter wie in B1.

B3 Natriumchlorid-Kristalle

B1 Raumerfüllung im Natriumchlorid-Gitter

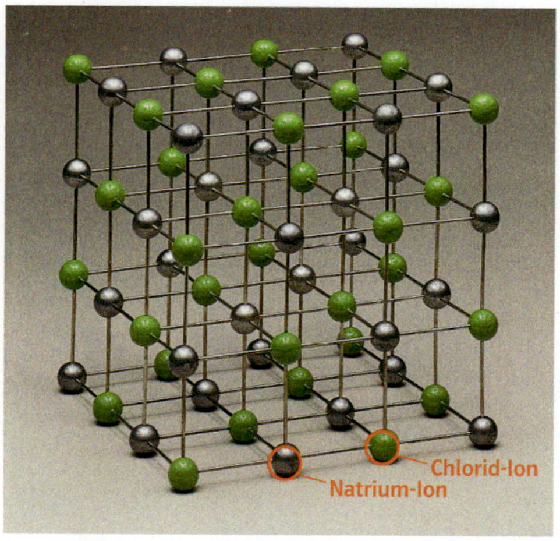

B2 Modell des Ionengitters von Natriumchlorid

2.22 Exkurs Energiebilanz der Salzbildung

B1 Die Salzbildung ist eine exotherme chemische Reaktion

Geschmolzenes Natrium reagiert heftig mit Chlor unter Energieabgabe in Form von Licht und Wärme [B1]. Was ist die Ursache dafür, dass diese Reaktion exotherm verläuft?

Die Gitterbildung ist entscheidend. In B3 wird die Kochsalzbildung in (gedankliche) Teilschritte zerlegt. Es wird zwar der Reaktionsweg von Natrium-Atomen und Chlor-Molekülen aufgezeigt, aber diesen gehen nicht alle Teilchen gleichzeitig. Insofern sind die Energiebetrachtungen formaler Natur. Sie führen uns aber zu wichtigen Aussagen.

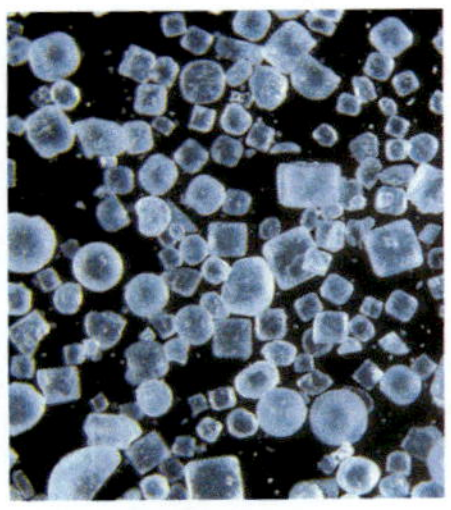

B2 Salzkristalle unter der Lupe

Um einzelne Natrium-Atome aus dem Atomverband zu erhalten, ist Energie erforderlich, ebenso zur Spaltung von Chlor-Molekülen in Chlor-Atome. Zur Bildung von Natrium-Ionen und Chlorid-Ionen muss insgesamt Energie zugeführt werden.

Aus der Beobachtung, dass sich bei der Reaktion von Natrium mit Chlor das Reaktionsprodukt Natriumchlorid als kristalliner Feststoff zeigt [B2], kann man schließen, dass sich am Ende der Reaktion die Ionen in einer regelmäßigen Teilchenanordnung formiert haben.

Bei der Bildung dieses Ionengitters aus den einzelnen Ionen wird sehr viel Energie, die **Gitterenergie**, frei. Die Freisetzung der Gitterenergie ist die Ursache dafür, dass die Reaktion von Natrium und Chlor insgesamt *exotherm* verläuft. Die Folge der *Freisetzung* von Gitterenergie ist, dass im Ionengitter ein starker Zusammenhalt zwischen den positiv geladenen Na^+-Ionen und den negativ geladenen Cl^--Ionen besteht. Dieser Zusammenhalt wirkt der Vergrößerung des Abstands der Ionen entgegen. Erst bei *Zufuhr* von Energie, z. B. in Form von Wärme, wird die Ionenbeweglichkeit höher und damit der Ionenabstand größer.

Bei der Bildung eines Ionengitters wird Energie abgegeben.

A1 Erkläre, warum die Bildung von Natriumchlorid aus den elementaren Stoffen eine exotherme Reaktion ist, obwohl für die Bildung der Ionen ein hoher Energiebetrag aufgebracht werden muss.

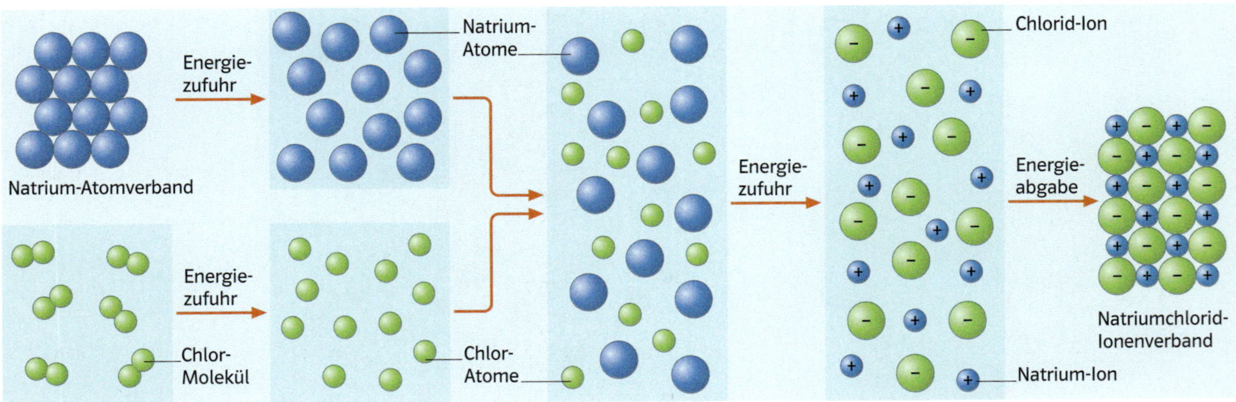

B3 Bildung von Natriumchlorid in Teilschritten mit begleitender Energiebetrachtung

2.23 Eigenschaften von Ionenverbindungen

Salze haben einige typische Eigenschaften. Salzlösungen und auch Salzschmelzen leiten den elektrischen Strom. Salzkristalle sind hart, spröde und schmelzen erst bei hohen Temperaturen. Ihr Aufbau aus Ionen macht dies verständlich.

Elektrische Leitfähigkeit. Salze leiten im festen Zustand den elektrischen Strom nicht. Das ist darauf zurückzuführen, dass die Ionen ihre Gitterplätze nicht verlassen können und im Kristall kein Ladungstransport möglich ist. Ist das Salz geschmolzen, also flüssig, so sind die Ionen beweglich und der elektrische Strom kann geleitet werden. Auch in einer Salzlösung liegen die einzelnen Ionen vor und können die elektrische Ladung transportieren.

Sprödigkeit. Kochsalzkristalle zerspringen, wenn man mit dem Hammer auf sie schlägt. Diese Sprödigkeit resultiert daraus, dass bei der Verschiebung der Schichten um den Durchmesser eines Ions gleichgeladene Ionen nebeneinander liegen. Die Abstoßungskräfte überwiegen, die Schichten stoßen sich ab, der Kristall wird gespalten [B3].

Schmelztemperaturen. Die elektrostatischen Anziehungskräfte bewirken die sehr hohen Schmelztemperaturen der Salze.
Vergleicht man die Schmelztemperaturen der Erdalkalimetalloxide mit denen der Alkalimetallhalogenide [B1], wird ein deutlicher Unterschied offensichtlich. Da die Schmelztemperaturen der Erdalkalimetalloxide deutlich höher sind, müssen dort stärkere Anziehungskräfte existieren. Sie entstehen dadurch, dass die zweifach geladenen Kationen die ebenfalls zweifach geladenen Anionen stärker anziehen. Die Anziehungskräfte sind im Wesentlichen von der Ladung der Ionen und dem Ionenabstand abhängig.

Die elektrische Leitfähigkeit der Schmelzen und Lösungen von Salzen, ihre Sprödigkeit und ihre hohen Schmelztemperaturen kann man mit dem Aufbau der Salze aus Kationen und Anionen erklären.

A1 Worauf beruht die elektrische Leitfähigkeit von Meerwasser und Badewasser? Erkläre.

A2 Vergleiche die Schmelztemperaturen der Salze in B1 und erkläre die Tendenzen, die du erkannt hast.

A3 Im Korund, einem Aluminiumoxid, bilden die Ionen das nach Diamant zweithärteste Mineral. Gib die Ionen und ihre Ladung an.

A4 Nenne zusätzlich zu B1 weitere Namen von Salzen. Nimm B2 zur Hilfe.

A5 Vergleiche die Radien der Ionen in B2. Welche Aussagen lassen sich machen?

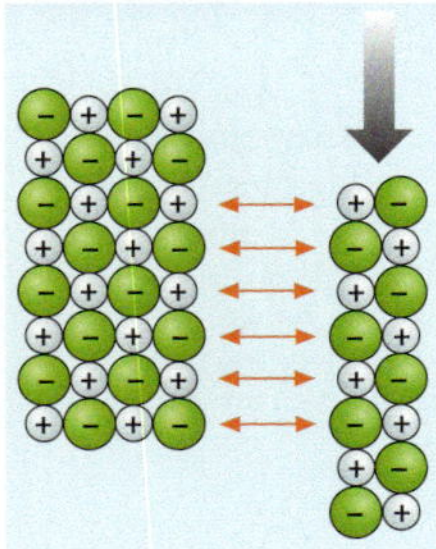

B3 Sprödigkeit der Salzkristalle

Name des Salzes	Formel	Schmelztemperatur in °C
Natriumchlorid	NaCl	800
Natriumbromid	NaBr	747
Natriumiodid	NaI	660
Kaliumchlorid	KCl	770
Kaliumbromid	KBr	734
Kaliumiodid	KI	681
Calciumoxid	CaO	2570
Strontiumoxid	SrO	2430
Bariumoxid	BaO	1920

B1 Vergleich der Schmelztemperaturen

	Gruppen	I	II	VI	VII
Perioden	2	Li^{+} Lithium-Ion 60	Be^{2+} Beryllium-Ion 31	O^{2-} Oxid-Ion 140	F^{-} Fluorid-Ion 136
	3	Na^{+} Natrium-Ion 95	Mg^{2+} Magnesium-Ion 65	S^{2-} Sulfid-Ion 184	Cl^{-} Chlorid-Ion 181
	4	K^{+} Kalium-Ion 133	Ca^{2+} Calcium-Ion 99	Se^{2-} Selenid-Ion 198	Br^{-} Bromid-Ion 195
	5	Rb^{+} Rubidium-Ion 148	Sr^{2+} Strontium-Ion 113	Te^{2-} Tellurid-Ion 211	I^{-} Iodid-Ion 216

B2 Einige Ionenradien in pm (1 pm = 10^{-12} m)

2.24 Formeln von Ionenverbindungen

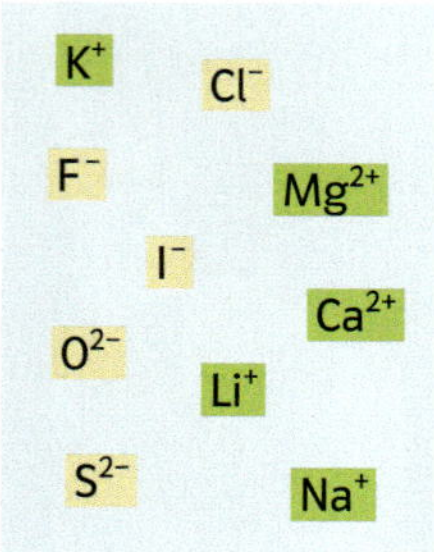

?

Welche Formeln haben Magnesiumoxid oder Calciumsulfid oder Kaliumiodid?

Salzkristalle bestehen aus positiv geladenen Kationen und negativ geladenen Anionen. Die Kationen können z. B. zweifach positiv und die zugehörigen Anionen einfach negativ geladen sein, trotzdem ist der Salzkristall elektrisch neutral. Wie kann man das erklären?

Ionenladungen und Formeln. Ein Calcium-Ion ist zweifach positiv geladen, ein Chlorid-Ion ist einfach negativ geladen. Die elektrische Neutralität des Calciumchlorids lässt sich damit erklären, dass im Calciumchlorid doppelt so viele Cl^--Ionen vorhanden sind wie Ca^{2+}-Ionen. Die Verhältnisformel des Calciumchlorids lautet deshalb $CaCl_2$.

Für das Aufstellen einer Verhältnisformel einer Ionenverbindung muss man die Kationen und Anionen und deren Ladungen kennen. Man kombiniert dann so viele Kationen und Anionen miteinander, dass die Summe der positiven Ladungen mit der Summe der negativen Ladungen übereinstimmt.

A1 **a)** Nenne Namen von Salzen, die aus Alkali- oder Erdalkali-Kationen sowie aus Halogenid-Ionen, Sulfid-Ionen bzw. Oxid-Anionen aufgebaut sind.
b) Gib die jeweiligen Ionen mit ihren Ladungen an, aus denen diese Salze aufgebaut sind. Stelle die zugehörigen Verhältnisformeln auf.

A2 Aus Magnesium und Stickstoff kann sich Magnesiumnitrid bilden, ein gelbgrüner Feststoff. Ermittle mithilfe der Legetechnik die Verhältnisformel des Magnesiumnitrids.

A3 **a)** Wie viele Anionen umgeben das Caesium-Kation, wie viele Kationen umgeben das Chlorid-Ion als nächste Nachbarn? Ermittle anhand des Caesiumchlorid-Gitters [B1].
b) Gib die Verhältnisformel für Caesiumchlorid an.

A4 Ermittle die Ladungen des Kations und Anions von Silbersulfid (Ag_2S).

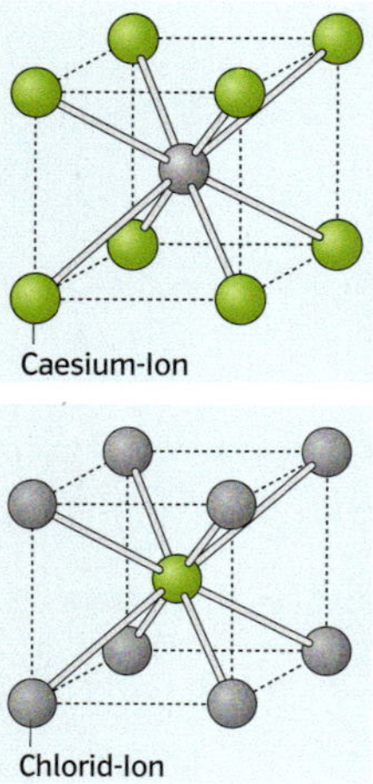

B1 Ausschnitt aus dem Caesiumchlorid-Gitter

In einer Ionenverbindung stimmt die Summe der positiven Ladungen mit der Summe der negativen Ladungen überein.

Die Formel einer Ionenverbindung kann man z. B. mit der Legetechnik ermitteln.

Beispiel: Aluminiumoxid

Kation: Al^{3+}, Kärtchen: [+ | + | +]

Anion: O^{2-}, Kärtchen: [– | –]

Ziel: Die Summe der positiven Ladungen soll mit der Summe der negativen Ladungen übereinstimmen.

[+ | + | +] [+ | + | +] 2 Kärtchen

[– | –] [– | –] [– | –] 3 Kärtchen

In Zahlen ausgedrückt:

2	·	3^+	=	6^+
Anzahl der Kationen		Ladung des Kations		Summe der positiven Ladungen

3	·	2^-	=	6^-
Anzahl der Anionen		Ladung des Anions		Summe der negativen Ladungen

Die Verhältnisformel von Aluminiumoxid ist Al_2O_3.

Allgemein gilt also:
Anzahl der Kationen · Ladung des Kations = Summe der positiven Ladungen
Anzahl der Anionen · Ladung des Anions = Summe der negativen Ladungen

Auch die Schmelzen und Lösungen von Salzen sind elektrisch neutral, weil die Summe der positiven Ladungen der Kationen der Summe der negativen Ladungen der Anionen in den Schmelzen oder Lösungen entspricht.

Benennung von Salzen. Bei der Benennung der Salze wird der unveränderte Name des kationischen Bestandteils vorangestellt und der Anionen-Name nachgestellt.

Beispiele: Kaliumbromid (KBr), Calciumoxid (CaO), Aluminiumchlorid ($AlCl_3$)

2.25 Durchblick Zusammenfassung und Übung

Destillation
Die Trennung eines Stoffgemischs durch Verdampfen und anschließendes Kondensieren heißt Destillation.

Periodensystem der Elemente (PSE)
Das PSE zeigt alle bisher entdeckten und künstlich hergestellten Elemente. Aus dem PSE kann die Anzahl der Protonen und Elektronen der Atome abgelesen werden.

Atomkern
Der Atomkern besteht aus Protonen und Neutronen. Diese beiden Teilchenarten bezeichnet man als Nukleonen und die Anzahl der Nukleonen als Massenzahl. Die Anzahl der Protonen entspricht der positiven Ladung eines Atomkerns. Diese entspricht der Ordnungszahl.

Atomhülle
Elektronen bilden die Hülle, die den Atomkern umgibt. Die Anzahl der Elektronen in der Atomhülle (Elektronenhülle) ist bei einem Atom gleich der Anzahl der Protonen im Kern.

Schalenmodell
Die Elektronen befinden sich in verschiedenen Aufenthaltsräumen, die als Kugelschalen vorliegen. Jeder Schale entspricht eine bestimmte Energiestufe.

Außenelektronen, Valenzelektronen
Die Elektronen der äußersten Schale werden Außenelektronen genannt. Für die Elemente der I. bis VII. Hauptgruppe werden die Außenelektronen auch als Valenzelektronen bezeichnet. Sie bestimmen wesentlich die Eigenschaften eines Elements.

Elementgruppen
Die Atome der Elemente einer Hauptgruppe besitzen jeweils die gleiche Anzahl von Außenelektronen. Ihre Anzahl ergibt sich aus der Nummer der Hauptgruppe. Wasserstoff und Helium nehmen dabei eine Sonderstellung ein. Die Alkalimetalle bilden die I., die Halogene die VII. und die Edelgase die VIII. Hauptgruppe des Periodensystems.

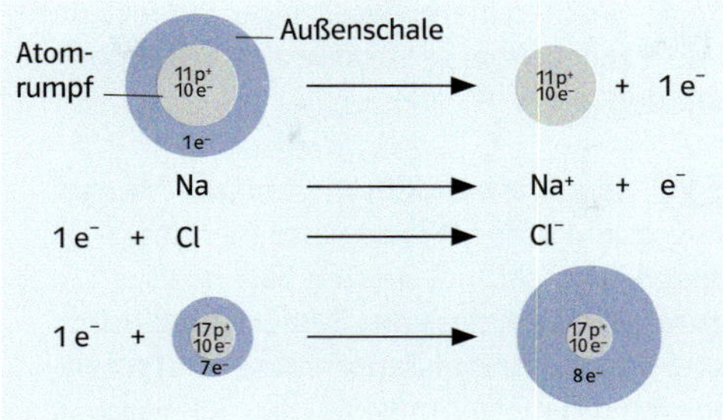

B1 Ionenbildung

Ionenbildung
Wenn Atome Elektronen abgeben, entstehen positiv geladene Ionen, die Kationen. Bei der Aufnahme von Elektronen in die äußere Schale entstehen negativ geladene Ionen, die Anionen.
Elektronenabgabe: $Mg \longrightarrow Mg^{2+} + 2e^-$
Elektronenaufnahme: $Cl + e^- \longrightarrow Cl^-$

Edelgasregel
Die Ionen weisen oft die gleiche Elektronenanzahl und Elektronenanordnung in den Schalen auf wie ein Edelgas-Atom.

Salze und Ionenbindung
Bei der Reaktion eines Metalls mit einem Nichtmetall entstehen Salze. Dies sind Ionenverbindungen, die aus Kationen und Anionen aufgebaut sind. Die Ionen bilden einen riesigen, geordneten Ionenverband. Der Zusammenhalt, der auf der Anziehung geladener Ionen beruht, heißt Ionenbindung.

Eigenschaften von Salzen
Salze haben hohe Schmelz- und Siedetemperaturen, sind spröde, leiten als Schmelze oder in wässriger Lösung den elektrischen Strom. Viele Eigenschaften der Salze erklären sich aus dem starken Zusammenhalt der Ionen im Gitter.

Ionenverband und Ionengitter
Natriumchlorid besteht aus einer riesigen Anzahl von Natrium-Ionen und Chlorid-Ionen [B3]. Die regelmäßige Anordnung der Ionen in einem Ionenverband nennt man Ionengitter.

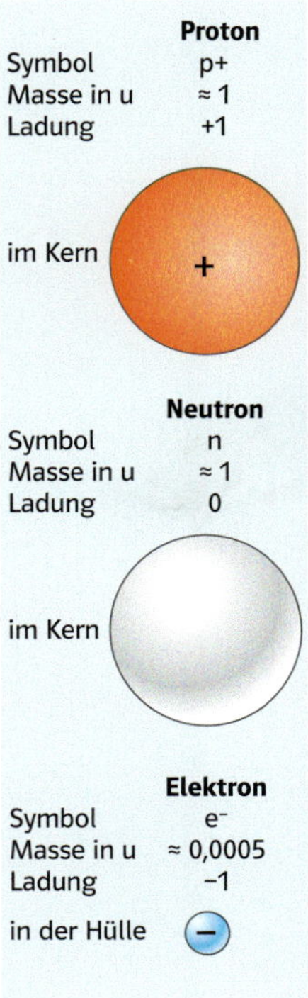

B2 Elementarteilchen des Atoms

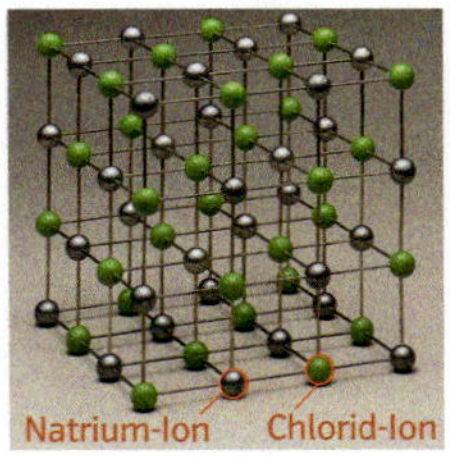

B3 Modell des Ionengitters von Natriumchlorid

A1 Recherchiere, beschreibe und erläutere, wie aus Meerwasser Trinkwasser gewonnen werden kann.

A2 Kochsalz enthält in geringen Mengen hygroskopisches (Wasser anziehendes) Magnesiumchlorid. Diesem Salz ist es zuzuschreiben, dass das Salz „klebrig“ wird und die Löcher des Salzstreuers verstopfen. In vielen Haushalten ist es üblich, Reis in den Salzstreuer zu geben, um das Salz rieselfähig zu halten. Beschreibe, was der Reis bewirken soll.

A3 Alkalimetalle und Halogene kommen in der Natur nicht als elementare Stoffe vor, dagegen gibt es viele Verbindungen dieser Elemente. Erkläre.

A4 Ein Detektiv vermutet bei seinem täglichen Abendessen im Restaurant, dass der Koch aus den zurückgelassenen Knochen am nächsten Tag eine Suppe kocht. Er macht ein Experiment: Auf die Reste seines Abendessens gibt er etwas Lithiumchlorid. Am Abend darauf lässt er die aufgetischte Suppe zurückgehen, füllt aber vorher eine Probe in ein Röhrchen und untersucht diese im Labor. Schreibe auf, wie seine Untersuchung im Labor ablaufen wird. Wie stellt er fest, ob die Suppe mit Restknochen gekocht wurde?

A5 Beschreibe und erläutere den Vorgang, der in B4 dargestellt ist.

A6 Formuliere die Edelgas-Regel in eigenen Worten.

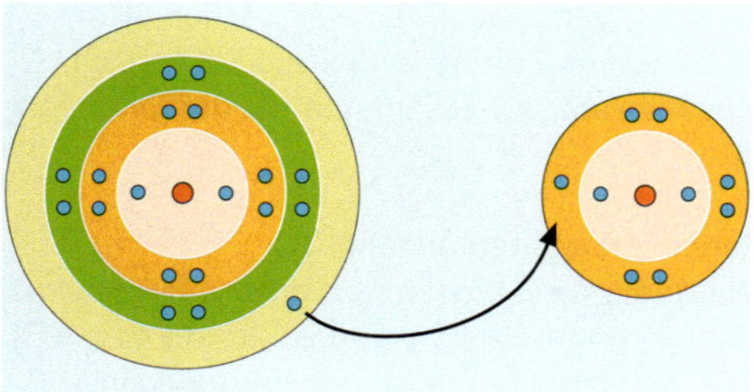

B4 Zu Aufgabe 5

A7 Magnesiumoxid soll aus Magnesium und Sauerstoff hergestellt werden.
a) Welche Ionen bilden sich während dieser chemischen Reaktion?
b) Welche Edelgas-Atome weisen dieselbe Elektronenanordnung auf wie Magnesium-Ionen bzw. Oxid-Ionen?

A8 Gib die Elektronenanzahl und Elektronenverteilung auf die verschiedenen Energiestufen für die folgenden Ionen an:
Na^{+}, Mg^{2+}, Al^{3+}, N^{3-}, O^{2-}, F^{-}.
Gib auch die Namen der Ionen an.

A9 Magnesiumoxid bildet den gleichen Ionengittertyp wie Natriumchlorid. Magnesiumoxid hat aber eine wesentlich höhere Schmelztemperatur (2 800 °C) als Natriumchlorid (801 °C). Erkläre, worauf dieser Unterschied in den Schmelztemperaturen beruhen kann.

A10 Magnesiastäbchen bestehen aus Magnesiumoxid. Erkläre, warum diese Stäbchen für die Untersuchung der Flammenfärbung z. B. von Alkalimetall-Verbindungen geeignet sind.

A11 Von wie vielen entgegengesetzt geladenen Ionen als nächsten Nachbarn ist jedes Kation bzw. Anion im Zinksulfid-Gitter [B5] umgeben? Beschreibe.

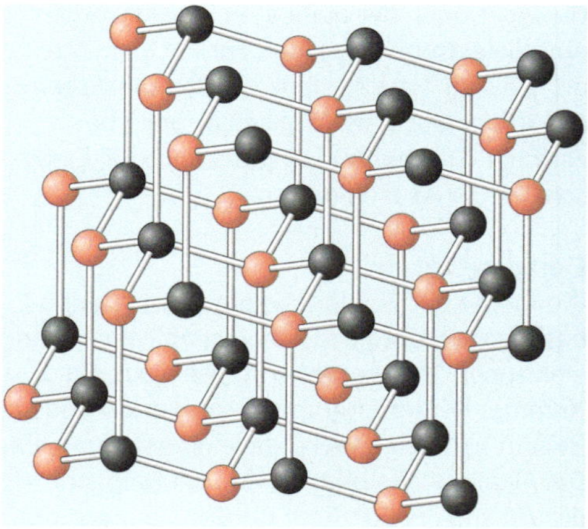

B5 Zinksulfid-Gitter

3 Verbrennungen liefern Energie

Chemische Reaktionen dienen nicht nur dazu, neue Stoffe herzustellen. Sie werden häufig eingesetzt, um die Energie zu nutzen, die bei zahlreichen Reaktionen abgegeben wird. Oft sind es Verbrennungsreaktionen, durch die der Energieinhalt der eingesetzten Stoffe nutzbar gemacht wird.

Wie die Entwicklung der Menschheit ohne den Umgang mit dem Feuer verlaufen wäre, ist kaum vorstellbar. Allerdings zeigen große, verheerende Brände immer wieder, dass die Beherrschung des Feuers nicht so einfach ist.

Die meisten Autos fahren heute mit Benzin und Diesel. Mit Erdgas wird geheizt und gekocht. Erdöl und Erdgas decken noch den größten Teil des weltweiten Energiebedarfs.

Intensiv wird nach Alternativen für die Energieträger Erdöl und Erdgas gesucht. Die Zukunft wird wahrscheinlich einem Energiemix gehören, der die Nutzung von Sonne, Wind und Wasser einschließt. Wasserstoff wird als ein Energieträger der Zukunft angesehen.

Aus einer Reaktionsgleichung lassen sich viele Informationen entnehmen, z. B. welche Stoffe bei einer Reaktion entstehen.

Surftipp
km5q2u

3.1 Energieträger zum Heizen und Fahren

Energiebedarf früher und heute
Unsere Vorfahren nutzten wesentlich weniger Energie als wir heute.

B1 Sichelernte in der Steinzeit

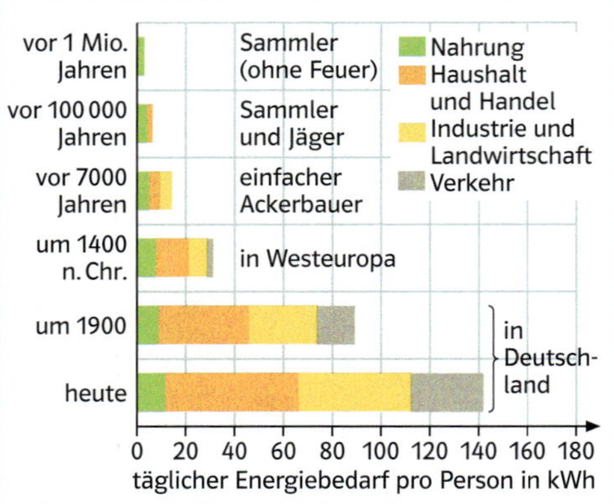

B3 Der Energiebedarf ist stark gestiegen

A1 **a)** Entnimm B3 den ungefähren Energiebedarf für einen Sammler, einen Sammler und Jäger, einen einfachen Ackerbauern, eine Person in Westeuropa um 1400 n. Chr., eine Person in Deutschland um 1900 und eine heute lebende Person in Deutschland.
b) Gib an, wofür die Personen die Energie benötigten bzw. benötigen und vergleiche.
c) Überlege und erläutere, woher diese Personen die Energie erhielten bzw. erhalten.

Die Kilowattstunde
1 kWh = 3600 kJ = 3,6 MJ

kWh: Kilowattstunde
kJ: Kilojoule = 10^3 J
MJ: Megajoule = 10^6 J

Energieverbrauch in Deutschland
A2 **a)** Ermittle für den Haushalt, in dem du lebst, den Energieverbrauch eines Jahres für die Elektrogeräte und für das Heizen. Wird mit Heizöl geheizt, so setze für 1 Liter Heizöl 10 kWh für deine Berechnungen ein.
b) Wenn zu deinem Haushalt ein oder mehrere Kraftfahrzeuge gehören, befrage deine Eltern oder Geschwister, wie viel Benzin oder Diesel sie im Jahr tanken. Rechne den Benzin- oder Dieselverbrauch in den Energieverbrauch um. Gehe dazu von 8,6 kWh für 1 Liter Benzin und 10 kWh für 1 Liter Diesel aus.
c) Beschreibe, wodurch du, deine Eltern und Geschwister Energie einsparen können.

Brand und Brennbarkeit
Seit Einführung der Sicherheitszündhölzer im Jahre 1832 ist das Feuermachen einfach und unkompliziert geworden. Trotzdem gelingt es nicht immer, ein Feuer zu entzünden.

A3 Wie würdest du vorgehen, wenn du ein Lagerfeuer vorbereiten und entzünden solltest? Erläutere.

A4 Um ein Grillfeuer richtig in Gang zu bringen, bläst man, z. B. mit einem Blasebalg, Luft hinein. Erkläre.

A5 Holz und Benzin sind brennbare Stoffe. Erläutere, warum es viel schwieriger ist, Holz zu entzünden als Benzin.

A6 Fülle den Einschub einer Streichholzschachtel aus Pappe halb voll mit Wasser und halte ihn vorsichtig über die Flamme eines Teelichts. Was geschieht? Probiere, dein Versuchsergebnis zu erklären.

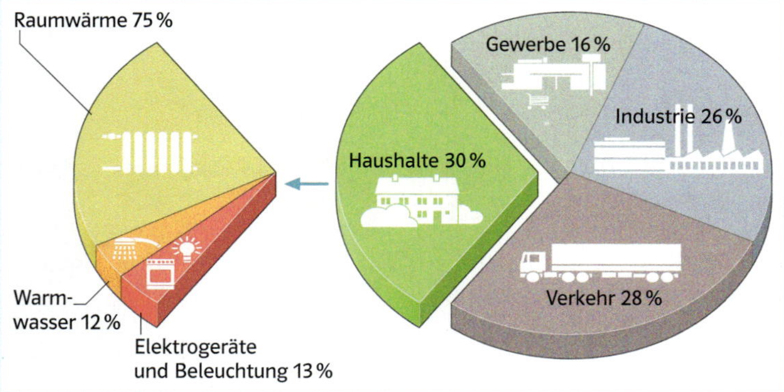

B2 Energieverbrauch in Deutschland

B4 Streichholzschachtel in Kerzenflamme

B5 Feuerwehr beim Löscheinsatz

B6 Brennendes Grillfeuer

Die Kunst des Feuerlöschens
Seit dem Beginn der Nutzung des Feuers mussten die Menschen nicht nur Möglichkeiten kennen, wie man Feuer macht, sondern auch wie man Feuer löscht. So kann z. B. ein nicht sachgerecht eingerichtetes Lagerfeuer rasch außer Kontrolle geraten.

A7 Nenne dir bekannte Methoden, um Feuer wieder unter Kontrolle zu bringen oder um es zu löschen.

A8 Wenn es brennt, soll man vor dem Verlassen des Zimmers alle Fenster schließen und darauf achten, dass die Zimmertür ebenfalls gut verschlossen ist. Versuche, diese Maßnahmen zu erläutern.

A9 Meist denkt man beim Löschen von Bränden an die Verwendung von Wasser als Löschmittel. Dies würde jedoch z. B. bei brennendem Fett in der Küche zu großen Stichflammen und einer Explosion führen. Informiere dich über das Löschen von Fettbränden in der Küche.

A10 Zur Wahl des richtigen Löschmittels werden die brennbaren Stoffe in Brandklassen eingeteilt. Recherchiere, welche Brandklassen es gibt und welche Löschmittel hierfür vorgesehen sind. Lege eine Tabelle an.

Verbrannt ist nicht vernichtet
Ist ein Grillfeuer ausgebrannt, bleibt am Ende ein Haufen Asche übrig. Der größte Teil des Holzes ist offensichtlich verschwunden.

A11 Aus was besteht deiner Meinung nach die Asche? Erläutere.

A12 Stelle eine Hypothese dazu auf, was mit dem größten Teil des Holzes geschieht.

A13 In der Diskussion um den sauren Regen werden Gase wie Schwefeldioxid und die Stickstoffoxide genannt, bei der Diskussion um die Veränderung des Klimas das Gas Kohlenstoffdioxid. Recherchiere, woher diese Gase stammen und wie sie in die Luft gelangen.

B7 Abgase aus Feuerungsanlagen

3.2 Chemische Reaktion und Energie

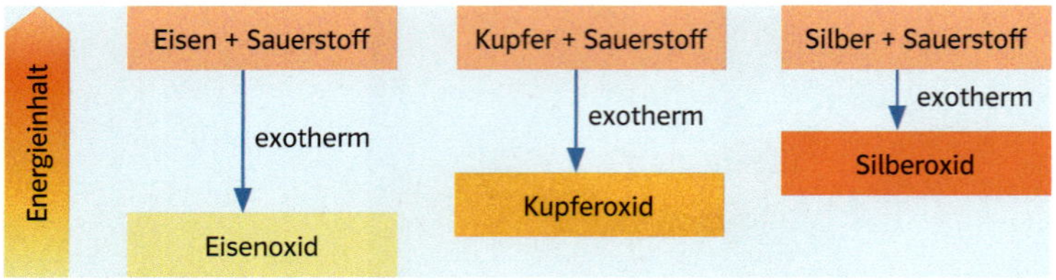

B1 Exotherme Reaktionen. Der Energieinhalt der Ausgangsstoffe ist größer als der Energieinhalt der Produkte

Metalle und Nichtmetalle reagieren mit Sauerstoff unter sichtbarer Energieabgabe (Kap. 1.13 und 1.15). Warum müssen die Ausgangsstoffe aber zunächst erhitzt werden? Wie kommt das Verbrennen und Verglühen zustande?

Exotherme und endotherme Reaktionen. Erhitzt man Eisenwolle in einem kleinen Bereich bis zum Glühen und hält sie in Sauerstoff, so wandert die Reaktion unter hellem Aufglühen durch die Eisenwolle (Kap. 1.13, B2). Während der Reaktion ist das entstehende Eisenoxid sehr heiß. Die Wärme, die das Glühen verursacht, kann nicht von außen kommen. Sie muss bei der Reaktion selbst frei werden. Dies lässt sich so erklären: Das Gemisch der Ausgangsstoffe hat einen bestimmten Energieinhalt. Das daraus gebildete Reaktionsprodukt hat ebenfalls einen bestimmten Energieinhalt, dieser ist aber kleiner als der der Ausgangsstoffe. Der Unterschied zwischen den Energieinhalten zeigt sich bei der Reaktion als **Reaktionsenergie**. Es wird viel mehr Energie in Form von thermischer Energie abgegeben, als vorher mit dem Brenner zugeführt worden ist.

B2 Auslösen einer chemischen Reaktion

Chemische Reaktionen, die unter Energieabgabe verlaufen, nennt man exotherme Reaktionen. Reaktionen, die nur unter andauernder Energiezufuhr ablaufen, heißen endotherme Reaktionen.

Häufig wird die Energie bei chemischen Reaktionen in Form von thermischer Energie zugeführt oder abgegeben.

Neben der **Bildung** neuer Stoffe ist die Abgabe oder Aufnahme von Energie ein Hinweis auf eine chemische Reaktion.

Im Reaktionsschema (Kap. 1.13) wird der exotherme oder endotherme Verlauf einer Reaktion auf folgende Weise festgehalten:

Silber + Sauerstoff ⟶ Silberoxid | **exotherm**

Silberoxid ⟶ Silber + Sauerstoff | **endotherm**

Bei der *Bildung* der Metalloxide wird jeweils ein bestimmter Energiebetrag frei. Je größer dieser Energiebetrag ist, desto mehr Energie muss dem Metalloxid zur *Zerlegung* zugeführt werden. Bei den Oxiden unedler Metalle gelingt die Zerlegung daher nur bei sehr hohen Temperaturen [B1].

Die Oxidation der Metalle ist eine umkehrbare chemische Reaktion.

Auch Reaktionen der Metalle mit Schwefel zu Metallsulfiden verlaufen exotherm. Der frei werdende Energiebetrag ist bei der Bildung von Eisensulfid größer als bei der Bildung von Kupfersulfid. Wie bei der Bildung der betrachteten Oxide ist der frei werdende Energiebetrag bei der Bildung von Silbersulfid am kleinsten.

Auslösen einer chemischen Reaktion. Obwohl bei der Reaktion von Eisen und Sauerstoff sehr viel Energie frei wird, kommt die Reaktion erst durch Zufuhr thermischer Energie in Gang. Es genügt allerdings, nur einen kleinen Teil der Eisenwolle oder des Eisenpulvers zu erhitzen und mit Sauerstoff zusammenzubringen. Hat die Reaktion an einer Stelle eingesetzt, reicht die dort abgegebene thermische Energie aus, dass die Reaktion weiterläuft.

V1 ⚠ (Abzug! Schutzbrille!) Mische 7 g Eisenpulver und 4 g Schwefelpulver und häufe das Gemisch auf einem Keramik-Drahtnetz auf. Berühre das Gemisch mit einer glühenden Stricknadel.

A1 Notiere jeweils eine exotherme und endotherme chemische Reaktion aus deinem Alltag.

A2 Stelle die Zerlegung von Silbersulfid in einem Energiediagramm wie in B1 dar.

B3 Funkenregen bei einer Wunderkerze

An einer Wunderkerze zeigt sich eindrucksvoll der Zusammenhang zwischen einer chemischen Reaktion und der Energie. Mit einer Feuerzeugflamme wird der Spitze der Wunderkerze thermische Energie zugeführt. Nachdem die Reaktion einsetzt, verläuft sie sehr schnell unter Abgabe von thermischer Energie und Licht. Es genügt also, nur einen kleinen Teil der Wunderkerze zu erhitzen.
Hat die Reaktion eingesetzt, reicht die frei werdende thermische Energie aus, dass das Aluminium- und Eisenpulver der Wunderkerze unter Funkensprühen verbrennen.

V2 **a)** Verbinde zwei Kohlestäbe durch Kabel mit den Polen einer Gleichspannungsquelle und stelle die Kohlestäbe in ein Becherglas mit Zinkiodid-Lösung. Ein Glasstab, welchen du zwischen die beiden Kohlestäbe stellst, verhindert, dass sich diese berühren [B4]. Baue zudem ein Stromstärkemessgerät ein. Lass die Schaltung von der Lehrkraft kontrollieren. Elektrolysiere einige Minuten lang bei ca. 6 V Gleichspannung. Notiere deine Beobachtungen.
b) Entferne die Gleichspannungsquelle und ersetze sie durch einen kleinen Flügelmotor. Miss mit dem Spannungsmessgerät auch die Spannung des „Akkumulators“. Notiere deine Beobachtungen.

A3 Formuliere die Reaktionsschemata für die Reaktionen in V2.

A4 Erläutere, weshalb sich die Kohlestäbe bei V2a nicht berühren dürfen.

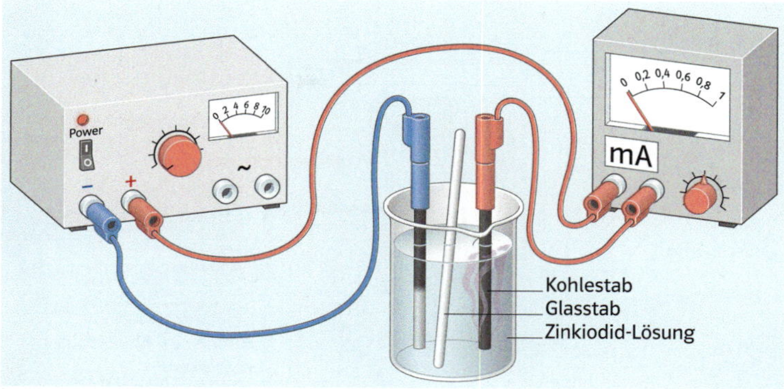

B4 Elektrolyse von Zinkiodid-Lösung

Elektrische Energie. Außer als Lichtenergie und thermische Energie kann bei chemischen Reaktionen Energie auch in Form von *elektrischer Energie* aufgewendet oder abgegeben werden. Eine Lösung von Zinkiodid lässt sich durch Anlegen einer elektrischen Spannung in die elementaren Stoffe Zink und Iod auftrennen [V2a]. Diese Zerlegung mit elektrischem Strom nennt man auch **Elektrolyse**. In einer geeigneten Anordnung [B4] kann man die beiden elementaren Stoffe Zink und Iod wieder so miteinander reagieren lassen, dass die Energie nicht wie bei der direkten Reaktion als kaum messbare Wärmemenge, sondern als elektrische Energie frei wird [V2b]. Wir haben hier ein einfaches Beispiel einer aufladbaren Batterie, eines **Akkumulators**.
Beim Laden des Akkus werden die energiereicheren elementaren Stoffe bereitgestellt [B5, B6]. Diese setzen die zuvor aufgewendete Energie in der Entladephase wieder frei. Die so nutzbare Energie kann z. B. einen kleinen Flügelmotor antreiben.

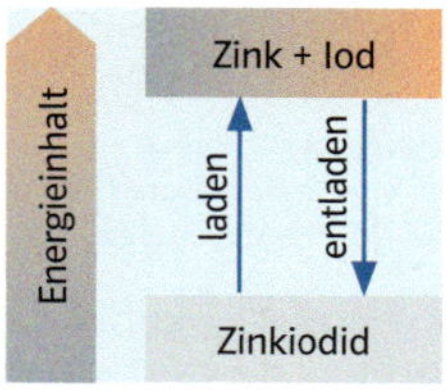

B6 Energieschema beim Zink-Iod-Akkumulator

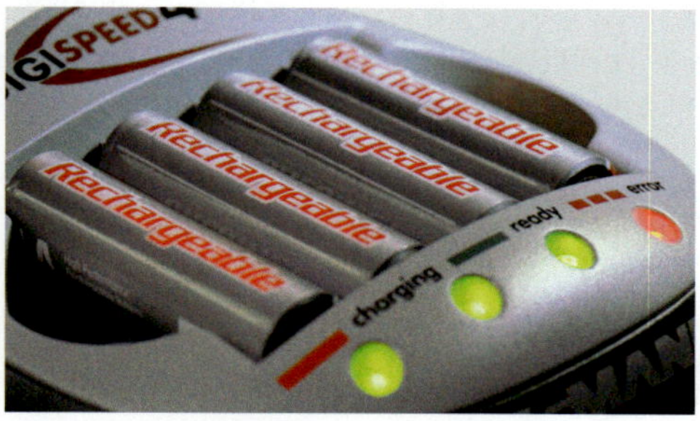

B5 Akkus im Ladegerät

3.3 Energie aus Verbrennungsreaktionen

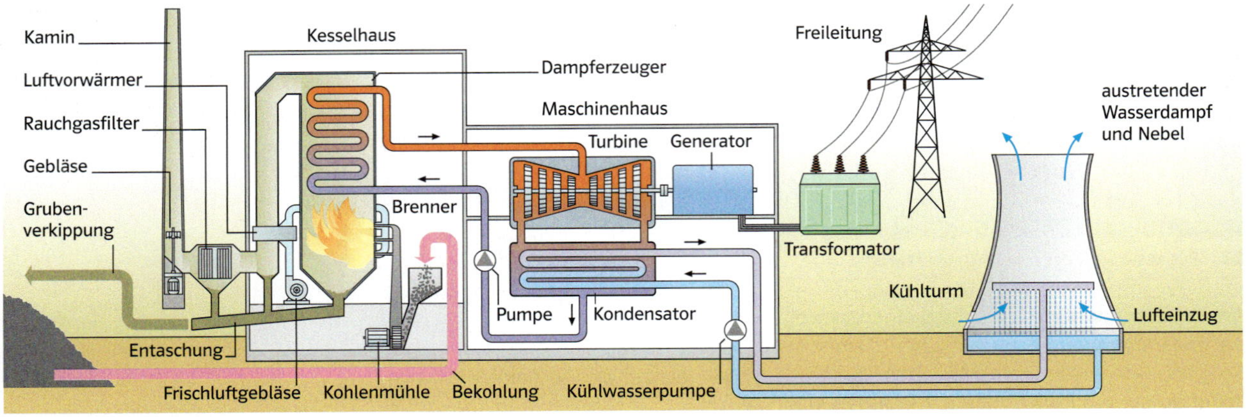

B1 Gewinnung elektrischer Energie im Kohlekraftwerk

Kinetische Energie ist eine andere Bezeichnung für Bewegungsenergie

Der **Wirkungsgrad** ist die Nutzenergie dividiert durch die eingesetzte Energie

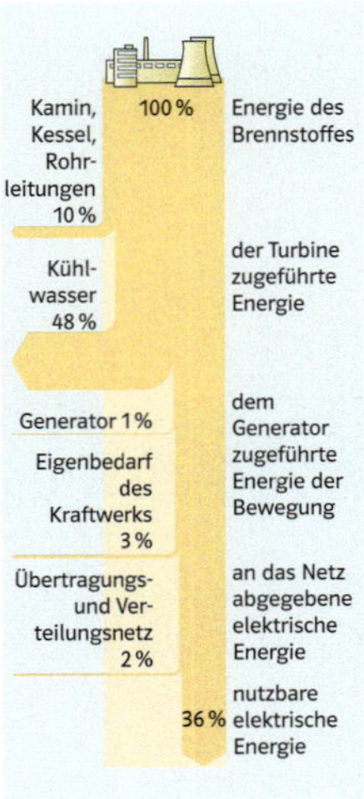

B2 Verbleib der Energie des Kraftwerks

Unser heutiges Leben ist mit einer hohen Energienutzung verbunden. Handys, CD- und DVD-Spieler, Fernsehgeräte, Computer und auch Kraftfahrzeuge benötigen zum Betrieb ständig Energie.

In der Natur findet man Energieträger wie z. B. Stein- und Braunkohle, Erdöl, Erdgas, Wasser, Wind und Uran. Diese sind häufig nicht direkt nutzbar, oder sie stehen nur an Stellen zur Verfügung, die weit von den Verbrauchsorten entfernt sind. Daher erzeugt man in Kraftwerken z. B. durch Verbrennen von Kohle, Öl und Erdgas Strom, der auch über weite Entfernungen transportiert werden kann. Heizöl und Treibstoffe gewinnt man in Raffinerien aus den verschiedenen Bestandteilen des Erdöls.

Zentrale Reaktion der Energieversorgung. Über 80 % der Energie in Deutschland werden über Verbrennungsreaktionen erschlossen. Die Verbrennung stellt somit die zentrale exotherme Reaktion für unsere Energieversorgung dar. Zur Produktion von Strom und heißem Wasser für Fernwärme werden in Kraftwerken Kohle, Öl oder Gas verbrannt. In den Heizungen der Gebäude kommen Heizöl oder Erdgas und in den Verbrennungsmotoren der Fahrzeuge Treibstoffe aus Erdöl (Benzin oder Diesel) zum Einsatz.

Energieumwandlung. Die eingesetzten Energieträger bestehen aus Kohlenstoff (Kohle) oder, wie Heizöl und Erdgas, zum größten Teil aus Kohlenstoff-Verbindungen. Verbrennt Kohlenstoff, entsteht Kohlenstoffdioxid; gleichzeitig wird thermische Energie (Wärme) abgegeben. Bei dieser exothermen Reaktion ist also der Energieinhalt von Sauerstoff und Kohlenstoff größer als der von Kohlenstoffdioxid bei gleicher Temperatur.

In Kraftwerken wird Wasserdampf erzeugt, der eine Turbine antreibt, sodass Bewegungsenergie vorliegt. Diese wird im Generator in elektrische Energie umgewandelt [B1]. Dabei gilt allerdings, dass nur etwas mehr als ein Drittel als nutzbare elektrische Energie zum Verbraucher gelangt [B2]. Energieumwandlungen sind immer mit einem Verlust an nutzbarer Energie verbunden. Da Energie aber weder erzeugt noch vernichtet werden kann, muss ein großer Teil der bei der chemischen Reaktion abgegebenen thermischen Energie anderweitig wirksam werden, z. B. in der Erwärmung des Kühlwassers. Mittels der *Wärme-Kraft-Kopplung* wird daher in geeigneten Kraftwerken die Energie des Kühlwassers zusätzlich für Heizzwecke genutzt und damit der *Wirkungsgrad* des Kraftwerks erhöht.

Sowohl bei der Umwandlung von Bewegungsenergie in elektrische Energie im Generator als auch beim Fließen der elektrischen Energie zu den Haushalten erwärmen sich die Leitungen. Diese Energie ist für den Nutzer ohne Wert, man spricht von einer **Energieentwertung**. Ebenso erfolgt in den Verbrennungsmotoren der Kraftfahrzeuge eine beträchtliche Energieentwertung. Nur etwa 25 % der chemischen Energie des Treibstoffs wird in Bewegungsenergie umgewandelt, der größte Teil wird als thermische Energie an die Umgebung abgegeben.

Verbrannt ist nicht vernichtet. Ein großer Teil der Energie, die uns heute zur Verfügung steht, wird durch Verbrennen fossiler Brennstoffe (Kohle und Kohlenstoff-Verbindungen) gewonnen. Da dabei an sichtbaren Verbrennungsprodukten nur etwas Asche zurückbleibt und Treibstoffe sogar nahezu ohne Rückstände verbrennen, hat man sich lange Zeit wenig Gedanken über den gesamten Umfang der Reaktionsprodukte gemacht.
Auch für eine Verbrennungsreaktion gilt das Gesetz von der Erhaltung der Masse (Kap. 1.15). Ein Kohlekraftwerk, das täglich etwa 4000 t Steinkohle verbrennt, produziert nur 240 t Asche, jedoch etwa 14 000 t Kohlenstoffdioxid, die unsichtbar entweichen. Die Umwelt belastenden Stoffe Schwefeldioxid und Stickstoffoxide, welche ebenfalls im Rauchgas enthalten sind, werden weitgehend aus dem Gasstrom entfernt. Eine solche Möglichkeit besteht für das den Treibhauseffekt verstärkende Kohlenstoffdioxid derzeit nicht. Außerdem reicht der Vorrat fossiler Brennstoffe nur noch für eine begrenzte Zeit. Aus diesen Gründen wird mit erneuerbaren Energiequellen ein immer höherer Anteil der Energie erschlossen [B3].

Stille Verbrennung – Energie zum Leben. Auch in jeder lebenden Zelle finden Verbrennungs-(Oxidations-)vorgänge statt. Die Nährstoffe aus der Nahrung sind Kohlenstoff-Verbindungen (z. B. Fette, Eiweiße und Kohlenhydrate). Sie werden durch den eingeatmeten Sauerstoff stufenweise oxidiert. Ein Erwachsener verbraucht hierzu im Ruhezustand etwa 20 Liter Sauerstoff in der Stunde. Man bezeichnet diese exothermen Reaktionen als *langsame* oder *stille Verbrennung* bzw. *stille Oxidation*. Sie ermöglichen den Stoffwechsel fast aller Lebewesen und die Arbeit der Zellen jedes Organismus [B4].

Als Verbrennungsprodukte bei der Energiegewinnung in den Zellen entstehen vor allem Wasser und Kohlenstoffdioxid. Letzteres wird ausgeatmet, Wasser wird ausgeschieden.

Bezogen auf 1 Liter Luft	Einatemluft	Ausatemluft
Sauerstoff	209 ml	160 ml
Kohlenstoffdioxid	0,4 ml	40 ml

A1 Informiere dich über die Beseitigung von Müll in Müllverbrennungsanlagen [B6]. Stelle Vor- und Nachteile dieser „thermischen Verwertung" heraus.

A2 Weshalb trübt ausgeatmete Luft Kalkwasser stärker als eingeatmete Luft? Gib eine Erklärung [B5].

A3 Begründe, weshalb es möglich ist, dass die Körpertemperatur eines Menschen wesentlich höher sein kann als die Zimmertemperatur.

B4 Sportler benötigen besonders viel Energie

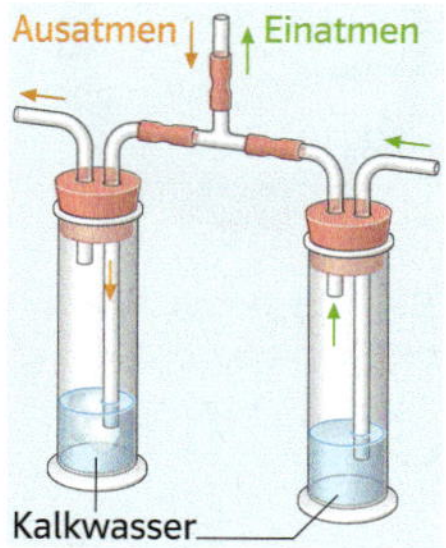

B5 Apparatur zur Untersuchung der Atemluft

B6 Müll wird bei ca. 1000 °C verbrannt

Oxidation Reaktion mit Sauerstoff

B3 Erneuerbare Energiequellen

3.4 Wasser – eine Verbindung

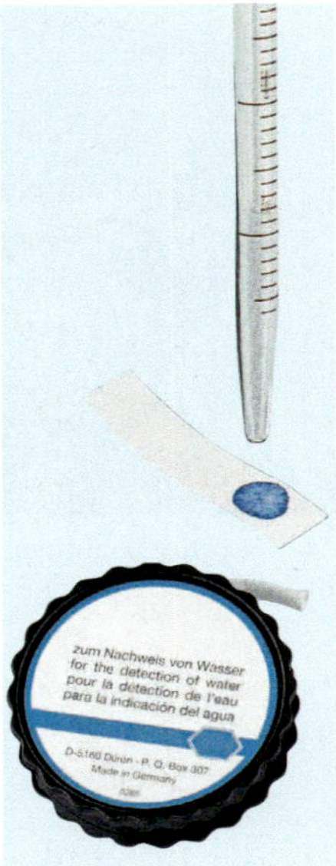

B1 Wassernachweis mit Indikatorpapier

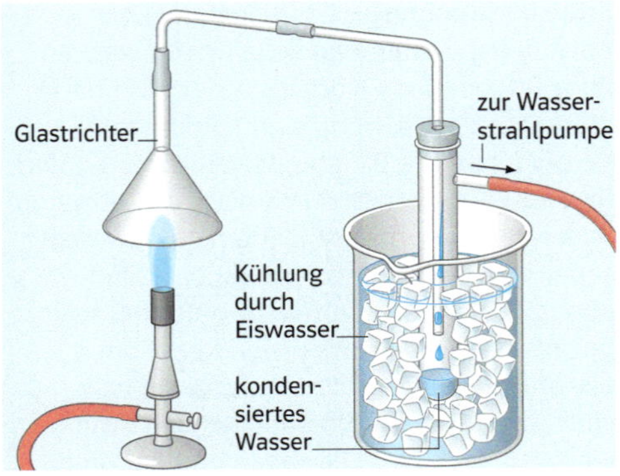

B2 Apparatur zum Sammeln des Kondensats aus der Brennerflamme

An kalten Wintertagen bilden sich hinter den Auspuffrohren von Kraftfahrzeugen Nebelwolken [B3]. Wenn im Chemieraum viele Gasbrenner in Betrieb sind, beschlagen häufig die Fensterscheiben. Offenbar entsteht in den Flammen der Gasbrenner und im Automotor auch Wasserdampf, der an der kalten Luft oder den kalten Fensterscheiben zu Wassertröpfchen kondensiert.
Diese Beobachtungen lassen vermuten, dass bei der Verbrennung von Benzin und Brennergas Wasser gebildet wird.

Wasser – ein Verbrennungsprodukt. Saugt man die Verbrennungsgase einer Brennerflamme durch ein gut gekühltes Reagenzglas, so kondensiert bald eine größere Flüssigkeitsportion [B2]. Die Siedetemperatur der Flüssigkeit beträgt 100 °C und die Dichte 1 g/cm³.
Bei der Verbrennung des Brennergases entsteht also Wasser als Reaktionsprodukt.

B3 Nebelbildung durch kondensierenden Wasserdampf aus Autoabgasen

Kupfersulfat wird bei Berührung mit Wasser blau [B4]. Auch mit dem Wassertestpapier lässt sich Wasser nachweisen [B1].

Ein einfacher und schneller Nachweis für Wasser kann mit weißem Kupfersulfat oder einem Wassertestpapier durchgeführt werden.

V1 Stelle den Gasbrenner nach B2 unter einen Glastrichter und sauge mit der Wasserstrahlpumpe die heißen Verbrennungsgase ab.

V2 Gib auf weißes Kupfersulfat etwas dest. Wasser. Wiederhole die Probe mit der Flüssigkeit aus V1 sowie zum Vergleich mit Benzin.

V3 ⚠ (Schutzbrille! Schutzscheibe!) Man füllt in ein schwer schmelzbares Reagenzglas ca. 2 cm hoch Sand und tropft aus einer Pipette so viel Wasser zu, dass ein dicker Brei entsteht. In die Mitte des Reagenzglases schiebt man ein Knäuel blank geschmirgeltes Magnesiumband und verschließt das Glas mit Stopfen und Gasableitungsrohr (Stahlwollesicherung!). Man erhitzt das Magnesium bis zur beginnenden Rotglut und entwickelt durch schwaches Erhitzen des Sandes Wasserdampf. Wenn das Metall aufglüht, wird nur noch schwach erhitzt, sodass sich weiterhin Wasserdampf entwickelt. An der Spitze des Gasableitungsrohres entzündet man das austretende Gas [B5].

B4 Wassernachweis. Weißes Kupfersulfat wird blau

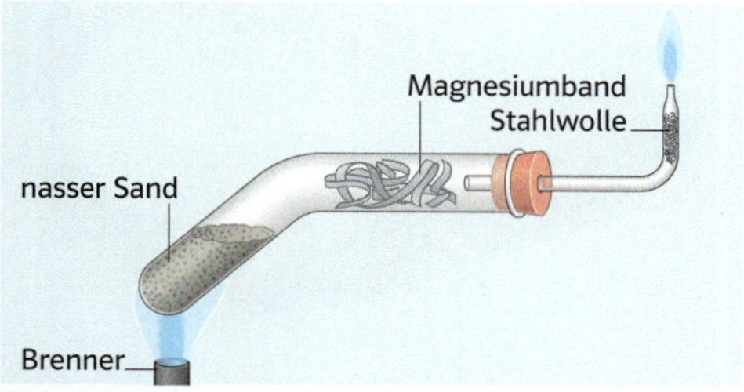

B5 Reaktion von Wasser mit Magnesium

Da Wasser bei Verbrennungsreaktionen entsteht, könnte es eine Sauerstoff-Verbindung sein. Diese Vermutung kann mit einem Experiment überprüft werden. Dazu benötigt man ein reaktionsfreudiges Metall.

Wasser – eine Sauerstoff-Verbindung? In einem Reagenzglas wird Wasserdampf über erhitztes Magnesium geleitet [V3, B5]. Das Magnesium glüht auf, das Glühen wandert durch die Metallportion, zurück bleibt ein weißer Feststoff. Kurz nach dem Aufglühen des Magnesiums lässt sich an der Spitze des Gasableitungsrohres ein Gas entzünden. Hält man über die Flamme am Gasableitungsrohr ein kaltes, trockenes Becherglas, so kondensiert eine Flüssigkeit. Diese lässt sich als Wasser identifizieren. Magnesium reagiert mit Wasser zu Magnesiumoxid und einem brennbaren Gas. Das brennbare Gas ist Wasserstoff. Es hat eine Oxidation stattgefunden.

Magnesium + Wasser
$\longrightarrow$ Magnesiumoxid + Wasserstoff

Da Magnesium mit Wasser heftig reagieren kann, darf Wasser nicht zum Löschen von Magnesiumbränden verwendet werden.

Wasser ist eine Sauerstoff-Verbindung, ein Oxid.

A1 Zeichne eine Apparatur, mit der sich das bei der Reaktion von Magnesium mit Wasser entstehende Gas auffangen lässt.

A2 Begründe mit V3, dass Wasser eine Verbindung und kein elementarer Stoff ist.

Exkurs LAVOISIER untersuchte die Zusammensetzung des Wassers

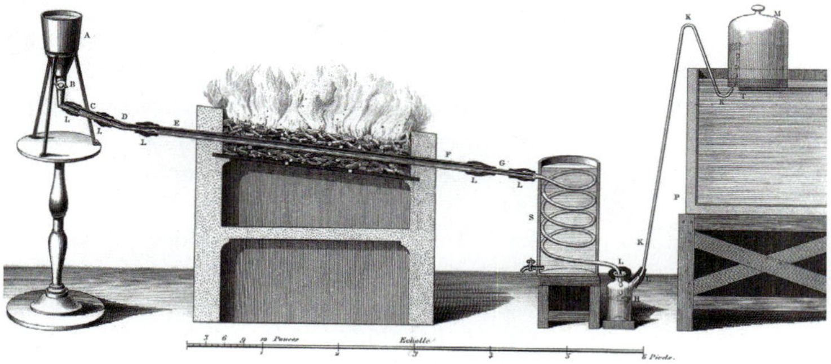

ANTOINE LAURENT LAVOISIER (1743–1794) gilt als Begründer der modernen Chemie. Seine Untersuchungen und Überlegungen haben entscheidend zu den heutigen Vorstellungen von den Elementen und Verbindungen beigetragen. LAVOISIER fand heraus, dass bei Verbrennungen der brennbare Stoff mit Sauerstoff reagiert. Eine weitere bahnbrechende Erkenntnis ist ihm und anderen Wissenschaftlern seiner Zeit zu verdanken. Bis in das 18. Jahrhundert ging man davon aus, dass Wasser ein elementarer Stoff sei. LAVOISIER ordnete das Wasser den Verbindungen zu. Dieser Gedanke entwickelte sich, als LAVOISIER einen Schmied bei der Arbeit beobachtete: Nach dem Abkühlen von glühendem Eisen in Wasser war die Eisenoberfläche oxidiert. Aus dieser alltäglichen Beobachtung und seinen Überlegungen entstand das folgende Experiment:

Er ließ einen eisernen Flintenlauf mit zerkleinerten Eisennägeln füllen und in einem Ofen bis zum Glühen erhitzen. Dann leitete er Wasserdampf durch das Rohr. Das austretende Gas fing er über Wasser auf. Da aus dem aufgefangenen Gas durch Verbrennung wieder Wasser entstand, nannte er es Hydrogenium (griech. Wasserbildner). Im deutschen Sprachraum heißt dieses Gas Wasserstoff.

3.5 Eigenschaften des Wasserstoffs

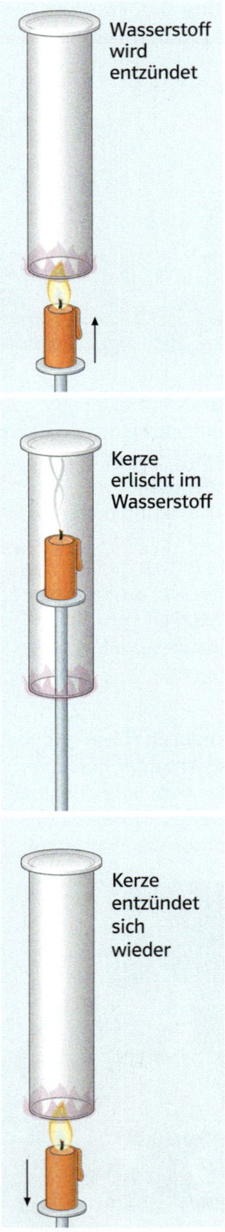

B1 Eine Kerze erlischt in Wasserstoff

Wasserstoff ist ebenso wie Sauerstoff ein elementarer Stoff. Im Folgenden werden einige seiner Eigenschaften untersucht und vorgestellt.

Eigenschaften des Wasserstoffs. Wasserstoff ist ein farb- und geruchloses Gas und deshalb mit unseren Sinnesorganen nicht wahrnehmbar.
Ein mit Wasserstoff gefüllter Ballon steigt auf. Wasserstoff muss also eine geringere Dichte als Luft besitzen. Er hat sogar die *geringste Dichte aller Stoffe*. Die Dichte des Wasserstoffs beträgt nur 1/14 der Dichte der Luft, deshalb entweicht er auch sehr schnell aus einem Reagenzglas, dessen Öffnung nach oben gerichtet ist [V1].

Beim Einbringen einer brennenden Kerze in einen mit Wasserstoff gefüllten Zylinder *entzündet* sich der Wasserstoff am Rand, weil dort der zur Verbrennung notwendige Sauerstoff vorhanden ist [B1, V2]. Im Innern des Zylinders, in der Wasserstoffportion, erlischt die Kerze, da kein Sauerstoff vorhanden ist. Beim Herausziehen entzündet sich die Kerze erneut durch den am Rande des Zylinders an der Luft brennenden Wasserstoff. Man sagt daher: Wasserstoff ist brennbar, er unterhält die Verbrennung aber nicht.

Stoffeigenschaft	Eigenschaft des Wasserstoffs
Farbe	farblos
Geruch	geruchlos
Geschmack	geschmacklos
Aggregatzustand (20 °C)	gasförmig
Löslichkeit in Wasser	sehr gering
Brennbarkeit	brennbar, bildet mit Luft und Sauerstoff explosive Gemische
Schmelztemperatur	−259 °C
Siedetemperatur	−253 °C
Dichte (20 °C)	0,083 g/l

B2 Eigenschaften des Wasserstoffs bei 1013 hPa (Normdruck)

B3 Katastrophe von Lakehurst

Wasserstoff hat die geringste Dichte aller Gase. Er ist brennbar.

Wegen seiner geringen Dichte wurde der Wasserstoff früher als Füllgas für Zeppeline verwendet. Als der mit 200 000 m^3 Wasserstoff gefüllte deutsche Zeppelin „Hindenburg" am 6. Mai 1937 in Lakehurst (USA) in Brand geriet und innerhalb weniger Minuten völlig vernichtet wurde [B3], war dies zunächst das Ende der Zeppelinluftfahrt. Heute werden Luftschiffe mit dem nicht brennbaren Edelgas Helium gefüllt.

Wasserstoff wird gasförmig in Druckgasflaschen (rote Flaschenschulter) oder tiefkalt verflüssigt in vakuumisolierten Tanks transportiert und gelagert.

V1 (Schutzbrille!) Zwei Reagenzgläser werden mit Wasserstoff gefüllt. Das eine wird mit der Öffnung nach oben, das andere umgekehrt festgehalten. Nach kurzer Zeit versucht man, den Wasserstoff zu entzünden.

V2 ⚠ (Schutzbrille! Schutzscheibe!) Man bringt in einen mit Wasserstoff gefüllten, mit der Öffnung nach unten eingespannten, dickwandigen Zylinder rasch eine brennende Kerze ein und zieht sie wieder heraus. Erkläre die Beobachtungen.

A1 Vergleiche die Eigenschaften von Sauerstoff, Stickstoff, Wasserstoff und Kohlenstoffdioxid und gib den Nachweis für jeden der Stoffe an.

Gefahren beim Umgang mit Wasserstoff. Vermischt sich Wasserstoff mit Luft, so bildet sich ein Gemisch, das beim Zünden *explosionsartig* verbrennt. Noch heftiger erfolgt die Verbrennung von Wasserstoff im Gemisch mit reinem Sauerstoff. Man bezeichnet solche explosiven Gasgemische als **Knallgas**.

Außer Wasserstoff können auch andere *brennbare Gase* wie Erdgas oder Campinggas und Dämpfe von brennbaren Flüssigkeiten wie Benzin und Alkohol mit Luft *explosive Gas-Luft-Gemische* bilden.

Man muss die unerwünschte Entstehung solcher gefährlicher Gemische verhindern. Wo sie dennoch entstehen können (z. B. an Tankstellen und in Garagen), muss jede *Entzündungsmöglichkeit* (Rauchen, offenes Feuer, elektrische Funken) vermieden werden.

Wasserstoff bildet mit Luft explosionsfähige Gemische, wenn der Volumenanteil des Wasserstoffs zwischen 4 % und 75 % liegt. Dies ist ein sehr breiter Bereich. Erdgas (Methan) bildet bei einem Volumenanteil (Kap. 1.11) von 5 % bis 15 % explosionsfähige Gemische mit Luft.

Die Knallgasprobe. Tritt aus einer Apparatur Wasserstoff aus, entzündet man ihn. Damit wird die Bildung eines explosiven Gasgemischs verhindert. Vor dem Entzünden muss jedoch geprüft werden, ob reiner Wasserstoff oder das gefährliche Knallgas entströmt. Dazu füllt man am besten ein kleines Reagenzglas durch Wasserverdrängung mit dem aus der Apparatur ausströmenden Gas [B4].

Das Reagenzglas mit dem Gas nähert man mit der nach unten weisenden Öffnung der Brennerflamme [B5]. Brennt das Gas *ruhig* ab, so handelt es sich um *reinen Wasserstoff*, der gefahrlos entzündet werden kann. Verbrennt es dagegen mit einem *pfeifenden Geräusch*, so liegt das gefährliche *Knallgas* vor. In diesem Fall muss die Probe so oft wiederholt werden, bis kein Geräusch mehr auftritt.

Mit der Knallgasprobe kann Wasserstoff nachgewiesen werden.

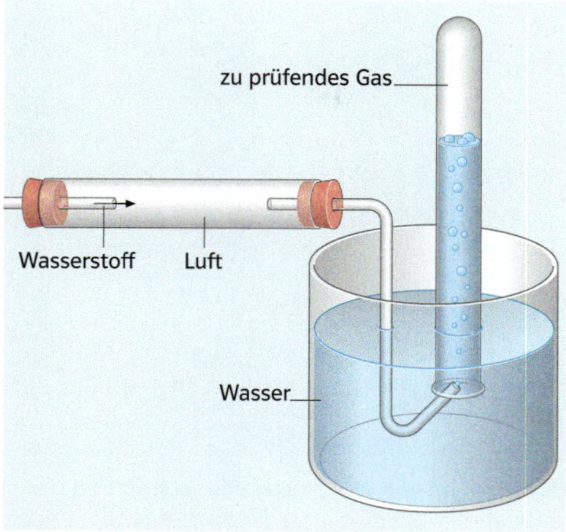

B4 Herstellung eines Prüfgemischs zur Durchführung der Knallgasprobe

V3 (Schutzbrille!) Man lässt Wasserstoff nach B4 durch ein mit Luft gefülltes Glasrohr strömen, fängt das entweichende Gas in vier Reagenzgläsern auf und hält sie mit der Öffnung an die Brennerflamme.

A2 Bei der Ausführung der Knallgasprobe entsteht
a) ein laut pfeifendes Geräusch,
b) ein schwaches, dumpfes Geräusch.
Welche Schlussfolgerung ist zu ziehen?

A3 Beim Füllen eines Gefäßes mit Wasserstoff darf keine Flamme in der Nähe sein. Begründe.

Knall beim Entzünden:
hochexplosiv

Pfeifen beim Entzünden: viel Luft, wenig Wasserstoff
explosiv

Dumpfes Geräusch beim Entzünden: viel Wasserstoff, kaum (keine) Luft, Gas brennt ruhig ab
nicht explosiv

B5 Knallgasprobe

3.6 Bildung und Zerlegung von Wasser

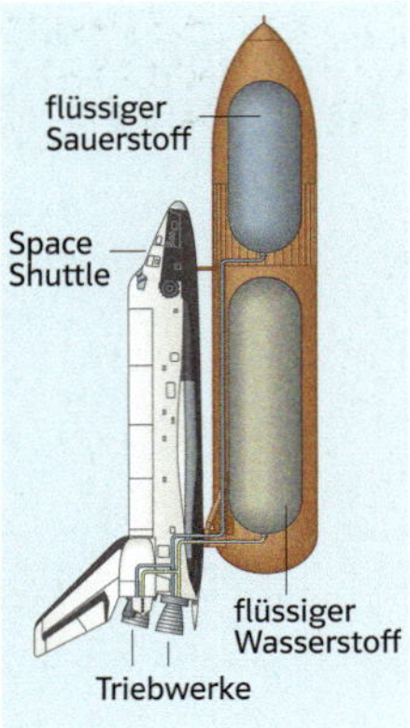

B1 Aufbau eines Spaceshuttles

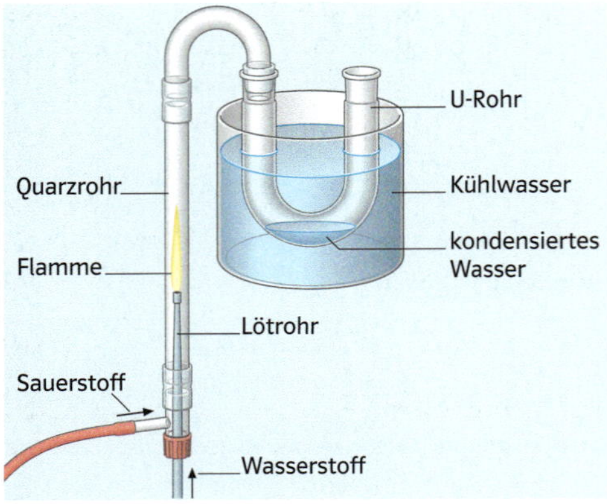

B4 Bildung von Wasser aus Wasserstoff und Sauerstoff

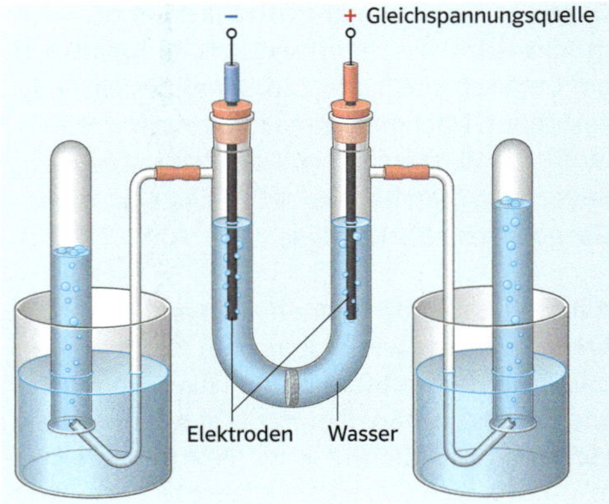

B5 Zerlegung von Wasser

B2 Verbrennung von Wasserstoff an der Luft. Es bildet sich Wasser

Wasser ist eine Verbindung, die mindestens aus den Elementen Sauerstoff und Wasserstoff besteht (Kap. 3.4). Es ist möglich, dass bei der Reaktion von Magnesium mit Wasser (Kap. 3.4, B5) noch andere Stoffe entstehen, die nicht identifiziert worden sind. Gelingt es aber, nur aus Wasserstoff und Sauerstoff Wasser herzustellen, ist dies eine Bestätigung dafür, dass Wasser eine Verbindung aus diesen beiden Elementen ist.

Reaktion von Wasserstoff und Sauerstoff. Beim Verbrennen von Wasserstoff an der Luft oder in reinem Sauerstoff [V1, V2] entsteht Wasser in einer stark *exothermen* Reaktion. Wasser ist ein Oxid des Wasserstoffs, also Wasserstoffoxid:

Wasserstoff + Sauerstoff ⟶ Wasser (-stoffoxid) | exotherm

Wasser ist eine Verbindung aus den Elementen Sauerstoff und Wasserstoff.

Die Reaktion von Wasserstoff mit Sauerstoff in der Technik. Viele *Raketen* führen in ihren Tanks flüssigen Wasserstoff und flüssigen Sauerstoff mit [B1]. Durch die Verbrennung des Wasserstoffs in den Triebwerken wird thermische Energie freigesetzt. Der entstehende hohe Druck erzeugt den Schub der Rakete.

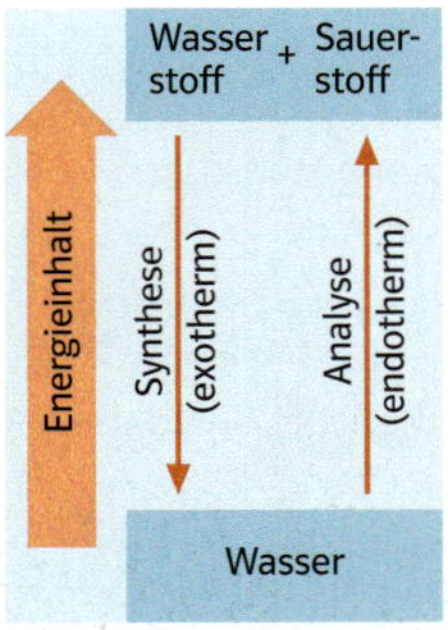

B3 Energieschema bei der Wassersynthese und -analyse

Zerlegung von Wasser. Die *Bildung* von Wasser aus den elementaren Stoffen (Synthese) ist eine exotherme Reaktion [V1, B3]. Diese Reaktion ist umkehrbar.
Die *Zerlegung* von Wasser in die elementaren Stoffe (Analyse) verläuft jedoch nur unter ständiger Energiezufuhr [B5]; sie ist eine endotherme Reaktion. Die elementaren Stoffe Wasserstoff und Sauerstoff besitzen einen größeren Energieinhalt als die Verbindung Wasser [B3].

V1 (Schutzbrille!) Man hält ein trockenes Becherglas über eine Wasserstoffflamme.

V2 ⚠ (Schutzscheibe! Schutzbrille!) Man entzündet Wasserstoff an einer Lötrohrspitze und führt die höchstens 1 cm hohe Flamme in die Apparatur nach B4 ein, in die von der Seite her langsam Sauerstoff einströmt. Dieser Strom wird so reguliert, dass mit dem glimmenden Holzspan am offenen Ende des U-Rohres Sauerstoff nachgewiesen werden kann. Führe mit der Flüssigkeit den Wassernachweis durch.

A1 Wasserstoff kann statt Benzin als Treibstoff für Autos eingesetzt werden. Stelle Vor- und Nachteile für den Betrieb eines Autos mit Wasserstoff bzw. Benzin dar.

A2 In einer Apparatur nach B5 wird leitfähig gemachtes Wasser durch elektrische Energie zerlegt (Elektrolyse). Beschreibe, wie sich die entstandenen Gase identifizieren lassen.

3.7 Moleküle und molekulare Stoffe

Nach dem Teilchenmodell (Kap. 1.8) liegen die kleinsten Teilchen eines Stoffes in den verschiedenen Aggregatzuständen unverändert vor. Bei Zufuhr von Energie (Wärme) verändern sich mit zunehmender Temperatur ihr Abstand und ihre Geschwindigkeit, d. h., die Anziehungskräfte zwischen den kleinsten Teilchen werden schwächer. Die kleinsten Teilchen der Salze, die Ionen, und die kleinsten Teilchen vieler Metalle benötigen eine starke Wärmezufuhr, um ihre Abstände zu vergrößern. Die Stoffe haben relativ hohe Schmelz- und Siedetemperaturen [B2]. Daraus kann man schließen, dass die Anziehungskräfte zwischen diesen Teilchen sehr groß sind.

Moleküle. In Stoffen, die bei Zimmertemperatur gasförmig oder flüssig sind, wie Stickstoff, Sauerstoff, Kohlenstoffdioxid und Wasser, sind die Anziehungskräfte zwischen den Teilchen geringer. Die Teilchen dieser Stoffe liegen in Form kleiner Atomverbände vor. Solche Atomverbände nennt man **Moleküle** (Kap. 1.19). Stoffe, die aus Molekülen aufgebaut sind, gehören zur Gruppe der molekularen Stoffe. Diese Stoffe haben meist niedrige Schmelz- und Siedetemperaturen.

In Molekülen sind zwei oder mehr Atome fest miteinander verbunden. Beim Schmelzen oder Sieden werden nur die Abstände zwischen diesen Molekülen vergrößert, die Moleküle selbst bleiben erhalten. Die Verknüpfung von Atomen zu einer Gruppe ist nicht beliebig.

Stoff	Schmelztemperatur ϑ_{sm} in °C	Siedetemperatur ϑ_{sd} in °C
Wasser	0	100
Alkohol	−117	78
Glycerin	18	290
Stickstoff	−210	−196
Argon	−189	−186
Sauerstoff	−218	−183

Stoff	Schmelztemperatur ϑ_{sm} in °C
Kupfersulfid	1130
Eisensulfid	1193
Natriumchlorid	800
Silbersulfid	830
Kaliumnitrat	334
Kupferoxid (rot)	1230

B2 Schmelz- und Siedetemperaturen von molekularen Stoffen und Salzen

Jeder molekulare Stoff besteht aus Molekülen ganz bestimmter Zusammensetzung. Moleküle können in elementaren Stoffen und in Verbindungen auftreten. In den meisten gasförmigen elementaren Stoffen, wie z. B. Stickstoff, Sauerstoff und Wasserstoff, sind zwei gleiche Atome zu einem Molekül verbunden. Eine Ausnahme sind die Edelgase; ihre kleinsten Teilchen sind Atome.
Die Anzahl und die Art der Atome, die fest miteinander verbunden sind, wird in der **Summenformel** angegeben. So bedeutet z. B. die Formel H_2O, dass ein Wasser-Molekül aus zwei Wasserstoff-Atomen und einem Sauerstoff-Atom besteht.

A1 Erkläre den Unterschied in den Schmelz- und Siedetemperaturen zwischen molekularen Stoffen und Salzen mit den Anziehungskräften zwischen den Teilchen.

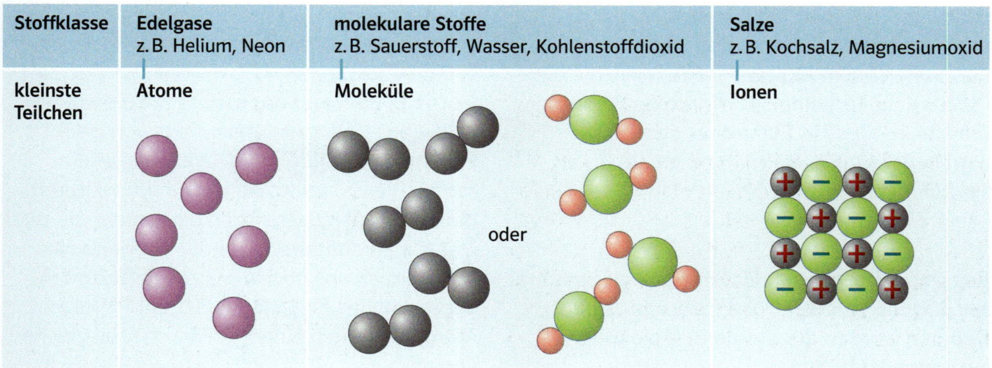

B1 Stoffe und ihre kleinsten Teilchen

H_2O die tiefgestellte Zahl gibt die Anzahl der Atome dieser Atomsorte im Molekül an. Man bezeichnet diese Zahl auch als Index

B3 Summenformel für Wasser

3.8 Die Bindung in Molekülen

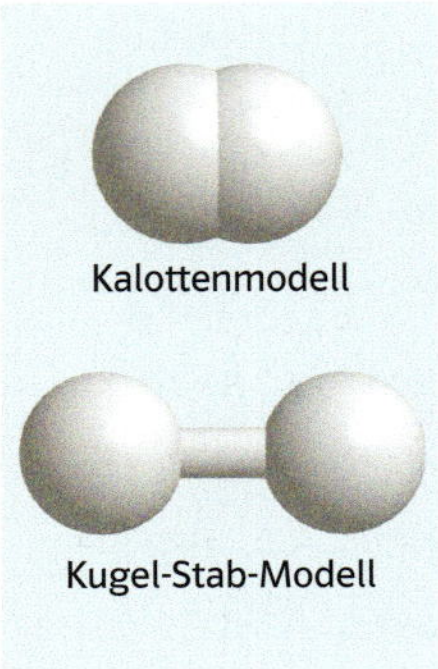

B1 Modelle des Wasserstoff-Moleküls: Das Kalottenmodell zeigt die Form des Moleküls besonders gut, das Kugel-Stab-Modell ist dafür übersichtlicher

Kalotte von franz. calotte, Kuppe, Kugelabschnitt

Atombindung und **kovalente Bindung** sind weitere Bezeichnungen für die Elektronenpaarbindung

Viele chemische Verbindungen bestehen nicht aus Ionen, sondern aus Molekülen. Meistens handelt es sich dabei um Verbindungen aus Nichtmetallen.
Moleküle sind Teilchen, die aus mehreren Atomen bestehen (Kap. 3.7). Die einfachsten Moleküle bestehen aus zwei Atomen, z. B. das Wasserstoff-Molekül [B1].

Einzelne Wasserstoff-Atome. Die Elektronen eines Atoms befinden sich in einem kugelförmigen Bereich um den Kern (Kap. 2.14, B2). Das Wasserstoff-Atom hat nur ein Elektron. Wegen der ständigen Bewegung des Elektrons ist die negative Ladung über den gesamten Raumbereich verteilt und nicht scharf begrenzt. Man spricht daher von einer Elektronenwolke, obwohl es sich nur um ein Elektron handelt.

Bildung eines Wasserstoff-Moleküls. Nähern sich zwei Wasserstoff-Atome einander, durchdringen sich ihre Elektronenwolken [B2]. Je kleiner der Abstand zwischen den Atomkernen ist, desto stärker ist die Durchdringung. Die beiden Elektronen befinden sich nun bevorzugt zwischen den beiden Kernen. Zwischen diesen kommt es so zu einer „Verdichtung" der negativen Ladung, zu der beide Elektronen gleich viel beitragen. Aus den Elektronenwolken der beiden Wasserstoff-Atome entsteht eine gemeinsame Elektronenwolke um beide Atomkerne, in der sich zwei Elektronen befinden. Die Wasserstoff-Atome werden dadurch zusammengehalten und bilden ein *Wasserstoff-Molekül*. Die Bindung zwischen den beiden Wasserstoff-Atomen nennt man Elektronenpaarbindung. Eine Elektronenwolke kann aus maximal zwei Elektronen bestehen. Die Elektronenwolke aus zwei Elektronen, die die Elektronenpaarbindung bewirkt, bezeichnet man als **bindendes Elektronenpaar**. Es wird in der Molekülformel mit einem Strich symbolisiert:

H—H

Das Durchdringen von Elektronenwolken führt zur Bildung von Elektronenpaarbindungen. Dadurch werden die Atome in Molekülen zusammengehalten.

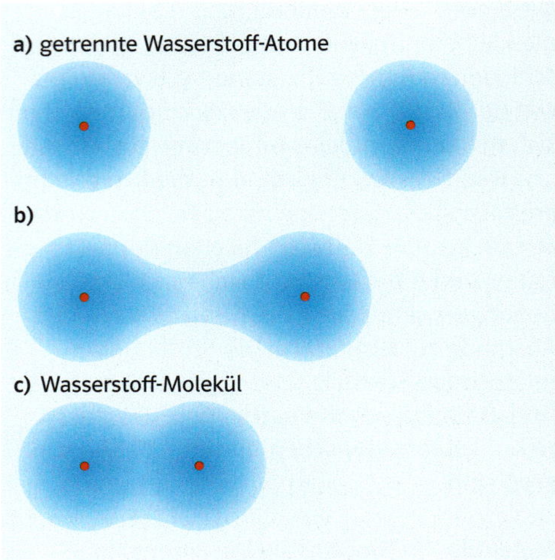

B2 Bildung eines Wasserstoff-Moleküls

Bindungsenergie und Bindungslänge. Bei der Bildung des Wasserstoff-Moleküls wird Energie frei, die Bindungsenergie. Zur Trennung des Moleküls in einzelne Atome muss dieselbe Energie zugeführt werden. Das Wasserstoff-Atom ist also energieärmer und damit stabiler als die beiden einzelnen Wasserstoff-Atome. Bei einem bestimmten Kernabstand erreicht das Wasserstoff-Molekül ein Energieminimum. Man bezeichnet diesen Abstand als Bindungslänge. Die Atomkerne schwingen ständig aufeinander zu bzw. voneinander weg. Die Bindungslänge ist der mittlere Abstand zwischen den Atomkernen.

Das Helium-Atom. Die Hülle des Helium-Atoms enthält nur ein Elektron mehr als die des Wasserstoff-Atoms. Trotz dieses scheinbar geringen Unterschieds bilden Helium-Atome keine Moleküle.
Der Grund besteht darin, dass die Elektronenwolke des Helium-Atoms bereits von zwei Elektronen gebildet wird. In einer gemeinsamen Elektronenwolke mit einem weiteren Helium-Atom müssten sich dann mehr als zwei Elektronen aufhalten. Eine Elektronenwolke kann jedoch aus höchstens zwei Elektronen bestehen. Das Elektronenpaar am Helium-Atom wird durch einen Strich am Atomzeichen angegeben:

He|

Valenzstrichformeln. Zur Darstellung von Molekülen verwendet man oft *Valenzstrichformeln.* Sie zeigen alle Valenzelektronen – sowohl die bindenden Elektronenpaare als auch die nicht an der Bindung beteiligten. Valenzstrichformeln erstellt man nach den folgenden Regeln:

1. Zunächst werden die Elementzeichen der verbundenen *Atome* aufgeschrieben.

2. Dann werden die Valenzelektronen der einzelnen Atome gezeichnet. Um jeden Atomkern herum denkt man sich vier Elektronenwolken, die zuerst mit je einem einzelnen Elektron und dann mit maximal zwei Elektronen besetzt werden. Eine einzeln besetzte Elektronenwolke zeichnet man als Punkt, eine doppelt besetzte Elektronenwolke als Strich *(Elektronenpaar)*. Beispiel: Das Stickstoff-Atom (N) hat drei einzelne Valenzelektronen und ein Valenzelektronenpaar.
Ausnahme: Das Helium-Atom (He) steht in der VIII. Hauptgruppe, hat aber nur zwei Valenzelektronen. Diese bilden ein Elektronenpaar. Für die 1. und 2. Periode des Periodensystems ergibt sich:

H•							**He|**
Li•	**Be•**	**•B•**	**•C•**	**•N|**	**•O|**	**|F|**	**|Ne|**

3. Nun wird aus den einzelnen Atomen das *Molekül* gebildet. Dazu werden je zwei einzelne Valenzelektronen zu einem bindenden Elektronenpaar kombiniert [B3]. Die bindenden Elektronenpaare stehen zwischen den beteiligten Atomen. Beispiel: H—H
Die übrigen Elektronenpaare bezeichnet man als **nicht bindende Elektronenpaare**.

Mehrfachbindungen. In vielen Molekülen sind Atome durch zwei Elektronenpaare verbunden, z. B. im Kohlenstoffdioxid-Molekül (CO_2) [B3]. Man bezeichnet diese Bindung als **Doppelbindung** (Zweifachbindung). Sind drei Elektronenpaare an einer Bindung beteiligt, wie z. B. im Stickstoff-Molekül (N_2), spricht man von einer **Dreifachbindung**.

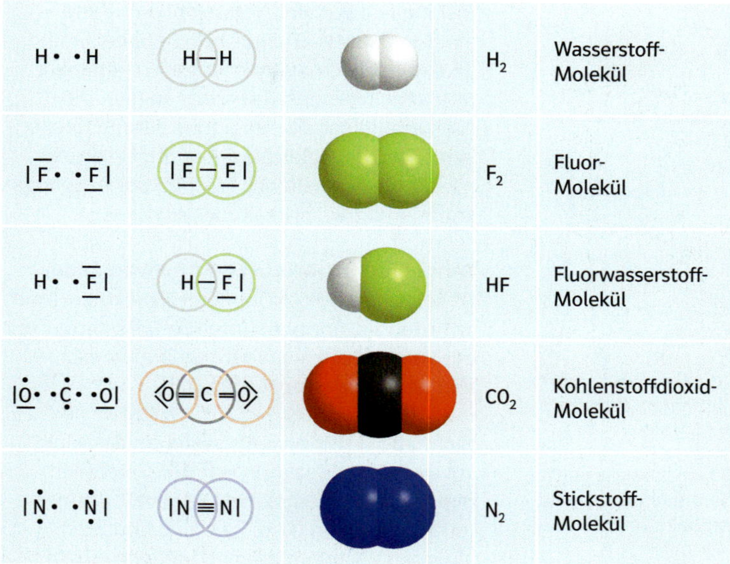

B3 Bei der Bildung von Molekülen aus Atomen entstehen bindende Elektronenpaare. Die farbigen Kreise gehören nicht zu den Valenzstrichformeln, sondern zeigen hier nur die Zuordnung der Elektronenpaare zu den Atomen

Elektronenpaarbindung und Edelgasregel. Die Edelgasregel (Kap. 2.20) lässt sich auf die Elektronenpaarbindung übertragen. Wenn man ein bindendes Elektronenpaar sowohl dem einen als auch dem anderen Atom ganz zuordnet, haben alle Atome in B3 Edelgaskonfiguration. Dies gilt auch für viele weitere Moleküle.

In vielen Molekülen kann man jedem Atom so viele Elektronen zurechnen wie einem Edelgasatom.

A1 Zeichne von den Elementen der 3. Periode die Elementzeichen mit Valenzelektronen.

A2 Erläutere, warum Edelgase aus einzelnen Atomen und nicht aus Molekülen bestehen.

A3 Formuliere entsprechend B3 die Bildung eines Wasser-Moleküls (H_2O) und eines Ammoniak-Moleküls (NH_3).

A4 Ermittle anhand der Edelgasregel die Valenzstrichformel eines Moleküls aus einem Kohlenstoff-Atom und mehreren Chlor-Atomen.

LEWIS-FORMEL (nach GILBERT N. LEWIS) ist eine weitere Bezeichnung für die Valenzstrichformel. Man spricht auch von der **Lewis-Schreibweise**

Freies Elektronenpaar ist eine andere Bezeichnung für ein nicht bindendes Elektronenpaar

Edelgaskonfiguration ist eine andere Bezeichnung für Edelgasanordnung

3.9 Vom Reaktionsschema zur Reaktionsgleichung

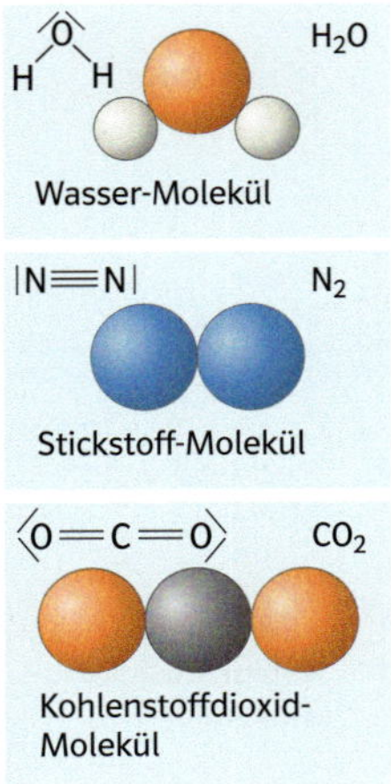

B1 Strukturformeln, Summenformeln und Modelle von Molekülen

PSE Periodensystem der Elemente

Bislang wurden viele Reaktionen mithilfe eines Reaktionsschemas beschrieben. Eine Reaktionsgleichung macht jedoch genauere Aussagen über das Verhältnis, in dem die Atome miteinander reagieren. Zum Aufstellen einer Reaktionsgleichung benötigt man zunächst die Formeln der Teilchen der Ausgangsstoffe und die der Reaktionsprodukte.

Formeln für Moleküle und Atomverbände. B1 zeigt die Formeln von drei Molekülen. Man ermittelt die Formeln unter Berücksichtigung der Valenzelektronen der beteiligten Atome und der Edelgasregel (Kap. 3.8).

Nicht alle Verbindungen bestehen aus Molekülen. Bei der Reaktion von Alkalimetallen mit Halogenen entstehen Salze mit riesigen Ionenverbänden (Kap. 2.12, 2.20 und 2.21), in denen die entstandenen Ionen in einem bestimmten, festen Anzahlverhältnis vorliegen. Im Ionengitter des Natriumchlorids ist z. B. die Anzahl der Natrium-Ionen gleich der Anzahl der Chlorid-Ionen. Das Anzahlverhältnis ist 1:1 und wird durch die Verhältnisformel wiedergegeben: Na_1Cl_1, vereinfacht NaCl.

Da das Natrium-Ion eine einfach positive Ladung besitzt (Na^+), muss das Chlorid-Ion einfach negativ geladen sein (Cl^-) (Kap. 2.20). Die Ladungen der Ionen der Hauptgruppenelemente kann man meist unter Berücksichtigung der Valenzelektronen und der Edelgasregel (Kap. 2.20 und 2.23) ermitteln. Silber, Kupfer und Eisen gehören zu den

Deutsch:	Kupfer und Schwefel reagieren zu Kupfersulfid $2\,Cu + S \longrightarrow Cu_2S$
Englisch:	Copper and sulfur react to produce cuprous sulfide $2\,Cu + S \longrightarrow Cu_2S$
Griechisch:	Χαλκός και θείον αντιδρούν εις σουλφίδιον του χαλκού $2\,Cu + S \longrightarrow Cu_2S$
Russisch:	При реакции меди с серой образуется сульфид меди. $2\,Cu + S \longrightarrow Cu_2S$
Arabisch:	حامض الكبريت مع النحاس الأحمر = (ينتج من تفاعلهما) كبريتيد النحاس الأحمر $2\,Cu + S \longrightarrow Cu_2S$

B2 Reaktionsgleichungen sind international verständlich

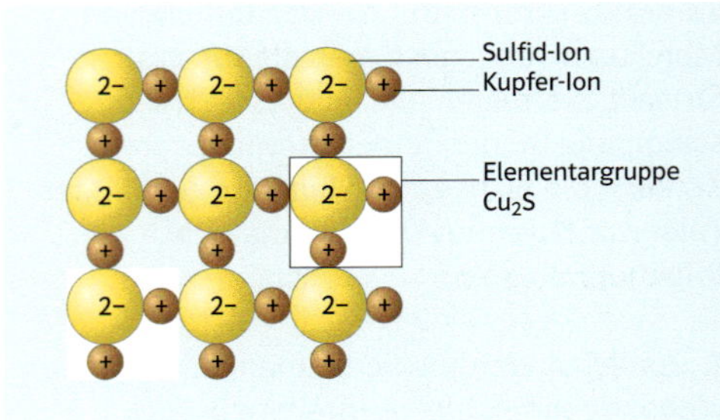

B3 Verhältnisformel von Cu_2S

Nebengruppenelementen im PSE (Kap. 2.17). Ihre Atome können mehrere Ionensorten ausbilden: Cu^+, Cu^{2+}, Fe^{2+} und Fe^{3+}. Welche Ionensorte vorliegt, lässt sich aus der Verhältnisformel ermitteln. Ist die Verhältnisformel und die Ladung einer Ionensorte bekannt, kann auf die unbekannte Ladung der Gegenionen geschlossen werden. So liegt z. B. Silberoxid in einem Ionenverband vor, der die Verhältnisformel Ag_2O besitzt. Da das Oxid-Ion zweifach negativ geladen ist: O^{2-}, muss die Ladung der Silber-Ionen einfach positiv sein, Ag^+. Entsprechendes gilt für den Ionenverband mit der Verhältnisformel Cu_2S mit Cu^+-Ionen und S^{2-}-Ionen.

Elementargruppen. Verhältnisformeln geben z. B. nur das Anzahlverhältnis der Ionen in einem Ionenverband an. Anschaulicher ist es, durch die Formel eine typische Ionengruppe des Verbands zu kennzeichnen [B3]. Kupfersulfid ist ein Ionenverband aus Kupfer- und Sulfid-Ionen, auf zwei Cu^+-Ionen kommt ein S^{2-}-Ion. Man kann sich das Kupfersulfid aus kleinen Einheiten mit je zwei Cu^+-Ionen und einem S^{2-}-Ion denken. Solche gedachten Einheiten in Salzen nennt man Elementargruppen.

A1 Hält man ein brennendes Magnesiumband in einen mit Kohlenstoffdioxid gefüllten Standzylinder (Kap. 1.13, B3), so brennt es weiter. Auf dem Boden und den Wänden des Gefäßes setzen sich weißes Magnesiumoxid und Ruß ab. Die kleinsten Teilchen des Rußes sind Kohlenstoff-Atome. Gib das Reaktionsschema an und stelle die Reaktionsgleichung auf.

Die Reaktionsgleichung. Das Reaktionsschema für die Reaktion des Kupfers mit Schwefel lautet:

Kupfer + Schwefel ⟶ Kupfersulfid

Die Kupfer-Atome und die Schwefel-Atome reagieren aber nur dann vollständig miteinander, wenn das Anzahlverhältnis der Kupfer-Atome zu den Schwefel-Atomen 2 : 1 ist. Schreibt man in ein Reaktionsschema statt der Namen für die Stoffe die Zeichen und Formeln für die Atome und Moleküle bzw. Elementargruppen, muss man dafür sorgen, dass die Anzahl der Atome der einzelnen Atomsorten auf beiden Seiten des Reaktionspfeils gleich sind. Diese Schreibweise für eine chemische Reaktion heißt deshalb **Reaktionsgleichung**.

$2\,Cu + S \longrightarrow Cu_2S$

Für Reaktionsgleichungen, die sich nicht so einfach aufstellen lassen, ist es vorteilhaft, nach den in B4 dargestellten Schritten vorzugehen.

Reaktionsgleichungen mit Atomen und Molekülen. Kohlenstoff reagiert mit Sauerstoff zu Kohlenstoffdioxid. Kohlenstoff, in Form des elementaren Stoffs Graphit, besteht aus Kohlenstoff-Atomen. Der elementare Sauerstoff besteht aus Molekülen, in denen je zwei Sauerstoff-Atome miteinander fest verbunden sind. Die Verbindung Kohlenstoffdioxid besteht aus Molekülen [B1].

Wie für Reaktionen mit Stoffen, die aus Elementargruppen aufgebaut sind, gelten zur Aufstellung der Reaktionsgleichung die gleichen Schritte wie in B4 dargestellt.

Kohlenstoff + Sauerstoff ⟶ Kohlenstoffdioxid

$C + O_2 \longrightarrow CO_2$

Die Anzahlen der Atome einer jeden Atomsorte rechts und links vom Reaktionspfeil müssen übereinstimmen.

1. Schritt: Aufstellen des Reaktionsschemas, z. B.:
Magnesium + rotes Eisenoxid ⟶ Magnesiumoxid + Eisen

2. Schritt: Zuordnung der Zeichen für die Atome und der Formeln für die Elementargruppen zu den Stoffnamen:

$Mg + Fe_2O_3 \quad | \quad MgO + Fe$

Unveränderliche Teilchen bzw. Elementargruppen:

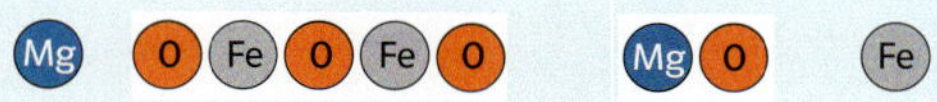

Hinweis: Zur Vereinfachung hier auch manchmal Atom = Ion

Damit erhält man noch keine Reaktionsgleichung, da die Anzahlen der Atome jeder Art vor und nach der Reaktion nicht übereinstimmen.

3. Schritt: Einfügen der Koeffizienten (Vorzahlen)
Durch Vervielfachen der Anzahlen der Atome und eventuell der Elementargruppen erhält man die Reaktionsgleichung.
Achtung! Die Formeln der Elementargruppen rechts und links vom Reaktionspfeil dürfen nicht verändert werden. Beim Einrichten der Gleichung werden die Koeffizienten, welche die Bedeutung von Faktoren haben, eingefügt.

a) Geht man von der Fe_2O_3-Elementargruppe aus, so muss man rechts vom Reaktionspfeil 1 Fe-Atom und 2 O-Atome ergänzen (also 2 weitere MgO-Elementargruppen).

$Mg + Fe_2O_3 \dashrightarrow 3\,MgO + 2\,Fe$

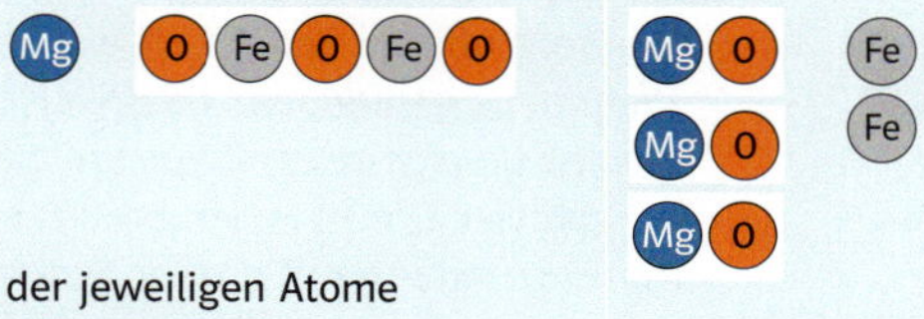

Anzahl der jeweiligen Atome

	vor der Reaktion:	nach der Reaktion:
Mg-Atome:	1	3
O-Atome:	3	3
Fe-Atome:	2	2

b) Nun müssen links vom Reaktionspfeil noch 2 Mg-Atome hinzugefügt werden:

$3\,Mg + Fe_2O_3 \longrightarrow 3\,MgO + 2\,Fe$

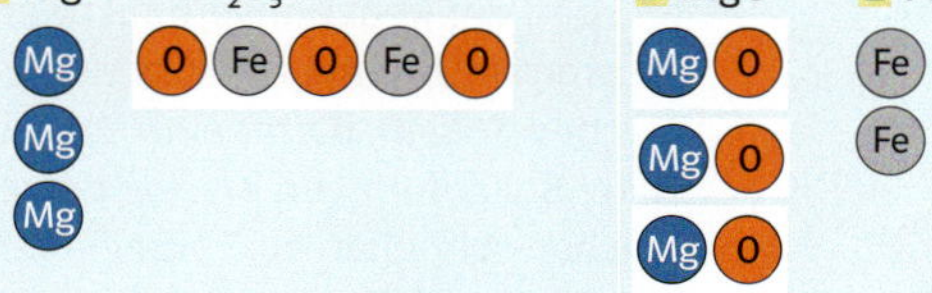

Überprüfen der Anzahl der jeweiligen Atome

	vor der Reaktion:	nach der Reaktion:
Mg-Atome:	3	3
O-Atome:	3	3
Fe-Atome:	2	2

B4 Aufstellen einer Reaktionsgleichung

3.10 Aktivierungsenergie

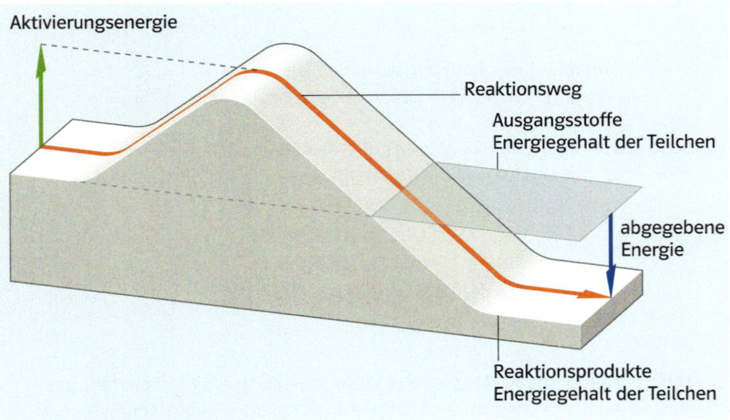

B1 Aktivierungsenergie im Modell

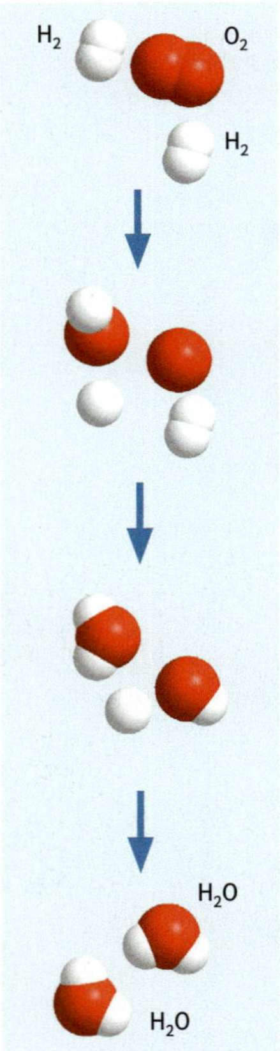

B2 Zusammenstöße mit großer Wucht führen zur Bildung neuer Teilchen

Bei Zimmertemperatur reagieren Wasserstoff und Sauerstoff nicht miteinander. Ein Knallgasgemisch kann unbegrenzt aufbewahrt werden, ohne dass eine messbare Wasserportion gebildet wird.

Auslösen der Knallgasreaktion. Nach Zufuhr von Energie, z. B. Entzünden durch die Brennerflamme oder durch einen Funken, reagieren Wasserstoff und Sauerstoff explosionsartig zu Wasser. Es genügt, das Gasgemisch in einem *kleinen Bereich* zu erhitzen, um die Reaktion auszulösen. Die Reaktion breitet sich vom Ort der Entzündung mit großer Geschwindigkeit aus.

Aktivierungsenergie. Stoffe können nur miteinander reagieren, wenn die Teilchen der Ausgangsstoffe zusammenstoßen [B2]. Allerdings führt nicht jeder Zusammenstoß dazu, dass aus den Teilchen der Ausgangsstoffe die Teilchen der Reaktionsprodukte entstehen. Ein Zusammenstoß muss mit genügend großer Wucht erfolgen, damit eine Reaktion eintreten kann. Bei Zufuhr von Wärme bewegen sich die Teilchen schneller; als Folge finden auch mehr Zusammenstöße mit einer genügend großen Wucht statt.
Die Energie, mit der die Teilchen für das Eintreten der Reaktion wenigstens zusammenstoßen müssen, wird **Aktivierungsenergie** genannt.

Die Tatsache, dass bei einer Reaktion der Wasserstoff- und Sauerstoff-Moleküle zu Wasser-Molekülen eine Energiebarriere überwunden werden muss, lässt sich anschaulich beschreiben.

Zur Bildung der Wasser-Moleküle müssen sowohl Sauerstoff- als auch Wasserstoff-Moleküle in Atome getrennt werden. Dies geschieht durch Vergrößerung der Abstände zwischen den Atomen und Überwindung der Bindungskräfte zwischen den Atomen in den Molekülen. Dazu muss Energie aufgewendet werden. Bilden sich die Wasser-Moleküle aus den Wasserstoff- und Sauerstoff-Atomen, wird Energie abgegeben. Die Wasser-Moleküle werden aber sicher nicht in einem, sondern in mehreren Schritten gebildet.

Um die Reaktion auszulösen, genügt es, zur Spaltung der Ausgangsmoleküle an einer Stelle des Gemisches Aktivierungsenergie zuzuführen. Die frei werdende Energie bei der Bildung von H_2O-Molekülen liefert die Aktivierungsenergie für die Spaltung weiterer H_2- bzw. O_2-Moleküle. Es breitet sich eine *Kettenreaktion* aus.

Das Auslösen einer chemischen Reaktion durch Zufuhr von Aktivierungsenergie kann man mit dem Anstoßen des ersten Dominosteins bei hintereinander aufgestellten Steinen vergleichen. Ist der erste Stein gefallen, fallen nacheinander alle Dominosteine [B3].

B3 Domino-Effekt

3.11 Impulse Erneuerbare Energiequellen

B1 Luftbildaufnahme eines Wasserkraftwerks

B2 Rapsanbau zur Gewinnung von Biodiesel

Regenerative Energien. Mit der Industrialisierung, die im 18. Jahrhundert in England begann, und dem damit verbundenen Anstieg des Energiebedarfs bis heute, fanden zunehmend Kohle, Öl und Gas bei der Energieerzeugung Verwendung. Die Begrenztheit der Vorräte führt neben der Umweltbelastung bei deren Verbrennung dazu, dass den erneuerbaren Energiequellen eine immer größere Bedeutung zukommt. Anders als Kohle, Öl und Gas gelten die regenerativen Energieträger als „nach menschlichem Ermessen unerschöpflich". Unter Nutzung der Sonnenenergie werden diese regenerativen Energieträger ständig erneuert.

Wasserkraft. Wasser verdunstet und gelangt nach der Kondensation zurück in einen höher gelegenen Stausee einer Talsperre. Lässt man das aufgestaute Wasser durch Rohrleitungen über eine tiefer gelegene Turbine abfließen, so treibt deren Bewegung einen Generator an, der elektrische Energie erzeugt. In diesem Kreislauf ist die Wasserkraft eine Quelle erneuerbarer und somit regenerativer Energie.

Bioenergie. Pflanzen benötigen für ihr Wachstum Sonnenenergie, welche sie in Stoffwechselprozessen in energiereiche Verbindungen überführen. Diese z. B. im Rapsöl [B2] gespeicherte Energie kann in Verbrennungsmotoren zum Antrieb von Kraftfahrzeugen genutzt werden.

Solarenergie (Fotovoltaik). Solarzellen [B4] wandeln die Energie des Sonnenlichts direkt in elektrische Energie um. Damit lassen sich insbesondere Geräte mit geringem Stromverbrauch mit Energie versorgen.

Windkraft. Seit vielen Jahrhunderten nutzen Menschen die Energie des Windes zum Antrieb von Mühlen [B5] und Segelbooten. In modernen Windkraftanlagen treibt der Wind einen Rotor an, der mit einem Generator (Dynamo) verbunden ist. Auf diese Weise wird die Windenergie letztendlich in elektrische Energie umgewandelt.

Brennstoffzellen. Mithilfe des elektrischen Stroms, den man in einer Solarzelle erzeugt hat, kann man Wasser in seine elementaren Stoffe Wasserstoff und Sauerstoff zerlegen. Anschließend lässt sich der gebildete Wasserstoff in einer Brennstoffzelle kontrolliert mit Sauerstoff zu gasförmigem Wasser verbrennen. Chemische Energie wird dabei in elektrische Energie umgewandelt. Diese kann z. B. einen Elektromotor antreiben [B3].

B4 Notrufsäule mit Solarmodul

B5 Windmühle

regenerare lat. wiederherstellen, erneuern

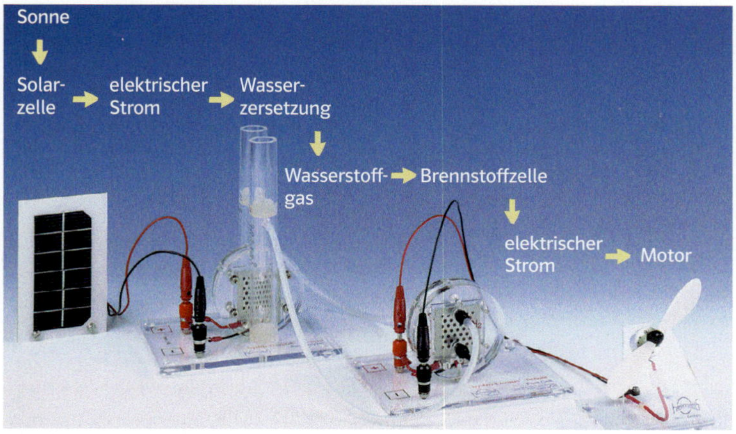

B3 Modellaufbau zur solaren Wasserstofftechnik

3.12 Praktikum Grundlagen der Brandbekämpfung

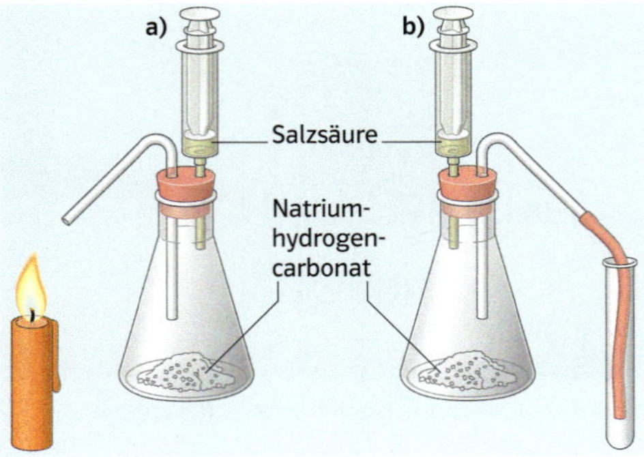

B2 Zu Versuch 2

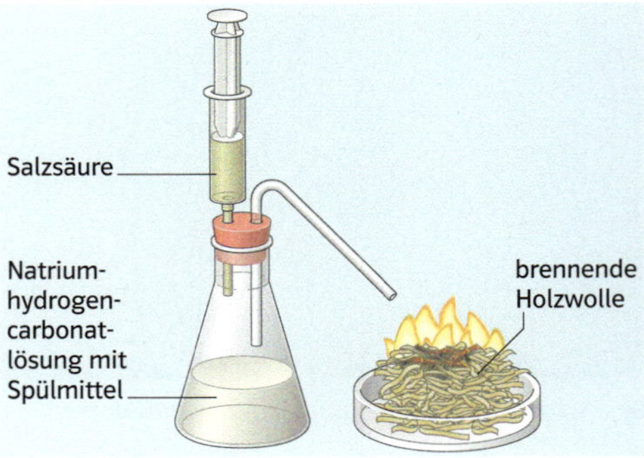

B3 Zu Versuch 3

B1 Zu Versuch 4

V1 Möglichkeiten zum Löschen eines Brandes

Geräte und Materialien: Schutzbrille, feuerfeste Unterlage, Holzwolle, Tiegelzange, Zündhölzer, Keramik-Drahtnetz, Spritzflasche mit Wasser.
Durchführung: Gib einige kleinere Portionen der Holzwolle nebeneinander auf die feuerfeste Unterlage. Entzünde ein Knäuel. Suche nach mehreren Möglichkeiten, die Ausbreitung des Feuers mit den dir zur Verfügung gestellten Geräten und Materialien zu verhindern.
Auswertung: Wie viele Möglichkeiten hast du gefunden? Erkläre jeweils die Grundlagen deiner Vorgehensweise.

V2 Ein wirksames Löschmittel

Geräte und Chemikalien: Schutzbrille, Kerze, Zündhölzer, Stopfen mit zwei Bohrungen, gewinkeltes Glasrohr, 2 Erlenmeyerkolben (50 ml), Einwegspritze (5 ml), Schlauchstück (l = 17 cm), Spatel, Reagenzglas, Reagenzglasklammer, Reagenzglasgestell, Holzspan, Natriumhydrogencarbonat, Salzsäure ($w \approx 3{,}6\,\%$), Kalkwasser.
Durchführung:
a) Zünde die Kerze an. Gib in den Erlenmeyerkolben einen Spatel Natriumhydrogencarbonat. Halte den Erlenmeyerkolben so, dass die Öffnung des gewinkelten Glasrohres knapp über der Kerzenflamme ist [B2a]. Spritze anschließend durch die zweite Bohrung des Stopfens 5 ml Salzsäure auf das Natriumhydrogencarbonat in dem Kolben. Achte darauf, dass die zweite Bohrung verschlossen bleibt.
b) Verfahre wie in B2b, leite also das Gas über das Schlauchstück in ein Reagenzglas. Untersuche das Gas mit den dir bekannten Nachweisreaktionen.
Auswertung:
a) Beschreibe und deute deine Beobachtungen.
b) Welches Gas hast du zur Brandbekämpfung eingesetzt?

V3 Modell eines Kohlenstoffdioxid-Schaumlöschers

Geräte und Chemikalien: Schutzbrille, Erlenmeyerkolben (300 ml), Stopfen mit zwei Bohrungen, gebogenes Glasrohr, Einwegspritze (20 ml), Porzellanschale, feuerfeste Unterlage, kleines Reagenzglas, Holzwolle, Natriumhydrogencarbonat-Lösung ($w \approx 5\,\%$), Salzsäure ($w \approx 3{,}6\,\%$), Spülmittel.
Durchführung: Gib in den Erlenmeyerkolben 100 ml Natriumhydrogencarbonat-Lösung und ca. 3 ml Spülmittel. Baue das Gerät entsprechend B3 auf und gib in die Einwegspritze 15 ml Salzsäure. Drücke den Stempel in den Zylinder, damit die Salzsäure zu der Flüssigkeit im Erlenmeyerkolben fließt. Halte den Stempel hinuntergedrückt. Richte das Glasrohr auf brennende Holzwolle in einer Porzellanschale.

V4 Ein erstaunliches Versuchsergebnis

Geräte und Materialien: Kerze, dicker Kupferdraht, Tiegelzange, Zündhölzer.
Durchführung: Zünde die Kerze an. Wickle aus dem Kupferdraht eine Wendel und halte diese über die Flamme [B1].
Auswertung: Beschreibe und deute deine Beobachtungen.

3.13 Brände verhüten und löschen

B1 Was entzündet sich zuerst?

Schon die Urmenschen waren der zerstörenden Gefahr des Feuers ausgesetzt. Feuer entstanden meist durch Blitzschlag. Um sich zu retten, blieb nur die Flucht vor den Flammen. So ist es nicht verwunderlich, dass wir, wie auch fast alle Tiere, eine natürliche Furcht vor Feuer besitzen. Spätestens seit dem Beginn der Nutzung des Feuers mussten die Menschen Vorsorgemaßnahmen treffen, um eine unkontrollierte Ausbreitung zu verhindern. Kennt man die Voraussetzungen für die Entstehung von Feuer [B2], so kann man bei seiner *Verhütung* und *Bekämpfung* überlegt vorgehen.

Zur Entstehung eines Feuers sind *Brennstoff*, *Sauerstoff* und das Erreichen der *Zündtemperatur* notwendig [B2]. Wird eine dieser Voraussetzungen nicht erfüllt, kann kein Feuer entstehen.

Brandverhütung. Um den Ausbruch von Bränden zu verhindern, ist es notwendig, die Gefahren zu kennen, die von verschiedenen Brennstoffen ausgehen. Besonders leicht entzündlich sind Feststoffe mit hohem *Zerteilungsgrad* (z. B. Watte, Holz- und Eisenwolle oder Papier), Flüssigkeiten mit niedrigen Flammtemperaturen (z. B. Benzin, Spiritus, Aceton) und brennbare Gase (z. B. Erdgas, Propan und Butan).

Spiritus auf Grillkohle geschüttet

Mann stand an Wurstbude in hellen Flammen – Lebensgefahr

Entzündbare (leicht entzündliche) Stoffe dürfen nicht in der Nähe starker Wärmequellen gelagert werden. Beim Transport und der Lagerung von entzündbaren Stoffen dürfen gesetzlich festgelegte Mengen nicht überschritten werden.

Besonders gefährlich ist es, wenn brennbare Stoffe zusammen mit entzündend wirkenden (brandfördernden) Stoffen gelagert werden. Diese Stoffe fördern die Oxidation des Brennstoffs. Entzündend wirkende Stoffe sind z. B. Sauerstoff und Kaliumnitrat. Entzündbare und entzündend wirkende Stoffe werden mit entsprechenden Gefahrensymbolen gekennzeichnet.
Besondere Vorsicht ist beim Umgang mit Flüssigkeiten geboten, die Dämpfe mit hoher Dichte bilden. Solche Dämpfe „fließen" nach unten [B3], sammeln sich auf dem Boden oder fließen über Treppenabgänge oder durch Abflussrohre und können sich so auch an weit entfernten Zündquellen entzünden. Gleiches gilt auch für Gase mit hohen Dichten, z. B. Butan (Campinggas). Gasflaschen mit solchen Gasen dürfen nicht „unter Erdniveau", also z. B. im Keller gelagert werden.

Explosive Gemische. Brennbare Gase und leicht verdunstende brennbare Flüssigkeiten können mit Luft explosive Gasgemische bilden. Eine Explosion kann aber nur erfolgen, wenn der Anteil des brennbaren Gases zwischen zwei Extremwerten liegt, der unteren und der oberen Explosions- oder Zündgrenze [V1, B4]. Ein explosives Gemisch liegt z. B. vor, wenn der Volumenanteil von Autobenzin in Luft zwischen etwa 1 % und 7 % liegt. So kann sich z. B. durch geringe Benzinreste in einem scheinbar leeren Benzinkanister ein explosives Gemisch bilden.
Aus Sicherheitsgründen soll beim Umgang mit leicht verdunstenden Flüssigkeiten, z. B. Reinigungsbenzin, im Freien gearbeitet oder zumindest für gute Raumdurchlüftung gesorgt werden, um die Bildung explosiver Gemische zu vermeiden.

B2 Verbrennungsdreieck

Zerteilungsgrad Verhältnis der Oberfläche zum Volumen eines Stoffes. Stoffe mit hohem Zerteilungsgrad haben eine große Oberfläche (s. auch Kap. 1.11)

B3 Umgießen von Dämpfen mit hoher Dichte

B4 Bestimmung der Explosionsgrenzen

B5 Maßnahmen zur Brandbekämpfung – Beispiele

Auch beim **Löschen eines Brandes** sorgt man dafür, dass mindestens eine der Voraussetzungen, die zur Entstehung eines Brandes notwendig sind, nicht mehr gegeben ist.

Entzug des brennbaren Stoffes. Nach Möglichkeit werden alle brennbaren Stoffe aus der Nähe eines Feuers entfernt. Hat sich das Feuer allerdings schon stark ausgebreitet, verhindern Hitze, Rauch und bei Gebäudebränden die Einsturzgefahr ein Näherkommen an den Brandherd. Bei Waldbränden kann das Feuer häufig durch das Anlegen breiter Gräben und Schneisen zum Stillstand gebracht werden.

Abkühlen unter die Zündtemperatur. Größere Brände werden meist mit Wasser bekämpft. Es kühlt die brennenden Teile so stark ab, dass die Zündtemperaturen der brennbaren Stoffe unterschritten werden. Beim Verdampfen des Wassers wird der Umgebung weiter Wärme entzogen. Es bildet sich ein Teppich aus Wasser und Wasserdampf über dem Brandherd und behindert die Luftzufuhr. Tanks mit brennbaren Gasen oder Flüssigkeiten, die sich in der Nähe eines Brandes befinden, werden auch mit Wasser bespritzt, damit die Zündtemperatur erst gar nicht erreicht wird. Ist bei einem Autounfall Benzin ausgelaufen, muss verhindert werden, dass dieses durch Fremdzündung (z. B. Zigarette) entzündet wird.

Entzug des Sauerstoffs. Beim Löschen mit Wasser verdrängt der gebildete Wasserdampf die Luft. Brennendes Benzin lässt sich allerdings nicht mit Wasser löschen, da es wegen seiner geringeren Dichte auf dem Wasser schwimmt und weiterbrennt [V2]. In diesem Fall helfen andere Löschmittel, z. B. Kohlenstoffdioxid. Es hat den Vorteil, dass es aufgrund seiner hohen Dichte eine Gasschicht über der Oberfläche bildet, die der Luft den Zutritt verwehrt. Bei heftigen Bränden wird das Kohlenstoffdioxid allerdings so stark verwirbelt, dass es nicht mehr schützend wirkt. Deshalb verwendet man häufig Schaum als Löschmittel, der auch Oberflächen von brennenden Flüssigkeiten bedecken kann. Zur Erhöhung der Wirksamkeit wird anstelle von Luft auch Kohlenstoffdioxid im Schaum

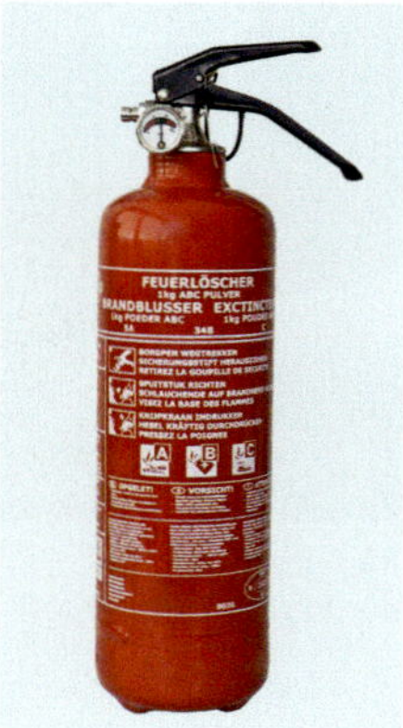

B6 ABC-Löscher

	Voraussetzungen zur Verbrennung	Maßnahmen zur Brandbekämpfung
a	Brennstoff	Entfernen des brennbaren Stoffes
b	Zündtemperatur	Abkühlen unter die Zündtemperatur
c	Sauerstoff	Unterbrechung der Luftzufuhr

B7 Möglichkeiten der Brandbekämpfung

eingesetzt. Der Inhalt von Pulverlöschern [B6] unterbricht meist schlagartig die Reaktion des brennenden Stoffes mit Sauerstoff. Das Pulver bildet zusätzlich eine Decke über dem Brandherd. In der Hitze schmilzt das Pulver und überzieht die Oberfläche mit einer Glasur. Bei einigen Löschpulvern entsteht in der Hitze noch Kohlenstoffdioxid. Wenn die Kleidung eines Menschen brennt, kann man das Feuer mit einer Decke oder durch Wälzen auf dem Boden zum Erlöschen bringen.

Veränderung der Mengenanteile. Bei Bränden in Kohlebergwerken kann, z. B. durch Einleiten von Stickstoff, der Sauerstoffanteil so verringert werden, dass kein zündfähiges Gemisch mehr vorliegt.

V1 ⚠ (Schutzscheibe, Schutzbrille!) Man gibt 4 bis 6 Tropfen Wundbenzin in ein Zündrohr, verschließt es mit dem Deckel und wendet das Rohr zur Durchmischung mehrfach. Wenn die Flüssigkeit völlig verdunstet ist, wird das Gemisch gezündet. Der Versuch wird mit veränderter Tropfenanzahl wiederholt.

V2 ⚠ (Schutzscheibe, Schutzbrille!) Man gibt etwas Benzin in ein Porzellan- oder Metallschälchen, welches in einer Auffangwanne aus Metall steht (z. B. großes Kuchenblech). Das Benzin wird entzündet. Zunächst wird versucht, das Benzin durch Abdecken mit einem Stück Karton zu löschen. Wenn der Brand erlischt, wird das Benzin erneut angezündet. Anschließend spritzt man vorsichtig Wasser aus einer Spritzflasche auf das Benzin, bis die Schale überläuft.

Brandklasse A	**Brandklasse B**	**Brandklasse C**	**Brandklasse D**	**Brandklasse F**
Brände fester Stoffe, die normalerweise unter Glutbildung verbrennen (Holz, Kohle, Papier, Stroh, Faserstoffe, Textilien)	Brände von flüssigen oder flüssig werdenden Stoffen (Benzin, Benzol, Heizöl, Ether, Alkohol, Stearin, Harze, Teer)	Brände von Gasen (Acetylen, Wasserstoff, Methan, Propan, Stadtgas, Erdgas)	Brände von Metallen (Aluminium, Magnesium, Natrium, Kalium)	Brände von Speiseölen und -fetten (pflanzliche oder tierische Öle und Fette) in Frittier- und Fettbackgeräten
Löschmittel - Wasser (W) - Schaum (S) - Pulver für Glutbrände (PG)	**Löschmittel** - Schaum (S) - Pulver (P-PG) - Kohlenstoffdioxid (K)	**Löschmittel** - Pulver (P-PG) - Kohlenstoffdioxid (K)	**Löschmittel** - Pulver für Metallbrände (PM) - Steinsalz - trockener Sand	**Löschmittel** - Topfdeckel - Speziallöschmittel (F), (Flüssiglöschmittel der Brandklasse F-Feuerlöscher)

B8 Brandklassen und Löschmittel

Richtige Wahl des Löschmittels. Vorsicht! Brennendes heißes, flüssiges Fett oder Wachs dürfen auf keinen Fall mit Wasser in Berührung kommen. Da Wasser eine größere Dichte besitzt als diese Flüssigkeiten, geht es darin unter und verdampft dabei schlagartig. Der Wasserdampf reißt den heißen Brennstoff mit nach oben. Dadurch wird der Brennstoff in feine Tröpfchen zerteilt, die sofort entflammen. Dabei können sehr hohe Stichflammen und Explosionen entstehen [V3, B9]! Brennendes Fett kann durch Abdecken (z. B. mit einem Topfdeckel) gelöscht werden.

Brennende Metalle reagieren heftig mit Wasser, Kohlenstoffdioxid und dem Inhalt von Pulverlöschern. Man bedeckt deshalb den Brandherd des Metallbrands mit Sand, Salz oder Zement.

Nach der Zugehörigkeit eines brennenden Stoffes zu einer der fünf **Brandklassen** [B8] richtet sich die Wahl des einzusetzenden Löschmittels.

B9 Fettexplosion

Aus 1 l Wasser entstehen mehr als 1000 l Wasserdampf

V3 (Vorsicht! Abzug, Schutzscheibe, Schutzmantel, Schutzbrille, Lederhandschuhe!) ⚠ Ein Teelicht (ohne Docht) wird auf einen Dreifuß mit Drahtnetz gestellt und von unten mit dem Brenner erhitzt. Von Zeit zu Zeit wird mit einem brennenden Holzspan geprüft, ob sich das Wachs entzünden lässt. Sobald das Wachs brennt, wird vorsichtig mit einer langen Pipette ein Tropfen Wasser in das flüssige Wachs getropft.

A1 **a)** Informiere dich über die Geräte und Materialien zur Brandbekämpfung und den Fluchtweg im Chemieraum.
b) Erkundige dich über das Verhalten im Brandfall an deiner Schule.

A2 Ordne die Beispielsituationen von B5 den allgemeinen Maßnahmen zur Brandbekämpfung B7 a)–c) zu. Beschreibe, was in B5 jeweils getan wird.

A3 Festes Kohlenstoffdioxid, das sich beim Einsatz eines Kohlenstoffdioxidlöschers bilden kann, ist ein wirksameres Löschmittel als Wasser. Erkläre.

Exkurs Sprinkleranlagen

In vielen Kaufhäusern, Theaterräumen, Werkstätten und Lagerräumen sind zum Brandschutz Sprinkleranlagen (von engl. to sprinkle, sprühen) eingebaut. Diese bestehen aus Druckwasserleitungen, welche die zu schützenden Räume durchziehen. In regelmäßigen Abständen sind diese Leitungen mit Brausen, den Sprinklern, versehen.

Die Öffnungen der Sprinkler sind häufig durch Glasfässchen mit einer Flüssigkeit verschlossen. Bricht an einer Stelle des Raumes ein Brand aus, erwärmt sich die Flüssigkeit und dehnt sich aus, bis das Glasfässchen bei einer bestimmten Temperatur (z. B. 68 °C) platzt. Das Wasser strömt aus der Leitung, prallt auf den Sprühteller und regnet auf das Feuer. Dieses ist meist schon gelöscht, bevor die Feuerwehr eintrifft.

Sprinkleranlagen können auch ein anderes Löschmittel anstelle des Wassers enthalten. Auch können die Sprinkler durch eine niedrig schmelzende Metalllegierung verschlossen sein.

3.14 Methan – Hauptbestandteil von Erdgas und Biogas

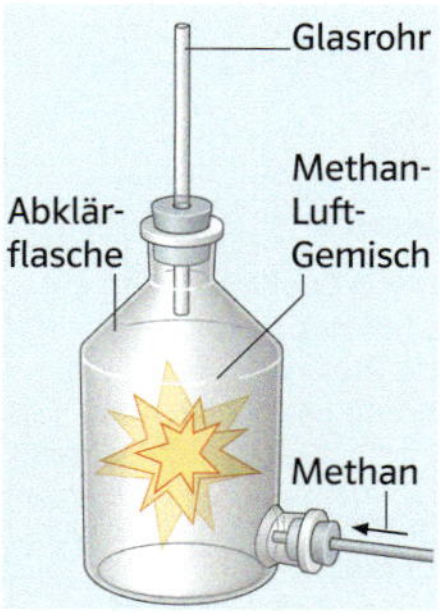

B1 Methan-Luft-Gemische sind explosiv

Hydraulic Fracturing (verkürzt „Fracking") von engl. to fracture, aufbrechen

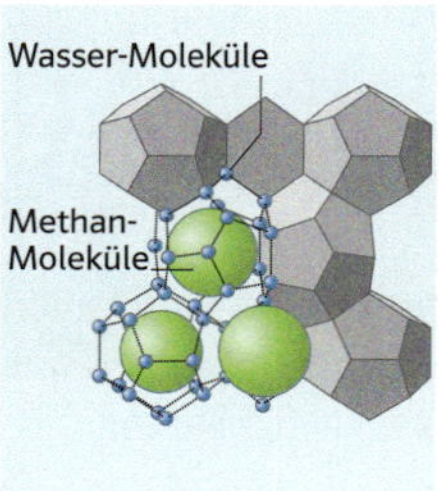

B2 Methanhydrat-Modell

Vorkommen und Verwendung von Methan. Immer wenn abgestorbene organische Stoffe unter Luftabschluss von Bakterien zersetzt werden, entsteht u.a. auch Methan. Dieser Prozess führte vor Jahrmillionen zur Bildung von Erdöl und Erdgas. Methan ist daher der Hauptbestandteil des Erdgases [B5] und auch des in Steinkohlelagerstätten eingeschlossenen Grubengases.

Methan wird auf der Erde jedoch auch ständig neu gebildet. Beim Faulen in Sümpfen oder am Grunde stark verschmutzter Gewässer bildet sich *Sumpfgas*, ein Gemisch aus Methan und Kohlenstoffdioxid. Heute wird die bakterielle Zersetzung von organischem Material, wie Stallmist, Klärschlamm, Speiseresten und auch gezielt angebauten „Energiepflanzen", zur Gewinnung von Biogas genutzt [B4, B6]. Biogas besteht aus ca. 60 % Methan und ca. 35 % Kohlenstoffdioxid. Daneben enthält es u.a. noch Wasserstoff, Schwefelwasserstoff und Stickstoff. Durch die Verwendung von Biogas können wertvolle Rohstoffe geschont werden, es dient daher als erneuerbare Rohstoff- und Energiequelle. Wird Gülle nicht auf Felder ausgebracht, kann dies zudem dazu beitragen, dass die Umweltbelastung der Felder und Gewässer vermindert wird. Andererseits werden beim gezielten Anbau von Pflanzen zur Energiegewinnung landwirtschaftliche Flächen der Nahrungsmittelproduktion entzogen. Wirtschaftlich ist diese Produktion nur bei hohen Energiepreisen.

Methan wird auch unkontrolliert freigesetzt: vor allem aus Reisfeldern und mit den Darmgasen von Wiederkäuern (z.B. Rindern). Dies ist problematisch, da Methan eines der wirksamsten Treibhausgase ist. Es ist 25-mal so wirksam wie Kohlenstoffdioxid.

Weitere Methanvorkommen. Auch auf vielen anderen Planeten, wie z.B. dem Mars, wurde Methan gefunden. Darüber hinaus hat man es in Verbindung mit Wasser als Methanhydrat auf den Meeresböden entdeckt [Exkurs].

Erdgasförderung durch Fracking In bestimmten Schiefergesteinen ist Erdgas in winzigen Poren wenig durchlässiger Gesteine eingeschlossen; es kann mit konventionellen Methoden nicht gefördert werden. Erst durch die Kombination zweier Technologien, Horizontalbohrung und Fracking, wurde die Förderung von Gas aus solchen Lagerstätten möglich.

Exkurs Methanhydrat – „Brennbares Eis"

Die Männer des kanadischen Fischtrawlers „Ocean Selector" staunten nicht schlecht, als sie im November 2000 ihr Grundschleppnetz vor Vancouver Island an Bord zogen. Ihr Fang aus etwa 800 Metern Tiefe bestand nicht aus Fisch, sondern aus rund 1000 Kilogramm weißlich aussehenden Brocken, die zischten und brennbar waren. Bei den Brocken vom Meeresboden handelte es sich um Methanhydrat. Methanhydrat ist eine feste, eisähnliche Verbindung und besteht aus Methan-Molekülen, die in gefrorenes Wasser eingelagert sind. Es handelt sich daher um eine Einschlussverbindung (Clathrat). Wenn Wasser wie am Meeresboden unter Druck steht, bilden Wasser-Moleküle schon oberhalb von 0 °C komplexe Strukturen mit großen Hohlräumen aus, die jedoch nur stabil sind, wenn die Hohlräume mit einem passenden „Gast-Molekül", wie z.B. einem Methan-Molekül gefüllt werden [B2]. Hält man ein Streichholz an einen der zerfallenden Methanhydratbrocken, fängt das beim Zerfall entstehende Methan an zu brennen [B3]. Aus 1 m^3 Methanhydrat kann unter normalen Druck- und Temperaturverhältnissen 164 m^3 Methan freigesetzt werden. Schätzungen zufolge übertrifft Methanhydrat die Vorkommen an Erdgas und Erdöl bei Weitem, was es zu einer interessanten Energiequelle macht. Die Förderung ist jedoch aus verschiedenen Gründen nicht unproblematisch, da zum einen Methanhydrat den Meeresboden festigt und die Kontinentalhänge stabilisiert und zum anderen die Gefahr besteht, dass es bei der Förderung zu klimaschädlichen Methanfreisetzungen kommt.
Das Vorhandensein großer Mengen an Methanhydrat im Bermudadreieck wird auch als Erklärungsansatz für die dort angeblich auftretenden Phänomene herangezogen. Durch Freisetzungen von Methan könnte die Dichte der betroffenen Wassermassen so stark sinken, dass Schiffe in die Tiefe gerissen werden.

B3 Brennendes Methanhydrat

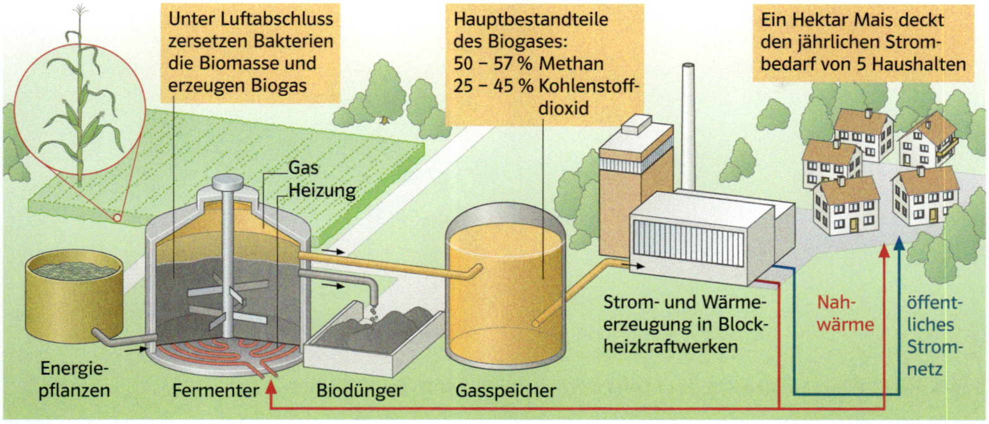

B4 Strom und Wärme aus einer Biogasanlage

B6 Biogasanlage

Das Aufbrechen des Gesteins erreicht man durch Einpressen von Wasser, vermischt mit Sand und teilweise giftigen Chemikalien als Hilfsstoffen, unter hohem Druck. Dadurch bilden sich Risse, die durch den Sand offen gehalten werden, und das Erdgas kann entweichen. Dieses Verfahren hat in den USA zu einer erheblichen Steigerung der Förderung geführt. Allerdings gehen damit auch erhebliche Gefahren für die Umwelt einher. Unter anderem kann es zu einer Verunreinigung des Grund- und Trinkwassers kommen, auch die Entsorgung großer Mengen gebrauchter Fracking-Flüssigkeit ist noch nicht geklärt. In Deutschland werden derzeit keine neuen Fracking-Lizenzen erteilt.

Eigenschaften des Methans. Methan ist ein farb- und geruchloses Gas, dessen Dichte kleiner als die der Luft ist. Es ist brennbar. Mit Sauerstoff bildet es hochexplosive Gemische [B1]. Durch unbemerktes Ausströmen von Erdgas kommt es immer wieder zu folgenschweren Gasexplosionen. Auch die gefürchteten Grubengasexplosionen in Kohlebergwerken („Schlagende Wetter") sind auf Zündung eines Methan-Luft-Gemisches zurückzuführen.

A1 Erdgas wird mit einem Geruchsstoff versetzt, bevor es dem Verbraucher zugeleitet wird. Begründe.

A2 Erläutere, warum vor der Nutzung des Erdgases eventuell vorhandener Schwefelwasserstoff entfernt werden muss.

V1 (Schutzbrille, -scheibe!) Man führt in einen mit Methan gefüllten und mit der Öffnung nach unten eingespannten, dickwandigen Standzylinder rasch eine brennende Kerze ein und zieht sie wieder heraus.

V2 (Schutzbrille, -scheibe!) Man leitet nach B1 in eine dickwandige Abklärflasche Methan ein und entzündet es nach negativem Ausfall der Knallgasprobe am Ende des Glasrohrs ($l \approx 25\,\text{cm}$, $d \approx 1\,\text{cm}$). Nach kurzer Zeit wird die Gaszufuhr unterbrochen und das Gaseinleitungsrohr aus der Flasche entfernt.

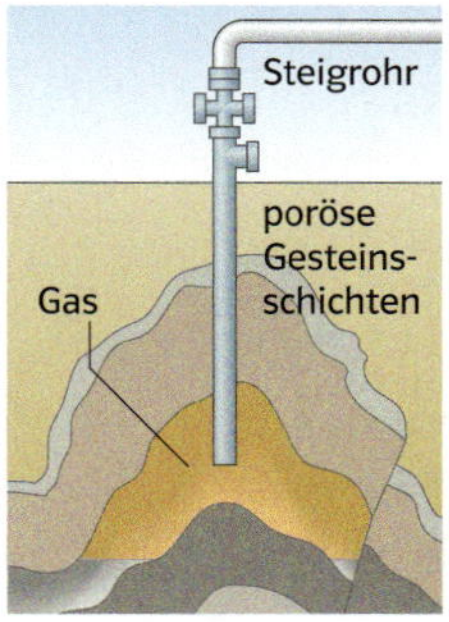

B7 Erdgasspeicher

Land	Deutschland		Niederlande	Frankreich
Fördergebiet	**Weser-Ems Löningen**	**Emsland Bentheim**	**Groningen**	**Lacq**
Methan	91,1	85,7	81,4	69,3
Ethan	5,1	1,2	2,7	3,1
Propan	2,1	0,4	0,4	1,1
Butan	0,8	0,2	0,2	0,6
Stickstoff	0,4	6,5	14,3	0,4
Kohlenstoffdioxid	0,1	5,6	0,9	9,6
Schwefelwasserstoff	–	–	Spuren	15,2

B5 Zusammensetzung einiger Naturgase (Erdgase), Volumenanteile in Prozent

3.15 Das Methan-Molekül

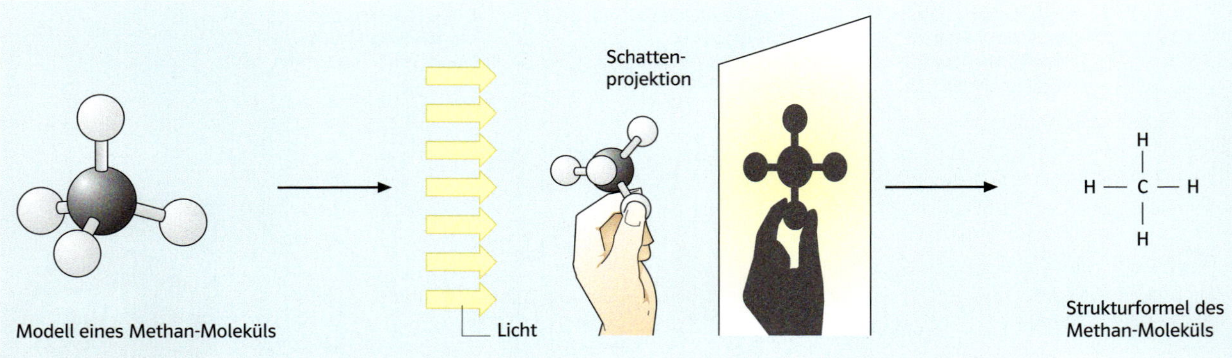

B1 Ableitung der Strukturformel des Methan-Moleküls aus der Schattenprojektion des Kugel-Stab-Modells

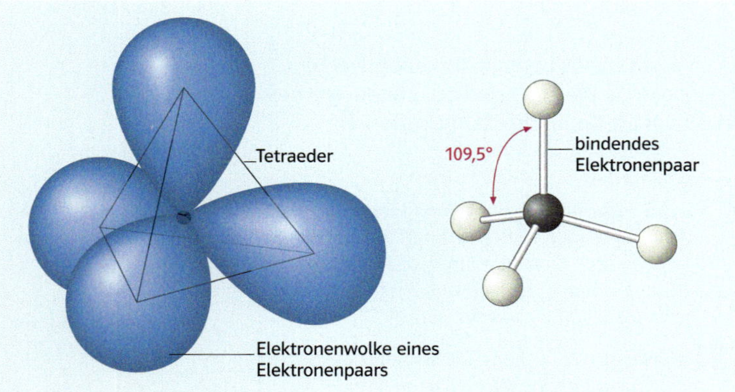

B2 Räumlicher Bau des Methan-Moleküls und seine Molekülstruktur

Die Summenformel des Methan-Moleküls. Bei der Verbrennung von Methan entstehen Kohlenstoffdioxid und Wasser [V1]. Dies ist ein Nachweis dafür, dass am Aufbau eines Methan-Moleküls Kohlenstoff- und Wasserstoff-Atome beteiligt sind.
Kennt man außer den Atomsorten, die ein Molekül aufbauen, noch seine Masse, lassen sich Rückschlüsse auf die Summenformel ziehen.
Die Ermittlung der Molekülmasse für ein Methan-Molekül ergibt die Masse 16 u. Am Aufbau eines Methan-Moleküls kann nur 1 Kohlenstoff-Atom beteiligt sein, bei 2 Kohlenstoff-Atomen wäre die Masse schon größer als 24 u. Aus der Differenz von 16 u und 12 u ergibt sich, dass 4 Wasserstoff-Atome am Aufbau eines Methan-Moleküls beteiligt sind. Damit lautet die Summenformel C_1H_4.

Der räumliche Bau des Methan-Moleküls. Im Methan-Molekül bildet jeweils ein Außenelektron des Kohlenstoff-Atoms mit einem Elektron eines Wasserstoff-Atoms ein bindendes Elektronenpaar. Die vier bindenden Elektronenpaare ordnen sich so um den Atomrumpf des Kohlenstoff-Atoms an, dass sie sich maximal abstoßen. Daraus folgt eine tetraedrische Anordnung der Wasserstoff-Atome um das Kohlenstoff-Atom. Die H–C–H-Bindungswinkel betragen alle 109,5 ° (Tetraederwinkel) [B2].
Das Kugel-Stab-Modell gibt die räumliche Anordnung der Atome im Molekül zueinander wieder. Bei einer zeichnerischen Darstellung in der Ebene ist die räumliche Wiedergabe nur unzulänglich möglich. Ersetzt man in einer Schattenprojektion des Kugel-Stab-Modells die kreisförmigen Schatten durch die entsprechenden Zeichen für die Atome, so erhält man die **Strukturformel** des Moleküls [B1].

V1 Man verbrennt Methan unter einem Trichter und saugt die Verbrennungsgase durch ein gut gekühltes U-Rohr und eine Waschflasche mit Kalkwasser. Mit der Flüssigkeit im U-Rohr führt man einen Wassernachweis durch.

A1 Ermittle, welches Edelgas-Atom die gleiche Elektronenanzahl wie das Kohlenstoff-Atom im Methan-Molekül hat.

A2 Beschreibe und erläutere den Weg zur Ermittlung der Summenformel des Methan-Moleküls.

3.16 Die Alkane – eine homologe Reihe

Neben Methan enthält Erdgas auch die Verbindungen Ethan, Propan und Butan. Auch ihre Moleküle sind nur aus Kohlenstoff- und Wasserstoff-Atomen aufgebaut. Diese Verbindungen sind somit auch Kohlenwasserstoffe. Auch Benzin, Diesel und Heizöl sind Gemische aus Kohlenwasserstoffen. Sie zeigen ähnliche Reaktionen wie Methan.

Homologe Reihe. Ein Vergleich der Kohlenwasserstoff-Moleküle in B1 zeigt, dass jedes Glied dieser Reihe eine CH_2-Gruppe mehr aufweist als das vorhergehende Molekül. Eine solche Reihe von Verbindungen, bei denen sich die Moleküle aufeinanderfolgender Glieder jeweils um eine CH_2-Gruppe unterscheiden, nennt man eine **homologe Reihe**.
Bei bekannter Anzahl *n* der Kohlenstoff-Atome eines Moleküls kann man die Anzahl *m* der im Molekül gebundenen Wasserstoff-Atome mit $m = 2n + 2$ berechnen. Daraus ergibt sich die allgemeine Summenformel (Molekülformel): C_nH_{2n+2}. Eine Summenformel ergibt sich durch die Addition aller Atome einer Art. Die Kohlenwasserstoffe, deren Moleküle sich nach dieser Formel aufbauen lassen, heißen **Alkane**. Man erkennt sie an der Endsilbe „-an".

Die ersten vier Glieder der Alkane haben traditionelle Namen. Ab fünf C-Atomen im Molekül werden die Namen aus dem griechischen oder lateinischen Wort für die Zahl der Kohlenstoff-Atome und der Nachsilbe „-an" gebildet [B1, B2].

Halbstrukturformeln. Statt der oft unübersichtlichen vollständigen Strukturformeln verwendet man auch vereinfachte Strukturformeln, die Halbstrukturformeln [B2].
In ihnen werden nach dem jeweiligen Bedarf Formelteile wie in Summenformeln zusammengefasst. Die Art der Atomverknüpfungen muss dabei eindeutig erkennbar bleiben. Mithilfe der Strukturformeln bzw. der einfacheren Halbstrukturformeln lassen sich auch Alkan-Moleküle mit mehr als drei C-Atomen übersichtlich darstellen [B2].
Zwei mögliche Halbstrukturformeln für Heptan:

$CH_3—CH_2—CH_2—CH_2—CH_2—CH_2—CH_3$

$CH_3—(CH_2—)_5CH_3$

Name	Summenformel	Strukturformel	Kugel-Stab-Modell
Methan	CH_4	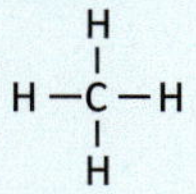	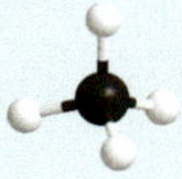
Ethan	C_2H_6	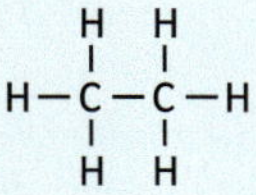	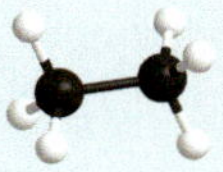
Propan	C_3H_8	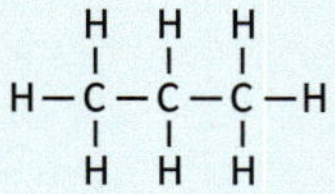	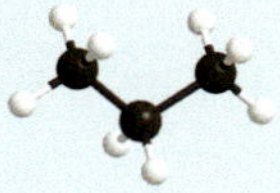
Butan	C_4H_{10}	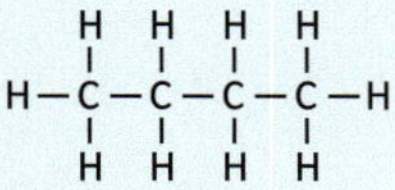	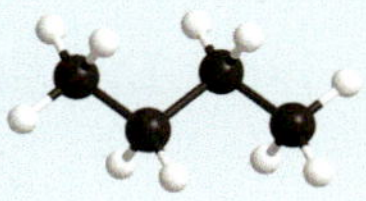

B1 Die ersten Glieder der Alkanreihe

Anzahl der Kohlenstoff-Atome	Summenformel (C_nH_{2n+2})	Name	Halbstrukturformel
1	CH_4	Methan	CH_4
2	C_2H_6	Ethan	CH_3CH_3
3	C_3H_8	Propan	$CH_3CH_2CH_3$
4	C_4H_{10}	Butan	$CH_3(CH_2)_2CH_3$
5	C_5H_{12}	Pentan	$CH_3(CH_2)_3CH_3$
6	C_6H_{14}	Hexan	$CH_3(CH_2)_4CH_3$
7	C_7H_{16}	Heptan	$CH_3(CH_2)_5CH_3$
8	C_8H_{18}	Octan	$CH_3(CH_2)_6CH_3$
9	C_9H_{20}	Nonan	$CH_3(CH_2)_7CH_3$
10	$C_{10}H_{22}$	Decan	$CH_3(CH_2)_8CH_3$
11	$C_{11}H_{24}$	Undecan	$CH_3(CH_2)_9CH_3$
12	$C_{12}H_{26}$	Dodecan	$CH_3(CH_2)_{10}CH_3$
…	…	…	…
20	$C_{20}H_{42}$	Icosan	$CH_3(CH_2)_{18}CH_3$

B2 Die homologe Reihe der Alkane

A1 Baue mit einem Molekülbaukasten die Moleküle der ersten vier Glieder der homologen Reihe der Alkane.

3.17 Erdgas, Wasserstoff und weitere Energieträger

Gas	volumenbezogener Brennwert	volumenbezogener Heizwert
Methan	11,1 kWh/m³	10,0 kWh/m³
Propan	28,2 kWh/m³	25,9 kWh/m³
Butan	37,3 kWh/m³	34,4 kWh/m³
Erdgas (Groningen)	9,8 kWh/m³	8,8 kWh/m³

Der Brennwert ist die Energie, die bei vollständiger Verbrennung frei wird, wenn das Abgas auf die Bezugstemperatur (25 °C) zurückgekühlt wird. Hierbei kondensiert der Wasserdampf (der Abgase) und gibt seine Kondensationswärme ab. Um für einen Brennstoff charakteristische Werte zu erhalten, bezieht man diese auf das Volumen oder die Masse der Brennstoffportion.

Heizwert = Brennwert – Kondensationswärme
Brennwert = Heizwert + Kondensationswärme

B1 Brenn- und Heizwerte einiger Gase

Jeden Tag werden Kohle, Erdgas und Erdölprodukte wie Benzin und Heizöl zum Kochen und Heizen, zum Antrieb von Fahrzeugen und zur Erzeugung elektrischer Energie verbrannt. Es gibt unterschiedliche Voraussagen, wie lange Kohle, Erdgas und Erdöl noch in ausreichenden Mengen und zu bezahlbaren Preisen zur Verfügung stehen werden.

B2 Tankanschluss eines Fahrzeugs mit Benzinanschluss (rechts) und Erdgasanschluss (links)

Erdgas als Energieträger. Verbrennt Methan [B3], so wird die abgegebene thermische Energie genutzt. Es werden aber auch die Verbrennungsprodukte Wasser und Kohlenstoffdioxid auf etwa 150 °C erwärmt. Diese Energie wird in alten Heizungsanlagen benötigt, um das Wasser gasförmig durch den Schornstein abzuleiten. Durch Kondensation des Wasserdampfes innerhalb der Anlage würde der Kamin langsam zerstört. In modernen Heizungsanlagen werden die aufgeheizten Gase auf etwa 40 °C gekühlt, dabei kondensiert auch der Wasserdampf schon innerhalb des Brennwertkessels und gibt seine Kondensationswärme ab, die auch noch genutzt werden kann.
Da Erdgas kaum Schwefel-Verbindungen enthält oder diese weitgehend entfernt werden, entsteht bei seiner Verbrennung nur sehr wenig Schwefeldioxid. Erdgas enthält keine Stickstoff-Verbindungen. Allerdings wird dem Erdgas zur Verbrennung Luft zugeführt. Bei hohen Flammentemperaturen wird ein Teil des Stickstoffs der Luft oxidiert. Eine Verringerung der Stickstoffoxid-Emissionen kann durch Flammenkühlung und Verbesserung der Brenner erreicht werden. Staub und Ruß fallen bei der Verbrennung von Erdgas kaum an. Allgemein entstehen bei Verbrennungsreaktionen Moleküle mit neugebildeten Elektronenpaarbindungen, die einen geringeren Energieinhalt besitzen als die Moleküle der Ausgangsstoffe.

Erdgasautos. Erdgasfahrzeuge werden von einigen Autoherstellern in Serienproduktion hergestellt. Diese Autos sind dann entweder rein erdgasbetrieben oder weisen zusätzlich noch einen Benzintank auf [B2]. Bei Neufahrzeugen befinden sich mehrere Tanks meist platzsparend unter dem Fahrzeugboden [B4].

Wasserstoff als Energieträger. Wasser lässt sich mithilfe elektrischer Energie in Wasserstoff und Sauerstoff zerlegen [V1]. Wasserstoff kann gespeichert und über Gasleitungen transportiert werden. Die in Wasserstoff gespeicherte Energie kann dann durch Verbrennen des Wasserstoffs oder durch Oxidation in Brennstoffzellen genutzt werden.

$$CH_4 + 2\,O_2 \longrightarrow CO_2 + 2\,H_2O$$

B3 Verbrennung von Methan im Modell und zugehörige Reaktionsgleichung

B4 Erdgasfahrzeug. Die Tanks befinden sich platzsparend unter dem Fahrzeugboden

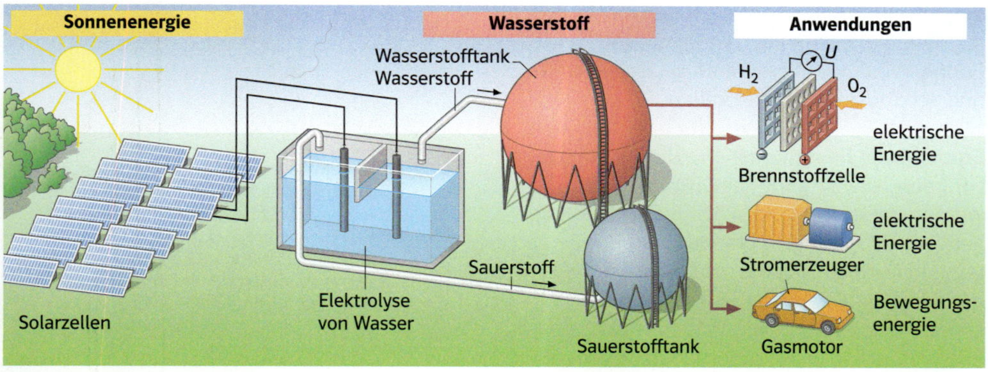

B5 Wasserstoff als Energieträger. Der mithilfe der Sonnenenergie erzeugte Wasserstoff kann vielseitig genutzt werden

Heizwerte in MJ/kg	
Holz	14
Braunkohlebriketts	21
Erdgas	33
Steinkohle	32
Heizöl	43
Benzin	44
Paraffin	45
Alkohol	27
Fett	39
Wasserstoff	120

B6 Heizwerte einiger Brennstoffe

Wird die elektrische Energie zur Zerlegung des Wassers durch die Verbrennung nicht erneuerbarer Energieträger gewonnen, bietet Wasserstoff als Energieträger keine Vorteile. Mit Solarzellen kann Sonnenenergie aber direkt in elektrische Energie umgewandelt werden, die dann zur Spaltung des Wassers eingesetzt werden kann [B5].

Speicherung von Wasserstoff. Der Tank eines großen Pkws fasst etwa 100 l Benzin. Wollte man mit Wasserstoff die gleiche Fahrstrecke zurücklegen wie mit Benzin, müsste das Volumen des Tanks 15-mal so groß sein. Außerdem müsste er einem Druck von 180 000 hPa standhalten. Ein solcher Tank hätte eine recht große Masse, während der Benzintank aus Kunststoff wenig wiegt. Flüssiger Wasserstoff hat eine wesentlich größere Dichte als gasförmiger. Doch kondensiert Wasserstoff erst bei −253 °C. Auch unter Druck lässt sich Wasserstoff erst bei −240 °C verflüssigen. Flüssiger Wasserstoff scheint daher als Treibstoff weniger geeignet.

Brennwert der Brennstoffe. Bei der Verbrennung der meisten Brennstoffe entstehen hauptsächlich die energiearmen Produkte Wasser und Kohlenstoffdioxid. Auch der Abbau von Kohlenhydraten (z. B. Zucker oder Stärke) und Fetten in den Zellen von Lebewesen führt zu diesen Produkten.
Um den Energieinhalt der Brennstoffe vergleichen zu können, gibt man deren Brennwert- bzw. Heizwert an, bezogen auf die Masse [B6] oder das Volumen. Der Brennwert ist dabei immer etwas größer als der Heizwert [B1].
Die Heizwerte lassen sich im Prinzip mit einem „Getränkedosen-Kalorimeter“ [B8] bestimmen. Dabei wird in einer Getränkedose eine genau abgemessene Portion Wasser erhitzt, z. B. mithilfe eines Teelichts (Brennstoff: Paraffin, ein Alkangemisch). Über das Ausmaß der Erwärmung und die Masse des verbrannten Brennstoffs lässt sich der Heizwert dieses Brennstoffs berechnen [V2]. Flüssige Brennstoffe können dabei in speziellen Brennern, wie z. B. Alkohol in Spiritusbrennern oder Salatöl (als flüssiges Fett) im Öllämpchen verbrannt werden.

V1 Man elektrolysiert im Hofmann'schen Zersetzungsapparat [B7] mit verd. Schwefelsäure oder mit Kalilauge versetztes Wasser. Ist der eine Schenkel bis zur Hälfte mit Gas gefüllt, unterbricht man die Elektrolyse und leitet die Gase in Reagenzgläser. Mit dem am Pluspol entstehenden Gas wird die Glimmspanprobe, mit dem anderen die Knallgasprobe durchgeführt.

A1 Schreibe die Stoffe auf, die bei der Verbrennung von Erdgas mit Luft entstehen können.

A2 Welche Energie wird in modernen Heizungsanlagen im Vergleich zu Altanlagen zusätzlich genutzt? Beschreibe.

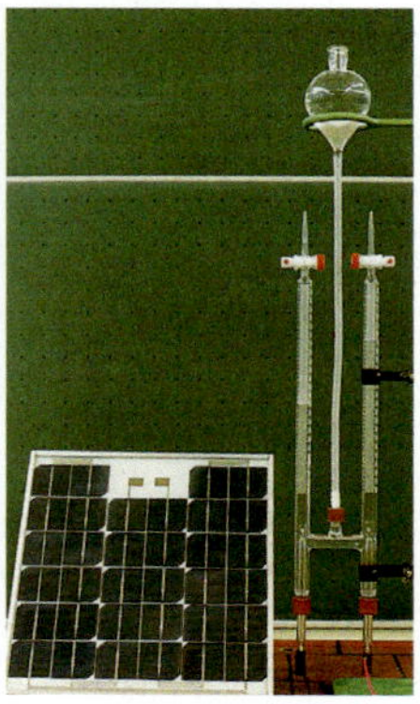

B7 Wasserzerlegung mithilfe des elektrischen Stroms

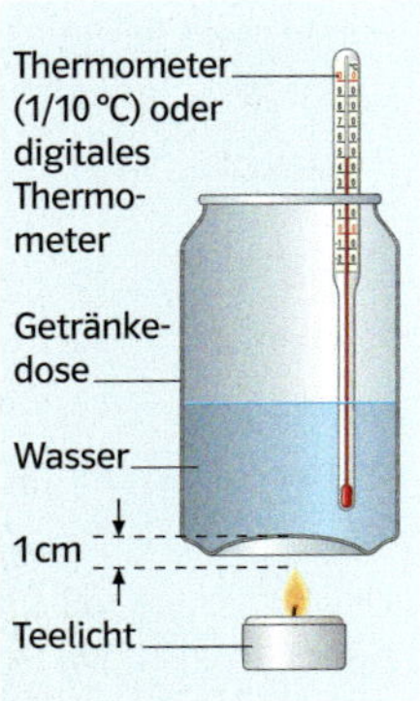

B8 Getränkedosen-Kalorimeter

Einmal verbrannten Stoffe können nicht wieder zur „Energiegewinnung“ herangezogen werden. Sonne, Wind und Wasserkraft hingegen sind unerschöpfliche Energiequellen.

Erneuerbare Energiequellen. Die Ressourcen zur Energieversorgung durch Wasserkraft werden in Deutschland schon fast vollständig ausgenutzt. Unter den klimatischen Bedingungen Mitteleuropas ist das „Einsammeln“ der Wind- und insbesondere der Sonnenenergie und ihre Umwandlung in eine nutzbare Energieform noch immer erheblich teurer als die Nutzung der nicht erneuerbaren Energieträger. Wind- und Sonnenenergie haben den Nachteil, dass sie nicht gelagert und transportiert werden können. Die Lücke zwischen der Sonnenenergie als Energiequelle und der Nutzung der Energie in ihren benötigten Formen kann der Wasserstoff schließen.

V(Wasser) = 100 ml und damit m(Wasser) = 100 g, da ρ(Wasser) = 1 g/cm^3

Messwerte:

ϑ_A = 21 °C m_A(Paraffin) = 13,23 g ϑ_E = 33,6 °C m_E(Paraffin) = 13,07 g

A) Um wie viel Grad Celsius hat sich die Temperatur des Wassers erhöht?

$\Delta\vartheta = \vartheta_E - \vartheta_A$
$= 33{,}6\,°C - 21\,°C$
$= 12{,}6\,°C$

Δ ist das Symbol für die Differenz.

B) Wie groß ist die Masse des Paraffins, die zur Erwärmung des Wassers benötigt wurde?

Δm(Paraffin) = m_A(Paraffin) − m_E(Paraffin)
= 13,23 g − 13,07 g
= 0,16 g

Zwischenergebnis: Mit 0,16 g Paraffin kann man 100 g Wasser um 12,6 °C erwärmen.

Hinweis:
Um die Temperatur von 1 kg Wasser um 1 °C zu erhöhen, ist eine Wärmemenge von $Q \approx 4{,}2$ kJ erforderlich.

C) Welcher Wärmemenge Q entspricht das?
Um 100 g Wasser um 1 °C zu erwärmen benötigt man $Q \approx 0{,}42$ kJ (s. Hinweis).
0,16 g Paraffin liefern die 12,6-fache Wärmemenge (das Wasser wird nicht um 1 °C, sondern um 12,6 °C erwärmt):

$Q \approx 0{,}42\,\text{kJ} \cdot 12{,}6$
$\approx 5{,}29\,\text{kJ}$

D) Umrechnung in die Einheit MJ/kg, welche in Tabellenwerten verwendet wird, d.h. Umrechnung auf 1 kg Brennstoff:

$$\frac{x}{5{,}29\,\text{kJ}} = \frac{1000\,\text{g}}{0{,}16\,\text{g}} \qquad x = \frac{1000\,\text{g} \cdot 5{,}29\,\text{kJ}}{0{,}16\,\text{g}}$$

$$x = 33\,062{,}5\,\text{kJ} \approx 33{,}1\,\text{MJ}$$

1000 kJ = 1 MJ

Der experimentell bestimmte Heizwert von Paraffin ist 33,1 MJ/kg.

B9 Berechnungsbeispiel zu V2, Berechnung des Heizwerts von Paraffin

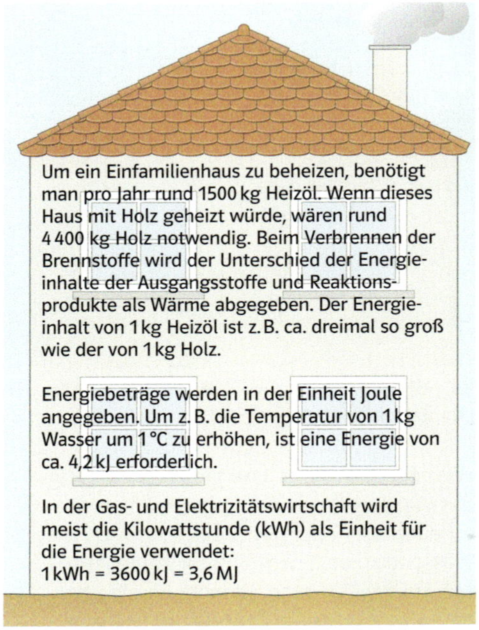

B10 Die Einheit der Energie

V2 Baue die Apparatur nach B8 zusammen und gib genau 100 ml Wasser in die Getränkedose. Notiere die Anfangstemperatur des Wassers (ϑ_A) in der Dose. Wiege dann das Teelicht [m_A(Paraffin)] oder den verwendeten Brenner. Entzünde das Teelicht und stelle es so unter die Dose, dass der Abstand zur Flammenspitze ca. 1 cm beträgt. Erwärme etwa 3 min, lösche das Teelicht durch vorsichtiges Blasen von oben, rühre das Wasser um und notiere die Temperatur der Wasserfüllung (ϑ_E). Wiege anschließend das Teelicht erneut [m_E(Paraffin)].
a) Berechne den Heizwert des Paraffins (s. auch B9). Vergleiche mit dem Tabellenwert in B6.
b) Nenne Veränderungen, die man vornehmen könnte, um näher bei den Tabellenwerten liegende Ergebnisse zu erhalten.

A3 **a)** Berechne die Masse des Erdgases, die man zur Heizung eines Einfamilienhauses pro Jahr benötigt [B10].
b) Ermittle die hierfür benötigte Masse an Steinkohle.

3.18 Durchblick Zusammenfassung und Übung

Energie bei chemischen Reaktionen
Chemische Reaktionen, die unter Energieabgabe verlaufen, sind **exotherme** Reaktionen; solche, die nur unter dauernder Energiezufuhr ablaufen, **endotherme** Reaktionen. Viele chemische Reaktionen werden durch Zufuhr thermischer Energie **ausgelöst**.

Reaktionsenergie
Reaktionsenergie = Energieinhalt (Produkte) − Energieinhalt (Ausgangsstoffe)

Wasser
Die Bildung von Wasser verläuft exotherm:
Wasserstoff + Sauerstoff ⟶ Wasser
Die Zerlegung von Wasser verläuft endotherm:
Wasser ⟶ Wasserstoff + Sauerstoff

Wasserstoff
- ist der elementare Stoff mit der geringsten Dichte,
- besteht aus zweiatomigen Molekülen (H_2),
- ist brennbar,
- bildet mit Sauerstoff ein explosives Gemisch,
- kann durch die Knallgasprobe nachgewiesen werden.

Aktivierungsenergie
Energie, mit der die Teilchen für das Eintreten der Reaktion wenigstens zusammenstoßen müssen.

Moleküle
Atomverbände, die bei allen Aggregatzuständen erhalten bleiben. Die Molekülformel gibt an, wie viele Atome eines Elements ein Molekül aufbauen. Zwischen diesen Atomen befinden sich gemeinsame Elektronenpaare. Molekulare Stoffe haben meist relativ niedrige Schmelz- und Siedetemperaturen.

Elektronenpaarbindung
In Molekülen sind die Atome durch gemeinsame Elektronenpaare miteinander verbunden.

Edelgasregel
Bei vielen Molekülen befinden sich 4 Elektronenpaare um einen Atomrumpf. Bei diesen 4 Elektronenpaaren kann es sich sowohl um bindende als auch nicht bindende handeln.

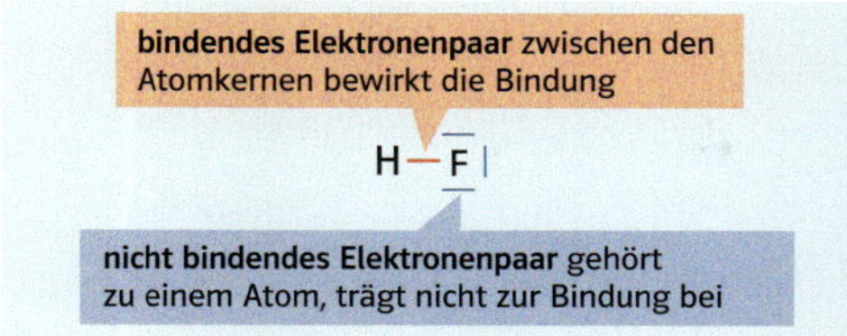

H—H	ein Elektronenpaar	Einfachbindung
⟨O=C=O⟩	zwei Elektronenpaare	Doppelbindung
|N≡N|	drei Elektronenpaare	Dreifachbindung

B1 Beispiele für Moleküle mit bindenden und nicht bindenden Elektronenpaaren

B2 In Raketentriebwerken verbrennt Wasserstoff mit Sauerstoff

Verhältnisformel und Elementargruppe
Die Zusammensetzung einer Verbindung wird durch die Verhältnisformel angegeben. Sie besteht aus den Zeichen und dem Anzahlverhältnis der Atome, gibt aber im Gegensatz zur Molekülformel keine konkrete Anzahl von Atomen an. Eine Elementargruppe ist eine gedachte Einheit in einem Ionenverband.

Reaktionsgleichung
Ersetzt man bei einem Reaktionsschema die Namen der Stoffe durch ihre Formeln, so erhält man die Reaktionsgleichung. Außerdem muss man die Koeffizienten anpassen. Für jede Atomsorte muss die Anzahl der Atome auf beiden Seiten des Reaktionspfeils gleich sein.

Löschen eines Brandes
Die in B4 dargestellten Bedingungen dürfen nicht alle vorhanden sein. Also:
- Entzug des brennbaren Stoffes,
- Abkühlung unter die Zündtemperatur,
- Entzug von Sauerstoff.

Brennwert und Heizwert
Der Brennwert eines Energieträgers ist die Energie, die bei vollständiger Verbrennung frei wird, wenn das Abgas auf die Bezugstemperatur (25 °C) zurückgekühlt wird. Hierbei gibt der Wasserdampf seine Kondensationswärme ab. Beim Heizwert wird die Kondensationswärme nicht berücksichtigt.

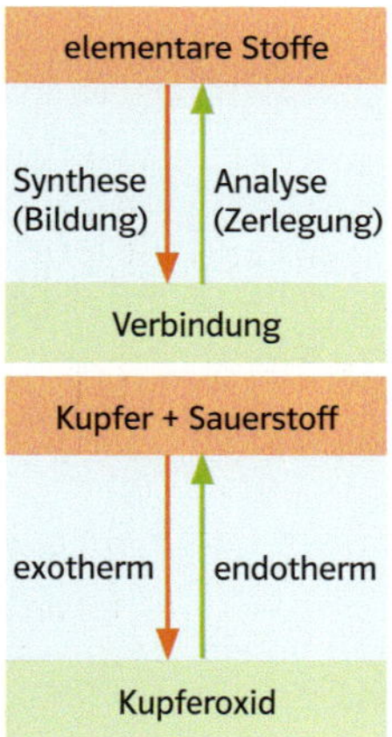

B3 Bildung und Zerlegung allgemein (oben), Bildung und Zerlegung von Kupferoxid (unten)

B4 Verbrennungsdreieck

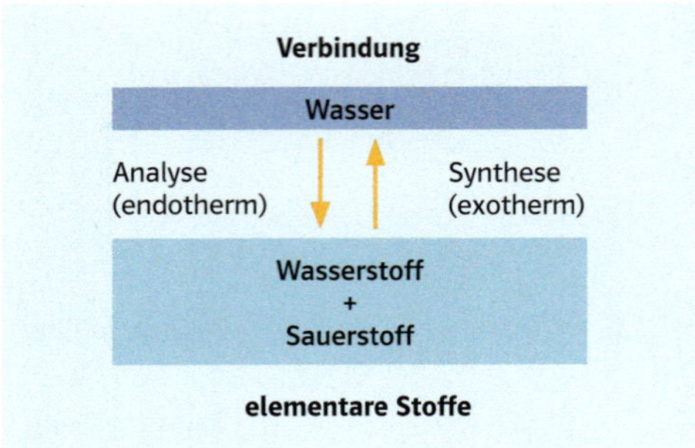

B5 Bildung und Zerlegung von Wasser

A1 Die Zerlegung einer Verbindung in die elementaren Stoffe wird Analyse genannt. Die Herstellung von Verbindungen aus den elementaren Stoffen oder anderen Verbindungen nennt man Synthese [B5]. Der Ausdruck „Analyse" wird mit anderer Bedeutung auch bei der Untersuchung eines Gemisches gebraucht, wenn einzelne Bestandteile bestimmt werden. Nenne einige Beispiele für Synthesen bzw. Analysen.

A2 Verbrennungsprodukte, die in die Luft gelangen, sind Kohlenstoffdioxid, Wasser, Schwefeldioxid und Stickstoffdioxid. Schreibe die Elemente auf, aus denen die genannten Verbrennungsprodukte aufgebaut sind. Gib die Elemente an, die nicht in den verbrannten Verbindungen gewesen sein mussten, die also von außen hinzugekommen sein können.

A3 Zur Erzeugung von Wärme und Strom verbrennt man Holz, Kohle, Erdöl und Erdgas. Bei diesen Prozessen entsteht Kohlenstoffdioxid. Nenne und beschreibe Möglichkeiten, wie man Wärme und / oder Strom auch ohne Verbrennung erzeugen kann.

A4 Zeichne die Formeln für die Wasserstoffverbindungen der Elemente Kohlenstoff (C), Stickstoff (N), Sauerstoff und Fluor (F) in der LEWIS-Schreibweise.

A5 Erläutere den Unterschied zwischen bindenden und nicht bindenden Elektronenpaaren.

A6 Zeichne die Valenzstrichformeln der folgenden Moleküle und gib an, welche Edelgaskonfigurationen die Bindungspartner jeweils erreichen. Baue die Molekülmodelle anschließend mit einem Molekülbaukasten. NH_3, CCl_4, CO_2, N_2H_4, PF_3.

A7 Verbindungen, die aus drei verschiedenen Elementen bestehen, werden als ternäre Verbindungen bezeichnet. Zeichne die Valenzstrichformeln der folgenden Moleküle und informiere dich kurz über die Bedeutung der angegebenen Stoffe. Baue die Moleküle mit einem Molekülbaukasten. HCN (Blausäure), $COCl_2$ (Phosgen), $CHCl_3$ (Chloroform), CH_3OH (Methanol), CH_2O (Methanal, Formaldehyd).

A8 Stelle die Formeln folgender Salze auf: Natriumiodid, Calciumbromid, Kaliumoxid, Aluminiumsulfid, Magnesiumchlorid und Lithiumsulfid.

A9 Gib die Ionen an, die an den Salzen mit folgenden Verhältnisformeln beteiligt sind: ZnS; CuO; Al_2O_3; LiBr; Ag_2S; Mg_3N_2; CaS; Fe_2O_3.

A10 Formuliere die Reaktionsgleichungen für folgende Reaktionen:
a) Zink und Schwefel reagieren zu Zinksulfid (mit Zn^{2+}).
b) Calcium wird in Sauerstoffatmosphäre verbrannt.
c) Lithium reagiert mit Brom.
d) Magnesium reagiert mit Kupferoxid (mit Cu^{2+}) zu Magnesiumoxid und Kupfer.

A11 Magnesiumoxid soll aus Magnesium und Sauerstoff hergestellt werden.
a) Welche Ionen bilden sich während dieser chemischen Reaktion?
b) Welche Edelgasatome weisen dieselbe Elektronenanordnung auf wie Magnesium- bzw. Oxid-Ionen?

A12 Stoffe können aus Ionen, Molekülen oder Atomen aufgebaut sein. Ordne jedem Stoff die entsprechende Teilchenart zu: Aluminiumoxid, Sauerstoff, Stickstoff, Neon, Kupfer, Natriumiodid, Wasser, Eis, Kohlenstoffdioxid, Zinkbromid, Silberchlorid.

4 Metalle und Metallgewinnung

Wir essen mit Besteck aus nicht rostendem Stahl, kaufen Sauerkraut in Weißblechdosen, trinken Eistee aus Aluminiumdosen. Stahl, Weißblech und Aluminium kommen nicht in der Natur vor. Sie müssen aus Rohstoffen aus der Natur gewonnen werden. Durch Recycling kann der Einsatz von Rohstoffen verringert werden.

Metalle waren und sind wichtige Werkstoffe. In vielen Generationen erlernten Menschen Verfahren der Metallgewinnung. Häufig half der Zufall. Der Handel oder die Einwanderung und Anwerbung von Fachkräften sorgten für die Verbreitung der Kenntnisse.

Viele Metalle werden aus Metalloxiden und Metallsulfiden gewonnen, die in Erzen vermischt mit Gestein vorkommen. Für die wirtschaftliche Gewinnung ist der Anteil eines Metalls bzw. seiner Verbindung im Erz entscheidend. Bei seltenen und teuren Metallen genügen kleine Anteile.

Müll ist häufig viel zu wertvoll, um auf Deponien gebracht oder verbrannt zu werden. Eisenschrott wird in Stahlwerken benötigt. Sammeln und Recyceln vermindern die Umweltbelastung und führen zum Einsparen von Energie.

Surftipp
ah4vv6

4.1 Aus Rohstoffen werden Gebrauchsgegenstände

Metalle, Mineralien, Erze
Die meisten Metalle werden aus Mineralien gewonnen. Als Mineral (Mehrzahl: Minerale, auch Mineralien) definieren Mineralogen natürlich vorkommende Feststoffe mit einer einheitlichen chemischen Zusammensetzung. Erz ist ein mit dem Gestein verwachsenes Mineral oder Mineralgemenge, aus dem gewinnbringend ein Metall gewonnen werden kann.

B1 Einige Mineralien bzw. Erze

A1 Nenne die Metalle, welche sich aus den oben im Bild gezeigten Mineralien bzw. Erzen gewinnen lassen.

A2 Recherchiere, welches Metall sich aus Zinnober gewinnen lässt.

A3 Stelle Faktoren zusammen, von denen es abhängt, ob ein Erzvorkommen gewinnbringend ausgebeutet werden kann.

Kochtöpfe aus Edelstahl
Hochwertige Metallkochtöpfe haben einen besonders dicken, plan geschliffenen Boden.

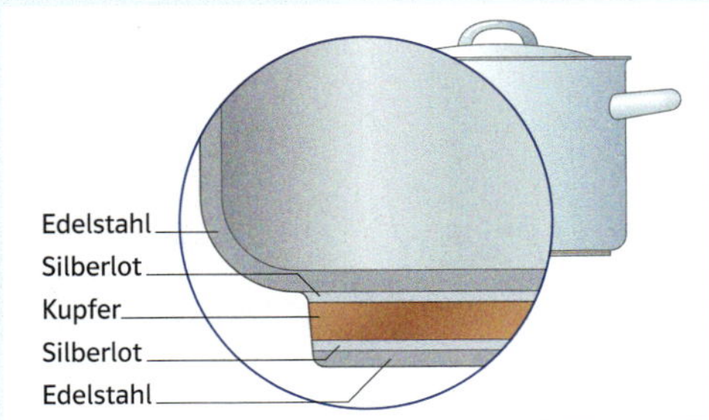

B2 Die fünf Schichten eines Kochtopfbodens

A4 Erläutere, welche Eigenschaften Metalle für Kochtöpfe besonders geeignet machen.

A5 Begründe, warum im Topfboden die mittlere Kupferschicht nach oben und unten von Edelstahl abgedeckt ist. Welchen Zweck erfüllt das Silberlot?

Metalle leiten Wärme
Wir rühren den heißen Kaffee oder Tee mit dem Löffel um. Steckt man den Löffel sofort danach in den Mund, kann es passieren, dass man sich die Lippen und die Zunge verbrennt.

A6 Klebe jeweils zwei Erbsen mit Butter an Löffel aus Stahl, Kunststoff und Silber. Stelle die Löffel in eine Tasse mit heißem Wasser. Decke die Tasse mit einem Brettchen ab. Beschreibe und deute deine Beobachtungen.

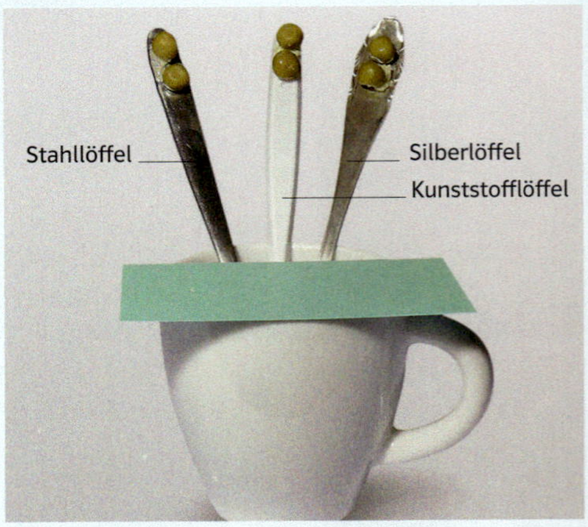

B3 In welcher Reihenfolge fallen die Erbsen?

A7 Metalleigenschaften lassen sich ändern, indem man verschiedene Metalle zusammenschmilzt. Auf diese Weise entstehen homogene Gemische mit metallischen Eigenschaften. Sie werden als Legierungen bezeichnet.
a) Ermittle, aus welchen Metallen die Legierungen Weißgold und Rotgold hergestellt werden.
b) Ein kleines Rätsel: Es wird für die Herstellung einer Kupferlegierung benötigt und schmilzt schon bei 232 °C. Um welches Metall handelt es sich? Gib auch seine Dichte und das Zeichen für das Element an.

B4 Verrostetes Eisen

A8 B4 zeigt ein Problem bei der Verwendung von Eisen als Werkstoff. Inwiefern können Legierungen Abhilfe schaffen? Erläutere.

Eisen aus dem Müll
Das Recycling von Metallen und anderen Stoffen wird immer bedeutender. Recycling spart Rohstoffe und Energie.

B5 Die Zusammensetzung des Hausmülls

A9 In den meisten Orten wird der Haushaltsmüll getrennt eingesammelt.
Sammle und bewerte Argumente, die für und gegen die Mülltrennung sprechen.

Kupfer – Recycling durch Kälte
Kupferkabel bestehen aus sehr reinem Kupfer. Eine umweltschonende Methode zur Rückgewinnung des Kupfers ist das Einfrieren der alten Kabel mit flüssigem Stickstoff. Die Kunststoffummantelung wird dadurch spröde und lässt sich abschlagen.

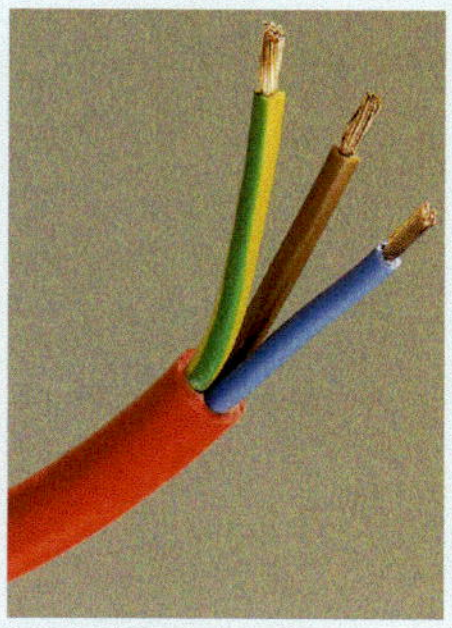

B7 Kupferkabel

A10 Ermittle, z. B. aus der Tageszeitung, den Kupferpreis.

A11 Erkläre, warum für Stromkabel Kupfer und nicht Eisen oder Silber eingesetzt wird.

Unsere Euro-Münzen

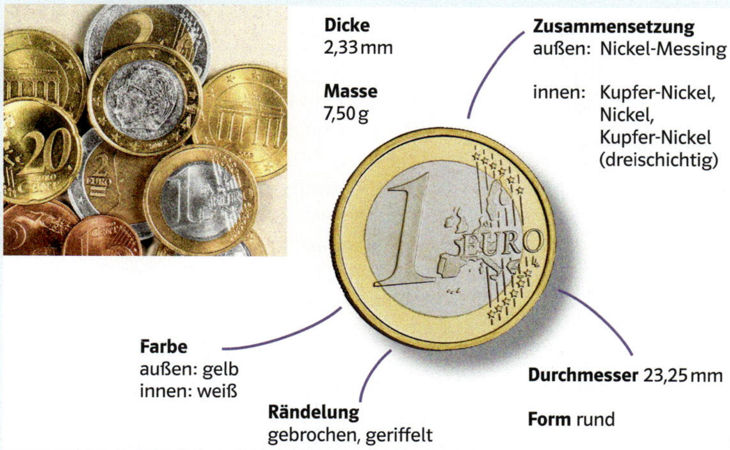

B6 Aufbau und Eigenschaften der 1-Euro-Münze

A12 Recherchiere für die anderen Euro- und Cent-Stücke die Angaben wie im Beispiel für die 1-Euro-Münze.

A13 Welche Münzen bestehen aus Stahl mit einer Kupferauflage?

A14 Untersuche die Magnetisierbarkeit der Euro- und Cent-Stücke. Unterscheide zwischen stark, schwach und nicht magnetisierbar.

4.2 Eigenschaften der Metalle

B3 Metalle sind gute Wärmeleiter

B4 Autokarosserie in einer Montagestraße

B1 Ein Teelöffel leitet Wärme

Wärmeleitfähigkeit wird auch als thermische Leitfähigkeit bezeichnet

Wärmeleitfähigkeit. Wenn du ein Glas Tee trinken willst und dabei den Metalllöffel in die Flüssigkeit stellst, wirst du beobachten, dass der Teelöffel auch oben heiß wird [B1]. Die Gleitfläche eines Bügeleisens besteht aus Metall, damit elektrische Energie in Form von Wärme auf die zu bügelnde Wäsche übertragen wird [B3]. Heizkörper, die sich an den Zimmerwänden befinden, werden aus Metallen hergestellt, weil sie die Wärme des in ihnen zirkulierenden heißen Wassers gut aufnehmen und wieder an die Umgebung abgeben können. Diese Beispiele zeigen, dass Metalle gute Wärmeleiter sind.

Elektrische Leitfähigkeit. Metalle wie Kupfer, Aluminium, Eisen und Magnesium leiten den elektrischen Strom [V1]. Da Kupfer und Aluminium eine gute elektrische Leitfähigkeit haben, werden diese Metalle zur Herstellung elektrischer Leitungen verwendet [B2].

Verformbarkeit. Aufgrund ihrer leichten Verformbarkeit werden Metalle als Werkstoffe zur Herstellung von Büroklammern, Dosen und Münzen verwendet. An einem Kupferdraht oder Magnesiumband kannst du selbst demonstrieren, dass sich Metalle gut biegen und verformen lassen. Autokarosserien [B4] werden aus dünnen Stahlblechen gefertigt, die mit riesigen Pressen in die gewünschte Form gebracht werden. Eine Autokarosserie ist aus etwa 400 Blechteilen zusammengebaut.

Metallischer Glanz. Alle Metallstücke haben eine glänzende Oberfläche. Man spricht vom Metallglanz. Wegen ihres Aussehens werden Metalle deshalb auch zu Schmuckstücken und Münzen verarbeitet.

Alle Metalle sind elektrisch leitfähig und gute Wärmeleiter, auch sind sie gut verformbar und zeigen eine glänzende Oberfläche.

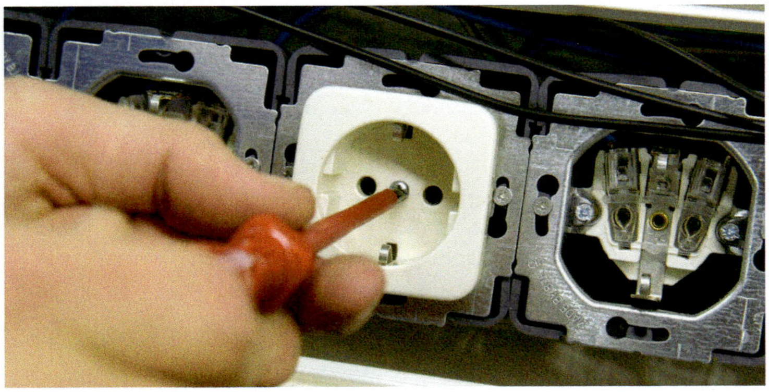

B2 Metalle leiten den elektrischen Strom

V1 Untersuche mit einer Apparatur nach B4, Kap. 1.2 die elektrische Leitfähigkeit von Blechen aus Kupfer, Aluminium und Eisen, von einem Magnesiumband, einem Holzstab, einem Glasstab und von einem Kunststoffstreifen.

A1 Aluminium besitzt eine niedrige Dichte (ρ = 2,70 g/cm^3). Dieses macht Aluminium zu einem wertvollen Metall. Nenne einige konkrete Beispiele für die Verwendung von Aluminium.

Legierungen. Nach Bedarf lassen sich neue Werkstoffe mit gewünschten Eigenschaften herstellen, indem man Metalle zusammenschmilzt. Auf diese Weise entstehen homogene Gemische, die ebenfalls metallische Eigenschaften besitzen. Sie werden als Legierungen bezeichnet.
Eine Legierung aus Kupfer und Zinn ist die **Bronze**. Das gelblich glänzende **Messing** ist eine Legierung aus Kupfer und Zink. Aus Messing fertigt man vor allem Tür- und Fenstergriffe, Münzen und Schrauben.

Durch ein Zusammenschmelzen von Eisen mit etwas Chrom und Nickel kann man „**Nirosta**", nichtrostenden Stahl, herstellen.

Reines Gold, das ein weiches Metall ist, kann durch Zusammenschmelzen mit Silber zu **Weißgold** bzw. mit Kupfer zu **Rotgold** härter gemacht werden. Das „Zahngold" stellt eine Legierung aus Gold und Platin dar. Die in der Zahnmedizin verwendete und umstrittene Amalgamfüllung ist eine Legierung aus Silber, Zink und Quecksilber. Legierungen, die Quecksilber enthalten, werden als **Amalgame** bezeichnet.

High-Tech-Metalle. Eisen ist das am meisten eingesetzte Metall. Im vorigen Jahrhundert begann der große Einsatz von Aluminium [B5]. Heute werden für Laptops, Handys, Flachbildschirme und für fast alle Zukunftstechnologien Metalle benötigt, über die vor einigen Jahren nur Fachleute Bescheid wussten.

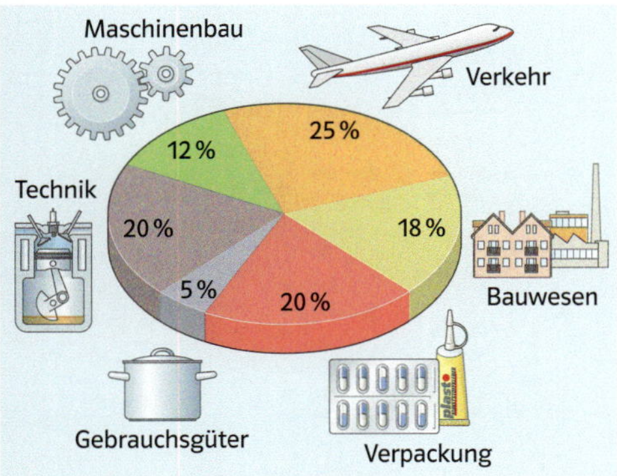

B5 Verwendung von Aluminium

B6 Praseodym ermöglicht die Herstellung kräftiger Magnete für Windkraftanlagen

B7 Getriebe einer Windkraftanlage aus Metall

Ein wichtiger Einsatzbereich sind Hybrid-Autos. 15 Kilogramm des Metalls **Lanthan** sind in einer Batterie eines solchen Autos. Lanthan kommt relativ häufig in der Erdkruste vor. Es wird aber, da große Mengen verbaut werden, auch in besonderem Maße nachgefragt.

Dauermagnete bestehen meist aus Eisen oder Eisenoxiden. Mit der Zeit lässt ihre Leistung nach. Enthält der Dauermagnet zusätzlich **Neodym**, so entmagnetisiert er sich kaum. So können besonders leistungsstarke und vor allem langlebige Dauermagnete hergestellt werden. Das macht sie auch in der Automobilindustrie für Elektromotoren besonders begehrt.

B8 Ein kleiner Neodym-Magnet hält ein großes Messgewicht

Praseodym verwendet man zur Herstellung kräftiger Magnete [B6]. Außerdem steckt es in starken Dauermagneten von kleinen Mikrophonen und Lautsprechern z. B. von Smartphones.

Gallium wird in Mikrochips für Handys verwendet. Fotovoltaik- und Displayhersteller konkurrieren um **Indium**.

Eine Reihe von Zukunftstechnologien ist auf bestimmte seltene Metalle angewiesen, sodass ihr massenhafter Einsatz durch Rohstoffengpässe bedroht ist.
Auch politische Einflüsse der Länder, in denen diese seltenen Metalle gewonnen werden, können deren Einsatz beeinflussen.

4.3 Die Metallbindung

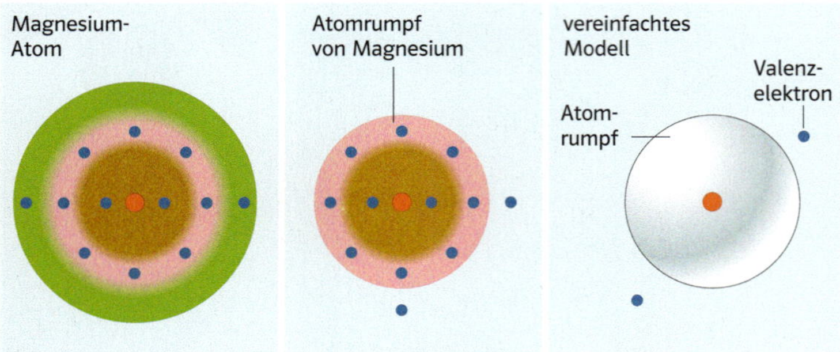

B1 Magnesium-Atom: Atomrumpf und Valenzelektronen

Die charakteristischen Stoffeigenschaften der Ionenverbindungen (Salze) haben wir in Kap. 2.22 mithilfe ihres Aufbaus erklärt. Um die charakteristischen Eigenschaften der Metalle zu erklären, müssen wir nun auch deren Aufbau betrachten.

Elektrische Leitfähigkeit. Eine wässrige Natriumchlorid-Lösung leitet den elektrischen Strom, festes Natriumchlorid dagegen nicht. Diese Fähigkeit haben wir auf die frei beweglichen Ionen in der Lösung zurückgeführt. Die hohe elektrische Leitfähigkeit von Metallen kann aber nicht auf dem Vorhandensein frei beweglicher Ionen beruhen, weil Metalle bei Zimmertemperatur mit Ausnahme von Quecksilber Feststoffe sind. Demnach müssen andere Ladungsträger im Metall den Stromfluss bewirken. Metall-Atome haben meist nur wenige Valenzelektronen. Diese lassen sich leicht vom restlichen Teil des Atoms entfernen. Bei den Magnesium-Atomen entstehen aus den neutralen Atomen durch Abgabe von jeweils zwei Elektronen zweifach positiv geladene **Atomrümpfe** [B1].

Im Metall werden die positiv geladenen Atomrümpfe, die sich aufgrund ihrer gleichen Ladung abstoßen würden, durch die negativ geladenen Elektronen zusammengehalten [B2, links]. Die Elektronen können sich zwischen den Atomrümpfen frei bewegen und sind nicht mehr an einzelne Metall-Atome gebunden. Man sagt, die Elektronen sind **delokalisiert**. Weil sich die Elektronen im Metall wie die Teilchen eines Gases bewegen, spricht man von einem **Elektronengas**. In dieses sind die Atomrümpfe eingebettet. Sie sind, ähnlich wie die Ionen in einem Salzkristall, in einem **Metallgitter** angeordnet. Der Zusammenhalt wird durch die Anziehung zwischen den positiv geladenen Atomrümpfen und den negativ geladenen Elektronen bewirkt und als **Metallbindung** bezeichnet.

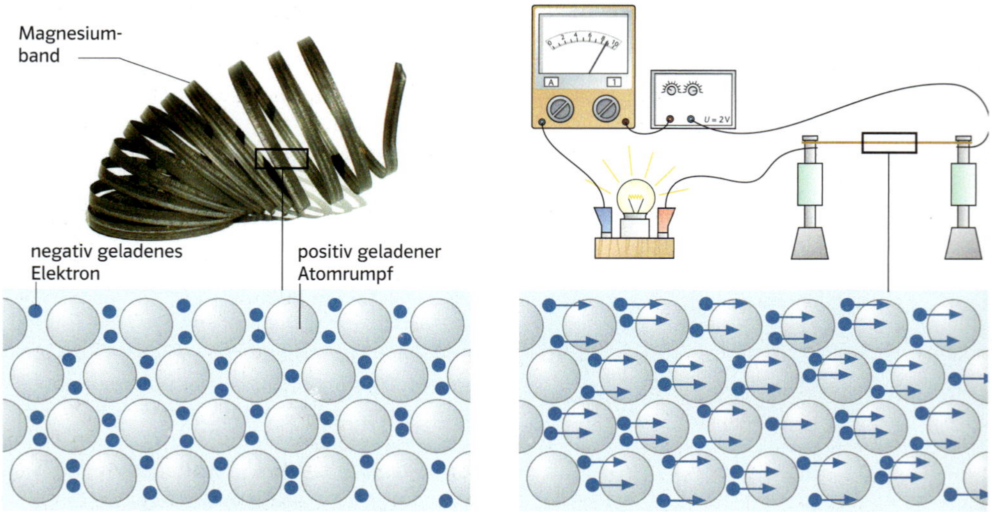

B2 Atomrumpfmodell und Verhalten der Elektronen beim Anlegen einer elektrischen Spannung

Die hohe Beweglichkeit der Elektronen zwischen den Atomrümpfen bewirkt die elektrische Leitfähigkeit der Metalle. Elektrischer Strom im Metall ist nichts anderes als der Fluss von Elektronen [B2, rechts].

Eine Metallbindung wird durch die Anziehung zwischen positiv geladenen Atomrümpfen und negativ geladenen Elektronen (Elektronengas) bewirkt.

Untersuchungen zeigen, dass Metalle bei niedrigen Temperaturen den elektrischen Strom besser leiten als bei hohen Temperaturen. Das hängt damit zusammen, dass die Atomrümpfe im Metallgitter durch Energiezufuhr zum stärkeren Schwingen gebracht werden und dadurch der Zwischenraum zwischen ihnen geringer wird. Der freie Elektronenfluss zwischen den Atomrümpfen wird auf diese Weise behindert und so die elektrische Leitfähigkeit des Metalls herabgesetzt.

Wärmeleitfähigkeit. Erhitzt man ein Metall, so wird sowohl den Atomrümpfen als auch dem Elektronengas Energie zugeführt.
Die positiv geladenen Atomrümpfe beginnen zu vibrieren und schwingen.
Dadurch können sie sich gegenseitig anstoßen und so die Energie auf benachbarte Teilchen übertragen. Die Folge ist, dass sich die Wärmeenergie über das ganze Metall ausbreitet.
An der Wärmeleitung nehmen aber auch die delokalisierten Elektronen teil, wenn sie zusätzlich Bewegungsenergie bekommen.
Bei hohen Temperaturen überwiegt die Energieübertragung durch die Atomrümpfe, bei niedrigen Temperaturen die durch die frei beweglichen Elektronen.

Verformbarkeit. Im Ionengitter eines Salzes sind die Kationen und Anionen fest an ihre Plätze gebunden. Elektrostatische Anziehungskräfte zwischen ihnen bewirken den Zusammenhalt. In Metallen dagegen haben die Teilchen eine größere Bewegungsfreiheit. Beim Verformen eines Metalls werden die Atomrümpfe und Elektronen immer so verschoben, dass – im Gegensatz zu einem

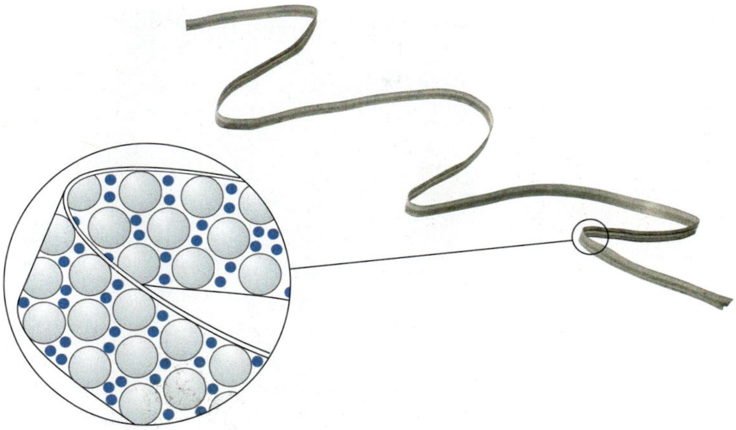

B3 Metalle lassen sich gut verformen

Ionengitter – keine neuen Bindungssituationen entstehen können. Das Elektronengas hält weiterhin die Atomrümpfe zusammen [B3].

Legierungen. Metallschmelzen mischen sich gut. Beim Abkühlen entstehen Legierungen. Das Metallgitter der Legierung besteht aus Atomrümpfen verschiedener Metalle. Diese werden durch das Elektronengas zusammengehalten [B4].

Weil eine Legierung einen ähnlichen Aufbau wie ein reines Metall hat, ist auch sie elektrisch leitfähig, ein guter Wärmeleiter, verformbar und zeigt eine glänzende Oberfläche. Aber Eigenschaften wie Dichte, Härte und Beständigkeit gegenüber Chemikalien können im Vergleich zu den reinen Metallen weitgehend andere sein.

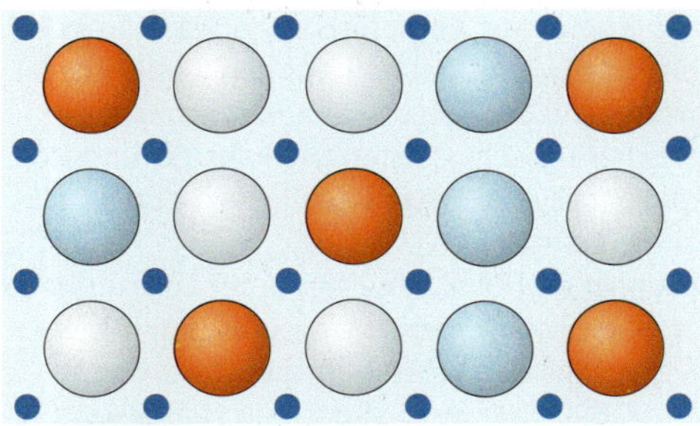

B4 Schicht im Metallgitter einer Legierung aus drei verschiedenen Metallen

4.4 Exkurs Geschichte der Metallgewinnung

Erze In der Natur vorkommende Feststoffgemische, aus denen es sich lohnt, Metalle aus ihren Verbindungen zu gewinnen.

Gediegen Findet man ein Metall in der Erdkruste als elementaren Stoff, so liegt es gediegen vor.

B2 Kultwagen in Bronze aus Acholshausen (Bayern) um 1000 v. Chr.

B3 Waffen der frühen Eisenzeit. Von links nach rechts: Dolchscheide, Dolch, Lanze, 6.–5. Jh. v. Chr.

Die Frühgeschichte der Menschheit wird heute eingeteilt in die *Steinzeit*, *Bronzezeit* und *Eisenzeit*. Diese Einteilung richtet sich nach dem Material, aus welchem die Werkzeuge, Geräte und Waffen überwiegend gefertigt waren, die in der jeweiligen Zeit und in den verschiedenen Regionen verwendet wurden.
Es ist nicht bekannt, wo die ersten Metalle bearbeitet wurden; die Archäologen sind sich nicht einig, ob Menschen zuerst Gold oder Kupfer oder irgendein anderes Metall benutzten. Es ist jedoch sehr wahrscheinlich, dass zunächst nur in der Natur gediegen vorkommende Metalle wie Gold oder Kupfer bearbeitet wurden.

Kupfer aus Erz. Einen riesigen Fortschritt machten die Menschen, als sie entdeckten, dass man Kupfer aus Erzen gewinnen kann. Der älteste bekannte Ort der Gewinnung von Kupfer aus Kupfererz, der etwa 4100 v. Chr. besiedelt wurde, ist im heutigen Iran entdeckt worden. In der Folgezeit wurde das Kupfer in einem geschlossenen Ofen aus Erz und Holz gewonnen. Holz wurde schließlich durch Holzkohle ersetzt.
Brennende Holzkohle kann unter Luftzufuhr so stark erhitzt werden, dass reines und flüssiges Kupfer aus den Erzen hergestellt werden kann. Die Öfen wurden deshalb später an Berghängen errichtet, sodass der Hangwind zum Feuer geleitet werden konnte.

B1 Faustkeil aus der Steinzeit

Die Schmiede lernten auch die Entwicklung von Gussformen und das Gießen von geschmolzenem Kupfer zu Plastiken, Werkzeugen und Waffen. Waffen und Werkzeuge aus Kupfer ließen sich leicht verbiegen und wurden stumpf.

Bronze. Die Nachteile des Kupfers weist die Bronze nicht auf. Bronze, eine Legierung des Kupfers mit einem Zinnanteil von 10 bis 15 %, ist härter als Kupfer. Äxte und Messer aus Bronze lassen sich leicht schärfen. Bronze kann leicht geschmolzen und in Formen gegossen werden. Feste Bronze lässt sich gut hämmern. Auch heute noch wird sie zur Herstellung von Schmuck, Gefäßen und Denkmälern verwendet.
In Mitteleuropa dauerte die Bronzezeit ungefähr von 2200 bis 800 v. Chr. In dieser Zeit wurden der Bergbau für Kupfer- und Zinnerze intensiviert, die Erzaufbereitung weiterentwickelt und die Technik der Metallverarbeitung verfeinert.

A1 Erläutere, warum im Rennfeuerofen gewonnenes Eisen mehrfach aufgeheizt und geschmiedet werden musste.

A2 Warum ist es günstig, in einem selbst gebauten Rennfeuerofen die Luft mithilfe eines Föhns einzublasen? Begründe.

B4 Schüler gewinnen Eisen aus dem von ihnen errichteten Rennfeuerofen

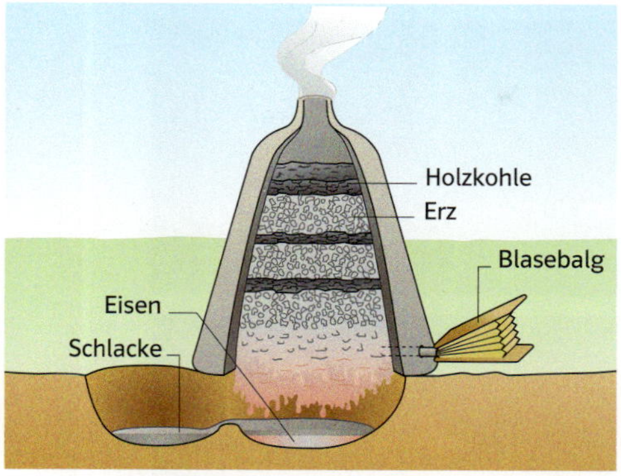

B5 Schnitt durch einen Rennfeuerofen mit Füllung

Von der Bronze- zur Eisenzeit. Bronze wurde allmählich durch den Werkstoff Eisen abgelöst. Eisen bzw. Stahl ist besser für die Herstellung von Nägeln, Pflügen und Waffen geeignet.

Die Eisengewinnung wurde wahrscheinlich an mehreren Orten der Erde, mehr als 1000 Jahre vor Chr., unabhängig voneinander „erfunden". In Mitteleuropa haben erstmals die Kelten um etwa 800 v. Chr. Eisenerze verarbeitet. In niedrigen Öfen erhitzten sie Eisenerze im Holzkohlefeuer unter starker Luftzufuhr. Es bildete sich ein Klumpen aus Eisen und Schlacke. Diese wurde durch wiederholtes Erhitzen und Schmieden entfernt und das Eisen bearbeitet. Im späten Mittelalter baute man hohe Stücköfen. Ihr Erzeugnis nannte man Eisen„stück".

Auf dem Holzschnitt aus dem Jahre 1556 [B6] benutzen Schmiede die grundlegenden Techniken der Eisengewinnung und Eisenbearbeitung. Im Hintergrund gewinnt ein Arbeiter das Erz in einem Schmelzofen, der aus Ziegeln gefertigt wurde. In seiner Nähe hämmern zwei Männer Roheisenstücke zusammen, während der Schmied im Vordergrund mit einem mechanisch betriebenen Hammer ein Stück Metall bearbeitet. Durch die Steigerung der Temperatur im Stückofen ließ sich Roheisen in geschmolzener Form gewinnen. Mit zunehmender Größe der Öfen entwickelte sich die Bezeichnung **Hochofen**. Er wurde anfangs mit Holzkohle, später mit Koks aus Steinkohle betrieben.

B6 Eisengewinnung und -bearbeitung im 16. Jh.

Massenanteil	Elemente
über 10 %	O, Si
1–10 %	Fe, Al, Ca, Na, K, Mg
0,1–1 %	Ti, H, P, Mn
0,01–0,1 %	Cu, Zn, C, S, Ni, Cr
0,001–0,01 %	Sn, Li, Pb

B7 Massenanteile verschiedener Elemente in der Erdkruste

4.5 Edle und unedle Metalle

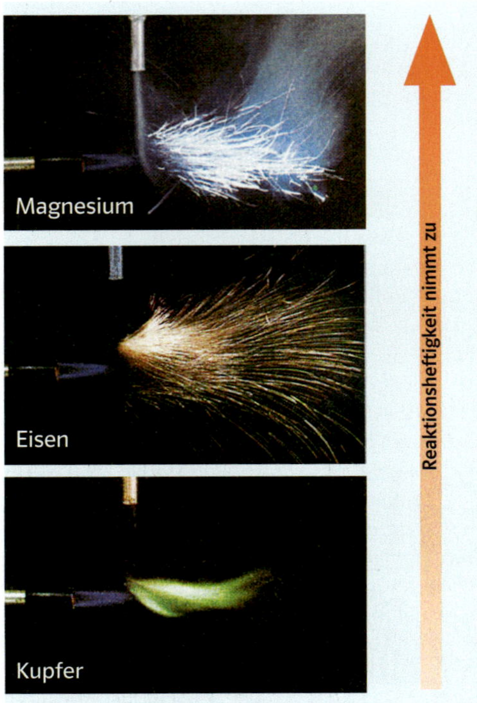

B1 Reaktionsheftigkeit bei der Oxidation verschiedener Metalle

In Kap. 1.13 haben wir die Oxidation von Metallen besprochen:

Metall + Sauerstoff ⟶ Metalloxid

Die bisher beobachteten Verbrennungen von Metallen waren offensichtlich unterschiedlich heftig. Dies hängt u.a. mit der Art des Metalls zusammen.

Oxidationen unter gleichen Bedingungen. Bei der Heftigkeit der Verbrennung spielt auch der Zerteilungsgrad (Kap. 1.11, B3) eine wichtige Rolle. Deshalb kann ein Vergleich der Heftigkeit, mit der die Oxidationen verschiedener Metalle verlaufen, nur durch Metallportionen gleicher Korngröße erfolgen.

Man lässt jeweils Pulver von Kupfer, Eisen und Magnesium in die rauschende Brennerflamme rieseln. Nach Zündung in der Flamme kommt es außerhalb dieser zur Reaktion mit dem Sauerstoff der Luft [V2]. Dabei zeigen sich deutliche Unterschiede in der Helligkeit der Flamme und damit in der Heftigkeit der Reaktion [B1].
Von den untersuchten Metallen zeigt Kupfer die geringste und Magnesium die größte Heftigkeit der Oxidationsreaktion. Es ergibt sich folgende Reihenfolge:

Zunahme der Heftigkeit ⟶
Kupfer, Eisen, Magnesium

Metalle, die heftig mit Sauerstoff reagieren, z. B. Magnesium, Zink und Eisen, werden **unedle Metalle** genannt. Ihnen stehen **Edelmetalle** wie Gold und Silber gegenüber. Silber reagiert unter normalen Bedingungen nicht mit Sauerstoff, sondern nur unter höherem Druck. Gold reagiert überhaupt nicht. Edelmetalle sind daher die einzigen Metalle, die in der Natur als metallische Stoffe (gediegen) vorkommen. Metalle wie Kupfer stehen bezüglich ihrer Reaktivität mit Sauerstoff zwischen den Edelmetallen und den unedlen Metallen.

V1 Lass jeweils eine kleine Portion Kupfer-, Eisen- und Magnesiumpulver gleicher Korngröße von oben in die rauschende Flamme eines waagerecht eingespannten Brenners rieseln. Verwende dazu einen kleinen Trichter.

V2 Fülle ein Glasgefäß mit Sauerstoff. Gib auf eine Magnesiarinne eine Schicht Kupferpulver. Halte die Rinne mit einer Klammer, erhitze an einem Ende auf Rotglut und schiebe die Rinne in das waagerecht gehalterte Gefäß. Führe den Versuch auch mit Eisenpulver und Zinkpulver durch.

A1 Warum kommt Gold nicht als Erz vor? Erläutere.

A2 Bleche unedler Metalle verlieren ihren Glanz, wenn sie längere Zeit an der Luft aufbewahrt werden. Suche nach einer Erklärung.

4.6 Praktikum Metalle reagieren mit Schwefel

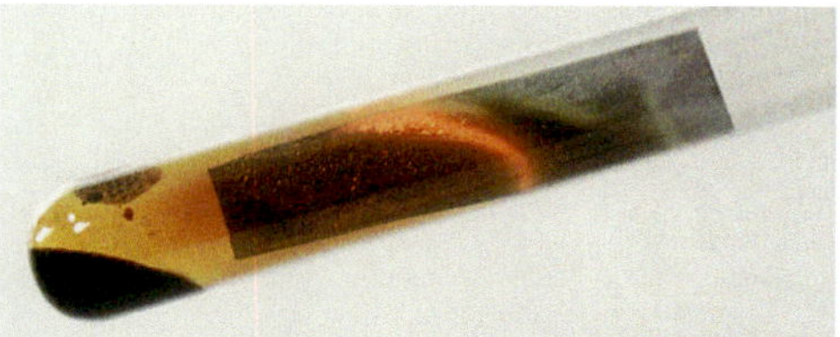

B1 Ein neuer Stoff aus Kupfer und Schwefel

Metalle und Schwefel reagieren zu Metallsulfiden. Bei der Reaktion eines Metalls mit Schwefel entsteht ein Metallsulfid. Der Name des Reaktionsprodukts wird aus dem Namen des Metalls mit der Endung „-sulfid" gebildet.

V1 Kupfer reagiert mit Schwefel

Geräte und Chemikalien: Gasbrenner, Stativ, Klemme, Muffe, Tiegelzange, Kupferblech (2 cm · 4 cm; Dicke 0,1 mm), Schwefel (erbsengroße Stücke), Luftballon.

Durchführung: (Abzug!) Gib in ein Reagenzglas etwa 6 Schwefelstücke und spanne es fast waagerecht ein. Schiebe den Kupferblechstreifen als „Dach" gefaltet bis zur Mitte in das Reagenzglas und verschließe es dicht mit einem Luftballon. Erhitze das Kupferblech und bringe den Schwefel zum Sieden, sodass der Schwefeldampf über das heiße Kupferblech streicht. Ziehe den noch heißen, veränderten Streifen mit einer Pinzette aus dem Reagenzglas und halte ihn kurz in die nicht leuchtende Brennerflamme, sodass noch anhaftender Schwefel verbrennt.

Aufgabe:
Protokolliere die Versuchsbeobachtungen.

V2 Untersuchung des Produktes aus V1

Geräte und Chemikalien: Becherglas, 2 Reagenzgläser, Reibschale mit Pistill, Spatel, Lupe, Kupfer, Schwefel.

Durchführung:

a) Halte zur Untersuchung der Wärmeleitfähigkeit ein dünnes Stück Schwefel, ein Kupferblech und den blauschwarzen Streifen aus V1 in heißes Wasser.

b) Versuche, den blauschwarzen Streifen zu verbiegen. Vergleiche mit einem Kupferblechstreifen und einem Stück Schwefel.

c) Zerreibe den blauschwarzen Stoff und betrachte eine kleine Portion unter der Lupe. Verfahre ebenso mit einem Gemisch aus Kupfer- und Schwefelpulver.

d) Fülle zwei Reagenzgläser etwa zur Hälfte mit Wasser und gib in das erste eine kleine Portion des zerriebenen blauschwarzen Stoffes und in das andere eine kleine Portion des Kupfer-Schwefel-Gemisches. Schüttle kräftig und lass die Reagenzgläser eine Weile stehen.

Aufgabe:
Vergleiche den erhaltenen Stoff aus V1 mit Kupfer und Schwefel. Stelle die Versuchsbeobachtungen übersichtlich zusammen und deute sie. Formuliere das Reaktionsschema.

V3 Eisen reagiert mit Schwefel

Geräte und Chemikalien: Gasbrenner, Stativmaterial, Reibschale mit Pistill, Spatel, Reagenzglas, Magnet, Eisenpulver, Schwefelpulver, Luftballon, Schutzbrille.

Durchführung: Mische 14 g Eisenpulver und 8 g Schwefelpulver.

a) Gib eine Hälfte des Gemisches in ein Reagenzglas, spanne dieses leicht schräg ein. Verschließe das Reagenzglas dicht mit einem Luftballon. Erhitze das Gemisch am Boden des Reagenzglases mit der rauschenden Brennerflamme. Nimm den Brenner weg, wenn das Gemisch aufglüht, und beobachte den weiteren Verlauf.

b) Untersuche den entstandenen Stoff im Vergleich zu Eisen und Schwefel. Gehe dazu wie in V2c) und V2d) vor und untersuche zusätzlich die Magnetisierbarkeit der verschiedenen Stoffe.

Aufgaben:

1. Protokolliere den Versuchsverlauf.

2. Stelle die Versuchsergebnisse in einer Tabelle zusammen und deute sie.

V4 Silber reagiert mit Schwefel

Führe V1 entsprechend mit einem Silberblech durch. Vergleiche die Ausgangsstoffe und den neuen Stoff miteinander.
Verreibe etwas Schwefelpulver auf der Oberfläche eines versilberten Gegenstandes und wische nach einiger Zeit ab. Deute deine Beobachtung.

B2 Natürlich vorkommende Metallsulfide
Oben: Zinnober (Quecksilbersulfid)
Unten: Bleiglanz (Bleisulfid)

B3 Silbersulfid auf einem Silberlöffel

4.7 Reduktion von Metalloxiden

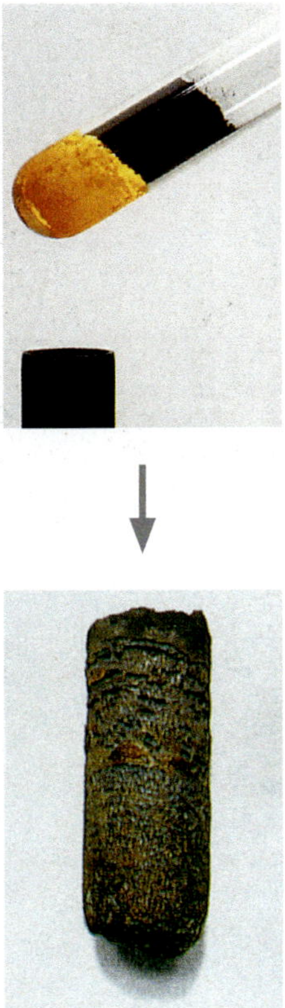

B1 Eisen reagiert mit Kupferoxid

Reduktion von lat. reducere, zurückführen

Viele in der Natur vorkommende Erze, aus denen Metalle gewonnen werden, sind Oxide. Im Prinzip können Metalle durch Erhitzen der Metalloxide erhalten werden, ähnlich wie z. B. Silber aus Silberoxid gewonnen werden kann (Kap. 1.14). Silberoxid lässt sich durch Erhitzen in die elementaren Stoffe Silber und Sauerstoff zerlegen [V1].

Silberoxid ⟶ Silber + Sauerstoff

$$2\,Ag_2O \longrightarrow 4\,Ag + O_2$$

Man nennt diese Reaktion **Reduktion**. Die Reduktion ist die Umkehrung der Oxidation. Da bei der Reaktion unedler Metalle mit Sauerstoff ein großer Energiebetrag frei wird (Kap. 3.2), sind die entsprechenden Oxide sehr **stabil** und man benötigt zu deren Reduktion durch Erhitzen sehr hohe Temperaturen. Daher ist dieses Verfahren zur Gewinnung solcher Metalle wenig geeignet.

Ein Metall reagiert mit einem Metalloxid.
Ein Gemisch aus Eisen und Kupferoxid glüht nach kurzem Erhitzen auf [V2; B1, oben]. Eine Glühfront bewegt sich durch das Gemisch hindurch. Nach dem Erkalten erkennt man rötliche Kupferkügelchen und grauschwarzes Eisenoxid. Das schwarze Kupferoxid hat mit dem grauen Eisen zu rötlichem Kupfer und grauschwarzem Eisenoxid reagiert [B1, unten]. Diese Reaktion verläuft exotherm. Eisen wird zu Eisenoxid **oxidiert**, Kupferoxid wird zu Kupfer **reduziert**. Bei der Reaktion zwischen Kupferoxid und Eisen laufen Reduktion und Oxidation *gleichzeitig* ab. Eine solche Reaktion bezeichnet man als **Red**uktions-**Ox**idations-Reaktion, abgekürzt **Redoxreaktion** [B2].

Stoffe, die wie Kupferoxid andere Stoffe oxidieren, nennt man **Oxidationsmittel**. Sie selbst werden reduziert. Bei der Bildung von Oxiden aus den elementaren Stoffen ist Sauerstoff

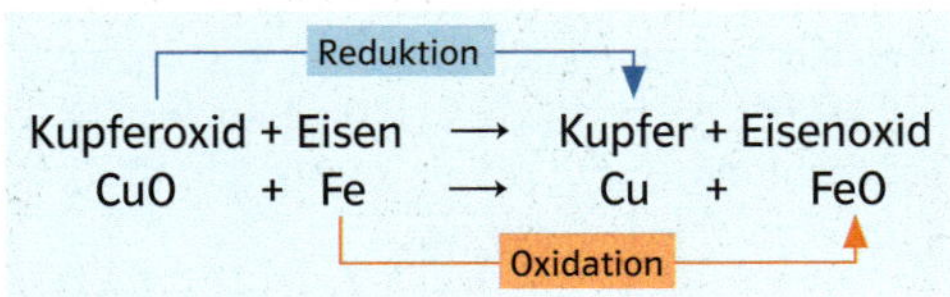

B2 Beispiel für eine Redoxreaktion

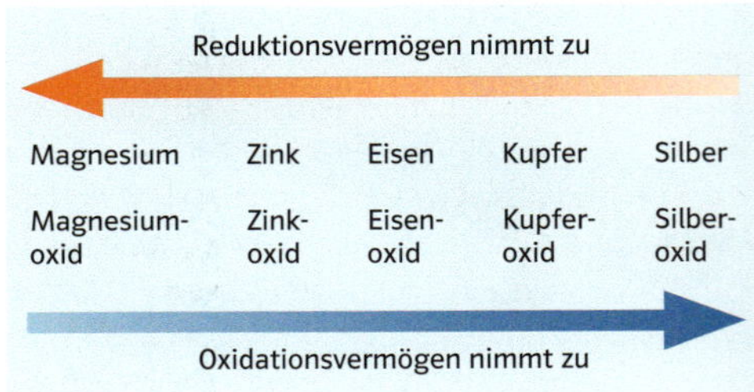

B3 Reduktions- und Oxidationsvermögen einiger Metall/Metalloxid-Paare

also das Oxidationsmittel. Stoffe, die wie Eisen einen anderen Stoff reduzieren, nennt man **Reduktionsmittel**. Sie selbst werden oxidiert. Je unedler ein Metall ist, desto stärker wirkt es als Reduktionsmittel [B3].

Eisen ist ein stärkeres Reduktionsmittel als Kupfer und Kupferoxid ein stärkeres Oxidationsmittel als Eisenoxid [B3]. Daher reagiert Eisenoxid mit Kupfer nicht.

V1 Gib eine kleine Portion Silberoxid in ein Reagenzglas und erhitze schwach mit dem Brenner. Halte dabei das Reagenzglas möglichst steil mit der Öffnung nach oben. Prüfe den Gasraum des Reagenzglases mit der Glimmspanprobe.

V2 (Schutzbrille!) Mische 1,6 g schwarzes Kupferoxidpulver und 0,8 g Eisenpulver. Erhitze das Gemisch im Reagenzglas bis zum ersten Aufglühen und entferne das Reagenzglas sofort aus der Brennerflamme.

V3 ⚠ (Schutzbrille! Schutzscheibe!) Man mischt 0,5 g Kupferoxid- und 0,4 g Zinkpulver, bringt das Gemisch auf eine Magnesiarinne oder Porzellanscherbe und erhitzt es.

V4 ⚠ (Schutzbrille! Schutzscheibe! Schutzhandschuhe!) Ein Gemisch aus einer Spatelspitze Kupferoxid- und Magnesiumpulver auf einer Magnesiarinne oder Porzellanscherbe wird mit der Brennerflamme berührt.

A1 Formuliere für die in V4 ablaufende Reaktion das Reaktionsschema und die Reaktionsgleichung. Kennzeichne zudem die Oxidation und die Reduktion.

Thermitverfahren. Redoxreaktionen, bei denen starke Reduktionsmittel eingesetzt werden, können teilweise sehr heftig und unter äußerst starker Wärmeentwicklung ablaufen. Ein Gemisch aus rotem Eisenoxidpulver und Aluminiumgrieß dient zum Schweißen von Eisenteilen wie z. B. Schienen [B4]. Es liefert nach Zündung in wenigen Sekunden weißglühendes, flüssiges Eisen. Beim Abkühlen erstarrt es und verbindet dabei die Eisenteile miteinander. Bei der stark exothermen Thermitreaktion werden Temperaturen bis zu 2 400 °C erreicht.

Eisenoxid + Aluminium ⟶ Eisen + Aluminiumoxid
$Fe_2O_3 + 2\,Al \longrightarrow 2\,Fe + Al_2O_3$

Kohlenstoff reagiert mit Metalloxiden. Bei der Redoxreaktion zwischen einem Metall und einem Metalloxid verbacken die neu gebildeten Stoffe häufig miteinander. Das neue Gemisch muss dann mühsam getrennt werden. Dieser Nachteil entfällt, wenn das Reduktionsmittel zu einem gasförmigen Stoff oxidiert wird. Erhitzt man ein Gemisch aus schwarzem Kupferoxid und Kohlenstoff [V6], so glüht es auf. Im Kalkwasser perlen Gasblasen hoch, das Kalkwasser trübt sich [B6]. Nach dem Erkalten erkennt man im Reagenzglas einen rötlichen Feststoff. Kupferoxid und Kohlenstoff reagieren in einer exothermen Reaktion zu Kupfer und Kohlenstoffdioxid.

Kupferoxid + Kohlenstoff ⟶ Kupfer + Kohlenstoffdioxid
$2\,CuO + C \longrightarrow 2\,Cu + CO_2$

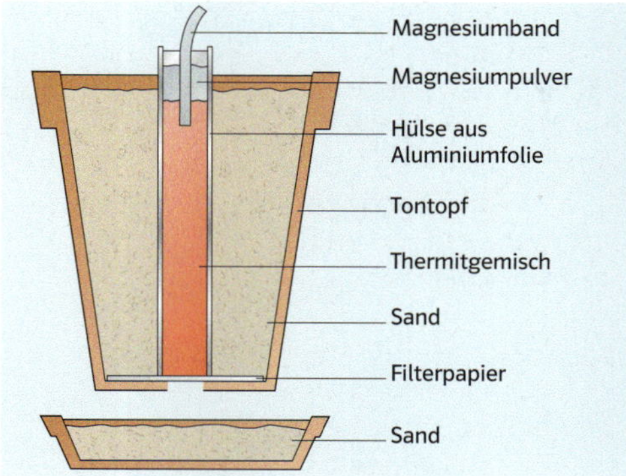

B5 Thermitreaktion: Versuchsaufbau

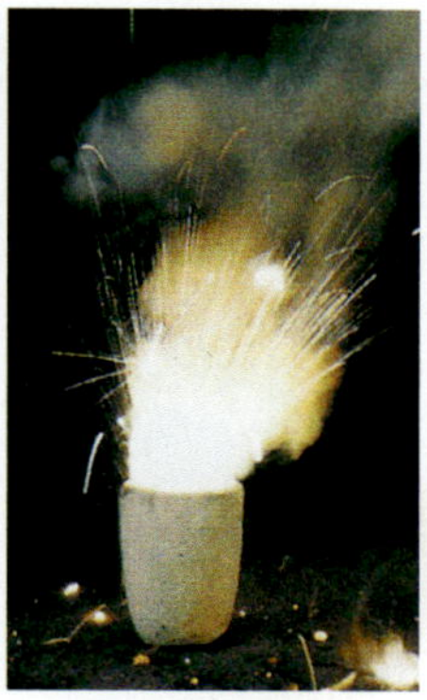
B7 Thermitreaktion

V5 (Schutzscheibe! Schutzbrille!) Man mischt 15 g rotes Eisenoxidpulver, 5 g Aluminiumgrieß und 0,5 g Aluminiumpulver und schüttet das Gemisch in eine Hülse aus Aluminiumfolie, die in einem mit Sand gefüllten Blumentopf steckt [B5]. Auf das Gemisch gibt man etwas Magnesiumpulver und zündet mit einem Magnesiumband.

V6 (Schutzbrille!) Gib in ein Reagenzglas ein Gemisch aus 2 g Kupferoxidpulver und 0,2 g trockenem Holzkohlepulver. Verschließe das Reagenzglas mit einem Stopfen, in dem ein gewinkeltes Glasrohr steckt, das in Kalkwasser eintaucht [B6]. Erhitze, bis die Reaktion einsetzt. Löse noch während der Reaktion den Stopfen!

A2 Mit welchen der in B3 aufgeführten Metallen kann man Eisenoxid reduzieren?

B4 Verschweißen von Eisenbahnschienen

B6 Kohlenstoff reduziert Kupferoxid

4.8 Elektronenübergänge – Redoxreaktionen

Elektronendonatoren sind Reduktionsmittel

Elektronenakzeptoren sind Oxidationsmittel

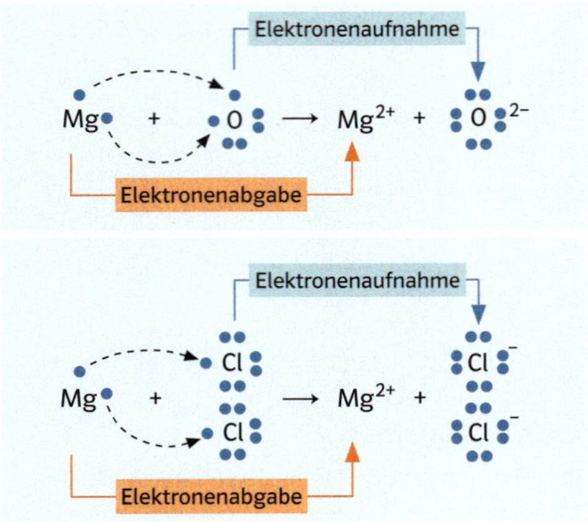

B3 Elektronenübergänge von Metall-Atomen zu Nichtmetall-Atomen führen zur Bildung von Ionen

Hält man ein brennendes Magnesiumband in Sauerstoff [B2] oder in Chlor [B1], so bildet sich in beiden Fällen unter Aufleuchten ein weißes Pulver, das zum Teil als Rauch entweicht. Die zu beobachtenden *Veränderungen* der Stoffe sind sehr ähnlich. Die beiden Reaktionsprodukte, Magnesiumoxid bzw. Magnesiumchlorid, sind beide weiße Salze. Aus den *Atomen* des Metalls bzw. den *Atomen* der Nichtmetalle wurden *Ionen* gebildet. Diese Parallelen führten zur Einführung einheitlicher Begriffe in Bezug auf die Veränderungen bei den *Teilchen*.

B1 Magnesium reagiert mit Chlor

B2 Magnesium reagiert mit Sauerstoff

Oxidation und Elektronenabgabe. Die *stoffliche* Veränderung bei der Reaktion von Magnesium oder anderen Metallen mit Sauerstoff wird als *Oxidation* definiert. Diese Erklärung der Oxidation wird nun vor dem Hintergrund der Kenntnisse über die *Veränderungen in der Elektronenhülle erweitert* und verallgemeinert. Während der Oxidation eines *Metalls* entstehen aus seinen *Atomen* durch Abgabe eines Elektrons oder mehrerer Elektronen positiv geladene Ionen. Unabhängig vom anderen Reaktionspartner [B1, B2] bekommt der Vorgang der *Elektronenabgabe* aus den Magnesium-Atomen die einheitliche Bezeichnung *Oxidation*.

Magnesium-Atome werden also bei der Bildung von Magnesiumoxid oder Magnesiumchlorid *oxidiert*.

Dieser Oxidationsbegriff ist auch nicht mehr auf Metalle oder Metall-Atome beschränkt. *Oxidation* bedeutet nach diesem Verständnis ganz *allgemein* die *Abgabe von Elektronen*. Diese können von einem Atom oder einem anderen Teilchen abgegeben werden.

Reduktion und Elektronenaufnahme. Analog zur Oxidation definiert man *Reduktion* allgemein als *Elektronenaufnahme*. Während der Bildung von Salzen nehmen die Nichtmetall-Atome ein oder mehrere Elektronen in ihre äußere Schale auf, sie werden reduziert.

Redoxreaktionen. Aus experimentellen und alltäglichen Erfahrungen wissen wir, dass sich z. B. Metalle nicht ohne Weiteres verändern. So wird Eisen erst oxidiert, wenn Sauerstoff und Feuchtigkeit vorhanden sind oder wenn wir es an der Luft erhitzen. Wir haben auch gesehen, dass Eisenpulver in der Brennerflamme sehr viel heftiger zu Eisenoxid verbrennt als Eisenwolle. Die Reaktionsheftigkeit nimmt also mit dem Zerteilungsgrad zu.

Reaktionen können nur dann ablaufen, wenn die reagierenden *Stoffe* in Kontakt sind. Es liegt nahe, dass auch die Veränderung der Teilchen auf direktem Kontakt beruht. Teilchen können nur dann Elektronen *abgeben*, wenn andere Teilchen sie *aufnehmen*. Teilchen, die Elektronen abgeben, heißen auch **Donatoren**. Die aufnehmenden Teilchen bezeichnet man als **Akzeptoren**.

Die Abgabe von Elektronen wird Oxidation, die Aufnahme Reduktion genannt. Elektronenübergänge vom Donator zum Akzeptor heißen Redoxreaktionen.

A1 Erstelle für die Reaktion von Natrium mit Sauerstoff und für die Reaktion von Natrium mit Chlor ein Elektronenübergangsschema wie in B3.

4.9 Wie viel Metall kann man aus einem Erz gewinnen?

Viele Erze sind Metalloxide [B1], die mit Gestein vermischt sind. Vor der eigentlichen Metallgewinnung trennt man in der Regel zunächst das Metalloxid vom Gestein. Wie viel Metall kann man durch die Reduktion einer bestimmten Metalloxid-Portion gewinnen? Dies lässt sich berechnen.

Gewinnung von Eisen aus Roteisenerz. Bei der Eisengewinnung wird häufig Roteisenerz als Rohstoff genutzt. Es besteht aus rotem Eisenoxid mit der Verhältnisformel Fe_2O_3.

Wie viel Metall kann man durch Reduktion einer bestimmten Portion eines Metalloxids gewinnen?

I) Berechnung der Masse einer Elementargruppe von Fe_2O_3

Die Masse lässt sich mithilfe der Atommassen (Kap. 1.17) von Eisen und Sauerstoff bestimmen:

$m_t(Fe_2O_3) = 2\,m_t(Fe) + 3\,m_t(O)$
$= 2 \cdot 55{,}8\,u + 3{,}16{,}0\,u$
$= 111{,}6\,u + 48{,}0\,u$
$= 159{,}6\,u$

II) Bestimmung des Verhältnisses der Masse des Eisens zur Gesamtmasse des Roteisenerzes

Pro Elementargruppe enthält rotes Eisenoxid zwei Eisen-Atome. Diese haben eine Gesamtmasse von $2 \cdot 55{,}8\,u$, also insgesamt $111{,}6\,u$. Das Verhältnis der Masse an Eisen zur Gesamtmasse des Roteisenerzes kann man folgendermaßen berechnen:

$m(\text{Eisen}) : m(\text{Roteisenerz})$
$= 111{,}6\,u : 159{,}6\,u = 0{,}7$

III) Wie viel Eisen kann man aus 10 t rotem Eisenoxid gewinnen?

Durch Umstellen ergibt sich eine Formel, mit der man ausrechnen kann, welche Masse die Eisenportion hat, die sich aus einer bestimmten Portion roten Eisenoxids gewinnen lässt:

$m(\text{Eisen}) = 0{,}7 \cdot m(\text{Roteisenerz})$
$= 0{,}7 \cdot 10\,t = 7\,t$

Aus 10 Tonnen rotem Eisenoxid kann man 7 Tonnen Eisen gewinnen.

Die Formel kann auch anders umgestellt werden:
$m(\text{Eisen}) = 0{,}7 \cdot m(\text{Roteisenerz})$
$m(\text{Roteisenerz}) = 1/0{,}7 \cdot m(\text{Eisen})$
$m(\text{Roteisenerz}) = 1{,}43 \cdot m(\text{Eisen})$

Beispiel: Um 5 Tonnen Eisen zu gewinnen, benötigt man 7,15 t Roteisenerz.

$m(\text{Roteisenerz}) = 1{,}43 \cdot 5\,t = 7{,}15\,t$

A1 Berechne für jedes Metalloxid die Masse einer Elementargruppe in u: Cu_2O, FeO, Fe_3O_4.

A2 **a)** Berechne die Masse an Eisen, die man aus 1 t Magneteisenerz (Fe_3O_4) gewinnen kann.
b) 2 t Kupfer sollen gewonnen werden. Berechne die nötige Masse an Cuprit (Cu_2O).
c) Berechne das nötige Volumen an Luft, um aus Kupfer 100 g schwarzes Kupferoxid (CuO) zu erhalten? $\rho(\text{Sauerstoff}) = 1{,}33\,g/l$ (bei 20 °C), $\varphi(\text{Sauerstoff in Luft}) = 21\,\%$.

Roteisenerz (Fe_2O_3)

Magneteisenerz (Fe_3O_4)

Cuprit (Cu_2O)

B1 Einige Erze

Exkurs Experimentelle Bestimmung des Massenverhältnisses

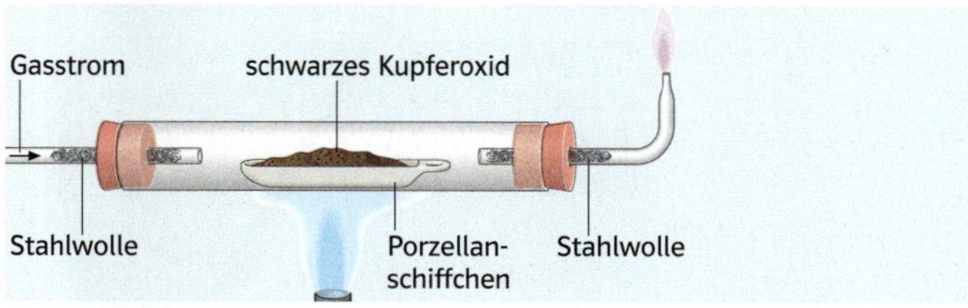

V1 ⚠ In ein Porzellanschiffchen wägt man jeweils 200 mg, 250 mg und 300 mg getrocknetes schwarzes Kupferoxid (CuO) ein. Die Masse wird genau bestimmt. Das Schiffchen wird in ein Verbrennungsrohr geschoben. Anschließend leitet man Wasserstoff ein, den man nach negativem Ausfall der Knallgasprobe an der Glasrohrspitze entzündet. Das Schiffchen wird erhitzt, bis sich in ihm reines Kupfer gebildet hat, das man an seiner Farbe erkennt. Nachdem das Schiffchen im Wasserstoffstrom erkaltet ist, nimmt man es heraus und ermittelt die Änderung der Masse.

A3 Berechne für die vier Teilversuche in V1 zunächst die Masse des entstandenen Kupfers. Bestimme dann das Massenverhältnis zwischen Kupferportion und Kupferoxidportion. Was fällt auf? Begründe!

4.10 Ötzi und sein Kupferbeil

B1 Die Mumie wird aus dem Eis freigelegt

B3 Archäologen untersuchen den Fundort der Mumie des Mannes, der vor 5300 Jahren in die eisigen Höhen der Ötztaler Alpen stieg

Im Herbst 1991 fand ein Bergsteigerehepaar am Tisenjoch in den Ötztaler Alpen [B3] eine Mumie, von der man heute weiß, dass sie über 5000 Jahre alt ist. Sie wird aufgrund des Fundortes als „Ötzi" oder auch „Frozen Fritz" bezeichnet. Durch das Abtauen des Gletschers ist Ötzi mit seinen Kleidungs- und Ausrüstungsgegenständen wieder zum Vorschein gekommen [B1].
Heute befindet sich die Mumie in einem Museum in Bozen in Südtirol. Die Mumie ist schon über 150-mal mithilfe moderner Methoden untersucht worden.

B2 So war Ötzi gekleidet und ausgestattet (Modell)

Das Kupferbeil. Der ungefähr 1,58 m große Ötzi [B2] hat im Übergang von der Stein- zur Bronzezeit gelebt. Die Forscher sind sich darüber einig, dass Ötzi im Alter von ca. 47 Jahren eines gewaltsamen Todes gestorben ist, weil unter seinem linken Schulterblatt eine Pfeilspitze steckte und an seiner Kleidung das Blut von vier verschiedenen Menschen klebte. Man fand bei der Gletscherleiche ein vollständig erhaltenes Kupferbeil [B4]. Die Klinge besteht zu 99 % aus Kupfer. Ötzi muss ein angesehener Mann gewesen sein, da Kupfer zu seiner Zeit sehr wertvoll war. Nach sorgfältigen Untersuchungen stammt das Kupfer für das Beil aus dem Salzburger Land.

Kupfergewinnung. Da es im Alpenraum keine Kupfervorräte in gediegener Form gibt, wohl aber Kupferverbindungen in Erzen, ist davon auszugehen, dass die Menschen dort bereits

B4 Ötzis Kupferbeil, das weltweit einzigartig ist

B5 Zwei Kupfermineralien. Malachit (grün) und Azurit (blau)

vor 5000 Jahren in der Lage waren, aus Erzen Kupfer zu gewinnen. In den Alpen kommt Malachit vor [B5]. Malachit enthält Kupfercarbonat ($CuCO_3$). Der grüne Malachit wird heute vor allem zur Herstellung von Schmuck verwendet [B6].

Erhitzt man Malachit oder Kupfercarbonat in einem Reagenzglas [V1], so entstehen Kupferoxid und Kohlenstoffdioxid.

$CuCO_3$	⟶	CuO	+	CO_2
Kupfercarbonat	⟶	Kupferoxid	+	Kohlenstoffdioxid

Kupferoxid lässt sich mit Holzkohle zu elementarem Kupfer reduzieren.

$2\,CuO$	+	C	⟶	$2\,Cu$	+	CO_2
Kupferoxid	+	Kohlenstoff	⟶	Kupfer	+	Kohlenstoffdioxid

Ötzi und seine Zeitgenossen konnten also Kupfer aus Malachit herstellen. Die Metallarbeiter haben damals Malachit im Feuer erhitzt und das entstandene Produkt mit Holzkohle versetzt. So konnten sie den Werkstoff Kupfer gewinnen, aus dem sie dann Werkzeuge und Waffen herstellten.
Die Entdeckung der Kupferherstellung ist vermutlich einem Zufall zu verdanken. In manchen Gebieten überzogen jungsteinzeitliche Töpfer ihre Tongefäße gerne mit einer Farbschicht. Die Gefäße wurden dazu im Holzkohlefeuer gebrannt. Als die Töpfer ihre Gefäße mit einem grünen Farbüberzug aus Malachit färben wollten, erhielten sie im Holzkohlefeuer keine grüne Glasur, sondern es zeigte sich ein glänzender, vollkommen neuer Stoff auf den Gefäßen. Damit war die Gewinnung von Kupfer aus einem Erz gelungen.

Moderne Kupfergewinnung. Heute gewinnt man Kupfer aus Kupferkies, der aus dem Sulfid $CuFeS_2$ besteht. Mit Kohlenstoff lassen sich Metalle aber nur aus Oxiden gewinnen. Deshalb müssen sulfidische Erze zuerst mit Sauerstoff in Oxide überführt werden, dabei entsteht auch Schwefeldioxid. Diese Reaktion bezeichnet man als „Rösten".

Metallsulfid + Sauerstoff ⟶ Metalloxid + Schwefeldioxid

Erst dann kann die eigentliche Metallgewinnung beginnen:

Metalloxid + Kohlenstoff ⟶ Metall + Kohlenstoffdioxid

V1 Erhitze ca. 2 g Kupfercarbonat in einem Reagenzglas, bis die blaugrüne Farbe verschwunden ist. Füge nach dem Erkalten ca. 0,2 g Holzkohlepulver zu und schüttle kräftig. Erhitze das Gemisch anschließend kräftig.
Schütte nach Beendigung der Reaktion den Reagenzglasinhalt in ein mit Wasser gefülltes Becherglas.
Beschreibe deine Beobachtungen.

A1 Plane ein Experiment, mit dem man das beim Erhitzen des Malachits bzw. Kupfercarbonats gebildete Kohlenstoffdioxid nachweisen kann. Fertige auch eine Versuchsskizze an.

A2 Recherchiere weitere Ergebnisse der Forschung über das Leben, die Kleidung und Ausrüstung von Ötzi.

B6 Schmucksteine aus Malachit

4.11 Der Hochofen – ein großtechnischer Prozess

Magneteisenerz (Magnetit)

Roteisenerz (Hämatit)

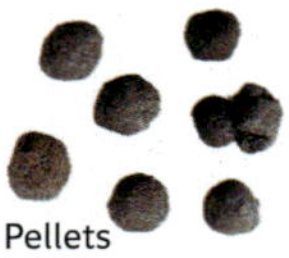

Pellets

B1 Eisenerze sind Ausgangsstoffe zur Eisengewinnung

B4 Hochofenanlage

Eisen ist das wichtigste Gebrauchsmetall. Es kommt in der Natur nicht gediegen, sondern nur in Verbindungen vor. Die Rot- und Braunfärbungen vieler Böden und Gesteine beruhen auf dem Vorhandensein von Eisenverbindungen. Von Eisenerzen spricht man, wenn deren Eisenanteil mehr als 20 % beträgt. Eisenerze werden jedoch erst abgebaut, wenn der Eisenanteil 30 % überschreitet. Bei Erzen wie Hämatit und Magnetit handelt es sich um Eisenoxide mit anhaftendem Gestein. Aus ihnen lässt sich durch Reduktion Eisen gewinnen. Dazu wird Steinkohlenkoks eingesetzt.

B2 Koks

Steinkohlenkoks wird durch starkes Erhitzen von Steinkohle unter Luftabschluss gewonnen. Steinkohlenkoks besteht aus fast reinem Kohlenstoff in Form von Graphit.

B3 Erzhafen Duisburg-Schwelgern

Der Hochofen. Eine Fabrik zur Gewinnung und Verarbeitung von Eisen heißt heute noch „Eisenhütte", obwohl sich die mittelalterlichen Holzhütten zu eindrucksvollen Anlagen gewandelt haben. Die Menschen, die dort arbeiten, nennen sich immer noch „Eisenhüttenleute". Das Eisen wird in bis zu 50 m hohen Öfen, den Hochöfen, gewonnen. Fülleinrichtungen und Rohrleitungen verleihen dem Hochofen eine Gesamthöhe bis zu 100 m. Seine Wände bestehen aus feuerfesten Auskleidungen, die von einem Stahlmantel umgeben sind. Darin sind Kühlelemente eingelassen, durch die fortwährend Wasser fließt.

Roheisenherstellung im Hochofen. Die Erze für die Eisengewinnung werden am Ort ihrer Förderung meist schon aufbereitet, um den größten Teil des Gesteins, die „Gangart", von den Eisenoxiden abzutrennen. Diese werden mit noch wenigen Gesteinsbeimengungen zu kugelförmigen Pellets verbacken. Der Hochofen wird von oben abwechselnd mit Koks und **Möller**, einem Gemisch aus Pellets und Zuschlägen, beschickt. Die Zuschläge (Kalk oder Feldspat) sind notwendig, um die restlichen Gesteinsbestandteile der Pellets in niedrig schmelzende Schlacke zu überführen.

A1 Kennzeichne für die Gesamtreaktion von Eisenoxid mit Kohlenstoff zu Eisen und Kohlenstoffdioxid den Oxidations- und den Reduktionsvorgang.

A2 Warum befinden sich am oberen Ende des Hochofens zwei Glocken und nicht nur eine? Erläutere.

A3 Wie viele Güterzüge müssen täglich zum Hochofen fahren, um Erz, Koks und Zuschläge heranzuschaffen, wenn ein Güterzug aus 50 Güterwagen besteht und jeder Wagen 30 t fasst? Ermittle.

A4 Das Massenverhältnis von Eisen zu Eisenoxid beträgt im roten Eisenoxid: $m(\text{Eisen}) : m(\text{Eisenoxid}) = 0{,}7$.
Berechne die Masse der Eisenportion, die sich aus 1 t Eisenoxid gewinnen lässt.

Von unten wird erhitzte Luft über eine Ringleitung in den Hochofen eingeblasen. Die untere Koksschicht reagiert mit dem Sauerstoff der über 800 °C heißen Luft zu Kohlenstoffdioxid. Da bei dieser Reaktion sehr viel Wärme frei wird, steigt die Temperatur auf über 1600 °C, in einem kleinen Bereich sogar auf über 2000 °C. Kohlenstoffdioxid reagiert mit der darüber liegenden Koksschicht fast vollständig zu Kohlenstoffmonooxid. Dieses reduziert den größten Teil des Eisenoxids zu Eisen und wird selbst zu Kohlenstoffdioxid oxidiert.

Bis zur Schmelzzone ist der Hochofen kegelförmig aufgebaut, da sich die Ausgangsstoffe und die Reaktionsprodukte von oben nach unten durch die Temperaturzunahme ausdehnen.

Das flüssige Eisen und die Schlacke sammeln sich im unteren Teil des Hochofens. Das flüssige Roheisen wird durch Sandrinnen in Spezialbehälter geleitet. In diesen wird es ohne Wärmeverluste in Stahlwerke und Gießereien transportiert.

Die Schlacke, die auf dem flüssigen Roheisen schwimmt, verhindert auch, dass das Eisen durch die heiße Luft wieder oxidiert wird. Die Schlacke ist ein wertvolles Nebenprodukt. Sie wird vor allem im Straßenbau und zur Herstellung von Zement verwendet.

B5 Hochofenabstich

Einsatz	**Abgabe**
15 800 t Erz (Pellets)	11 000 t Roheisen
2 300 t Zuschläge	3 500 t Schlacke
5 000 t Koks	23 500 t Gichtgas und Staub
15 000 t Heißwind	
96 000 t Kühlwasser	96 000 t erwärmtes Kühlwasser

Ein Hochofen ist durchschnittlich 10 Jahre in Betrieb. Man lässt ihn nie ausgehen, da er sonst abgebrochen und neu aufgebaut werden müsste.

B6 Massenbilanz für einen Hochofen je Arbeitstag

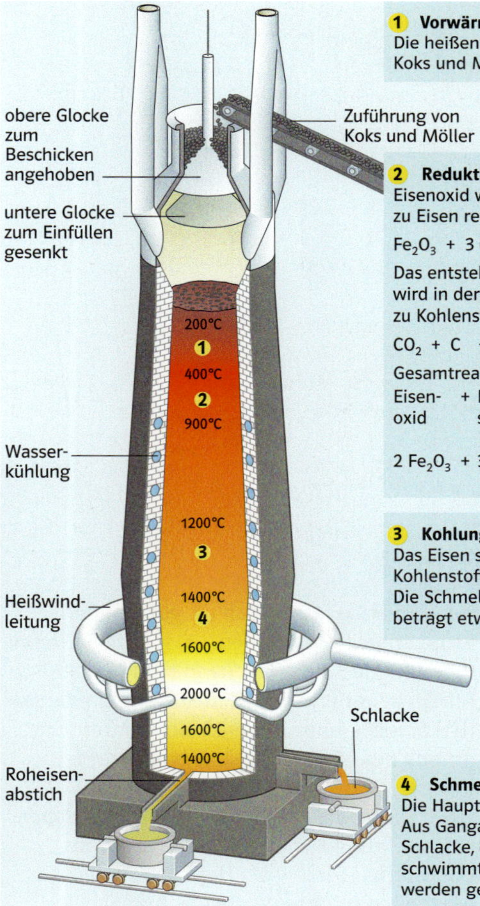

1 Vorwärmzone
Die heißen Abgase (Gichtgas) trocknen Koks und Möller

2 Reduktionszone
Eisenoxid wird von Kohlenstoffmonooxid zu Eisen reduziert:

$Fe_2O_3 + 3\,CO \longrightarrow 2\,Fe + 3\,CO_2$

Das entstehende Kohlenstoffdioxid wird in der nächsten Koksschicht wieder zu Kohlenstoffmonooxid reduziert:

$CO_2 + C \longrightarrow 2\,CO$

Gesamtreaktion:

Eisenoxid + Kohlenstoff ⟶ Eisen + Kohlenstoffdioxid

$2\,Fe_2O_3 + 3\,C \longrightarrow 4\,Fe + 3\,CO_2$

3 Kohlungszone
Das Eisen sackt nach unten und nimmt Kohlenstoff aus dem Koks auf.
Die Schmelztemperatur des Gemisches beträgt etwa 1200 °C.

4 Schmelzzone
Die Hauptmenge des Eisens wird flüssig. Aus Gangart und Zuschlägen bildet sich Schlacke, die auf dem Roheisen schwimmt. Roheisen und Schlacke werden getrennt abgelassen.

B7 Aufbau eines Hochofens und Reaktionszonen

4.12 Impulse Gruppenpuzzle Stahl – ein Hightech-Produkt

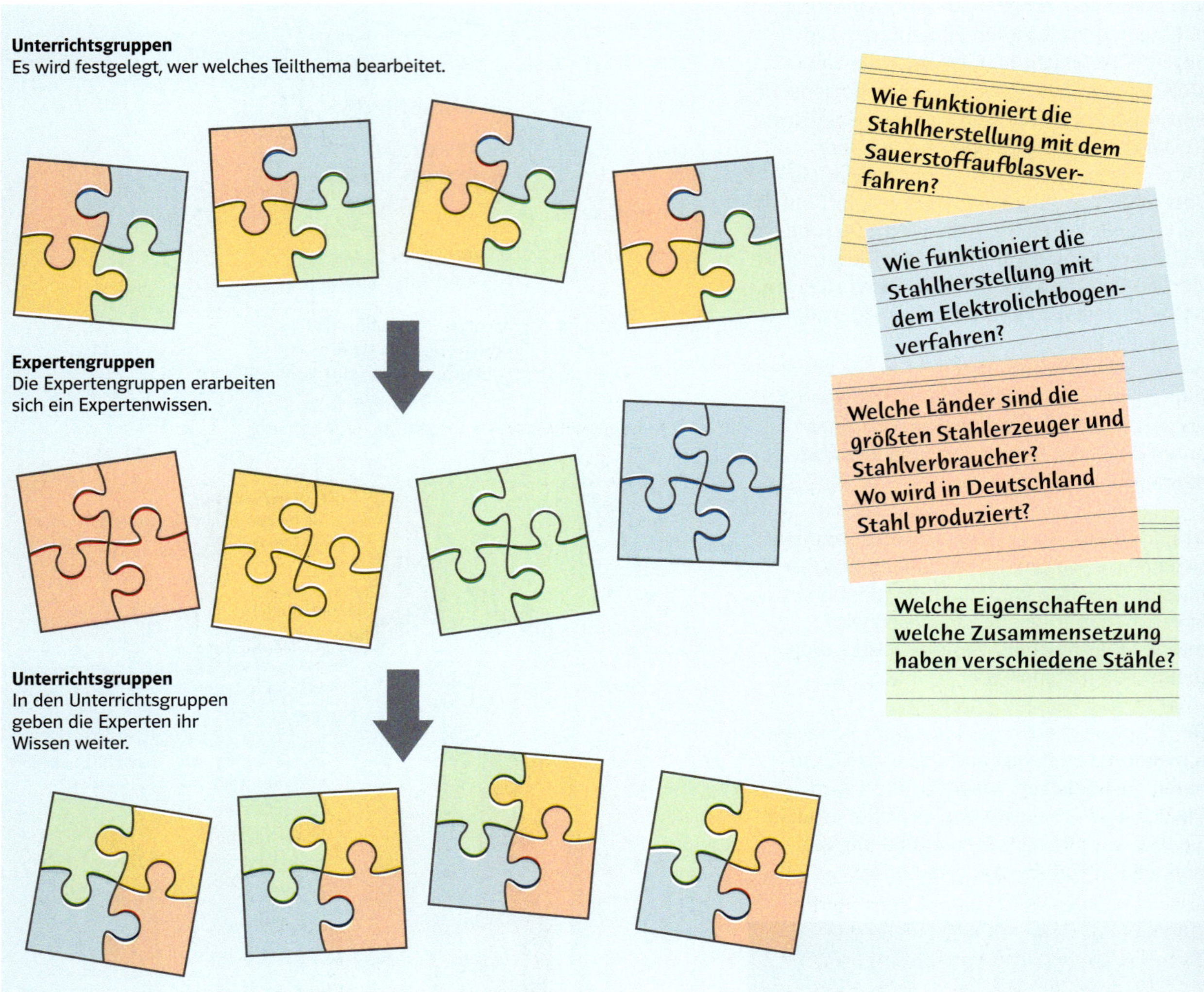

B1 So funktioniert ein Gruppenpuzzle

Neue Themen lassen sich oft gut in einer Gruppenarbeit erarbeiten. Lässt sich ein Thema in Teilthemen aufteilen, kann man sich die Arbeit weiter erleichtern. Beim **Gruppenpuzzle** [B1] braucht jedes Mitglied einer Unterrichtsgruppe nur ein Teilthema zu bearbeiten.

Zuvor muss man sich in der *Unterrichtsgruppe* einigen, wer welches Teilthema, z. B. zum Oberthema „Stahl – ein Hightech-Produkt", bearbeiten möchte. Je drei bis fünf Schülerinnen und Schüler aus verschiedenen Unterrichtsgruppen, die alle dasselbe Teilthema bearbeiten, bilden dann eine *Expertengruppe*. Dort werden Informationen gesammelt, diskutiert und Notizen gemacht. Dabei ist wichtig, dass alle Experten das jeweilige Teilthema gut verstanden haben, weil sie es im Anschluss den anderen Mitgliedern ihrer Unterrichtsgruppe erklären müssen. In der Unterrichtsgruppe ist am Ende jedes Mitglied Experte für ein anderes Teilthema, sodass am Ende alle Schülerinnen und Schüler über jedes Teilthema Bescheid wissen.

B2 Konverter wird für das Sauerstoffaufblasverfahren befüllt

Roheisen enthält bis zu 10 % Beimischungen (Kohlenstoff, Phosphor, Silicium, Schwefel). Es ist hart und spröde und schmilzt beim Erhitzen plötzlich, ohne vorher zu erweichen. Roheisen kann weder geschmiedet noch gewalzt werden. Nur ein kleiner Teil des Roheisens wird deshalb in Gießereien zu Gusseisen verarbeitet.

Vom Roheisen zum Stahl. Entzieht man dem Roheisen alle Beimischungen, erhält man reines Eisen. Es lässt sich nicht verwenden, da es zu weich ist. Durch unvollständiges Entfernen der Beimischungen erhält man schmiedbaren, beim Erhitzen allmählich erweichenden Stahl. Er hat einen Kohlenstoffanteil von weniger als 2 % [B4] und kann entweder in Formen gegossen oder im heißem Zustand in einer Walzstraße weiterverarbeitet werden. Zur Erzeugung von Stahl lässt man das Roheisen mit Sauerstoff reagieren. Bei diesem Prozess, dem **Frischen**, werden die unerwünschten Bestandteile oxidiert.
Zwei Verfahren beherrschen heute die Stahlherstellung: Das **Sauerstoffaufblasverfahren** in einem Konverter [B2] sowie das **Elektrolichtbogenverfahren** in einem Elektroschmelzofen [B3]. Durch geringe Zusätze von **Stahlveredlern** wie Chrom, Mangan, Molybdän oder Nickel werden die Eigenschaften der Stähle wesentlich verbessert. So lassen sich Spezialstähle herstellen, deren Eigenschaften besonders gut zu ihrem Einsatzzweck passen.

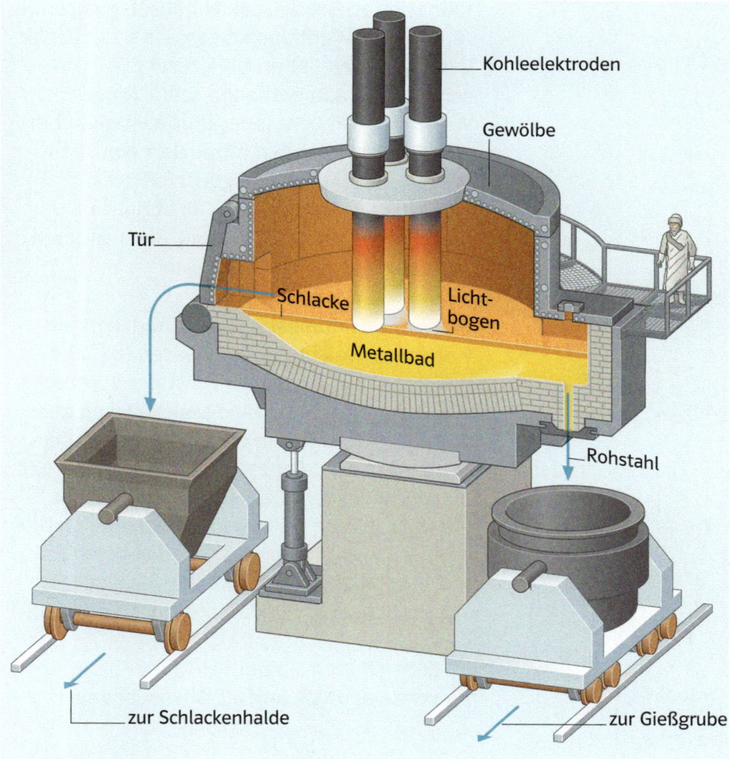

B3 Elektroschmelzofen

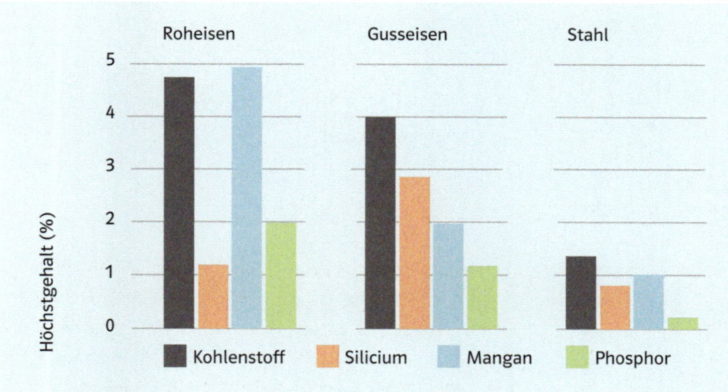

B4 Zusammensetzung von Eisenwerkstoffen im Vergleich

A1 Erarbeitet euch das Thema Stahl in einem Gruppenpuzzle. Die Teilthemen sind in B1, rechts dargestellt.

4.13 Exkurs Metalle überall

Inlineskates, Brücken, Hochhäuser, glänzende Autofelgen, Weißblechdosen, scharfe Messer haben auf den ersten Blick nichts Gemeinsames, aber alle enthalten Stahl. Dieser Werkstoff, von dem jedes Jahr weltweit über eine Milliarde Tonnen produziert wird, kann sehr unterschiedliche Eigenschaften aufweisen. Wir kommen aber nicht nur mit Stahlprodukten in Berührung, auch anderen Metallen begegnen wir täglich.

Stahl in Hochhäusern. Ohne Stahl können Hochhäuser nicht gebaut werden [B1]. Die meisten Wolkenkratzer sind in der Verbundbauweise errichtet: Wände und Decken aus Stahlbeton werden in die tragenden Stahlkonstruktionen eingesetzt. Die Elastizität und plastische Verformbarkeit des Stahls lässt sie sogar einem Erdbeben trotzen. Bei starkem Wind kann ein Hochhaus bis zu anderthalb Metern hin und her schwanken. Deshalb sorgen Schwingungsdämpfer für mehr Stabilität.
Im 509 m hohen „Taipei 101 Tower" hängt zwischen dem 88. und 92. Stockwerk eine über 600 Tonnen schwere, vergoldete, aus einzelnen Scheiben gefertigte Stahlkugel [B2] mit einem Durchmesser von 5,5 m, die mit Dämpfungselementen versehen ist und so eventuellen Schwankungen des Gebäudes entgegenwirkt. Mit dieser Kugel soll die obere Hälfte des Gebäudes nur halb so viel hin und her schwingen wie ohne die Kugel.

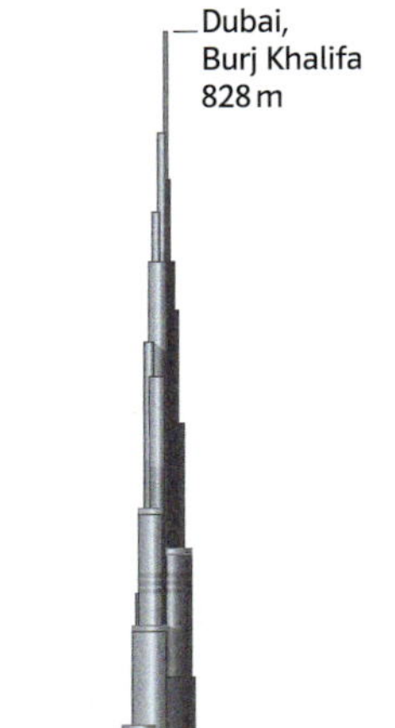

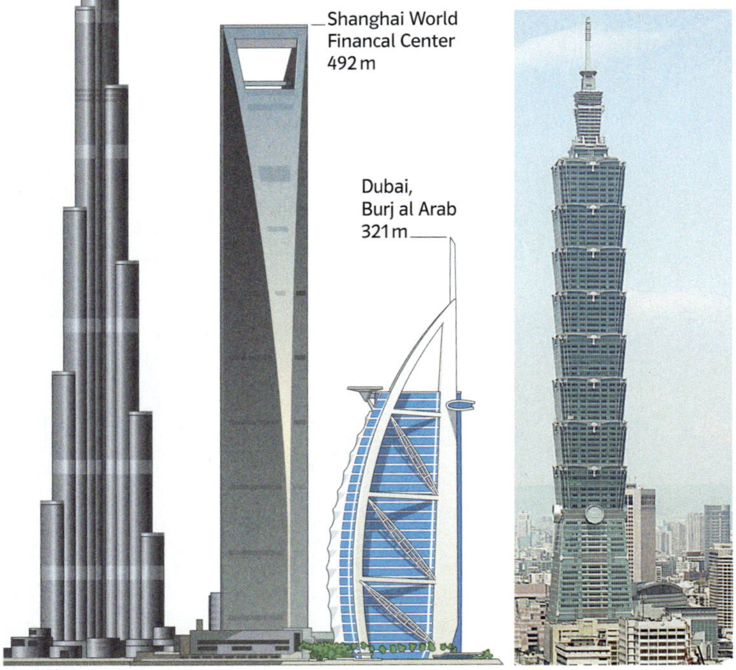

B1 Einige Wolkenkratzer (links) und Stahlgerüst des Taipei 101 (rechts)

B2 Pendel zur Dämpfung von Schwingungen

Stahlbeton. Als verhältnismäßig preiswerter und beliebig verformbarer Baustoff spielt Beton in der Bautechnik eine führende Rolle. Beton wird aus einem Gemisch von Zement, Kies mit Sand und Wasser hergestellt. Zur weiteren Festigung des Betons werden häufig Stahlstäbe oder Stahlgitter eingelegt [B3]. Man erhält dadurch **Stahlbeton**.
Da sich Beton und Stahl beim Erwärmen gleich stark ausdehnen, entstehen bei Temperaturschwankungen keine Risse im Beton. Stahlbeton vereinigt in sich die Härte und Druckfestigkeit des Betons mit der Zugfestigkeit des Stahls. Dadurch sind Konstruktionen möglich, die mit einer Steinbauweise nicht zu erreichen sind.

B3 Stahlgeflecht für einen Brückenpfeiler

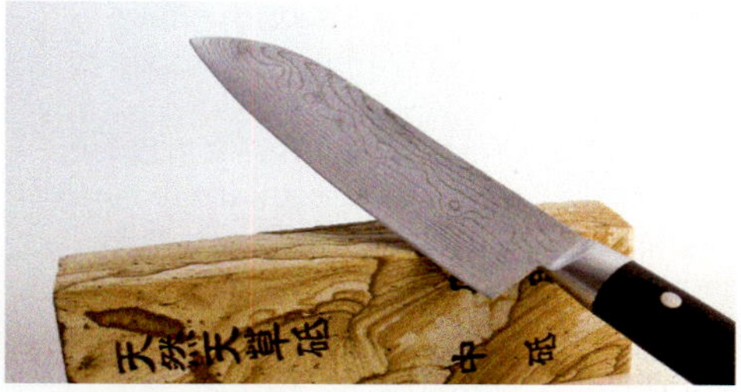

B4 Stahlklinge eines Japanischen Küchenmessers

Scharfe Messer. Japanische Messer [B4] genießen unter Köchen höchstes Ansehen. Diese Messer besitzen eine besonders scharfe Klinge. Das Geheimnis der Schärfe japanischer Messer liegt nicht nur in der speziellen Fertigung, sondern auch in dem verwendeten **Stahl**, der besonders hart ist. Harter Stahl ist aber spröde, schon beim kleinsten Verkanten würde ein solches Messer brechen. Um dieses Problem zu umgehen, verwendet man für japanische Messer in der Regel **mehrere Schichten** unterschiedlichen Stahls. Der extrem harte und scharfe Stahl befindet sich in der Mitte und wird meist mit mehreren Schichten aus weichem Stahl verschweißt. So erhält das Messer zusätzlich zu seiner Schärfe auch noch die nötige Flexibilität.

Fenster aus Aluminium. Aluminium bildet an der Luft eine sehr dünne, aber auch sehr dichte Oxidschicht. Diese **Passivierung** macht das Aluminium korrosionsbeständig und somit zu einem vielseitig einsetzbaren Metall. Im modernen Hausbau werden häufig Aluminiumfenster eingesetzt. Sie sind leicht, äußerst stabil und erfordern bei langer Lebensdauer nur geringe Wartung.

A1 Nenne einige Gegenstände aus deiner Umgebung, die ganz oder teilweise aus Stahl bestehen.

A2 Erläutere die Vorzüge des Werkstoffs Kupfer.

A3 Nenne einige Metalle und Metalllegierungen, die du im Haushalt und am Haus antriffst.

Der Einsatz von Aluminium ermöglicht unterschiedliche Fensterformen und -farben.
Ein Nachteil beim Aluminiumfenster ist seine im Vergleich zum Holzfenster schlechtere Wärmeisolierung. Dies lässt sich aber durch die Kombination von verschiedenen Rahmenprofilen mit Isolierstücken ausgleichen. So ergibt sich eine Außen- und Innenschale, die durch breite Isolierelemente zwar verbunden sind, aber dennoch eine optimale Isolierung ermöglichen [B6].

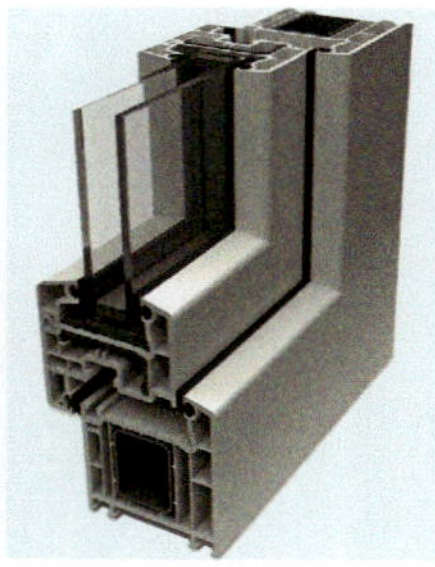

B6 Profil eines Aluminiumfensters

Kupfer in der Hausinstallation. Über die Hälfte aller Bauherren in Deutschland entscheiden sich für Kupferrohre bei der Trinkwasserinstallation [B5]. Bei der Heizungsinstallation sind es sogar mehr als zwei Drittel der Bauherren. Kupferrohre bieten einige Vorteile. Sie lassen sich wegen ihrer leichten Verformbarkeit gut verarbeiten und werden mit dem Alter nicht brüchig.
An der Luft bildet sich rasch eine dünne, schützende **Oxidschicht**, die eine weitere Reaktion unterbindet. Ist Kupfer über lange Zeit feuchter Luft ausgesetzt (z. B. Dachrinnen, Kupferdächer), bildet sich ein Belag von Kupfersalzen, der als grüne **Patina** sichtbar wird [B7]. Die Patinaschicht schützt das Metall vor **Korrosion**. Die Patinabildung wird aus diesem Grund bei Kupferplatten auf Dächern künstlich beschleunigt. Viele Bakterien werden durch Kupfer im Wachstum gehemmt. Daher wird Kupfer als Kupfer-Zink-Legierung (Messing) in öffentlichen Gebäuden und Verkehrsmitteln für Haltegriffe und Türklinken eingesetzt, um die Übertragung von Krankheitskeimen zu verhindern.

Korrosion Oxidation von Metallen durch Umgebungseinflüsse

B7 Patina auf einem Kupferdach

B5 Installation von Kupferleitungen

4.14 Praktikum Untersuchung von Getränkedosen

B1 Getränkedosen in bunter Vielfalt

Getränkedosen sind beliebt und Bestandteil unseres Alltags. Andererseits sind sie Quelle für ein ständiges Ärgernis, wenn die leeren Dosen einfach weggeworfen werden. Besser ist es, sie einer Wiederverwertung (Recycling) zuzuführen. Das ist allerdings problematisch bei Dosen, die aus verschiedenen Materialien bestehen.

V1 Prüfung des Materials einer Getränkedose

Geräte und Materialien: Schutzbrille, Getränkedose, Magnet, Schere, Kombizange, Tiegelzange, Gasbrenner.
Durchführung:
a) Berühre Boden, Zylinder und Deckel einer Getränkedose mit einem Magneten.
b) Schneide aus einem nicht magnetisierbaren Teil eine Probe des Materials.
c) (Abzug!) Prüfe das Verhalten der Probe beim Erhitzen in der rauschenden Brennerflamme.
Auswertung: Erläutere, welche Hinweise auf die Materialien sich aus den Untersuchungen ergeben.

B2 Magnesium reagiert mit Salzsäure, Kupfer jedoch nicht

V2 Einwirkung von sauren Lösungen auf das Material einer Getränkedose

Saure Lösungen reagieren mit unedlen Metallen, z.B. Eisen [B2]. Dabei entstehen gelöste Verbindungen dieser Metalle. Gelöste Eisenverbindungen kann man mit einem speziellen Nachweismittel erkennen.
Geräte, Materialien, Chemikalien: Schutzbrille, Erlenmeyerkolben, 6 Reagenzgläser, Reagenzglasständer, Tropfpipette, Spatel, 6 Streifen vom magnetisierbaren Material der Getränkedose (ca. 0,5 cm · 4 cm), Schmirgelpapier, Lösung von rotem Blutlaugensalz (w = 1 g/(100 g Lösung)), Eisen(II)-sulfat, verdünnte Salzsäure, Zitronensaft, Essig.
Durchführung:
a) Löse einige Kristalle Eisensulfat in einem Reagenzglas in wenig Wasser und gib einen Tropfen der Lösung des roten Blutlaugensalzes hinzu.
b) Schmirgle drei der sechs Metallstreifen.
c) Fülle zwei Reagenzgläser zu je einem Viertel mit verdünnter Salzsäure. Füge zu jedem ca. 5 Tropfen der Lösung des roten Blutlaugensalzes hinzu und schüttle.
Gib in das eine Reagenzglas einen angeschmirgelten, in das andere einen unbehandelten Streifen der Getränkedose.
d) Verfahre mit den anderen sauren Lösungen (Zitronensaft, Essig) in entsprechender Weise.
e) Beobachte die im Verlauf von 15 – 20 Minuten auftretenden Veränderungen.
f) Lass den Reagenzglasständer mit den Reagenzgläsern bis zur nächsten Chemiestunde stehen und beobachte wieder.
Auswertung: Beschreibe und deute deine Beobachtungen.

Aufgaben:
a) Erläutere die Erkenntnisse über die Materialien, aus denen die untersuchten Dosen bestehen.
b) Welcher Nachteil beim Recycling ergibt sich, wenn eine Getränkedose aus verschiedenen Materialien besteht?

Exkurs Schutzschicht für Eisen

Eisen rostet an feuchter Luft und reagiert mit sauren Lösungen. Es ist deshalb ungeeignet zur Aufbewahrung von Getränken und Lebensmitteln. Erst nach der Erfindung des Weißblechs war es möglich, Konservendosen einzusetzen. Weißblech ist ein mit einer dünnen Zinnschicht überzogenes Eisen- bzw. Stahlblech. Es wird nicht von sauren Lösungen angegriffen und rostet nicht, solange die Oberfläche unbeschädigt ist. Konserven- und Getränkedosen sind innen zusätzlich noch mit einem elastischen Kunstharz überzogen. Es verhindert, dass der Geschmack des Inhaltes durch Kontakt mit dem Weißblech verändert wird. Eine äußere Lackierung dient als zusätzlicher Rostschutz und um Verletzungen der Zinnschicht durch Stöße zu vermeiden.

4.15 Rosten

Oxidation ohne Flammenerscheinung. Werden Gegenstände aus Eisen ungeschützt der Luft und Feuchtigkeit ausgesetzt, bildet sich eine rotbraune Schicht aus Rost [B1]. Korrodiert also Eisen, so nennt man diesen Vorgang „Rosten“. Eisen hat mit dem Sauerstoff aus der Luft reagiert. Die genaue Zusammensetzung des dabei entstandenen Rosts ist kompliziert, da es sich um ein Gemisch aus verschiedenen Eisenoxiden (FeO und Fe_2O_3) und Wasser handelt. Rost hat nichts mehr von der Festigkeit oder dem Glanz des Eisens. Er ist weder magnetisch, noch leitet er den elektrischen Strom. Rost ist ein neuer Stoff mit völlig anderen Eigenschaften. Die Oxidation von Eisen findet ohne erkennbare Licht- und Wärmeabgabe statt. Man bezeichnet sie deshalb als langsame Oxidation. Die Rostschicht ist locker und spröde, wie die Mikroaufnahme zeigt [B2]. Sauerstoff und Feuchtigkeit können sie leicht durchdringen und an das darunter liegende Metall gelangen. Dadurch können im Laufe der Zeit selbst dicke Eisenteile durchrosten.

B1 Eisen rostet

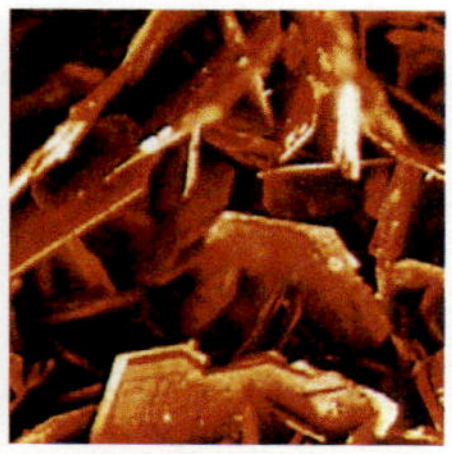

B2 Mikroaufnahme von Rost

Rostschutz. Um Eisenteile vor Rost zu schützen, muss der Zutritt von Luft und Wasser verhindert werden. Autos werden lackiert, Eisengitter, -tore und Schiffe mit Rostschutzfarbe gestrichen [B3] oder mit Kunststoff überzogen, eiserne Kochtöpfe emailliert und Gartengeräte wie Spaten und Harken eingeölt.
Auch andere Metalle verändern sich an der Luft. Dabei überziehen sie sich zum Teil mit einer festen, dichten Oxidschicht, die vor weiterer Oxidation schützt. So bewahrt eine Oxidschicht z. B. Blei, Aluminium und Zink vor weiterer Oxidation.

B3 Rostschutz kann ganz schön mühselig sein

Praktikum Dem Rost auf der Spur

Geräte und Materialien: (Schutzbrille!), 6 Reagenzgläser, 2 passende Gummistopfen, 6 Bechergläser (250 ml), 6 gleiche Portionen entfettete Stahlwolle, Klebeband, Filzsschreiber, Stofflappen oder Papier, Zinkstaub, Nähmaschinen- oder Paraffinöl, Kunststoffspritze (60 ml) mit Schlauch.

Durchführung:
Folgende Versuchsreihe wird erstellt:

Glas	Versuchsansatz
1	trockene Stahlwolle mit Luft
2	trockene Stahlwolle mit Sauerstoff
3	feuchte Stahlwolle mit Luft
4	feuchte Stahlwolle mit Sauerstoff
5	angefeuchtete Stahlwolle, mit Zinkstaub eingerieben (mit Lappen oder Papier)
6	trockene Stahlwolle mit Öl gefettet (Lappen oder Papier)

Schiebe die 6 vorbereiteten Stahlwolleportionen jeweils bis zum Boden in die Reagenzgläser. Lass die Kunststoffspritze mit Sauerstoffgas befüllen, drücke das Gas zügig in Glas 2 und 4. Verschließe sofort mit den Gummistopfen. Stelle die Reagenzgläser jeweils mit der Öffnung nach unten in ein mit Wasser gefülltes Becherglas [B4]. Ziehe unter Wasser die Stopfen ab.

Auswertung:
a) Übernimm die Tabelle ins Heft und ergänze sie. Vergleiche nach einigen Tagen das Gasvolumen und den Umfang des Rostens. Notiere deine Ergebnisse in der Tabelle.

Glas	Gasvolumen	Rostbildung
1		
2		
3		
4		

b) Der Begriff Korrosion kommt von lat. corrodere, zernagen. Beschreibe anhand deiner Versuchsergebnisse, warum diese Bezeichnung für das Rosten von Eisen zutrifft.

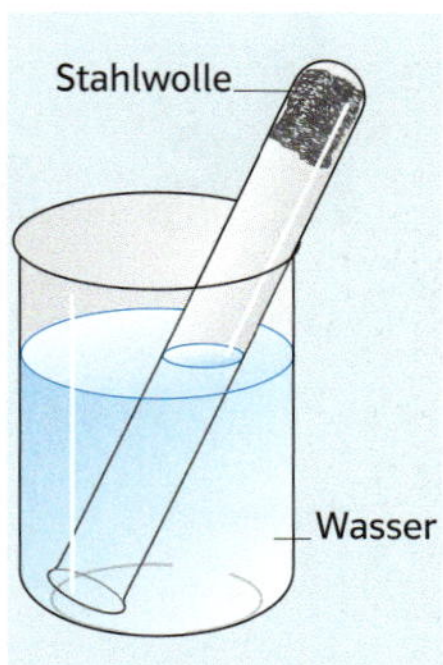

B4 Versuchsaufbau

4.16 Durchblick Zusammenfassung und Übung

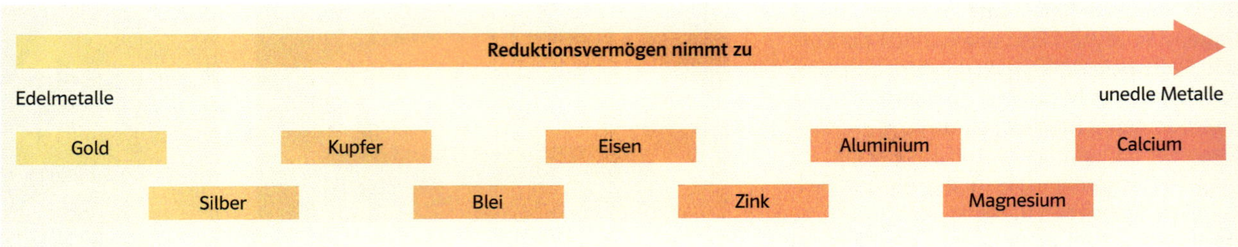

B1 Reduktionsvermögen einiger Metalle

Erze
Rohstoffe aus Metallverbindungen und Gestein (Gangart). Der Metallanteil ist entscheidend für die Ausbeutung der Erzlagerstätten.

Metalle
Stoffe, die den elektrischen Strom leiten, eine gute Wärmeleitfähigkeit aufweisen und als Stücke glänzen, gehören zu den Metallen. Viele Metalle lassen sich leicht verformen und damit bearbeiten.

Legierung
Ein metallischer Stoff, der aus mindestens zwei Metallen oder je einem Metall und einem Nichtmetall besteht, gehört zu den Legierungen. Legierungen haben andere Eigenschaften als die Metalle und Nichtmetalle, aus denen sie bestehen.

Recycling
Wiederverwertung bereits benutzter Rohstoffe.

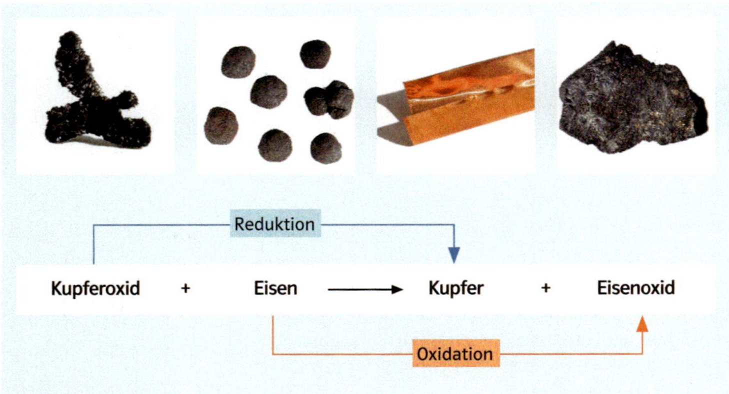

B2 Die Redoxreaktion

Leicht- und Schwermetalle
Metalle, deren Dichte größer als $\varrho = 5\,g/cm^3$ ist, gehören zu den Schwermetallen, alle übrigen zu den Leichtmetallen. Die meisten Metalle sind Schwermetalle.

Metallbindung
Die Metallbindung wird durch die Anziehung zwischen positiv geladenen Atomrümpfen und negativ geladenen Elektronen (Elektronengas) bewirkt.

Oxidation und Reduktion
Eine Oxidation ist eine chemische Reaktion, bei der Sauerstoff aufgenommen wird (Elektronen abgegeben werden). Bei einer Reduktion wird Sauerstoff abgegeben (werden Elektronen aufgenommen).

Reduktionsmittel und Oxidationsmittel
Ein Stoff, der in der Lage ist, andere Stoffe zu reduzieren (wird dabei selbst oxidiert), ist ein Reduktionsmittel. Ein Stoff, der in der Lage ist, andere Stoffe zu oxidieren (wird dabei selbst reduziert) ist ein Oxidationsmittel.

Redoxreaktion
Reaktion, bei der Reduktion und Oxidation gleichzeitig stattfinden.

Stahl
Eisen-Kohlenstoff-Legierung mit einem Kohlenstoffanteil von weniger als 2%.

Korrosion
Zerstörung eines Werkstoffs durch Reaktion mit Stoffen in seiner Umgebung, z. B. Rosten von Eisen.

A1 Welche Metalle sind es?
a) Zeichen: Pb
b) Schmelztemperatur: $\vartheta_{Sm} = 1535\,°C$
c) Dichte: $\rho = 19{,}32\,g/cm^3$
d) Siedetemperatur: $\vartheta_{Sd} = 356\,°C$

A2 Setze aus dem Buchstabensalat [B4] fünf Fachbegriffe zusammen. Ein Bruchstück darf nur einmal eingesetzt werden.

A3 Suche aus der Tabelle der chemischen Elemente im Anhang das Schwermetall mit der höchsten und das mit der geringsten Dichte.

A4 Früher hatten alle Fahrräder einen Stahlrahmen. Heute haben viele einen Rahmen aus Aluminium. Welche Vorteile hat Aluminium gegenüber Stahl? Nenne weitere Beispiele dafür, dass Aluminium Stahl, zumindest teilweise, abgelöst hat.

A5 In der Tabelle findest du die Daten zum Recycling von Weißblech. Die Angaben der Tabelle beziehen sich auf die Herstellung von 100 Weißblechdosen. Bewerte das Recycling von Weißblech.

Rohstoffverbrauch	aus neuem Stahl	aus Recycling-stahl
Eisenerz	15,60 kg	0
Zinnerz	0,72 kg	0
Weißblechschrott	0,80 kg	8,50 kg
Kalk	1,85 kg	0,06 kg
Wasser	106,50 l	83,50 l
Abfälle		
Schlacke	2,50 kg	0,30 kg
Staub	0,40 kg	0,10 kg
Abraum beim Abbau der Erze	721,50 kg	0
Luftschadstoffe		
Kohlenstoffdioxid	19,20 kg	8,20 kg
Stickstoffoxide	0,03 kg	0,02 kg
Energieeinsatz		
Verfahrensenergie	212,60 MJ	126,30 MJ
Transportenergie	19,90 MJ	5,60 MJ

A6 In einem Tiegel werden Holzkohlepulver und gelbes Bleioxid (PbO) übereinander geschichtet. Erhitzt man den Tiegel mit der nicht leuchtenden Brennerflamme, so bildet sich im Tiegel ein blaugrauer, metallisch glänzender, flüssiger Stoff, der beim Abkühlen erstarrt. Gleichzeitig entweicht ein gasförmiger Stoff, der Kalkwasser trübt.
a) Formuliere das Reaktionsschema. Kennzeichne die Oxidation und die Reduktion.
b) Wird die Reaktion quantitativ durchgeführt, erhält man die folgenden Messwerte:

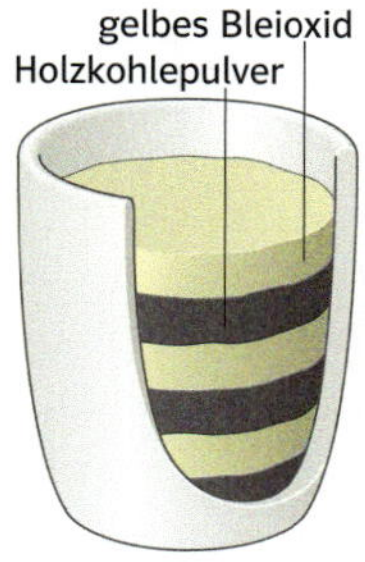

B3 Zu Aufgabe 6

Nr. des Versuchs	m(Bleioxid)	m(Blei)	m(Sauerstoff)	$\frac{m(\text{Blei})}{m(\text{Sauerstoff})}$
1	3,712 g	3,445 g		
2	4,885 g	4,536 g		
3	5,778 g	5,364 g		
4	6,422 g	5,962 g		

c) Übertrage die Tabelle in dein Heft, vervollständige und werte sie grafisch aus.

A7 Lege auf das Kammrätsel eine Folie oder Klarsichthülle und trage die fehlenden Begriffe und Namen ein. Die Buchstaben der markierten Felder ergeben das Lösungswort.

① Legierung für Glocken und Skulpturen
② Verläuft unter Energieabgabe, ist also …
③ Reaktion mit Sauerstoff
④ Rötliches, weiches, biegsames Metall
⑤ Legierungsbestandteil für rostfreie Bestecke
⑥ Verläuft unter andauernder Wärmezufuhr, ist also …
⑦ Fließt aus dem Hochofen
⑧ Wird im Hochofen eingesetzt
⑨ Viele Dosen sind aus diesem Metall

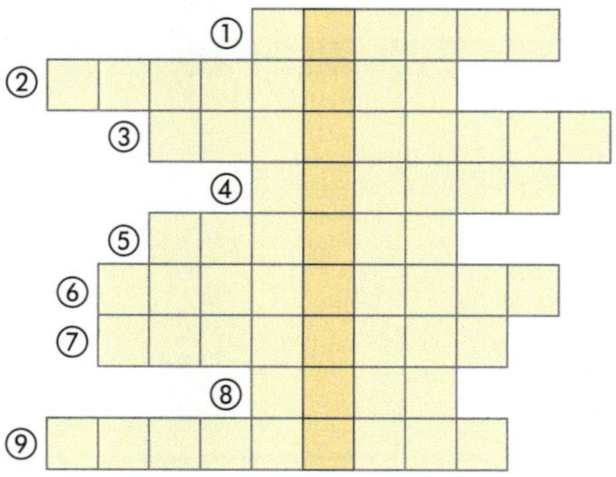

Buchstabensalat: Oxi, ofen, Schwer, reak, Re, tion, tion, Hoch, tall, dox, Re, da, duk, me, tion

B4 Zu Aufgabe 2

	Salze	Metalle
Kurzbeschreibung der Bindungsart	Ionenbindung: Metall-Kationen (positiv geladen) und Nichtmetall-Anionen (negativ geladen) ziehen sich in einem Ionengitter gegenseitig an	
Elektrische Leitfähigkeit des Reinstoffs	keine, weil die Ionen sich im Feststoff nicht frei bewegen können	
Verformbarkeit		

B5 Tabellarischer Vergleich zwischen Salzen und Metallen

A8 Vergleiche Ionenverbindungen und Metalle im Hinblick auf die Bindungsart und deren Einfluss auf einige charakteristische Eigenschaften. Übertrage dazu die Tabelle in B5 in dein Heft und ergänze sie.

A9 Im Folgenden sind Mischungen aus je einem Metall und einem Metalloxid angegeben. Überlege, ob eine Reaktion zu erwarten ist, wenn man die Mischung erhitzt. Formuliere jeweils die Reaktionsgleichung oder begründe, weshalb keine Reaktion abläuft.

a) Eisen/Kupferoxid (Cu_2O)

b) Eisen/Calciumoxid (CaO)

c) Aluminium/Eisenoxid (FeO)

Clever suchen im Internet

Im WWW (World Wide Web) findest du sehr aktuelles Wissen. Auf weit mehr als einer Milliarde Webseiten findest du nützliche Informationen für deine Hausaufgaben oder ein Referat. Sich in diesem gigantischen Angebot zurechtzufinden, ist nicht einfach. Dafür gibt es im Internet findige Helfer: die Suchmaschinen. Diese führen dich durch das Labyrinth der Webseiten.

Wähle zuerst einen sinnvollen Suchbegriff, z. B. „Thermitverfahren". Wenn du feststellst, dass deine Abfrage eine zu große Zahl an gefundenen Seiten ergibt, musst du genauer fragen. Verknüpfe dazu zwei Begriffe, diese müssen nur durch ein Leerzeichen getrennt sein oder man setzt ein „+" (bzw. „und" oder „and") zwischen die Begriffe. Gibt man beispielsweise die Begriffe „Thermitverfahren + Erfinder" ein, werden nur noch Seiten angezeigt, die beide Suchworte gleichzeitig enthalten.

Suche im Internet mithilfe der Verknüpfungsfunktion nach Anwendungsmöglichkeiten für das Thermitverfahren.

5 Molekülbau und Stoffeigenschaften

Wir nutzen Stoffe in allen Bereichen unseres Lebens. Dabei wählen wir z. B. zum Reinigen, Pflegen oder Schminken ganz gezielt geeignete Stoffe nach ihren Eigenschaften aus. Die Stoffeigenschaften hängen vom Aufbau der Teilchen der Stoffe ab.

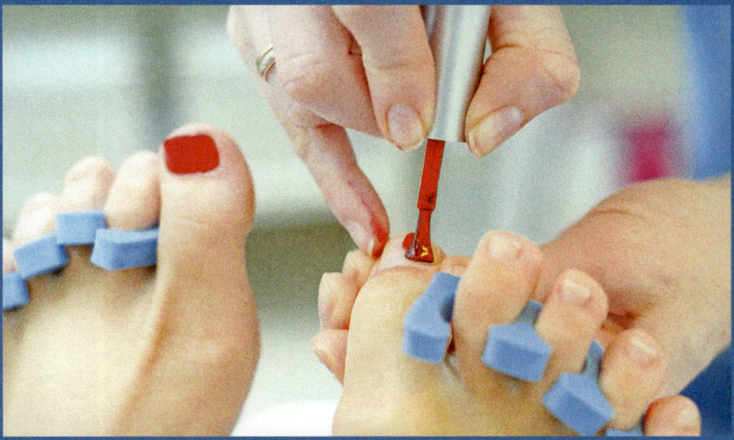

Viele der im Alltag verwendeten Stoffe sind keine Reinstoffe, sondern Stoffgemische. Dabei sollten sich die enthaltenen Reinstoffe möglichst gut ineinander lösen. So ergibt sich ein homogenes oder zumindest homogenisiertes Produkt. Je nach zu lösendem Stoff werden geeignete Lösungsmittel benötigt.

Neben der Löslichkeit sind die Zähflüssigkeit sowie die Schmelz- und die Siedetemperatur wichtige Stoffeigenschaften, damit man entscheiden kann, ob sich ein Stoff für einen bestimmten Zweck eignet.

In diesem Kapitel wirst du einige neue Modelle kennenlernen. Mit diesen kann man die Eigenschaften eines Stoffes anhand des Baus seiner Moleküle und den damit verbundenen Wechselwirkungen zwischen den Molekülen erklären. Außerdem kann man mithilfe dieser Modelle sogar vom Molekülbau auf die Eigenschaften schließen, ohne diese zuvor zu kennen.

Surftipp
4b8pi7

5.1 Sauber und schön

B1 Waschbenzin aus dem Baumarkt

B2 Gesichtswasser

Wasser – Reinigungsmittel Nr. 1
Der durchschnittliche Deutsche verbraucht pro Tag etwa 70 l Wasser insgesamt zur Körperpflege, zum Putzen und Wäsche waschen. Wasser ist mit Abstand das wichtigste Reinigungsmittel.

B3 Schweiß auf der Haut

A1 Schwitzen gehört zum Sport dazu [B3]. Schweiß enthält Kochsalz und weitere Salze. Erkläre, warum ein Duschbad hilft, diese Salze von der Haut zu entfernen.

Reinigen ganz ohne Wasser
Viele Verschmutzungen im Alltag können mit Wasser beseitigt werden. Manche Stoffe wie Fette oder Lacke sind aber nicht gut wasserlöslich. Es gibt auch noch andere Gründe, warum Wasser nicht immer zum Reinigen geeignet ist.

V1 **a)** Teste, welche deiner Filzstifte wasserlöslich sind. Male dazu Punkte auf ein Stück Stoff (z. B. ein Stück eines alten Betttuches). Gib dann etwas warmes Wasser auf die Punkte und reibe mit einem weiteren Tuch.
b) Überprüfe, ob sich die Lösungsmittel aus A2 und A3 dazu eignen, die Flecken zu entfernen.

A2 Recherchiere, welche Lösungsmittel Glasreiniger und Brillenputztücher enthalten. Welche Verschmutzungen werden dadurch gut gelöst? Beschreibe.

A3 Recherchiere, welche Lösungsmittel Maler und Lackierer zum Reinigen von mit Farben oder Lacken verschmutzten Gegenständen, wie z. B. Pinseln, verwenden.

A4 **a)** Informiere dich über die chemische Reinigung von Textilien. Nenne die Bedeutung der Textilpflegesymbole P und F.
b) Erkläre, warum die Kleidungsstücke nicht einfach mit Wasser gereinigt werden.
c) Nenne Kriterien, die bei der Wahl eines zum Reinigen geeigneten Lösungsmittels beachtet werden müssen.

Kosmetikprodukte
Kosmetikprodukte dienen der Körper- und Schönheitspflege. Je nach konkretem Einsatzgebiet enthalten sie verschiedene Festigungsmittel, Duftstoffe, Pflegestoffe oder Farbstoffe. Dadurch werden unangenehme Körpergerüche überdeckt, die Haare bleiben in Form, die Haut wird vor dem Austrocknen geschützt und die Fingernägel strahlen in leuchtendem Rot. Um diese Stoffe zu lösen, werden aber gleichzeitig die unterschiedlichsten Lösungsmittel benötigt.

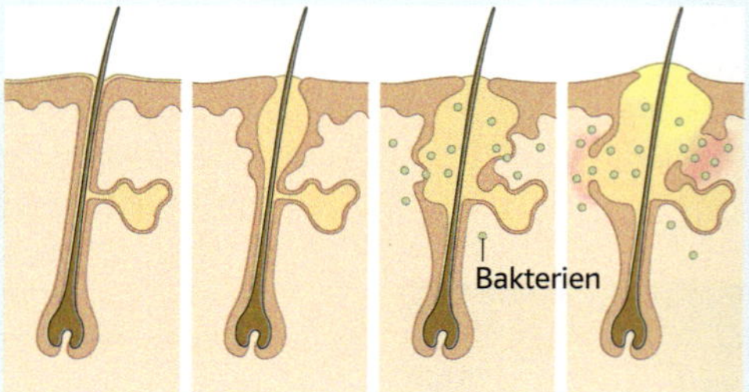

B4 Entstehung von Pickeln. Öliger Talg verstopft die Hautporen, dadurch entsteht eine Entzündung

A5 Gesichtsreiniger gegen Pickel [B2] enthalten entzündungshemmende Wirkstoffe, die wenig wasserlöslich sind. Die enthaltenen Lösungsmittel lösen außerdem auch Fette und Öle. Beschreibe eine weitere Wirkung der enthaltenen Lösungsmittel [B4].

V2 Besorge dir ein Fläschchen Nagellack [B7] und überprüfe, welche der folgenden Stoffe Nagellack lösen: Wasser, Waschbenzin, Ethanol, Isopropanol, Aceton. Verstreiche dazu wenig Nagellack auf verschiedene Stellen eines Porzellantellers, gib je einige Tropfen eines Lösungsmittels dazu und reibe mit einem Tuch.

A6 Häufig enthält Nagellack die Lösungsmittel Essigsäureethylester, Essigsäurebutylester oder Isopropanol. Seit einiger Zeit wird aber auch „lösungsmittelfreier Lack auf Wasserbasis“ beworben. **a)** Erkläre, wieso dieser Begriff aus chemischer Sicht nicht korrekt ist. **b)** Nenne mögliche Nachteile solcher Nagellacke.

Guter Duft

Viele Duftstoffe kommen in der Natur nur in Gemischen vor. Beim **Extrahieren** (Herauslösen) nutzt man die unterschiedliche Löslichkeit der Gemischbestandteile aus. Wenn man das passende Extraktionsmittel wählt, können die gewünschten Bestandteile vom Rest getrennt werden.

B5 Lavendelfeld in der Provence, Frankreich

A7 Bei der Parfümherstellung wird ein Verfahren angewandt, das man *Enfleurage* nennt. Damit kann man z. B. aus Lavendelblüten [B5] kostbare, reine Blütenöle gewinnen. Informiere dich über dieses Verfahren. Beschreibe die beiden Extraktionsschritte und nenne die Lösungsmittel, die dabei genutzt werden.

V3 **Orangenöl aus Orangenschalen**

Die Schalen von Zitrusfrüchten enthalten bis zu 5 % Öl, das die Frucht u. a. vor Insekten, Pilzen und Bakterien schützt. Das Öl verbreitet einen angenehmen Duft und kann als Aromaöl in Duftlampen verwendet werden. Auf der Haut wirkt es unverdünnt allerdings reizend.

Geräte und Materialien: 2 Bechergläser, Gasbrenner, Dreifuß, Keramik-Drahtnetz, Stativ, Doppelmuffe, Stativklemme, Rundkolben, 2 gewinkelte Glasrohre, durchbohrter Stopfen, Schlauchstück, Reagenzglas, Schalen von ca. 2 (ungespritzten) Orangen.

Durchführung:

Zerkleinere die Orangenschalen in ca. 5 mm lange Würfel und fülle den Rundkolben zu zwei Dritteln. Fülle ebenso hoch mit Wasser auf. Baue die Apparatur gemäß B8 zusammen und achte darauf, dass das gewinkelte Glasrohr nicht in das Destillat eintauchen kann. Erhitze den Kolben im Wasserbad bis zum Sieden des Gemischs und verringere die Wärmezufuhr so, dass es schwach weitersiedet. Beende den Vorgang, sobald das Reagenzglas zu einem Drittel gefüllt ist.

Auswertung:

Schaue das Destillat an, mache eine Geruchsprobe. Wenn du das Orangenöl zur Herstellung eines Duftwassers verwenden willst, darfst du nur die Schalen von unbehandelten Orangen verwenden.

B6 Orange

A8 Im Handel gibt es Reinigungsmittel, die gelöstes Orangenöl enthalten [B9]. Teste, welche Arten von Verunreinigungen sich gut mit dem in V3 hergestellten Öl lösen lassen. Erstelle zunächst einen Versuchsplan.

B7 Nagellacksortiment

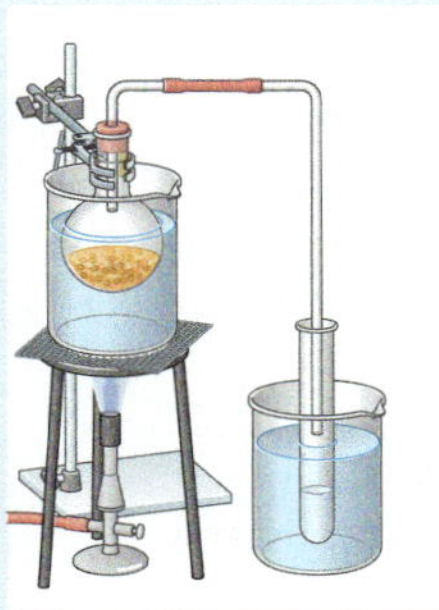

B8 Versuchsaufbau zu V3

B9 Orangenreiniger

5.2 Der räumliche Bau von Molekülen

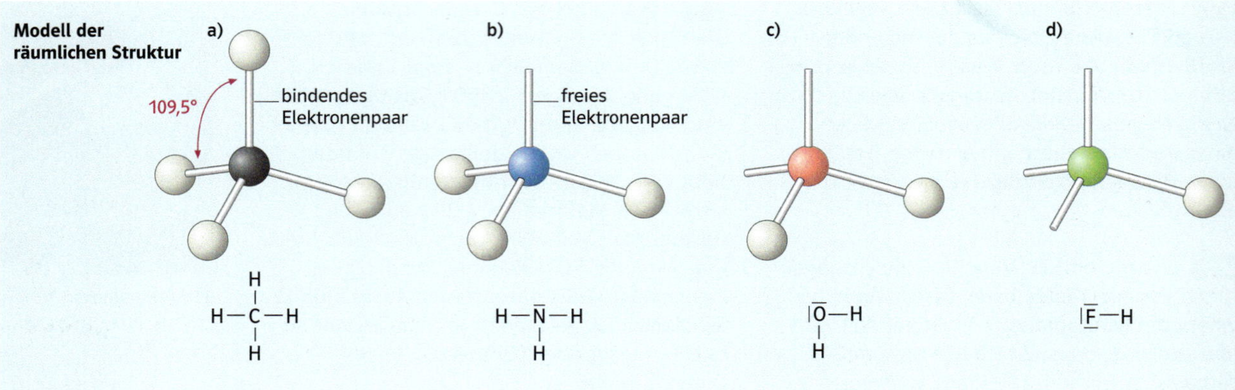

B1 Ableitung einiger Molekülstrukturen aus der tetraedrischen Anordnung der bindenden und nicht bindenden (freien) Elektronenpaare: **a)** tetraedrisch, **b)** pyramidal, **c)** gewinkelt, **d)** linear (gestreckt)

Stoffeigenschaften, wie die Löslichkeit, können mit dem Aufbau der Stoffe erklärt werden. Dazu muss man aber zunächst einmal verstehen, wie Moleküle räumlich aufgebaut sind.

lat. linea (gerade) Linie

Anordnung der Atome und räumlicher Bau von Molekülen. Für Moleküle, die nur aus zwei Atomen bestehen, muss man keine Überlegungen zum räumlichen Aufbau anstellen. Bereits bei dreiatomigen Molekülen sind jedoch verschiedene räumliche Anordnungen denkbar. So findet man z. B. beim Wasser-Molekül [B1c] eine gewinkelte Struktur, im Kohlenstoffdioxid-Molekül [B6, unten] dagegen sind die Atome linear angeordnet.

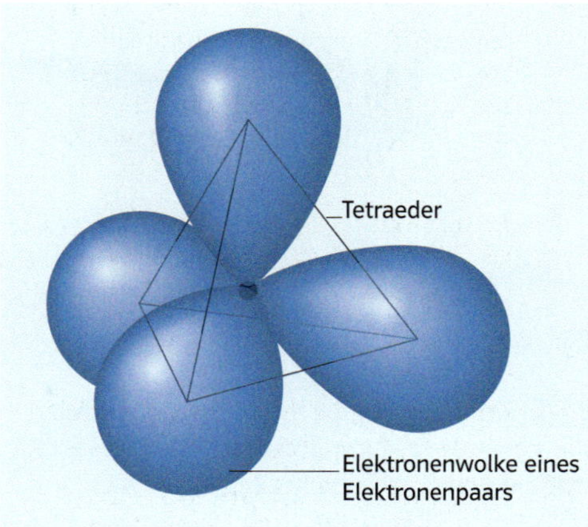

B2 Vier Elektronenpaarwolken ordnen sich durch Abstoßung tetraedrisch an

Elektronenpaare und Molekülstruktur. Eine Modellvorstellung, die diese Befunde erklärt, ist das **E**lektronen**p**aar-**A**bstoßungs-Modell (**EPA-Modell**). Es wurde 1957 von RONALD J. GILLESPIE entwickelt. Er nahm an, dass sich die negativ geladenen Elektronenpaarwolken im Molekül gegenseitig abstoßen. Sie ordnen sich daher so an, dass sie den größtmöglichen Abstand voneinander einnehmen. Für ein Molekül, in dem ein Atom mit vier weiteren Atomen verbunden ist, ergibt sich die Form eines **Tetraeders** [B2].
Diese Struktur hast du am Beispiel des Methan-Moleküls (CH_4) bereits kennengelernt (Kap. 3.15). Das Kohlenstoff-Atom befindet sich im Zentrum des Tetraders [B1a]. Die Verbindungslinien von zwei Wasserstoff-Atomen mit dem Kohlenstoff-Atom bilden einen Winkel von 109,5 °, den **Tetraederwinkel.**
Für die zeichnerische Darstellung ist es bequemer, statt der voluminösen „Wolken" Elektronenpaare gemäß dem Kugel-Stab-Modell (Kap. 3.8, B1) darzustellen.

Neben den bindenden Elektronenpaaren werden in gleicher Weise auch die nicht bindenden Elektronenpaare im EPA-Modell berücksichtigt. Im Ammoniak-Molekül (NH_3) stoßen sich die bindenden Elektronenpaare der Wasserstoff-Atome und das nicht bindende Elektronenpaar gegenseitig ab.

Dadurch ergibt sich, wie im CH_4-Molekül, eine tetraedrische Anordnung der Elektronenpaare, allerdings sind nur drei Ecken des Tetraeders mit Wasserstoff-Atomen besetzt [B1b].
Auch im Wasser-Molekül sind die vier Elektronenpaare tetraedrisch angeordnet. Aus der Lage der beiden bindenden Elektronenpaare ergibt sich ein gewinkeltes Molekül [B1c].

Mit dem EPA-Modell kann man den räumlichen Bau von Molekülen erklären. Die Elektronenpaare ordnen sich so an, dass sie den größtmöglichen Abstand voneinander einnehmen.

Um den räumlichen Aufbau eines Moleküls zu zeichnen, ist es nicht immer sinnvoll, auch die Bindungswinkel exakt darzustellen. Besonders schwierig ist dies bei Molekülen, deren Atome nicht in einer Ebene liegen. Man zeichnet daher in der Strukturformel die Bindungspartner und die freien Elektronenpaare der Atome jeweils rechtwinklig an die vier Seiten des Zeichens für das Atom [B1]. Die bindenden Elektronenpaare sind dann auf den Bindungspartner gerichtet.

Der räumliche Bau der Alkan-Moleküle. Wie im Methan-Molekül sind in den nachfolgenden Alkan-Molekülen der homologen Reihe alle Kohlenstoff-Atome tetraedrisch von ihren vier Bindungspartnern umgeben. Alle Bindungswinkel betragen 109,5° [B3]. Man kann sich ihre Moleküle als aneinandergehängte Tetraeder vorstellen [B4]. Sie werden daher meist als „Zickzack-Ketten" dargestellt. Diese Ketten sind flexibel.

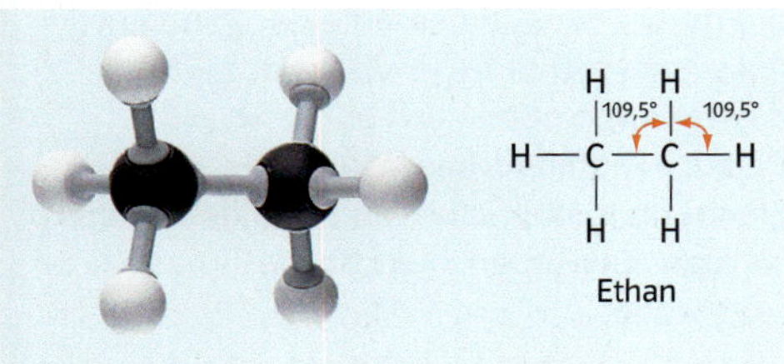

B3 Ethan-Molekül: Aufbau und Bindungswinkel

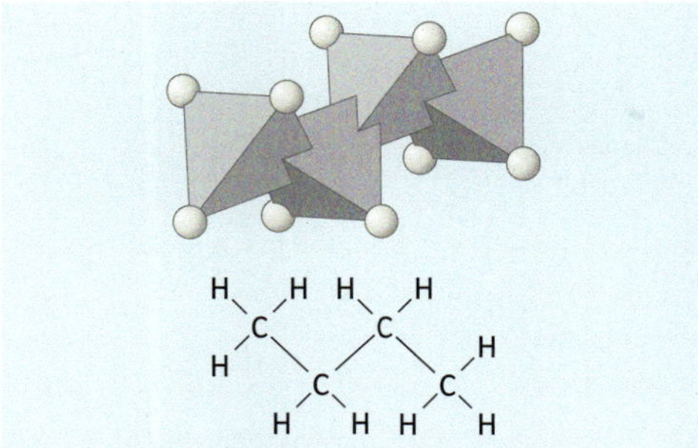

B4 Aneinandergehängte Tetraeder (oben), „Zickzack-Kette" des Butan-Moleküls (C_4H_{10}) (unten)

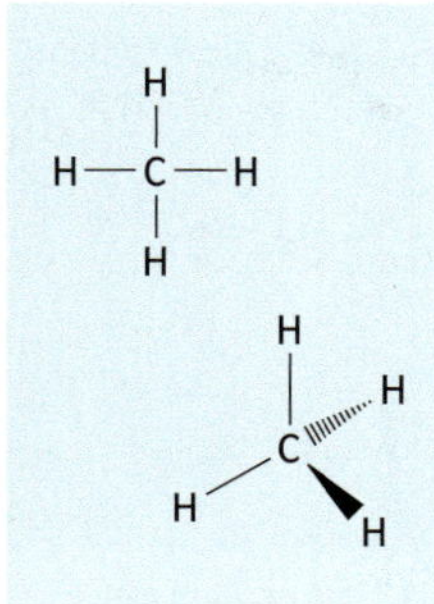

B5 Formeln des Methan-Moleküls

Mehrfachbindungen im EPA-Modell. Im Kugel-Stab-Modell werden Mehrfachbindungen gebogen dargestellt. Im EPA-Modell wirkt die Doppel- oder Dreifachbindung auf andere Elektronenpaare jeweils fast wie eine einfache Bindung. Im Cyanwasserstoff-Molekül (HCN) ist das C-Atom nur mit zwei weiteren Atomen verbunden, es tritt eine Einfach- und eine Dreifachbindung auf. Die Bindungspartner des C-Atoms sind linear angeordnet. So haben sie den größtmöglichen Abstand voneinander [B6, oben]. Die gleichen Verhältnisse liegen vor, wenn das C-Atom mit zwei Bindungspartnern über jeweils eine Doppelbindung verbunden ist. Auch das Kohlenstoffdioxid-Molekül ist linear gebaut [B6, unten].

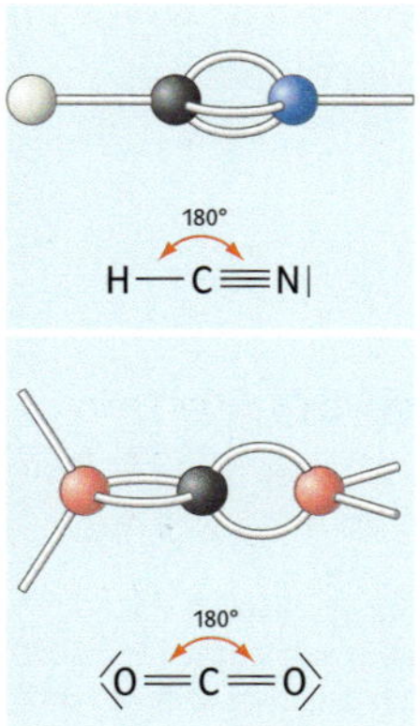

B6 Gestreckter Molekülbau bei C-Atomen mit zwei Bindungspartnern: Cyanwasserstoff-Molekül (oben), Kohlenstoffdioxid-Molekül (unten)

A1 Baue mit einem Molekülbaukasten eine „Zickzack-Kette" eines Alkans mit mindestens drei C-Atomen. Drehe das Molekül jeweils um die Kohlenstoff-Kohlenstoff-Bindungsachsen. **a)** Begründe, warum es manchmal „hakt". **b)** Erläutere, welche Position die günstigste ist.

A2 Die vier H-Atome des CH_4-Moleküls liegen nicht in einer Ebene. Begründe mit dem EPA-Modell.

A3 Baue mit dem Molekülbaukasten Strukturmodelle von CCl_4 und H_2S. Zeichne die Strukturformeln und beschreibe den räumlichen Bau der Moleküle.

A4 Erläutere die unterschiedliche Darstellung der Formel des Methan-Moleküls in B5.

5.3 Die polare Elektronenpaarbindung

B1 LINUS PAULING (1901–1994)

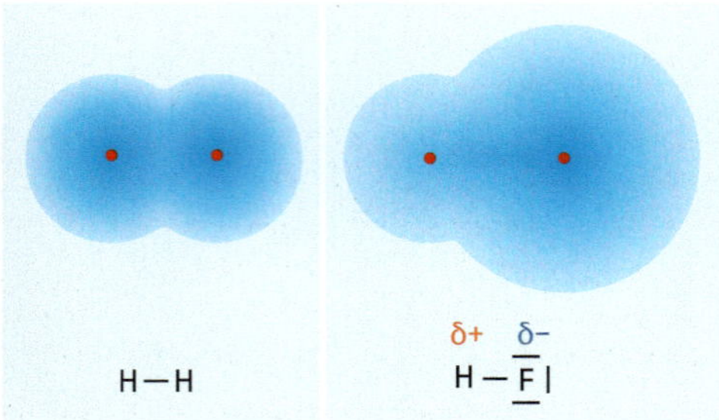

B3 Wasserstoff- und Fluorwasserstoff-Molekül

In Molekülen, die wie das Wasserstoff-Molekül aus zwei gleichen Atomen bestehen, erfolgt die Bindung zwischen den Atomen durch eine gemeinsame Elektronenwolke. Die beiden Elektronen, die sie bilden, befinden sich im Anziehungsbereich beider Kerne. Die Bindung führt zu einer Verdichtung der negativen Ladung zwischen den Kernen [B3, links]. Die bindende Elektronenwolke ist symmetrisch um beide Kerne angeordnet. Sind zwei unterschiedliche Atome verbunden, wie z. B. im Fluorwasserstoff-Molekül, hat das Auswirkungen auf die Ladungsverteilung.

Dipol Molekül, das ein positiv geladenes Ende und ein negativ geladenes Ende hat

Partialladung Teilladung

δ, delta (griech. Kleinbuchstabe)

Die Bindung im Fluorwasserstoff-Molekül. Das Fluorwasserstoff-Molekül ist ein **Dipol**, die Ladungsverteilung zwischen den verbundenen Atomkernen ist unsymmetrisch. Die Bindungselektronen im Fluorwasserstoff-Molekül werden von den beiden Kernen verschieden stark angezogen; die Elektronenwolke ist zum Fluor-Atom verschoben [B3, rechts].

Hauptgruppen						
I	II	III	IV	V	VI	VII
H 2,1						
Li 1,0	Be 1,5	B 2,0	C 2,5	N 3,0	O 3,5	F 4,0
Na 0,9	Mg 1,2	Al 1,5	Si 1,8	P 2,1	S 2,5	Cl 3,0
K 0,8	Ca 1,0	Ga 1,6	Ge 1,8	As 2,0	Se 2,4	Br 2,8
Rb 0,8	Sr 1,0	In 1,7	Sn 1,8	Sb 1,9	Te 2,1	I 2,5

B2 Elektronegativitätswerte von einigen Hauptgruppenelementen nach PAULING

Dadurch besitzt das Fluor-Atom einen Überschuss an negativer Ladung. Hier befindet sich die negativ geladene Seite des Dipols, während die Wasserstoffseite positiv geladen ist. Die Ladungen beider Seiten heben sich insgesamt auf, das Molekül ist nach außen ungeladen. Am Fluor-Atom des Moleküls befindet sich die **negative Teilladung** (Zeichen: δ−), am Wasserstoff-Atom die entsprechende **positive Teilladung** (Zeichen: δ+) [B3]. Immer wenn zwei unterschiedliche Atome durch eine Elektronenpaarbindung miteinander verbunden sind, können Teilladungen vorliegen. Diese Art der Bindung bezeichnet man als **polare Elektronenpaarbindung** (polare Atombindung).

Elektronegativität. Die Art und die Größe der Teilladung eines gebundenen Atoms wird durch seine Anziehungskraft auf die Bindungselektronen bestimmt. Diese Anziehung hängt von der Ladung des Atomkerns und der Anzahl der Elektronenschalen ab. Bei gleicher Anzahl von Schalen werden die Außenelektronen und damit auch die Bindungselektronen umso stärker angezogen, je größer die Ladung des Kerns ist. Mit zunehmender Anzahl der Schalen wird die Anziehung zwischen Kern und Außenelektronen schwächer. Um die Fähigkeit eines Atoms, Bindungselektronen anzuziehen, mit anderen Atomen vergleichen zu können, führte LINUS PAULING 1932 das Konzept der **Elektronegativität** (*EN*) ein.
Die Elektronegativität eines Atoms wird durch eine Zahl angegeben. Da von allen Atomen das Fluor-Atom die Elektronen einer Elektronenpaarbindung am stärksten anzieht, ordnete PAULING ihm den größten Elektronegativitätswert, die Zahl 4, zu. Die Elektronegativität nimmt bei den Elementen einer Periode von links nach rechts zu, in einer Hauptgruppe dagegen von oben nach unten ab [B2].
Da auch Metall-Atome in seltenen Fällen Elektronenpaarbindungen ausbilden können, wurden auch ihnen Elektronegativitätswerte zugeordnet.

Sind zwei Atome miteinander verbunden, so besitzt das elektronegativere Atom die negative Teilladung.

Die Elektronegativität (*EN*) ist ein Maß für die Fähigkeit eine Atoms, Bindungselektronen anzuziehen. Unterscheidet sich die *EN* zweier Bindungspartner einer Elektronenpaarbindung, heißt die Bindung polar. Andernfalls nennt man sie unpolar.

Moleküle mit Teilladungen. Im Kohlenstoffdioxid-Molekül liegen zwei polare Bindungen vor. Die elektronegativeren Sauerstoff-Atome tragen je eine negative Teilladung. Das Kohlenstoff-Atom trägt die positive Teilladung, deren Betrag so groß ist wie die beiden negativen Teilladungen zusammen. Die Bindungen im Kohlenstoffdioxid-Molekül sind polar. Dennoch ist es kein Dipol, da der Schwerpunkt der negativen Teilladungen mit dem Schwerpunkt der positiven Teilladung zusammenfällt [B5, links]. Dies ist bei allen Molekülen der Fall, bei denen die Teilladungen symmetrisch angeordnet sind. Auch das tetraedrisch gebaute CCl_4-Molekül ist deshalb kein Dipol.

Alle Halogenwasserstoff-Moleküle sind wie das Fluorwasserstoff-Molekül Dipole. Da die Elektronegativität vom Fluor-Atom zum Iod-Atom abnimmt, ist das Fluorwasserstoff-Molekül von allen Halogenwasserstoff-Molekülen der stärkste Dipol. Dies kann man mithilfe der **Elektronegativitätsdifferenzen** (Δ*EN*) zeigen:

$\Delta EN(\text{HF}) = 4{,}0 - 2{,}1 = 1{,}9$

$\Delta EN(\text{HI}) = 2{,}5 - 2{,}1 = 0{,}4.$

Bei der Berechnung von Δ*EN* ist festgelegt, dass immer der kleinere *EN*-Wert vom größeren abgezogen wird. So erhält man stets positive Werte. Dies ist sinnvoll, weil es für die Stärke der Polarität einer Bindung nur auf den Unterschied der *EN* ankommt.

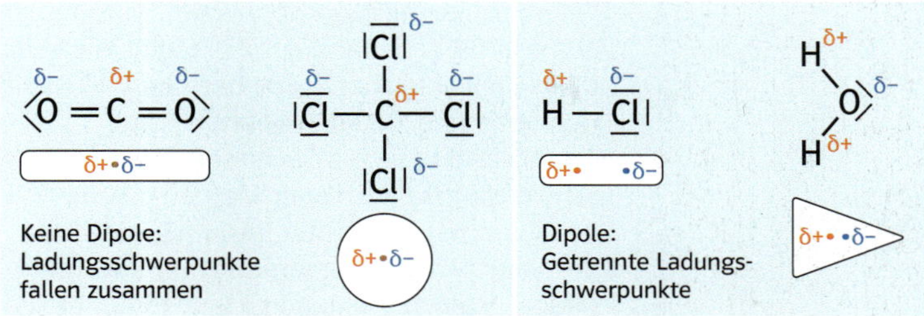

B5 Ladungsverteilung bei symmetrischen und unsymmetrischen Molekülen

Im Wasser-Molekül sind die Atome gewinkelt angeordnet [B5, rechts]. Der Schwerpunkt der positiven Teilladung liegt darum zwischen den beiden Wasserstoff-Atomen. Der Schwerpunkt der negativen Teilladung liegt beim Sauerstoff-Atom. Deshalb fallen die Schwerpunkte der Teilladungen nicht zusammen. Das Wasser-Molekül ist daher ein Dipol. Dies lässt sich im Experiment zeigen: Ein Wasserstrahl wird von einem negativ geladenen Kunststoffstab angezogen [B6]. Dabei richten sich die Wasser-Moleküle so aus, dass die positiven Teilladungen zum Kunststoffstab zeigen.

Δ, Delta Der griech. Großbuchstabe steht für die Differenz

Je größer die Elektronegativitätsdifferenz ist, desto größer ist die Polarität der Bindung.

A1 Erkläre die erkennbaren Tendenzen bei den Elektronegativitätswerten der Elemente in B2 mithilfe des Aufbaus der Atome.

A2 Ordne mithilfe der Δ*EN*-Werte die folgenden Bindungen nach steigender Polarität: N—H, C—H, F—H, O—H.

A3 Stelle für die folgenden Verbindungen die Strukturformeln auf: CH_4, H_2S, CO, ClF, NH_3. Ordne dann den Atomen Teilladungen zu.

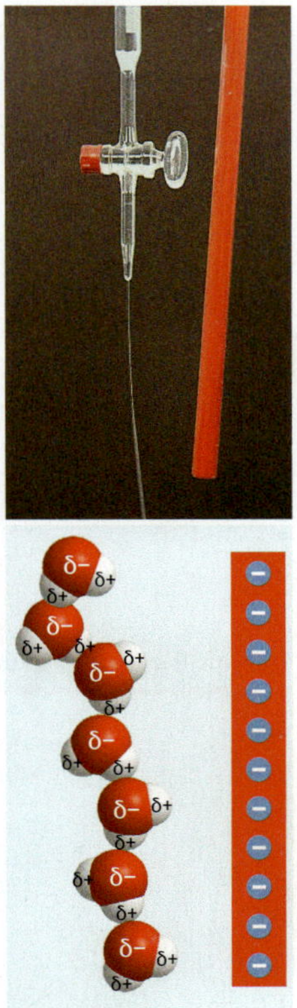

B6 Ablenkung eines Wasserstrahls durch einen geladenen Kunststoffstab. Unten: Modellvorstellung

Verbindung	NaCl	$MgCl_2$	$AlCl_3$	$SiCl_4$	PCl_3	SCl_2	Cl_2
Δ*EN*	2,1	1,8	1,5	1,2	0,9	0,5	0
Bindungstyp	Ionenbindung	Ionenbindung	Feststoff: Bindung mit Ionencharakter; Schmelze/Dampf: Al_2Cl_6-Moleküle	Polare Elektronenpaarbindung			Unpolare Elektronenpaarbindung

← zunehmende Polarität der Bindung

B4 Elektronegativitätsdifferenzen und Bindungstypen am Beispiel der Chloride der 3. Periode

5.4 Wasser – Molekülbau und Siedetemperatur

Wasser ist ein außergewöhnlicher Stoff, der erst bei 100 °C siedet (Kap. 1.4). Stoffe, die aus Molekülen ähnlicher Größe bestehen, weisen viel niedrigere Siedetemperaturen auf. Beispielsweise liegen Sauerstoff, Fluor, Schwefelwasserstoff oder Methan bereits weit unter Zimmertemperatur gasfömig vor. Diese Besonderheit des Wassers wird vom Bau des Wasser-Moleküls und den damit verbundenen Anziehungskräften zwischen den Wasser-Molekülen bestimmt.

Das Wasser-Molekül als Dipol. Wegen der stark polaren O—H-Bindungen (Elektronegativitätsdifferenz ΔEN(O—H) = 1,4) und der gewinkelten Molekülstruktur, sind Wasser-Moleküle Dipole (Kap. 5.3). Das Sauerstoff-Atom trägt eine negative Teilladung, die Wasserstoff-Atome jeweils eine positive Teilladung.

Zwischenmolekulare Anziehungskräfte (intermolekulare Kräfte) Anziehungskräfte zwischen Molekülen

Wasserstoffbrücken. Die für derart kleine Moleküle hohe Siedetemperatur des Wassers deutet auf einen besonders starken Zusammenhalt zwischen den Wasser-Molekülen hin. Diese **zwischenmolekularen Anziehungskräfte** sind auf Wechselwirkungen zwischen den Molekülen zurückzuführen, die man **Wasserstoffbrücken** nennt. Wasserstoffbrücken bilden sich zwischen Wasserstoff-Atomen eines Wasser-Moleküls und Sauerstoff-Atomen eines anderen Wasser-Moleküls. Ein Wasserstoff-Atom kann sich dem Sauerstoff-Atom sehr stark nähern und eine Wechselwirkung mit einem nicht bindenden Elektronenpaar eingehen. Da das Sauerstoff-Atom im Wasser-

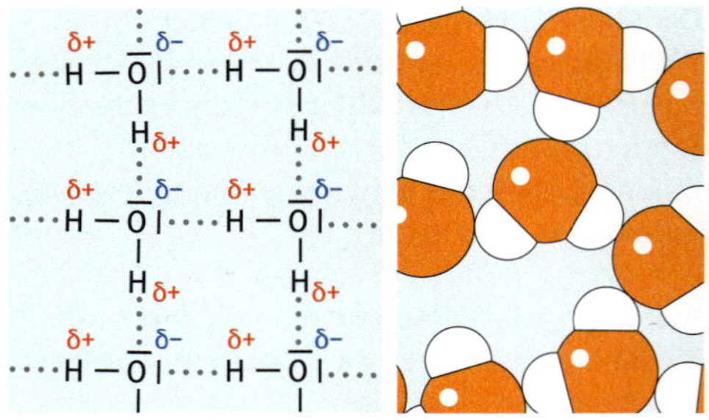

B1 Wasserstoffbrücken zwischen Wasser-Molekülen

Molekül zwei nicht bindende Elektronenpaare besitzt und mit zwei Wasserstoff-Atomen verbunden ist, kann ein Wasser-Molekül mit jeweils vier Nachbar-Molekülen über Wasserstoffbrücken verbunden sein [B1]. Wasserstoffbrücken werden ständig wieder gelöst und mit anderen Wasser-Molekülen neu gebildet.

Wasserstoffbrücken gehören zu den zwischenmolekularen Anziehungskräften.

Auch zwischen anderen Molekülen können sich Wasserstoffbrücken ausbilden. Beispiele sind die Moleküle des Fluorwasserstoffs (HF) und des Ammoniaks (NH_3). Bei diesen Molekülen sind ebenfalls stark elektronegative Atome, die nicht bindende Elektronenpaare aufweisen, mit Wasserstoff-Atomen verbunden.

Exkurs Bindungswinkel im H_2O-Molekül

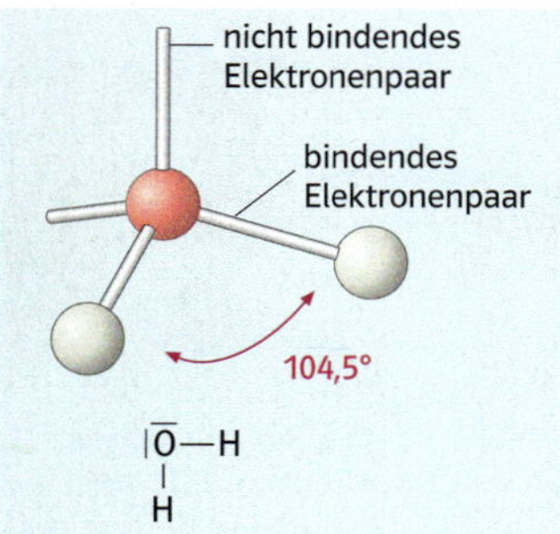

Wasser-Moleküle sind gewinkelt aufgebaut. Genaue Messungen ergeben, dass der H—O—H-Bindungswinkel mit 104,5° geringer als der Tetraderwinkel ist. Man erklärt dies mithilfe des EPA-Modells dadurch, dass nicht bindende Elektronenpaare mehr Platz als bindende Elektronenpaare benötigen. Die Elektronenwolke eines nicht bindenden Elektronenpaars wird nur von einem Atomkern angezogen und ist entsprechend stärker kugelförmig.

A1 Zeichne entsprechend B1, links eine Skizze, um die Wasserstoffbrücken zwischen Fluorwasserstoff-Molekülen zu veranschaulichen. Ergänze auch die jeweiligen Teilladungen.

A2 Erkläre, warum die Siedetemperaturen folgender Stoffe geringer als die von Wasser sind:
a) ϑ_{sd} (Fluorwasserstoff) = 9,5 °C (bei Normdruck),
b) ϑ_{sd} (Schwefelwasserstoff) = −60,2 °C (bei Normdruck).

A3 Trage in einem Diagramm die Siedetemperaturen folgender Stoffe gegen die Anzahl der Elektronen pro Molekül auf: H_2O, N_2, O_2, C_2H_6, C_3H_8 (y-Achse: 1 cm = 10 °C, x-Achse: 1 cm = 1 Elektron). Beschreibe das Diagramm.

5.5 Exkurs Wasser – weitere besondere Eigenschaften

B1 Eisberg. Etwa ein Zwölftel davon ragt aus dem Wasser

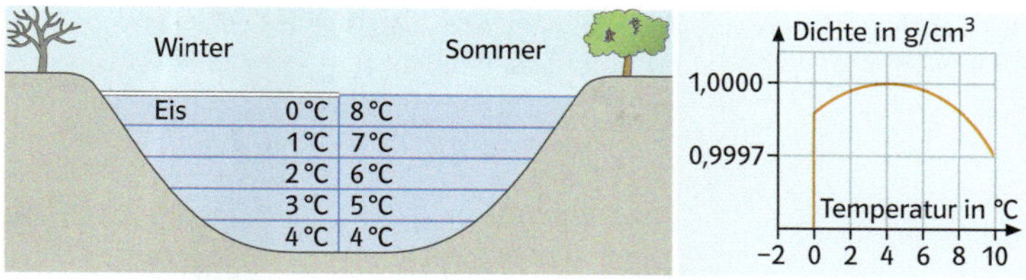

B2 Wasser hat bei 4 °C seine größte Dichte. Das Wasser mit der größten Dichte befindet sich am Boden des Teichs

Wasser hat weitere außergewöhnliche Eigenschaften, die durch seine starken zwischenmolekularen Anziehungskräfte, die Wasserstoffbrücken, bestimmt werden. Warum nähern sich Wassertropfen [B6] der Kugelform an? Wieso schwimmen Eisberge in Meerwasser? Bei allen anderen Stoffen ist doch die Dichte des Stoffes im festen Zustand größer als die im flüssigen Zustand.

Die Oberflächenspannung des Wassers. Die Wasseroberfläche eines randvollen Glases lässt sich durch weitere Tropfen über den Rand hinaus vergrößern. Die Oberfläche scheint mit einer Haut umgeben [V2]. Die Moleküle im Inneren der Flüssigkeit bilden nach allen Seiten Wasserstoffbrücken aus [B4]. Da alle Moleküle an der Oberfläche zum Inneren der Flüssigkeit gezogen werden, sie dem Zug wegen der dort schon vorhandenen Moleküle aber nicht folgen können, erscheint die Oberfläche wie eine gespannte, elastische Haut.

Das Molekülgitter von Eis. Im Eis bilden die Wasser-Moleküle ein Gitter, in dem jedes Sauerstoff-Atom tetraedrisch von vier Wasserstoff-Atomen umgeben ist [B3]. Zwei dieser Wasserstoff-Atome sind über Elektronenpaarbindungen mit dem Sauerstoff-Atom verbunden, zwei über Wasserstoffbrücken. Da der O-H-Abstand im Wasser-Molekül geringer ist als der in einer Wasserstoffbrücke zwischen zwei Wasser-Molekülen, sind die H-Atome nicht symmetrisch zwischen den O-Atomen verteilt. Es ergibt sich ein weitmaschiges Gitter mit durchgehenden Hohlräumen von sechseckigem Querschnitt. Wegen dieser Struktur hat Eis eine geringere Dichte als Wasser und schwimmt. Das Schmelzen von Eis und das Erstarren von Wasser ist mit dem Auflösen und Bilden der Wasserstoffbrücken verbunden. Wenn Eis schmilzt, bricht sein Kristallgitter zusammen. Es bilden sich kleinere Bruchstücke, und die Anzahl der Hohlräume nimmt ab. Als Folge davon nimmt die Dichte zu. Auch im flüssigen Wasser existieren noch Bruchstücke des Eisgitters, sie werden mit zunehmender Temperatur kleiner. Dadurch nimmt das Volumen weiter ab und die Dichte zu. Ab 4 °C dehnt sich Wasser wie andere Flüssigkeiten aus, weil seine Moleküle wegen der stärker werdenden Molekülbewegung mehr Platz benötigen. Es werden immer mehr Wasserstoffbrücken gelöst, aber auch neue gebildet. Gewässer frieren wegen dieser „Dichteanomalie" des Wassers von oben her zu [B2].

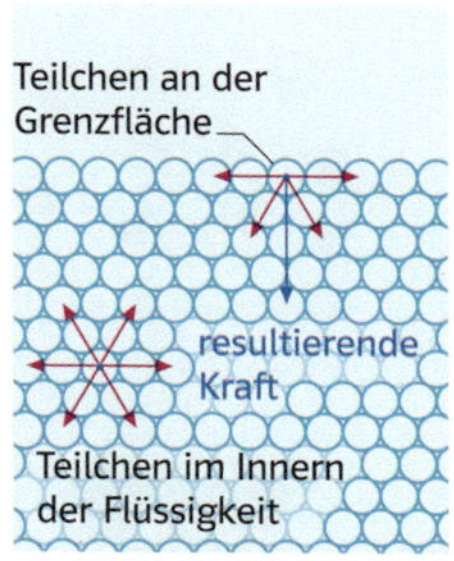

B4 Kräfte zwischen den Wasser-Molekülen

V1 Gib einen Wassertropfen auf eine Münze. Berühre seine Oberfläche mit einer Nadel, beobachte durch eine Lupe.

V2 Fülle ein Reagenzglas vollständig mit Wasser. Gib mithilfe einer Pipette weitere Wassertropfen hinzu.

A1 Erkläre, worauf die Sprengwirkung von gefrierendem Wasser beruht.

B5 Eiskristall

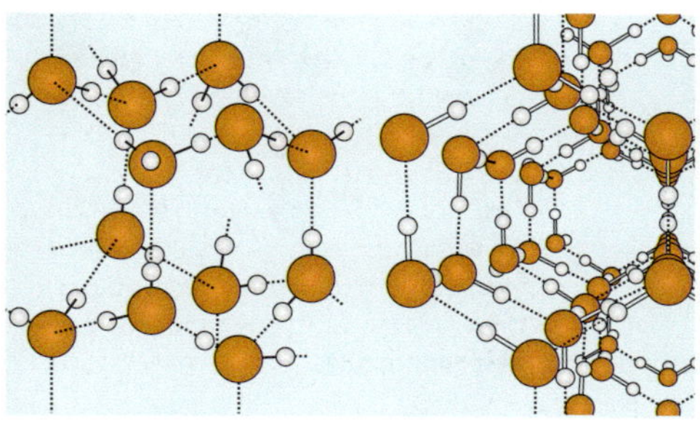

B3 Molekülgitter von Eis. Es entstehen Hohlräume

B6 Ein Wassertropfen

5.6 Wasser als Lösungsmittel

Hydratation von griech. hydor, Wasser

B2 Wetteranzeiger

Wasser ist für viele Salze und molekulare Stoffe ein gutes Lösungsmittel. So findet man z. B. im Mineralwasser verschiedene Ionen und gelöste Gase.

Vorgänge beim Lösen eines Salzkristalls. Beim Lösen von Natriumchlorid werden die Ionen des Gitters voneinander getrennt und sind in der Lösung beweglich. Wie kommt es, dass ein Ionengitter, in dem große Anziehungskräfte wirken, durch Wasser-Moleküle „zerteilt" werden kann?
Von den Ionen an der Oberfläche des Kristalls werden die Dipole des Wassers angezogen und lagern sich am Gitter an [B1]. Sie umgeben die Ionen und bewirken so deren Trennung vom Gitter. Ionen, die sich an Ecken und Kanten befinden, sind besonders leicht zugänglich. Auf diese Ionen wirken geringere Anziehungskräfte ein als auf die Ionen im Inneren. Dieser Vorgang kann sich bis zum völligen Abbau des Gitters wiederholen.

In der Lösung besitzen alle Ionen eine vollständige Hülle von Wasser-Molekülen, die **Hydrathülle**. Um hydratisierte Ionen zu kennzeichnen, verwendet man das Zeichen aq (von lat. aqua, Wasser) und schreibt z. B. $Na^+(aq)$ bzw. $Cl^-(aq)$.

Salzhydrate. Viele Ionen verlieren ihre Hydrathülle nicht vollständig, wenn das Wasser einer Salzlösung verdampft oder verdunstet. Ein Teil der Wasser-Moleküle wird mit in das Kristallgitter eingebaut. Es entstehen Salzhydrate. Die Anzahl der zu einer Elementargruppe gehörenden Wasser-Moleküle wird in der Formel angegeben: z. B. $CoCl_2 \cdot 6\ H_2O$ [sprich: Cobaltchlorid mit 6 H_2O], Cobaltchlorid-Hexahydrat. Dieses Salz wird z. B. in Feuchtigkeitsanzeigern eingesetzt [B2]. Das rosafarbene Hexahydrat kann bei trockenerer Umgebungsluft Kristallwasser abgeben und wird dann zum tiefblauen Tetrahydrat, $CoCl_2 \cdot 4\ H_2O$. In feuchterer Luft wird der Vorgang umgekehrt, es entsteht wieder das Hexahydrat. Durch Erwärmen lässt sich auch das blassblaue wasserfreie Cobaltchlorid ($CoCl_2$) herstellen.

Wasser als Lösungsmittel für molekulare Stoffe. Nicht nur an Ionen, sondern auch an Dipole können sich Wasser-Moleküle anlagern und sie aus einem Molekülgitter abtrennen. Aus diesem Grund sind auch Stoffe, die nicht aus Ionen aufgebaut sind, wie z. B. Zucker, wasserlöslich.

A1 Deute die in B1 dargestellten Vorgänge beim Lösen von Natriumchlorid in Wasser.

A2 Erläutere, warum und wie Wasser-Moleküle in der Lage sind, sowohl positiv als auch negativ geladene Ionen zu umhüllen.

A3 Gib an, was mit dem Begriff Hydratation ausgedrückt wird, und erläutere die Bedeutung des Zeichens „aq".

A4 Was bedeutet die Formel $CaCl_2 \cdot 6\ H_2O$?

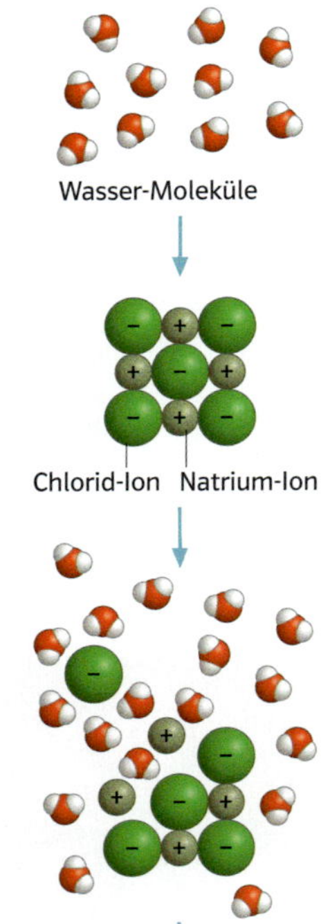

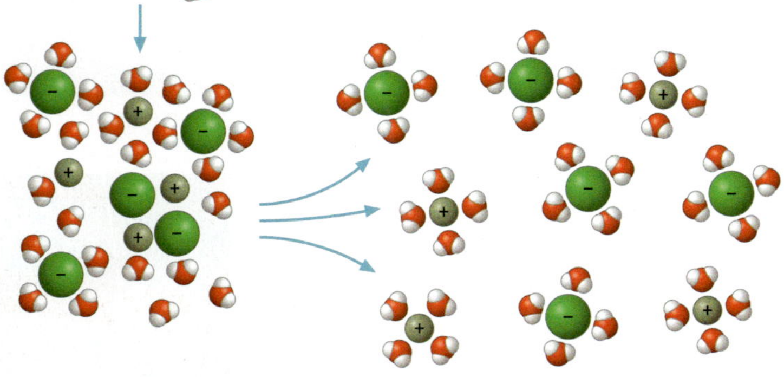

$$Na^+Cl^-(s) \xrightarrow{Wasser} Na^+(aq) + Cl^-(aq)$$

B1 Zerteilung des Ionengitters durch Wasser-Moleküle

5.7 Exkurs Temperaturänderung beim Lösen von Salzen

Löst man wasserfreies Calciumchlorid in Wasser, stellt man einen starken Anstieg der Temperatur fest. Beim Lösen von Kaliumchlorid jedoch sinkt die Temperatur [V1].

Lösen von Salzen unter Erwärmen. Viele Lösungsvorgänge verlaufen wie das Lösen von Calciumchlorid unter Temperaturerhöhung ab. Hier wird offenbar bei der Bildung hydratisierter Ionen mehr Energie frei, als für das Herauslösen der Ionen aus dem Ionengitter aufgewendet werden muss. Beim Umhüllen eines Ions mit Wasser-Molekülen, der **Hydratation**, wird Energie frei, man bezeichnet sie als **Hydratationsenergie**. Um ein Ion aus dem Kristallgitter herauszulösen, muss diese dem Betrag nach mindestens so groß sein wie die Energie, die die Ionen im Gitter zusammenhält, die **Gitterenergie**. Wenn der Betrag der Hydratationsenergie größer ist als der der Gitterenergie, erfolgt eine Ablösung unter Wärmeabgabe. Man spricht von einem **exothermen Lösungsvorgang** [B2].

Lösen von Salzen unter Abkühlen. Manche Salze wie z. B. Kaliumchlorid lösen sich unter Abkühlung [V1]. In diesen Fällen wird die Gitterenergie nicht ganz von der Hydratation aufgebracht. Den fehlenden Anteil liefert die thermische Energie des Wassers, das sich dadurch abkühlt. Hier findet ein **endothermer Lösungsvorgang** statt [B2].

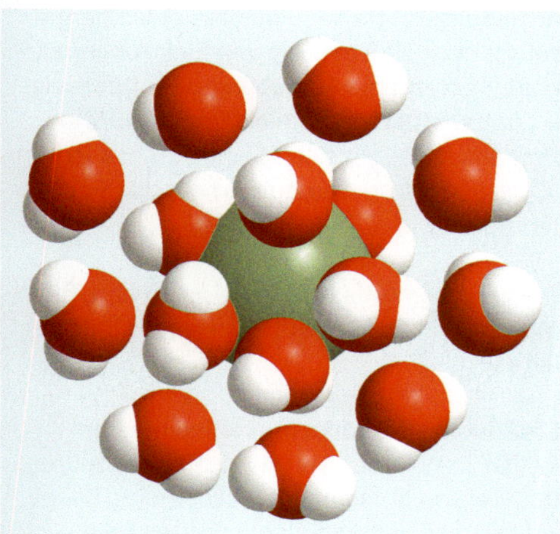

B1 Kation in einer Hydrathülle

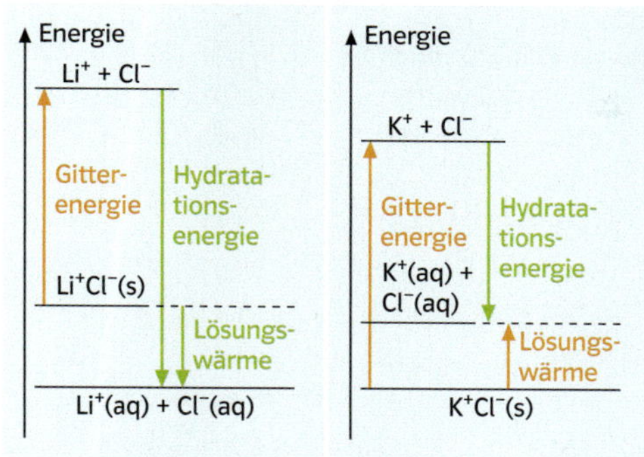

B2 Hydratationsenergie und Gitterenergie beim Lösen von Lithiumchlorid und Kaliumchlorid in Wasser

Gitterenergie und Löslichkeit. Ist die Gitterenergie dem Betrage nach viel größer als die Hydratationsenergie, ist die Löslichkeit der Salze sehr gering. Die unterschiedlichen Gitterenergien sind die Ursache für die unterschiedlichen Löslichkeiten der Salze.

Lösungsvorgang ohne Temperaturänderung der Lösung:
Hydratationsenergie = Gitterenergie
Exothermer Lösungsvorgang:
|Hydratationsenergie| > |Gitterenergie|
Endothermer Lösungsvorgang:
|Hydratationsenergie| < |Gitterenergie|

V1 Fülle in je ein Reagenzglas etwa 0,5 cm hoch **a)** Calciumchlorid, **b)** Kaliumchlorid, **c)** Natriumchlorid. Gib in jedes Reagenzglas etwa 3 cm hoch Wasser mit bekannter Ausgangstemperatur. Bestimme die Temperaturänderung und erkläre die Unterschiede.

A1 Wasserfreies Calciumchlorid wird als Trocknungsmittel für feuchte Räume eingesetzt. Erläutere seine Trocknungseigenschaft unter Verwendung der Begriffe Hydratationsenergie und Gitterenergie.

A2 Beschreibe die in B2 dargestellten Lösungsvorgänge. Welcher ist exotherm, welcher endotherm?

A3 Beim Auflösen von Natriumchlorid tritt keine Temperaturänderung ein. Erkläre.

Betrag Der (absolute) Betrag $|x|$ eines Wertes x ist der betreffende Wert ohne Vorzeichen.
Beispiel: $|-5| = 5$

B3 Trocknungsmittel

5.8 Eigenschaften der Alkane

Name	Summenformel	Schmelztemperatur ϑ_{sm} in °C	Siedetemperatur ϑ_{sd} in °C	Dichte ϱ in g/cm³	Viskosität
Methan	CH_4	−182	−161	0,47*	nimmt zu ↓
Ethan	C_2H_6	−183	−88	0,57*	
Propan	C_3H_8	−186	−42	0,59*	
Butan	C_4H_{10}	−135	−1	0,60*	
Pentan	C_5H_{12}	−129	36	0,63	
Hexan	C_6H_{14}	−94	68	0,66	
Heptan	C_7H_{16}	−90	98	0,68	
Octan	C_8H_{18}	−56	126	0,70	
Nonan	C_9H_{20}	−53	150	0,72	
Decan	$C_{10}H_{22}$	−30	174	0,73	
⋮	⋮				
Hexadecan	$C_{16}H_{34}$	18	287	0,77	
Heptadecan	$C_{17}H_{36}$	22	302	0,78	

* im flüssigen Zustand (nahe der Siedetemperatur)

B1 Eigenschaften der Alkane im Vergleich

Flüssige Alkane wie Heptan sehen auf den ersten Blick aus wie Wasser. Dennoch weisen sie völlig andere Eigenschaften auf, was sie z.B. zu wichtigen Lösungsmitteln macht. Die Verwandtschaft der Glieder der homologen Reihe der Alkane (Kap. 3.16) zeigt sich in ihren Eigenschaften, die sich auf Gemeinsamkeiten des Molekülaufbaus zurückführen lassen.

Eigenschaften und zwischenmolekulare Kräfte. Innerhalb der homologen Reihe der Alkane steigen die Siede- und ab Butan auch die Schmelztemperaturen an [B1]. Dies lässt auf steigende Anziehungskräfte zwischen den Molekülen mit zunehmender Länge der Kohlenwasserstoffketten schließen. Die C—H-Bindungen der Alkan-Moleküle sind wegen der geringen Elektronegativitätsunterschiede der Bindungspartner nur schwach polar. Aufgrund der tetraedrischen Anordnung der Bindungspartner um die Kohlenstoff-Atome sind Alkan-Moleküle keine Dipole. Ursache der Anziehung zwischen den unpolaren Molekülen ist eine nicht immer symmetrische Verteilung der Elektronen [B3]. So entstehen für kurze Zeit Dipole, die auf die Elektronenhülle benachbarter Moleküle Anziehungs- bzw. Abstoßungskräfte ausüben und diese dadurch ebenfalls polarisieren. Die so entstandenen Dipole nennt man induzierte Dipole, die resultierenden Anziehungskräfte **Van-der-Waals-Kräfte**.

Van-der-Waals-Kräfte sind zwischenmolekulare Anziehungskräfte zwischen unpolaren Molekülen.

Mit wachsender Kettenlänge der Alkan-Moleküle nehmen gegenseitige Berührungs- und Polarisierungsmöglichkeiten zu. Damit nehmen auch die Anziehungskräfte zu [B3] und die Siede- und Schmelztemperaturen der Stoffe steigen. Bei den Schmelztemperaturen gibt es Abweichungen von dieser Regel, weil für die Schmelztemperatur auch die Anordnung der Moleküle im Molekülgitter verantwortlich ist. Bei langkettigen Alkanen sind die Anziehungskräfte so groß, dass eine Energiezufuhr eher die Spaltung von Elektronenpaarbindungen als die Aufhebung der Anziehungskräfte zwischen den Molekülen bewirkt. Deshalb zersetzen sich Alkane ab etwa Icosan ($C_{20}H_{42}$) bei Normdruck unterhalb der Siedetemperatur.

Die Van-der-Waals-Kräfte zwischen den Alkan-Molekülen nehmen mit wachsender Kettenlänge zu.

Löslichkeit. Alle Alkane sind ineinander löslich, in Wasser lösen sie sich nur in Spuren. Ob zwei Stoffe ineinander löslich sind, hängt weitgehend von den Eigenschaften der Teilchen ab. Zwischen den unpolaren Alkan-

Methan ist Hauptbestandteil des Erdgases, Camping- und Feuerzeuggas bestehen überwiegend aus Propan und Butan. Flüssige Alkane sind in Benzinen, Diesel- und Heizöl enthalten. Feste Alkane bilden die Paraffine, diese findet man z. B. in Kerzen, Wachsmalstiften und in der Schutzhülle von Schnittkäse.

B2 Verwendung der Alkane im Alltag

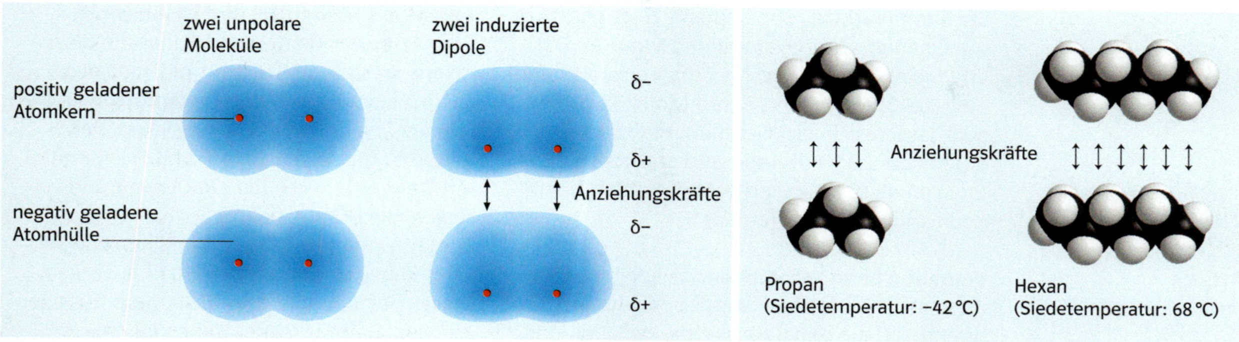

B3 Van-der-Waals-Kräfte: Durch Elektronenverschiebung können Alkan-Moleküle zu Dipolen werden. Die Anziehungskräfte nehmen mit wachsender Kettenlänge zu

Molekülen herrschen Van-der-Waals-Kräfte; zwischen den polaren Wasser-Molekülen bestehen aber zusätzlich Wasserstoffbrücken. Gibt man z. B. Heptan zu Wasser, so können die starken Wasserstoffbrücken zwischen Wasser-Molekülen nicht durch die viel schwächeren Anziehungskräfte zwischen Heptan- und Wasser-Molekülen ersetzt werden.

Gibt man Heptan zu Decan, so können die Anziehungskräfte, die die Heptan- und Decan-Moleküle jeweils untereinander zusammenhalten, durch die Anziehungskräfte zwischen Heptan- und Decan-Molekülen ersetzt werden. Die an den Beispielen gewonnenen Einsichten lassen sich verallgemeinern:

Je ähnlicher sich die Teilchen zweier Stoffe in Bezug auf die Polarität sind, desto besser lösen sich die Stoffe ineinander.

Ist ein Stoff wasserlöslich, so bezeichnet man ihn als **hydrophil** (wasserliebend). **Hydrophobe** (wassermeidende) Stoffe haben eine geringe Löslichkeit in Wasser. Außer den Alkanen zählen vor allem Fette zu den ausgesprochen hydrophoben Stoffen. Fettlösliche Stoffe bezeichnet man als **lipophil**, wenig fettlösliche als **lipophob**. Alkane sind lipophil bzw. hydrophob.

Viskosität. In Motoren oder Getrieben verhindern Öl oder Fett, dass sich die bewegenden Teile direkt berühren. Die Reibung ungeschmierter Metallteile führt zu ihrer Erwärmung (Folge ist z. B. der „Kolbenfresser") und raschen Abnutzung. Die Schmierfähigkeit eines Öls hängt von seiner Viskosität (Zähflüssigkeit) ab. Sie muss immer groß genug sein, dass ein ausreichender Schmierfilm an den Oberflächen bewegter Teile bestehen bleibt. Gemische von Kohlenwasserstoffen sind die Grundsubstanzen mineralischer Motorenöle.

Kettenlänge und Viskosität. Hohe Viskosität bedeutet Dickflüssigkeit, niedrige Viskosität Dünnflüssigkeit. Beim Fließen gleiten Moleküle der Flüssigkeit aneinander vorbei. Dies ist umso schwieriger, je größer die zwischenmolekularen Kräfte sind. Zwischen längerkettigen Kohlenwasserstoff-Molekülen herrschen größere Anziehungskräfte als zwischen kürzerkettigen. Daher haben flüssige Kohlenwasserstoffe, die aus erstgenannten Molekülen aufgebaut sind, eine größere Viskosität. Die Viskosität einer Flüssigkeit nimmt mit steigender Temperatur ab.

V1 **a)** Gib in zwei Reagenzgläser etwas klein geschnittenen, echten Lachs. Setze etwas Wasser bzw. Heptan zu und schüttle.
b) Wiederhole den Versuch mit Lachsersatz statt echtem Lachs.

A1 Beschreibe die Löslichkeit von Alkanen in Öl und in Wasser. Verwende dazu passende Fachbegriffe.

lipophil von altgriech. lipos, Fett und altgriech. philos, liebend

lipophob von altgriech. lipos, Fett und altgriech. phobos, Furcht

hydrophil von altgriech. hydor, Wasser und altgriech. philos, liebend

Viskosität der Begriff geht auf den zähen Saft der Beeren von Misteln (Viscum) zurück

B4 Der Schmierfilm des Öls vermindert den Verschleiß

Gefahrenkategorie 1:
Flammtemperatur < 23 °C
und $\vartheta_{sd} \leq 35\,°C$
(z. B. 2-Methylbutan)

Gefahrenkategorie 2:
Flammtemperatur < 23 °C
und $\vartheta_{sd} > 35\,°C$
(z. B. Pentan, Octan)

Gefahrenkategorie 3:
23 °C ≤ Flammtemp. < 60 °C
(z. B. Nonan, Undecan)

B5 Gefahrenpiktogramm für entzündbare Flüssigkeiten und Gefahrenkategorien

Flammtemperatur Die niedrigste Temperatur, bei der sich über einem brennbaren Stoff ein zündfähiges Dampf-Luft-Gemisch bilden kann.
Die Flammtemperatur wird auch als Flammpunkt bezeichnet. (Die Flamm**en**temperatur ist die Temperatur in der Flamme; sie hat mit der Flammtemperatur nichts zu tun.)

Entflammbarkeit. Entzündbare Flüssigkeiten werden nach ihren Flammtemperaturen [B8] und Siedetemperaturen in Gefahrenkategorien eingeteilt [B5]. Alkane, deren Moleküle klein sind, lassen sich leicht entflammen, da sie bereits bei Zimmertemperatur stark verdunsten. Von diesen Alkanen gehen deshalb Brand- und Explosionsgefahren aus.

Verhalten beim Verbrennen. Bei der Verwendung als Energieträger werden Alkane verbrannt, um die dabei frei werdende Reaktionsenergie zu nutzen. Bei ausreichender Sauerstoffzufuhr und genügend hoher Temperatur verbrennen Alkane zu Kohlenstoffdioxid und Wasser. Verbrennen Alkane an der Luft, so nehmen die Leuchtkraft der Flamme und die Rußentwicklung mit wachsender Kettenlänge der Alkan-Moleküle zu [B7]. Das Leuchten der Flamme ist auf das Glühen winziger Rußpartikel zurückzuführen. Diese entstehen bei unvollständiger Verbrennung. Erst im Außenbereich der Flamme reagieren die Rußpartikel mit Luftsauerstoff zu Kohlenstoffidoxid.
Da mit wachsender Kettenlänge die Anzahl und der Anteil der Kohlenstoff-Atome in den Alkan-Molekülen zunimmt, findet bei gleicher Luftzufuhr eine zunehmend unvollständige Verbrennung statt. Die Rußpartikel gelangen zum Teil unverbrannt in kältere Randbereiche der Flamme. Dort reagieren sie nicht mehr und treten als Ruß in Erscheinung.

Alkane als Treibmittel und Lösungsmittel. Propan, Butan, Pentan und Gemische dieser Alkane werden als **Treibmittel** eingesetzt, z. B. in Haarsprays, Deodorantsprays, Backofenreinigerschäumen und Sprühlacken. Der Verzicht auf Lacke, Reiniger und Pflegemittel mit Treibmitteln schützt die Umwelt und verringert die Unfallgefahren.
Zur Entfernung von Öl, Fett und Kerzenwachs kann **Reinigungsbenzin** verwendet werden. Dieses besteht im Wesentlichen aus flüssigen Alkanen. Beim Einsatz von Reinigungsbenzin müssen die Sicherheitshinweise auf dem Etikett der Flasche beachtet werden.

A2 Welche zwischenmolekularen Kräfte gibt es? Ordne die dir bekannten zwischenmolekularen Kräfte nach ihrer Stärke. Gib für jede zwischenmolekulare Kraft einen Stoff an, in dem diese eine wichtige Rolle spielt.

A3 Erkläre die Zunahme der Siedetemperatur und der Viskosität von Hexan bis Decan.

A4 Ein Sicherheitshinweis auf einem Reinigerspray für Backofen und Grill lautet: „Nur wenige Sekunden sprühen, um die Bildung explosionsfähiger Gemische zu vermeiden." Erkläre, warum sich bei diesem Spray explosionsfähige Gemische bilden können.

B6 Reinigungsbenzin

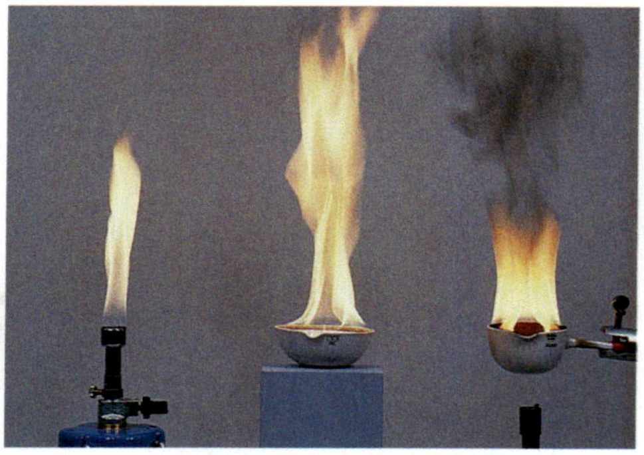

B7 Flammenvergleich (von links: Butan, Benzin, Paraffinöl)

B8 Bestimmung der Flammtemperatur: Bei langsamem Erwärmen wird die Temperatur der Flüssigkeit abgelesen, bei der sich die Dämpfe über ihr erstmals entflammen lassen

5.9 Alkane und Isomerie

	A	B
Summenformel	C_4H_{10}	C_4H_{10}
Schmelztemperatur	−138 °C	−159 °C
Siedetemperatur (bei Normdruck)	−1 °C	−12 °C
Löslichkeit in Wasser	Sehr gering	Sehr g[illegible]

B1 Zwei Sätze von Stoffeigenschaften z[illegible] Summenformel C_4H_{10}

Recherchiert man die Stoffeige[illegible]n von Butan und sucht lediglich nac[illegible]Summenformel C_4H_{10}, kann man ein[illegible]chung erleben [B1]. Wie kann es [illegible] sich scheinbar ein und derselbe St[illegible]reren Stoffeigenschaften unters[illegible]

Isomerie. Versuc[illegible]Summenformel C_4H_{10} eine Struk[illegible] zeichnen, so kann man [illegible]chiedene Strukturformeln ko[illegible]s einer Kette von vier Das eine [illegible]aufgebaut, das andere Kohlen[illegible]drei, wobei das mittlere aus e[illegible]n Kohlenstoff-Atom vermit[illegible]en]. Es gibt tatsächlich zwei k[illegible]nit unterschiedlichen Eigen[illegible]n und Isobutan sind ein Beispiel

[illegible](CH₃).

[illegible]üle, die bei gleicher Summenformel [illegible]nterschiedliche Strukturformeln haben, bezeichnet man als Strukturisomere.

Zur deutlicheren Unterscheidung des Moleküls mit der unverzweigten Kette der Kohlenstoff-Atome von seinem Isomer wird häufig vor den Namen noch ein „n" gesetzt. Man nennt es also n-Butan (von normales Butan oder Normalbutan).

Eigenschaften von n-Butan und Isobutan. Beide Stoffe bestehen wie alle Alkane aus unpolaren Molekülen. Die Stoffe n-Butan und Isobutan sind daher hydrophob und lipophil. Die Kohlenstoff-Atom-Ketten der n-Butan-

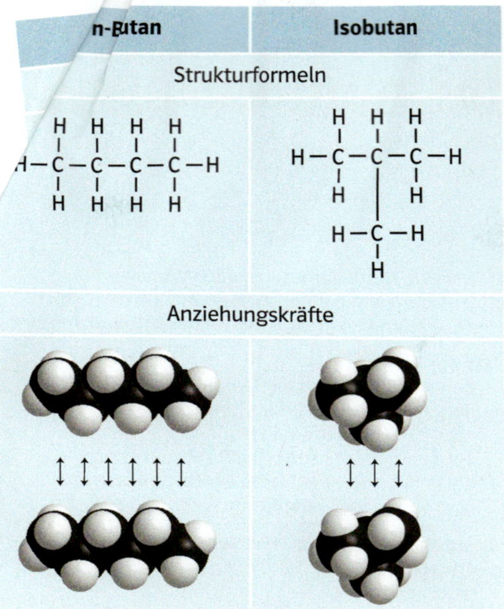

B2 n-Butan und Isobutan im Vergleich

Moleküle sind länger als die der Isobutan-Moleküle. Daher sind die Van-der-Waals-Kräfte zwischen den n-Butan-Molekülen stärker [B2]. n-Butan hat folglich eine höhere Schmelz- und eine höhere Siedetemperatur als Isobutan. Die in B1 unter **A** aufgeführten Stoffeigenschaften gehören also zu n-Butan, die unter **B** dargestellten Stoffeigenschaften sind die des Isobutans.

Halbstrukturformeln. Statt der oft unübersichtlichen, vollständigen Strukturformeln verwendet man auch vereinfachte Strukturformeln, die Halbstrukturformeln [B3]. In ihnen werden nach jeweiligem Bedarf Formelteile wie in Summenformeln zusammengefasst. Die Art der Atomverknüpfungen muss aber eindeutig erkennbar bleiben.

A1 **a)** Baue mit dem Molekülbaukasten alle Isomere von Pentan. Achtung: n-Pentan zählt ebenfalls dazu. **b)** Zeichne jeweils die Strukturformel und die Halbstrukturformel. **c)** Ordne die Isomere nach steigender Siedetemperatur. Begründe.

Isomerie (griech. isos, gleich und meros, Teil)
Die Strukturisomerie wird auch als Konstitutionsisomerie bezeichnet. Da die Strukturisomere der Alkane unterschiedliche Kohlenstoffgerüste haben, spricht man hier auch von Gerüstisomerie.
Weitere Beispiele für Strukturisomerie werden in Kap. 5.17 beschrieben

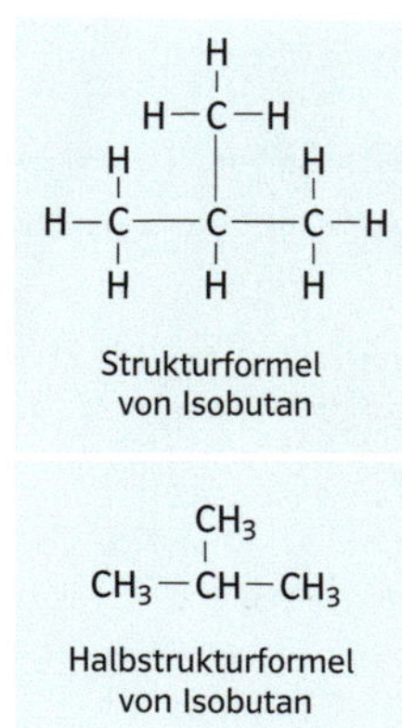

B3 Formeln von Isobutan

5.10 Benennen verzweigter Alkane

Alkylgruppe:

Allgemein wird der aus einem Alkanmolekül durch Abspaltung eines Wasserstoff-Atoms hervorgehende „Molekülrest“ als Alkylrest oder Alkylgruppe bezeichnet.
Alkylgruppe: $—C_nH_{2n+1}$;
Methylgruppe: $—CH_3$,
Ethylgruppe:
$—CH_2—CH_3$ oder $—C_2H_5$

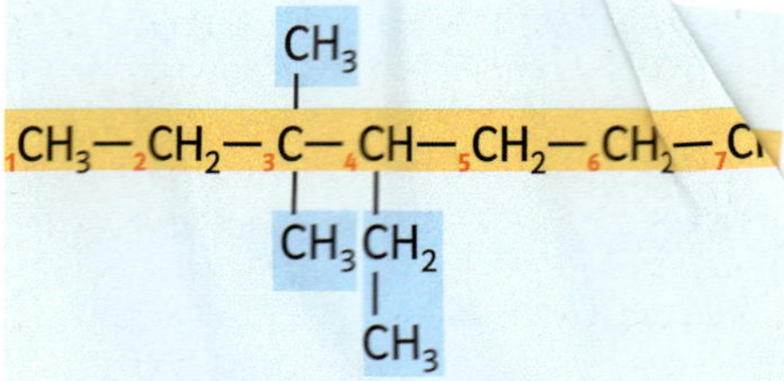

1. **Längste Kette aus Kohlenstoff-Atomen** ermitteln und benennen. Aus der Zahl der Kohlenstoff-Atome ergibt sich der Name der Hauptkette.
2. **Seitenketten** benennen und alphabetisch ordnen. Seitenketten erhalten ebenfalls ihren Namen nach der Zahl der Kohlenstoff-Atome. Anstelle der Endung „an“, erhalten die Seitenketten die Endung „yl“. Der Name der Seitenkette wird dem Namen der Hauptkette vorangestellt.
3. **Anzahl der gleichen Seitenketten** ermitteln und durch das entsprechende griechische Zahlwort (di-, tri-, tetra-, …) kennzeichnen.
4. **Verknüpfungsstellen zwischen Haupt- und Seitenketten** ermitteln, dabei Hauptketten so durchnummerieren, dass die Verknüpfungsstellen kleinstmögliche Zahlen enthalten.

4-Ethyl- 3,3- di methyl heptan

B2 Benennung eines Alkans. Die Länge der Hauptkette bestimmt den Grundnamen der Verbindung

Die Anzahl der Strukturisomere nimmt bei
den Alkanen mit wachsender Kettenlänge
drastisch zu, weil sich immer mehr Verzwei-
gungsmöglichkeiten ergeben [B3].
Für Hexan gibt es bereits 5 Strukurisomere
[B2]. Um diese auseinanderhalten zu können,
ss jedes Isomer einen eigenen Namen
B2. Daher hat man ein Regelsystem zur
[B1]ung verzweigter Alkane entwickelt
Nomes nennt man systematische
verzeic r (lat. nomenclatura, Namens-
den Nam s hat den Vorteil, dass man sich
Strukturfo r Verbindung anhand ihrer
herleiten ka r Halbstrukturformel
Struktur- ode ekehrt kann man die
verzweigten Al kturformel eines
leicht zeichnen. nd seines Namens

A1 Benenne Isobutan … Nomenklatur.

A2 **a)** Stelle die Halbstruk… tematischen Moleküle der folgenden … die 3,3-Dimethylpentan, 3-Me… auf: 3-Ethylheptan, 3-Ethyl-2-me… 2,3,3-Trimethylhexan.
b) Nenne die Moleküle und Ve… die zueinander isomer sind.

A3 Benenne die folgenden Alkane:
a) $(C_2H_5)_2CH(C_3H_7)$,
b) $(C_2H_5)(CH_3)CH\text{-}CH(C_2H_5)\text{-}CH_2\text{-}CH(C_2H_5…$

Strukturformel	Name	Siedetemperatur in °C
$CH_3—CH_2—CH_2—CH_2—CH_2—CH_3$	Hexan	68
$CH_3—CH(CH_3)—CH_2—CH_2—CH_3$	2-Methylpentan	60
$CH_3—CH_2—CH(CH_3)—CH_2—CH_3$	3-Methylpentan	63
$CH_3—C(CH_3)_2—CH_2—CH_3$	2,2-Dimethylbutan	50
$CH_3—CH(CH_3)—CH(CH_3)—CH_3$	2,3-Dimethylbutan	58

B1 Beispiele für Isomere der Summenformel C_6H_{14}

Summenformel	Anzahl der Strukturisomere
C_4H_{10}	2
C_5H_{12}	3
C_6H_{14}	5
C_7H_{16}	9
C_8H_{18}	18
C_9H_{20}	35
$C_{10}H_{22}$	75

B3 Strukturisomere in der Reihe der Alkane

5.9 Alkane und Isomerie

	A	B
Summenformel	C_4H_{10}	C_4H_{10}
Schmelztemperatur	−138 °C	−159 °C
Siedetemperatur (bei Normdruck)	−1 °C	−12 °C
Löslichkeit in Wasser	Sehr gering	Sehr gering

B1 Zwei Sätze von Stoffeigenschaften zur Summenformel C_4H_{10}

Recherchiert man die Stoffeigenschaften von Butan und sucht lediglich nach seiner Summenformel C_4H_{10}, kann man eine Überraschung erleben [B1]. Wie kann es sein, dass sich scheinbar ein und derselbe Stoff in mehreren Stoffeigenschaften unterscheidet?

Isomerie. Versucht man zur Summenformel C_4H_{10} eine Strukturformel zu zeichnen, so kann man auf zwei verschiedene Strukturformeln kommen.
Das eine Molekül ist aus einer Kette von vier Kohlenstoff-Atomen aufgebaut, das andere aus einer Kette von drei, wobei das mittlere mit einem weiteren Kohlenstoff-Atom verknüpft ist [B2, oben]. Es gibt tatsächlich zwei Verbindungen mit unterschiedlichen Eigenschaften. Butan und Isobutan sind ein Beispiel für **Isomere**.

Moleküle, die bei gleicher Summenformel unterschiedliche Strukturformeln haben, bezeichnet man als Strukturisomere.

Zur deutlicheren Unterscheidung des Moleküls mit der unverzweigten Kette der Kohlenstoff-Atome von seinem Isomer wird häufig vor den Namen noch ein „n" gesetzt. Man nennt es also n-Butan (von normales Butan oder Normalbutan).

Eigenschaften von n-Butan und Isobutan. Beide Stoffe bestehen wie alle Alkane aus unpolaren Molekülen. Die Stoffe n-Butan und Isobutan sind daher hydrophob und lipophil. Die Kohlenstoff-Atom-Ketten der n-Butan-

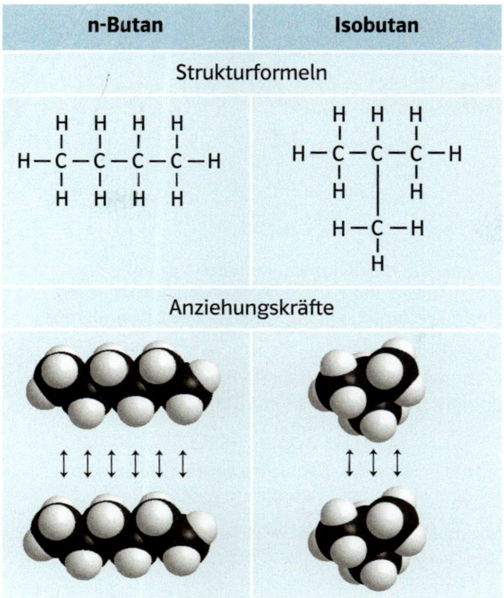

B2 n-Butan und Isobutan im Vergleich

Moleküle sind länger als die der Isobutan-Moleküle. Daher sind die Van-der-Waals-Kräfte zwischen den n-Butan-Molekülen stärker [B2]. n-Butan hat folglich eine höhere Schmelz- und eine höhere Siedetemperatur als Isobutan. Die in B1 unter **A** aufgeführten Stoffeigenschaften gehören also zu n-Butan, die unter **B** dargestellten Stoffeigenschaften sind die des Isobutans.

Halbstrukturformeln. Statt der oft unübersichtlichen, vollständigen Strukturformeln verwendet man auch vereinfachte Strukturformeln, die Halbstrukturformeln [B3].
In ihnen werden nach jeweiligem Bedarf Formelteile wie in Summenformeln zusammengefasst. Die Art der Atomverknüpfungen muss aber eindeutig erkennbar bleiben.

A1 **a)** Baue mit dem Molekülbaukasten alle Isomere von Pentan. Achtung: n-Pentan zählt ebenfalls dazu. **b)** Zeichne jeweils die Strukturformel und die Halbstrukturformel. **c)** Ordne die Isomere nach steigender Siedetemperatur. Begründe.

Isomerie (griech. isos, gleich und meros, Teil)
Die Strukturisomerie wird auch als Konstitutionsisomerie bezeichnet. Da die Strukturisomere der Alkane unterschiedliche Kohlenstoffgerüste haben, spricht man hier auch von Gerüstisomerie.
Weitere Beispiele für Strukturisomerie werden in Kap. 5.17 beschrieben

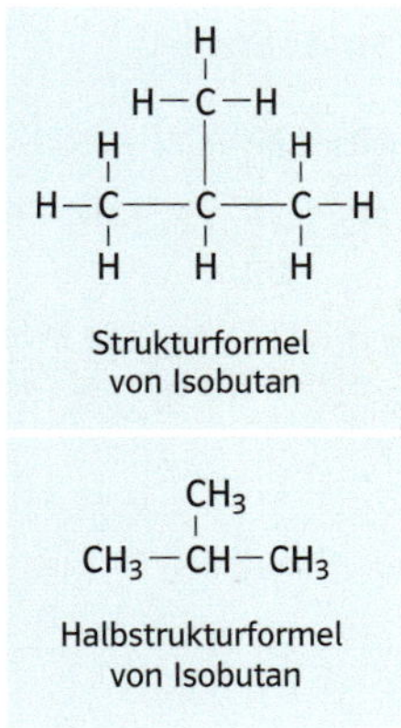

B3 Formeln von Isobutan

5.10 Benennen verzweigter Alkane

Alkylgruppe:

Allgemein wird der aus einem Alkanmolekül durch Abspaltung eines Wasserstoff-Atoms hervorgehende „Molekülrest" als Alkylrest oder Alkylgruppe bezeichnet.
Alkylgruppe: $—C_nH_{2n+1}$;
Methylgruppe: $—CH_3$,
Ethylgruppe:
$—CH_2—CH_3$ oder $—C_2H_5$

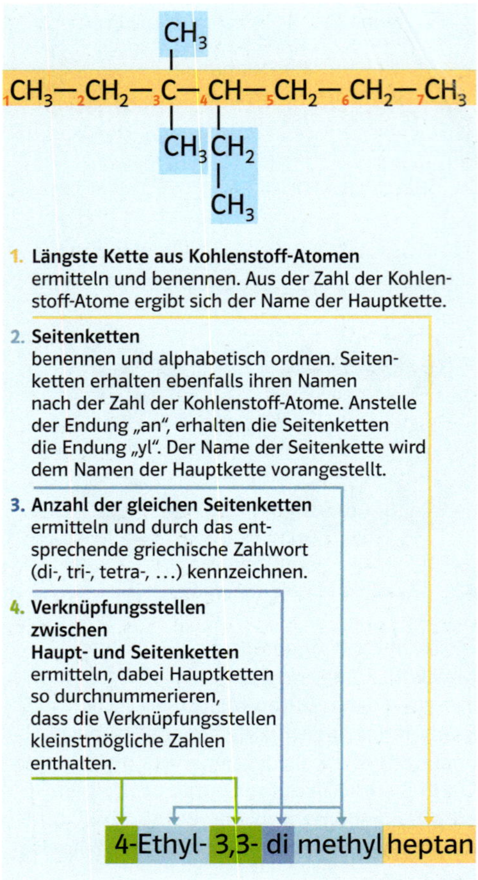

B2 Benennung eines Alkans. Die Länge der Hauptkette bestimmt den Grundnamen der Verbindung

Die Anzahl der Strukturisomere nimmt bei den Alkanen mit wachsender Kettenlänge drastisch zu, weil sich immer mehr Verzweigungsmöglichkeiten ergeben [B3].
Für Hexan gibt es bereits 5 Strukurisomere [B2]. Um diese auseinanderhalten zu können, muss jedes Isomer einen eigenen Namen haben. Daher hat man ein Regelsystem zur Benennung verzweigter Alkane entwickelt [B1]. Dieses nennt man systematische Nomenklatur (lat. nomenclatura, Namensverzeichnis). Es hat den Vorteil, dass man sich den Namen einer Verbindung anhand ihrer Strukturformel oder Halbstrukturformel herleiten kann. Umgekehrt kann man die Struktur- oder Halbstrukturformel eines verzweigten Alkans anhand seines Namens leicht zeichnen.

A1 Benenne Isobutan nach der systematischen Nomenklatur.

A2 **a)** Stelle die Halbstrukturformeln für die Moleküle der folgenden Verbindungen auf: 3,3-Dimethylpentan, 3-Methylhexan, 3-Ethylheptan, 3-Ethyl-2-methylhexan, 2,3,3-Trimethylhexan.
b) Nenne die Moleküle und Verbindungen, die zueinander isomer sind.

A3 Benenne die folgenden Alkane:
a) $(C_2H_5)_2CH(C_3H_7)$,
b) $(C_2H_5)(CH_3)CH\text{-}CH(C_2H_5)\text{-}CH_2\text{-}CH(C_2H_5)(CH_3)$.

Strukturformel	Name	Siedetemperatur in °C
$CH_3—CH_2—CH_2—CH_2—CH_2—CH_3$	Hexan	68
$CH_3—CH—CH_2—CH_2—CH_3$ | CH_3	2-Methylpentan	60
$CH_3—CH_2—CH—CH_2—CH_3$ | CH_3	3-Methylpentan	63
CH_3 | $CH_3—C—CH_2—CH_3$ | CH_3	2,2-Dimethylbutan	50
$CH_3—CH—CH—CH_3$ | | CH_3 CH_3	2,3-Dimethylbutan	58

B1 Beispiele für Isomere der Summenformel C_6H_{14}

Summenformel	Anzahl der Strukturisomere
C_4H_{10}	2
C_5H_{12}	3
C_6H_{14}	5
C_7H_{16}	9
C_8H_{18}	18
C_9H_{20}	35
$C_{10}H_{22}$	75

B3 Strukturisomere in der Reihe der Alkane

5.11 Impulse Lernzirkel Alkane

Station 1: Grundlagen

Aufgaben:

a) Gib die allgemeine Summenformel der Alkane an.

b) Stelle alle Strukturformeln zu C_6H_{14} auf und benenne die Verbindungen.

c) Formuliere die Struktur- oder Halbstrukturformeln der folgenden Alkane: Octan, 3,3-Dimethylhexan; 2-Methylhexan; 3-Ethylhexan; 3-Ethyl-2-methylpentan; 2,3,4-Trimethylhexan. Kennzeichne die Verbindungen, die zueinander isomer sind.

d) Recherchiere Produkte des Alltags und der Technik, in denen die folgenden Alkane vorkommen: Methan, Propan, Butan, Heptan, Paraffin.

Station 2: Entflammbarkeit

Geräte und Materialien: 3 Porzellanschalen, feuerfeste Unterlage, Keramik-Drahtnetz, Holzspan, Feuerzeug, Heptan, Paraffinöl (niederer Siedetemperaturbereich), Paraffinöl (hoher Siedetemperaturbereich).

Durchführung: (Schutzbrille!) Gib einige Tropfen der drei Flüssigkeiten in jeweils eine Porzellanschale, die auf der feuerfesten Unterlage steht. Nähere die Flamme eines brennenden Holzspans der Oberfläche der Flüssigkeit. Streiche evtl. mehrmals über die Oberfläche der Flüssigkeit. Lösche die brennende Flüssigkeit durch Auflegen des Keramik-Drahtnetzes.

Aufgaben:

a) Beschreibe und deute deine Beobachtungen.

b) Erkläre den Zusammenhang zwischen der Entflammbarkeit eines Alkans und den Gefahren, die von dem Alkan ausgehen.

Station 3: Löslichkeit

Geräte und Materialien: Becherglas, 2 Reagenzgläser, passende Stopfen, Reagenzglasständer, Becherglas, Heptan, heißes dest. Wasser, festes Paraffin

Durchführung:

a) Gib in ein Reagenzglas etwas festes Paraffin und gib ca. 5 cm hoch heißes Wasser hinzu. Setze einen Stopfen auf das Reagenzglas und schüttle.

b) Gib in ein Reagenzglas etwas festes Paraffin und gib ca. 5 cm hoch Heptan hinzu. Stelle das Reagenzglas für 2 Minuten in ein Becherglas mit heißem Wasser. Nimm das Reagenzglas heraus, setze einen Stopfen auf und schüttle.

Aufgaben:

a) Beschreibe und deute deine Beobachtungen.

b) Erläutere folgende Begriffe: hydrophil, hydrophob, lipophil, lipophob.

Station 4: Viskosität

Geräte und Materialien: 3 Reagenzgläser, Reagenzglasständer, 3 leichte Kugeln aus Glas oder Kunststoff (oder 3 Erbsen), Magnet, Stoppuhr, Heptan, Decan (oder Petroleumbenzin), Paraffinöl.

Durchführung: Fülle je ein Reagenzglas etwa 10 cm hoch mit Heptan, Decan bzw. Paraffinöl. Die Füllhöhen müssen genau gleich sein. Lass dann aus Höhe der Reagenzglasöffnung eine Kugel in die jeweilige Flüssigkeit fallen und miss die Zeit, bis die Kugel den Boden des Reagenzglases erreicht hat.

Aufgaben:

a) Beschreibe und deute deine Beobachtungen. Gehe dabei auch auf die Anziehungskräfte zwischen den Teilchen ein.

b) Nenne Beispiele für Produkte aus dem Alltag, bei denen die Viskosität eine Rolle spielt.

Station 5: Dichte

Geräte und Materialien: 3 Schnappdeckelgläser, 3 Vollpipetten (10 ml), Pipettierhilfe, Waage, Heptan, Paraffinöl (niedriger Siedetemperaturbereich), Paraffinöl (hoher Siedetemperaturbereich).

Aufgaben:

a) Entwirf eine Versuchsanleitung zur Bestimmung der Dichten von Heptan und den Paraffinölen. Führe den Versuch durch und berechne die Dichten der Flüssigkeiten.

b) Ein kleiner Benzinbrand kann z. B. durch Abdecken mit einem unbrennbaren Gegenstand oder mit Sand gelöscht werden. Erkläre anhand deines Versuchsergebnisses aus (a), warum man niemals versuchen sollte, Benzin durch Bespritzen mit Wasser zu löschen.

B1 Zu Station 2

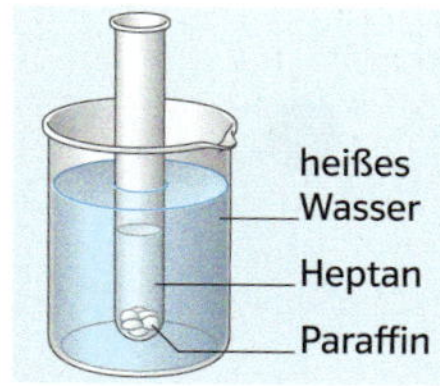

B2 Versuchsaufbau zur Löslichkeit von Paraffin in Heptan

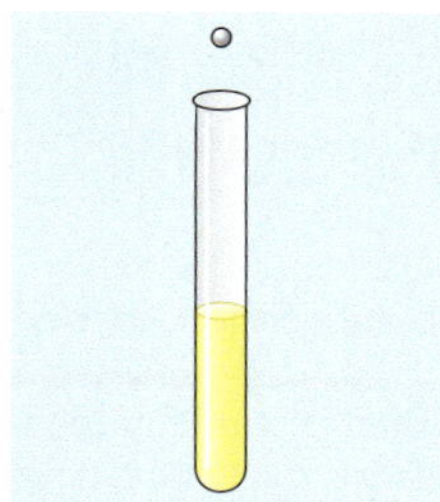

B3 Versuchsaufbau zur Ermittlung der Viskosität

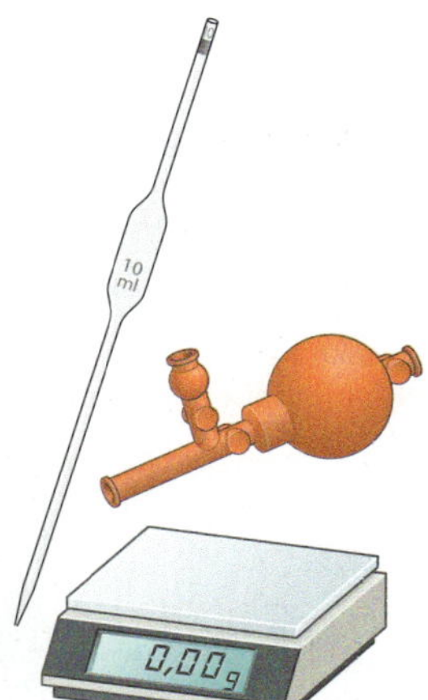

B4 Geräte zur Ermittlung der Dichte

5.12 Kohlenwasserstoffe mit Doppelbindungen

Chemische Reinigung
Reinigung von Textilien mit nicht-wässrigen Lösungsmitteln

Früher wurden in Textilreinigungen flüssige Alkane verwendet, um Fettverschmutzungen zuverlässig zu entfernen. Allerdings sind flüssige Alkane entzündlich. Deshalb kam es häufig zu Unfällen. Daher verwendet man in der chemischen Reinigung heute ein anderes Lösungsmittel. Es ist ebenfalls ein Kohlenwasserstoff, seine Moleküle enthalten allerdings im Gegensatz zu Alkan-Molekülen eine Doppelbindung. Das einfachste Kohlenwasserstoff-Molekül mit einer Doppelbindung ist das Ethen-Molekül.

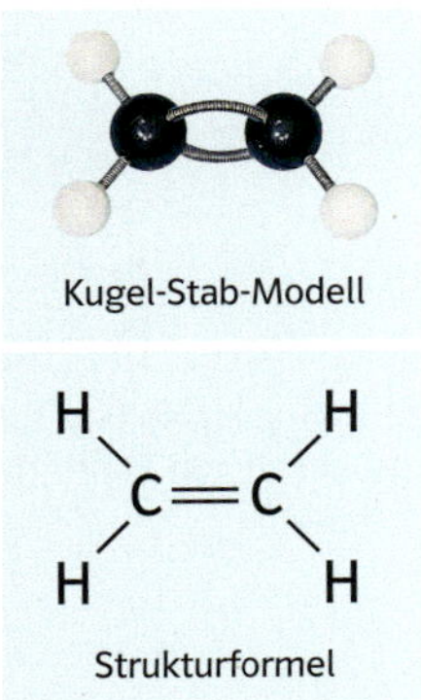

B1 Ethen-Molekül

Eigenschaften und Verwendung von Ethen. Ethen ist ein farbloser, süßlich riechender Kohlenwasserstoff. Er ist bei Zimmertemperatur und auch noch bei sehr tiefen Temperaturen gasförmig. Ethen gehört zu den bedeutendsten Ausgangsstoffen der chemischen Industrie. Entsprechend wurden im Jahr 2012 weltweit etwa 150 Millionen Tonnen produziert. Ein Großteil wird zur Herstellung von Kunststoffen verwendet, vor allem für Polyethen (Polyethylen, PE), das als Material für Plastiktragetaschen bekannt ist (Kap. 7.3). Außerdem wirkt Ethen als Pflanzenhormon [Exkurs].

Ethen – das einfachste Alken. Das Ethen-Molekül hat die Summenformel C_2H_4 und weist zwei Wasserstoff-Atome weniger als das Ethan-Molekül auf. Damit stehen zwei weitere Elektronen für eine zweite Bindung zwischen den Kohlenstoff-Atomen zur Verfügung.
Eine C=C-Doppelbindung wird gebildet.
Im Ethen-Molekül liegen alle Atome in einer Ebene. Ethen ist also ein *planares* Molekül. Die Bindungswinkel zwischen einem Kohlenstoff-Atom und den drei Bindungspartnern betragen jeweils 120° [B1]. Dies entspricht der Aussage des EPA-Modells (Kap 5.2), dass sich eine Doppelbindung auf andere Elektronenpaare fast wie eine Einfachbindung auswirkt.

Homologe Reihe der Alkene. Neben Ethen gibt es weitere Kohlenwasserstoffe mit einer C=C-Doppelbindung und der allgemeinen Summenformel C_nH_{2n}. Sie gehören zur Stoffklasse der **Alkene**. Wie die Alkane bilden auch die Alkene eine homologe Reihe. Ihre Namen enden mit der Nachsilbe „-en", z. B. Ethen, Propen. Gebräuchliche Namen im Alltag sind auch Ethylen und Propylen. Bei Alkenen mit längeren Kohlenstoffketten muss man bei der Benennung die Lage der Doppelbindung im Molekül berücksichtigen. Dazu wird die Nummerierung der Kohlenstoff-Atome so gewählt, dass die Position der Doppelbindung möglichst klein ist [B3].
Da die Moleküle der Alkene C=C-Doppelbindungen besitzen und damit weitere Atome oder Atomgruppen binden können, gehören die Alkene zu den **ungesättigten Kohlenwasserstoffen.** Diese Besonderheit ist der Grund, warum aus Ethen und anderen Alkenen sehr viele weitere Stoffe hergestellt werden können.

Alken-Moleküle enthalten eine C=C-Doppelbindung. Alkene gehören zu den ungesättigten Kohlenwasserstoffen.

Exkurs Ethen als Reifungsgas

Ethen ist ein Pflanzenhormon. Es beeinflusst u. a. die Reifung von Früchten: Während einer bestimmten Reifungsphase wird von Zellen in der Frucht besonders viel Ethen produziert. Dies beschleunigt die Reifung in anderen Bereichen der Frucht, die dadurch wiederum Ethen produzieren. Auf diese Weise reift die Frucht an allen Stellen gleichzeitig. Das Ethen wird auch an die Umgebung abgegeben und lässt benachbarte Früchte schneller reifen. Legt man z. B. zu unreif geernteten Tomaten reife Äpfel, so reifen die Tomaten nach, weil die Äpfel Ethen abgeben.
In der Landwirtschaft nutzt man diese Wirkung des Ethens. Bananen werden grün geerntet. In den Verbraucherländern begast man sie dann in Reifekammern mit Ethen, dadurch reifen sie in wenigen Tagen. Auf dem Feld lässt sich Ethen nicht anwenden, weil sich das Gas zu schnell verdünnen würde. Es gibt aber Lösungen und Emulsionen von Verbindungen, die auf der Pflanze Ethen abgeben. Man kann Ananaspflanzen mit einem solchen Mittel besprühen, damit alle Früchte gleichzeitig reif werden. Sie können dann zu einem vorbestimmten Termin geerntet werden.

Halogenierte Alkene als Reinigungsmittel. Sind in einem Alken-Molekül ein oder mehrere Wasserstoff-Atome durch Halogen-Atome ersetzt, spricht man von einem halogenierten Alken. Halogenierte Alkene spielen eine wichtige Rolle als Ausgangsstoffe bei der Herstellung von Kunststoffen (Kap 7.3). Tetrachlorethen [B2, links] wird auch in der chemischen Reinigung von Textilien eingesetzt.

Trotz der unterschiedlichen Elektronegativität von Chlor-Atomen und Kohlenstoff-Atomen ist das Tetrachlorethen-Molekül kein Dipol. Die Chlor-Kohlenstoff-Bindungen sind zwar polar und die Chlor- bzw. Kohlenstoff-Atome tragen eine negative bzw. positive Teilladung. Aufgrund der Struktur des Moleküls sind die Teilladungen jedoch symmetrisch angeordnet. Folglich fallen der Schwerpunkt der negativen Teilladungen und der Schwerpunkt der positiven Teilladungen zusammen. Tetrachlorethen ist also lipophil und somit gut geeignet, um Fettflecken aus der Kleidung zu entfernen. Das unpolare Molekül kann außerdem nicht mit den polaren Atomgruppen in verschiedenen Textilfasern wechselwirken [B4]. Wasser dagegen kann mit den Fasern wechselwirken und würde das Textilgewebe zum Aufquellen bringen. Empfindliche Kleidungsstücke könnten sich dann verziehen. Solche Kleidungsstücke kann man am Textilpflegesymbol im eingenähten Etikett erkennen [B5]. Auch bei der Reinigung mit flüssigen Alkanen oder Alkenen würde das Textilgewebe nicht aufquellen. Insbesondere vollständig halogenierte Alkene sind jedoch kaum brennbar, was das Unfallrisiko in Textilreinigungen deutlich verringert. Ein großer Nachteil ist jedoch, dass z. B. Tetrachlorethen ein krebserzeugender Gefahrstoff ist. Trotz Filtern und Absauganlagen kann eine Gefährdung der Beschäftigten nicht ausgeschlossen werden.

B2 Strukturformeln von Tetrachlorethen (links) und 1,1-Dichlorethen (rechts)

Halbstrukturformel	**Systematischer Name**	**Schmelztemperatur ϑ_{sm} in °C**	**Siedetemperatur ϑ_{sd} in °C**
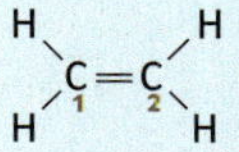	Ethen	−169 °C	−104 °C
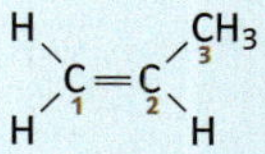	Propen	−185 °C	−48 °C
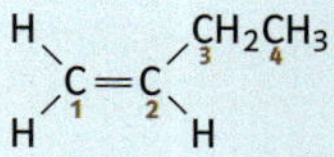	But-1-en	−185 °C	−6 °C
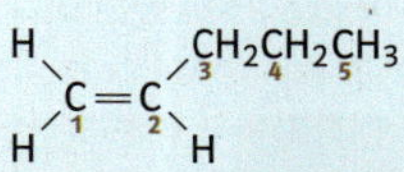	Pent-1-en	−165 °C	30 °C
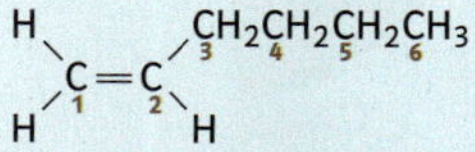	Hex-1-en	−140 °C	63 °C

B3 Homologe Reihe der Alkene: Halbstrukturformeln und Eigenschaften

A1 Begründe, warum die allgemeine Summenformel der Alkene C_nH_{2n} lautet.

A2 Welche der in B3 aufgeführten Alkene sind bei Zimmertemperatur (20 °C) flüssig, welche gasförmig? Nenne sie.

A3 Erkläre die Zunahme der Siedetemperaturen innerhalb der homologen Reihe der Alkene. Zwischen Alken-Molekülen wirken die Van-der-Waals-Kräfte.

A4 Eignet sich 1,1-Dichlorethen [B2, rechts] als Ersatz für Tetrachlorethen in der chemischen Reinigung? Begründe.

B5 Textilpflegesymbol mit der Bedeutung „Reinigen mit Perchlorethylen“

Perchlorethylen alte Bezeichnung für Tetrachlorethen

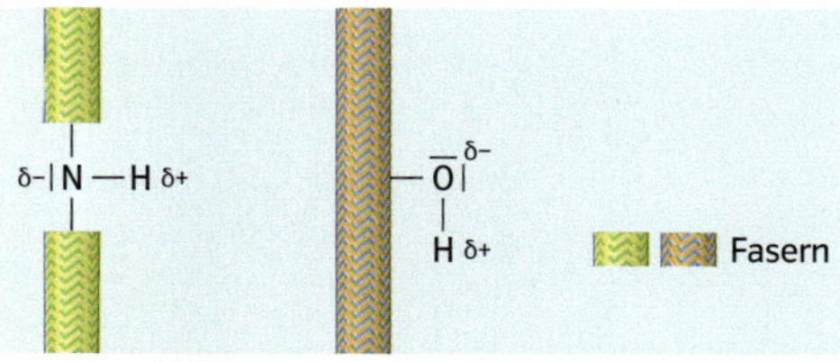

B4 Polare Gruppen in verschiedenen Textilfasern im Modell

5.13 Exkurs Alkoholgenuss – Alkoholmissbrauch

Konstitution
Körperbau und körperliche Verfassung

Volumenkonzentration
Auf Bierflaschen und anderen alkoholischen Getränken findet man die Angabe des Alkoholgehalts als **Volumenkonzentration**:

$$\sigma(A) = \frac{V(\text{Alkohol})}{V(\text{Gesamtlösung})}$$

σ wird häufig in % angegeben

Durchschnittlicher Alkoholkonsum Der Wert 26 ml pro Tag (bzw. 9,5 Liter pro Jahr) ist der Mittelwert des Jahres 2012 für alle Einwohner Deutschlands ab dem Alter von 15 Jahren

	Bier	Weinbrand	Weißwein	Likör	Sekt
	0,3 l	0,04 l	0,125 l	0,04 l	0,1 l
Volumenkonzentration σ(Ethanol):	5 %	38 %	12 %	30 %	12 %
Masse der in einem Getränk enthaltenen Alkoholportion m(Ethanol):	11,8 g	11,9 g	11,8 g	9,4 g	9,4 g

B2 Alkoholanteil einiger Getränke im Vergleich

B3 Bei einem Alkoholrausch werden Nervenzellen in ihrer Funktion gestört

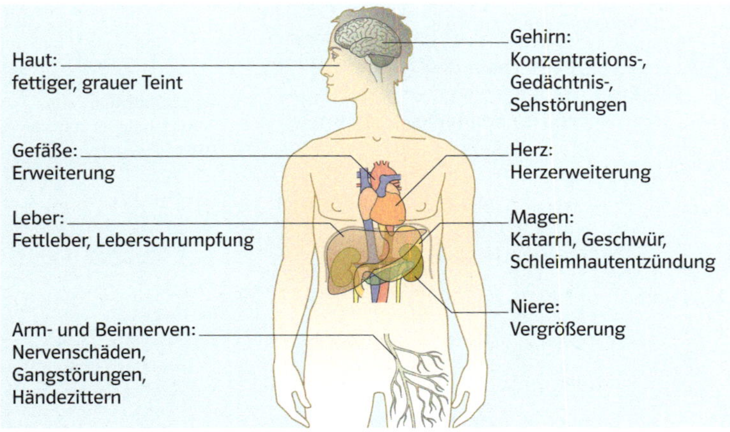

B1 Alkohol schädigt die Organe des Menschen

Der Genuss von Alkohol wird häufig als „Selbstverständlichkeit" betrachtet. Oft wird der Alkohol auch als „Freudenbringer" und „Problemverdränger" angesehen, der das Leben scheinbar leichter macht. Diese Einstellung zum Alkoholkonsum kann jedoch bereits der erste Schritt zur Alkoholabhängigkeit sein. Besonders groß ist die Gefahr der Gewöhnung durch den Konsum der auf den Geschmack von Jugendlichen abgestimmten Mixgetränke (Alcopops), da der Alkoholgeschmack durch die Süße und das Aroma der Getränke überdeckt wird. Damit können v. a. Jugendliche, denen die üblichen Alkoholika zu bitter oder zu scharf schmecken, zum Konsum von Alkohol verführt werden. Meist bedenken sie jedoch nicht, dass eine Flasche dieser Mixgetränke häufig mehr Alkohol enthält als ein Glas Weinbrand [B2]. Die kurz- und langfristige Wirkung des Alkohols wird oft unterschätzt.

Die Wirkung von Alkohol auf den Körper. In Deutschland werden jährlich mehr als 25 Milliarden Euro für alkoholische Getränke ausgegeben. Durchschnittlich nimmt jeder Einwohner täglich 35 ml (ca. 28 g) reinen Alkohol zu sich.
Alkohol ist ein giftiger Stoff; die tödliche Dosis für ein Kleinkind liegt bei 7 g bis 17 g reinem Alkohol. Dies entspricht etwa einem Glas Wein [B2]. Da Alkohol sehr schnell in den Blutkreislauf gelangt, zeigen auch beim Erwachsenen bereits geringe Mengen nach kurzer Zeit Auswirkungen auf Befinden und Verhalten. Durch Alkohol werden Nervenzellen in ihrer Funktion gestört. Die direkten Folgen sind Minderung des logischen Denkvermögens und der Selbstkontrolle sowie der Abbau von Hemmungen. Der Genuss größerer Alkoholmengen führt zum „Rausch" [B3]. Dabei werden bis zu 10 Millionen Gehirnzellen zerstört.
Langfristig wird die Leber geschädigt, in der der Alkohol abgebaut wird. Pro Stunde werden etwa 7 g bis 9 g Alkohol abgebaut. Je nach Konstitution kann eine tägliche Aufnahme von 20 g bis 60 g Alkohol über längere Zeit zu lebensbedrohlicher Leberschrumpfung (Leberzirrhose) führen. Auch andere Organe werden geschädigt [B1].

Alkohol und Sucht. Eine seelische Abhängigkeit von Alkohol kann sich bereits bei relativ geringer täglicher Aufnahme einstellen und zur Alkoholsucht führen. Diese ist fast immer durch körperliche (physische) und seelische (psychische) Abhängigkeit gekennzeichnet. Dabei wird die körperliche Abhängigkeit durch physische Entzugssymptome wie Frieren, Übelkeit und Durchfall charakterisiert. Die seelische Abhängigkeit besteht in dem Bedürfnis, die durch den Alkohol hervorgerufenen angenehmen Gefühle immer wieder hervorzurufen (Wiederholungszwang). Nur eine Entziehungskur und lebenslanger Verzicht auf Alkohol können die Sucht zum Stillstand bringen.

Alkohol und Verkehr. Besonders gefährlich sind die Auswirkungen von Alkohol auf Verkehrsteilnehmer [B4]. Vor allem führt die enthemmende Wirkung von Alkohol zur Selbstüberschätzung und zu riskantem Verhalten. Ein Viertel der im Straßenverkehr Getöteten sind Opfer alkoholbedingter Verkehrsdelikte. Bei Verdacht auf „Alkohol am Steuer" werden von der Polizei nicht nur bei Autofahrern Kontrollen durchgeführt, sondern auch bei allen anderen Verkehrsteilnehmern, z. B. bei Fahrradfahrern. Dabei wird zunächst der Alkoholgehalt in der Atemluft mit einem elektronischen Messgerät bestimmt. Ab einem bestimmten Wert wird eine Blutprobe zur Bestimmung des Blutalkoholgehalts veranlasst. Ein Massenanteil von 1‰ bedeutet, dass sich 1 mg Alkohol in 1000 mg (1 g) Blut befindet. Der Blutalkoholgehalt nach Alkoholkonsum lässt sich näherungsweise abschätzen [B5].

A1 Erkläre, warum die Unfallgefahr nach Alkoholkonsum erhöht ist.

A2 Die „Promillegrenze" für Verkehrsteilnehmer liegt z. B. in Schweden bei 0,2 ‰, in Ungarn sogar bei 0,0 ‰. Ermittle, welche „Promillegrenzen" im Straßenverkehr in Deutschland gelten. Nenne Gründe dafür, dass diese weiter herabgesetzt werden sollten.

A3 Berechne den ungefähren Blutalkoholgehalt einer 50 kg schweren Frau nach zwei Flaschen Alcopops (σ = 5,5 %; je 0,33 l).

A4 In der Öffentlichkeit gibt es Diskussionen, dass man ärztliche Behandlungen infolge einer Alkoholvergiftung selbst bezahlen müssen sollte. Nenne Gründe die dafür und die dagegen sprechen.

Promille Ein Promille ist ein Tausendstel.

$1‰ = \frac{1}{1000} = 10^{-3}$

Diese Einheit kann bei allen Anteilen (z. B. Massenanteil, Volumenanteil) verwendet werden

Unter 0,5 ‰: Bereits 0,3 ‰ erschweren den schnellen Überblick über eine ständig wechselnde Verkehrslage. Das Reaktionsvermögen verschlechtert sich.

0,5 bis 0,8 ‰: Reaktion auf optische und akustische Signale wird deutlich verlangsamt. Bremsweg verlängert sich bei 50 km/h um 14 m, Blickfeld ist eingeengt („Tunnelblick"), Minderung der Konzentrationsfähigkeit; Unfallhäufigkeit mit Personenschäden verdoppelt sich.

0,8 bis 1,2 ‰: Erhebliche Minderung der Aufmerksamkeit und Konzentrationsfähigkeit, stark verzögerte Reaktionsabläufe; euphorische Überschätzung der eigenen Fähigkeiten.

1,2 bis 2,4 ‰: Absolute Fahruntüchtigkeit, bei 1,5 ‰ sechzehnfaches Risiko für einen Unfall mit Personenschäden; Gleichgewichts- und Koordinationsstörungen; stark gestörte Reaktionsabläufe bei gleichzeitiger Überschätzung der eigenen Fähigkeiten.

B4 Gefahren durch Alkoholmissbrauch im Straßenverkehr

Widmark-Formel zur Berechnung des Blutalkoholgehalts:

$$w(\text{Alkohol im Blut}) = \frac{m(\text{Alkohol})}{m(\text{Person}) \cdot r}$$

r ist der sogenannte Reduktionsfaktor, der berücksichtigt, dass Alkohol sich nur in dem wasserhaltigen Körperanteil verteilen kann, nicht jedoch im Fettgewebe und den Knochen. Durchschnittswerte: $r(\text{Mann}) = 0{,}7$; $r(\text{Frau}) = 0{,}6$.

Beispiel: Ein Mann (m = 75 kg) trinkt ein Glas Bier (V = 0,3 l) mit einer Volumenkonzentration

$$\sigma(\text{Alkohol}) = \frac{V(\text{Alkohol})}{V(\text{Getränk})} = 0{,}05\ (5\,\%)$$

Schätze seinen Blutalkoholgehalt ab.

Rechnung: **Volumen des reinen Alkohols:**

$$V(\text{Alkohol}) = \sigma(\text{Alkohol}) \cdot V(\text{Getränk}) = 0{,}05 \cdot 0{,}3\,\text{l} = 0{,}015\,\text{l} = 15\,\text{ml}$$

Masse des reinen Alkohols:

$$m(\text{Alkohol}) = \rho(\text{Alkohol}) \cdot V(\text{Alkohol}) = 0{,}785\,\text{g/ml} \cdot 15\,\text{ml} = 11{,}8\,\text{g}$$

Einsetzen in die Widmark-Formel:

$$w(\text{Alkohol im Blut}) = \frac{11{,}8\,\text{g}}{75\,000\,\text{g} \cdot 0{,}7} = 0{,}000\,22 = 0{,}22\,‰$$

B5 Berechnung des Blutalkoholgehalts

5.14 Alkohol-Herstellung durch Gärung

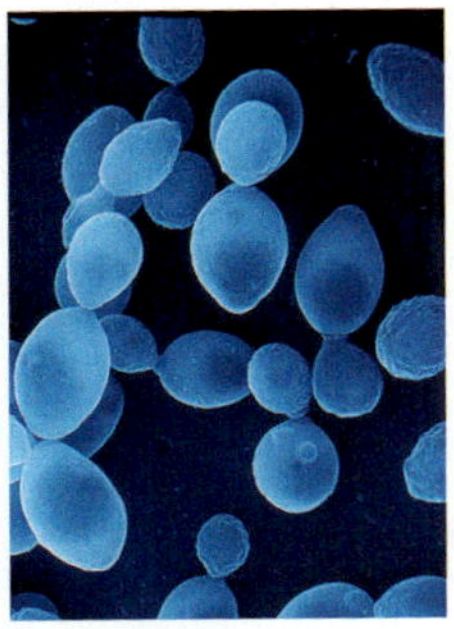

B1 Hefezellen (mikroskopische Aufnahme)

enzymatisch mithilfe von Enzymen, die als Biokatalysatoren wirken

hygroskopisch wasseranziehend

Viele Reiniger wie Fensterputzmittel enthalten Alkohol, um Fettverschmutzungen lösen zu können. Auch Parfüm besteht zu einem Teil aus Alkohol, weil sich die Duftstoffe nicht nur in Wasser lösen lassen.
Die Herstellung von Alkohol und alkoholischen Getränken ist schon seit Jahrtausenden bekannt. Dies ist wohl darauf zurückzuführen, dass Alkohol durch eine chemische Reaktion gebildet wird, die auch ohne Zutun des Menschen in der Natur abläuft.

Alkoholische Gärung. Alkohol entsteht aus Traubenzucker (Glucose), der in vielen Früchten enthalten ist. Unter dem Einfluss der **Enzyme** (Biokatalysatoren) von *Hefepilzen* [B1] entsteht neben Alkohol ein weiteres Reaktionsprodukt, Kohlenstoffdioxid:

$$\text{Traubenzucker} \xrightarrow[\text{Wasser}]{\text{Enzyme}} \text{Alkohol} + \text{Kohlenstoffdioxid}$$

Diesen Vorgang nennt man alkoholische Gärung. Bei vielen Früchten sind auf ihren Schalen bereits Hefepilze vorhanden, sodass der Gärvorgang von selbst beginnen kann.
Er liefert den Hefezellen die für sie lebensnotwendige Energie. Der Presssaft der Früchte reichert sich durch den Gärvorgang langsam mit Alkohol an. So entsteht z. B. Apfelwein.
Den Gärvorgang kann man anhand der Bildung von Kohlenstoffdioxid verfolgen. Verschließt man die Gärgefäße, bevor die Gärung völlig beendet ist, löst sich unter dem steigenden Druck ein großer Teil des Kohlenstoffdioxids in der Flüssigkeit. So entsteht z. B. Champagner.

Auch aus Pflanzen, die Stärke enthalten, können alkoholische Getränke hergestellt werden, da in Pflanzenzellen aus Stärke enzymatisch Traubenzucker entstehen kann. Dies nutzt man z. B. bei der Bierherstellung, für die man u. a. Gerste benötigt. Auch aus anderen stärkehaltigen Früchten und Knollen, wie Reis und Kartoffeln, kann Alkohol hergestellt werden.
In einem *Hefeteig* läuft ebenfalls eine alkoholische Gärung ab. Das Kohlenstoffdioxid treibt das Gebäck auf und macht es locker. Der dabei zudem entstehende Alkohol verdampft beim Backvorgang.

Destillation. Die alkoholische Gärung hört von alleine auf, sobald eine Volumenkonzentration von ca. 15 % erreicht ist, da dann die Hefezellen absterben. Höhere Alkoholkonzentrationen lassen sich durch Destillieren („Brennen") erreichen [B2, B3]. Man erhält so *Branntwein*. Im Destillat liegt maximal eine Volumenkonzentration von 96 % vor. Lösungen mit diesem Alkoholgehalt nennt man *Spiritus*, er wird u. a. zur Herstellung von Spirituosen verwendet. Aus steuerlichen Gründen durch Zusätze ungenießbar gemacht („vergällt") dient er als *Brennspiritus*. Um wasserfreien Alkohol herzustellen, muss das restliche Wasser durch Zusatz eines hygroskopischen Stoffes, z. B. Calciumoxid, entfernt werden.

A1 Bei der Herstellung von Sekt werden fertigem Wein Zucker und Hefe zugesetzt und das Gärgefäß verschlossen. Erkläre.

B2 Technische Alkoholherstellung

B3 Historische Apparatur zur Branntweinherstellung

5.15 Das Ethanol-Molekül

Bei der alkoholischen Gärung entsteht Alkohol (Kap. 5.14). Die genauere Bezeichnung ist Ethanol. Bei Zimmertempatur ist Ethanol ein flüssiger, leicht flüchtiger Stoff. Daher kann man vermuten, dass er aus Molekülen und nicht aus Ionen aufgebaut ist. Durch Experimente erhält man Hinweise auf die Atomsorten, die am Aufbau des Ethanol-Moleküls beteiligt sind, und auf deren Verknüpfung.

Elementare Zusammensetzung. Bei der Verbrennung von Ethanol entstehen Kohlenstoffdioxid und Wasser [V1]. Am Aufbau des Ethanol-Moleküls müssen also Kohlenstoff- und Wasserstoff-Atome beteiligt sein.
Ein weiteres Experiment [V2] deutet auf enthaltene Sauerstoff-Atome hin. Weitere Atomsorten lassen sich nicht nachweisen. Genauere Untersuchungen ergeben, dass das Molekül doppelt so viele Kohlenstoff-Atome wie Sauerstoff-Atome und sechsmal so viele Wasserstoff-Atome wie Sauerstoff-Atome enthält. Über die Ermittlung der Molekülmasse (m = 46 u) erhält man daraus die Summenformel C_2H_6O.

Struktur des Ethanol-Moleküls. In der Strukturformel des Ethanol-Moleküls [B1] nimmt eines der Wasserstoff-Atome eine Sonderstellung ein. Es ist an ein Sauerstoff-Atom gebunden. Eine solche Bindung kommt auch im Wasser-Molekül vor. Daher kann man erwarten, dass Ethanol ähnliche Eigenschaften und Reaktionen wie Wasser zeigt. Eine solche Ähnlichkeit besteht in der Reaktion mit Natrium. Natrium reagiert mit Ethanol unter Wasserstoffentwicklung [V3]. Der Verlauf der Reaktion ist bei Ethanol allerdings weniger heftig als bei der Reaktion mit Wasser (Kap. 2.8).
Es lässt sich beweisen, dass der entstandene Wasserstoff ausschließlich aus solchen Wasserstoff-Atomen aufgebaut ist, die zuvor im Ethanol-Molekül an ein Sauerstoff-Atom gebunden waren.
Um die Sonderstellung dieser Wasserstoff-Atome zu kennzeichnen, schreibt man statt der Summenformel C_2H_6O oft C_2H_5OH. Die OH-Gruppe wird als **Hydroxygruppe** bezeichnet.

Das Ethanol-Molekül hat die Formel C_2H_5OH. Es enthält eine Ethylgruppe und eine Hydroxygruppe (OH-Gruppe).

V1 Entzünde eine kleine Portion Ethanol und sauge die Verbrennungsgase durch ein gekühltes U-Rohr und eine Waschflasche mit Kalkwasser. Bestreue die Flüssigkeit im U-Rohr mit weißem Kupfersulfat oder berühre die Tröpfchen mit Watesmopapier®.

V2 (Schutzbrille!) In ein Reagenzglas füllt man 2 cm hoch Sand und tränkt diesen mit Ethanol. Man bringt in das waagerecht eingespannte Reagenzglas eine Magnesiarinne mit Magnesiumpulver und verschließt mit einem durchbohrten Stopfen mit Gasableitungsrohr. Zunächst wird das Magnesiumpulver stark erhitzt, danach werden durch gleichzeitiges schwaches Erhitzen des Sandes Alkoholdämpfe darüber geleitet. Die aus dem Rohr entweichenden Gase werden über Wasser aufgefangen und entzündet. Man gibt das feste Reaktionsprodukt in Wasser und prüft den pH-Wert.

V3 Man gibt eine kleine Portion Natrium in ein Reagenzglas mit Ethanol (wasserfrei), fängt das entstehende Gas über Wasser auf und führt die Knallgasprobe durch.

A1 Formuliere die Reaktionsgleichung der Verbrennung von Ethanol.

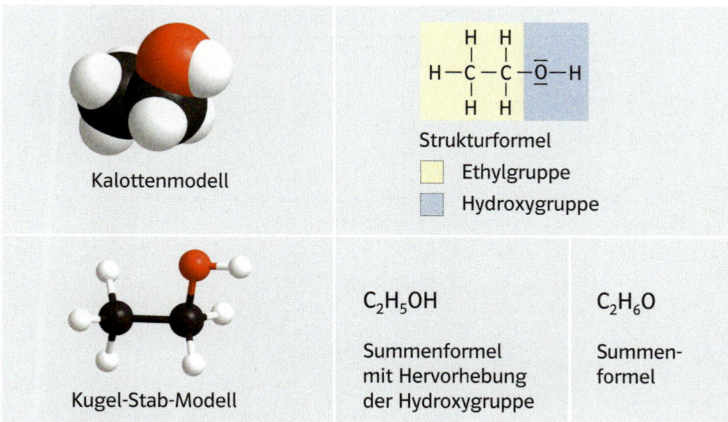

B1 Modelle und Formeln des Ethanolmoleküls

5.16 Eigenschaften und Verwendung von Ethanol

Ethanol ist nicht nur als Bestandteil alkoholischer Getränke, sondern in vielen Bereichen des täglichen Lebens und in der Technik zu finden. Die besonderen Eigenschaften und damit die Anwendungsbereiche des Ethanols lassen sich durch den Bau der Moleküle erklären.

Auswirkungen der Hydroxygruppe. Das Ethanolmolekül besitzt eine *OH-* bzw. *Hydroxygruppe*. Die Bindung zwischen dem Wasserstoff- und dem Sauerstoff-Atom ist stark polar, mit einer positiven Teilladung am Wasserstoff-Atom und einer negativen am Sauerstoff-Atom. Es liegt ein **Dipol** vor.

Zwischen Ethanol-Molekülen können sich **Wasserstoffbrücken** ausbilden [B2]. Jedes Ethanol-Molekül stellt im Unterschied zu einem Wasser-Molekül hierbei nur ein Wasserstoff-Atom zur Verfügung, das eine Wasserstoffbrücke zum Nachbarmolekül ausbilden kann.
Die zwischenmolekularen Kräfte sind insgesamt schwächer als beim Wasser. Dementsprechend ist auch die Siedetemperatur mit 78 °C tiefer. Sie ist allerdings wesentlich höher als die Siedetemperatur von Stoffen, deren Moleküle unpolar sind und zwischen denen ähnlich große Van-der-Waals-Kräfte wirken wie zwischen Ethanol-Molekülen (z. B. Propanmoleküle).

Auch die Tatsache, dass Ethanol in Wasser löslich ist [V1], ist auf die polare Hydroxygruppe zurückzuführen. Zwischen Ethanol- und Wasser-Molekülen können sich ebenfalls Wasserstoffbrücken ausbilden.

Ethanol als Lösungsmittel. Die Farbflecke mancher Filzstifte lassen sich nicht gut mit Wasser, dagegen sehr gut mit Ethanol entfernen. Offenbar hat Ethanol andere Lösungseigenschaften als Wasser. Versuche zum Lösungsverhalten des Ethanols ergeben, dass es nicht nur in Wasser, sondern auch in Benzin löslich ist [V1]. Dieses Verhalten ist erstaunlich, da Wasser und Benzin sich nicht ineinander lösen.
Benzin setzt sich vorwiegend zusammen aus Molekülen, an deren Aufbau nur Wasserstoff- und Kohlenstoff-Atome beteiligt sind. Es sind also **Kohlenwasserstoffe**. Im einfachsten Fall sind in diesen Molekülen alle Atome durch Einfachbindungen verbunden (Kap. 3.16). Stoffe, deren Moleküle dieses Bauprinzip aufweisen, gehören zur Stoffgruppe der Alkane. Aufgrund ihres räumlichen Baus sind Alkan-Moleküle unpolar. Zwischen ihnen wirken nur Van-der-Waals-Kräfte (Kap. 5.8).
Ein Teil des Ethanol-Moleküls, die C_2H_5-Gruppe, zeigt dasselbe Bauprinzip wie die Alkan-Moleküle. Dieser Molekülteil ist ebenfalls unpolar und verantwortlich für die Löslichkeit von Ethanol in Benzin.

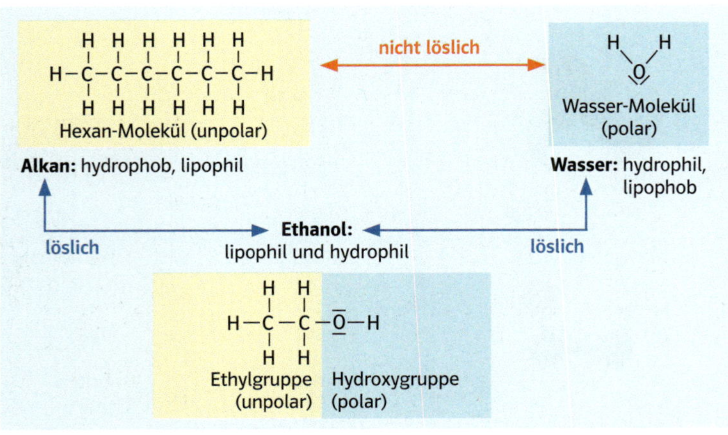

B1 Struktur und Löslichkeit. Ethanol löst sich aufgrund seines Molekülbaus in Wasser und Benzin

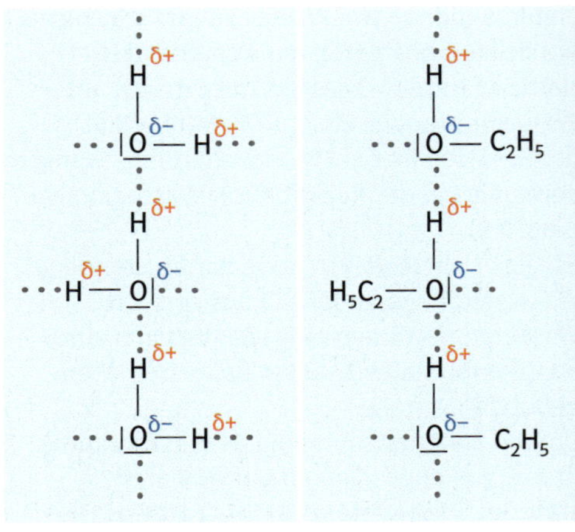

B2 Wasserstoffbrücken zwischen Wasser-Molekülen (links) und zwischen Ethanol-Molekülen (rechts)

Ethanol ist wegen der polaren Hydroxygruppe seiner Moleküle hydrophil. Gleichzeitig ist er wegen der unpolaren Ethylgruppe seiner Moleküle lipophil.

Verwendung von Ethanol. Eine Eigenschaft, die Ethanol mit den Kohlenwasserstoffen gemeinsam hat, ist die Brennbarkeit. Außer bei seiner Verwendung als Brennspiritus wird diese Eigenschaft bei der Verwendung als Treibstoff genutzt. Auch Lösungen mit Wasser sind bis zu einer Alkoholkonzentration von ca. 50 % noch brennbar. Der Bedarf an Ethanol zur industriellen Verwendung ist sehr groß. Der größte Teil wird nicht über die alkoholische Gärung hergestellt, sondern durch Reaktion von Ethen (das aus Erdöl gewonnen wurde) mit Wasser.

$$C_2H_4 + H_2O \longrightarrow C_2H_5OH$$

So werden in Deutschland jährlich etwa 100 000 t „technischer Alkohol" hergestellt. Aufgrund seiner Fähigkeit, sowohl hydrophile als auch hydrophobe Stoffe zu lösen, wird Ethanol in vielen Bereichen als Lösungsmittel verwendet. Dies ist besonders dann wichtig, wenn *zugleich* hydrophile und hydrophobe Stoffe, z. B. Wirkstoffe in einem Arzneimittel, gelöst werden sollen [B5]. Ein weiterer Vorteil ist, dass solche Lösungen noch bis zu einem bestimmten Grad mit Wasser verdünnbar sind, bevor sich eine Emulsion bildet [V2b].

Außer in der pharmazeutischen Industrie nutzt man dies bei der Herstellung von Kosmetika, wie Rasier-, Gesichts-, Mund- und Duftwasser [B3], sowie in der Lack- und Farbenindustrie.

B3 Alltagsprodukte mit Alkoholgehalt

Auch viele Filzstifte und Tinten enthalten Ethanol als Lösungsmittel. Ferner wird es als Extraktions-, Reinigungs-, Desinfektions- und Konservierungsmittel verwendet. Für nicht zu hohe Temperaturen ersetzt Ethanol als Thermometerfüllung das giftige Quecksilber [B4].

V1 Gib in je ein Reagenzglas etwas Wasser bzw. Benzin, füge etwa die gleiche Menge Ethanol (Brennspiritus) hinzu und schüttle.

V2 **a)** Gib in ein Reagenzglas zu 1 ml Benzin 1 ml Wasser und schüttle. Füge anschließend portionsweise etwa 20 ml Brennspiritus zu. **b)** Gib in ein Reagenzglas etwas alkoholischen Anisextrakt und füge tropfenweise Wasser hinzu.

V3 Gib in drei Reagenzgläser je einen kleinen Iodkristall. Füge dann 3 ml Wasser, Ethanol bzw. Heptan hinzu und schüttle.
Information: Eine Lösung von Iod in flüssigen Sauerstoffverbindungen ist gelb bis braun. Eine Lösung von Iod in Verbindungen, die keine Sauerstoff-Atome enthalten, ist in der Regel rotviolett bis violett. Ausnahmen bilden einige Schwefel- und Stickstoffverbindungen, die hier aber keine Rolle spielen.

A1 Nenne jeweils Eigenschaften des Ethanols, die auf den Einfluss der Hydroxy- bzw. Ethylgruppe zurückzuführen sind, und begründe die Zuordnung.

A2 **a)** Welche zwischenmolekularen Kräfte sind hauptsächlich für die Höhe der Siedetemperaturen von Wasser und Ethanol verantwortlich?
b) Erkläre, warum Ethanol bei einer tieferen Temperatur siedet als Wasser.

A3 Zeichne einige Ethanol- und Wasser-Moleküle in einem Ethanol-Wasser-Gemisch mit den zwischen ihnen auftretenden Kräften. Erkläre die Löslichkeit von Ethanol in Wasser.

A4 Nenne die Eigenschaft von Ethanol, die man bei seiner Verwendung in „Kölnisch Wasser" nutzt.

B4 Ethanol als Thermometerfüllung

B5 Ethanol als Lösungsmittel für Pflanzenwirkstoffe

5.17 Homologe Reihe der Alkanole

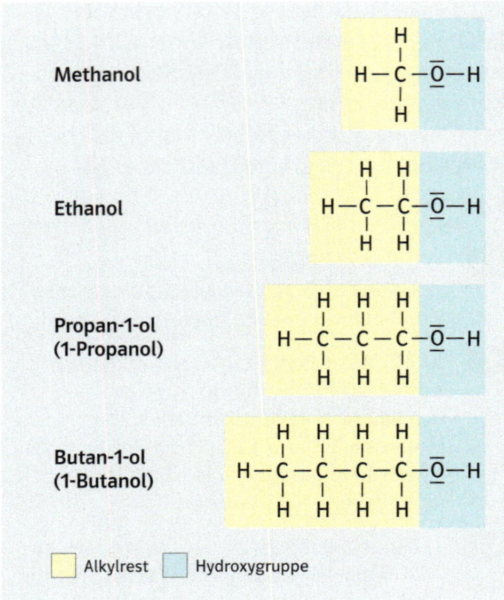

B2 Strukturformeln einiger Alkanolmoleküle

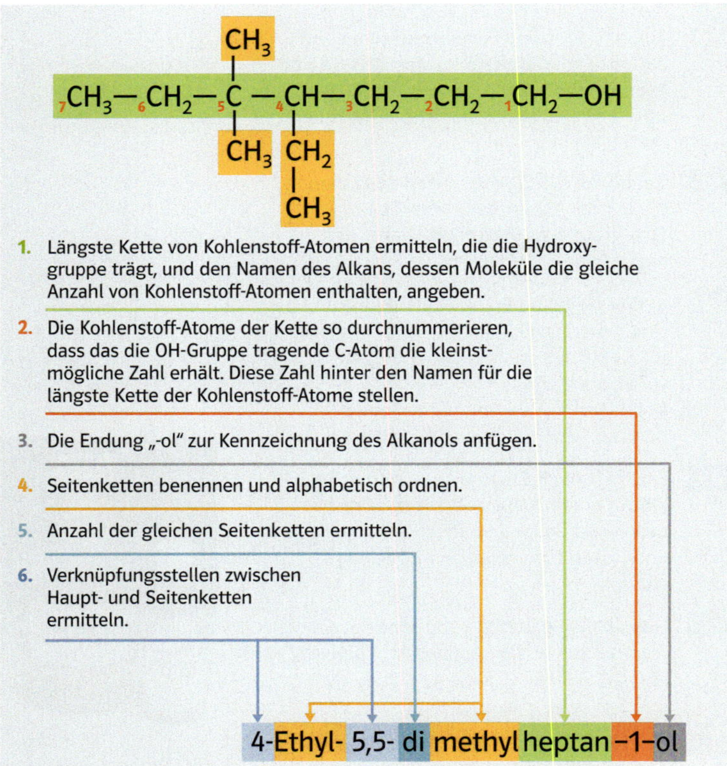

B1 Benennung eines Alkanols

Alkohole sind Stoffe, deren Moleküle *mindestens eine* OH-Gruppe besitzen. Diese muss an ein C-Atom gebunden sein, von dem keine Mehrfachbindungen ausgehen. Diese Stoffe sind sich in vielen Eigenschaften und Reaktionen ähnlich, da die allen Molekülen gemeinsame OH-Gruppe das Verhalten der Alkoholmoleküle wesentlich beeinflusst. Sie wird daher als **funktionelle Gruppe** der Alkoholmoleküle bezeichnet.

Homologe Reihe der Alkanole. Ersetzt man in einem Alkan-Molekül ein Wasserstoff-Atom formal durch eine Hydroxygruppe, erhält man das Molekül eines **Alkanols.** Jedes Alkanol ist ein Alkohol, aber nicht umgekehrt. Z.B gibt es auch Alkohole mit mehreren Hydroxygruppen. „Alkohol" ist der Oberbegriff. Zu den Alkoholen gehören also die Alkanole, aber auch andere Stoffe, deren Moleküle eine oder mehrere OH-Gruppen aufweisen.
Die Endung „-ol" bedeutet, dass im Molekül eine OH-Gruppe als funktionelle Gruppe vorhanden ist, also ein Alkohol vorliegt. Der alkanähnliche Molekülteil wird als **Alkylgruppe** oder **Alkylrest** bezeichnet. Die Alkanole lassen sich in einer Reihe anordnen [B2]. Aufeinanderfolgende Glieder dieser Reihe unterscheiden sich dadurch, dass ihre Moleküle immer einen um eine CH_2-Gruppe erweiterten Alkylrest aufweisen. Dies ist eine **homologe Reihe** [B4]. Die Alkanole besitzen die allgemeine Formel $\mathbf{C_nH_{2n+1}OH}$.

Benennung der Alkanole. Der Name eines Alkanols wird dadurch gebildet, dass man an den Namen des Alkans, dessen Moleküle die gleiche Anzahl von Kohlenstoff-Atomen enthalten wie der Alkylrest des Alkanolmoleküls, die Endung „-ol" anfügt. Davor steht die Nummer des C-Atoms, das die OH-Gruppe trägt [B1]. Während die Namen der ersten vier Alkanole der homologen Reihe auf Eigennamen zurückgehen, lassen sich die Namen der folgenden Glieder aus dem griechischen oder lateinischen Wort für die Anzahl der C-Atome des Alkylrests ableiten (z. B. von griech. penta, fünf). In B4 sind für die Alkanolmoleküle vereinfachte Strukturformeln (**Halbstrukturformeln**) angegeben.

Isomerie und Nomenklatur. Das Propanol-Molekül besteht aus der OH-Gruppe und einem Alkylrest (Propylrest). Es gibt zwei verschiedene Propylreste und somit zwei unterschiedliche Propanol-Moleküle [B3]. Außer diesen beiden Möglichkeiten gibt es keine weiteren Propanol-Moleküle. Die beiden Propanol-Moleküle besitzen zwar dieselbe *Summenformel*, jedoch eine unterschiedliche *Verknüpfung der Atome (Struktur).* Propan-1-ol und Propan-2-ol sind **Isomere**. Sie haben verschiedene Eigenschaften.

Besteht der Alkylrest aus mehr als drei Kohlenstoff-Atomen, so können sich die isomeren Moleküle nicht nur durch die Stellung der OH-Gruppe unterscheiden, sondern auch durch eine unterschiedliche Verknüpfung der Kohlenstoff-Atome untereinander [B3]. Mit zunehmender Anzahl der Kohlenstoff-Atome nimmt die Anzahl der isomeren Moleküle sehr stark zu. Um die Isomere eindeutig zu benennen und umgekehrt aus dem Stoffnamen Rückschlüsse auf die Struktur der Moleküle ziehen zu können, gibt es eindeutige Benennungsregeln [B1].

Ist an das Kohlenstoff-Atom, das die Hydroxygruppe trägt, *eine* weitere Alkylgruppe oder ein Wasserstoff-Atom gebunden, so spricht man auch von einem *primären Alkanol*. Sind zwei oder drei Alkylgruppen gebunden, liegt ein *sekundäres* bzw. *tertiäres Alkanol* vor [B3].

A1 Baue mit einem Molekülbaukasten alle isomeren Alkanolmoleküle mit der Formel C_4H_9OH und ordne dem jeweiligen Molekül die Bezeichnung primärer, sekundärer oder tertiärer Alkohol zu.

A2 **a)** Wende bei folgenden Beispielen die Regeln zur Benennung eines Alkanols an: $C_3H_7{-}CH(C_2H_5){-}CH(CH_3){-}CH_2OH$, $C(CH_3)_3{-}CH_2OH$.
b) Zeichne die Strukturformeln der Moleküle 2,3,4-Trimethylpentan-2-ol und 3-Ethyl-4,5,5-trimethyloctan-1-ol.

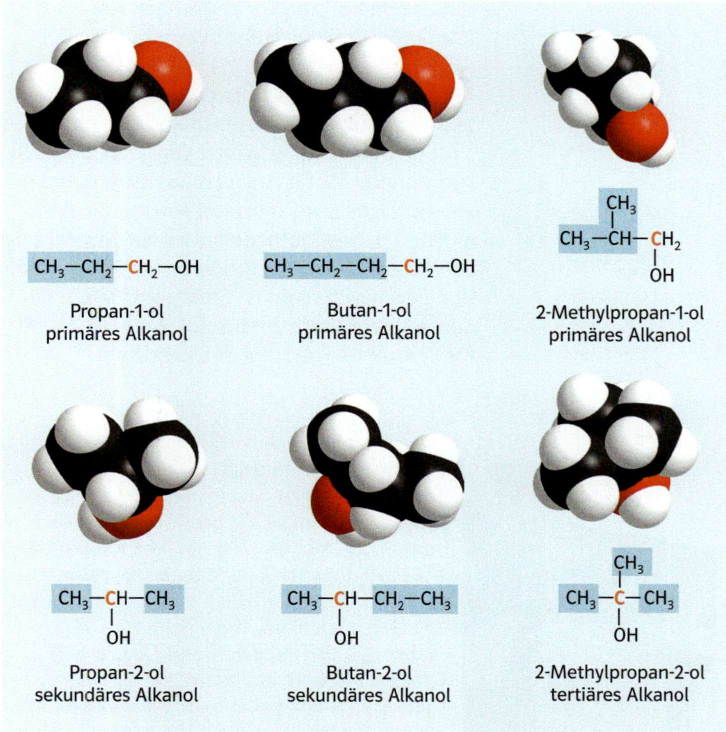

B3 Verschiedene Alkanolmoleküle. Molekülmodelle und Halbstrukturformeln

Name	Halbstrukturformel
Methanol	$CH_3{-}OH$
Ethanol	$CH_3{-}CH_2{-}OH$
Propan-1-ol	$CH_3{-}CH_2{-}CH_2{-}OH$
Butan-1-ol	$CH_3{-}CH_2{-}CH_2{-}CH_2{-}OH$
Pentan-1-ol	$CH_3{-}CH_2{-}CH_2{-}CH_2{-}CH_2{-}OH$
Hexan-1-ol	$CH_3{-}CH_2{-}CH_2{-}CH_2{-}CH_2{-}CH_2{-}OH$
Heptan-1-ol	$CH_3{-}CH_2{-}CH_2{-}CH_2{-}CH_2{-}CH_2{-}CH_2{-}OH$
Octan-1-ol	$CH_3{-}CH_2{-}CH_2{-}CH_2{-}CH_2{-}CH_2{-}CH_2{-}CH_2{-}OH$
Nonan-1-ol	$CH_3{-}CH_2{-}CH_2{-}CH_2{-}CH_2{-}CH_2{-}CH_2{-}CH_2{-}CH_2{-}OH$
Decan-1-ol	$CH_3{-}CH_2{-}CH_2{-}CH_2{-}CH_2{-}CH_2{-}CH_2{-}CH_2{-}CH_2{-}CH_2{-}OH$

B4 Homologe Reihe der Alkanole. Der Alkylrest wird jeweils um eine CH_2-Gruppe verlängert

5.18 Exkurs Vielfalt der Alkohole

Außer Ethanol sind vor allem Methanol und Propan-2-ol technisch von Bedeutung.

Methanol ist der wichtigste Alkohol mit einer Jahresproduktion in Deutschland von ca. 1 Mio. t. Es vermag sowohl hydrophile als auch hydrophobe Stoffe zu lösen und wird deshalb als wichtiges Lösungsmittel eingesetzt. Der größte Teil des Methanols wird zur Herstellung von Ausgangsstoffen für die Kunststoffproduktion benötigt. Ferner ist Methanol wegen des geringeren Schadstoffausstoßes als Treibstoff für Verbrennungsmotoren interessant.

Ethanol als Treibstoff
Schon seit einigen Jahrzehnten wird der Einsatz von Ethanol als Treibstoff in der Praxis erprobt. Ethanol kann im Gemisch mit Benzin (z. B. 20 % Ethanol: E 20) oder als Reinsubstanz (E 100) eingesetzt werden: In Schweden wird z. B. E 85 angeboten, in der Schweiz E 95, in den USA können dem Benzin bis zu 10 % Ethanol beigemischt werden, in Brasilien sind ca. 26 % Ethanol in Benzin enthalten. Auch in Deutschland können dem Benzin bis zu 5 % Ethanol zugesetzt werden. Eine andere Möglichkeit besteht in der Beimischung von Ethyl-tertiär-Butylether (ETBE), einem Reaktionsprodukt aus 2-Methylpropen („Isobuten", Nebenprodukt in Raffinerien) und Ethanol. ETBE kann den als Antiklopfmittel eingesetzten giftigen und umweltschädlichen Methyltertiär-Butylether (MTBE) ersetzen. Einige Hersteller bieten heute schon Fahrzeuge mit Motoren an, die mit Alkohol, Benzin oder mit Alkohol-Benzin-Gemischen beliebiger Zusammensetzung betrieben werden können (Flexible-Fuel-Technik).

Der Einsatz von Ethanol hilft auch, die Abhängigkeit von Erdölimporten zu mindern, und führt so zu einem längeren Erhalt der Vorräte dieses wertvollen Chemierohstoffes. Einer breiteren Anwendung stehen jedoch zur Zeit noch die um etwa ein Drittel höheren Kosten entgegen. Der Einsatz kann bei weiter steigenden Erdölpreisen allerdings bald rentabel werden.

Während die Produktion von Benzin auf dem begrenzten fossilen Rohstoff Erdöl basiert, spricht man bei den Rohstoffen zur Gewinnung von „Bioethanol" (Ethanol durch Gärung) von ständig nachwachsenden Rohstoffen wie z. B. Zuckerrüben, Zuckerrohr, Getreide usw. So können diese zucker- und stärkehaltigen Agrarprodukte in Ländern mit einer Überschussproduktion sinnvoll genutzt werden. Die Rohstoffe können aber auch speziell für die Treibstoffherstellung angebaut werden. Die Verwendung von reinem Bioethanol führt zu einer günstigen Kohlenstoffdioxid-Bilanz, je nach Pflanze und Verarbeitung werden zwischen 40 % und 80 % weniger Kohlenstoffdioxid freigesetzt als bei Verwendung fossiler Treibstoffe.

In Fahrzeugen mit Brennstoffzellen-Antrieb kann es als Quelle für die Herstellung von Wasserstoff dienen. Hierfür vorteilhaft ist eine bereits bestehende Infrastruktur für flüssige Treibstoffe, die man auch für Methanol nutzen kann.

Giftwirkung von Methanol. In Geruch und Geschmack ähnelt Methanol stark dem Ethanol, ist jedoch weitaus giftiger. Der Genuss von 5 bis 10 Millilitern Methanol führt zu Erblindung und Gehirnschädigungen, bereits 20 bis 50 Milliliter Methanol sind tödlich. Die Giftwirkung zeigt sich allerdings erst nach 15 bis 20 Stunden. Methanol und Ethanol lassen sich durch die Boraxprobe [B1] leicht voneinander unterscheiden: Die Grünfärbung der Methanolprobe gegenüber der Gelbfärbung der Ethanolprobe ermöglicht eine klare Unterscheidung.

Propan-2-ol („Isopropylalkohol") ist in vielen Eigenschaften dem Ethanol sehr ähnlich und ersetzt dieses in verschiedenen Anwendungsbereichen. Wegen seines guten Lösungsvermögens, seiner die Hautdurchblutung anregenden und desinfizierenden Wirkung ist es ein verbreitetes Lösungsmittel in einigen Kosmetika. Auch als Frostschutzmittel in Scheibenwaschanlagen von Autos und in Enteisern findet es Verwendung, ferner als Lösungsmittel in vielen Farben und Lacken sowie in Haushaltsreinigern.

B1 Die Boraxprobe mit Methanol (links) und Ethanol (rechts)

Es gibt auch Alkohole mit zwei oder mehr Hydroxygruppen in ihren Molekülen [B3]. Prinzipiell kann *jedes* Kohlenstoff-Atom eines Moleküls mit *einer* OH-Gruppe verbunden sein. Moleküle mit mehr als einer OH-Gruppe an *einem* C-Atom sind meist nicht beständig **(Erlenmeyer-Regel).** Bei *zwei OH-Gruppen* im Molekül spricht man von **Diolen**, bei *drei OH-Gruppen* von **Triolen** usw.

Ethandiol ist eine dickflüssige, giftige, süß schmeckende Flüssigkeit, die auch *Glykol* (von griech. glykys, süß) genannt wird. Aufgrund der zwei OH-Gruppen im Molekül [B3] herrschen relativ starke zwischenmolekulare Kräfte (Wasserstoffbrücken). Diese verleihen dem Ethandiol im Vergleich zu Ethanol eine deutlich höhere Siedetemperatur (198 °C) und Viskosität [V1]. Wässrige Ethandiollösungen besitzen tiefe Erstarrungstemperaturen [V2]. Sie werden daher zum Enteisen von Flugzeugen eingesetzt [B2] und als Frostschutzmittel in Kühlern von Kraftfahrzeugen, da Ethandiol aus der heißen Kühlerflüssigkeit nicht verdampft. Außerdem ist es ein wichtiger Grundstoff für die Herstellung von Kunststoffen.

Propantriol (*Glycerin*) ist ein Molekül mit drei OH-Gruppen [B3]. Aufgrund der dadurch noch stärkeren Kräfte zwischen den Molekülen ist seine Viskosität im Vergleich zum Ethandiol nochmals größer, auch seine Siedetemperatur liegt höher (290 °C). Propantriol ist in Benzin nicht, in Wasser dagegen unbegrenzt löslich, also stark hydrophil. Es ist ungiftig und besitzt wie Glykol einen süßen Geschmack, daher rührt auch die Bezeichnung Glycerin. Wegen seiner hygroskopischen Wirkung sorgt es z. B. in Cremes, Zahnpasten, Druck- und Stempelfarben für genügend Feuchtigkeit. In Fahrzeugen dient es als Bremsflüssigkeit und als Frostschutzmittel. Es ist ein Grundstoff für die Kunststoff- und Sprengstoffindustrie.

Hexanhexol *(Sorbit)*, ein Alkohol mit sechs OH-Gruppen im Molekül, ist ein weißer, süß schmeckender Feststoff. Er kommt in der Natur z. B. in Äpfeln, Birnen, Kirschen und Beeren der Eberesche [B4] vor.

Auch hier ist der süße Geschmack auf viele OH-Gruppen im Molekül zurückzuführen. Wegen dieser OH-Gruppen ist Sorbit wasser-, aber nicht benzinlöslich und, wie Glycerin, hygroskopisch. Es wird deshalb als Feucht- und Weichhaltemittel für Back- und Süßwaren eingesetzt. Sorbit findet auch als Zuckeraustauschstoff für Diabetikersüßwaren und in „zuckerfreien" Kaugummis Verwendung. Es besitzt zwar nur die halbe Süßkraft von Zucker, wirkt allerdings nicht wie dieser kariesfördernd. Ähnliche Eigenschaften bei allerdings gleicher Süßkraft wie Zucker besitzt *Pentanpentol (Xylit).*

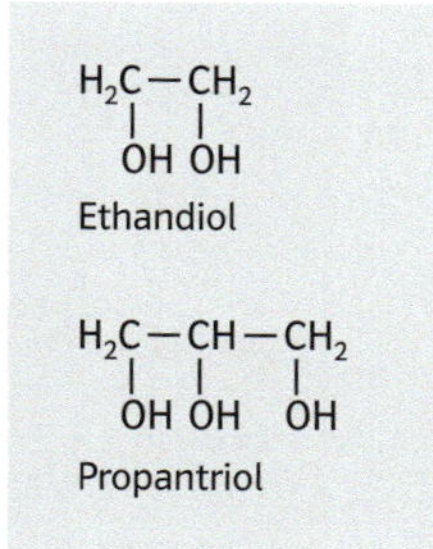

B3 Ethandiol und Propantriol. Halbstrukturformeln

V1 Gib jeweils gleich große Portionen von Propan-1-ol, Ethandiol und Propantriol in Reagenzgläser und vergleiche die Viskositäten durch Schütteln.

V2 Stelle jeweils ein Reagenzglas mit Wasser bzw. einem Wasser-Ethandiol-Gemisch in eine Eis-Kochsalz-Mischung und beobachte.

A1 Nenne einige Vorteile der Verwendung nachwachsender Rohstoffe als Treibstoffe.

A2 Deute: **a)** Hexan-1-ol ist eine Flüssigkeit, Hexanhexol dagegen ein Feststoff.
b) Octan-1-ol und Ethandiol besitzen etwa gleiche Siedetemperaturen.

A3 Paraffinöl und Propantriol sind beide farblose, viskose Flüssigkeiten. Durch welchen einfachen Versuch können sie unterschieden werden?

A4 Zeichne die Strukturformeln von Pentanpentol und Hexanhexol.

B2 Enteisung eines Flugzeugs

B4 Beeren der Eberesche enthalten Sorbit

5.19 Eigenschaften der Alkohole

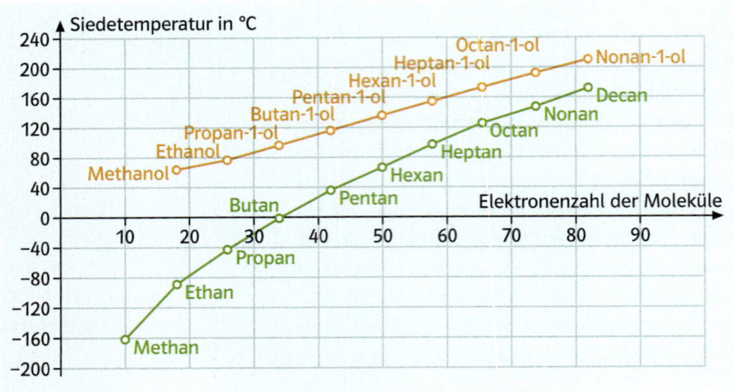

B1 Siedetemperaturen von Alkanolen und Alkanen im Vergleich

Die Stoffeigenschaften eines Alkohols werden sowohl von der polaren OH-Gruppe als auch von dem unpolaren Alkylrest geprägt. Es besteht somit ein direkter Zusammenhang zwischen der *Struktur der Moleküle* und den *Eigenschaften der Stoffe.*

Homologe Reihe und Siedetemperaturen. Innerhalb der homologen Reihe steigen die Siedetemperaturen der Alkanole an [B1]. Diese liegen wesentlich höher als die Siedetemperaturen von Alkanen mit ähnlicher Kettenlänge und Elektronenanzahl.

Name	Schmelztemperatur ϑ_{sm} in °C	Siedetemperatur ϑ_{sd} in °C	Löslichkeit in Wasser	Löslichkeit in Benzin	Viskosität
Methanol	−98	65	unbegrenzt	wenig	nimmt zu
Ethanol	−117	78		unbegrenzt	
Propan-1-ol	−126	97			
Butan-1-ol	−89	117	nimmt zu		
Pentan-1-ol	−79	138			
Hexan-1-ol	−47	157			
⋮ Dodecan-1-ol	26	256			
⋮ Hexadecan-1-ol	50	344			

B2 Die homologe Reihe der Alkanole. Zusammenhang zwischen Struktur und Eigenschaften

Dies ist auf die Polarität der OH-Gruppe zurückzuführen, die zur Ausbildung von Wasserstoffbrücken zwischen den Alkanol-Molekülen führt. Mit zunehmender Kettenlänge nähern sich allerdings die Siedetemperaturen von Alkanen und entsprechenden Alkanolen an, da die Van-der-Waals-Kräfte zwischen den Alkan-Molekülen bzw. Alkylgruppen mit zunehmender Molekülgröße und damit zunehmender Elektronenanzahl immer größer werden. Sie gewinnen gegenüber den Wasserstoffbrücken einen immer größeren Anteil an den zwischenmolekularen Kräften. Der erste bei Zimmertemperatur feste Alkohol ist Dodecan-1-ol.

Homologe Reihe und Viskosität. Mit größer werdender Kettenlänge nehmen die Van-der-Waals-Kräfte zu. Dies ist die Ursache für die im Verlauf der homologen Reihe zunehmende *Zähflüssigkeit (Viskosität)* der Alkanole [B2].

Homologe Reihe und Löslichkeit. Der Einfluss des Alkylrests bzw. der Hydroxygruppe wirkt sich auch auf das Lösungsverhalten der Alkanole aus [B2]. Zwischen der polaren OH-Gruppe der Alkanol-Moleküle und den Wasser-Molekülen können sich Wasserstoffbrücken ausbilden. Die ersten drei Glieder der homologen Reihe lösen sich deshalb unbegrenzt in Wasser. Ab Butan-1-ol nimmt die Wasserlöslichkeit immer mehr ab, da der größer werdende unpolare Alkylrest zunehmend das Lösungsverhalten bestimmt. In Benzin und anderen lipophilen Lösungsmitteln sind alle Alkohole unbegrenzt löslich [V1, B2].

V1 Gib zu einigen Millilitern Wasser bzw. Benzin tropfenweise verschiedene Alkanole und prüfe, ob sich eine Lösung bildet. Interpretiere die Ergebnisse.

A1 Propan-1-ol siedet bei 97 °C, Butan bei −1 °C. Erkläre den Unterschied.

A2 Kommentiere den Satz: „Eine OH-Gruppe zieht drei Kohlenstoff-Atome ins Wasser."

5.20 Impulse Lernzirkel Alkohole

Station 1: Grundlagen

Aufgaben:

a) Gib die allgemeine Formel der Alkanole an.
b) Kennzeichne die funktionelle Gruppe in der Formel.
c) Pentan-1-ol hat mehrere Isomere. Zeichne die Halbstrukturformeln von zwei primären, zwei sekundären Alkanolen und einem tertiären Alkanol. Die von dir gezeichneten Moleküle sollten alle Isomere des Pentan-1-ols sein.
d) Benenne die Alkanole aus c).
e) Die Siedetemperaturen folgender Stoffe sind gegeben: ϑ_{sd}(Ethanol) = 78 °C, ϑ_{sd}(Chlorethan) = 12 °C, ϑ_{sd}(Propan) = −42 °C. Begründe, wodurch die unterschiedlichen Siedetemperaturen zustande kommen. Tipp: Die Strukturformeln der Moleküle können dir dabei eine Hilfe sein (s. auch B3).

Station 2: Eigenschaften und Verwendung von Alkoholen

Aufgaben:

Trage zu folgenden Alkoholen die Eigenschaften und Verwendungen zusammen: Methanol, Ethanol, Propan-2-ol, Ethandiol, Propantriol und Hexanhexol. Gib auch ihre Halbstrukturformeln an. Lege dazu eine Tabelle mit den entsprechenden Spalten an.

Station 3: Viskosität

Geräte und Materialien: 4 Reagenzgläser, Reagenzglasgestell, 4 kleine Kugeln: Kunststoff- oder Glaskugeln oder Erbsen, Stoppuhr, Pinzette, Ethanol, Butan-1-ol, Ethandiol, Propantriol.

Durchführung: Fülle je ein Reagenzglas etwa 10 cm hoch mit jeweils einem der Alkohole. Die Füllhöhe muss genau gleich sein. Lass dann aus der Höhe der Reagenzglasöffnung eine Kugel in den jeweiligen Alkohol fallen und miss die Zeit, bis die Kugel den Boden des Reagenzglases erreicht hat.

Aufgaben:

a) Beschreibe und deute deine Beobachtungen. Gehe dazu auch auf die Anziehungskräfte zwischen den Teilchen ein.
b) Welche Flüssigkeit hat eine größere Viskosität: Butan-1-ol oder Pentan? Schätze ab und begründe deine Entscheidung.

Station 4: Löslichkeit von Heptan und Wasser

Geräte und Materialien: 10 Reagenzgläser, Reagenzglasgestell, 2 Stopfen, 2 Tropfpipetten (eine für Wasser, eine für Heptan), Ethanol, Propan-1-ol, Pentan-1-ol, Dodecan-1-ol, Heptan, Wasser.

Durchführung:

a) Gib von Heptan bzw. den Alkoholen jeweils einen Fingerbreit in jeweils ein Reagenzglas und setze jedem Ansatz tropfenweise Wasser zu. Schüttle.
b) Gib von Wasser bzw. den Alkoholen jeweils einen Fingerbreit in jeweils ein Reagenzglas und füge jeweils tropfenweise Heptan zu. Schüttle.

Aufgabe: Beschreibe und deute deine Beobachtungen. Ziehe zur Deutung auch die Halbstrukturformeln der Moleküle der eingesetzten Stoffe heran.

Station 5: Ethanol als Treibstoff

Aufgaben:

a) Recherchiere Vor- und Nachteile der Verwendung von Ethanol als Treibstoff.
b) Erkläre, warum Benzin leichter verdunstet als Ethanol.
c) Formuliere die Reaktionsgleichung für die Verbrennung von Ethanol.
d) Vergleiche die Einsatzmöglichkeiten von Erdgas und Ethanol in ihrer Funktion als Treibstoffe.
e) Erkläre, warum Ethanol und Zuckerrohr [B1] als „nachwachsende Rohstoffe" bezeichnet werden. Nenne weitere Beispiele für die Verwendung nachwachsender Rohstoffe.
f) Erläutere, warum der Einsatz von Treibstoffen aus nachwachsenden Rohstoffen die Zunahme der Konzentration des Treibhausgases Kohlenstoffdioxid verringert? Begründe, wieso in der Gesamtbilanz bei Verwendung von „nachwachsenden Rohstoffen" als Treibstofflieferant trotzdem mehr Kohlenstoffdioxid freigesetzt wird, als von den Pflanzen aufgenommen wird.

B1 Zuckerrohr

B2 Zuckerrüben

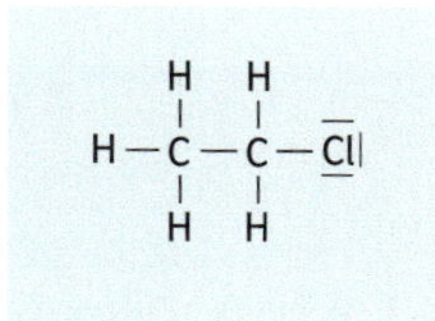

B3 Chlorethan

5.21 Exkurs Alkohole als Emulgatoren

Praktikum Herstellen einer Hautcreme

Geräte, Materialien und Chemikalien:
2 Bechergläser (250 ml), Messzylinder (50 ml), Waage, Spatel, Glasstab, Becherglas (1 000 ml), 2 Gasbrenner, 2 Dreifüße, Döschen, Pflanzenöl (z. B. Sojaöl, Mandelöl), Tegomuls (ein Emulgator), Cetylalkohol, Paraben K (ein Konservierungsstoff), Siedesteinchen, dest. Wasser, Ethanol-Spray, Duftöl.

Durchführung:
1. Wasche das Döschen gründlich mit Spülmittel aus und sprühe es mit Ethanol ein (Desinfektion).
2. Miss 40 ml Pflanzenöl mit dem Messzylinder ab und gieße es in das Becherglas (250 ml). Gib dazu 2,5 g Cetylalkohol und 15 g Tegomuls.
3. Erwärme das Becherglas auf dem Wasserbad, bis alles geschmolzen ist [B1].
4. Erwärme gleichzeitig ca. 150 ml destilliertes Wasser. Koche das Wasser kurz auf (Sterilisation). Siedesteinchen nicht vergessen!
5. Gib das heiße Wasser unter Rühren (Glasstab) zu der Ölmischung und rühre zwei Minuten lang.
6. Wenn die Creme auf etwa 50 °C abgekühlt ist, füge 12 Tropfen Paraben K hinzu und rühre gut um.
7. Fülle die noch warme Creme in Döschen ab.
8. Füge 2 – 3 Tropfen Duftöl hinzu.

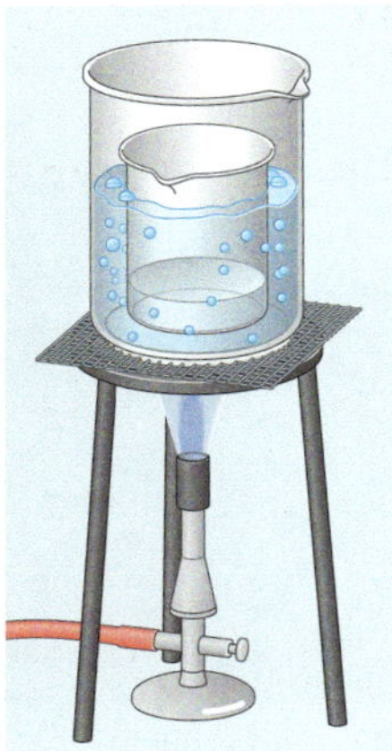

B1 Zum Praktikum

Die menschliche Haut wird von einer Schicht geschützt, die aus dem Fett der Talgdrüsen und dem wässrigen Sekret der Schweißdrüsen besteht. Beide Ausscheidungen bilden eine Öl-in-Wasser-Emulsion. Derartige Emulsionen schützen die Haut vor Austrocknung und dem Eindringen von Bakterien. Viele Hautcremes sind nach diesem Vorbild aufgebaut. Sie enthalten ein pflegendes Öl, Wasser, Duftstoffe und einen Emulgator.

B2 Inhaltsstoffe einer Hautcreme

Aufbau von Emulgatoren. Emulgatoren haben die Aufgabe, zwischen Wasser- und Öl-Molekülen zu „vermitteln“. Man nennt sie deshalb auch „Lösungsvermittler“. Dazu müssen Emulgatoren sowohl hydrophile als auch lipophile Eigenschaften aufweisen. Ihre Moleküle müssen entsprechend aus einem polaren und einem unpolaren Teil bestehen. [B3]. In Hautcremes werden als Emulgatoren unter anderem langkettige Alkanole wie Cetylalkohol (Hexadecan-1-ol $C_{16}H_{33}OH$, auch: Palmitylalkohol) oder Stearylalkohol (Octadecan-1-ol $C_{18}H_{37}OH$) verwendet [B2]. Diese Stoffe geben der Creme zusätzlich auch Festigkeit.

Die Wirkweise eines Emulgators bei einer Öl-in-Wasser-Emulsion besteht darin, dass kleinste Öltröpfchen von Emulgator-Molekülen umschlossen werden [B4]. Die unpolaren Teile der Emulgator-Moleküle kommen mit den unpolaren Öl-Molekülen in Kontakt. An der Grenzfläche können sich Van-der-Waals-Kräfte ausbilden. So entsteht eine stabile Ansammlung von Molekülen. Diese nennt man **Micelle**. Sie ist gut wasserlöslich, da nur die polaren Teile der Emulgator-Moleküle mit den polaren Wasser-Molekülen Wasserstoffbrücken bilden.

A1 Erkläre die Funktion der Emulgatoren in Hautcremes.

A2 Beschreibe B4 und erkläre die Abbildung mithilfe der Polarität der jeweiligen Moleküle

A3 Zeichne eine Skizze wie B4, die die Lösungsverhältnisse in einer Wasser-in-Öl-Emulsion mit einem Alkanol als Emulgator darstellt.

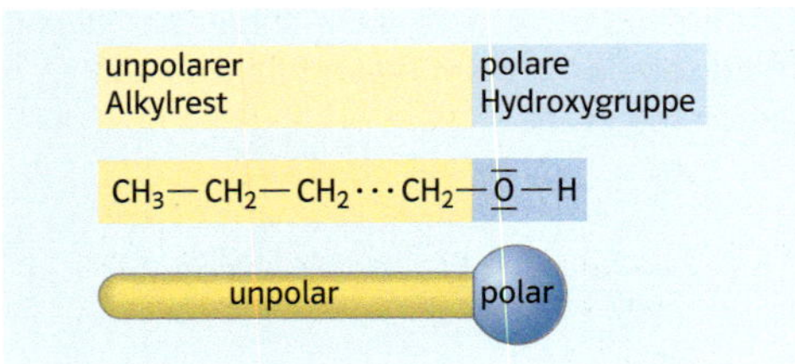

B3 Modell eines Alkanols

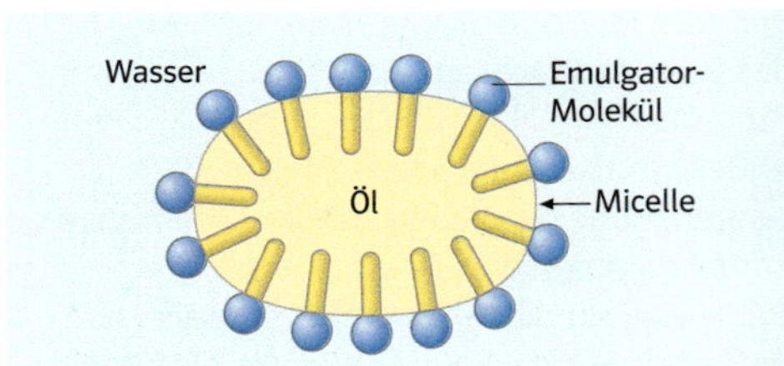

B4 Öl-in-Wasser-Emulsion

5.22 Friedrich Wöhler und die Harnstoffsynthese

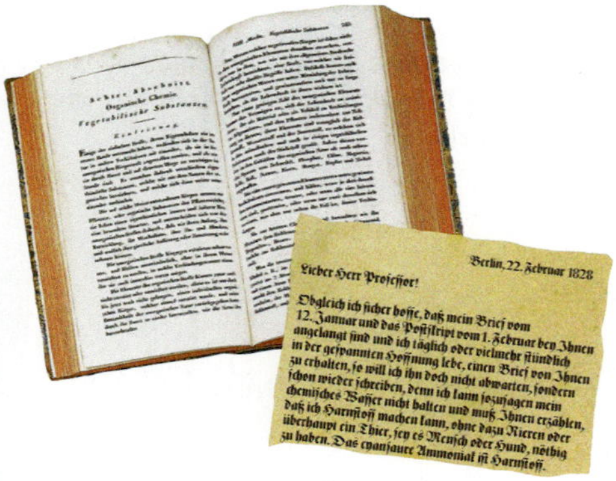

B1 Wöhlers Entdeckung im Lehrbuch

Jöns Jakob Berzelius (1779 – 1848) glaubte, dass in den Organismen eine besondere Lebenskraft, die „vis vitalis“ wirkt. Er führte daher 1806 den Begriff organische Chemie für die Chemie der von Organismen hergestellten Stoffe ein.

Friedrich Wöhler. Im Alter von 20 Jahren begann der gebürtige Frankfurter [B3] sein Medizinstudium in Marburg. Bereits ein Jahr später wechselte er nach Heidelberg, um dort während des Studiums der Medizin im Chemischen Laboratorium von Leopold Gmelin zu experimentieren. 1823 schloss er sein Studium mit der Promotion ab und wandte sich ganz der Chemie zu. Im gleichen Jahr erhielt er die Gelegenheit, in Stockholm bei Jöns Jakob Berzelius zu arbeiten. Während Wöhlers einjährigen Aufenthalts entwickelte sich zwischen dem jungen Chemiker und dem viel älteren Großmeister der damaligen Chemie eine lebenslange Freundschaft.

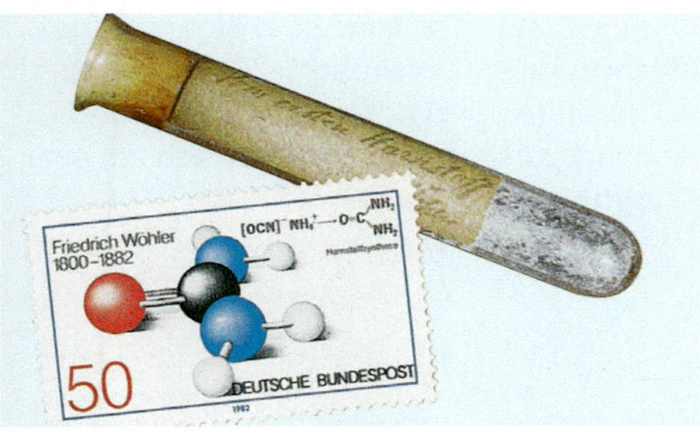

B2 Reagenzglas von Wöhler mit von ihm hergestelltem Harnstoff (im Deutschen Museum in München ausgestellt)

Von 1826 bis 1831 lehrte und forschte Wöhler in Berlin. Dort gelang ihm 1827 die Reindarstellung von Aluminium durch die Reaktion von Aluminiumchlorid mit Kalium. Zufällig entdeckte er die Synthese von Harnstoff aus Ammoniumcyanat:

$$[|N\equiv C-\overline{\underline{O}}|]^- NH_4^+ \xrightarrow{\text{Erwärmen}} (H_2\overline{N})_2C=\overline{O}\rangle$$

Ammoniumcyanat → Harnstoff

Diese Harnstoffsynthese machte ihn weltberühmt. Harnstoff galt bis dahin als typische, nur von lebenden Tieren herstellbare organische Substanz. Sie ist als Abbauprodukt von Proteinen im Urin enthalten.
Wöhler berichtete in einem Brief vom 22. Februar 1828 seinem Freund und Lehrer Berzelius: *„… muß ich Ihnen erzählen, daß ich Harnstoff machen kann, ohne dazu Nieren oder überhaupt ein Thier, sey es Mensch oder Hund nöthig zu haben … Es bedurfte nun weiter Nichts als einer vergleichenden Untersuchung mit Pisse-Harnstoff, den ich in jeder Hinsicht selbst gemacht hatte, und dem Cyan-Harnstoff.“*

Die Synthese von Harnstoff erfolgte in vitro, also unabhängig von Organismen. Daher musste die Definition des Begriffs „organische Chemie“ geändert werden.

Unter dem Begriff organische Chemie versteht man heute die Chemie der Kohlenstoffverbindungen mit Ausnahme z. B. der Kohlenstoffoxide und der Carbonate.

Im Jahr der Harnstoffsynthese, mit 28 Jahren, wurde Wöhler zum Professor ernannt. 1831 wechselte er von Berlin nach Kassel an die Höhere Gewerbeschule. 1836 übernahm er den Lehrstuhl für Chemie und Pharmazie an der Uni Göttingen. Unter seiner Leitung wurde das Göttinger Labor eine berühmte Lehrstätte. Bis zu seinem Tod wirkte Wöhler dort.

A1 Recherchiere, auf welchen Gebieten der Chemie Wöhler im Laufe seines Lebens forschte.

B3 Friedrich Wöhler (1800 – 1882)

in vitro im Reagenzglas

5.23 Exkurs Oxidation von Alkoholen: Aldehyde und Ketone

Oxidation von Ethanol. Taucht man eine heiße, durch Kupferoxid an der Oberfläche geschwärzte Kupferdrahtnetzrolle in Ethanol [V1a], so zeigt die Farbänderung, dass das Kupferoxid zu Kupfer reduziert worden ist [B1]. Ethanol muss also oxidiert worden sein:

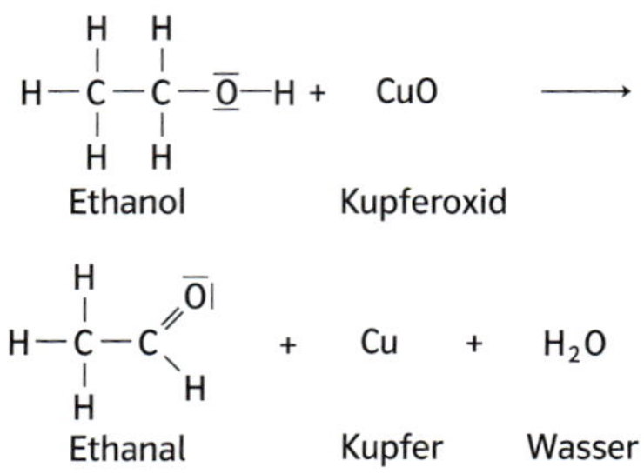

Das Reaktionsprodukt *Ethanal* ist auch unter der Bezeichnung *Acetaldehyd* bekannt und gehört zur Stoffgruppe der **Aldehyde**. Die Bezeichnung Aldehyd ist ein aus „**al**cohol **dehyd**rogenatus" gebildetes Kunstwort und bedeutet: Alkohol, dem Wasserstoff entzogen worden ist.

Oxidation primärer und sekundärer Alkohole. Nicht nur Ethanol lässt sich zu einem Aldehyd oxidieren, sondern alle *primären Alkohole* können durch *Oxidation* bzw. *Dehydrierung* in Aldehyde überführt werden.

Diejenigen Aldehyde, die aus *primären Alkanolen* gebildet werden können, heißen mit dem systematischen Namen **Alkanale.** Ihre Benennung erfolgt durch Anhängen der Silbe „-al" an den Namen des entsprechenden Alkans. So entsteht z. B. aus Propan-1-ol durch Oxidation Propanal [V1b, B2].

Methanal	H—CHO
Ethanal	CH_3—CHO
Propanal	C_2H_5—CHO
Butanal	C_3H_7—CHO
Pentanal	C_4H_9—CHO
Hexanal	C_5H_{11}—CHO
Heptanal	C_6H_{13}—CHO

B2 Homologe Reihe der Alkanale

B1 Oxidation von Ethanol durch Kupferoxid

Wird der sekundäre Alkohol Propan-2-ol oxidiert bzw. dehydriert, so entsteht *Propanon (Aceton)* [V1c]:

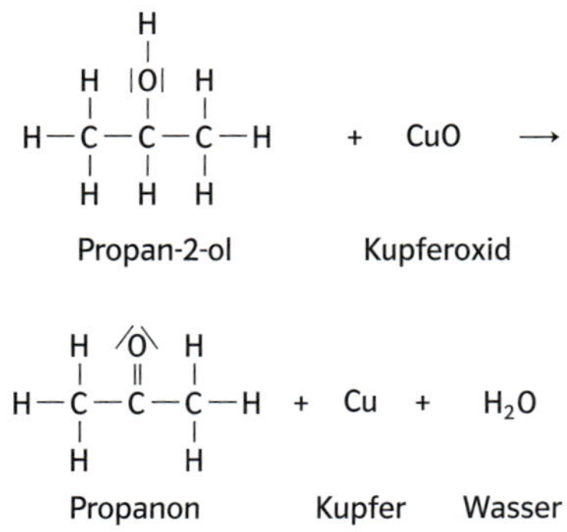

Propanon gehört zur Stoffgruppe der **Ketone.** Die Ketone, die sich von *sekundären Alkanolen* ableiten lassen, werden **Alkanone** genannt. Sie werden durch die Endsilbe „-on" gekennzeichnet, die dem Namen des entsprechenden Alkans angehängt wird. Die Stellung der funktionellen Gruppe im Molekül wird analog der Benennung der Alkanole angegeben.

Primäre Alkohole (Alkanole) reagieren bei einer Oxidation zu Aldehyden (Alkanalen). Sekundäre Alkohole (Alkanole) kann man zu Ketonen (Alkanonen) oxidieren.

Aldehyd- und Keton-Moleküle weisen als *gemeinsame funktionelle Gruppe* die **Carbonylgruppe** auf:

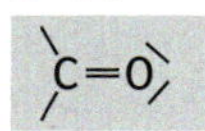

Ist an die Carbonylgruppe ein Wasserstoff-Atom gebunden, so handelt es sich um eine **Aldehydgruppe** (vereinfachte Schreibweise –CHO), liegen zwei Kohlenstoff-Atome als Bindungspartner vor, handelt es sich um eine **Ketogruppe.**

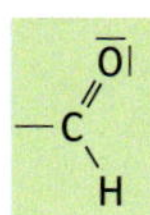

Aldehydgruppe

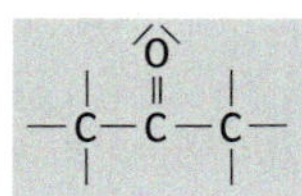

Ketogruppe

Während die Carbonylgruppe der Ketogruppe demnach immer *in* einer Kohlenstoff-Kette liegt, bildet eine Aldehydgruppe immer das Ende einer Kette.

Tertiäre Alkohole lassen sich unter diesen Bedingungen nicht oxidieren.

Die Carbonylgruppe (C=O-Gruppe) ist die funktionelle Gruppe der Aldehyde und Ketone.

Eigenschaften der Aldehyde und Ketone. Die Eigenschaften der beiden Stoffgruppen werden wesentlich durch die Carbonylgruppe bestimmt. Aufgrund der Elektronegativitätsdifferenz zwischen dem Kohlenstoff- und dem Sauerstoff-Atom ist die Carbonylgruppe stark polar. Die Siedetemperaturen der niederen Alkanale und Alkanone liegen deutlich über denen der Alkane mit ähnlicher Größe und Elektronenanzahl, sind jedoch niedriger als die der entsprechenden Alkanole. Dies wird dadurch verständlich, dass zwischen Alkanal- bzw. Alkanon-Molekülen zwar Dipolkräfte wirken, jedoch keine Wasserstoffbrücken ausgebildet werden können. Sie besitzen kein Wasserstoff-Atom, das an ein Atom mit einer hohen Elektronegativität, z. B. ein Sauerstoff-Atom, gebunden ist.
Wasser-Moleküle sind dagegen durchaus in der Lage, über ihre Wasserstoff-Atome Wasserstoffbrücken zu den Sauerstoff-Atomen der Carbonylgruppen auszubilden [B5]. Deshalb sind die ersten Glieder der beiden homologen Reihen in Wasser gut löslich.

Silberspiegelprobe. Aldehyde können andere Stoffe reduzieren, indem sie selbst oxidiert werden. Darauf beruht der Nachweis von Aldehyden durch die Silberspiegelprobe [B4]. Aus einer ammoniakalischen Silbernitrat-Lösung entsteht hier Silber. Dieses liegt zum Teil sehr fein verteilt vor und verleiht der Flüssigkeit eine grau-schwarze Färbung und haftet zum Teil als Silberspiegel an der Gefäßwand an.

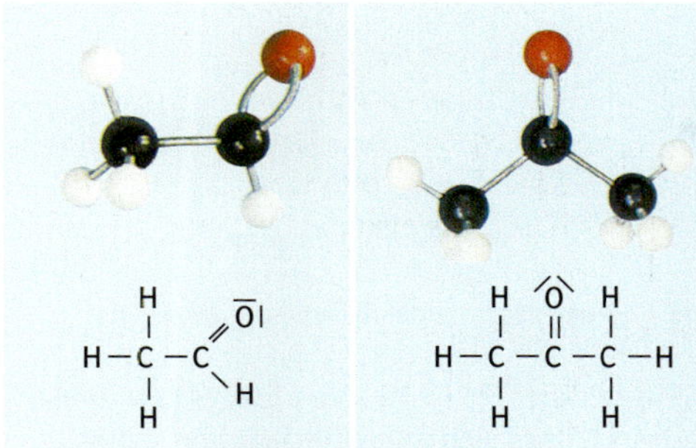

B3 Moleküle von Ethanal und Propanon als Modell und Formeldarstellung

B4 Silberspiegelprobe. Aldehyde wirken reduzierend

V1 (Vorsicht, brennbare Dämpfe, Abzug!)
a) Man erhitzt eine Rolle aus einem Kupferdrahtnetz in der Brennerflamme, bis es an der Oberfläche oxidiert ist, und taucht es heiß in ein Becherglas mit Ethanol.
b) Man wiederholt den Versuch mit Propan-1-ol. **c)** Man wiederholt den Versuch mit Propan-2-ol.

V2 Versuche Wasser, Benzin, Ethanol und Fett in Aceton (Propanon) zu lösen.

V3 Gib in ein kleines Becherglas zu wenig Propanon einige Styroporstückchen.

A1 Wie verhalten sich primäre, sekundäre und tertiäre Alkanole gegenüber heißem Kupferoxid? Beschreibe.

A2 Formuliere die Halbstrukturformel eines primären, eines sekundären und eines tertiären Alkanols mit fünf Kohlenstoff-Atomen. Nenne, falls möglich, jeweils das Produkt der Reaktion mit Kupferoxid.

A3 Formuliere die Strukturformeln aller Hexanon-Moleküle. Benenne die Verbindungen.

A4 Butan-1-ol siedet bei 117 °C, Pentan bei 36 °C und Butanon bei 79 °C. Erkläre die Unterschiede in den Siedetemperaturen der Stoffe.

A5 Informiere dich über Vorkommen, Eigenschaften und die Verwendung der Stoffe Methanal, Ethanal und Propanon.

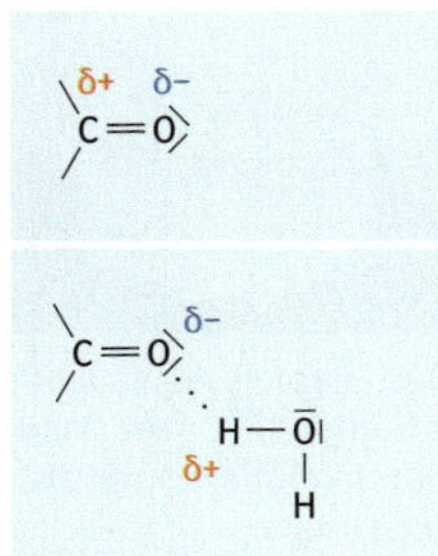

B5 Carbonlygruppe (oben), Wasserstoffbrücken bei Carbonylverbindungen mit Wasser-Molekülen (unten)

5.24 Essig und Essigsäure

B1 Essigreiniger enthält u.a. Essigsäure

Ethansäure lautet der systematische Name der Essigsäure

B2 Reine Essigsäure ist unter 16 °C fest. Man bezeichnet sie auch als „Eisessig"

Massenanteil w = 5 %
In 1 kg (= 1000 g) Gemisch sind 50 g des betreffenden Stoffes enthalten

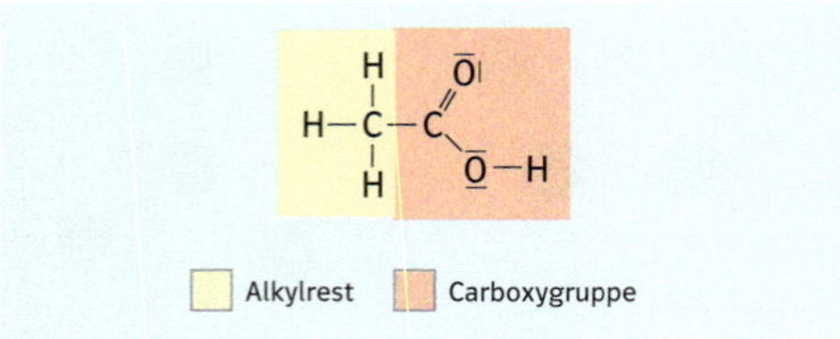

B3 Strukturformel des Essigsäure-Moleküls

Essigreiniger [B1] enthalten Essigsäure. Diese bewirkt, dass sich Kalkablagerungen oder Seifenreste leicht entfernen lassen und das Badezimmer wieder glänzt. Außerdem wirkt Essigsäure desinfizierend. Auch Essig und Essigessenz enthalten Essigsäure und können zum Reinigen verwendet werden.

Industrielle Essig- und Essigsäureherstellung. Essig wird durch Oxidation von Ethanol gewonnen. Dazu lässt man Wein, Most oder andere ethanolhaltige Flüssigkeiten über Buchenholzspäne rieseln, die mit Essigsäurebakterien geimpft sind. Von unten strömt die zur Oxidation benötigte Luft entgegen.

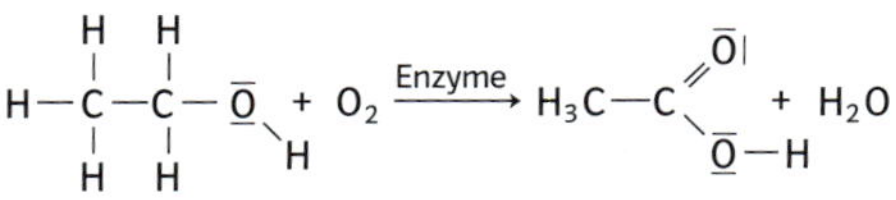

Der überwiegende Teil der Essigsäure wird durch Oxidation von Kohlenwasserstoffen aus Erdöl hergestellt. Ein Großteil dient der chemischen Industrie zur Herstellung von Lösungsmitteln, Kunstseide (Acetatseide), Kunststoffen und Medikamenten.

Verwendung von Essig. Haushaltsessig ist eine verdünnte Lösung von Essigsäure. Die Lösung ist sauer (Kap. 1.2). Vor allem darauf beruht die Verwendung von Essig zum Konservieren von Nahrungsmitteln, z. B. Gewürzgurken und Heringen.
In 2 %iger bis 3 %iger Essigsäure-Lösung sind viele Bakterien nicht mehr lebensfähig. Der Massenanteil von Essigsäure in Essig beträgt meist 5 % bis 6 %, in „Essigessenz" 25 %. Essigessenz muss vor dem Gebrauch verdünnt werden.

Struktur des Essigsäure-Moleküls. Die funktionelle Gruppe des Essigsäure-Moleküls ist die **Carboxygruppe —COOH** (**Carb**onylhydr**oxy**gruppe) [B3]. Sie bestimmt im Wesentlichen die Eigenschaften und das Reaktionsverhalten der Essigsäure. Verbindungen, deren Moleküle die Carboxygruppe aufweisen, heißen **Carbonsäuren**. Der systematische Name für die Essigsäure lautet Ethansäure.

Carbonsäuren enthalten als funktionelle Gruppe die Carboxygruppe (COOH-Gruppe).

Eigenschaften der Essigsäure. Reine 100 %ige Essigsäure ist ein farbloser, ätzend wirkender und stechend riechender Stoff, der bei 118 °C siedet und bei 16 °C erstarrt [B2]. Man bezeichnet diesen Stoff als Eisessig. Essigsäure weist im Vergleich zu Propan-1-ol (ϑ_{sd} = 97 °C) eine höhere Siede- und Schmelztemperatur auf. Der Unterschied ist auf die stark polare Carboxygruppe zurückzuführen. Die Carboxygruppe enthält die polare C=O-Doppelbindung und die O—H-Bindung. Essigsäure-Moleküle können zwei Wasserstoffbrücken ausbilden, z. B.:

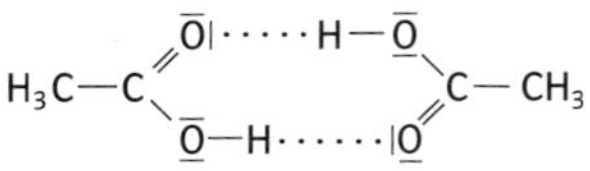

V1 Stelle ein Glas mit vergorenem Traubensaft einige Tage offen an einen warmen Ort. Prüfe den Geruch.

Exkurs Oxidation von Aldehyden

Aldehyde entstehen bei der Oxidation von primären Alkoholen (5.23). Sie können weiter oxidiert werden. Im Fall von Ethanal entsteht Ethansäure (Essigsäure). Die Reaktion erfolgt an der Aldeyhdgruppe:

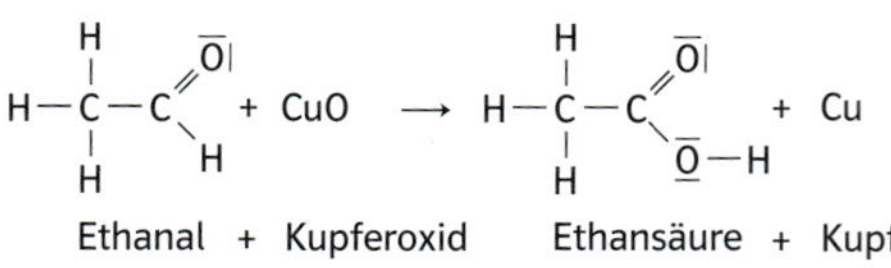

5.25 Alkansäuren: homologe Reihe

Ethanol lässt sich zu Essigsäure, einer Carbonsäure, oxidieren (Kap. 5.24). Die bei der Oxidation von Alkanolen entstehenden Carbonsäuren nennt man **Alkansäuren.** Zur systematischen Benennung wird die *Endung „säure"* an den Stammnamen angehängt. Auch die Alkansäuren bilden eine homologe Reihe [B1], innerhalb derer sich die Eigenschaften der Stoffe in charakteristischer Weise unterscheiden.

Eigenschaftsänderungen innerhalb der homologen Reihe. Die Eigenschaften der ersten vier Alkansäuren werden am stärksten durch die polare Carboxygruppe bestimmt. Die Moleküle können mit anderen geeigneten Molekülen *Wasserstoffbrücken* eingehen, z. B. mit Wasser-Molekülen. Diese Säuren lösen sich in jedem Verhältnis in Wasser.
Alkansäuren, deren Moleküle mehr als vier Kohlenstoff-Atome enthalten, lösen sich nur wenig in Wasser. Dies kann damit begründet werden, dass die Wirkung der polaren Carboxygruppe gegenüber der sich vergrößernden, unpolaren Alkylgruppe in den Hintergrund tritt. Diese Alkansäuren sind zunehmend hydrophob. Schon ab der Ethansäure bilden Säuren mit Benzin in jedem Verhältnis eine Lösung; die bei Zimmertemperatur festen Alkansäuren lösen sich bei höherer Temperatur in Benzin.

Name (Trivialname)	Formel	ϑ_{sm} in °C	ϑ_{sd} in °C
Methansäure (Ameisensäure)	HCOOH	8	100
Ethansäure (Essigsäure)	CH_3COOH	16	118
Propansäure (Propionsäure)	C_2H_5COOH	−22	141
Butansäure (Buttersäure)	C_3H_7COOH	−7	164
Dodecansäure (Laurinsäure)	$C_{11}H_{23}COOH$	44	225*
Hexadecansäure (Palmitinsäure)	$C_{15}H_{31}COOH$	63	269*
Octadecansäure (Stearinsäure)	$C_{17}H_{35}COOH$	69	287*

* bei 133 hPa

B1 Homologe Reihe der Alkansäuren

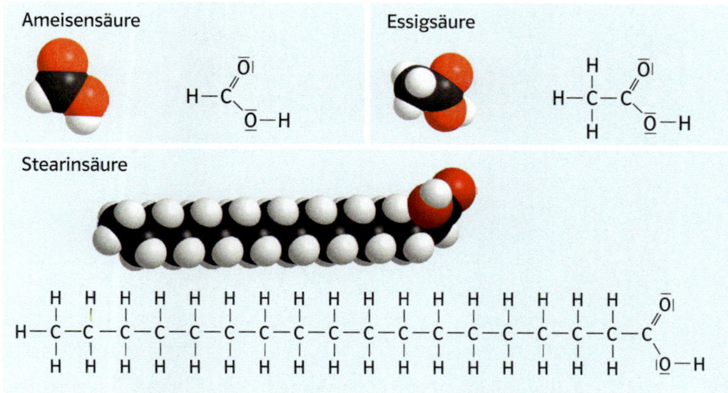

B2 Einige Alkansäuren mit Strukturformel und Molekülmodell

Die *Siedetemperaturen* der Alkansäuren liegen wegen der polaren Carboxygruppe deutlich über denen der Alkanole mit Molekülen ähnlicher Kettenlänge und Moleküloberfläche. Auch bei den Alkansäuren steigen mit wachsender Anzahl der Kohlenstoff-Atome ihrer Moleküle die Siedetemperaturen, da die Van-der-Waals-Kräfte eine zunehmend größere Rolle spielen.

Der *Geruch* der Alkansäuren verändert sich vom stechenden Geruch der Methan- und Ethansäure zum widerwärtigen Geruch der Butansäure und der folgenden Säuren. Die bei Zimmertemperatur festen Alkansäuren riechen wegen ihrer geringen Flüchtigkeit kaum.

A1 Warum besitzt Essigsäure eine höhere Siedetemperatur als Ethanol? Erkläre.

A2 **a)** Begründe, warum die Siedetemperaturen der Alkansäuren innerhalb der homologen Reihe ansteigen.
b) In B1 werden die Siedetemperaturen ab der Dodecansäure bei vermindertem Druck angegeben. Erkläre.

A3 Wie verändert sich die Löslichkeit der Alkansäuren in Wasser und in Benzin innerhalb der homologen Reihe? Begründe.

A4 Informiere dich über folgende Alkansäuren (Vorkommen, Verwendung): Ameisensäure, Propionsäure, Buttersäure, Stearinsäure.

B3 Ameisen produzieren Ameisensäure.
Das Papier enthält einen Indikator, der saure Lösungen durch Rotfärbung anzeigt

5.26 Die Esterbildung

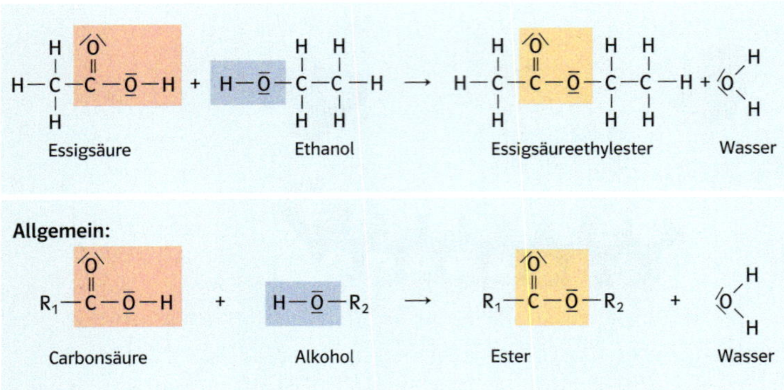

B1 Esterbildung. Oben: Bildung von Essigsäureethylester. Unten: Allgemeines Schema der Esterbildung

Mit den Alkoholen und den Carbonsäuren haben wir Stoffe kennen gelernt, bei denen die Eigenschaften und das Reaktionsverhalten entscheidend von den funktionellen Gruppen der Moleküle beeinflusst werden. Wie verhalten sich Vertreter der beiden Stoffe, wenn sie zusammengegeben werden?

Die Reaktion der Essigsäure mit Ethanol. Essigsäure (Ethansäure) und Ethanol lösen sich ineinander und zeigen zunächst keine Reaktion. Erst wenn das Gemisch mit etwas Schwefelsäure erhitzt wird [V1], lässt sich eine Veränderung feststellen. Gießt man die erhaltene Flüssigkeit in Wasser, so bilden sich zwei Flüssigkeitsschichten [B2], und ein eigenartiger Geruch, der an Alleskleber erinnert, ist deutlich wahrnehmbar. Da die Ausgangsstoffe in Wasser löslich sind, muss eine chemische Reaktion stattgefunden haben.

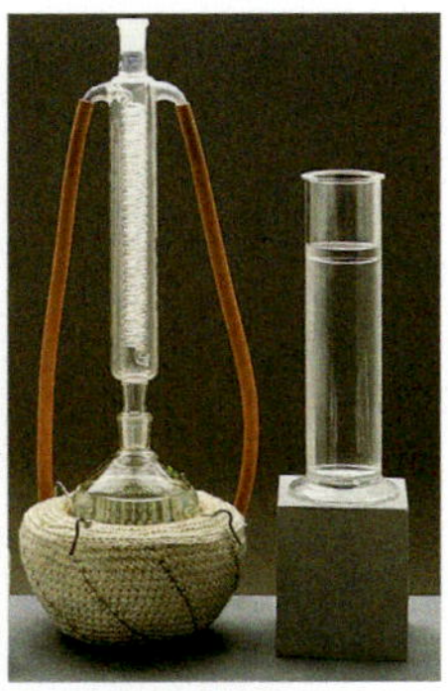

B2 Herstellung von Essigsäureethylester. Reaktionsprodukt in Wasser

Essigsäure und Ethanol reagieren zu Essigsäureethylester und Wasser [B1, oben]. Diese Esterbildung verläuft selbst bei Temperaturen zwischen 70 °C und 90 °C nur sehr langsam. Durch die Zugabe von Schwefelsäure wird die Esterbildung jedoch beschleunigt. Essigsäureethylester bzw. Ethansäureethylester wird auch als Ethylacetat bezeichnet.

Ester. Auch andere Alkohole und Carbonsäuren reagieren zu Estern und Wasser [B1, unten]. Dabei verbinden sich das Alkohol-Molekül und das Carbonsäure-Molekül während gleichzeitig ein Wasser-Molekül abgespalten wird. Solch eine Reaktion nennt man *Kondensationsreaktion*.

Säuren reagieren mit Alkoholen in einer Kondensationsreaktion zu Estern und Wasser.

Alle Ester-Moleküle, die aus Carbonsäuren hergestellt werden, enthalten die funktionelle Gruppe:

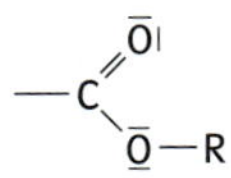

Vereinfachte Schreibweise: —COOR
(R bezeichnet hier die Alkylgruppe des Alkohol-Moleküls).

Der *Name eines Esters* setzt sich zusammen aus dem *Namen der Säure*, dem *Namen für die Alkylgruppe des Alkohols und der Bezeichnung „ester“*.

V1 (Schutzbrille, Schutzhandschuhe!) Man erhitzt ein Gemisch aus 20 ml Eisessig, 20 ml Ethanol und 3 ml konz. Schwefelsäure ca. 10 Minuten im Kolben mit aufgesetztem Rückflusskühler. Danach wird die Flüssigkeit in einen kleinen Standzylinder mit Wasser gegossen. Der Geruch wird vor und nach der Reaktion geprüft.

V2 (Schutzbrille, Schutzhandschuhe!) Man stellt in einem Reagenzglas ein Gemisch aus 3 ml Butan-1-ol und 2,5 ml Essigsäure her und gibt einige Tropfen konz. Schwefelsäure dazu. Man schüttelt, erwärmt kurz und lässt das Reagenzglas einige Minuten stehen. Der Inhalt wird in ein Becherglas mit verdünnter Natronlauge gegossen. Der Geruch wird geprüft.

A1 Formuliere für die Reaktion der Essigsäure mit Butan-1-ol die Reaktionsgleichung. Benenne die Produkte.

A2 Zeichne die Strukturformel von Butansäureethylester.

5.27 Exkurs Ester – Eigenschaften und Verwendung

Durch die Esterbildung haben wir Moleküle mit einer neuen funktionellen Gruppe kennengelernt, die die Eigenschaften der Ester beeinflusst. Essigsäureethylester ist z. B. Bestandteil vieler Nagellackentferner [B1].

Eigenschaften. Essigsäureethylester ist in Wasser begrenzt löslich (8,5 g in 100 g Wasser), mit Benzin bildet dieser Ester in jedem Verhältnis eine Lösung [B4]. Dies liegt daran, dass in den Ester-Molekülen der Einfluss der unpolaren Methyl- und Ethylgruppen gegenüber der polaren Estergruppe überwiegt [B2]. Da die Ester-Moleküle keine Hydroxygruppen aufweisen, können sie untereinander keine Wasserstoffbrücken bilden. Die Siedetemperaturen der Ester liegen deshalb weit niedriger als die der Alkohole und Carbonsäuren mit Molekülen ähnlicher Kettenlänge.

Ester, die aus Carbonsäuren und Alkoholen mit jeweils kurzkettigen Molekülen gewonnen werden können, sind leicht flüchtig. Sie haben einen angenehm fruchtartigen oder blumigen Geruch, ganz im Gegensatz zum stechenden Geruch der Carbonsäuren, die an deren Bildung beteiligt sind.

Vorkommen und Verwendung. Ester, deren Moleküle kurzkettige Alkylgruppen besitzen, sind vielfach *Duft- und Aromastoffe* [B1]. Es sind Stoffe, die sowohl in der Natur vorkommen als auch synthetisch hergestellt werden. Manche finden zudem als *Lösungsmittel* und zum Verdünnen von Lacken und Anstrichfarben Verwendung. Essigsäurebutylester ist ein Lösungsmittel vieler Klebstoffe.

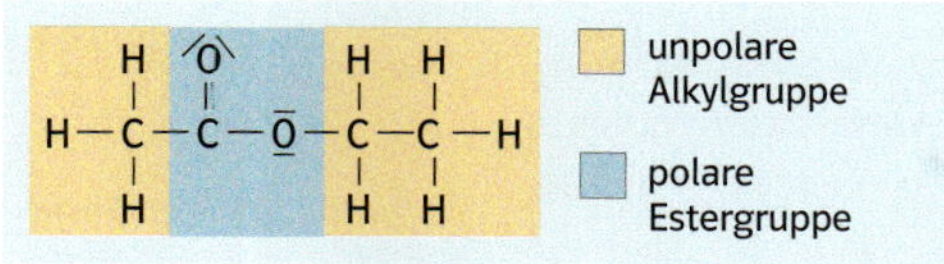

B2 Aufbau des Essigsäureethylester-Moleküls

Die Lösungsmitteldämpfe dürfen nicht in größeren Mengen und über einen längeren Zeitraum eingeatmet werden. Insbesondere beim „Schnüffeln" treten Schäden an Leber und Gehirn auf.
Ester von Carbonsäuren und Alkoholen mit jeweils langkettigen Molekülen sind Wachse.

V1 Befülle vier Reagenzgläser mit jeweils einem der angegebenen Lösungsmittel: 2 ml Wasser, 20 ml Wasser, 2 ml Benzin, 2 ml Pflanzenöl. Gib in jedes Reagenzglas zusätzlich 2 ml Essigsäureethylester. Schüttle.

V2 Mische in einem Reagenzglas 2,5 ml Essigsäure mit 2 ml Pentan-1-ol. Die Lösung wird mit einigen Tropfen konz. Schwefelsäure versetzt (von der Lehrkraft). Erhitze im schwach siedenden Wasserbad. Gieße den Inhalt nach 10 min in stark verdünnte Natronlauge. Prüfe den Geruch und zeichne die Strukturformel des Esters.

A1 Vergleiche die Siedetemperatur des Essigsäureethylesters (ϑ_{sd} = 77 °C) mit der Siedetemperatur der isomeren Carbonsäure und erkläre den Unterschied.

A2 Ameisensäuremethylester ist in Wasser besser löslich als Essigsäureethylester. Erkläre.

B3 Nagellack und Nagellackentferner

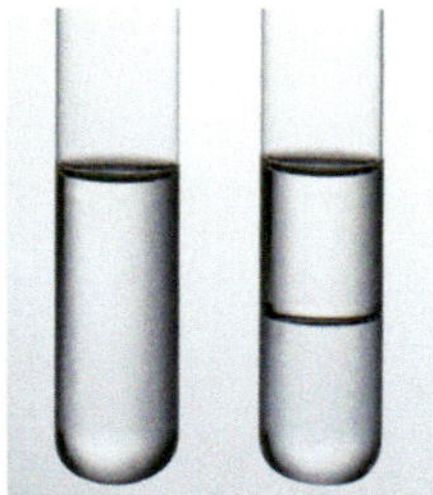

B4 Essigsäureethylester in Benzin (links) und in Wasser (rechts)

Butansäuremethylester $C_3H_7–COOCH_3$ | Butansäureethylester $C_3H_7–COOC_2H_5$ | Pentansäurepentylester $C_4H_9–COOC_5H_{11}$ | Ethansäurehexylester $CH_3–COOC_6H_{13}$

B1 Aromen von Früchten. Manche werden von Estern geprägt

5.28 Durchblick Zusammenfassung und Übung

Zwischenmolekulare Anziehungskräfte			
Wasserstoffbrücken		**Van-der-Waals-Kräfte**	
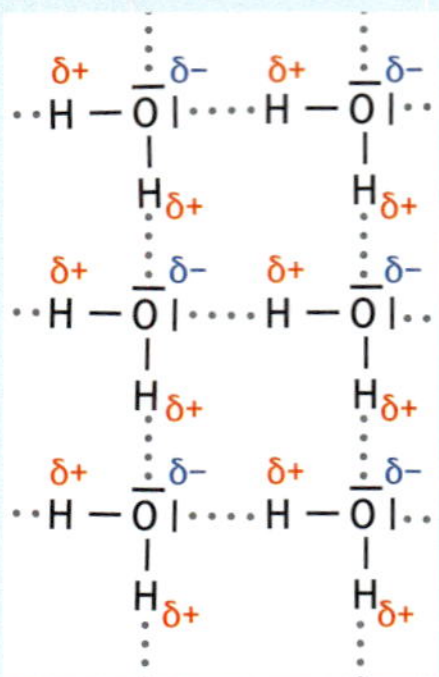	Polar gebundene Wasserstoff-Atome in Dipolen, deren weitere Atome nicht bindende Elektronenpaare aufweisen, bilden Wasserstoffbrücken aus. Sie treten z.B. bei Wasser, Alkoholen und Carbonsäuren auf. Wasserstoffbrücken sind die stärksten zwischenmolekularen Anziehungskräfte, die man kennt.	Anziehungskräfte zwischen Teilchen, die unter dem Einfluss benachbarter Teilchen temporäre Dipole bilden, nennt man Van-der-Waals-Kräfte. Die Van-der-Waals-Kräfte nehmen mit wachsender Kettenlänge und damit auch wachsender Oberfläche zu. Sie treten z.B. bei Alkanen auf.	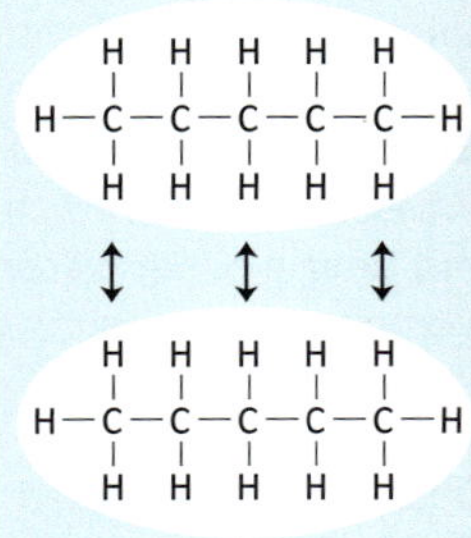

B3 Zwischenmolekulare Kräfte im Vergleich

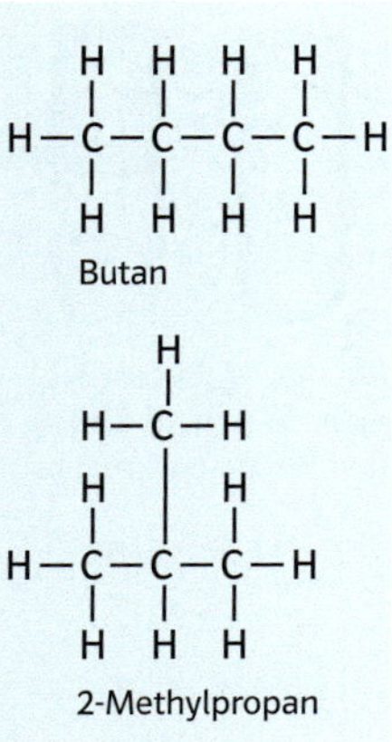

B1 Isomere

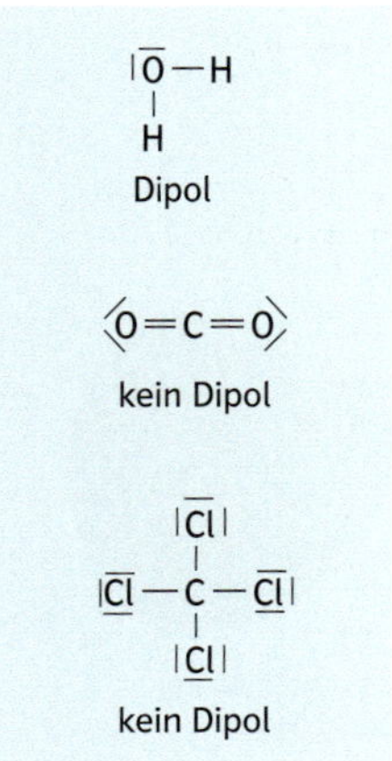

B2

Elektronenpaar-Abstoßungs(EPA)-Modell
Das EPA-Modell erklärt den räumlichen Bau von Molekülen mit mehr als zwei Atomen. Bindende und nicht bindende Elektronenpaare nehmen den größtmöglichen Abstand zueinander ein. Bei 4 Elektronenpaaren ergibt sich die Gestalt eines Tetraeders. Elektronenpaare in einer Doppelbindung (oder Dreifachbindung) werden wie ein Elektronenpaar behandelt.

Elektronegativität
Die Elektronegativität ist eine Zahl, die angibt, wie stark ein Atom die Elektronen einer Elektronenpaarbindung zu sich zieht. Die Polarität einer Bindung steigt mit zunehmender Elektronegativitätsdifferenz ΔEN.

Polare Elektronenpaarbindung
Eine Bindung zwischen zwei Atomen unterschiedlicher Elektronegativität führt zur polaren Elektronenpaarbindung. Die Ladungsverteilung zwischen den verbundenen Atomkernen ist unsymmetrisch. Das eine Atom trägt eine positive (δ+), das andere eine negative Teilladung (δ-).

Dipole
Unsymmetrische Moleküle mit einer oder mehreren polaren Bindungen sind Dipole. Symmetrische Moleküle können keine Dipole sein [B2].

Alkane
Alkane sind Kohlenstoff-Wasserstoff-Verbindungen (Kohlenwasserstoffe), bei denen die Kohlenstoff-Atome ausschließlich über Einfachbindungen miteinander verknüpft sind. Ihre allgemeine Summenformel lautet C_2H_{2n+2}. Sie sind die einfachste Verbindungsklasse in der organischen Chemie („Chemie der Kohlenstoffverbindungen").

Isomere
Moleküle, die bei gleicher Summenformel unterschiedliche Strukturformeln haben, bezeichnet man als Isomere (Strukturisomere) [B1].

Wasserlöslichkeit und Fettlöslichkeit
Hydrophil und hydrophob:
Stoffe mit guter Wasserlöslichkeit nennt man hydrophil. Stoffe mit geringer Wasserlöslichkeit nennt man hydrophob.
Lipophil und lipophob:
Fettlösliche Stoffe bezeichnet man als lipophil, wenig fettlösliche als lipophob.

„Ähnliches löst sich in Ähnlichem"
Je ähnlicher die Teilchen zweier Stoffe in Bezug auf die Polarität sind, desto besser lösen sich die Stoffe ineinander.

Funktionelle Gruppe
Eine Atomgruppe im Molekül, die die Eigenschaften einer Verbindung wesentlich bestimmt, bezeichnet man als funktionelle Gruppe [B5].

Alkanole
Alkanole gehören zur Verbindungsklasse der Alkohole. Deren funktionelle Gruppe ist die Hydroxygruppe (OH-Gruppe). Sie bestimmt wesentlich die Eigenschaften und das Reaktionsverhalten.
Ethanol ist der wichtigste Vertreter der Verbindungsklasse der Alkanole. Ethanol entsteht bei der alkoholischen Gärung mithilfe von Enzymen aus Traubenzucker (Glucose):

$$C_6H_{12}O_6 \longrightarrow 2\ C_2H_5OH + 2\ CO_2$$

Eigenschaften der Alkohole
Aufgrund der Wasserstoffbrücken schmelzen und sieden Alkohole bei wesentlich höheren Temperaturen als Alkane mit Molekülen ähnlicher Elektronenanzahl und Größe der Van-der-Waals-Kräfte. Die Länge der Alkylgruppe und die Anzahl der OH-Gruppen entscheiden darüber, ob ein Alkohol eher lipophil oder eher hydrophil ist [B4].
Alkanole mit hydrophilen *und* lipophilen Eigenschaften, z. B. Methanol, Ethanol und die Propanole, sind bedeutende Lösungsmittel. Sie können gleichzeitig sowohl hydrophile als auch lipophile Stoffe lösen.

Siedetemperatur und Löslichkeit sauerstoffhaltiger organischer Verbindungen
Im Allgemeinen gilt:
Je länger die Alkylgruppe im Molekül einer sauerstoffhaltigen Verbindung ist, desto höher ist die Siedetemperatur und desto geringer ist die Löslichkeit in Wasser.
Und:
Je mehr Hydroxygruppen (bzw. Carboxygruppen) im Molekül vorkommen, desto höher ist die Siedetemperatur und desto besser ist die Wasserlöslichkeit.

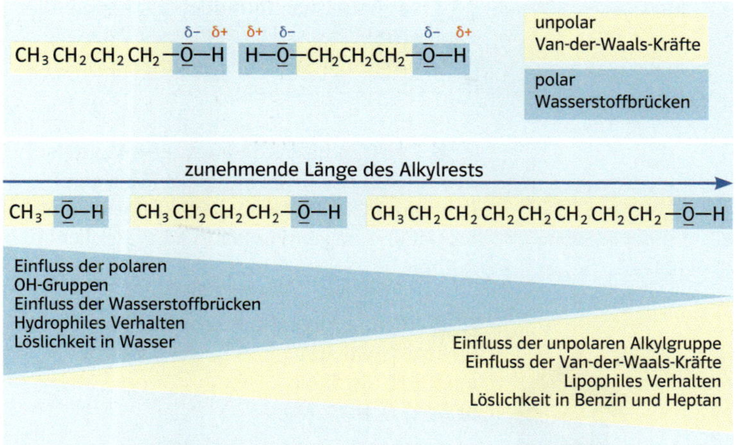

B4 Einfluss des Molekülbaus auf die Eigenschaften der Alkanole

Verbindungsklasse	Allgemeine Strukturformel	Funktionelle Gruppe
Alkohole (z. B. Alkanole)	R—Ō—H	Hydroxygruppe
Aldehyde (z. B. Alkanale)	R—C(=Ō)—H	Aldehydgruppe
Ketone (z. B. Alkanone)	R—C(=Ō)—R'	Carbonylgruppe
Carbonsäuren (z. B. Alkansäuren)	R—C(=Ō)—Ō—H	Carboxygruppe
Carbonsäureester	R—C(=Ō)—Ō—R'	Estergruppe

B5 Wichtige Verbindungsklassen und ihre funktionellen Gruppen

Verbindungsklassen
Die in B5 genannten Namen, die mit „Alkan-" beginnen, benennen Verbindungen, die immer eine Alkylgruppe enthalten. Z. B. Essigsäure (Ethansäure):

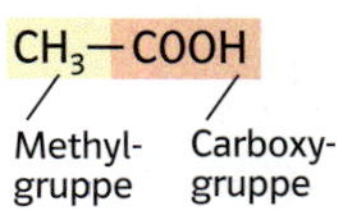

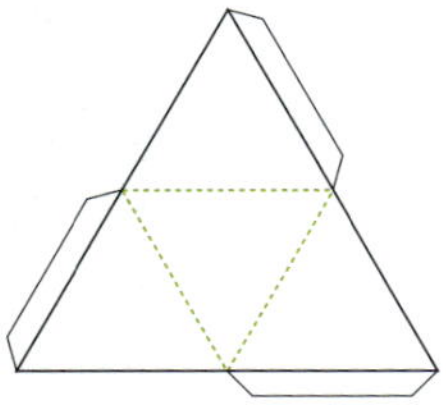

B6 Schnittanleitung zu Aufgabe 1

B7 Zu Aufgabe 6

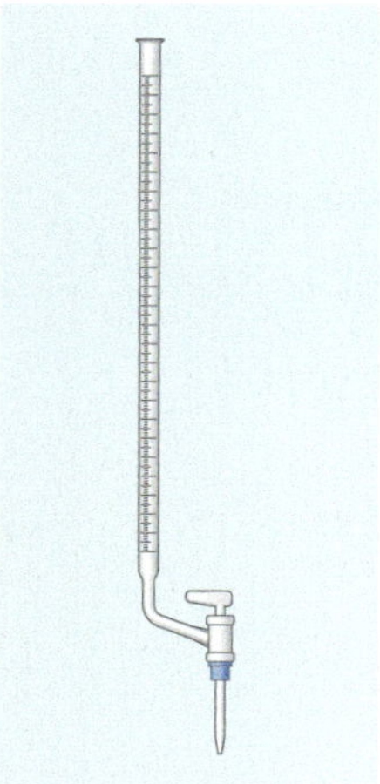

B8 Eine Bürette

A1 **a)** Baue zwei Tetraeder aus Pappe oder Papier [B6].
b) Erläutere die Struktur des Ethan-Moleküls (C_2H_6) am Tetraedermodell.

A2 Bestimme mithilfe des EPA-Modells den Aufbau des CH_2O-Moleküls (Methanal, Formaldehyd). Zeichne zunächst die Strukturformel und beschreibe dann den räumlichen Aufbau.

A3 Ordne folgende Atome nach steigender Elektronegativität:
a) O, F, H, Na, S, Al,
b) Br, C, O, H, Cl, Mg.

A4 Ordne folgende Bindungen nach steigender Polarität. Ermittle zuvor die Differenzen der Elektronegativitätswerte (ΔEN).
Cl—H, O—H, C—H, Br—H, C—I, C—O, F—H, O—Cl

A5 Gib die Strukturformeln folgender Verbindungen mit bindenden und nicht bindenden Elektronenpaaren an: CF_4, NH_3, $CHCl_3$, H_2S. Nenne die Namen der Verbindungen, bei deren Molekülen es sich um Dipole handelt. Versieh die Atome mit den jeweiligen Teilladungen.

A6 Ketchup bekommt man häufig nur schwer aus einer Flasche heraus. Eine Möglichkeit, den Ketchupfluss zu beschleunigen, besteht darin, kurz auf den Boden der Flasche zu klopfen [B7]. Der Ketchup fließt dann, dünnflüssig geworden, schnell heraus. Man nennt dieses Phänomen Thixotropie. Eine Erklärung des Phänomens geht von Wasserstoffbrücken aus, die im Ketchup Bestandteile zusammenhalten, die dreidimensionale Strukturen erzeugen. Wenn man nun die Mischung in Bewegung setzt …
Erkläre weiter.

A7 Im flüssigen Ammoniak können sich Wasserstoffbrücken zwischen NH_3-Molekülen ausbilden. Zeichne einen Ausschnitt aus dem Molekülverband.

A8 **a)** Ein Alkanmolekül hat die Masse 72 u. Gib die Summenformel und die möglichen Strukturformeln an. Benenne die Verbindungen.
b) Wie viele Moleküle Kohlenstoffdioxid entstehen bei der vollständigen Oxidation eines Propan-Moleküls?
c) Gib die Reaktionsgleichung der vollständigen Verbrennung von Propan an.

A9 Erkläre, weshalb sich das Alkan Henicosan ($C_{21}H_{44}$) beim Erhitzen zersetzt, ohne zu sieden.

A10 Wasser, Ethanol, Heptan und Heptan-1-ol werden jeweils in eine Bürette gefüllt [B8]. Die Hähne der identischen Büretten werden exakt gleich weit aufgedreht. Dann wird jeweils die Zeit t gemessen, die vergeht, bis exakt 20 ml der Flüssigkeit durchgelaufen sind. Dabei ergibt sich:
$t_{\text{Heptan}} < t_{\text{Wasser}} < t_{\text{Ethanol}} < t_{\text{Heptan-1-ol}}$

Erkläre das Ergebnis auf der Grundlage der Anziehungskräfte zwischen den jeweiligen Molekülen.

A11 Überlege dir, wie es um die Siedetemperaturen und die Löslichkeit in Wasser bei den folgenden drei Stoffen bestellt sein könnte: Butansäure, Butan, Butan-1-ol. Erstelle eine Reihung und begründe.

A12 Zeichne die Formeln aller Sauerstoffverbindungen, deren Moleküle drei Kohlenstoff-Atome enthalten. Berücksichtige dabei nur Verbindungsklassen, die im Unterricht behandelt wurden. Benenne die Verbindungen im Anschluss.

6 Säuren und Laugen

Säuren und Laugen spielen in Haushalt, Technik und Industrie eine große Rolle. Im Alltag begegnen sie uns als saure und alkalische Lösungen, bei der Zubereitung von Lebensmitteln bis hin zu Inhaltsstoffen verschiedener Reinigungsmittel.

- Laugenbrezeln werden vor dem Backen in Natronlauge getaucht.

- Unser Magensaft enthält Salzsäure. In der Apotheke gibt es Mittel, die einen Überschuss an Magensäure ausgleichen.

- Bei der Verwendung von Glasreinigern fällt häufig ein Geruch nach Ammoniak (Salmiakgeist) auf.

- Saure und alkalische Lösungen können sich in ihrer Wirkung aufheben, sie neutralisieren sich. So werden z. B. Abwässer vor dem Einleiten in die Kläranlage neutralisiert. Für ein tiefergehendes Verständnis der Neutralisation ist es hilfreich, die charakteristischen Teilchen von sauren und alkalischen Lösungen kennenzulernen.

Surftipp
2s2mr8

6.1 Säuren und Laugen im Alltag

Säuren in Lebensmitteln
Viele Menschen schätzen den erfrischenden, sauren Geschmack verschiedener Lebensmittel. Dies können Früchte wie Äpfel und Orangen sein, aber auch Zubereitungen wie z. B. Naturjoghurts, Buttermilch, saure Gurken, Apfelsaftschorle, Essig oder Zitronenlimonade [B1].

B1 Saure Lösungen im Alltag

A1 Informiere dich, durch welche Stoffe bei den oben angegebenen Lebensmitteln der saure Geschmack hervorgerufen wird. Gib an, ob es sich um einen Lebensmittel-Zusatzstoff handelt oder um einen Bestandteil, der von Natur aus enthalten ist.

A2 Zahlreiche Sauerkonserven werden in Gläsern angeboten, viele aber auch in Konservendosen aus Metall [B3], wobei dann die Innenseite der Dosen z. B. durch einen Lacküberzug geschützt ist. Versuche, hierfür eine Erklärung zu finden. Beachte in diesem Zusammenhang auch die Regel, die besagt, dass man keine angestoßenen, eingedellten Konservendosen kaufen soll.

B2 Duschlotion

B3 Konservendosen sind innen beschichtet

Säuren und Laugen in Reinigern
In zahlreichen Reinigungsmitteln, die im Haushalt, aber auch bei industriellen Prozessen eingesetzt werden, sind Säuren oder Laugen enthalten [B4].

B4 Haushaltsreiniger

A3 Untersuche im Haushalt vorhandene Reiniger, ob sie Säuren oder Laugen enthalten. Gib hierzu auf eine Untertasse jeweils zu einer kleinen Substanzprobe etwas Wasser und setze einige Tropfen Indikatorlösung zu. Stelle das Ergebnis in Form einer Tabelle dar und vergleiche es mit dem anderer Mitschüler und Mitschülerinnen. Wieso kommen wohl zwei Sorten von Reinigern zum Einsatz?

A4 Informiere dich über die Wirkungsweise von Rohr- bzw. Abflussreinigern, WC- und Glasreinigern.

A5 Menschen mit empfindlicher Haut wird empfohlen, beim Duschen keine Seife zu verwenden, sondern ein „seifenfreies Waschstück" oder eine „pH-neutrale Duschlotion" [B2]. Suche eine Erklärung.

A6 Essig wird einerseits in Essigreinigern eingesetzt, andererseits aber auch zum Einlegen von Essiggurken. Erläutere den vielseitigen Einsatz von Essig im Alltag.

A7 Untersuche die Verpackungsaufschriften saurer Reiniger auf Hinweise zur Anwendung auf Marmor. Gib ein Stückchen Marmor zu der Probe eines sauren Reinigers und beobachte.

Alles im neutralen Bereich
In einem chemischen Labor und bei zahlreichen technischen Prozessen fallen saure und alkalische Lösungen an. Da sie die Lebensbedingungen von Fischen, Pflanzen und Mikroorganismen in Gewässern gefährden, dürfen sie nicht einfach ins Abwasser geschüttet werden. Da sich saure und alkalische Lösungen gegenseitig in ihrer Wirkung aufheben, können sie zur gegenseitigen Neutralisation verwendet werden.

B5 Eine Laborantin bei der Neutralisation

A8 Eine Laborantin setzt bei dem Versuch einer Neutralisation zu 0,1 l saurer Lösung exakt 0,1 l alkalische Lösung zu [B5]. Bei der Prüfung mit einem Indikator stellt sie fest, dass trotz der Verwendung gleicher Volumenportionen keine Neutralisation erfolgt ist. Was hat sie übersehen?

Saure und alkalische Abfälle

Wenn 3/4 voll, mit Natronlauge bzw. Salzsäure neutralisieren (pH = 7). Neutrale Flüssigkeit in den Abguss. Schlamm in Flasche oder Kunststoffbeutel bzw. nach Verfestigen durch Einzementieren zum Müll.

B6 Entsorgungshinweis für saure und alkalische Lösungen

A9 Gib auf eine Untertasse Maschinenspülmittel und etwas Wasser und prüfe mit einem Indikator, ob eine saure oder alkalische Lösung vorliegt. Gehe dabei wie in A3 vor. Wiederhole den Versuch mit wenig Klarspüler. Versuche, eine Erklärung zu finden.

B7 Haarfärbemittel wird aufgetragen

A10 Beim Färben von Haaren [B7] werden alkalische Lösungen verwendet, um das Haar für den Färbeprozess „aufzuschließen". Ermittle aus dem Packungsaufdruck, welche Eigenschaften die Spülung besitzt, die am Ende des Färbevorgangs aufgetragen wird.

Alkalische Lösungen und Laugen sind Synonyme

A11 Ein Sprichwort lautet zwar „sauer macht lustig", aber andererseits „stößt einem etwas sauer auf". Im übertragenen Sinn bedeutet dies, dass einem etwas missfällt. Es kann einem aber tatsächlich sauer aufstoßen. Dieses **Sodbrennen** löst ein körperliches Unbehagen aus.
a) Informiere dich, wodurch Sodbrennen hervorgerufen wird [B8].
b) Gegen Sodbrennen kann man Antazida einnehmen. Informiere dich über deren Wirkungsweise.

B8 Zu üppiges Essen kann einem später sauer aufstoßen

6.2 Worin unterscheiden sich Säuren und saure Lösungen?

B1 Essig
w(Essigsäure) ≈ 5 %

B5 Limonade ist ein „Säurecocktail"

Um Ordnung in die ungeheure Vielfalt der chemischen Verbindungen zu bringen, hat man versucht, sie nach ihren chemischen Eigenschaften zu sortieren. Mit einer Stoffklasse kommen wir täglich in Kontakt: den Säuren.

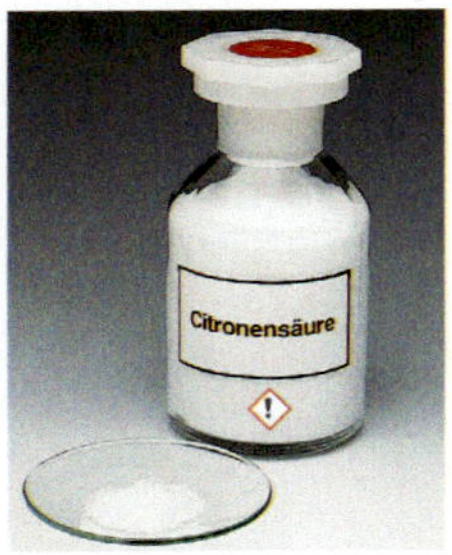

B2 Citronensäure ist ein Reinstoff

Säuren im Alltag. Bereits beim Frühstück können Säuren eine Rolle spielen, denn im Zitronensaft für den Morgentee und in der Marmelade ist *Citronensäure* und im Joghurt für das Müsli ist *Milchsäure* enthalten. Mit der Orangenlimonade, die man in der Pause oder zum Mittagessen trinkt, nimmt man geradezu einen „Säurecocktail" zu sich. Die Zutatenliste [B5] verrät, dass in diesem Getränk Citronensäure (Säuerungsmittel E 330), *Kohlensäure* und *Ascorbinsäure* enthalten sind. Die letztgenannte Säure befindet sich auch im Zitronensaft. Ascorbinsäure ist besser als *Vitamin C* bekannt. In Colagetränken sind *Kohlensäure* und *Phosphorsäure*. Wenn Salat auf dem Tisch steht, dann ist dieser meist mit Essig [B1] angemacht, dessen wichtigster Bestandteil die *Essigsäure* ist. Offensichtlich ist ein milder Säuregeschmack für viele Menschen etwas Appetitliches. Aber auch, wenn man Saures nicht so gerne mag, kommt doch spätestens dann Säure ins Spiel, wenn das Essen verdaut wird. Der Magen produziert nämlich *Salzsäure*, die den Eiweißabbau fördert und Krankheitserreger abtötet.

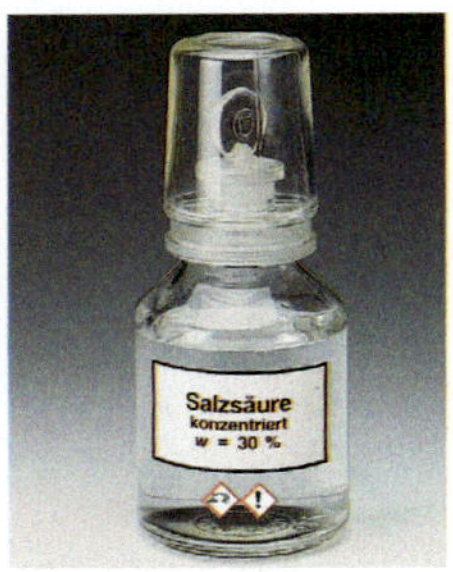

B3 Salzsäure ist eine saure Lösung

B4 Gefahrensymbol für „Ätzwirkung"

Säuren im Labor. Wenn man im chemischen Labor nach Chemikalien mit dem Wort „Säure" im Namen sucht, dann wird man rasch fündig. Während Säuren im Alltag fast immer Bestandteile von Gemischen sind, findet man sie im Labor meist als Reinstoffe oder in Form von wässrigen Lösungen. So ist etwa *Citronensäure* ein weißer, kristalliner Feststoff [B2], *Milchsäure* eine klare, leicht sirupartige Flüssigkeit. Säuren sind feste, flüssige oder gasförmige Reinstoffe.
Im Labor gebräuchliche verdünnte Säuren wie *Salzsäure* [B3], *Schwefelsäure* und *Salpetersäure* sind klare, leicht bewegliche Flüssigkeiten. Bei den drei letztgenannten Säuren handelt es sich aber nicht um Reinstoffe, sondern um Lösungen der Säuren in Wasser. Durch die Zusätze „konzentriert" bzw. „verdünnt" wird der Säuregehalt dieser **sauren Lösungen** angegeben. Der Säuregehalt saurer Lösungen ist bei konzentrierten Säuren hoch, bei verdünnten Säuren niedrig.

Der Begriff „Säure" wird im chemischen Sprachgebrauch sowohl für reine Säuren als auch für saure Lösungen verwendet.

Gefahrensymbol. Auf Säureflaschen findet man oft das Gefahrensymbol für „Ätzwirkung" [B4]. Es warnt vor der Eigenschaft mancher Säuren, vor allem der konzentrierten Säuren, Metalle und lebendes Gewebe anzugreifen. Im Umgang mit Säuren ist immer Vorsicht geboten! Insbesondere darf niemals, auch nicht bei scheinbar harmlosen Chemikalien, eine Geschmacksprobe genommen werden.

Gemeinsamkeiten saurer Lösungen. Zitronensaft und Speiseessig schmecken sauer und bewirken wie Salzsäure charakteristische Farben von Indikatorlösungen [V1] (Kap. 1.2). In Autobatterien ermöglicht verdünnte Schwefelsäure den Stromfluss. Eine Überprüfung verschiedener saurer Lösungen ergibt [V2a, b; B6], dass sie alle den elektrischen Strom leiten.

Saure Lösungen leiten den elektrischen Strom.

A1 Eine Essigsäure-Lösung (z. B. Essig) leitet im Gegensatz zu reiner Essigsäure den elektrischen Strom. Deute diesen Unterschied.

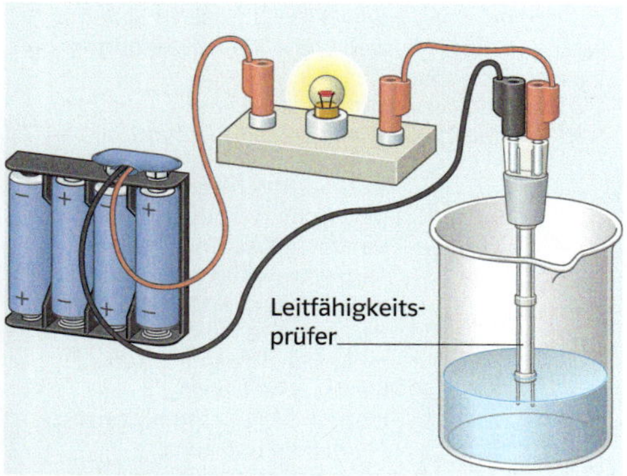

B6 Leitfähigkeitsprüfung einer Citronensäure-Lösung

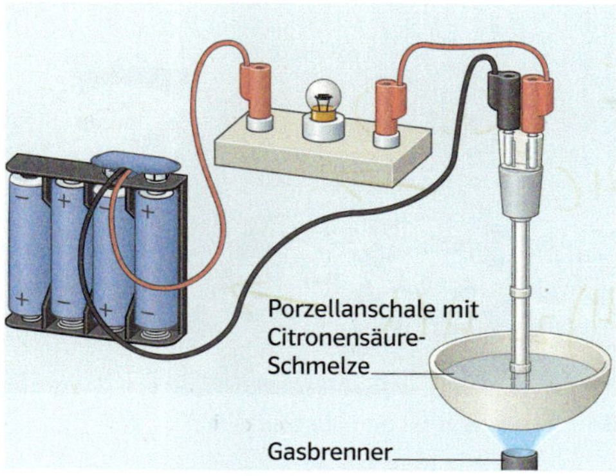

B7 Leitfähigkeitsprüfung einer Citronensäure-Schmelze

Saure Lösungen zeigen hier die gleichen Eigenschaften wie Salzlösungen. Da die elektrische Leitfähigkeit von Lösungen nur durch frei bewegliche Ionen verursacht werden kann, müssen in sauren Lösungen Ionen vorhanden sein. Prüft man dagegen die elektrische Leitfähigkeit einer Citronensäure-Schmelze [B7], so zeigt sich, dass diese im Gegensatz zur Salzschmelze den elektrischen Strom nicht leitet. Genau wie geschmolzene Säuren zeigen meist auch wasserfreie flüssige Säuren keine Leitfähigkeit. Sie tritt erst ein, wenn man die Säure mit Wasser versetzt. Aus diesen Beobachtungen kann man schließen, dass Säuren aus *Molekülen* bestehen. Die Ionen *bilden* sich also erst dann, wenn eine Säure zu Wasser gegeben wird, durch eine chemische Reaktion.

Säuren bestehen aus Molekülen. In sauren Lösungen liegen Ionen vor.

Typische Teilchen in sauren Lösungen. Alle sauren Lösungen schmecken sauer und wirken mehr oder weniger stark ätzend [B8]. Darüberhinaus leiten alle sauren Lösungen den elektrischen Strom. Bei der Untersuchung der elektrischen Leitfähigkeit mit Gleichspannung stellt man fest, dass sich stets am Minuspol Wasserstoff bildet. Gibt es zu diesen übereinstimmenden Eigenschaften auf der Stoffebene auch eine Gemeinsamkeit auf der Teilchenebene? Betrachtet man die Valenzstrichformeln einiger Säuremoleküle genauer [B9], so fällt auf, dass alle Säuremoleküle Wasserstoff-Atome enthalten. Die Bildung von Wasserstoff am Minuspol bei der Leitfähigkeitsüberprüfung legt nahe, dass in den sauren Lösungen positiv geladene Wasserstoff-Ionen (Protonen) enthalten sein müssen. Diese lagern sich in wässriger Lösung sofort an Wasser-Moleküle an, wobei **H_3O^+-Ionen (Oxonium-Ionen, Oxonium-Kationen)** entstehen.

Beispiel:

$$HCl(g) + H_2O(l) \longrightarrow H_3O^+(aq) + Cl(aq)^-$$

Oxonium-Ion; Chorid-Ion (Säurerest-Anion)

Diese Oxonium-Ionen sind für die charakteristischen Säureeigenschaften verantwortlich. Die Anionen bezeichnet man als **Säurerest-Anionen.**

Oxonium-Ionen sind die für alle sauren Lösungen typische Teilchen.

V1 Prüfe verdünnte Salzsäure sowie Lösungen von Citronensäure oder Essigsäure mit Bromthymolblau als Indikatorlösung.

V2 Prüfe die elektrische Leitfähigkeit
a) von verdünnter Salzsäure,
b) einer Citronensäure-Lösung [B6],
c) einer Citronensäure-Schmelze [B7].

B8 Schwefelsäure zerstört Baumwolle

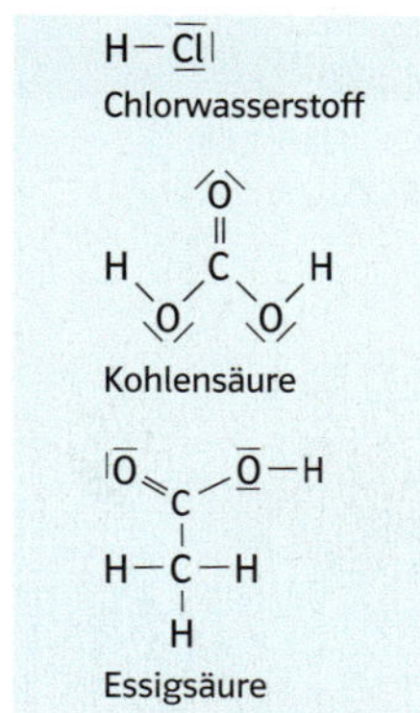

B9 Valenzstrichformeln einiger Säuremoleküle

6.3 Was sind Laugen und alkalische Lösungen?

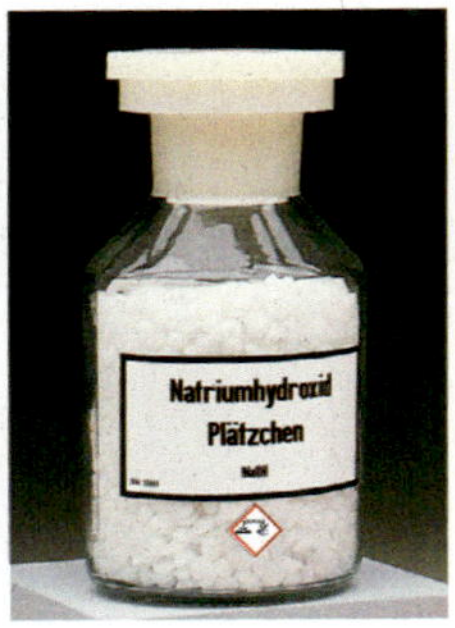

B1 Natriumhydroxidplätzchen

Hydroxid Verkürzte Form des Hydrogenoxid-Ions

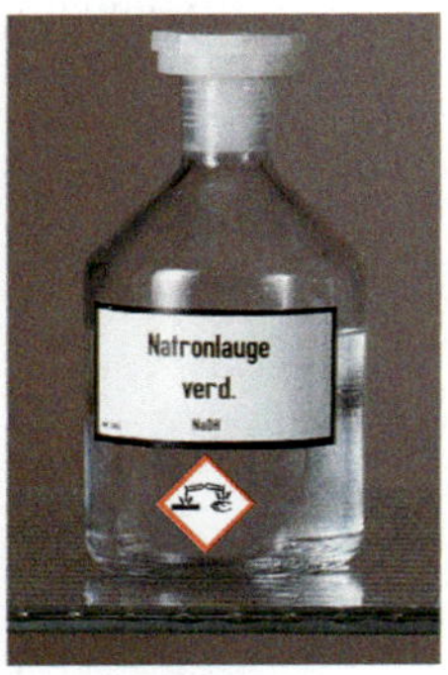

B2 Natronlauge, eine alkalische Lösung

B3 Rohrreiniger (Abflussreiniger)

B4 Zubereitung von Laugenbrezeln

Das gleiche Gefahrensymbol, (Kap. 6.2, B4), das auf vielen Säureflaschen vor der ätzenden Wirkung des Inhalts warnt, findet man oft auch auf den Behältern einer anderen Stoffklasse: den **Laugen**.

Laugen im Alltag. Während man im Alltag fast zwangsläufig einer Vielzahl unterschiedlicher Säuren begegnet, beschränkt sich der direkte Kontakt mit Laugen normalerweise auf das Waschen mit Seifenlauge. Wer schon einmal Seife in die Augen bekommen hat, der wird bestätigen, dass selbst diese verdünnte Lauge ätzende Wirkung besitzt. Gelangt Waschwasser in den Mund, so nimmt man den typischen, seifigen Geschmack von Laugen wahr.

Die Bezeichnung „Laugengebäck" kommt daher, dass der Teigling vor dem Backen mit verdünnter Natronlauge bestrichen wird [B4]. Beim Backprozess bewirkt die Lauge die Bildung der braunen, glatten Kruste. Dabei reagiert die Natronlauge mit dem im Teig entstehenden Kohlenstoffdioxid zu Natriumcarbonat, das mit zum typischen Geschmack von Laugengebäck beiträgt.

Rohrreiniger. Natronlauge in viel höherer Konzentration entsteht auch beim Gebrauch von Rohrreiniger (Abflussreiniger) [B3]. Er besteht zum großen Teil aus Natriumhydroxid-Kügelchen. Gibt man den Reiniger in ein verstopftes Rohr, in dem Wasser steht, so löst sich das Natriumhydroxid darin auf. Dabei entsteht Natronlauge. Dieser Lösungsvorgang ist stark exotherm, sodass Temperaturen um

Bei Bodensielen bzw. großen Abflüssen 3 Esslöffel Abflussreiniger nehmen und mit 3 Tassen kaltem Wasser nachspülen.
Die Dosierungsvorschrift ist unbedingt zu beachten.
Nach Gebrauch Verschluss wieder fest zuschrauben.

Verursacht schwere Verätzungen. Darf nicht in die Hände von Kindern gelangen. Spritzer in die Augen gründlich mit Wasser abspülen und Arzt konsultieren. Beschmutzte Kleidung sofort ausziehen. Geeignete Schutzhandschuhe tragen.
Enthält: 56% Natriumhydroxid, Aluminium und Salze.

4014

B5 Etikett eines Rohrreinigers

90 °C erzeugt werden und die Schmutzteilchen leichter von der heißen Lauge zersetzt werden können. Rohrreiniger enthält Natriumhydroxid, Aluminiumkörnchen und Natriumnitrat. Aluminium reagiert mit der Lauge unter Bildung von Wasserstoff [V1]. Wasserstoff bildet mit Luftsauerstoff hochexplosives Knallgas. Daher wird Natriumnitrat hinzugesetzt, welches mit Wasserstoff zu dem Gas Ammoniak (NH_3), reagiert. Das Gas wirbelt den im Rohr abgelagerten Schmutz (z. B. Haare) auf.

Laugen im Labor. Natronlauge ist kein Reinstoff, sondern, wie schon im Abschnitt über Rohrreiniger dargestellt, eine Lösung von Natriumhydroxid in Wasser. Weitere Laugen erhält man, wenn man andere Alkalimetallhydroxide oder Erdalkalimetallhydroxide in Wasser löst. Der jeweilige Hydroxidgehalt dieser **alkalischen** (oder **basischen**) **Lösungen** entscheidet darüber, ob eine verdünnte oder konzentrierte Lauge vorliegt.

Alkalimetallhydroxide. Laugen entstehen auch bei der Reaktion von Alkalimetallen mit Wasser (Kap. 2.7), in V2 z. B. mit Natrium. Das zischende Geräusch rührt von einem entstehenden Gas her. Es handelt sich dabei um Wasserstoff. Daneben entsteht bei V2 eine Natrium-Sauerstoff-Wasserstoff-Verbindung, die gelöst vorliegt: Natriumhydroxid mit der Verhältnisformel **NaOH**. Die alkalische Lösung ist demnach Natronlauge.

$$2\,Na + 2\,H_2O \longrightarrow 2\,NaOH + H_2$$

Die Reaktionsgleichung kann auch folgendermaßen geschrieben werden (Ionenschreibweise mit Angabe der Aggregatzustände):

$$2\ Na(s) + 2\ H_2O(l) \longrightarrow 2\ Na^+(aq) + 2\ OH^-(aq) + H_2(g)$$

Durch die Ionenschreibweise können die typischen Teilchen der alkalischen Lösung [B6] besser dargestellt werden. Lithium und Kalium reagieren entsprechend zu ihren Hydroxiden.

Calciumhydroxid. Das Erdalkalimetall Calcium verhält sich gegenüber Wasser ähnlich wie die Alkalimetalle [V3]. Calcium reagiert mit Wasser unter Bildung einer weißen Suspension und Wasserstoff. Durch Filtration erhält man eine alkalische Lösung und einen weißen Feststoff, **Calciumhydroxid**, mit einer im Gegensatz zu den Alkalimetallhydroxiden nur geringen Löslichkeit in Wasser. Seine Verhältnisformel ist $\mathbf{CaO_2H_2}$. Da das Entstehen der alkalischen Lösung auch hier auf die **OH-Atomgruppierung** zurückzuführen ist, schreibt man $\mathbf{Ca(OH)_2}$. Damit lautet die Reaktionsgleichung:

$$Ca + 2\ H_2O \longrightarrow Ca(OH)_2 + H_2$$

Ionenschreibweise mit Aggregatzuständen:

$$Ca(s) + 2\ H_2O(l) \longrightarrow 2\ Ca^{2+}(aq) + 2\ OH^-(aq) + H_2(g)$$

Die **Calciumhydroxid-Lösung** nennt man auch **Kalkwasser**. Es ist unter anderem ein Nachweismittel für Kohlenstoffdioxid.

Typische Teilchen alkalischer Lösungen. Auch Hydroxide und ihre wässrigen Lösungen, d.h. Laugen, haben ähnliche Eigenschaften, wie die ätzende Wirkung oder den seifigen Geschmack. Welches sind die typischen Teilchen alkalischer Lösungen? Sowohl die Lösungen von V4 als auch die Schmelzen der Hydroxide bei V5 leiten den elektrischen Strom. Hydroxide bestehen folglich aus Ionen.
Es liegen **Metall-Ionen (Metall-Kationen)** und $\mathbf{OH^-}$**-Ionen** vor, die man als **Hydroxid-Ionen (Hydroxid-Anionen)** bezeichnet. Die Ionen sind schon im festen Zustand vorhanden und bilden ein Ionengitter [B8], das beim Lösen in Wasser in hydratisierte Hydroxid-Ionen und Metall-Ionen zerfällt.

Name	Natronlauge	Kalilauge	Kalkwasser
Formel	NaOH(aq)	KOH(aq)	$Ca(OH)_2$ (aq)
Ionen in der Lösung	Na^+ OH^-	K^+ OH^-	Ca^{2+} OH^-

B6 Wichtige Laugen

Hydroxid-Ionen sind die für alle alkalischen Lösungen typischen Teilchen. Laugen sind alkalische Lösungen.

V1 (Schutzbrille!) Gib in ein Reagenzglas etwas verdünnte Natronlauge. Wirf nun ein kleines Stück zusammengeknüllte Alufolie in die Lauge. Das entstehende Gas fängst du mit einem darübergestülpten Reagenzglas auf. Führe mit dem Gas die Knallgasprobe durch.

V2 (Schutzscheibe!) Eine große, runde Glaswanne wird etwa zur Hälfte mit Wasser gefüllt und mit einigen Tropfen Spülmittel (verhindert, dass Natrium an der Glaswand haftet) sowie etwas Bromthymolblau-Lösung versetzt. Man wirft ein sorgfältig entrindetes, etwa linsengroßes Stückchen Natrium auf das Wasser. (Vorsicht, das Reaktionsprodukt kann zerspritzen!).

V3 Bringe ein Stückchen Calcium mit der Pinzette unter die Öffnung eines Wasser gefüllten umgestülpten Reagenzglases. Ein Becherglas dient als pneumatische Wanne. Wiederhole den Versuch so lange, bis das Reagenzglas mit Gas gefüllt ist. Halte das Reagenzglas mit dem Gas an die Brennerflamme. Gib einige Tropfen Bromthymolblau-Lösung in das Becherglas.

V4 Prüfe die Leitfähigkeit von verdünnter Natron- oder Kalilauge.

V5 (Schutzhandschuhe! Schutzscheibe!) Man schmilzt sorgfältig entwässertes Natriumhydroxid in einem Nickeltiegel, der in einem Tondreieck sitzt, und prüft mit zwei Zinkelektroden die Leitfähigkeit der Schmelze.

A1 Erkläre den Unterschied zwischen Natriumhydroxid und Natronlauge.

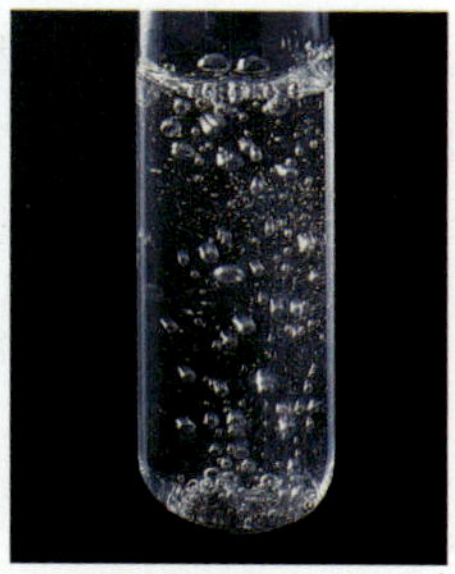

B7 Calcium reagiert mit Wasser

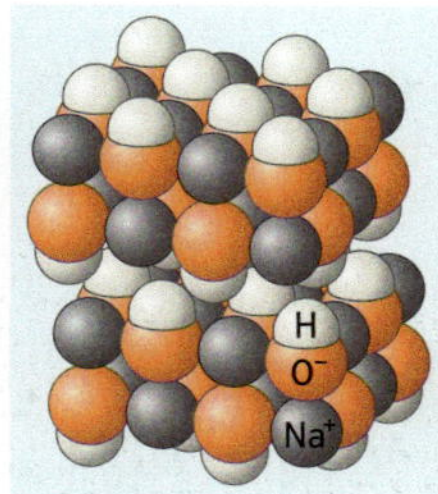

B8 Ionengitter von Natriumhydroxid

B9 Hydroxid-Ion, Kalottenmodell

OH^-

Verhältnisformel

$[|\overline{O}-H]^-$

Strukturformel

B10 Formeln des Hydroxid-Ions

6.4 Indikatoren und pH-Wert

B1 Farbänderung von Schwarztee bei Zugabe von Zitronensaft

Indikatoren. Man kennt eine ganze Reihe von Farbstoffen, die ihre Farbe ändern, wenn sie mit sauren oder alkalischen Lösungen in Berührung kommen. Derartige Farbstoffe nennt man Indikatoren (Kap. 1.2). So wird violetter Rotkohlsaft rot, wenn er mit Essig vermischt wird [V1]. Er zeigt damit eine saure Lösung an. In Seifenlösung färbt er sich blaugrün, die Lösung ist alkalisch [B2, V1]. Lösungen, die weder sauer noch alkalisch sind, bezeichnet man als neutral. Auch der Reinstoff Wasser ist neutral.
Neben pflanzlichen Farbstoffen verwendet man als Indikatoren synthetisch hergestellte Stoffe wie *Bromthymolblau* [B3] oder *Phenolphthalein*.

Indikatoren sind Farbstoffe, die in saurer, neutraler oder alkalischer Lösung unterschiedliche Farben annehmen.

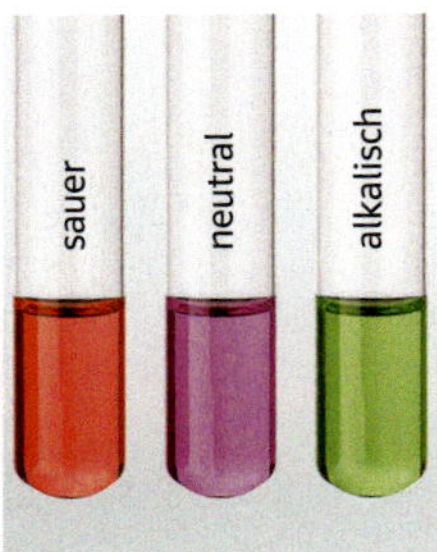

B2 Farbwechsel von Rotkohlsaft

Universalindikatoren und pH-Wert. Gemische von Indikatoren zeigen keine scharfen Farbumschläge, sondern gleitende Farbübergänge. Mit derartigen Gemischen kann auch bestimmt werden, wie sauer oder alkalisch eine Lösung tatsächlich ist. Die Indikatorfarbe in der Prüflösung bzw. des Teststreifens wird mit einer Farbskala verglichen, die meist Werte von 0 bis 14 umfasst [B5]. Bei diesen Angaben handelt es sich um den **pH-Wert**.

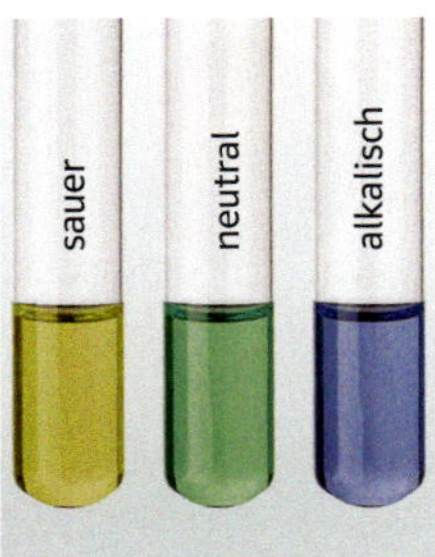

B3 Farbwechsel von Bromthymolblau

H_3O^+-Ionen, OH^--Ionen und pH-Wert. Es gibt neutrale, saure und alkalische Lösungen [B5]. Je *saurer* eine Lösung ist, desto *kleiner* ist ihr pH-Wert und desto mehr Oxonium-Ionen enthält die Lösung. Ein Liter einer Lösung mit dem pH-Wert 1 enthält 10-mal so viele H_3O^+-Ionen wie ein Liter einer Lösung mit einem pH-Wert 2. Ein Liter einer Lösung mit dem pH-Wert 4 enthält $10 \cdot 10 \cdot 10 = 1000$-mal so viele H_3O^+-Ionen, wie ein Liter einer Lösung mit dem pH-Wert = 7 [B6].
Je *stärker alkalisch* eine Lösung ist, desto *größer* ist ihr pH-Wert. So enthält ein Liter einer Lösung mit dem pH-Wert 10 im Vergleich zu einer mit dem pH-Wert 8 100-mal so viele OH^--Ionen.

Konzentration Teilchenanzahl *N* in einem bestimmten Volumen

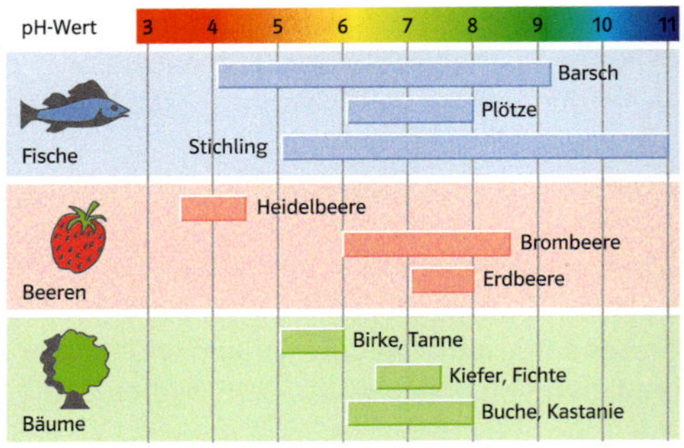

B4 Optimale pH-Bereiche für Fische und Pflanzen in Gewässern und Böden

Der pH-Wert einer neutralen Lösung ist 7. Eine neutrale Lösung enthält nur wenige, aber gleich viele H_3O^+- und OH^--Ionen. B6 zeigt auch, dass im sauren Bereich (pH < 7) neben sehr vielen H_3O^+-Ionen auch OH^--Ionen und im alkalischen Bereich (pH > 7) neben sehr vielen OH^--Ionen auch H_3O^+-Ionen vorhanden sind.

Je saurer eine Lösung ist, desto höher ist ihre Konzentration an H_3O^+-Ionen. Je alkalischer eine Lösung ist, desto höher ist ihre Konzentration an OH^--Ionen.
Eine Differenz der pH-Skala von 1 bedeutet eine um den Faktor (Divisor) 10 höhere (geringere) Konzentration an H_3O^+-Ionen bzw. OH^--Ionen in einer Lösung.

Neutralisation. Eine saure und eine alkalische Lösung können so miteinander vermischt werden, dass eine neutrale Lösung entsteht. Zum Erkennen der neutralen Lösung ist der Zusatz eines Indikators notwendig.

Der richtige pH-Wert von Gewässern und Böden ist lebenswichtig für Pflanzen und Tiere [B4]. Für die Mehrzahl der Fische sollte der pH-Wert der Gewässer zwischen 5 und 9,5 liegen. Die Kiemen von Jungfischen, Kaulquappen oder Molchen werden bei niedrigeren pH-Werten verätzt und Fischlaich kann absterben. Für die meisten Bodenorganismen liegt der optimale pH-Wert bei 6 bis 7. Bei Abweichungen wird z. B. das Pflanzenwachstum unter anderem dadurch beeinträchtigt, dass die von den Pflanzen benötigten Mineralsalze nicht zur Verfügung stehen.

pH-Wert und Farbe des Universalindikators	Beispiele	pH-Werte
pH = 14	Natronlauge (w = 4 %)	etwa 14
pH = 13		
pH = 12	konzentrierte Ammoniaklösung	12,0
pH = 11		
pH = 10	Kalkwasser	10,5
pH = 9	Seifenlösung	8,0 bis 10,0
pH = 8	Meerwasser	7,8 bis 8,2
pH = 7 (neutral)	Blut dest. Wasser	7,4 7,0
pH = 6	Milch	6,4 bis 6,7
pH = 5	„reiner Regen"	5,6
pH = 4	Niederschläge in Deutschland (Mittelwert) Urin	4,3 4,0 bis 7,4
pH = 3	Wein Speiseessig	etwa 3,0 2,5 bis 3,0
pH = 2	Zitronensaft	2,3
pH = 1	weltweit sauerster Regen (USA)	1,9
pH = 0	Magensaft Salzsäure (w = 3,65 %)	0,9 bis 2,0 etwa 0

zunehmend alkalisch – neutral – zunehmend sauer

B5 pH-Werte einiger Lösungen

A1 In drei Reagenzgläsern befinden sich: destilliertes Wasser, Seifenlösung und Citronensäure-Lösung. Plane einen Versuch, mit dem du herausfindest, welche Lösung in welchem Reagenzglas ist.

A2 Bei welchem pH-Wert im Gartenboden gedeihen Erdbeerpflanzen am besten? Warum können im gleichen Boden Heidelbeeren kaum wachsen [B4]?

pH-Wert	Anzahl $N(H_3O^+)$ pro Liter	Anzahl $N(OH^-)$ pro Liter	
…			$N(H_3O^+) < N(OH^-)$
10	60 000 000 000 000	60 000 000 000 000 000 000	
9	600 000 000 000 000	6 000 000 000 000 000 000	
8	6 000 000 000 000 000	600 000 000 000 000 000	
7	60 000 000 000 000 000	60 000 000 000 000 000	$N(H_3O^+) = N(OH^-)$
6	600 000 000 000 000 000	6 000 000 000 000 000	$N(H_3O^+) > N(OH^-)$
5	6 000 000 000 000 000 000	600 000 000 000 000	
4	60 000 000 000 000 000 000	60 000 000 000 000	
…			

B6 Verdeutlichung der Abstufung der pH-Wert-Skala. Beispiel mit konkreten Teilchenanzahlen pro Liter

A3 100 ml Salzsäure, deren pH-Wert 2 beträgt, werden mit destilliertem Wasser auf 1 l verdünnt. Welchen pH-Wert weist die Salzsäure nach dem Verdünnen auf? Begründe.

V1 Schneide einige Rotkohlblätter in kleine Stücke und koche sie in einem kleinen Kochtopf in wenig Wasser etwa 1 Minute. Verteile den abgesiebten, abgekühlten Rotkohlsaft in kleine Marmeladegläser und teste damit die Lösungen folgender Alltagsstoffe: Speiseessig, Entkalker, Essigreiniger, Neutralreiniger, Zucker, Speisesalz, Kern- oder Schmierseife, Haushaltsnatron, Soda. Stelle die Beobachtungen in einer Tabelle zusammen. Unterscheide darin saure, neutrale und alkalische Lösungen.

V2 Ein Zaubertrick: Gib ca. 2 cm hoch Natriumcarbonat-Lösung in ein Reagenzglas, in ein zweites Essigsäure-Lösung. Füge jeweils ein wenig Rotkohlsaft aus V1 hinzu. Lass nun mithilfe einer Pipette die Essigsäure-Lösung am Rand des Reagenzglases mit der Natriumcarbonat-Lösung langsam hinunterfließen. Beobachte [B8].

V3 Ermittle mit Universalindikator-Papier den pH-Wert von Speiseessig bzw. Seifenlösung.

V4 Prüfe mit Indikatorlösung, ob ein seifenfreies Waschstück tatsächlich eine Lösung mit einem pH-Wert pH ≈ 5,5 erzeugt.

B7 Universalindikator-Papier mit pH-Skala

Indikator von lat. indicare, anzeigen

neutral von lat. neuter, keiner von beiden

B8 Ein Zaubertrick

6.5 Säure-Base-Definition nach Brønsted

B1 Nachweis von Chlorid-Ionen in Salzsäure

Säure ist sowohl ein Begriff der Stoff- als auch der Teilchenebene

Base ist ein Begriff, der nur der Teilchenebene angehört

Die Valenzstrichformel des Oxonium-Ions wird oft in eckige Klammern gestellt und die Ionenladung wird außen an die Klammer geschrieben. Dies soll zum Ausdruck bringen, dass die Ladung vom ganzen Teilchen getragen wird und nicht einem einzelnen Atom zugeordnet werden kann

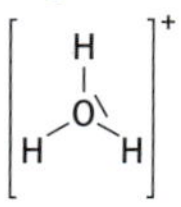

Elektrische Leitfähigkeit. Wie bereits in Kap. 6.2 und durch V1a dieses Unterkapitels gezeigt, leiten wässrige Lösungen von Säuren den elektrischen Strom.
Experimente zeigen jedoch, dass Säuren als Reinstoffe, wie z. B. Milchsäure oder Citronensäure, in der Regel Nichtleiter sind [V1b]. Es muss daher gefolgert werden, dass Säuren aus Molekülen bestehen. Die für die Leitfähigkeit verantwortlichen Ionen bilden sich erst beim Zusammenbringen der Säure mit Wasser.

Herstellung von Salzsäure. Ein Liter Wasser nimmt bei Atmosphärendruck etwa 500 Liter Chlorwasserstoff auf [V4, B4]! Sowohl das Chlorwasserstoff- als auch das Wasser-Molekül sind polare Moleküle [B3]. Daher ist eine gute Löslichkeit von Chlorwasserstoff in Wasser zu erwarten; dass aber so große Mengen des Gases in Lösung gehen, überrascht doch. Eine Lösung von Chlorwasserstoff in Wasser ist sauer, was beispielsweise mit dem Universalindikator überprüft werden kann [V3]. Die Lösung wird als **Salzsäure** bezeichnet.

In der Salzsäure lassen sich Chlorid-Ionen nachweisen [V3, B1]. Weil Chlorwasserstoff aber keine Ionenverbindung ist, müssen die Chlorid-Ionen beim Einbringen des Gases ins Wasser entstanden sein. Es handelt sich hier also nicht um einen bloßen Lösungsvorgang, sondern um eine chemische Reaktion.

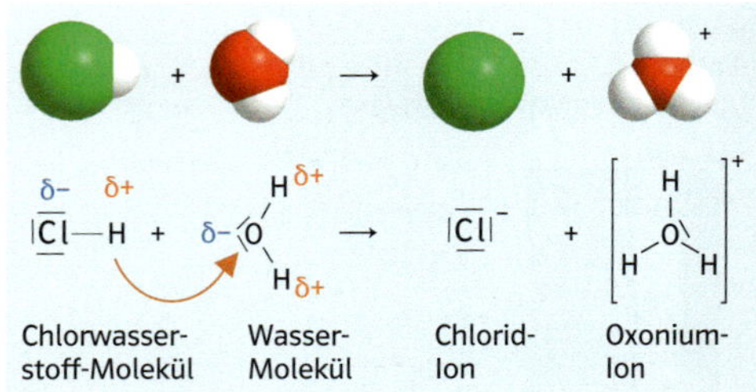

B3 Reaktion von Chlorwasserstoff mit Wasser – Teilchenebene

Reaktion von Chlorwasserstoff mit Wasser. Das Chlorwasserstoff-Molekül ist ein Dipol-Molekül. Das Chlor-Atom besitzt eine größere Elektronegativität (*EN* = 3,0) als das Wasserstoff-Atom (*EN* = 2,1) (Kap. 5.3). Das bindende Elektronenpaar ist somit zum Chlor-Atom hin verschoben, und das Chlor-Atom trägt eine negative Teilladung [B3]. Beim Kontakt mit einem Wasser-Molekül lässt das positiv polarisierte Wasserstoff-Atom das zum Chlor-Atom hin verschobene Bindungselektronenpaar ganz beim Bindungspartner zurück. Dadurch entsteht formal ein H^+-Ion, ein Proton also. Da ein Proton keine Elektronenhülle besitzt, ist es extrem klein und hat daher eine sehr hohe Ladungsdichte.
Es lagert sich daher sofort an das negativ polarisierte Sauerstoff-Atom eines Wasser-Moleküls an. Dabei wird aus dem nichtbindenden Elektronenpaar des Sauerstoff-Atoms ein bindendes Elektronenpaar und es entsteht ein Kation, das **Oxonium-Ion** [B3].
Aus dem zuvor gebundenen Chlor-Atom ist ein Chlorid-Ion geworden.

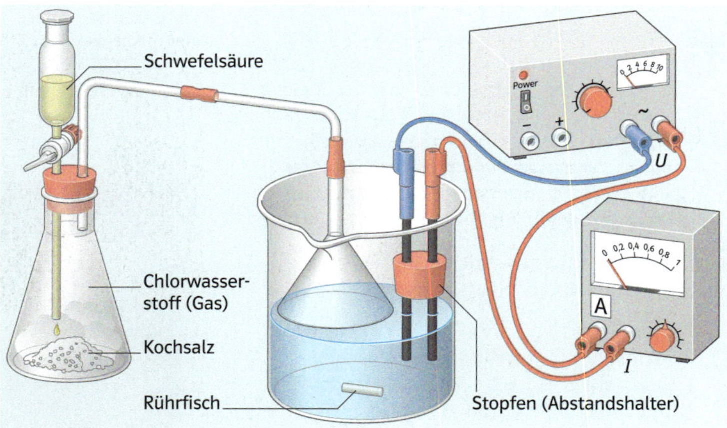

B2 Reaktion von Chlorwasserstoff mit Wasser – Stoffebene

A1 Kennzeichne bei den folgenden Reaktionsgleichungen jeweils die Säure und die Base.

a) $H_2O + NH_2^- \longrightarrow OH^- + NH_3$
b) $NH_3 + H_2O \longrightarrow NH_4^+ + OH^-$
c) $CH_3COOH + H_2O \longrightarrow CH_3COO^- + H_3O^+$
d) $F^- + HNO_3 \longrightarrow HF + NO_3^-$
e) $H_3PO_4 + H_2O \longrightarrow H_2PO_4^- + H_3O^+$
f) $HF + H_2O \longrightarrow F^- + H_3O^+$

Sowohl die H_3O^+-Ionen als auch die Cl^--Ionen sind zusätzlich von einer Hülle aus Wasser-Molekülen, einer **Hydrathülle**, umgeben. Hydratisierte Oxonium-Ionen werden manchmal noch **Hydronium-Ionen** genannt.

In der Salzsäure befinden sich positiv geladene Oxonium-Ionen und negativ geladene Chlorid-Ionen. Die Oxonium-Ionen sind für den Farbumschlag des Indikators verantwortlich.

Säuren und Basen nach Brønsted. Die Reaktion von Chlorwasserstoff mit Wasser wird mit der folgenden Reaktionsgleichung beschrieben:

Protonenabgabe

$$HCl + H_2O \longrightarrow Cl^- + H_3O^+$$

Protonenaufnahme

Das Chlorwasserstoff-Molekül fungiert als **Protonendonator** (Protonenspender), das Wasser-Molekül ist der **Protonenakzeptor** (Protonenempfänger).

Die beiden Chemiker Brønsted und Lowry machten 1923 unabhängig voneinander den Vorschlag, alle Teilchen, die Protonen abgeben, als **Säuren** zu bezeichnen. Teilchen hingegen, die Protonen aufnehmen, sollen **Basen** genannt werden.
Vor allem der Däne Brønsted [B5] war es, der diese Definition mit immer neuen Beispielen untermauerte und weiter ausbaute. Daher ist heute praktisch nur noch sein Name mit ihr verbunden.

Säure-Base-Definition nach Brønsted: Säuren sind Protonendonatoren, Basen sind Protonenakzeptoren.

Das Besondere an dieser Definition ist, dass Säuren und Basen nicht nach physikalischen Eigenschaften oder chemischer Zusammensetzung charakterisiert werden, sondern nach einem *Reaktionstyp*. Es geht allein um die Fähigkeit, Protonen abzugeben oder aufzunehmen.

V1 **a)** Verdünne etwas Milchsäure mit Wasser und prüfe die Leitfähigkeit.
b) Prüfe die Leitfähigkeit von reiner Milchsäure.

V2 ⚠ (Abzug!) Versuchsaufbau wie in B2.
Man prüft zunächst die Leitfähigkeit des destillierten Wassers im Becherglas, wobei die gewählte Stromstärke im Milliamperebereich bleiben sollte. Dann startet man durch langsames Auftropfen von konzentrierter Schwefelsäure auf leicht (!) angefeuchtetes Kochsalz die Entwicklung von Chlorwasserstoff. Die Öffnung des Trichters befindet sich knapp über der Wasseroberfläche. Mit dem Magnetrührer kann die Lösung durchmischt werden, sodass der Zeigerausschlag am Messgerät besonders gleichmäßig erfolgt.
Die entstandene saure Lösung wird noch für die folgenden Versuche benötigt.

V3 **a)** Pipettiere etwas von der in V2 gebildeten Lösung in ein Reagenzglas und tropfe Silbernitrat-Lösung dazu.
b) Gib etwas Universalindikator in die in V2 entstandene Lösung.

V4 Für das Experiment „Salzsäurespringbrunnen" füllt man zunächst einen Rundkolben mit Chlorwasserstoff. Dann wird der Kolben mit einem durchbohrten Gummistopfen verschlossen, in dem ein zur Spitze ausgezogenes Glasrohr steckt. Das aus dem Kolben ragende Ende des Glasrohres taucht man im Experiment in Indikatorlösung. Nach kurzer Zeit bietet sich der in B4 abgebildete Anblick.

A2 Erkläre die bei V4 zu machenden Beobachtungen mit Vorgängen auf der Teilchenebene.

A3 Kennzeichne bei den Reaktionen in A1 den Vorgang der Protonenabgabe und den Vorgang der Protonenaufnahme jeweils durch farbige Pfeile (wie bei der Reaktionsgleichung für die Reaktion von Chlorwasserstoff mit Wasser).

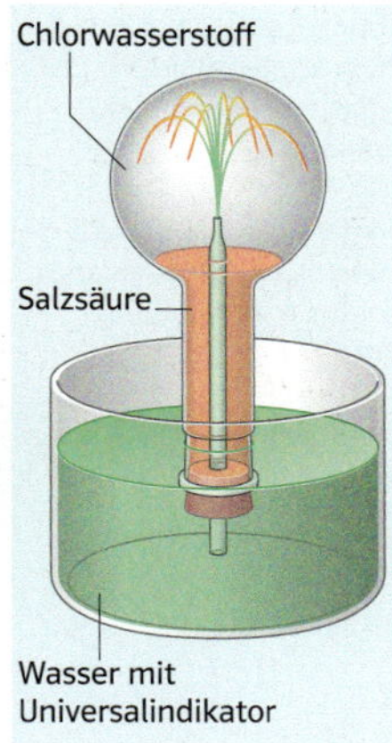

B4 Salzsäurespringbrunnen

Donator von lat. donator, der Spender, Geber, Schenker

Akzeptor von lat. acceptor, der Empfangende, Empfänger, Aufnehmende

fungieren tätig, wirksam sein

B5 Johannes Nicolaus Brønsted (1879 – 1947)

6.6 Protonendonatoren und -akzeptoren

Homolyse von griech. homos, gleich und griech. lysis, Spaltung, Zersetzung

Heterolyse von griech. heteros, verschieden und griech. lysis, Spaltung, Zersetzung

acid von lat. acidus, sauer

Allgemeine Säureformel: H_nA
H: acides Wasserstoff-Atom
A: Säurerest
n: Anzahl der aciden Wasserstoff-Atome

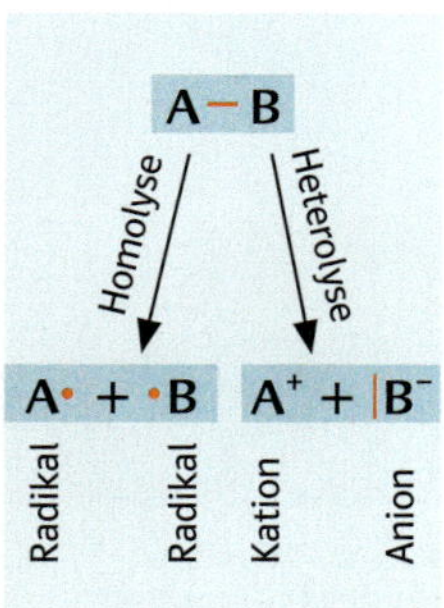

B1 Möglichkeiten der Bindungstrennung bei einem Molekül AB

Trennung von Elektronenpaarbindungen. In Molekülen werden die Atome durch gemeinsame Elektronenpaare zusammengehalten. Es sind eine ganze Reihe von Reaktionen bekannt, bei denen Moleküle in zwei oder mehrere kleinere Teilchen gespalten werden. Wenn bei einer solchen Molekülspaltung eine Elektronenpaarbindung getrennt wird und jeder Bindungspartner wieder „sein" Elektron bekommt, dann nennt man dies eine **Homolyse** oder homolytische Spaltung. Es entstehen zwei **Radikale**. Dies sind sehr reaktive Teilchen. Verbleibt das bindende Elektronenpaar ganz bei einem Bindungspartner, sodass ein Kation und ein Anion entstehen, so spricht man von einer **Heterolyse** oder heterolytischen Spaltung [B1].
In Kapitel 6.6 wurde aufgezeigt, dass von Säure-Molekülen Protonen abgespalten werden. Mit welcher Art der Bindungsspaltung haben wir es hier zu tun? Bei der Abgabe eines Protons durch eine Säure verbleibt das bindende Elektronenpaar beim Säurerest-Anion, sodass neben dem Proton bzw. Oxonium-Ion ein Säure-Anion entsteht. Hier handelt es sich daher um einen Spezialfall der Heterolyse, man spricht von einer **Protolyse**. Sie kann nur deshalb stattfinden, weil das Proton sofort eine neue Bindung zu einem Teilchen mit freiem Elektronenpaar eingeht. Es findet also eine Protonenübertragung statt. Rein formal lässt sich die Reaktion von Chlorwasserstoff mit Wasser in zwei Teilreaktionen darstellen:

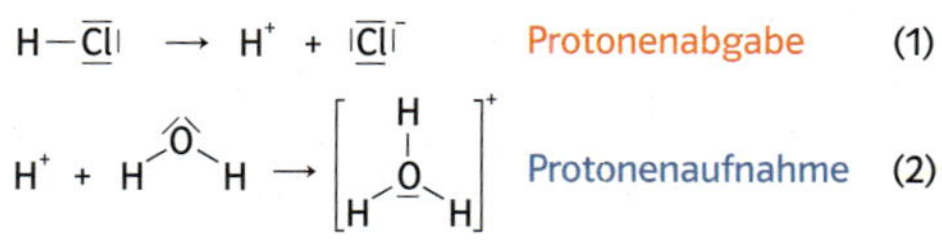

Gesamte Reaktionsgleichung:

$$HCl + H_2O \longrightarrow H_3O^+ + Cl^-$$

Eine Abspaltung von Protonen, die an eine sofortige Protonenaufnahme gekoppelt ist, bezeichnet man als Protolyse.

Ein- und mehrprotonige Säuren. Das Schwefelsäure-Molekül besitzt zwei Wasserstoff-Atome. Diese können, je nach Reaktionsbedingungen, nacheinander abgegeben werden. Dabei entstehen das *Hydrogensulfat-Ion* (HSO_4^-) und das *Sulfat-Ion* (SO_4^{2-}). Schwefelsäure ist daher eine *zweiprotonige Säure*.

$$H_2SO_4 + H_2O \longrightarrow HSO_4^- + H_3O^+$$

$$HSO_4^- + H_2O \longrightarrow SO_4^{2-} + H_3O^+$$

Im Essigsäure-Molekül [B3] sind vier Wasserstoff-Atome vorhanden. Allerdings ist nur das Wasserstoff-Atom, welches an das Sauerstoff-Atom gebunden ist, stark positiv polarisiert. Daher löst sich nur dieses **acide Wasserstoff-Atom** als Proton ab. Essigsäure ist also trotz der vier im Molekül vorhandenen Wasserstoff-Atome eine *einprotonige* Säure [B5].

V1 Man gibt etwas konzentriertes Ammoniakwasser auf ein Uhrglas und stellt es im Abzug neben ein Uhrglas mit konzentrierter Salzsäure. Bei dunklem Hintergrund ist die Bildung eines weißen Rauches gut zu beobachten. Nun stülpt man eine Glasglocke über beide Schälchen und beobachtet.

A1 Ameisen verteidigen sich gegen Angreifer, indem sie Ameisensäure aus einer Hinterleibsdrüse verspritzen [B6]. Wie viele Protonen kann diese Säure abgeben [B5]? Begründe deine Antwort und zeichne die Valenzstrichformel des Formiat-Ions.

A2 Schwefelsäure (H_2SO_4) reagiert in einer zweistufigen Protolyse mit Wasser. Gib an, welche Teilchen als Säure und welche als Base fungieren.

A3 Stelle die schrittweise Protolyse von Kohlensäure [B5] in Wasser mit Valenzstrichformeln dar.

B2 Bildung von Ammoniumchlorid – Stoffebene

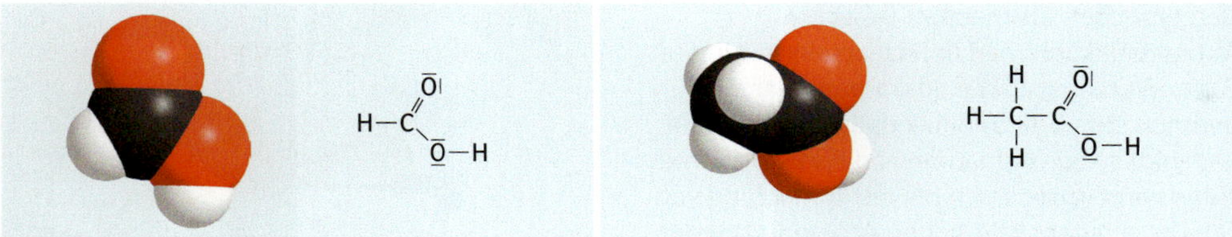

B3 Kalottenmodell und Valenzstrichformel von Ameisensäure (links), Essigsäure (rechts)

Formiat-Ion von lat. formica, die Ameise; Anion der Ameisensäure

Protolysen in wasserfreier Umgebung. Die Brønsted'sche Säure-Base-Definition sagt nichts darüber aus, ob eine Protonenabgabe immer in wässriger Lösung erfolgen muss. Tatsächlich können die beiden Gase Chlorwasserstoff und Ammoniak direkt zu festem Ammoniumchlorid reagieren [V1, B2].
Die bei dieser Protonenübertragungsreaktion gebildeten positiv geladenen Ionen heißen **Ammonium-Ionen (NH_4^+)**:

$$HCl(g) + NH_3(g) \longrightarrow NH_4^+Cl^-(s)$$

Dabei fungiert das Chlorwasserstoff-Molekül als Protonendonator und das Ammoniak-Molekül als Protonenakzeptor [B4]. Die Teilreaktionsgleichungen für diese Reaktion lauten:

$HCl \longrightarrow H^+ + Cl^-$ Protonenabgabe (1)
$NH_3 + H^+ \longrightarrow NH_4^+$ Protonenaufnahme (2)

Gesamte Reaktionsgleichung:

$$HCl + NH_3 \longrightarrow Cl^- + NH_4^+$$

Säure-Base-Reaktionen sind Paradebeispiele für das Donator-Akzeptor-Prinzip (Kap. 6.7).

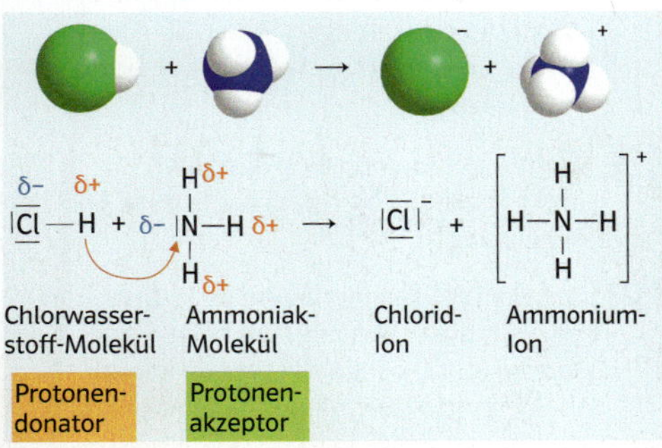

B4 Bildung von Ammoniumchlorid – Teilchenebene

Säure	Formel	Säurerest-anion	Name des Anions
Salzsäure	HCl(aq)	Cl^-	Chlorid-Ion
Schwefelsäure	H_2SO_4	HSO_4^-	Hydrogensulfat-Ion
		SO_4^{2-}	Sulfat-Ion
Schweflige Säure	H_2SO_3	HSO_3^-	Hydrogensulfit-Ion
		SO_3^{2-}	Sulfit-Ion
Schwefelwasserstoff-säure	H_2S	HS^-	Hydrogensulfid-Ion
		S^{2-}	Sulfid-Ion
Kohlensäure	H_2CO_3	HCO_3^-	Hydrogencarbonat-Ion
		CO_3^{2-}	Carbonat-Ion
Salpetersäure	HNO_3	NO_3^-	Nitrat-Ion
Phosphorsäure	H_3PO_4	$H_2PO_4^-$	Dihydrogenphosphat-Ion
		HPO_4^{2-}	Hydrogenphosphat-Ion
		PO_4^{3-}	Phosphat-Ion
Ameisensäure	HCOOH	$HCOO^-$	Formiat-Ion
Essigsäure	CH_3COOH	CH_3COO^-	Acetat-Ion

B5 Ein- und mehrprotonige Säuren

B6 Ameisen können Säure verspritzen

6.7 Ammoniak und Ammoniumchlorid

B1 Dunkles Haar mit blonden Strähnen

Den typischen stechenden Geruch von **Ammoniak** kann man in Friseursalons beim Blondieren oder Färben der Haare wahrnehmen. Durch Ammoniak quillt das Haar auf und wird so zur Aufnahme von Farbstoff-Molekülen vorbereitet. Auch bei der Benutzung von Fensterreinigern fällt häufig Ammoniakgeruch auf. Ammoniak ist ein farbloses, stechend riechendes Gas mit der Molekülformel NH_3.

Ammoniak und Ammoniak-Lösung. Von Wasser werden beträchtliche Portionen Ammoniak aufgenommen [V1, B2], bei Zimmertemperatur etwa 700 l Ammoniak von 1 l Wasser. Die dabei entstandene Ammoniak-Lösung wird auch *Ammoniakwasser* genannt. Die Ammoniak-Lösung ist alkalisch, sie muss also Hydroxid-Ionen enthalten. Wie werden diese Hydroxid-Ionen gebildet? Sie entstehen durch eine Reaktion der Ammoniak-Moleküle mit den Wasser-Molekülen. Dabei gehen Protonen von den Wasser-Molekülen auf die Ammoniak-Moleküle über. Bei dieser Protonenübergangsreaktion [B4a] bilden sich positiv geladene Ammonium-Ionen und negativ geladene Hydroxid-Ionen:

$$NH_3(g) + H_2O(l) \longrightarrow NH_4^+(aq) + OH^-(aq)$$

Insgesamt reagiert aber nur ein geringer Anteil der Ammoniakportion mit Wasser, der größte Teil liegt in Wasser nur gelöst vor und entweicht daraus schon bei Zimmertemperatur.

Aufbau des Ammoniak-Moleküls und zwischenmolekulare Wechselwirkungen. Im Ammoniak-Molekül sind die drei polaren N—H-Bindungen und das freie Elektronenpaar tetraedrisch angeordnet. Somit ergibt sich eine unsymmetrische Ladungsverteilung, die Ammoniak-Moleküle sind Dipole. Die Polarität der N—H-Bindung ist so groß, dass *Ammoniak-Moleküle untereinander* und in der Ammoniaklösung *mit Wasser-Molekülen Wasserstoffbrücken* ausbilden können. Hierauf ist die gute Löslichkeit des Ammoniaks in Wasser zurückzuführen.

B2 Der Ammoniakspringbrunnen (links), Ammoniakwasser (rechts)

V1 ⚠ (Schutzscheibe! Abzug!) Ein trockener, dickwandiger, unbeschädigter und nicht zu großer Rundkolben (max. 500 ml) wird mit Ammoniak gefüllt (Öffnung nach unten). (Das Gas gewinnt man durch Erhitzen von konzentriertem Ammoniakwasser).
Der Kolben wird mit einem durchbohrten Gummistopfen, in dem ein kurzes, zur Spitze ausgezogenes Glasrohr steckt, verschlossen. Die Spitze soll dabei ins Kolbeninnere weisen. Nun wird der Kolbenhals rasch in eine Wanne mit Indikatorlösung getaucht, sodass Flüssigkeit in den Kolben hochschießt.

V2 Man nimmt zwei gleich große Standzylinder und pipettiert in den ersten 2–3 Tropfen konz. Salzsäure und in den zweiten 2–3 Tropfen konz. Ammoniak-Lösung. Dann stellt man den Zylinder, der Chlorwasserstoff enthält, mit der Öffnung auf den Zylinder mit Ammoniak [B3, links].

A1 Gib für das Stickstoff- und das Wasserstoff-Atom die Elektronegativitäten an. Kennzeichne die positive und negative Seite der N—H-Bindung.

A2 Leitet eine Ammoniak-Lösung den elektrischen Strom? Begründe deine Entscheidung.

A3 Ammoniak weist im Vergleich zu Stickstoff oder Chlorwasserstoff eine hohe Siedetemperatur (–33 °C) auf. Worauf könnte dies beruhen? Begründe deine Antwort.

Ammoniumchlorid. Bringt man konzentrierte Ammoniak-Lösung in die Nähe von konzentrierter Salzsäure [V2], so entsteht ein weißer Rauch, ohne dass die Flüssigkeiten miteinander in Kontakt kommen. Es müssen also die Gase Ammoniak und Chlorwasserstoff miteinander reagiert haben. Dieser Vorgang wird häufig zum Nachweis einer der beiden Stoffe benutzt. Führt man die Reaktion in einer geschlossenen Apparatur durch [B3, links], scheidet sich ein weißer Stoff ab. Er ist in Wasser leicht löslich und in der Lösung lassen sich Chlorid-Ionen nachweisen. Aus den beiden Gasen ist also ein Salz entstanden:

$$NH_3(g) \quad + \quad HCl(g) \quad \longrightarrow \quad NH_4^+Cl^-(s)$$

Das Salz heißt **Ammoniumchlorid**, umgangssprachlich nennt man es **Salmiak**. Die Ammonium- und Chlorid-Ionen bilden im Ammoniumchlorid ein Ionengitter. Bei dieser Reaktion reagieren die Chlorwasserstoff-Moleküle als Protonendonatoren und die Ammoniak-Moleküle als Protonenakzeptoren.
Ammoniumchlorid findet Verwendung als Lötstein und als schleimlösender Wirkstoff in Salmiakpastillen [B3, rechts]. Salmiak verleiht Lakritze [B4] den bitter-salzigen Geschmack.

B3 Bildung von Ammoniumchlorid aus Ammoniak und Chlorwasserstoff (links), Salmiakpastillen (rechts)

B4 Buntes Lakritzkonfekt

Ein **Lötstein** ist ein Reinigungsmittel für die Lötspitze eines Lötkolbens

Exkurs Das Donator-Akzeptor-Prinzip

Um die Gemeinsamkeiten von Protonenübergangsreaktionen als Funktionen von Teilchen herauszustellen, wurden 1923 von dem dänischen Wissenschaftler JOHANNES NICOLAUS BRØNSTED (1879–1947) die Begriffe Säure und Base definiert.

Teilchen, die bei einer Reaktion Protonen abgeben, nennt man Säuren (Protonendonatoren). Teilchen, die bei einer Reaktion Protonen binden, nennt man Basen (Protonenakzeptoren).

Beispiel: Bei der Bildung von Ammoniumchlorid ist das Chlorwasserstoff-Molekül die Säure und das Ammoniak-Molekül die Base [B5b].

Das allgemeine Funktionsprinzip, nach dem sowohl die Säure-Base-Reaktionen als auch die Redoxreaktionen erklärt werden können, ist das **Donator-Akzeptor-Prinzip**. Bei Säure-Base-Reaktionen sind es Protonendonatoren bzw. -akzeptoren und bei Redoxreaktionen die Elektronendonatoren bzw. Elektronenakzeptoren (Kap. 4.8).

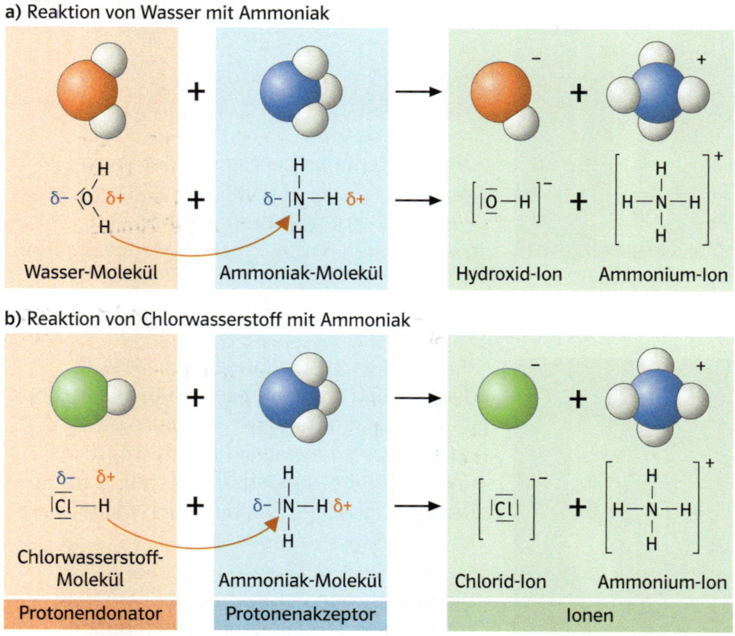

B4 Protonenübergangsreaktionen

6.8 Typische Reaktionen von Säuren

Reaktionen von sauren Lösungen mit Metallen. Unedle Metalle wie Magnesium [B1] oder Zink [B2] reagieren mit sauren Lösungen unter Wasserstoffentwicklung [V1]. Dampft man die entstehende Lösung ein, so bleibt ein weißer Feststoff zurück. Dabei handelt es sich um ein Salz. Edelmetalle wie Gold oder Silber werden dagegen nicht angegriffen.

Unedle Metalle reagieren mit sauren Lösungen unter Bildung von Wasserstoff und Salzen, die häufig gelöst vorliegen.

Das allgemeine Reaktionsschema lautet:

unedles Metall + Säure ⟶ Salz + Wasserstoff

Reagiert z. B. Magnesium mit verdünnter Salzsäure, so lautet die *Reaktionsgleichung*:

$$Mg(s) + 2\,HCl(aq) \longrightarrow MgCl_2(aq) + H_2(g)$$

B1 Magnesium in verdünnter Salzsäure

Tatsächlich liegen alle Ionenverbindungen als hydratisierte Anionen und Kationen vor, sodass eine *Ionengleichung* die Reaktion besser beschreibt:

$$Mg + 2\,H_3O^+ + 2\,Cl^- \longrightarrow Mg^{2+} + 2\,Cl^- + H_2 + 2\,H_2O$$

Die Chlorid-Ionen nehmen an der Reaktion gar nicht teil, die eigentliche Reaktion erfolgt nur zwischen Magnesium-Atomen und Oxonium-Ionen (*vereinfachte Ionengleichung*):

$$Mg + 2\,H_3O^+ \longrightarrow Mg^{2+} + H_2 + 2\,H_2O$$

B2 Zink in verdünnter Schwefelsäure

Diese Gleichung macht deutlich, dass sich die Reaktion nur zwischen den Oxonium-Ionen und den Magnesium-Atomen abspielt. Und noch etwas anderes wird offensichtlich: Es findet kein Protonenübergang statt, d. h., die Reaktion zwischen Salzsäure und Magnesium ist keine Säure-Base-Reaktion.

Die Bildung von Wasserstoff bei der Reaktion von unedlen Metallen mit Säuren nutzte J. W. DÖBEREINER (1780–1849) bei der von ihm entwickelten Zündmaschine [B3]. Über einen Hebel kann ein Stück Zink in Säure getaucht

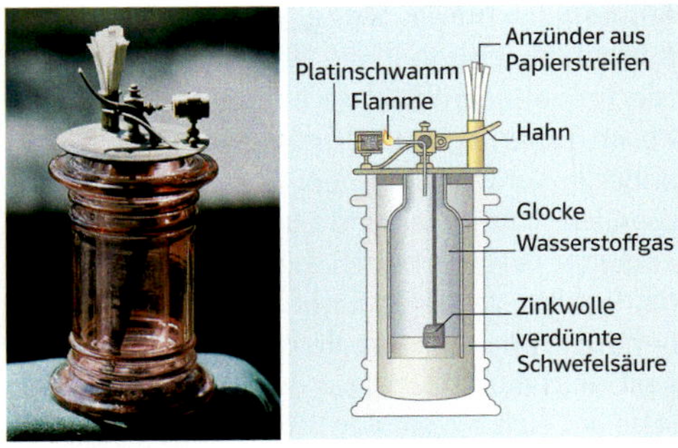

B3 Döbereinerfeuerzeug

werden. Nun entwickelt sich Wasserstoff, der durch eine Düse strömt und auf fein verteiltes Platin trifft. Unter der katalytischen Wirkung des Edelmetalls reagiert der Wasserstoff mit dem Luftsauerstoff und entzündet sich.

Reaktionen von sauren Lösungen mit Metalloxiden. Das Halbedelmetall Kupfer reagiert nicht mit Salzsäure [B5]. Sein Oxid reagiert jedoch bereitwillig mit Salzsäure zu Kupferchlorid [V2, B4], das gelöst vorliegt. Auch andere Oxide bilden mit sauren Lösungen Salzlösungen. Bei diesen Reaktionen ist *keine* Wasserstoffentwicklung zu beobachten.

A1 Erstelle die Reaktionsgleichungen für folgende Reaktionen:
a) Calciumoxid reagiert mit Salpetersäure,
b) Magnesium reagiert mit Essigsäure,
c) Eisen bildet mit Schwefliger Säure Eisensulfit ($FeSO_3$),
d) Calciumoxid reagiert mit Salzsäure.

A2 Formuliere die Reaktionsgleichung für die Reaktion, die im Döbereinerfeuerzeug abläuft.

A3 Formuliere für folgende Reaktionen die Ionengleichungen:
a) Magnesiumoxid reagiert mit Salzsäure,
b) Zinkoxid reagiert mit Salzsäure.

A4 Formuliere die Reaktionsgleichung sowie die Ionengleichung für die Reaktion von Phosphorsäure mit Rost. Rost besteht weitgehend aus Eisenoxid-Hydrat ($Fe_2O_3 \cdot H_2O$).

Metalloxide reagieren mit sauren Lösungen zu Salzen.

Das Reaktionsschema lautet:

Metalloxid + Säure ⟶ Salz + Wasser

Bei der Reaktion von schwarzem Kupferoxid mit Salzsäure entsteht eine blaue bis grüne Kupferchlorid-Lösung [B4]:

$CuO(s) + 2\ HCl(aq) \longrightarrow CuCl_2(aq) + H_2O(l)$

Auch diese Reaktionsgleichung lässt sich als Ionengleichung formulieren.

$Cu^{2+} + O^{2-} + 2\ H_3O^+ + 2\ Cl^- \longrightarrow Cu^{2+} + 3\ H_2O + 2\ Cl^-$

Die vereinfachte Ionengleichung macht sofort deutlich, dass es sich um eine Säure-Base-Reaktion handelt:

$O^{2-} + 2\ H_3O^+ \longrightarrow 3\ H_2O$

Oxonium-Ionen wirken als Protonendonatoren, Oxid-Ionen (O^{2-}) als Protonenakzeptoren. Auch Magnesiumoxid oder Zinkoxid reagieren mit verdünnter Salzsäure unter Bildung von gelöstem Magnesiumchlorid bzw. Zinkchlorid:

$MgO(s) + 2\ HCl(aq) \longrightarrow MgCl_2(aq) + H_2O(l)$

$ZnO(s) + 2\ HCl(aq) \longrightarrow ZnCl_2(aq) + H_2O(l)$

Ein Alltagsbeispiel für die Reaktion einer Säure mit einem Metalloxid ist der Einsatz von Rostumwandlern auf Phosphorsäure-Basis [B6]. Streicht man das Präparat auf rostiges Eisen, so reagiert die Säure mit dem Rost und es entsteht eine weitgehend wasser- und luftundurchlässige Schicht aus unlöslichem Eisenphosphat, $FePO_4$. Diese Schicht soll den Kontakt des unter ihr liegenden Eisens mit dem Luftsauerstoff verhindern und ein Weiterrosten erschweren.

B4 Salzsäure reagiert mit Kupferoxid zu Kupferchlorid

B5 Kupfer in Salzsäure

V1 **a)** Gib in ein Reagenzglas zu verdünnter Salzsäure ein Stück Magnesiumband. Verschließe das Glas mit einem durchbohrten Stopfen, in dem ein Glasrohr mit einer Rückschlagsicherung aus Kupferwolle steckt. Fange das entstehende Gas in einem über das Röhrchen gestülpten Reagenzglas auf und führe die Knallgasprobe durch. Schutzbrille!
b) Wirf in verdünnte Schwefelsäure ein Stück Zinkblech oder einige Zinkgranalien. Verfahre weiter wie bei (a).
c) Übergieße ein Stück Silberblech oder einen Goldring in einem Becherglas mit verdünnter Salzsäure. Vor dem Entsorgen der Säure diese verdünnen und den Metallgegenstand mit einer Pinzette aufnehmen. Nicht mit den Fingern in die Säure fassen!

V2 **a)** Gib in ein Reagenzglas etwas schwarzes Kupferoxid, setze verdünnte Salzsäure zu und erwärme kurz.
b) Filtriere die Kupferoxid-Reste ab und dampfe die Lösung in einer Porzellanschale vorsichtig ein.
c) Wiederhole (a) und (b) mit Magnesiumoxid und Zinkoxid.

B6 Rostumwandlung mit Phosphorsäure

6.9 Exkurs Reaktionen von Säuren mit Salzen

Säuren können nicht nur mit Metalloxiden, sondern mit einer Reihe weiterer Ionenverbindungen reagieren. Bei Salzen werden nur die Säurerest-Anionen ausgetauscht; eine neue Säure und ein neues Salz werden gebildet:

Reaktionsschema Säure 1 und Salz 2 reagieren zu Salz 1 und Säure 2
zusammengehörige Paare werden durch gleiche Zahlen gekennzeichnet

Säure 1 + **Salz 2** ⟶ **Salz 1** + **Säure 2**

Bei der Herstellung von Chlorwasserstoff wird Kochsalz mit Schwefelsäure zur Reaktion gebracht (Kap. 6.5, V2). Die Reaktion verläuft in zwei Schritten:

$$H_2SO_4(aq) + NaCl(s) \longrightarrow NaHSO_4(s) + HCl(g) \quad (1)$$
$$NaHSO_4(s) + NaCl(s) \longrightarrow Na_2SO_4(s) + HCl(g) \quad (2)$$

Zusammenfassung von (1) und (2):
$$H_2SO_4(aq) + NaHSO_4(s) + 2\,NaCl(s) \longrightarrow NaHSO_4(s) + Na_2SO_4(s) + 2\,HCl(g)$$

$NaHSO_4$ streicht man, da es rechts und links vom Reaktionspfeil in gleicher Anzahl vorkommt. Man erhält als gesamte Reaktionsgleichung also:

$$H_2SO_4(aq) + 2\,NaCl(s) \longrightarrow Na_2SO_4(s) + 2\,HCl(g)$$

Der Nachweis von Carbonat-Ionen ist ein weiteres Beispiel für diesen Reaktionstyp. Schäumt es auf, wenn man etwas Salzsäure zu einem unbekannten Salz gibt, so ist dies ein Hinweis auf Carbonat. Diese Reaktion dient auch dem Nachweis von Kalk (Calciumcarbonat) in Mineralien und Gesteinsproben [V1a]. Für Kalk lautet die Reaktionsgleichung:

$$2\,HCl(aq) + CaCO_3(s) \longrightarrow CaCl_2(aq) + H_2CO_3(aq)$$

Die dabei gebildete Kohlensäure ist allerdings instabil und zerfällt:

$$H_2CO_3(aq) \longrightarrow CO_2(g) + H_2O(l)$$

Gelingt mit Kalkwasser (Calciumhydroxid-Lösung) der Nachweis, dass das Aufschäumen durch Kohlenstoffdioxid hervorgerufen wurde, so ist damit auch der **Carbonatnachweis** erbracht [V1b]. Dabei entsteht schwer lösliches Calciumcarbonat (Kalk):

$$Ca(OH)_2(aq) + CO_2(g) \longrightarrow CaCO_3(s) + H_2O(l)$$

B1 Brausepulver

Brausepulver. Ein Alltagsbeispiel für den Reaktionstyp „Salz + Säure" ist das Sprudeln von Vitamintabletten und Brausepulver [B1]. Neben Süß-, Farb- und Aromastoffen enthält Brause oft Natriumhydrogencarbonat (Natron) und Citronensäure. Gibt man das Pulver in Wasser, so findet folgende Reaktion statt:

Citronensäure + Natron ⟶ Natriumcitrat + Kohlensäure

Auch hier zerfällt die Kohlensäure in Wasser und Kohlenstoffidoxid, was am Aufschäumen zu erkennen ist.

V1 **a)** Tropfe verdünnte Salzsäure auf Kalkstein, Eierschalen und auf verschiedene Gesteins- und Bodenproben.
b) Stecke ein Gärröhrchen in einen einfach durchbohrten Stopfen. Pipettiere in das Gärröhrchen etwas frisch hergestelltes Kalkwasser. Gib nun einen Spatel Natriumcarbonat in ein Reagenzglas. Tropfe etwas verdünnte Salzsäure ins Reagenzglas und setze dann rasch das vorbereitete Gärröhrchen auf das Glas. Beobachte die Vorgänge im Reagenzglas und im Gärröhrchen.

A1 Früher stellte man im Labor Salpetersäure her, indem man Salpeter (Kaliumnitrat) mit konzentrierter Schwefelsäure versetzte. Anschließend destillierte man die Salpetersäure ab. Formuliere für die Reaktion von Kaliumnitrat mit Schwefelsäure die Reaktionsgleichung.

6.10 Typische Reaktionen von Laugen

Hydroxide und Laugen reagieren mit Salzen. Nicht nur Säuren, sondern auch Hydroxide und Laugen können mit Salzen reagieren. Dies macht man sich z. B. beim Nachweis von Ammonium-Verbindungen zunutze. Die Reaktion von Ammoniumchlorid mit Natriumhydroxid verläuft wie folgt:

$$NH_4Cl + NaOH \longrightarrow NH_3 + NaCl + H_2O$$

Die entsprechende Ionengleichung lautet:

$$NH_4^+ + Cl^- + Na^+ + OH^- \longrightarrow$$
$$NH_3 + Cl^- + Na^+ + H_2O$$

Die vereinfachte Ionengleichung macht die vorliegende Säure-Base-Reaktion besonders deutlich. Das Ammonium-Ion ist die Säure, das Hydroxid-Ion die Base.

$$\underset{\text{Säure}}{NH_4^+} + \underset{\text{Base}}{OH^-} \longrightarrow NH_3 + H_2O$$

Riechfläschchen. Die im 18. Jahrhundert in der „feinen Gesellschaft" weit verbreiteten „Riechfläschchen" [B1] enthielten ein Gemisch aus Calciumhydroxid ($Ca(OH)_2$) und Ammoniumchlorid (NH_4Cl) und dazu etwas Bergamotteöl. Fiel eine Dame in Ohnmacht, was bei den eng geschnürten Korsetten nicht so selten war, dann wurde der Ohnmächtigen das geöffnete Fläschchen unter die Nase gehalten. Der stechende Geruch des aus dem Ammoniumsalz gebildeten Ammoniaks (NH_3) brachte die Dame rasch wieder zu sich.

Korrespondierende Säure-Base-Paare. Die „Umkehrung" der letztgenannten Reaktionsgleichung begegnete uns schon bei der Reaktion von Ammoniak mit Wasser (Kap. 6.7):

$$\underset{\text{Säure}}{H_2O} + \underset{\text{Base}}{NH_3} \longrightarrow OH^- + NH_4^+$$

Wasser-Molekül und Hydroxid-Ion bilden ein zusammengehöriges Teilchenpaar (H_2O/OH^-), weil aus einem Wasser-Molekül durch Abgabe eines Protons ein Hydroxid-Ion entsteht und sich umgekehrt ein Hydroxid-Ion durch Aufnahme eines Protons wiederum ein Wasser-Molekül bilden kann. Ein solches Teilchenpaar nennt man **korrespondierendes Säure-Base-Paar.** Dieser Begriff soll verdeutlichen, dass ein Protonendonator, der ein Proton abgibt, zum Protonenakzeptor wird und dieser unter geeigneten Reaktionsbedigungen wieder ein Proton aufnehmen kann. Auch Ammonium-Ion und Ammoniak-Molekül bilden ein korrespondierendes Säure-Base-Paar.

Protonenabgabe

$$\underset{\text{Säure 1}}{H_2O} + \underset{\text{Base 2}}{NH_3} \longrightarrow \underset{\text{Base 1}}{OH^-} + \underset{\text{Säure 2}}{NH_4^+}$$

Protonenaufnahme

Beispiele für korrespondierende Säure-Base-Paare sind: H_2O/OH^-, NH_4^+/NH_3, HSO_4^-/SO_4^{2-}, $H_3PO_4/H_2PO_4^-$.
Auch bei der Reaktion von Säuren mit Salzen (Kap. 6.9) handelt es sich um eine Säure-Base-Reaktion. Da ein Protonendonator immer einen Protonenakzeptor als Reaktionspartner erfordert, laufen Säure-Base-Reaktionen stets nach folgendem Schema ab:

Säure 1 + Base 2 ⟶ Base 1 + Säure 2

Ein korrespondierendes Säure-Base-Paar unterscheidet sich in einem Proton.

A1 Versetzt man Eisensulfid (mit Fe^{2+}-Ionen) mit verdünnter Salzsäure, so entsteht ein nach faulen Eiern riechendes Gas. Erstelle die Reaktionsgleichung und die Ionengleichung für diese Reaktion.

A2 Ammoniumchlorid ist in Salmiakpastillen enthalten. Wie könnte man dieses Salz in Salmiakpastillen nachweisen?

V1 (Schutzbrille!) Versuchsaufbau siehe B2. Pipettiere in das Gärröhrchen wenig Phenolphthalein-Lösung (w = 0,5 %). Gib nun in ein Reagenzglas zwei Spatel Ammoniumchlorid und feuchte es leicht an. Füge mithilfe einer Pinzette zwei Plätzchen Natriumhydroxid hinzu und setze rasch das Gärröhrchen auf das Reagenzglas.

B1 Riechfläschchen

korrespondierend von lat. respondere, entsprechen

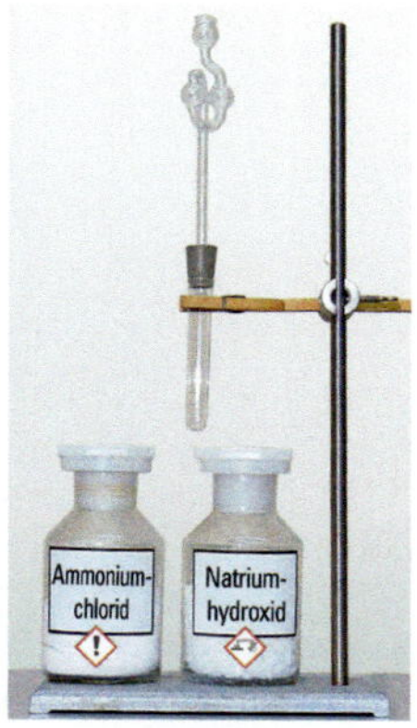

B2 Versuchsaufbau für Gasnachweise

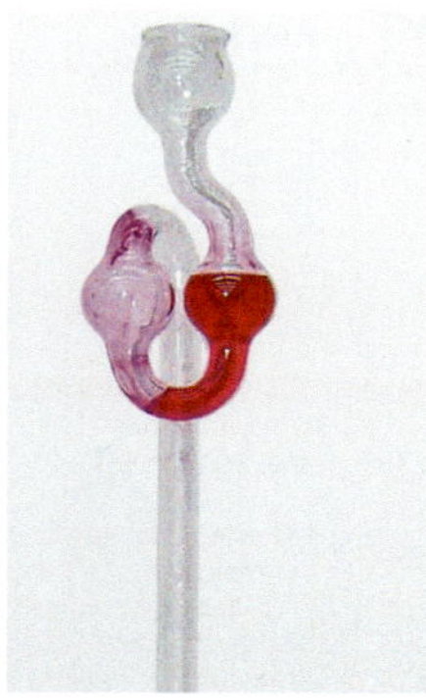

B3 Ammoniaknachweis mit Phenolphthalein-Lösung

6.11 Die Neutralisation

B1 Neutralisation von Salzsäure mit Natronlauge. Ein zugesetzter Indikator zeigt den Neutralpunkt an

B2 Eindampfen der neutralisierten Lösung. Natriumchlorid bleibt zurück

Nach einem Experiment sollte Natronlauge nicht in den Ausguss geschüttet werden. Wie könnte sie entsorgt werden? In der Schule gibt es Entsorgungsgefäße, z. B. eines für saure und alkalische Lösungen.

Alkalisch und sauer ergibt neutral? Mischt man verdünnte Natronlauge, der Universalindikator-Lösung zugesetzt wurde, tropfenweise mit verdünnter Salzsäure [V1], so ändert das Gemisch seine Farbe. Zudem ist eine Temperaturerhöhung des Gemischs zu beobachten. Nach dem Zusatz einer bestimmten Salzsäureportion wird es gelbgrün. Es ist somit eine Lösung entstanden, die weder alkalisch noch sauer ist. Sie ist neutral und der pH-Wert ist 7.

Entfernt man den Indikator durch Schütteln mit Aktivkohle und dampft die neutrale Lösung ein, so bleibt ein weißes Salz als Rückstand [B2]. Aus den Natrium- und Chlorid-Ionen ist Natriumchlorid entstanden.

A1 Nenne Hinweise dafür, dass beim Zusammengeben von Salzsäure und Natronlauge eine chemische Reaktion stattfindet.

A2 Formuliere die Reaktionsgleichungen in der Ionenschreibweise für die Reaktionen von **a)** Kalilauge (Kaliumhydroxid-Lösung) mit Salzsäure und **b)** Kalkwasser (Calciumhydroxid-Lösung) mit Salzsäure. Markiere jeweils die Protonenübergänge.

A3 Erläutere, warum bei der Reaktion von konz. Natronlauge mit konz. Salzsäure Natriumchlorid ausfällt, bei der Reaktion der verdünnten Lösungen dagegen nicht.

A4 Zum Kalken des Bodens gegen die Folgen des sauren Regens wird häufig Calciumoxid (Branntkalk) eingesetzt. Nenne die Reaktionsprodukte der Reaktion von Calciumoxid mit Salzsäure. Begründe, weshalb man diese Reaktion auch als Neutralisation bezeichnen wird.

A5 Formuliere mithilfe Kap. 6.6, B5 die Reaktionsgleichungen in Ionenschreibweise für folgende Neutralisationsreaktionen:
a) Kalkwasser mit Salpetersäure
b) Kalilauge mit Phosphorsäure
c) Ammoniakwasser mit Schwefelsäure
d) Natronlauge mit Ameisensäure.

Exkurs Antazida

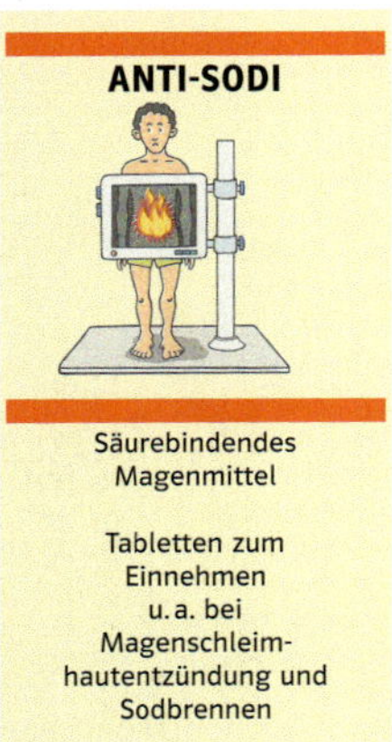

Im Magensaft befindet sich Salzsäure mit $w = 0{,}1\,\%$ bis $w = 0{,}5\,\%$. Sie aktiviert die eiweißspaltenden Enzyme. Da Salzsäure ätzend wirkt, kann es bei Störungen der Magensäureproduktion zu „Sodbrennen“ kommen. Dabei steigt Magensaft in der Speiseröhre auf und verursacht ein unangenehmes Brennen.

Es gibt verschiedene säurebindende Medikamente, die die Magensäure teilweise neutralisieren und damit dem Sodbrennen entgegenwirken. Sie werden als **Antazida** bezeichnet und sind in Apotheken erhältlich. Als Antazida kommen unterschiedliche anorganische Substanzen zum Einsatz, z. B. ein Gemisch aus Aluminiumhydroxid [$Al(OH)_3$] und Magnesiumhydroxid [$Mg(OH)_2$].

Die Temperaturerhöhung beim Zusammengeben von Salzsäure und Natronlauge weist auf eine chemische Reaktion hin. Die Reaktionsgleichung in Ionenschreibweise lautet:

$$\underbrace{Na^+ + OH^-}_{\text{Ionen in der Natronlauge}} + \underbrace{H_3O^+ + Cl^-}_{\text{Ionen in der Salzsäure}} \longrightarrow \underbrace{Na^+ + Cl^-}_{\text{Ionen in der neutralen Lösung}} + 2\,H_2O$$

Aus der Reaktionsgleichung geht hervor, dass nicht alle Teilchen an der Reaktion beteiligt sind. *Nur die H_3O^+- und OH^--Ionen reagieren miteinander* unter Bildung von Wasser-Molekülen. Die Natrium-Ionen aus der Natronlauge und die Chlorid-Ionen aus der Salzsäure verändern sich nicht, sie liegen demnach auch in der neutralen Lösung vor. Reagiert konzentrierte Salzsäure mit konzentrierter Natronlauge, so ist das gebildete Salz als Feststoff sichtbar [V2]. Es entsteht so viel Natriumchlorid, dass seine Löslichkeit (Kap. 1.2) überschritten wird und es ausfällt.

V1 **a)** Gib in einem Reagenzglas zu verdünnter Natronlauge (w = 5 %), der Universalindikator-Lösung zugesetzt ist, tropfenweise verdünnte Salzsäure (w = 5 %), bis der Indikator gelbgrün ist. Miss die Temperatur der Natronlauge, der Salzsäure und der entstandenen Lösung.
b) Schüttle die Lösung zur Entfernung des Indikators mit Aktivkohle und filtriere. Lass die Flüssigkeit des Filtrats verdunsten und betrachte den Rückstand unter der Lupe.

V2 ⚠ (Vorsicht, starke Wärmeentwicklung! Schutzbrille und Schutzscheibe!) Man gibt in einen Erlenmeyerkolben konz. Natronlauge und setzt langsam tropfenweise konz. Salzsäure zu.

V3 Ein im Mörser pulverisiertes Gemisch aus 1,6 g Citronensäure (wasserfrei) und 1,0 g Natriumhydroxid wird mit einem langen Trichter so in ein Reagenzglas gefüllt, dass der Reagenzglasrand sauber bleibt. Dann wird das Glas schräg über dem Gasbrenner vorsichtig erhitzt. Sobald die Reaktion einsetzt, wird das Reagenzglas aus der Flamme genommen. Den Beschlag am Glas mit einem Wassernachweismittel überprüfen.

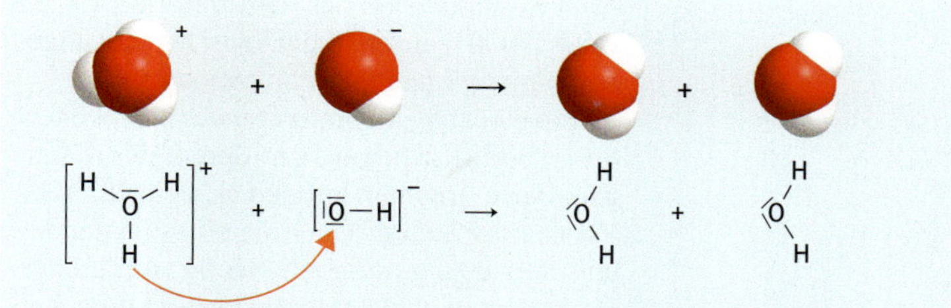

H_3O^+ + OH^- ⟶ $2\,H_2O$ | exotherm

Oxonium-Ion + Hydroxid-Ion ⟶ Wasser-Moleküle | exotherm

B3 Neutralisation und Protonenübergang im Modell und mit Formeln

Die vereinfachte Ionengleichung für die Neutralisationsreaktion lautet also:

Protonenabgabe

$$\underset{\text{Säure 1}}{H_3O^+} + \underset{\text{Base 2}}{OH^-} \longrightarrow \underset{\text{Base 1}}{H_2O} + \underset{\text{Säure 2}}{H_2O}$$

Protonenaufnahme

Die beiden korrespondierenden Säure-Base-Paare sind H_3O^+/H_2O und H_2O/OH^-. Dies gilt ganz unabhängig davon, welche Säure durch welche Lauge neutralisiert wird.

Neutralisation. Nicht nur Salzsäure und Natronlauge, sondern auch andere saure und alkalische Lösungen können miteinander zu neutralen Lösungen reagieren. Dabei entstehen immer Wasser und ein Salz, das meistens gelöst vorliegt. Bei der Reaktion wird immer Energie freigesetzt.

Bei einer Neutralisation reagieren Oxonium-Ionen mit Hydroxid-Ionen exotherm zu Wasser-Molekülen. Die Neutralisationsreaktion ist auch eine Säure-Base-Reaktion.

Das allgemeine Reaktionsschema einer Neutralisation lautet:

Säure + Lauge ⟶ Salz + Wasser

Führt man die Neutralisation als Feststoffreaktion durch, kann man auch die Wasserbildung beobachten [V3].

6.12 Massenanteil, Massen- und Volumenkonzentration

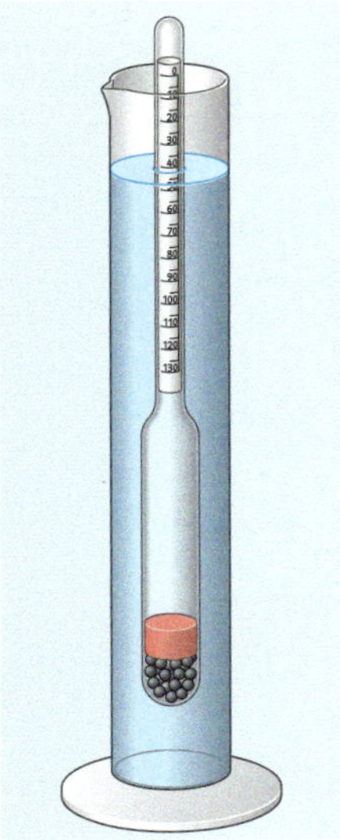

B1 Bierspindel, Aräometer (Gerät zur Dichtebestimmung)

Dichte Masse pro Volumeneinheit

$\varrho = \frac{m}{V}$

Volumenkonzentration σ(Ethanol): 5%

Masse der in einem Getränk enthaltenen Alkoholportion m(Ethanol): 11,8 g

B2 Angabe der Alkohol-Volumenkonzentration in einem Bier

Auch wenn man bei der Neutralisation gleiche Volumina an sauren und alkalischen Lösungen zusammengibt, erhält man meistens *keine* neutrale Lösung, denn man muss eine weitere Größe berücksichtigen, den Gehalt der Lösungen. Diese Angaben können sich z. B. auf die Masse oder auf das Volumen eines Bestandteils der Lösung beziehen. Häufig werden der Massenanteil w, die Massenkonzentration β oder die Volumenkonzentration σ angegeben (Kap. 5.13).

Der Massenanteil. Beim Bierbrauen (Kap. 8.3) wird die Würze, die aus Wasser und den löslichen Bestandteilen des Malzes besteht, in den Würzpfannen mit Hopfen versetzt. Durch Kochen verdampft ein Teil des Wassers der Würze. Dadurch wird diese konzentrierter. Mithilfe einer Bierspindel bestimmt der Brauer schließlich den Stammwürzegehalt der Würze.

Hat die Würze den Stammwürzegehalt $w = 12\,\%$, so bedeutet dies, dass in 100 g Würzflüssigkeit 12 g gelöste Stoffe, die sogenannte Stammwürze, enthalten sind. Der Rest der Würze besteht aus 88 g Wasser. Diese Bestimmung ist vom Gesetzgeber vorgeschrieben. Je höher der Stammwürzegehalt ist, umso höher fällt die zu entrichtende Biersteuer aus. Außerdem kann mithilfe des Stammwürzegehalts ein Hinweis darauf gegeben werden, wie viel Alkohol später im Bier enthalten sein wird.

$$w(\text{Stammwürze}) = \frac{12\,\text{g}}{100\,\text{g}} = 0{,}12 = 12\,\%$$

Bezeichnen wir mit m(A) die Masse eines Bestandteils A, der sowohl ein Reinstoff als auch ein Gemisch (wie bei der Stammwürze) sein kann, und mit m(Gesamtlösung) die Gesamtmasse der Mischung, so gilt für den **Massenanteil w von A** allgemein:

$$w(\text{A}) = \frac{m(\text{A})}{m(\text{Gesamtlösung})}$$

Der Massenanteil wird häufig in % oder ‰ angegeben.

Die Massenkonzentration. Die Güte des Bieres hängt weitgehend von der Qualität des Brauwassers ab. Es wird von den Brauereien ständig überprüft. Im natürlichen Wasser sind Salze enthalten, die aus dem Gestein gelöst werden. Besitzt das Wasser einen hohen Gehalt an Calcium- und Magnesium-Ionen, so wird es als hart bezeichnet. Ist dieser Gehalt gering, so liegt weiches Wasser vor. Brauwasser sollte weich sein und 1 Liter nicht mehr als 10 mg Calcium- und Magnesium-Ionen enthalten, da sie für die Enzymaktivität von Nachteil sind. An der Einheit mg/l ist schon zu erkennen, dass die Analysenwerte der Ionen im Trinkwasser als Massenkonzentrationen angeben werden. Ist m(A) die Masse eines Bestandteils A, der sowohl Reinstoff als auch Gemisch sein kann, und V(Gesamtlösung) das Volumen der Gesamtlösung, in der A enthalten ist, so ist die Definition der **Massenkonzentration β von A:**

$$\beta(\text{A}) = \frac{m(\text{A})}{V(\text{Gesamtlösung})}$$

Die Volumenkonzentration. Auf Bierflaschen und anderen alkoholischen Getränken findet man die Angabe des Alkoholgehalts als **Volumenkonzentration**:

$$\sigma(\text{A}) = \frac{V(\text{A})}{V(\text{Gesamtlösung})}$$

σ wird häufig in % angegeben.

HEILWASSER

Analyse

Kationen		**mg/l**	**Anionen**		**mg/l**
Kalium	K^+	31,00	Chlorid	Cl^-	117,00
Natrium	Na^+	973,20	Fluorid	F^-	0,30
Lithium	Li^+	2,35	Sulfat	SO_4^{2-}	318,50
Ammonium	NH_4^+	0,91	Nitrat	NO_3^-	0,58
Calcium	Ca^{2+}	136,30	Hydrogencarbonat	HCO_3^-	3001,00
Magnesium	Mg^{2+}	107,00	Hydrogenphosphat	HPO_4^{2-}	0,37
Strontium	Sr^{2+}	1,00	Metakieselsäure	H_2SiO_3	11,62
Eisen	Fe^{3+}	0,02	Metaborsäure	HBO_2	11,61

natürliches Mineralwasser ohne Zusatz von Kohlenstoffdioxid

Abfülldatum 02.02.2015 — Mehr als 3 Jahre haltbar — 0,7 l

B3 Bestandteile eines Mineralwassers

A1 In 100 g Wasser lösen sich bei 20 °C maximal 203,9 g Zucker. Berechne den Massenanteil w für die entstehende Zuckerlösung.

A2 Ist das in B3 beschriebene Wasser zum Bierbrauen geeignet? Begründe.

6.13 Praktikum Der Umgang mit Pipette und Bürette

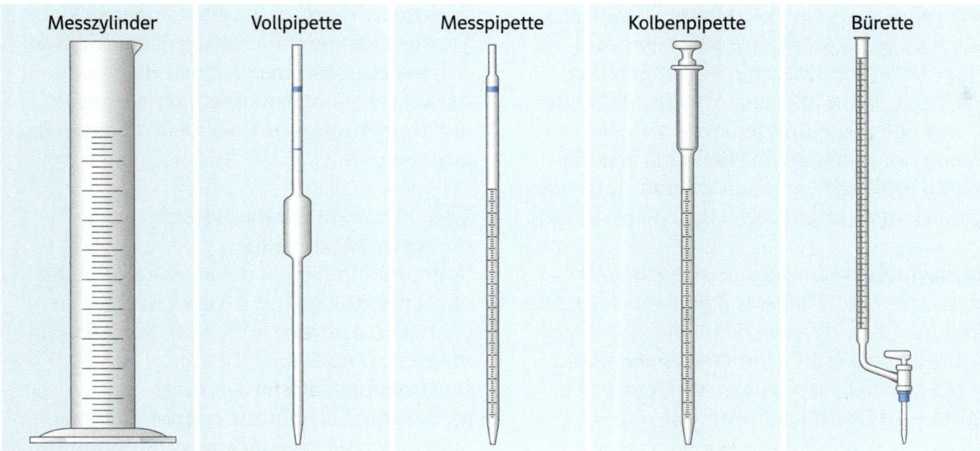

B1 Messgeräte für Flüssigkeitsportionen

Umgang mit Volumenmessgeräten. Häufig muss im Labor das Volumen einer Flüssigkeit genau abgemessen werden. Vielfach gebrauchte Volumenmessgeräte sind Messzylinder, Vollpipette, Messpipette und Bürette [B1]. Allerdings ist es verboten, Flüssigkeiten mit dem Mund aufzusaugen. Man muss eine Pipettierhilfe verwenden, wenn keine Kolbenpipette vorhanden ist. Auch Bechergläser und Erlenmeyerkolben haben häufig eine großschrittige Skala. Diese ist jedoch viel zu ungenau und nur als Circa-Angabe zu sehen.

Die Auswahl der Geräte muss an die Größe der zu messenden Volumenportionen angepasst werden. So ist ein 100-ml-Messzylinder zum Abmessen von $V = 10\,ml$ nicht geeignet, jedoch ein 10-ml-Messzylinder oder eine 10-ml-Messpipette.

Vollpipetten dienen zur Messung des Volumens einer *bestimmten* Flüssigkeitsportion, während mit Messpipette, Messzylinder und Bürette aufgrund ihrer Skala das Volumen von sehr vielen beliebigen Flüssigkeitsportionen erfasst werden kann.

V1 Volumenmessgeräte im Vergleich

Geräte und Materialien: Messzylinder (100 ml), Vollpipette (10 ml), Messpipette (10 ml), Pipettierhilfe, Becherglas (100 ml), Spritzflasche mit dest. Wasser.

Durchführung und Auswertung:

a) Gib etwa 60 ml Wasser in das Becherglas. Sauge in eine 10-ml-Vollpipette möglichst genau 10 ml Wasser ein. Lass das Wasser aus der der Vollpipette in den 100-ml-Messzylinder abfließen. Wiederhole dies noch vier Mal.

(I) Lies das Volumen im Messzylinder genau ab.

(II) Stelle Vermutungen an, worauf sich eventuell auftretende Unterschiede zurückführen lassen.

b) Gib etwa 50 ml Wasser in das Becherglas. Sauge in eine 10 ml-Messpipette genau 10 ml Wasser ein. Lass vier Mal hintereinander 2 ml Wasser in den 100 ml-Messzylinder fließen.

(I) Wie viel Wasser befindet sich noch in der Messpipette? Wie viel Wasser ist demnach abgeflossen?

(II) Bestimme das Volumen des Wassers im Messzylinder.

(III) Stelle Vermutungen an, worauf sich eventuell auftretende Unterschiede zurückführen lassen.

(IV) Mit welchem von beiden Gefäßen (Messpipette und Messzylinder) lassen sich demnach 2 ml Flüssigkeit genauer abmessen?

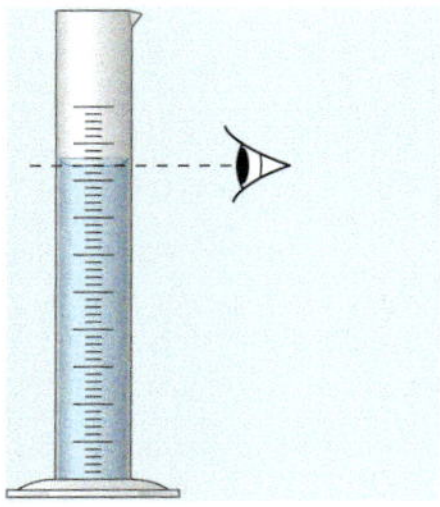

B2 Ablesen am Meniskus einer Flüssigkeit

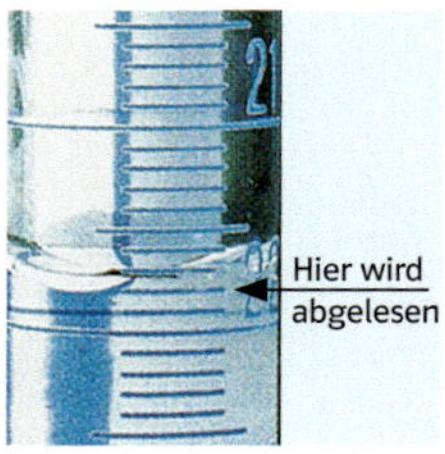

B3 Ablesen des Flüssigkeitsstands in der Bürette

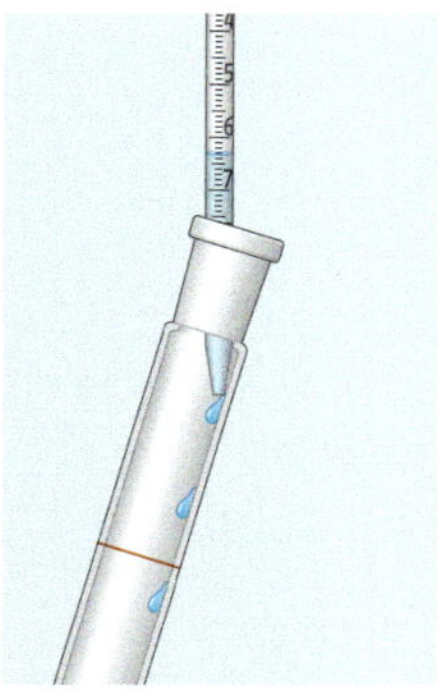

B4 Entleeren einer Pipette

Meniskus von griech. meniskos, Halbmond

Meniskus. Beim Ablesen eines Flüssigkeitsstandes muss beachtet werden, dass die Oberfläche von Wasser in einem Gefäß gewölbt ist. Diese Wölbung wird als Meniskus bezeichnet. Zum Ablesen muss sich der Meniskus in Augenhöhe befinden und das Gefäß senkrecht gehalten werden. Abgelesen wird an der tiefsten Stelle des Meniskus [B2].

Messpipetten. Bei ihrer Verwendung ist der *Verlauf der Skala* der Pipetten zu beachten. Will man z. B. mit einer 10-ml-Messpipette 4 ml Flüssigkeit aufnehmen und abmessen, muss sich der Meniskus in der Pipette bei 10 ml − 4 ml = 6 ml befinden.

Wird eine Flüssigkeit mit einer Pipette aus einer Vorratsflasche in ein anderes Gefäß gegeben, so sollte darauf geachtet werden, dass beide Gefäße relativ nahe beeinander stehen. Die Flüssigkeit lässt man ruhig aus der Pipette ausfließen und streift den letzten Tropfen an der Gefäßwand ab [B4].

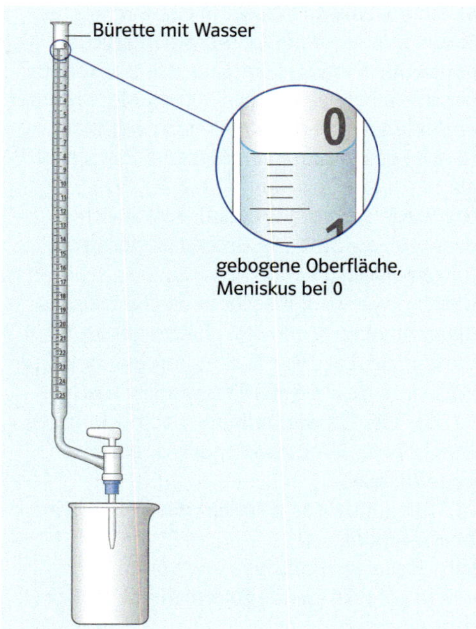

B5 Volumenmessung mit der Bürette

Büretten. Mit einer Bürette kann man kleine Flüssigkeitsportionen sehr genau abmessen, z. B. wenn es bei einer Versuchsdurchführung darauf ankommt, eine Flüssigkeit langsam und tropfenweise zu einem Reaktionsgemisch zu geben.

V2 **Titration mit der Bürette**

Geräte und Materialien:
Stativ, Bürettenklammer oder Doppelmuffe mit Universalklemme, Bürette, Becherglas (100 ml), Messzylinder (100 ml), Spritzflasche mit dest. Wasser.

Durchführung und Auswertung:

a) Befestige die Bürette mit der Klammer am Stativ. Vergewissere dich, dass der Bürettenhahn geschlossen ist. Gib destilliertes Wasser in das Becherglas und fülle damit die Bürette bis über die obere Markierung („0 ml"). Stelle das Becherglas unter den Bürettenhahn. Öffne den Hahn kurz, damit die Luft aus dem Hahn verdrängt wird. Stelle den Wasserstand durch vorsichtiges Öffnen des Bürettenhahns auf den Nullpunkt [B5].

b) Lass 20 Tropfen aus der Bürette ausfließen und lies das Volumen an der Bürette ab.

c) Fülle die Bürette wie in a) beschrieben. Lass genau 1 ml Wasser aus der Bürette in das Becherglas fließen. Zähle dabei die Tropfen.

d) Lies den Wasserstand in der Bürette ab und notiere das Volumen. Du sollst 15,5 ml Wasser aus der Bürette in den Messzylinder abfließen lassen. Rechne zunächst den Stand des Wasserspiegels aus, der in der Bürette nach Ablassen des Wassers vorliegen muss. Lass dann das Wasser bis zu dem errechneten Stand ab. Welches Volumen der Flüssigkeitsportion wird im Messzylinder angezeigt?

A1 Vergleiche die Messergebnisse in der Klasse.

A2 Berechne das Volumen eines Tropfens.

6.14 Praktikum Konzentrationsermittlung durch Titration

In einem Labor muss häufig die Konzentration einer sauren oder alkalischen Lösung bestimmt werden. Dabei nutzt man die Tatsache, dass sich Lösungen mit jeweils gleicher Anzahl von H_3O^+- bzw. OH^--Ionen neutralisieren, wie aus der Neutralisationsgleichung folgt:

$$H_3O^+ + OH^- \longrightarrow 2\,H_2O$$

Titration. Bei einer Titration oder **Maßanalyse** wird die Neutralisation nicht *qualitativ* sondern *quantitativ* durchgeführt. Um etwa die unbekannte Konzentration einer Natronlauge zu bestimmen, nimmt man mit der Messpipette eine genau abgemessene Portion Natronlauge auf und gibt sie zusammen mit ein paar Tropfen Indikator in einen Erlenmeyerkolben. Diese vorgelegte alkalische Lösung ist die **Probelösung**. Nun tropft man aus der Bürette eine Salzsäure bekannter Konzentration (**Maßlösung**) dazu, bis der Indikator eine neutrale Lösung anzeigt. Aus dem Verbrauch an Salzsäure-Maßlösung kann man z. B. den unbekannten Massenanteil *w* von Natriumhydroxid in einer Natronlauge-Probelösung berechnen.

Der Gehalt einer Lösung lässt sich durch Titration ermitteln. Dabei tropft man eine Maßlösung zu einer Probelösung bis ein Indikator umschlägt.

V1 Bestimmung der Konzentration einer Natronlauge

Geräte und Chemikalien [B2]: Stativmaterial, Bürette, Weithals-Erlenmeyerkolben (100 ml), kleines Becherglas, kleiner Trichter, Messpipette (10 ml), Pipettierhilfe, weißes Papier, Indikator mit Tropfpipette (Bromthymolblau- oder Phenolphthalein-Lösung (w = 0,5 %)), Salzsäure-Maßlösung (c = 0,1 mol/l), Natronlauge unbekannter Konzentration.

Durchführung:

a) Fülle die Bürette mit der Salzsäure und lass etwas davon in das Becherglas abfließen, um Hahn und Auslauf der Bürette ebenfalls zu befüllen. Es dürfen sich keine Luftblasen mehr darin befinden. Notiere den Flüssigkeitsstand.

b) Nimm mit der Messpipette 10 ml Natronlauge auf und gib diese in den Erlenmeyerkolben. Stelle ihn auf das weiße Papier.

c) Setze drei Tropfen Indikatorlösung hinzu und tropfe unter ständigem Umschwenken Salzsäure aus der Bürette zu, bis der Indikator nach Grün bzw. Farblos umschlägt.

d) Lies den Flüssigkeitsstand in der Bürette ab und ermittle aus der Differenz das Volumen der verbrauchten Salzsäure.

e) Überprüfe das ermittelte Volumen durch eine zweite Titration.

Aufgaben:

1) Berechne die Massenkonzentration β von Natriumhydroxid in der Natronlauge. 1 ml Salzsäure neutralisiert 4 mg (0,004 g) Natriumhydroxid.

2) Welcher Massenanteil w in % weist die unbekannte Natronlauge auf? Gehe zur Berechnung davon aus, dass 1 l Natronlauge die Masse m = 1 kg hat.

V2 Wie viel Essigsäure ist in Essig oder Essigreiniger enthalten?

Geräte: Wie in V1

Chemikalien: Essig oder Essigreiniger; Natronlauge-Maßlösung (c = 1 mol/l); Phenolphthalein-Lösung (w = 0,5 %) mit Tropfpipette.

Durchführung: Wie V1; titriere bis schwach Rosa.

Aufgaben:

1) Berechne die Masse der Essigsäure in 1 l Essig. 1 ml Natronlauge neutralisiert 60 mg (0,06 g) Essigsäure.

2) Welcher Massenanteil w in % weist der Essig auf? Gehe zur Berechnung davon aus, dass 1 l Essig die Masse m = 1 kg hat. Vergleiche mit der Angabe auf der Essigflasche.

Beispielmessung: Zur Neutralisation von 10 ml Natronlauge wurden 14 ml Salzsäure-Maßlösung benötigt.

Gegeben: 1 ml Salzsäure (c = 0,1 mol/l) neutralisieren 4 mg = 0,004 g Natriumhydroxid.

Zu V1,1: 14 ml Salzsäure neutralisieren 14-mal so viel Natronlauge wie 1 ml Salzsäure: m(Natriumhydroxid) = 14 · 0,004 g = 0,056 g
Somit ist die Massenkonzentration des Natriumhydroxids β(Natriumhydroxid):

$$\beta(\text{Natriumhydroxid}) = \frac{m(\text{Natriumhydroxid})}{V(\text{Natronlauge})} = \frac{0{,}056\,\text{g}}{0{,}010\,\text{l}} = 5{,}6\,\frac{\text{g}}{\text{l}}$$

Zu V1,2: Der Massenanteil des Natriumhydroxids w(Natriumhydroxid):

$$w(\text{Natriumhydroxid}) = \frac{m(\text{Natriumhydroxid})}{m(\text{Natronlauge})} = \frac{5{,}6\,\text{g}}{1000\,\text{g}} \cdot 100\,\% = 0{,}56\,\%$$

B1 Versuchsergebnis zu V1

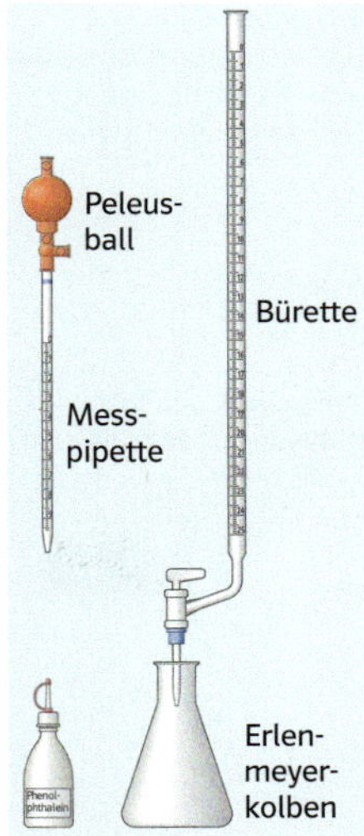

B2 Geräte für die Durchführung der Titration

c = x mol/l Weitere, in der Chemie häufig benutzte Konzentrationsangabe

qualitativ Was ist drin?

quantitativ Wie viel ist drin?

6.15 Impulse Saurer Regen und Waldschäden

Fotooxidantien sind starke Oxidationsmittel, die unter dem Einfluss des Sonnenlichtes entstehen

Immission von lat. immissio, das Hineinlassen

Da Kohle, Erdöl und Erdölprodukte (z. B. Benzin, Diesel- und Heizöl) unter anderem Schwefelverbindungen enthalten, entsteht bei deren Verbrennung auch Schwefeldioxid (SO_2). Laufen die Verbrennungsvorgänge bei hohen Temperaturen ab, wird zudem der Stickstoff der Luft oxidiert und es entstehen Stickstoffoxide. Sie sind z. B. in den Abgasen von Kraftfahrzeugen enthalten. Dabei werden zuerst NO-Moleküle gebildet, die in einem zweiten Schritt in der Atmosphäre zu NO_2-Molekülen oxidiert werden. Häufig wird von Stickstoffoxiden (NO_x) gesprochen, wenn es unerheblich ist, welches Oxid gemeint ist.

Entstehung des sauren Regens. Die gebildeten Oxide – SO_2 und NO_2 – reagieren mit Luftfeuchtigkeit und Wasser zu Schwefliger Säure bzw. Salpetersäure. Aus Schwefliger Säure entsteht z. T. unter der katalytischen Einwirkung von Staubpartikeln Schwefelsäure. Diese Säuren liegen dann in feinster Verteilung in der Luft vor (z. B. als winzige Tröpfchen, Aerosole).

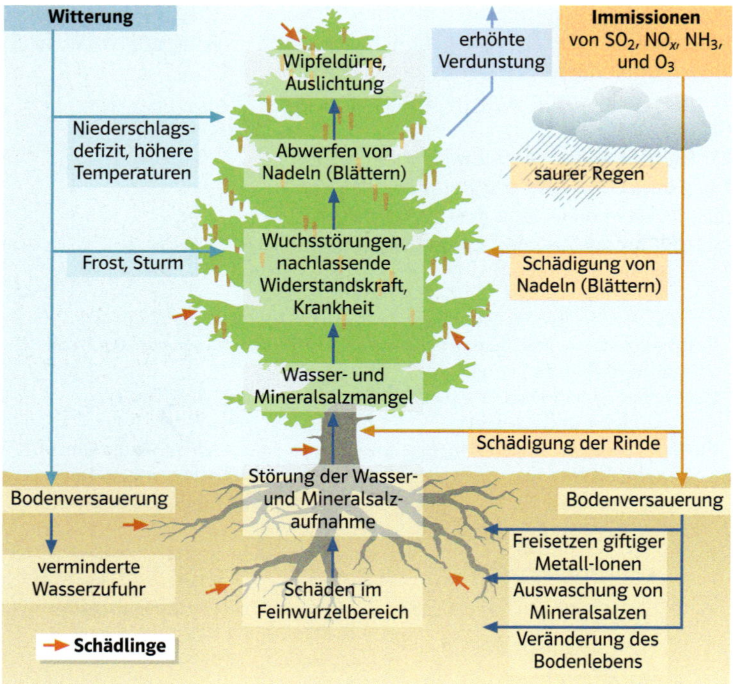

B1 Entstehung und Wirkung von saurem Regen

B2 Waldschäden als Folge des sauren Regens und anderer Luftschadstoffe

Durch den Regen werden die Säuren aus der Luft ausgewaschen, sodass eine saure Lösung, der **saure Regen**, entsteht [B1, B3].

Saurer Regen und Waldschäden. Der saure Regen gilt als ein Verursacher von Waldschäden [B2], die in den 80er-Jahren des vergangenen Jahrhunderts aufgetreten sind. Nach heutigen Erkenntnissen ist die Gesamtheit der Luftverschmutzungen dafür verantwortlich. Als mögliche Auslöser oder Verstärker werden auch Schwermetallverbindungen und Fotooxidantien (z. B. Ozon) genannt. Sie entstehen unter Einfluss des Sonnenlichtes aus Stickstoffoxiden und Kohlenwasserstoffen und schädigen durch ihre oxidierende Wirkung.
Insgesamt kennt man etwa 3000 Verbindungen, die zur Luftverschmutzung beitragen. Über die genauen Zusammenhänge von Luftverschmutzung und Waldsterben gibt es jedoch verschiedene Theorien. Ziemlich sicher ist, dass bei einer Vorbelastung durch klimatische Schwankungen mehrere Faktoren zusammenwirken, z. B. Luftschadstoffe, Übersäuerung, Mangel an Mineralsalzen, tierische Schädlinge und Mikroorganismen.

A1 Erläutere, was ist mit NO_x gemeint ist.

A2 **a)** Erstelle ein Pfeilschema, das (beginnend mit der Verbrennung von Benzin oder Kohle) die Entstehung des sauren Regens aufzeigt. **b)** Auf welche Weise werden Bäume durch sauren Regen geschädigt?

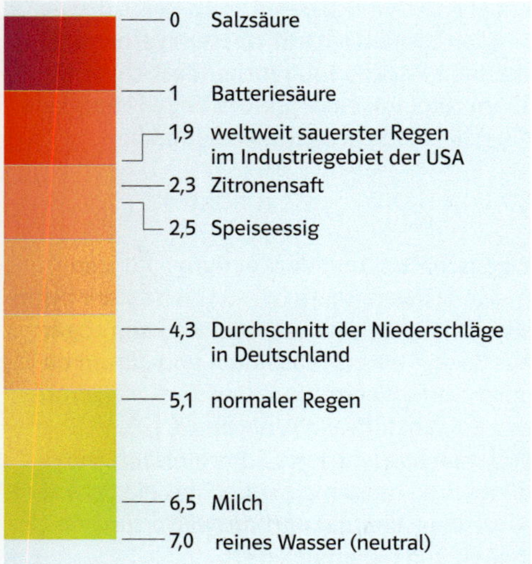

B3 pH-Werte von saurem Regen im Vergleich

Wirkung von saurem Regen. Saurer Regen verstärkt im Boden die Auswaschung bestimmter Ionen und führt so zu einer Mangelversorgung der Bäume mit wichtigen Mineralstoffen. Die zunehmende Bodenversauerung bewirkt außerdem eine Freisetzung von Aluminium- und Schwermetall-Ionen, die an Tonminerale des Bodens gebunden waren. Diese freigesetzten Ionen sind toxisch für die Wurzeln.

Gegenmaßnahmen. Mit der Rauchgasentschwefelung (Kap. 8.8) und „-entstickung" bei Großfeuerungsanlagen konnte der Ausstoß von Schwefel- und Stickstoffoxiden deutlich gesenkt werden. Auch versuchte man, durch Versprühen von Kalkstaub die Versauerung der Waldböden zu mindern.

Einwirkung auf Bauwerke. Auch Gebäude werden durch den sauren Regen geschädigt [B5]. Er bewirkt, dass aus Kalkstein oder Sandstein mit kalkhaltigen Bindemitteln Gips ($CaSO_4 \cdot 2\ H_2O$) entsteht.

$$CaCO_3 + 2\ H_3O^+ + SO_4^{2-} \longrightarrow CaSO_4 \cdot 2\ H_2O + CO_2 + H_2O$$

Bei feuchter Witterung löst sich der Gips allmählich auf.

Langzeitexperiment zum sauren Regen. Untersuche den Einfluss von Schwefliger Säure auf die Keimung und Entwicklung von Samen. Erstelle zunächst mit der Schwefligen Säure eine **Verdünnungsreihe** [V2]. Danach führst du V3 durch.

V1 (Abzug!) Schweflige Säure erhält man, indem man eine haselnussgroße Portion Schwefel in einer Porzellanschale entzündet und das entstehende Schwefeldioxid mit einer Wasserstrahlpumpe durch eine Waschflasche mit 100 ml destilliertem Wasser saugt [B4].

V2 (Abzug!) Erstelle mit der Säurestammlösung der Schwefligen Säure aus V1 (oder aus der Sammlung) eine *Verdünnungsreihe*: Nimm 10 ml Säurestammlösung und fülle mit destilliertem Wasser auf 100 ml Lösung auf. Von dieser neuen Lösung nimmst du wieder 10 ml und füllst auf 100 ml auf. Wiederhole diese Entnahme und das Auffüllen so oft, bis du 4 verschiedene Lösungen hergestellt hast. Die pH-Werte der Einzellösungen bestimmst du mit einem pH-Meter oder Universalindikator-Papier (pH-Bereich 2 bis 5) und notierst diese auf den jeweiligen Gläsern.

V3 Befeuchte vier Blätter Filterpapier mit jeweils einer Lösung aus V2. Lege das getränkte Filterpapier in Petrischalen und säe Kresse darauf aus. Vergiss nicht, ein Kontrollexperiment mit destilliertem Wasser als Gießflüssigkeit anzusetzen. Können Schädigungen der Kresse durch Einstäuben der Samen mit Calciumcarbonat verhindert werden? Notiere alle Beobachtungen (Anzahl, Aussehen, Größe usw. der gekeimten Samen) und vergleiche sie mit denen aus ähnlichen Versuchen (Internet).

toxisch von griech. toxikon, das Pfeilgift

Emission von lat. emissio, die Aussendung

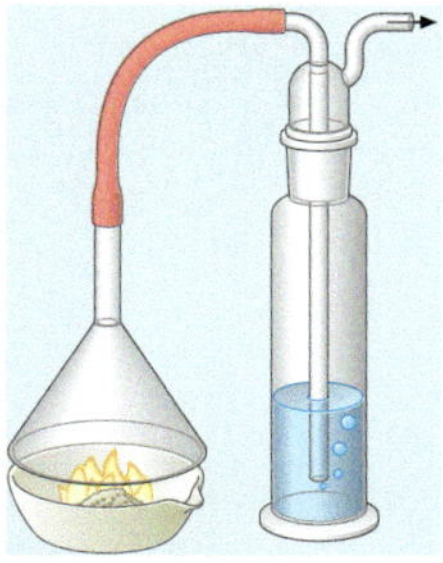

B4 Versuchsaufbau zu V1

B5 Gesteinskorrosion. Figur an einer Kirche oben 1900, unten 1985, später restauriert

6.16 Wichtige Säuren in der Technik

hygroskopisch von griech. hygros, feucht oder nass und skopein, anschauen

Sulfate, Hydrogensulfate Salze der Schwefelsäure

Schwefelsäure ist eines der wichtigsten Produkte der chemischen Industrie und zählt zu den meistproduzierten chemischen Grundstoffen.

Herstellung. Beim einfachen **Kontaktverfahren** (Kap. 8.7) wird Schwefelsäure in drei Schritten aus Schwefel hergestellt: Zunächst kann durch Verbrennen von Schwefel oder „Rösten" sulfidischer Erze Schwefeldioxid (SO_2) erzeugt werden. Im nächsten Schritt wird dann Schwefeldioxid mit Sauerstoff weiter oxidiert, dabei entsteht Schwefeltrioxid (SO_3). Dieses reagiert schließlich mit Wasser in einer exothermen Reaktion zu **rauchender Schwefelsäure (Oleum)**, eine farblose ölige Flüssigkeit, die gelöstes Schwefeltrioxid enthält.

$$SO_3(g) + H_2O(l) \longrightarrow H_2SO_4(l)$$

B1 Konz. Schwefelsäure reagiert mit Kupfer

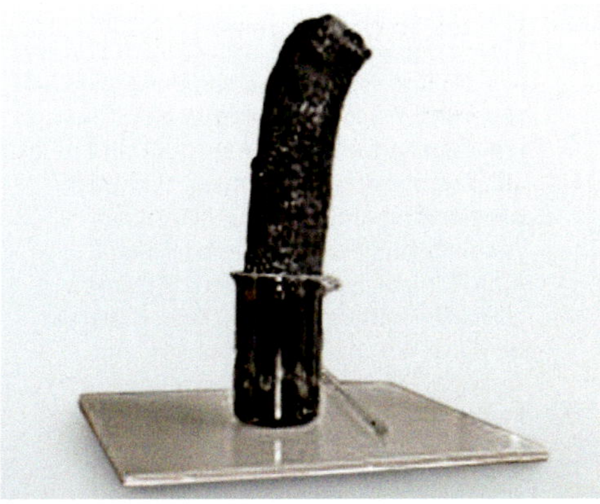

B3 Zuckerkohle

B2 Erst das Wasser, dann die Säure, sonst geschieht das Ungeheure!

Eigenschaften und Verwendung. Konzentrierte Schwefelsäure (w = 98 %) ist stark hygroskopisch (wasseranziehend). Sie kann sogar aus Zucker Wasser abspalten und diesen dadurch verkohlen (formal sind Zucker Hydrate des Kohlenstoffs, *Kohlenhydrate*) [B3, V1].
Will man konzentrierte Schwefelsäure verdünnen, so muss man **unbedingt die Schwefelsäure langsam und portionsweise zum Wasser gießen und nie umgekehrt!**
Andernfalls vermischt sich das Wasser aufgrund seiner geringeren Dichte nicht sofort mit der Schwefelsäure. An der Berührungsfläche zwischen Wasser und Säure bilden sich durch örtliche Überhitzung (exotherme Reaktion) Dampfblasen, sodass Säure herausspritzen kann.

Heiße, konzentrierte Schwefelsäure reagiert im Gegensatz zu vielen anderen Säuren auch mit dem Halbedelmetall Kupfer, wobei Kupfer zu schwarzem Kupferoxid oxidiert wird [B1]. Das Oxid reagiert leicht zu Kupfersulfat weiter.

Der größte Teil der Schwefelsäure wird für die Herstellung von *Mineraldünger*, z.B. Ammoniumsulfat verwendet (Kap. 8.11). Ein weiterer Teil geht in die Produktion von *Pigmenten* wie Titanweiß (TiO_2) oder Permanentweiß ($BaSO_4$). Als *Batteriesäure* ist Schwefelsäure Bestandteil in Bleiakkumulatoren von Kraftfahrzeugen.

Umweltbelastung. In vielen Industrieprozessen fallen große Mengen verunreinigter Schwefelsäure an. Die Verklappung dieser *Dünnsäure* in der Nordsee wurde in Deutschland 1990 aus ökologischen Gründen verboten. Schwefelsäure ist ein Bestandteil des *sauren Regens* (Kap. 6.15) und damit eine der Ursachen für das Waldsterben.

Salzsäure. Die bekannteste Säure ist wohl die Salzsäure. Man erhält sie, wenn man gasförmigen Chlorwasserstoff in Wasser löst. Chlorwasserstoff gewann man früher aus Kochsalz (Kap. 6.5). Dieses Verfahren, das der Salzsäure ihren Namen gab, ist inzwischen weitgehend überholt, da Chlorwasserstoff bei der Reaktion von Chlor mit Alkanen (Kap. 3.16) in großen Mengen als Nebenprodukt anfällt.

Konzentrierte Salzsäure (w = 38 %) ist eine klare Flüssigkeit. An feuchter Luft „raucht“ sie stark, da aus der Lösung austretender Chlorwasserstoff mit der Luftfeuchtigkeit Salzsäuretröpfchen bildet.

Salzsäure dient in der Industrie v. a. zur Herstellung ihrer Salze (Chloride) und zur Produktion von Chlor.

Salpetersäure. Die Salpetersäure hat ihren Namen vom Chilesalpeter (Natriumnitrat, $NaNO_3$), aus dem sie bis zum 1. Weltkrieg durch Erhitzen mit konzentrierter Schwefelsäure hergestellt wurde. Heute wird Salpetersäure durch die Verbrennung von Ammoniak gewonnen (**Ostwaldverfahren**). Dabei reagiert Ammoniak (NH_3) mit Luftsauerstoff zu Stickstoffmonooxid (NO) und Wasser. Stickstoffmonooxid verbindet sich mit überschüssigem Sauerstoff zu Stickstoffdioxid (NO_2), welches schließlich mit Wasser und weiterem Sauerstoff Salpetersäure bildet.

$$4\,NO_2(g) + 2\,H_2O(l) + O_2(g) \longrightarrow 4\,HNO_3(aq)$$

Reine Salpetersäure ist eine farblose Flüssigkeit, die sich bei Lichteinfall unter Bildung von braunem Stickstoffdioxid zersetzt. Konzentrierte Salpetersäure (w = 65 – 69 %) ist eine oxidierende Säure, welche Kupfer [V2, B5] und sogar Silber auflösen kann. Dabei entsteht im 1. Schritt das jeweilige Metalloxid, das weiter zum Metallnitrat reagiert (Schritt 2).

$$3\,Cu(s) + 2\,HNO_3(aq) \longrightarrow 3\,CuO(s) + 2\,NO(g) + H_2O(l) \quad (1)$$

$$CuO(s) + 2\,HNO_3(aq) \longrightarrow Cu(NO_3)_2(aq) + H_2O(l) \quad (2)$$

V1 In ein altes Reagenzglas gibt man etwa 2 cm hoch Puderzucker, den man mit wenig (!) Wasser leicht anfeuchtet. Nun gießt man konzentrierte Schwefelsäure ins Glas, bis der Zucker gut bedeckt ist. Vorsicht! Im Abzug arbeiten und rasch zurücktreten! Schutzbrille!

V2 In einen Standzylinder, der auf einer weißen Unterlage steht, gibt man Kupferspäne und anschließend ca. 5 cm hoch halbkonzentrierte Salpetersäure (w ≈ 30 %). Unter dem Abzug arbeiten! Zunächst entstehen braune Gase (NO_2), die aber bald verschwinden. Anschließend wird nur noch farbloses Stickstoffmonooxid (NO) gebildet.

A1 Schwefelsäure wird u. a. zur Herstellung von Dünger und Farbstoffen verwendet. Mache Vorschläge, wie Ammoniumsulfat und Permanentweiß hergestellt werden können. Erstelle die entsprechenden Reaktionsgleichungen.

A2 Formuliere die Reaktionsgleichung für die Umwandlung von Marmor in Gips durch sauren Regen.

A3 Formuliere die Reaktionsgleichung für die Herstellung von Salpetersäure aus Chilesalpeter.

A4 Bei Gewittern [B4] liefern Blitze so viel Energie, dass geringe Mengen des ansonsten recht reaktionsträgen Luftstickstoffs mit dem Luftsauerstoff reagieren. Dabei entsteht Stickstoffmonooxid, das mit Luftbestandteilen in zwei Schritten zu Salpetersäure weiterreagiert. Erstelle die Reaktionsgleichungen für diese atmosphärischen Prozesse.

B4 Bei Gewittern bildet sich Stickstoffmonooxid

Chloride Salze der Salzsäure

Nitrate Salze der Salpetersäure

B5 Salpetersäure reagiert mit Kupfer

6.17 Wichtige Säuren in der Natur

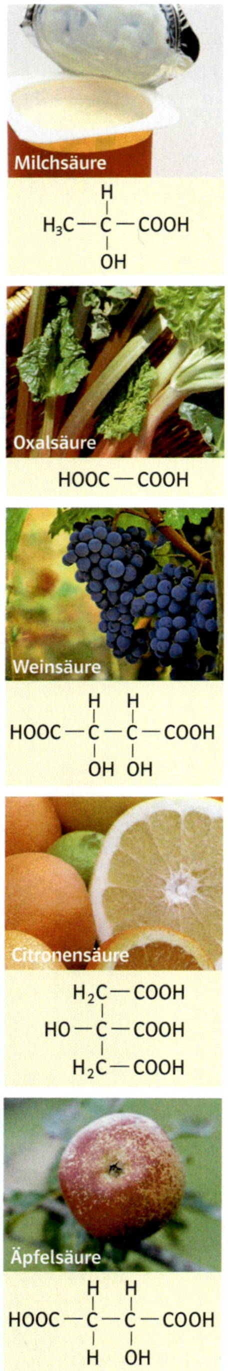

B1 Natürliche Carbonsäuren

Carbonsäuren. Die Alkansäuren, wie z. B. die Ameisen- und Essigsäure zählen zu den Carbonsäuren (Kap. 5.24). Sie alle sind gekennzeichnet durch ihre gemeinsame funktionelle Gruppe, die Carboxy-Gruppe (—COOH).
Diejenigen Carbonsäuren, die wasserlöslich sind, reagieren mit Wasser unter Bildung einer sauren Lösung:

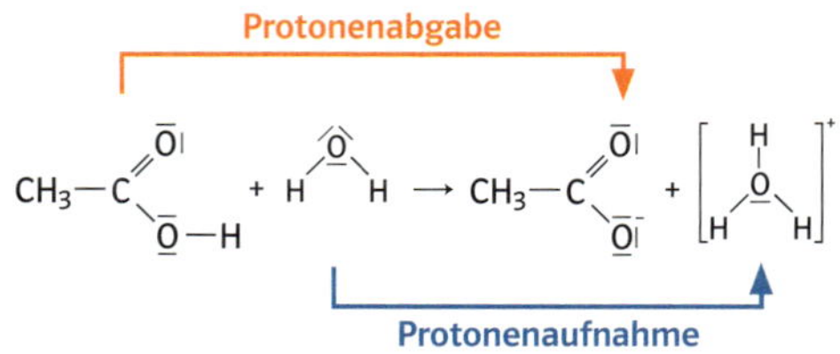

Methansäure (Ameisensäure) ist die Alkansäure mit den am einfachsten gebauten Molekülen. Sie ist im Sekret der Ameisen enthalten. Die Körpermasse mancher Ameisenarten besteht bis zu 20 % aus Ameisensäure. Auch das Gift der Bienen und das Gift in den Nesselkapseln von Quallen sowie die Brennhaare der Brennnesseln enthalten diese Säure [V1]. Ameisensäure riecht stechend und wirkt ätzend.

Außer den Alkansäuren, wie z. B. Essigsäure und Buttersäure, kommen in der Natur noch viele weitere Carbonsäuren vor. Ihre Moleküle sind meist komplizierter gebaut und dadurch gekennzeichnet, dass sie nicht nur *eine funktionelle Gruppe* tragen [B1]. Häufig sind zusätzlich weitere Carboxygruppen (*Di-* und *Tricarbonsäuren*) sowie Hydroxygruppen (*Hydroxycarbonsäuren*) vorhanden. Viele dieser Säuren findet man in Pflanzen bzw. Pflanzenteilen, z. B. Früchten (*Fruchtsäuren*). Auch im Stoffwechsel von Tieren und Menschen sind solche Säuren zu finden.

Milchsäure entsteht bei der Vergärung von Zuckern durch bestimmte Bakterien, z. B. beim Sauerwerden von Milch, und befindet sich deshalb in Produkten wie Joghurt, Kefir und Buttermilch. Auch bei der Herstellung von Sauerkraut und Silofutter bildet sich Milchsäure, ferner tritt sie beim Abbau des Kohlenhydrats Glykogen im arbeitenden Muskel auf.

Oxalsäure ist die Dicarbonsäure mit den am einfachsten gebauten Molekülen und bildet farblose Kristalle. Da jedes Oxalsäure-Molekül zwei Protonen abspalten kann, gibt es zwei Reihen von Salzen: die Hydrogenoxalate und die Oxalate. Der saure Geschmack von Sauerklee (Oxalis acetosella), Sauerampfer, Rhabarber und Stachelbeeren wird überwiegend durch Kaliumhydrogenoxalat (K^+ $^-$OOC—COOH) hervorgerufen. Oxalsäure ist giftig. 5 g davon können tödlich wirken, da sich mit Calcium-Ionen schwer lösliches Calciumoxalat bildet, das die feinen Nierenkanälchen verstopfen kann. Auch Harn- und Nierensteine enthalten häufig Calciumoxalat.

Fruchtsäuren sind Feststoffe, die in Früchten in gelöster Form vorliegen. Die meisten haben ihren Namen nach einer Frucht erhalten, in der sie überwiegend vorkommen.
Weinsäure kommt z. B. in Weintrauben vor. Als Dicarbonsäure kann auch sie zwei Reihen von Salzen bilden, die Hydrogentartrate und die Tartrate (von frz. tartre, Weinstein). Der sich beim Lagern von Wein abscheidende Weinstein ist ein Gemisch aus Kaliumhydrogentartrat und Calciumtartrat.

Citronensäure kommt nicht nur in Zitronen vor (im Saft: $w \approx 6\,\%$), sie ist als eine der häufigsten Fruchtsäuren auch in vielen anderen Früchten wie Orangen, Ananas und Preiselbeeren enthalten. Zudem ist die Citronensäure ein Zwischenprodukt im menschlichen Stoffwechsel. Die Salze der Citronensäure heißen Citrate.
Die **Äpfelsäure** ist neben der Citronensäure die verbreitetste Fruchtsäure. Sie kommt in vielen Obstarten wie Äpfeln, Quitten, Aprikosen, Kirschen und Pflaumen vor. Die Salze der Äpfelsäure sind die Malate (von lat. malum, Apfel).

V1 Zerreibe in der Reibschale Brennnesseln in Wasser. Destilliere und prüfe das Destillat mit Universalindikator.

V2 Gib zu etwas Calciumcarbonat verdünnte Methansäure oder Citronensäure-Lösung. Beschreibe und deute die Beobachtungen.

6.18 Säuren als Lebensmittel-Zusatzstoffe

Carbonsäuren als Lebensmittel-Zusatzstoffe. Carbonsäuren sind nicht nur Bestandteile von Naturprodukten, sondern finden auch in vielen Bereichen des Alltags und der Technik Verwendung. Organische Säuren werden wegen ihrer besonderen Eigenschaften vielen Lebensmitteln zugesetzt [B1]. Auswahl und erlaubte Mengen sind durch das Lebensmittelgesetz geregelt. Die zugesetzten Stoffe müssen durch die Stoffnamen oder ihre E-Nummern auf der Verpackung angegeben werden [B2].

Organische Säuren als Konservierungsstoffe. Viele leicht verderbliche Lebensmittel können durch Zusatz von organischen Säuren länger haltbar gemacht werden. Sie verhindern, dass z. B. durch Fäulnisbakterien und Schimmelpilze Giftstoffe in diesen Lebensmitteln entstehen können. Zur Verhinderung der Schimmelbildung in Brot wird vielfach Sorbinsäure (C_5H_7COOH) zugesetzt [B3], eine ungesättigte Carbonsäure, die im Körper des Menschen vollständig abgebaut wird.

Säuerungsmittel. Sauer schmeckende Getränke wirken besonders erfrischend. Zu diesem Zweck werden Fruchtsaftgetränken, Nektaren und Limonadengetränken organische Säuren als Säuerungsmittel zugesetzt. Hierbei finden vor allem die Citronensäure, Weinsäure und Äpfelsäure Verwendung.
In Brausepulver dient der Zusatz von Citronen- bzw. Weinsäure sowohl dem Geschmack als auch der Entwicklung von Kohlenstoffdioxid durch die Reaktion mit Natriumhydrogencarbonat. Da es sich um feste Säuren handelt, erfolgt diese Reaktion erst nach Zusatz von Wasser. Dadurch ist eine lange Lagerfähigkeit in trockenem Zustand gewährleistet.

B1 Vielen Lebensmitteln werden organische Säuren zugesetzt

V1 Zerreibe Stücke verschiedener Obstsorten in der Reibschale zu einem Brei. Lege ein Universalindikator-Papier auf den Brei.

A1 Überlege, warum nach dem Lebensmittelgesetz Höchstwerte für den Zusatz von Konservierungsstoffen in Lebensmitteln festgelegt werden.

Vitamin C gegen Skorbut

Vitamin C, auch Ascorbinsäure genannt, ist eine organische Säure mit kompliziertem Molekülbau. Sie ist für den menschlichen Körper unentbehrlich, kann von ihm jedoch selbst nicht gebildet werden und muss in der Nahrung enthalten sein. Besonders Hagebutten, Sanddorn, schwarze Johannisbeeren, Kiwi, Paprika, Petersilie und Grünkohl sind reich an Vitamin C. Eine unzureichende Versorgung mit Vitamin C führt zu Mangelkrankheiten. Eine Folge extremen Vitamin-C-Mangels, der Skorbut, war in den früheren Jahrhunderten bei Seefahrern eine gefürchtete Krankheit. Sie war darauf zurückzuführen, dass vor allem wegen fehlender Konservierungsmöglichkeiten auf langen Reisen kein frisches Obst und Gemüse zur Verfügung stand. Später wurde dem Skorbut z. B. durch Verzehr von Sauerkraut oder Zitronensaft begegnet.

Schilderung von Skorbut (Scharbock) während einer Schiffsreise (1740):

Drittens hatten auch viele den Scharbock, welcher eine schmerzliche Krankheit ist und auf dem Land selten gefunden wird. Es fanget zuerst in denen Zähnen an, daß das Zahnfleisch gantz faul wird, und man den gantzen Kiefer wegnehmen kan; sie werden gantz steiff an dem gantzen Leib, daß sie sich weder wenden noch regen können; sie bekommen auch faul Fleisch an dem Leib, daß man gantze Stücker ausschneiden kan.

E 200	Sorbinsäure
E 210	Benzoesäure
E 211	Natriumbenzoat
E 220	Schwefeldioxid
E 260	Essigsäure
E 270	Milchsäure
E 296	Äpfelsäure
E 300	Vitamin C
E 330	Citronensäure
E 334	Weinsäure
E 420	Sorbit
E 422	Glycerin

B2 E-Nummern von Lebensmittel-Zusatzstoffen

Organische Säuren Sammelbegriff für Säuren, die in der belebten Natur vorkommen. Zum größten Teil handelt es sich um Carbonsäuren

B3 Sorbinsäure hemmt das Wachstum von Schimmelpilzen

6.19 Wichtige Laugen in Natur und Technik

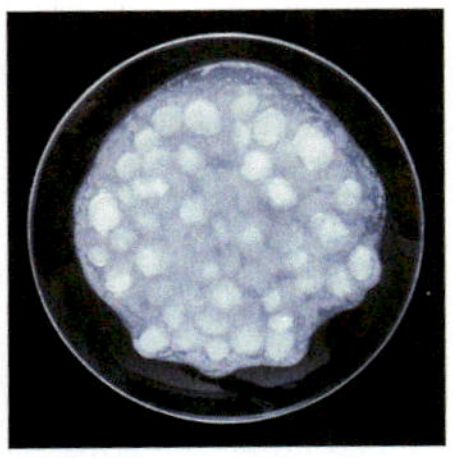

B1 Natriumhydroxid zerfließt an der Luft

Chlor-Alkali-Elektrolyse
Die Alkalichloridelektrolyse hat man früher als Chlor-Alkali-Elektrolyse bezeichnet

Natronlauge. Die Herstellung von Natronlauge geschieht fast ausschließlich durch Elektrolyse von wässriger Kochsalz-Lösung [V1]. Die gesamte Reaktionsgleichung dieser *Alkalichloridelektrolyse* lautet:

$$2\,NaCl + 2\,H_2O \longrightarrow 2\,NaOH + H_2 + Cl_2$$

Auch die Nebenprodukte Wasserstoff und Chlor sind begehrte Ausgangsstoffe für viele industrielle Prozesse.

Eindampfen der Natronlauge liefert reines Natriumhydroxid, ein hygroskopisches Salz [B1], das bei 318 °C schmilzt. Die Schmelze leitet den elektrischen Strom (Kap. 6.3, V5). Durch Elektrolyse einer Natriumhydroxid-Schmelze kann elementares Natrium gewonnen werden.

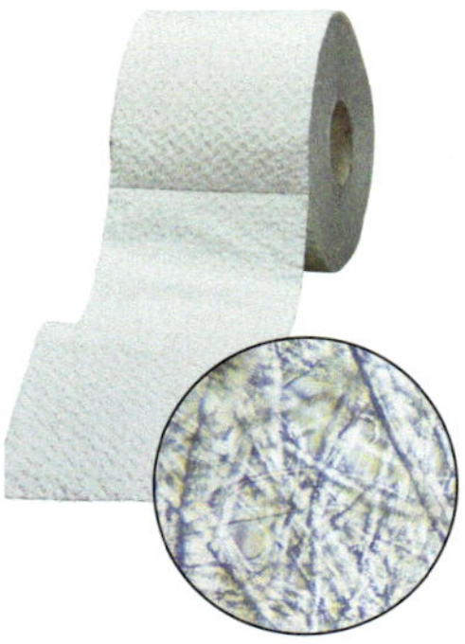

B2 Papier aus Cellulose

Natronlauge ist ein wichtiger Ausgangsstoff zur Herstellung von Farbstoffen, Seifen und Waschmitteln, auch benötigt man die Lauge bei der Gewinnung von Cellulose [B2]. Verdünnte Natronlauge (w = 3 %) wird beim Backen von Laugengebäck verwendet (Kap. 6.3).

Laugenflaschen sollten mit Kunststoff- oder Gummistopfen verschlossen werden [B3]. Laugenreste im Spalt zwischen Stopfen und Flasche reagieren mit dem Kohlenstoffdioxid der Luft zu Carbonaten, sodass Glasstopfen „festbacken".

Ammoniakwasser. Beim Lösen von Ammoniak in Wasser entsteht Ammoniakwasser (Kap. 6.7).

B3 Unerwünschte Salzbildung

Die Herstellung von Ammoniak erfolgt heute fast ausschließlich nach dem *Haber-Bosch-Verfahren* (Kap. 8.10). Man schätzt die weltweite Ammoniakproduktion auf über 50 Millionen Tonnen im Jahr. Der größte Teil geht in die Produktion von Salpetersäure und Ammoniumsalzen für Mineraldünger (Kap. 8.11).
In der Natur entsteht Ammoniak beim bakteriellen Abbau von Harnstoff. Der strenge Geruch in Viehställen [B4] wird von Ammoniak mitverursacht.

V1 Stelle in einem Becherglas etwas verdünnte Kochsalzlösung her und gib ein paar Tropfen Phenolphthalein-Lösung (w = 0,5 %) dazu. Befestige nun zwei Kohleelektroden mit Krokodilklemmen so in der Lösung, dass sie möglichst großen Abstand zueinander haben. Lege nun eine Gleichspannung von ca. 4,5 V an und beobachte die Vorgänge an den Elektroden. (Abzug!)

V2 Löse in einer Porzellanschale einen Spatel Harnstoff in wenig Wasser und gib eine Spatelspitze des Enzyms Urease dazu. Befeuchte ein Stück Indikatorpapier und klebe es an die Unterseite eines Uhrglases. Decke nun die Schale mit dem Uhrglas zu (Wölbung nach unten) und stelle sie an einen warmen Ort. Schaue alle zehn Minuten nach dem Versuchsansatz.

A1 Benenne alle Teilchen, die in verdünnter Natronlauge vorkommen.

A2 Erkläre, warum es zu einer Massenzunahme kommt, wenn Natriumhydroxid in einem offenen Gefäß aufbewahrt wird.

A3 Zur Aufbewahrung von Natronlauge wird eine Chemikalienflasche mit Glasstopfen verwendet. Dieser ist „festgebacken". Formuliere die Reaktionsgleichung für den Vorgang, die zum „Festbacken" des Stopfens führt.

A4 Ammoniumnitrat ist ein wichtiger Bestandteil von Sprengstoffen und zudem ein wichtiges Düngemittel. Man spricht in diesem Fall von einem Stoff mit „zwei Gesichtern". Wie könnte man Ammoniumnitrat herstellen? Formuliere eine Reaktionsgleichung.

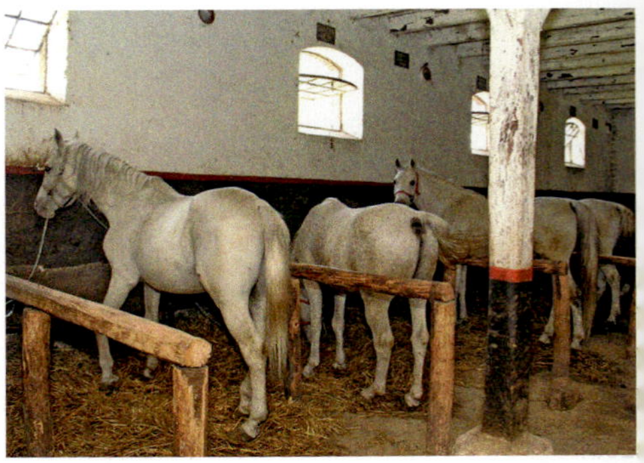

B4 Pferdestall

6.20 Durchblick Zusammenfassung und Übung

Charakteristische Ionen

Alkalische Lösungen:
Hydroxid-Ionen (OH^-)

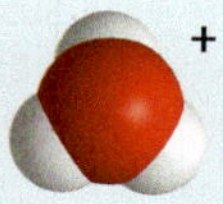

Saure Lösungen:
Oxonium-Ionen (H_3O^+)

Säuren und saure Lösungen
Säuren bestehen aus Molekülen, die mit Wasser zu sauren Lösungen reagieren. Saure Lösungen enthalten Oxonium-Ionen.

Hydroxide, Laugen und alkalische Lösungen
Hydroxide sind Feststoffe, die in Wasser Laugen ergeben. Laugen (alkalische Lösungen) enthalten Hydroxid-Ionen.

Säuren und Basen nach Brønsted

Säuren Protonendonatoren	Basen Protonenakzeptoren
z. B. H_3O^+, HCl, H_2SO_4	z. B. OH^-, O^{2-}, $HCOO^-$

Protolyse
Eine Abspaltung von Protonen, die immer an eine sofortige Protonenaufnahme gekoppelt ist – also ein Protonenübergang.

Säure-Base-Reaktionsschema

Protonenabgabe

$$HA + B^- \longrightarrow A^- + HB$$

Säure 1 · Base 2 · Base 1 · Säure 2

Protonenaufnahme

A^- und B^- stehen für Ionen wie Cl^-, Br^- oder NO_3^-.

Neutralisation
Die Oxonium-Ionen einer Säureportion reagieren mit den Hydroxid-Ionen einer Laugenportion unter Energiefreisetzung zu Wasser.

$$H_3O^+ + OH^- \longrightarrow 2\,H_2O$$

Titration
Die Konzentration von alkalischen oder sauren Lösungen kann durch eine Neutralisations-Titration ermittelt werden.

pH-Skala

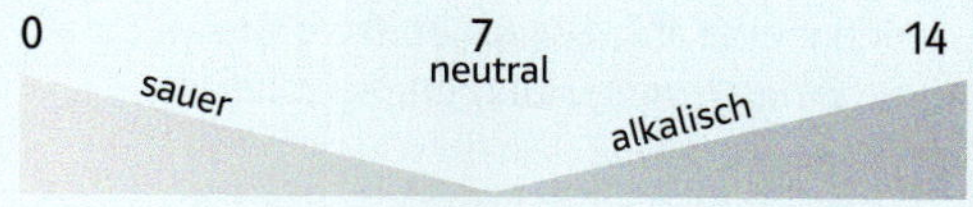

Pro pH-Wert-Stufe ändert sich die Konzentration der Teilchen (H_3O^+ bzw. OH^-) um den Faktor 10.

Indikatoren

Indikator	sauer	neutral	schwach alkalisch	stark alkalisch
Bromthymolblau	gelb	grün	blau	blau
Phenolphthalein	farblos	farblos	rotviolett	farblos

Wichtige Säuren und Laugen

Säure bzw. Lauge	Formel	Säurerest-Anion bzw. Basen-Kation	Name des Anions bzw. Kations
Salzsäure	HCl(aq)	Cl^-	Chlorid-Ion
Schwefelsäure	H_2SO_4	HSO_4^-	Hydrogensulfat-Ion
		SO_4^{2-}	Sulfat-Ion
Schweflige Säure	H_2SO	HSO_3^-	Hydrogensulfit-Ion
		SO_3^{2-}	Sulfit-Ion
Schwefelwasserstoffsäure	H_2S(aq)	HS^-	Hydrogensulfid-Ion
		S^{2-}	Sulfid-Ion
Kohlensäure	H_2CO_3	HCO_3^-	Hydrogencarbonat-Ion
		CO_3^{2-}	Carbonat-Ion
Salpetersäure	HNO_3	NO_3^-	Nitrat-Ion
Phosphorsäure	H_3PO_4	$H_2PO_4^-$	Dihydrogenphosphat-Ion
		HPO_4^{2-}	Hydrogenphosphat-Ion
		PO_4^{3-}	Phosphat-Ion
Ameisensäure	HCOOH	$HCOO^-$	Formiat-Ion
Essigsäure	CH_3COOH	CH_3COO^-	Acetat-Ion
Natronlauge	NaOH(aq)	Na^+	Natrium-Ion
Kalilauge	KOH(aq)	K^+	Kalium-Ion
Kalkwasser	$Ca(OH)_2$(aq)	Ca^{2+}	Calcium-Ion
Ammoniakwasser	NH_3(aq)	NH_4^+	Ammonium-Ion

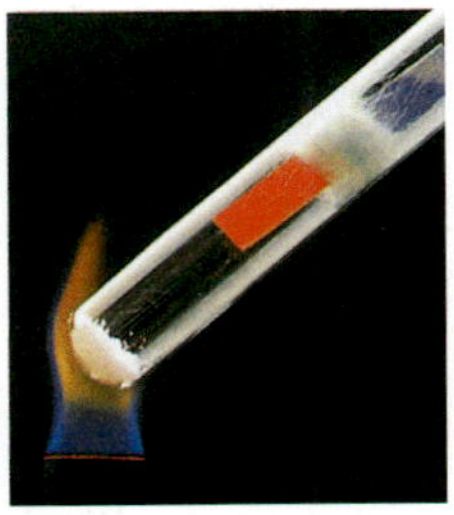

B1 Thermische Zerlegung von Ammoniumchlorid

A1 Welche unterschiedlichen Möglichkeiten gibt es, ein Salz herzustellen? Entwickle hierzu eine Mind-Map. Denke dabei auch an die Bezeichnung Halogen, Salzbildner.

A2 Schlage vier Möglichkeiten vor, Calciumchlorid herzustellen, und formuliere hierfür die Reaktionsgleichungen.

A3 Flusssäure ist eine Lösung von Fluorwasserstoff (Hydrogenfluorid) in Wasser. Man kann damit Glas ätzen. Fluorwasserstoff lässt sich mit Schwefelsäure aus Flussspat (Calciumfluorid) herstellen. Formuliere die Reaktionsgleichung. Welche Teilchen reagieren als Säure bzw. als Base?

A4 Natriumfluorid ist ein Bestandteil von Zahnpasta [B3]. Mache drei Vorschläge, wie Natriumfluorid hergestellt werden kann und erstelle die entsprechenden Reaktionsgleichungen.

A5 In einem Referat über die Entstehung von saurem Regen ist zu hören: „Durch geeignete Maßnahmen will man den Schwefeldioxid-Ausstoß von Kohlekraftwerken drastisch vermindern. Der pH-Wert des sauren Regens soll dadurch halbiert werden". Nimm kritisch Stellung zu diesen Aussagen.

A6 Begründe, warum es sehr gefährlich ist, Wasser in konzentrierte Schwefelsäure zu gießen. Warum ist das umgekehrte Vorgehen weniger gefährlich?

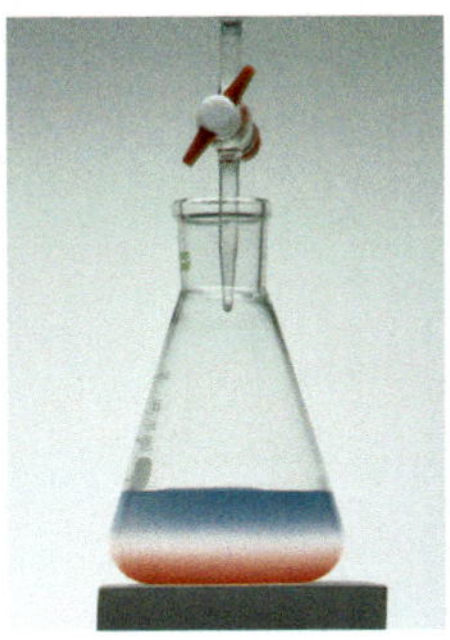

B2 Farbenspiel bei einer Neutralisation

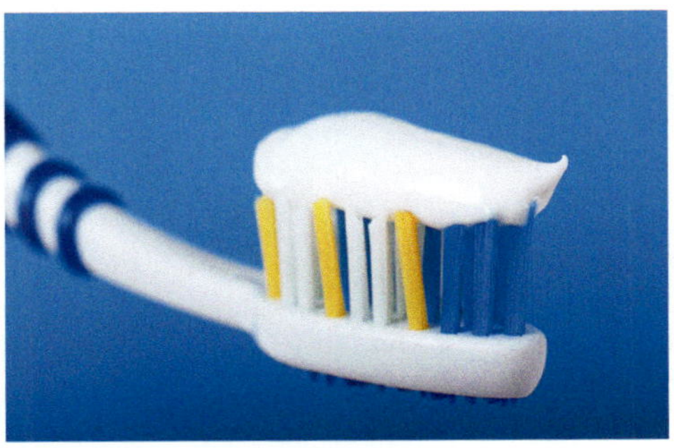

B3 Fluoridhaltige Zahnpasta

A7 Bringt man Bariumhydroxid in Wasser, erhält man eine Suspension. Nach Abfiltrieren liegt Barytwasser, eine Lauge, vor. Zu dieser Lauge gibt man Universalindikator-Lösung, um sie dann mit Schwefelsäure, ausnahmsweise ohne Umschwenken, zu titrieren. Zu Beginn der Titration treten in der Lösung drei unterschiedlich gefärbte Schichten auf [B2]. Nach vollständiger Neutralisation ist die Lösung grüngelb und enthält einen weißen Niederschlag. Wie sind diese Beobachtungen zu erklären? Erstelle die vollständige Reaktionsgleichung der Neutralisation und benenne das entstehende Salz.

A8 Ammoniumchlorid wird durch Energiezufuhr in Ammoniak und Chlorwasserstoff zerlegt. Notiere die Reaktionsgleichung und markiere den Protonendonator und den Protonenakzeptor. Erkläre außerdem die in B1 erkennbaren Farben des feuchten Universalindikatorpapiers.

A9 Erkläre folgendes Versuchsergebnis und formuliere die Reaktionsgleichungen: Das beim Auftropfen von konzentrierter Schwefelsäure auf Natriumchlorid (Kochsalz) entstehende Gas wird über geschmolzenes Natrium geleitet. Unter grellem Aufleuchten bildet sich ein weißer, salzartiger Feststoff und ein Gas, das mit der Knallgasprobe identifiziert werden kann.

A10 Konzentrierte Salzsäure (w = 38 %) wird auch rauchende Salzsäure genannt. Warum ist diese Bezeichnung nicht korrekt?

A11 Wie entsteht der saure Regen? Welche Auswirkungen hat er auf
a) Bäume und
b) Bauwerke?

A12 Erläutere den technischen Kreislauf von Kalk und formuliere die entsprechenden Reaktionsgleichungen.

7 Kunststoffe

Kunststoffe sind aus unserem Leben nicht mehr wegzudenken. Ein Kunststoffhelm ist leicht und schützt. Kleidung aus Kunststoffen, kombiniert mit Naturstoffen, ist atmungsaktiv und wasserabweisend.
Kunststoffe bestehen aus besonders großen Molekülen, Kunststoffe haben spezielle Eigenschaften.

- Kinderspielzeug, wie z. B. Steckbausteine, soll sich gut anfühlen, robust, langlebig und abwaschbar sein.

- Der Stabhochsprung gelingt am besten mit Stäben, die zugleich leicht, stabil und sehr biegsam sind. Glasfaserverstärkte Kunststoffstäbe haben daher die Aluminiumstäbe schon lange abgelöst und neue Rekorde ermöglicht.

- Handy, Smartphone, Tablet und Laptop sind in besonders leichter, aber auch robuster Ausführung gefragt. Diesen Ansprüchen genügen verschiedene Kunststoffe.

- Plastikgeschirr gibt es in verschiedenen Ausführungen. Es ist bruchsicher und leicht. Bei Großveranstaltungen, wie einem Marathonlauf oder im Fußballstadion, werden meist die dünnen „Wegwerfbecher" verwendet.
Für ein Picknick mit der Familie eignet sich stabileres Campinggeschirr aus Kunststoff, das immer wieder benutzt werden kann.

Surftipp
pf3u3p

7.1 Kunststoffe überall

Spielzeug aus Kunststoff
Steckbausteine sind sehr beliebt. Aus ihnen können ganz unterschiedliche Modelle gebaut werden.

B2 Haus aus Steckbausteinen

A1 Beschreibe einige Materialeigenschaften der Steckbausteine.

Kunststoffe im Sport
Die Chemie hat den Sport enorm verändert. Glasfaserverstärkte Stäbe ermöglichen neue Rekorde im Stabhochsprung. Im Fußball werden z.B. keine Lederbälle, sondern Bälle aus Kunststoff verwendet [B1]. Der Kunststoffball saugt bei nassem Rasen keine Feuchtigkeit auf und wird nicht schwerer. Für Sportschuhe werden unterschiedliche Kunststoffe eingesetzt.

B1 Der Fußball ist ein Kunststoffball

B3 Windsurfen. Segel und Brett sind aus Kunststoffen

A2 Erläutere, welche Eigenschaften ein Segel und ein Surfbrett haben sollen.

Kunststoffe und Kleidung
In vielen Kleidungsstücken kommen Kunststoffe vor, oft in Mischgeweben mit natürlichen Fasern, wie z.B. Baumwolle. Dabei verwendet man verschiedene Kunstfasern, abhängig von den Eigenschaften, die die Kleidungsstücke haben sollen. T-Shirts bestehen meistens aus Baumwolle, aber besonders in enganliegenden T-Shirts werden oft elastische Kunstfasern verarbeitet, damit die T-Shirts gut dehnbar sind und besser in Form bleiben.

B4 T-Shirts: links mit Kunstfaseranteil und rechts aus Baumwolle

A3 Du willst joggen gehen und hast die Wahl zwischen einem T-Shirt aus Baumwolle und einem Funktionsshirt. Begründe deine Wahl mit den Eigenschaften der beiden Fasern.

Essen und Trinken und Kunststoffe
Viele Getränke werden in Kunststoff-Flaschen abgefüllt. Auch Gefrierdosen, Joghurtbecher und Eisverpackungen bestehen aus Kunststoffen.

B5 Trinkflasche aus Kunststoff

A4 Nenne einige Vorzüge und Nachteile von Trinkflaschen aus Kunststoffen.

Kunststoffe im Automobilbau
Von den Sitzbezügen über die Schaumstofffüllung der Polster, das Armaturenbrett, die Lichtblenden und die Radkappen bis hin zum Lack besteht vieles am Auto aus Kunststoff [B6]. Die besonderen technischen Vorzüge der Kunststoffe beruhen auf ihren vielseitigen Werkstoffeigenschaften und der wirtschaftlichen Verarbeitbarkeit. Kunststoffe machen Autos leichter und senken den Benzinverbrauch.

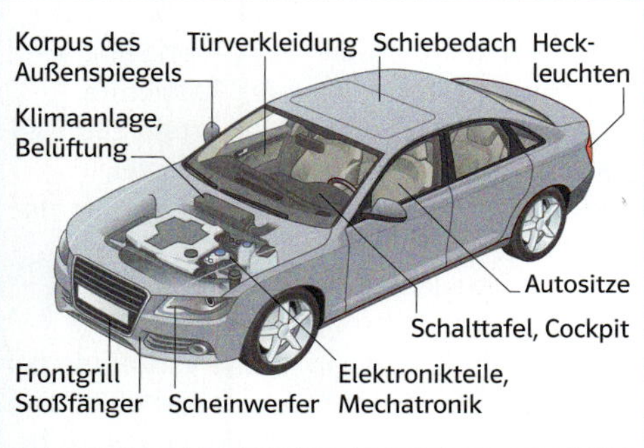

B6 Kunststoffe im Auto

A5 **a)** Nenne die Vorzüge von Kunststoffen für den Fahrzeugbau.
b) Begründe, warum der Anteil von Kunststoffen im Fahrzeugbau noch zunehmen wird.

Kunststoffe im Hausbau
Die Bauindustrie ist nach der Verpackungsindustrie der größte Verbraucher von Kunststoffen [B7].

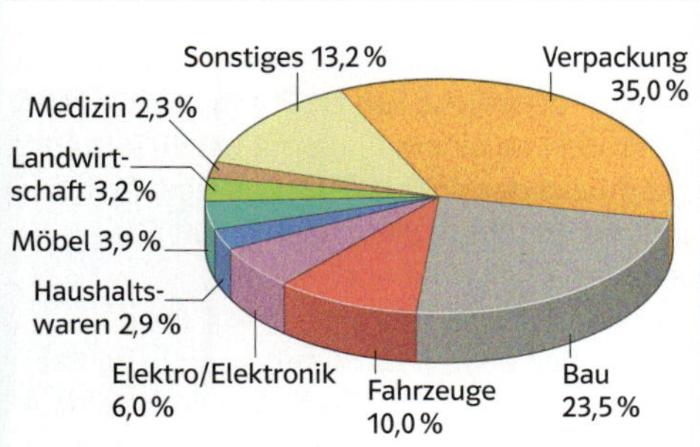

B7 Anteile der in Deutschland verarbeiteten Kunststoffe nach Branchen

A6 Nenne Materialien und Gegenstände aus Kunststoffen, die im Hausbau verwendet werden. Erläutere auch ihre Eigenschaften.

Kunststoffe und Multimedia
Ohne besondere Kunststoffe gäbe es die heutige Musik- und Filmindustrie sowie die Datenverarbeitung nicht. Filmrollen, Videobänder, CDs und DVDs speichern die Daten. Tablet [B9] und Laptop sind aus Schule und Büro nicht mehr wegzudenken.

A7 **a)** Beschreibe Stoffe und ihre Eigenschaften, die in einem Laptop zu finden sind.
b) Sammle Argumente, die für und gegen den Einsatz eines Laptops im Mathematikunterricht sprechen.

Kunststoff und Müllberge
Die Unverwüstlichkeit der Kunststoffe kann zum Anwachsen der Müllberge führen. Wenn es gelingt, das Recycling der Kunststoffe zu steigern, tritt das Müllproblem zurück und wertvolle Rohstoffe werden geschont.

B8 Kunststoffe werden extra gesammelt

A8 **a)** Nenne die Stoffe, die in die gelbe Tonne bzw. in den gelben Sack gehören.
b) Hältst du das getrennte häusliche Sammeln des Mülls für sinnvoll? Begründe deine Entscheidung.
c) Erläutere dir bekannte oder von dir recherchierte Beispiele für das Recycling von Kunststoffen.

Recycling Rückführung von Abfallstoffen in einen erneuten Produktionsprozess.
Streng genommen: Ein Stoff wird ohne großen Energieverbrauch wieder zu dem Stoff, der er früher war

B9 Tablet PC

B10 Verpackungen mit dem grünen Punkt gehören in die gelbe Tonne oder den gelben Sack

7.2 Praktikum Eigenschaften von Kunststoffen

B3 Moderne Haushaltsgegenstände aus Kunststoff

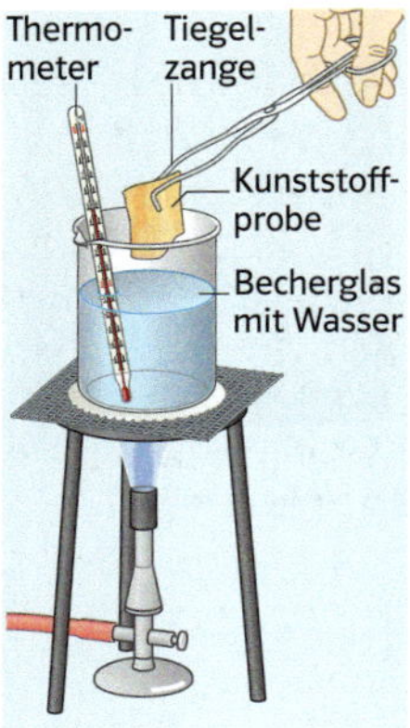

B1 Verändern sich die Kunststoffeigenschaften in heißem Wasser?

V1 Kennzeichnung von Kunststoffen

Gegenstände aus Kunststoff besitzen eine Prägung mit der Abkürzung oder der Kennziffer des betreffenden Kunststoffes, z. B. „PS" oder „06" für Polystyrol (Kap. 7.3).

Polyethen hoher Dichte	PE-HD	02
Polyethen niedriger Dichte	PE-LD	04
Polyethenterephthalat	PET	01
Polypropen	PP	05
Polystyrol	PS	06
Polyvinylchlorid	PVC	03

B4 Kürzel und Kennziffern einiger Kunststoffe

Untersuche unterschiedliche Gebrauchsgegenstände aus Kunststoff nach dieser Prägung. Notiere, aus welcher Kunststoffart diese gefertigt sind.

V2 Schwimmverhalten von Kunststoffen

Geräte und Materialien: 2 Bechergläser (250 ml, hohe Form), Glasstab, Wasser, Kochsalz, gleich große Proben verschiedener Kunststoffprodukte aus dem Alltag.

Durchführung:

a) Fülle 100 ml Wasser in ein Becherglas.

b) Stelle in einem anderen Becherglas eine gesättigte Kochsalzlösung mit 100 ml Wasser her, indem du so lange Salz in das Wasser einrührst, bis sich nichts mehr löst.

c) Zerschneide Behältnisse aus Kunststoff in gleich große Stücke und überprüfe das Schwimmverhalten in Wasser und in der Kochsalzlösung.

B2 Materialien zu Versuch 2

Auswertung:

a) Lege eine Tabelle an, in der du das Schwimmverhalten in Wasser und in der Kochsalzlösung festhältst.

b) Vergleiche die Dichten (Kunststoffe, Wasser und Kochsalzlösung). Die Dichte der Kochsalzlösung ist $\varrho = 1{,}19\ \text{g/cm}^3$.

V3 Verhalten gegenüber Säuren, Laugen und Lösungsmitteln

Geräte und Materialien: Schutzbrille; Tüpfelplatte; Wattestäbchen; Folienstift; Handtuchpapier; Kunststoffproben aus a) zerkleinerter Lebensmittelverpackung oder Plastiktüte, b) Gummistopfen oder zerkleinertem Einmachgummi, c) zerkleinertem Joghurtbecher, d) zerkleinertem Kunststoffbecher; verdünnte Natronlauge; verdünnte Salzsäure; Aceton; Essigsäureethylester.

Durchführung:

Fülle die Flüssigkeiten in je eine Vertiefung der Tüpfelplatte. Tauche ein Wattestäbchen in die erste Lösung und verreibe es auf deiner Probe. Klebt das Wattestäbchen, so hat sich der Kunststoff gelöst. Führe den Versuch mit allen Kunststoffproben und den Lösungen bzw. Lösungsmitteln durch.

Auswertung:

Notiere deine Beobachtungen in einer Tabelle.

V4 Festigkeit von Kunststoffen

Geräte und Materialien: Schutzbrille, Gasbrenner, Anzünder, Dreifuß, Keramik-Drahtnetz, Becherglas (250 ml), Thermometer, Tiegelzange, Schere, Holzbrettchen, Uhr, Wasser, Kunststoffproben.

Durchführung:

a) Schneide aus gekennzeichneten Kunststoffresten Probestücke von ca. 2 cm x 6 cm. Halte die Proben an einem Ende mit der Tiegelzange und drücke das andere Ende auf eine feste Unterlage. Notiere das Ergebnis des Biegeversuchs in einer Tabelle.

b) Halte die Kunststoffproben mit der Tiegelzange etwa eine Minute lang in heißes Wasser von ca. 80 °C [B1] und wiederhole den Biegeversuch von (a). (Vorsicht! Verbrühungs- und Spritzgefahr!)

Auswertung:

Notiere die Ergebnisse in einer Tabelle.

7.3 Riesenmoleküle aus kleinen Molekülen

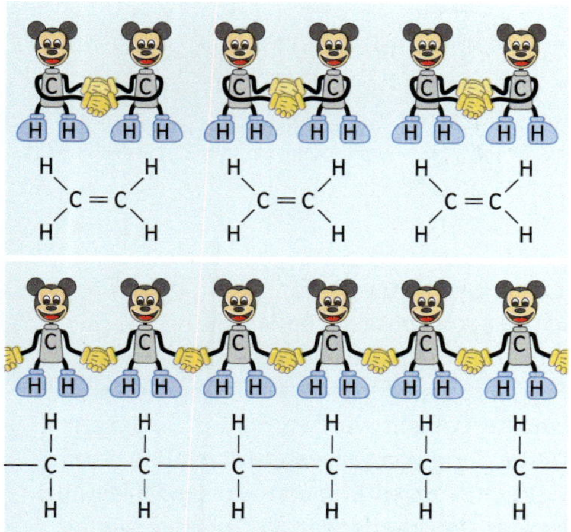

B1 Veranschaulichung der Bildung einer Polyethenkette aus Monomeren

Plastiktüten, Gefrierbeutel, Eimer, Wäschekörbe, Getränkekisten, Mülltonnen, Rohre und vieles mehr bestehen häufig aus *Polyethen*. Polyethen, in Alltag und Technik meist *Polyethylen* genannt, wird aus Ethen gewonnen. Warum können aus Ethen Polyethen und viele weitere Stoffe hergestellt werden?

Polyethen – ein Polymer. Ethen-Moleküle können aufgrund ihrer Doppelbindung mit vielen weiteren Ethen-Molekülen Riesenmoleküle bilden [B1]. Dieses ist ein Beispiel für eine Polyreaktion, also die Bildung von Riesenmolekülen aus sehr vielen kleinen Molekülen.

Die kleinen Moleküle heißen *Monomere*, die großen Moleküle nennt man *Makromoleküle* oder *Polymere*. Alle Kunststoffe bestehen aus Polymeren, die Monomere können aber sehr unterschiedlich sein [B2]. Reagieren Moleküle mit C=C-Doppelbindungen zu Polymeren, nennt man diese Reaktion **Polymerisation**. Bei der Herstellung von Kunststoffen werden aus vielen Monomer-Molekülen lange Polymerketten gebildet. Bei Einsatz geeigneter Monomere können aber die Ketten auch untereinander vernetzt sein. Dadurch ergeben sich die Vielfalt und die besonderen Eigenschaften der Kunststoffe.

Kunststoffe bestehen aus Makromolekülen. Makromoleküle sind Polymere. Sie können aus vielen Monomeren gebildet werden.

Die Moleküle des Polyethens sind Moleküle, deren Kettenlängen in weiten Grenzen schwanken. Es können bis zu 200 000 Kohlenstoff-Atome aneinandergereiht sein.

A1 Erläutere, welche Gemeinsamkeiten und Unterschiede die kettenförmigen Polymere von Polyethen, Polyvinylchlorid und Polypropen aufweisen.

A2 Joghurtbecher werden aus verschiedenen Kunststoffen hergestellt. Nenne einen davon.

B3 Eimer aus Polyethen

Monomere von griech. monos, eins und meros, Teil

Polymere von griech. polys, viel und meros, Teil

Polymerisation chemische Reaktion, bei der ein Polymer gebildet wird

Makro von griech. makros, groß oder weit

Name	Polyethen (PE)	Polyvinylchlorid (PVC)	Polytetrafluorethen (PTFE)	Polystyrol (PS)	Polypropen (PP)	Polyacrylnitril (PAN)	Polymethylmethacrylat (PMMA)
Monomer	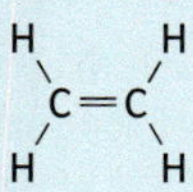 Ethen	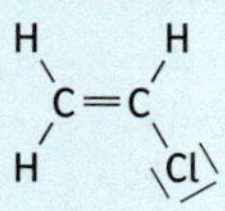 Vinylchlorid	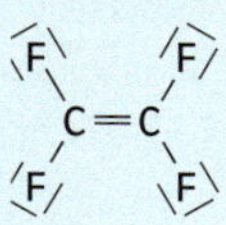 Tetrafluorethen	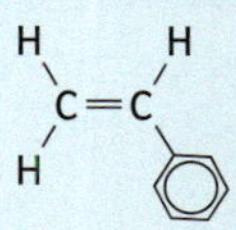 Styrol	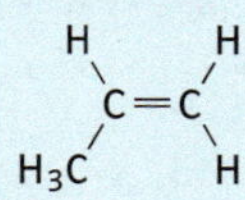 Propen	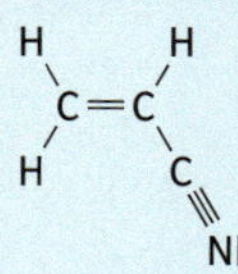 Acrylnitril	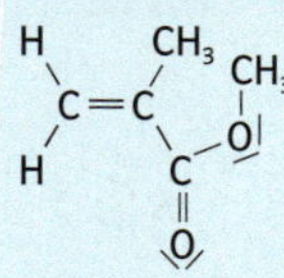 Methacrylsäuremethylester
Verwendungsbeispiele	Tragetaschen Eimer Mülltonnen	Bodenbeläge Rohre Schläuche Schallplatten	Rohre Dichtungen Pfannenauskleidungen	Verpackungen Vorratsdosen Isoliermaterial	Dichtungen Batteriekästen Schalen	Synthesefasern	Sonnenbrillen Lichtkuppeln Uhrgläser

B2 Einige wichtige Kunststoffe und ihre Verwendung. Die jeweiligen Monomere leiten sich von Ethen ab, wobei die Wasserstoff-Atome des Ethen-Moleküls ganz oder teilweise ersetzt sind

7.4 Exkurs Polyester und Polyurethane

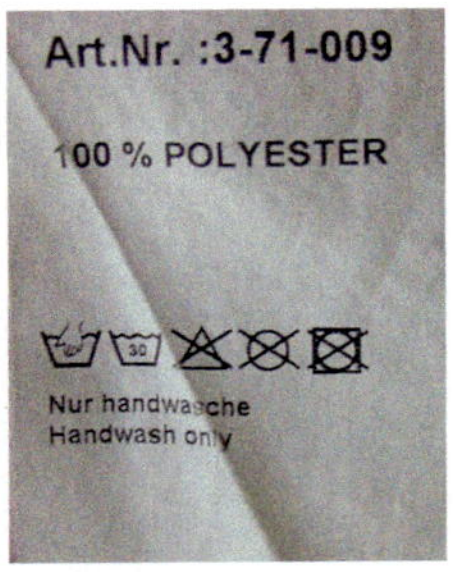

B1 Pflegehinweis für Polyestertextilien

B2 PET-Flaschen (**P**olyester aus **E**thandiol und **T**erephthalsäure)

$HO-(CH_2)_n-OH$
Diol

$HOOC-(CH_2)_m-COOH$
Dicarbonsäure

B3

Alkansäuren und Alkanole können Ester bilden. Dabei entsteht aus jeweils einem Molekül mit einer Carboxygruppe und einem Molekül mit einer Hydroxygruppe ein Ester-Molekül (Kap. 5.26). Wie reagieren Moleküle, die sowohl eine Carboxy- als auch eine Hydroxygruppe besitzen?

Polyester. Erwärmt man Milchsäure, eine Hydroxycarbonsäure, längere Zeit, so wird die eingesetzte Stoffportion zunehmend zähflüssiger. Am Ende erhält man ein festes, klebriges Reaktionsprodukt [V1]. Ein Milchsäure-Molekül reagiert zunächst mit einem zweiten zu einem Ester-Molekül. Dieses besitzt noch jeweils eine Carboxygruppe und eine Hydroxygruppe. So können in gleicher Weise weitere Milchsäure-Moleküle unter Abspaltung von Wasser-Molekülen zu langkettigen Makromolekülen reagieren [B4]. Bei der Bildung einer Estergruppe wird jeweils ein Wasser-Molekül abgegeben.

Kettenförmige Makromoleküle bilden sich auch, wenn Dicarbonsäuren mit Diolen [B3] reagieren. An beiden Carboxygruppen der Säure-Moleküle und an beiden Hydroxygruppen der Alkohol-Moleküle bilden sich Estergruppen unter Abspaltung von Wasser-Molekülen. Haben die Carbonsäure- oder Alkohol-Moleküle mehr als zwei funktionelle Gruppen, so entstehen durch Abspaltung von Wasser-Molekülen Produkte mit vernetzten Makromolekülen [V2 und V3].

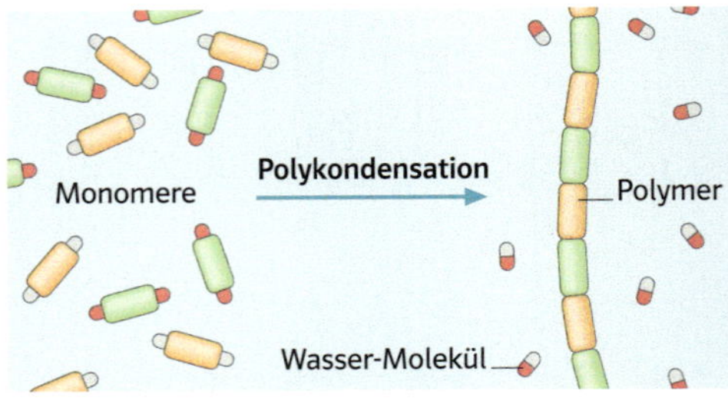

B5 Polykondensation im Modell

Polymere, die durch Esterbildung vieler Moleküle hergestellt wurden, heißen Polyester. Die Bildung von Polyester-Molekülen durch vielfache Abspaltung von Wasser-Molekülen ist eine **Polykondensation**. Polyester zählen zu den Kunststoffen.

Polyester entstehen durch eine Polykondensation aus Molekülen mit mehreren Hydroxy- und Carboxygruppen.

Verwendung von Polyestern. Zur Herstellung von Textilfasern werden Dicarbonsäuren und Diole verestert. Handelsnamen für Textilien aus Polyester sind z. B. *Trevira* und *Diolen*. Polyestertextilien sind immer mit einem Pflegehinweis versehen [B1]. Aus dem Polyester PET werden leichte und bruchsichere Flaschen hergestellt [B2]. Die Produkte aus vernetzten Polyester-Molekülen bezeichnet man nach ihren Eigenschaften als *Polyesterharze*. Sie sind wichtige Rohstoffe für Lacke und Beschichtungen.

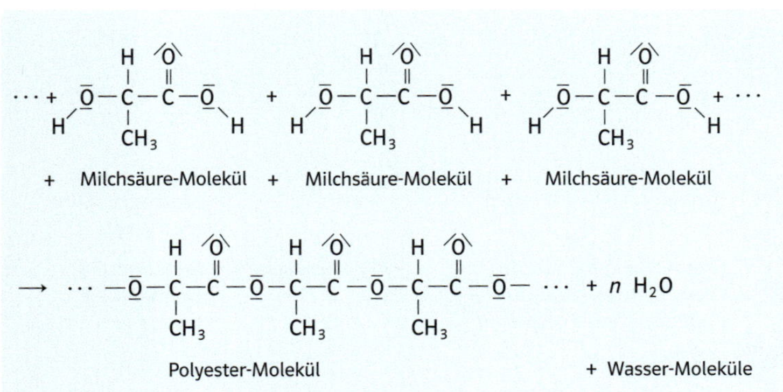

B4 Bildung eines Polyester-Moleküls

V1 Eine Teelichthülle wird mit Milchsäure gefüllt und 24 Stunden bei einer Temperatur von ca. 200 °C in den Trockenschrank gestellt.

V2 (Abzug!) Gib in einem Reagenzglas zu 3,5 g Bernsteinsäure 1 ml Glycerin und erhitze drei Minuten lang mit kleiner Flamme.

V3 (Abzug!) Gib in einem Reagenzglas zu 3 g Äpfelsäure 1,4 ml Glycerin. Erhitze das Gemisch, neige dazu das Reagenzglas. Lass nach fünf Minuten abkühlen.

B6 Fußballschuh mit Sohle aus Polyurethan

B7 Polyurethanschaum füllt Lücken

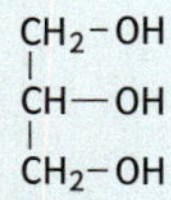

Glycerin (Propantriol)

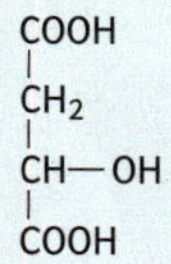

Äpfelsäure (2-Hydroxybutandisäure)

B9 Formeln zu V3

Die Sohle eines Sportschuhs sollte sehr gute Dämpfungseigenschaften haben, damit die Gelenke beim Spurten und Abbremsen geschont werden. Zudem ist es wünschenswert, dass die Sohle die Füße vor zu großer Kälte und Hitze schützt.

Polyurethane. Die Sohlen in Sportschuhen sind meist aus geschäumtem Polyurethan. Polyurethane können mit sehr unterschiedlichen Eigenschaften hergestellt werden. Sie können hart und spröde, aber auch weich und elastisch sein. Als weichen Schaumstoff findet man Polyurethane in Matratzen und Polstern. Harte Schaumstoffe verarbeitet man beispielsweise zu Dämmplatten und Isoliermaterial [B7].

Polyurethane durch Polyaddition. Für die Herstellung von Polyurethanen werden zwei unterschiedliche Monomere so miteinander vermischt, dass die Monomere sich im Wechsel miteinander verbinden. Dabei entstehen durch eine *Polyaddition* langkettige Makromoleküle [B8]. Schaumstoffe stellt man aus verzweigten Monomeren her. Der schaumartige Aufbau entsteht, wenn bei einer zusätzlichen Reaktion Kohlenstoffdioxid gebildet wird, oder man Luft in das Reaktionsgemisch einbläst.

Polyurethane entstehen durch eine Polyaddition aus Monomeren, die zwei oder mehr funktionelle Gruppen aufweisen.

A1 Zeichne einen Ausschnitt aus einem Polyestermolekül, das durch Polykondensation aus Bernsteinsäure (Butandisäure) und Butan-1,4-diol [B10] gebildet wird.

A2 Was muss bei der Pflege von Polyestertextilien berücksichtigt werden? Nenne Beispiele für Textilien aus Polyester.

A3 Erläutere, warum eine Schuhsohle aus geschäumtem Polyurethan sowohl gegen Hitze als auch Kälte schützen kann.

A4 Recherchiere, wofür Polyurethane im Automobilbau eingesetzt werden. Erläutere auch, welche Eigenschaften die Polyurethane jeweils haben müssen.

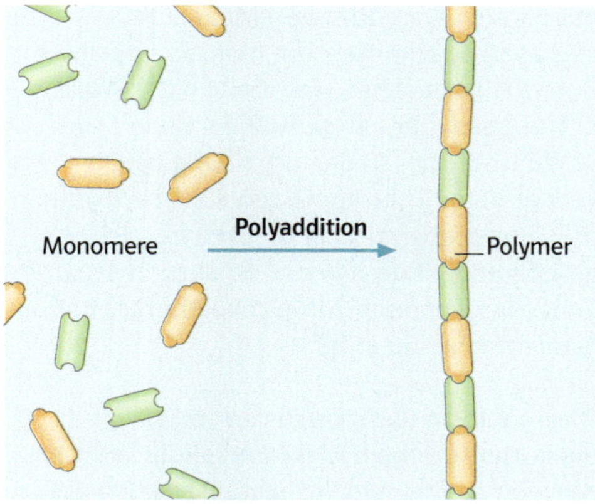

B8 Polyadditon im Modell

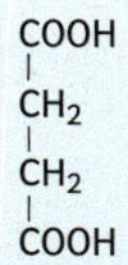

Bernsteinsäure (Butandisäure)

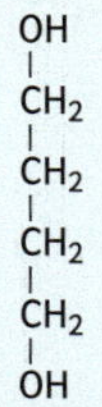

Butan-1,4-diol

B10 Formeln zu A1

7.5 Kunststoffe: Struktur und Eigenschaften

B1 Heiße Teller lassen ein Tablett nicht schmelzen

Ein Joghurtbecher schmilzt beim Erwärmen und verformt sich. Ein Steckdosengehäuse ist hart und spröde und zersetzt sich bei starkem Erwärmen. Matratzen aus Kunststoff sind elastisch. Aufgrund ihres unterschiedlichen Verhaltens gegenüber Wärme und Druck teilt man die Kunststoffe in drei Gruppen ein: **Thermoplaste**, **Elastomere** und **Duroplaste**.

Thermoplaste bestehen aus fadenförmigen oder leicht verzweigten Makromolekülen [B3]. Zwischen den Molekülen wirken Van-der-Waals-Kräfte. Beim Erwärmen können die Ketten aneinander vorbeigleiten. Dabei wird der Kunststoff verformbar oder flüssig. Beim Abkühlen wird er wieder fest. Thermoplaste kann man also durch Erhitzen neu formen und umschmelzen. Thermoplaste weisen Bereiche mit parallel angeordneten Molekülteilen auf. In diesen Abschnitten, die man als kristalline Bereiche bezeichnet, sind die Van-der-Waals-Kräfte besonders groß. Teilkristalline Kunststoffe sind trüb. Zu den am häufigsten verwendeten Thermoplasten zählen Polyethen (PE), Polypropen (PP) und Polystyrol (PS). Aufgeschäumtes Polystyrol heißt auch Styropor®. Einige Verwendungsmöglichkeiten für Thermoplaste findest du in B3.

Thermoplaste lassen sich verformen, da die kettenförmigen Makromoleküle beim Erwärmen aneinander vorbeigleiten können.

Elastomere. Wenn man Elastomere [B4] auseinanderzieht oder zusammendrückt, nehmen sie anschließend wieder ihre Ausgangsform an. Beim Erhitzen zersetzen sich die meisten Elastomere. Im Gegensatz zu den Thermoplasten sind die kettenförmigen Moleküle der Elastomere an einigen Stellen miteinander verknüpft. Im ungedehnten Zustand liegen die Moleküle ungeordnet und verknäult vor. Zieht man ein Elastomer auseinander, so werden die Knäuel entzerrt und gestreckt. Lässt die Kraftwirkung nach, so ziehen sich die Knäuel aufgrund der Verknüpfung der Ketten wieder zusammen. In der Kälte werden Elastomere hart und unelastisch.

Die Moleküle der Elastomere nehmen nach Zug oder Druck wieder ihre ursprüngliche Form ein.

Duroplaste. Fällt ein Tablett aus Kunststoff auf den harten Boden, so kann es zerbrechen. Heiße Teller bringen es jedoch nicht zum Schmelzen [B1]. Kunststoffe, die spröde sind, sich nicht verformen lassen und sich bei hohen Temperaturen zersetzen, gehören zu den Duroplasten. In Duroplasten sind die Molekülketten über Elektronenpaarbindungen *dreidimensional* vernetzt [B5].
Beim Erwärmen können sich die Molekülabschnitte dieses Netzes nicht bewegen, der duroplastische Kunststoff schmilzt deshalb nicht. Bei hohen Temperaturen werden die Elektronenpaarbindungen gespalten, der Kunststoff zersetzt sich.

Duroplaste bestehen aus langkettigen Makromolekülen, die dreidimensional vernetzt sind. Duroplaste verformen sich beim Erwärmen nicht, sie zersetzen sich.

A1 Stelle in übersichtlicher Form charakteristische Eigenschaften von Thermoplasten, Elastomeren und Duroplasten zusammen. Deute diese mithilfe von B3, B4, B5.

A2 Erläutere, warum man kleine Löcher in einem Boot aus Polyethen mit dem Lötkolben reparieren kann.

Eigenschaften und Einsatz. Der Bau von Kanus ist ein gutes Beispiel für den Einsatz unterschiedlicher Kunststoffe. Die Entscheidung, welches Material man wählt, hängt davon ab, wo man mit dem Boot überwiegend fahren möchte und was es kosten darf. Boote aus Polyethen, einem Thermoplasten, werden vor allem im Wildwasserbereich und auf überwiegend steinigen Flüssen eingesetzt. Boote aus glasfaserverstärkten Kunststoffen haben sogar ohne Pflege eine Lebensdauer von bis zu 30 Jahren. Sie sind wind- und wetterbeständig. Glasfaserverstärkte Kunststoffe sind Verbundwerkstoffe aus einem Kunststoff und Glasfasern. Als Kunststoffe kommen dabei sowohl Thermoplaste als auch Duroplaste zum Einsatz.

Carbonfasern spielen heute schon eine große Rolle. Diese Fasern bestehen aus Kohlenstoff-Atomen. Manche Carbonfasern sind fünfmal so zugfest wie Stahl und wesentlich korrosionsbeständiger. Kunststoffe werden mit Carbonfasern verstärkt. Die carbonfaserverstärkten Kunststoffe sind um gut ein Drittel leichter als Aluminium. Diese werden im Flugzeugbau und vermehrt auch im Automobilbau genutzt. Diese Automobile können auch batteriebetrieben eine größere Reichweite mit einer Aufladung erreichen. Im Hochleistungssport wird das Material ebenfalls eingesetzt [B2].

Verbundmaterialien kombinieren u. a. Eigenschaften von Thermoplasten, Elastomeren und Duroplasten. Dies führt zu gewünschten Materialeigenschaften.

B2 Carbonfaserverstärkte Kunststoffe im Sport

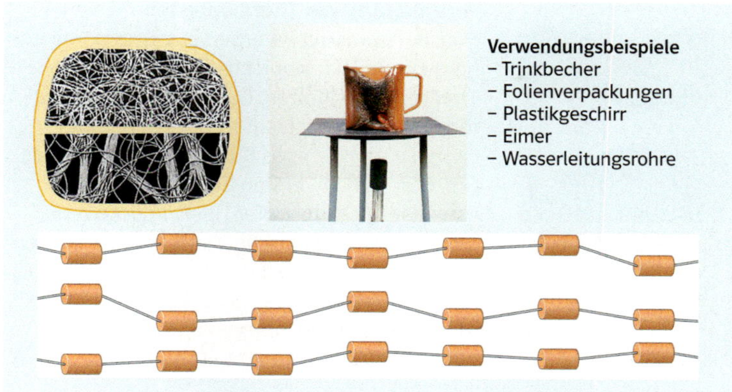

B3 Kunststoffbecher nach dem Einschmelzen, **Thermoplaste** sind beim Erwärmen verformbar

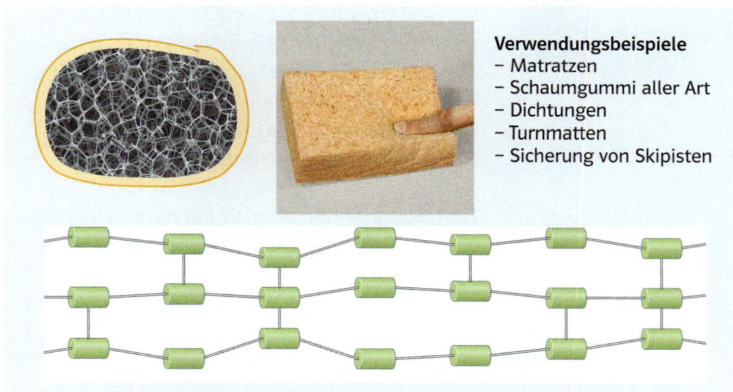

B4 Der Schwamm nimmt nach Beendigung des Zusammendrückens seine Ausgangsform wieder an, **Elastomere** sind gummielastisch

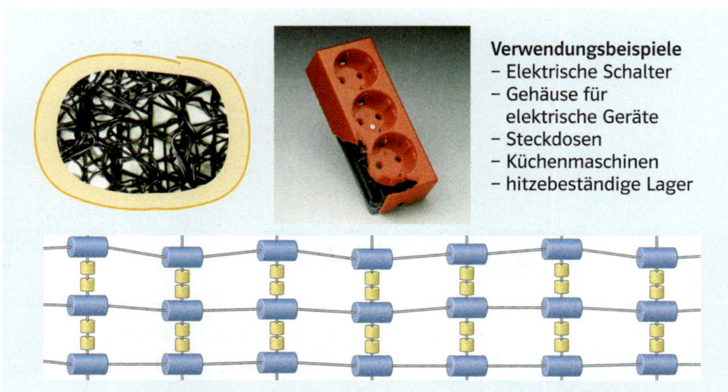

B5 **Duroplaste** sind nicht verformbar, sondern zerbrechen bei Krafteinwirkung

7.6 Exkurs Verarbeitung von Kunststoffen

B1 Kunststoffgranulate

Verarbeitung von Thermoplasten. Viele Haushaltsprodukte werden aus Thermoplasten hergestellt. Thermoplaste lassen sich beim Erwärmen verformen. Das Ausgangsmaterial für einen thermoplastischen Gegenstand ist meist ein körniges Kunststoffmaterial, das *Granulat* [B1]. Im ersten Schritt wird das Granulat mit *Farbstoffen*, *Weichmachern* und *Stabilisatoren* vermischt. Weichmacher senken die Schmelztemperatur und ermöglichen eine leichtere Verarbeitung. Stabilisatoren wirken Abnutzungserscheinungen durch Witterung oder Gebrauch entgegen.

B2 Preformer (Vorform) für eine Getränkeflasche

In einem weiteren Schritt wird das Gemisch geschmolzen und durch Extrudieren verdichtet. Ein Extruder funktioniert ähnlich wie ein Fleischwolf [B3, oben]. Im Inneren dreht sich eine Schnecke, die die geschmolzene Masse zu einer Düse transportiert. Je nach Form der Düse und des Werkzeugs können Rohre, Platten, Schläuche, Schüsseln oder Folien hergestellt werden [B3].

Thermoplaste lassen sich durch Aufschmelzen und Abkühlen verarbeiten.

Duroplaste und Elastomere. Gegenstände aus Duroplasten oder Elastomeren werden aus unvernetzten Vorprodukten hergestellt, Diesen Vorprodukten setzt man nach Bedarf Füllstoffe und Farbstoffe zu. Das Gemisch bringt man in die gewünschte Form. Unter Einfluss von z. B. Wärme bildet sich der duroplastische oder elastomere Gegenstand.

Duroplaste und Elastomere werden aus unvernetzten Vorprodukten hergestellt.

A1 Ordne die folgenden Kunststoffprodukte den in B3 dargestellten Herstellungsverfahren zu: **a)** Eimer, **b)** Getränkeflaschen, **c)** Müllbeutel.

A2 An einen Getränkeabfüller wird häufig nicht die fertige Flasche geliefert, sondern eine Vorform [B2]. Aus dieser wird erst im Betrieb die Flasche gefertigt. **a)** Erläutere die Vorzüge, die eine solche Vorform gegenüber der Anlieferung fertiger Flaschen hat. **b)** Warum muss die Vorform aus einem thermoplastischen Kunststoff bestehen? Erkläre.

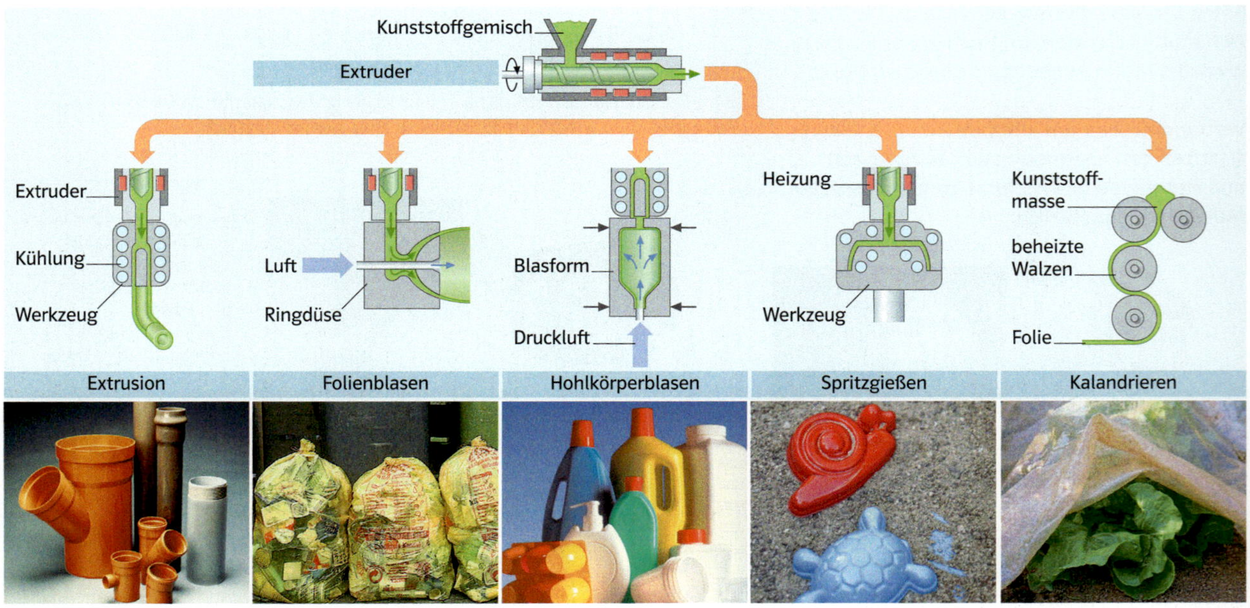

B3 Verarbeitungsverfahren für thermoplastische Kunststoffe

7.7 Mülleimer Meer

B1 Plastiki-Katamaran

Müllstrudel im Pazifik. Am 21. März 2010 brach David Mayer de Rothschild mit seiner Crew auf einem Katamaran aus Plastikflaschen und Recycling-Materialien in Sausalito, Kalifornien, zu einer Fahrt nach Sydney in Australien auf. Die Plastiki [B1], so der Name des Schiffes, erreicht Sydney am 26. Juli 2010. Rothschild wollte durch seine Aktion auf die Vermüllung der Ozeane durch Plastikabfälle (v.a. in Form von Tüten und PET-Flaschen) aufmerksam machen. Riesige Teppiche aus Plastikteilen schwimmen auf der Wasseroberfläche der Ozeane. Der Müllstrudel im Pazifischen Ozean nimmt eine Fläche ein, die doppelt so groß wie die Fläche Deutschlands ist.

Wie kommt der Müll in die Ozeane? Der Kunststoffmüll gelangt meist über Flüsse in die Meere. Auch Touristen und Tsunamis tragen zur Vermüllung bei. Seit 1988 ist es Schiffbesatzungen verboten, Kunststoffe über Bord zu kippen. Schiffsführungen müssen sogar ein Mülltagebuch anlegen.

Gefahren. Eine besondere Gefahr für Tiere wie Delphine, Seehunde und Schildkröten sind verlorengegangene Fischernetze. Die Tiere verfangen sich in den Netzen und ertrinken. Die Tiere strangulieren sich oder verenden, weil sie den Müll nicht von ihrer natürlichen Nahrung unterscheiden können. Unter dem Einfluss der UV-Strahlung und durch Wind und Wellen werden größere Kunststoffteile zerkleinert und zerrieben. Winzige Plastikteile werden so auch von den kleinsten Meeresbewohnern aufgenommen und erreichen über die Nahrungskette den Menschen.

Kunststoffe enthalten oftmals Weichmacher. Dies sind Stoffe, die die Verarbeitung von Thermoplasten erleichtern und deren Eigenschaften günstig beeinflussen. Viele Weichmacher sind aber Gifte, welche sich z.B. in der Leber von Fischen und Menschen anreichern. An die Kunststoffpartikel lagern sich außerdem weitere Schadstoffe an und gelangen so über die Nahrungskette zum Menschen.

Was kann getan werden? Umweltaktivisten versuchen, Müll aus dem Meer zu sammeln. In einigen Projekten werden Fischer bezahlt, die Müll auffischen und in den Häfen abliefern. Allerdings sollen sich ca. 150 Millionen Tonnen Kunststoffmüll in den Ozeanen befinden. Sammelaktionen benötigten Jahre, um diesen Müll aus den Ozeanen zu fischen. Es wäre schon viel gewonnen, wenn zusätzlich kein neuer Kunststoffmüll in die Ozeane kommt.

Die Kunststoffabfälle im Meer bedrohen das Leben im Meer und über die Nahrungskette auch die Gesundheit der Menschen.

A1 Die größte Müllkippe ist das Meer. Belege diese Aussage mit Beispielen.

A2 Was kannst du gegen die Vermüllung der Meere unternehmen? Erläutere.

B3 Plastikmüll am Strand

B4 Müllsammeln im Meer

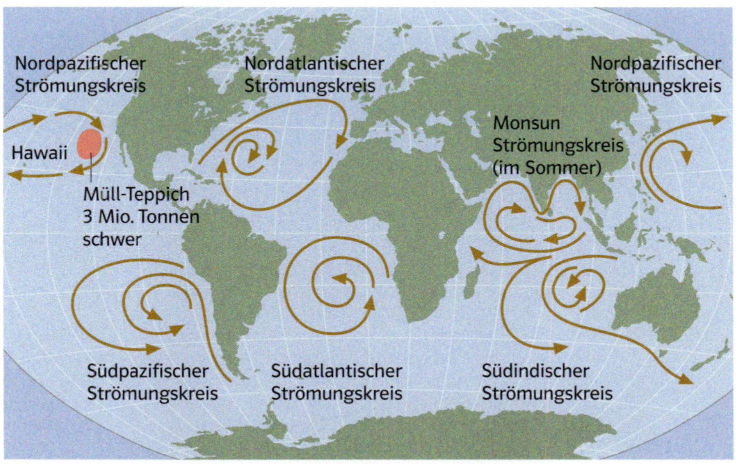

B2 Meeresströmungen, in denen sich Abfälle sammeln

7.8 Verwertung von Kunststoffen

Ziffer	Kurzbezeichnung	Kunststoffart
01	PET	Polyethenterephthalat
02	PE-HD	Polyethen hoher Dichte („high densitiy“)
04	PE-LD	Polyethen niedriger Dichte („low densitiy“)
03	PVC	Polyvinylchlorid
05	PP	Polypropen
06	PS	Polystyrol
07	O	Sonstige („others“)

B1 Codierung von Kunststoffen

B2 Verpackungen mit dem Grünen Punkt gehören in die Gelbe Tonne oder den Gelben Sack

Die meisten Kunststoffe werden aus Erdöl hergestellt. Dieser Rohstoff steht aber nicht unbegrenzt zur Verfügung. Da Kunststoffabfälle zudem auf Deponien nur sehr langsam abgebaut werden, ist eine Verminderung der Abfallmenge und Schonung der Ressource Erdöl dringend erforderlich. Außerdem ist seit dem Jahre 2005 eine Deponierung von Kunststoffabfällen in Deutschland nicht mehr erlaubt. Durch Recycling können Kunststoffe wieder in einen Produktionsprozess zurückgeführt werden.

Werkstoffliche Verwertung. Abfälle thermoplastischer Kunststoffe werden bei diesem Verfahren zerkleinert und eingeschmolzen. Das aus der Schmelze hergestellte Granulat dient zur erneuten Herstellung von Kunststoffprodukten [B3]. Aus sortenreinen Kunststoffen, z. B. aus industriellen Abfällen, können Produkte vergleichbarer Qualität hergestellt werden. Kunststoffabfälle aus dem Haushalt sind dagegen oft vermischt und verunreinigt. Daraus können dann oft nur minderwertige Produkte hergestellt werden (Schallschutzwände, Parkbänke). Zur Identifizierung von Kunststoffen gibt es ein internationales Codierungssystem [B1], das es erleichtert, gesammelte Kunststoffartikel zu sortieren. Die verschiedenen Kunststoffarten sind durch ein dreieckiges Symbol zusammen mit einer Kennziffer und der Kurzbezeichnung des Kunststoffes markiert.

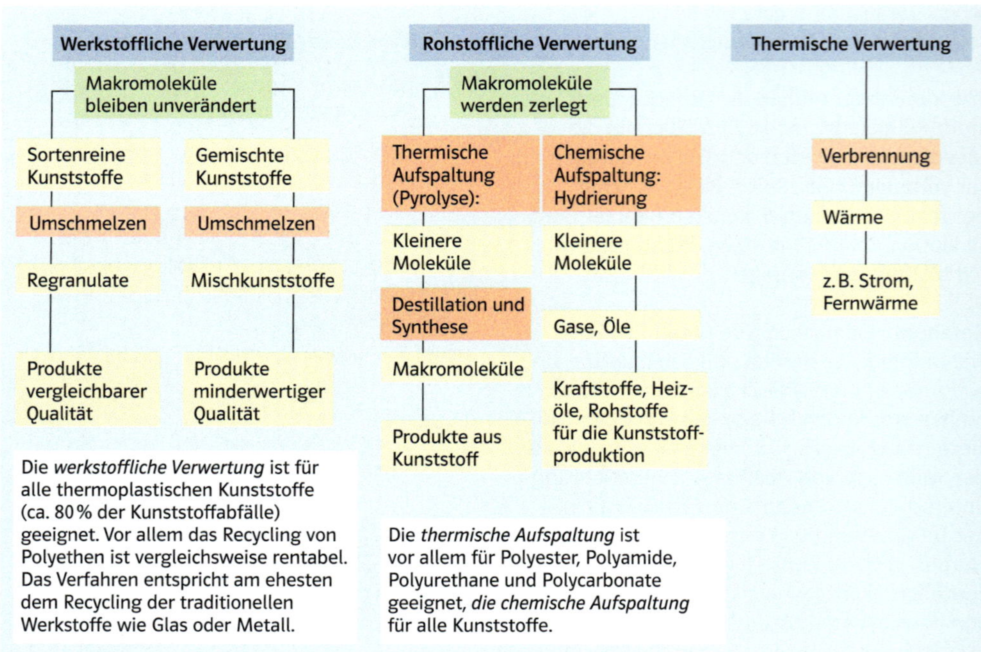

B3 Verwertung von Kunststoffen

Rohstoffliche Verwertung. Eine Möglichkeit der Verwertung besteht darin, Makromoleküle durch Erhitzen (Pyrolyse) unter Luftabschluss in kleinere Moleküle aufzuspalten. Die dabei entstehenden Stoffe werden durch Destillation getrennt und können wieder zur Herstellung von Kunststoffen eingesetzt werden. Dieses Verfahren wird dann genutzt, wenn es sich um kleine, verschmutze und aus verschiedenen Kunststoffen bestehende Gegenstände handelt und eine werkstoffliche Verwertung ungeeignet ist.

Thermische Verwertung. Ein weiteres Verfahren, die Abfallmenge an Kunststoffen zu reduzieren, ist die thermische (energetische) Verwertung. Darunter versteht man die Verbrennung von Kunststoffen und Nutzung der Wärme, die dabei freigesetzt wird. Es findet kein Recycling statt, die Kunststoffe gehen verloren.

Abfälle aus Kunststoffen können als Werkstoff oder als Rohstoff wiederverwertet werden. Bei der thermischen Verwertung geht der Rohstoff verloren, dafür wird aber die freigesetzte Energie genutzt.

Etwa 98 % der Kunststoffabfälle werden in Deutschland werkstofflich oder thermisch verwertet, rohstofflich bisher etwa nur 1 % .

Verpackungen. Die meisten Kunststoffe werden in der Verpackungsindustrie eingesetzt. Hier findet man vor allem die Massenkunststoffe Polyethen (PE), Polypropen (PP) und Polystyrol (PS).

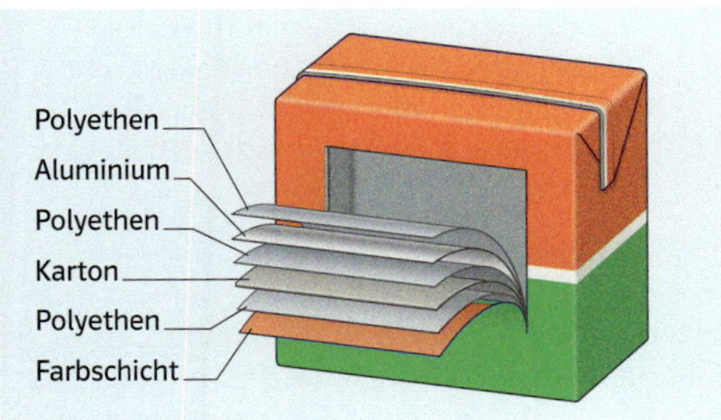

B4 Getränkeverpackungen bestehen aus Verbundwerkstoffen

Getränkekartons für Milch, Fruchtsäfte, Wasser oder Wein bestehen aus *Verbundwerkstoffen*. Für länger haltbare Produkte verwendet man Getränkeverpackungen aus sieben Schichten [B4]. Die Masse einer Verpackung für 1 Liter Getränk beträgt etwa 25 bis 30 g. Papier (Karton) stellt mit 75 % den Löwenanteil und verleiht der Verpackung Stabilität. Außerdem hält es Licht vom Inhalt fern. Damit das Getränk nicht auslaufen kann, wird das Papier mit Polyethen beschichtet und dadurch abgedichtet. Polyethen lässt das polare Wasser nicht durch, wohl aber den unpolaren Sauerstoff aus der Luft. Die hauchdünne Aluminiumschicht lässt weder Licht noch Sauerstoff durch. Dadurch wird z. B. der Abbau von Vitaminen im Getränk verlangsamt. Die äußere Polyethenschicht wird bedruckt (Farbschicht in B4) und trägt die Informationen. Die einzelnen Schichten sind miteinander verklebt (kaschiert). Getränkeverpackungen aus Verbundwerkstoffen werden nach Gebrauch meist verbrannt. Die Reaktionsprodukte sind im Wesentlichen Wasser und Kohlenstoffdioxid. Aluminium reagiert zu Aluminiumoxid und wird zusammen mit der Schlacke deponiert.

Kleidung aus Flaschen. PET-Flaschen [B5] lassen sich zu Polyestergarn verarbeiten. Es handelt sich damit um Sekundärrohstoffe für Fasern. Zunächst werden die Flaschen zu Flocken (Flakes) verarbeitet und gereinigt, um daraus Polymere herzustellen. Bei der Herstellung von Garnen aus recycelten PET-Flaschen benötigt man im Vergleich zu herkömmlichen Produktionsverfahren weniger Energie. Auch der Wasserverbrauch und der Verbrauch des Primärrohstoffs Erdöl können durch das Recycling reduziert werden.

A1 Erläutere Vor- und Nachteile der in B3 dargestellten Verwertungsarten.

A2 Kleidung aus recyceltem PET wird häufig in China hergestellt. Diskutiere diese Form des Recyclings.

A3 Schneide einen Getränkekarton auf. Wie viele Stoffe erkennst du? Vergleiche mit B4.

B5 Einweg-Flasche aus PET

B6 Fleece-Jacke aus recyceltem PET

7.9 Impulse Kunststoff-Flasche oder Glasflasche?

B1 Die Ökobilanz berücksichtigt alle Schritte bei Herstellung, Gebrauch und Entsorgung eines Produktes

Diskutieren, Pro und Contra
Diskutieren will gelernt sein. Mitreden und Entscheiden kann man nur auf der Grundlage von Informationen. Ohne Informationen kann man kaum entscheiden, ob es sinnvoll ist, z. B. Getränke in Glasflaschen oder Kunststoff-Flaschen zu kaufen. Die einzelnen Arbeitsschritte, die zu einer Diskussion führen, sollen am Beispiel „Kunststoff-Flasche oder Glasflasche?" betrachtet werden.

B2 Wie soll ich mich entscheiden?

1. Sammelt Daten und Fakten
Zunächst müssen Informationen aus unterschiedlichen Quellen wie Büchern, Zeitschriften, dem Internet usw. gesammelt werden, z. B.:
- Wie werden Glasflaschen und Kunststoff-Flaschen hergestellt?
- Welche Rohstoffe werden benötigt?
- Wie hoch ist der Energiebedarf?
- Was geschieht mit den Flaschen nach Gebrauch?
- Welche Umweltbelastungen treten auf?
- …

2. Bewertet die Argumente
Vor einer öffentlichen Diskussion müssen die gesammelten Daten und Fakten bewertet werden, d. h., die Vor- und Nachteile werden zusammengestellt und gewichtet.

3. Bildet Expertengruppen
Die Vielzahl der Informationen kann je nach Interesse auf mehrere Personen verteilt werden.

Bildet zunächst eine Gruppe für Kunststoff-Flaschen und eine Gruppe für Glasflaschen. In jeder Gruppe gibt es Experten, die verschiedene Argumente zum Thema vortragen und erklären können,
z. B.
- Experte für Rohstoffe
- Experte für Umweltfragen
- Experte für Energiebedarf
- Experte für …

B3 In der Debatte: Austausch von Argumenten

4. Diskutiert im Plenum
Beim Diskutieren im Plenum werden Pro- und Contra-Argumente für die jeweilige Flasche ausgetauscht. Wenn es mehrere Gruppen für Glasflaschen oder Kunststoff-Flaschen gibt, muss es nicht zur gleichen Bewertung kommen. Ein Ergebnis einer Diskussion kann eine Ökobilanz sein [B1].

A1 Auf dieser Doppelseite sind einige Aussagen zu Kunststoff-Flaschen und Glasflaschen gesammelt. Nutze diese Seite zum Sammeln von Argumenten.

A2 Eine interessante Pro- und Contra-Diskussion lässt sich auch zum Thema „Kleidung aus synthetischen Fasern contra Kleidung aus Naturfasern" führen. Eine Hälfte eurer Klasse kann sich auch diesem Thema zuwenden.

Vier von fünf Mineralwässern werden in Flaschen aus dem Kunststoff PET angeboten. Für eine Ökobilanz ist es entscheidend, ob es sich um eine *Einweg-* oder *Mehrwegflasche* handelt.

Mehrwegflaschen, egal ob aus Kunststoff oder Glas, sind wesentlich besser als Einwegflaschen. Nicht jede Pfandflasche ist aber eine Mehrwegflasche. Anders als die Mehrwegflaschen, die zurück in den Handel gehen und dort neu befüllt werden, werden die Einweg-Kunststoff-Flaschen zwar gesammelt, dann aber geschreddert. Das Material wird anderweitig wiederverwertet, z. B. zur Herstellung neuer Flaschen oder für Kunstfasern in Textilien. Allerdings leidet das Material beim Schreddern, sodass bei der Herstellung der Kunststoff-Flaschen neues Kunststoff-Material zugesetzt werden muss. PET-Mehrwegflaschen bestehen aus gehärtetem Kunststoff, sie werden bis zu 25-mal wiederbefüllt und bei nur 50 °C gereinigt. Im Gegensatz hierzu werden Mehrwegflaschen aus Glas bis zu 50-mal wiederbefüllt und bei rund 80 °C gereinigt.

Kunststoff-Flaschen sind viel leichter als Glasflaschen mit dem gleichen Volumen. Deshalb wird beim Transport von Kunststoff-Flaschen weniger Energie benötigt. Dieser Vorteil wirkt sich umso stärker aus, je weiter die Flaschen transportiert werden. Wenn man Mineralwasser aus der Region kauft, macht sich das geringere Gewicht der Kunststoff-Flasche nicht so stark bemerkbar, wohl aber, wenn das Wasser aus Frankreich oder Italien kommt. Discounter bieten Mineralwasser in der Regel nur in Einweg-Kunststoff-Flaschen an.

In einigen Studien sind sogenannte Umwelthormone in Mineralwässern gefunden worden. Wasser aus Kunststoff-Flaschen war deutlich häufiger und höher hormonell belastet als das aus Glasflaschen. Allerdings war die Konzentration dieser Substanzen sehr gering. Bei der Herstellung und Lagerung von PET-Flaschen entsteht der Stoff Acetaldehyd. Geht Acetaldehyd aus der Flasche in das Getränk über, kann es schon in sehr kleinen Mengen geschmeckt und gerochen werden – zumindest in Mineralwasser. In Getränken mit intensivem Geschmack, wie Cola oder anderer Limonade, fällt Acetaldehyd dagegen geschmacklich nicht auf. Entsprechend den in der EU geltenden Vorschriften dürfen aus Kunststoffen höchstens 6 mg Acetaldehyd auf 1 kg Lebensmittel übergehen. Bis zu diesem Grenzwert werden gesundheitliche Beeinträchtigungen ausgeschlossen. Der Mensch kann den Stoff aber schon in weniger als einem Hundertstel dieser Menge deutlich riechen oder schmecken. Daher besteht – auch wenn Acetaldehyd sensorisch bemerkt wird – kein gesundheitliches Risiko, da die Menge in der Regel deutlich unter dem Grenzwert liegt.

B4 Kunststoff-Flaschen nach Gebrauch

Mineralwasser hat in einer dünnwandigen PET-Flasche eine deutlich kürzere Mindesthaltbarkeitsdauer als in Glasflaschen.
Die PET-Flasche ist im Gegensatz zur Mineralwasser-Glasflasche nicht gasdicht. Bei den dünnwandigen Einwegflaschen kann das Gas Kohlenstoffdioxid langsam entweichen.

7.10 Exkurs Kleidung aus Naturfasern und Chemiefasern

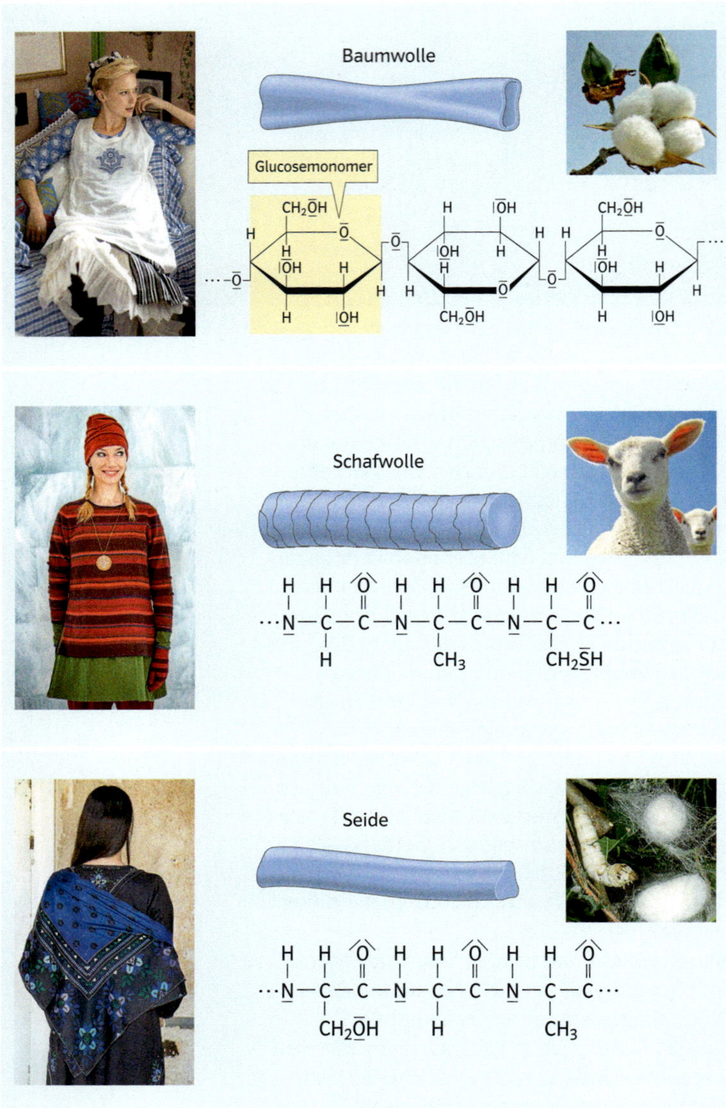

B1 Naturfasern: Die Fasern von Baumwolle (oben), Wolle (Mitte) und Seide (unten) unterscheiden sich im Aufbau und Aussehen

Stoffe aus Naturfasern, Chemiefasern oder Mischgeweben ermöglichen die Herstellung einer Vielfalt an Wäsche und Kleidung mit ganz unterschiedlichen Eigenschaften. Diese sind vom chemischen Aufbau der Fasern und ihrer Oberflächenbeschaffenheit abhängig.

Gemeinsam ist aber allen Fasern, dass sie aus kettenförmigen Makromolekülen aufgebaut sind. Baumwolle, Wolle und Seide sind aus natürlichen Makromolekülen aufgebaut. Chemiefasern werden aus thermoplastischen Kunststoffen in speziellen Spinnverfahren zu Fasern verarbeitet.

Baumwolle ist eine pflanzliche Faser, die aus den Samenfäden der Baumwollkapseln gewonnen wird. Dies erklärt ihren chemischen Aufbau. Baumwolle besteht aus fast reiner Cellulose. In den Makromolekülen der Cellulose sind Glucose-Monomere miteinander verknüpft [B1, oben]. Die Glucose-Moleküle und auch die Cellulose-Moleküle sind polar. Mit diesem Aufbau hängt die gute Aufnahmefähigkeit für Feuchtigkeit und Schweiß zusammen. Baumwolle trocknet langsam. Deshalb wird für moderne Sportunterwäsche als Innenschicht eine Chemiefaser gewählt, die den Schweiß von der Haut wegtransportiert. Über der Innenschicht aus der Chemiefaser liegt eine saugfähige Baumwollschicht. Baumwolle ist wenig elastisch und wenig formbeständig, deshalb knittern Textilien aus reiner Baumwolle und beulen aus. Baumwolle ist kochfest und kann heiß gebügelt werden.

Baumwolle besteht aus Cellulose. Das Makromolekül Cellulose ist aus verknüpften Glucose-Molekülen aufgebaut.

Wolle und Seide sind tierische Fasern. Wolle erhält man aus den Haaren verschiedener Tiere. Diese Haare bestehen aus langkettigen Eiweiß-Molekülen. Grundbausteine der Eiweiß-Moleküle sind Aminosäure-Moleküle. Die verschiedenen Aminosäure-Moleküle sind immer über die gleiche funktionelle Gruppe miteinander verbunden. Diese funktionelle Gruppe ähnelt einer Estergruppe. Ein Sauerstoff-Atom der Estergruppe ist hier durch ein Stickstoff-Atom ersetzt [B1, Mitte]. Die Wollfaser ist elastisch und knitterarm, deshalb hängen sich Falten von selbst wieder aus. Im Warmhaltevermögen ist Wolle fast unübertroffen, da sie aufgrund der Kräuselung der Fasern und der schuppenförmigen Oberfläche Luft sehr gut einschließt.

(Luft ist ein guter Wärmeisolator!) Wolle kann bis zu 40 % ihrer Masse an Feuchtigkeit aufnehmen, ohne sich feucht anzufühlen.

Seide wird sehr aufwendig aus dem Kokon der Seidenraupe gewonnen. Als tierische Faser besteht sie wie die Wolle aus langkettigen Eiweiß-Molekülen. Diese sind wiederum aus Aminosäure-Molekülen aufgebaut. Da der Faden aus den Spinndrüsen der Seidenraupe gepresst wird, ist die Oberfläche sehr glatt. Deshalb besitzt Seide ihren charakteristischen Glanz [B1, unten]. Seide hat von allen Naturfasern die größte Reiß- und Scheuerfestigkeit.

Wolle und Seide bestehen aus Eiweiß-Molekülen, in denen Aminosäure-Moleküle miteinander verknüpft sind.

Polyamidfasern. Vergleicht man den chemischen Aufbau einer Perlonfaser und einer Nylonfaser mit Wolle oder Seide, so fällt die Verknüpfung der Monomere durch die gleiche funktionelle Gruppe auf [B2, oben]. Perlon und Nylon sind reiß- und scheuerfester als fast jede Naturfaser, die Fäden können dünner als Naturfasern ausgezogen werden. Durch den Spinnvorgang ist die Oberfläche der Chemiefasern glatt, sie glänzen deshalb seidenähnlich. Um ein ähnliches Warmhaltevermögen wie bei Wolle zu erhalten, werden die Fasern künstlich gekräuselt.

Polyacrylnitril (PAN) ist eine Chemiefaser, die wegen ihres angenehmen, seidenartigen Griffs viel in Strickwaren verwendet wird. Polyacrylfasern sind knitterfrei, leicht waschbar und schnelltrocknend [B2, Mitte].

Polyesterfasern sind aufgrund ihres chemischen Aufbaus hydrophob, sie trocknen schnell und quellen nicht. Polyestergewebe zeichnet sich durch hohe Formbeständigkeit und Knitterfestigkeit aus. Kleiderstoffe und vor allem auch Gardinen müssen nach der Wäsche weder gespannt noch gebügelt werden [B2, unten].

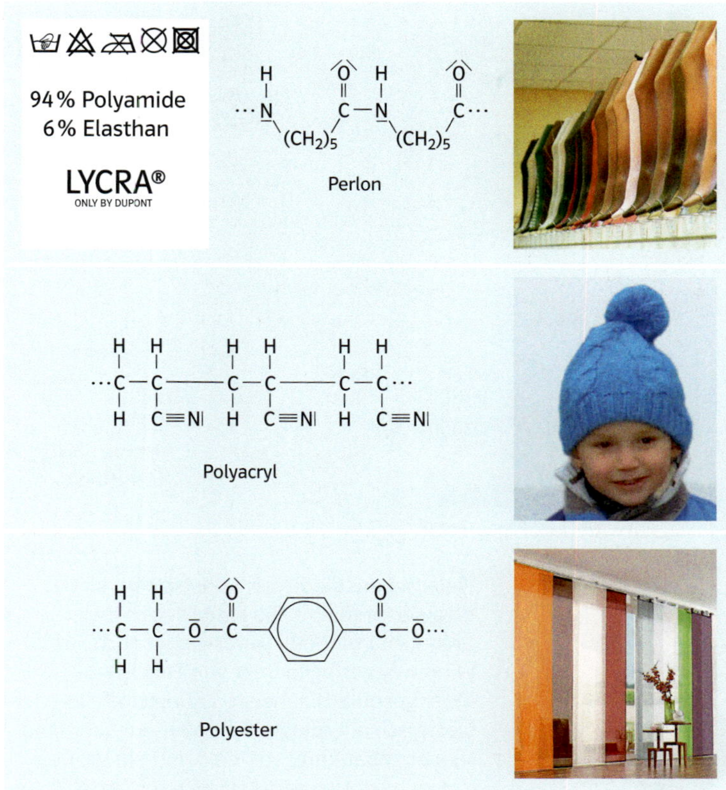

B2 Chemiefasern: Strumpfhose aus Perlonfaser – ein Polyamid (oben), Strickware aus Polyacrylfaser (Mitte), Gardine aus Polyesterfaser (unten)

Vielfalt der Chemiefasern. Durch die Möglichkeit, verschiedene Polymere zu Fasern zu verarbeiten, können auch Fasern für besondere Anforderungen hergestellt werden. Sicherheitsgurte, Kletterseile und Fallschirme aus hochreißfesten Polyamidfasern, Schwimmwesten und Segel aus leichten, unverrottbaren PE-Fasern oder atmungsaktives, wasserdichtes Material sind nur einige Beispiele.

A1 Vergleiche die funktionelle Gruppe der Polyester mit der funktionellen Gruppe der Polyamide. Beschreibe Gemeinsamkeiten und Unterschiede.

A2 Aus welchen Fasern bestehen deine Kleidungsstücke? Stelle deine Recherche übersichtlich in einer Tabelle dar.

7.11 Biologisch abbaubare Kunststoffe

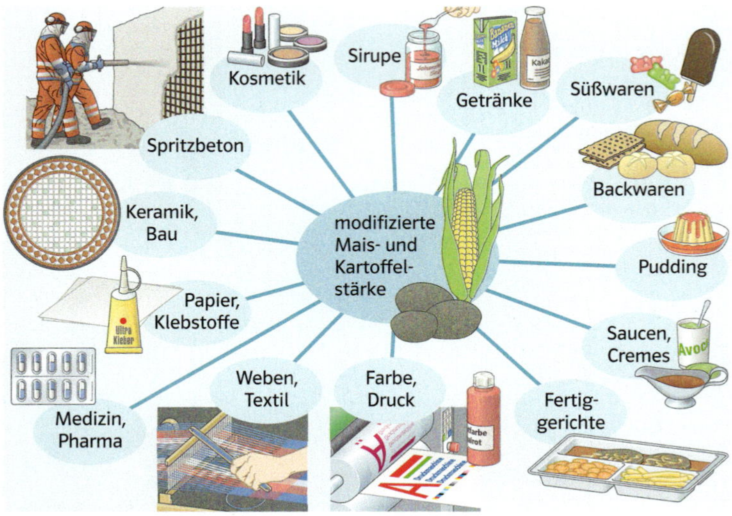

B1 Stärke wird vielfältig genutzt

kompostierbar ®

B2 Kennzeichnung für kompostierbare Abfälle

Viele Gegenstände aus Kunststoffen sind Wegwerfprodukte. Sie landen nach dem Gebrauch im Abfall, werden aber auch vom Wind weggetragen oder von Flüssen ins Meer gespült. Die meisten Kunststoffe werden biologisch allerdings nicht oder nur sehr langsam abgebaut und stellen somit ein großes Umweltproblem dar (Kap. 7.7). Für Materialien, die nur für kurze Zeit benutzt werden, wie z. B. Joghurtbecher [B3] oder Lebensmittelfolien, sind biologisch abbaubare Kunststoffe eine sinnvolle Alternative.

Praktikum Herstellung von Stärkefolien

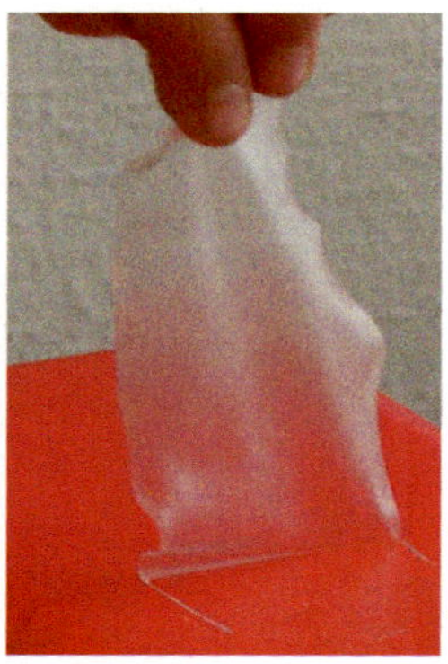

Geräte, Materialien, Chemikalien: Becherglas (250 ml), Uhrglas, Wasserbad (400 ml), Waage, Messzylinder (10 ml), Brenner, Dreifuß, Glasstab, Kartoffelstärke, Glycerin (50 %).

Durchführung: Trockne im Trockenschrank 2,5 g Stärke. Gib diese in ein Becherglas und mische sie mit 20 ml Wasser und 2 ml Glycerin. Decke das Becherglas mit dem Uhrglas ab und koche das Gemisch mindestens 15 min im Wasserbad. Rühre mit dem Glasstab ab und zu um. Gieße das Gel anschließend auf eine Kunststoffunterlage (umgedrehte Backschüssel, Backunterlage) und lass die Folie trocknen. Am nächsten Tag kannst du sie von der Unterlage abziehen.

Natürliche Polyester. Viele Bakterien bauen Polyester als Reservestoffe auf. Dazu gehört Polymilchsäure (PLA, Polylactic Acid). Aus den Zellen der Bakterien kann PLA als thermoplastischer Kunststoff gewonnen werden, der nicht aus Erdöl hergestellt wird. Gegenstände aus Polymilchsäure sind kompostierbar. Dabei findet zuerst eine Esterspaltung und dann der weitere Abbau der Milchsäure-Moleküle statt, wobei ebenso wie bei einer Verbrennung nur Kohlenstoffdioxid und Wasser entstehen.

Stärketechnologie. Bereits 46 % der verfügbaren Stärke werden in der technischen Anwendung eingesetzt. In Deutschland wird Verpackungsmaterial wie Pappe und Papier auch aus Stärke hergestellt. Weitere wichtige Anwendungen sind in B1 dargestellt.

Rohstoff Stärke. Pflanzen speichern Zucker in Form von Stärke in verschiedenen Pflanzenteilen, wie z. B. Samen. Zur industriellen Nutzung muss der Zugang zum Speicherort leicht möglich sein. Daher eignen sich Mais, Kartoffeln, Reis, Weizen und Maniok gut dafür.

Kunststoffe aus Stärke und Milchsäure sind biologisch abbaubar.

A1 Beschreibe einige Vorzüge biologisch abbaubarer Kunststoffe.

A2 Findest du den Einsatz von Kartoffeln für die Gewinnung von Kunststoffen aus Stärke vetretbar? Recherchiere die Inhaltsstoffe der Kartoffel und diskutiere.

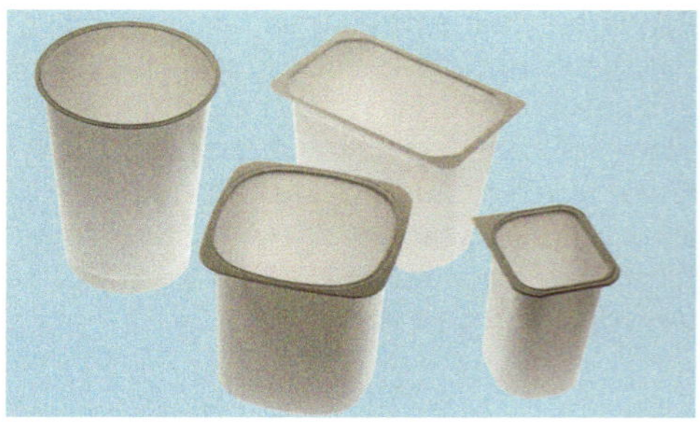

B3 Joghurtbecher aus Polymilchsäure

7.12 Durchblick Zusammenfassung und Übung

	Thermoplaste	Elastomere	Duroplaste
Beschreibung	– werden beim Erwärmen weich und verformbar – bestehen aus langen linearen oder verzweigten Polymeren	– verändern bei mechanischer Belastung ihre Form, kehren anschließend aber wieder in ihre Ausgangsform zurück – bestehen aus weitmaschig vernetzten Polymeren	– lassen sich durch Erwärmen nicht verformen – bestehen aus engmaschig vernetzten Makromolekülen
Räumliche Verknüpfung	lineare oder wenig verzweigte Moleküle 	weitmaschig, zweidimensional vernetzte Moleküle 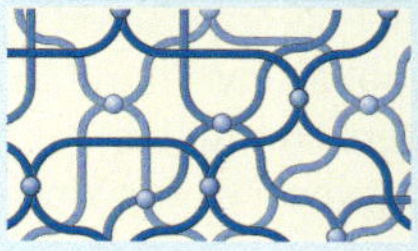	dreidimensional vernetzte Moleküle 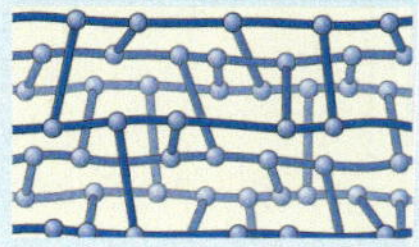
Beispiele	Polyvinylchlorid (PVC), Polyethen (PE), Polytetrafluorethen (PTFE), Polypropen (PP), Acrynitril-Butadien-Styrol (ABS), Polyethylenterephthalat (PET), Polycarbonate, Polyamide	Kautschuke, z. B. Silikonkautschuke	Polyurethane (PU), Epoxidharze

B1 Strukturen und Eigenschaften der Kunststoffe

Monomer und Polymer
Kunststoffe bestehen aus Polymeren. Polymere sind Makromoleküle, die aus kleinen Molekülen (Monomeren) gebildet werden.

Polyreaktion
Viele kleine Moleküle, die Monomere, reagieren in einer Polyreaktion zu Riesenmolekülen oder Polymeren.

Polymerisation
Aus Molekülen, die eine C=C-Doppelbindung aufweisen, lassen sich in einer Polymerisationsreaktion Polymere herstellen.

Kunststoffmüll
Kunststoffabfälle werden nur sehr langsam abgebaut und würden auf Deponien einen großen Raum einnehmen. Seit dem Jahre 2005 ist eine Deponierung von Kunststoffabfällen in Deutschland nicht mehr erlaubt. Durch Recycling können Kunststoffe wieder in einen Produktionsprozess zurückgeführt werden.

Werkstoffliche, rohstoffliche und thermische Verwertung
Sortenreine oder nur gering verschmutzte Kunststoffabfälle werden bei der werkstofflichen Verwertung wieder aufgeschmolzen.

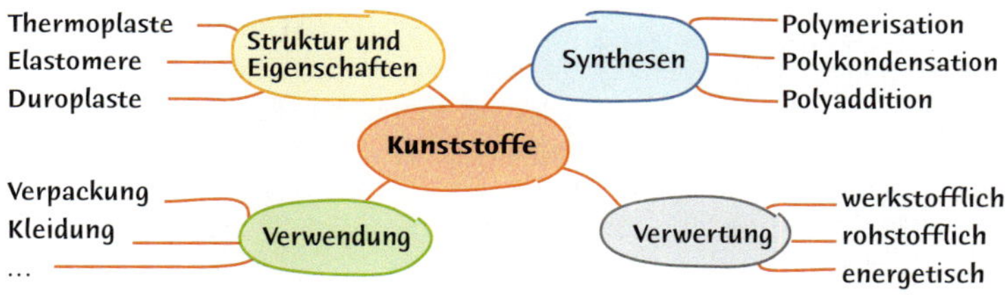

B2

Bei der rohstofflichen Verwertung werden Polymere in Monomere aufgespalten, die wieder für Synthesen eingesetzt werden. Kunststoffe haben einen ähnlich hohen Heizwert wie Heizöl oder Kohle. Daher können Kunststoffe bei der energetischen Verwertung zur Energiegewinnung verbrannt werden.

Biologisch abbaubare Kunststoffe
Auch aus Stärke und anderen nachwachsenden Rohstoffen können Kunststoffe hergestellt werden. Ein großer Vorteil ist, dass Erdölvorräte geschont werden und diese Kunststoffe biologisch abbaubar sind.

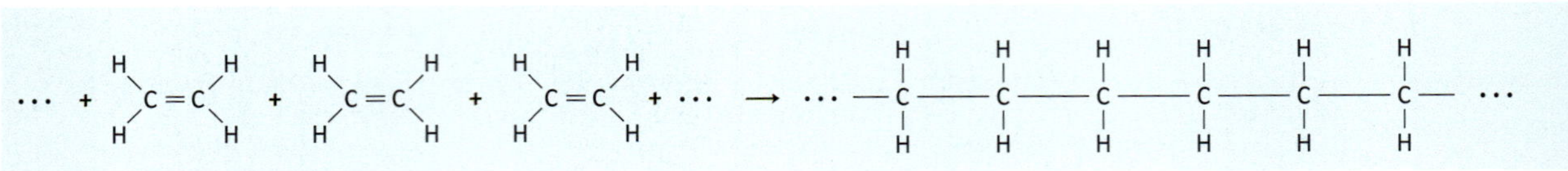

B3 Viele Monomere bilden ein Polymer

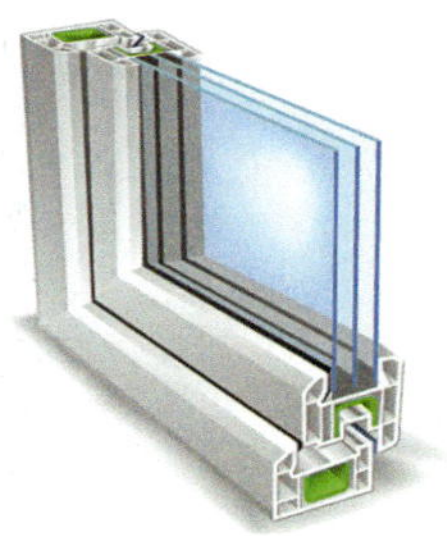

B4 Fensterprofil aus PVC

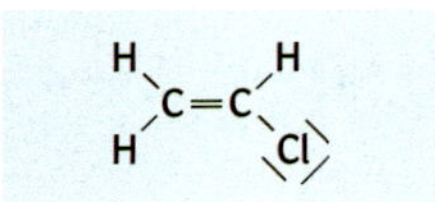

B5 Strukturformel von Chlorethen

B6 Künstliche Fingernägel

A1 Polyvinylchlorid (PVC) ist ein Kunststoff, aus dem Fensterprofile [B4] und Fußbodenbeläge hergestellt werden. Polyvinylchlorid wird durch Polymerisation aus Vinylchlorid (Chlorethen) [B5] gewonnen. Formuliere die Reaktion für die Bildung von PVC aus Vinylchlorid mit Strukturformeln.

A2 Stelle zu den folgenden Summenformeln die Strukturformeln auf. Welche Moleküle eignen sich für eine Polymerisation? Begründe.
Summenformeln: **a)** C_3H_8, **b)** C_2H_4, **c)** C_2H_3Cl, **d)** C_2H_6, **e)** C_3H_6

A3 Ordne im Steckbrief unten folgende Begriffe richtig zu: Propen, Thermoplast, bei Erwärmen verformbar, Rohrleitungen, Polypropen.

Steckbrief

Name des Kunststoffs:
Name des Monomers:
Kunststoffgruppe:
Eigenschaft:
Verwendung:

A4 Der größte Teil des Erdöls wird heute als Treibstoff oder zum Heizen verwendet. Erdöl ist aber auch ein wertvoller Rohstoff für Kunststoffe [B7].
a) Beurteile den Einsatz von Erdöl als Rohstoff und als Energieträger. Beschreibe Vor- und Nachteile.
b) Begründe, ob Kunststoffe aus nachwachsenden Rohstoffen eine Alternative sein können.

A5 Recherchiere, wie künstliche Fingernägel aus Acryl [B6] hergestellt werden.

A6 Ein Rätsel: Schreibe die Lösungswörter 1. bis 14. untereinander und markiere jeweils den in Klammern angegebenen Buchstaben. Die markierten Buchstaben ergeben das Lösungswort. Umlaute bitte auflösen.

1. Ausgangsmolekül mit drei C-Atomen für ein Makromolekül (4)
2. Rohstoff für Kunststoffe (4)
3. Kleine Körner aus Thermoplasten (6)
4. Das Kurzzeichen ist PS (4)
5. Lassen sich durch Erwärmen verformen (5)
6. Ausgangsstoff für viele Kunststoffe (4)
7. Großes Molekül (4)
8. Trennverfahren (5)
9. Reaktionsbeschleuniger (7)
10. Duroplaste sind es (2)
11. Synonym für „dehnbar“ (5)
12. Eigenschaft, die Kunststoffe leicht machen (2)
13. Chemische Verbindung aus Kettenmolekülen oder verzweigten Molekülen (2)
14. Baustein für ein Makromolekül (3)

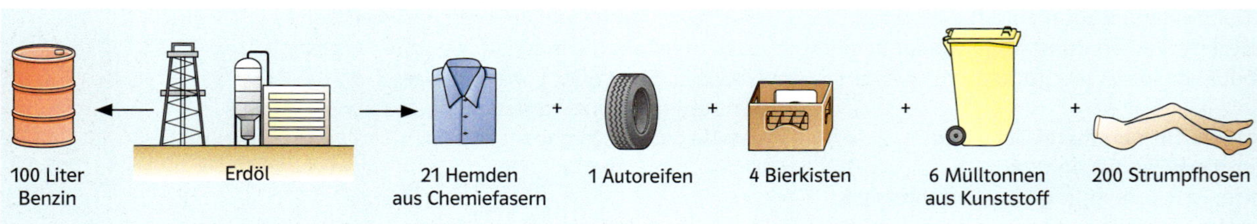

B7 Erdöl – Energieträger oder Rohstoff für Kunststoffe?

8 Vom Reagenzglas zum Reaktor

Viele im Alltag verwendeten Stoffe und Produkte wie Arzneimittel, Farbstoffe oder Kunststoffartikel sind Erzeugnisse der chemischen Industrie oder basieren auf Produkten der chemischen Industrie. Auch besteht ein großer Bedarf an chemischen Grunderzeugnissen wie Schwefelsäure oder Ammoniak. Um den Bedarf zu decken, ist eine industrielle Produktion in großem Maßstab erforderlich.

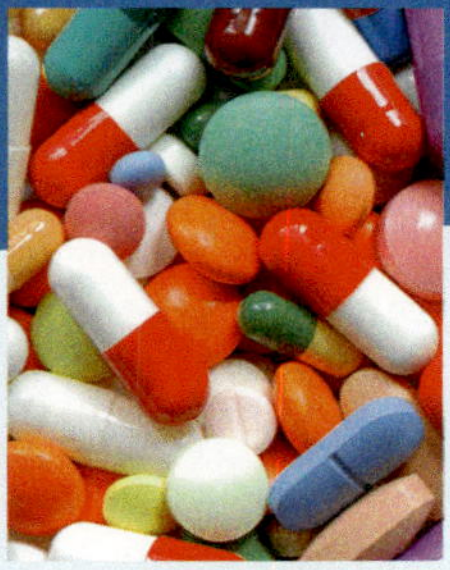

Wird eine chemische Reaktion in einem Schulexperiment durchgeführt, geht es darum, den Reaktionsablauf zu verstehen. Dabei ist es vollkommen ausreichend, wenn kleine Stoffportionen von wenigen Gramm oder Millilitern eingesetzt werden.

In der chemischen Industrie dient der Ablauf einer Reaktion dazu, große Mengen eines Stoffes zu produzieren. Oft beträgt die Tagesproduktion mehrere tausend Tonnen. Daher spielen der optimale Einsatz von Energie und Rohstoffen sowie die Umweltverträglichkeit des Produktionsprozesses eine wichtige Rolle.

Die chemische Industrie ist der wirtschaftlich bedeutendste Industriezweig in Rheinland-Pfalz. 2013 haben mehr als 67 000 Menschen bei der Herstellung von chemischen Erzeugnissen mitgewirkt. Das entspricht fast jedem fünften Arbeitsplatz in Rheinland-Pfalz in der produzierenden Industrie.

Surftipp
rx2bm9

8.1 Chemische Industrie in und um Rheinland-Pfalz

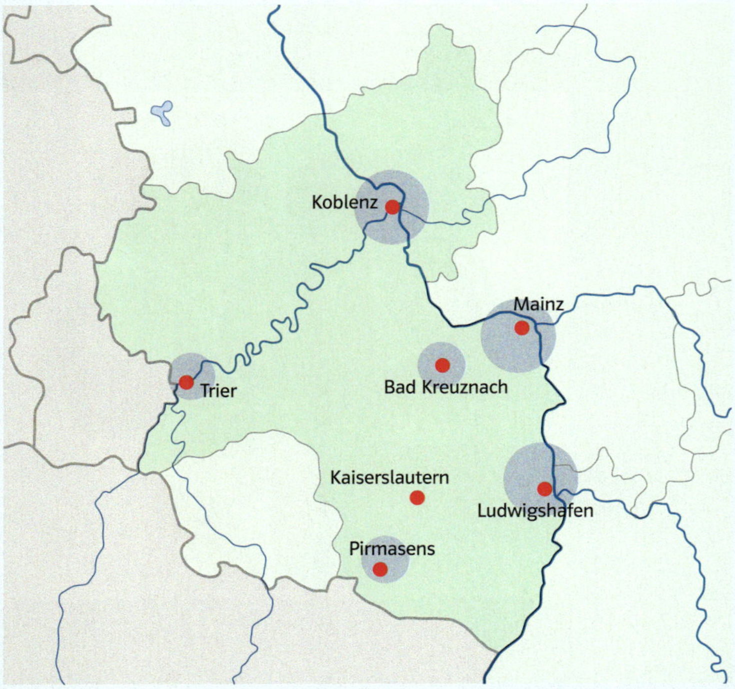

B1 Regionale Schwerpunkte der in Verbänden organisierten chemischen Industrie in Rheinland-Pfalz

A1 Ein Großteil der chemischen Industrie in Rheinland-Pfalz ist entlang des Rheins angesiedelt [B1]. Begründe.

Chemie in Rheinland-Pfalz: Von Global Playern und Kleinunternehmen

In Rheinland-Pfalz sind neben vielen kleinen und mittelständischen Unternehmen die beiden Weltkonzerne BASF SE und Boehringer Ingelheim von Bedeutung.

B2 Völklinger Hütte

Die **BASF SE** (ehemals: **B**adische **A**nilin- & **S**oda-**F**abrik) wurde 1865 in Mannheim gegründet, zog aber bereits eine Woche nach der Gründung ins rheinland-pfälzische Ludwigshafen. Dort befindet sich heute der größte Chemiestandort eines Unternehmens weltweit. **Boehringer Ingelheim** wurde 1885 in Ingelheim am Rhein gegründet und ist heute das größte forschende Pharmaunternehmen Deutschlands.

A2 Informiere dich über folgende Unternehmen bzw. Produktionsstätten (Produkte, Anzahl der Beschäftigten, jährlicher Umsatz):
- BASF SE, Ludwigshafen [B3]
- Boehringer Ingelheim [B4]
- Weltkulturerbe Völklinger Hütte [B2]
- Schott-AG, Mainz

B3 BASF SE, Ludwigshafen

B4 Boehringer Ingelheim

A3 In vielen Regionen von Rheinland-Pfalz befinden sich mehrere kleinere und mittelständische Unternehmen der chemischen Industrie. Recherchiere, welche Produkte in den Regionen Koblenz, Bad Kreuznach und Pirmasens hergestellt werden.

A4 Recherchiere, **a)** ob es in der Nähe deines Wohnortes Unternehmen der chemischen Industrie gibt, **b)** welche Produkte diese Unternehmen herstellen und **c)** ob Ausbildungsplätze angeboten werden.

A5 Nenne die Hauptprodukte der chemischen Industrie in Rheinland-Pfalz [B5] und deren mögliche Verwendungszwecke.

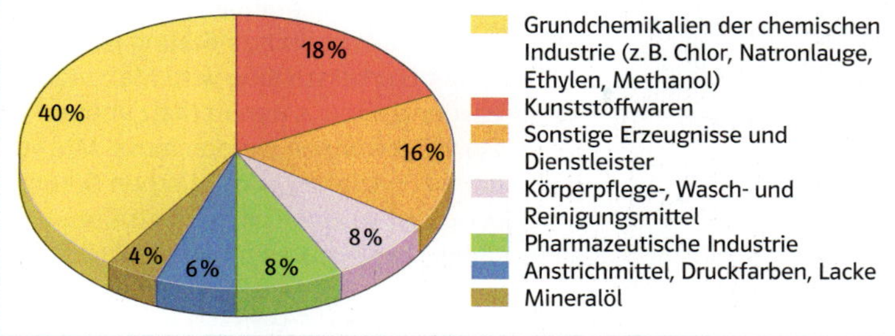

B5 Produktpalette der chemischen Industrie in Rheinland-Pfalz

Chemische Industrie – Produktion im großen Maßstab

Viele Stoffe kann man auch im Schullabor herstellen. Folgende Aspekte sind aber bei Synthesen der chemischen Industrie wesentlich wichtiger als beim Arbeiten im Schullabor:
- Verfügbarkeit großer Mengen preiswerter Ausgangsstoffe (evtl. aus nachwachsenden Rohstoffen),
- geringer Energieaufwand,
- möglichst vollständiger Umsatz der Ausgangsstoffe zu den Produkten,
- möglichst geringe Umweltbelastung durch Produktionsprozesse und eventuell anfallende Nebenprodukte

A6 Begründe, warum diese Aspekte in der chemischen Industrie wichtiger als im Schullabor sind.

Ursprünge der Industrie

Als es noch keine Industrie gab, wurden Stoffe schon mit chemischen Methoden produziert. Bier wurde im Mittelalter zunächst in Klöstern [B7] und später von kleinen Brauereien handwerklich hergestellt. Die Bitburger Brauerei wurde z. B. 1817 als kleine Landbrauerei gegründet und ist heute eine der größten Brauereien in Deutschland.
Seifensieden war früher eine hohe Handwerkskunst [B6] und die Rezepte wurden geheim gehalten. Entsprechend war Seife sehr teuer.

A7 Nenne Gründe, warum ausgerechnet Bier und Seife zu den ersten Produkten gehörten, bei denen sich die handwerkliche Produktion zur industriellen Produktion entwickelt hat.

V1 Seife selbst gemacht

Materialien: Schutzbrille, 2 Bechergläser (100 ml, 250 ml), Messzylinder (100 ml), Glasstab, Spatellöffel, Gasbrenner, Anzünder, Dreifuß, Keramik-Drahtnetz, Waage, Keksförmchen oder Streichholzschachtel, Natronlauge (*w* = 25 %), gesättigte Kochsalzlösung, Kokosfett (z. B. Palmin), verschiedene Duftöle (z. B. Lavendelöl), dest. Wasser
Versuchsanleitung: Erhitze vorsichtig (Achtung! Spritzgefahr! Schutzbrille!) und unter ständigem Rühren 10 g Kokosfett im 250 ml-Becherglas. Gib nach und nach unter ständigem Rühren 10 ml der Natronlauge zu. Rühre die Mischung dabei ständig mit dem Glasstab um. Achte darauf, dass verdampftes Wasser durch destilliertes Wasser ersetzt wird. Lass die Mischung abkühlen.
Gieße dann den Inhalt des Becherglases in das 100 ml-Becherglas mit der gesättigten Kochsalzlösung. Schöpfe die entstandene Seife mit dem Spatellöffel ab. Gib jetzt das Duftöl zu. Presse die Seifenmasse in ein Förmchen oder in eine Streichholzschachtel und lass die Seife trocknen.

B7 Bierbrauender Mönch (1379)

B6 Seifensieden um 1840

8.2 Praktikum Alkoholische Gärung

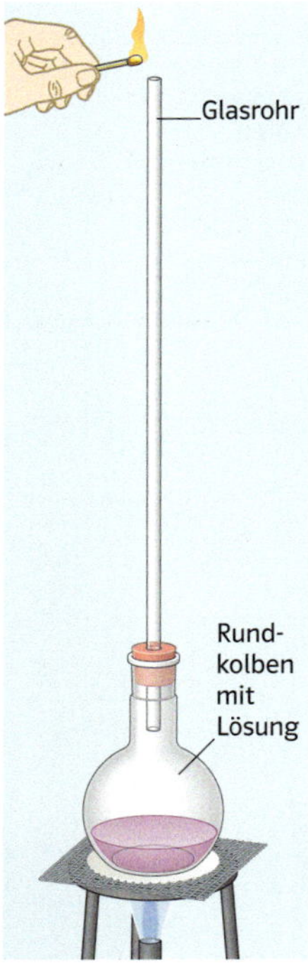

B1 Brennprobe (zu V3)

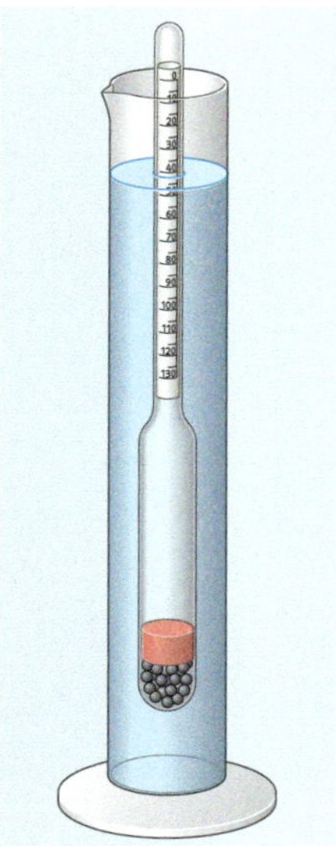

B2 Dichtebestimmung (zu V4)

Die Herstellung alkoholhaltiger Getränke beruht auf der alkoholischen Gärung (s. Kap. 5.14). Bei der Bierherstellung wird Malzzucker vergoren, der zuvor aus der im Malz enthaltenen Stärke gewonnen werden muss. Möchte man nur das Prinzip der alkoholischen Gärung untersuchen, ist es einfacher, Fruchtsäfte zu vergären. Diese enthalten bereits Zucker.

V1 Vergärung von Fruchtsäften
Geräte und Materialien: Weintrauben oder Äpfel (jeweils ungewaschen), Kalkwasser, Erlenmeyerkolben (Enghals, 250 ml), passender Stopfen (einfach durchbohrt), Glasrohr (doppelt gewinkelt, U-Form), Becherglas (100 ml, hohe Form), Reibschale mit Pistill, Reibe mit Teller für Äpfel.
Durchführung: Drücke in einer Reibschale Weintrauben oder geriebenen Apfel mit einem Pistill aus und fülle den Fruchtsaft in den Erlenmeyerkolben. Verschließe ihn mit einem durchbohrten Gummistopfen mit doppelt gewinkeltem Glasrohr, das in das Becherglas mit Kalkwasser eintaucht. Lass die Lösung für Versuch 3 mindestens eine Woche stehen.
Aufgabe: Beschreibe und deute deine Beobachtungen.

V2 Bedeutung der Hefe
Geräte und Materialien: 2 Erlenmeyerkolben (Enghals, 250 ml), 2 Stopfen (einfach durchbohrt), 2 Gärröhrchen, Waage, Kalkwasser, Wasser, Hefe, Traubenzucker.
Durchführung: Gib jeweils 15 g Traubenzucker und 150 ml Wasser in die Erlenmeyerkolben. Füge einer der Lösungen noch 2 g Hefe zu, schwenke gut um und markiere diesen Kolben. Verschließe die Kolben mit Stopfen und Gärröhrchen mit Kalkwasser. Stelle die Kolben für etwa eine Woche an einen warmen Ort.
Aufgabe: Beschreibe und deute deine Beobachtungen.

V3 Brennprobe auf Alkohol
Geräte und Materialien: Schutzbrille, Stativ, Doppelmuffe, Universalklemme, Dreifuß mit Keramik-Drahtnetz, Gasbrenner, Holzspan, Siedesteinchen, Rundkolben (100 ml), Glasrohr (ca. 80 cm), Stopfen (einfach durchbohrt), Ansätze von Versuch 1 und 2.
Durchführung: Baue die Apparatur nach B1 zusammen und befülle den Rundkolben etwa zur Hälfte mit dem Ansatz von V1. Setze einige Siedesteinchen zu und erhitze die Lösung langsam bis zum Sieden. Versuche, die Dämpfe mit einem brennenden Holzspan am Ende des Steigrohres zu entzünden. Führe die Probe ebenso mit den Ansätzen von V2 durch.
Aufgabe: Beschreibe und deute deine Beobachtungen.

V4 Bestimmung des Zuckergehalts von Fruchtsäften
Das Ausmaß der Alkoholbildung bei der Gärung hängt ab vom Zuckergehalt der eingesetzten Lösung. So ist es z. B. im Weinbau sehr wichtig, den Zuckergehalt des Traubensafts zu kennen. Die Bestimmung erfolgt mithilfe eines Aräometers (Senkwaage). Durch Zucker und einige andere Inhaltsstoffe besitzen die Lösungen höhere Dichten als reines Wasser (ϱ = 1000 g/l). Als Maß für den Zuckergehalt, v. a. von vergärbarem Fruchtsaft (Most), wird häufig das „Mostgewicht" in der Einheit Oechslegrad (Zeichen: °Oe) angegeben:

$$\text{Mostgewicht} = \left(\frac{\varrho(\text{Lösung})}{\text{g/l}} - 1000\right) °\text{Oe}$$

Aus dem Mostgewicht lässt sich die Zuckerkonzentration β(Zucker) und die maximal bei vollständiger Vergärung erreichbare Alkoholkonzentration σ(Alkohol) nach folgenden Beziehungen grob abschätzen:

$$\beta(\text{Zucker}) \approx \frac{\text{Mostgewicht}}{°\text{Oe}} \cdot 2\,\frac{\text{g}}{\text{l}}$$

$$\sigma(\text{Alkohol}) \approx \frac{\text{Mostgewicht}}{8\,°\text{Oe}}\,\%$$

Geräte und Materialien:
Aräometer mit Standzylinder („Oechslewaage"), verschiedene klare Mostsorten.
Durchführung: Fülle den Standzylinder mit Most und tauche das Aräometer langsam ein [B2]. Lies die Skala des Aräometers an der Flüssigkeitsoberfläche ab. (Das Aräometer muss frei schwimmen.)
Aufgabe: Schätze aus den Messwerten die Zuckerkonzentration der Moste sowie die erreichbare Alkoholkonzentration ab.

8.3 Die Herstellung von Bier

Nach dem deutschen Reinheitsgebot dürfen zur Bereitung von Bier nur Hopfen, Malz, Hefe und Wasser verwendet werden.

Mälzen. Gerstenkörner werden mit Wasser zum Keimen gebracht [B1]. Dabei entsteht Grünmalz, das auf einem gitterartigen Boden, der Darre, getrocknet wird. Das Malz wird geschrotet und in großen Kupferkesseln, den Maischkesseln, mit Wasser auf 50 – 75 °C erwärmt. Dabei entsteht aus Stärke Malzzucker. Der Rückstand (Treber) wird im Läuterbottich abgetrennt. Malztreber ist ein Futtermittel.

Sieden. Nach Zugabe von Hopfen wird die Würze in der Siedepfanne gekocht [B2]. Aroma- und Bitterstoffe des Hopfens gehen in Lösung und verleihen dieser einen herben Geschmack. Die Gerbstoffe machen das Bier haltbar. Nach Abtrennen der Hopfenrückstände wird die Würze auf ca. 5 – 10 °C gekühlt.

Gären. Die Würze wird in Gärbottichen [B2] mit Hefe versetzt und bei einer Temperatur von 5 – 10 °C etwa 8 bis 10 Tage vergoren. Insbesondere da bei der Gärung Wärme frei wird, ist eine Kühlung erforderlich. Die dabei entstehende Abwärme kann in der Brauerei zum Mälzen oder Heizen genutzt werden. Die Hefe setzt sich beim Gärvorgang am Boden ab, es entsteht untergäriges Bier. In Lagertanks kommt es bei 0 – 2 °C zu einer Nachgärung. Dabei reichert sich Kohlenstoffdioxid an.

Alkoholfreie Biere können eine Volumenkonzentration an Alkohol bis 0,5 % besitzen. Dem Bier wird der Alkohol weitgehend entzogen. Bei der Herstellung werden z. B. Membranen eingesetzt, die unter Druck die kleinen Alkohol- und Wasser-Moleküle durchlassen, nicht aber die größeren Moleküle der Aromastoffe. Das entfernte Alkohol-Wasser-Gemisch wird danach durch Wasser ersetzt.

A1 Chemische Prozesse können durch einen Infomationstext oder ein Fließschema [B1] beschrieben werden. Nenne Vor- und Nachteile der beiden Darstellungsweisen.

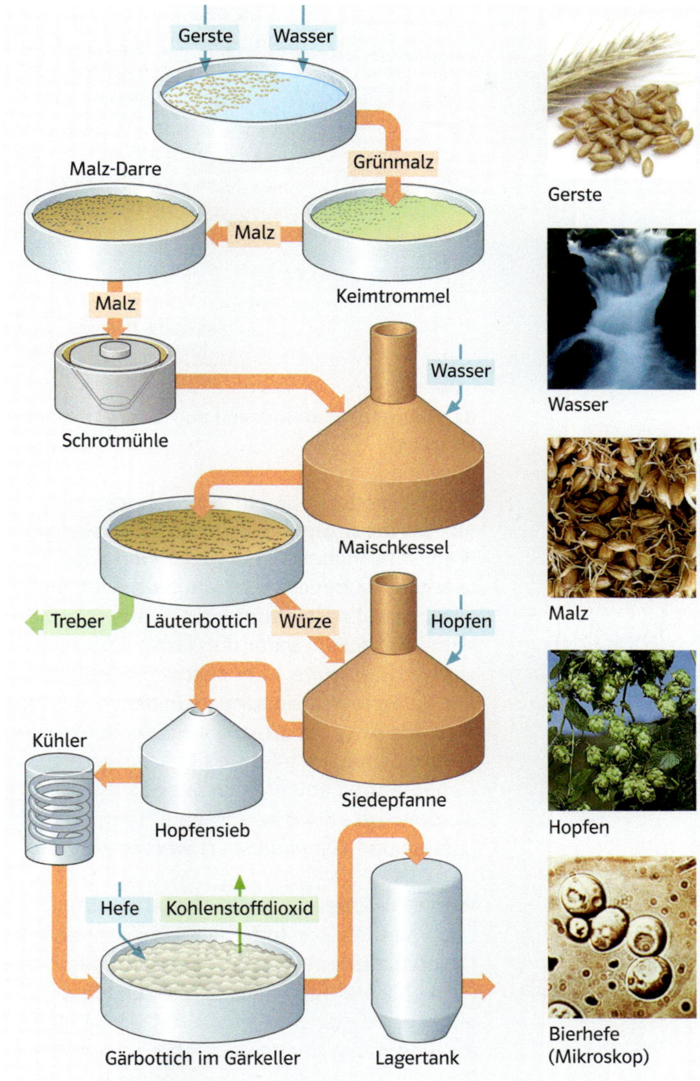

B1 Stationen der Bierherstellung

B2 Hopfenzugabe (links) und Gärbottich (rechts)

8.4 Katalysatoren: Helfer bei chemischen Reaktionen

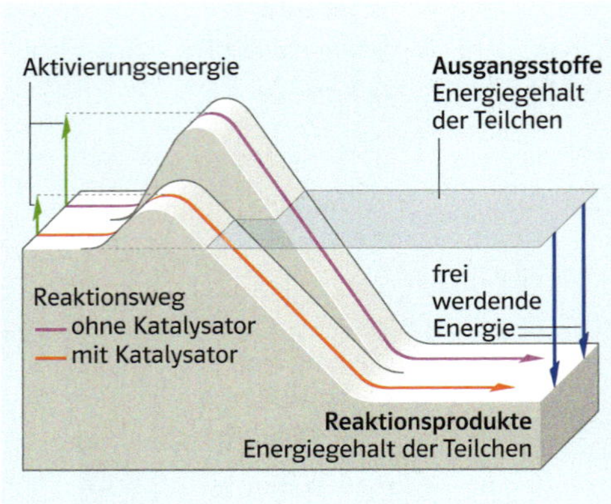

B1 Aktivierungsenergie mit und ohne Katalysator im Modell

Um chemische Reaktionen zu starten, muss die Aktivierungsenergie überwunden werden (Kap. 3.10). Viele Reaktionen können aber bereits bei Zimmertemperatur und ohne Starthilfe durch Energiezufuhr von außen sehr schnell ablaufen. Dafür nutzt man häufig geeignete Hilfsstoffe. Man nennt sie **Katalysatoren**. Sie werden insbesondere in der chemischen Industrie eingesetzt, um chemische Reaktionen zu beschleunigen oder sie bei niedrigeren Temperaturen ablaufen lassen zu können. So werden Produktionsverfahren effizienter, weil Energie und Zeit eingespart werden können.

Wasserbildung mit Platin als Katalysator. Lässt man Wasserstoff über eine Keramikperle strömen, die fein verteiltes Platin enthält, so beobachtet man nach kurzer Zeit, dass die Perle zu glühen beginnt [B2]. Schließlich entzündet sich der Wasserstoff oberhalb der Perle ohne eine zusätzliche Zündquelle und verbrennt mit dem Sauerstoff der Luft zu Wasser. Die Reaktion kommt also unter diesen Bedingungen ohne äußere Energiezufuhr durch einen Zündfunken oder einen Gasbrenner in Gang. Mit Platin als Katalysator ist die Aktivierungsenergie der Reaktion kleiner als ohne [B1]. Daher muss weniger Energie zugeführt werden, um die Reaktion auszulösen. Die Reaktion setzt schon bei Zimmertemperatur in merklichem Ausmaß ein.

Den Vorgang erklärt man sich so: Die Wasserstoff- und Sauerstoff-Moleküle haften an der Platinoberfläche. Zwischen den Platin-Atomen und den Wasserstoff- und Sauerstoff-Molekülen wirken Anziehungskräfte [B4]. Dies führt dazu, dass die Atome in den Wasserstoff- und Sauerstoff-Molekülen weniger fest zusammenhalten. Die Bindungen in den Edukt-Molekülen werden leichter gespalten. Nach der Bildung der Wasser-Moleküle und ihrer Ablösung von der Platinoberfläche liegt das Platin unverändert vor. Es kann wieder eingesetzt werden. Die bei der Bildung des Wassers abgegebene Energie erwärmt die Perle bis zur Rotglut. Die Temperatur reicht aus, dass sich der ausströmende Wasserstoff entzündet.

V1 Man leitet mit einer Lötrohrspitze oder einem Glasröhrchen Wasserstoff auf mit Platin belegte Keramikperlen, die auf einem Drahtnetz liegen. Der Gasstrom darf nicht zu schwach, aber auch nicht zu stark eingestellt sein. Er wird so geregelt, dass die Perlen zu glühen beginnen.

V2 Versuche, einen Zuckerwürfel mit einem Stabfeuerzeug anzuzünden. Zerreibe dann Pflanzen- oder Holzasche. Gib nun auf einen weiteren Zuckerwürfel etwas der gut zerriebenen Asche und wiederhole den Versuch.

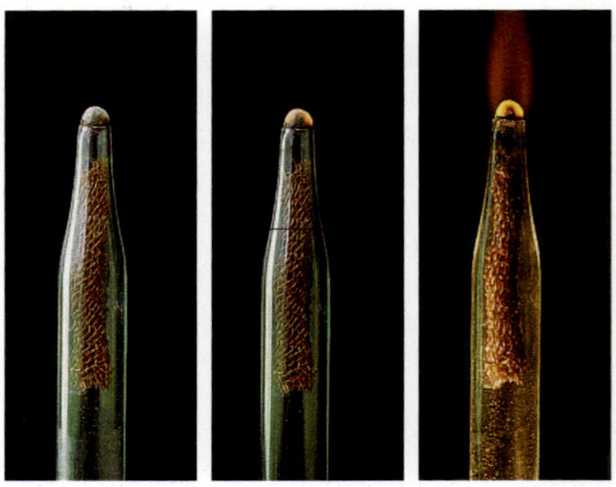

B2 Entzündung von Wasserstoff an einem Platinkatalysator

Einen Stoff, der durch Herabsetzung der Aktivierungsenergie eine chemische Reaktion beschleunigt oder bei einer niedrigeren Temperatur ermöglicht, nennt man Katalysator. Er nimmt an der Reaktion teil, liegt aber nach der Reaktion wieder unverändert vor.

Weitere Einsatzgebiete von Katalysatoren. Katalysatoren werden in der chemischen Industrie eingesetzt, z. B. bei der Synthese von Schwefelsäure (Kap. 8.7) und Ammoniak (Kap. 8.10). Aber auch im Körper von Lebewesen spielen sie eine große Rolle. So läuft z. B. die Verdauung der Nahrung im menschlichen Körper unter dem Einfluss von Biokatalysatoren (Enzymen) bei Körpertemperatur, also ca. 37 °C, ab. Die bei der alkoholischen Gärung (Kap. 5.14) verwendete Hefe produziert ebenfalls Enzyme. Diese katalysieren die Reaktion von Zucker zu Alkohol und Kohlenstoffdioxid.

A1 Erkläre, worauf die katalytische Wirkung von Platin bei der Bildung von Wasser aus Wasserstoff und Sauerstoff beruht.

A2 Viele Stoffwechselvorgänge im Körper des Menschen würden bei zum Teil deutlich höherer Temperatur auch ohne Enzyme ablaufen. Wieso sind Enzyme dennoch lebenswichtig? Erkläre.

A3 Bewerte folgende Aussage: „Ein Abgaskatalysator filtert die Autoabgase".

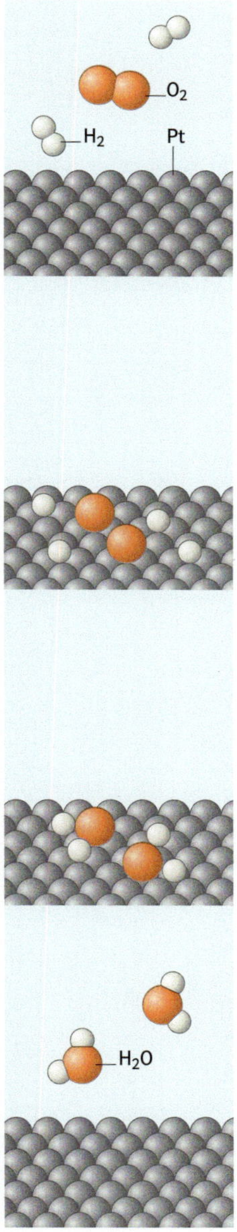

B4 Platin als Katalysator. Der Katalysator erleichtert die Spaltung der Wasserstoff- und Sauerstoff-Moleküle

Exkurs Autoabgase und Abgaskatalysator

Benzin und Dieselkraftstoff sind Gemische von Kohlenwasserstoffen, Verbindungen von Kohlenstoff und Wasserstoff. Beim Verbrennen reagieren sie aber nicht nur zu Kohlenstoffdioxid und Wasser. Durch unvollständige Verbrennung entsteht auch das giftige Kohlenstoffmonooxid. Ein geringer Teil des Benzins wird nicht oxidiert, sondern zu neuen Kohlenwasserstoffen umgewandelt. Bei den hohen Temperaturen im Zylinder des Motors reagiert ein Teil des Stickstoffs mit der eingesaugten Luft zu Stickstoffoxiden. Die Aufgabe des Abgaskatalysators ist es, die entstandenen Schadstoffe zu unschädlichen Stoffen reagieren zu lassen. Er besteht aus einem Keramikblock, der von wabenförmigen Röhren durchzogen ist, dem Keramikwabenkörper [B3]. Auf der rauen Oberfläche der dünnen Kanäle ist Platin oder ein anderes Edelmetall, wie z. B. Rhodium oder Palladium, in fein verteilter Form aufgetragen. Man braucht für einen ganzen Katalysatorblock etwa zwei Gramm Edelmetallpulver. An der großen Oberfläche des Katalysators reagieren die vom Motor kommenden heißen Gase miteinander. Aus Kohlenwasserstoffen, Kohlenstoffmonooxid, Stickstoffoxiden und restlichem Sauerstoff entstehen so unter idealen Bedingungen nur Kohlenstoffdioxid, Wasser und Stickstoff.

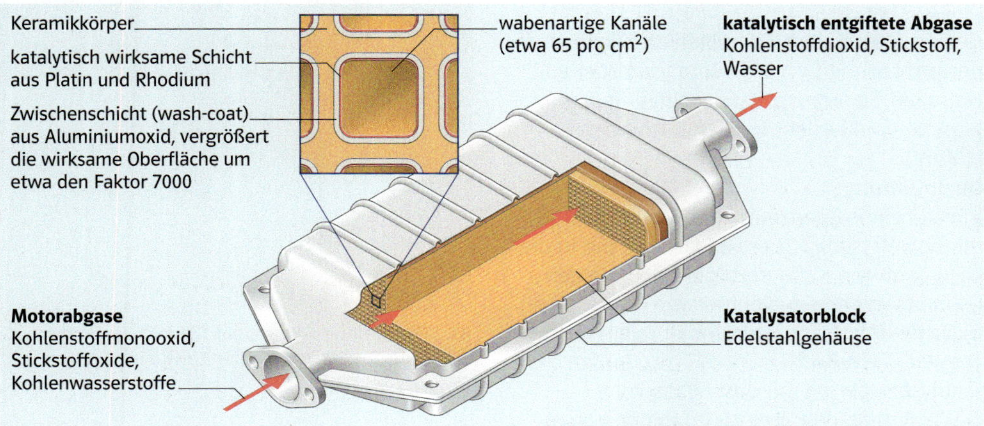

B3 Schemabild eines Abgaskatalysators mit vergrößerter Darstellung des platinbeschichteten Keramikkörpers

8.5 Praktikum Chemische Reaktion und Katalysator

V1 Reaktion von Wasserstoff ohne Flamme
Geräte, Materialien: verschlossenes mit Wasserstoff gefülltes Reagenzglas, Katalysatorperlen mit Platin, Watesmopapier, Pinzette.
Durchführung: Drehe das Reagenzglas auf den Kopf. Öffne es, gib rasch ca. 6 Katalysatorperlen dazu und verschließe es sofort wieder. Lass die Perlen langsam im Reagenzglas hin- und herrollen. Befühle das Glas außen entlang des Weges der Perlen. Ziehe den Stopfen ab und wische das Reagenzglas mit Watesmopapier aus.
Aufgaben:
a) Beschreibe und deute deine Beobachtungen.
b) Verändern sich die Katalysatorperlen?

V2 Wasserstoffperoxid und Katalysator
Wasserstoffperoxid (H_2O_2) ist ein häufig eingesetztes Oxidationsmittel, weil es in Wasser und Sauerstoff zerfällt [B1]. Der entstehende Sauerstoff oxidiert viele Stoffe.

Wasserstoffperoxid ⟶ Wasser + Sauerstoff | exotherm

Bei Zimmertemperatur ist Wasserstoffperoxid sowohl in reinem wie in gelöstem Zustand beständig. Erst beim Erwärmen auf höhere Temperaturen zerfällt es, unter Umständen gar explosionsartig. Durch Katalysatoren lässt sich die Zerfallsgeschwindigkeit des Wasserstoffperoxids stark erhöhen.

Geräte, Materialien, Chemikalien: Wasserstoffperoxid-Lösung ($w \approx 5\%$), Katalysatorperlen, Holzspan, Feuerzeug, Reagenzglas, Reagenzglasständer, Teesieb, Trichter, Becherglas (100 ml).
Durchführung:
a) Fülle ein Reagenzglas zu etwa einem Drittel mit der Wasserstoffperoxid-Lösung. Gib in die Lösung etwa 4 Katalysatorperlen. Prüfe den Gasraum mit einem glimmenden Holzspan.
b) Gieße den Reagenzglasinhalt durch ein Teesieb in ein Becherglas (100 ml), spritze die Katalysatorperlen mit dest. Wasser ab.
c) Wiederhole den Versuch (a) mit den abgespritzten Katalysatorperlen.
Achtung: Die Wasserstoffperoxid-Lösung darf nicht auf die Haut oder in die Augen gelangen! Wenn es doch passiert ist, wird mit viel Wasser gespült.
Aufgaben:
a) Beschreibe deine Beobachtungen.
b) Haben sich die Katalysatorperlen verändert?
c) Können die Katalysatorperlen weitere Male verwendet werden. Begründe!

V3 Biokatalysator in Kartoffeln
Geräte, Materialien, Chemikalien: Wasserstoffperoxid-Lösung ($w \approx 5\%$), rohe Kartoffel, gekochte Kartoffel, Reibschale mit Pistill, Reagenzglas, Reagenzglasständer, Holzspan.
Durchführung:
a) Zerquetsche ein kleines Stück rohe Kartoffel. Gib den Brei in ein Reagenzglas, das zu einem Drittel mit der Wasserstoffperoxid-Lösung gefüllt ist. Führe nach kurzem Abwarten die Glimmspanprobe durch.
b) Wiederhole den Versuch mit einem Stückchen einer gekochten Kartoffel.
Achtung: Die Wasserstoffperoxid-Lösung darf nicht auf die Haut oder in die Augen gelangen! Wenn es doch passiert ist, wird mit viel Wasser gespült.
Aufgabe: Beschreibe und deute deine Beobachtungen.

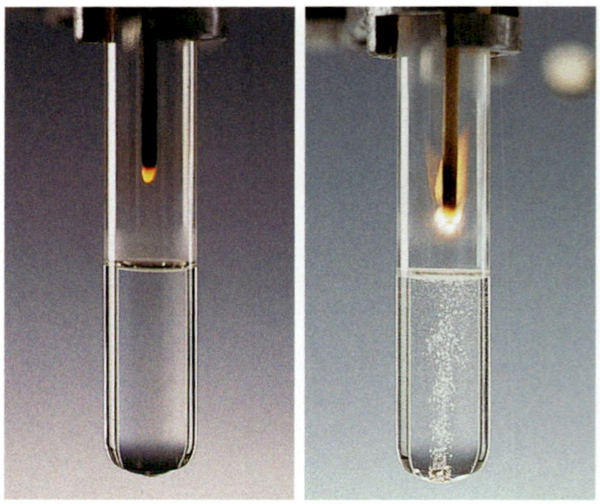

B1 Platin ist ein vielseitiger Katalysator, es katalysiert auch den Zerfall von Wasserstoffperoxid

8.6 Herstellung von Schwefelsäure im Labor

Schwefelsäure (Kap. 6.16) ist aufgrund ihrer vielen Einsatz- und Verwendungsmöglichkeiten eine der wichtigsten Säuren. Auch im Chemieunterricht wird sie häufig verwendet.

Herstellen von Schwefelsäure im Schulexperiment. Im Schullabor kann Schwefelsäure wie in B1, V1 beschrieben hergestellt werden. Beim Verbrennen von Schwefel entsteht Schwefeldioxid, welches mithilfe eines Platinkatalysators zu Schwefeltrioxid oxidiert wird. Dieses leitet man in Wasser ein, und es entsteht Schwefelsäure. Da Schwefelsäure-Lösung Sulfat-Ionen enthält, kann sie mithilfe von Bariumchlorid-Lösung nachgewiesen werden [B2].

Probleme beim Schulexperiment. Die Herstellung von Schwefelsäure im Laborversuch gelingt zwar, das Verfahren ist bei näherer Betrachtung aber nicht sehr effizient. Durch das Erhitzen mit Gasbrennern geht viel Wärme an die Umgebung verloren. Zudem verbrennt fester Schwefel an der Luft nur langsam. Beim Durchströmen des Quarzrohrs reagiert nur ein Teil des Schwefeldioxids zu Schwefeltrioxid und nur ein Teil des Schwefeltrioxids zu Schwefelsäure. Man sagt, die Ausbeute des Verfahrens ist nicht groß. Dies bedeutet auch, dass ein großer Teil der giftigen Gase Schwefeldioxid und Schwefeltrioxid über den Abzug in die Umwelt gelangen. Ein industrielles Verfahren zur Schwefelsäure-Herstellung muss hinsichtlich all dieser Aspekte optimiert werden, um wirtschaftlich und zugleich umweltverträglich zu sein.

Bei Schulversuchen muss im Gegensatz zu großtechnischen Verfahren nicht so sehr auf eine hohe Ausbeute, eine effiziente Nutzung von Energie bzw. Rohstoffressourcen und eine größtmögliche Umweltverträglichkeit geachtet werden.

V1 Entsprechend B1 wird Schwefelpulver in Sauerstoff verbrannt. Das an den Katalysatorperlen entstehende Schwefeltrioxid wird durch einen Rundkolben und dann durch eine Waschflasche mit Wasser gesaugt.

V2 Lass dir eine Probe der in V1 hergestellten Lösung geben. Untersuche die Probe mit Universalindikator und Bariumchlorid-Lösung ($w = 5\,\%$).

B2 Nachweis von Sulfat-Ionen mit Bariumchlorid-Lösung

Ausbeute Der Begriff wird vor allem dann wichtig, wenn man ein bestimmtes Produkt herstellen möchte. Die Synthese läuft oft in mehreren Schritten ab. Bei allen Schritten können Verluste auftreten, sodass die Ausbeute meist nicht bei 100 % liegt.

$$\text{Ausbeute} = \frac{\text{Tatsächliche Stoffmenge Produkt}}{\text{Maximal mögliche Stoffmenge Produkt}} \cdot 100$$

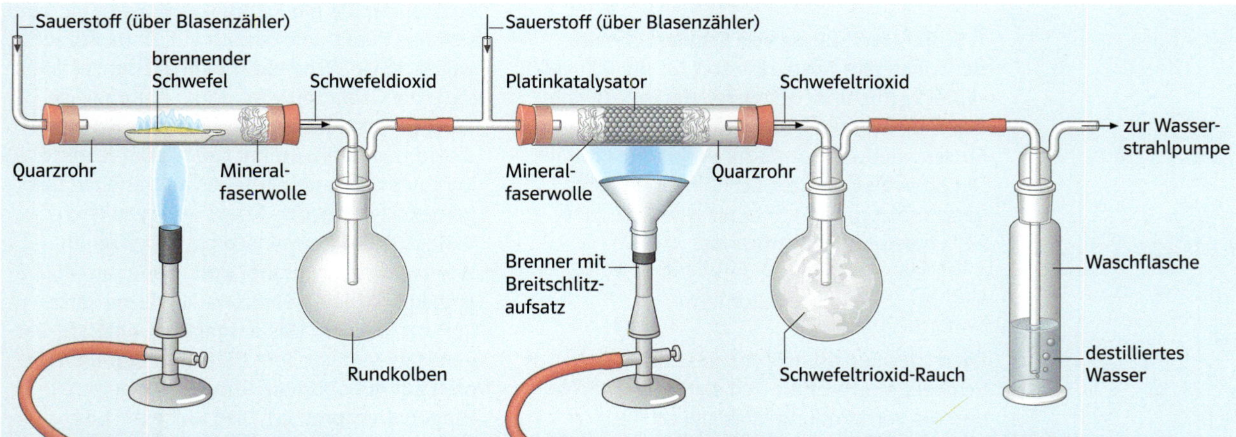

1. Gewinnung von Schwefeldioxid
Bei der Verbrennung von Schwefel entsteht Schwefeldioxid.
$S + O_2 \longrightarrow SO_2$

2. Katalytische Oxidation von Schwefeldioxid
Am Katalysator reagiert Schwefeldioxid mit Sauerstoff zu Schwefeltrioxid. Dieses wird als weißer Rauch sichtbar.
$2\,SO_2 + O_2 \longrightarrow 2\,SO_3$

3. Absorption von Schwefeltrioxid
Schwefeltrioxid wird durch Wasser geleitet und reagiert mit diesem zu Schwefelsäure.
$SO_3 + H_2O \longrightarrow H_2SO_4$

B1 Herstellung von Schwefelsäure im Schullabor

8.7 Industrielle Herstellung von Schwefelsäure

B1 Absorbertürme einer großtechnischen Anlage

Energiebilanz Menge der aufgewendeten Energie im Verhältnis zum Ertrag. Bei Produktionsprozessen mit einer guten Energiebilanz geht wenig Energie, etwa in Form von ungenutzter Abwärme, verloren

Schwefelsäure ist eine der wichtigsten Grundchemikalien. Jährlich werden weltweit etwa 200 Millionen Tonnen produziert. Früher wurde das Bleikammerverfahren angewendet. Heute wird die Schwefelsäure nach dem **Kontaktverfahren** [B3] in drei Stufen gewonnen. „Kontakt" ist die ältere Bezeichnung für Katalysator. Dieser bewirkt, dass die Reaktion gleichzeitig schnell und mit einer guten Ausbeute ablaufen kann.

1. Stufe: Herstellung von Schwefeldioxid. Der wichtigste Ausgangsstoff für die Schwefelsäure-Synthese ist Schwefel, der in Schwefellagerstätten abgebaut wird oder bei der Entschwefelung von Erdöl und Erdgas anfällt. Der Schwefel wird zunächst in einem *Ofen* geschmolzen, dann mit Luft zerstäubt, und zu Schwefeldioxid verbrannt:

$$S + O_2 \longrightarrow SO_2 \mid \text{exotherm}$$

Durch das Zerstäuben des geschmolzenen Schwefels vergrößert sich seine Oberfläche und die Verbrennung läuft viel schneller ab. Die Verbrennung von Schwefel ist stark exotherm. Deshalb wird das Gemisch aus Schwefeldioxid und Luft nach der Verbrennung gekühlt. Anschließend erfolgt eine gründliche Reinigung, um Fremdstoffe zu entfernen, die mit dem Katalysator reagieren und ihn so unwirksam machen können (*Katalysatorgifte*).

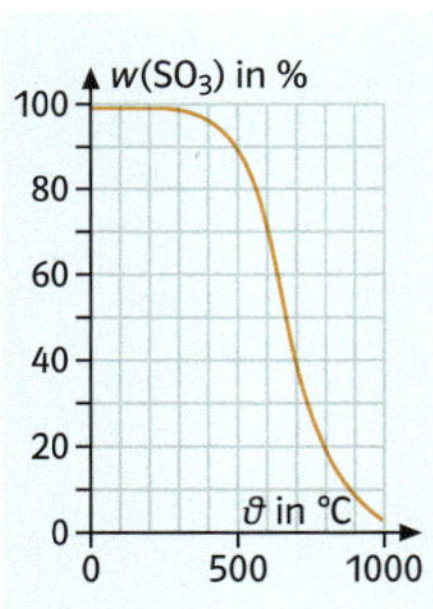

B2 Massenanteil an SO_3 in Abhängigkeit von der Temperatur

Das getrocknete Schwefeldioxid-Luft-Gemisch wird in einen *Kontaktofen* geleitet, in dem der entscheidende Verfahrensschritt erfolgt.

2. Stufe: Katalytische Oxidation von Schwefeldioxid. Die Oxidation von Schwefeldioxid ist eine exotherme Reaktion:

$$2\,SO_2 + O_2 \longrightarrow 2\,SO_3 \mid \text{exotherm}$$

Die Reaktion läuft aber in der Regel nicht vollständig ab. Ab 400 °C beginnen Schwefeltrioxid-Moleküle wieder in Schwefeldioxid- und Sauerstoff-Moleküle zu zerfallen. Für eine hohe Schwefeltrioxid-Ausbeute müsste man also niedrige Temperaturen (< 400 °C) einhalten [B2]. So würde die Reaktion zwar fast vollständig ablaufen, dies würde jedoch viel zu langsam geschehen. Mithilfe eines Katalysators lässt sich die Reaktionsgeschwindigkeit aber auch in diesem Temperaturbereich ausreichend erhöhen.

Im Kontaktofen läuft die Oxidation von Schwefeldioxid bei ca. 450 °C ab. Als Katalysator verwendet man Vanadium(V)-oxid (V_2O_5). Unter diesen Bedingungen verläuft die Oxidation schnell genug, allerdings nicht ganz vollständig. Da die Reaktion exotherm ist, heizt sich das Reaktionsgemisch auf. Ohne Kühlung würde zu viel Schwefeltrioxid wieder zerfallen [B2]. Die Oxidation wird daher stufenweise durchgeführt: Das Gasgemisch aus Schwefeldioxid und Luft wird bei 450 °C auf die erste Kontaktschicht geleitet. Das aufgeheizte Gasgemisch (exotherme Reaktion!) wird nach Verlassen der Kontaktschicht durch einen *Wärmetauscher* geleitet und wieder auf 450 °C abgekühlt. Die gewonnene Abwärme kann genutzt werden: Das entgegenströmende Gasgemisch wird vor dem Eintritt in den Kontaktofen auf die optimale Temperatur gebracht (**Gegenstromprinzip**). Dies verbessert die **Energiebilanz** des Verfahrens. Vor dem Durchgang durch die letzte Kontaktschicht leitet man die Gase in einen *Zwischenabsorber*. In diesem wird das bis dahin entstandene Schwefeltrioxid aus dem Gemisch entfernt. Anschließend werden die Restgase wieder auf die Reaktionstemperatur gebracht und in den

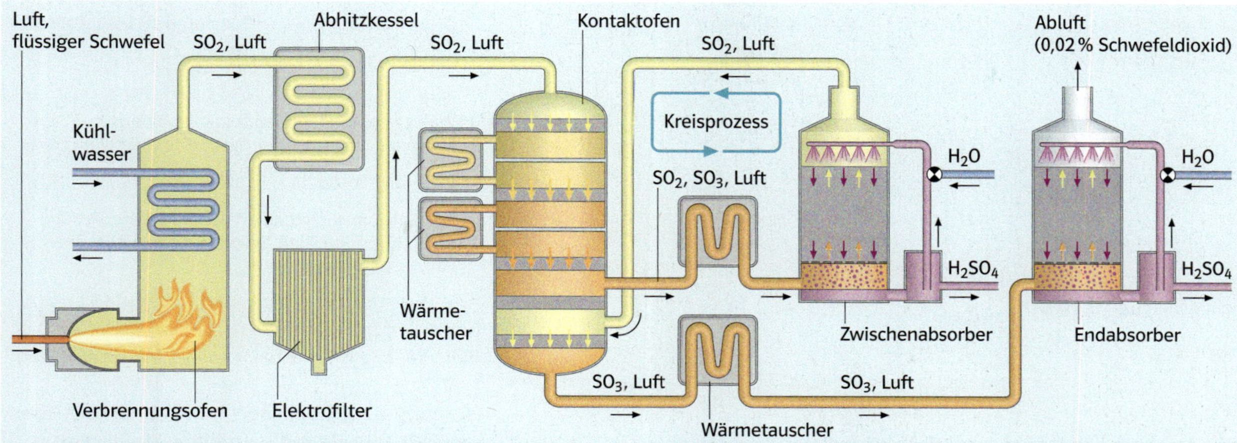

B3 Fließschema der industriellen Schwefelsäure-Herstellung nach dem Doppelkontaktverfahren

Ofen zurückgeführt. So werden ca. 99,7 % des Schwefeldioxids zu Schwefeltrioxid umgesetzt. Dadurch ist die Umweltbelastung durch nicht umgesetztes Schwefeldioxid niedrig.

Die Herstellung des Schwefeltrioxids erfolgt in einer **kontinuierlichen Produktionsweise.** In den Kontaktofen werden permanent Edukte eingebracht und gleichzeitig Edukte aus dem Ofen entnommen. Der Vorgang im Kontaktofen ist sogar ein **Kreisprozess**, weil nicht umgesetztes Schwefeldioxid wieder in den Ofen zurückgeleitet wird. Ein Beispiel für eine **diskontinuierliche Produktionsweise** ist dagegen die Herstellung von Bier (Kap. 8.3).

A1 Im Kontaktofen muss das Gasgemisch nach dem Durchströmen einer Kontaktschicht immer über Wärmetauscher geleitet werden. Begründe.

A2 Worauf bezieht sich der Begriff Doppelkontaktverfahren? Welche Vorteile besitzt es? Erkläre.

A3 Beschreibe die Verbesserungen in der Herstellung der Schwefelsäure durch das Kontaktverfahren im Vergleich zum Laborversuch (Kap. 8.6).

3. Stufe: Absorption von Schwefeltrioxid. In den **Absorbertürmen** [B1] wird das Schwefeltrioxid in konzentrierte Schwefelsäure eingeleitet, da es von der Schwefelsäure unter Bildung von Dischwefelsäure ($H_2S_2O_7$) besser aufgenommen wird als von Wasser:

$$SO_3 + H_2SO_4 \longrightarrow H_2S_2O_7$$

Durch ständige Wasserzufuhr reagiert die Dischwefelsäure wieder zu Schwefelsäure:

$$H_2S_2O_7 + H_2O \longrightarrow 2\ H_2SO_4$$

Der Massenanteil der Schwefelsäure wird so auf $w = 98\,\%$ gehalten.

Recycling von Schwefelsäure. Bei vielen großtechnischen Prozessen wird Schwefelsäure nur als Hilfsstoff eingesetzt. Die am Ende anfallende verunreinigte Schwefelsäure wird aufgearbeitet und erneut verwendet. Das Recycling stark verunreinigter Schwefelsäure erfolgt durch *thermische Spaltung*. Der endotherme Vorgang läuft bei Temperaturen von ca. 1200 °C in Spaltöfen ab, die mit säurefester Keramik ausgekleidet sind. Dabei entstehen Wasserdampf, Sauerstoff und Schwefeldioxid, das nach Abkühlen und Reinigung erneut der Schwefelsäure-Synthese zugeführt wird.

8.8 Umweltschutz im Betrieb

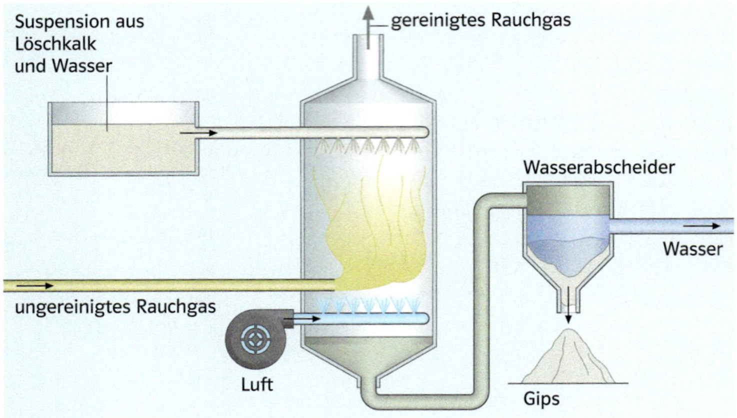

B1 Rauchgasentschwefelungsanlage nach dem Kalkverfahren

Branntkalk und Wasser reagieren zu Löschkalk:

$CaO + H_2O \longrightarrow Ca(OH)_2$

Eine Suspension aus Löschkalk ($Ca(OH)_2$) und Wasser rieselt den ungereinigten Abgasen entgegen, es entstehen Wasser und Calciumsulfit:

$2\ Ca(OH)_2 + 2\ SO_2 \longrightarrow H_2O + 2\ CaSO_3 \cdot ½\ H_2O$

Das Calciumsulfit reagiert am Boden der Anlage mit Wasser und dem Sauerstoff aus eingeblasener Luft zu Gips ($CaSO_4 \cdot 2\ H_2O$):

$2\ CaSO_3 \cdot ½\ H_2O + 3\ H_2O + O_2 \longrightarrow 2\ CaSO_4 \cdot 2\ H_2O$

B3 Reaktionen, die beim Kalkverfahren ablaufen

Beim Umweltschutz im Betrieb gibt es zwei wichtige Aspekte: Energie und Abfälle.

B2 Destillationsanlage zur Rückgewinnung von Lösungsmitteln

Das Einsparen von Energie ist ein wichtiger Beitrag zum Umweltschutz. Vielfach kann die bei Produktionsprozessen entstehende Wärme mittels Wärmetauschern im Produktionsprozess selbst genutzt oder an ein Fernwärmenetz abgegeben werden.

Abfälle. Von den in der Industrie anfallenden Abfallstoffen gehen unter Umständen Gefahren für die Umwelt aus. Hier muss zuerst auf eine Abfallverminderung geachtet werden. Unvermeidbare Abfälle werden einer Entsorgung zugeführt.

Abfallverminderung. Wann immer möglich, sollten nicht umgesetzte Edukte in den Reaktor zurückgeleitet und nicht als Abfall entsorgt werden. Eventuell gibt es auch Produktionsverfahren mit einer höheren Ausbeute, wobei entsprechend weniger Abfälle entstehen. Vielfach werden Chemikalien in der Industrie auch nicht als Ausgangsstoffe sondern als Lösungsmittel verwendet. Diese können durch Destillation zurückgewonnen und erneut verwendet werden [B2].

Emission von lat. emittere, aussenden. Ausstoß oder Abgabe von Stoffen oder Einwirkungen auf die Umwelt (Wasser, Luft, Boden). Von einer Anlage können folgende Emissionen ausgehen: Licht, Wärme, Strahlen, Lärm usw.

Abfallentsorgung. Bei einer sachgerechten Entsorgung wird oft versucht, den Abfall durch chemische Reaktionen in weniger umweltgefährliche Stoffe zu überführen. Um eine Entsorgung zu ermöglichen, muss zunächst sichergestellt sein, dass die Abfälle nicht in die Umwelt gelangen. Flüssige Abfälle kann man in Gefäßen aufbewahren. Bei gasförmigen Abfallstoffen ist der Aufwand bedeutend größer.

Rauchgasentschwefelung. Beim Verbrennen von Schwefel oder Verbindungen des Schwefels entsteht Schwefeldioxid, das u.a. für den sauren Regen verantwortlich ist (Kap. 6.17). Schwefeldioxid fällt vor allem in der Energiewirtschaft, aber auch in manchen Sparten der chemischen Industrie, wie der Metallgewinnung, an.

Die häufigste Methode zur Entfernung des Schwefeldioxids aus den Abgasen ist das **Kalkverfahren.** Aus Branntkalk (CaO), Wasser, Sauerstoff und Schwefeldioxid entsteht letztendlich *Gips* [B3]. Der anfallende Gips wird abgetrennt und zum Teil als Baustoff verwendet. Die aus der Anlage austretenden Gase enthalten kein Schwefeldioxid mehr. Auch durch die Rauchgasentschwefelung ist die Menge der Schwefeldioxidemissionen in Deutschland in den letzten 20 Jahren von jährlich 5,3 Millionen Tonnen auf 0,4 Millionen Tonnen drastisch zurückgegangen.

A1 Erkläre, warum das Einsparen von Energie dem Umweltschutz dient.

A2 Nenne mögliche finanzielle Vorteile, die sich für Betriebe aus ihren Umweltschutzmaßnahmen ergeben.

8.9 Exkurs Silicium – Von Kieseln zum Computerchip

B1 Quarzkiesel werden für die Siliciumproduktion verwendet

Der Fortschritt der heutigen Computertechnik ist eng mit der Entwicklung immer leistungsfähigerer Mikrochips verbunden. Der Grundstoff der Mikrochips, das Silicium, wird aus faustgroßen Quarzkieseln [B1] gewonnen. Für die Siliciumproduktion ist sehr viel Energie notwendig.

Herstellung von Rohsilicium. Kiesel bestehen – wie Sand – überwiegend aus Siliciumdioxid (SiO_2). Zur Gewinnung des Siliciums muss Siliciumdioxid reduziert werden. Die Reaktion findet bei Temperaturen von ca. 1800 °C in einem *Lichtbogenofen* mit Graphitelektroden statt. Siliciumdioxid reagiert dabei mit Kohlenstoff zu Silicium, wobei Kohlenstoffmonooxid frei wird:

$$SiO_2(s) + 2\,C(s) \longrightarrow Si(s) + 2\,CO(g)$$

Das entstandene Rohsilicium hat eine *Reinheit* von ca. 98 %.

Vom Rohsilicium zum Reinstsilicium. Für die Chipindustrie wird Reinstsilicium mit einer Reinheit von 99,9999999 % benötigt. Dies bedeutet, dass auf 1 Milliarde Silicium-Atome höchstens 1 Fremd-Atom kommen darf.
Das Rohsilicium wird in mehreren Schritten in Reinstsilicium überführt. Zunächst reagiert das Rohsilicium bei ca. 300 °C mit Chlorwasserstoff zu der Silicium-Verbindung Trichlorsilan ($HSiCl_3$, ϑ_{Sd} = 31,8 °C) und Wasserstoff (*Siemens-Verfahren*):

$$Si(s) + 3\,HCl(g) \longrightarrow HSiCl_3(g) + H_2(g)$$

Dies geschieht in einem Reaktor, in welchem gemahlenes Silicium auf einen Düsenboden gebracht wird, von welchem Chlorwasserstoff ausströmt.
Das zunächst gasförmige Trichlorsilan wird durch Abkühlen verflüssigt, dann in großen Destillationsanlagen von Verunreinigungen befreit. Um *polykristallines* Silicium zu erhalten, wird das gereinigte, zu diesem Zeitpunkt gasförmige Trichlorsilan, mit Wasserstoff versetzt und über heiße Siliciumstäbe geleitet:

$$4\,HSiCl_3(g) + 2\,H_2(g) \longrightarrow 3\,Si(s) + SiCl_4(g) + 8\,HCl(g)$$

An mehreren Stellen des Stabes wachsen Siliciumkristalle, daher spricht man von *polykristallinem* Silicium. Ein Nachteil dieses Verfahrens ist, dass es nicht kontinuierlich betrieben werden kann. Denn die Siliciumblöcke müssen nach ca. einer Woche entnommen werden.
Das nun sehr reine Silicium wird geschmolzen und dabei die *Dotierung* eingeleitet. Durch Dotierung können die elektrischen Eigenschaften des Halbleiters Silicium eingestellt werden.
Aus der Schmelze gewinnt man in einem weiteren Produktionsschritt Stäbe (Einkristalle) von *monokristallinem* Silicium. Ein Stab ist also *ein* Kristall. Dieser kann eine Länge von über 2 m und einen Durchmesser von 30 cm besitzen und über 150 kg wiegen [B2].

Vom Reinstsilicium zum Computerchip. Die Einkristalle werden im folgenden Schritt in dünne Scheiben zersägt.
Diese Siliciumscheiben nennt man *Wafer*. Aus einem Wafer können dann bis zu 1000 Chips zum Einsatz in der Computerindustrie gefertigt werden [B3].

A1 Notiere die Reaktionsgleichung für die Reaktion von Siliciumdioxid mit Kohlenstoff. Kennzeichne Oxidation und Reduktion.

A2 Erstelle ein Fließschema mit der Überschrift „Vom Quarzkiesel zum Computerchip".

Reinheit = Anteil Si-Atome/Gesamtzahl der Atome

Wafer von engl. Scheibe

Graphit elementarer Stoff, der aus Kohlenstoff-Atomen besteht

Poly von griech. polys, viele

Mono von griech. monos, allein oder einzig

$SiCl_4$ Siliciumtetrachlorid

Dotierung Winzige Zugabe von Fremd-Atomen

Halbleiter Feststoff, der je nach Temperatur ein elektrischer Leiter oder Nichtleiter ist

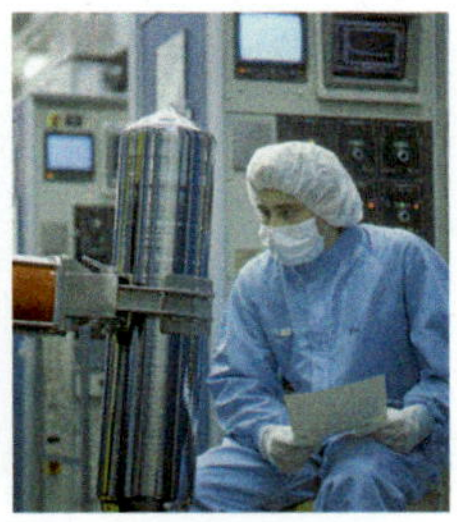

B2 Siliciumstab aus der Schmelze (Einkristall)

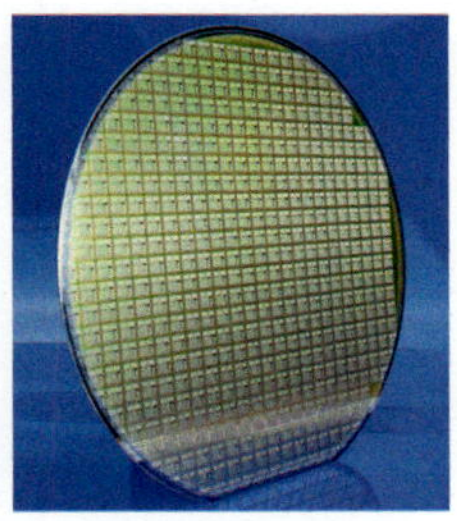

B3 Chips auf einem Wafer

8.10 Exkurs Industrielle Herstellung von Ammoniak

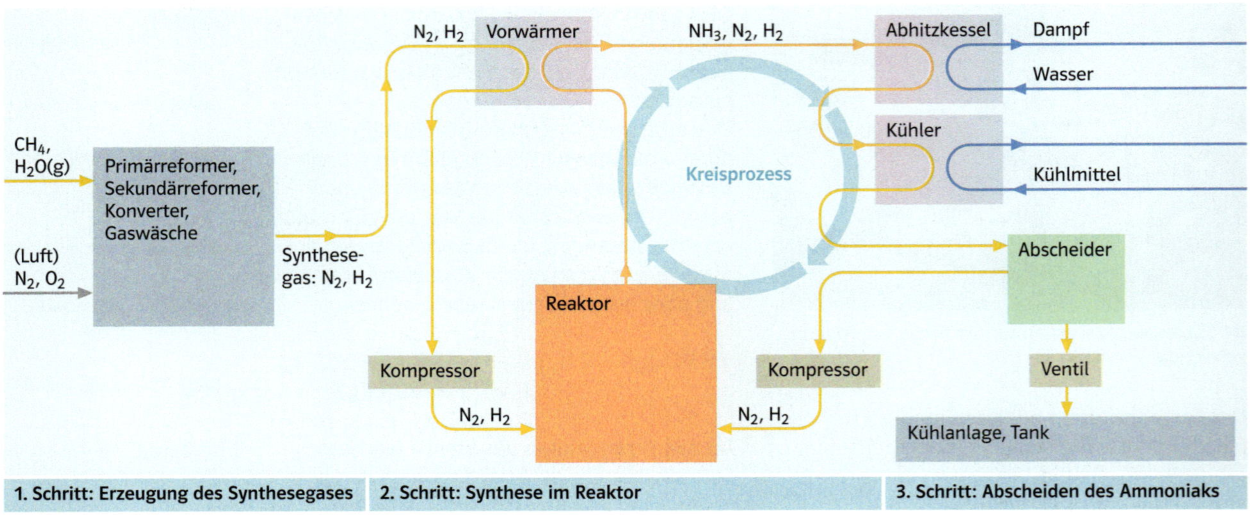

B1 Fließschema der Ammoniak-Herstellung nach dem Haber-Bosch-Verfahren

a) Primärreformer:

CH_4 Methan	+ H_2O Wasser	$\xrightarrow{\text{Kat.}}$ CO Kohlenstoffmonooxid	+ $3\,H_2$ Wasserstoff

Methan reagiert im Primärreformer nicht vollständig mit dem Wasserdampf. Daher erfolgt der nächste Schritt im Sekundärreformer.

b) Sekundärreformer:

$2\,CH_4$ Methan	+ O_2 Sauerstoff	$\xrightarrow{\text{Kat.}}$ $2\,CO$ Kohlenstoffmonooxid	+ $4\,H_2$ Wasserstoff

Kohlenstoffmonooxid ist giftig. Zudem erhält man durch Konvertierung weiteren Wasserstoff.

c) Konverter:

CO Kohlenstoffmonooxid	+ H_2O Wasser	$\xrightarrow{\text{Kat.}}$ CO_2 Kohlenstoffdioxid	+ H_2 Wasserstoff

B2 Erzeugung des Wasserstoffs, einem Bestandteil des Synthesegases

Ammoniak ist neben Schwefelsäure eine der bedeutendsten Grundchemikalien. Die jährliche Produktion von Ammoniak beträgt weltweit etwa 120 Millionen Tonnen. Das heute angewendete großtechnische Syntheseverfahren geht auf die Chemiker FRITZ HABER [B4] und CARL BOSCH [B5] zurück und wird deshalb als **Haber-Bosch-Verfahren** bezeichnet. Moderne Anlagen produzieren teilweise über 2000 Tonnen Ammoniak am Tag.

Dem Haber-Bosch-Verfahren liegt folgende Reaktion zu Grunde:

$$3\,H_2 + N_2 \longrightarrow 2\,NH_3 \quad |\ \text{exotherm}$$

Ein Gemisch aus Wasserstoff und Stickstoff wird daher auch als **Synthesegas** bezeichnet.

1. Schritt: Erzeugung des Synthesegases. Für die Synthese steht Stickstoff aus der Luft in praktisch unbegrenzter Menge zur Verfügung. Wasserstoff muss zunächst hergestellt werden. Dies geschieht heute überwiegend durch „Dampfspaltung" von Erdgas (Methan) in einem *Primärreformer*. Im *Sekundärreformer* und *Konverter* wird weiterer Wasserstoff erzeugt [B2].
Das für den folgenden Verfahrensschritt nicht notwendige und störende Kohlenstoffdioxid wird aus dem Gasgemisch ausgewaschen. Der durch die Luft zugeführte Stickstoff bleibt während all dieser Schritte unverändert.

2. Schritt: Synthese im Reaktor. Das kalte Synthesegasgemisch wird in einem Wärmeaustauscher erhitzt, dabei kühlt es gleichzeitig das aus dem Reaktor austretende Gasgemisch. Dann wird es durch einen Kompressor auf den Reaktionsdruck gebracht und strömt in den Reaktor.

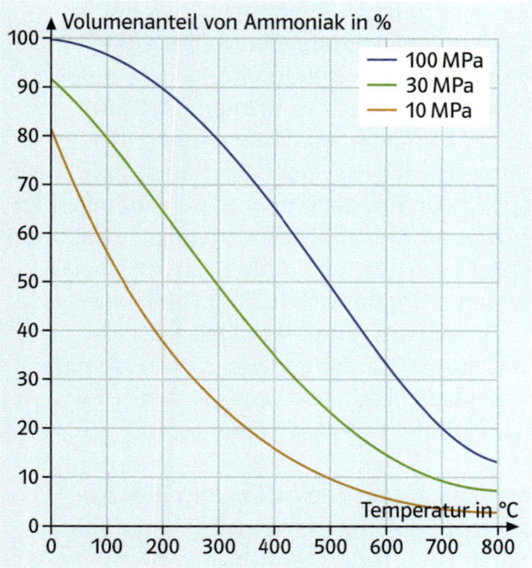

B3 Die Ammoniak-Ausbeute ist von Druck und Temperatur abhängig

Es läuft folgende Reaktion ab:

$$3\,H_2 + N_2 \xrightarrow{\text{Kat.}} 2\,NH_3 \qquad |\ \text{exotherm}$$

Moderne Reaktoren haben eine Höhe von 30 m und eine Masse von 400 Tonnen. Als Katalysator dienen 6 bis 20 mm dicke, poröse Eisenkörner, denen Metalloxide beigemischt sind. Ein Reaktor enthält bis zu 100 Tonnen Katalysator.

Je höher der Druck im Reaktor ist, desto höher ist die Ausbeute an Ammoniak [B3]. Aufgrund der Belastung des Reaktormaterials kann der Druck jedoch nicht beliebig erhöht werden.
Je höher die Temperatur ist, desto geringer ist die Ausbeute an Ammoniak [B3], da Ammoniak bei hohen Temperaturen wieder zerfällt. Bei niedrigen Temperaturen verläuft die Ammoniakbildung aber nur langsam und die Produktion würde zu lange dauern. Als Kompromiss verläuft die Ammoniak-Synthese im Reaktor daher bei einem Druck von ca. 30 MPa und einer Temperatur von ca. 450 °C.

Weil die Reaktion exotherm ist, entwickelt sich im Reaktor Wärme. Diese muss durch Kühlung abgeführt werden, um die Temperatur des Synthesegases bei 450 °C zu halten.

B4 Fritz Haber (1868 – 1934)

B5 Carl Bosch (1874 – 1940)

Beschreibung des Reaktorprozesses. Bei der Synthese im Reaktor handelt es sich um einen *kontinuierlichen Prozess*. Permanent strömt Synthesegas ein und Ammoniak wird entnommen. Außerdem handelt es sich um einen *Kreisprozess*, da nicht umgesetztes Synthesegas wieder in den Reaktor zurückgeleitet wird. Dies steigert die Ausbeute.

3. Schritt: Abscheiden des Ammoniaks. Nach dem Austritt des Gasgemischs (Ammoniak sowie nicht umgesetzter Stickstoff und Wasserstoff) aus dem Reaktor wird dieses stark gekühlt.
Im ersten Kühlschritt wird die Wärme des Gasgemischs dazu genutzt, entgegenströmendes Synthesegas im Vorwärmer vor dem Eintritt in den Reaktor vorzuwärmen (*Gegenstromprinzip*) [B1]. Weil Ammoniak eine deutlich höhere Siedetemperatur als Wasserstoff und Stickstoff hat, kann er verflüssigt und abgetrennt werden.

A1 Warum ist es bei der Ammoniak-Synthese von besonderer Bedeutung, geeignete Katalysatoren zu verwenden? Erkläre.

A2 Die Ammoniak-Ausbeute ist bei einem Druck von 100 MPa sehr hoch [B3]. Begründe, warum das Verfahren bei nur 30 MPa durchgeführt wird.

A3 Nenne Gründe, weshalb bei der Erzeugung des Synthesegases die Konvertierung durchgeführt wird.

8.11 Exkurs Verwendung von Schwefelsäure und Ammoniak

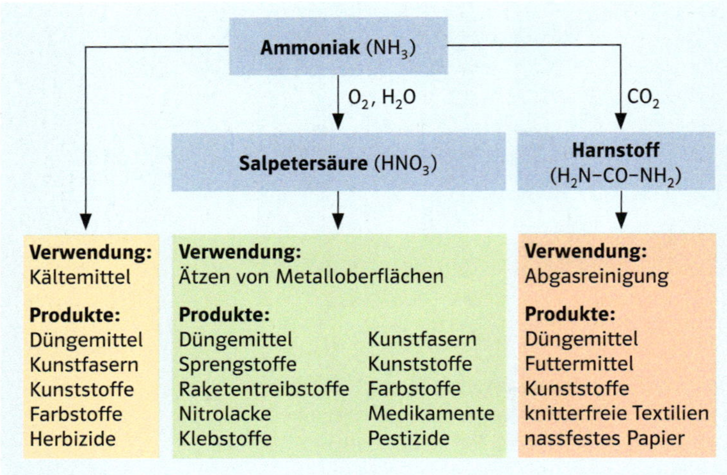

B1 Verwendung von Ammoniak, einem der wichtigsten Ausgangsstoffe der chemischen Industrie

Ammoniak (NH_3)
Eigenschaften:
stechend riechendes, giftiges Gas
702 l Ammoniak lösen sich bei 20 °C und 1013 hPa in 1 l Wasser
$\vartheta_{sm} = -77{,}7\,°C$ ($p = 1013$ hPa)
$\vartheta_{sd} = -33{,}4\,°C$ ($p = 1013$ hPa)
$\rho = 0{,}771$ g/l
($p = 1013$ hPa und $\vartheta = 0\,°C$)

Schwefelsäure (H_2SO_4) als wässrige Lösung ($w = 98\,\%$)
Eigenschaften:
farblose, ölige Flüssigkeit
wirkt verkohlend auf Zucker, Holz oder Papier
$\vartheta_{sm} = 3\,°C$ ($p = 1013$ hPa)
$\vartheta_{sd} = 338\,°C$ ($p = 1013$ hPa)
$\rho = 1{,}84$ g/ml
($p = 1013$ hPa und $\vartheta = 20\,°C$)

Schwefelsäure und Ammoniak sind die bedeutendsten anorganischen Grundchemikalien. Sie werden vielfach als Ausgangsstoffe für weitere Produkte der chemischen Industrie verwendet.

Verwendung von Schwefelsäure. Im Labor wird Schwefelsäure häufig als Katalysator eingesetzt, z. B. bei der Veresterung (Kap. 5.25). Aufgrund ihrer hygroskopischen (wasseranziehenden) Wirkung kann sie auch als Trocknungsmittel verwendet werden. Weiterhin findet Schwefelsäure in der Industrie Anwendung, z. B.:
- als Batteriesäure im Bleiakkumulator,
- zur Herstellung von Ammoniumsulfat $[(NH_4)_2SO_4]$ durch Reaktion mit Ammoniak (Verwendung in Mineraldüngern als Stickstoff- und Schwefellieferant),
- zur Herstellung von Waschmittelbestandteilen,
- zur Verarbeitung des Titanerzes Ilmenit bei der Gewinnung von Titandioxid (Verwendung als Weißpigment in Farbe, enthalten in Zahnpasta und Sonnencreme),
- zusammen mit Salpetersäure zur Herstellung von Sprengstoffen und Medikamenten,
- als Hilfsstoff beim Verchromen von Metallteilen.

Verwendung von Ammoniak. Etwa 80 % der Ammoniak-Produktion werden für die Herstellung von Düngemitteln verwendet. Pflanzen nehmen das Element Stickstoff z. B. in Form von Ammonium-Ionen (NH_4^+), Nitrat-Ionen (NO_3^-) oder aus Harnstoff [B1] auf. Aus Ammoniak kann man diese Verbindungen gewinnen. Auch die Grundchemikalie Salpetersäure kann durch Oxidation von Ammoniak gewonnen werden [B1], (Kap. 8.16). Daneben stellt man aus Ammoniak viele weitere Stickstoffverbindungen her, z. B. Kunststoffe und -fasern, Farb- und Sprengstoffe, Pflanzenschutzmittel und Medikamente.

Ammoniak wird auch als Kältemittel eingesetzt. Gasförmiges Ammoniak wird mit einem Kompressor verdichtet und wird dadurch flüssig. Dabei entsteht Wärme, die durch Kühlung abgeführt wird. Das flüssige Ammoniak wird anschließend in einen Verdampfer geleitet. Dort geht es unter Aufnahme von Wärme, die der Umgebung entzogen wird, wieder in den gasförmigen Zustand über. Der Verdampfer und die Umgebung kühlen sich ab.
Haushaltskühlschränke haben dasselbe Funktionsprinzip. Wegen der Giftigkeit von Ammoniak werden aber andere Gase als Kältemittel verwendet. Ammoniak wird vorwiegend in Kühlhäusern, Brauereien und Eislaufhallen eingesetzt, außerdem in der Raumfahrt [B2]. Dort muss stärker gekühlt werden als in Haushaltskühlschränken. Dies ist mit Ammoniak besser möglich als mit anderen Kältemitteln.

B2 Montage eines Ammoniak-Tanks an der International Space Station (ISS)

8.12 Exkurs Mineraldünger

Durch landwirtschaftliche Nutzung werden den Böden wichtige, essenzielle Elemente entzogen. Dieser Verlust kann durch den Einsatz von Wirtschaftsdünger nur teilweise und unter Verzicht auf Höchsterträge ausgeglichen werden.
Durch Mineraldünger können dem Boden die Nährstoffe zugeführt werden, die für einen optimalen Ertrag notwendig sind.

Richtiges Düngen. Vor dem Einsatz von Mineraldünger wird häufig eine Bodenuntersuchung durchgeführt. Danach wird der richtige Dünger ausgewählt. Aber nicht nur die richtige Zusammensetzung des Düngers, auch die Wahl des Zeitpunktes der Düngung ist von großer Wichtigkeit [B1].
Pflanzen haben nicht in allen Entwicklungsstadien den gleichen Bedarf. Dünger, der zum falschen Zeitpunkt eingesetzt wird, kann durch Auswaschung zu einer Belastung der Umwelt führen.

A1 Erläutere die Aussagen, die sich aus dem Fassmodell ableiten lassen.

A2 Ermittle aus [B1] den richtigen Zeitpunkt für die Düngung von Winterweizen, Sommergerste und Mais.

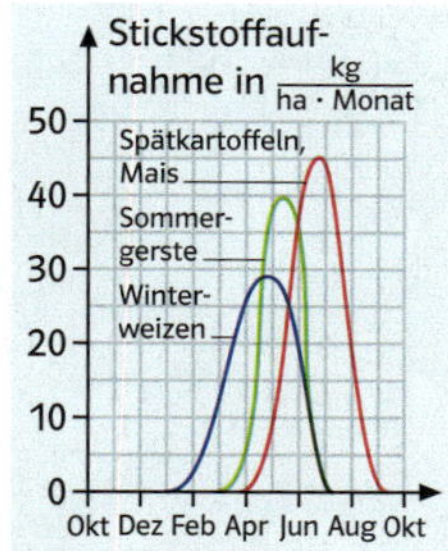

B1 Stickstoffbedarf einiger Pflanzen während des Wachstums

Exkurs Justus von Liebig

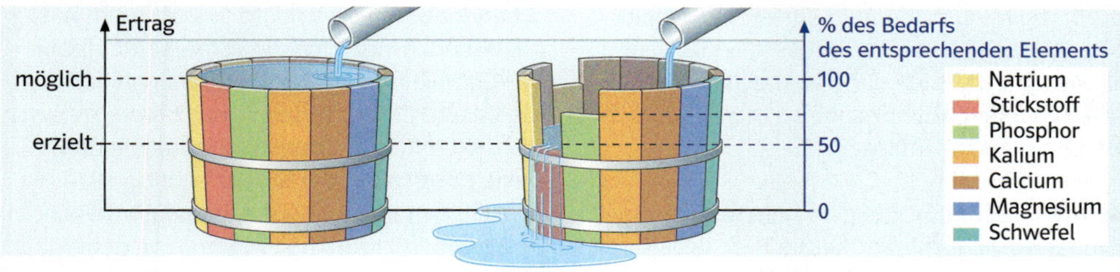

Justus von Liebig

Der Chemiker J. v. Liebig (1803 – 1873) wirkte von 1824 bis 1852 als Professor an der Universität Gießen und danach an der Universität München. Viele seiner Studenten sind bedeutende Chemiker geworden. Zu seinen wichtigsten Verdiensten gehören die Entwicklung der organischen Elementaranalyse und die Förderung der Agrarchemie.

Unter dem Eindruck von Hungersnöten in Europa erforschte Liebig Möglichkeiten, durch gezielte Düngung die Ernteerträge zu steigern. Seine Forschungen und die von Carl Sprengel (1787 – 1859) ergaben, dass Pflanzen bestimmte Elemente in einer verwertbaren Form und in einem ausgewogenen Verhältnis zueinander benötigen. Das **Fassmodell** veranschaulichte dies. 100 %ige Bedarfsdeckung bedeutet z. B. beim Weizen für das Element Stickstoff 25 – 35 kg/ha bzw. für Phosphor 4 – 6 kg/ha.
Die ersten der von Liebig entwickelten Düngemittel erwiesen sich allerdings als Fehlschläge. Aus Angst, dass die Mineralsalze mit dem Regen ausgewaschen werden, brachte er diese in wasserunlöslicher Form ein. In dieser Form konnten die Mineralstoffe von den Pflanzen aber nicht aufgenommen werden.

Fassmodell	**Realität**
Fassdaube	Element
Wasserstand	Ertrag
Länge der Fassdaube	Verhältnis der vorhandenen Menge des Elements im Boden zum Bedarf am Element
Länge der Fassdaube im intakten Fass	100%ige Bedarfsdeckung des Elements
Die kürzeste Fassdaube begrenzt die Höhe des Wasserstands im Fass.	Das im Vergleich zu seinem Bedarf im geringsten Maße vorhandene Element begrenzt den Ertrag.
Eine andere, höhere Fassdaube als die kürzeste ermöglicht nicht, dass der Wasserstand im Fass erhöht wird.	Ein verstärkter Einsatz eines anderen Elements ermöglicht keinen höheren Ertrag.

Entzug mit der Erntemasse in kg pro ha		
Element	**Weizen**	**Mais**
N	25 bis 35	18 bis 22
P	4 bis 6	3 bis 4
K	17 bis 21	3 bis 5
Ca	3 bis 6	1
Mg	1 bis 3	1 bis 2

8.13 Chemie im Beruf

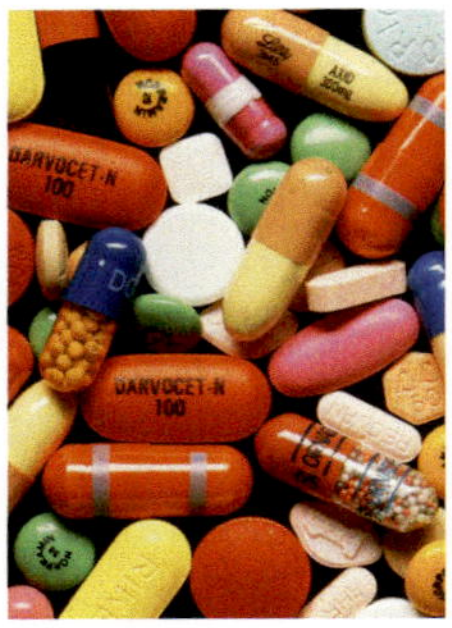
B1 Arzneimittel-Produkte der chemischen Industrie

B2 Chemieprodukte unterliegen ständiger Kontrolle

B3 Entwicklung eines Produkts im Labor

Die chemische Industrie bietet vielfältige Möglichkeiten für eine Berufsausbildung auf ganz unterschiedlichen Ausbildungswegen. So ist eine Ausbildung im dualen System in Schule und Betrieb ebenso möglich wie eine kooperative Ausbildung in Zusammenarbeit eines Betriebs mit einer Hochschule. Zudem bieten Universitäten und Fachhochschulen verschiedene Studiengänge an. Käme für dich ein Chemieberuf infrage?

Berufe mit Chemie. Es gibt viele Berufe, die sich hautpsächlich mit Chemie beschäftigen. Man erkennt sie häufig bereits an der Berufsbezeichnung, dies ist aber nicht immer der Fall: Chemikant/in, Chemielaborant/in, Chemisch-technische/r Assistent/in, Pharmazeutisch-technische/r Assistent/in, Lebensmittelchemiker/in, Chemiker/in und viele mehr.
Andere Berufe haben am Rande etwas mit Chemie zu tun, etwa weil bestimmte Kenntnisse über den sicheren Umgang mit Chemikalien notwendig sind.

DNA Desoxyribonucleinsäure ist der Träger der genetischen Information

Chemische Produktion. Viele der im Bereich Chemie Beschäftigten arbeiten in der Produktion. Produziert werden unter anderem chemische Grundstoffe, Kunststoffe, Düngemittel, Klebstoffe, Farbstoffe, Körperpflegeprodukte, Arzneimittel oder auch Lebensmittel.

Chemische Kontrolle. Nicht nur die Produkte der chemischen Industrie müssen permanent auf ihre Qualität untersucht werden. Um die Sicherheit und Gesundheit der Bevölkerung zu garantieren, wird auch die Qualität von Lebensmitteln, die Qualität von Trinkwasser und Badegewässern oder die Erfüllung von Umweltschutzrichtlinien regelmäßig überprüft. Dazu nutzt man meist chemische Methoden.

Chemische Forschung. Produkte der chemischen Industrie sind heute aus unserem Alltag nicht mehr wegzudenken. Eine Kernaufgabe der Chemie ist es, neue Stoffe zu entwickeln, die unseren Bedürfnissen noch besser gerecht werden. Neuartige Kunstfasern in Funktionsbekleidung leiten die Körperfeuchtigkeit besser nach außen, neue Medikamente wirken besser gegen Krankheiten und eine neue Gummimischung lässt Autoreifen besser auf der Straße haften. Diese Stoffe müssen im chemischen Labor entwickelt, produziert und getestet werden. In der Biochemie werden die Stoffwechselvorgänge von Lebewesen erforscht, unter anderem haben Biochemiker die Struktur der DNA entdeckt. Wie du siehst, haben Chemieberufe eine Menge zu bieten. Käme ein solcher für dich in Frage, ist es sinnvoll, sich frühzeitig genauer zu informieren.

Vorüberlegungen. Für eine Ausbildung in der chemischen Industrie ist es Voraussetzung, Spaß an der Technik und an den Naturwissenschaften zu haben. Beobachtungsgabe,

A1 Recherchiere, durch welche Arbeitsmittel, Materialien oder Verfahren man in folgenden Berufen mit Chemie in Kontakt kommt: Friseur/in, Maler/in und Kriminalbeamter/Kriminalbeamtin, Lackierer/in, Zahnarzt/Zahnärztin, Ingenieur/in.

sorgfältiges Arbeiten und Geduld sind ebenso Voraussetzungen für eine erfolgreiche Berufsausbildung wie handwerkliches Geschick, Zuverlässigkeit und die Bereitschaft, immer wieder Neues zu lernen. Genauso wichtig ist der Umgang mit Menschen und die Lust, Verantwortung zu übernehmen. Ein Studium erfordert zudem die Bereitschaft, sich neben der praktischen Ausbildung intensiv mit theoretischen Aspekten auseinanderzusetzen.

Informationen sammeln. Informiere dich vorher über die Ausbildungsmöglichkeiten und den Betrieb, bei dem du dich bewerben möchtest. Eine gute Möglichkeit ist auch die Teilnahme an einem Praktikum im Rahmen der Berufsorientierung. Informationen im Internet bieten z. B. der Verband der chemischen Industrie, der Arbeitgeberverband Chemie sowie die großen Chemiefirmen. Weitere Informationen zu Ausbildungsplätzen in der Chemie erhältst du aus den großen Tageszeitungen und von der Bundesagentur für Arbeit.

B5 Typische Arbeitssituation im Labor

Kommt für dich eher ein Studium in Betracht, musst du dich ebenfalls gründlich informieren. Heute gibt es nicht mehr nur „das" Chemiestudium, sondern eine Vielzahl von universitären und fachhochschulischen Studiengängen mit jeweils unterschiedlichen Schwerpunkten. Eine gute Übersicht über Studienorte und Studienangebote bietet der online abrufbare Hochschulkompass der Hochschulrektorenkonferenz.

Ausbildungsberuf	Schwerpunkt	Dauer	Voraussetzungen
Chemikant/in	Bedienung und Überwachung von Produktionsanlagen. Durchführung von Maßnahmen zur Wartung und vorbeugenden Instandhaltung	3,5 Jahre (Dual: Betrieb – Schule)	Hauptschulabschluss
Chemie-Laborant/-in Chemisch-technischer Assistent/-in (CTA)	Herstellung, Verarbeitung und Analyse von Stoffen und Zubereitungen in Laboratorien und Technika von Forschung, Entwicklung, Überwachung und Produktion	3,5 Jahre (Dual: Betrieb – Schule); 2 Jahre (Berufsfachschule oder Berufskolleg)	Mittlerer Schulabschuss (Qualifizierter Sekundarabschluss I)
Pharmazeutisch-technischer Assistent/-in (PTA)	Herstellung und Untersuchung von Arzneimitteln; Kundenberatung und gesundheitliche Aufklärung in Apotheken	2 Jahre (Berufsfachschule oder Berufskolleg)	Mittlerer Schulabschuss (Qualifizierter Sekundarabschluss I)
Bachelor of Engineering (Chemieingenieurwesen)	Anlagenplanung und Apparatebau, chemische, thermische und mechanische Verfahrenstechnik	4 Jahre (Kooperation Betrieb – Hochschule)	Fachgebundene Hochschulreife (Fachabitur) oder Allgemeine Hochschulreife (Abitur)
Bachelor of Science (Chemie und Biotechnologie)	Einsatz in Vertrieb, Einkauf oder Service im Bereich von „Life Science" an der Schnittstelle zwischen Technik und Management	4 Jahre (Kooperation Betrieb – Hochschule)	Fachgebundene Hochschulreife (Fachabitur) oder Allgemeine Hochschulreife (Abitur)
Master of Science	Einsatz in Forschung, Produktion und Behörden	Bachelor 3 Jahre Master 2 Jahre Promotion 3 Jahre	Allgemeine Hochschulreife (Abitur)

B4 Übersicht über mögliche Chemie-Berufe (Auswahl)

8.14 Betriebserkundung

B1 Schülergruppe bei einer Betriebserkundung

Betriebserkundungen bieten die Chance, einen chemischen Produktionsprozess direkt vor Ort kennenzulernen. Die einzelnen Teile einer Produktionsanlage können besichtigt und Informationen zum Produktionsprozess aus erster Hand gewonnen werden.
Außerdem könnt ihr bei einer Betriebserkundung den besten Einblick in ein bestimmtes Berufsfeld erhalten. Dort könnt ihr den Leuten, die diesen Beruf ausüben, über die Schulter schauen und Fragen stellen. Damit ihr möglichst viel von der Betriebserkundung habt, solltet ihr gut vorbereitet sein und die Ergebnisse eures Besuchs sorgfältig auswerten.

Prozess der Betriebserkundung. Der Prozess der Betriebserkundung verläuft in drei Phasen [B2]: Vorbereitungsphase, Durchführungsphase und Auswertungsphase. Dabei können nötige Arbeitsschritte auf mehrere Schülergruppen verteilt werden.

Vorbreitungsphase. Die Vorbereitungsphase dient dazu, erste Informationen über den Betrieb, die hergestellten Produkte, das Produktionsverfahren und passende Berufe zu sammeln. Dies ist notwendig, um bei der Besichtigung des Betriebs Fragen stellen zu können und das Erklärte besser zu verstehen. Mögliche Informationsquellen können sein:
- Internetrecherche (z. B. Homepage des Betriebs)
- Prospektmaterial

Durchführungsphase. In der Durchführungsphase wird der Betrieb besichtigt und der Produktionsablauf erklärt.

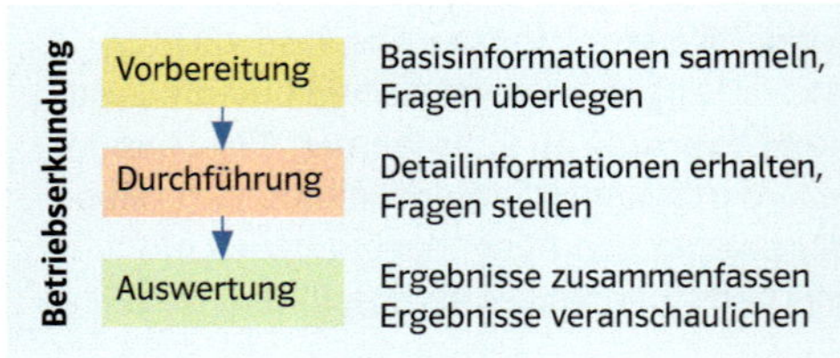

B2 Prozess der Betriebserkundung

Aufbauend auf den bereits gesammelten Basisinformationen sollten Fragen zum Produktionsprozess oder zu den entsprechenden Berufsbildern gestellt werden. Welche Fragen sinnvoll sind, hängt stark vom konkreten Betrieb und vom hergestellten Produkt ab. Z. B.:
- Fragen zu Berufsfeldern und Anforderungsprofilen
- Fragen zu den hergestellten Produkten
- Fragen zum Rohstoffbedarf, zur Deckung des Energiebedarfs, zu Umweltschutz und Sicherheitsvorkehrungen
- Fragen zum Produktionsprozess (Was passiert mit Reststoffen? Laufen Kreisprozesse ab? Wie sind die jeweiligen Reaktionsbedingungen? Werden Katalysatoren eingesetzt?)

Auswertungsphase. In der Auswertungsphase werden die Ergebnisse der Betriebserkundung zunächst zusammengefasst. Dann wird überprüft, ob alle Fragen geklärt sind. Anschließend gilt es, die Ergebnisse in optisch ansprechender Form aufzubereiten und eventuell anderen Klassen zugänglich zu machen. Dies kann z. B. im Form von Plakaten, Präsentationen oder einer Ausstellung geschehen.

A1 Bereitet eine Erkundung eines selbst gewählten Betriebs der chemischen Industrie vor. Notiert euch insbesondere Fragen zu den dort ausgeübten Berufen und zum angewendeten technischen Verfahren.

8.15 Durchblick Zusammenfassung und Übung

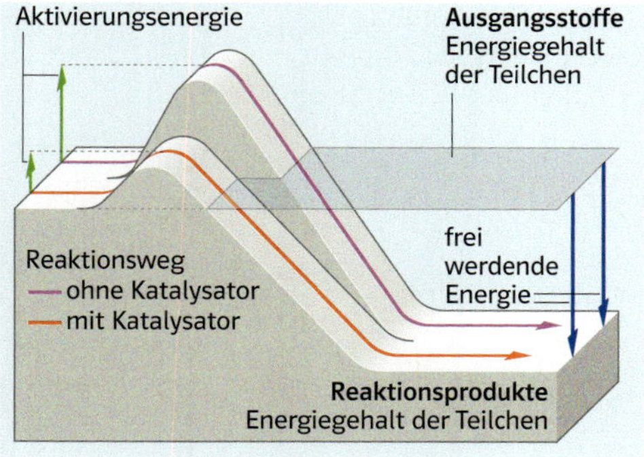

B1 Aktivierungsenergie mit und ohne Katalysator im Modell

Katalysatoren

Katalysatoren sind Stoffe, die eine chemische Reaktion beschleunigen oder bei einer niedrigen Temperatur ermöglichen. Dabei setzen sie die Aktivierungsenergie der Reaktion herab [B1]. Sie nehmen an der Reaktion teil, liegen nach der Reaktion aber wieder unverändert vor.

Reaktionsbedingungen

Temperatur (und Druck) gehören zu den Reaktionsbedingungen. Sie beeinflussen, wie schnell eine chemische Reaktion abläuft und inwieweit sie vollständig abläuft.

Alkoholische Gärung

Bei der alkoholischen Gärung reagiert Zucker mithilfe von Hefe [B2] zu Ethanol und Kohlenstoffdioxid. Die Hefeenzyme wirken als Biokatalysatoren.
Der Zucker kann aus Fruchtsäften oder im Fall der Bierherstellung aus Malz stammen.

Schwefelsäuresynthese nach dem Kontaktverfahren

1. Stufe: *Gewinnung von Schwefeldioxid*

$S + O_2 \longrightarrow SO_2$

2. Stufe: *Oxidation von Schwefeldioxid*

$2\,SO_2 + O_2 \xrightarrow{\text{Kat.}} 2\,SO_3$

3. Stufe: *Absorption von Schwefeltrioxid*

$SO_3 + H_2SO_4 \longrightarrow H_2S_2O_7$

$H_2S_2O_7 + H_2O \longrightarrow 2\,H_2SO_4$

Industrielle Produktion

Beim Übertragen eines chemischen Verfahrens in den industriellen Großmaßstab muss auf folgende Aspekte geachtet werden:
- effiziente Nutzung von Energie (z. B. Vorwärmen von Edukten im Gegenstromprinzip durch Einsatz von Wärmetauschern)
- größtmögliche Ausbeute und Produktionsgeschwindigkeit (Einsatz von Katalysatoren, optimale Reaktionsbedingungen)
- bestmögliche Umweltverträglichkeit

Einteilung von Produktionsprozessen

Kontinuierliche Produktionsweise: Es werden permanent Edukte in den Reaktor eingebracht und gleichzeitig Produkte entnommen.
Diskontinuierliche Produktionsweise: Es werden erst dann wieder Edukte in den Reaktor eingebracht, nachdem die fertigen Produkte entnommen wurden.

Umweltschutz in der chemischen Industrie

Zwei wichtige Aspekte, die beim Thema Umweltschutz eine Rolle spielen, sind Energie und Abfall.
Energie: z. B. Nutzung der Abwärme eines Produktionsprozesses, indem sie ins Fernwärmenetz eingespeist wird.
Abfall:
- Abfallverminderung, z. B. durch Kreisprozesse
- Sachgerechte Entsorgung
- Entfernung gasförmiger Abfallstoffe, z. B. Schwefeldioxid durch Rauchgasentschwefelung

Rauchgasentschwefelung

Das häufigste Verfahren zur Entfernung von Schwefeldioxid aus Verbrennungsgasen ist das Kalkverfahren. Dabei entsteht aus Schwefeldioxid (SO_2), Branntkalk (CaO), Wasser und Sauerstoff letztendlich Gips ($CaSO_4 \cdot 2\,H_2O$). Gips kann als Baustoff verwendet werden kann.

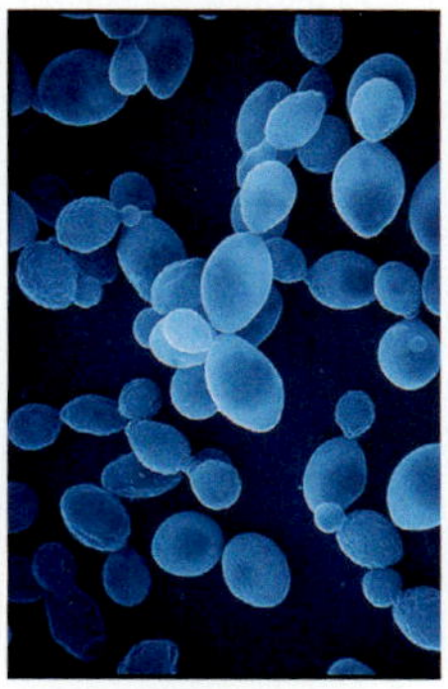

B2 Hefezellen

B3 WILHELM OSTWALD (1853–1932), deutscher Chemiker und Philosoph. Nobelpreis für Chemie 1909

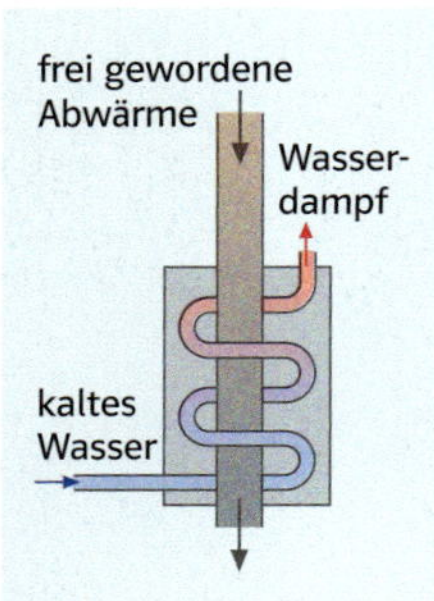

B4 Wärmetauscher

A1 Zeichne ein Energiediagramm wie B1 für eine endotherme Reaktion, die katalysiert bzw. nicht katalysiert verläuft.

A2 In Metallhütten werden sulfidische Erze zunächst geröstet. Recherchiere die Reaktionsgleichung und begründe, warum oft Schwefelsäure-Anlagen an Metallhütten angeschlossen sind.

A3 Früher wurde Schwefelsäure nach dem Bleikammerverfahren hergestellt. Recherchiere und gib die relevanten Reaktionsgleichungen an. Beschreibe den Nachteil im Vergleich zum Kontaktverfahren.

A4 Beim Kontaktverfahren muss man hinsichtlich der Temperatur im Kontaktofen einen Kompromiss eingehen. Erläutere.

A5 Erkläre Nutzen und Funktion eines Wärmetauschers [B4].

A6 Ein Rätsel: Schreibe die Lösungswörter 1. bis 9. untereinander und markiere jeweils den in Klammern angegebenen Buchstaben. Diese markierten Buchstaben ergeben das Lösungswort. Umlaute bitte auflösen.

① Beruf in der chemischen Industrie (5)
② Produktionsweise (6)
③ Zwischenprodukt beim Kontaktverfahren (9)
④ Eine gute ... eines Produktionsprozesses spart Edukte und somit Rohstoffe. (6)
⑤ Produkt der alkoholischen Gärung (7)
⑥ Ein ... setzt die Aktivierungsenergie einer chemischen Reaktion herab. (3)
⑦ Phase einer Betriebserkundung (6)
⑧ Weitere Produktionsweise (8)
⑨ Gerät zur sinnvollen Nutzung von Abwärme in der chemischen Industrie. (6)

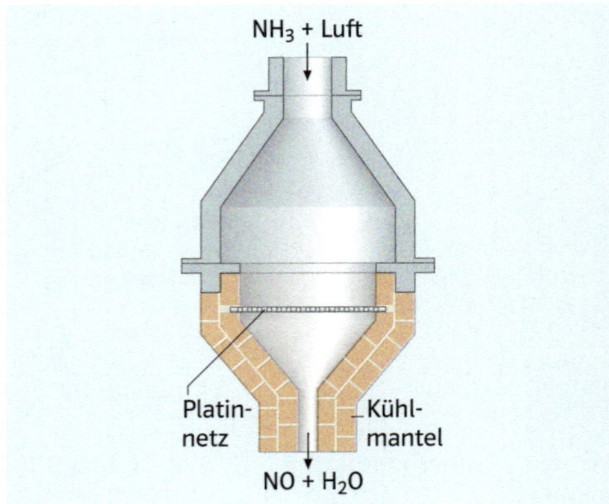

B5 Ammoniak-Verbrennungsofen

A7 Ethanol kann technisch aus Ethen und Wasser hergestellt werden.
a) Gib die Reaktionsgleichung an. Verwende dazu Strukturformeln.
b) Im Reaktor wird ein Gemisch aus gasförmigem Wasser und Ethen über Keramikplatten geleitet, auf die Phosphorsäure aufgetragen wurde. Welche Rolle könnte die Phosphorsäure beim Produktionsprozess spielen? Begründe.
c) Nach dem Durchgang des Gemischs durch den Reaktor haben nur etwa 5 % des Ethens reagiert. Beschreibe einer Maßnahme, wie man die Ausbeute des Verfahrens erhöhen könnte.

A8 Ein Großteil des in Deutschland produzierten Ammoniaks wird nach dem **Ostwald-Verfahren** [B5] zu Salpetersäure verarbeitet. Gib die Reaktionsgleichungen und ein passendes Fließschema an:

1. Zunächst wird Ammoniak mit Luftsauerstoff unter Anwesenheit eines Platinkatalysators in einem Kontaktofen verbrannt. Es entstehen Wasser und Stickstoffmonooxid.
2. Das Stickstoffmonooxid wird abgekühlt und reagiert dann in einem Oxidationsturm mit Luftsauerstoff zu Stickstoffdioxid.
3. In Rieseltürmen verbindet sich Stickstoffdioxid bei hohem Druck mit Wasser und Luftsauerstoff zu Salpetersäure (HNO_3).

9 Analytische Verfahren

Die Analytische Chemie ist ein wichtiger Teilbereich der Chemie. Sie beschäftigt sich vor allem mit dem Aufspüren und der Konzentrationsbestimmung von Stoffen.

Die Anwesenheit bestimmter Atome, Moleküle und Ionen kann mithilfe spezieller Verfahren nachgewiesen werden.

Ob z. B. im T-Shirt oder in Wurstwaren gesundheitsschädliche Substanzen enthalten sind, kann man nachweisen. Auch lässt sich heute klären, ob Luft, Wasser oder Böden mit Schadstoffen belastet sind.

Die Analytische Chemie liefert zudem Erkenntnisse über den Aufbau und die Zusammensetzung von Verbindungen und ist für die Neuentwicklung von Stoffen unentbehrlich.

Analysemethoden werden auch zur Aufklärung von Verbrechen eingesetzt. Liegt ein Giftmord vor? Wer hat Fingerabdrücke am Tatort hinterlassen? Auf solche und ähnliche Fragen kann die Analytische Chemie klare Antworten geben.

Surftipp
ig7qq9

9.1 Den Stoffen auf der Spur

Trinkwasser – auf die Inhaltsstoffe kommt es an
Wasser ist unser wichtigstes Lebensmittel [B2]. Es ist in unserem Körper für viele Funktionen so wichtig, dass wir ohne Wasser höchstens 5 Tage überleben könnten. Aus den Wasserhähnen fließt klares, sauberes Trinkwasser, bereitgestellt von den Wasserwerken. Sie gewinnen das Trinkwasser, bereiten es auf, speichern und verteilen es. Der größte Teil des Trinkwassers wird aus Quell- und Grundwasser gewonnen, entlang der Flüsse auch durch Uferfiltration, so z. B. entlang des Rheins.

A1 Beschreibe das Verfahren der Uferfiltration in einigen Sätzen.

Nitrat-Ionen-Belastung des Trinkwassers
Wenn sehr viel Gülle oder Mineraldünger bei intensiv betriebener Landwirtschaft in zu großen Mengen ausgebracht werden, können Nitrat-Ionen durch Regenwasser ausgewaschen werden und ins Oberflächen- oder Grundwasser gelangen [B1]. Bestimmte Bakterien reduzieren Nitrat-Ionen (NO_3^-) zu Nitrit-Ionen (NO_2^-).

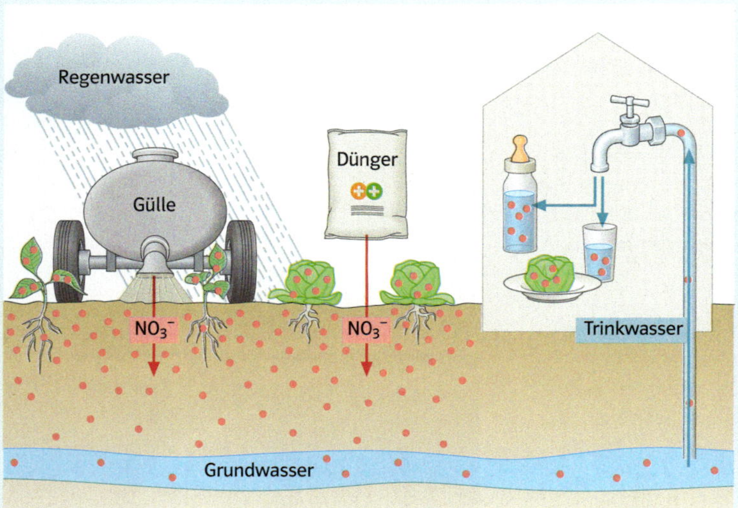

B1 Überschüssige Nitrat-Ionen werden aus dem Boden ausgewaschen und gelangen ins Trinkwasser

A2 Recherchiere Gefährdungen, die für den Menschen von Nitrit- und Nitrat-Ionen in Lebensmitteln ausgehen.

Trinkwasser-Aufbereitung
Das als Trinkwasser vorgesehene Wasser muss in Wasserwerken aufbereitet werden. Die Trinkwasserverordnung legt für bestimmte Inhaltsstoffe Grenzwerte fest. Zur Überwachung der Grenzwerte werden in den Wasserwerken zahlreiche Analysen durchgeführt.

B2 Sauberes und erfrischendes Trinkwasser

A3 Gib an, wie in Wasserwerken Chloride, Nitrate und Phosphate entfernt werden. Nenne Gründe, warum die Entfernung dieser Ionen vergleichsweise aufwendig ist.

Sauberkeit von Badegewässern
Auch bei der Beurteilung der Qualität des Wassers in Schwimmbädern und in natürlichen Badegewässern kommt die chemische Analyse zum Einsatz.

B3 Eine Schwimmmeisterin überprüft das Wasser im Schwimmbad

A4 Recherchiere die Grenz- und Leitwerte der Richtlinie der Europäischen Union für die Sauberkeit von Badegewässern.

Wassersorten
Trinkwasser, Mineralwasser, Sprudel, stilles Wasser – die Vielfalt der Begriffe ist verwirrend. Gemeinsam haben diese Wassersorten, dass sie alle zum Trinken geeignet sind. Leitungswasser ist ohne Geschmack. Damit es erfrischender schmeckt, kann man Kohlenstoffdioxid hineinpressen. So erhält man Sprudel. Mineralwasser stammt aus unterirdischen Brunnen oder Quellen. Es gibt Mineralwasser mit verschiedenen Kohlenstoffdioxid-Anteilen [B5]. Im Mineralwasser liegen Verbindungen von Calcium, Natrium und Magnesium gelöst vor. Diese sind wichtig für den Stoffwechsel. Der Gehalt an Mineralstoffen wird durch Analysen festgestellt und auf dem Etikett der Mineralwasserflasche angegeben [B4]. Daran können sich Verbraucher mit bestimmten Krankheitsbildern orientierten, z. B. wenn sie aufgrund von Bluthochdruck eine verstärkte Aufnahme von Na^+-Ionen vermeiden sollten.

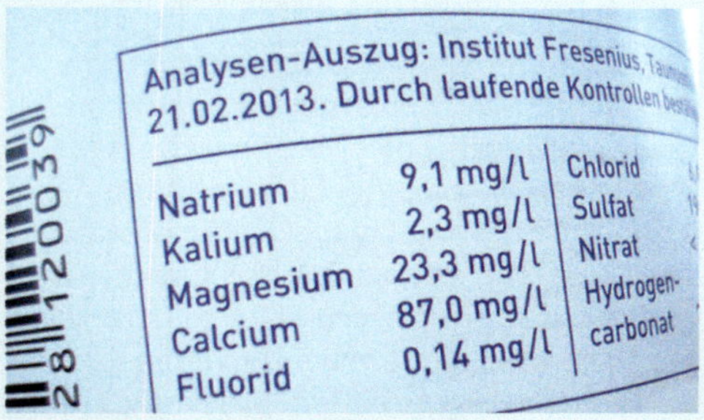

B4 Etikett einer Mineralwasserflasche

A5 Vergleiche die auf dem Etikett in B4 genannten Inhaltsstoffe mit den Elementen im Periodensystem der Elemente. Was fällt dir auf?

A6 Plane einen Versuch, mit dem du zeigen kannst, dass Sprudel Kohlenstoffdioxid enthält.

A7 Mineralwässer unterliegen nicht der Trinkwasserverordnung. Beurteile diesen Sachverhalt.

B5 Mineralwassersorten

Lebensmittel und Lebensmittel-Zusatzstoffe
Betrachtet man die Aufschrift auf einer Lebensmittelpackung, so stellt man fest, dass man Informationen über den Brennwert und die enthaltenen Nährstoffe erhält [B6].
Diese ermöglicht eine bewusste Ernährung und ist eine wichtige Informationsquelle für Verbraucher mit Nahrungsmittelunverträglichkeiten. Diese Daten werden über Analysen in der Lebensmittelanalytik erhoben. Ferner enthält die Aufschrift Informationen über enthaltene Lebensmittel-Zusatzstoffe. Zu deren Kennzeichnung werden E-Nummerrn verwendet. Sie teilen die Stoffe nach ihrem Verwendungszweck ein. Nicht alle Lebensmittel-Zusatzstoffe sind gesundheitlich unbedenklich.

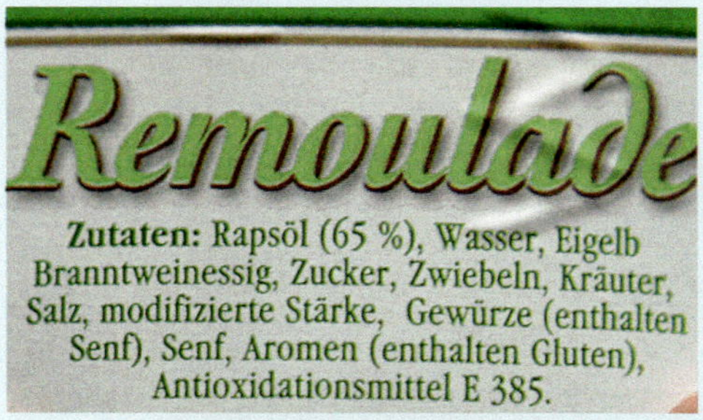

B6 Angaben auf dem Etikett einer Lebensmittelpackung

A8 Recherchiere, welcher Stoff sich hinter der E-Nummer in B6 verbirgt und weshalb er als Lebensmittel-Zusatzstoff eingesetzt wird.

A9 Recherchiere, was man unter dem ADI-Wert versteht. Gib den ADI-Wert des Stoffes von A8 an.

9.2 Stoffe analysieren

qualitativ von lat. qualitas, Art, Beschaffenheit

quantitativ von lat. quantitas, Anzahl, Menge

Für die Zulassung eines Medikaments sind exakte Angaben über die Inhaltsstoffe und Reinheitsgarantien für die verwendeten Inhaltsstoffe absolut notwendig. Bei Dopingkontrollen oder bei Fällen von Rauschgiftkriminalität müssen immer wieder neue Stoffe nachgewiesen werden.
Aber nicht nur heute, sondern seit Jahrhunderten interessierte Forscher die Zusammensetzung von Stoffen [B1]. Aus diesem Forscherdrang entwickelte sich im Laufe der Zeit ein neuer Teilbereich der Chemie, die **Analytische Chemie**, die heute für alle Teilbereiche der Chemie von großer Bedeutung ist.

Qualitative und quantitative Analysemethoden. Bei Untersuchungen unterscheidet man diese beiden Vorgehensweisen [B2]. Bei den qualitativen Analysemethoden stehen Art und Zusammensetzung der Verbindung oder des Gemischs im Mittelpunkt des Interesses. Mithilfe der quantitativen Analysemethoden kann man weitgehend exakte Mengenanteile ermitteln.

Auch der Begriff „Analyse" hat einen Bedeutungswandel erfahren. Ehemals bedeutete er die Zerlegung einer Verbindung in die Elemente. Heute versteht man generell darunter eine jegliche Untersuchung eines Stoffes, um seine Zusammensetzung zu erkennen. Die Untersuchung kann eine qualitative oder quantitative Zielsetzung haben.

Qualitative Analysen haben wir bereits kennengelernt. Hierzu zählen auch alle Nachweisreaktionen, z. B. für Sauerstoff, Wasserstoff, Kohlenstoffdioxid, Wasser oder für bestimmte Ionen.
Ein quantitatives Analyseverfahren in Form der Säure-Base-Titration zur Gehaltsbestimmung von sauren und alkalischen Lösungen wird in Kap. 6.14 beschrieben. Besonders bedeutsam sind die Ergebnisse der quantitativen Analysen, da sie z. B. Aufschluss über die exakte Zusammensetzung eines Lebensmittels geben können. Dies ermöglicht Verbrauchern, die Aufnahme bestimmter Inhaltsstoffe zu minimieren oder zu vermeiden.

B1 Alchemist

Analytische Chemie

Qualitative Analyse
Frage: Was?
Welche Atome, Ionen, Moleküle?

Quantitative Analyse
Frage: Wie viel?

B2 Veranschaulichung der Begriffe qualitativ und quantitativ

V1 Beim Erhitzen von Backpulver entweicht ein farbloses Gas. Plane einen Versuch, mit dem man herausfinden kann, welches Gas entsteht. Führe den Versuch nach Rücksprache mit der Lehrperson durch und fertige ein Protokoll an.

V2 An gesalzenen Erdnüssen haftet das Salz nur an der Oberfläche der Erdnüsse. Plane zunächst einen Versuch, mit dem man den Salzgehalt von Erdnüssen ermitteln könnte. Führe nach Rücksprache mit der Lehrperson diesen Versuch durch und bestimme den Massenanteil (Kap. 6.12) des Kochsalzes bei gesalzenen Erdnüssen.

9.3 Qualitative Ionennachweise

B1 Um welche Verbindungen handelt es sich?

Für die Ermittlung der Zusammensetzung von Verbindungen ist es nötig, die einzelnen Bestandteile zuverlässig zu identifizieren. Gelegentlich ist es auch zunächst wichtig zu wissen, ob eine Ionenverbindung (Salz) oder eine Molekülverbindung vorliegt. Hierüber kann eine einfache Überprüfung der Leitfähigkeit ihrer wässrigen Lösungen Aufschluss geben [V1]. Zur Identifizierung der Bestandteile reicht häufig ein qualitativer Nachweis aus. Für einen solche Nachweis benutzt man **Nachweisreagenzien**.

Nachweis von Halogenid-Ionen. Hierzu verwenden Chemiker eine Silbernitrat-Lösung (Kap. 2.12). Man beobachtet, dass dann eine weiße bis gelbe Trübung auftritt, wenn sowohl Halogenid-Ionen als auch Silber-Ionen vorhanden sind. Man sagt, es fällt ein Niederschlag aus, oder es tritt eine **Fällung** auf. Daher nennt man solche Reaktionen **Fällungsreaktionen** [V2, B2].

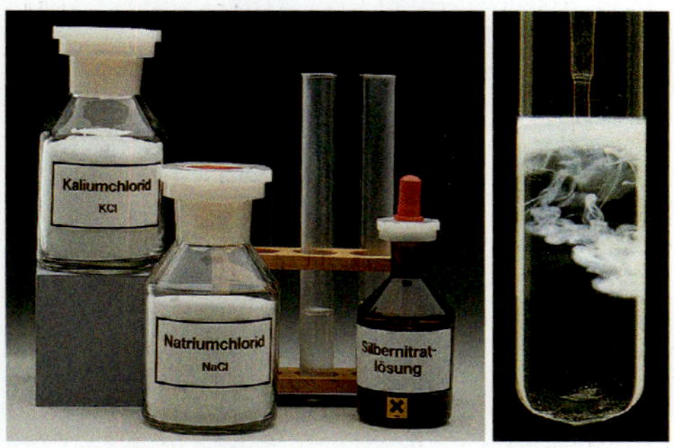

B2 Nachweisreaktion mit Silbernitrat

Das Phänomen, dass Silber-Ionen mit Chlorid-Ionen zu einem milchigen, weißen Niederschlag reagieren, kann auf der Teilchenebene erklärt werden. Silbernitrat besteht aus Silber-Ionen (Ag^+) und Nitrat-Ionen (NO_3^-). Dieses Salz ist in Wasser ähnlich leicht löslich wie Natriumchlorid, das aus Natrium-Ionen (Na^+) und Chlorid-Ionen (Cl^-) aufgebaut ist. Die Silber-Ionen reagieren mit den Chlorid-Ionen, dabei wird Silberchlorid (AgCl) gebildet. Dieses Salz ist in Wasser so schlecht löslich, dass es als weißer Feststoff ausfällt. Die Natrium-Ionen und die Nitrat-Ionen bleiben in Lösung:

$$Ag^+(aq) + NO_3^-(aq) + Na^+(aq) + Cl^-(aq) \longrightarrow AgCl(s) + Na^+(aq) + NO_3^-(aq)$$

Für diese Reaktion sind lediglich Silber- und Chlorid-Ionen wichtig. Die anderen Ionen liegen nach der Reaktion unverändert vor. Daher kann die Reaktionsgleichung verkürzt folgendermaßen dargestellt werden:

$$Ag^+(aq) + Cl^-(aq) \longrightarrow AgCl(s)$$

V1 Befülle drei Reagenzgläser zu einem Drittel mit dest. Wasser. Löse im ersten Reagenzglas Natriumchlorid, im zweiten Zucker. Prüfe nacheinander, beginnend mit dem dest. Wasser, die elektrische Leitfähigkeit der Flüssigkeiten. Spüle den Leitfähigkeitsprüfer nach jedem Versuch ab.
Beschreibe deine Beobachtungen.

V2 Befülle drei Reagenzgläser jeweils zu einem Viertel mit (sehr verdünnten) Lösungen von Natriumchlorid, Natriumsulfat und Bariumchlorid. Gib in ein viertes Reagenzglas dest. Wasser. Tropfe anschließend in alle vier Reagenzgläser Silbernitrat-Lösung. Beschreibe deine Beobachtungen.

A1 Gib für die in V2 verwendeten Chemikalien jeweils die Formel an.

B4 Silberhalogenid-Niederschläge: Silberchlorid (links), Silberbromid (Mitte), Silberiodid (rechts)

Weitere Versuche haben gezeigt, dass die Halogenid-Ionen Cl^-, Br^- und I^- mit Silbernitrat-Lösung einen Niederschlag ergeben. Der Niederschlag von Silberbromid (AgBr) hat eine gelbliche Farbe, der Niederschlag von Silberiodid (AgI) ist intensiv gelb [B4].
Analog können auch Silber-Ionen mit Chlorid-Ionen nachgewiesen werden.

Grundprinzip von Fällungsreaktionen: Durch Zugabe des Nachweisreagenzes zu einer Prüflösung entsteht bei Anwesenheit bestimmter Ionen ein in Wasser schwer lösliches Salz. Viele Ionen können durch bestimmte Fällungsreaktionen nachgewiesen werden.

Nachweis von Sulfat- und Barium-Ionen.
In einer weiteren Versuchsreihe [V3] werden Lösungen verschiedener Salze in dest. Wasser mit Bariumchlorid-Lösung versetzt. Man stellt fest, dass Sulfat-Ionen mit Barium-Ionen einen weißen Niederschlag bilden [B3]. Daher kann man folgern, dass Barium-Ionen ein Nachweisreagenz für Sulfat-Ionen sind. Der in Wasser schwer lösliche Niederschlag ist Bariumsulfat. In entsprechender Weise können auch Barium-Ionen nachgewiesen werden. Dazu muss man zu einer Probe, in der man Barium-Ionen vermutet, eine Lösung mit Sulfat-Ionen geben. Tritt ein weißer Niederschlag [B3] auf, so ist dies ein Hinweis auf Barium-Ionen.

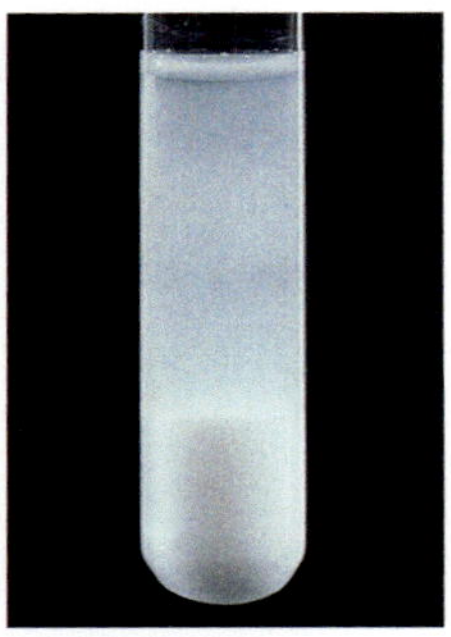

B3 Niederschlag von Bariumsulfat

Nachweis von Carbonat-Ionen. Für diese Ionensorte gibt es mehrere Nachweismöglichkeiten: Einmal können sie durch Auftropfen einer sauren Lösung (meist verdünnte Salzsäure) auf das feste Salz oder die Salzlösung nachgewiesen werden (Kap. 6.8). Ein weiterer Nachweis besteht in einer direkten Fällungsreaktion, bei der man carbonathaltige Lösungen zu Kalkwasser gibt [V4, A3].

Die Halogenid-Ionen Cl^-, Br^-, I^-, Silber-Ionen (Ag^+), Barium-Ionen (Ba^{2+}), Sulfat-Ionen (SO_4^{2-}) und Carbonat-Ionen (CO_3^{2-}) können mithilfe von Fällungsreaktionen nachgewiesen werden.

Neben den Fällungsreaktionen gibt es Nachweisreaktionen, bei denen der Nachweis auf charakteristischen **Farbreaktionen** beruht.

Nachweis von Eisen-Ionen. Eisen-Ionen können als Fe^{2+}- und Fe^{3+}-Ionen auftreten. Zum Nachweis beider Ionensorten können Farbreaktionen herangezogen werden [V5].

V3 Versetze die Lösungen folgender Salze mit Bariumchlorid-Lösung: Natriumsulfat, Natriumchlorid, Kaliumsulfat und Kaliumchlorid.

V4 Ein Reagenzglas wird mit sulfatarmem Mineralwasser mit Kohlensäure, ein anderes mit dest. Wasser befüllt. Anschließend gibt man jeweils etwas Kalkwasser dazu.

V5 Löse in Reagenzgläsern a und b einige Spatelspitzen **a)** Eisen(II)-sulfat und **b)** Eisen(III)-chlorid in dest. Wasser. Gib bei (a) einige Tropfen einer Lösung von Rotem Blutlaugensalz in Wasser und bei (b) eine Lösung von Ammoniumthiocyanat in Wasser zu. Notiere deine Beobachtungen.

A2 Erstelle für die Reaktionen mit positivem Ergebnis aus V3 die Reaktionsgleichungen mit den an der Reaktion beteiligten Ionen.

A3 Gib für die bei V4 verwendete Chemikalie die Formel an und erstelle für den Versuch, bei dem ein positives Ergebnis erzielt wurde, die Reaktionsgleichung.

B5 Silvesterfeuerwerk

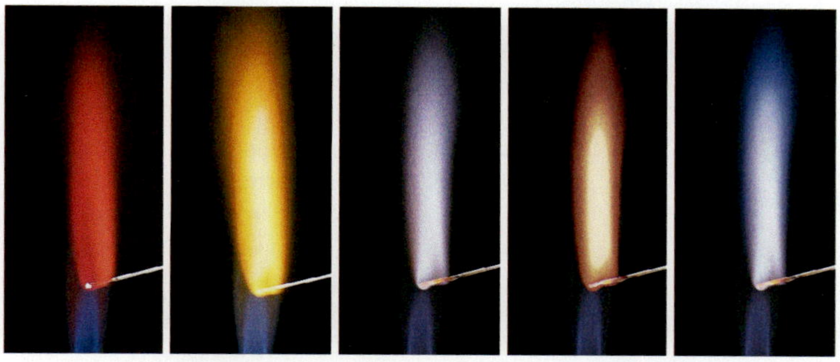

B6 Flammenfärbung der Alkalimetalle – von links nach rechts: Lithium, Natrium, Kalium, Rubidium, Caesium

Die Alkalimetall-Kationen bilden keine spezifischen Fällungsreaktionen, mit denen sie identifiziert werden könnten. Man kann sie jedoch über ihre typischen Flammenfärbungen nachweisen (Kap. 2.8), da jedes dieser Elemente Licht in einer bestimmten – für das jeweilige Element charakteristischen – Farbe ausstrahlt [B6].

Flammenfärbung. *Natrium* bewirkt eine intensive Gelbfärbung, während beispielsweise *Kalium* eine violette Flammenfärbung erzeugt. Diese Phänomene sind nicht auf die elementaren Stoffe beschränkt, da sich die gleichen Beobachtungen auch bei allen Verbindungen der jeweiligen Elemente machen lassen [V6]. *Rubidium* (Rb) und *Caesium* (Cs) haben ihre Namen aufgrund ihrer Flammenfarben erhalten: die Namen kommen von den lateinischen Wörtern ruber (dunkelrot) bzw. caesius (blau).
Ähnlich wie die *Alkalimetalle* färben auch einige *Erdalkalimetalle* und deren Verbindungen die nicht leuchtende Brennerflamme [B7]. Analytiker nutzen die verschiedenen Flammenfärbungen bestimmter Elemente aus, um sie in Proben nachzuweisen [B8].
Die Flammenfärbungen werden nicht nur in der analytischen Chemie ausgenutzt, sondern auch in der Pyrotechnik, z. B. beim Abbrennen von Feuerwerkskörpern [B5].

Die Alkalimetalle Lithium, Natrium, Kalium, Rubidium, Caesium und die Erdalkalimetalle Calcium, Strontium und Barium können jeweils durch ihre charakteristische Flammenfärbung nachgewiesen werden.

V6 Auf Uhrgläser werden geringe Mengen von Alkalimetall- und Erdalkalimetallverbindungen gegeben und mit wenig Wasser versetzt. Anschließend wird ein Magnesiastäbchen in der rauschenden Brennerflamme ausgeglüht und in die Probe gehalten. Danach hält man das Magnesiastäbchen in die nicht leuchtende Flamme.

A4 Beschreibe deine Vorgehensweise, um Natriumchlorid eindeutig von Kaliumsulfat unterscheiden zu können.

A5 Feuerwerkskörper enthalten Verbindungen von Alkali- und Erdalkalimetallen. Schreibe die Metalle auf, die am Feuerwerk in B5 beteiligt sein könnten.

A6 Nenne zwei Nachweismethoden für Barium-Ionen.

Elementarer Stoff	Flammenfärbung
Lithium	Karminrot
Natrium	Gelb
Kalium	Violett
Rubidium	Dunkelrot
Caesium	Blau
Calcium	Ziegelrot
Strontium	Zinnoberrot
Barium	Hellgrün

B8 Flammenfärbung der Alkali- und einiger Erdalkalimetalle

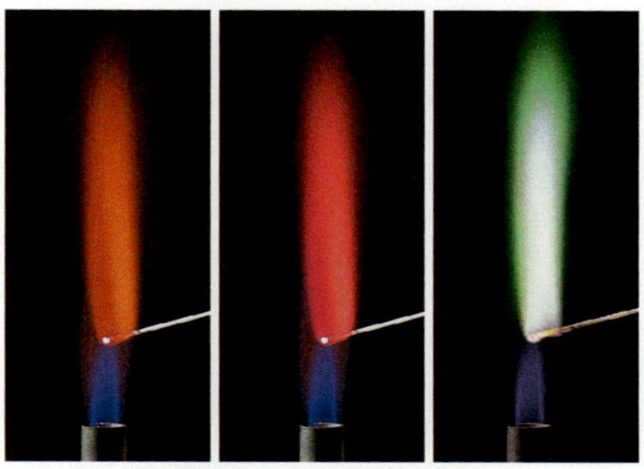

B7 Flammenfärbung durch Calcium (links), Strontium (Mitte), Barium (rechts)

9.4 Eindeutigkeit und Nachweisgrenze

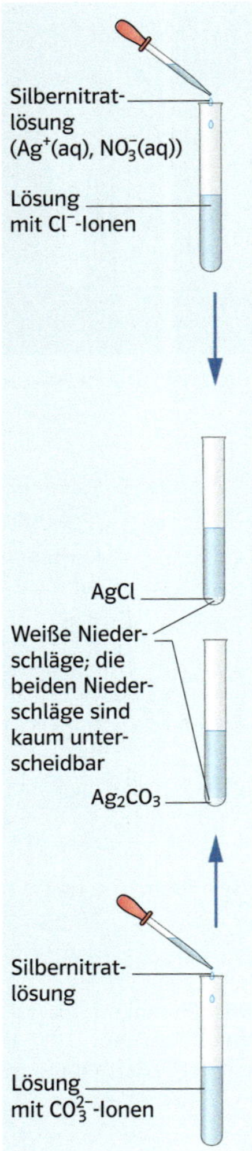

B1 Unspezifität von Ionennachweisen

Spezifischer Nachweis
Nachweisreaktion, die nur für eine ganz bestimmte Ionensorte oder Verbindung eindeutig ist

Bei der Durchführung einer Nachweisreaktion möchte man ganz sicher sein, dass der Nachweis eindeutig (spezifisch) ist.

Ansäuern. Versetzt man sowohl eine chloridhaltige als auch eine carbonathaltige Lösung mit Silbernitrat-Lösung, erkennt man bei beiden Versuchen einen weißen Niederschlag. Mit chloridhaltigen Lösungen entsteht schwer lösliches, weißes Silberchlorid (Kap. 9.3), mit carbonathaltigen Lösungen entsteht schwer lösliches, weißes Silbercarbonat. Ein weißer Niederschlag ist also kein eindeutiger Nachweis einer bestimmten Ionenart. Man sagt der Nachweis ist unspezifisch. Für einen eindeutigen Chlorid-Nachweis müssen bereits zu Versuchsbeginn die zu untersuchenden Lösungen mit Salpetersäure ($HNO_3(aq)$) angesäuert werden. Die Carbonat-Ionen werden so aus der Lösung entfernt, da sie mit der Säure u.a. zu Kohlenstoffdioxid reagieren, das aus der Probe entweicht. Fällt auch nach dem Ansäuern ein weißer Niederschlag aus, kann es sich nur um Silberchlorid handeln. So ist der Chlorid-Nachweis eindeutig.

Unspezifität der Ionennachweise. Ionennachweise sind häufig unspezifisch. Das bedeutet, dass bei einem positiven Nachweis nicht automatisch das gesuchte Ion identifiziert wurde. Im Gegensatz dazu kann bei einer negativ verlaufenden Nachweisreaktion davon ausgegangen werden, dass keines der in Frage kommenden Ionen in der Lösung vorhanden ist. Allerdings könnte der Gehalt an Ionen in der Lösung auch so gering sein, dass man unter der Nachweisgrenze für dieses Ion liegt.

Nachweisgrenze. Zur Angabe der Empfindlichkeit einer Nachweisreaktion wird häufig die sog. Grenzkonzentration verwendet.
Die Grenzkonzentration (*GK*) ist die Massenkonzentration (in g/ml) eines nachzuweisenden Ions oder einer nachzuweisenden Verbindung, bei der der Nachweis gerade noch positiv ist.

Z.B. ist für den Nachweis von Fe^{3+}-Ionen mit Thiocyanat-Ionen die Grenzkonzentration $GK = 5 \cdot 10^{-6}$ g/ml [V2].

Jede Nachweisreaktion besitzt eine Nachweisgrenze für den nachzuweisenden Stoff.
Sie ist abhängig von dem gewählten Nachweisreagenz und von der gewählten Nachweismethode. Wird die Nachweisgrenze unterschritten, gelingt der Nachweis nicht mehr.

V1 **a)** Versetze eine Natriumcarbonat-Lösung und eine Natriumchlorid-Lösung mit Silbernitrat-Lösung.
b) Wiederhole Versuch (a). Versetze die Lösungen vor Zugabe der Silbernitrat-Lösung aber mit verdünnter Salpetersäure. Beschreibe und erkläre deine Beobachtungen.

V2 **a)** Löse 8,1 g Eisen(III)-chlorid (entsprechend 2,8 g Fe^{3+}-Ionen) in etwa 40 ml Wasser in einem 50-ml-Messkolben. Füge 1 ml verdünnte Salzsäure zu und fülle mit dest. Wasser auf genau 50 ml auf. Gib diese Lösung in einen Erlenmeyerkolben und markiere diesen. Spüle den Messkolben mit dest. Wasser.
b) Entnimm dieser Lösung genau 5 ml mit einer Vollpipette und gib sie in den Messkolben. Fülle auch hier mit dest. Wasser auf genau 50 ml auf. Gieße die Lösung in einen weiteren Erlenmeyerkolben und spüle den Messkolben.
c) Wiederhole b) noch sieben Mal. Jede Stufe bedeutet eine zehnfache Verdünnung der vorherigen Lösung.
d) Gib 5 ml der Ausgangslösung in ein Reagenzglas und füge genau 2 ml einer Ammoniumthiocyanat-Lösung (β = 3,8 g/(100 ml)) zu.
e) Überprüfe entsprechend bei jeder Lösung, ob der Nachweis auf Fe^{3+}-Ionen noch gelingt. Protokolliere deine Beobachtungen.
f) Berechne die Konzentration der Fe^{3+}-Ionen in g/ml beim Thiocyanatnachweis, wenn die Konzentration in der verdünnten Lösung $2{,}8 \cdot 10^{-8}$ g/(50 ml) beträgt. Berechne dann die Konzentration an Fe^{3+}-Ionen in g/ml in *der* Lösung, bei der der Nachweis mit Thiocyanat-Ionen letztmals noch gelingt.

A1 Erkläre, warum bei V1 ein Ansäuern mit Salzsäure ein Fehler wäre.

9.5 Praktikum Ionennachweise

In diesem Praktikum werden die gängigsten Ionennachweise durchgeführt. Notiere zu jedem Versuch deine Beobachtungen.

V1 Anionennachweise

a) Halogenid-Ionen-Nachweis

Geräte, Materialien, Chemikalien: 4 Reagenzgläser, Spatel, Pipette, Natriumchlorid, Natriumbromid, Natriumiodid, Silbernitrat-Lösung, verdünnte Salpetersäure, dest. Wasser.

Durchführung: Gib in drei saubere Reagenzgläser jeweils eine Spatelspitze der Salze Natriumchlorid, Natriumbromid bzw. Natriumiodid. Gib so viel Wasser dazu, dass die Salze anschließend vollständig gelöst sind. Säuere dann mit 5 Tropfen Salpetersäure an. Gib nun mit einer Pipette zu den drei Flüssigkeiten Silbernitrat-Lösung. Führe den gleichen Versuch mit reinem Wasser durch (Blindprobe).

b) Sulfat-Ionen-Nachweis

Geräte, Materialien, Chemikalien: Reagenzglas, Spatel, Pipette, Natriumsulfat, Bariumchlorid-Lösung in Tropfflasche.

Durchführung: Löse in einem Reagenzglas Natriumsulfat in Wasser. Tropfe Bariumchlorid-Lösung zu der Natriumchlorid-Lösung und beobachte.

c) Carbonat-Ionen-Nachweis

Geräte, Materialien, Chemikalien: Reagenzgläser, Spatel, Pipette, Mineralwasser, Kalkwasser.

Durchführung: Carbonat-Ionen weist du mit Kalkwasser nach. Am einfachsten führst du den Versuch mit kohlensäurehaltigem Mineralwasser oder mit einer wässrigen Lösung von Natriumcarbonat durch.

V2 Ammonium-Ionen-Nachweis

Geräte, Materialien, Chemikalien: Spatel, Reagenzglas, Universalindikatorpapier, verdünnte Natronlauge, Ammoniumchlorid, dest. Wasser.

Durchführung: Löse 3–4 Spatelspitzen Ammoniumchlorid (NH_4Cl) in etwa 5 ml Wasser. Gib unter dem Abzug Natronlauge zu und halte ein angefeuchtetes Universalindikatorpapier in den Gasraum.

V3 Kationennachweise

Geräte, Materialien, Chemikalien: Tiegelzange, Tüpfelplatte (6 Vertiefungen) oder 6 Uhrgläser, Magnesiastäbchen, Gasbrenner, Natriumchlorid, Kaliumchlorid, Calciumchlorid, Strontiumchlorid, Lithiumchlorid, Bariumchlorid (Abzug!), verd. Salzsäure.

Durchführung: Zuerst glühst du das Magnesiastäbchen in der nicht leuchtenden Brennerflamme aus [B1a]. Danach tauchst du es in Salzsäure, nimmst dann eine Probe des zu untersuchenden Salzes aus der Tüpfelplatte auf [B1b] und hältst es erneut in die Flamme des Brenners [B1c]. Zum Schluss bzw. vor erneuter Verwendung wird das benutzte Ende des Magnesiastäbchens mit einer Tiegelzange abgebrochen.

Aufgabe: Halte die Beobachtungen in Form einer Tabelle fest, die du in dein Heft einträgst.

Name des Kations	Flammenfärbung

V4 Analyse von Glaubersalz

Aufgabe: Plane ein Experiment zur Analyse von Glaubersalz. Notiere Geräte, Materialien, Chemikalien sowie die einzelnen Schritte der Durchführung. Führe das Experiment durch. Hinweis: Glaubersalz ist eine Verbindung, für deren Ionen auf dieser Seite Nachweise angegeben sind.

A1 Prüfe folgende Aussage:
Immer wenn bei einer Fällungsreaktion ein weißer Niederschlag gebildet wird, ist dies ein Nachweis für Sulfat-Ionen.

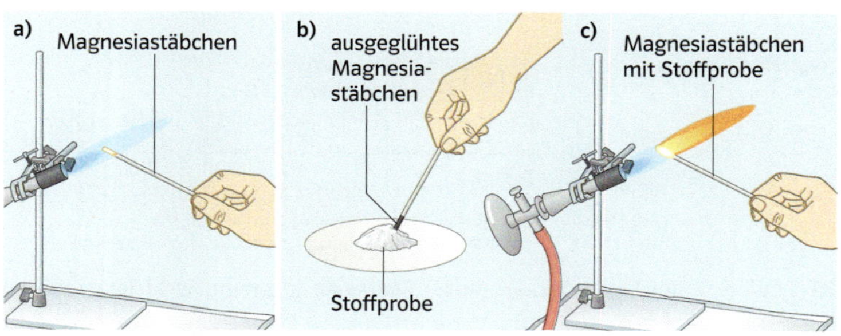

B1 Kationennachweis

9.6 Praktikum Wasseruntersuchung

Komparator von lat. comparare, vergleichen. In der Analytischen Chemie Gerät zum Vergleich der Farbintensitäten farbiger Lösungen

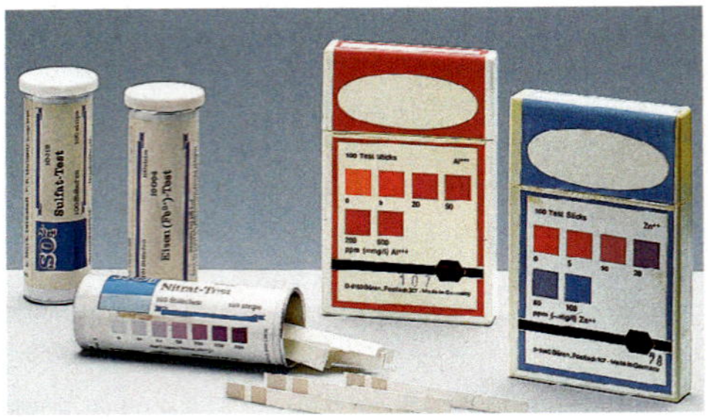

B3 Teststäbchen zur Wasseruntersuchung

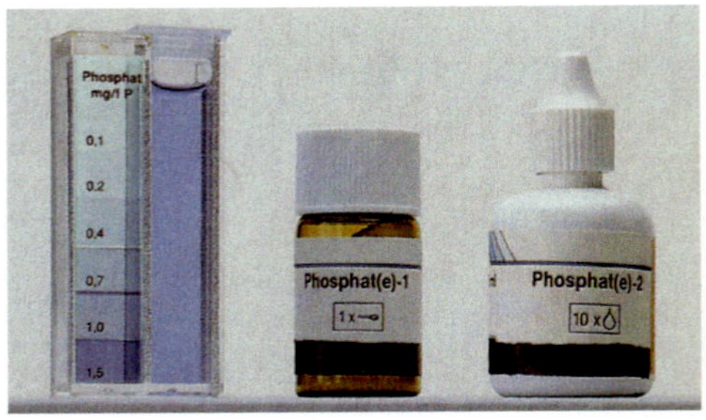

B4 Phosphatbestimmung mit Komparator

Protokoll

Datum:

Uhrzeit:

- Temperatur:
- Entnahmestelle:
- Aussehen:
- Geruch:
- pH-Wert:
- Rückstand beim Eindampfen:
- Gesamthärte:
- Sauerstoffgehalt:
- relative Sättigung:
- Nitratgehalt:
- Phosphatgehalt:

B1 Vorbereitetes Protokoll für eine Wasseruntersuchung

Untersuchung von Wasser. Es werden sehr viele unterschiedliche Wasserarten untersucht: z. B. Trinkwasser, Teichwasser, Aquarienwasser und Schwimmbadwasser. Genauso vielfältig sind die Ziele der verschiedenen Untersuchungsarten. Für einen Aquarienliebhaber steht eventuell die Untersuchung des pH-Werts im Vordergrund [B6]. Besonders gründlich untersucht wird unser Trinkwasser, das klar, farb- und geruchlos sowie frei von Krankheitskeimen und gesundheitsschädlichen Stoffen sein soll. Für einzelne Schadstoffe sind in der Trinkwasserverordnung **Grenzwerte** festgelegt, die nicht überschritten werden dürfen [B7]. So kann z. B. eine erhöhte Nitrat-Konzentration im Körper über Folgereaktionen zu einem Sauerstoffmangel in den Zellen führen. Die Folge ist die tödliche „Blausucht", von der vor allem Säuglinge betroffen sein können.

Teststäbchen. Wasserproben lassen sich mit Teststäbchen [B3] schnell und preiswert untersuchen (Schnelltestverfahren). Teststäbchen sind ca. 7 cm lange und 0,5 cm breite Kunststoff-Folien, auf deren Ende ein spezielles Nachweisreagenz (Reagenzpapier) aufgebracht ist [B2]. Es gibt auch Teststäbchen, die mit mehreren Reagenzien (z. B. für den Nachweis von Nitrat und Nitrit) versehen sind.

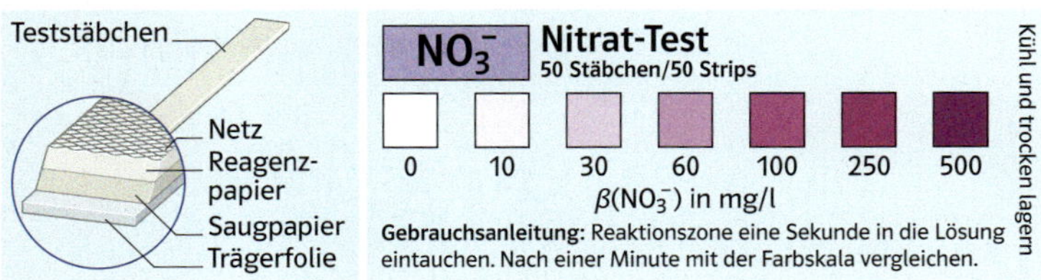

B2 Aufbau eines Teststäbchens (links), Farbkarte zu einem Nitrat-Teststäbchen (rechts)

Kolorimetrie. Die Intensität farbiger Lösungen hängt ab von der Konzentration der farbgebenden Teilchen. Diese kann durch einen Vergleich der Farbintensitäten von Lösungen bekannter Konzentration bestimmt werden. Dieses Verfahren nennt man **Kolorimetrie**. Dabei müssen farblose Lösungen durch geeignete Reaktionen mit Nachweisreagenzien in farbige Lösungen überführt werden. Zur Messung werden häufig fertige Reagenziensätze benutzt [B4]. Die Messungen führen zu genaueren Ergebnissen als bei Verwendung von Teststäbchen. Die Kolorimetrie findet besonders bei der Wasseranalyse Verwendung, z. B. zur Bestimmung des Gehalts an Metallionen (Eisen-, Blei-, Kupfer- oder Mangan-Ionen).

Allgemeines Vorgehen. Alle wichtigen Angaben werden in einem Protokoll festgehalten [B1]. Wichtig ist auch die richtige Entnahme der Proben. Die Untersuchungen sollten immer schnellstmöglich nach der Probeentnahme vorgenommen werden. Im Freien muss ein Entsorgungsgefäß mitgeführt werden.

A1 Überlege, ob sauberes Trinkwasser gleichbedeutend mit chemisch reinem Wasser ist.

V1 **Probe auf Aussehen und Geruch**
Geräte und Materialien: Wasserprobe, dest. Wasser, 2 Bechergläser, weißes Papier.
Durchführung:
a) Fülle eine Probe des zu untersuchenden Wassers und dest. Wasser in je ein Becherglas. Halte ein weißes Blatt dahinter und vergleiche die Trübung.
b) Prüfe den Geruch und wechsle mehrmals zwischen der Wasserprobe und dem dest. Wasser hin und her.
c) Trage die Ergebnisse der Prüfungen ins Versuchsprotokoll ein.

V2 **Untersuchung mit Teststäbchen**
Geräte und Materialien: Wasserprobe, Becherglas, Teststäbchen z. B. für Härte, Phosphat, Nitrat und Nitrit.
Durchführung:
a) Lies vor der Durchführung eines Tests die Gebrauchsanleitung für die Benutzung der Teststäbchen durch.
b) Führe den Test vorschriftsmäßig aus und ermittle das Ergebnis durch Vergleich mit der beiliegenden Farbskala [B5].
c) Trage die Werte in das Versuchsprotokoll ein.
Auswertung: Überprüfe, ob die untersuchte Wasserprobe hinsichtlich des Nitrat(Nitrit)-Gehaltes Trinkwasserqualität aufweist [B7].

V3 **Prüfung der elektrischen Leitfähigkeit**
Geräte und Materialien: Apparatur zur Untersuchung der elektrischen Leitfähigkeit, Bechergläser, dest. Wasser, Wasserproben.
Durchführung: Prüfe die elektrische Leitfähigkeit verschiedener Wasserarten.
Auswertung: Deute das Versuchsergebnis.

V4 **Bestimmung des pH-Werts**
Geräte und Materialien: Wasserprobe, pH-Messgerät oder Reagenziensatz zur pH-Wert-Bestimmung (z. B. für Aquarien).
Durchführung: Führe die pH-Wert-Bestimmung nach der Bedienungsanleitung des pH-Messgerätes bzw. des Reagenziensatzes durch.
Auswertung: Vergleiche den ermittelten pH-Wert mit den Tabellenangaben in B6 und trage ihn in das Versuchsprotokoll ein.
Hinweis: Normales pH-Papier ist für den Einsatz bei der Wasseruntersuchung ungeeignet. Die Farbstoffe werden ausgewaschen, bevor der Farbumschlag sichtbar wird. pH-Teststäbchen „nichtblutend“ können verwendet werden.

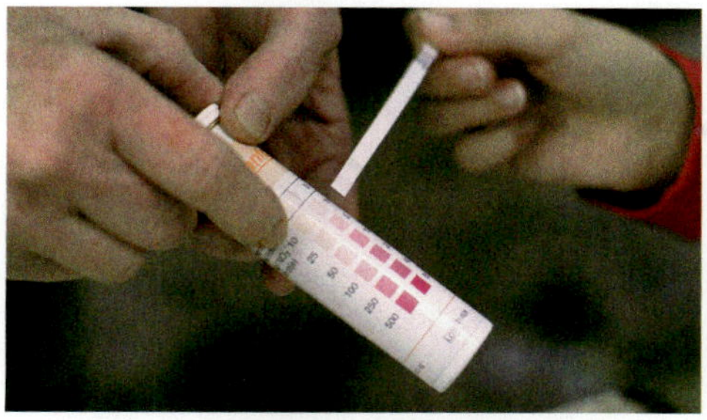

B5 Ermittlung des Nitrat-Gehaltes durch Farbvergleich

V5 **Eindampfen einer Wasserprobe**
Geräte und Materialien: Porzellanschale (schwarz glasiert), Brenner, Dreifuß, Filterpapier, Glastrichter, Wasserprobe.
Durchführung: Filtriere einen Teil der Wasserprobe und dampfe das klare Filtrat in der Porzellanschale ein [B8]. Trage das Ergebnis in das Untersuchungsprotokoll ein.
Auswertung: Deute das Versuchsergebnis.

Fischart	pH-Bereich
Goldfisch	um 7,0
Guppy	7,0 -7,5
Molly	7,0 -7,5
Neonsalmler	6,2 -6,5
Panzerwels	um 7,0
Platy	7,0 -7,5
Rotauge	6,5 -7,0
Schwertträger	7,0 -7,5
Segelflosser	6,5 -7,0
Sumatrabarbe	6,5 -7,0
Süßwasseraquarium (Gesellschaftsbecken)	5,5 -7,5
Trinkwasser (Trinkwasserverordnung)	6,5 -9,5

B6 pH-Bereiche zur Aufzucht beliebter Aquarienfische

Ammonium	0,5
Blei	0,01
Chlorid	200,0
Eisen	0,2
Natrium	200,0
Nitrat	50,0
Nitrit	0,5
Quecksilber	0,001
Sulfat	240,0

B7 Einige Grenzwerte aus der Trinkwasserverordnung in mg/l

B8 Eindampfen einer filtrierten Probe

V6 **Bestimmung des Sauerstoffgehaltes**

Geräte und Materialien: Gerät zur Probenentnahme, Becherglas, Reagenziensatz zur Sauerstoffbestimmung, Thermometer.

Probenentnahme: Bei der Probenentnahme zur Bestimmung des Sauerstoffgehaltes darf die Wasserprobe nur so wenig wie möglich in Kontakt mit Luftsauerstoff kommen. Keinesfalls kann man das Wasser einfach in eine Flasche gluckern lassen. Bei Verwendung einer Apparatur wie in B10 verdrängt das einströmende Wasser von unten her die Luft aus der Flasche, ohne zu plätschern. Um zu verhindern, dass Sauerstoff verbrauchende Vorgänge nach der Entnahme aus dem Gewässer in der Probeflasche ablaufen, wird die folgende Bestimmung unmittelbar anschließend durchgeführt.

Durchführung:

a) Verschließe den Schlauch der vollständig gefüllten Probenflasche durch Abknicken und drehe die Flasche auf den Kopf. Lass nun zuerst einen kleinen Teil des Inhaltes ablaufen. Es handelt sich um die Wasserportion, die zuerst in die Flasche gelangt ist und noch mit Luft in Kontakt gekommen ist.

b) Gib eine Wasserportion zur Temperaturbestimmung in ein Becherglas.

c) Spüle dann die Sauerstoff-Flasche (mit schräg abgeschnittenem Stopfen) mehrere Male mit dem zu prüfenden Wasser. Fülle sie dann randvoll, indem du das Schlauchende bis fast auf ihren Boden absenkst. Die Entnahmegeschwindigkeit lässt sich durch Zusammendrücken bzw. Abknicken des Schlauches [B10, rechts] regulieren. Wenn das Gefäß überläuft, hebe das Schlauchende langsam heraus und unterbrich das weitere Auslaufen.

d) Führe nun entsprechend der Gebrauchsanweisung des Reagenziensatzes den Nachweis durch.

Auswertung:

1. Bestimme anhand B9 den maximalen Sauerstoffgehalt (Sättigungsgehalt) β bei der vorliegenden Temperatur.

2. Berechne den Quotienten aus dem gemessenen Sauerstoffgehalt und dem Sättigungsgehalt (relative Sättigung).

3. Trage alle Daten in das Versuchsprotokoll ein.

Hinweis: Bei starker Fotosynthese-Tätigkeit von Wasserpflanzen kann die relative Sättigung 100 % übersteigen.

ϑ in °C	$\beta(O_2)$ in mg/l	ϑ in °C	$\beta(O_2)$ in mg/l	ϑ in °C	$\beta(O_2)$ in mg/l	ϑ in °C	$\beta(O_2)$ in mg/l
0	14,16	10	10,92	20	8,84	30	7,53
1	13,77	11	10,67	21	8,68	31	7,42
2	13,40	12	10,43	22	8,53	32	7,32
3	13,05	13	10,20	23	8,38	33	7,22
4	12,70	14	9,98	24	8,25	34	7,13
5	12,37	15	9,76	25	8,11	35	7,04
6	12,06	16	9,56	26	7,99	36	6,94
7	11,76	17	9,37	27	7,86	37	6,86
8	11,47	18	9,18	28	7,75	38	6,76
9	11,19	19	9,01	29	7,64	39	6,68

Beispiel:

Wassertemperatur: 13 °C

gemessener Sauerstoffgehalt: 8,7 mg/l

Sättigungsgehalt $\beta(O_2)$: 10,2 mg/l

$$\text{relative Sättigung: } \frac{\text{gemessener Sauerstoffgehalt}}{\text{Sättigungsgehalt}} \cdot 100\,\% = \frac{8{,}7\,\text{mg/l}}{10{,}2\,\text{mg/l}} \cdot 100\,\% = 85{,}3\,\%$$

B9 Ermittlung der relativen Sauerstoffsättigung (Tabelle und Rechenbeispiel)

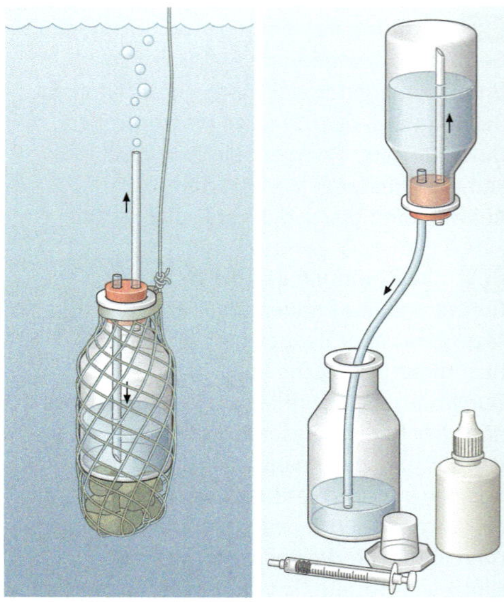

B10 Apparatur zur Entnahme einer Wasserprobe

Biologische Gewässeruntersuchung. Man unterscheidet fünf „ökologische Zustandsklassen“. Grundlage der Bewertung sind vor allem vier **biologische Qualitätskomponenten**: die wirbellosen Tiere des Gewässergrundes, die Fischfauna, die Wasserpflanzen und bodenlebende Algen sowie die freischwebenden Algen. Diese Untersuchungen sind sehr umfangreich und komplex. Da viele Wasserorganismen ganz bestimmte Anforderungen an die Gewässergüte haben, können sie zu einer ersten Abschätzung der Gewässergüte dienen [B11]. Die Gewässergüte ist ein Teilaspekt, der bei der Bewertung des ökologischen Gewässerzustands [B12] herangezogen wird.

A2 Führe eine biologische Untersuchung eines Fließgewässers durch. Erbitte von deiner Biologie-Lehrkraft Unterlagen und die nötigen Geräte (Gummihandschuhe, Pinzette, Glasschale, Lupe). Auf welche Güteklasse weisen die gefundenen Organismen hin?

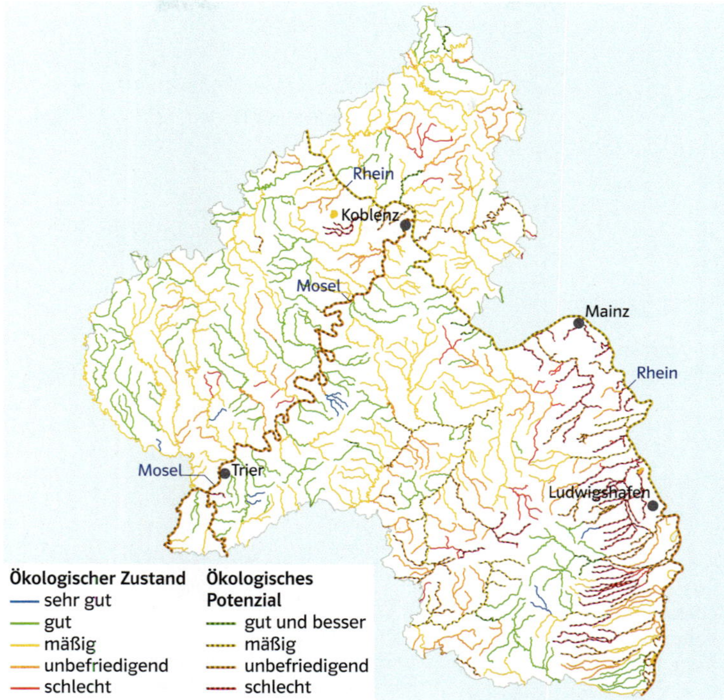

B12 Karte zum ökologischen Gewässerzustand von Rheinland-Pfalz 2015

Güteklasse	wichtige Zeigerorganismen	Beschreibung
I unbelastet bis sehr gering belastet	**Steinfliegenlarve** Hakenkäfer Strudelwürmer 	Das Wasser ist klar und nährstoffarm mit mäßiger Besiedelung durch Moose, Strudelwürmer, Steinfliegenlarven und Hakenkäfer.
I bis II gering belastet	**Köcherfliegenlarve** Steinfliegenlarve Strudelwürmer Hakenkäfer 	Klares Wasser, dichte Besiedelung mit Algen, Moosen und Blütenpflanzen. Man findet außerdem Eintagsfliegen-, Köcherfliegenlarven, Hakenkäfer und Strudelwürmer.
II mäßig belastet	**Eintagesfliegenlarve** Köcherfliegenlarve Kleinkrebse Schnecken, Blütenpflanzen 	Dichte Besiedelung mit Algen und Blütenpflanzen, Bachflohkrebsen, Wasserasseln, Schnecken und Insektenlarven.
II bis III kritisch belastet	**Egel** Schnecken Kleinkrebse Grünalgenkolonien, Muscheln 	Trübung durch organische Substanzen. Örtlich Auftreten von Faulschlamm. Dichte Besiedelung mit Algen und Blütenpflanzen. Zu finden sind Egel, Wasserasseln, Schecken, Kleinkrebse, Laichkräuter und Teichrosen.
III stark verschmutzt	**Wasserasseln** Wimpertierchenkolonien Rollegel 	Trübung durch Abwasser. An einigen Stellen Ablagerung von Faulschlamm. Zeitweiliges Fischsterben wegen Sauerstoffmangels. Rollegel und Wasserasseln, sowie im Schlamm Rote Zuckmückenlarven und Schlammröhrenwürmer.
III bis IV sehr stark verschmutzt	**Zuckmückenlarven** Schlammröhrenwürmer	Trübung durch Faulschlamm. Steine auf der Unterseite schwarz. Zahlreiche Schlammröhrenwürmer und Rote Zuckmückenlarven im Schlamm.
IV übermäßig verschmutzt	Schwefelbakterien	Schwarzer Boden durch abgelagerten Faulschlamm. Starker Geruch des Wassers nach faulen Eiern. Außer Schwefelbakterien kaum Lebewesen.

B11 Gewässergüte nach Zeigerorganismen. Das Vorhandensein bestimmter Organismen lässt Rückschlüsse auf die Güteklasse zu

9.7 Masse und Teilchenanzahl

$1\,u = \frac{1}{6 \cdot 10^{23}}\,g$

$1\,g = 6 \cdot 10^{23}\,u$

$1\,mol = 6 \cdot 10^{23}$

$6 \cdot 10^{23} = \frac{1\,g}{1\,u}$

$\frac{1\,g}{1\,u} = 1\,mol$

$1\,u = \frac{1\,g}{1\,mol}$

B1 Atomare Masseneinheit u

$1000 = 10^3$
$1\,000\,000 = 10^6$
$1\,000\,000\,000 = 10^9$

Sehr große Zahlen lassen sich übersichtlich als Potenzen mit der Basis 10 schreiben.

B2 Zehnerpotenzen erleichtern den Überblick

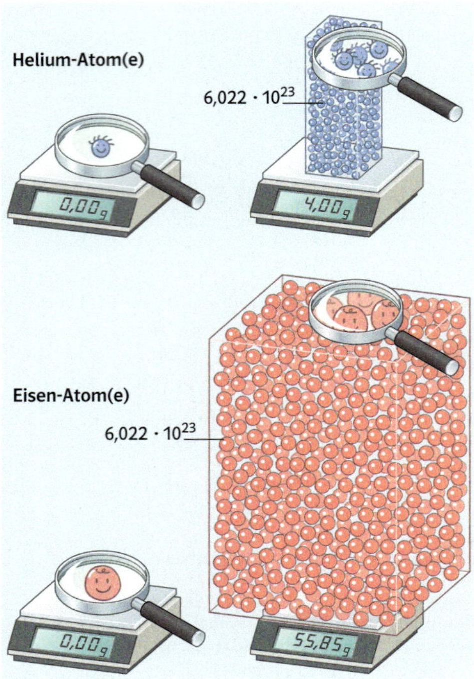

B4 Bestimmung von Atommassen im Gedankenexperiment

Stoffportion	Teilchen	Teilchenmasse m_t	Teilchenanzahl N	Stoffmenge n
12,0 g Kohlenstoff	C	12,0 u	$6 \cdot 10^{23}$	n(C) = 1 mol
64,2 g Schwefel	S	32,1 u	$2 \cdot 6 \cdot 10^{23}$	n(S) = 2 mol
32,0 g Sauerstoff	O_2	32,0 u	$6 \cdot 10^{23}$	$n(O_2)$ = 1 mol
22,0 g Kohlenstoffdioxid	CO_2	44,0 u	$0{,}5 \cdot 6 \cdot 10^{23}$	$n(CO_2)$ = 0,5 mol
162,8 g Zinkoxid	ZnO	81,4 u	$2 \cdot 6 \cdot 10^{23}$	n(ZnO) = 2 mol
44,0 g Eisensulfid	FeS	87,9 u	$0{,}5 \cdot 6 \cdot 10^{23}$	n(FeS) = 0,5 mol

B3 Teilchenanzahl und Stoffmenge von Stoffportionen

Aus einer Reaktionsgleichung lässt sich ablesen, in welchem Anzahlverhältnis z. B. Zink- mit Schwefel-Atomen zu Zinksulfid-Elementargruppen reagieren. Möchte man entsprechende Stoffportionen für eine vollständige Reaktion abwiegen, wäre es günstig zu wissen, wie viele Atome diese Stoffportionen enthalten. Welcher Zusammenhang besteht zwischen der Masse und der Teilchenanzahl?

Zählen mit der Waage. Ein Wasserstoff-Atom besitzt die winzige Masse 1 u (atomare Masseneinheit s. Kap. 1.17). Selbst die genaueste Waage würde bei einem Wasserstoff-Atom 0 g anzeigen, denn 1 u sind nur $\frac{1}{6{,}022 \cdot 10^{23}}$ g.

Wenn ein Wasserstoff-Atom gerundet etwa $\frac{1}{6 \cdot 10^{23}}$ g wiegt, dann wiegen $6 \cdot 10^{23}$ Wasserstoff-Atome 1 g. Mithilfe des Umrechnungsfaktors lässt sich also der Zusammenhang zwischen der Masse und der Teilchenanzahl herstellen.

Dies gilt nicht nur für Wasserstoff-Atome, sondern für alle Teilchen wie Atome und Moleküle und es gilt auch für Elementargruppen. Ein H_2O-Molekül hat die Masse 18 u, demnach haben $6 \cdot 10^{23}$ Wasser-Moleküle die Masse 18 g. Will man also mit Massen und Anzahlen rechnen, ist es sinnvoll, „Packungseinheiten" von $6 \cdot 10^{23}$ Teilchen zu verwenden, denn eine Packungseinheit wiegt genauso viel in g wie ein einzelnes Teilchen in u [B6].

Die Stoffmenge *n*. Es ist allerdings etwas umständlich, mit $6 \cdot 10^{23}$ zu rechnen. Diese Anzahl wird daher in der Einheit Mol (Einheitenzeichen: mol) zusammengefasst.

Das Mol ist eine Einheit für die Anzahl von Teilchen. Unter einem Mol versteht man die Zahl $6{,}022 \cdot 10^{23}$.
$1\,mol = 6{,}022 \cdot 10^{23}$

Verwendet man die Einheit Mol, spricht man statt von der Anzahl von der Stoffmenge *n*, z. B. n(C) = 1 mol.
Die Stoffmenge hat den Vorteil, dass mit kleinen Zahlen gerechnet werden kann.

Wozu wird die Einheit „Mol" benötigt? Aus der Reaktionsgleichung

$$Zn + S \longrightarrow ZnS$$

lässt sich ablesen, dass ein Zink-Atom mit einem Schwefel-Atom zu einer Elementargruppe Zinksulfid reagiert.
Es gilt auch: 1 mol Zink-Atome reagiert mit 1 mol Schwefel-Atome zu 1 mol Zinksulfid-Elementargruppen.

Die molare Masse. 24,3 g Magnesium enthalten $\mathbf{6 \cdot 10^{23}}$ bzw. 1 mol Magnesium-Atome. Zur doppelten Masse gehört die doppelte Anzahl an Atomen. Trägt man für einige Massen die jeweilige Stoffmenge in einem Diagramm auf, lassen sich die Punkte zu einer Ursprungsgeraden verbinden. Es liegt eine proportionale Zuordnung von Masse und Stoffmenge vor. Geht man in entsprechender Weise bei Massen anderer Stoffe und deren zugehörigen Teilchen (Atome, Moleküle, Elementargruppen) vor, erhält man ebenfalls Ursprungsgeraden, die aber jeweils eine andere Steigung zeigen [B5]. Für jeden Stoff ist der Quotient aus Masse und Stoffmenge ein charakteristischer konstanter Wert, der als molare Masse bezeichnet wird.

Die molare Masse *M* eines Reinstoffs ist der Quotient aus der Masse *m* und der Stoffmenge *n*. Die molare Masse hat die Einheit g/mol.

$$M = \frac{m}{n}$$

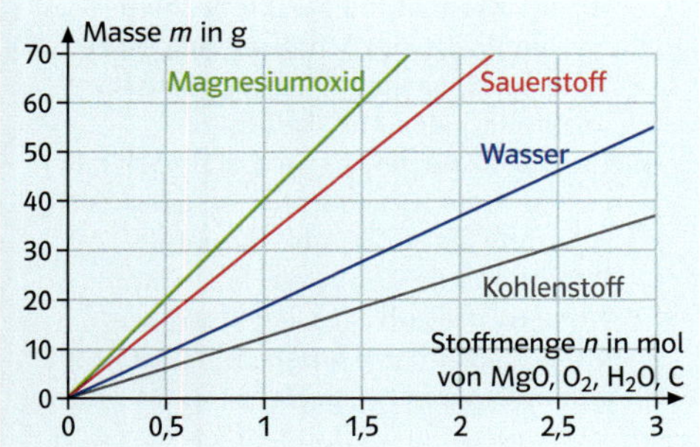

B5 Zusammenhang zwischen Masse und Stoffmenge. Die Masse ist proportional zur Stoffmenge

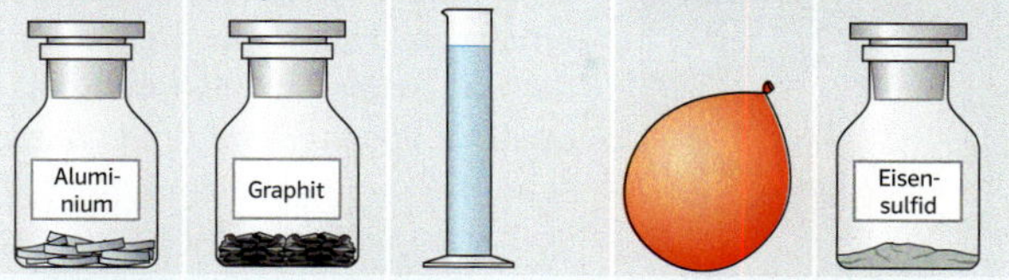

Masse Stoff	27,0 g Aluminium	12,0 g Graphit	18,0 g Wasser	32,0 g Sauerstoff	87,9 g Eisensulfid
Stoffportion					
Stoffmenge	1 mol	1 mol	1 mol	1 mol	1 mol
Teilchenanzahl	$6{,}022 \cdot 10^{23}$	$6{,}022 \cdot 10^{23}$	$6{,}022 \cdot 10^{23}$	$6{,}022 \cdot 10^{23}$	$6{,}022 \cdot 10^{23}$
Teilchenart	Al-Atome	C-Atome	H_2O-Moleküle	O_2-Moleküle	FeS-Gruppen
Teilchenmasse	27,0 u	12,0 u	18,0 u	32,0 u	87,9 u

B6 Verschiedene Stoffportionen enthalten Teilchen in gleicher Anzahl

A1 Berechne jeweils die Stoffmenge von 363,09 g Eisen und von einem Liter Wasser.

A2 Berechne die Masse, die 12,5 mol Benzol-Moleküle (C_6H_6) bilden in Kilogramm.

A3 Ermittle, wie viele Moleküle in 544 g Chlor enthalten sind? Gib die Anzahl mithilfe einer Zehnerpotenz an.

A4 Ermittle die Masse der Kohlenstoffportion, die die gleiche Anzahl an C-Atomen enthält, wie Cu-Atome in 432,14 g Kupfer sind.

A5 Gib die Masse von $8{,}45 \cdot 10^{26}$ Ammoniak-Molekülen in der Einheit Kilogramm an.

A6 Ermittle jeweils die molare Masse von Zink (Zn), Argon (Ar), Stickstoff (N_2), Aluminiumchlorid ($AlCl_3$) und Eisen(II)-sulfid (FeS).

A7 Bei einem bestimmten Metall bilden 1,5 mol Atome eine Stoffportion mit der Masse 60,1 g. Nenne das Metall.

Mol oder mol? Meint man die Einheit der Stoffmenge, so schreibt man Mol (entspricht z. B. der Volumeneinheit Liter). Handelt es sich um das Einheitenzeichen schreibt man mol (entspricht z. B. dem Einheitenzeichen l der Volumeneinheit Liter)

Reaktionsgleichung	2 Mg	+ O_2	⟶	2 MgO
Teilchenanzahl *N* oder oder	2 200 $2 \cdot 6 \cdot 10^{23}$	1 100 $1 \cdot 6 \cdot 10^{23}$		2 200 $2 \cdot 6 \cdot 10^{23}$
Stoffmengen *n*	2 mol	1 mol		2 mol
Massen *m* $N \cdot m_t$	$2 \cdot 24{,}3\,u$	$+ 1 \cdot 32{,}0\,u$		$= 2 \cdot 40{,}3\,u$
mit 1 u = 1 g/1 mol $n \cdot m_t$	$2\,mol \cdot 24{,}3\,g/mol$ 48,6 g	$+ 1\,mol \cdot 32{,}0\,g/mol$ + 32,0 g		$= 2\,mol \cdot 40{,}3\,g/mol$ = 80,6 g

B7 Teilchenanzahl, Stoffmenge und Masse am Beispiel der Reaktion des Magnesiums mit Sauerstoff

9.8 Die Konzentration saurer und alkalischer Lösungen

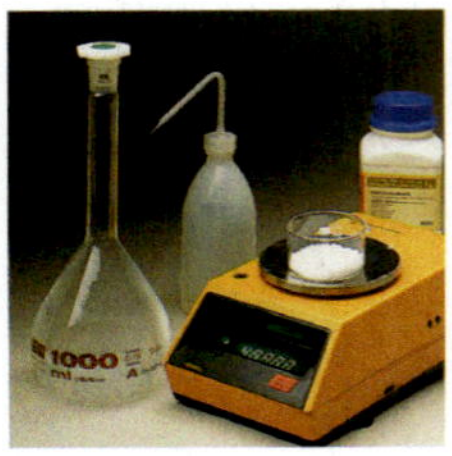

B1 Laborgeräte zur Herstellung einer Lösung bestimmter Konzentration

Gibt man jeweils gleiche Volumina Salzsäure und Natronlauge zusammen, so ist die erhaltene Lösung meist nicht neutral. Nur eine der Portionen hat vollständig reagiert. Eine neutrale Lösung erhält man nur, wenn in der sauren Lösung genauso viele H_3O^+-Ionen enthalten sind, wie OH^--Ionen in der alkalischen Lösung. Um die zur Neutralisation nötigen Volumina an Säure und Lauge zu bestimmen, muss man wissen, wie viele Ionen in den Lösungen jeweils vorliegen, d.h., man muss die **Konzentrationen** der Lösungen kennen. Da H_3O^+-Ionen aber eine andere Masse haben als OH^--Ionen, helfen uns Massenkonzentrationen (Kap. 6.12) hier nicht weiter. Die Konzentrationen müssen sich auf die Teilchenzahl bzw. Stoffmenge (Anzahl der Mole) beziehen. Diese Konzentration nennt man **Stoffmengenkonzentration.**

Konzentration von lat. con (Vorsilbe), zusammen und centrum, Mittelpunkt

Stoffmengenkonzentration. Wenn man in der Chemie von der Konzentration einer Lösung spricht, dann meint man damit normalerweise die Stoffmengenkonzentration *c*. Sie gibt an, welche Stoffmenge (in mol) eines Teilchens (bei Laugen Hydroxid-Ionen, bei Säuren Oxonium-Ionen) in einem bestimmten Volumen der Lösung (in Liter) enthalten ist.

$$c = \frac{n}{V(\text{Lösung})} \qquad \text{Einheit: } \frac{\text{mol}}{\text{l}}$$

Die Stoffmengenkonzentration *c* eines bestimmten Teilchens ist der Quotient aus der Stoffmenge *n* dieses Teilchens und dem Volumen *V* der Lösung.

Ein Beispiel zur Berechnung der Stoffmengenkonzentration einer Natronlauge bei gegebener Masse an Natriumhydroxid und gegebenem Gesamtvolumen wird in B3 erläutert.

In der Praxis werden häufig Lösungen mit einer ganz bestimmten Konzentration benötigt. Die praktische Herstellung einer Natronlauge mit der Stoffmengenkonzentration $c = 1\,\text{mol/l}$ erfolgt nach der Anweisung in B4.

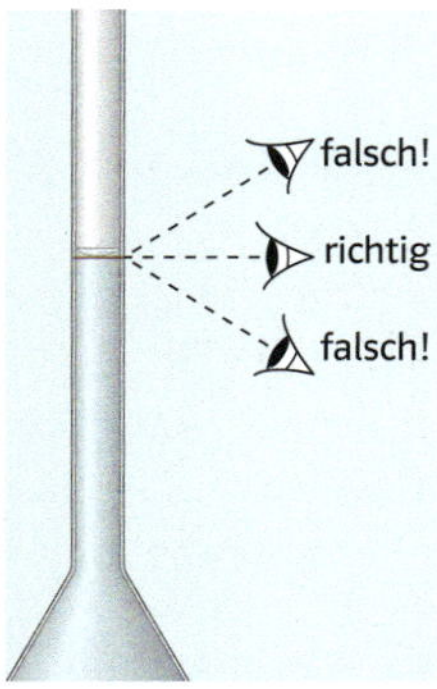

B2 Korrektes Ablesen des Meniskus

Welche Konzentration hat eine Natronlauge, wenn 2 g Natriumhydroxid in Wasser gelöst werden und auf 100 ml Lösung aufgefüllt wird?

1. Berechnung der molaren Masse *M*(NaOH) aus der Summe der Atommassen (Na,O,H)
   $M(\text{NaOH}) = (23 + 16 + 1)\,\text{g/mol} = 40\,\text{g/mol}$

2. Berechnung der Stoffmenge der Hydroxid-Ionen $n(OH^-)$:

   $M(\text{NaOH}) = \frac{m(\text{Natriumhydroxid})}{n(\text{NaOH})}$

   $n(\text{NaOH}) = 0{,}05\,ml$
   Da pro Elementargruppe NaOH $1\,Na^+$ und $1\,OH^-$ „anfallen" gilt:
   $n(\text{NaOH}) = n(Na^+) = n(OH^-) = 0{,}5\,\text{mol}$

3. Berechnung der Konzentration der Natronlauge $c(OH^-)$:

   $c(OH^-) = \frac{n(OH^-)}{V(\text{Natronlauge})}$
   $= \frac{0{,}05\,\text{mol}}{0{,}1\,\text{l}} = 0{,}5\,\frac{\text{mol}}{\text{l}}$

B3 Berechnung der Hydroxid-Ionen-Konzentration

1. Es werden 1 mol Natriumhydroxid (entspricht 40 g) abgewogen, in einem Becherglas oder eine Kristallisierschale in wenig Wasser gelöst und anschließend in einen Messkolben (1 l) gegossen.
2. Das Becherglas wird mit destilliertem Wasser nachgespült, um die gesamte Natriumhydroxidportion aufzunehmen. Dann leert man den Becherglasinhalt ebenfalls in den Messkolben.
3. Der Messkolben wird nach und nach mit destilliertem Wasser unter mehrfachem Schütteln bis zur Ringmarke gefüllt. Dabei ist zu beachten, dass die untere Wölbung der Luft-Flüssigkeitsgrenze (Meniskus) auf der Ringmarke liegt [B2] und in Augenhöhe abgelesen wird.

B4 Herstellung einer Natronlauge mit der Stoffmengenkonzentration $c = 1\,\text{mol/l}$

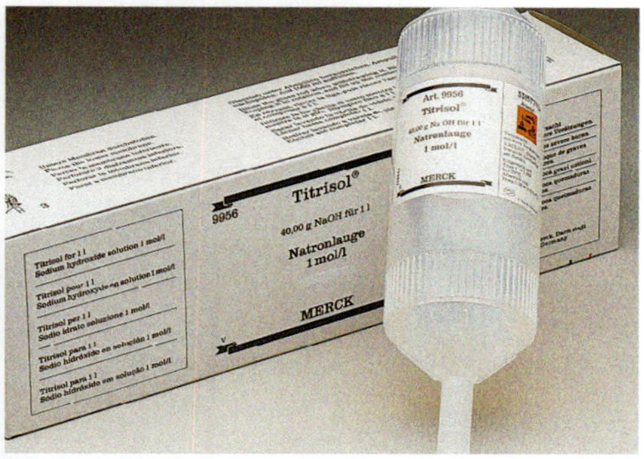

B5 Ampulle zur Herstellung einer Maßlösung

Die Herstellung einer Lösung bestimmter Stoffmengenkonzentration durch abgewogene Stoffportionen ist oft nicht genau genug. Salzsäure aus gasförmigem Chlorwasserstoff ließe sich auf diese Weise nicht herstellen.

Maßlösungen. Zur Herstellung von Lösungen genauer Konzentration sind im Handel Ampullen mit Lösungen erhältlich [B5], die nur verdünnt werden müssen. Der Ampulleninhalt wird in einen Messkolben gegeben und mit destilliertem Wasser bis zur Ringmarke aufgefüllt, um die auf dem Etikett angegebene Stoffmengenkonzentration zu erreichen.

Noch einfacher, aber teurer, ist der Einsatz von Maßlösungen, die schon mit der gewünschten Konzentration geliefert werden.

Häufig ist eine Maßlösung der Stoffmengenkonzentration $c = 1\,mol/l$ im Labor schon vorrätig [B8], die bei Bedarf einer Lösung geringerer Konzentration entsprechend verdünnt werden muss.

Benötigt werden 100 ml Salzsäure der Konzentration $c(H_3O^+) = 0{,}1\,mol/l$.

1. Man füllt eine kleine Portion Salzsäure der Konzentration $c_1(H_3O^+) = 1\,mol/l$ in ein Becherglas, entnimmt mit einer Pipette V_1(Salzsäure) = 10 ml (Ablesen wie in B2) und gibt diese in einen Messkolben (100 ml = V_2(Salzsäure)). Wichtig ist, dass man die Pipette an der Wand des Messkolbens auslaufen lässt [B7]. Der dann noch in der Pipettenspitze verbleibende Flüssigkeitsrest sollte nicht ausgespült werden, da Pipetten auf Auslauf kalibriert sind (Aufdruck „ex").
2. Nun wird schrittweise unter mehrmaligem Umschwenken bis zur Ringmarke mit destilliertem Wasser aufgefüllt.

Bei diesem Prozess bleibt die entnommene Stoffmenge $n(H_3O^+)$ konstant, nur die Konzentration ändert sich. Mit der Definition für die Stoffmengenkonzentration erhält man:

$$n(H_3O^+) = c_1(H_3O^+) \cdot V_1(\text{Salzsäure}) = c_2(H_3O^+) \cdot V_2(\text{Salzsäure})$$

Die Konzentration der verdünnten Lösung ist:

$$c_2(H_3O^+) = \frac{c_1(H_3O^+) \cdot V_1(\text{Salzsäure})}{V_2(\text{Salzsäure})} = \frac{1\,mol/l \cdot 10\,ml}{100\,ml} = 0{,}1\,\frac{mol}{l}$$

B6 Verdünnung einer Maßlösung

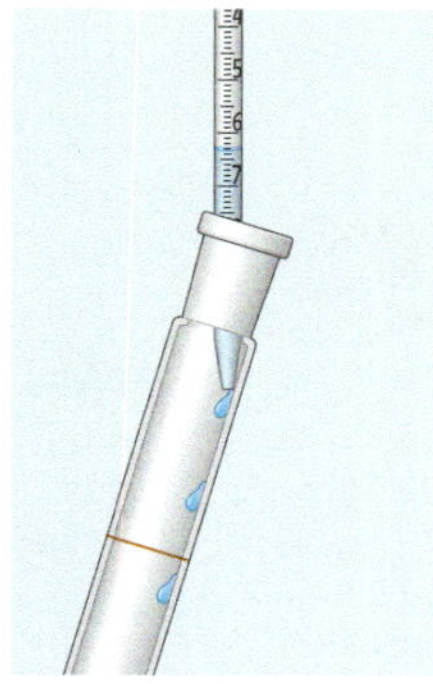

B7 Entleeren einer Pipette

A1 In 0,5 l Natronlauge ist 1 mol Natriumhydroxid gelöst. Welche Stoffmengenkonzentration hat die Lösung?

A2 **a)** Welches Volumen einer Natronlauge der Konzentration $c(OH^-) = 0{,}1\,mol/l$ benötigt man, um 250 ml Natronlauge der Konzentration $c(OH^-) = 0{,}05\,mol/l$ herzustellen?
b) Welche Masse hat die darin gelöste Natriumhydroxidportion?

A3 **a)** Wie viele H_3O^+-Ionen sind in 100 ml Salzsäure der Konzentration $c(H_3O^+) = 0{,}1\,mol/l$ enthalten?
b) Wie viele OH^--Ionen sind in 100 ml Natronlauge der Konzentration $c(OH^-) = 1\,mol/l$ enthalten?

A4 Welche Masse hat eine Kaliumhydroxidportion, die in 1 l Kalilauge der Konzentration $c(OH^-) = 0{,}5\,mol/l$ gelöst ist?

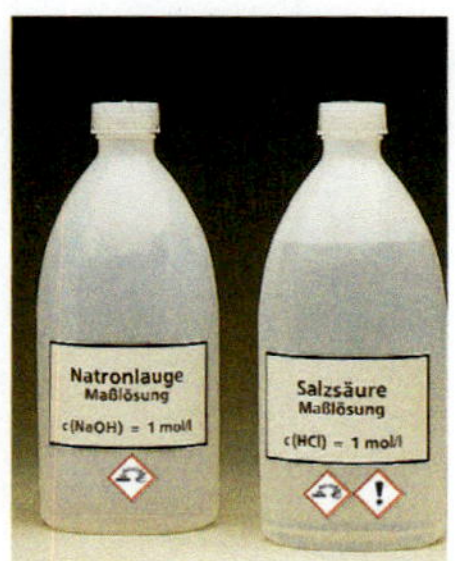

B8 Eine saure und eine alkalische Maßlösung

9.9 Praktikum Maßanalyse – Titration

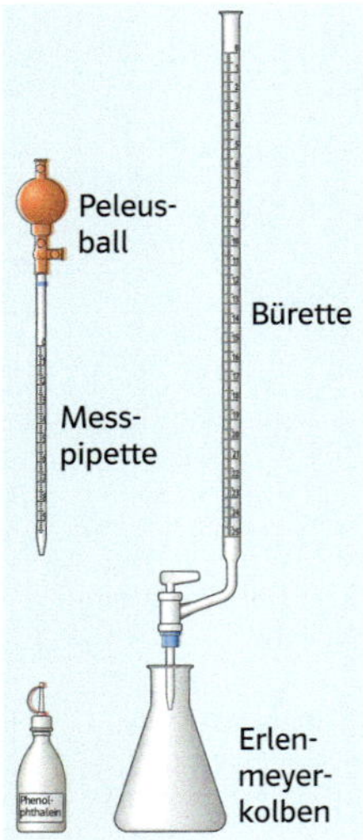

B1 Geräte für die Durchführung der Titration

Äquivalenzpunkt Titration einer Säure mit einer Lauge: Der Äquivalenzpunkt beschreibt den Punkt, an dem diejenige Stoffmenge an Hydroxid-Ionen vorliegt, die der Stoffmenge der Oxonium-Ionen der Säure gleich ist. Titration einer Lauge mit einer Säure: Der Äquivalenzpunkt beschreibt den Punkt, an dem diejenige Stoffmenge an Oxonium-Ionen der Säure vorliegt, die der Stoffmenge an Hydroxid-Ionen der Lauge gleich ist

B2 Ablesen des Flüssigkeitsstands in der Bürette

Neben der Bestimmung der Massenkonzentration β und des Massenanteils w eines Bestandteils einer sauren oder alkalischen Lösung (Kap. 6.12) muss im Labor häufig die Stoffmengenkonzentration bestimmt werden. Bei der Durchführung nutzt man ebenfalls die Tatsache, dass sich Lösungen mit jeweils der gleichen Anzahl von H_3O^+- und OH^--Ionen neutralisieren, wie aus der Reaktionsgleichung für die Neutralisation folgt:

$$H_3O^+ + OH^- \longrightarrow 2\,H_2O$$

Titration. Bei der Titration oder Maßanalyse wird die Neutralisation *quantitativ* durchgeführt. Um etwa die unbekannte Stoffmengenkonzentration c einer Natronlauge zu bestimmen, nimmt man mit einer Voll- oder Messpipette ein genau abgemessenes Volumen auf und gibt es zusammen mit ein paar Tropfen Indikatorlösung in einen Erlenmeyerkolben. Diese vorgelegte Natronlauge ist die Probelösung. Nun tropft man aus einer Bürette so lange eine Salzsäure-Maßlösung dazu, bis ein Indikator den **Äquivalenzpunkt** anzeigt [V1]. Aus dem Verbrauch der Salzsäure-Maßlösung kann die Stoffmengenkonzentration der Natronlauge berechnet werden.

Die Stoffmengenkonzentration c einer Lösung lässt sich durch Titration ermitteln. Dabei tropft man eine Maßlösung zu einer Probelösung, bis ein Indikator umschlägt.

V1 Bestimmung der Konzentration einer Natronlauge

Geräte und Chemikalien [B1]: Stativmaterial, Bürette, Weithals-Erlenmeyerkolben (100 ml), kleines Becherglas, Mess- oder Vollpipette (10 ml), Pipettierhilfe (z.B. Peleusball), Phenolphthalein-Lösung ($w < 1\%$), Salzsäure-Maßlösung ($c = 0{,}1\,\text{mol/l}$), Natronlauge unbekannter Konzentration.

Durchführung:

a) Fülle die Bürette mit der Salzsäure und lass etwas davon in das Becherglas abfließen, um Hahn und Auslauf der Bürette ebenfalls zu befüllen. Es dürfen sich keine Luftblasen mehr darin befinden. Notiere den Flüssigkeitsstand [B2].

b) Nimm mit der Messpipette mithilfe der Pipettierhilfe 10 ml der Natronlauge auf und gib diese in den Erlenmeyerkolben.

c) Setze drei Tropfen Indikatorlösung zu und tropfe Salzsäure aus der Bürette zu, bis der Indikator nach Farblos umschlägt. Der Erlenmeyerkolben wird dabei ständig umgeschwenkt, oder es wird ein Magnetrührer benutzt.

d) Lies den Flüssigkeitsstand in der Bürette ab und ermittle aus der Differenz das Volumen der verbrauchten Salzsäure.

e) Überprüfe das ermittelte Volumen durch eine zweite Titration.

Aufgaben:

1. Berechne die Stoffmengenkonzentration der Natronlauge.

2. Berechne die Masse der gelösten Natriumhydroxid-Portion.

Messgenauigkeit und Fehlerquellen. Die Neutralisationstitration ist eine vielfach angewandte und sehr exakte Messmethode. Trotzdem werden bei der Titration einer identischen alkalischen Lösung im Schülerpraktikum unterschiedliche Ergebnisse zu verzeichnen sein. Dies hängt mit einer unterschiedlichen Messgenauigkeit und möglichen Fehlerquellen bei der Durchführung zusammen:

- Ablesefehler an den Messgeräten (Pipette, Bürette, Messkolben) (Kap. 6.13 und 9.8)
- Abmessen der Probelösung und Bereiten einer Maßlösung mit ungenauen Geräten (Kap. 6.13 und 9.8)
- Fehler beim Umgang mit den Messgeräten, z. B. „Ausblasen" von Pipetten oder Fehler beim Befüllen von Büretten.
- Durchführung einer Titration: Üblicherweise versucht man mit der ersten Titration den Äqivalenzpunkt halbwegs exakt zu bestimmen. Bei einem zweiten Durchgang erfolgt in der Nähe des Äquivalenzpunktes der Zusatz der Maßlösung vorsichtig tropfenweise, um diesen möglichst exakt zu bestimmen. Der Zusatz eines überschüssigen Tropfens am Aquivalenzpunkt führt zu einer „Übertitration", aus der sich ein zu hoher Verbrauch an Maßlösung und damit ein zu hohes Titrationsergebnis ergibt [V2].

Zur Neutralisation von 20 ml Natronlauge (Probelösung) werden 25 ml Salzsäure der Stoffmengenkonzentration $c = 0{,}1\,mol/l$ (Maßlösung) benötigt. Berechne **a)** die Konzentration der Natronlauge und **b)** die Masse der gelösten Natriumhydroxid-Portion.

Gegebene Größen und Zusammenhänge:

$HCl(aq) + NaOH(aq) \longrightarrow NaCl(aq) + H_2O(l)$

bzw.

$H_3O^+(aq) + OH^-(aq) \longrightarrow 2\,H_2O(l)$

$V(\text{Salzsäure}) = 25\,ml$; $c(H_3O^+) = 0{,}1\,mol/l$

Gesuchte Größen:

$c(OH^-)$ (Probelösung) und m(Natriumhydroxid)

Rechnung:

a) Berechnung der Stoffmenge n der H_3O^+-Ionen in der verbrauchten Maßlösung:

$$c(H_3O^+) = \frac{n(H_3O^+)}{V(\text{Salzsäure})} \quad \text{(Kap. 9.8)}$$

$$n(H_3O^+) = c(H_3O^+) \cdot V(\text{Salzsäure}) \quad (1)$$

Stoffmenge n der OH^--Ionen in der Probelösung:

$$c(OH^-) = \frac{n(OH^-)}{V(NaOH)}$$

$$n(OH^-) = c(OH^-) \cdot V(NaOH) \quad (2)$$

Am Äquivalenzpunkt gilt für obige Reaktionsgleichung: $n(H_3O^+) = n(OH^-)$

Gleichsetzen von (1) und (2):

$$c(H_3O^+) \cdot V(\text{Salzsäure}) = c(OH^-) \cdot V(\text{Natronlauge})$$

Auflösen nach der gesuchten Größe:

$$c(OH^-) = \frac{c(H_3O^+) \cdot V(\text{Salzsäure})}{\cdot V(\text{Natronlauge})}$$

$$= \frac{0{,}1\,mol/l \cdot 25\,ml}{20\,ml} = 0{,}125\,mol/l$$

b) Für die Berechnung der gelösten Natriumhydroxid-Portion m(Natriumhydroxid) muss zunächst die Stoffmenge $n(NaOH)$ der Probelösung bekannt sein. Dabei gilt:

$$n(NaOH) = n(OH^-) \text{ und } n(HCl) = n(H_3O^+)$$

$$n(NaOH) = n(HCl) = c(HCl) \cdot V(\text{Salzsäure})$$

$$= 0{,}1\,mol/l \cdot 0{,}025\,l = 0{,}0025\,mol$$

Berechnung von m(Natriumhydroxid):

$$m(\text{Natriumhydroxid}) = n(NaOH) \cdot M(NaOH)$$

$$= 0{,}0025\,mol \cdot 40\,g/mol$$

$$= 0{,}1\,g$$

B3 Berechnungsbeispiel zu V1

– Indikatoren: Bei der Verwendung bestimmter Indikatoren, so z. B. Universalindikator, treten am Äquivalenzpunkt Mischfarben auf. Bei anderen Indikatoren, z. B. bei der Verwendung von Phenolphthalein, erfolgt am Äquivalenzpunkt ein charakteristischer Farbumschlag von Farblos nach einem schwachen Rosa. Die Titrationsergebnisse können sich beim Auftreten von Mischfarben stärker unterscheiden, da jeder Beobachter ein unterschiedliches Farbempfinden hat [V3].

V2 Volumenbestimmung eines Tropfens

Geräte und Materialien: Stativmaterial, Bürettenklammer, Bürette, Becherglas (100 ml), Spritzflasche mit dest. Wasser.

Durchführung: Befülle die Bürette mit dest. Wasser und lass genau 1 ml Wasser in das Becherglas fließen. Zähle dabei die Tropfen.

Aufgaben:

1. Berechne das Volumen eines Tropfens und vergleiche das Ergebnis in der Klasse.

2. Berechne $n(NaOH)$ in diesem Tropfen unter der Annahme, es handle sich um eine Natronlauge mit $c = 1\,mol/l$.

3. Hydroxid-Ionen und Essigsäure-Moleküle reagieren im Verhältnis 1 : 1. Berechne die Masse der Essigsäure-Portion, die durch die Stoffmenge $n(NaOH)$ eines Tropfens der Natronlauge neutralisiert wird.

V3 Titration mit verschiedenen Indikatoren

Geräte und Materialien: Wie in V1; Universalindikator-Lösung und Phenolphthalein-Lösung ($w < 1\%$); Salzsäure unbekannter Konzentration; Natronlauge-Maßlösung ($c = 0{,}1\,mol/l$).

Durchführung: Führe die Titration einer Salzsäure unbekannter Konzentration durch:

a) mit einer Phenolphthalein-Lösung bis zum Auftreten einer schwachen Rosafärbung (weißes Blatt unterlegen), **b)** mit Universalindikator-Lösung bis zum Farbumschlag nach Gelbgrün.

Aufgaben:

1. Berechne die Konzentration der Salzsäure.

2. Vergleicht die Werte von (a) und (b) auch innerhalb der Klasse. Wodurch könnten eventuelle Abweichungen hervorgerufen werden?

3. Gib Gründe an, wieso die Verwendung von Universalindikatorpapier bei der Titration ungünstig wäre.

9.10 Chromatografie

Chromatografie von griech. chroma, Farbe und graphein, schreiben. Die Namensgebung rührt her von der ursprünglichen Verwendung dieses Verfahrens zur Trennung von Blattfarbstoffen

Phase homogener Anteil oder homogener Bereich von Materie

B3 Papierchromatografie. Schwarze Filzschreiberfarbe wird in einzelne Farbstoffe aufgetrennt

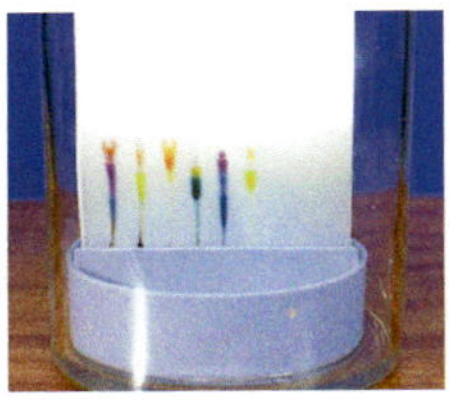

B1 Papier- oder Dünnschichtchromatografie

Lässt man Wasser auf einem Filterpapier über schwarze, wasserlösliche Filzstiftfarbe laufen, so „zerläuft" die schwarze Farbe. Es werden nach und nach unterschiedliche Farben sichtbar [B3]. Die schwarze Filzstiftfarbe ist also ein Gemisch aus unterschiedlichen Farbstoffen, die so voneinander getrennt werden. Dieses Trennverfahren nennt man **Chromatografie**.

Papier- und Dünnschichtchromatografie. Bei jeder der chromatografischen Methoden erfolgt die Trennung mithilfe zweier nicht ineinander löslicher Phasen, wobei eine Phase unbeweglich ist (**stationäre Phase**) und die andere Phase an ihr vorbeiströmt (**mobile Phase, Laufmittel**). Trägt man z. B. auf ein Filterpapier Punkte mit unterschiedlichen Filzschreibern auf und stellt oder hängt das Papier ins Wasser, so erkennt man deutlich die Auftrennung des Gemischs in die einzelnen Farbstoffe [B1]. Bei dieser *Papierchromatografie* ist von den Cellulosefasern des Papiers adsorbiertes Wasser die stationäre Phase und Wasser die mobile Phase.
Bei der *Dünnschichtchromatografie* [B2] ist Cellulose, Aluminiumoxid oder Kieselgel auf Glas- oder Kunststoffplatten die stationäre Phase.
Zur Identifizierung der einzelnen Bestandteile trägt man zusätzlich zum Gemisch Reinsubstanzen auf, die man in diesem Gemisch vermutet. Hat eine bestimmte Substanz im Gemisch dieselbe Strecke von der Startlinie zurückgelegt wie ein Reinstoff, so sind die beiden Substanzen mit großer Sicherheit identisch.

V1 Zeichne etwa 1,5 cm vom unteren Ende eines Rechtecks aus Filterpapier mit Bleistift eine Startlinie. Trage auf die Startlinie im Abstand von etwa 2 cm Punkte verschiedener wasserlöslicher Filzschreiber auf und lass sie trocknen. Wiederhole den Vorgang noch dreimal. Biege das Papier zu einem Zylinder und stelle ihn oder hänge das Papier unaufgerollt in eine Trennkammer, die etwa 1 cm hoch mit Wasser gefüllt ist. Verschließe die Kammer. Nimm das Chromatogramm aus dem Zylinder heraus, wenn die Fließmittelfront fast oben angekommen ist.

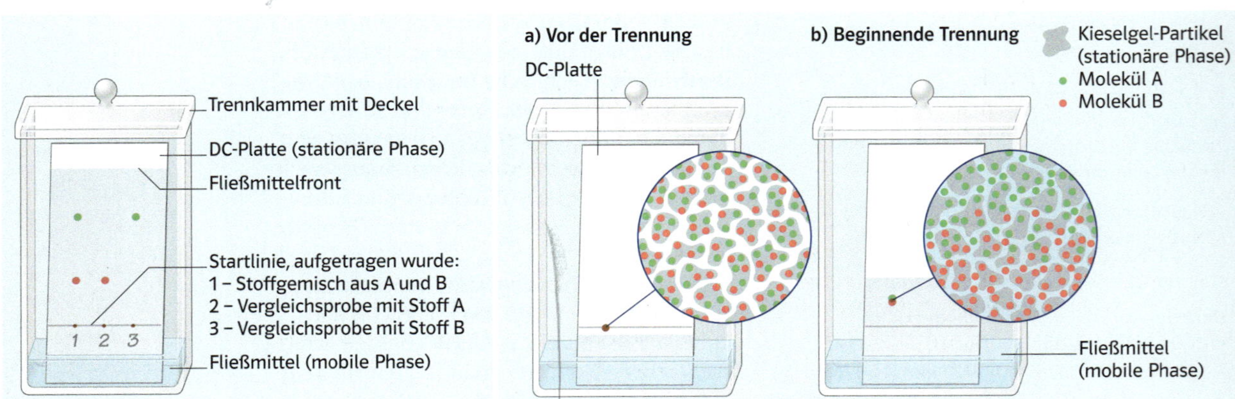

B2 Herstellung eines Dünnschichtchromatogramms (links), Modell der Adsorptionschromatografie am Beispiel der Dünnschichtchromatografie mit Kieselgel (rechts)

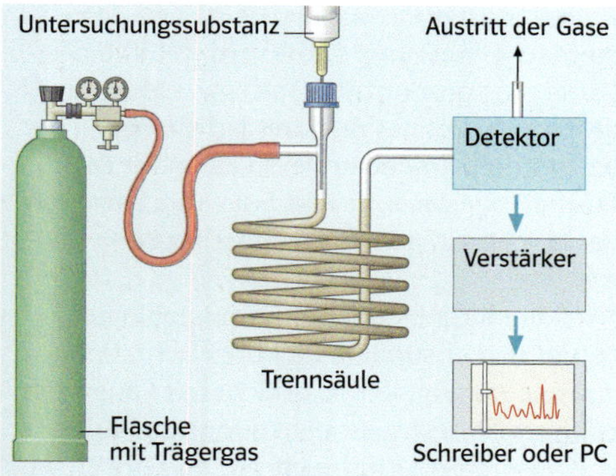

B4 Apparatur zur Gaschromatografie (schematisch). Auftrennung von Feuerzeuggas

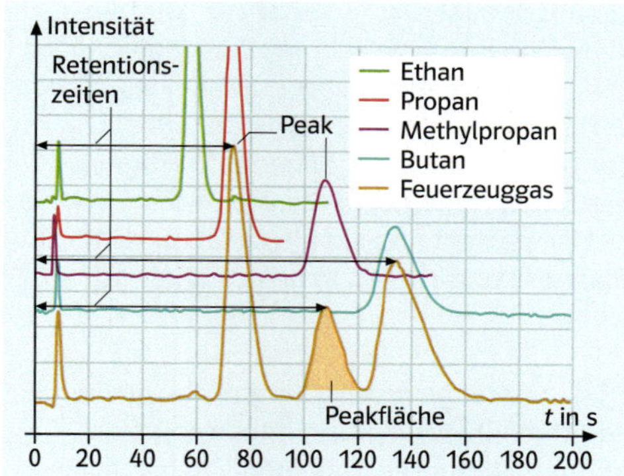

B5 Gaschromatogramm eines Feuerzeuggases

Retention von lat. retentio, das Zurückhalten

Peak engl. Gipfel, Spitze

Grundlagen. Die Ursache für alle Stofftrennungen sind die unterschiedlichen Wechselwirkungen der einzelnen Komponenten eines Gemisches mit den beiden Phasen. Die Bindung an die feste stationäre Phase erfolgt meist durch *Adsorption*. Die Teilchen verbleiben aber nicht an der stationären Phase, sie werden in der mobilen Phase unterschiedlich weitertransportiert. An einer anderen Stelle werden sie wieder durch die stationäre Phase festgehalten. Dieser Vorgänge wiederholen sich immer wieder. Die Teilchen der einzelnen Komponenten werden aufgrund ihrer unterschiedlichen Struktur unterschiedlich stark von der stationären Phase gebunden und von der mobilen Phase unterschiedlich gut gelöst. Dadurch ergeben sich unterschiedliche Wanderungsgeschwindigkeiten, was zu einer Trennung der Komponenten führt [B2].

Bei der Gaschromatografie handelt es sich um ein Verfahren, mit dem sich auch komplexe Gemische rasch trennen lassen [V2]. Dafür sind nur sehr kleine Stoffproben nötig. Ein Gaschromatograf besteht aus einem dünnen Rohr, der **Trennsäule** (z. B. aus Glas, 10 bis 200 m lang) [B6]. In diesem Rohr befindet sich ein feinkörniges Pulver als stationäre Phase. Als mobile Phase (**Trägergas**) wird meist Helium oder Stickstoff eingesetzt, die das gasförmige Stoffgemisch transportieren. Die einzelnen Komponenten können mithilfe eines Detektors nachgewiesen werden, über den die Substanzen als *Peaks* aufzeichnet werden [B5]. Die erhaltene **Retentionszeit (t_R)**, d.h. die Zeit von der Injektion bis zur Detektion, ist eine charakteristische Größe der Substanz und kann zu ihrer Identifizierung genutzt werden. Zur Identifizierung einer Komponente kann zu dem zu trennenden Stoffgemisch noch ein Reinstoff gegeben werden, von dem man vermutet, dass er Bestandteil des Gemischs ist. Im Chromatogramm erscheint dann die *Peakfläche* vergrößert. Oder man nimmt von diesem Reinstoff ein einzelnes Chromatogramm auf und vergleicht. Die Gaschromatogramme liefern demnach auch eine Information über die *quantitative* Zusammensetzung eines Gemischs. Die Peakfläche ist proportional zur Stoffmenge der zugehörigen Komponente.

Bei den chromatografischen Verfahren werden Stoffgemische aufgrund der unterschiedlichen Wechselwirkungen der einzelnen Komponenten mit der stationären und mobilen Phase getrennt. Aufgrund der Wechselwirkungen besitzen die Komponenten eine unterschiedliche Wanderungsgeschwindigkeit.

V2 **a)** Man drückt eine kleine Gasportion aus einer Feuerzeuggaspatrone in die Trennsäule eines Gaschromatografen und erstellt ein Chromatogramm.
b) Man wiederholt den Versuch (a) und gibt zu dem Feuerzeuggas Butan.

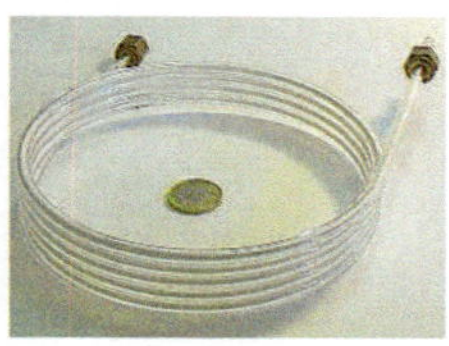

B6 Trennsäule

9.11 Impulse Analytik in der Medizin

Diagnose von griech. diagnosis, Entscheidung, Feststellung einer körperlichen oder psychischen Krankheit durch den Arzt

Therapie von griech. therapeia, Pflege, Heilung, Maßnahmen zur Behandlung von Krankheiten

Invasiv von lat. invadere, eindringen, gewebsverletzende medizinische Diagnostik oder Therapeutik. Das Gegenteil ist **nicht invasiv**

Absorption Aufnahme eines Stoffes durch eine Flüssigkeit oder einen Feststoff

Chemisch-analytische Verfahren besitzen auch in der Medizin eine sehr große Bedeutung. So können während einer Operation analytische Verfahren zum Einsatz kommen, z.B. bei der Überwachung der Sauerstoffsättigung des Blutes bei einem Patienten unter Narkose. Ziel ist es, dem Arzt exakte Daten für eine Diagnose und Therapie zur Verfügung zu stellen.

A1 **a)** Nenne Eigenschaften, die analytische Verfahren in der Medizin haben sollten.
b) Nenne Körperflüssigkeiten, die bei analytischen Verfahren in der Medizin untersucht werden.

Messung des Sauerstoffgehalts im Blut – Pulsoxymetrie. Überwachen und messen kann man die Sauerstoffsättigung des Blutes. Sie gibt den Anteil des roten Blutfarbstoffs Hämoglobin an, der mit Sauerstoff beladen ist. Normalerweise sind dies 93 % bis 99 %. Bis in die 80iger Jahre konnte der Sauerstoffgehalt nur durch eine aufwendige Untersuchung einer Blutprobe aus einer Schlagader festgestellt werden. Heute kommt hierfür die nicht invasive Pulsoxymetrie zum Einsatz, mit einem Pulsoxymeter als Clip, z. B. am Finger [B1].

A2 An welchen Körperteilen kann der Clip des Pulsoxymeters auch angebracht werden? Recherchiere.

A3 Wodurch kann ein Sauerstoffmangel entstehen? Recherchiere.

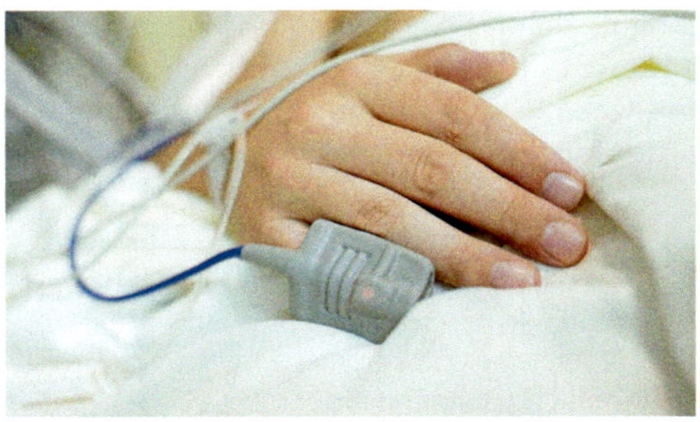

B1 Pulsoxymeter im Einsatz

Grundlage der Pulsoxymetrie ist eine **fotometrische Messung.** Dabei wird mithilfe des Lichts die Konzentration farbiger Lösungen bestimmt. Arbeitet man mit Licht einer bestimmten Wellenlänge, so kann aus dem Ausmaß der *Absorption* auf die Konzentration der Teilchen in der Lösung geschlossen werden.
Mit Sauerstoff beladenes Hämoglobin ist hellrot und absorbiert v. a. rotes Licht. Unbeladenes Hämoglobin, das nicht mit Sauerstoff beladen ist, erscheint dunkelrot bis bläulich und absorbiert Licht im infraroten Bereich. Auf der einen Seite des Pulsoxymeters befindet sich eine Lichtquelle, die rotes Licht mit einer Wellenlänge von λ = 660 nm und infrarotes Licht mit λ = 940 nm aussendet. Auf der anderen Seite des Pulsoxymeters befindet sich ein Fotodetektor, der misst, wie viel Licht auf der anderen Seite des Fingers „ankommt". Aus diesen Messwerten berechnet ein Computer das Ausmaß der Absorption bei den verschiedenen Wellenlängen und daraus den Anteil an beladenem und unbeladenem Hämoglobin im Blut.

Auch die *Pulsfrequenz* kann mit dem Gerät gemessen werden, da zum Zeitpunkt des Pulsschlags mehr beladenes Hämoglobin vorhanden ist, sodass dann mehr rotes Licht absorbiert wird.

A4 Bei einer Vergiftung mit Rauchgasen, die Kohlenstoffmonooxid enthalten, liefert die Pulsoxymetrie häufig falsche Werte. Womit könnte das zusammenhängen? Recherchiere.

A5 Inzwischen verwenden auch manche Bergsteiger Pulsoxymeter, um sich vor einer drohenden Höhenkrankheit zu schützen.
a) Welche Symptome zeigen sich bei dieser Krankheit?
b) Wodurch wird die Höhenkrankheit verursacht? Recherchiere.

A6 Wie funktioniert die Pulsmessung mit Smartphone-App und -Kamera? Recherchiere.

Lactat-Messung. In Sportberichten kann man lesen, dass beim Training von Athleten Lactat-Tests durchgeführt werden. Diese Messung ist ein Teil der Leistungsdiagnostik von Sportlern, besonders zur Ermittlung der Ausdauerleistungsfähigkeit. Häufig wird er als Stufentest durchgeführt, bis die Testperson ihre individuelle maximale Leistungsfähigkeit erreicht hat.

Ein elektrochemisches Verfahren. Aufgezeichnet wird vor, am Ende jeder Belastungsstufe und nach Testende der Milchsäure-Gehalt im Blut. Man spricht jedoch auch von Lactat-Gehalt, da die Milchsäure unter diesen Bedingungen eine nahezu vollständige Protolyse-Reaktion zu H_3O^+- und Lactat-Ionen eingeht. Die mobilen Lactat-Messgeräte arbeiten nach einem *elektrochemischen Verfahren*.
Die Messung erfolgt über einen Tropfen Blut z. B. aus dem Ohrläppchen [B2]. Wird der Blutstropfen auf den im Gerät eingesetzten Teststreifen getupft, gelangt er in ein Reaktionsfeld. Dort befindet sich ein Enzym, das ausschließlich mit Lactat reagiert und über eine Redoxreaktion Elektronen freisetzt. Diese erzeugen an einer Elektrode einen schwachen Stromfluss, aus welchem ein Computer die Lactat-Konzentration errechnet.

A7 Notiere die Reaktionsgleichung für die Protolyse der Milchsäure in deinem Heft.

A8 Recherchiere das Messverfahren, nach dem Blutzucker-Messgeräte arbeiten.

Lactat-Stoffwechsel. Milchsäure/Lactat ist ein wichtiges Stoffwechselprodukt des Körpers. Im Körper findet immer ein sog. „Misch-Stoffwechsel" statt. Dabei gibt es folgende Möglichkeiten:
a) Vollständige Oxidation von Fetten und Kohlenhydraten (Glucose) zu Wasser und Kohlenstoffdioxid.
b) Unvollständige Oxidation von Glucose zu Lactat.
Bei ausreichender Sauerstoffversorgung wird dieses Lactat durch Oxidation abgebaut und beseitigt. In Ruhe und bei schwacher Belastung beträgt die Lactat-Konzentration durchschnittlich $c = 2\,mmol/l$.

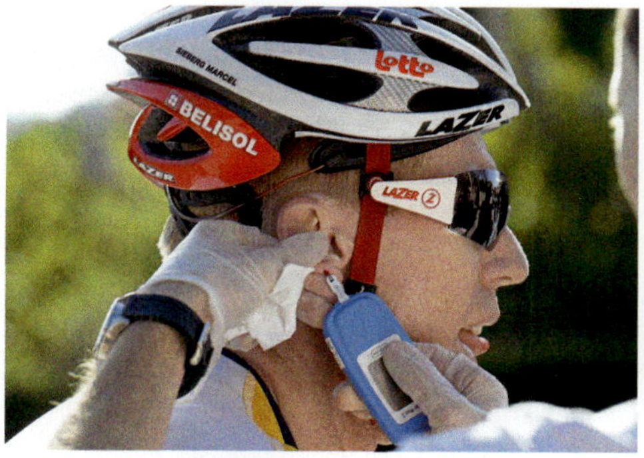

B2 Lactat-Messung

Mit zunehmender Belastung steigt die Lactat-Konzentration im Blut an. Das bedeutet, dass die Energiegewinnung aus Kohlenhydraten (Glucose, die aus Glykogen gewonnen wurde) ohne Sauerstoff immer mehr an Bedeutung gewinnt. Der Zeitpunkt, bei dem die Energie vorwiegend ohne Sauerstoff gewonnen wird, kann anhand einer ausgeprägten Lactat-Zunahme (Knick in der Lactat-Konzentrationskurve) beobachtet werden. Dieser Knick wird **anaerobe Schwelle** genannt [B3]. Diese liegt im Durchschnitt bei $c = 4\,mmol/l$.

A9 Erläutere B3 bezüglich der anaeroben Schwelle bei untrainierten und trainierten Personen.

A10 Mit zunehmender Belastung kommt es zu einer Übersäuerung der Muskelzellen, was letztendlich zur Ermüdung des Körpers führt. Erkläre, welche Ursache diese Übersäuerung hat.

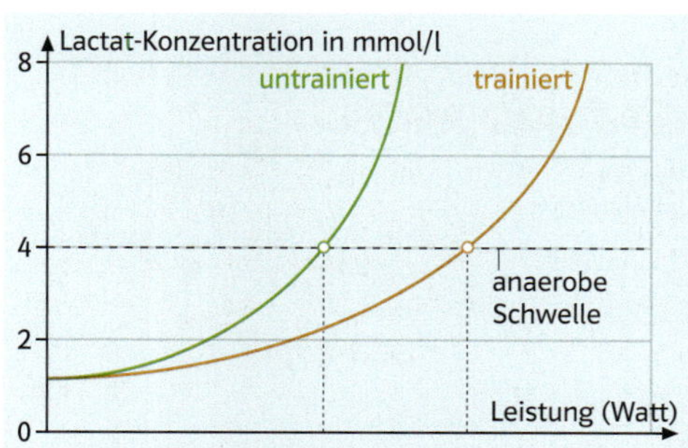

B3 Verlauf der Lactat-Konzentration bei einem Belastungstest mit einer untrainierten und einer trainierten Person (schematisch)

Lactat-Ion (auch Laktat-Ion), Anion der Milchsäure (2-Hydroxypropansäure)

Glykogen Speicherform für Glucose im Körper. Besteht aus Makromolekülen mit bis zu 100 000 Glucose-Einheiten

Aerob unter Vorhandensein von Sauerstoff. Das Gegenteil ist **anaerob**

9.12 Exkurs Auf der Suche nach Spuren

B1 Fingerabdruck

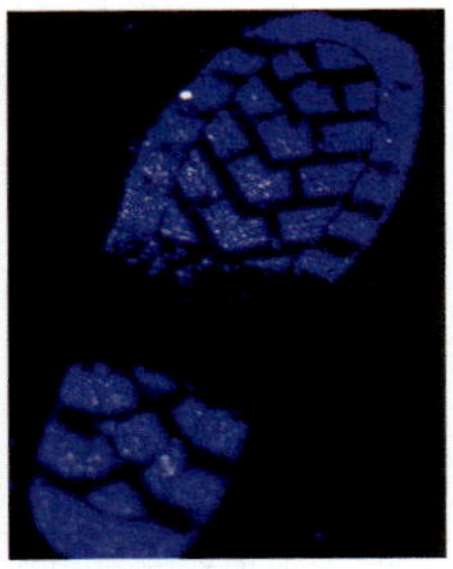

B2 Schuhabdruck im Luminol-Test

Papillarlinien – auch Papillarleisten – sind feine für jeden Menschen charakteristische Linien auf Hand- und Fußflächen und besonders auf den Fingerkuppen

Methoden der analytischen Chemie besitzen große Bedeutung in der Kriminalistik, bei der Aufklärung von Straftaten. Ob Drogenkonsum oder der Einsatz von unerlaubten Dopingmitteln, die zur Anwendung gekommenen Substanzen lassen sich sehr häufig nachweisen. Im Blut für einige Stunden, im Urin mehrere Tage und in den Haaren sogar mehrere Wochen und Monate, da die Haare während ihres Wachstums im Körper befindliche Stoffe aufnehmen.
Bei der gaschromatografischen Untersuchung muss z. B. jedoch bekannt sein, wonach die Chemikerin oder der Chemiker suchen soll. Da immer neue Gifte und unerlaubte Mittel zum Einsatz kommen, ergibt sich daraus ein Wettlauf zwischen verbrecherischer Anwendung und verbesserten analytischen Methoden der Kriminalistik. Der Abgleich von Analysenergebnissen mit dem Inhalt großer Datenbanken am Computer ist bei der Auswertung und Zuordnung der Ergebnisse eine große Hilfe.

Fingerabdrücke. Scotland Yard überführte 1897 einen Verbrecher erstmals anhand seiner Fingerabdrücke. Ihre Ermittlung ist auch heute noch von großer Bedeutung, weil selbst eineiige Zwillinge unterschiedliche *Papillarlinien* besitzen. Es hängt vom Material des Gegenstands ab, auf dem sich die Fingerabdrücke befinden, ob diese mit Ruß, Titandioxid oder mit Chemikalien wie Silbernitrat, Ninhydrin oder Cyanacrylat sichtbar gemacht werden [B1].

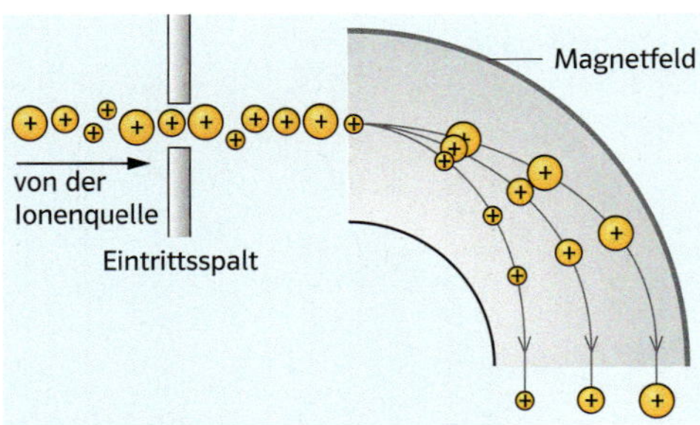

B3 Kationen werden in einem Magnetfeld nach unterschiedlicher Masse getrennt

Blutnachweis. Am Tatort können selbst mit dem Auge nicht sichtbare Blutspuren mit einem Gemisch aus Luminol und Wasserstoffperoxid nachgewiesen werden. Sprüht man diese farblose Flüssigkeit in einem abgedunkelten Raum auf Blutspuren, so kommt es zu einem bläulichen Leuchten [B2]. In der Chemie spricht man von einer Lumineszenz.

Das Enzym *Hämkatalase*, das im Blut enthalten ist, spaltet aus dem Wasserstoffperoxid Sauerstoff ab. Dabei kommt es zu einem Aufschäumen des Blutes. Der Blutfarbstoff *Hämoglobin* wiederum überträgt den entstandenen Sauerstoff auf das Luminol und wirkt so als *Katalysator*. Aus dem Luminol entsteht durch die Reaktion mit dem Sauerstoff in einer exothermen Reaktion ein vollkommen neuer Stoff, wobei die Energie in Form von Licht abgegeben wird.

Massenspektrometrie. Sie stellt ein sehr effizientes Analyseverfahren zur Bestimmung von Atom- und Molekülmassen dar. Damit dient sie, häufig in Kombination mit der Gaschromatografie, zur **Strukturaufklärung** und **Identifizierung** von Verbindungen.
In einem Massenspektrometer wird die Stoffprobe verdampft und durch eine Ionisationskammer geführt. Dort stoßen die Moleküle mit schnell fliegenden Elektronen zusammen, was zu einem „Herausschlagen“ von Elektronen aus den Molekülen führt:

Beispiel: $C_2H_5OH + e^- \longrightarrow C_2H_5OH^+ + e^-$

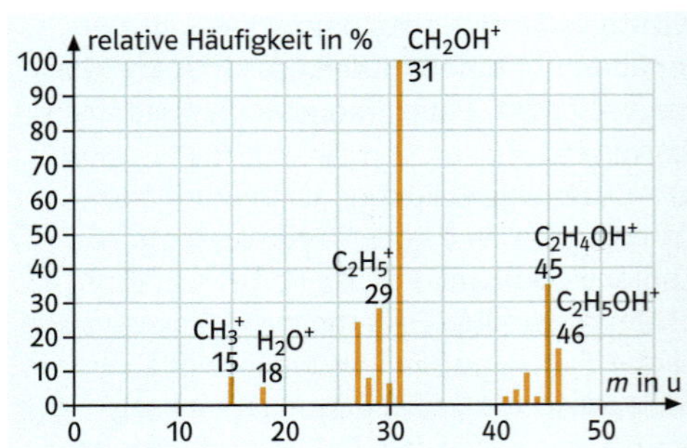

B4 Massenspektrum von Ethanol

Die Elektronen können jedoch auch Elektronenpaarbindungen spalten, sodass es nicht nur zur **Ionisation** sondern auch zur **Fragmentierung** kommt. Die positiv geladenen Ionen werden in einem Magnetfeld – abhängig von ihrer Masse – unterschiedlich stark abgelenkt [B3] und vom Detektor aufgezeichnet. So ergibt sich für jeden Stoff ein charakteristisches Massenspektrum [B4]. Die 13 Peaks bedeuten, dass aus den Ethanol-Molekülen durch die Einwirkung der Strahlen 13 verschiedene Teilchen entstehen. Der hohe Anteil an dem Molekülfragment CH_2OH^+ (Peak bei 31 u) ist charakteristisch für eine primäre Hydroxygruppe. Das vollständige Molekül(-Kation) zeigt den Peak mit der größten Masse, den sog. *Molekülpeak (bei 46 u)*. Die Anzahl, Höhe und Verteilung der Peaks ist charakteristisch für das Ethanol-Molekül, man spricht auch von einem „Fingerabdruck" des Moleküls.

Die GC/MS-Methode. Meistens hat man es in der analytischen Chemie, z. B. in der Umwelt- oder Lebensmittelanalytik, nicht mit Reinstoffen, sondern sehr komplexen Stoffgemischen zu tun. Daher müssen die einzelnen Verbindungen zur Identifizierung zunächst voneinander getrennt werden, z. B. durch Gaschromatografie. Anschließend können die einzelnen Komponenten im Massenspektrometer untersucht werden. Mit Unterstützung von Computern kann so in kurzer Zeit eine vermutete Substanz in einer Probe identifiziert und quantifiziert werden. Die Kopplung beider Methoden nennt man **GC/MS-Methode.** Der Vorteil dieser Methode liegt darin, dass man nicht verschiedene Vergleichssubstanzen zugeben muss, da mit den Spektren, welche in einer Datenbank vorliegen, verglichen wird. Die GC/MS-Methode ist ein wichtiges Verfahren, das häufig zum Einsatz kommt, so z. B. auch bei der Doping-Kontrolle. B5 zeigt ein Chromatogramm eines Standardgemisches häufig verwendeter (verbotener) Stimulanzien. Ein Chromatogramm vom Urin eines Sportlers weist auf das Vorhandensein von Amphetamin hin [B6, Peak Nummer 2], das nach Verlassen des Gaschromatografen in einem Massenspektrometer sicher als Amphetamin identifiziert und quantifiziert wird [B7].

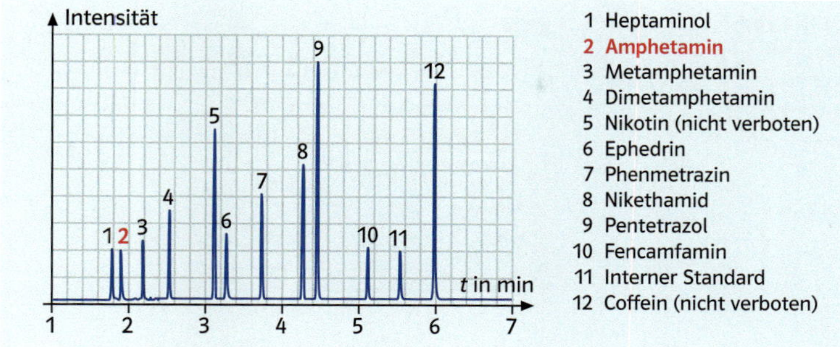

B5 Gaschromatogramm eines Stimulanziengemisches

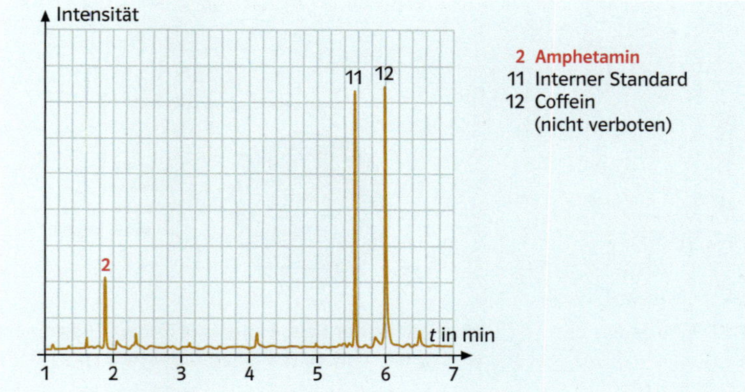

B6 Gaschromatogramm der Urinprobe mit Amphetamin

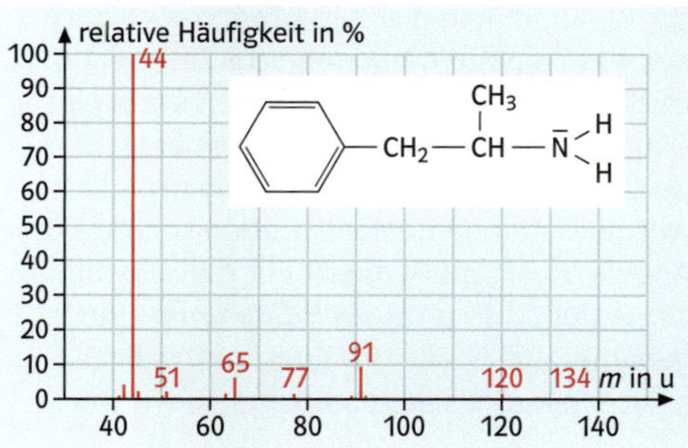

B7 Massenspektrum des Amphetamins (Peak Nummer 2 in B5 und B6)

A1 Was versteht man unter der Technik des „Genetischen Fingerabdrucks"? Recherchiere.

Amphetamin (alpha-Methylphenethylamin, auch „Speed"): synthetische stimulierende Droge. (Amphetamin ist die Stammverbindung der gleichnamigen Strukturklasse). Handel und Besitz sind in Deutschland strafbar

Fragment Bruchstück, Überrest

Fragmentieren in Bruchstücke zerlegen

Stimulans anregendes Mittel

9.13 Praktikum Darstellung von Messwerten am PC

V(Natronlauge) in ml	I in mA
0	355
1	330
2	304
3	275
4	245
5	218
6	190
7	165
8	135
9	108
10	80
11	96
12	110
13	127
14	141

B1 Zu Aufgabe 2

Stromstärke Das Zeichen für die Größe Stromstärke ist I. Einheit: beispielsweise Milliampere mit dem Einheitenzeichen mA

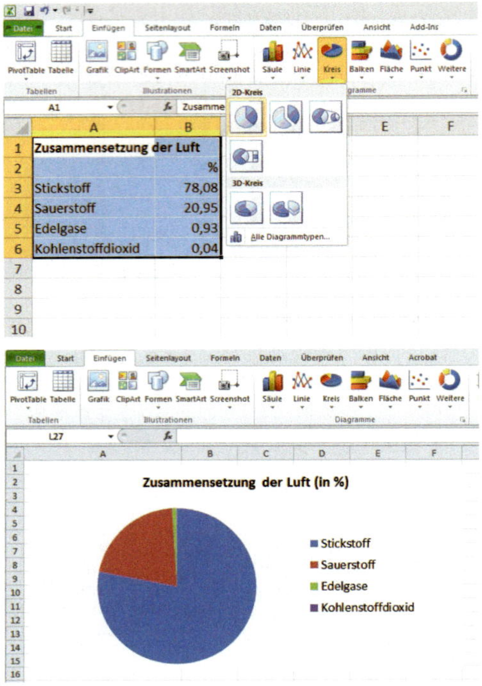

B3 Anteile der Gase in der Luft (oben), Zusammensetzung der Luft als Kreisdiagramm (unten)

Zahlreiche Analysenwerte werden übersichtlich in Tabellen aufgelistet, wie z. B. die Anteile der einzelnen Gase in der Luft [B3,oben]. Häufig kann man die Zusammenhänge noch besser erkennen, wenn man die Zahlen zeichnerisch darstellt, indem man sie in ein Diagramm umwandelt. Dabei gibt es viele verschiedene Diagramm-Typen, je nachdem welche Daten dargestellt werden sollen, z. B. Anteile an einem Gemisch. Für die Darstellung von Anteilen sind v. a. *Kreisdiagramme* gut geeignet. Die Größe der Kreisausschnitte („Kuchenstücke") lassen erkennen, wie die Anteile verteilt sind [B3, unten]. *Säulendiagramme* nutzt man z. B., um Anteile oder sonstige Werte zu vergleichen, um Veränderungen aufzuzeigen.

Jahr	**1990**	**1991**	**1992**	**1993**	**1994**	**1995**	**1996**	**1997**
SO_2-Emission	5307	3912	3196	2846	2377	1704	1442	1206
Jahr	**1998**	**1999**	**2000**	**2001**	**2002**	**2003**	**2004**	**2005**
SO_2-Emission	987	793	645	625	562	534	496	472
Jahr	**2006**	**2007**	**2008**	**2009**	**2010**	**2011**	**2012**	**2013**
SO_2-Emission	478	461	462	412	434	431	417	416

B2 Zu Aufgabe 3 (die SO_2-Emissionen sind jeweils in 1000 t angegeben)

Diagramme erstellen. Man kann Diagramme von Hand zeichnen. Heute erfolgt dies aber viel einfacher am PC mithilfe von Tabellenkalkulationsprogrammen. Damit kann man auch ganz einfach verschiedene Diagramm-Typen erstellen und die beste Darstellung auswählen.

Das Vorgehen.
1. Übertrage die Tabelle, die in ein Diagramm umgewandelt werden soll, z. B. in das Microsoft-Programm Excel® oder OpenOffice Calc®.
2. Markiere die Spalten, die in ein Diagramm umgewandelt werden sollen.
3. Wähle ein Diagramm aus (häufig über die Menüpunkte „Einfügen" → „Diagramme").
4. Kontrolliere die Einteilung des Diagramms (Skala). Ändere eventuell die Beschriftung und ergänze den Diagramm-Titel. Du kannst das Diagramm auch über die angebotenen Menüpunkte weiter verändern und formatieren.

A1 Nimm ein Etikett einer Mineralwasserflasche zur Hand. Die enthaltenen Mineralstoffe und ihre Anteile sind darauf aufgeführt. Stelle die Anteile in einer geeigneten Grafik dar.

A2 Die Neutralisation von Salzsäure mit Natronlauge lässt sich auch dadurch verfolgen, dass man während des Zutropfens der Natronlauge die elektrische Stromstärke verfolgt [B1]. Dabei leiten die H_3O^+-Ionen den elektrischen Strom besser als die OH^--Ionen. Diese leiten den Strom besser als die Na^+- und Cl^- -Ionen. Werte die Tabelle aus, indem du die Stromstärke (y-Achse) in Abhängigkeit vom Volumen der Natronlauge (x-Achse) in ein Diagramm einträgst. Erkläre den Verlauf der Kurve.

A3 Wandle die Daten aus B2 in ein Diagramm deiner Wahl um. „Schwefeldioxid-Emission in Deutschland 1990 – 2013 in 1000 t": Was fällt auf? Womit könnte die Entwicklung zusammenhängen? Erkläre. Hilfe findest du in Kap. 8.8.

9.14 Durchblick Zusammenfassung und Übung

Qualitative Ionennachweise
Zahlreiche Ionen werden mithilfe von Fällungsreaktionen nachgewiesen [B1]. Hierzu wird ein Nachweisreagenz zu einer Prüflösung gegeben. Es fällt ein in Wasser schwer löslicher Niederschlag aus. Für andere Ionen gibt es spezifische Farbreaktionen [B2]. Die Kationen der Alkali- und Erdalkalimetalle werden durch Flammenfärbung nachgewiesen.

Nachweisgrenze
Jede Nachweisreaktion besitzt eine Nachweisgrenze für den nachzuweisenden Stoff.
Die Nachweisgrenze ist abhängig von dem gewählten Nachweisreagenz und von der gewählten Nachweismethode.

Kolorimetrie
Bei der Kolorimetrie vergleicht man Proben zur Bestimmung der Konzentration einer bestimmten Ionensorte mit Lösungen bekannter Konzentration. Farblose Lösungen müssen hierzu zunächst in farbige Lösungen überführt werden. Häufig verwendet man Reagenziensätze.

Grenzwerte
Besonders gründlich untersucht und kontrolliert wird das Trinkwasser. Für einzelne Schadstoffe sind in der Trinkwasserverordnung Grenzwerte festgelegt, die nicht überschritten werden dürfen [B3].

Mol
Das Mol ist die Einheit für die Anzahl von Teilchen. Unter einem Mol versteht man die Zahl $6{,}022 \cdot 10^{23}$.
$1\,\text{mol} = 6{,}022 \cdot 10^{23}$

Stoffmenge *n*
Wird die Anzahl von Teilchen in der Einheit Mol angegeben, so wird diese Anzahl als Stoffmenge bezeichnet. Eine Stoffportion, die 1 mol Teilchen enthält, hat die Masse in Gramm, deren Zahlenwert mit der Atom-, Molekülmasse oder der Masse einer Elementargruppe übereinstimmt.

Nachweis von	Nachweisreagenz	Niederschlag
Halogenid-Ionen (z. B. Cl^-)	Silbernitrat-Lösung	Silberhalogenid, z. B. Silberchorid, AgCl (weiß)
Sulfat-Ionen, SO_4^{2-}	Bariumchlorid-Lösung	Bariumsulfat, $BaSO_4$ (weiß)
Carbonat-Ionen, CO_3^{2-}	Kalkwasser	Calciumcarbonat, $CaCO_3$ (weiß)

B1 Ionennachweise durch Fällungsreaktionen

Molare Masse
Die molare Masse *M* ist der Quotient aus der Masse *m* und der Stoffmenge *n*.
Beispiel:

$$M(\mathrm{C}) = \frac{m(\text{Kohlenstoffportion})}{n(\mathrm{C})} = 12\,\frac{\mathrm{g}}{\mathrm{mol}}$$

Die Einheit $\frac{\mathrm{g}}{\mathrm{mol}}$ entspricht der atomaren Masseneinheit u. Deshalb ist die molare Masse auch die Teilchenmasse.

$$M(\mathrm{C}) = m_t(\mathrm{C}) \quad \text{bzw.} \quad 12\,\frac{\mathrm{g}}{\mathrm{mol}} = 12\,\mathrm{u}$$

Stoffmengenkonzentration
Die Stoffmengenkonzentration *c* eines bestimmten Teilchens ist der Quotient aus der Stoffmenge *n* dieses Teilchens und dem Volumen *V* der Lösung.

$$c = \frac{n}{V(\text{Lösung})} \qquad \text{Einheit: } \frac{\mathrm{mol}}{\mathrm{l}}$$

Maßanalyse – Titration
Die Maßanalyse eignet sich für Stoffe, die mit einem anderen Stoff bekannter Konzentration gerade vollständig reagieren.
Durch die Titration lässt sich die Stoffmengenkonzentration einer Probelösung ermitteln. Man tropft dafür die Maßlösung zu, bis ein Indikator umschlägt.

Chromatografie
Chromatografische Verfahren sind Trennverfahren. Stoffgemische werden aufgrund verschiedener Wechselwirkungen der einzelnen Komponenten mit mobiler Phase (Löslichkeit) und stationärer Phase (Adsorption) getrennt. Aufgrund der Wechselwirkungen besitzen die Komponenten unterschiedliche Wanderungsgeschwindigkeiten.

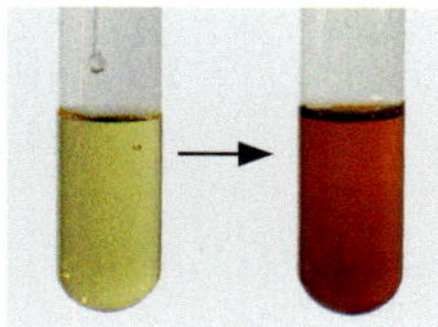

B2 Nachweis von Fe^{3+}-Ionen

Ammonium	0,5
Blei	0,01
Chlorid	200,0
Eisen	0,2
Natrium	200,0
Nitrat	50,0
Nitrit	0,5
Quecksilber	0,001
Sulfat	240,0

B3 Einige Grenzwerte aus der Trinkwasserverordnung in mg/l

$1\,\mathrm{g} = 6{,}022 \cdot 10^{23}\,\mathrm{u}$

$1\,\mathrm{u} = \frac{1}{6{,}022 \cdot 10^{23}}\,\mathrm{g}$

B4 Umrechnungsfaktoren

Kationen:	**mg/l**
Natrium (Na^+)	42
Kalium (K^+)	8
Magnesium (Mg^{2+})	80
Calcium (Ca^{2+})	510
Anionen:	
Chlorid (Cl^-)	40
Sulfat(SO_4^{2-})	1350
Hydrogenc. (HCO_3^-)	339
Nitrat (NO_3^-)	unter 2

B5 Zu Aufgabe 10

A1 Du erhältst den Auftrag, ein weißes Salz zu untersuchen. Es soll sich dabei um Kaliumsulfat handeln. Erläutere dein Vorgehen.

A2 Gibt man zu Mineralwasser Kalkwasser, so kann man eine weiße Trübung erkennen. Auch bei Zugabe von Silbernitrat-Lösung kommt es zur weißen Trübung bis hin zur Bildung eines kräftigen Niederschlags. Welche Schlüsse kann man aus diesen Beobachtungen ziehen? Formuliere für die auftretenden Niederschläge die jeweilige Reaktionsgleichung.

A3 Kalkwasser reagiert mit Kohlenstoffdioxid zu Calciumcarbonat und Wasser. Gibt man zu der Suspension Salzsäure, so verschwindet der Niederschlag wieder. Deute diesen Sachverhalt.

A4 Formuliere die Reaktionsgleichung für die Reaktion von Silbernitrat-Lösung mit Natriumcarbonat-Lösung.

A5 Natriumchlorid, -bromid und -iodid sind weiße kristalline Substanzen. Proben von ihnen werden auf je ein Uhrglas gegeben und so vertauscht, dass ihre Herkunft nicht mehr erkennbar ist. Wie können die Substanzen identifiziert werden? Erstelle eine Versuchsplanung. Gib die zu erwartenden Ergebnisse an.

A6 Welche Beobachtungen kann man machen, wenn Bariumsulfat in Wasser gegeben wird? Beschreibe.

A7 Gibt man Silbernitrat-Lösung zu Leitungswasser, so tritt eine schwache weiße Trübung auf. Gib eine Erklärung.

A8 Eine Schwefelportion enthält $12 \cdot 10^{23}$ Schwefel-Atome.
a) Gib die Anzahl der Schwefel-Atome in der Einheit Mol an.
b) Berechne die Masse der Schwefelportion.

A9 Die Anzahl $6 \cdot 10^{23}$ ist geradezu unvorstellbar groß [B6]. Wie lange müsste ein Computer zählen, der in der Lage ist, pro Sekunde 1 Milliarde Atome zu zählen?

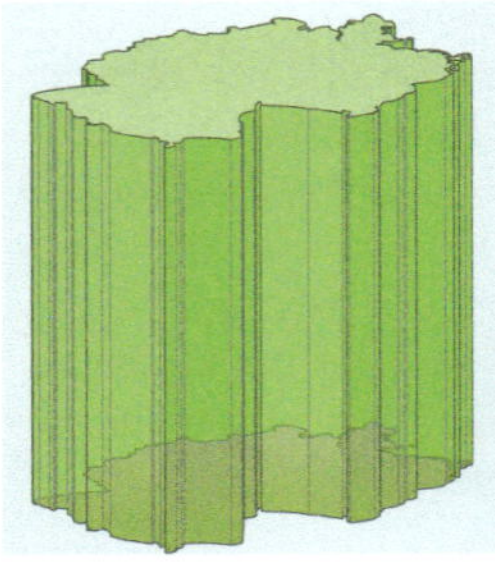

Annahme: Raumbedarf einer Murmel: 1 cm^3

Würde Deutschland von $6 \cdot 10^{23}$ dicht gepackten Murmeln bedeckt, so ergäbe sich eine Schicht von 1700 km Höhe

B6 Veranschaulichung der Teilchenzahl $N = 6 \cdot 10^{23}$

A10 B5 zeigt das Etikett einer Mineralwasserflasche. Berechne aus den Angaben die Stoffmengenkonzentrationen c der Na^+-, Ca^{2+}-, SO_4^{2-}- und HCO_3^--Ionen.

A11 Zur Neutralisation von $V = 100$ ml Natronlauge der Konzentration $c(NaOH) =$ 1 mol/l benötigt man $V = 100$ ml Salzsäure mit $c(HCl) = 1$ mol/l. Um die gleiche Portion Kalkwasser (Calciumhydroxid-Lösung) mit $c(Ca(OH)_2) = 1$ mol/l zu neutralisieren, benötigt man das doppelte Volumen an gleichkonzentrierter Salzsäure. Gib eine Erklärung für diesen Unterschied.

A12 Zur Neutralisation von $V = 100$ ml Salzsäure der Konzentration $c(HCl) = 1$ mol/l benötigt man $V = 100$ ml Natronlauge der Konzentration $c(NaOH) = 1$ mol/l. Um die gleiche Portion Schwefelsäure der Konzentration $c(H_2SO_4) = 1$ mol/l zu neutralisieren, benötigt man das doppelte Volumen an gleichkonzentrierter Natronlauge. Gib eine Erklärung für diesen Unterschied.

A13 Mit 2,8 g Kaliumhydroxid werden 100 ml Kalilauge hergestellt.
a) Welche Stoffmengenkonzentration hat diese Kalilauge?
b) Welches Volumen einer Schwefelsäure der Konzentration $c(H_2SO_4) = 1$ mol/l wird für die Neutralisation dieser Laugenportion benötigt?
c) Formuliere die Reaktionsgleichung für diese Neutralisationsreaktion.

A14 Farben können Reinstoffe oder Stoffgemische sein. Mithilfe der Chromatografie lässt sich das herausfinden. Erläutere.

10 Gefährliche Stoffe

Der Umgang mit Stoffen, die explosiv – oder auf andere Weise gefährlich sind – unterliegt besonderen Regeln und erfordert entsprechende Kenntnisse. Will man zum Beispiel Explosivstoffe für eine Sprengung nutzen, ist eine verantwortungsvolle Handhabung zwingend erforderlich.

Brennbare und explosive Stoffe werden als Brennstoffe oder Sprengstoffe verwendet. Beim unvorsichtigen Umgang kann es dabei zu verheerenden Unfällen kommen.

Viele Haushaltsprodukte können bei unsachgemäßer Verwendung gefährlich sein, etwa weil sie ätzend sind. Auf der Verpackung solcher Stoffe sind daher Warnhinweise vorgeschrieben.

Manche Giftstoffe sind bereits gefährlich, wenn man sie einmalig aufnimmt. Bei anderen Stoffen besteht die Gefahr darin, dass wir Menschen sie permanent über die Umwelt aufnehmen. In beiden Fällen spielt auch die aufgenommene Menge eine Rolle.

Surftipp
c4x8ev

10.1 Gefährlichen Stoffen auf der Spur

Viele Stoffe des täglichen Lebens gehören zu den Gefahrstoffen. Die besonderen Eigenschaften der Gefahrstoffe machen die Verwendung dieser Stoffe erst möglich.

Gefahrstoffe im Alltag
Gehe einmal zu Hause auf die Suche nach gefährlichen Stoffen.

B1 Auch im Alltag kommen wir mit Gefahrstoffen in Berührung

A1 Findest du Stoffe mit einem Gefahrensymbol? Notiere diese Stoffe und die dazugehörigen Gefahrensymbole.

A2 Notiere die Sicherheitshinweise der Packungen.

A3 Beurteile den Einsatz dieser Stoffe unter den Gesichtspunkten von Sicherheit und Umweltverträglichkeit.

Stoffe auf ihre Umweltverträglichkeit testen
Zahlreiche Stoffe im Haushalt, wie z. B. einige Putz- und Reinigungsmittel, können die Umwelt schädigen. Manchmal tragen sie ein Symbol, das auf diese Gefahr hindeutet. Aber nicht immer ist die Umweltgefährlichkeit „auf den ersten Blick" zu erkennen.

A4 Plane einen einfachen Versuch, der einen Hinweis auf die Umweltgefährdung eines Stoffes gibt.

B2 Suchtrupps nach der Kesselwagen-explosion

Reinigungsmittel – wirksam aber gefährlich
Betrachtest du das Etikett eines Rohrreinigers, fallen dir sofort einige Warnhinweise auf. Diese können z. B. so aussehen:

Gebrauchsanweisung! Bitte genau beachten.

GEFAHR!

Wasser oberhalb der Abflussöffnung vollständig entfernen. 1 Esslöffel direkt in den Abfluss rieseln lassen. Mit 200 ml kaltem Wasser nachspülen. Nach 30 Minuten Einwirkzeit gründlich mit Wasser nachspülen. Die Dosierungsvorschrift ist unbedingt zu beachten. Nach Gebrauch Verschlusskappe wieder fest aufschrauben.

Enthält Natriumhydroxid
Verursacht schwere Verätzungen der Haut und Augenschäden. Nach Gebrauch Hände gründlich waschen. Schutzhandschuhe und Augenschutz tragen.
BEI BERÜHRUNG MIT DER HAUT (oder dem Haar): Alle kontaminierten Kleidungsstücke sofort ausziehen. Haut mit Wasser abwaschen/duschen.
BEI BERÜHRUNG MIT DEN AUGEN: Einige Minuten lang behutsam mit Wasser ausspülen. Eventuell vorhandene Kontaktlinsen nach Möglichkeit entfernen. Weiter ausspülen.
Sofort GIFTINFORMATIONSZENTRUM oder Arzt anrufen.

A5 Warum verwendet man solch gefährliche Stoffe als Reinigungsmittel? Begründe.

A6 Plane Versuche, mit denen man die Wirkung von Rohrreinigern auf unterschiedliche Stoffe überprüfen kann. Begründe, warum bei diesen Versuchen das Tragen von Schutzhandschuhen unbedingt notwendig ist.

A7 Recherchiere, weshalb man Chlorreiniger niemals zusammen mit anderen, sauren Reinigungsmitteln verwenden darf.

Chemieunfälle
In der chemischen Industrie kommt es manchmal zu Unfällen, wenn menschliche Fehler passieren oder Sicherheitsregeln nicht eingehalten werden.

A8 Informiere dich über folgende Unfälle. **a)** Kesselwagenexplosion in der BASF 1948 [B2], **b)** Chemieunfall in Bad Fallingbostel 2012, **c)** Explosionskatastrophe von Tianjin 2015.

Gefahren durch Feuer
Im Haushalt lassen sich Stoffe aufspüren, die feuergefährlich sind und somit eine verantwortungsvolle Handhabung erfordern.

B3 Brennendes Öl in einer Pfanne

A9 Gibt es bei dir zu Hause feuergefährliche Stoffe? Beschreibe diese Stoffe.

A10 Gib an, was besonders zu beachten ist, wenn du zu Hause oder in der Freizeit mit solchen Stoffen umgehst.

V1 Man erhitzt etwas Kaliumnitrat in einem Schmelztiegel kräftig mit dem Gasbrenner, bis aus der Schmelze Gasblasen aufsteigen. Dann gibt man ein kleines Stück eines Holzspans hinein (Abzug, Schutzscheibe, feuerfeste Unterlage, nicht über den Tiegel beugen).

Gefährliche Stoffe richtig entsorgen

Können gefährliche Stoffe nicht mehr verwendet werden, müssen sie als Abfall entsorgt werden. Häufig werden sie aus Unkenntnis in den Ausguss oder in den Abfalleimer geschüttet. Auf diese Weise kann jedoch die Umwelt erheblich belastet werden.

A11 Es gibt im Haushalt viele Problemabfälle, die sachgerecht entsorgt werden müssen. Zähle sie auf.

A12 Suche nach sachgerechten „Entsorgungswegen" für Problemabfälle.

Lebensmittel-Zusatzstoffe und Grenzwerte

Viele Lebensmittel-Zusatzstoffe sind in größeren Mengen gesundheitlich bedenklich.
Die erlaubte Tagesdosis (engl. ADI, acceptable daily intake) bezeichnet die Menge eines Stoffes, die man lebenslang täglich zu sich nehmen kann, ohne dass Schäden zu erwarten sind.

B4 Schadstoffmobile sammeln Problemabfälle ein

A13 **a)** Eine Süßstofftablette enthält 4 mg Saccharin-Natrium und 40 mg Natriumcyclamat. Wie viele Tabletten kann eine 60 kg schwere Frau täglich zu sich nehmen, ohne einen der ADI-Werte zu überschreiten [B5].
b) Denke über deine eigene Ernährung nach und begründe, inwiefern man die ADI-Werte auch überschreiten kann, ohne überhaupt Süßstofftabletten zu sich zu nehmen.

Kaliumnitrat Trivialname: Salpeter; findet auch als Lebensmittel-Zusatzstoff Verwendung (E252). E252 verhindert die Zersetzung des roten Farbstoffs in Wurst und Fleisch. Somit erhalten diese ihre roten Farben

Süßstoff	ADI-Wert
Saccharin-Natrium	5 mg/kg
Natriumcyclamat	7 mg/kg
Aspartam	40 mg/kg
Acesulfam-K	9 mg/kg

B5 ADI-Werte einiger Süßstoffe in mg pro kg Körpergewicht

B6 Südamerikanischer Ureinwohner mit Blasrohr

Nicht alltägliche Gefahrstoffe

Mit einigen Gefahrstoffen kommen nur wenige Menschen jemals in Kontakt. Trotzdem kann ihr Verwendungszweck interessant sein.

A14 Recherchiere die Gefährlichkeit folgender Stoffe sowie ihre Verwendung:
a) Botulinumtoxin,
b) Curare,
c) Nitroglycerin.

B7 Dynamit

10.2 Chemikalien können Gefahrstoffe sein

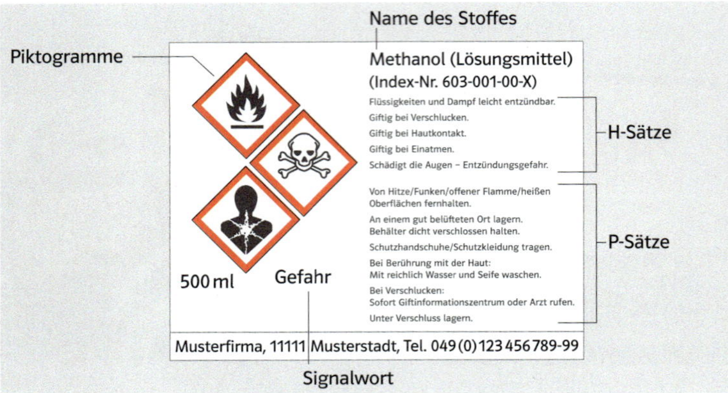

B1 GHS-Etikett mit Gefahrenhinweisen

mutagen
erbgutverändernd

kanzerogen
krebserzeugend

teratogen
„fruchtschädigend", kann bei schwangeren Frauen den Embryo schädigen

Nicht alle Chemikalien sind ungefährlich. Manche sind z. B. leicht entzündlich, explosiv, ätzend, umweltgefährlich, giftig, mutagen, kanzerogen oder teratogen. Daher muss man sich informieren, ob Gefahren von einem Stoff ausgehen und entsprechend verantwortungsvoll mit ihm umgehen.

Der Umgang mit Chemikalien Fasse Chemikalien nie mit den Fingern an, sondern entnimm feste Stoffe mit einem Spatel und flüssige Stoffe mit einer Pipette. Gehe mit Chemikalien sparsam um. Einmal entnommene Chemikalien können verunreinigt sein. Sie dürfen nicht mehr in das Originalgefäß zurückgegeben werden, sondern müssen verbraucht oder entsorgt werden. Reste gibt man in gekennzeichnete Entsorgungsgefäße [B3].

Gefährdung durch Chemikalien Zahlreiche Chemikaliengefäße fallen durch farbige Symbole auf ihren Etiketten auf [B1]. Diese Symbole werden Gefahrenpiktogramme genannt. Stoffe, die mit einem solchen Symbol gekennzeichnet sind, nennt man Gefahrstoffe. Gesundheitsgefährdende Stoffe können durch Einatmen, Verschlucken oder sogar durch die Haut in den Körper gelangen [B2].

Das Chemikalienetikett nach GHS. Ein Chemikalienetikett informiert über die wichtigsten Gefahren, die von einem Stoff ausgehen, und gibt Hinweise, was beim Umgang mit diesem Stoff zu beachten ist.

Zur Gefahrstoffkennzeichnung gehören:
- **Gefahrenpiktogramme**
- **Signalwörter**
- **Gefahrenhinweise**
- **Sicherheitshinweise**

Diese Chemikalienetiketten werden nach einem weltweit gültigen System erstellt, dem **GHS** (**G**lobally **H**armonized **S**ystem).

Die Gefahrenpiktogramme Ein Gefahrenpiktogramm umfasst immer mehrere Gefahrenklassen [B4]. So kann z. B. das Gefahrenpiktogramm GHS05 (Ätzwirkung) bedeuten, dass der Stoff zu der Gefahrenklasse „Metallkorrosiv", „Hautreizend", „Hautätzend", „Schwere Augenschädigung" oder „Augenreizung" gehört.

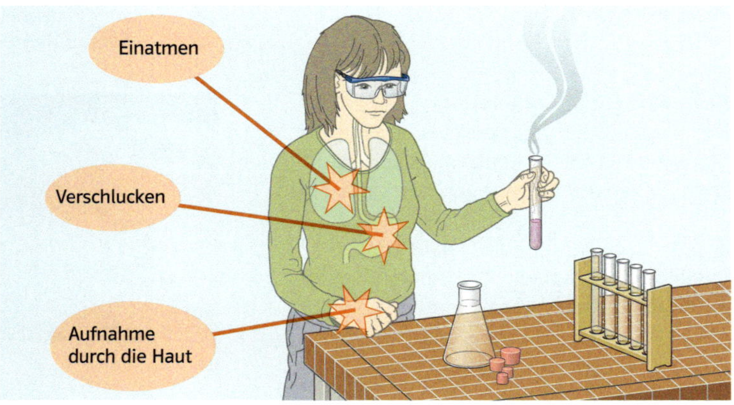

B2 Aufnahmewege von Gefahrstoffen

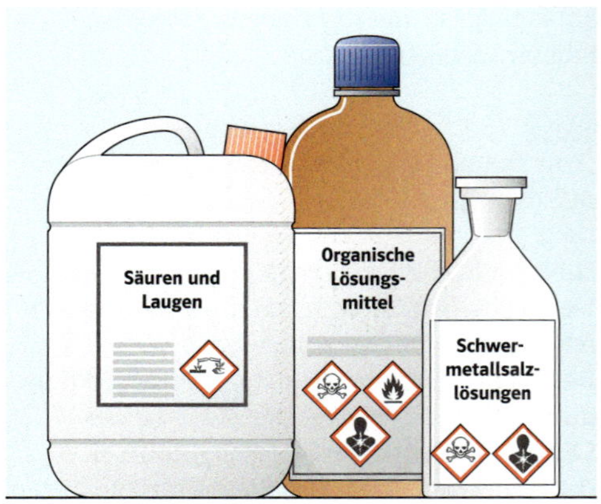

B3 Entsorgungsgefäße

Piktogramm	Bezeichnung	Gefahrenklasse
	GHS01 (Explodierende Bombe)	- Explosive Stoffe, - Selbstzersetzliche Stoffe, u. a.
	GHS02 (Flamme)	- Entzündbare Flüssigkeiten, - Entzündbare Gase, u. a.
	GHS03 (Flamme über einem Kreis)	- Entzündend wirkende Flüssigkeiten und Feststoffe, - Entzündend wirkende Gase
	GHS04 (Gasflasche)	- Unter Druck stehende Gase
	GHS05 (Ätzwirkung)	- Metallkorrosiv, - Hautätzend, - Hautreizend, u. a.

Piktogramm	Bezeichnung	Gefahrenklasse
	GHS06 (Totenkopf mit gekreuzten Knochen)	- Akute Toxizität
	GHS07 (Ausrufezeichen)	- Hautreizend, - Augenreizend, - Sensibilisierung der Haut, u. a.
	GHS08 (Gesundheitsgefahr)	- Krebserzeugend, - Erbgutverändernd, u. a.
	GHS09 (Umwelt)	- Gewässergefährdend

B4 Gefahrenpiktogramme und ihre Bedeutung (vereinfacht)

Signalwörter. geben Auskunft über den Gefährdungsgrad eines Stoffes oder eines Stoffgemisches:

Gefahr	für schwerwiegende Gefahren
Achtung	für weniger schwerwiegende Gefahren

Gefahren- und Sicherheitshinweise. Neben den Piktogrammen weisen **Gefahrenhinweise** (**H-Sätze**, engl.: hazard, Gefahr) auf die besonderen Gefahren beim Umgang mit einem Gefahrstoff hin. **Sicherheitshinweise** (**P-Sätze**, engl.: precautionary, vorbeugend) geben Ratschläge für den sicheren und sachgerechten Umgang mit einem Gefahrstoff.
Der Arbeitsplatz-Grenzwert Damit man bei der Arbeit nicht durch einen Gefahrstoff erkrankt, ist für viele Gefahrstoffe ein Arbeitsplatz-Grenzwert (AGW) festgelegt [B5]. Dieser darf an einem Arbeitsplatz nicht überschritten werden.

A1 Schreibe auf, auf welche Gesundheitsgefahren diese H-Sätze hinweisen: H 300, H 310, H 311, H 312, H 314, H 317, H 332.

A2 Notiere, welche Sicherheitshinweise mit folgenden P-Sätzen abgekürzt werden: P 271, P 280, P 301 + 310, P 412.

A3 Für den Fall, dass bei einem Stoffgemisch beide Signalwörter in Frage kommen, wird nur das Signalwort „Gefahr" verwendet. Begründe.

A4 Informiere dich über Berufsbilder, bei denen Kenntnisse über Gefahrstoffe besonders wichtig sind.

10.3 Gift oder kein Gift? Die Dosis machts!

B1 PARACELSUS (1493–1541)

Die Toxikologie (von griech. toxikologia, „Giftkunde") ist die Lehre von den Giftstoffen, den Vergiftungen und der Behandlung von Vergiftungen. Sie liefert Erkenntnisse, wie gefährlich die Aufnahme einer gewissen Menge eines Giftstoffes ist, wenn man sie auf einmal aufnimmt oder ihr dauerhaft ausgesetzt ist.

Dosis. Vom berühmten Arzt und Naturforscher PARACELSUS [B1] stammt die Aussage: „Alle Dinge sind Gift, und nichts ist ohne Gift. Allein die Dosis macht, dass ein Ding kein Gift ist."
Er wollte damit sagen, dass es immer auch auf die verabreichte Menge ankommt, die darüber entscheidet, ob eine Substanz schädlich oder sogar tödlich ist.

Akute Toxizität – der LD_{50}-Wert. Um die Giftigkeit eines Stoffes einzuschätzen, ermittelt man, in welcher Dosis er tödlich wirkt. Man nennt sie **letale Dosis** (LD). Die entsprechenden Werte werden in Tierversuchen gewonnen. Sie sind daher nur bedingt auf den Menschen übertragbar. Außerdem wird stets angegeben, wie dem Tier die Substanz verabreicht wurde.
Das gebräuchlichste Maß für die Giftigkeit eines Stoffes ist die Dosis, bei der 50 % aller Versuchstiere sterben. Man nennt sie **LD_{50}-Wert**. Der Wert bezieht sich immer auf das Körpergewicht, das Gewicht der Tiere ist also bereits berücksichtigt. Man muss allerdings beachten, dass viele Versuchstiere bereits bei einer deutlich geringeren Dosis versterben.

oral über den Mund
dermal über die Haut

Arbeitsschutz – Arbeitsplatzgrenzwert und Biologischer Grenzwert. Neben höheren Einzeldosen kann auch die dauerhafte Aufnahme geringer Mengen an Giftstoffen die Gesundheit schädigen. Dies ist vor allem für diejenigen Personen wichtig, die Gefahrstoffen beruflich ausgesetzt sind. Deshalb gibt es gesetzliche Grenzwerte, wie groß die durchschnittliche Konzentration bestimmter Stoffe *in der Luft* am Arbeitsplatz höchstens sein darf. Man nennt diese Konzentration **Arbeitsplatzgrenzwert (AGW)** [B2]. Bis zu dieser Konzentration ist keine Schädigung der Gesundheit zu erwarten, selbst wenn man dem Gefahrstoff während eines Arbeitslebens täglich 8 Stunden ausgesetzt ist.
Um zu überprüfen, wie viel eines Stoffes tatsächlich aufgenommen wurde, kann man seine Konzentration oder die Konzentration seiner Abbauprodukte *im Körper* messen.
Die maximal zulässige Konzentration, bei der keine Schädigung zu erwarten ist, wird als **Biologischer Grenzwert (BGW)** bezeichnet.
In 1 l Urin dürfen nach Arbeitsende z. B. nicht mehr als 30 mg Methanol enthalten sein.

LD_{50}-Wert, AGW und BGW sind Grenzwerte, mit denen man die Giftigkeit eines Stoffes einschätzen kann.

Stoff	AGW
Kohlenstoffmonooxid	35 mg/m³
Benzol	3,25 mg/m³
Fluor	1,6 mg/m³
Chlor	1,5 mg/m³
Brom	0,7 mg/m³

B2 Beispiele für AGW

Stoff	LD_{50} in mg/kg
Natriumchchlorid	3 000 (Ratte, oral)
Wasserstoffperoxid	376 (Ratte, oral)
Wasserstoffperoxid	3 000 (Ratte, dermal)
Coffein	368 (Ratte, oral)
Nicotin	50 (Ratte, oral)
Kaliumcyanid (Cyankali)	5 (Ratte, oral)
Strychnin	2,4 (Ratte, oral)

B3 Beispiele für LD_{50}-Werte

A1 Erkläre, warum bei LD_{50}-Werten angegeben werden muss, von welchem Tieren die Daten stammen, und wie der Stoff verabreicht wurde.

A2 Wieso wird Kochsalz nicht als Gefahrstoff eingestuft, obwohl man einen LD_{50}-Wert kennt [B3]? Begründe.

A3 Recherchiere LD_{50}-Werte und AGW folgender Stoffe: **a)** Ethanol, **b)** Hexan. Verwende das Gefahrstoffinformationssystem der Deutschen Gesetzlichen Unfallversicherung. Suche dazu im Internet mithilfe einer Suchmaschine nach dem Begriff „GESTIS-Stoffdatenbank".

A4 Nenne Maßnahmen, um die am Arbeitsplatz Labor aufgenommene Menge eines Giftstoffes zu verringern.

10.4 Pestizide in der Nahrungskette

B1 Werbung für DDT

Pestizide sind Stoffe zur Bekämpfung von Schädlingen. Sie werden z. B. in der Landwirtschaft eingesetzt, um die Ernte zu sichern. Ihr Einsatz geht aber immer mit einem gewissen Risiko einher. Die stark insektizide Wirkung des wohl bekanntesten Pestizids **DDT** wurde 1939 entdeckt. Sein Gefahrenpotential wurde allerdings erst viel später deutlich. In Deutschland wurde der Einsatz daher 1972 untersagt. Ein weltweites Verbot mit einigen Ausnahmen erfolgte erst 2001. Seit 2006 empfiehlt die Weltgesundheitsorganisation WHO den Einsatz von DDT jedoch wieder zur Bekämpfung der Anopheles-Mücke in Innenräumen.

Ein verantwortungsvoller Umgang mit Gefahrstoffen bezieht sowohl den möglichen Nutzen als auch Risiken mit ein.

Frühere Verwendung von DDT. Bekannt wurde DDT als Entlausungsmittel [B3] zur Bekämpfung der Krankheit Fleckfieber. Diese verbreitete sich während des 2. Weltkrieges und wurde durch Läuse übertragen. In der Landwirtschaft wurde DDT unter anderem zur Bekämpfung des Kartoffelkäfers verwendet [B4]. Auch beim Anbau von Baumwolle wurde DDT in großen Mengen eingesetzt. Zudem wirkt es gegen viele Baumschädlinge wie den Borkenkäfer. DDT wurde sogar in Insektensprays für Privathaushalte verwendet und daher allgemein als „Wundermittel" gegen Schädlinge angepriesen [B1].

Toxizität von DDT für den Menschen. DDT wirkt beim Menschen vor allem auf das zentrale Nervensystem. Die Symptome einer akuten Vergiftung sind Schwindel, Krampfanfälle und Lähmungen. Im Gegensatz zu anderen Pesitiziden ist es für Säugetiere und den Menschen im Hinblick auf eine akute Vergiftung jedoch nur mäßig gefährlich. Der LD_{50}-Wert beträgt 87 mg/kg (Ratte, oral) bzw. 300 mg/kg (Kaninchen, dermal). Die letale Dosis für den Menschen wird auf 50 bis 500 mg/kg geschätzt. Schäden durch dauerhaften Kontakt mit geringen Mengen an DDT, wie z. B. das Entstehen von Krebs, konnten bei Tieren nachgewiesen werden. Für den Menschen konnte ein solcher Nachweis bisher nicht erbracht werden.

Anreicherung von DDT in der Nahrungskette. DDT ist als Chlorkohlenwasserstoff eine lipophile Verbindung mit nahezu unpolaren Molekülen. Es löst sich gut in Fetten und damit auch im Fettgewebe von Mensch und Tier. Da es nur langsam abgebaut und ausgeschieden wird, reichert es sich in der Nahrungskette an. Zunächst wird DDT von den Pflanzen (Produzenten) aufgenommen. In den Körpern von Pflanzenfressern (Primärkonsumenten) ist die Konzentration noch gering, bei Fleischfressern (Sekundär- und Tertiärkonsumenten) aber deutlich größer. Die Konzentration ist umso größer, je weiter oben das Tier in der Nahrungspyramide steht [B2]. Auch in menschlichem Gewebe reichert sich DDT mit der Zeit an.

A1 Fasse die Argumente für und wider den Einsatz von DDT zusammen.

A2 Recherchiere Alternativen zu „chemischen" Insektiziden.

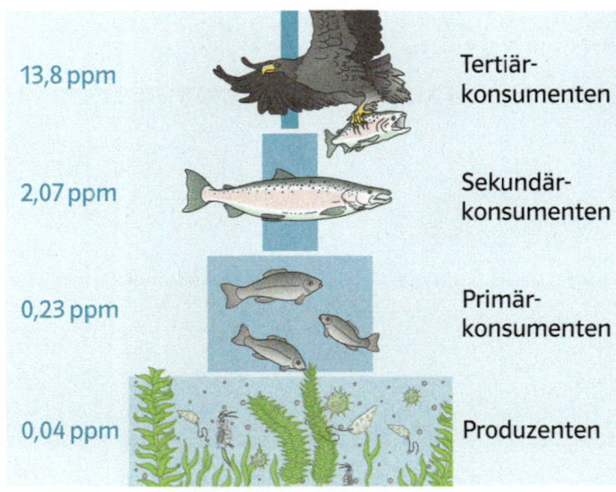

B2 Massenanteile an DDT im Gewebe

Pestizid von lat pestis, Seuche

Insektizid Pestizid gegen Insekten

Anopheles-Mücke überträgt die Krankheit Malaria

Zentrales Nervensystem Gehirn und Rückenmark

DDT Kürzel für Dichlor-diphenyl-trichlorethan

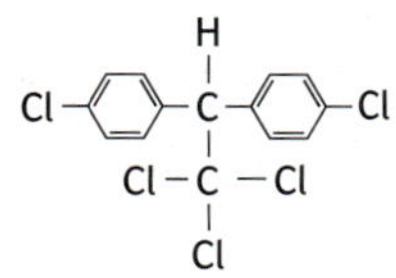

B3 Entlausung eines Soldaten mit DDT-Pulver

B4 Bekämpfung des Kartoffelkäfers mit DDT

10.5 Impulse Bienenverluste

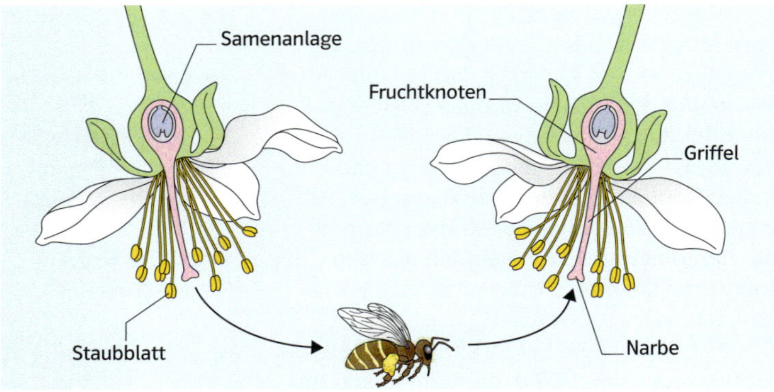

B1 Bestäubung von Kirschblüten

B2 Biene auf einer Kirschblüte

Die Anzahl der Bienen geht immer weiter zurück. 2014 galten etwa 50 % aller in Deutschland heimischen Wildbienenarten als gefährdet. Die Anzahl der Honigbienenvölker ist in einem Zeitraum von 20 Jahren von 1 100 000 auf 700 000 zurückgegangen. Worin liegen mögliche Ursachen, und wie versucht man, diese Verluste aufzuhalten? Was sind Auswirkungen dieser Bienenverluste?

Die Biene als Nutztier. Nur bei wenigen Pflanzensorten wie Getreiden und Gräsern wird der Pollen durch den Wind von einer Pflanze zur nächsten transportiert. Überwiegend erfolgt die *Bestäubung* durch Insekten, die den Pollen vom Staubblatt zur Narbe übertragen [B1].

Bestäubung Übertragung von Pollen auf die Narbe

Monokultur Auf einer bestimmten Fläche wächst nur eine einzige Nutzpflanzenart

Hämolymphe Körperflüssigkeit einiger Tierarten, z. B. von Insekten

adult erwachsen

A1 Insekten tragen maßgeblich zum Erhalt der Vielfalt pflanzlichen und tierischen Lebens bei. Die Biene ist eines der wichtigsten Nutztiere überhaupt. Erkläre diese Aussage.

B3 Rapsfeld-Monokultur

Eine eindeutige Ursache für die Bienenverluste lässt sich nicht festmachen. Forscher vermuten, dass es eine Reihe von Faktoren gibt, die dazu beitragen. Zum Beispiel führt die große Zahl an Monokulturen [B3] dazu, dass auf einer großen Fläche alle Pflanzen zur gleichen Zeit blühen und das Nahrungsangebot – vor allem für Wildbienen – im Rest des Jahres eingeschränkt ist. Honigbienenvölker können ggf. vom Imker an einer anderen Stelle, mit günstigem Nahrungsangebot, platziert werden. Weitere Faktoren werden im Folgenden dargestellt.

Varroamilben-Befall scheint der wichtigste Faktor bei den Verlusten der Honigbienen zu sein. Wildbienen sind von diesem Parasiten nicht betroffen. In den letzten Jahren hat sich die Anzahl der von Varroamilben befallenen Honigbienenvölker ständig vergrößert. Die Milbe beißt sich bereits an den Bienenlarven fest und saugt deren Hämolymphe, ähnlich wie die Zecke das Blut des Menschen. Die Bienen schlüpfen dann sehr geschwächt und sind anfällig gegenüber Umwelteinflüssen. Zudem können die Milben auch Krankheitserreger übertragen. Nur weibliche Varroamilben kommen auch außerhalb der Brutzellen vor. Sie sitzen dann auf adulten Bienen [B4] und lassen sich von diesen zu anderen Brutzellen transportieren. Befallene Bienenstöcke werden im Sommer mit Ameisensäure-Lösung (Formel eines Ameisensäure-Moleküls s. Kap. 6.6, B3) behandelt [B5]. Diese tötet die meisten Milben ab, ohne die Bienen zu schädigen. Die Behandlung erfolgt in zeitlichem Abstand zur Honigernte, um Rückstände, die den Menschen beim Verzehr gefährden könnten, so gering wie möglich zu halten.

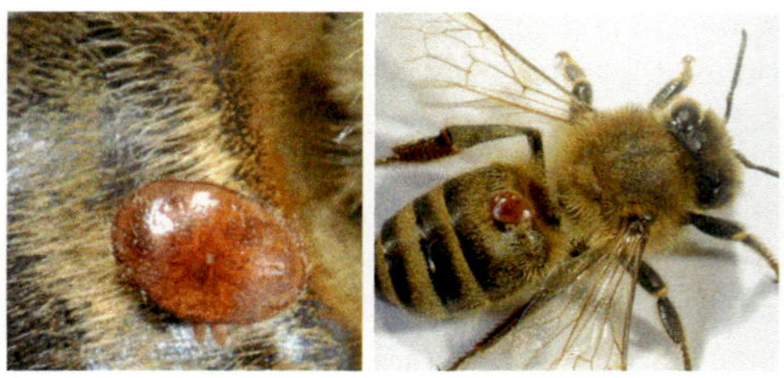

B4 Varroamilbe auf adulter Honigbiene

B5 Die Ameisensäure-Lösung wird auf das Schwammtuch geträufelt und kann dann verdunsten

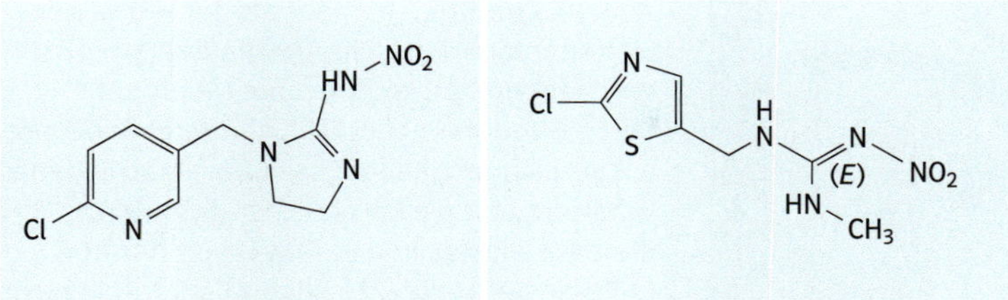

B6 Strukturformeln von zwei Neonicotinoiden: Imidacloprid (links) und Clothianidin (rechts)

A2 Bei einem mit Varroamilben befallenen Stock mit 60 000 Bienen werden bei der Behandlung mit Ameisensäure ungefähr 100 g Lösung mit einem Massenanteil von 60 % eingesetzt. Annahme: Die Säure wird von den Bienen komplett aufgenommen. Berechne die aufgenommene Masse an Ameisensäure pro Biene und vergleiche mit dem LD_{50}-Wert von Ameisensäure in Kap. 10.7, B2.
Angabe: *m*(Honigbiene) = 0,2 g

A3 Die Winter-Varroabehandlung kann mit Oxalsäure (Ethandisäure) erfolgen. Schreibe die Formel eines Oxalsäure-Moleküls in dein Heft.

Einsatz von Pflanzenschutzmitteln. Die Stoffklasse der Neonicotinoide enthält besonders wirksame Insektizide, die Pflanzen zuverlässig vor Befraß schützen. Die Gemeinsamkeit der Verbindungen dieser Stoffklasse besteht nicht, wie in der Chemie üblich, in erster Linie in ihrem Aufbau [B6], sondern in ihrer Wirkung auf Nervenzellen. Diese ähnelt der Wirkung des Nicotins. Neonicotinoide sind jedoch, zumindest für Säugetiere, wesentlich weniger toxisch als Nicotin selbst [B7]. Für Insekten sind Neonicotinoide aufgrund des unterschiedlichen Stoffwechsels allerdings äußerst toxisch. Insbesondere Bienen sind sehr empfindlich, bereits wenige Nanogramm wirken tödlich. Dies ist auch im Vergleich zu anderen Insektiziden eine sehr geringe Menge. Zudem gibt es Hinweise darauf, dass nicht tödliche Dosen an Neonicotinoiden die Bienen bereits merklich schädigen.

Beispielsweise werden das für Bienen überlebenswichtige Orientierungsvermögen sowie das Lernverhalten gestört. Vor allem Wildbienen scheinen stark geschädigt zu werden. Einige Untersuchungen haben zudem gezeigt, dass Bienen bevorzugt Blüten von mit Neonicotinoiden behandelten Pflanzen aufsuchen.
Der in der EU erlaubte Einsatz bestimmter Neonicotinoinde wurde im Dezember 2013 für zunächst zwei Jahre stark eingeschränkt.
Die Einschränkungen wurden für Deutschland im Juli 2015 nochmals verschärft.

Die Risikobewertung beim Einsatz von Giftstoffen ist niemals abgeschlossen, sondern muss bei neuen Erkenntnissen ständig aktualisiert werden.

A4 Hauptsächlich in der Landwirtschaft werden Neonicotinoide eingesetzt. Ermittle
a) welche Pflanzen damit behandelt und wovor diese dadurch geschützt werden;
b) in welcher Weise die Neonicotinoide ausgebracht werden.

A5 Neonicotinoide werden nicht nur in der Landwirtschaft angewendet. Recherchiere.

A6 Recherchiere die Unterschiede in der sozialen Lebensweise von Honigbienen und Wildbienen.

A7 Informiere dich über das Bienensterben im Oberrheingraben im April 2008.

A8 Fasse die möglichen Ursachen für die Bienenverluste zusammen. Unterscheide dabei zwischen Honigbienen und Wildbienen.

Stoff	LD_{50} (Ratte, oral) in mg/kg
Imidacloprid	410
Clothianidin	> 5000
Thiamethoxam	1560
Nicotin	50

B7 LD_{50}-Werte einiger Neonicotinoide und Nicotin

Nanogramm
1 ng = 0,000000001 g
= 10^{-9} g

10.6 Exkurs Dem Täter auf der Spur

B1 Agatha Christie (1890–1976)

Rodentizide sind Chemikalien zur Bekämpfung schädlicher Nagetiere. Sie sind vor allem Mäuse- und Rattengifte

Cyankali Kaliumcyanid ist auch unter dem Namen Cyankali bekannt

forensische Chemie Teilgebiet der Chemie, das sich mit der Aufklärung von Verbrechen befasst

Agatha Christie. In mehr als der Hälfte der 80 Kriminalromane, die Agatha Christie [B1] geschrieben hat, kommen die Mordopfer durch Gift ums Leben. Die Schriftstellerin hatte ausgezeichnete Kenntnisse über verschiedene Giftstoffe und die körperlichen Symptome, die sie auslösen. In den Krimis von Agatha Christie deckt die schrullige Miss Marple nicht nur Morde mit Giften wie Arsen, Blausäure und Strychnin auf, sondern auch solche, bei denen Chlor, Salzsäure und das seltene Schwermetall Thallium im Spiel sind.

Thallium. In Agatha Christies Kriminalroman „Das fahle Pferd" wird eine Thalliumvergiftung durch einen Arzt nicht erkannt, weil die Symptome in der Anfangsphase kaum von denen einer Grippe zu unterscheiden sind. Erst wenn es nach dem Brechreiz, Durchfall und den Schlafstörungen auch zum Haarausfall kommt und sich Streifen auf den Fingernägeln bilden, wird die Vergiftung offenkundig. Für die Behandlung ist es dann aber meist schon zu spät.

Im Jahr 1977 wurde ein Baby in eine Londoner Klinik eingeliefert, dessen Krankheitsbild von den Ärzten nicht gedeutet werden konnte. Die Rettung für das Kind kam durch den Hinweis einer Krankenschwester, die den Kriminalroman „Das fahle Pferd" gelesen hatte und deshalb vom Symptomverlauf einer Vergiftung durch Thallium wusste. Die Diagnose konnte bestätigt und das Leben des Kindes gerettet werden. Thallium wurde 1896 entdeckt und bereits ein Jahr später wurde mit ihm ein spektakulärer Giftmord durchgeführt.

B2 Eine tödliche Dosis Kaliumcyanid

Rodentizide. Thalliumverbindungen wurden früher in Kellern, Scheunen und Lagerhallen als Köder für Mäuse und Ratten ausgelegt. Alte, längst vergessene Köder stellen auch heute noch eine Gefahr dar, wenn sie bei Aufräumaktionen und Umbauten freigelegt werden. Obwohl Thalliumverbindungen sehr giftig sind und über die Haut aufgenommen werden, verwendete man sie früher sogar als kosmetische Enthaarungsmittel.

Nachweis von Thallium. Thallium kann im Urin, Blut, Stuhl und in Haarproben mit verschiedenen Methoden verlässlich nachgewiesen werden. Taucht man z. B. eine Platinöse in Urin und bringt sie in die Flamme eines Gasbrenners, so zeigt diese bei Anwesenheit von Thallium eine smaragdgrüne Farbe.

Toxische Wirkung. Es ist noch nicht genau bekannt, warum besonders die einfach positiv geladenen Thallium-Ionen (Tl^+) eine starke *toxische Wirkung* zeigen. Man geht aber davon aus, dass sie den Ionenhaushalt im Organismus stören und bestimmte Enzyme in ihrer Tätigkeit hindern. Das ist auch bei *Cyanid-Ionen* (CN^-) der Fall. Sie führen zur Blockierung eines Atmungsenzyms, was den Tod durch „inneres Ersticken" zur Folge hat. *Blausäure* (HCN) und *Kaliumcyanid* (KCN) wirken bereits in geringen Portionen (120 mg bis 250 mg) tödlich [B3]. So begingen viele Nationalsozialisten wie Joseph Goebbels und Eva Hitler Selbstmord mit Kaliumcyanid.

Stoff	LD_{50}
Arsenik	14,6 mg/kg (Ratte, oral)
Thallium(I)-sulfat	16 mg/kg (Ratte, oral) 550 mg/kg (Ratte, dermal)
Kaliumcyanid (Cyankali)	5 mg/kg (Ratte, oral)
Strychnin	2,4 mg/kg (Ratte, oral)
Blei(II,IV)-oxid	10 000 mg/kg (Ratte, oral)
Bleiacetat	4 670 mg/kg (Ratte, oral)

B3 Beispiele für LD_{50}-Werte

Arsenik. Arsenik (As_2O_3) wurde früher als „Erbschaftspulver" bezeichnet, weil mit diesem oft nahe Verwandte beseitigt wurden, an deren Vermögen ein Täter vorzeitig gelangen wollte. Auch lästige Rivalen und verhasste Ehepartner wurden mit *Arsenik* umgebracht. Der Giftmord wurde von den Ärzten oft nicht erkannt, weil die Symptome einer Arsenvergiftung denen der Cholera sehr ähnlich sind. Arsenik war leicht erhältlich, weil es als Rattengift und für die Herstellung von Fliegenfängern im Haushalt eingesetzt wurde. Es ist ein weißes, geruchloses Pulver, das sich zwar nicht besonders gut in Wasser, dafür aber vorzüglich in Wein löst. Schon 100 mg Arsenik können tödlich wirken. Die toxische Wirkung beruht auf der Reaktion des Arseniks mit den Schwefel-Atomen in Enzymen. Weil sich der menschliche Organismus an kleinere Dosen Arsenik gewöhnen kann, wurde es z. T. zur Vorbeugung gegen Vergiftungsversuche eingenommen. Arsenik kann sogar als Arzneimittel dienen.

Arsennachweis. 1836 veröffentlichte James Marsh einen Arsennachweis [B4]. Es war nun möglich, eine Vergiftung auch noch nach Jahrzehnten durch Untersuchung von Leichenteilen nachzuweisen. Das Morden mit Arsenik wurde damit für die Täter zum Problem.

In einem Gefäß werden z. B. ein Teil des Mageninhalts oder zerkleinerte Knochenteile mit Zink und verdünnter Schwefelsäure versetzt. Dabei reagiert Zink mit der Säure unter Bildung von Wasserstoff.

$$Zn + 2\,H^+ + 2\,HSO_4^- \longrightarrow Zn^{2+} + H_2 + 2\,HSO_4^-$$

Ist nun in der Probe Arsenik enthalten, so reagiert dieses zu Arsenwasserstoff (AsH_3), der dem Reaktionsgefäß entweicht und über das Trockenmittel Calciumchlorid geleitet wird.

$$As_2O_3 + 6\,H_2 \longrightarrow 2\,AsH_3 + 3\,H_2O$$

Der leicht flüchtige Arsenwasserstoff strömt schließlich durch ein Glasrohr, das an einer Stelle auf Rotglut erhitzt wird [B4].

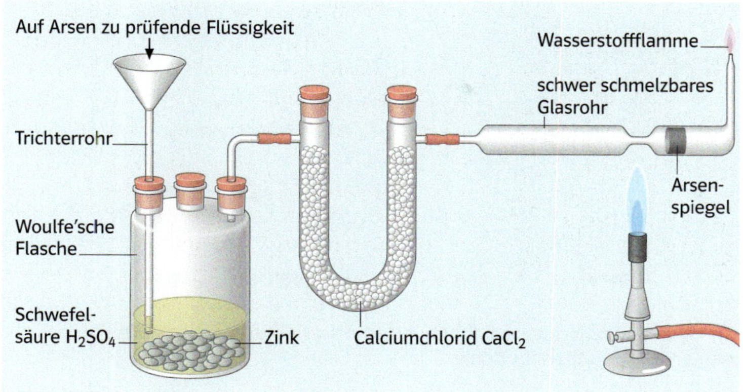

B4 Der Arsennachweis nach J. Marsh

Dabei zersetzt er sich in die elementaren Stoffe:

$$2\,AsH_3 \longrightarrow 2\,As + 3\,H_2$$

Das Arsen scheidet sich als grauer Belag an einem verengten Glasrohr ab, der entstehende Wasserstoff wird angezündet.

A1 Das in Antimontrioxid (Sb_2O_3) enthaltene Antimon lässt sich analog zu Arsen durch die Marsh'sche Probe nachweisen. Gib die entsprechenden Reaktionsgleichungen an.

A2 Im Text findet man die Angaben „120 mg bis 250 mg Kaliumcyanid oder Blausäure wirken tödlich" und „100 mg Arsenik können tödlich wirken". Erkläre den scheinbaren Widerspruch, der sich zu den LD_{50}-Werten in B3 ergibt.

A3 Einige heute nur noch mit einer speziellen Genehmigung erlaubte Rattengifte enthalten Thallium(I)-sulfat. Erkläre, ob es ausreichend ist, wenn die Ratten das Gift berühren [B3].

A4 Der ehemalige russische Agent A. Litwinenko verstarb 2006 an den Folgen einer Poloniumvergiftung. Informiere dich und berichte über die Giftwirkung des Schwermetalls.

A5 Informiere dich über den Beruf des Toxikologen. Nenne einige Aufgabengebiete.

10.7 Impulse Vom Alkohol zum Katerfrühstück

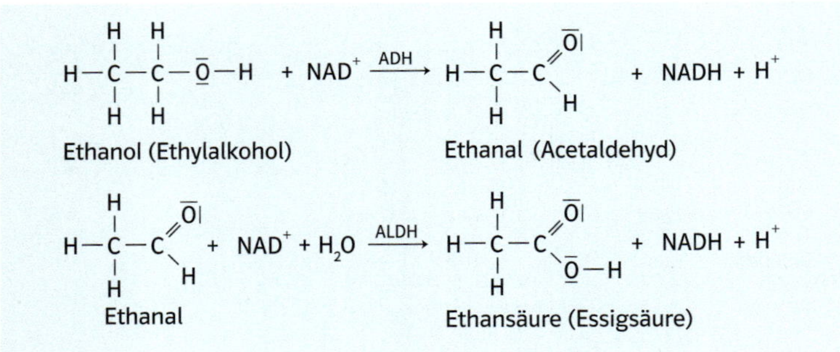

B1 Reaktionsgleichungen: Ethanol reagiert zu Ethanal (oben), Ethanal reagiert zu Essigsäure (unten)

Der übermäßige Genuss von Wein, Bier oder Schnaps bringt oft unangenehme Nebenwirkungen für den Körper mit sich. Man erwacht am nächsten Morgen mit Kopfschmerzen, Übelkeit oder Schwindel. Da hilft wohl nur noch ein Katerfrühstück. Doch wieso kommt es überhaupt zum „Kater"?

Abbau von Alkohol. Nach dem Trinken von Alkohol (Ethanol) wird er von unserer größten Verdauungsdrüse, der *Leber*, abgebaut. Sie setzt 95 % des aufgenommenen Ethanols um. Den Rest scheiden wir unverändert über *Urin*, *Schweiß* und als „Schnapsfahne" über die Atemluft aus. In der Leber hilft das Enzym *Alkoholdehydrogenase (ADH) Ethanol* zu Ethanal abzubauen. Anschließend wird aus Ethanal mithilfe des Enzyms *Aldehyddehydrogenase (ALDH) Essigsäure* gebildet. Da es sich um Oxidationsreaktionen handelt, laufen auch gleichzeitig Reduktionsreaktionen ab. Als Oxidationsmittel, welches reduziert wird, steht im menschlichen Körper *NAD⁺* (*Nicotinamidadenindinucleotid*) zur Verfügung. Abschließend wird Essigsäure mithilfe von Sauerstoff zu *Kohlenstoffdioxid* und *Wasser* umgesetzt.

Ethanol wird im Körper über die Zwischenstufen Ethanal und Essigsäure zu Kohlenstoffdioxid und Wasser abgebaut.

Ursachen des Katers. Nicht nur die berauschende Wirkung des Ethanols ist auf das zwischenzeitlich gebildete Ethanal zurückzuführen, sondern wahrscheinlich auch die „Katerstimmung".

Kater ist eine Verballhornung des Begriffs Katarrh von griech. katarrhein, herunterfließen. Bei einem Katarrh handelt es sich um eine Schleimhautentzündung

Ethanal ist, wie Ethanol auch, ein *Zellgift*. Es beeinflusst die Informationsübertragung im Zentralnervensystem.
Neben Ethanol sind in Spirituosen oft auch Spuren an Methanol enthalten, das bei der Gärung in kleinen Mengen entsteht. Methanol und seine Abbauprodukte können zu *Sehstörungen* bis hin zur *Blindheit* und Tod durch *Atemstillstand* führen.

Eine Folge übermäßigen Alkoholgenusses ist der sogenannte Nachdurst. Er entsteht, weil Ethanol dem Körper Wasser entzieht. Dabei werden wasserlösliche Vitamine mit ausgeschwemmt und Verschiebungen im Salzhaushalt verursacht. Um diesen Mangel wieder auszugleichen, entsteht am nächsten Morgen das Verlangen nach salzhaltigen Speisen.

A1 Recherchiere die LD_{50}-Werte für Ethanol, Ethanal und Ethansäure.

A2 Jeder zweite Asiate verträgt keinen Alkohol. Veranlagungsbedingt wird keine intakte Aldehydhydrogenase gebildet. Schon wenig Alkohol führt dann zu starken Kopfschmerzen, Herzklopfen und Übelkeit.
a) Welche Hypothese zur Hauptursache des „Katers" wird durch diesen Befund unterstützt? Erkläre.
b) Begründe, welcher Stoff im Blut dieser Menschen nach Alkoholkonsum in hoher Konzentration nachweisbar sein müsste.

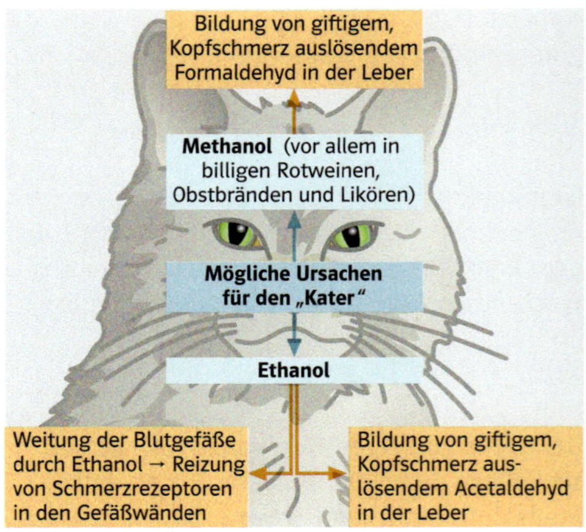

B2 Mögliche Ursachen für den Kater

10.8 Exkurs Methanolvergiftung

Häufig hört oder liest man von versehentlichen Methanolvergiftungen. Dieser Stoff entsteht bei der alkoholischen Gärung in geringen Mengen neben dem Hauptprodukt Ethanol. Wird das Methanol, z. B. beim Brennen von Schnaps, nicht entfernt, spricht man auch von „gepanschtem Alkohol". Der Konsum solcher Spirituosen ist sehr gefährlich. Daher sollte man Schnaps unbekannter Herkunft [B3] nicht verzehren.

Vergiftungen mit Methanol. Methanol ähnelt in Geruch und Geschmack dem Ethanol, ist aber weitaus giftiger als dieses. Der Genuss von 5 bis 10 ml Methanol führt bereits zu Sehstörungen bis hin zur *Erblindung*. Schon 20 bis 50 ml führen zur *Atemlähmung* und sind tödlich. Die Giftwirkung zeigt sich häufig erst nach 15 bis 20 Stunden. Dies lässt sich dadurch erklären, dass nicht nur Methanol selbst, sondern vor allem seine *Abbauprodukte* äußerst toxisch sind [B2]. Die Giftwirkung zeigt sich also erst dann, wenn die Konzentration der *Metabolite* angestiegen ist.

Methanol wird nur zu einem geringen Teil unverändert ausgeschieden. Der größere Teil wird über die gleichen Enzyme und nach dem gleichen Prinzip wie Ethanol (Kap. 10.7) in der Leber abgebaut. Dabei entsteht mithilfe der *Alkoholdehydrogenase* (*ADH*) zunächst Formaldehyd (Methanal). Dieses wird durch *Aldehyddehydrogenase* (*ALDH*) zu Ameisensäure (Methansäure) abgebaut.

Diese Metabolite werden nur sehr langsam über die Niere ausgeschieden. D. h., die toxisch wirkenden Stoffe Formaldehyd und Ameisensäure reichern sich zunächst im Körper an. Während Formaldehyd die Organe direkt schädigt, bewirkt Ameisensäure eine metabolische Azidose – der Stoffwechsel entgleist.

Therapie bei einer Methanolvergiftung. In der Regel wird bei einer Methanolvergiftung zuerst eine Magenspülung vorgenommen. Die Verlangsamung des Methanolabbaus ist eine weitere wichtige Maßnahme. Diese bewirkt, dass die Blutkonzentration des Formaldehyds und der Ameisensäure gering bleibt. Dazu verabreicht man den Patienten teilweise über mehrere Tage große Mengen an Ethanol. Dem menschlichen Körper steht nur eine begrenzte Menge ADH zur Verfügung. Befinden sich nun Ethanol und Methanol im Körper, baut ADH eher Ethanol als Methanol ab. Es bilden sich daher vorrangig die weniger toxischen Abbauprodukte von Ethanol und nur geringe Mengen der stark toxischen Metabolite von Methanol [B1].
Die Therapie der metabolischen Azidose erfolgt u.a. durch Gabe von Natriumhydrogencarbonat. Ergänzend wird den Patienten Folsäure verabreicht, um die Oxidation der Ameisensäure zu Kohlenstoffdioxid und Wasser zu beschleunigen.
In schweren Fällen wird eine Blutwäsche durchgeführt.

Stoff	LD_{50} (Ratte, oral) in mg/kg
Ethanol	7060
Acetaldehyd	661
Essigsäure	3310
Methanol	5630
Formaldehyd	100
Ameisensäure	1100

B2 LD_{50}-Werte von Methanol, Ethanol und Abbauprodukten

Metabolit von griech. metabolites, der Umgewandelte. Abbauprodukt oder Zwischenprodukt bei einem meist biochemischen Stoffwechselweg

Metabolische Azidose Übersäuerung des Organismus. Der pH-Wert des Blutes sinkt unter 7,35. Normalerweise liegt der pH-Wert des Blutes zwischen 7,35 und 7,45

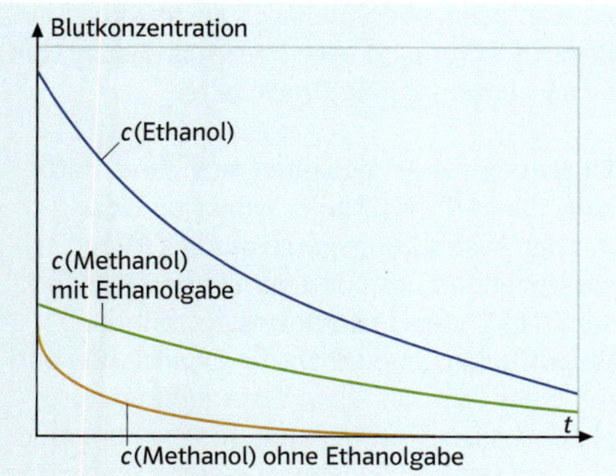

B1 Verlauf der Konzentration von Methanol im Körper ohne und mit Gabe von Ethanol

A1 Formuliere die Reaktionsschritte für den Abbau von Methanol analog zum Abbau von Ethanol (Kap. 10.7, B1).

A2 Beim Brennen von Schnaps wird Methanol aus der Spirituose entfernt, indem man den sogenannten Vorlauf der Destillation verwirft. Dieser siedet bei einer niedrigeren Temperatur. Erkläre.

A3 Schreibe die Formeln von Natriumhydrogencarbonat und Natriumhydrogenphosphat in dein Heft und erkläre, weshalb die beiden Stoffe bei Übersäuerung des Organismus als Therapeutikum eingesetzt werden.

B3 Schnaps unbekannter Herkunft

10.9 Explosionen

18.05.2005

Schwere Explosion nach Insektensprayeinsatz

Das radikale Vorgehen gegen Insekten ist einem Mann am Sonntag in Kaltenkirchen zum Verhängnis geworden.
Nach ersten Ermittlungen der Polizei hatte ein 36 Jahre alter Mann in dem Mehrfamilienhaus Insektenspray so gründlich verteilt, dass ein entzündliches Gas-Luft-Gemisch entstand und eine schwere Explosion auslöste.

B1 Explosion von Insektenspray

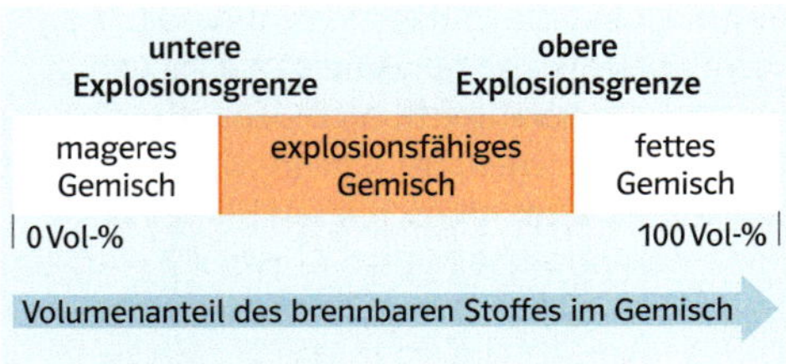

B2 Explosionsgrenzen

Stoff	untere Explosionsgrenze: Volumenanteil φ in %	obere Explosionsgrenze: Volumenanteil φ in %
Aceton	2,5	14,3
Hexan	1,0	8,9
Ethanol	3,1	27,7
Wasserstoff	4,0	77,0
Kerosin	0,6	6,5
Dieselkraftstoff	0,6	6,5
Ottokraftstoff	0,6	8,0
Methan (Erdgas)	4,4	17,0
Propan (Autogas)	1,7	10,8
Butan (Autogas)	1,4	9,4

B3 Explosionsgrenzen einiger Lösungsmittel und Treibstoffe bei Mischung mit Luft

Brennbare Stoffe werden zum Heizen eingesetzt. Ihre Brennbarkeit ist der Grund für ihre Verwendung. Die Gefahren, die mit ihrem Einsatz verbunden sind, werden aber allzu oft nicht beachtet. Unter bestimmten Voraussetzungen kommt es nicht zu einer erwünschten, kontrollierten Verbrennung, sondern zu einer Explosion von Luft-Brennstoff-Gemischen.

Brennbare Stoffe als Heizstoffe. In Kap. 3.3 wurde beschrieben, wie exotherme Verbrennungsreaktionen zur Energiegewinnung genutzt werden können. Verbrennungen laufen aber verhältnismäßig langsam ab.
Um ein Haus mit 150 m² Wohnfläche mit Öl zu beheizen, werden während eines Tages etwa 15 – 20 l verbrannt. Ein Teelicht brennt mehrere Stunden. Das bedeutet, dass auch die abgegebene Wärme und die gasförmigen Verbrennungsprodukte nur langsam in die Umgebung gelangen.

Explosionen. Werden brennbare Gase, Dämpfe oder Stäube mit Luft vermischt, können die entsprechenden Stoffe leicht mit dem Sauerstoff der Luft reagieren. Die „Verbrennung" läuft dann in Sekundenbruchteilen ab. Man spricht von einer **Explosion**. Die gasförmigen Verbrennungsprodukte dehnen sich durch die abgegebene Wärme plötzlich sehr stark aus. Dabei werden die Moleküle in der Luft mit großer Wucht weggestoßen, was sich in einem lauten Knall äußert. So entsteht eine Druckwelle, die sich ausbreitet.

Bei Explosionen dehnen sich gasförmige Reaktionsprodukte sehr schnell und sehr stark aus. Es entsteht eine Druckwelle.

Einteilung von Explosionen nach ihrer Heftigkeit. Die Heftigkeit einer Explosion ist eng mit der Ausbreitungsgeschwindigkeit der entstehenden Gase und der Druckwellle und somit auch dem Druckanstieg verbunden. **Verpuffungen** sind schwache Explosionen und mit einer sehr schnellen Verbrennung vergleichbar. Der Druckanstieg reicht aber aus, um zum Beispiel Fensterscheiben zu zerstören oder Personen zu verletzen.

Detonationen breiten sich viel schneller aus. Sie führen in einem weiten Umkreis zu schwersten Zerstörungen. Gebäude werden dem Erdboden gleich gemacht und Menschen schwer verletzt oder getötet.

Explosionsgrenzen. Brennbare Gase, Dämpfe oder Stäube können nur in Gegenwart einer passenden Menge an Sauerstoff explodieren. Man spricht dann von einer **explosionsfähigen Atmosphäre**. Ist der Anteil an brennbarem Gas zu gering, nennt man das Gemisch *mageres Gemisch*. Es kann nicht zu einer Explosion kommen, da nicht genügend brennbarer Stoff zur Verfügung steht. Der Mindestanteil an brennbarem Gas, bei dem eine Explosion gerade noch möglich ist, heißt **untere Explosionsgrenze** [B2]. Übersteigt der Anteil an brennbarem Gas die **obere Explosionsgrenze**, steht nicht genügend Sauerstoff für eine Explosion zur Verfügung. Solche Gemische heißen *fette Gemische*. Auch diese können nicht explodieren.

Schlagende Wetter. In Kohlebergwerken [B4] können Gemische aus Methan und Luft schwere Explosionen hervorrufen. Deren Druckwelle wiederum wirbelt den Kohlenstaub auf, der dann ebenfalls explodiert. Die Grubenluft wird von den Bergleuten als „Wetter" bezeichnet. Sie sprechen von einem „schlagenden Wetter", wenn sich im Bergwerk eine explosionsfähige Mischung aus Methan und Luft gebildet hat.

B4 Kohlebergwerk

Raketentriebwerke. Mischungen aus Wasserstoff und Sauerstoff können ebenfalls explosionsartig reagieren, wobei Wasserdampf entsteht. Dabei wird viel Energie abgegeben. Die kontrollierte Verbrennung von Wasserstoff und Sauerstoff wird im Space Shuttle [B5] technisch angewendet. So führt das Raumfahrzeug getrennte Wasserstoff- und Sauerstofftanks mit sich. Die beiden Gase werden im Triebwerk gezündet, und ihre kontrollierte Verbrennung erzeugt so die Energie, die für den Flug der Raumfähre erforderlich ist. 1986 explodierte das Space Shuttle „Challenger" kurz nach dem Start, weil ein Konstruktionsfehler der Raketen die explosionsartige Verbrennung des Wasserstoffs zur Folge hatte.

V1 In einer Porzellanschale zündet man eine kleine Menge Ethanol aus etwas Abstand mit einem Stabfeuerzeug an.

V2 Mithilfe einer Filmdose und einem Piezozünder mit Kabel stellt man eine Knalldose her: Zunächst wird am Fuß der Dose ein kleines Loch gebohrt. Dann wird das Kabelende in den Fuß der Dose eingebracht und die Spalte um das Kabel mit Heißkleber verschlossen. In die Dose gibt man einen kleinen Tropfen Ethanol und verschließt sie mit dem Deckel. Nach kurzem Warten löst man die Funkenentladung aus.

V3 (Schutzscheibe!) In einem Zündrohr [B6] wird versucht, verschiedene Benzin-Luft-Gemische zur Explosion zu bringen.

A1 Begründe, welche Vorsichtsmaßnahmen einem verantwortungsvollen Umgang mit Insektensprays [B1] entsprechen.

A2 In den Motorzylindern eines Autos werden geringe Mengen an Treibstoff „explosionsartig" verbrannt. Wenn die Luftzufuhr und die Treibstoffzufuhr nicht richtig aufeinander abgestimmt sind, kann es zu einem „zu mageren Gemisch" kommen. Erkläre mögliche Folgen.

B5 Die Raumfähre „Challenger" startete 1983 zu ihrem Erstflug ins Weltall

B6 Bestimmung der Explosionsgrenzen

10.10 Exkurs Staubexplosionen

B1 Holzstaubexplosion

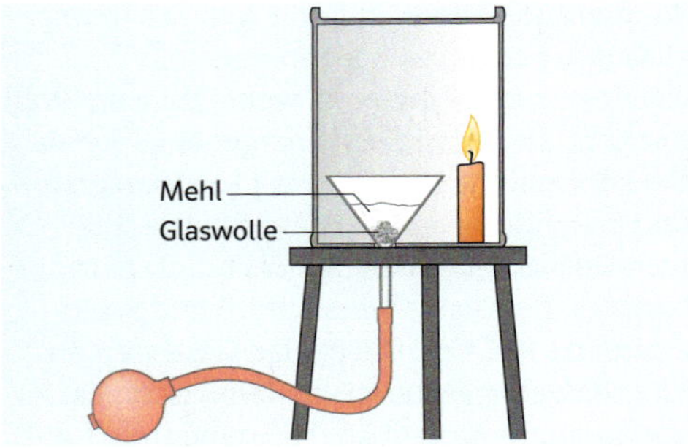

B2 Versuchsaufbau zur Mehlstaubexplosion

Mehlstaubexplosionen. Versucht man Mehl, das sich in einer Porzellanschale befindet, mit dem Brenner zu entzünden, so gelingt das nur schwer [V1]. Die Zündtemperatur des Mehles ist sehr hoch. Bei Roggenmehl beträgt sie z. B. 500 °C. Wird dagegen Mehlstaub in eine Kerzenflamme geblasen [V2, B2], so kommt es aufgrund der feinen Verteilung des Mehls zu einer kräftigen Verbrennung, die mit einem Knall verbunden ist. Man spricht von der Mehlstaubexplosion.

Mehlstaubexplosionen haben in Getreidemühlen schon oft zu tragischen Unfällen geführt. Die größte Explosion ereignete sich in der Bundesrepublik Deutschland 1979 in einer Mühle in Bremen [B3]. Die Bilanz waren 14 Tote, 17 Verletzte und ein Sachschaden von über 50 Millionen Euro. Nach der ersten Explosion wirbelte deren Druckwelle neuen Mehlstaub auf, der wiederum explodierte. Auch diese Explosion hatte eine nächste zur Folge. So wurde eine ganze Kettenreaktion ausgelöst.

B3 Zerstörte Bremer Rolandmühle 1979

Staubexplosionen. Solche Explosionen sind nicht nur auf Mehlstaub beschränkt. Auch Substanzen wie Kaffee, Kakao, Stärke, Kohle, Aluminium, Eisen oder Magnesium können in fein verteilter Form explodieren. Aber nur die richtige Mischung von Staub und Luft ist explosiv. Eine Explosion kann natürlich nur ausgelöst werden, wenn eine Zündquelle vorhanden ist. Dabei muss aber nicht immer Feuer im Spiel sein. Auch ein elektrischer Funken reicht aus, um eine Staubexplosion auszulösen. Durch Herausziehen eines Steckers aus der Steckdose entsteht z. B. ein elektrischer Funke. In einer Mühle stellt schon eine Mehlschicht von wenigen Millimetern Dicke eine Gefahr dar, weshalb dort Sauberkeit der beste Explosionsschutz ist.

V1 (Abzug!) In eine Porzellanschale gibt man Mehl und richtet die Flamme des Brenners auf das Material.

V2 Vorsicht! Schutzbrille! Abstand halten! Schutzscheibe!
Eine große Blechbüchse (3 Liter), die ein Loch in ihrem Boden aufweist, wird auf einen Dreifuß gestellt [B2]. Durch ihre Bodenöffnung wird ein passender Trichter geführt und dessen Spitze mit einem Gummischlauch mit Gebläse verbunden. Außerdem gibt man in den Trichter etwas Glaswolle, damit das Mehl nicht in den Gummischlauch rutschen kann. Der Trichter wird zur Hälfte mit Mehl gefüllt, das über Nacht bei 100 °C getrocknet wurde. Die Kerzenflamme muss mit dem Trichterrand etwa auf einer Höhe sein. Sie wird nun entzündet. Jetzt wird der Deckel auf die Blechdose gesetzt und Luft durch das Gummigebläse in die Blechbüchse gepresst, wobei der Mehlstaub in die Kerzenflamme geblasen wird. Achtung! Den Mund wegen des Druckanstiegs offen halten! Beim Abbau der Apparatur mit Staubrückständen rechnen! Brennbare Gegenstände aus der Umgebung entfernen! Niemals reinen Sauerstoff einblasen!

A1 Versucht man, einen Fett- oder Ölbrand mit Wasser zu löschen, führt dies zu einer Explosion. Erkläre.

10.11 Exkurs Alfred Nobel und das Dynamit

B1 Sprengung mit Dynamit

ALFRED BERNHARD NOBEL (1833–1896) [B2] war ein schwedischer Chemiker, Erfinder und Unternehmer. Außerdem wurde das Element Nobelium (No) nach ihm benannt. Neben den Nobelpreisen ist er heute vor allem für die Erfindung des Dynamits [B1], des bedeutendsten Sprengstoffs seiner Zeit, bekannt.

Nitroglycerin. Der Sprengstoff Nitroglycerin [B3] wurde bereits 1847 vom italienischen Chemiker ASCANIO SOBRERO hergestellt.
Er zerfällt nach der Zündung in einer stark exothermen Reaktion nach folgender Reaktionsgleichung:

$$4\,C_3H_5N_3O_9 \longrightarrow 12\,CO_2 + 10\,H_2O + 5\,N_2 + 2\,NO$$

Der entscheidende Nachteil von Nitroglycerin besteht in der extremen Empfindlichkeit gegenüber Hitze und Erschütterungen. NOBEL hatte sich daher in den Kopf gesetzt, das Nitroglycerin durch geeignete Zusatzstoffe handhabungssicherer zu machen um es so in der Technik verwenden zu können. Die Unberechenbarkeit des Stoffes bekam 1864 ganz Stockholm zu spüren, als sein Labor explodierte. Vier Arbeiter und sein Bruder Emil verloren bei dem Unglück das Leben.

Dynamit. Nach zahlreichen weiteren Misserfolgen entdeckte NOBEL, dass Nitroglycerin von Kieselgur aufgesaugt werden kann und in dieser Form deutlich unempfindlicher gegen Erschütterung ist. Die gefundene Mischung aus Nitroglycerin, Kieselgur und Natriumcarbonat ließ er sich 1867 unter dem Namen Dynamit patentieren.
Natriumcarbonat trägt ebenfalls dazu bei, den Sprengstoff zu stabilisieren. Der eigentliche Sprengstoff explodiert in der Dynamitstange erst dann, wenn über die Zündschnur eine enthaltene Zündkapsel zur Explosion gebracht wird.

Mit dem Dynamit hatte NOBEL den ersten Sprengstoff erfunden, der handhabungssicher und zugleich wesentlich stärker als Schwarzpulver war. Es wurde mehrere Jahrzehnte vor allem im Bergbau oder in Steinbrüchen verwendet, bis es von anderen Sprengstoffen abgelöst wurde, die billiger und noch handhabungssicherer waren. NOBEL besaß über 90 Dynamit-Fabriken in aller Welt.

Der Nobelpreis. In seinem Testament verfügte Nobel, dass aus einem Vermögen jährlich fünf Preise für wissenschaftlich herausragende Leistungen gestiftet werden sollen. Seit 1901 werden daher der Friedensnobelpreis sowie die Nobelpreise für Chemie, Physik, Physiologie oder Medizin und Literatur verliehen. Später kam noch der von der schwedischen Reichsbank gestiftete Nobel-Gedenkpreis für Wirtschaftswissenschaften hinzu. Das Preisgeld beträgt seit 2012 jeweils 8 Millionen Schwedische Kronen (ca. 900 000 €).

A1 Zu den Deutschen, denen der Nobelpreis in Chemie verliehen wurde, gehören GERHARD ERTL (2007) und STEFAN HELL (2014). Recherchiere, für welche Leistungen ihnen der Nobelpreis verliehen wurde.

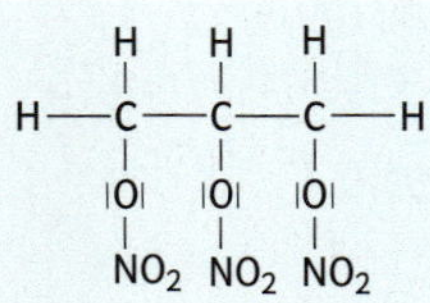

B3 Halbstrukturformel von Nitroglycerin

B2 ALFRED NOBEL (1833–1896)

Kieselgur pulverförmige Substanz (überwiegend SiO_2 – also Silicumdioxid), die hauptsächlich aus den Schalen fossiler Kieselalgen besteht

Dynamit von griech. dynamis, Kraft

10.12 Exkurs Vergleich verschiedener Sprengstoffe

1 Joule (J) entspricht ungefähr der Energie, die nötig ist, um eine Tafel Schokolade 1 m hochzuheben

Normbedingungen
Temperatur: 0 °C
Druck: 1013 hPa

Heizwert Bei der Verbrennung eines Brennstoffs maximal nutzbare Wärmemenge

Der Index n bei V_{mn} steht für „Normbedingungen" und ist nicht mit dem kursiven „*n*" für Stoffmenge zu verwechseln

B1 Sprengung in einem Wohngebiet

Sprengstoffe werden u. a. im Bergbau oder zur Sprengung von Gebäuden [B1] verwendet. Der optimale Sprengstoff und die eingesetzte Menge sind vom Einsatzzweck und von den Eigenschaften des Sprengstoffs abhängig.

Kenndaten von Sprengstoffen. Das Wirkprinzip von Sprengstoffen besteht darin, dass innerhalb sehr kurzer Zeit eine große Menge an Energie abgegeben wird. Bei der Reaktion bildet sich eine große Menge an Gas. Dadurch kommt es zu einer Druckwelle, welche mit einer Hitzeentwicklung verbunden ist. Bei der Auswahl eines Sprengstoffs müssen mehrere Eigenschaften betrachtet werden [B2].

Die Detonationsgeschwindigkeit gibt an, wie schnell sich die chemische Reaktion im Sprengstoff fortbewegt. Sie ist ein Maß dafür, wie rasch sich ein Sprengstoff zersetzt.

Schwadenvolumen. Das Volumen eines Gases bei *Normbedingungen* wird als Normvolumen bezeichnet. Der Quotient aus dem Normvolumen der bei einer Explosion entstehenden Gase und der Masse des Sprengstoffs wird Schwadenvolumen des Sprengstoffs genannt. Dabei muss man beachten, dass aufgrund der Hitzeentwicklung in der Regel alle Reaktionsprodukte, insbesondere gebildetes Wasser, gasförmig vorliegen. Das Schwadenvolumen erhält man durch formale Umrechnung auf Normbedingungen.

Molares Volumen. Interessanterweise hat eine bestimmte Stoffmenge *n* eines Gases näherungsweise immer das gleiche Volumen *V*, egal um welches Gas es sich handelt. Unterschiedliche Schwadenvolumina gibt es also nur deshalb, weil die Stoffmenge der bei der Explosion entstandenen Gase unterschiedlich ist. Es ist unerheblich, welche Gase entstehen. Der Quotient aus Volumen und Stoffmenge einer Gasportion wird **molares Volumen V_m** genannt.

$V_m = V/n$ Einheit: Liter/Mol (Zeichen: l/mol)

Bei *Normbedingungen* ist das molare Volumen von Gasen: V_{mn} (0 °C, 1013 hPa) = 22,4 l/mol

Bei *Zimmertemperatur* und einem Druck, der nicht weit vom Normdruck abweicht, rechnet man mit dem Wert
V_m (20 °C, 1013 hPa) = 24,1 l/mol

	Schwadenvolumen in l/kg	Detonationsgeschwindigkeit in m/s	Spezifische Explosionswärme in kJ/kg	Schlagempfindlichkeit in J
Bleiazid	308	5180	1540	2,5–4
Triacetonperoxid (TATP)	–	5300	–	0,3
Nitroglycerin	780	7600	6670	0,2
Trinitrotoluol (TNT)	975	6900	3730	15,0
Nitropenta	820	8400	6400	3,0
Hexogen	920	8750	5720	7,5
Oktogen	920	9100	5680	7,5

B2 Kenndaten einiger Sprengstoffe (ungefähre Werte)

Spezifische Explosionswärme. Die Wärmemenge, die beim explosiven Zerfall eines Sprengstoffes freigesetzt wird, nennt man spezifische Explosionswärme. Spezifische Explosionswärmen sind im Vergleich zum *Heizwert* von Brennstoffen (s. Kap. 3.19, B1) eher gering. So sind die Heizwerte von Steinkohle (ca. 30 MJ/kg) oder Benzin (ca. 40 MJ/kg) deutlich größer als die spezifischen Explosionswärmen von Sprengstoffen [B2]. Die spezifische Explosionswärme alleine kann also nicht als Indikator für die Gefährlichkeit eines Sprengstoffs dienen und ist allenfalls zum Vergleich von Sprengstoffen geeignet.

Empfindlichkeit. Verschiedene Sprengstoffe sind unterschiedlich empfindlich gegenüber Reibung, Stoß, Schlag oder Erhitzen. Diese Daten sind wichtig, um einen Sprengstoff sicher lagern, transportieren und handhaben zu können. Je nach Empfindlichkeit wird zwischen **Initialsprengstoffen** und **Sekundärsprengstoffen** unterschieden.

A1 Rechne die spezifischen Explosionswärmen (Einheit: kJ/g) der Sprengstoffe in B2 in die molaren Expolsionswärmen (Einheit: kJ/mol) um und erstelle eine Rangfolge. Die Summenformeln der Sprengstoffe sind in Klammern angegeben:
Bleiazid (PbN_6), Triacetonperoxid ($C_9H_{18}O_6$), Nitroglycerin ($C_3H_5N_3O_9$), Trinitrotoluol ($C_7H_5N_3O_6$), Nitropenta ($C_5H_8N_4O_{12}$), Hexogen ($C_3H_6N_6O_6$), Oktogen ($C_4H_8N_8O_8$).

A2 Warum verwendet man bei einer Sprengung nicht direkt große Mengen eines Initialsprengstoffes wie Bleiazid statt einer Kombination aus Initialsprengstoff und Sekundärsprengstoff? Begründe.

A3 Berechne jeweils das Volumen bei Normdruck und 20 °C:
a) $n(N_2) = 3\,mol$,
b) m(Sauerstoff) = 64 g.

A4 Informiere dich über die Aufgabengebiete von Sprengmeistern. Nenne einige Kenntnisse, die man haben muss, um diesen Beruf ausüben zu können.

In einer Sprengladung wird eine kleine Menge eines hochempfindlichen Initialsprengstoffs (z. B. Bleiazid) in eine Sprengkapsel [B3] verpackt. Diese wird mit einer großen Menge eines weniger empfindlichen Sekundärsprengstoffs (z. B. Hexogen) kombiniert. Zündet man die Sprengkapsel, führt dies indirekt auch zur Detonation des Sekundärsprengstoffs. Durch geeignete Zusätze kann die Empfindlichkeit einzelner Sprengstoffe herabgesetzt werden. Dies bezeichnet man als **phlegmatisieren**.

Praktische Bedeutung verschiedener Sprengstoffe. *Bleiazid* ist heute der bedeutendste Initialsprengstoff. Es ist nicht zu schlagempfindlich und hat eine ausreichende Stabilität gegenüber höheren Temperaturen und Feuchtigkeit. Dadurch ist eine sichere Handhabung weitestgehend gewährleistet. Auch *Nitroglycerin* kann als Initialsprengstoff verwendet werden. Aufgrund seiner Brisanz ist Nitroglycerin allerdings in Form seiner Zubereitungen *Sprenggelatine* und *Dynamit* (Kap. 10.11) gebräuchlicher. *Triacetonperoxid* (*TATP*) wäre zwar grundsätzlich als Initialsprengstoff geeignet, hat wegen seiner extremen Schlagempfindlichkeit und Flüchtigkeit jedoch keine praktische Bedeutung. *Trinitrotoluol* (*TNT*) wird sowohl im militärischen wie auch im zivilen Bereich verwendet. In Mischungen gilt es aufgrund seiner relativen Unempfindlichkeit als Sicherheitssprengstoff und kann durch Hitze oder Brand alleine nicht zur Explosion gebracht werden. Eine Initialzündung ist zwingend erforderlich. Bei **Plastiksprengstoffen** [B4] oder plastischen Sprengstoffen handelt es sich um verformbare Sprengstoffe. Sie sind sehr handhabungssicher, aber auch sehr teuer und werden daher hauptsächlich im militärischen Bereich verwendet. Der Hauptbestandteil von C4, dem bekanntesten Plastiksprengstoff, ist *Hexogen*. Auch *Nitropenta* [B5] kann als Bestandteil von Plastiksprengstoffen benutzt werden. Plastiksprengstoffe können wegen ihrer Zusammensetzung nur schwer von Sprengstoffsuchgeräten aufgespürt werden. Deshalb werden sie bei ihrer Herstellung durch Duftstoffe oder Metallspäne markiert, um einen Missbrauch zu erschweren. Nitropenta wird auch in *Sprengschnüren* eingesetzt.

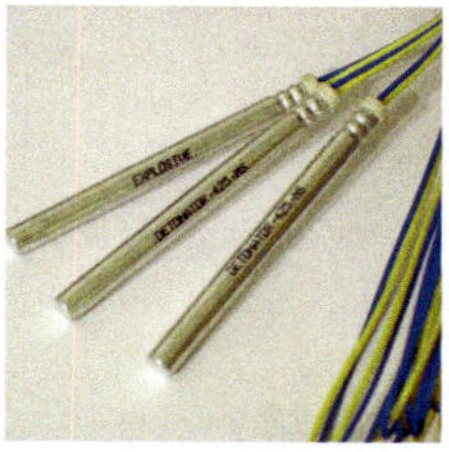

B3 Moderne Sprengkapseln

B4 Plastiksprengstoff

B5 Nitropenta

Nitropenta auch Glycerinnitrat genannt, ist zudem ein medizinischer Wirkstoff, welcher gefäßerweiternd wirkt. Er wird bei Angina pectoris, einer Herzerkrankung, eingesetzt

10.13 Sprengstoffklassen

Nitramine:
$-\bar{N}-\bar{N}O_2$

Salpetersäureester:
$-\bar{O}-\bar{N}O_2$

Nitroverbindungen:
$-C-\bar{N}O_2$

Peroxide:
$-\bar{O}-\bar{O}-$

anorganische Azide:
enthalten N_3^--Ionen

B1 Sprengstoffklassen und strukturelle Merkmale

Nitroglycerin ist also keine Nitroverbindung, sondern ein Salpetersäureester!

Sprengstoffe sind Verbindungen, die nach der Zündung innerhalb sehr kurzer Zeit eine große Menge an Energie abgeben. Dabei bilden sich gasförmige Reaktionsprodukte. Anhand des Aufbaus ihrer Moleküle lässt sich erklären, warum sich manche Stoffe als Sprengstoffe eignen und andere nicht.

Bei der Reaktion eines Sprengstoffs laufen viele verschiedene Reaktionen ab. Je nach Reaktionsbedingungen, z. B. der Verdichtung des Sprengstoffs, ist der Anteil der Produkte unterschiedlich. Eine mögliche Reaktionsgleichung der Reaktion von Trinitrotoluol (TNT) sieht beispielsweise wie folgt aus:

$$2\,C_7H_5N_3O_6(s) \longrightarrow 6\,CO(g) + 2\,CO_2(g) + 6\,C(s) + 3\,H_2(g) + 2\,H_2O(g) + 3\,N_2(g)$$

Allgemein ist es für die rasche Reaktion eines Sprengstoffs wichtig, dass im Molekül instabile Bindungen oder leicht als Gasmoleküle abspaltbare Atomgruppierungen enthalten sind. Dann wird der hohe Energiegehalt des Stoffes schlagartig freigesetzt.

Sprengstoffe gehören zu den Explosivstoffen. Es sind energiereiche Verbindungen, bei deren Reaktion in sehr kurzer Zeit eine große Menge gasförmiger Produkte entsteht und viel Energie abgegeben wird.

Häufig sind im Molekül auch Sauerstoff-Atome enthalten. Diese können mit oxidierbaren Atomen wie Kohlenstoff-Atomen oder Wasserstoff-Atomen reagieren. So kann die nutzbare Energie erhöht werden, ohne dass für ihre Oxidation zusätzlicher Sauerstoff aus der Luft notwendig wäre. Aus diesem Grund werden manchen Sprengstoffen auch sauerstoffreiche Verbindungen wie Ammoniumnitrat (NH_4NO_3) zugesetzt. Man spricht dann von einem *Mischsprengstoff*.

Zusammensetzung der Verbindungen. Je nachdem, welche leicht abspaltbaren Atomgruppierungen oder instabilen Bindungen in den Molekülen eines Sprengstoffs vorkommen, kann man diesen einer bestimmten Stoffklasse zuordnen [B1, B2]. Viele dieser Klassen enthalten Atomgruppierungen, bei denen zwei Sauerstoff-Atome an ein Stickstoff-Atom gebunden sind. Der Stickstoff kann bei der Reaktion als elementarer Stoff (N_2) oder in Form von Stickstoffdioxid (NO_2) abgespalten werden und die übrig gebliebenen Sauerstoff-Atome stehen für die Oxidation des Molekülrests zur Verfügung. Ist das die Sauerstoff-Atome tragende Stickstoff-Atom an ein weiteres Stickstoff-Atom gebunden, spricht man von der Stoffklasse der **Nitramine** [B2]. Ist das Stickstoff-Atom über ein Sauerstoff-Atom mit dem Molekülrest verbunden, handelt

Nitramine	Salpetersäureester	Nitroverbindungen	Peroxide
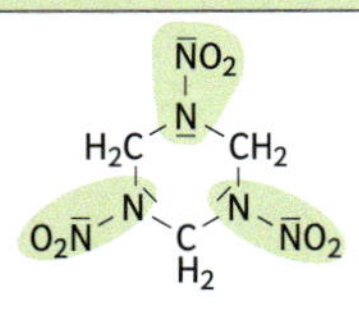	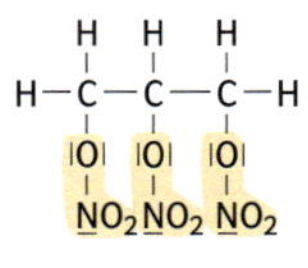	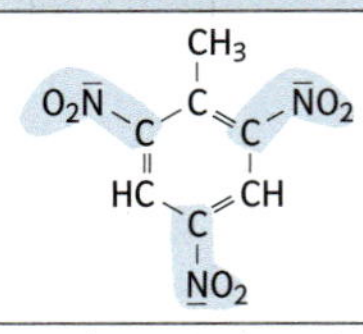	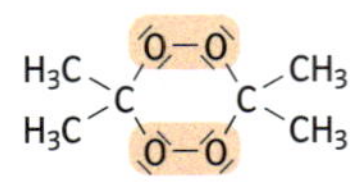
Hexogen	Nitroglycerin	TNT (1,3,5-Trinitrotoluol)	Diacetonperoxid
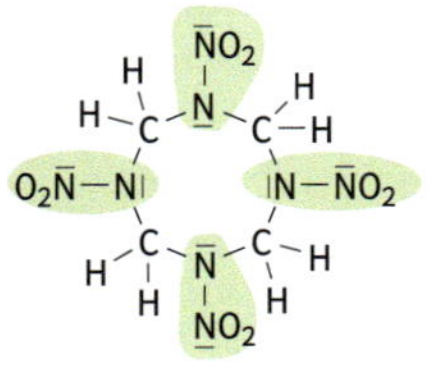	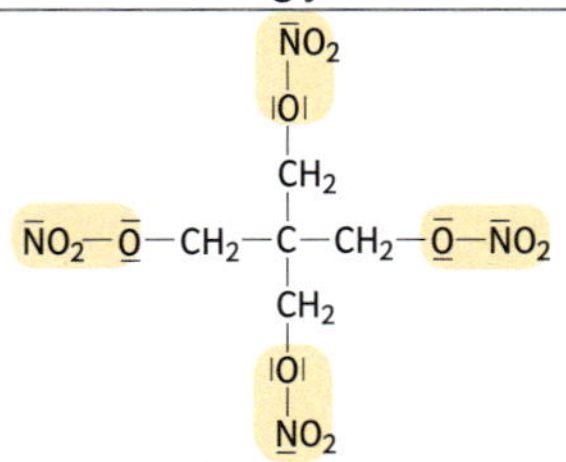	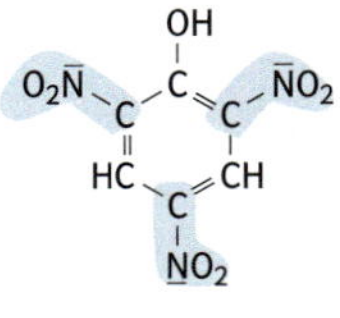	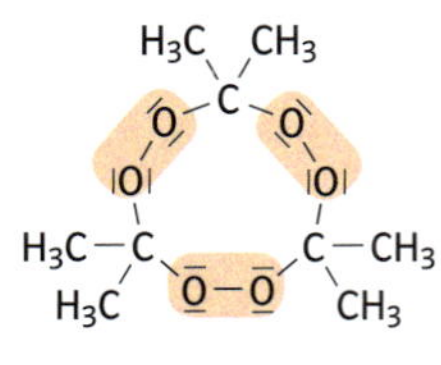
Oktogen	Nitropenta	Pikrinsäure	Triacetonperoxid

B2 Klassen von Sprengstoffen

es sich bei dem Sprengstoff um einen **Salpetersäureester**. Ist es direkt mit einem Kohlenstoff-Atom des Molekülrests verbunden, gehört er zu den **Nitroverbindungen**.
Sprengstoffe aus der Klasse der **Peroxide** dagegen enthalten in der Regel keine Stickstoff-Atome. Ihre Explosivität beruht auf der instabilen O-O-Bindung. Zerbricht diese Bindung, ermöglicht der Sauerstoff die Oxidation des Molekülrests. Dabei entstehen gasförmige Produkte.
Einen Sonderfall stellt die Klasse der **anorganischen Azide** dar. Diese enthalten überhaupt keine Sauerstoff-Atome. Stattdessen entsteht elementarer Stickstoff. Aufgrund der sich bildenden N-N-Dreifachbindung wird dabei ein großer Energiebetrag frei. Das Salz Bleiazid besteht aus Pb^{2+}-Ionen sowie N_3^--Ionen und zerfällt gemäß folgender Reaktionsgleichung:

$$Pb(N_3)_2\,(s) \longrightarrow Pb(g) + 3\,N_2(g).$$

Die Explosionstemperatur ist dabei so hoch, dass das Blei verdampft.

A1 Gib eine Reaktionsgleichung an, die die Zersetzung von Pikrinsäure ($C_6H_3N_3O_7$) zu Kohlenstoffmonooxid, Kohlenstoffdioxid, Kohlenstoff, Wasser und Stickstoff beschreibt.

A2 Nenne jeweils die Klasse von Sprengstoffen, zu der folgende Verbindungen gehören:

a)
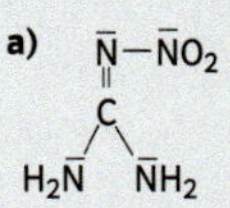
Nitroguanidin

c)
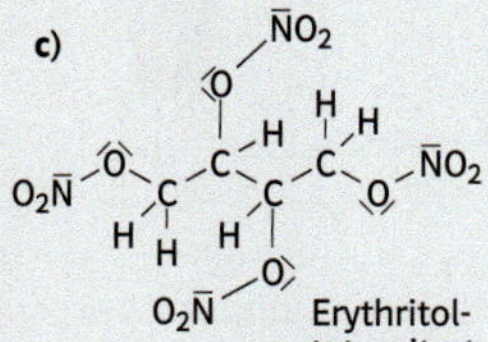
Erythritoltetranitrat

b)
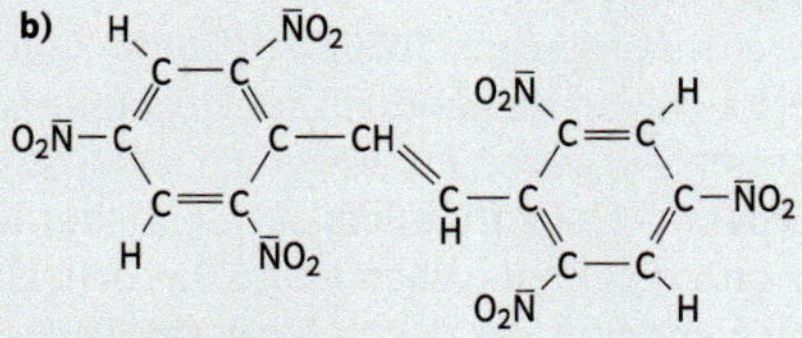
Hexanitrostilben

Exkurs Berechnung des Schwadenvolumens

Das Schwadenvolumen (Kap. 10.12) lässt sich mithilfe folgender Formel berechnen:

$$V = \frac{22{,}4\,\text{l/mol} \cdot n(\text{Gas})}{m(\text{Sprengstoff})}$$

V: Schwadenvolumen in l
n(Gas): Stoffmenge aller gasförmigen Detonationsprodukte

Beispielrechnung: Explosion von 1 kg Bleiazid
Berechnung der molaren Masse M von Bleiazid
$M(Pb(N_3)_2) = 207{,}2\,\text{g/mol} + 6 \cdot 14\,\text{g/mol}$
$= 291{,}2\,\text{g/mol}$

Gegeben: m(Bleiazid) = 1 kg
Welcher Stoffmenge n entspricht 1 kg Bleiazid?

$$M = \frac{m}{n} \longleftrightarrow n = \frac{m}{M}$$

$$n = (Pb(N_3)_2) = \frac{1000\,\text{g}}{291{,}2\,\text{g} \cdot \text{mol}^{-1}} = 3{,}43\,\text{mol}$$

Berechnung der Stoffmenge n, der gasförmigen Produkte

$Pb(N_3)_2(s)$	$\longrightarrow$	$Pb(g)$	+	$3\,N_2(g)$
1 mol		1 mol		3 mol
3,43 mol		3,43 mol		10,3 mol

$n(\text{Gas}) = n(Pb) + n(N_2) = 3{,}43\,\text{mol} + 10{,}3\,\text{mol}$
$= 13{,}7\,\text{mol}$

Berechnung des Schwadenvolumens von Bleiazid

$$V = 22{,}4\,\frac{\text{l}}{\text{mol}} \cdot \frac{13{,}7\,\text{mol}}{1\,\text{kg}} \approx 307\,\frac{\text{l}}{\text{kg}}$$

A3 **a)** Vereinfacht reagiert Oktogen ($C_4H_8N_8O_8$) bei der Explosion zu Kohlenstoffmonooxid, Stickstoff und Wasser. Gib die Reaktionsgleichung an.
b) Berechne das Schwadenvolumen von Oktogen auf der Grundlage der Reaktionsgleichung aus a).
c) Vergleiche mit dem Literaturwert in Kap. 10.12, B2.

10.14 Exkurs Schwarzpulver und Feuerwerk

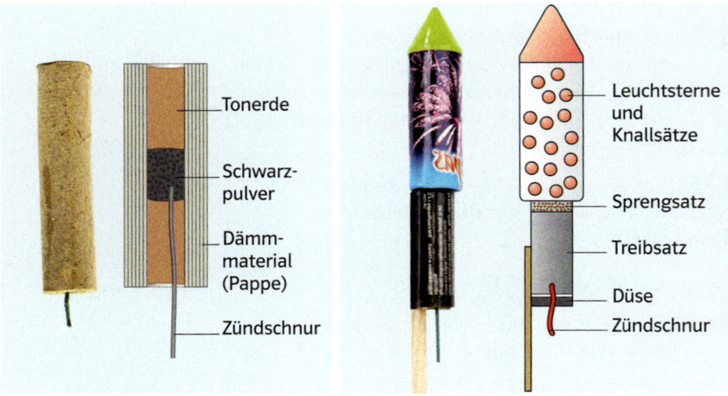

B1 Aufbau eines Chinaböllers (links), Aufbau einer Feuerwerksrakete (rechts)

B3 Feuerwerk

Bereits um das Jahr 1050 berichteten China-Reisende von fliegenden Feuern und Knallbonbons. In Europa tauchten Feuerwerkskörper im 13. Jahrhundert auf. Seit jeher ist ihr grundlegender Bestandteil das Schwarzpulver. Damals wie heute führt das Abbrennen von Feuerwerkskörpern immer wieder zu erheblichen Verletzungen, weil Gebrauchsanweisungen nicht befolgt oder nicht zugelassene Feuerwerkskörper verwendet werden.

B2 Schwarzpulver

Schwarzpulver [B2] war der erste Sprengstoff. Heute wird es nicht mehr für Sprengungen verwendet, da seine Sprengkraft zu deutlich hinter der moderner Sprengstoffe zurücksteht. Nach der Zündung erfolgt nur eine mäßige Explosion. Auch als Schießpulver wird es nur noch in Treibladungen von antiquarischen Waffen benutzt. Die Mischung aus ungefähr 75 % Kaliumnitrat, 10 % Schwefel und 15 % Kohlenstoff verbrennt in einer Vielzahl von Reaktionen. Unter anderem entstehen die gasförmigen Stoffe Stickstoff, Kohlenstoffdioxid und Kohlenstoffmonooxid. Die Verbrennung ist aufgrund des Sauerstofflieferanten Kaliumnitrat unabhängig von Luftsauerstoff.

Chinaböller [B1, links] sind nur zu einem geringen Teil mit Schwarzpulver gefüllt. Bei ihnen muss vor allem auf eine gute Verdämmung geachtet werden. Dann brennt das Schwarzpulver nicht nur ab, sondern es baut sich ein großer Druck auf, der die Hülle schließlich mit einem lauten Knall zum Platzen bringt.

In Feuerwerksraketen [B1, rechts] spielt Schwarzpulver sogar eine mehrfache Rolle. Bei der Zündschnur handelt es sich um einen Faden, auf den zuerst Schwarzpulver aufgetragen wird. Zum Schutz vor Feuchtigkeit wird die Zündschnur im Anschluss lackiert. Im Treibsatz brennt eine eher grobkörnige Schwarzpulvermischung mit erhöhtem Kohlenstoffanteil vergleichsweise langsam und gleichmäßig ab. Die Rakete wird so durch das *Rückstoßprinzip* in die Luft getragen. Die Explosion des Schwarzpulvers im Sprengsatz sorgt dafür, dass die Füllung der Rakete am Himmel verteilt wird. Er wird daher auch als *Zerlegersatz* bezeichnet. Zum Erzeugen von sehr hellen oder farbigen Funken werden Magnesium oder geeignete Salze in den Leuchtsternen verwendet (s. Kap 2.9).

A1 Erkläre, wie man die Rezeptur von Schwarzpulver abwandeln muss, um farbige Flammeneffekte zu erhalten.

A2 Erkläre, weshalb bei einer Feuerwerksrakete der Treibsatz ein anderes Abbrandverhalten als der Sprengsatz zeigt.

A3 Erläutere die Gefahren beim Verwenden von selbst gebauten Feuerwerkskörpern.

10.15 Durchblick Zusammenfassung und Übung

Gefahrstoffe
Gefahrstoffe sind Stoffe, von denen bei unsachgemäßem Umgang Gefahren ausgehen. Sie gefährden z. B. die Gesundheit oder die Umwelt oder sind ätzend, brennbar oder explosiv. Durch einen **verantwortungsvollen Umgang** werden Schäden an Lebewesen, Gegenständen oder der Umwelt vermieden.

Gefahrstoffkennzeichnung
Etiketten von Gefahrstoffen nach dem GHS (Globally Harmonized System) bestehen aus folgenden Elementen:
- **Gefahrenpiktogramme** [B1]
- **Signalwort** („Achtung" oder „Gefahr")
- Gefahrenhinweise (**H-Sätze**)
- Sicherheitshinweise (**P-Sätze**)

Giftstoffe
Stoffe, die Lebewesen schädigen können, bezeichnet man als Giftstoffe. Sie wirken, indem sie in den Stoffwechsel oder das Nervensystem eingreifen. Ihre Wirkung ist stets dosisabhängig. Akute Vergiftungen erleidet man bei der Aufnahme größerer Mengen eines Giftstoffes in kurzer Zeit. Bei einer lang andauernden Aufnahme geringer Mengen eines Giftstoffes spricht man von einer chronischen Vergiftung.

LD_{50}-Wert
Dosis eines Giftstoffes, bei der 50 % aller Versuchstiere sterben, wenn sie die Stoffportion auf einmal aufnehmen.

AGW (Arbeitsplatzgrenzwert)
Durchschnittliche Konzentration eines Giftstoffes in der Luft, bei der keine Schädigung der Gesundheit zu erwarten ist, wenn man dem Stoff während eines Arbeitslebens täglich 8 Stunden ausgesetzt ist (gesetzlicher Grenzwert).

BGW (Biologischer Grenzwert)
Maximal zulässige Konzentration eines Giftstoffes oder seiner Abbauprodukte im Körper, bei der keine Schädigung der Gesundheit zu erwarten ist, auch wenn man dem Stoff beruflich dauerhaft ausgesetzt ist (gesetzlicher Grenzwert).

Pestizide in der Nahrungskette
Pestizide werden durch die Produzenten aufgenommen. Die Primärkonsumenten – also Pflanzenfresser – nehmen diese zu sich. Über den Primärkonsumenten gelangen die Pestizide so zu Sekundär- und Tertiärkonsumenten. Da der Mensch ein Teil der Nahrungskette ist, reichern sich auch in menschlichem Gewebe Pestizide an.

Explosivstoffe
Werden brennbare Gase, Dämpfe oder Stäube mit Luft vermischt, können die entsprechenden Stoffe schlagartig mit dem Sauerstoff der Luft reagieren. Man spricht dann von einer Explosion. Explosivstoffe sind energiereiche Verbindungen, bei deren Reaktion in sehr kurzer Zeit eine große Menge gasförmiger Produkte entsteht. Dabei wird in sehr kurzer Zeit sehr viel Energie abgegeben.

Explosionsgrenzen
In einer explosionsfähigen Atmosphäre ist der Anteil des Explosivstoffs im Explosivstoff-Luft-Gemisch weder zu gering noch zu hoch. Er liegt zwischen der unteren und der oberen Explosionsgrenze.

Sprengstoffe
Sprengstoffe setzen bei Zündung innerhalb sehr kurzer Zeit eine große Menge an Energie in Form einer Druckwelle frei.
Beispiele sind: Bleiazid, Nitroglycerin, Dynamit und Trinitrotoluol (TNT).
Je nach Empfindlichkeit unterscheidet man zwischen Initialsprengstoffen und Sekundärsprengstoffen.

Struktur von Sprengstoffen
Sprengstoffe weisen leicht abspaltbare Gruppen oder instabile Bindungen im Molekül auf. So können sie schlagartig reagieren. Oft enthalten die Moleküle gebundene Sauerstoff-Atome und Wasserstoff-Atome. Sprengstoffe benötigen dann zur Explosion keinen weiteren Sauerstoff z. B. aus der Luft. Viele Sprengstoffe kann man in eine der in B2 dargestellten Klassen einordnen.

B1 Gefahrenpiktogramme

Nitramine:
$-\overline{N}-NO_2$

Salpetersäureester:
$-\overline{\underline{O}}-NO_2$

Nitroverbindungen:
$-C-NO_2$

Peroxide:
$-\overline{\underline{O}}-\overline{\underline{O}}-$

anorganische Azide:
enthalten N_3^--Ionen

B2 Sprengstoffklassen und strukturelle Merkmale

Ein **Fungizid** ist ein Mittel, das gegen Schadpilze eingesetzt wird. In der Landwirtschaft dienen Fungizide als Pflanzenschutzmittel. Fungizide werden aber auch gegen Schimmelpilze in Immobilien eingesetzt

B3 Brennendes Benzol

B4 Feuerwehr im Einsatz

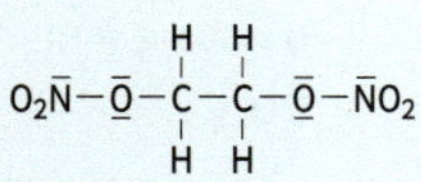

B5 Zu Aufgabe 8; Formel von Glykoldinitrat

A1 Informiere dich über die Verwendung von Benzol [B3] sowie die Gefahren, die von diesem Stoff ausgehen. Recherchiere dazu insbesondere die passenden Gefahrenpiktogramme, die toxikologischen Grenzwerte LD_{50} und AGW sowie die Explosionsgrenzen. Verwende dazu die „Gestis-Stoffdatenbank" im Internet.

A2 Recherchiere die Gefahrstoffkennzeichnung von Natriumhydroxid (insbesondere H-Sätze und P-Sätze).

A3 Recherchiere, inwiefern der Beruf der Feuerwehrfrau bzw. des Feuerwehrmanns [B4] vielfältige Kenntnisse hinsichtlich des Umgangs mit Gefahrstoffen erfordert.

A4 In der Zeitung liest man häufig Berichte über Unfälle. Diese sind oft so geschrieben, dass alle Menschen sie verstehen. Das hat aber zur Folge, dass sie aus naturwissenschaftlicher Sicht teilweise nicht besonders exakt sind. Z. B. werden Details weggelassen oder keine bzw. nicht die richtigen Fachbegriffe verwendet. Manchmal schleicht sich auch ein Fehler ein. Schreibe die Berichte in B6 entsprechend um.

A5 Beurteile den Einsatz von „Kupferoxychlorid" (Dikupfer(II)-chloridtrihydroxid, $Cu_2(OH)_3Cl$) als Fungizid im Rahmen einer Nutzen-/Risiko-Analyse. Benutze das Internet, um Informationen zu recherchieren, die für eine Beurteilung notwendig sind.

A6 Begründe, weshalb man Thallium(I)-sulfat (Tl_2SO_4, LD_{50} (Ratte, oral) = 16 mg/kg) für giftiger als Kaliumcyanid (KCN, LD_{50} (Ratte, oral) = 5 mg/kg) halten kann. Berücksichtige dabei die molaren Massen.

A7 Erkläre, weshalb Nitroglycerin auch Trisalpetersäureglycerinester genannt wird. Gib auch die entsprechende Reaktionsgleichung der Bildung an.

A8 Begründe anhand der Formel von Glykoldinitrat [B5], weshalb dieser Stoff als Sprengstoff verwendet werden kann.

Selbst gebaute Rohrbombe führt zu Verletzungen
Beim Versuch, eine selbstgebaute „Rohrbombe" zu testen, haben sich drei Jugendliche zum Teil schwer verletzt. Dabei mischten sie sich selbst Rohrreiniger-Pulver, schütteten es in eine Flasche und gaben Wasser dazu. Als eine 16-Jährige die Flasche schüttelte, um „die Bombe scharf zu machen", geschah das Unglück. Beim Lösen des Pulvers hatte sich so viel Luft gebildet, dass die Flasche schließlich platzte. Die 16-Jährige erlitt dabei nicht nur Schnittverletzungen.
Wie ihre umstehenden Freunde musste sie aufgrund von Verätzungen durch die umherspritzende giftige Säure ins Krankenhaus eingeliefert werden.

Ungewöhnliche Kontrolle des Benzintanks mit schlimmen Folgen
Ein Autofahrer wollte vor der Heimfahrt kontrollieren, ob er noch genug Benzin im Tank hatte. Weil es mitten in der Nacht und die Tankuhr zudem defekt war, wollte er den Füllstand mithilfe der Flamme eines Feuerzeugs überprüfen. Dies entpuppte sich als keine gute Idee. Sofort brannte das hochsteigende Benzin und der Mann erlitt großflächige Verbrennungen zweiten und dritten Grades an Kopf und Oberkörper.

B6 Mögliche Unfallberichte in der Zeitung

11 Stoffe im Fokus von Umwelt und Klima

Betrachtet man die Erde aus dem Weltraum, erkennt man vor allem Landflächen und Ozeane. Nur die Wolkenformationen weisen auf die vergleichsweise dünne Atmosphäre hin. In ihr spielen sich die Wettervorgänge ab, die das Klima auf der Erde bestimmen. Einen wesentlichen Einfluss auf das Klima hat das Kohlenstoffdioxid, das immer wieder entsteht, aber auch verbraucht wird. Das Element Kohlenstoff ist einem ständigen Kreislauf unterworfen.

Die weitaus größte Menge des Elements Kohlenstoff ist in einem Salz der Kohlensäure gespeichert, dem Calciumcarbonat (Kalk).

Die zunehmende Versauerung der Weltmeere schädigt Tiere mit Kalkskeletten, z. B. Korallen. Was ist die Ursache dafür?

Ein vom Menschen geschaffenes globales Problem ist der zunehmende Treibhauseffekt. Sind die Ausweitung von Trockengebieten sowie häufigere und stärkere Stürme und Unwetter Auswirkungen eines beginnenden Klimawandels?

Um auch späteren Generationen ein Leben auf der Erde zu ermöglichen, müssen heute Maßnahmen zum Schutz der Erdatmosphäre getroffen werden. In Weltkonferenzen werden Abkommen erarbeitet, in denen sich Staaten verpflichten, den Ausstoß umweltschädlicher Stoffe zu verringern. Aber auch jeder Einzelne kann seinen Beitrag leisten.

Surftipp
j9qf5c

11.1 Kohlenstoffkreislauf und Klima

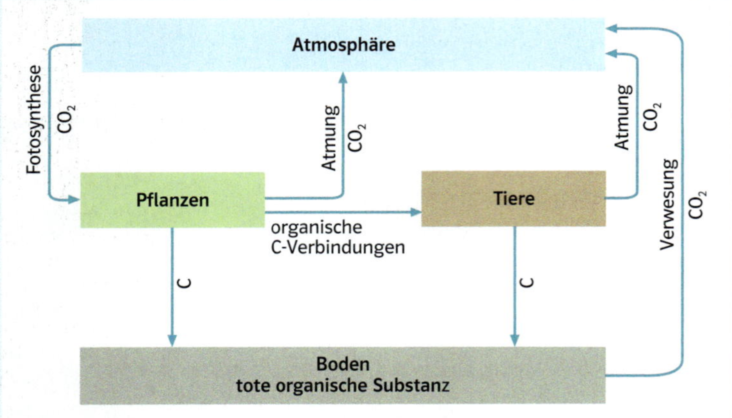

B1 Der Kohlenstoffkreislauf an Land. Die Speicher sind durch Rechtecke, die Flüsse durch Pfeile dargestellt

Atmosphäre gasförmige Hülle oberhalb der Erdoberfläche

Hydrosphäre umfasst alles gasförmige, flüssige oder feste Wasser auf der Erde

Lithosphäre Erdkruste und äußerer Teil des Erdmantels

ppm engl. parts per million, 1 Teil pro Million

Gigatonne 1 Gt = 10^9 t (1 Milliarde Tonnen)

Speicher und Flüsse

Ein Kreislauf besteht aus Speichern und Flüssen, den Verbindungen zwischen den Speichern. Nur 1 % der auf der Erde vorkommenden C-Atome sind im globalen Kreislauf „unterwegs", 99 % befinden sich in den Speichern. Der Kohlenstoffkreislauf kann in Teilkreisläufe aufgeteilt werden. B1 zeigt ein Kreislaufschema des Kohlenstoffs in der Landvegetation.

A1 **a)** Beschreibe die dargestellten Sachverhalte. Wodurch wird der Kreislauf angetrieben? **b)** Stelle zwei Wege eines C-Atoms dar, das von einer Pflanze in Form von CO_2 aufgenommen wird. **c)** Diskutiere Möglichkeiten, wie C-Atome in die Hydrosphäre überwechseln könnten.

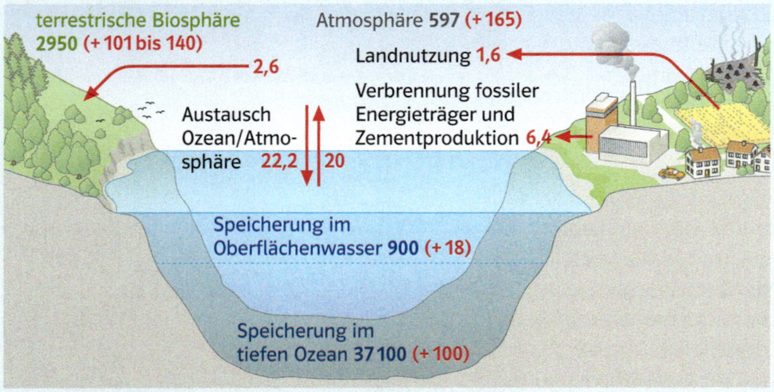

B2 Anthropogene Einflüsse auf den globalen Kohlenstoffkreislauf. Angabe der Speichergrößen in Gt und der Kohlenstoffflüsse in Gt/Jahr

Kohlenstoffaustausch mit der Atmosphäre

Im Sedimentgestein der Lithosphäre sind etwa 99,95 % des Kohlenstoffs gespeichert. Der kleinste Speicher ist die Atmosphäre. Im Gegensatz zur Lithosphäre haben die anderen Kohlenstoffspeicher hohe Austauschraten mit der Atmosphäre.

A2 Erörtere die Konsequenzen, die sich für die Atmosphäre ergeben, wenn der Austausch von Kohlenstoff nicht ausgeglichen ist.

Anstieg der CO_2-Konzentration

Messungen in Eisbohrkernen ergaben, dass die Volumenkonzentration σ (Kap. 6.12) des Kohlenstoffdioxids in der Atmosphäre bis zum Ende des 19. Jahrhunderts unter 300 ppm lag. In den vergangenen 100 Jahren stieg die Volumenkonzentration jedoch auf über 370 ppm [B3].

A3 Ermittle die Ursachen des Anstiegs.

Industrialisierung und Kohlenstoffdioxid

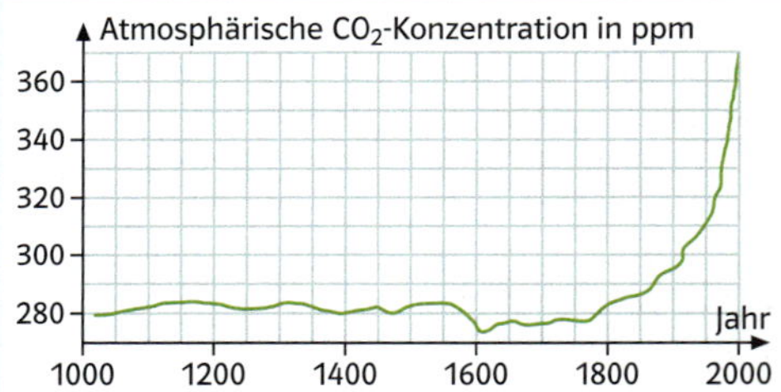

B3 Volumenkonzentration des Kohlenstoffdioxids in der Atmosphäre in den letzten 1000 Jahren

Die durch den Menschen verursachten Emissionen betragen etwa 8,0 Gt Kohlenstoff pro Jahr. Der Kohlenstoffgehalt der Atmosphäre steigt um ca. 3,2 Gt pro Jahr. Seit Beginn der Industrialisierung hat die Atmosphäre rund 165 Gt Kohlenstoff aufgenommen.

A4 Erläutere die in B2 gezeigte Beeinflussung des natürlichen globalen Kohlenstoffkreislaufs durch den Menschen.

Klimaentwicklung

Die grün gezeichnete Kurve in B4 stellt die gemessenen globalen Temperaturänderungen seit 1900 dar. Die rote Kurve ist eine Zusammenfassung von 23 Klimamodellrechnungen, bei denen nur natürliche Einflüsse berücksichtigt wurden. Die vertikalen Balken verdeutlichen die Streuung der Modellrechnungen.

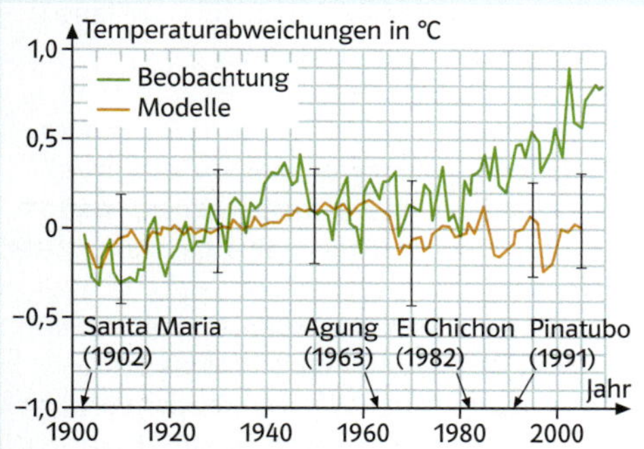

B4 Globale Mitteltemperatur 1900 bis 2010

A5 Betrachte die Entwicklung seit etwa 1980 und deute die Beobachtungen.

A6 Erkläre, wieso es bei den Modellrechnungen Streuungen gibt.

Maßnahmen zur Verringerung von Kohlenstoffdioxid-Emissionen

Die Verantwortung für unseren Planeten tragen wir alle. Deshalb müssen Politiker, Industrielle und Privatpersonen an einem Strang ziehen, um eventuelle Klimaveränderungen und die damit verbundenen Schädigungen der Umwelt so gering wie möglich zu halten.

A7 Viele Firmen, wie Transportunternehmen, bieten ihre Dienstleistungen, oft gegen Aufpreis, „CO_2-neutral" bzw. „klimaneutral" an [B7]. Dann wird ein Teil des Preises dazu verwendet, die Energieeffizienz von Anlagen zu erhöhen, Windenergieanlagen zu fördern o. Ä. Erläutere, wieso man dies „CO_2-neutral" nennt.

A8 Recherchiere zum sog. Emissionsrechtehandel. Beschreibe das Ziel und die zu Grunde liegende Idee.

A9 Wie viel Kohlenstoffdioxid ein Auto emittiert, hängt vom Benzinverbrauch ab.
a) Interpretiere B5.
b) Recherchiere zum Thema „Fahrweise und Benzinverbrauch". Stelle Tipps für eine energiesparende Fahrweise zusammen.

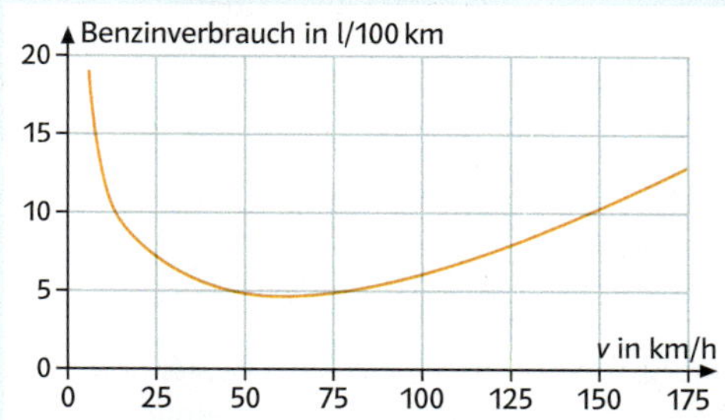

B5 Abhängigkeit des Benzinverbrauchs von der Geschwindigkeit (Modellrechnung)

GOGREEN

B7 Ein Logo für klimaneutralen Versand

Streuung von Modellrechnungen berücksichtigt, wie stark die einzelnen Modellrechnungen vom Durchschnitt aller Modellrechnungen abweichen

Kleine Eiszeit in Europa

Der niederländische Maler Lucas Van Valckenborch malte 1586 dieses Gemälde.

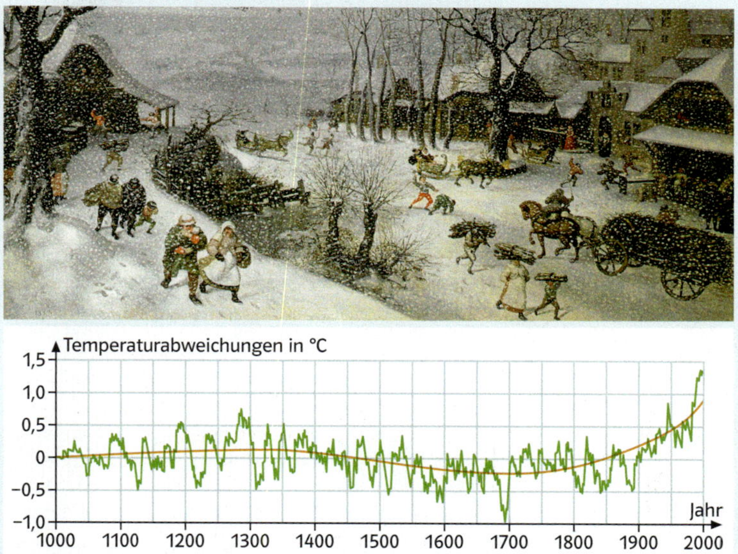

B6 Winterlandschaft von Lucas Van Valckenborch (oben) und Temperaturverlauf in den Jahren 1000 bis 2000 (unten)

A10 Datiere mithilfe von B6 die „Kleine Eiszeit", die Europa während vieler Jahre mit sehr kalten Wintern im Griff hatte.

11.2 Kohlenstoffoxide und Kohlensäure

	Kohlenstoffdioxid	Kohlenstoffmonooxid
Farbe, Geruch	farb-, geruchlos	farb-, geruchlos
Dichte bei 20 °C	1,83 g/l	1,16 g/l
molare Masse	44,0 g/mol	28,0 g/mol
Schmelztemperatur		−204 °C
Siedetemperatur		−192 °C
Sublimationstemperatur	−78 °C	
Löslichkeit in Wasser (20 °C) (0 °C)	 880 ml/l 1710 ml/l	 23 ml/l 33 ml/l

B1 Eigenschaften von Kohlenstoffdioxid und Kohlenstoffmonooxid

Hämoglobin ist der rote Blutfarbstoff

Bei der Verbrennung von Kohlenstoff oder Kohlenstoff-Verbindungen kann neben Kohlenstoffdioxid auch **Kohlenstoffmonooxid** entstehen. Die beiden Oxide unterscheiden sich in ihren Eigenschaften deutlich voneinander [B1]. Im Gegensatz zum Kohlenstoffdioxid ist Kohlenstoffmonooxid äußerst giftig. Ein bedeutender Unterschied besteht im Verhalten gegenüber Wasser. Kohlenstoffdioxid löst sich gut in Wasser und reagiert mit diesem zu einem geringen Teil zu Kohlensäure, deren Salze ganze Gebirge bilden.

Exkurs Entkoffeinierung von Rohkaffee mit Kohlenstoffdioxid

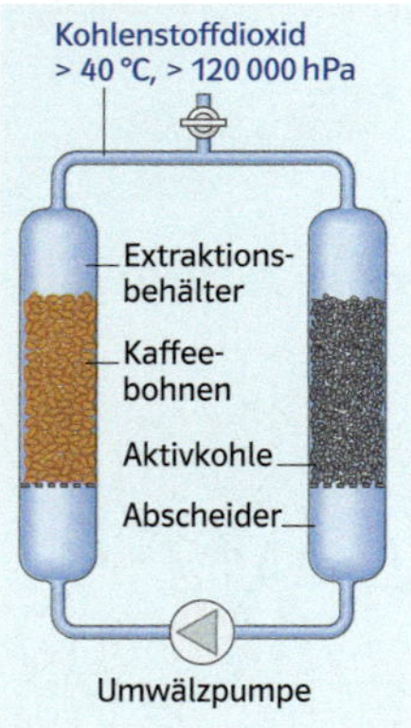

Die grünen Kaffeebohnen werden zunächst mit Wasserdampf auf einen höheren Wassergehalt gebracht. Durch Extraktion mit wassergesättigtem Kohlenstoffdioxid wird die Löslichkeit des Coffeins erhöht und das pflanzliche Gewebe kann im gequollenen Zustand besser von Kohlenstoffdioxid durchdrungen werden. Die Extraktion erfolgt oberhalb von 40 °C und 120 000 hPa. Das gelöste Coffein wird im Abscheider an Aktivkohle adsorbiert. Kohlenstoffdioxid wird so lange im Kreislauf geführt, bis der Rohkaffee einen Rest von weniger als 0,1 % Coffein aufweist. Die Aromastoffe bleiben bei diesem Verfahren im Rohkaffee. Nach der Entnahme werden die grünen Kaffeebohnen getrocknet und in üblicher Weise geröstet.

Kohlenstoffdioxid – Vorkommen und Verwendung. Das Gas entsteht bei der Verbrennung von organischen Brennstoffen. Auch bei der Atmung [V1], Gärung und Zersetzung abgestorbener Organismen wird Kohlenstoffdioxid gebildet. Es ist Bestandteil von vulkanischen Gasen und von Erdgas. Der Volumenanteil von Kohlenstoffdioxid in der Atmosphäre beträgt ca. 0,04 %, in der ausgeatmeten Luft 4 bis 5 %. Pflanzen benötigen zur Fotosynthese Kohlenstoffdioxid.
Hohe Volumenanteile des Gases können in Bergwerken und Höhlen sowie in Gärkellern und Futtersilos auftreten. Kohlenstoffdioxid wird hauptsächlich als Getränkezusatz und im festen Zustand („Trockeneis“) als Kühlmittel verwendet.
Ein weiterer Anwendungsbereich ist der Einsatz des Kohlenstoffdioxids in Hochdruckextraktionsverfahren als schonendes Lösungsmittel für empfindliche Naturstoffe (Exkurs). Dabei liegt bei sehr hohem Druck Kohlenstoffdioxid als Gas mit hoher Dichte vor, in dem ähnlich geringe Abstände zwischen den Molekülen vorliegen wie bei herkömmlichen Lösungsmitteln.

Kohlenstoffmonooxid. Leitet man Kohlenstoffdioxid bei hohen Temperaturen über Kohlenstoff, so entsteht Kohlenstoffmonooxid.

$$C + CO_2 \longrightarrow 2\,CO$$

Bei unvollständiger Verbrennung von Kohle, Erdölprodukten und Erdgas bildet sich Kohlenstoffmonooxid, indem überschüssiger Kohlenstoff mit Kohlenstoffdioxid reagiert. Dadurch gelangen beträchtliche Mengen Kohlenstoffmonooxid in die Atmosphäre. Die Verbesserung der Verbrennungsprozesse und der Einsatz von Abgaskatalysatoren haben zu einer Verringerung der Abgabe dieses Schadstoffs geführt.
Die Giftigkeit des Kohlenstoffmonooxids beruht auf der Reaktion dieses Gases mit *Hämoglobin*. Dadurch wird der Sauerstofftransport im Blut blockiert. Kohlenstoffmonooxid ist auch Bestandteil des Zigarettenrauchs.

Kohlensäure. Leitet man Kohlenstoffdioxid in Wasser ein, so entsteht eine schwach saure Lösung [V2]. Aus diesem Grund wird Kohlenstoffdioxid oft auch fälschlich als *Kohlensäure* bezeichnet. Diese entsteht allerdings erst durch die Reaktion des Kohlenstoffdioxids mit Wasser:

$$CO_2 + H_2O \longrightarrow H_2CO_3$$

Die Kohlensäure-Moleküle reagieren mit weiteren Wasser-Molekülen. Dabei entstehen Hydrogencarbonat- und Oxonium-Ionen:

$$H_2CO_3 + H_2O \longrightarrow HCO_3^- + H_3O^+$$

Auch die Hydrogencarbonat-Ionen können mit Wasser-Molekülen reagieren, dabei entstehen Carbonat- und Oxonium-Ionen:

$$HCO_3^- + H_2O \longrightarrow CO_3^{2-} + H_3O^+$$

Von der Kohlensäure gibt es also zwei Arten von Anionen, die **Hydrogencarbonat-Ionen** und die **Carbonat-Ionen**.

Kohlensäure ist eine unbeständige Säure. Von den Molekülen des gelösten Kohlenstoffdioxids reagieren nur etwa 0,1% mit Wasser-Molekülen. Die Bildung von Kohlensäure-Molekülen ist eine *unvollständig ablaufende Reaktion*. Auch die Folgereaktionen verlaufen unvollständig.
Öffnet man eine Flasche, die Sprudel enthält, so entweicht Kohlenstoffdioxid. Bei längerem Stehen oder Erwärmen [V3] verliert der Sprudel durch Abgabe von Kohlenstoffdioxid auch seine saure Eigenschaft [B4]. Nimmt der Anteil der Kohlenstoffdioxid-Moleküle in der Lösung ab, so wird auch der Anteil der Kohlensäure-Moleküle kleiner. Sie zerfallen wieder in die Moleküle, aus denen sie entstanden sind. Die Bildung der Kohlensäure ist nicht nur eine *unvollständig ablaufende*, sondern auch eine *umkehrbare Reaktion*. Kohlensäure als Reinstoff ist nur bei völliger Abwesenheit von Wasser stabil.
Die Löslichkeit von Kohlenstoffdioxid ist außer von der Temperatur auch vom Druck abhängig [V4, B3]. Zur Herstellung von Sprudel wird Kohlenstoffdioxid deshalb unter Druck in Mineralwasser gepresst.

Kohlensäure in unserer Umwelt. An Orten, wo Kohlenstoffdioxid vulkanischen Ursprungs vorkommt, führen Quellen kohlenstoffdioxidreiches Wasser. Sie werden als Säuerlinge bezeichnet. Die Säure entsteht in der Natur auch, indem Regenwasser aus der Luft Kohlenstoffdioxid aufnimmt. Durch die saure Lösung werden Korrosionsvorgänge, wie z. B. das Rosten von Eisen, beschleunigt.

V1 (Schutzbrille!) Blase einen Luftballon auf. Leite die darin enthaltene Atemluft dann langsam und vorsichtig über einen Strohhalm in Kalkwasser.

V2 Leite Kohlenstoffdioxid längere Zeit durch kaltes, mit Universalindikator versetztes Wasser.

V3 Fülle etwas Sprudelwasser und Universalindikatorlösung in ein Reagenzglas, dem dann ein Stopfen mit Gasableitungsrohr aufgesetzt wird. Erhitze bis zum Sieden und leite das Gas in Kalkwasser.

V4 Öffne und schließe eine Sprudelflasche und beobachte die Gasblasen. Verbinde die Flaschenöffnung mit einem Kolbenprober. Erhöhe bzw. verringere den Druck in der Flasche durch Bewegung des Kolbens [B3].

A1 Formuliere die Reaktionsgleichungen für die Reaktionen, die nach dem Einleiten von Kohlenstoffdioxid in Wasser ablaufen.

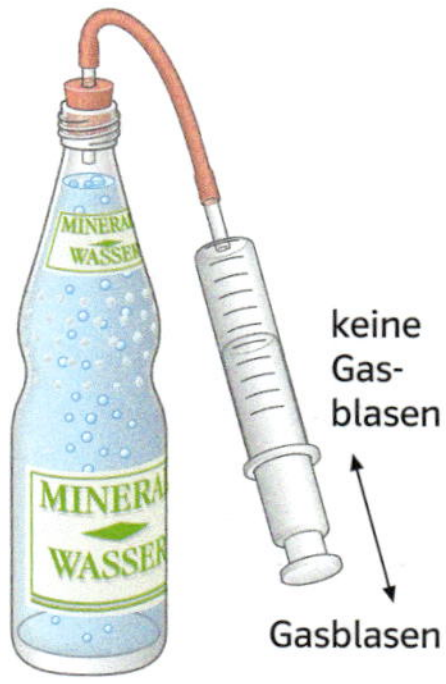

B3 Löslichkeit von Kohlenstoffdioxid unter Druck

B2 Mineralwasser mit Kohlensäure

B4 Sprudel ist nach dem Erhitzen nicht mehr sauer

11.3 Carbonate und Hydrogencarbonate

Name	Formel	Verwendung
Natriumcarbonat (Soda)	$Na_2CO_3 \cdot 10\ H_2O$	bei der Herstellung von Glas, Seife, Waschmitteln und Farbstoffen
Natriumhydrogencarbonat (Natron)	$NaHCO_3$	bei der Herstellung von Brause- und Backpulver; in Feuerlöschern; als Mittel gegen Sodbrennen
Kaliumcarbonat (Pottasche)	K_2CO_3	bei der Herstellung von Kaliseifen (Schmierseifen) und Glas
Calciumcarbonat (Kalk)	$CaCO_3$	als Baustein und Schotter; bei der Herstellung von Zement, Branntkalk, Löschkalk und Düngemitteln

B1 Wichtige Carbonate und Hydrogencarbonate

Kohlensäure bildet zwei Reihen von Salzen. Lösungen der Kohlensäure enthalten zwei verschiedene Sorten von Anionen, die Hydrogencarbonat- und die Carbonat-Ionen. Dementsprechend gibt es zwei Reihen von Salzen: Die **Hydrogencarbonate** mit den HCO_3^--Ionen und die **Carbonate** mit den CO_3^{2-}-Ionen. Zur Herstellung dieser Salze geht man von Hydroxid-Lösungen aus, in die Kohlenstoffdioxid geleitet wird. Verwendet man Natronlauge, so entsteht eine Natriumcarbonat-Lösung:

$$2\ Na^+ + 2\ OH^- + CO_2 \longrightarrow 2\ Na^+ + CO_3^{2-} + H_2O$$

Nach dem Eindampfen bleibt **Natriumcarbonat** (Soda) als weißer Feststoff zurück.

B2 Kalksteinbruch

Natriumcarbonat-Lösung reagiert bei weiterem Einleiten von Kohlenstoffdioxid zu **Natriumhydrogencarbonat**, das als kristallines, weißes Reaktionsprodukt ausfällt:

$$2\ Na^+ + CO_3^{2-} + CO_2 + H_2O \longrightarrow 2\ NaHCO_3$$

Kohlenstoffdioxid wird mit Kalkwasser nachgewiesen, dabei entsteht schwer lösliches **Calciumcarbonat** als weißer Niederschlag.

$$Ca^{2+} + 2\ OH^- + CO_2 \longrightarrow CaCO_3 + H_2O$$

Nach längerem Einleiten von Kohlenstoffdioxid löst sich dieser Niederschlag durch die Bildung von hydratisierten Calcium- und Hydrogencarbonat-Ionen wieder auf:

$$CaCO_3 + CO_2 + H_2O \longrightarrow Ca^{2+} + 2\ HCO_3^-$$

Mit Ausnahme der Alkalimetallcarbonate sind Carbonate in Wasser schwer löslich [V1].

Vorkommen der Carbonate und Hydrogencarbonate. Diese Verbindungen sind in der Natur in großen Mengen anzutreffen. *Kalkstein* (der im Wesentlichen aus Calciumcarbonat besteht) und *Dolomit* (vor allem aus dem Doppelsalz Calcium-magnesium-carbonat $MgCa(CO_3)_2$ zusammengesetzt) bilden ganze Gebirgsmassive, wie z. B. die Kalkalpen.
Auch Kreide-Kalk, Jura-Kalk (Schwäbische Alb), Muschelkalk und *Travertin* bestehen zum größten Teil aus Calciumcarbonat. *Kalkspat* (Calcit), dessen Kristalle durch ihre Doppelbrechung des Lichts bekannt sind, ist ganz reines Calciumcarbonat. *Marmor* und *Tropfstein* sind ebenfalls fast reines Calciumcarbonat.

Soda (Natriumcarbonat) und Natron (Natriumhydrogencarbonat) kommen in den Salzseen und Salzpfannen vieler Trockengebiete vor und werden dort bei anhaltender Trockenheit ausgeschieden [B3], z. B. in Ägypten (Natrontal), Ostafrika, USA (Nevada) und Mexiko.
Eisenspat (Eisencarbonat, $FeCO_3$), Manganspat (Mangancarbonat $MnCO_3$) und Zinkspat (Zinkcarbonat, $ZnCO_3$) sind wichtige Erze.

Wichtige Carbonate und Hydrogencarbonate. Neben Kalk ist Soda das von der Menge her wichtigste Carbonat [B1]. Bis ca. Mitte des 19. Jahrhunderts wurde sie aus bestimmten

Salzseen gewonnen. Heute wird Soda in einem technischen Prozess hergestellt. Natriumcarbonat kommt wasserfrei oder als Salzhydrat ($Na_2CO_3 \cdot 10\ H_2O$, Kristallsoda) in den Handel. Kaliumcarbonat findet ähnliche Verwendung wie Soda. Es wird auch als Pottasche bezeichnet, da man es früher in großen Töpfen (Pötten) aus Holzasche [V3] durch Auslaugen (Herauslösen) gewonnen hat.

Reaktion mit sauren Lösungen. Durch saure Lösungen werden Carbonate und Hydrogencarbonate zersetzt, dabei entweicht Kohlenstoffdioxid [V2]. Wegen der leicht wahrnehmbaren Entwicklung des Gases (Aufschäumen) dient diese Reaktion als *Nachweis für Kalkstein* und andere Carbonate [V2b]:

$$CaCO_3 + 2\ H_3O^+ \longrightarrow Ca^{2+} + 3\ H_2O + CO_2$$

Auch beim *Entkalken* von Geräten und Töpfen spielt diese Reaktion eine Rolle.

Die Eigenschaft der Carbonate und Hydrogencarbonate, mit sauren Lösungen zu reagieren, macht man sich häufig zunutze. So verwendete man früher Natriumhydrogencarbonat (Natron) gegen Sodbrennen (Überschuss an Salzsäure im Magen).
Brausepulver und *Backpulver* [B4] enthalten Gemische aus Natriumhydrogencarbonat und festen Säuren. Da sich erst mit Wasser Oxonium-Ionen bilden, sind die trockenen Gemische beständig.
Auch in Feuerlöschern findet Natriumhydrogencarbonat Verwendung. Das entstehende Kohlenstoffdioxid ist beim *Schaumlöscher* (*Nasslöscher*) Treibgas und Löschmittel zugleich.

Reaktionen beim Erwärmen. Da die Hydrogencarbonate schon bei mäßigem Erhitzen unter Freisetzung von Kohlenstoffdioxid zerfallen, verwendet man Natriumhydrogencarbonat auch in *Pulverlöschern* (*Trockenlöschern*) [V4]. Das in die Flammen geblasene Natron bildet bei den herrschenden Temperaturen Kohlenstoffdioxid, das die Flamme erstickt:

$$2\ NaHCO_3 \longrightarrow Na_2CO_3 + H_2O + CO_2$$

Hirschhornsalz ist ein Backtriebmittel, z. B. für Lebkuchen und Spekulatius. Hirschhornsalz enthält u. a. Ammoniumhydrogencarbonat, das beim Erhitzen in Ammoniak, Kohlenstoffdioxid und Wasser zerfällt.

V1 Gieße verdünnte Calcium- bzw. Magnesiumchlorid-Lösung und Natriumcarbonat-Lösung zusammen.

V2 **a)** Gib zu wässriger Natriumcarbonat- bzw. Natriumhydrogencarbonat-Lösung etwas verdünnte Salzsäure. Prüfe das entstehende Gas mit Kalkwasser.
b) Tropfe verdünnte Salzsäure auf Kalkstein, ein Schneckenhaus, eine Muschelschale, Eierschalen und auf verschiedene Gesteins- und Bodenproben.

V3 Gib etwas Holzasche in ein Reagenzglas, versetze diese mit einigen Tropfen verdünnter Salzsäure und halte einen Tropfen Kalkwasser an einem Glasstab über das Gemisch.

V4 Erhitze Natriumhydrogencarbonat in einem Reagenzglas. Leite das entstehende Gas in ein Becherglas, in dem eine brennende Kerze steht.

A1 Stelle Reaktionsgleichungen auf:
a) Die wässrigen Lösungen von Calciumchlorid und Natriumcarbonat reagieren miteinander. **b)** Natriumhydrogencarbonat reagiert mit Salzsäure. **c)** Natriumcarbonat reagiert mit Salzsäure.

A2 Was lässt sich beobachten, wenn Soda-Lösung mit Kalkwasser versetzt wird? Begründe deine Antwort.

B4 Natriumhydrogencarbonat im Haushalt

B3 Natronsee in Ostafrika

11.4 Exkurs Rund um den Kalk

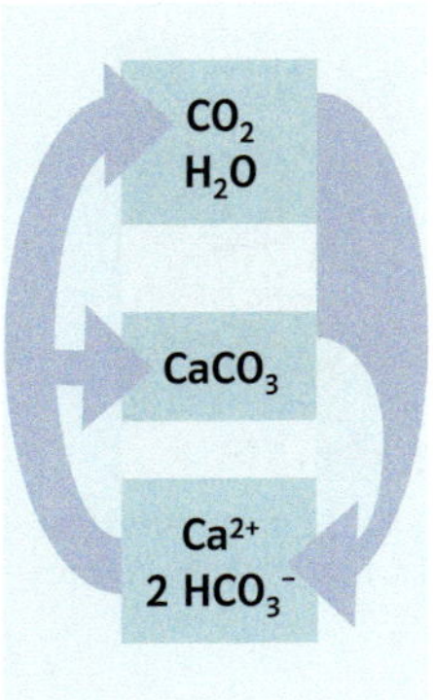

B1 Schema zur Auflösung und Abscheidung des Calciumcarbonats

Als Kalkstein ist Calciumcarbonat, „Kalk", in der Natur weit verbreitet (Kap. 11.3). Es handelt sich meist um Meeresablagerungen. Bei ihrer Bildung waren viele Arten von Organismen wie Muscheln, Korallen, Schnecken, Ammoniten und Seelilien beteiligt. Deren versteinerte Skelette sind in vielen Kalkgesteinen noch erkennbar. Die Kristalle des Marmors haben sich nachträglich aus solchen Ablagerungen in der Tiefe der Erdrinde bei hohen Temperaturen und hohem Druck gebildet. Kalkstein findet Verwendung als Baustein und zur Herstellung von Zement, Branntkalk und Löschkalk.

Auflösung und Abscheidung des Kalks. In Landschaften wie z. B. der Schwäbischen Alb, deren Untergrund aus Kalkstein besteht, gibt es häufig Spalten und Höhlen im Gestein. Sie entstehen durch die Wirkung des CO_2-haltigen Wassers, das durch Ritzen und Fugen im Gestein sickert. Calciumcarbonat ist ein schwer lösliches Salz. Leitet man jedoch Kohlenstoffdioxid in eine Suspension des Calciumcarbonats ein, so erhält man eine Lösung, die Ca^{2+}-Ionen und HCO_3-Ionen enthält.

$$CaCO_3 + CO_2 + H_2O \longrightarrow Ca^{2+} + 2\ HCO_3^-$$

Gibt diese Lösung Kohlenstoffdioxid ab, z. B. durch Erhitzen der Lösung oder Verdunsten des Wassers, scheidet sich wieder Calciumcarbonat ab [V1, B1].

$$Ca^{2+} + 2\ HCO_3^- \longrightarrow CaCO_3 + CO_2 + H_2O$$

Die Reaktion ist also umkehrbar. In welcher Richtung sie abläuft, hängt von den Reaktionsbedingungen ab.

In der Natur findet diese Reaktion in großem Ausmaß statt. Regenwasser nimmt in der Luft und im Boden Kohlenstoffdioxid auf, und reagiert mit Kalkstein. Die entstehende Lösung enthält Calcium- und Hydrogencarbonat-Ionen. Bei diesem Vorgang bilden sich im Gestein allmählich tiefe Spalten und Höhlen [B2]. Dort, wo Kohlenstoffdioxid aus der Lösung entweichen kann, scheidet sich Calciumcarbonat wieder ab. Dabei bilden sich in Höhlen Tropfsteine; an Quellen und Bächen bilden sich Kalksinterterrassen [B3] oder Kalktuff.

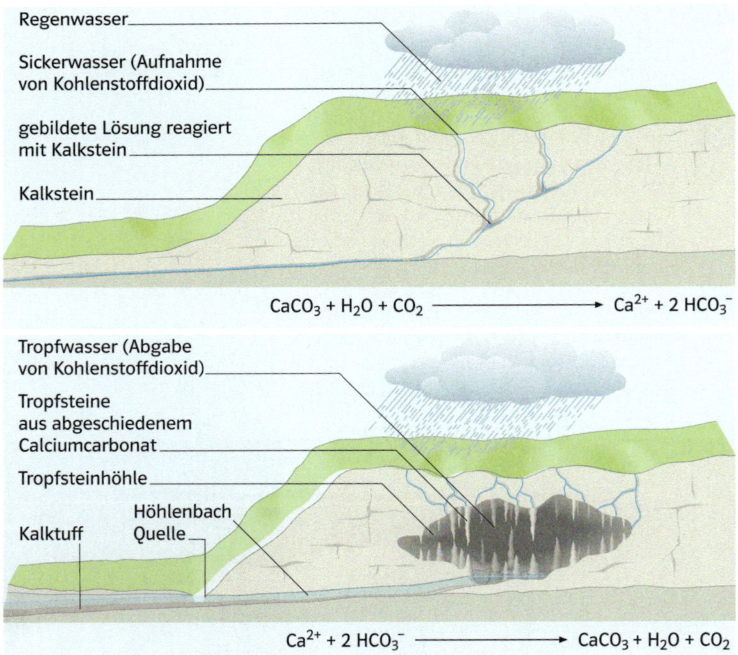

B2 Auflösung und Abscheidung des Kalks in der Natur

Hartes und weiches Wasser. Schüttelt man dest. Wasser und Leitungswasser jeweils mit Seifenlösung, so beobachtet man unterschiedliche Schaumentwicklung [V2]. Bei starker Schaumbildung spricht man von weichem Wasser, bei geringer von hartem Wasser. Die Wasserhärte wird durch *Calcium-* und *Magnesium-Ionen* verursacht. Beim Erhitzen einer Lösung, die diese Ionen und Hydrogencarbonat-Ionen enthält, scheidet sich Calcium- und Magnesiumcarbonat ab und die Wasserhärte verschwindet. Sie wird als *temporäre Härte* oder *Carbonathärte* bezeichnet. Die abgeschiedenen Carbonate setzen sich als Kesselstein in Töpfen, Rohren oder an Heizspiralen fest [B5]. Sind in der Lösung auch noch Sulfat-Ionen vorhanden, so halten diese nach dem Erhitzen die gleiche Anzahl an Calcium-Ionen zurück. Die dadurch noch vorhandene Härte wird *permanente* Härte genannt.

Seife reagiert in hartem Wasser zu schwer löslicher und damit waschinaktiver Kalkseife. Erst wenn die Calcium-Ionen ausgefällt sind, kann sich die Waschwirkung der Seife entfalten. Aus diesem Grund hat man früher der Waschlösung als Enthärtungsmittel Soda zugesetzt [V3]. Die Carbonat-Ionen reagieren dabei mit den Calcium-Ionen zu schwer löslichem Calciumcarbonat. Heute benutzt man andere Enthärter, die meist schon in den Waschmitteln enthalten sind.

Kalkbrennen und Kalklöschen. In der Technik wird in Steinbrüchen abgebauter Kalkstein auf ca. 1000 °C erhitzt („gebrannt"). Dabei zerfällt Calciumcarbonat in Kohlenstoffdioxid und Calciumoxid [B4]. Calciumoxid wird auch als Branntkalk bezeichnet. Mit Wasser reagiert dieser in einer stark exothermen Reaktion zu Calciumhydroxid, dem Löschkalk [V4]. Man spricht vom „Kalklöschen".
Mischt man Löschkalk mit Sand und Wasser, erhält man Kalkmörtel. Zum Abbinden muss dieser Kohlenstoffdioxid aus der Luft aufnehmen [V5], dabei entsteht wieder Calciumcarbonat. Seine kleinen Kristalle bilden dabei mit den Sandkörnern ein festes Gefüge. Heute wird Kalkmörtel vor allem für den Außenputz von Gebäuden verwendet.

Aus Kalk ($CaCO_3$) kann man durch Erhitzen Branntkalk (CaO) herstellen. Daraus entsteht durch Zugabe von Wasser Löschkalk ($Ca(OH)_2$). Löschkalk reagiert mit CO_2 wieder zu Kalk. Dies nennt man den technischen Kalkkreislauf.

B3 Kalksinterterrassen in Pamukkale (Türkei)

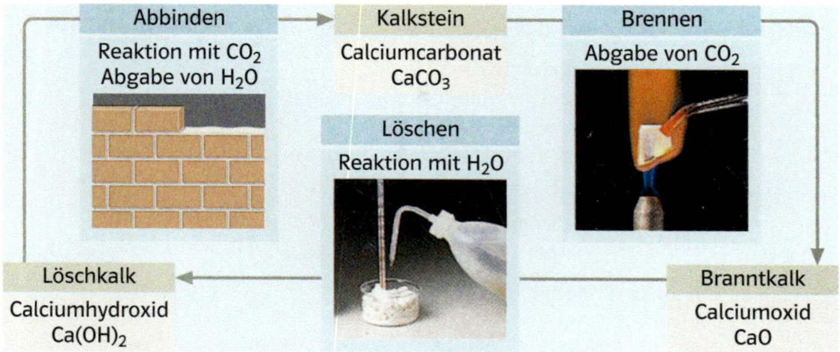

B4 Vom Kalk über den Branntkalk und Löschkalk zum Kalk

V1 Leite in Kalkwasser so lange Kohlenstoffdioxid ein, bis sich der zunächst gebildete Niederschlag von Calciumcarbonat wieder aufgelöst hat. Erhitze die erhaltene Lösung.

V2 Schüttle gleich große Portionen dest. Wasser und Leitungswasser mit der gleichen Menge verd. Seifenlösung. Beobachte die Schaumbildung.

V3 Wiederhole V2 mit Regenwasser, Mineralwasser, gekochtem Wasser und Leitungswasser, dem zuvor Soda zugesetzt wurde.

V4 (Schutzbrille! Schutzscheibe!) Man gibt auf Calciumoxidstückchen tropfenweise Wasser und misst die Temperatur.

V5 Mische einen Teil Löschkalk mit drei Teilen Sand und Wasser. Lass eine Probe davon einige Tage an der Luft, eine andere in einem mit Kohlenstoffdioxid gefüllten Glas mit Deckel stehen. Ermittle jeweils die Dauer bis zum Verfestigen des Mörtels. Tropfe nach dem Erhärten verdünnte Salzsäure auf beide Proben.

A1 Erkläre die Entstehung von Deckentropfsteinen (Stalaktiten).

A2 Wie lässt sich Kalkstein von anderem Gestein unterscheiden?

A3 Formuliere die Reaktionsgleichung für die Enthärtung von hartem Wasser mit Soda.

A4 Nenne den Stoff, der als Rückstand beim Eindampfen einer Lösung von Calciumhydrogencarbonat verbleibt.

B5 Kalkablagerungen

Ausfällen Umkehren des Lösungsvorgangs

11.5 Der Kohlenstoffkreislauf

Speicher	Art des Vorkommens	*m*(Kohlenstoff) in 10^9 t
Sedimente	Calciumcarbonat Calcium-magnesium-carbonat Kerogen (Kohlenwasserstoffe, Bitumen)	60 000 000 15 000 000
Meerwasser	Kohlenstoffdioxid Hydrogencarbonat (jeweils gelöst)	35 000
Fossile Brennstoffe	Kohle, Erdöl, Erdgas	4 100
Tote Biomasse	Humus, Torf	2 500
Lebende Biomasse	Pflanzen, Tiere	800
Atmosphäre	Kohlenstoffdioxid	730

B1 Speicher und Massen des Kohlenstoffs auf der Erde

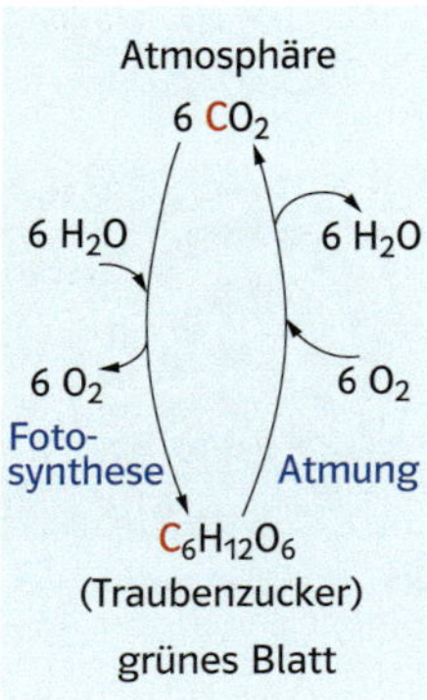

B2 Kohlenstoff-Atome im Kohlenstoffkreislauf (vereinfacht)

B3 Ölschiefer

Kohlenstoff ist in der Erdkruste ein relativ seltenes Element: Sein Massenanteil (Kap. 6.12) beträgt nur 0,03 %. Der Umsatz des Kohlenstoffs zwischen Festland, Meer und Atmosphäre ist für unsere Umwelt jedoch von besonderer Bedeutung.
Der Umsatz des Kohlenstoffs verläuft nicht in einer Richtung, sondern in einem Kreislauf, dem Kohlenstoffkreislauf der Erde. Dieser globale Kreislauf umfasst die Vorgänge beim Austausch des Elements Kohlenstoff zwischen den Kohlenstoffspeichern [B1].

Im Kohlenstoffkreislauf durchlaufen die Kohlenstoff-Atome einen Kreislauf vom Kohlenstoffdioxid über andere Kohlenstoff-Verbindungen zurück zum Kohlenstoffdioxid.

Man unterscheidet zwischen dem *geologischen* und dem *biologischen* Kohlenstoffkreislauf. Der geologische Kohlenstoffkreislauf wird durch die unbelebte Natur verursacht, der biologische Kohlenstoffkreislauf durch die belebte Natur.

Die Kohlenstoffspeicher der Erde. Etwa 99 % der Masse des gesamten Kohlenstoffs ist in den Sedimenten als Carbonat (CO_3^{2-}) und Kerogen gespeichert. Kerogen besteht aus organischen Ablagerungen. Zu den Kerogensedimenten gehören die Ölschiefer [B3]. Wesentliche Bestandteile der Kerogene sind Kohlenwasserstoffe mit sehr großen Molekülen. Die lebende Biomasse bestimmt zusammen mit dem toten organischen Bodenmaterial den biologischen Kohlenstoffkreislauf. Ihre Menge ist im Vergleich zu den Sedimenten verschwindend klein.
Der kleinste Kohlenstoffspeicher ist die Atmosphäre; hier liegt fast der gesamte Kohlenstoff in Form von Kohlenstoffdioxid (CO_2) vor. Auch relativ kleine Kohlenstoffzuflüsse aus den anderen Speichern können eine erhebliche Änderung des CO_2-Gehalts der Atmosphäre verursachen, wenn sie nicht durch Abflüsse ausgeglichen werden.

Der geologische Kohlenstoffkreislauf. Die meisten Gesteine bestehen hauptsächlich aus *Silicatmineralien.* Bei der Verwitterung der Silicatmineralien wird CO_2 verbraucht. Am Beispiel des Calciumsilicats lässt sich dies wie folgt formulieren:

$$CaSiO_3(s) + 2\ CO_2 + H_2O \longrightarrow Ca^{2+}(aq) + 2\ HCO_3^-(aq) + SiO_2(s)$$

Auch bei der Verwitterung der *Carbonatgesteine* wird CO_2 verbraucht. Durch das CO_2 im Regenwasser werden ständig Carbonate in lösliche Hydrogencarbonate umgewandelt:

$$CaCO_3(s) + CO_2 + H_2O \longrightarrow Ca^{2+}(aq) + 2\ HCO_3^-(aq)$$

Die Reaktion ist umkehrbar. Sie läuft z. B. bei Temperaturerhöhung zu einem geringen Anteil in die andere Richtung ab. Ein kleiner Teil der gelösten Hydrogencarbonate wird dann als Carbonat ausgefällt. Unter Abgabe von CO_2 an die Atmosphäre bildet sich *Kalktuff.*
Der größte Teil der Hydrogencarbonate gelangt über die Flüsse ins Meer. Korallen und die Organismen des Planktons bauen dort aus den Calcium- und Hydrogencarbonat-Ionen ihre Außenskelette und Schalen aus Calciumcarbonat auf, dabei wird CO_2 frei:

$$Ca^{2+}(aq) + 2\ HCO_3^-(aq) \longrightarrow CaCO_3(s) + CO_2 + H_2O$$

Wenn die Organismen absterben, sinken sie auf den Meeresboden und werden durch weitere Ablagerungen eingebettet. Dieser

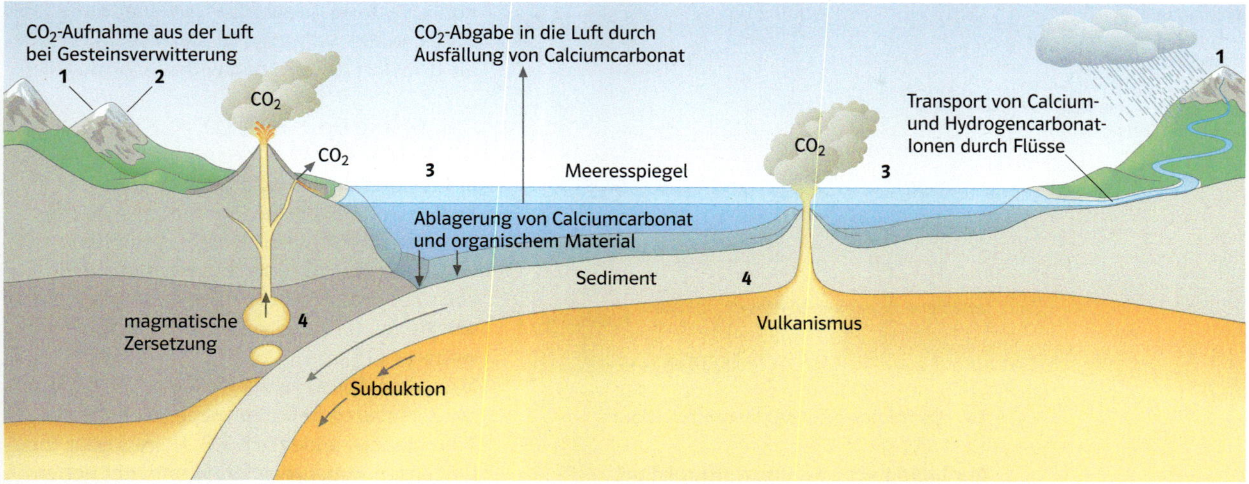

B4 Der geologische Kohlenstoffkreislauf: **1** Verwitterung von Carbonatgestein, **2** Verwitterung von Silicatgestein, **3** Carbonatausfällung im Meer, **4** magmatische Zersetzung von Carbonaten

Vorgang führt zur Neubildung von *Carbonatsedimenten*. Aus den organischen Stoffen der abgestorbenen Organismen entstehen in einem lange andauernden Prozess die *Kerogensedimente*. In Gegenwart von Sauerstoff verwittert Kerogen langsam und gibt dabei CO_2 an die Atmosphäre ab.

Durch Verschiebungen in der Erdkruste können die Carbonatsedimente auch in große Tiefen gelangen. Dort sind sie sehr hohen Temperaturen ausgesetzt, sodass sie mit dem umgebenden Gestein aus Quarz und Silicaten reagieren. Bei dieser *magmatischen Zersetzung* entstehen neue Silicate und CO_2:

$$CaCO_3 + SiO_2 \longrightarrow CaSiO_3 + CO_2$$

Das CO_2 steigt in Spalten der Erdkruste nach oben. Bei Vulkanausbrüchen entweicht CO_2 in gewaltigen Mengen, es tritt aber auch in der Umgebung inaktiver oder erloschener Vulkane aus. Häufig kommt CO_2 in Mineralwasser gelöst an die Erdoberfläche.
An allen möglichen Orten der Erde kann CO_2 austreten. Aber die größten Mengen gelangen dort an die Oberfläche, wo zwei Platten der Erdkruste zusammenstoßen, im Bereich der Subduktionszonen [B4].

Bilanz des geologischen Kohlenstoffkreislaufs. Über lange Zeiträume hinweg waren die Abflüsse des Kohlenstoffs aus der Atmosphäre durch die Verwitterung von Gesteinen und durch die Kerogenbildung etwa gleich groß wie die Zuflüsse durch die Neubildung von Silicatgestein und durch Kerogenverwitterung.

Heute werden fossile Brennstoffe wie Kohle, Erdöl und Erdgas in großem Ausmaß verbrannt. Dadurch werden große Mengen an CO_2 in relativ kurzer Zeit der Atmosphäre zugeführt. Da diese Mengen der Atmosphäre nicht im selben Maße wieder entzogen werden, steigt der CO_2-Gehalt der Atmosphäre seit Beginn des Industriezeitalters zunehmend an (Kap. 11.8).

A1 Zeichne einen Kohlenstoffkreislauf, der nur Carbonate berücksichtigt. Veranschauliche damit die Verwitterung von Carbonatgestein und die Bildung von Carbonatsedimenten.

A2 Formuliere für die Verwitterung des Dolomits ($CaMg(CO_3)_2$) eine Reaktionsgleichung.

Subduktion oder *Unterschiebung* ist das Abtauchen einer Platte der Erdkruste unter die andere

Organische Chemie
Chemie der Kohlenstoff-Verbindungen (mit einigen historisch begründeten Ausnahmen wie Kohlenstoffdioxid und Carbonaten)

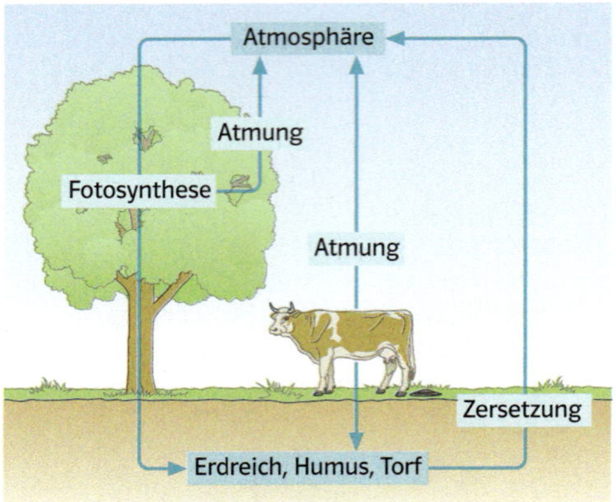

B6 Der biologische Kohlenstoffkreislauf

Der biologische Kohlenstoffkreislauf. Pflanzen entnehmen bei der Fotosynthese CO_2 aus der Luft. Dabei entsteht in mehreren Schritten zunächst Traubenzucker. Vereinfacht lässt sich die Fotosynthese durch die folgende Reaktionsgleichung formulieren:

$$6\ CO_2 + 6\ H_2O \longrightarrow C_6H_{12}O_6 + 6\ O_2$$

Durch weitere Reaktionen entstehen aus Traubenzucker andere Kohlenstoff-Verbindungen, z. B. die Kohlenhydrate Stärke und Cellulose.

Um für ihre Stoffwechselprozesse Energie zu gewinnen, oxidiert die Pflanze einen Teil der Kohlenhydrate. Diese als Pflanzenatmung bezeichneten Vorgänge lassen sich insgesamt als Umkehrung der Fotosynthese formulieren:

$$C_6H_{12}O_6 + 6\ O_2 \longrightarrow 6\ CO_2 + 6\ H_2O$$

Ein Teil des zunächst aufgenommenen Kohlenstoffdioxids gelangt auf diesem Weg wieder in die Atmosphäre. Die energiereichen Verbindungen der Pflanzen werden auch von anderen Lebewesen aufgenommen, z. B. von Tieren. Diese geben durch ihre Atmung weiteres CO_2 ab.
Nach dem Absterben von Lebewesen beginnt die Zersetzung der organischen Substanz. Aus Pflanzen bildet sich z. B. Humus oder Torf. Bei diesen Abbaureaktionen entsteht neben weiteren Abbauprodukten CO_2 [B6].

Den Aufbau von Kohlenstoff-Verbindungen durch Aufnahme von CO_2 bei der Fotosynthese und den Abbau unter Abgabe von CO_2 durch Pflanzen-, Tier und Bodenatmung bezeichnet man als *biologischen Kohlenstoffkreislauf*. Solange die Biomasse der Erde konstant ist, wird der CO_2-Gehalt der Atmosphäre der Atmosphäre durch den biologischen Kohlenstoffkreislauf nicht wesentlich verändert.

In den letzten Jahrzehnten hat die Brandrodung dazu beigetragen, dass die Biomasse der Erde kleiner wurde, und somit der CO_2-Gehalt der Atmosphäre erhöht wurde.
Durch die Brandrodung werden große Bestände der tropischen Urwälder zerstört, um die gerodeten Flächen landwirtschaftlich zu nutzen. Die nach der Brandrodung angebauten Pflanzen nehmen nur einen geringen Anteil des freigesetzten Kohlenstoffdioxids wieder auf; sie haben eine wesentlich kleinere Biomasse als der ursprüngliche Urwald.

Der globale Kohlenstoffkreislauf. Der biologische Kohlenstoffkreislauf steht mit dem geologischen Kohlenstoffkreislauf in Verbindung. Die Wege des Kohlenstoffs lassen sich in einem *globalen Kohlenstoffkreislauf* darstellen [B5]. Die Mengen des ausgetauschten Kohlenstoffs sind durch die Pfeilstärken angedeutet.

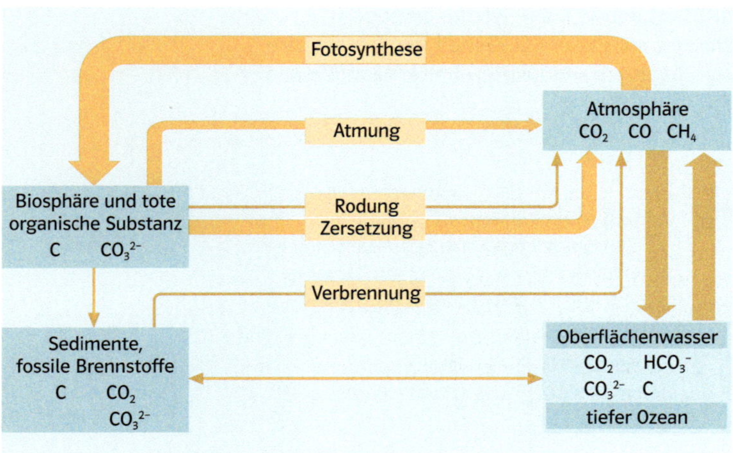

B5 Der globale Kohlenstoffkreislauf

11.6 Praktikum Eigenschaften von Kohlenstoffdioxid

V1 Löslichkeit von CO_2 in Salzwasser in Abhängigkeit von der Temperatur
Geräte und Chemikalien:
Kolbenprober, Erlenmeyerkolben (250 ml), durchbohrter Stopfen mit Glasrohr (gebogen oder gerade), Schlauch ($l \approx 10$ cm), Thermometer, Waage, Spatel, Glasstab, Natriumchlorid (z. B. Spülmaschinensalz oder Speisesalz), Natriumhydrogencarbonat, Universalindikator-Lösung, Kohlenstoffdioxid (Gasflasche).
Durchführung:
Verbinde zunächst den Kolbenprober über den Gummischlauch mit dem Glasrohr im Stopfen.
a) Gib 100 ml Leitungswasser ($\vartheta \approx 20\,°C$) in den Erlenmeyerkolben und löse darin ca. 3,4 g Natriumchlorid und ca. 5 Tropfen Universalindikator-Lösung. Bringe die Natriumchlorid-Lösung durch Zugabe einer Spatelspitze Natriumhydrogencarbonat auf einen pH-Wert von etwa 8. Miss die Temperatur der Lösung. Lass Kohlenstoffdioxid auf die Lösung strömen, bis du annimmst, dass die Luft im Erlenmeyerkolben durch Kohlenstoffdioxid ersetzt ist. Stelle am Kolbenprober ein Volumen von 80 ml ein. Verbinde den Erlenmeyerkolben mit dem Kolbenprober und notiere das Gasvolumen im Kolbenprober. Schüttele den Erlenmeyerkolben etwa eine Minute lang. Notiere wieder das Gasvolumen im Kolbenprober.
b) Wiederhole die unter (a) beschriebenen Schritte mit Wasser, das du vorher durch Zugabe von Eis auf eine Temperatur von etwa 15 °C abgekühlt hast.
Aufgabe: Du kannst außer der Volumenänderung am Kolbenprober eine weitere Beobachtung machen. Erkläre die Ergebnisse. Diskutiere die Beobachtungen in Bezug auf das atmosphärische CO_2 und seinen Einfluss auf den Ozean.
Hinweis: Du hast mit einer Salzlösung gearbeitet, die ähnliche Eigenschaften wie das Wasser der Ozeane hat.

Variante für zu Hause: Fülle eine dünnwandige, weiche PET-Getränkeflasche zu etwa einem Viertel mit Wasser, dem du Salz hinzufügen kannst. Lass Kohlenstoffdioxid aus einer CO_2-Fahrradpumpe [B1] in die Flasche strömen. Verschließe die Flasche fest und schüttle.

V2 Säurewirkung einer CO_2-Lösung
Geräte und Chemikalien:
3 Reagenzgläser, Gaseinleitungsrohr mit Schlauch, Kalkwasser, Kohlenstoffdioxid, Universalindikator-Lösung.
Durchführung:
a) Gib zu Leitungswasser (es sollte neutral oder leicht alkalisch sein) einige Tropfen Universalindikator-Lösung. Leite dann Kohlenstoffdioxid in einem langsamen Strom durch die Lösung.
b) Leite Kohlenstoffdioxid so lange in Kalkwasser, bis du nach dem zunächst auftretenden Niederschlag von Calciumcarbonat (Kalk) eine weitere Veränderung beobachtest.
Aufgabe: Erkläre die Versuchsergebnisse.

V3 CO_2 und Wärmestrahlung
Geräte und Chemikalien: 2 Erlenmeyerkolben (zur Hälfte mit schwarzer Pappe beklebt), 2 durchbohrte Stopfen, 2 Thermometer, Glühlampe mit mindestens 100 W oder entsprechende Halogenlampe, Kohlenstoffdioxid.
Durchführung:
a) Stecke die Thermometer durch die Löcher in den Stopfen. Fülle dann einen der Erlenmeyerkolben mit Kohlenstoffdioxid und verschließe beide Erlenmeyerkolben mit den Stopfen.
b) Warte, bis die Temperatur in beiden Erlenmeyerkolben gleich ist.
c) Stelle die Erlenmyerkolben in etwa 30 cm Abstand auf, sodass die Seite mit der Pappe jeweils nach außen zeigt. Stelle dann die Glühlampe in die Mitte und schalte sie an [B2].
d) Miss zehn Minuten lang jede Minute die Temperatur in den beiden Erlenmeyerkolben.
Aufgabe: Vergleiche den Verlauf der Temperatur in den beiden Erlenmeyerkolben.

B1 Materialien für V1 (Variante für zu Hause)

B2 Aufbau von Versuch 3

11.7 Kohlenstoffdioxid und die Versauerung der Meere

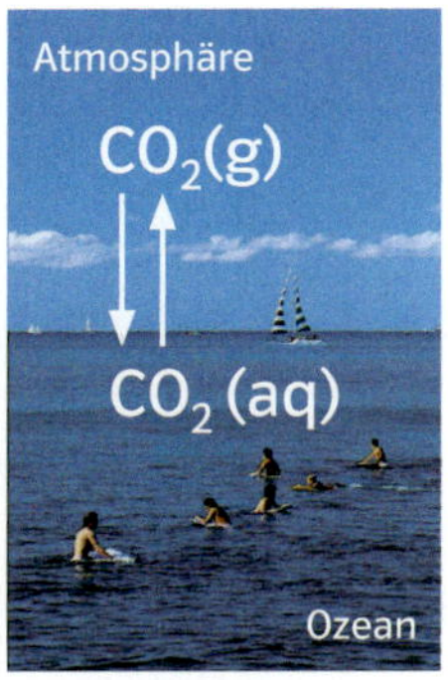

B1 Ozean und Atmosphäre tauschen Kohlenstoffdioxid aus

Stoffmengenanteil χ

$\chi(L) = n(L) / [n(L)+n(K)]$
$\chi(K) = n(K) / [n(L)+n(K)]$

$\chi(L) + \chi(K) = 1 = 100\,\%$

L: Lösungsmittel
K: gelöste Komponente
Destillation bezeichnet

Ein großer Speicher für Kohlenstoff-Verbindungen sind die Ozeane. Die Atmosphäre tauscht mit den Ozeanen im gleichen Zeitraum nahezu die gleiche Menge an Kohlenstoffdioxid aus wie mit dem Land [B1]. Durch die Zunahme des Kohlenstoffdioxid-Gehalts in der Atmosphäre nehmen die Ozeane gegenwärtig mehr Kohlenstoffdioxid auf, als sie abgeben.

Speicherung des Kohlenstoffs in den Ozeanen. Der aus der Atmosphäre erhaltene Kohlenstoff bleibt zunächst im 70 bis 100 m tiefen Oberflächenwasser. In den tiefen Schichten der Ozeane gelangt Kohlenstoff erst nach weiträumigem Transport durch globale Meeresströmungen. Sie befördern warmes Wasser aus niederen Breiten in die Polarmeere [B2].
Der **Golfstrom** ist eine rasch fließende, warme Meeresströmung im Atlantik. Auf seinem Weg in den Nordatlantik kühlt er immer weiter ab. Dadurch nimmt die Löslichkeit des Kohlenstoffdioxids zu, es wird laufend vom Ozean aufgenommen. Außerdem steigt der relativ hohe Salzgehalt des Wassers durch Verdunstung weiter an. Im arktischen Ozean trifft das salzreiche auf salzarmes Wasser, das beim Abschmelzen der Eismassen entstanden ist. Die ankommenden Wassermassen sinken durch die wesentlich höhere Dichte unter das Polarwasser und reißen den mitgeführten Kohlenstoff über 1000 m in die Tiefe.

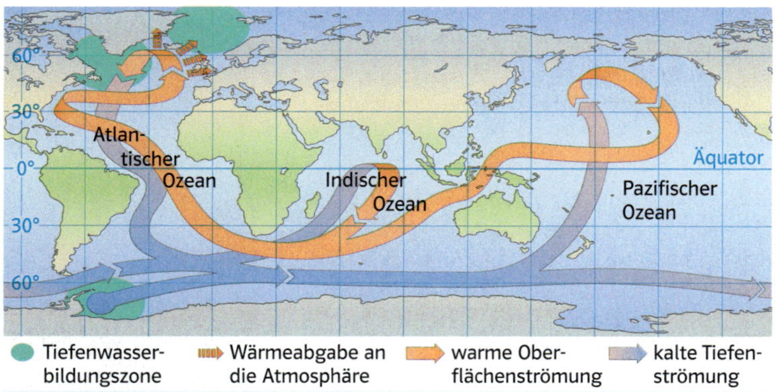

Das globale maritime Strömungssystem transportiert gewaltige Wassermassen durch die Weltmeere und beeinflusst dabei das Weltklima. Das riesige „Förderband" reagiert empfindlich auf Schwankungen der globalen Temperatur, was wiederum Auswirkungen auf den CO_2-Austausch mit der Atmosphäre zur Folge hat.

B2 Das globale maritime Strömungssystem

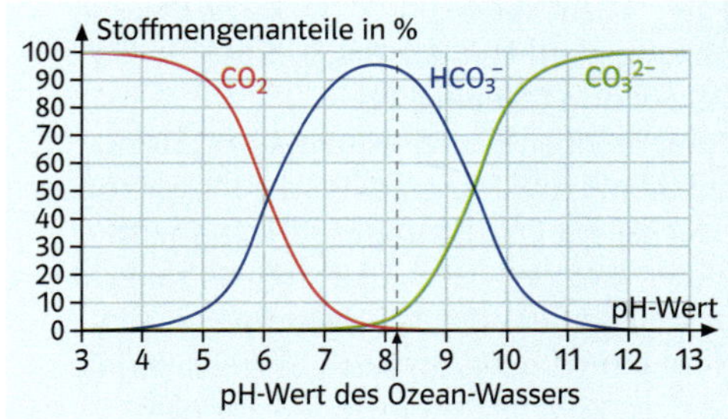

B3 Stoffmengenanteile für das Kohlenstoffdioxid-Carbonat-Gemisch im Meerwasser in Abhängigkeit vom pH-Wert

Zusätzlich reichert sich im Winter, wenn großflächig Eis gebildet wird, im Wasser Salz an, da dieses zurückbleibt, wenn Wasser gefriert. Dieses salzreiche Wasser sinkt unter salzarmes Oberflächenwasser in die Tiefe.
Die abgesunkenen Wassermassen fließen als kalte Tiefenströmung in den Südatlantik und weiter bis in den Pazifik, wo sie wieder an die Oberfläche kommen. In der Tiefsee sind 95 % des in den Ozeanen vorhandenen Kohlenstoffs langfristig gespeichert.

Der pH-Wert des Meeres. Im Meerwasser löst sich Kohlenstoffdioxid aus der Atmosphäre. Gleichzeitig entweicht gasförmiges Kohlenstoffdioxid aus dem Meer [B1]. Ob vom Meer mehr Kohlenstoffdioxid aufgenommen als an die Atmosphäre abgegeben wird, hängt von der jeweiligen CO_2-Konzentration in der Luft und im Wasser und von der Temperatur ab. Das Kohlenstoffdioxid kann im Meerwasser auch reagieren.

$$CO_2 + H_2O \longrightarrow HCO_3^- + H_3O^+$$
$$HCO_3^- + H_2O \longrightarrow CO_3^{2-} + H_3O^+$$

Beide Reaktionen sind zudem umkehrbar. Es bildet sich ein Gemisch aus Kohlenstoffdioxid, Hydrogencarbonat-Ionen und Carbonat-Ionen. Die Zusammensetzung des Gemischs ist pH-Wert-abhängig. Für Meerwasser bis zu 50 m Tiefe liegt der Durchschnittswert bei pH = 8,07. Beträgt der Salzgehalt des Wassers 3,4 % und dessen Temperatur 10 °C, so ist bei pH = 8 im Gemisch nur 1 % Kohlenstoffdioxid enthalten [B3].

Kohlenstoffumsatz durch biologische Vorgänge. In der durchleuchteten Meeresschicht entzieht das Phytoplankton durch Fotosynthese dem Meerwasser Kohlenstoffdioxid. Vom *Phytoplankton* leben direkt oder indirekt alle Meerestiere, die den größten Teil der produzierten Biomasse wieder abbauen. Auch abgestorbene Substanz wird im Oberflächenwasser weitgehend zersetzt, sodass auch Nährstoffe im Kreislauf bleiben. Von der toten Biomasse sinkt ca. 1% in die Tiefsee und wird dort von Bakterien abgebaut. Durch den hohen Druck kann kein Kohlenstoffdioxid nach oben entweichen und bleibt langfristig gespeichert. Zu den wichtigsten Phytoplanktonarten gehören z.B. *Kalk- und Kieselalgen* [B4]. Nach dem Absterben gelangen Teile ihrer Substanz zu einem beträchtlichen Teil auf den Meeresboden und ins Sediment.

Ozeane als Senke für Kohlenstoffdioxid. Seit Jahrzehnten ist eine Zunahme der Konzentration des Kohlenstoffdioxids in den oberen Schichten des Meeres nachweisbar. Diese Zunahme wird durch den gestiegenen Kohlenstoffdioxid-Gehalt der Atmosphäre verursacht. Gegenwärtig nehmen die Ozeane jährlich 2 Gt Kohlenstoff auf, das sind ca. 30% der anthropogenen CO_2-Emissionen. Durch Meeresströmungen gelangt der anthropogene Kohlenstoff im Verlauf vieler Jahrzehnte in tiefere Schichten der Ozeane und bleibt dort langfristig gespeichert. Damit sind die Ozeane ein wichtiger Speicher für Kohlenstoffdioxid. Weil dadurch der Gehalt an Kohlenstoffdioxid in der Atmosphäre gesenkt wird, zählt man Ozeane zu den **Kohlenstoffsenken**.

B4 Kalkalgen (REM-Aufnahme, eingefärbt)

Versauerung der Meere. Seit Beginn der Industrialisierung ist der pH-Wert des Oberflächenwassers der Meere um 0,11 Einheiten auf einen mittleren Wert von pH = 8,07 gesunken. Dies erscheint minimal, bedeutet aber einen Anstieg der Oxonium-Ionen-Konzentration von 30%.
Die Versauerung der Meere wird durch den Anstieg der CO_2-Konzentration der Atmosphäre verursacht. Wenn Meerwasser CO_2 aufnimmt, wird der pH-Wert niedriger, und es bilden sich Hydrogencarbonat-Ionen [B3]:

$$CO_2 + H_2O + CO_3^{2-} \longrightarrow 2\,HCO_3^-$$

Die damit verbundene Abnahme der Konzentration der Carbonat-Ionen hat Auswirkungen auf Meeresorganismen, die ihre Schalen und Skelette aus Calciumcarbonat aufbauen. Der sinkende pH-Wert und die geringere Sättigung des Meerwassers mit Calciumcarbonat erschweren die Kalkbildung und schwächen die Skelettstrukturen.
Die marine Kalkbildung erfolgt zum überwiegenden Teil durch Plankton. Riffbildende Korallen tragen zwar nur 10% zur Kalkproduktion bei, sie sind jedoch durch den sinkenden pH-Wert der Meere besonders gefährdet.

Ozeane speichern große Mengen an Kohlenstoffdioxid aus der Atmosphäre und sind eine wichtige Kohlenstoffsenke. Dies geht jedoch mit einer Versauerung einher.

A1 Erläutere die Auswirkungen, die sich aus der Zunahme des Kohlenstoffdioxid-Gehalts und der Durchschnittstemperatur der Atmosphäre auf den Kohlenstoffdioxid-Gehalt des Meeres ergeben.

A2 In der durchlichteten Zone des Meeres ist die Kohlenstoffdioxid-Konzentration wesentlich geringer als in darunter liegenden Schicht. Erkläre diesen Sachverhalt.

Plankton griech. plankton, das Umherirrende. Organismen, die im Wasser leben und deren Schwimmrichtung von der Meeresströmung bestimmt wird

Phytoplankton pflanzliches Plankton

Zooplankton tierisches Plankton

anthropogen vom Menschen verursacht

REM Rasterelektronenmikroskop

B5 Korallenriff im Südpazifik – ein filigranes Ökosystem

11.8 Erdatmosphäre und Treibhauseffekt

Watt Das Watt (Einheitenzeichen W) ist die Einheit der Leistung.

$1\,W = \frac{1\,J}{1\,s}$

Höhe der unteren Stratosphäre 50 km klingen sehr viel, sind es aber im Vergleich zum Erdradius (6 400 km) nicht. Bei einem Globus würde die Höhe der unteren Atmosphäre in etwa der Dicke der Lackschicht entsprechen

Das Klima auf der Erde wird durch die Lufthülle, die *Atmosphäre* bestimmt. Sie bildet mit der *Hydrosphäre* (Gewässer), der *Biosphäre* (Flora und Fauna) und der *Pedosphäre* (Böden und Gesteine) ein System. Veränderungen, die dieses System beeinflussen, führen zu Schwankungen des Klimas und beeinflussen dadurch die Lebensbedingungen auf der Erde. Man unterscheidet *natürliche Veränderungen* und *anthropogene Effekte*, d.h. durch den Menschen hervorgerufene Veränderungen.

Der natürliche Treibhauseffekt. Für das Klima der Erde verantwortlich ist die Energie der Sonne, die in Form von Strahlung die Erde erreicht und vom Erdboden und der Atmosphäre absorbiert wird. Die Erde strahlt die aufgenommene Energie wieder in den Weltraum ab. Dabei ist die ausgestrahlte Energie gleich der eingestrahlten Energie, sonst würde die Erde ständig wärmer.

Stratosphäre. 12 bis 50 km. Die Ozonschicht gehört zur Stratosphäre. Hier wird ein großer Teil der von der Sonne kommenden Strahlung durch Reaktionen von Sauerstoff und Ozon verbraucht. Da die Reaktionen exotherm verlaufen, ist die Temperatur höher als in der Troposphäre. Die Stratosphäre enthält kaum Wasserdampf und ist fast wolkenfrei.
Troposphäre. Bis etwa 12 km. Diese Schicht enthält fast 80 % der gesamten Luftmasse, weil der Luftdruck nach außen geringer wird. Die Temperatur sinkt mit zunehmender Höhe. Wegen der wärmeren Luft in der Stratosphäre findet kaum ein Luftaustausch zwischen den Schichten statt. Die Grenze bildet die Tropopause, deren Höhe zwischen 8 km an den Polen und 18 km am Äquator reicht.

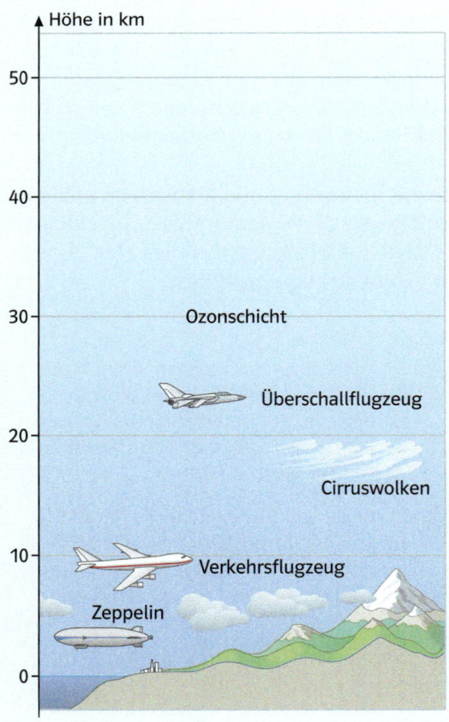

B1 Der Aufbau der unteren Atmosphäre

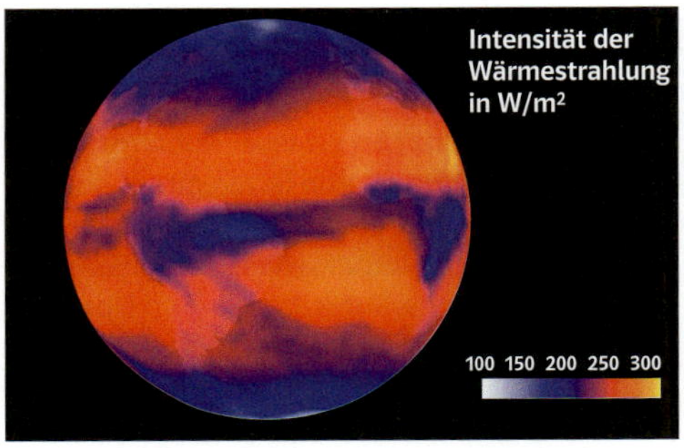

B2 Wärmestrahlung der Erde (aus Satellitenaufnahmen)

Die Strahlung, die die Erdoberfläche aufnimmt, wird von ihr in Form von Wärmestrahlung wieder abgegeben [B2]. Die Abgabe in den Weltraum wird allerdings durch einige Luftbestandteile verzögert, z. B. durch Wasserdampf, Kohlenstoffdioxid, Methan und Ozon. Diese Gase sind zwar in der Atmosphäre nur zu einem geringen Anteil vorhanden (Spurengase), sie absorbieren jedoch einen Teil der von der Erde abgegebenen Wärmestrahlung. Die Atmosphäre ist also wärmer, als sie es ohne diese Stoffe wäre. Die Gase wirken wie das Glasdach eines Treibhauses, das die vom Boden und den Pflanzen abgegebene Wärmestrahlung zurückhält. Man nennt daher die zusätzliche Erwärmung der Atmosphäre den *Treibhauseffekt*. Die danach benannten Treibhausgase sind in unterschiedlichem Maße an dieser Erwärmung beteiligt [B4].

Ohne den natürlichen Treibhauseffekt läge die mittlere Temperatur auf der Erdoberfläche bei ca. −18 °C und nicht bei der heute herrschenden mittleren Temperatur von ca. +15 °C. Der durch den Treibhauseffekt hervorgerufene Temperaturunterschied in der Atmosphäre beträgt also ca. 33 °C.

A1 Hat ein Kohlenstoffdioxid- oder ein Methan-Molekül eine höhere Wirksamkeit bezüglich des Treibhauseffekts? Begründe. Setze dazu die Zahlen der beiden letzten Spalten von B4 zueinander in Relation.

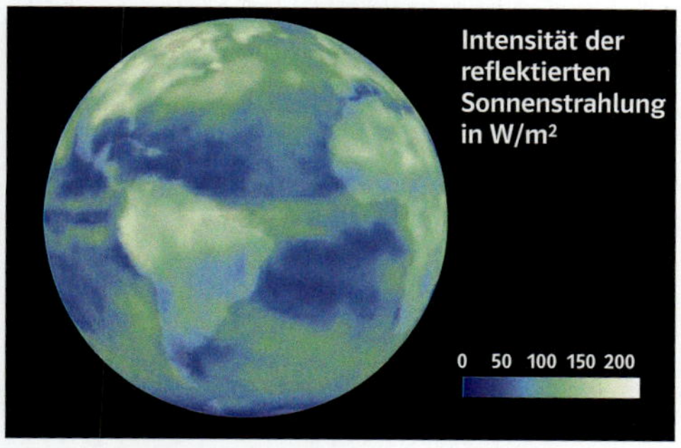

B3 Reflektiertes Sonnenlicht (aus Satellitenaufnahmen)

Spurengas		Volumenkonzentration		Beitrag zum natürlichen Treibhauseffekt
		vor 1750	2012	
Wasserdampf	H_2O	2 bis 3 %	2 bis 3 %	60 %
Kohlenstoffdioxid	CO_2	0,028 %	0,039 %	26 %
Methan	CH_4	0,000 07 %	0,000 18 %	3 %
Distickstoffmonooxid	N_2O	0,000 027 %	0,000 032 %	4 %
Ozon	O_3	0,000 002 5 %	0,000 003 4 %	7 %

B4 Spurengase in der Atmosphäre und ihr Beitrag zum Treibhauseffekt

Die eingestrahlte Sonnenenergie wird zu ca. 70 % absorbiert, 30 % wird unmittelbar in den Weltraum reflektiert [B3]. Etwa zur Hälfte tragen Wolken und Schwebeteilchen in der Luft zur Reflexion bei, weiterhin Wüsten sowie Eis- und Wasserflächen.

Die eingestrahlte Sonnenenergie wird zum größten Teil von der Erdoberfläche absorbiert. Als Wärmestrahlung wird sie wieder an die Atmosphäre und den Weltraum abgegeben. Die Treibhausgase erhöhen die Temperatur der Atmosphäre, auch diese gibt die aufgenommene Energie wieder an den Weltraum ab. Insgesamt gilt:
Einstrahlungsenergie = Ausstrahlungsenergie.

Der anthropogene Treibhauseffekt. Gase, die sich auf den Treibhauseffekt auswirken, werden auch durch menschliche Aktivitäten erzeugt. So entstehen z. B. beim Verbrennen von C-Verbindungen neben CO_2 und H_2O auch Stickstoffoxide und andere Gase, die Einfluss auf den Strahlungshaushalt der Erde haben. Seit der Industrialisierung im 19. Jh. hat die Konzentration der Treibhausgase ständig zugenommen [B4]. Der Volumenanteil des CO_2 in der Atmosphäre stieg von 0,028 % auf 0,039 % im Jahr 2012, der Methangehalt stieg sogar auf mehr als das Doppelte. Die mittlere Konzentration des Spurengases Ozon, dessen Bildung u. a. durch Stickstoffoxide gefördert wird, hat sich in der Troposphäre über Europa in den vergangenen 100 Jahren verdreifacht und wächst derzeit auf der Nordhalbkugel jährlich um etwa 1 %. Verantwortlich für die Zunahme der Konzentrationen der Treibhausgase sind zu 50 % die Energieerzeugung durch die Verbrennung von Kohle, Erdöl und Erdgas. 20 % trägt die Industrie, 30 % die Landwirtschaft bei. So erzeugen der Nassreisanbau und die Rinderhaltung das Treibhausgas Methan (ein ausgewachsenes Rind kann bis zu 400 l Methan pro Tag abgeben). Methan ist im Hinblick auf den Treibhauseffekt ein noch viel wirksameres Gas als Kohlenstoffdioxid. Auch die Stickstoffdüngung und die Rodung der Tropenwälder haben Einfluss auf den Treibhauseffekt.

Absorption Aufnahme

Emission Abgabe von schädigenden Stoffen, Strahlen oder Geräuschen an die Umwelt

A2 Erläutere den Einfluss der Treibhausgase auf den Energiehaushalt der Atmosphäre.

A3 Nenne Ursachen für die Reflexion der Sonneneinstrahlung.

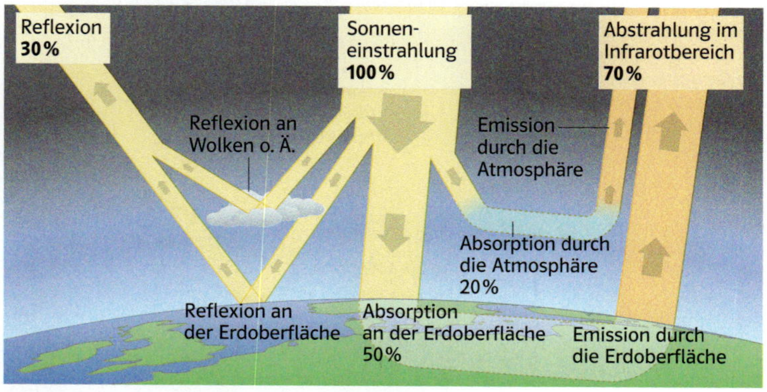

B5 Strahlungs- und Energiebilanz der Erde

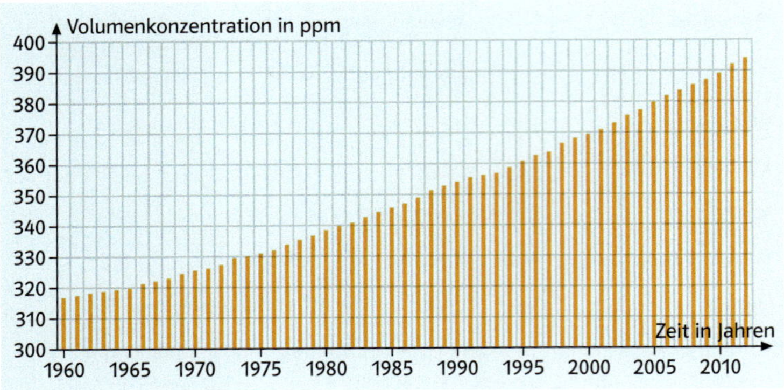

B6 Entwicklung der Volumenkonzentration von Kohlenstoffdioxid auf der Nordhalbkugel (Mauna Loa, Hawaii). 1 ppm entspricht hier 1 ml/m³

ppm, parts per million
Einheit für Anteile

$1\,ppm = \frac{1}{1\,000\,000}$

vgl. auch

$1\,\% = \frac{1}{100}$

$1\,‰ = \frac{1}{1000}$

(Die Einheit ppm wird von DIN-Normen nicht empfohlen.)

Globale Mitteltemperatur
Aus vielen Temperaturmessungen in allen Teilen der Welt wird die globale Mitteltemperatur berechnet. Dazu mittelt man die Messwerte über große Flächen und Zeiträume

Bezugstemperatur Die globale Mitteltemperatur wird häufig durch ihre Abweichung von einer Bezugstemperatur dargestellt. Die Bezugstemperatur in B7 ist die globale Mitteltemperatur der Zeitspanne 1986 – 2005

Treibhauseffekt und Kohlenstoffdioxid. Vor allem der steigende CO_2-Anteil verhindert zunehmend die Wärmeabstrahlung der Erde. In den natürlichen Kreisläufen wird vom Boden und den Ozeanen etwa so viel CO_2 gebunden wie in die Atmosphäre abgegeben wird. Der Austausch des CO_2 zwischen Atmosphäre und Biosphäre bzw. dem Oberflächenwasser der Ozeane erfolgt relativ schnell. Er ist verantwortlich für die jährlichen Schwankungen des CO_2-Gehalts der Atmosphäre. Durch Brandrodung von Waldflächen und ihre anschließende landwirtschaftliche Nutzung greift der Mensch in diesen biosphärischen Kreislauf ein; der CO_2-Anteil in der Atmosphäre wird erhöht [B6]. Der Austausch des in Sedimenten (Kalk), Tiefenwasser der Ozeane sowie Kohle, Erdöl und Erdgas gespeicherten Kohlenstoffs erfordert dagegen lange Zeitspannen. Auch in diesen Kreislauf greift der Mensch ein, indem er z. B. die gespeicherten Kohlenstoff-Verbindungen als Brenn- und Treibstoffe nutzt. Durch diese Aktivitäten ist die Emission von Kohlenstoffdioxid etwa 60-mal so groß wie beim natürlichen Austausch.

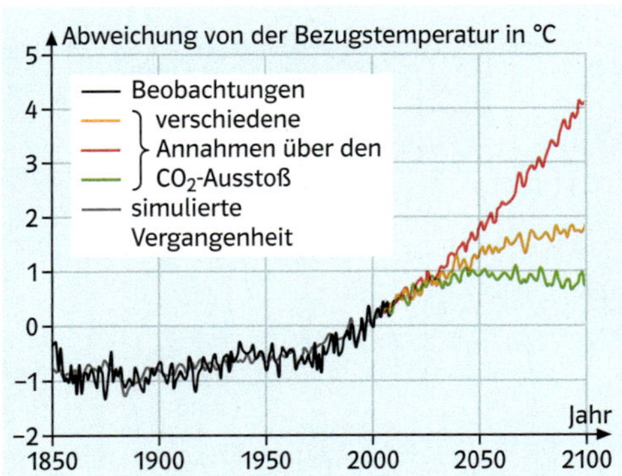

B7 Entwicklung der globalen Mitteltemperatur. Prognosen bei unterschiedlichen Konzentrationen der atmosphärischen Spurengase

Kohlenstoffdioxidgehalt und Erwärmung. Klimaforscher fanden heraus, dass der größte Teil der in den letzten 50 Jahren beobachteten Erwärmung vom Menschen verursacht wurde. Ohne Maßnahmen zur Reduzierung der Kohlenstoffdioxid-Emission könnte bereits Mitte des Jahrhunderts eine Verdoppelung der CO_2-Konzentration gegenüber dem vorindustriellen Wert von 0,028 % erreicht werden. Bei einem Anwachsen des CO_2-Gehalts der Atmosphäre auf 0,080 %, der unter diesen Umständen etwa 2100 erreicht sein könnte, wäre ein Anstieg der globalen Mitteltemperatur um 4 °C wahrscheinlich [B7].

A4 Nach dem Jahr 2000 betrug die Steigerung der CO_2-Volumenkonzentration der Atmosphäre etwa 2,0 ml/(m³ · a) bzw. 2,0 ppm/a.
a) Berechne, ausgehend von 400 ml/m³ im Jahr 2015, wann bei dieser Steigerungsrate der Wert von 450 ml/m³ (0,045 %) überschritten sein wird. Wie alt wirst du dann sein? (a ist die Abkürzung für annum, was auf lat. Jahr bedeutet.)
b) Vergleiche dein Ergebnis mit aktuellen Daten der Station auf dem Mauna Loa.

A5 Von 1987 bis 2005 sollten in Deutschland 300 Millionen Tonnen CO_2 eingespart werden. Berechne, wie viele Tonnen Braunkohle mit einem Kohlenstoffgehalt von 65 % nicht hätten verbrannt werden dürfen.

A6 Die Zunahme der globalen Mitteltemperatur bedeutet nicht, dass es überall auf der Welt wärmer wird. Erkläre.

A7 Ermittle die nach B8 zu erwartende Änderung der Jahresmitteltemperatur für Deutschland in der Zeitspanne von 2000 bis 2070.

Klimamodelle. Der Anstieg der globalen Mitteltemperatur durch den anthropogenen Treibhauseffekt kann sich in unterschiedlicher Weise auswirken. Mit Klimamodellen berechnet man mögliche Veränderungen [B8]. Diesen Modellen liegen unterschiedliche Annahmen hinsichtlich der Auswirkungen verschiedener Faktoren auf das zukünftige Klima zu Grunde. Zu diesen Einflussfaktoren gehören zum Beispiel die Konzentration an Treibhausgasen in der Atmosphäre oder die Sonnenaktivität. Um Berechnungen durchzuführen, sind außerdem möglichst passende Annahmen nötig, wie sich diese Einflussfaktoren in den nächsten Jahren entwickeln. Diese Annahmen nennt man Szenarien. Da Klimamodelle die zeitliche Änderung der zu modellierenden Größen (z. B. Temperatur) erfassen, zählt man sie zu den **dynamischen Modellen**.

Auswirkungen auf das Erdklima. Klimamodelle zeigen, dass durch eine Erhöhung der Temperatur der Atmosphäre die Luftdruckgegensätze größer werden. Man erwartet daher häufigere und stärkere Stürme. In den Ozeanen können Veränderungen der Temperaturverhältnisse den Verlauf der Meeresströmungen beeinflussen. So sagen einige Modelle voraus, dass eine Erwärmung der Atmosphäre über dem Nordatlantik zu einem Abschmelzen des Eises in der Arktis führt. Wenn dann der Salzgehalt des Meerwassers vor Grönland sinkt, würden die Dichteverhältnisse im Nordatlantik verändert. Dies könnte zum Erliegen des Golfstroms führen. Da er das Klima in Europa wesentlich mitgestaltet, würden einschneidende Klimaveränderungen die Folge sein. Ferner würde die Vergrößerung des Meerwasservolumens durch Erwärmung und Schmelzen des in Grönland gebundenen Eises den Meeresspiegel ansteigen lassen und tiefer gelegene Küstenregionen würden versinken. Man vermutet, dass ca. im Jahr 2100 die Arktis im Spätsommer eisfrei ist, wenn die Konzentration der Treibhausgase weiter ansteigt.

Die Erwärmung der Nordhalbkugel fiele wegen der größeren Landmassen größer aus als die der Südhalbkugel. Daher nimmt man an, dass in den Monsungebieten Asiens und in den mittleren Breiten der Nordhalbkugel die Niederschläge zunehmen. Zudem könnten sich die Gegensätze zwischen Feucht- und Trockengebieten verstärken, was wiederum zu Dürren und Unwettern führen kann.

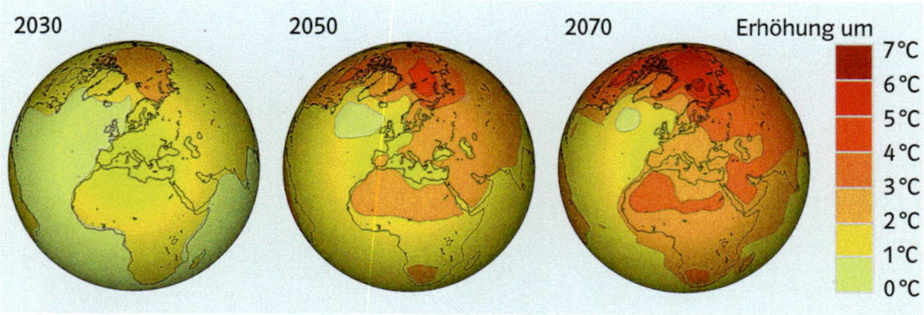

B8 Erhöhung der bodennahen Mitteltemperatur im Vergleich zur Zeitspanne 1980 – 1999 (Szenario)

In den vergangenen 150 Jahren beobachtet man ein immer schnelleres Ansteigen der globalen Mitteltemperatur [B7]. Dies ist nach Aussagen von Klimaforschern nicht mehr nur auf natürliche Klimaschwankungen zurückzuführen. Wenn es zu einer Klimakatastrophe kommt, sind die Menschen mit ihrem Ausstoß klimaschädlicher Gase mitverantwortlich.

Szenario in der Klimaforschung Plausible Voraussetzungen über zukünftige Entwicklungen, z. B. im Hinblick auf den Ausstoß von Treibhausgasen. Die Farb-Temperatur-Skala in B8 gibt an, um wie viel Grad Celsius die Temperatur von der Bezugstemperatur abweichen wird

A8 Der zunehmende Gehalt an Treibhausgasen in der Atmosphäre führt zur Verstärkung des Treibhauseffektes. Beschreibe mögliche Gefahren.

A9 Recherchiere zum Kyoto-Protokoll und zum sog. Post-Kyoto-Prozess. Fasse den aktuellen Stand der Ziele, Verhandlungen und Verträge kurz zusammen.

A10 Recherchiere im Internet, z. B. auf den Seiten des DKRZ (Deutsches Klimarechenzentrum), Aussagen über die Klimaentwicklung der nächsten Jahrzehnte.

A11 Erkläre den Unterschied zwischen gemessenen Temperaturwerten und solchen, die mit Hilfe von Klimamodellen simuliert wurden.

11.9 Impulse Modellieren mit Regelkreisen

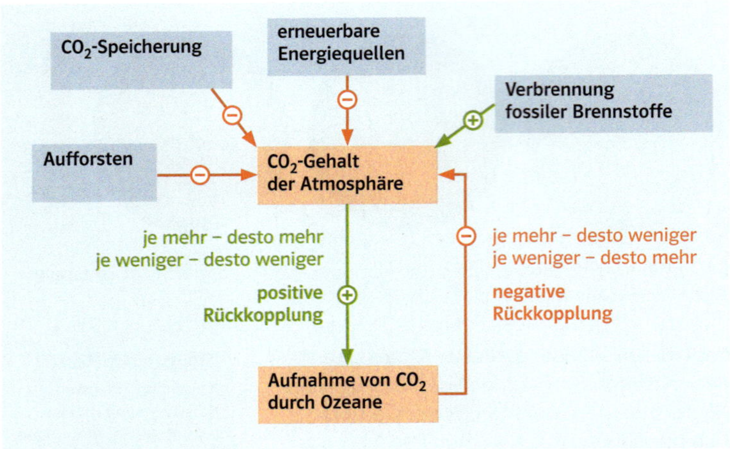

B1 Ein vereinfachtes Modell zu den Auswirkungen veränderter CO_2-Emissionen auf den CO_2-Gehalt der Atmosphäre

positive Kopplung zwei Größen stehen in einer „je mehr – desto mehr"-Beziehung

negative Kopplung zwei Größen stehen in einer „je mehr – desto weniger"-Beziehung

Rückkopplung eine Größe verändert direkt oder indirekt eine zweite Größe und wird selbst wieder von dieser verändert

Die Folgen veränderter Kohlenstoffdioxid-Emissionen lassen sich nur abschätzen. Viele Faktoren spielen eine Rolle. Mit Regelkreisen kann man Modelle beschreiben, die Veränderungen übersichtlich darstellen.

Steuern und Regeln. Steuern und Regeln sind ähnliche, aber verschiedene Vorgänge. Beim *Steuern* wird ein Faktor verändert, um eine Änderung eines weiteren Faktors zu bewirken. Zum Beispiel kann man bei einem Heizlüfter die Heizstufe verändern, um die Temperatur in einem Zimmer zu erhöhen. Eine *Regelung* geht über eine reine Steuerung hinaus, weil dort auch die bewirkten Änderungen einen Einfluss haben. Ein Thermostat einer Heizung ist ein *Regler*. Stellt man eine bestimmte Temperatur ein, heizt die Heizung zunächst. Erkennt der Temperaturfühler, dass die Zieltemperatur erreicht ist, reduziert er die Heizleistung oder schaltet die Heizung ab. Der Temperaturfühler wirkt also dann der Heizung entgegen. Eine solche **negative Rückkopplung** ist ein Kennzeichen einer **Regelung**.

Ein vereinfachtes Modell zu den Auswirkungen veränderter CO_2-Emissionen [B1]. Steigen die CO_2-Emissionen, so steigt auch der CO_2-Gehalt der Atmosphäre. Werden mehr fossile Brennstoffe verbrannt, steigt der Gehalt an CO_2 in der Atmosphäre.

Die Verbrennung fossiler Brennstoffe und der CO_2-Gehalt der Atmosphäre sind *positiv gekoppelt*. Werden dagegen Maßnahmen wie Aufforsten, Speicherung von CO_2 oder die Nutzung erneuerbarer Energiequellen verstärkt, nimmt der CO_2-Gehalt der Atmosphäre ab. Hier spricht man von einer *negativen Kopplung*. Je mehr CO_2 sich in der Atmosphäre befindet, umso mehr wird auch von den Ozeanen aufgenommen. Diese beiden Faktoren sind also positiv gekoppelt. Gleichzeitig führt eine Aufnahme von CO_2 durch die Ozeane dazu, dass der CO_2-Gehalt der Atmosphäre sinkt. Die beiden Faktoren sind als gleichzeitig *negativ rückgekoppelt*. Die in B1 dargestellte Rückkopplung bezeichnet man aufgrund der kreisförmigen Gestalt als **Regelkreis**. Insgesamt stellen sich der CO_2-Gehalt der Atmosphäre und die Aufnahme von CO_2 durch die Ozeane so ein, dass sich die Einflüsse aller Effekte verringern. Sie heben sich jedoch nicht auf. Dies liegt daran, dass B1, wie alle Modelle, eine Vereinfachung der Realität darstellt.

A1 Nenne Beispiele für negative Rückkopplungen.

A2 Das Modell in B1 ist eine Vereinfachung der Realität. Nenne unberücksichtige Faktoren.

A3 Zeichne einen Regelkreis, der folgende Faktoren berücksichtigt: CO_2-Emissionen, CO_2-Gehalt in der Atmosphäre, Temperatur, Pflanzenwachstum.

A4 Zeichne ein Modell, das folgende Faktoren in dieser Reihenfolge berücksichtigt und gib jeweils die Art der Kopplung an: CO_2-Gehalt der Atmosphäre, Temperatur der Atmosphäre, Temperatur der Ozeane, Abgabe von CO_2 aus den Ozeanen an die Atmosphäre. Nenne die Art der Rückkopplung zwischen CO_2-Gehalt der Atmosphäre und Abgabe von CO_2 aus den Ozeanen an die Atmosphäre, die sich insgesamt ergibt.

11.10 Exkurs Speicherung – eine Lösung des CO_2-Problems?

Mehr als 60 % der globalen CO_2-Emissionen stammen aus Kraftwerken zur Strom- und Wärmeerzeugung, Zementwerken und der Eisen- und Stahlproduktion [B2]. Für diesen Anteil des anfallenden CO_2 bietet sich evtl. die Speicherung im Boden als Alternative an.

Forschung. Bereits im Jahr 2004 begann man mit der Erforschung der CO_2-Speicherung im Boden. Man erkannte, dass trotz der Steigerung der Effektivität der Stromerzeugung sowie des Einsatzes erneuerbarer Energiequellen der Ausstoß von Kohlenstoffdioxid noch wesentlich zu hoch ist. Um das aus dem Abgas abgetrennte Kohlenstoffdioxid im Boden speichern zu können, sind bestimmte geologische Gegebenheiten erforderlich. Als Speicher können z. B. ehemalige Erdöl- und Erdgasspeichergesteine oder *saline Aquifere* dienen. Hierbei handelt es sich um unterirdische Sandsteinschichten, deren Poren wie ein Schwamm wirken können. In den Poren der salinen Aquifere fließt salzhaltiges Wasser, sie sind umschlossen von auch für Gase undurchlässigen Tonschichten.

Speicherung. Zur Erdgas- und Erdölförderung wird Kohlenstoffdioxid schon seit langem verwendet, um das Fördergut mit höherem Druck aus dem Speichergestein zu holen. Die Speicherung des eingebrachten Kohlenstoffdioxids war hier nur ein Nebeneffekt. Die heutige Forschung hat das Ziel, große Mengen Kohlenstoffdioxid dauerhaft in der Erde zu speichern. Zu Forschungszwecken sind bereits mehrere Millionen Tonnen Kohlenstoffdioxid in einem Erdgasfeld in Norwegen und in Brandenburg in die Erde gepresst worden.
In Brandenburg befinden sich große saline Aquifere. Der größte Teil des hierin eingebrachten Kohlenstoffdioxids löst sich, wie man es vom Mineralwasser kennt, zunächst im Salzwasser. Gegenstand der Forschung ist, ob im Laufe mehrerer Jahre das gelöste Kohlenstoffdioxid mit dem umliegenden Gestein reagiert, d. h., ob es mineralisiert wird.

Warum CO_2-Speicherung? Nach Schätzungen der Internationalen Energieagentur (IEA) wird die Nachfrage nach Energie in den kommenden Jahrzehnten steigen.
Auch weiterhin werden trotz des verstärkten Einsatzes regenerativer Energieerzeugung die fossilen Rohstoffe Kohle, Erdgas und Erdöl eine wesentliche Rolle spielen. Da die Belastung der Atmosphäre mit einer erhöhten Kohlenstoffdioxid-Konzentration dringend verringert werden muss, ist es notwendig, das beim Verbrennen fossiler Energieträger erzeugte Kohlenstoffdioxid zu „beseitigen".
Bis 2050 können nach Schätzungen des Weltklimarates zwischen 220 Milliarden und 2 200 Milliarden Tonnen Kohlenstoffdioxid unter der Erde oder im Meer gelagert werden. Mithilfe von CCS wäre es möglich, einen großen Teil der weltweiten CO_2-Emission nicht in die Atmosphäre gelangen zu lassen.

Sektor	Emission in %
Strom und Wärme	42
Verkehr	23
Industrie	20
Haushalte	6
Andere	9
Gesamte globale Emission: 34,4 Gigatonnen CO_2	

B2 Globale CO_2-Emission nach Sektoren (2012)

CCS Die Speicherung von Kohlenstoffdioxid wird auch als CCS (carbon capture and storage) bezeichnet

saline Aquifere Salzwasser führende Gesteinsschichten

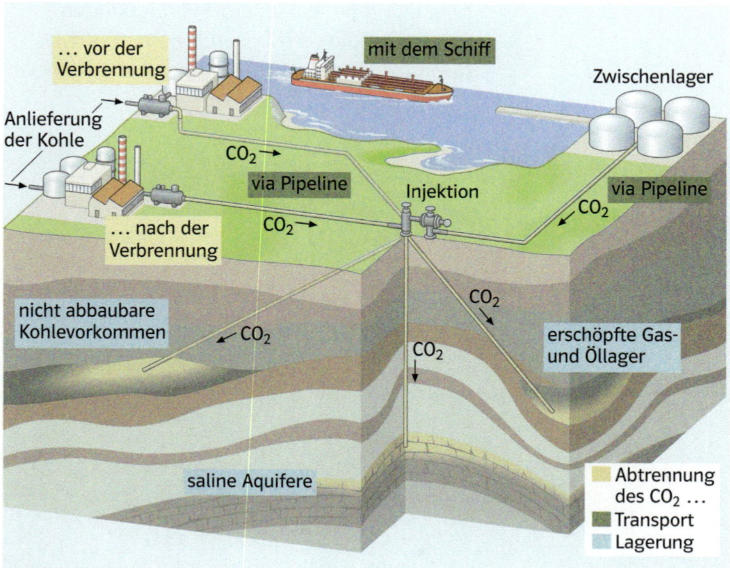

B1 CO_2-Abtrennung und -Lagerung. Bei der Abtrennung *vor* der Verbrennung (IGCC-Technologie) erzeugt man zuerst Wasserstoff und Kohlenstoffdioxid aus Kohle, Sauerstoff und Wasser und verbrennt *anschließend* Wasserstoff in einer Gasturbine

A1 Verbraucherverbände und Umweltschutzorganisationen befürchten negative Auswirkungen von CSS auf den Strompreis sowie auf die Weiterentwicklung alternativer Energietechnologien. Recherchiere dazu im Internet und beziehe Stellung.

11.11 Exkurs Landwirtschaft und Böden als Klimafaktoren

CO_2-Reservoir	Gigatonnen
Litosphäre (Sedimente)	75 Mio
Ozean	35 000
Kohle, Erdöl, Erdgas	4 100
Böden (Humus, Torf)	2 500
Permafrostböden	950 bis 1 700
Biosphäre (Pflanzen, Tiere)	800
Atmosphäre	730

B1 Globale CO_2-Reservoire, 2009 (teilweise Schätzungen)

Gigatonne $1\,Gt = 10^9\,t$ (1 Milliarde Tonnen)

Das Klima der Erde wird von vielen Faktoren beeinflusst. Eine wesentliche Rolle spielen die Böden, auf denen Pflanzen wachsen. Diese beeinflussen die Reflexion der Sonnenstrahlung in den Weltraum. Außerdem enthalten sie Kohlenstoff-Verbindungen und sind damit Speicher des Elements Kohlenstoff.

Permafrostböden als Kohlenstoffspeicher. „Riesige Mengen Kohlenstoff im ewigen Eis gespeichert." So lautete eine Zeitungsmeldung, die sich auf Ergebnisse einer Langzeituntersuchung der **Permafrostböden** in der Nordpolregion bezog.
Die Landmassen nördlich des 50. Breitengrades enthalten etwa die Hälfte des in Böden gespeicherten Kohlenstoffs. Das ist doppelt so viel, wie in der Atmosphäre in Form von Kohlenstoffdioxid und Methan vorhanden ist.

In einigen Regionen der Nordhalbkugel ist der Boden bis zu Tiefen von einigen hundert Metern gefroren [B2]. In diesen **Permafrostregion** genannten Gebieten taut die oberste Bodenschicht im Sommer auf, und es entwickelt sich eine spärliche Vegetation. In den Mooren und Sümpfen entstehen durch mikrobielle Zersetzung die Kohlenstoff-Verbindungen Kohlenstoffdioxid (CO_2) und Methan (CH_4) sowie die Stickstoff-Verbindung Lachgas (N_2O).

B2 Durch Grabenbruch freigelegter Permafrostboden in Alaska mit einem Eiskeil, über dem eine dünne Vegetationsschicht liegt

B3 Der Nordpol im September 2008

Alle drei Gase sind effektive Treibhausgase, die zur Klimaerwärmung beitragen. In einem Forschungsprojekt der Europäischen Kommission wurde nun festgestellt, dass durch die Erwärmung des Klimas die Böden stärker auftauen und der Permafrost an den Rändern sogar zurückgeht. Die Emission der Treibhausgase wird stärker. Man befürchtet nun einen *Rückkopplungseffekt*: die Emission der Treibhausgase führt zur Erwärmung der Atmosphäre, der gefrorene Boden taut stärker auf, die Produktion der Treibhausgase steigt, usw.

Landwirtschaft und Klima. Seit Menschen sesshaft geworden sind und Landwirtschaft betreiben, wandeln sie die natürliche Vegetation in Acker- und Weideland um. Das hatte und hat Folgen für das Klima der Erde. So beeinflusst der Mensch schon sehr lange das Klima, auch in vorindustrieller Zeit. Ackerflächen wurden fast immer durch Rodung von Wäldern gewonnen; der im Holz gespeicherte Kohlenstoff gelangte dann über kurz oder lang als Kohlenstoffdioxid in die Atmosphäre. Vernichtung von Vegetation führt zur Produktion von Kohlenstoffdioxid.

Gleichzeitig speichern Pflanzen Kohlenstoff, indem sie Kohlenstoffdioxid aus der Atmosphäre durch die Fotosynthese in andere Kohlenstoff-Verbindungen umwandeln. In den 1990er Jahren nahmen die Kontinente von den jährlich etwa 6,4 Gigatonnen Kohlenstoffdioxid, die aus der Verbrennung von Kohle, Erdgas und Erdöl entstanden, etwa eine Gigatonne wieder auf. Etwa 15 % der aus der Verbrennung fossiler Brennstoffe entstanden Emissionen wurden so von der Vegetation gespeichert. Man spricht hier von der **Land-Kohlenstoffsenke**.

B4 Getreideernte. Bewirtschaftung der Böden hat Einfluss auf das lokale Klima

Unterschiedliche Vegetationsformen haben zudem Einfluss auf die Reflexion der Sonnenstrahlung. So hat man errechnet, dass die aufgenommene Sonneneinstrahlung in Europa, Indien und China im Laufe der Landnutzung um 2 W/m^2 abgenommen hat. Wie Wolken, Eis- und Wasseroberflächen, so reflektieren auch Böden die Sonnenstrahlung. Dies hat einen abkühlenden Effekt zur Folge, der dem Treibhauseffekt entgegengesetzt ist. So wird das lokale Klima durch die Art der Vegetation mitbestimmt [B4].

Eine immer wieder propagierte Wiederaufforstung ist in mittleren Breiten nicht in jedem Fall ein Mittel gegen den Klimawandel. Durch eine geringere Reflexion der Sonnenstrahlung wird der Effekt der Kohlenstoffdioxidspeicherung der Wälder wieder zunichte gemacht.

A1 Permafrostregionen gibt es rund um den Nordpol [B3]. Ermittle die Länder, deren Gebiete an der Permafrostregion beteiligt sind.

A2 In der Permafrostregion entstehen nur im Sommer die Treibhausgase Kohlenstoffdioxid, Methan und Distickstoffmonooxid. Begründe diesen Sachverhalt.

A3 Distickstoffmonooxid entsteht u. a. bei der mikrobiellen Zersetzung von Exkrementen. Recherchiere die Prozesse, bei denen Lachgas entsteht.

Lachgas als Treibhausgas. Lachgas (N_2O) gehört zu den wichtigsten Treibhausgasen, es ist 300-mal so wirksam wie Kohlenstoffdioxid. Größere Mengen an Lachgas entstehen beim mikrobiellen Abbau der Exkremente weidender Schafe oder Rinder [B5]. Man ging daher davon aus, dass die Zunahme der Viehhaltung in Steppen oder Präriegebieten zur wachsenden Lachgaskonzentration in der Atmosphäre beiträgt. Neuere Untersuchungen haben jedoch ergeben, dass nicht beweidete Steppenflächen mehr Lachgas freisetzen als die zur Viehhaltung genutzten.

Lachgas ist der Trivialname für Distickstoffmonooxid (auch Distickstoffoxid)

Ursache ist u. a. die durch die Beweidung geringere Grashöhe, die im Winter bewirkt, dass Schnee leichter abtransportiert wird und die Flächen dadurch stärker abkühlen. In der Tauperiode des Frühjahrs wird so die mikrobielle Lachgasproduktion gehemmt.

Allerdings produzieren Rinder bei der Verdauung Methan, das ebenfalls als Treibhausgas wirksam ist. Viehherden können sich also sowohl günstig als auch ungünstig auf das Klima auswirken.

B5 Lachgas- und Methanproduzenten: weidende Rinder im Hochgebirge

11.12 Impulse Polarforschung

B1 Neumayer-Station III

B3 Ein Eisbohrkern

Antarktis von altgriech. Antarktikos, „der Arktis gegenüber"

Meeressedimente Ablagerungen von Gestein und Überresten von Lebewesen in einem Meeresbecken

Klimaforscher untersuchen, wie sich das Klima im Vergleich zu früher verändert hat. Aktuelle Veränderungen lassen sich anhand der vorhandenen Messdaten leicht nachvollziehen. Zum Beispiel nimmt die Geschwindigkeit, in der das „ewige Eis" der Antarktis [B4] schmilzt, immer mehr zu. Aber woher weiß man, wie das Klima vor mehreren Tausend Jahren gewesen ist?

Untersuchung des Eises. In der Antarktis befinden sich mehrere Forschungsstationen, z. B. die vom Alfred-Wegener-Institut seit 2009 betriebene Neumayer-Station III [B1]. Um das Eis zu untersuchen, bohrt man mit einem Hohlbohrer in die Tiefe und bekommt dabei einen Eisbohrkern [B3]. Dieser enthält Eisschichten unterschiedlicher Dicke, die den Jahresringen eines Baumes ähneln. Vor allem sind die winzigen Gasbläschen interessant, die im Eis eingeschlossen sind. Die Forscher ermitteln darin den Anteil des Kohlenstoffdioxids und des Methans, um mehr über das damalige Klima zu erfahren. Auch der Anteil bestimmter Isotope (s. Kap. 2.16) wie ^{18}O erlaubt Rückschlüsse.

Untersuchung der Meere. Auch bei der Erforschung der Meere werden nicht nur die aktuellen Folgen erhöhter Temperatur und Versauerung der antarktischen Ozeane auf Fische und Meerespflanzen deutlich. Die Untersuchung des Meeresbodens erlaubt einen Blick in die Vergangenheit, als die Antarktis noch nicht von Eis bedeckt war. Überreste bestimmter Lebewesen deuten auf gewisse klimatische Bedingungen hin.

B2 Forschungsschiff in der Antarktis

A1 Erkläre, inwiefern Eisbohrkerne Rückschlüsse auf das Klima vergangener Zeiten geben können.

A2 Recherchiere, wie alt das älteste Eis ist, das man bislang untersucht hat.

A3 Die Untersuchung von Meeressedimenten erlaubt, dass man weiter in die Vergangenheit der Klimageschichte zurückblicken kann als mithilfe von Eisbohrkernen. Erkläre.

B4 Lage der Antarktis

11.13 Exkurs Der Stickstoffkreislauf

Die Tatsache, dass die für das Wachstum wichtigen *Elemente* Kreisläufe durchlaufen, hat schon 1840 der Chemiker JUSTUS VON LIEBIG formuliert [B2]. Nicht nur der Transport des Elements Kohlenstoff in seinen Verbindungen findet auf der Erde in einem Kreislauf statt. Zu den Elementen, die von besonderer Bedeutung für das Wachstum von Pflanzen, Tieren und Menschen sind, gehört der Stickstoff.

Kreislauf des Elements Stickstoff. Stickstoff-Verbindungen dienen den Pflanzen z. B. zum Aufbau von Proteinen (Eiweißstoffen).
Nur wenige Pflanzen wie die Leguminosen, zu denen Lupine und Klee gehören, können mithilfe von Bakterien in ihren Wurzeln (Knöllchenbakterien) Stickstoff aus der Luft verarbeiten. Die anderen sind auf Ammonium- oder Nitrat-Ionen aus dem Boden angewiesen. Tiere und Menschen können ihren Stickstoffbedarf aus pflanzlichem Eiweiß decken.

Ausscheidungen von Tieren und Menschen sowie abgestorbene Pflanzen und Körper toter Tiere werden im Boden unter Bildung von Ammoniak bzw. Ammoniumsalzen abgebaut. Diese können wieder zu Nitraten oxidiert werden **(Nitrifizierung)**. Ein Teil der Nitrate wird dem Kreislauf durch Bakterien entzogen, die Nitrate in Stickstoff umwandeln. Dieser wird an die Atmosphäre abgegeben **(Denitrifizierung)**. Bei Gewittern entstehen in Blitzen so hohe Temperaturen, dass sich aus Stickstoff und Sauerstoff Stickstoffmonooxid bildet. Dies kann weiter zu Salpetersäure reagieren, die mit dem Regenwasser in den Boden gelangt.

A1 Beschreibe durch Auswertung von B1, auf welchen Wegen Stickstoff-Verbindungen in den Boden gelangen können.

A2 In der ökologischen Landwirtschaft verzichtet man auf Mineraldünger. Wie können dem Boden trotzdem die notwendigen Stickstoff-Verbindungen zugeführt werden?

A3 Die Aminosäure Glycin ($C_2H_5NO_2$) ist ein Baustein von Eiweißen. Berechne die Anzahl der Stickstoff-Atome in 1 kg Glycin.

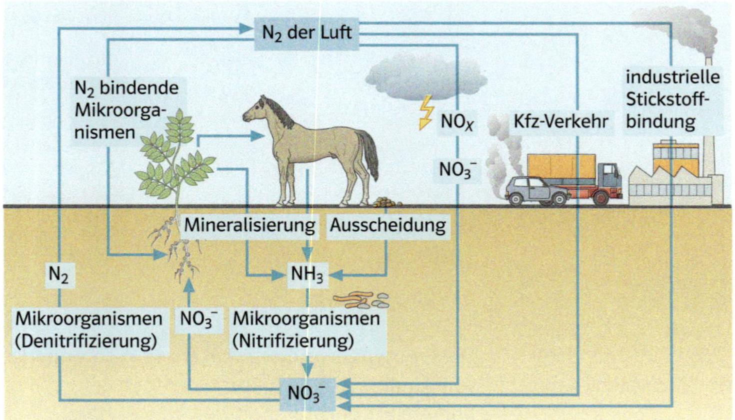

B1 Kreislauf des Stickstoffs

Der Stickstoffkreislauf wird durch die landwirtschaftliche Nutzung gestört, da ein großer Teil der Stickstoff-Verbindungen mit der Ernte weggeführt wird. Diese können mit der Wirtschaftsdüngung, durch Mist oder Gülle, zumindest teilweise wieder ersetzt werden.

Bis zum Anfang des 20. Jahrhunderts stand im Wesentlichen nur der hauptsächlich in Chile abgebaute Natronsalpeter (Chilesalpeter, $NaNO_3$) als zusätzlicher Dünger zur Verfügung. Seit 1913 kann mit dem Haber-Bosch-Verfahren (Kap. 8.10) großtechnisch Ammoniak aus Wasserstoff und Stickstoff hergestellt werden. Durch eine nachfolgende Oxidation des Ammoniaks können Nitrate zur Herstellung von Düngemitteln gewonnen werden. Etwa 80 % des weltweit produzierten Ammoniaks werden zu Düngemitteln verarbeitet.

Stickoxide NO_x

Ammoniak-Molekül NH_3

Ammonium-Ion NH_4^+

Salpetersäure HNO_3

Nitrat-Ion NO_3^-

Kohlensäure, Ammoniak und Wasser enthalten in ihren Elementen die Bedingungen zur Erzeugung aller Thier- und Pflanzenstoffe, während ihres Lebens. Kohlensäure, Ammoniak und Wasser sind die letzten Producte des chemischen Prozesses ihrer Fäulniß und Verwesung. Alle die zahllosen, in ihren Eigenschaften so unendlich verschiedenen, Producte der Lebenskraft nehmen nach dem Tode die ursprünglichen Formen wieder an, aus denen sie gebildet worden sind. Der Tod, die völlige Auflösung einer untergegangenen Generation, ist die Quelle des Lebens für eine neue.

B2 Text von JUSTUS VON LIEBIG über den Kreislauf der Elemente aus dem Jahre 1840 (Auszug)

11.14 Regenerative Energiequellen

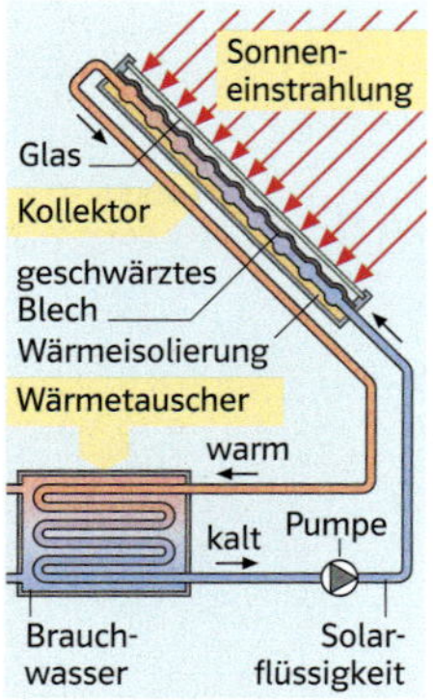

B1 Sonnenkollektor

	Fossile Brennstoffe	Alternativen zu fossilen Brennstoffen		
		Regenerative Kohlenwasserstoffe	**Sonstige nachwachsende Rohstoffe**	**Sonstige alternative Stoffquellen**
Beispiele	Kohle Erdöl Erdgas	Pflanzenöl Biodiesel Biogas Bioethanol	Holzhackschnitzel Holzpellets	Mithilfe von Solar-Wasserstoffanlagen hergestellter Wasserstoff
Entstehungszeitraum	Millionen von Jahren	Kann in einem Menschenleben nachwachsen und/oder hergestellt werden		

B3 Brennstoffe

Regenerative Energiequellen Quellen erneuerbarer Energie

Kernfusion „Verschmelzung" von Atomkernen. Ein Großteil der Sonnenenergie wird durch Kernfusion erzeugt

Solarflüssigkeit Die Solarflüssigkeit muss einerseits im Winter frostsicher sein, andererseits wegen der hohen Kollektortemperaturen im Sommer verdampfungssicher. Meist wird als Solarflüssigkeit ein Gemisch aus Wasser und Propan-1,2-diol verwendet

B2 Polykristalline Silicium-Solarzelle

Die Energiegewinnung durch das Verbrennen von Kohle, Erdöl und Erdgas erhöht den Kohlenstoffdioxidgehalt der Atmosphäre. Zudem sind diese **fossilen Energieträger** nicht unbegrenzt vorhanden. Daher ist es notwendig, nach Alternativen zu suchen.
Man setzt hier auf Energie aus Sonne, Wind, Wasser, Erdwärme und nachwachsenden Rohstoffen. Man bezeichnet diese als **regenerative Energiequellen**.

Energie von der Sonne. Die Sonne erzeugt Energie durch Kernfusionen. Dies wird noch viele Millionen Jahre im praktisch gleichen Ausmaß stattfinden; daher betrachtet man die Sonnenenergie als erneuerbar. Ein winziger Bruchteil der Sonnenenergie kommt auf der Erde an und kann mithilfe von Sonnenkollektoren und Fotovoltaikanlagen genutzt werden.

Sonnenkollektoren [B1] unterstützen die Warmwasserversorgung des Haushalts. Die schwarzen Kunststoff- oder Metallplatten der Kollektoren wandeln Sonnenstrahlung in thermische Energie um und leiten diese an eine spezielle Flüssigkeit weiter. Eine Pumpe bewegt die erwärmte Flüssigkeit durch Rohrleitungen zum Wärmetauscher.

Fotovoltaik setzt man auf Hausdächern und auch in großen Anlagen [B6] zur Stromerzeugung ein. In Solarzellen wird Sonnenstrahlung in elektrische Energie umgewandelt. Die meisten Solarzellen bestehen hauptsächlich aus Silicium [B2]. Die Energie der Sonnenstrahlung transportiert Elektronen von einer Siliciumschicht in die andere und erzeugt dadurch eine elektrische Spannung.

Energie aus Wind und Wasser. Die Stromerzeugung mit Windkraftanlagen nutzt indirekt die Sonnenenergie. Die Luftströmungen auf der Erde, die sich in Wind und Sturm äußern, werden von der Sonnenstrahlung verursacht. In Deutschland gibt es nicht genügend Standorte mit ausreichender Windgeschwindigkeit, daher baut man auch im Meer sog. Offshore-Windparks [B4]. Das Problem der Stromerzeugung mithilfe der Windkraft ist die unzureichende Speichermöglichkeit. Nur wenn der Wind weht, kann Strom erzeugt werden in Zeiten der Windstille wird aber ebenfalls Strom benötigt. Daher sind Systeme erforderlich, die Strom verbrauchen, wenn genügend vorhanden ist und Strom erzeugen, wenn er benötigt wird.
Eine Lösung des Problems besteht in **Pumpspeicherwerken**. Überschüssiger Strom aus Windkraftanlagen pumpt Wasser auf ein höheres Niveau. Wenn Strom erzeugt werden soll, lässt man das Wasser durch Turbinen nach unten fließen; diese treiben Generatoren an.

Auch **Wasserkraftwerke** [B6] nutzen indirekt die Sonnenenergie. Ohne Sonne gäbe es keine Wasserverdunstung und folglich keinen Regen und keine Flüsse. Wasserkraftwerke baut man an Stauseen und an Staustufen von Flüssen. Die Zahl der Stauseen und Staustufen begrenzt die Stromerzeugung durch Wasserkraft in Deutschland. Weltweit beträgt der Anteil der Wasserkraft an der Stromerzeugung etwa 19 %.

Energie aus der Erde. Wärme und Strom lassen sich auch aus der **Geothermie** (Erdwärme) erzeugen.

B4 Offshore-Windpark

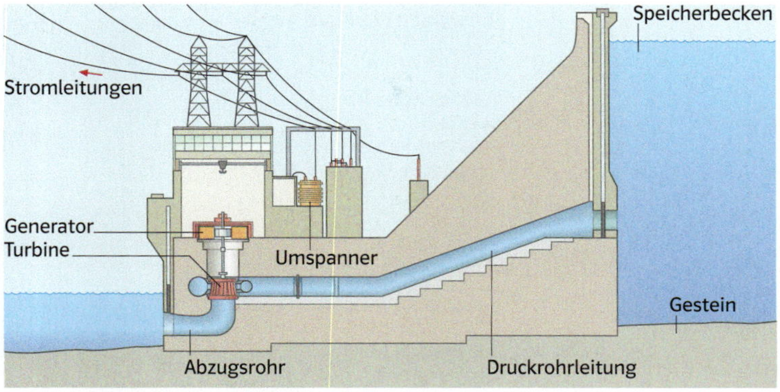

B5 Prinzip eines Wasserkraftwerks

Diese Energie stammt nicht von der Sonne. Es handelt sich zum Teil um gespeicherte thermische Energie aus der Zeit der Erdentstehung, außerdem wird durch Radioaktivität im Erdinneren ständig neue Wärme erzeugt. Da dies noch viele Millionen Jahre der Fall sein wird, betrachtet man auch die Geothermie als regenerativ.
In **Geothermiekraftwerken** wird Wasser 3 000 bis 5 000 m tief unter die Erde gepumpt. Dort erwärmt es sich auf ca. 150 °C. Aus einem zweiten, etwa 100 m entfernten Bohrloch strömt es wieder nach oben und treibt Turbinen zur Stromerzeugung an. Häufiger wird die Geothermie allerdings in Kombination mit Wärmepumpen zur Erwärmung von Wasser (Brauchwasser und Heizung) genutzt. Dafür benötigt man geringere Tiefen.

Energie aus nachwachsenden Rohstoffen. Unter nachwachsenden Rohstoffen versteht man alle Arten von Pflanzen, wie z. B. Bäume, Mais, Getreidestroh, Raps und Sonnenblumen. Bei der Verbrennung der Biomasse von Pflanzen wird das Kohlenstoffdioxid, welches zuvor bei der Fotosynthese aufgenommen wurde, wieder frei. Biogas besteht hauptsächlich aus Methan (Kap. 3.15). Es entsteht durch die Zersetzung organischen Materials durch Bakterien unter Luftabschluss in Biogasanlagen. Verwendung finden dabei z. B. Haushaltsabfälle oder Abfälle aus der Landwirtschaft wie Gülle, Mist und Pflanzenreste. Das Biogas wird zur Wärme- und Stromgewinnung verbrannt. Feste Rückstände aus der Biogasanlage werden als Dünger verwendet. *Pflanzenöle* werden aus Ölpflanzen [B7] gewonnen. Diese werden gepresst; das Öl wird filtriert. Pflanzenöle werden direkt zur Strom- und Wärmeerzeugung eingesetzt oder nach Weiterverarbeitung als Biodiesel verwendet. *Holz, Holzhackschnitzel* und *Holzpellets* sind häufig Abfälle von Sägewerken. Sie werden zur Gewinnung von nutzbarer Energie direkt verbrannt.
Viele nachwachsende Rohstoffe wie z. B. Biogas, Pflanzenöle und Holz werden auch als **regenerative Energieträger** bezeichnet.

B6 Fotovoltaikanlage

A1 Beschreibe die verschiedenen Möglichkeiten der Energiegewinnung.

A2 Erörtere die Risiken, die mit der Nutzung fossiler Brennstoffe einhergehen.

A3 Eine spezielle Art von Sonnenkollektoren wird in Parabolrinnenkraftwerken eingesetzt. Stelle die Funktionsweise dieses Systems dar.

A4 Diskutiere die Probleme, die sich aus der Nutzung regenerativer Energiequellen ergeben, die von der Sonne abhängig sind.

A5 Beschreibe die Stromerzeugung in einem Wasserkraftwerk.

A6 Recherchiere Möglichkeiten der Stromspeicherung und stelle das Ergebnis vor.

A7 Geothermische Kraftwerke lohnen sich ganz besonders in bestimmten Weltgegenden. Erkläre.

B7 Ölpflanzen: Ölpalme (oben), Raps (unten)

Energiequellen und Art der Nutzung		Standortvoraussetzungen	Vorteile	Nachteile
Laufwasserkraftwerke (Wasser) nutzen das strömende Wasser des Flusses	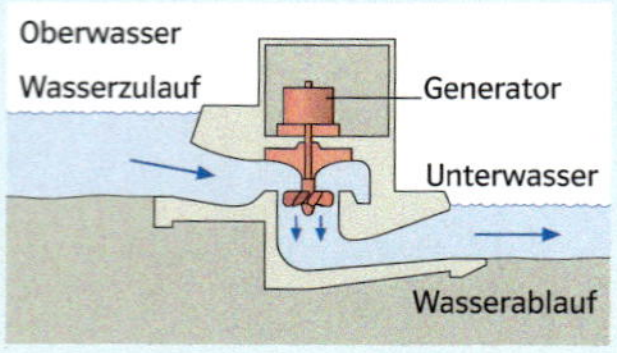	genügend Gefälle, ausreichende Wassermenge	niedrige Fallhöhe des Wassers ist ausreichend	Probleme durch schwankende Wasserhöhen sind möglich
Speicherkraftwerke (Wasser) nutzen die Energie von aufgestautem Wasser z. B. bei Talsperren	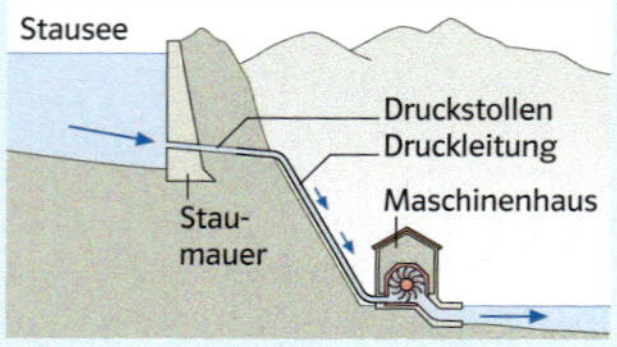	geeignete Geländeformen: Höhenunterschiede	kurzfristige Abgabe großer Energiemengen für Spitzenbedarf ist möglich	der Bau ist ein großer Eingriff in die Landschaft, möglicher Wassermangel bei Trockenzeiten
Gezeitenkraftwerke (Wasser) in engen Meeresbuchten nutzen die Wasserströmung beim Steigen und Fallen des Wassers (Ebbe und Flut)	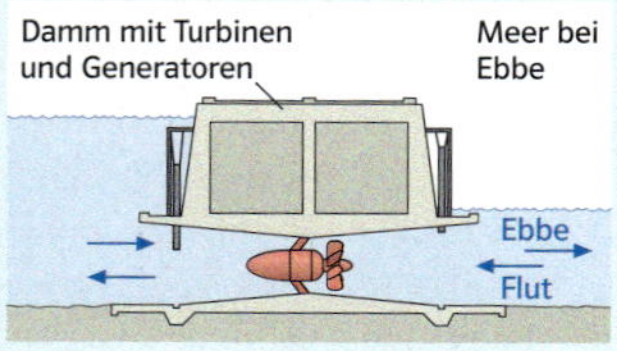	hoher Tidenhub, geeignete Buchten oder Flussmündungen	Großanlagen möglich	Energie nur zeitweise verfügbar, technisch aufwendig, hoher Verschleiß durch Salzwasser
Sonnenkollektoren (Sonne): die Sonnenenergie erhitzt Wasser und Kollektoren, z. B. für Warmwasser zum Duschen	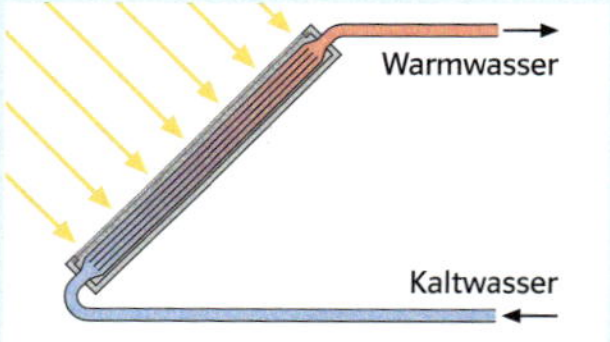	hohe Sonnenscheindauer, in den Tropen und Subtropen besonders gut geeignet	unerschöpflich, wichtig in Gebieten, die nicht an die Stromversorgung angeschlossen sind	Energie nicht immer verfügbar, Stromerzeugung technisch sehr aufwendig, großer Flächenbedarf bei Großanlagen
Solarzellen (Sonne): direkte Umwandlung von Licht in elektrische Energie („Fotovoltaik“)	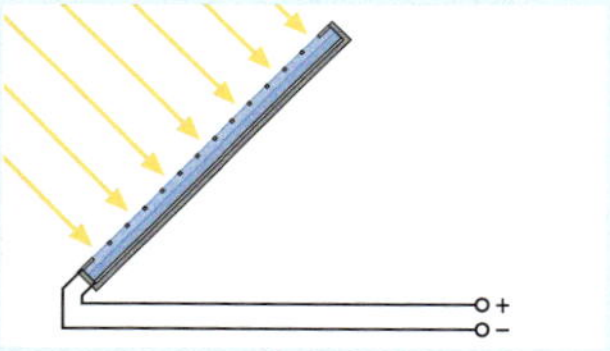			
Windenergie: Windrad (Rotor) treibt einen Generator zur Stromerzeugung an	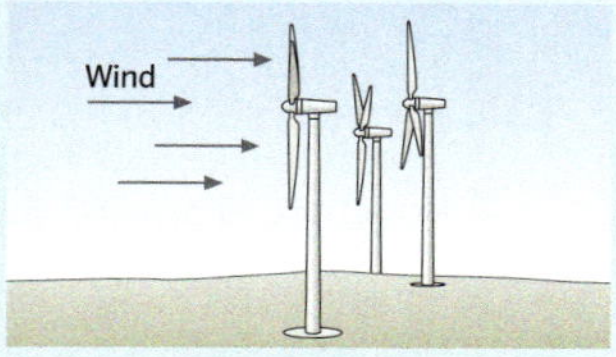	gleichmäßig starke Winde (Küsten, Ebenen, Berggipfel)	unerschöpflich, wichtig in Gebieten, die nicht an die Stromversorgung angeschlossen sind	nicht immer verfügbar, geringe Leistung, große Windanlagen beeinträchtigen das Landschaftsbild („Verspargelung“)
Geothermiekraftwerke: Nutzung der thermischen Energie im Erdinneren (Heißdampf, Heißwasser) für Heizung oder Stromerzeugung	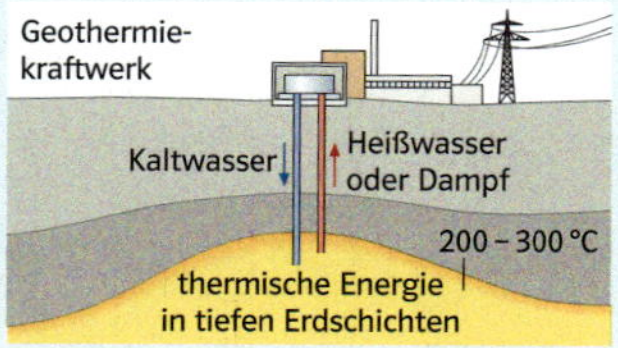	Vulkangebiete, Schwächezonen der Erdkruste (z. B. Norditalien, Kalifornien, Island)	gleichmäßige Energieabgabe	günstige Standorte schwer vorhersagbar bzw. ermittelbar

11.15 Durchblick Zusammenfassung und Übung

Kohlenstoffdioxid und Kohlensäure
Kohlenstoffdioxid reagiert mit Wasser in geringem Ausmaß zu Kohlensäure:

$$CO_2 + H_2O \longrightarrow H_2CO_3$$

Die Lösung ist schwach sauer:

$$H_2CO_3 + H_2O \longrightarrow H_3O^+ + HCO_3^-$$

Säurerest-Anionen der Kohlensäure
Es gibt zwei Anionen der Kohlensäure: das Hydrogencarbonat-Ion (HCO_3^-) und das Carbonat-Ion (CO_3^{2-}).

Bildung und Auflösung von Kalkgestein
Die Ursache für viele Veränderungen im Kalkgestein beruht auf der Auflösung und Abscheidung des Calciumcarbonats durch folgende, umkehrbare Reaktion:

$$CaCO_3(s) + CO_2(g) + H_2O(l) \longrightarrow Ca^{2+}(aq) + 2\,HCO_3^-(aq)$$

Kohlenstoffkreislauf
Der Transport der C-Atome in ihren Verbindungen zwischen Atmosphäre [B2], Biosphäre, Hydrosphäre und Lithosphäre wird durch den globalen Kohlenstoffkreislauf dargestellt [B1].

Kohlenstoffdioxid im Ozean
In den Ozeanen ist CO_2 gelöst. Die Löslichkeit ist von der Temperatur abhängig: Kaltes Wasser löst mehr CO_2 als warmes. Viele in den Ozeanen lebende Organismen bilden Kalkskelette, die nach ihrem Absterben zur Sedimentbildung beitragen. Je mehr CO_2 gelöst ist, desto saurer ist das Wasser. Der sinkende pH-Wert des Meeres kann zum Absterben der Meeresorganismen führen, die Kalkskelette bilden.

Kohlenstoffsenken
Kohlenstoffsenken sind Speicher für C-Verbindungen. Beispiele sind Wälder und Meere. Das Abholzen von Wäldern wirkt sich ungünstig auf den CO_2-Gehalt der Atmosphäre aus.

Energiequellen
Zu den regenerativen (erneuerbaren) Energiequellen gehören: Sonne, hochgelegenes oder strömendes Wasser, Wind und Erdwärme, nachwachsende Rohstoffe und andere regenerative Energieträger. Den regenerativen Energieträgern stehen die fossilen Energieträger (Kohle, Erdöl, Erdgas) gegenüber. Diese gehören nicht zu den regenerativen Energiequellen, da sie in einem Menschenleben nicht gebildet werden bzw. nachwachsen können.

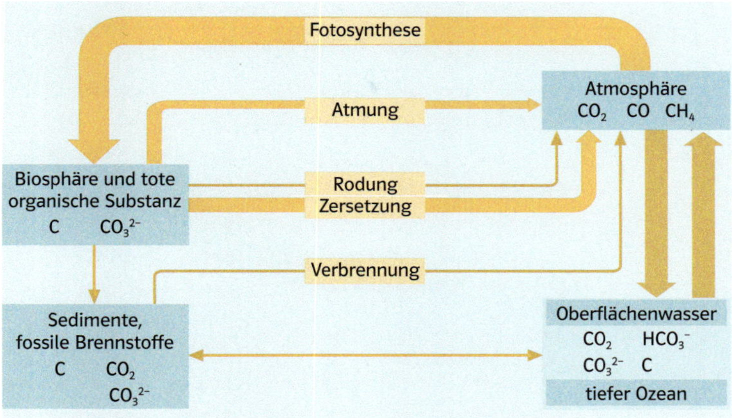

B1 Wege des Kohlenstoffs im globalen Kohlenstoffkreislauf

Natürlicher Treibhauseffekt
Die Treibhausgase in der Atmosphäre absorbieren die von der Erde abgegebene Wärmestrahlung und geben sie verzögert in den Weltraum ab. Wichtige natürliche Treibhausgase sind Wasserdampf, Kohlenstoffdioxid, Methan, Distickstoffmonooxid und Ozon. Ohne den Treibhauseffekt läge die globale Mitteltemperatur bei ca. −18 °C statt zurzeit bei ca. +15 °C.

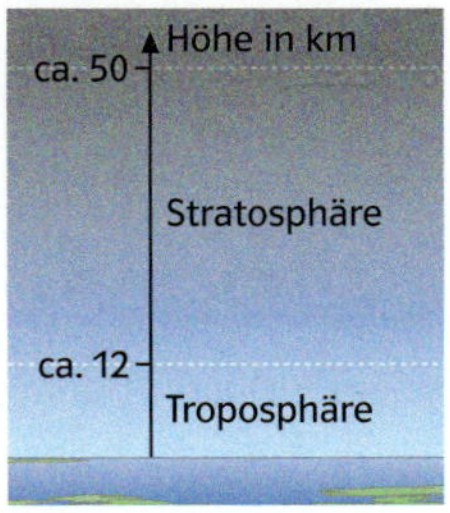

B2 Aufbau der unteren Atmosphäre (Lufthülle der Erde)

Anthropogener Treibhauseffekt
Durch menschliche Aktivitäten werden Treibhausgase erzeugt, die zusätzlich zum natürlichen Treibhauseffekt die Temperatur der Atmosphäre erhöhen. Der anthropogene Treibhauseffekt wird vor allem durch die Emission von CO_2 bei der Verbrennung fossiler Energieträger verursacht.

Klima
Das Klima ist der Zustand der Atmosphäre und des darunter liegenden Landes oder Wassers, der über längere Zeiträume festgestellt wird. Durch die zusätzliche Erwärmung der Atmosphäre kann es zu Klimaveränderungen kommen, die das Leben auf der Erde erschweren.

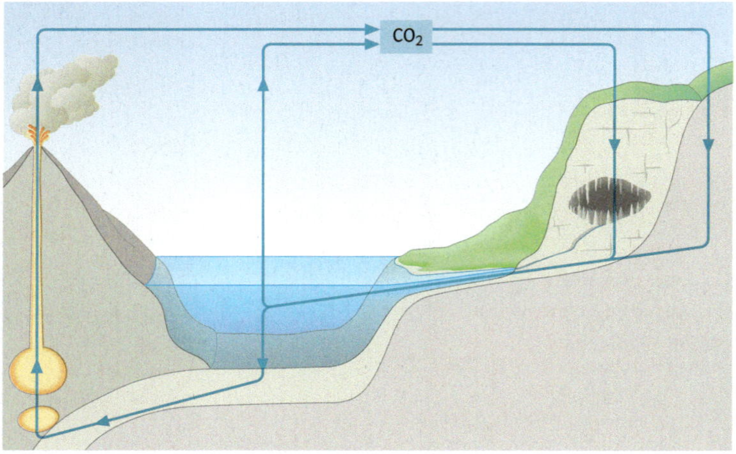

B3 Der geologische Kohlenstoffkreislauf

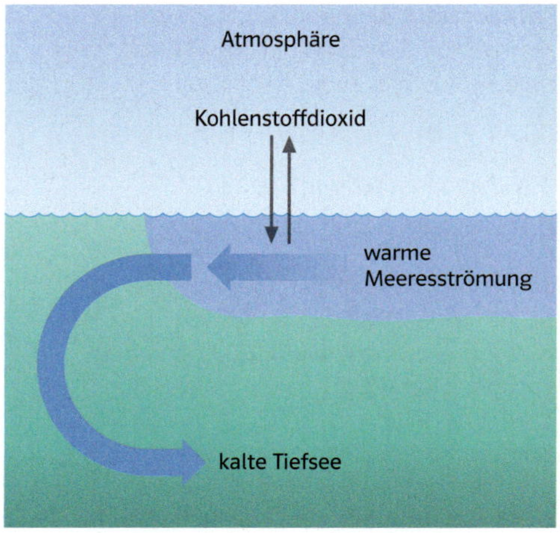

B5 Kohlenstoffdioxid wird durch absinkendes Wasser der Tiefsee zugeführt

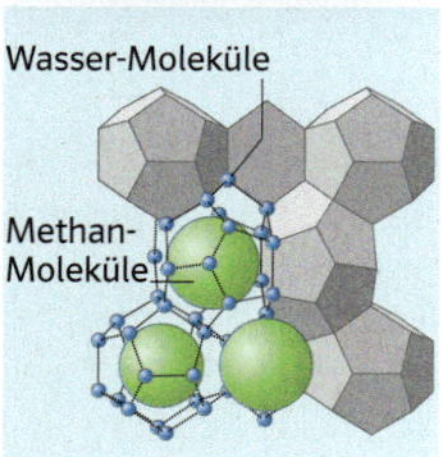

B4 Brennendes Methanhydrat (oben) und Modelldarstellung des Methanhydrats (unten)

A1 Erläutere die in B3 dargestellten Wege des Kohlenstoffs und ordne ihnen chemische Reaktionen zu.

A2 In den Sommermonaten ist die Konzentration von Kohlenstoffdioxid über großen Waldgebieten deutlich geringer als knapp über dem Boden. Erkläre diese Beobachtung.

A3 Nenne die Einflüsse des Menschen auf den Kohlenstoffkreislauf. Nenne Kohlenstoffsenken, die diese Einflüsse abmildern.

A4 Erkläre, warum von der Versauerung der Meere gesprochen werden kann, obwohl Meerwasser mit einem durchschnittlichen pH-Wert von 8 weiterhin schwach alkalisch ist.

A5 Bei einer Algenblüte entnehmen die Algen dem Meerwasser sehr viel Kohlenstoffdioxid. Trotzdem bleibt die CO_2-Konzentration des Meerwassers im Wesentlichen gleich, da ständig aus zwei Quellen CO_2 „nachgeliefert" wird. Erläutere diesen Sachverhalt anhand von Reaktionsgleichungen.

A6 Beschreibe die Abbildung B5. Erkläre die dargestellten Vorgänge.

A7 Erkläre den natürlichen und den anthropogenen Treibhauseffekt.

A8 Die Zunahme des Kohlenstoffdioxid-Anteils der Atmosphäre hat Auswirkungen auf die globale Temperatur.
a) Begründe diese Aussage ausführlich.
b) Nimm Stellung zur Absicht der Politik, die Zunahme der globalen Erwärmung auf 2 °C zu begrenzen.

A9 In der Diskussion um den Treibhauseffekt, wird auch häufig der CO_2-Ausstoß der Autoabgase berücksichtigt. So entstehen bei der Verbrennung von …
- 1 Liter Diesel ca. 2,62 kg CO_2
- 1 Liter Benzin ca. 2,32 kg CO_2
- 1 Liter Autogas ca. 1,9 kg CO_2

Berechne für alle drei Kraftstoffe den CO_2-Ausstoß eines Autos in der Einheit g/km, wenn der durchschnittliche Verbrauch 8,0 l/(100) km beträgt.

A10 Große Vorkommen an Methanhydrat [B4] festigen den Meeresboden. Schätzungen zufolge übertrifft Methanhydrat die Vorkommen an Erdgas und Erdöl bei weitem. Aus 1 m^3 des eisartigen Stoffes können 164 m^3 leicht brennbares Methan freigesetzt werden.
a) Nenne zwei wesentliche Aspekte der Struktur von Methanhydrat.
b) Recherchiere, warum Methanhydrat als „Zeitbombe unter dem Meeresboden" charakterisiert wird.

12 Mobile Energieträger

Elektroroller und Elektrofahrräder gehören in asiatischen Großstädten zum Straßenbild.

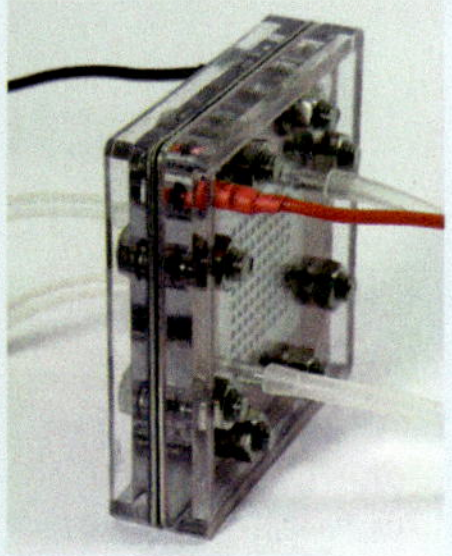

Kein Selbstporträt (Selfie) ohne Batterie oder Akku. Batterien und Akkus gibt es in unterschiedlichen Größen, Bauformen und mit unterschiedlichen Spannungen. Batterien und Akkus werden für viele Zwecke eingesetzt.

Elektrofahrräder, Elektroroller und Elektroautos fahren leise und abgasfrei. Die Energie zum Fahren kommt häufig aus Akkumulatoren (Akkus). Diese sind wiederaufladbar.

Eine Alternative zu Akkumulatoren sind Brennstoffzellen. Brennstoff ist nicht Benzin, sondern Wasserstoff.

Mithilfe von Batterien, Akkumulatoren oder Brennstoffzellen wird elektrische Energie gewonnen.

Surftipp
7nt8qg

12.1 Keine Mobilität ohne Energie

Multimeter, Vielfachmessgerät, das z. B. zum Messen von Spannung, Stromstärke, Widerstand von Gleich- oder Wechselstrom eingesetzt wird

B1 Alkaline 1,5 V

B2 Alkaline 9 V

Die Apfelbatterie

Beim Versuch 1 könnt ihr herausfinden, ob es möglich ist, mit einem Apfel Strom zu erzeugen.

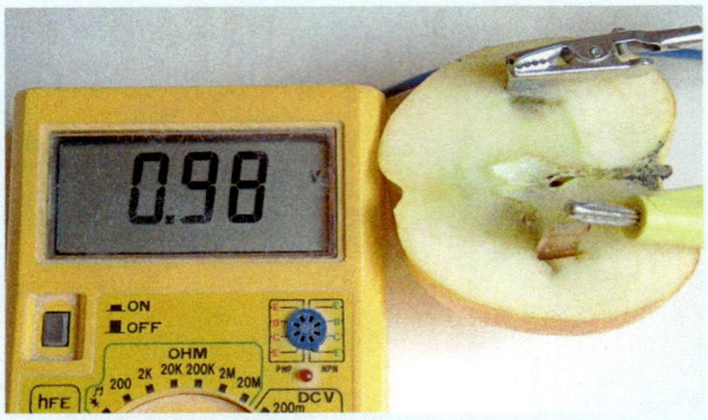

B3 Spannung einer Apfelbatterie in Volt

V1 **a)** Halbiere einen Apfel. Stecke in eine Apfelhälfte ein Zinkblech und ein Kupferblech. Verbinde die beiden Bleche mit einem Multimeter und miss die Spannung.
b) Verbinde deine Apfelbatterie mit der Apfelbatterie einer anderen Gruppe und versuche, eine höhere Spannung zu erzielen.
c) Versuche durch Verbinden einiger Apfelbatterien, eine Leuchtdiode (z. B. 2 V, 2 mA) zum Leuchten zu bringen.

Vielfalt der Batterien

Es gibt für fast alle Geräte, mit denen wir unterwegs sind, die passenden Batterien.

Bezeichnung	Maße in mm	Spannung in V
Microzelle	10,5 · 44,5	1,5
Mignonzelle	14,5 · 50,5	1,5
Babyzelle	26,2 · 50	1,5
Monozelle	34,2 · 61,5	1,5
9-V-Block	26,5 · 17,5 · 48,5	9,0
Flachbatterie	26 · 22 · 67	4,5

B4 Bauformen von Zink-Kohle- und Alkali-Mangan-Batterien

A1 **a)** Gib einige Geräte an, in denen die in B4 aufgeführten Batterien verwendet werden.
b) Stelle eine Vermutung auf, wie in einem 9-V-Block eine Spannung von 9 V erzeugt wird.
c) Entferne mithilfe deiner Lehrkraft den äußeren Mantel einer 9-V-Blockbatterie.

Elektroantriebe sind umweltfreundlich

Man sitzt auf dem Fahrrad und müht sich gerade bei Gegenwind eine Steigung hinauf, da wird man plötzlich von einem Pedelec überholt. Beinahe geräuschlos fährt ein Motorroller an einem vorbei. In vielen Großstädten sieht man ganz andere Tankstellen. Von Akkumulatoren, kurz Akkus genannt, angetriebenen Fahrzeugen gehört nach Meinung vieler Experten die Zukunft.

B5 Elektroroller

A2 Elektrofahrräder und elektrisch betriebene Kleinkrafträder werden immer beliebter.
a) Recherchiere, unter welchen Voraussetzungen ein Elektrofahrrad ohne Führerschein gefahren werden darf und mit welchen Akkus Elektrofahrräder betrieben werden.
b) Sammle Argumente, die für oder gegen den Kauf eines Elektrofahrrads sprechen.
c) Beschreibe einige Vorteile, die ein Elektroroller [B5] gegenüber einem Roller mit Verbrennungsmotor hat.

A3 Recherchiere Vor- und Nachteile von Autos, die mit Akkumulatoren angetrieben werden.

Energieträger Wasserstoff

Im Technik-, Physik- und Chemieunterricht werden gern Versuche mit Autos durchgeführt, die von Wasserstoff angetrieben werden. Nicht nur Modellautos, sondern richtige Autos werden inzwischen mit Brennstoffzellen betrieben. Der „Brennstoff" für diese Autos ist häufig Wasserstoff. Dieser muss zunächst gewonnen werden. Die Gewinnung von Wasserstoff aus Wasser ist eine endotherme chemische Reaktion.

B6 Mit Wasserstoff betriebenes Modellauto

A4 **a)** Beschreibe die Eigenschaften des Wasserstoffs.
b) Warum ist im Umgang mit Wasserstoff Vorsicht geboten? Erkläre.

A5 **a)** Beschreibe und erläutere die in B7 dargestellte Gewinnung und Verwendung des Wasserstoffs.
b) Erläutere, warum auch die Windenergieanlagen [B9] zur Mobilität beitragen werden.

Elektronenübergang und elektrischer Strom

Beim Fließen eines elektrisches Stroms in metallischen Leitern oder in Graphit bewegen sich Elektronen.
Auch bei Redoxreaktionen bewegen sich Elektronen. Es finden Elektronenübergänge statt. Ein Beispiel ist die Thermitreaktion [B8]: Aluminium-Atome geben Elektronen ab und werden zu Aluminium-Ionen. Eisen-Ionen nehmen diese Elektronen auf und werden zu Eisen-Atomen. Die Thermitreaktion ist stark exotherm. Es entsteht weißglühendes, flüssiges Eisen, das zum Verschweißen von Eisenbahnschienen genutzt werden kann (Kap. 4.7).

Eisenoxid + Aluminium ⟶ Eisen + Aluminiumoxid
$Fe_2O_3 + Al \longrightarrow Fe + Al_2O_3$

Elektronenabgabe (Oxidation): $Al \longrightarrow Al^{3+} + 3\,e^-$

Elektronenaufnahme (Reduktion): $Fe^{3+} + 3\,e^- \longrightarrow Fe$

Elektronenübergang (Redoxreaktion): $Fe^{3+} + Al \longrightarrow Al^{3+} + Fe$

B8 Die Thermitreaktion ist eine Redoxreaktion

A6 Formuliere für die Reaktion von Kupfer mit Silberoxid (Ag_2O) das Reaktionsschema und die Reaktionsgleichungen wie in B8.

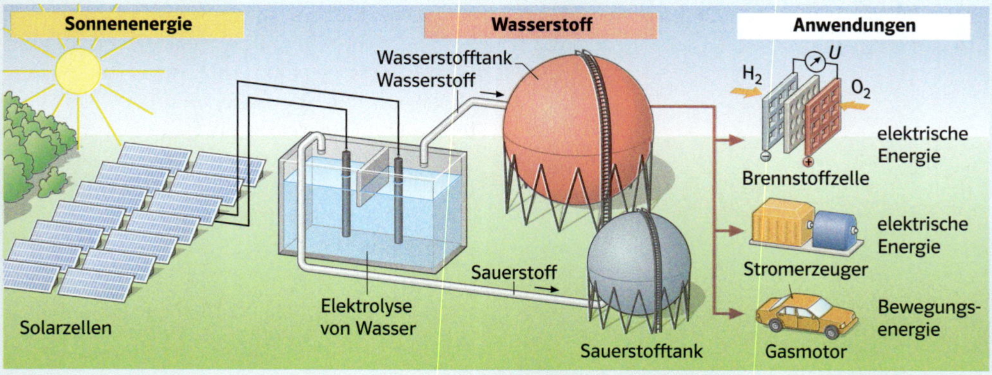

B7 Wasserstoff als Energieträger. Der mithilfe der Sonnenenergie erzeugte Wasserstoff kann vielseitig genutzt werden

B9 Windkraftanlage (Windenergieanlage)

12.2 Praktikum Redoxreaktionen

V1 Verkupfern eines Eisennagels
Geräte, Materialien, Chemikalien: 2 Bechergläser (50 ml), Eisennagel, Schmirgelpapier, Papierhandtuch, Kachel, Kupfer(II)-sulfat-Lösung (c = 0,1 mol/l), Lösung von rotem Blutlaugensalz in dest. Wasser.
Durchführung: a) Schmirgle den Eisennagel auf der Kachel blank. Wische den Eisenstaub sorgfältig auf.
b) Stelle den blank geschmirgelten Eisennagel in die Kupfer(II)-sulfat-Lösung.
Warte ca. 15 Minuten und beobachte.
c) Gieße ein wenig von der Lösung aus (b) in das zweite Becherglas und gib tropfenweise die Lösung von Rotem Blutlaugensalz zu.
Hinweis: Wenn Fe^{2+}-Ionen vorliegen, tritt eine tiefblaue Farbe auf.

	Zn	Cu	Ag
Zn^{2+}			
Cu^{2+}			
Ag^{+}			

B1 Tabelle zu V2

V2 Atome und Ionen – Redoxreaktionen
Geräte, Materialien, Chemikalien: 3 Bechergläser (50 ml), Zinkblech oder Zinkstab, Kupferblech, Silberblech, Kachel, Schmirgelpapier, Papierhandtücher, Zinknitrat-Lösung (c = 0,1 mol/l), Kupfer(II)-sulfat-Lösung (c = 0,1 mol/l), Silbernitrat-Lösung (c = 0,01 mol/l), dest. Wasser.
Durchführung: a) Schmirgle die Metallbleche auf der Kachel blank. Wische die Metallstäube sorgfältig auf.
b) Halte das Zinkblech kurz in die Kupfer(II)-sulfat-Lösung. Wische es dann sorgfältig mit dem Papierhandtuch ab und halte es anschließend ebenfalls für einen Augenblick in die Silbernitrat-Lösung. Führe die Versuche mit dem Kupfer- bzw. Silberblech entsprechend durch.
Hinweis: Die Bleche werden sorgfältig mit den Papierhandtüchern abgewischt und anschließend mit dest. Wasser abgespült und getrocknet. **Achtung:** Die Silbernitrat-Lösung darf nicht mit den Augen oder der Haut in Berührung kommen!
Aufgaben: a) Übertrage die Tabelle B1 in dein Heft. Notiere in der Tabelle ein Pluszeichen, wenn eine Reaktion stattgefunden hat. Kennzeichne das Gegenteil durch ein Minuszeichen.
b) Stelle die Reaktionsgleichungen für die Redoxreaktionen auf.

V3 Redoxreaktion räumlich getrennt
Geräte, Materialien, Chemikalien: U-Rohr mit poröser Trennwand, 2 Experimentierkabel, 2 Krokodilklemmen, Stativ, Stativklemme, Doppelmuffen, Zinkstab in durchbohrtem Stopfen, Graphitstab in durchbohrtem Stopfen, leichtgängiger Kleinelektromotor, gesättigte Kaliumnitrat-Lösung, Kupfer(II)-sulfat-Lösung (c = 0,1 mol/l).
Durchführung: a) Fülle die Kaliumnitrat-Lösung und die Kupfer(II)-sulfat-Lösung möglichst gleichzeitig in die Schenkel des U-Rohres [B3].
b) Tauche den Zinkstab in die Kaliumnitrat-Lösung und den Graphitstab in die Kupfer(II)-sulfat-Lösung.
c) Schalte zwischen die beiden Elektroden den Kleinelektromotor.
d) Nimm nach ca. 15 Minuten den Graphitstab aus der Lösung und betrachte ihn.
Aufgabe: Beschreibe und deute deine Beobachtungen.

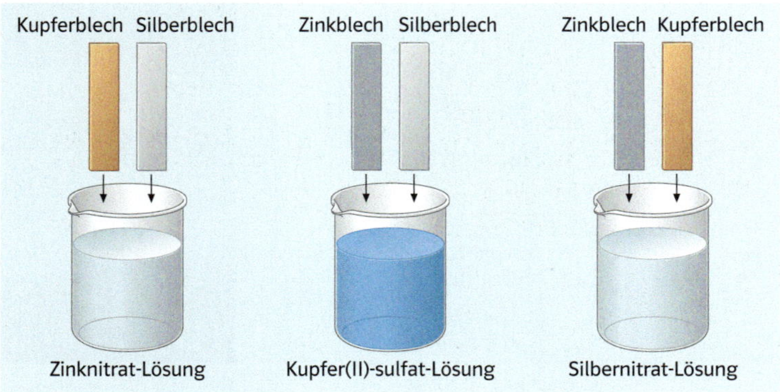

B2 Redoxreaktionen zwischen Metall-Atomen und Metall-Ionen

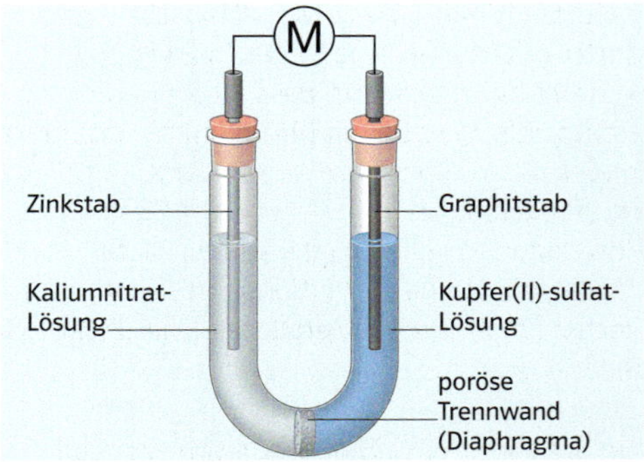

B3 Redoxreaktion zwischen Zink-Atomen und Kupfer-Ionen (zu V3)

12.3 Redoxreihe der Metall-Atome und Metall-Ionen

Magnesium reagiert mit Sauerstoff in einer exothermen Reaktion zu Magnesiumoxid. Dabei entstehen aus den Magnesium-Atomen und den Sauerstoff-Molekülen Magnesium-Ionen und Oxid-Ionen. Die Magnesium-Atome reagieren als Elektronendonatoren und die Sauerstoff-Moleküle als Elektronenakzeptoren. Es findet ein Elektronenübergang, eine Redoxreaktion statt (Kap. 4.8).

Oxidation	$2\,Mg \longrightarrow 2\,Mg^{2+} + 4\,e^-$
Reduktion	$O_2 + 4\,e^- \longrightarrow 2\,O^{2-}$
Redoxreaktion	$2\,Mg + O_2 \longrightarrow 2\,Mg^{2+} + 2\,O^{2-}$

Redoxreaktionen in Lösungen. Redoxreaktionen können auch stattfinden, wenn man Metalle und Salzlösungen, die andere Metall-Ionen enthalten, miteinander in Kontakt bringt. Ein Eisennagel überzieht sich in einer Kupfersalz-Lösung mit einer Kupferschicht [B3]. Zwischen den Eisen-Atomen und den Kupfer-Ionen findet eine Redoxreaktion statt:

Oxidation:	$Fe \longrightarrow Fe^{2+} + 2e^-$
Reduktion:	$Cu^{2+} + 2\,e^- \longrightarrow Cu$
Redoxreaktion:	$Fe + Cu^{2+} \longrightarrow Fe^{2+} + Cu$

Gibt man umgekehrt ein Kupferblech in eine Eisensalz-Lösung, so scheidet sich kein Eisen ab. Kupfer-Atome geben keine Elektronen an Fe^{2+}-Ionen ab. Taucht man dagegen ein Kupferblech in eine Silbersalz-Lösung, so überzieht es sich mit einer dunkelgrauen Schicht aus fein verteiltem Silber [B2].

Führt man entsprechende Versuche mit weiteren Metallen und Metallsalz-Lösungen durch, erhält man eine Reihe. In B1 ist die Anordnung so gewählt, dass links unedle und rechts edle Metalle mit ihren Ionen aufgeführt sind. Jedes Metall-Atom dieser Reihe kann an ein rechts von ihm stehendes Metall-Ion Elektronen abgeben. Links stehen Metall-Atome, die starke Reduktionsmittel sind. Rechts angeordnete Metall-Ionen sind starke Oxidationsmittel.

Redoxreaktionen können zwischen Metall-Atomen starker Reduktionsmittel und Metall-Ionen starker Oxidationsmittel ablaufen.

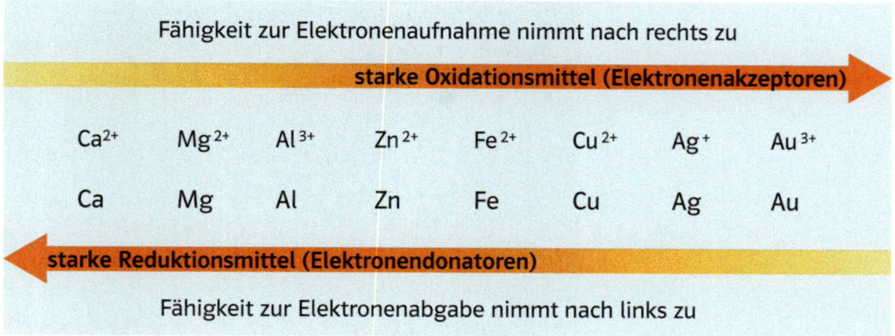

B1 Reihe der Metall-Ionen und Metall-Atome

A1 **a)** Silberoxid (Ag_2O) lässt sich durch Erwärmen in Silber und Sauerstoff zerlegen. Stelle die Reaktionsgleichung auf.
b) Benenne die Teilchen, die als Elektronendonatoren wirken, und die Teilchen, die die Elektronenakzeptoren sind.

A2 An welche Metall-Ionen in B1 können Kupfer-Atome Elektronen abgeben? Von welchen Metall-Atomen können Cu^{2+}-Ionen Elektronen aufnehmen. Begründe deine Entscheidungen.

A3 Formuliere für die Reaktion von Aluminium-Atomen mit Fe^{2+}-Ionen die Reaktionsgleichungen für die Oxidation, die Reduktion und die Redoxreaktion.

B3 Eisennagel in Kupfersulfat-Lösung

B2 Kupferblech in Silbernitrat-Lösung

12.4 Elektronenübergänge bei Elektrolysen

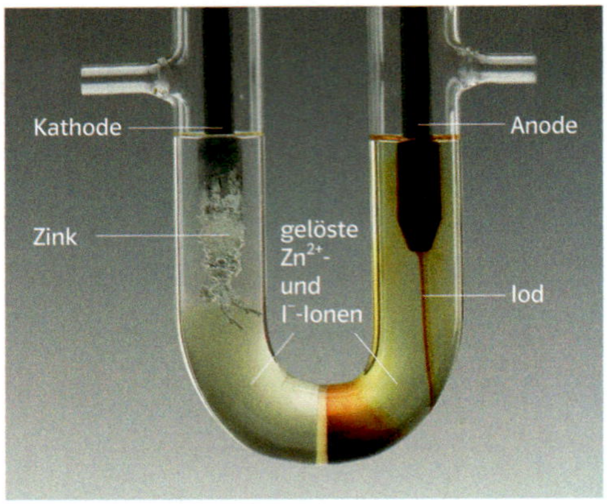

B1 Elektrolyse einer Zinkiodid-Lösung

Kationen sind positiv geladene Ionen. Sie wandern bei der Elektrolyse zum negativ geladenen Pol

Anionen sind negativ geladene Ionen. Sie wandern bei der Elektrolyse zum positiv geladenen Pol

Kathode ist der Minuspol bei der Elektrolyse

Anode ist der Pluspol bei der Elektrolyse

Eine der notwendigen Voraussetzungen für den Stromfluss in einer Salzlösung sind bewegliche Ionen. Diese wandern durch das Anlegen einer Spannung jeweils zu der Elektrode, welche die zur Ionenladung entgegengesetzte elektrische Ladung besitzt. Bilden sich auf der Elektrodenoberfläche neue Stoffe, so läuft dort eine chemische Reaktion ab.

Elektrolyse einer Zinkiodid-Lösung. In eine wässrige Zinkiodid-Lösung tauchen zwei Elektroden, die mit den Polen einer Gleichspannungsquelle leitend verbunden sind [V1]. An der Elektrode, die mit dem Minuspol verbunden ist, beobachtet man die Abscheidung eines grauen Belages oder von Kristallen [B1]. Diese Elektrode, die Kathode, besitzt einen Elektronenüberschuss und zieht positiv geladene Ionen an. In unserem Beispiel sind dies Zn^{2+}-Ionen.
Durch die Aufnahme von je zwei Elektronen werden Zink-Ionen zu Zink-Atomen reduziert. Verbinden sich diese Zink-Atome zu einem großen Verband, liegt metallisches Zink vor.

Kathodenreaktion, Reduktion:
$Zn^{2+} + 2\,e^- \longrightarrow Zn$

An der Elektrode, die mit dem Pluspol verbunden ist, beobachtet man die Entwicklung von Iod. An dieser Elektrode, der Anode, herrscht Elektronenmangel: Sie zieht negativ geladene Ionen an, hier I^--Ionen (Iodid-Ionen).

Die ankommenden Iodid-Ionen geben jeweils ein Elektron an die Anode ab; die entstehenden Iod-Atome verbinden sich zu Iod-Molekülen.

Anodenreaktion, Oxidation:
$2\,I^- \longrightarrow 2\,I + 2\,e^-$
$2\,I \longrightarrow I_2$

An der Kathode werden so viele Elektronen abgegeben, wie an der Anode aufgenommen werden.
Die Spannungsquelle liefert der Kathode ständig so viele Elektronen nach, wie sie der Anode entzieht. Die Gleichspannungsquelle kann man sich vorstellen wie eine Elektronenpumpe [B3].
Die gesamte Elektrolysereaktion läuft nur unter Energieaufwand ab.

Die Elektrolyse ist eine endotherme Redoxreaktion, die durch Zufuhr elektrischer Energie beim Anlegen elektrischer Spannung abläuft. Lösungen oder Schmelzen, die Ionen enthalten, können elektrolysiert werden. Die Elektrolyse dient der Gewinnung von Stoffen.

Aus einer Lösung des Salzes Zinkiodid werden durch eine endotherme Redoxreaktion die elementaren Stoffe Zink und Iod gebildet.
Die Gewinnung von Zink und Iod durch Elektrolyse bildet die Umkehrung der Synthese.
Der Energiebetrag, der bei der Synthese von Zinkiodid freigesetzt wird, muss bei der Elektrolyse von Zinkiodid zugeführt werden, hier in Form elektrischer Energie.

V1 Fülle in ein U-Rohr eine Zinkiodid-Lösung. Verschließe die beiden Schenkel mit je einem Stopfen, in dem eine Graphitelektrode steckt. Verbinde die Elektroden mit den Polen einer Gleichspannungsquelle und schalte eine Glühlampe (0,1 A) in den Stromkreis. Erhöhe langsam die Spannung, bis das Lämpchen leuchtet.

A1 Beschreibe den Unterschied zwischen Kationen und Anionen und Kathode und Anode.

B2 Aluminium – ein Leichtmetall

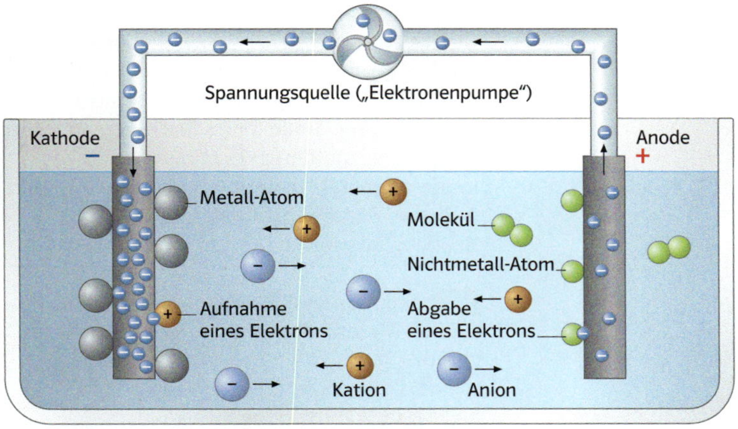

B3 Vorgänge bei der Elektrolyse im Modell auf der Teilchenebene

Sowohl die Synthese als auch die Zerlegung eines Salzes sind Redoxreaktionen. An der positiv geladenen Elektrode gibt der Elektronendonator bei der Elektrolyse Elektronen ab, an der negativ geladenen Elektrode nimmt der Elektronenakzeptor Elektronen auf. Durch das Verbindungskabel und die Elektroden werden die Elektronen vom Donator auf den Akzeptor übertragen.

Aluminium durch Elektrolyse. Aluminium hat gegenwärtig eine ähnliche Bedeutung wie das Eisen für Gallier und Kelten vor 2 500 Jahren. Heute werden weltweit über 40 Mio. t Aluminium pro Jahr elektrolytisch produziert, davon ca. 3 Mio. t in der Europäischen Union, ca. 650 000 t in Deutschland. Aluminium wird durch Elektrolyse einer Schmelze mit Aluminiumoxid gewonnen. Aluminiumoxid hat eine sehr hohe Schmelztemperatur (ϑ_{sm} = 2 072 °C). Daher wird nicht die Schmelze, sondern eine Lösung von Aluminiumoxid in geschmolzenem Kryolith elektrolysiert. Dies ist nur unter riesigem Energieaufwand möglich. 15 000 kWh benötigt man etwa für 1 t Aluminium. Eine mittelgroße Aluminiumhütte verbraucht ebenso viel Energie wie eine Stadt mit 500 000 Einwohnern. Aluminium ist zwar ein sehr unedles Metall, dennoch braucht es keinen Korrosionsschutz. Es ist wegen seiner nur etwa 2/10 000 mm dicken, aber dichten Oxidschicht ausreichend korrosionsbeständig und somit ein vielseitig einsetzbares Metall.

A2 **a)** Formuliere die Reaktionsgleichungen für die Reaktionen, die am Minuspol bzw. Pluspol bei der Elektrolyse einer wässrigen Lösung von Kupferbromid ($CuBr_2$) ablaufen. Formuliere auch die Gesamtreaktionsgleichung. **b)** Kennzeichne die Oxidation und Reduktion und benenne den Elektronendonator bzw. -akzeptor.

A3 **a)** Benenne einige Anwendungsgebiete für Aluminium.
b) Erläutere Vorteile des Aluminiums gegenüber Stahl. **c)** Begründe, warum es sinnvoll ist, Aluminium zu recyceln.

A4 Erläutere die grundlegenden Vorgänge einer Elektrolyse.

B4 Verarbeitung von geschmolzenem Aluminium

12.5 Praktikum Batterien

V1 Elektronenübertragung
Geräte, Materialien, Chemikalien: Zinkstab, Kupfer(II)-sulfat-Lösung (c = 1 mol/l), Becherglas (50 ml), Schmirgelpapier, Handtuchpapier.
Durchführung: Stelle einen frisch geschmirgelten Zinkstab für ca. 15 Minuten in die Kupfer(II)-sulfat-Lösung.
Aufgabe: Beschreibe und deute deine Beobachtungen.

V2 Zink-Kupfer-Batterie
Geräte, Materialien, Chemikalien: Becherglas (100 ml), Tonzylinder, Spannungsmessgerät, Kleinelektromotor, Zinkelektrode, Kupferelektrode, 2 Verbindungskabel, Kupfer(II)-sulfat-Lösung (c = 1 mol/l), Kaliumsulfat-Lösung (c = 1 mol/l).
Durchführung: Stelle den Tonzylinder mit einer Kaliumsulfat-Lösung in ein Becherglas mit einer Kupfer(II)-sulfat-Lösung. Tauche eine Zinkelektrode in die Kaliumsulfat-Lösung und eine Kupferelektrode in die Kupfer(II)-sulfat-Lösung. Verbinde die Elektroden zuerst mit einem Spannungsmessgerät [B1] und anschließend mit einem Kleinelektromotor.
Aufgaben:
a) Beschreibe deine Beobachtungen.
b) Erläutere die Vorgänge, die beim Fließen des elektrischen Stroms ablaufen.
c) Erkläre, welche Aufgabe der Tonzylinder bei diesem Versuch hat.

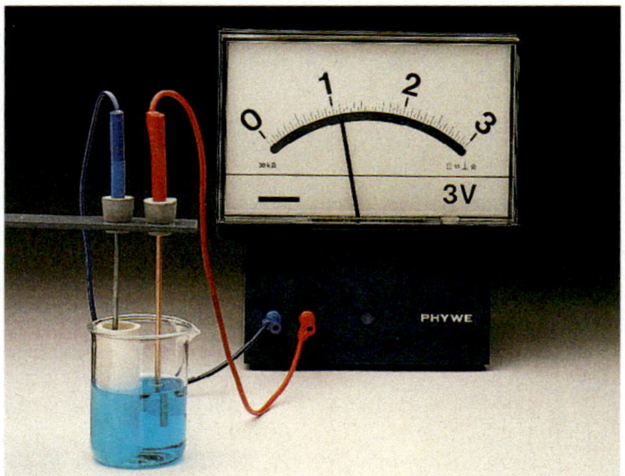

B1 Spannung einer Zink-Kupfer-Batterie

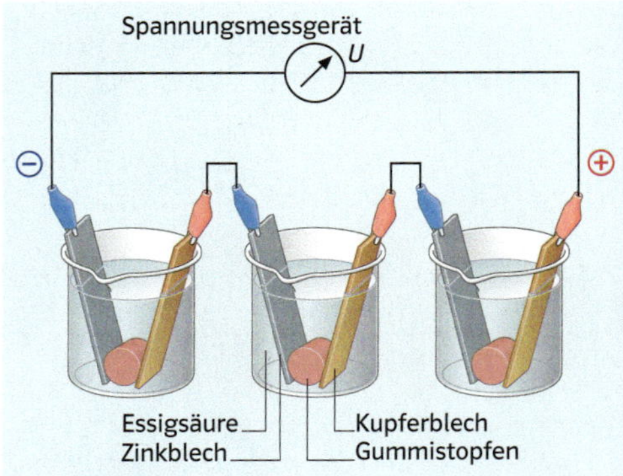

B2 Zink-Kupfer-Batterie – Reihenschaltung

V3 Zink-Kupfer-Batterie – Reihenschaltung
Geräte, Materialien, Chemikalien: Spannungsmessgerät, Kleinelektromotor, 3 Bechergläser (100 ml), 3 Kupferbleche (3 cm · 6 cm), 3 Zinkbleche (3 cm · 6 cm), 6 Krokodilklemmen, 4 Verbindungskabel, 3 Gummistopfen, Essigsäure (c = 1 mol/l).
Durchführung:
a) Lege in die drei Bechergläser jeweils einen Gummistopfen und fülle die Bechergläser je zur Hälfte mit Essigsäure. Stelle ein Zinkblech und ein Kupferblech so in jedes Becherglas, dass sie durch die Gummistopfen getrennt werden.
b) Miss die Spannung zwischen den Elektroden eines der galvanischen Elemente. Ersetze anschließend das Spannungsmessgerät durch den Kleinelektromotor.
c) Schalte zunächst zwei der Elemente und dann alle drei Elemente in Reihe (hintereinander) [B2]. Miss jeweils die Spannung der in Reihe geschalteten galvanischen Elemente und tausche anschließend das Spannungsmessgerät gegen den Kleinelektromotor aus.
Aufgaben:
a) Formuliere die Reaktionsgleichungen für die bei Stromfluss an den Elektroden ablaufenden Reaktionen.
b) Erläutere, welche Gesamtspannung sich bei der Reihenschaltung von galvanischen Elementen ergibt.
c) Plane einen Versuch zur Messung der Spannung und Stromstärke bei einer Parallelschaltung von zwei bzw. drei der Zink-Kupfer-Batterien.

12.6 Elektronenübergänge und galvanisches Element

Taucht ein Zinkstab in eine Kupfer(II)-sulfat-Lösung, geben die Zink-Atome Elektronen ab, die von Kupfer-Ionen aufgenommen werden [B2]. Dieses „Fließen" der Elektronen von Atomen zu Ionen entspricht dem Fließen eines elektrischen Stroms, der sich nutzen lässt.

Galvanisches Element. Damit der elektrische Strom genutzt werden kann, müssen der Zinkstab und die Kupfer(II)-sulfat-Lösung voneinander getrennt werden [B1]. Zwischen beiden muss ein Elektronenfluss durch einen elektrischen Leiter, z. B. einen Metalldraht oder Kohlestift, ermöglicht werden. Der Elektronenfluss kann durch ein Stromstärkemessgerät nachgewiesen oder zum Betreiben eines Motors genutzt werden.

An der *Kupferelektrode* laufen folgende Vorgänge ab: Aus Kupfer-Ionen der Kupfer(II)-sulfat-Lösung werden durch Aufnahme von Elektronen Kupfer-Atome gebildet. In der Lösung bleiben negativ geladene Sulfat-Ionen zurück. An der *Zinkelektrode* entstehen gleichzeitig durch Elektronenabgabe positiv geladene Zink-Ionen. Diese Lösung weist einen Überschuss an positiv geladenen Ionen auf. Zwischen beiden Lösungen muss ein Ladungsausgleich stattfinden können. Dieser kann z. B. durch eine **Salzbrücke** oder eine durchlässige Trennwand erfolgen. Eine solche Anordnung, bei der die Aufnahme und Abgabe von Elektronen räumlich getrennt sind, bezeichnet man als galvanisches Element (galvanische Zelle).

In einem galvanischen Element laufen die Elektronenabgabe (Oxidation) und die Elektronenaufnahme (Reduktion) räumlich getrennt und freiwillig ab. Dabei wird chemische Energie in elektrische Energie umgewandelt.

Spannungen galvanischer Elemente. Voraussetzung für das Fließen eines elektrischen Stromes ist das Vorhandensein einer elektrischen Spannung. Baut man unterschiedliche galvanische Elemente auf und misst deren Spannungen, so stellt man fest, dass die Spannung umso größer ist, je weiter die Metalle in der Redoxreihe (Kap. 12.3) voneinander entfernt sind. Kombiniert man z. B. ein Halbelement (Halbzelle) mit einer Lithium-Elektrode in einer Lithiumsalz-Lösung mit einem Halbelement aus einer Silber-Elektrode in einer Silbersalz-Lösung zu einem galvanischen Element, erhält man eine Spannung zwischen 3 V und 4 V.
Batterien, Akkumulatoren und Brennstoffzellen sind galvanische Elemente. Sie sind ortsunabhängige *Energieträger*.

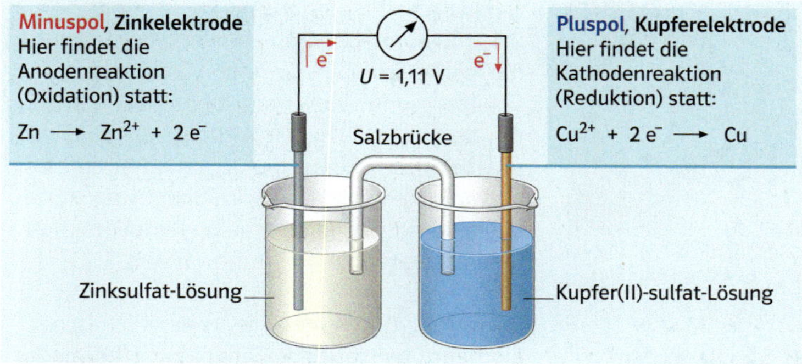

B1 Aufbau eines galvanischen Elements

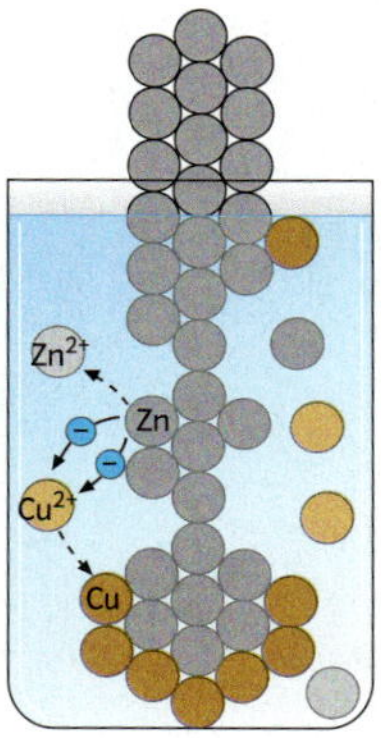

B2 Elektronenfluss zwischen Atomen und Ionen

V1 **a)** Fülle ein 50-ml-Becherglas mit Zinksulfat-Lösung (c = 0,1 mol/l) und ein zweites 50-ml-Becherglas mit Kupfer(II)-sulfat-Lösung (c = 0,1 mol/l). Stelle in die Zinksulfat-Lösung eine Zinkelektrode und in die Kupfer(II)-sulfat-Lösung eine Kupferelektrode. Verbinde die beiden Elektroden mit einem Spannungsmessgerät. Verbinde die beiden Lösungen in den Bechergläsern mit einem Filterpapierstreifen, der mit einer gesättigten Kaliumnitrat-Lösung getränkt ist, als Salzbrücke. Miss die Spannung.
b) Tausche das Becherglas mit der Kupferelektrode und der Kupfer(II)-sulfat-Lösung gegen ein Becherglas mit einer Silbernitrat-Lösung (c = 0,1 mol/l) und einer Silberelektrode. Miss erneut die Spannung.

A1 Ein galvanisches Element besteht aus einem Halbelement mit einem Kupferblech in einer Kupfer(II)-sulfat-Lösung und einem Halbelement aus einem Silberblech in einer Silbernitrat-Lösung. Erläutere die Vorgänge, die in diesem galvanischen Element bei Stromfluss ablaufen.

Salzbrücke auch als Elektrolytbrücke oder Stromschlüssel bezeichnet, dient als Verbindung, die Ionen zwischen zwei Elektrolyt-Lösungen leitet

Ein **Halbelement** ist ein Teil eines galvanischen Elements. Das Halbelement besteht aus der Elektrode und der Elektrolyt-Lösung

Bitte beachten! Bei der Elektrolyse ist die Kathode der Minuspol, beim galvanischen Element ist der Pluspol die Kathode!

12.7 Wie funktionieren Batterien?

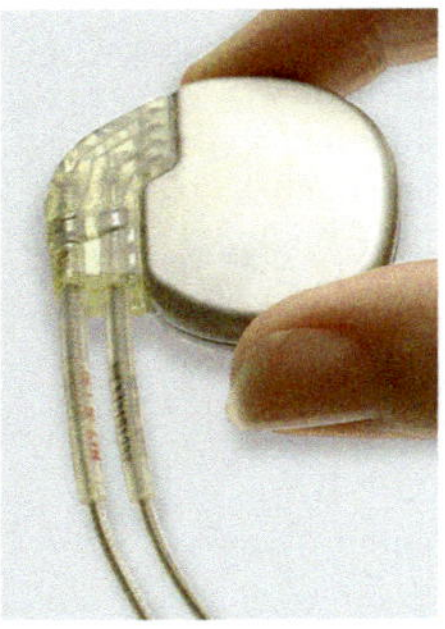

B1 Im Herzschrittmacher befindet sich eine Knopfzelle

Galvanische Elemente sind Energiespeicher. Sie stellen unabhängig vom Stromnetz Energie für Taschenlampen, Kameras, Computer, Spielzeug und vieles mehr bereit. Bei manchen Geräten wie z. B. Herzschrittmachern sind sie unersetzlich [B1]. Bei der „Entladung" eines galvanischen Elements wird die gespeicherte chemische Energie durch eine Redoxreaktion in elektrische Energie umgewandelt.

Batterien. Oft werden mehrere galvanische Elemente (galvanische Zellen) zur Erhöhung der Spannung in Reihe geschaltet [B2]. Man spricht dann von *Batterien*. Häufig wird diese Bezeichnung jedoch auch für einzelne Zellen verwendet. Batterien gibt es in verschiedenen Größen und Typen für die unterschiedlichen Anwendungsbereiche. Besonders kleine Bauformen sind die Knopfzellen.

Die Zink-Kohle-Batterie [B3] wird heute hauptsächlich in Taschenlampen und Spielzeug eingesetzt.
Der Minuspol ist ein Zinkbecher, der gleichzeitig als Behälter dient. Der Pluspol ist ein Graphitstift, der von einem Braunstein-Ruß-Gemisch umgeben ist. Eine Lösung von Zinkchlorid mit geringen Mengen Ammoniumchlorid dient als Elektrolyt, welcher durch Zusatz von Quellmitteln (z. B. Stärke) zu einem Gel eingedickt ist. Die Spannung beträgt 1,5 bis 1,7 V. Beim Betrieb der Batterie, d. h. bei Stromfluss, ist die Spannung etwas kleiner. Als *Nennspannung* wird stets 1,5 V angegeben.

Braunstein Mangan(IV)-oxid oder Mangandioxid, MnO_2

Nennspannung ist die Spannung, die eine Batterie zu Beginn der Entladung aufweist

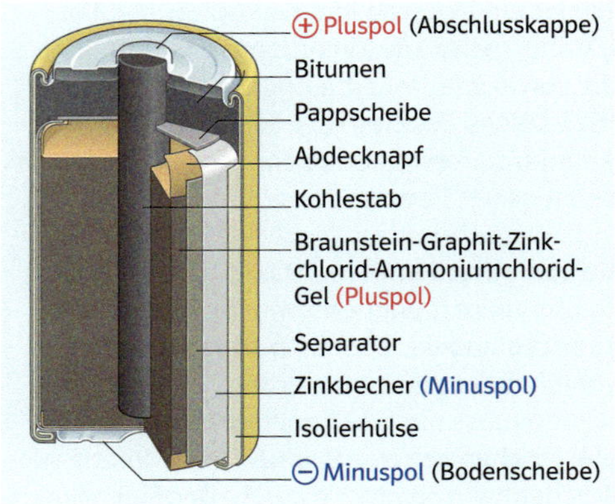

B3 Zink-Kohle-Batterie

Die beim Entladen einer Zink-Kohle-Batterie ablaufenden Reaktionen lassen sich vereinfacht folgendermaßen beschreiben:

Minuspol: $Zn \longrightarrow Zn^{2+} + 2\,e^-$
Pluspol: $2\,Mn^{4+} + 2\,e^- \longrightarrow 2\,Mn^{3+}$

Bei Stromfluss wird der Zinkbecher teilweise zerstört. Da Zink-Kohle-Batterien deshalb auslaufen und dadurch Elektrogeräte beschädigen können, werden sie zunehmend durch Alkali-Mangan-Batterien ersetzt.

A1 Beschreibe die Gemeinsamkeiten und Unterschiede zwischen der Zink-Kohle-Batterie und der Alkali-Mangan-Batterie.

B2 Eine 9-Volt-Batterie enthält sechs in Reihe geschaltete 1,5-Volt-Zellen

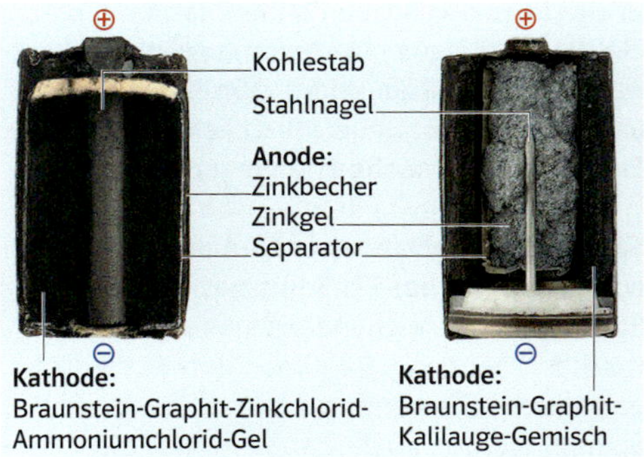

B4 Zink-Kohle-Batterie (links) und Alkali-Mangan-Batterie (rechts) im Vergleich (längs aufgeschnitten)

Die Alkali-Mangan-Batterie [B4, rechts] (auch „Alkaline" genannt) liefert eine höhere Stromstärke als die Zink-Kohle-Batterie und ist daher für Geräte mit hohem Strombedarf (z. B. Fotoapparate) und mit Dauernutzung (z. B. tragbare Audiogeräte) besser geeignet. Außerdem gilt sie als auslaufsicher. Die Elektrodenreaktionen der Alkali-Mangan-Batterie entsprechen denen der Zink-Kohle-Batterie. Als Elektrolytlösung dient Kalilauge. Die Nennspannung beträgt ebenfalls 1,5 V.

Die Zink-Luft-Knopfzelle [B5, links] hat eine Nennspannung von 1,4 V. Sie eignet sich z. B. für Hörgeräte. Als Elektrolytlösung dient Kalilauge. Die Reaktion am Minuspol ist die Oxidation von Zink-Atomen zu Zink-Ionen wie bei der Zink-Kohle-Batterie und der Alkali-Mangan-Batterie. Am Pluspol ist ein Aktivkohle-Ruß-Gemisch, das mit der Luft in Verbindung steht. An der katalytisch wirksamen Aktivkohle nehmen Sauerstoff-Moleküle Elektronen auf:

$$O_2 + 2\,H_2O + 4\,e^- \longrightarrow 4\,OH^-$$

Die Silberoxid-Zink-Knopfzelle [B5, rechts] ist sehr langlebig (ca. 5 Jahre). Sie enthält Zink am Minuspol, dort werden Zink-Atome zu Zink-Ionen oxidiert. Am Pluspol werden Silber-Ionen zu Silber-Atomen reduziert. Als Elektrolyt wird eine Kaliumhydroxid-Lösung verwendet. Die Nennspannung dieser Batterie ist 1,55 V. Diese Knopfzelle wird hauptsächlich in Uhren und Herzschrittmachern [B1] eingesetzt. Eine verbrauchte Silberoxid-Zink-Knopfzelle enthält Silber. Dieses kann bei richtiger Entsorgung der Batterie wiedergewonnen werden.

Die Lithium-Mangan-Batterie [B7] ist eine Batterie mit hoher Spannung (Nennspannung pro Zelle: 3 V) sowie langer Lebensdauer. Sie wird in der Mikroelektronik, z. B. in Fotoapparaten mit hohem Strombedarf [B6], in Rauchmeldern oder in elektronischen Datenspeichern eingesetzt. Lithium-Atome werden am Minuspol zu Lithium-Ionen oxidiert. Am Pluspol werden Mn^{4+}-Ionen zu Mn^{3+}-Ionen reduziert. Die Elektrolytlösung ist ein Gemisch aus Lösungsmitteln und darin gelöstem Lithiumperchlorat ($LiClO_4$).

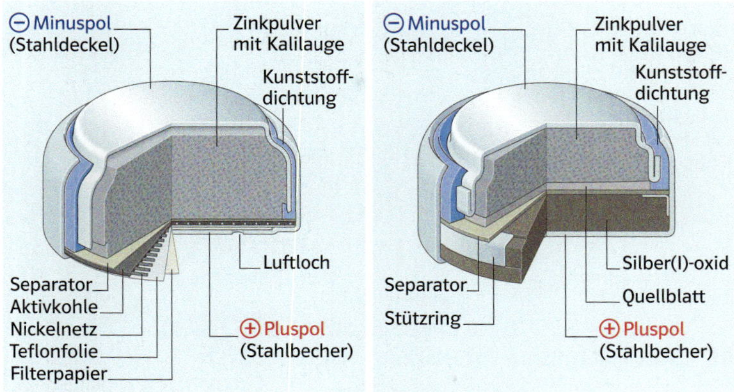

B5 Zink-Luft-Knopfzelle (links), Silberoxid-Zink-Knopfzelle (rechts)

Batterien sind galvanische Elemente.
Am Minuspol geben Teilchen Elektronen ab; es findet eine Oxidation statt.
Am Pluspol werden Elektronen von Teilchen aufgenommen; es läuft eine Reduktion ab.
Die gespeicherte chemische Energie wird durch eine Redoxreaktion in elektrische Energie überführt. Batterien können nicht wieder aufgeladen werden.

Elektrolyt von griech. elektron, Bernstein und griech. lytikos, auflösbar; ein üblicherweise flüssiger Stoff, der beim Anlegen einer Spannung den elektrischen Strom leitet

Der Separator trennt den Raum des Minuspols vom Raum des Pluspols; für Ionen ist der Separator durchlässig

A2 Erstelle eine Tabelle, in die du die folgenden Punkte der in diesem Kapitel beschrieben Batterien aufnimmst:
Name der Batterie, Nennspannung, Stoff am Minuspol, Stoff am Pluspol, Elektrolyt, Anwendungsbeispiele.

A3 Formuliere die Reaktionsgleichungen für die Oxidation und die Reduktion, die in der Lithium-Mangan-Batterie ablaufen.

B6 In Digitalkameras werden Lithium-Mangan-Batterien verwendet

B7 9-Volt-Lithium-Mangan-Batterie (enthält drei in Reihe geschaltete 3-V-Zellen)

12.8 Energie aus Akkumulatoren

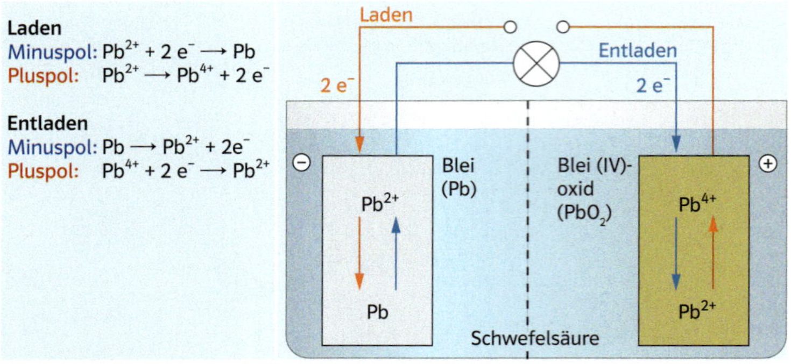

B1 Laden und Entladen im Bleiakku

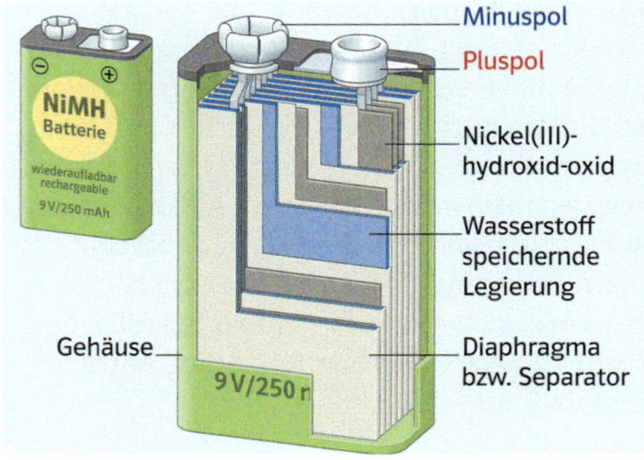

B3 Nickel-Metallhydrid-Akkumulator

Batterien sind galvanische Elemente, die nach ihrer Entladung unbrauchbar geworden sind. Ist ein galvanisches Element wieder aufladbar, spricht man von einem **Akkumulator**.

Der Bleiakkumulator. Der bekannteste Akkumulator ist der als Starterbatterie in Fahrzeugen eingesetzte Bleiakku [B2]. Den Minuspol bilden Platten mit fein verteiltem Blei, der Pluspol besteht aus mit Blei(IV)-oxid beschichtetem Blei. Die Platten tauchen in Schwefelsäure, welche als Elektrolyt dient. Bei der Stromentnahme und dem anschließenden Laden des Bleiakkus laufen Vorgänge wie in B1 dargestellt ab.
Die zum Laden des Bleiakkus nötige Energie wird durch die Lichtmaschine zugeführt. Da die Vorgänge umkehrbar sind, können Akkus viel länger verwendet werden als Batterien und lassen sich bis zu 1000-mal laden und wieder entladen. Die Spannung pro Zelle beträgt 2 V. In handelsüblichen 12-V-Bleiakkumulatoren sind 6 solcher Zellen hintereinandergeschaltet.

Die Lichtmaschine ist ein elektrischer Generator, der die Verbraucher im Auto während der Fahrt mit elektrischer Energie versorgt

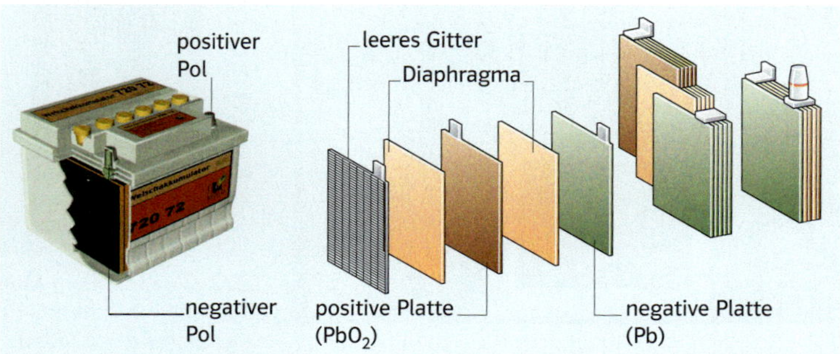

B2 Aufbau eines Bleiakkumulators

Nickel-Metallhydrid-Akkumulator. Der Bedarf an wieder aufladbaren Batterien für Geräte mit hoher Leistungsaufnahme (z. B. Mobiltelefone) und der Ersatz giftiger Stoffe wie Cadmium und Blei haben zur Entwicklung des Nickel-Metallhydrid-Akkumulators geführt [B3]. Unter einem Metallhydrid versteht man eine Metall-Wasserstoff-Verbindung. Neben Nickel sind meist Lanthan oder Cer Bestandteile solcher Verbindungen. Wie beim Bleiakku sind mehrere Zellen – durch Diaphragmen (Separatoren) getrennt – zusammengeschlossen. Der Elektrolyt ist in der Regel Kalilauge.

Mit diesem Akkumulatortyp kann eine Spannung von ca. 1,2 V erzeugt werden. Die chemischen Reaktionen lassen sich so darstellen:

Entladen
Minuspol: Metall-H + $OH^- \longrightarrow$ Metall + $H_2O + e^-$
Pluspol: $Ni^{3+} + e^- \longrightarrow Ni^{2+}$

Beim **Laden** laufen die umgekehrten Reaktionen ab. Laden und Entladen lassen sich vereinfacht so wiedergeben:

$$Ni^{3+} + \text{Metall-H} + OH^- \underset{\text{Laden}}{\overset{\text{Entladen}}{\rightleftarrows}} Ni^{2+} + \text{Metall} + H_2O$$

A1 Ein Bleiakku liefert sowohl eine hohe Spannung (z. B. 12 V oder 24 V) als auch eine hohe Stromstärke. Erkläre diesen Sachverhalt mit dem Aufbau des Bleiakkumulators.

Der Lithium-Ionen-Akkumulator zeichnet sich durch seine hohe *spezifische Energie* im Vergleich zu anderen Akkumulatoren aus. Unter der spezifischen Energie versteht man den Quotienten aus gespeicherter Energie und der Masse des Akkumulators. Der Lithium-Ionen-Akku ist thermisch stabil, weist über den Entladezeitraum eine konstante und hohe Spannung von 3,3 V bis 3,8 V auf. Es gibt unterschiedlich aufgebaute Lithium-Ionen-Akkumulatoren.

Beide Elektroden bestehen aus Materialien, die Lithium-Ionen in ihre Kristallstruktur einlagern und leicht abgeben können. Als Pluspol verwendet man häufig Graphit. Der Minuspol besteht aus einem Lithium-Metall-oxid, z. B. $LiCoO_2$. Als Elektrolyt verwendet man die Lösung eines Lithiumsalzes (z. B. $LiPF_6$). Beim Laden geben Metall-Ionen (z. B. Co^{3+}) am Pluspol Elektronen ab. Am Minuspol nimmt ein Graphitgitter Elektronen auf. Zum Ladungsausgleich wandern Lithium-Ionen (Li^+) vom Pluspol zum Minuspol und werden in das Graphitgitter eingelagert. Beim Entladen laufen die umgekehrten Reaktionen ab.

Das Prinzip des Lithium-Ionen-Akkumulators besteht also im Verschieben von Lithium-Ionen von einer Elektrode zur anderen [B4].

Akkumulatoren im Auto. Der Bleiakkumulator wird hauptsächlich als Starterbatterie eingesetzt. Seine große Masse ist ein erheblicher Nachteil. Ein Elektroauto, das mit Bleiakkus betrieben wird, benötigt einen zu großen Teil der Energie für den Transport des Energiespeichers. Bei Nickel-Metallhydrid-Akkumulatoren ist der Quotient aus gespeicherter Energie und Masse wesentlich besser, er wird daher in Hybridautos eingesetzt.
Einen noch viel besseren Quotienten von gespeicherter Energie und Masse weist der Lithium-Ionen-Akkumulator auf.

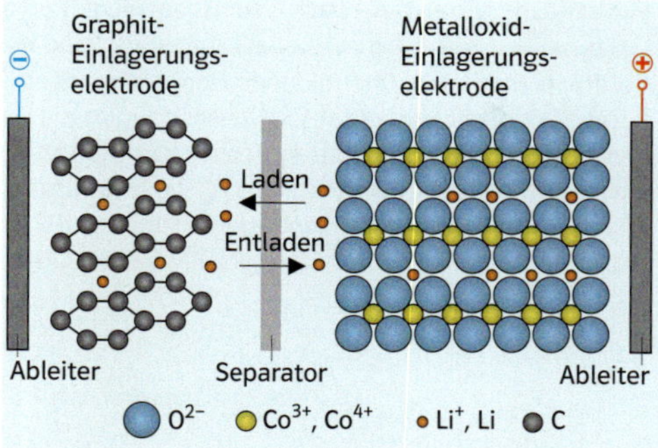

Laden:
Pluspol: $Co^{3+} \longrightarrow Co^{4+} + e^-$
Minuspol: $6\,C + e^- \longrightarrow C_6^-$

Entladen:
Pluspol: $Co^{4+} + e^- \longrightarrow Co^{3+}$
Minuspol: $C_6^- \longrightarrow 6\,C + e^-$

B4 Prinzip des Lithium-Ionen-Akkumulators

Akkumulatoren sind wiederaufladbare galvanische Elemente. Beim Laden eines Akkumulators findet eine Elektrolyse statt. Beim Entladen laufen die Strom liefernden Reaktionen des galvanischens Elements ab. Beim Laden werden durch Anlegen einer äußeren Spannung die Reaktionen umgekehrt, die beim Entladen ablaufen.

V1 Zwei blanke Bleiplatten werden in ein mit Schwefelsäure ($w(H_2SO_4)$ = 10 %, $c \approx$ 1 mol/l) gefülltes Becherglas gestellt. Die Bleiplatten dürfen sich nicht berühren (z. B. Gummistopfen zwischen die Platten legen).
a) Mit einer Gleichspannung, die so hoch gewählt wird, dass an den Bleiplatten gerade eine Gasentwicklung zu erkennen ist, wird etwa 10 min lang elektrolysiert.
b) Nach der Elektrolyse wird anstelle der Spannungsquelle ein Spannungsmessgerät mit den Elektroden verbunden.
c) An die Elektroden wird ein geeigneter Elektromotor angeschlossen.
Aufgabe: Erläutere die Beobachtungen.

A2 Erkläre, warum der Lithium-Ionen-Akkumulator eine besonders hohe spezifische Energie im Vergleich zum Bleiakkumulator aufweist.

C_6^- Im Lithium-Ionen-Akkumulator ist jedes Lithium-Ion in ein Gitter von 6 C-Atomen eingebunden

Spezifische Energie
= Energie/Masse;
Einheit z. B. Wh/kg, MJ/kg

B5 Ein Lithium-Ionen-Akkumulator

12.9 Exkurs Brennstoffzellen

Praktikum Modellversuch zur Brennstoffzelle

Geräte, Materialien, Chemikalien: Spannungsmessgerät, Netzgerät mit variabler Gleichspannung, Kleinelektromotor, 2 Schalter, Becherglas (250 ml), 2 plattenförmige Kohleelektroden (Graphitplatten), 2 Krokodilklemmen, 6 Verbindungsleitungen, Separator (z. B. Gummistopfen), Kalilauge ($c(KOH) = 1\,mol/l$).

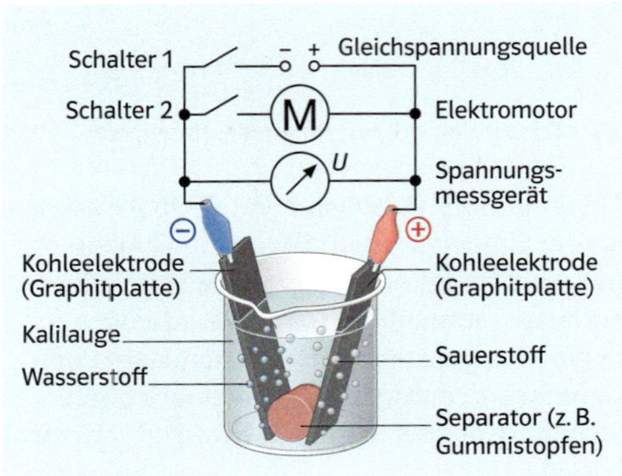

B1 Versuchsaufbau

Durchführung: (Schutzbrille!)
a) Lege den Separator in das Becherglas und fülle dieses zu drei Vierteln mit Kalilauge. Stelle zwei Kohleelektroden so in die Lösung, dass die Elektroden durch den Separator getrennt werden. Verbinde die Elektroden mit dem Spannungsmessgerät und über zwei Schalter mit dem Netzgerät und dem Elektromotor [B1].
b) Schließe Schalter 1. (Schalter 2 bleibt geöffnet.) Elektrolysiere bei etwa 5 Volt etwa 1 bis 3 Minuten lang.
c) Öffne Schalter 1 und miss die Spannung zwischen den Kohleelektroden. (Das Spannungsmessgerät muss nicht umgepolt werden.)
d) Schließe Schalter 2 und miss die Spannung bei Betrieb des Elektromotors.
Durch wiederholte Elektrolyse können der Brennstoff (Wasserstoff) und das Oxidationsmittel (Sauerstoff) nachgeliefert werden.

Auswertung:
Beschreibe und deute deine Beobachtungen.

B2 Dieses Auto wird mit Wasserstoff betankt

Brennstoffzellen sind leicht und leise. Sie werden deshalb seit Jahrzehnten in der Raumfahrt und beim Militär eingesetzt. Erst in den letzten Jahren wurde der Anwendungsbereich der Brennstoffzellentechnik erweitert. Brennstoffzellen werden heute z. B. in Fahrzeugen [B2], in Laptops, in der Haustechnik und sogar in Heizkraftwerken eingesetzt.

Funktionsweise einer Brennstoffzelle. Bei der Reaktion von Wasserstoff mit Sauerstoff wird sehr viel Energie abgegeben. Wenn diese Energie als elektrische Energie genutzt werden soll, dürfen die beiden Reaktionspartner nicht direkt miteinander in Kontakt kommen. In der Brennstoffzelle gibt es zwei Reaktionsräume, die durch eine Elektrolytmembran, das Herzstück der Brennstoffzelle, getrennt sind. Zurzeit werden vor allem Polymer-Elektrolyt-Membranen (PEM) aus Kunststoff eingesetzt [B3], die nur für Protonen (positiv geladene Wasserstoff-Atome) durchlässig sind.
In einer Wasserstoff-Sauerstoff-Brennstoffzelle laufen die folgenden Reaktionen ab.

Minuspol: $2\,H_2 \longrightarrow 4\,H^+ + 4\,e^-$
Pluspol: $O_2 + 4\,e^- \longrightarrow 2\,O^{2-}$

Gesamte Reaktionsgleichung:
$2\,H_2 + O_2 \longrightarrow 2\,H_2O$

Im Gegensatz zur Batterie sind die energieliefernden Stoffe nicht in der Brennstoffzelle vorhanden, sondern werden von außen zugeführt.
Eine Brennstoffzelle ist somit kein Energiespeicher, sondern ein Energiewandler.

Eine Brennstoffzelle ist ein spezielles galvanisches Element, bei dem der Brennstoff (meist Wasserstoff) und Sauerstoff von außen zugeführt werden.

PEM-Brennstoffzellen (PEMFC). In der Technik, insbesondere bei Kraftfahrzeugen, spielt die PEM-Brennstoffzelle [B3] eine große Rolle. Der Elektrolyt besteht hier aus einer dünnen Polymermembran (Kunststoffmembran).
Auf beiden Seiten der Polymermembran sind Partikel von Edelmetallen (z. B. Platin) mit großer Gesamtoberfläche aufgebracht, die als Katalysator wirken. Die reagierenden Gase (Wasserstoff und Sauerstoff) werden durch eine elektrisch leitfähige Diffusionsschicht zum Katalysator geleitet.
Die elektrischen Kontakte bezeichnet man als Bipolarplatten. Sie bestehen aus Graphit bzw. aus einem Kunststoff, der Graphit enthält, oder aus Metall. In die Platten sind feine Kanäle gefräst; diese dienen der gleichmäßigen Verteilung der Gase über die Elektroden. Die Bipolarplatten führen außerdem die entstehende Reaktionswärme ab.

Die Wasserstoff-Sauerstoff-Brennstoffzelle hat eine theoretische Spannung von 1,2 V. Erreicht werden in der Praxis nur 0,6 bis 0,9 V. Werden mehrere Zellen in Reihe (hintereinander) geschaltet, werden höhere Spannungen erzielt. Mehrere Zellen in Reihe geschaltet bilden einen Stapel, einen so genannten *Stack*.
In Brennstoffzellen-Stacks sind also viele Brennstoffzellen in Reihe geschaltet [B4]. Dies ermöglicht hohe Spannungen für den Betrieb von Fahrzeugen.

Probleme der Brennstoffzellen. Die Katastrophe des Zeppelins „Hindenburg" in Lakehurst am 6. Mai 1937 zeigte die Risiken im Umgang mit Wasserstoff. Innerhalb von einer halben Minute brannte das Luftschiff völlig aus. 22 Mitglieder der Besatzung und 13 Flugpassagiere kamen ums Leben. Auch heute ist die gefahrlose und effiziente Speicherung bzw. Lagerung von Wasserstoff eines der Probleme der Brennstoffzellentechnologie.
Gasförmiger Wasserstoff beansprucht ein großes Volumen. Derzeit verbrauchen Fahrzeuge auf 100 km etwa 1 kg Wasserstoff. Diese Wasserstoffportion würde bei Zimmertemperatur und 1013 hPa ein Volumen von etwa 12 000 Litern einnehmen.

Für Brennstoffzellen-Autos werden heute Drucktanks aus kohlefaserverstärktem Kunststoff verwendet. In diesen steht der Wasserstoff unter sehr hohen Drücken von 350 000 hPa bis 800 000 hPa. Mit solchen Autos können inzwischen ohne Nachtanken ca. 800 km zurückgelegt werden.
Zum Tanken muss auch ein Wasserstoff-Tankstellennetz eingerichtet werden.

Bisher wird der größte Teil des Wasserstoffs in Industrieanlagen aus Erdgas oder Erdöl hergestellt.
In diesem Fall bietet Wasserstoff als Energieträger keine nennenswerten Vorteile. Wird der Wasserstoff allerdings mithilfe von Windenergie und Sonnenenergie gewonnen, so ist es sinnvoll, Autos mit Brennstoffzellen zu fahren.

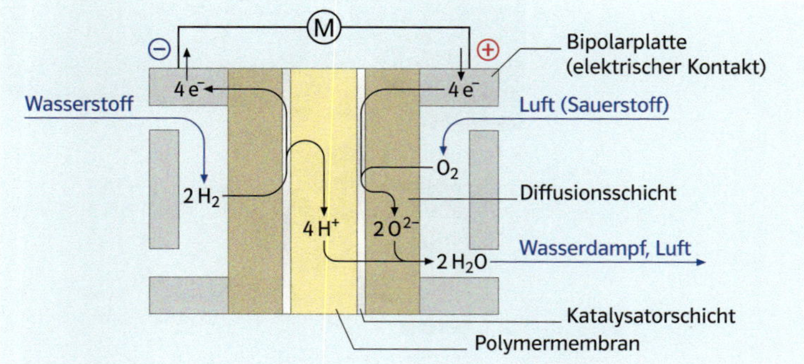

B3 Prinzip der Polymermembran-Brennstoffzelle (PEMFC, proton exchange membrane fuel cell oder polymer electrolyte membrane fuel cell). Der Abstand zwischen den Elektroden ist ca. 0,3 mm

B4 Brennstoffzellen-Stack

Stack engl. Stapel

A1 Nenne Gemeinsamkeiten und Unterschiede zwischen Batterien, Akkumulatoren und Brennstoffzellen.

A2 Sammle und diskutiere die Argumente, die für oder gegen die Anschaffung eines Brennstoffzellen-Autos sprechen.

12.10 Elektromobilität

B2 Pedelec

Das Auto der Zukunft fährt leise und verbraucht weder Benzin noch Diesel. Es wird von elektrischer Energie aus Akkumulatoren oder Brennstoffzellen angetrieben.

Der **Wirkungsgrad** ist die Nutzenergie dividiert durch die eingesetzte Energie. Beim Verbrennungsmotor z. B. wird der größte Teil der eingesetzten chemischen Energie des Brennstoffs nicht in Bewegungsenergie (Nutzenergie) umgewandelt, sondern als Wärme abgegeben. Der Wirkungsgrad ist dementsprechend gering

Der Elektroantrieb hat gegenüber dem Verbrennungsmotor einige Vorteile. Dazu gehören die geringe Geräuschentwicklung und der hohe Wirkungsgrad von über 80 % der eingesetzten elektrischen Energie. Beim Elektroantrieb wird die elektrische Energie direkt in die Vorwärtsbewegung des Fahrzeuges umgesetzt. Beim Verbrennungsmotor hingegen wird die meiste Energie als Wärme an die Umgebung abgegeben. Nur etwa ein Drittel der eingesetzten Energie bewegt das Fahrzeug vorwärts.

Für den Betrieb des Elektromotors benötigt man Akkumulatoren oder Brennstoffzellen. In den letzten Jahren hat die Akkumulatorentechnik enorme Fortschritte gemacht, sodass die meisten Automobilhersteller dem Elektroauto gegenüber anderen Antriebstechnologien große Zukunftschancen einräumen.
Heute kann man Autos, Motorräder und Motorroller mit sehr unterschiedlicher Antriebstechnik kaufen: Diesel- und Benzinfahrzeuge, Automobile mit Hybridantrieb [B1], Fahrzeuge, die von Akkumulatoren oder Brennstoffzellen angetrieben werden.
Fahrräder und Roller mit Elektromotor erfreuen sich wachsender Beliebtheit.

Fahrzeuge mit Elektroantrieb haben große Vorteile gegenüber Fahrzeugen mit Verbrennungsmotoren.

A1 Beschreibe einige Vorteile, die Fahrzeuge mit einem Elektromotor gegenüber Fahrzeugen mit Verbrennungsmotor haben.

A2 Würdest du mit einem Elektrofahrrad zur Schule fahren? Begründe deine Entscheidung.

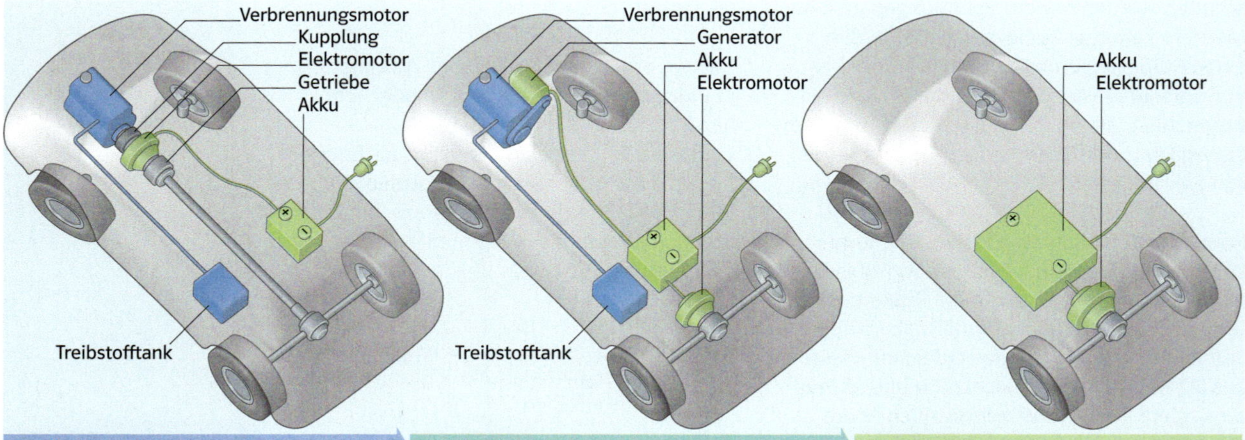

Parallel-Hybrid
Ein Elektromotor unterstützt den Verbrennungsmotor, kann das Auto aber auch über kurze Strecken allein antreiben.

Serieller Hybrid
Nur der Elektromotor treibt die Räder an. Ist der Akku „leer", springt der Verbrennungsmotor an und erzeugt über einen Generator Fahrstrom.

Elektroantrieb
Das Auto fährt ausschließlich mit Strom aus der Akku. Seine einzige Energiequelle ist die Steckdose.

B1 Die Entwicklung zum Elektroauto

12.11 Exkurs Recycling von Batterien und Akkus

B1 Altbatterien und Altakkus

Wohin mit alten Batterien und Akkus? Jedes Geschäft, das Batterien oder Akkus verkauft, muss diese zurücknehmen, wenn sie unbrauchbar geworden sind. Diese Altbatterien und Akkus [B1] werden gesammelt und recycelt. So kann man aus ihnen wertvolle Rohstoffe zurückgewinnen. Auch aus anderen Gründen dürfen alte Batterien und Akkus nicht in den Restmüll gelangen: Viele enthalten giftige Stoffe, die auf Mülldeponien oder durch Müllverbrennung in die Umwelt gelangen können. Besonders umweltgefährdend sind hier die Schwermetalle Blei, Cadmium oder Quecksilber. Nach dem Batteriegesetz müssen solche Stoffe auf den Batterien und Akkus angegeben sein, wenn gesetzlich festgelegte Schwellenwerte überschritten werden.

Batterien müssen nicht getrennt nach ihren Bestandteilen gesammelt werden, sie können alle zusammen in die sogenannten BATT Boxen der „Stiftung Gemeinsames Rücknahmesystem Batterien" [B3] geworfen oder beim Handel unentgeltlich zurückgegeben werden. In den Verwertungsanlagen werden die Batterien sortiert und anschließend in ihre einzelnen Bestandteile zur weiteren Verwertung getrennt.

A1 Nenne Gründe, warum das Recycling von Batterien und Akkus sinnvoll ist.

A2 Recherchiere die Gefahrstoffkennzeichnung bzw. die Gefahrenpiktogramme von Blei, Cadmium und Quecksilber.

Recycling von Bleiakkumulatoren. In Millionen von Autos werden Bleiakkus verwendet (Kap. 12.8). Mit den Lade- und Entladezyklen verändern sich die Elektrodenplatten, die Leistung des Akkus wird geringer. Am Ende gibt der Akku keinen Strom mehr ab. Beim Kauf eines neuen Bleiakkus erhält man einen Preisnachlass, wenn man den alten Akku zur Entsorgung abgibt. Die Schwefelsäure wird gesammelt, gereinigt und wieder eingesetzt. Allerdings ist die Aufarbeitung von Schwefelsäure ca. dreimal so teuer wie die Herstellung aus elementarem Schwefel. Aus den Bleiplatten gewinnt man wieder Blei, das Kunststoffgehäuse wird zu Granulat verarbeitet. Daraus kann man neue Kunststoffteile herstellen. Neue Bleiakkus werden heute bis zu 98 % aus recyceltem Blei hergestellt [B2].

B3 Sammelbox für Batterien und Akkus

Batterien und Akkus enthalten umweltgefährdende Stoffe und wiederverwertbare Rohstoffe.

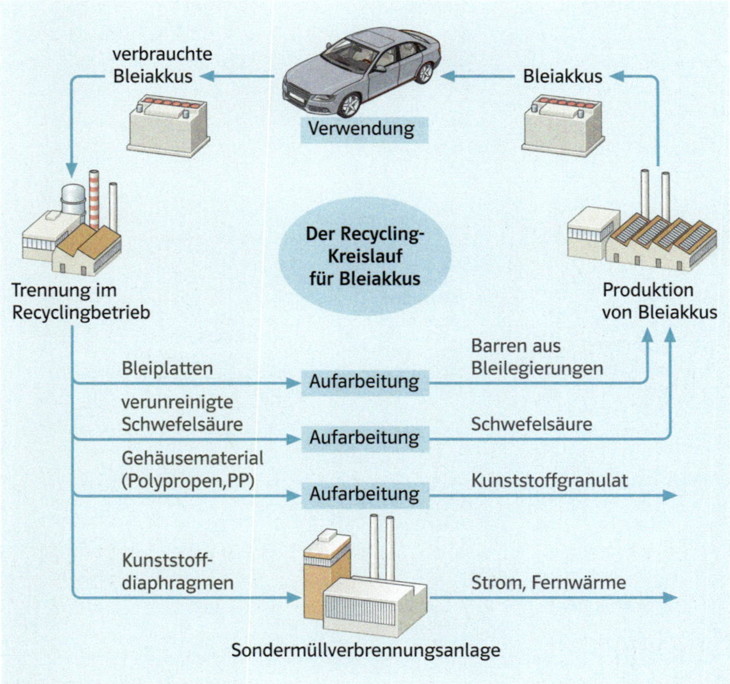

B2 Recycling von Bleiakkus

12.12 Impulse Fachsprachen-Trainer

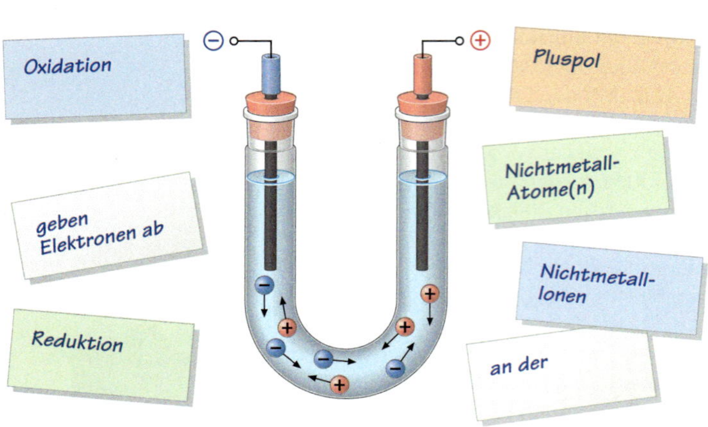

Anode | ist bei der Elektrolyse die | positiv geladene(n) Elektrode

Anionen | sind | negativ geladene Ionen

Kationen / positiv geladene Ionen | wandern zum/zur | Minuspol / negativ geladene(n) Elektrode

Metall-Ionen | nehmen Elektronen auf | und | werden zu | Metall-Atome(n)

Der Fachsprachen-Trainer hilft beim Einüben von Sätzen mit Fachbegriffen. Korrekte Formulierungen kann man sich dann einfacher merken. Schreibt man Fachbegriffe und einzelne Satzteile auf verschiedenfarbige Kärtchen, kann man damit vollständige Sätze bilden. Das Satzmuster lässt sich so leicht erkennen und einüben. Jedes Satzmuster setzt sich aus bestimmten Fachbegriffen und verbindenden Satzteilen zusammen.

a) Anfertigen von Satzmusterteilen auf Kärtchen am Beispiel der Elektrolyse
Schreibe auf rote Kärtchen alle Fachbegriffe, die auf eine positive Ladung hinweisen. Schreibe auf blaue Kärtchen Begriffe, die auf negative Ladungen hindeuten und auf grüne Kärtchen solche ohne Ladung.
Auf weißen Kärtchen stehen verbindende Satzteile.

b) Partnerarbeit im Trainingslager
Stelle in Partnerarbeit einfache Satzmuster auf. Beschreibe dazu die Vorgänge bei einer Elektrolyse an der Anode und an der Kathode.

c) Lernplakate mit Satzmuster
Klebe Satzmuster in der richtigen Reihenfolge auf Plakate und hänge sie im Fachraum aus.

d) An Beispielen trainieren
Verwende die Satzmuster zur Erklärung der Elektrolyse folgender Salze:
Natriumchlorid NaCl, Kaliumchlorid KCl, Kupferchlorid $CuCl_2$, Kaliumiodid KI, Zinkiodid ZnI_2.

e) Weitere Trainingsgebiete
Mit dem Fachsprachen-Trainer kann man auch andere Themen einüben, z. B. die Bildung von Ionen oder Molekülen.

12.13 Durchblick Zusammenfassung und Übung

Elektronenabgabe/Oxidation:
$Zn \longrightarrow Zn^{2+} + 2\,e^-$
Elektronenaufnahme/Reduktion:
$Cu^{2+}\ 2\,e^- \longrightarrow Cu$
Elektronenübergang/Redoxreaktion:
$Zn + Cu^{2+} \longrightarrow Zn^{2+} + Cu$

B1 Oxidation, Reduktion und Redoxreaktion

Oxidation, Reduktion und Redoxreaktion. Oxidation ist die Abgabe von Elektronen. Reduktion ist die Aufnahme von Elektronen. Oxidation und Reduktion laufen zugleich ab. Dabei werden gleich viele Elektronen bei der Oxidation abgegeben wie bei der Reduktion aufgenommen werden. Es findet ein Elektronenübergang, also eine Donator-Akzeptor-Reaktion statt [B1]. Sie heißt Redoxreaktion.

Li/Li^+ Zn/Zn^{2+} Fe/Fe^{2+} Pb/Pb^{2+} Cu/Cu^{2+} Ag/Ag^+

Die Fähigkeit der Metall-Atome zur Elektronenabgabe nimmt ab.

Die Fähigkeit der Metall-Ionen zur Elektronenaufnahme nimmt zu.

B2 Oxidation, Reduktion und Redoxreaktion

Redoxreihe
In der Redoxreihe in B2 sind korrespondierende Redoxpaare so angeordnet, dass auf der linken Seite die unedlen und auf der rechten Seite die edlen Metalle stehen. Dabei haben die Atome der unedlen Metalle die größere Fähigkeit, Elektronen abzugeben. Die positiv geladenen Ionen (die Kationen) der edlen Metalle haben die größere Fähigkeit, Elektronen aufzunehmen.

Elektrolyse
Die Elektrolyse ist eine Redoxreaktion, die beim Anlegen einer Spannung durch Zufuhr elektrischer Energie bewirkt wird.

Bei der Elektrolyse findet am Pluspol die Oxidation statt: $X^- \longrightarrow X + e^-$

Bei der Elektrolyse findet am Minuspol die Reduktion statt: $M^+ + e^- \longrightarrow M$

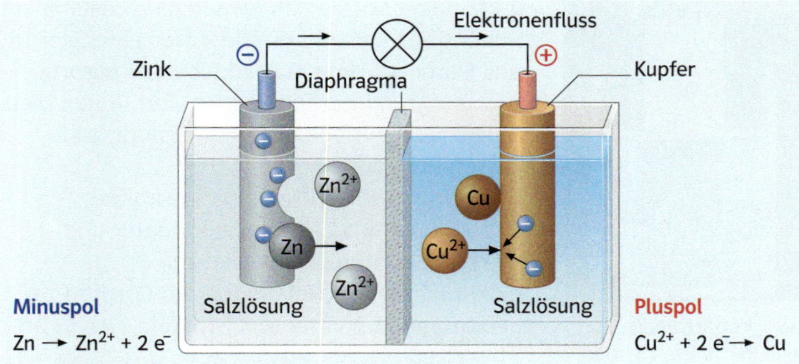

B3 Vorgänge in einem galvanischen Element

Galvanisches Element
In einem galvanischen Element [B3] läuft entsprechend der Redoxreihe eine Redoxreaktion ab, bei der Energie als elektrische Energie frei wird.

Batterien und Akkumulatoren
Batterien und Akkumulatoren sind galvanische Elemente. In ihnen wird durch Elektronenübertragung chemische Energie in elektrische Energie umgewandelt. Im Gegensatz zu Batterien sind Akkus wiederaufladbar. Beim Laden eines Akkumulators findet eine Elektrolyse statt. Beim Entladen laufen die Strom liefernden Reaktionen des galvanischen Elements ab. Beim Laden werden durch Anlegen einer äußeren Spannung die Reaktionen umgekehrt, die beim Entladen ablaufen.

B5 Beispiel für ein galvanisches Element: Alkali-Mangan-Batterie

Elektromobilität
Akkumulatoren und Brennstoffzellen können in naher Zukunft den Verkehr revolutionieren. Entscheidend ist, aus welchen Quellen die Energieträger für die Akkumulatoren und Brennstoffzellen gewonnen werden.

B4 Elektroauto an der Ladestation

B6 Kupferblech in Silbernitrat-Lösung

A1 Ein Kupferblech wird in eine Lösung von Silbernitrat gestellt. Es bildet sich eine Schicht aus Silber auf dem Kupferblech. Die Lösung wird aufgrund der Bildung von Cu^{2+}-Ionen blau.
a) Formuliere die Reaktionsgleichung zu diesen Beobachtungen.
b) Wende die Begriffe Oxidationsmittel, Reduktionsmittel, Elektronendonator und -akzeptor auf dieses Beispiel an.
c) Vergleiche die Fähigkeiten der Teilchen zur Elektronenaufnahme bzw. -abgabe.

A2 Worauf beruht die elektrische Leitfähigkeit von Metallen, von Salzlösungen und Salzschmelzen? Erläutere.

B7 9V-Block-Batterie

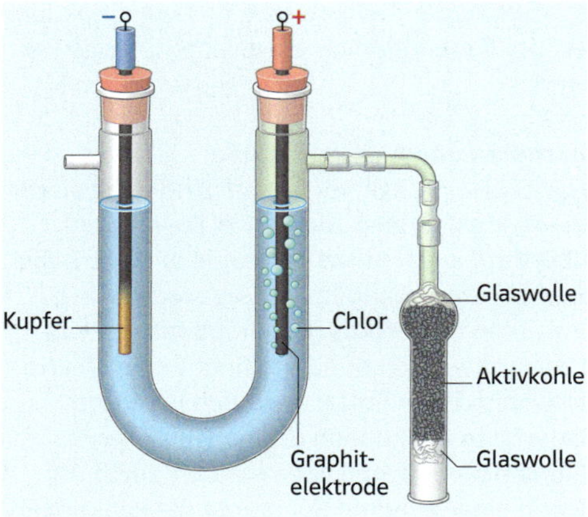

B8 Elektrolyse einer Kupfer(II)-chlorid-Lösung

A3 In B8 ist die Elektrolyse einer Kupfer(II)-chlorid-Lösung dargestellt.
a) Beschreibe die dargestellten Beobachtungen.
b) Deute die Beobachtungen. Formuliere dazu auch die Reaktionsgleichungen. Nutze zur Deutung auch die Begriffe: Elektronenabgabe, Elektronenaufnahme, Oxidation und Reduktion.

A4 Es stehen dir die folgenden Materialien zur Verfügung: U-Rohr mit poröser Trennwand, Kupferblech, Silberblech, Kupfer(II)-sulfat-Lösung, Silbernitrat-Lösung, Krokodilklemmen, Verbindungskabel, Multimeter.
a) Zeichne ein galvanisches Element mit den dir zur Verfügung stehenden Materialien.
b) Erläutere, welche Reaktionen ablaufen, wenn das galvanische Element Strom „liefert".

A5 Der 9V-Block [B7] ist eine Alkaline-Mangan-Batterie. Erkläre, wie mit dieser Batterie die Spannung 9 V erreicht wird, obwohl das einzelne Element nur eine Spannung von 1,5V aufweist.

A6 Begründe, warum in der Regel ein Akkumulator einer Batterie vorzuziehen ist.

A7 Erläutere, warum die spezifische Energie ein wichtiges Qualitätsmerkmal für einen Batterie oder einen Akku sein kann.

A8 Beim Kauf eines Akkus interessiert man sich auch für dessen Lebensdauer. Die Anzahl der Ladezyklen wird Lebensdauer genannt. Unter dem Ladezyklus (Vollladezyklus) versteht man den Verlauf vom entladenen Zustand über die Aufladung bis zum voll geladenen. Recherchiere die Anzahl der Ladezyklen bzw. die Lebensdauer der folgenden Akkutypen: Bleiakku, Nickel-Metall-Hydrid-Akku, Lithium-Ionen-Akku.

B9 Mit einem Pedelec ist man schnell

A9 **a)** Die Erfindung des Lithium-Ionen-Akkus hat dem Verkauf von Elektrofahrrädern zum Durchbruch verholfen. Nenne Gründe dafür.
b) Beschreibe mögliche Gefahren, die vom vermehrten Einsatz von Elektrofahrrädern im Straßenverkehr ausgehen können.

Basiskonzepte

Basiskonzepte verdeutlichen, dass die Chemie nicht aus isolierten Fakten besteht. Vielmehr lassen sich diese in immer wiederkehrende Grundprinzipien strukturieren. Sie sind eine übergreifende Systematisierungshilfe.

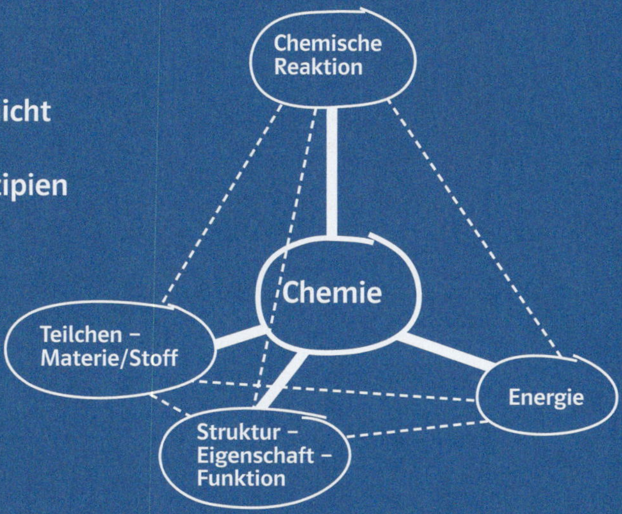

Teilchen – Materie/Stoff. Salzschmelzen leiten den elektrischen Strom, feste Salze sind elektrische Isolatoren. Diese Stoffeigenschaften kann man erklären, indem man den Aufbau der Salze aus Kationen und Anionen betrachtet.

Struktur – Eigenschaft – Funktion. Kunststoffe bestehen aus Makromolekülen mit unterschiedlicher Zusammensetzung und Vernetzung. Die Anordnung der Teilchen, die Eigenschaften der Stoffe und ihre Verwendung stehen in enger Beziehung zueinander.

Chemische Reaktion. Bei chemischen Reaktionen entstehen Reaktionsprodukte aus Ausgangsstoffen. Dies ist mit einer Veränderung der Teilchen verbunden. Häufig werden Protonen oder Elektronen übertragen.

Energie. Viele chemische Reaktionen werden durchgeführt, um die dabei abgegebene Energie zu nutzen. Energieformen können ineinander umgewandelt werden.

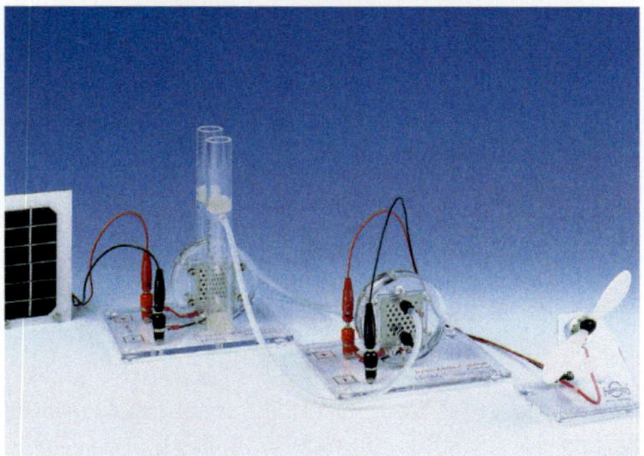

Surftipp
6ew6ew

Basiskonzept Teilchen – Materie/Stoff

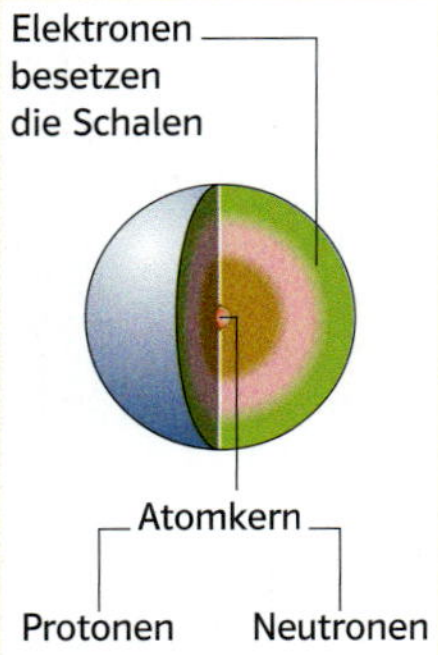

B1 Aufbau eines Atoms

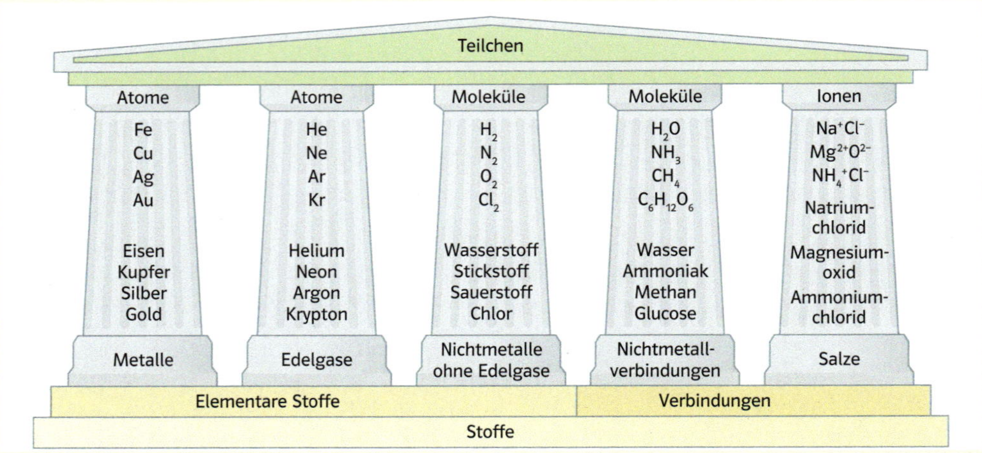

B4 Der „Stoff-Teilchen-Tempel"

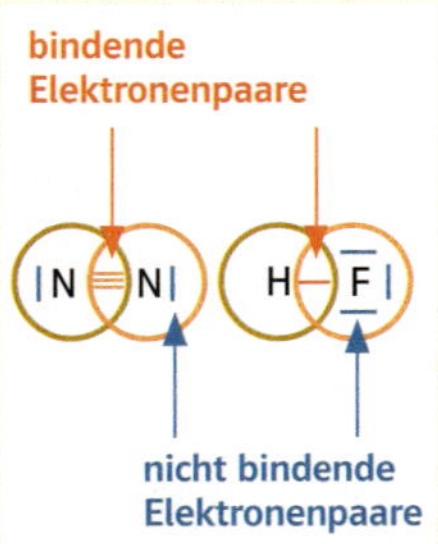

B2 Valenzstrichformeln

Chemiker bewegen sich bei ihrer Arbeit gewissermaßen in zwei Welten, in denen sie jeweils ganz unterschiedliche Vorstellungen und Begriffe benutzen.
Bei der *Beschreibung* der mit den Sinnen erfassbaren und mit Geräten messbaren Stoffeigenschaften und Energieänderungen ist man auf der **Stoffebene.** Hier geht es um Beobachtungen oder Phänomene. Typische Begriffe dieser Ebene sind z. B. Farbe, Geruch, Siedetemperatur und Dichte.
Die *Erklärung* für die Beobachtungen liefert die Welt der Atome, Ionen und Moleküle, die **Teilchenebene.** Bei der Deutung von Phänomenen hilft u. a. das Teilchenmodell. Man spricht bei der Teilchenebene daher auch von der Deutungs- oder Modellebene. Typische Begriffe sind z. B. Atom, Molekül, Ion, Dipol, Elementargruppe und Bindungswinkel und Atomradius.

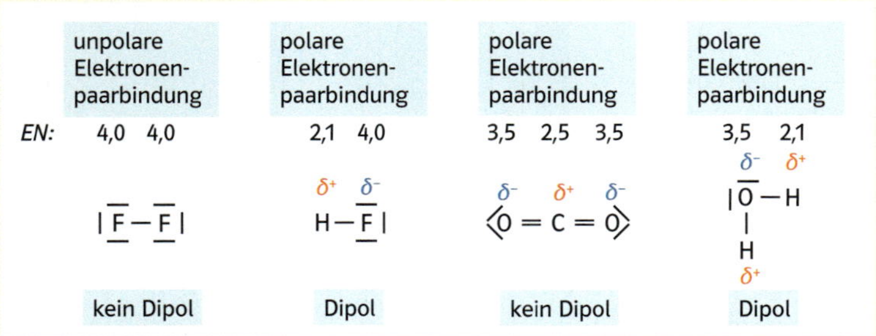

B3 Aus den Teilladungen (Partialladungen) und der Symmetrie eines Moleküls kann man schließen, ob es ein Dipol ist

Elemente. Heute sind über 110 Atomsorten bekannt. Sie sind im Periodensystem der Elemente (PSE) angeordnet. Die waagerechten Zeilen nennt man **Perioden.** Alle Atome einer Periode besitzen die gleiche Anzahl an Schalen. Dabei unterscheiden sich die Atome von zwei aufeinanderfolgenden Elementen jeweils um ein Proton. Die Spalten des Periodensystems nennt man **Gruppen.** Die Atome einer Gruppe unterscheiden sich in der Anzahl der Schalen. Sie haben jedoch die gleiche Anzahl an Elektronen auf der Außenschale. Nur das Helium-Atom weicht davon ab. Die Elektronen der Außenschale sind an Bindungen zwischen Atomen und an chemischen Reaktionen beteiligt. Stoffe, die aus nur einer Atomsorte aufgebaut sind, bezeichnet man als **elementare Stoffe.**

Molekulare Stoffe bestehen aus Molekülen. Mit Valenzstrichformeln kann man die Elektronenpaarbindungen zwischen den Atomen und die nicht bindenden Elektronenpaare darstellen [B2]. Mithilfe der Elektronegativitätswerte (*EN*) der Elemente kann man die Valenzstrichformeln mit Teilladungen ergänzen. Wenn man zusätzlich die Symmetrie berücksichtigt, kann man dann erkennen, ob ein Molekül ein Dipol ist [B3]. Zwischen Molekülen können (abhängig von ihrer Struktur) Van-der-Waals-Kräfte, Dipol-Dipol-Kräfte und Wasserstoffbrücken wirken.

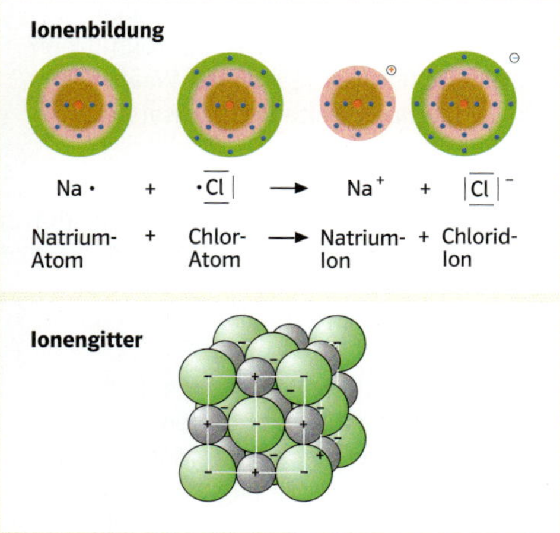

B5 Ionenbildung und Ionengitter

Salze bestehen aus positiv geladenen **Kationen** und negativ geladenen **Anionen** [B5]. Zwischen den Kationen und Anionen wirken elektrostatische Anziehungskräfte. Lösungen und Schmelzen von Salzen leiten den elektrischen Strom, indem sich die Ionen bewegen.

Metalle sind aus positiv geladenen Atomrümpfen aufgebaut, die durch frei bewegliche Außenelektronen zusammengehalten werden [B6]. Diese Außenelektronen bewirken die elektrische Leitfähigkeit der Metalle. Auch die gute Wärmeleitfähigkeit wird durch die frei beweglichen Außenelektronen verursacht, da diese die Energie besonders schnell transportieren.
Wirkt auf ein Metallstück eine Kraft, so verschieben sich die Atomrümpfe gegeneinander. Der Zusammenhalt zwischen den Atomrümpfen geht aber nicht verloren, sodass das Metallstück verformt wird, aber nicht zerbricht.

A1 Ethanol und Heptan sind bei Zimmertemperatur farblose Flüssigkeiten.
a) Recherchiere weitere Stoffeigenschaften der beiden genannten Stoffe.
b) Überlege dir mindestens zwei Versuche, mit denen du anhand der Stoffeigenschaften bestimmen kannst, um welchen der beiden Stoffe es sich handelt.
c) Erkläre mithilfe der zwischenmolekularen Kräfte, warum beide Stoffe bei Zimmertemperatur flüssig sind, aber ein unterschiedliches Löslichkeitsverhalten in Wasser zeigen. Zeichne dafür Valenzstrichformeln der Moleküle beider Stoffe. Gib jeweils die Teilladungen an und entscheide, ob es sich um Dipole handelt.

A2 **a)** Erstelle eine Mind-Map zu den verschiedenen Bindungstypen.
b) Notiere zu jedem Bindungstyp einen Stoff als Beispiel.

A3 Notiere in einer Tabelle für die Stoffe mit den Summenfomeln CH_4, NH_3, H_2O und HF jeweils:
- den Namen der Verbindung.
- die Valenzstrichformel. Zeichne zusätzlich die Teilladungen ein.
- ob sie Dipole sind oder nicht.
- die zwischen den Atomen auftretenden Elektronegativitätsdifferenzen.
- welche zwischenmolekularen Kräfte auftreteten.

A4 Notiere in einer Tabelle die Anzahl an Neutronen, Protonen und Elektronen sowie die Verteilung der Elektronen auf die einzelnen Schalen für die folgenden Atome: ${}^{4}_{2}He$, ${}^{16}_{8}O$, ${}^{23}_{11}Na$.

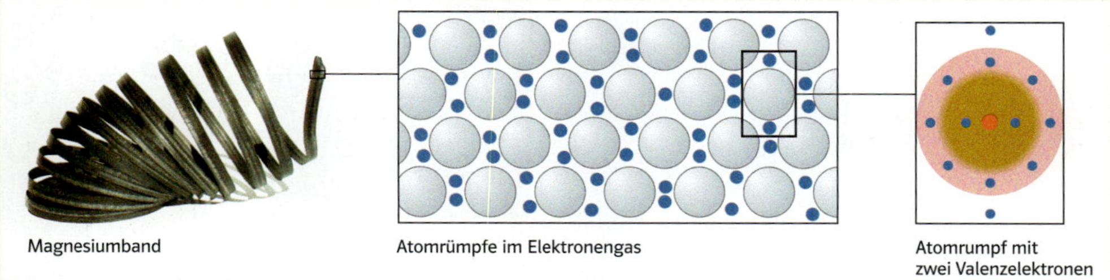

B6 Atomrumpfmodell (Elektronengasmodell) für die Bindung in Metallen

Basiskonzept Struktur – Eigenschaft – Funktion

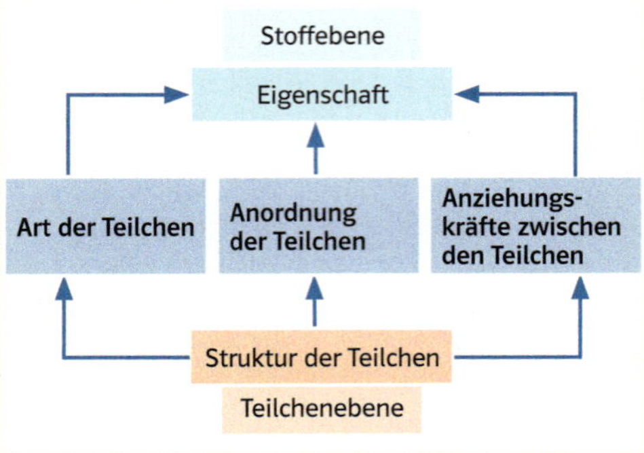

B3 Zusammenhang von Struktur und Eigenschaften

Die Struktur, d. h. der räumliche Aufbau, bestimmt die Eigenschaften eines Stoffes. Aus den Eigenschaften eines Stoffes folgt, wozu er verwendet werden kann. Dies spielt in der Chemie und auch in interdisziplinären Gebieten wie der pharmazeutischen Wirkstoffforschung und der Werkstoffforschung eine bedeutende Rolle. Stoffe mit bestimmten Eigenschaften für eine ganz bestimmte Verwendung können gezielt synthetisiert werden, z. B. Medikamente und Kunststoffe.

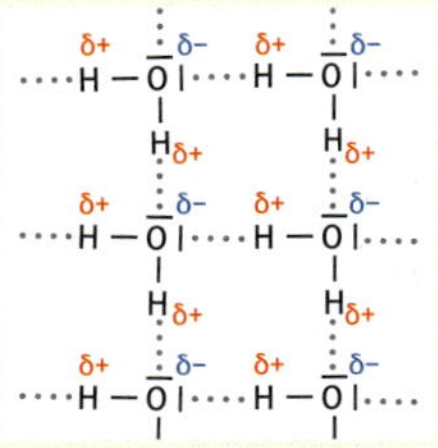

B1 Wasserstoffbrücken zwischen Wasser-Molekülen

Kräfte zwischen Teilchen. Die meisten Stoffe kann man aufgrund ihrer Strukturen als molekulare Stoffe, als Salze oder als Metalle bezeichnen. Die ähnlichen Eigenschaften dieser Stoffe werden durch die Art der Teilchen, also Atome, Ionen oder Moleküle, durch die Struktur der Teilchen und von den Kräften zwischen den Teilchen bestimmt [B3].

In *molekularen Stoffen* können (je nach Polarität der Bindungen und der räumlichen Anordnung der Atome) Van-der-Waals-Kräfte [B2], Dipol-Dipol-Kräfte und Wasserstoffbrücken [B1] wirken.

In *Salzen* treten ionische Wechselwirkungen auf; diese führen dazu, dass sich Ionengitter bilden. Aus dieser Struktur folgt z. B. die Sprödigkeit von Salzkristallen [B4].

In *Metallen* werden die Atomrümpfe durch frei bewegliche Außenelektronen zusammengehalten; dadurch bilden sich Metallgitter. Aus der Struktur der Metallgitter folgen die typischen Metalleigenschaften, z. B. die elektrische Leitfähigkeit und die Verformbarkeit.

Zwischenmolekulare Anziehungskräfte in organischen Stoffen. Organische Stoffe sind i. d. R. aus Molekülen aufgebaut.
Alkan-Moleküle bestehen aus Kohlenstoff- und Wasserstoff-Atomen. Mit zunehmender Oberfläche der Moleküle werden die Van-der-Waals-Kräfte [B2] stärker. Dies zeigt sich u. a. durch die zunehmenden Siedetemperaturen in der homologen Reihe.
Alkanol-Moleküle bestehen aus einer Alkylgruppe und einer Hydroxygruppe. Neben Van-der-Waals-Kräften treten auch Wasserstoffbrücken auf. Ein Alkanol hat deshalb eine höhere Siedetemperatur als ein Alkan, das aus ähnlich großen Molekülen besteht.

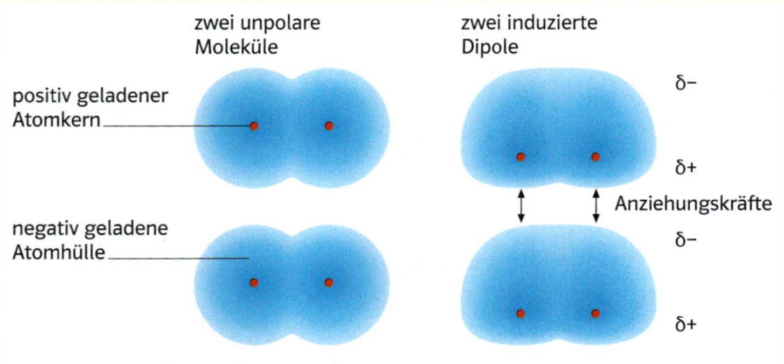

B2 Van-der-Waals-Kräfte zwischen zwei unpolaren Molekülen

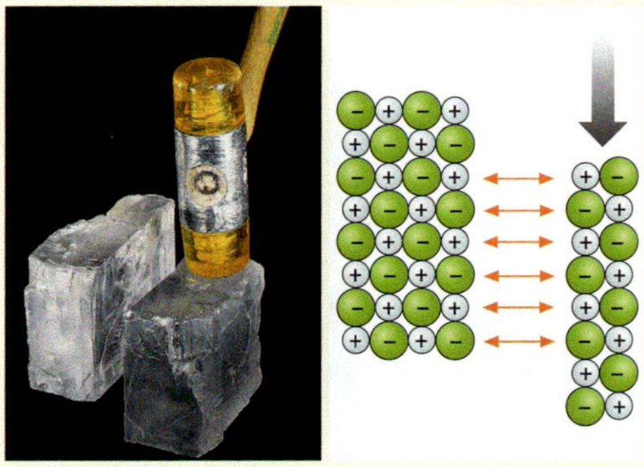

B4 Sprödigkeit eines Salzkristalls

Kunststoffe bestehen aus sehr langen Makromolekülen. Die Eigenschaften eines Kunststoffs hängen u. a. davon ab, ob die Makromoleküle außerdem vernetzt sind [B5]. Wenn sie nicht vernetzt sind, wird der Kunststoff beim Erhitzen verformbar und bei höherer Temperatur zähflüssig. Sind die Makromoleküle vernetzt, lässt sich der Kunststoff duch Erhitzen nicht verformen. Bei starkem Erhitzen zersetzen sich alle Kunststoffe, weil die C-C-Bindungen der Makromoleküle gespalten werden.

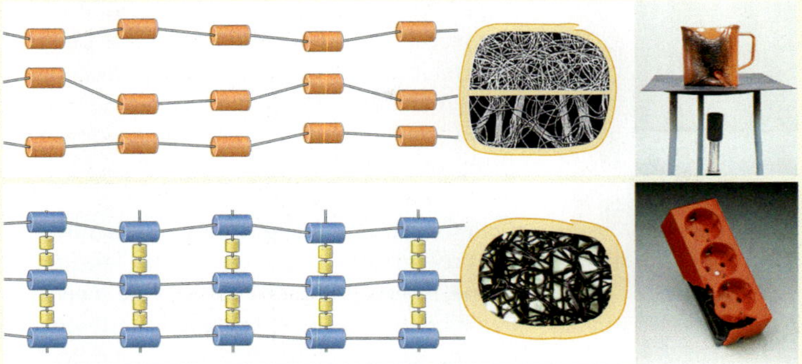

B5 Oben: Thermoplaste werden beim Erhitzen verformbar
Unten: Duroplaste zerbrechen bei starker Krafteinwirkung

A1 Erkläre die Sprödigkeit von Salzen mit ihrer Struktur.

A2 **a)** Grenze die zwischenmolekularen Kräfte von der Elektronenpaarbindung ab.
b) Notiere alle dir bekannten Typen von zwischenmolekularen Kräften, und gib jeweils einen passenden Stoff an.

A3 Gib für Magnesium, Sauerstoff und Magnesiumoxid typische Stoffeigenschaften an. Begründe die Eigenschaften anhand der Teilchen, aus denen diese Stoffe bestehen, oder anhand der Strukturen der Stoffe.

A4 **a)** Erkläre die Unterschiede der Siedetemperaturen der in B6 aufgeführten Alkane.
b) Die Isomere in B7 haben unterschiedliche Siedetemperaturen. Erläutere dies anhand der zwischenmolekularen Kräfte.

A5 Erkläre die gute Löslichkeit der Alkohole, deren Moleküle kurze Kohlenwasserstoffketten haben, in hydrophilen Lösungsmitteln.

A6 **a)** Erstelle eine Mind-Map, aus der die Eigenschaften von Salzen, Metallen und molekularen Stoffen hervorgehen. Verwende Eigenschaften wie z. B. Schmelz- und Siedetemperatur, Sprödigkeit, Härte, Glanz, elektrische Leitfähigkeit, Wärmeleitfähigkeit, Dichte, Verformbarkeit und Geruch.
b) Erläutere, wie die unterschiedlichen Eigenschaften erklärt werden können.
c) Gib die jeweilige Verbindungsklasse und die typischen Eigenschaften (Siedetemperatur, Viskosität, Lösungsverhalten) der folgenden Stoffe an: Ethan, Propen, Methanol, Hexan-1-ol.

Name	Strukturformel	Kalottenmodell	ϑ_{sd} in °C
Pentan	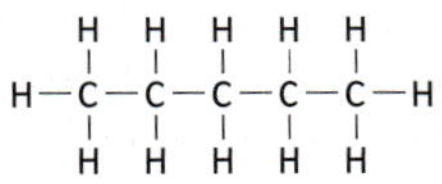		36
2-Methylbutan	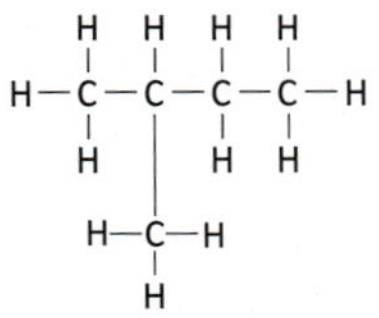		28
2,2-Dimethylpropan	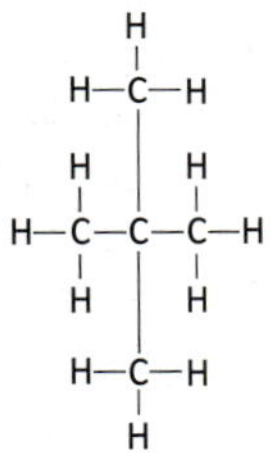		10

B6 Konstitutionsisomere mit der Summenformel C_5H_{12} (zu A4a)

	Ethanol	Dimethylether
Summenformel	C_2H_6O	C_2H_6O
Strukturformel	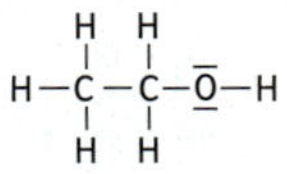	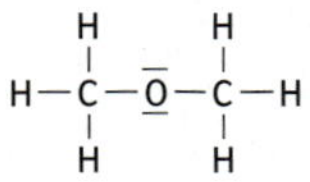
ϑ_{sd} **in °C**	78	25

B7 Konstitutionsisomere mit der Summenformel C_2H_6O (zu A4b)

Basiskonzept Chemische Reaktion

B1 Rost auf der Fahrradkette – ein Reaktionsprodukt

Täglich kommen wir mit einer Vielzahl von chemischen Reaktionen in Berührung. Beim Brauselutschen z. B. prickelt es auf der Zunge. Fährt man häufig im Regen Fahrrad, so rostet die Fahrradkette mit der Zeit, wenn sie nicht geölt wird [B1].

Donator-Akzeptor-Reaktionen. Betrachtet man chemische Reaktionen auf der Teilchenebene, so erkennt man, dass sich die meisten Reaktionen zwei Reaktionstypen zuordnen lassen: den *Säure-Base-Reaktionen* und den *Redoxreaktionen*. Diese beiden Reaktionstypen kann man mit dem *Donator-Akzeptor-Prinzip* beschreiben [B2].

Bei den **Säure-Base-Reaktionen** kommt es zu einem Protonenübergang. Die Säure ist der **Protonendonator**; die Base ist der **Protonenakzeptor**. Ein Beispiel ist die Neutralisationsreaktion:

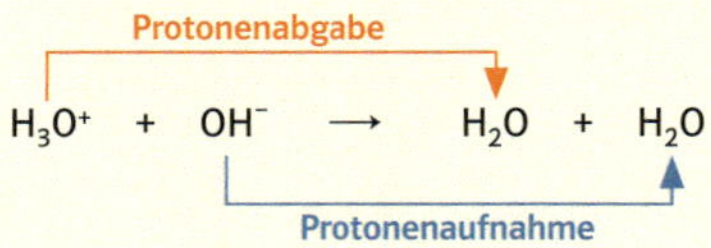

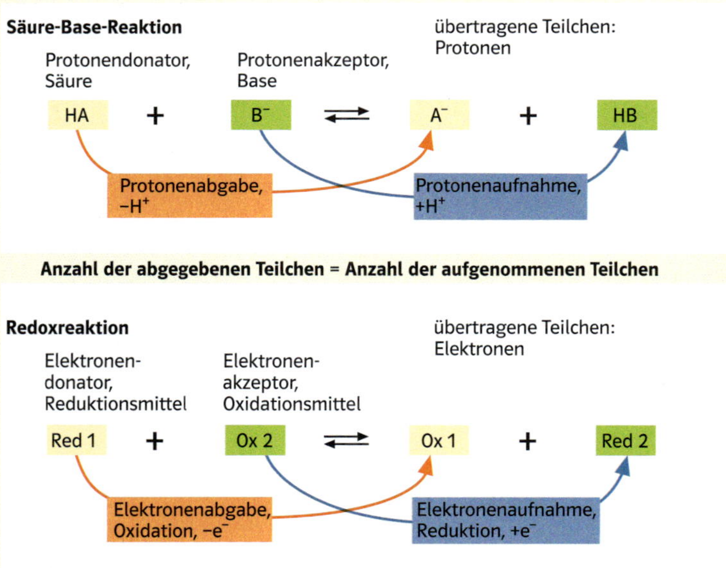

B2 Donator-Akzeptor-Reaktionen

Redoxreaktionen zeichnen sich durch eine Elektronenübertragung aus. Der **Elektronendonator** wird oxidiert und ist das Reduktionsmittel. Der **Elektronenakzeptor** wird reduziert und ist das Oxidationsmittel. Ein Beispiel ist die Reaktion von Magnesium mit Chlor:

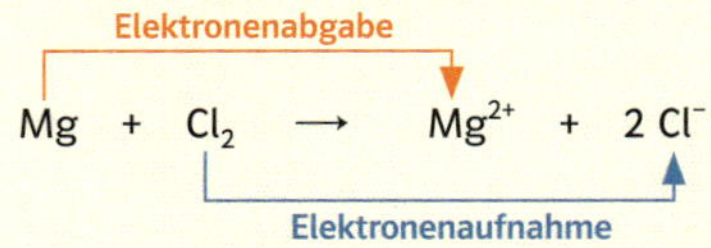

Bei einer **Elektrolyse** findet eine erzwungene Redoxreaktion statt, die durch eine angelegte äußere Spannung bewirkt wird. Ein Beispiel ist die Elektrolyse einer Zinkiodid-Lösung [B3]:

Anode (Donator):	$2\,I^-$	$\longrightarrow$	$I_2 + 2\,e^-$
Kathode (Akzeptor):	$Zn^{2+} + 2\,e^-$	$\longrightarrow$	Zn
	$Zn^{2+} + 2\,I^-$	$\longrightarrow$	$Zn + I_2$

In einem **galvanischen Element** läuft eine freiwillige Redoxreaktion ab, bei der elektrische Energie frei wird. Diese nutzt man zum Betreiben elektrischer Geräte mit Batterien und Akkumulatoren. In einem Blei-Akku laufen (vereinfacht) die folgenden Reaktionen ab:

Anode (Donator):	Pb	$\longrightarrow$	$Pb^{2+} + 2\,e^-$
Kathode (Akzeptor):	$Pb^{4+} + 2\,e^-$	$\longrightarrow$	Pb^{2+}
	$Pb + Pb^{4+}$	$\longrightarrow$	$2\,Pb^{2+}$

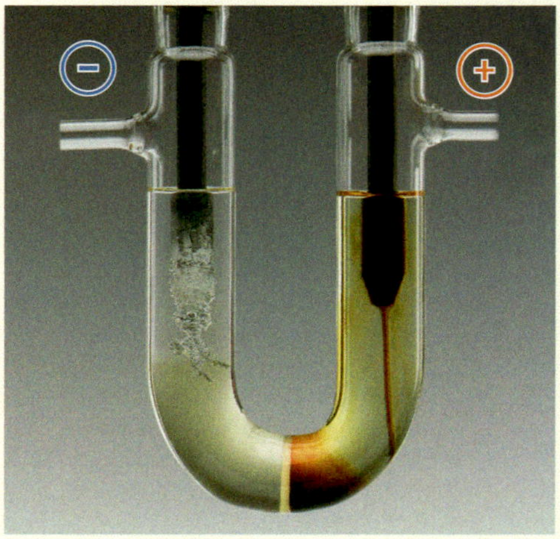

B3 Bei der Elektrolyse von Zinkiodid läuft eine Redoxreaktion ab

Oxidation von organischen Verbindungen. Erdgas, Benzin und Dieselöl bestehen aus Kohlenwasserstoffen. Sie werden als Energieträger verbrannt, und die abgegebene thermische Energie wird genutzt. Dabei reagieren die Kohlenwasserstoffe mit dem Sauerstoff der Luft zu Kohlenstoffdioxid und Wasser. Beispiel:

$$CH_4 + 2\,O_2 \longrightarrow CO_2 + 2\,H_2O$$

Bei der Produktion von Essig aus Wein wird Ethanol mit Sauerstoff zu Ethansäure oxidiert:

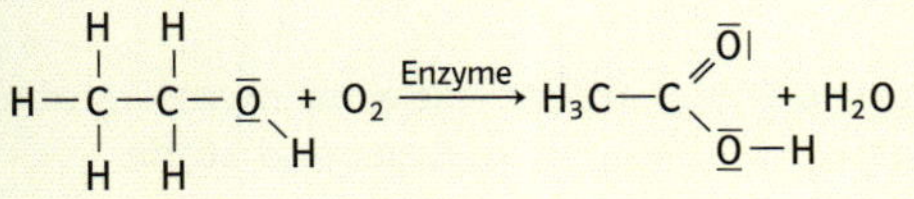

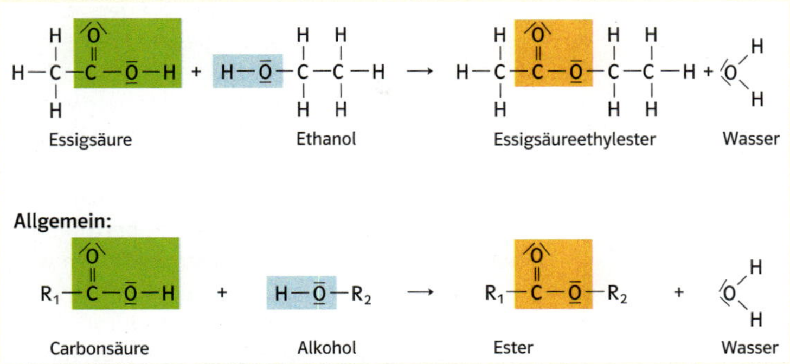

B4 Esterbildung (Kondensationsreaktion)

Kondensationsreaktionen. Eine Reaktion von zwei Molekülen unter Abspaltung eines Wasser-Moleküls bezeichnet man als *Kondensationsreaktion*. Ein Beispiel ist die Esterbildung [B4].

Polymerisationsreaktionen. Kunststoffe bestehen aus Makromolekülen. Sie können z. B. durch Polymerisation aus vielen kleinen Molekülen von Ethenderivaten entstehen. Die kleinen Moleküle sind die **Monomere**, die Makromoleküle nennt man **Polymere**.

Stoffkreisläufe. Zwischen den Kohlenstoffspeichern unserer Erde findet ein ständiger Austausch des Elements Kohlenstoff in Form organischer und anorganischer Verbindungen statt [B5]. Alle chemischen Reaktionen, die in der Natur ablaufen, sind Teilprozesse von *Stoffkreisläufen*.

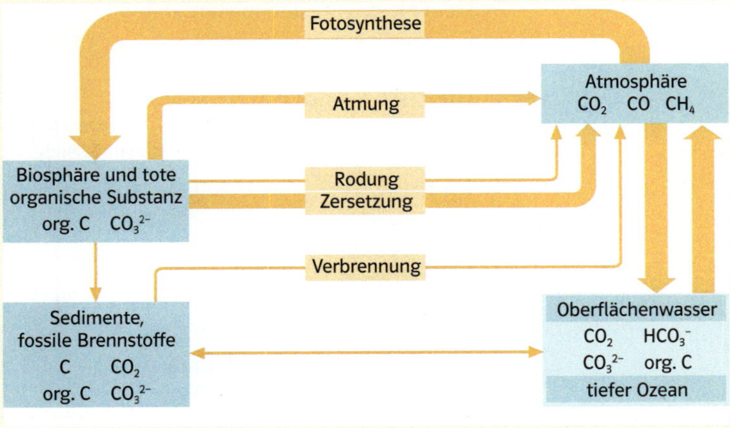

B5 Globaler Kohlenstoffkreislauf

A1 Handelt es sich bei folgenden Reaktionen um einen Protonen- oder um einen Elektronenübergang?
a) Magnesium + Chlor
b) Ammoniak + Chlorwasserstoff
c) Eisenoxid + Magnesium
d) Salzsäure + Natronlauge
Begründe jeweils deine Entscheidung.

A2 An welcher Elektrode findet bei der Elektrolyse die Oxidation und an welcher die Reduktion statt?

A3 Erläutere das Aufbauprinzip bei der Bildung von Makromolekülen aus Monomeren an einem Beispiel. Zeichne auch die Strukturformeln der Monomere.

A4 Formuliere die Reaktionsgleichung für die vollständige Verbrennung von Octan.

A5 Zu Lakritz, das Salmiak (Ammoniumchlorid) enthält, werden Natriumhydroxid-Plätzchen und einige Tropfen Wasser gegeben. Das Gemisch wird mit der nicht leuchtenden Flamme erwärmt, und in den entstehenden Dampf wird feuchtes Universalindikatorpapier gehalten. Das Indikatorpapier färbt sich blau. Formuliere die Reaktionsgleichungen der beiden ablaufenden Reaktionen und erläutere jeweils, welcher Reaktionstyp vorliegt.

Basiskonzept Energie

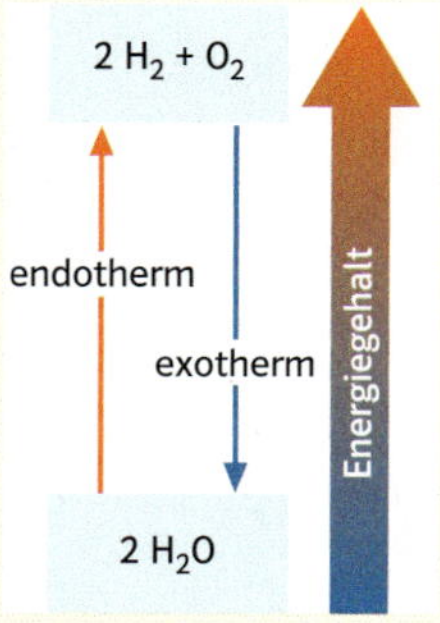

B1 Bildung und Zerlegung von Wasser

Überall begegnet uns der Begriff Energie. Im Alltag heißt es, dass man keine Energie verschwenden soll, oder dass eine Tafel Schokolade eine geballte Ladung Energie enthält. Wichtig ist: Energie kann nicht „erzeugt" werden. Sie kann nur von einer Energieform in eine andere umgewandelt oder von einem Energieträger auf einen anderen übertragen werden. Bei allen chemischen Reaktionen wird Energie umgewandelt.

Exotherm und endotherm. Bei der Verbrennung von Kerzenwachs wird ständig Energie in Form von Wärme und Licht an die Umgebung abgegeben. Haben die Reaktionsprodukte einen kleineren Energiegehalt als die Ausgangsstoffe (Edukte), so liegt eine *exotherme* Reaktion vor.
Läuft eine Reaktion nur unter Aufnahme von Energie ab, so spricht man von einer *endothermen* Reaktion. Ein Beispiel ist die Zerlegung von Wasser in die Elemente Wasserstoff und Sauerstoff [B1].

Aktivierungsenergie und Katalysator. Zum Start einer chemischen Reaktion ist Aktivierungsenergie nötig. Diese kann durch den Einsatz eines Katalysators verringert werden. Durch einen Katalysator wird der Reaktionsablauf beschleunigt oder bei niedrigerer Temperatur ermöglicht. Die Reaktionsenergie ändert sich dabei aber nicht [B2].
Die Zufuhr von Aktivierungsenergie lässt sich mit dem Domino-Effekt vergleichen. Nur ein Stein muss angestoßen werden [B3].

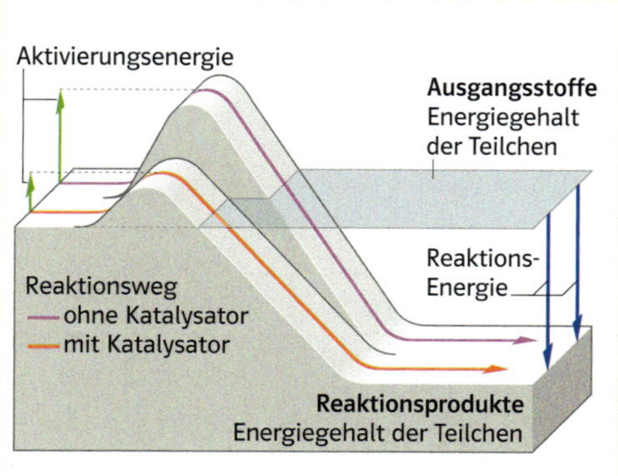

B2 Aktivierungsenergie mit und ohne Katalysator

B3 Der Domino-Effekt ist ein Modell für die Aktivierungsenergie

Fossile Energieträger. Die Kohlenwasserstoffe des Erdöls [B4] und Erdgases sind Stoffe mit einem hohen Energiegehalt. Durch Verbrennung entstehen die Reaktionsprodukte Kohlenstoffdioxid und Wasser mit deutlich geringerem Energiegehalt. Ursache der stark exothermen Reaktion sind die viel stärkeren Bindungen in den polaren Produkt-Molekülen CO_2 und H_2O als in den unpolaren Edukt-Molekülen.

Beim Verbrennen von Erdgas oder Erdölprodukten im Elektrizitätswerk gewinnt man mithilfe einer Turbine und eines Generators elektrische Energie. Die elektrische Energie fließt zu den Haushalten und kann in einer Lampe in Licht oder z. B. in einem Mixer oder Staubsauger in mechanische Energie umgewandelt werden.

B4 Gewinnung von Erdöl

B5 Erneuerbare Energiequellen

Erneuerbare Energiequellen. Die zunehmende Verknappung der fossilen Energieträger und der mit dem CO_2-Ausstoß verknüpfte anthropogene Treibhauseffekt haben dazu geführt, dass immer mehr Sonnenkollektoren, Solarzellen, Windenergieanlagen und Biogasanlagen eingesetzt werden [B5].

Mobile Energieträger. Beim Entladen einer Batterie oder eines Akkumulators wird chemische Energie durch einen Elektronenübergang in elektrische Energie umgewandelt. Durch Zufuhr elektrischer Energie lassen sich in einem Akkumulator die chemischen Reaktionen umkehren.
Mit Batterien und Akkumulatoren lassen sich z. B. Taschenlampen, Handys und Laptops unabhängig vom Stromnetz betreiben. Elektrofahrräder [B6] und Elektroautos sind auf leistungsfähige Akkumulatoren und ein Netz von Ladestationen angewiesen.

B6 Elektrofahrrad

Energiesparen. Neben dem Einsatz erneuerbarer Energiequellen ist das Energiesparen ein wichtiger Beitrag zum Umweltschutz. Dies bedeutet, weniger Energie zum Heizen, zum Autofahren und zum Betrieb elektrischer Geräte einzusetzen. Die alten Glühlampen z. B. wandeln nur 5 % der elektrischen Energie in Licht um; 95 % der Energie werden als Wärme an die Umgebung abgegeben. Energiesparlampen und LED-Lampen nutzen die elektrische Energie wesentlich besser [B7].

A1 Beschreibe die Vorteile der Verwendung von Katalysatoren bei chemischen Reaktionen.

A2 Elektrische Energie gilt als eine besonders wichtige Energieform. Begründe dies.

A3 Erkläre, welche Teile jede Batterie und jeder Akkumulator hat. Erläutere die Funktion der Teile.

A4 Stelle Pro- und Contra-Argumente zum Betrieb von Biogasanlagen in Deutschland zusammen.

B7 Lampen mit unterschiedlicher Energienutzung

Anhang Größen und Größengleichungen

$$\varrho = \frac{m}{V}$$
$$\Leftrightarrow m = \varrho \cdot V$$
$$\Leftrightarrow V = \frac{m}{\varrho}$$

Ein Goldbarren der Masse $m = 100\,g$ hat das Volumen:

$$V = \frac{100\,g}{19{,}32\,g/cm^3} = 5{,}18\,cm^3$$

Ein Goldnugget mit dem Volumen $V = 100\,cm^3$ hat die Masse:

$$m = \frac{19{,}32\,g}{cm^3} \cdot 100\,cm^3 = 1932\,g = 1{,}932\,kg$$

B1 Umgang mit den Größen Masse, Volumen und Dichte

$m_t(Na) = m_t(Na^+)$
$m_t(A) = m_t(A^{z+})$

$m_t(Cl) = m_t(Cl^-)$
$m_t(B) = m_t(B^{z-})$

B2 Die Massen der Atomionen entsprechen den Atommassen

Normbedingungen
$\vartheta = 0\,°C$ ($T = 273{,}15\,K$) und $p = 1013{,}25\,hPa$

nicht verwechseln mit

Standardbedingungen
$\vartheta = 25\,°C$ ($T = 298{,}15\,K$) und $p = 1013{,}25\,hPa$

Masse, Volumen und Dichte
Den Umfang einer Stoffportion beschreibt man häufig mit der *Masse m* oder mit dem *Volumen V*. Die *Dichte ϱ* ist eine Stoffeigenschaft. Mithilfe der Dichte kann man die Masse einer Stoffportion in das Volumen umrechnen und umgekehrt [B1]. Dabei dürfen die Einheiten nicht vergessen werden.

Teilchenmasse und Stoffmenge
Teilchenmassen m_t sind sehr klein. Deshalb gibt man sie in u (von engl. unit, Einheit) an.

Es gilt: $1\,u = 1{,}66054 \cdot 10^{-24}\,g$

$1\,g = 6{,}02214 \cdot 10^{23}\,u$

Die Masse eines Moleküls oder einer Elementargruppe in Ionenverbindungen ergibt sich durch Addition der Atommassen. Die Massen von Atomionen entsprechen den Atommassen, da man die sehr kleine Differenz nicht berücksichtigt, die sich aus der Aufnahme bzw. Abgabe der Elektronen ergibt [B2].

Die Anzahl der Atome, Moleküle oder Ionen ist selbst in sehr kleinen Stoffportionen riesig groß. Deshalb fasst man eine sehr große Anzahl zur Einheit Mol zusammen. Eine Stoffportion, die $6{,}022 \cdot 10^{23}$ Teilchen enthält, hat die *Stoffmenge* $n = 1\,mol$.

Die Stoffmenge *n* ist nur ein anderer Name für die Teilchenanzahl *N*. Der Begriff „Stoffmenge" wird jedoch bevorzugt verwendet, wenn die Teilchenanzahl in Mol angegeben wird. Die Einheit Mol hat den Vorteil, dass mit kleinen Zahlen gerechnet werden kann.

Für die Umrechnung einer beliebigen Teilchenanzahl *N* in die Stoffmenge *n* verwendet man die Avogadro-Konstante $N_A = 6{,}022 \cdot 10^{23}\,mol^{-1}$.

$$n = \frac{N}{N_A}$$

Die molare Masse
Den Quotienten aus der Masse *m* und der Stoffmenge *n* einer Stoffportion nennt man molare Masse *M*.

$$M = \frac{m}{n}$$ Übliche Einheit: g/mol

Die molare Masse *M* ist identisch mit der Teilchenmasse m_t, sie wird nur in einer anderen Einheit angegeben.

Das molare Volumen
Den Quotienten aus dem Volumen *V* und der Stoffmenge *n* einer Stoffportion nennt man molares Volumen V_m.

$$V_m = \frac{V}{n}$$ Übliche Einheit: l/mol

Gleiche Volumina verschiedener Gase bei gleichem Druck und gleicher Temperatur enthalten annähernd gleich viele Teilchen. Umgekehrt haben Gasportionen mit gleichen Teilchenanzahlen auch gleiche Volumina.

Das molare Volumen von Gasen ist:
- bei 0 °C und 1013 hPa (*Normbedingungen*): $V_m \approx 22{,}4\,l/mol$
- bei 20 °C und 1013 hPa: $V_m \approx 24\,l/mol$

Stoffportion	Teilchen (bzw. Elementargruppe)	Teilchenmasse m_t bzw. molare Masse *M*		Teilchenanzahl *N* bzw. Stoffmenge *n*	
		m_t	*M*	*N*	*n*
12 g Kohlenstoff	C	12,0 u	12,0 g/mol	$6{,}022 \cdot 10^{23}$	1,0 mol
5,6 g Stickstoff	N_2	28,0 u	28,0 g/mol	$1{,}204 \cdot 10^{23}$	0,20 mol
18 g Wasser	H_2O	18,0 u	18,0 g/mol	$6{,}022 \cdot 10^{23}$	1,0 mol
1,1 g Kohlenstoffdioxid	CO_2	44,0 u	44,0 g/mol	$1{,}506 \cdot 10^{22}$	0,025 mol
585 g Natriumchlorid	NaCl	58,5 u	58,5 g/mol	$6{,}022 \cdot 10^{24}$	10,0 mol

B3 Beispiele für Stoffportion und Teilchenanzahl

Der Massenanteil

Eine Kochsalzlösung mit w = 0,9 % enthält 0,9 g Natriumchlorid in 100 g Kochsalzlösung. Eine Salzsäure mit w = 25 % enthält 25 g Hydrogenchlorid in 100 g Salzsäure. Es handelt sich um den *Massenanteil*.
Der Massenanteil w eines Bestandteils A ist der Quotient aus der *Masse* des Bestandteils m(Bestandteil A) dividiert durch die *Gesamtmasse* des Gemisches m(Gemisch).

$$w(\text{Bestandteil A}) = \frac{m(\text{Bestandteil A})}{m(\text{Gemisch})}$$

Der Massenanteil ist eine Zahl zwischen 0 und 1. Multipliziert man die Zahl mit 100 % (= 1), erhält man den Massenanteil in Prozent.

Die Massenkonzentration

Der Gehalt an Kationen und Anionen in einem Mineralwasser wird häufig in Milligramm pro Liter (mg/l) angegeben. Es handelt sich um die *Massenkonzentration*.
Die Massenkonzentration β ist der Quotient aus der *Masse* eines Bestandteils A m(Bestandteil A) und dem *Volumen* der Lösung V(Lösung).

$$\beta(\text{Bestandteil A}) = \frac{m(\text{Bestandteil A})}{V(\text{Lösung})}$$

Mögliche Einheiten: mg/l, g/l, g/m^3

Die Volumenkonzentration

Auf den Etiketten alkoholischer Getränke steht der Alkoholgehalt in Prozent. Es handelt sich um die *Volumenkonzentration*.
Die Volumenkonzentration σ eines Bestandteils A ist der Quotient aus dem *Volumen* des Bestandteils V(Bestandteil A) dividiert durch das *Gesamtvolumen* des Gemisches V(Gemisch).

$$\sigma(\text{Bestandteil A}) = \frac{V(\text{Bestandteil A})}{V(\text{Gemisch})}$$

Die Volumenkonzentration ist eine Zahl zwischen 0 und 1. Multipliziert man die Zahl mit 100 % (= 1), erhält man die Volumenkonzentration in Prozent.

Die Stoffmengenkonzentration

Bei Titrationen ermittelt man Stoffmengen gelöster Stoffe mithilfe von Maßlösungen mit bekannter Stoffmengenkonzentration.
Die *Stoffmengenkonzentration c* ist der Quotient aus der *Stoffmenge* des gelösten Bestandteils n(Teilchen A) und dem *Volumen* der Lösung V(Lösung).

$$c(\text{Teilchen A}) = \frac{n(\text{Teilchen A})}{V(\text{Lösung})}$$

Übliche Einheit: mol/l

$$\Leftrightarrow\ n(\text{Teilchen A}) = c(\text{Teilchen A}) \cdot V(\text{Lösung})$$

Berechnung einer Stoffmengenkonzentration

Bekannt: Masse eines Bestandteils A, Volumen der Lösung
Gesucht: Stoffmengenkonzentration der Teilchen des Stoffes A

$$c(\text{Teilchen A}) = \frac{n(\text{Teilchen A})}{V(\text{Lösung})} \qquad (1)$$

$$n(\text{Teilchen A}) = \frac{m(\text{Bestandteil A})}{M(\text{Teilchen A})} \qquad (2)$$

Einsetzen von Gleichung (2) in (1) ergibt:

$$c(\text{Teilchen A}) = \frac{m(\text{Bestandteil A})}{M(\text{Teilchen A}) \cdot V(\text{Lösung})} \qquad (3)$$

Beziehung zwischen Massen- und Stoffmengenkonzentration

Die Definition der Massenkonzentration β ist:

$$\beta(\text{Bestandteil A}) = \frac{m(\text{Bestandteil A})}{V(\text{Lösung})} \qquad (4)$$

Oben wurde für die Stoffmengenkonzentration c hergeleitet:

$$c(\text{Teilchen A}) = \frac{m(\text{Bestandteil A})}{M(\text{Teilchen A}) \cdot V(\text{Lösung})} \qquad (3)$$

Wenn man in Gleichung (3) die Definition (4) einsetzt, ergibt sich:

$$c(\text{Teilchen A}) = \frac{m(\text{Bestandteil A})}{M(\text{Teilchen A}) \cdot V(\text{Lösung})} = \frac{\beta(\text{Bestandteil A})}{M(\text{Teilchen A})}$$

$$\Leftrightarrow\ \beta(\text{Bestandteil A}) = c(\text{Teilchen A}) \cdot M(\text{Teilchen A})$$

Größen

n: Stoffmenge
N: Teilchenanzahl
m: Masse
m_t: Teilchenmasse
M: molare Masse
V: Volumen
V_m: molares Volumen
ρ: Dichte
w: Massenanteil
β: Massenkonzentration
σ: Volumenkonzentration
c: Stoffmengenkonzentration

Konzentrationen sind auf das Volumen bezogene Größen

Tipp
Anhand der Einheiten kann man überprüfen, ob beim Hantieren mit den Größengleichungen nicht doch ein Fehler unterlaufen ist.

Der Umgang mit Chemikalien

GHS
Globally Harmonized System

H-Sätze
H von Hazard Statements

P-Sätze
P von Precautionary Statements

Die Etiketten von Chemikaliengefäßen, die Gefahrstoffe enthalten, werden seit dem 1.12.2010 für Reinstoffe und seit dem 1.6.2015 für Gemische nach einem neuen, weltweit gültigen System erstellt, dem GHS. Einige Zeichen blieben dabei erhalten, andere Zeichen kamen jedoch neu dazu [B1, B2].

Kennzeichnung nach GHS. Damit schon auf den ersten Blick die wichtigsten Informationen über die Gefährlichkeit und den Umgang mit dem jeweiligen Gefahrstoff erkennbar sind, verfügt ein Chemikalienetikett nach GHS [B5] über zahlreiche Hinweise. Hierzu gehören: die **Gefahrenpiktogramme**, die **Gefahrenhinweise (H-Sätze)**, die **Sicherheitshinweise (P-Sätze)** und die **Signalwörter**.

Gefahrenpiktogramme. Die neun Gefahrenpiktogramme (GHS01 bis GHS09) ermöglichen eine schnelle Information über die Hauptgefahr eines Stoffes.

Gefahrenklasse. Je nach seiner Gefährlichkeit gehört ein Gefahrstoff zu mindestens einer Gefahrenklasse. Ein Gefahrenpiktogramm umfasst häufig mehrere Gefahrenklassen [B2]. So kann z. B. das Gefahrenpiktogramm GHS05 (Ätzwirkung) bedeuten, dass der Stoff zu der Gefahrenklasse „Metallkorrosiv", „Hautreizend", „Hautätzend", „Schwere Augenschädigung" oder „Augenreizung" gehört.

Gefahrenkategorie. Eine Gefahrenklasse wird zur genaueren Kennzeichnung weiter in Gefahrenkategorien untergliedert.

Symbol	Kennbuchstabe, Gefahrenbezeichnung	Symbol	Kennbuchstabe, Gefahrenbezeichnung
	T+ Sehr giftig		E Explosionsgefährlich
	T Giftig		O Brandfördernd
	Xn Gesundheitsschädlich		F+ Hochentzündlich
	Xi Reizend		F Leichtentzündlich
	C Ätzend		N Umweltgefährlich

B1 Bisherige Gefahrensymbole und ihre Bedeutung

Symbol	Bezeichnung	Gefahrenklasse
	GHS01 (Explodierende Bombe)	– Explosive Stoffe, – Selbstzersetzliche Stoffe u. a.
	GHS02 (Flamme)	– Entzündbare Flüssigkeiten, – Entzündbare Gase u. a.
	GHS03 (Flamme über einem Kreis)	– Entzündend wirkende Flüssigkeiten und Feststoffe, – Entzündend wirkende Gase
	GHS04 (Gasflasche)	– Unter Druck stehende Gase
	GHS05 (Ätzwirkung)	– Metallkorrosiv, – Hautätzend, – Hautreizend u. a.
	GHS06 (Totenkopf mit gekreuzten Knochen)	– Akute Toxizität
	GHS07 (Ausrufezeichen)	– Hautreizend, – Augenreizend, – Sensibilisierung der Haut u. a.
	GHS08 (Gesundheitsgefahr)	– Krebserzeugend, – Erbgutverändernd u. a.
	GHS09 (Umwelt)	– Gewässergefährdend

B2 Gefahrenpiktogramme und ihre Bedeutung (vereinfacht) nach GHS

So ist z. B. die Gefahrenklasse „Entzündbare Flüssigkeiten" in die Gefahrenkategorie 1 („Flüssigkeit und Dampf extrem entzündbar"), in die Gefahrenkategorie 2 („Flüssigkeit und Dampf leicht entzündbar") und in die Gefahrenkategorie 3 („Flüssigkeit und Dampf entzündbar") unterteilt.

Signalwörter. Signalwörter sind neue Kennzeichnungselemente. Sie geben Auskunft über den relativen Gefährdungsgrad eines Stoffes oder eines Stoffgemisches. Es gibt zwei verschiedene Signalwörter:

Gefahr	für schwerwiegende Gefahrenkategorien
Achtung	für weniger schwerwiegende Gefahrenkategorien

Für den Fall, dass ein Stoff zu unterschiedlichen Gefahrenklassen gehört, die beide Signalwörter nach sich ziehen, wird nur das Signalwort „Gefahr" verwendet.

Gefahrenhinweise (H-Sätze). Eine genaue Kennzeichnung der Gefährdung wird durch die Angabe eines H-Satzes erreicht. H-Sätze sind Gefahrenhinweise und mit den bisherigen R-Sätzen vergleichbar. H-Sätze sind so aufgebaut, dass die erste Ziffer angibt, ob von dem Gefahrstoff hauptsächlich physikalische Gefahren, Gesundheitsgefahren oder Umweltgefahren ausgehen [B3].
Die beiden folgenden Ziffern bilden dann einen standardisierten Textbaustein, der die von dem Stoff ausgehenden Gefahren näher beschreibt.

Sicherheitshinweise (P-Sätze). P-Sätze sind Sicherheitshinweise und mit den bisherigen S-Sätzen vergleichbar. P-Sätze sind wie die H-Sätze so aufgebaut, dass die erste Ziffer angibt, auf welchen Bereich sich der Sicherheitshinweis bezieht, z. B. auf eine Vorsorgemaßnahme oder auf die Entsorgung [B4]. Die beiden folgenden Ziffern bilden dann einen standardisierten Textbaustein, der die Sicherheitshinweise näher beschreibt.

H 224	Flüssigkeit und Dampf extrem entzündbar
H 290	Kann gegenüber Metallen korrosiv sein
H 300	Lebensgefahr beim Verschlucken
H 314	Verursacht schwere Verätzungen der Haut und schwere Augenschäden
H 412	Sehr giftig für Wasserorganismen

H 3 01
- 01 → laufende Nummer
- 3 → Gruppierung 2 = Physikalische Gefahren
  3 = Gesundheitsgefahren
  4 = Umweltgefahren
- H → steht für Gefahrenhinweis (**H**azard Statement)

B3 Aufbau eines H-Satzes mit Beispielen

P 101	Ist ärztlicher Rat erforderlich, Verpackung oder Etikett bereithalten
P 102	Darf nicht in die Hände von Kindern gelangen
P 201	Vor Gebrauch besondere Anweisungen einholen
P 315	Bei Unwohlsein ärztlichen Rat/ärztliche Hilfe hinzuziehen
P 402	An einem trockenen Ort aufbewahren

P 1 02
- 02 → laufende Nummer
- 1 → Gruppierung 1 = Allgemein
  2 = Vorsorgemaßnahmen
  3 = Empfehlungen
  4 = Lagerhinweise
  5 = Entsorgung
- P → steht für Sicherheitshinweis (**P**recautionary Statement)

B4 Aufbau eines P-Satzes mit Beispielen

B5 Neues Gefahrstoff-Etikett nach GHS

Entsorgung von Chemikalienabfällen

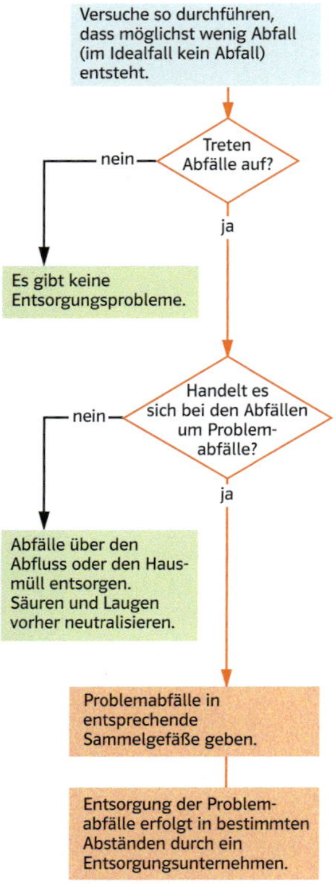

B1 Abfälle beim Experimentieren

Nach der Durchführung von Experimenten bleiben oft Abfälle (z. B. Chemikalienreste oder Reaktionsprodukte) zurück. Diese Abfälle können gesundheits-, luft- oder wassergefährdend, explosionsgefährlich oder brennbar sein. Nach dem Abfallgesetz werden solche Abfälle als **Problemabfälle** bezeichnet. Zur Entsorgung der Problemabfälle stehen im Chemieraum geeignete Sammelgefäße zur Verfügung. Bleiben z. B. nach einem Experiment Benzinreste zurück, so dürfen diese nicht einfach in den Ausguss gegeben werden, da sie auf diese Weise über das Abwasser in die Umwelt gelangen würden. Die Benzinreste müssen deshalb in ein Sammelgefäß für organische Lösungsmittel gegeben werden. Die gesammelten Abfälle werden in bestimmten Abständen von einem Entsorgungsunternehmen abgeholt und wiederaufbereitet oder als Sondermüll beseitigt (Müllverbrennung oder Sondermüll-Deponierung [B2]).

Möglichst wenig Abfälle. Besonders im Chemieunterricht gilt der Grundsatz, Abfälle möglichst zu vermeiden [B1]. Gerade die Entsorgung von Problemabfällen ist oft schwierig und mit Umweltgefährdungen verbunden. Bei der Versuchsdurchführung sind deshalb nur möglichst kleine Stoffportionen zu verwenden. In der Regel wird ein Versuchsergebnis durch die Verwendung größerer Stoffportionen nicht verbessert. Entscheidend ist die sorgfältige und genaue Durchführung der Versuche.

B2 Lagerung von Sondermüll in einer Untertage-Deponie

Wassergefährdungsklassen. Viele Problemabfälle aus dem Chemieunterricht sind flüssig. Werden sie über den Ausguss beseitigt, können sie unterschiedlich stark die Umwelt belasten. Zur Unterscheidung der Wassergefährdung teilt man die Chemikalien in **Wassergefährdungsklassen (WGK)** ein. Stoffe, die ungiftig und biologisch abbaubar sind, werden als „nwg" (nicht wassergefährdend) eingestuft. Alle anderen Stoffe werden je nach ihrem Gefährdungsgrad in die Klassen 1 bis 3 eingestuft.

nwg:	im Allgemeinen nicht wassergefährdend, z. B. Glucose oder Kieselsäure
WGK 1:	schwach wassergefährdend, z. B. Salzäure oder Ethanol
WGK 2:	wassergefährdend, z. B. Hexan oder Kupfersulfat
WGK 3:	stark wassergefährdend, z. B. Quecksilber oder Quecksilber-Verbindungen

Stoffe, die als „nwg" eingestuft sind, dürfen in kleinen Mengen in den Ausguss gegeben werden. Die anderen Abfälle müssen zunächst gesammelt und dann entsorgt werden.

Kennzeichnung der Sammelgefäße. Da viele Chemikalienabfälle Gefahrstoffe sind, müssen die Sammelgefäße mit den international gebräuchlichen Gefahrensymbolen gekennzeichnet werden. Bestehen die Abfälle aus einem Gemisch unterschiedlicher Gefahrstoffe, wird das Sammelgefäß mit den Gefahrensymbolen gekennzeichnet, die für den gefährlichsten Stoff des Gemisches gelten.

Entsorgungsplan. Bei der Sammlung der Abfälle ist ein Entsorgungsplan nützlich, der in übersichtlicher Form zeigt, in welcher Weise die Chemikalienreste gesammelt und entsorgt werden. Der abgebildete Entsorgungsplan [B3] zeigt beispielhaft, wie Chemikalienabfälle gesammelt und weitergeleitet werden können. Fallen im Unterricht noch weitere Abfälle an, muss der Plan ergänzt oder abgeändert werden.

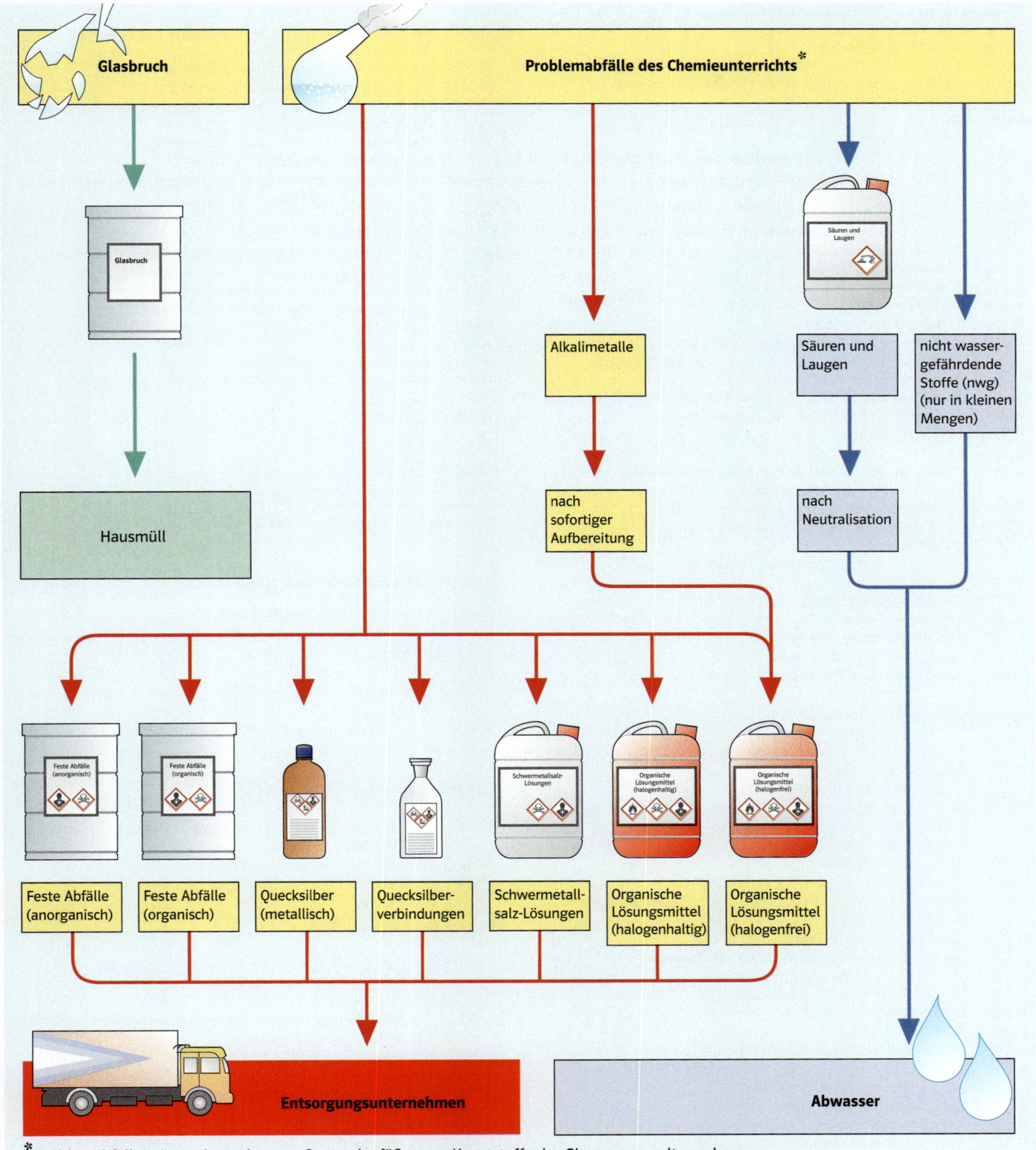

*Problemabfälle müssen in geeigneten Sammelgefäßen aus Kunststoff oder Glas gesammelt werden.

B3 Entsorgungsplan

Gefahren- und Sicherheitshinweise: H- und P-Sätze

Gefahrenhinweise für physikalische Gefahren

H 200	Instabil, explosiv.
H 201	Explosiv, Gefahr der Massenexplosion.
H 202	Explosiv; große Gefahr durch Splitter, Spreng- und Wurfstücke.
H 203	Explosiv; Gefahr durch Feuer, Luftdruck oder Splitter, Spreng- und Wurfstücke.
H 204	Gefahr durch Feuer oder Splitter, Spreng- und Wurfstücke.
H 205	Gefahr der Massenexplosion bei Feuer.
H 220	Extrem entzündbares Gas.
H 221	Entzündbares Gas.
H 222	Extrem entzündbares Aerosol.
H 223	Entzündbares Aerosol.
H 224	Flüssigkeit und Dampf extrem entzündbar.
H 225	Flüssigkeit und Dampf leicht entzündbar.
H 226	Flüssigkeit und Dampf entzündbar.
H 228	Entzündbarer Feststoff.
H 240	Erwärmung kann Explosion verursachen.
H 241	Erwärmung kann Brand oder Explosion verursachen.
H 242	Erwärmung kann Brand verursachen.
H 250	Entzündet sich in Berührung mit Luft von selbst.
H 251	Selbsterhitzungsfähig, kann in Brand geraten.
H 252	In großen Mengen selbsterhitzungsfähig, kann in Brand geraten.
H 260	In Berührung mit Wasser entstehen entzündbare Gase, die sich spontan entzünden können.
H 261	In Berührung mit Wasser entstehen entzündbare Gase.
H 270	Kann Brand verursachen oder verstärken; Oxidationsmittel.
H 271	Kann Brand oder Explosion verursachen; starkes Oxidationsmittel.
H 272	Kann Brand verstärken, Oxidationsmittel.
H 280	Enthält Gas unter Druck; kann bei Erwärmung explodieren.
H 281	Enthält tiefkaltes Gas; kann Kälteverbrennungen oder -verletzungen verursachen.
H 290	Kann gegenüber Metallen korrosiv sein.

Gefahrenhinweise für Gesundheitsgefahren

H 300	Lebensgefahr bei Verschlucken.
H 301	Giftig bei Verschlucken.
H 302	Gesundheitsschädlich bei Verschlucken.
H 304	Kann bei Verschlucken und Eindringen in die Atemwege tödlilch sein.
H 310	Lebensgefahr bei Hautkontakt.
H 311	Giftig bei Hautkontakt.
H 312	Gesundheitsschädlich bei Hautkontakt.
H 314	Verursacht schwere Verätzungen der Haut und schwere Augenschäden.
H 315	Verursacht Hautreizungen.
H 317	Kann allergische Hautreaktionen verursachen.
H 318	Verursacht schwere Augenschäden.
H 319	Verursacht schwere Augenreizung.
H 330	Lebensgefahr bei Einatmen.
H 331	Giftig bei Einatmen.
H 332	Gesundheitsschädlich bei Einatmen.
H 334	Kann bei Einatmen Allergie, asthmaartige Symptome oder Atembeschwerden verursachen.
H 335	Kann die Atemwege reizen.
H 336	Kann Schläfrigkeit und Benommenheit verursachen.
H 340	Kann genetische Defekte verursachen[1]
H 341	Kann vermutlich genetische Defekte verursachen[1].
H 350	Kann Krebs erzeugen[1].
H 350i	Kann bei Einatmen Krebs erzeugen.
H 351	Kann vermutlich Krebs erzeugen[1].
H 360	Kann die Fruchtbarkeit beeinträchtigen oder das Kind im Mutterleib schädigen[2,1].
H 360F	Kann die Fruchtbarkeit beeinträchtigen.
H 360D	Kann das Kind im Mutterleib schädigen.
H 360FD	Kann die Fruchtbarkeit beeinträchtigen. Kann das Kind im Mutterleib schädigen.
H 360Fd	Kann die Fruchtbarkeit beeinträchtigen. Kann vermutlich das Kind im Mutterleib schädigen.
H 360Df	Kann das Kind im Mutterleib schädigen. Kann vermutlich die Fruchtbarkeit beeinträchtigen.
H 361	Kann vermutlich die Fruchtbarkeit beeinträchtigen oder das Kind im Mutterleib schädigen[2,1].
H 361f	Kann vermutlich die Fruchtbarkeit beeinträchtigen.
H 361d	Kann vermutlich das Kind im Mutterleib schädigen.
H 361fd	Kann vermutlich die Fruchtbarkeit beeinträchtigen. Kann vermutlich das Kind im Mutterleib schädigen.
H 362	Kann Säuglinge über die Muttermilch schädigen.
H 370	Schädigt die Organe[3,1].
H 371	Kann die Organe schädigen[3,1].
H 372	Schädigt die Organe[4] bei längerer oder wiederholter Exposition[1].
H 373	Kann die Organe schädigen[4] bei längerer oder wiederholter Exposition.

[1] Expositionsweg angeben, sofern schlüssig belegt ist, dass diese Gefahr bei keinem anderen Expositionsweg besteht
[2] Konkrete Wirkung angeben, sofern bekannt
[3] Oder alle betroffenen Organe nennen, sofern bekannt
[4] Alle betroffenen Organe nennen, sofern bekannt

Gefahrenhinweise für Umweltgefahren

H 400	Sehr giftig für Wasserorganismen.
H 410	Sehr giftig für Wasserorganismen mit langfristiger Wirkung.
H 411	Giftig für Wasserorganismen, mit langfristiger Wirkung.
H 412	Schädlich für Wasserorganismen, mit langfristiger Wirkung.
H 413	Kann für Wasserorganismen schädlich sein, mit langfristiger Wirkung.

Sicherheitshinweise – Allgemeines

P 101	Ist ärztlicher Rat erforderlich, Verpackung oder Etikett bereithalten.
P 102	Darf nicht in die Hände von Kindern gelangen.
P 103	Vor Gebrauch Kennzeichnungsetikett lesen.

Sicherheitshinweise – Prävention

P 201	Vor Gebrauch besondere Anweisungen einholen.
P 202	Vor Gebrauch alle Sicherheitsratschläge lesen und verstehen.
P 210	Von Hitze/Funken/offener Flamme/heißen Oberflächen fernhalten. Nicht rauchen.
P 211	Nicht gegen offene Flammen oder andere Zündquellen sprühen.
P 220	Von Kleidung/.../brennbaren Materialien fernhalten/ entfernt aufbewahren
P 221	Mischen mit brennbaren Stoffen/.../unbedingt verhindern.
P 222	Kontakt mit Luft nicht zulassen.
P 223	Kontakt mit Wasser wegen heftiger Reaktion und möglichem Aufflammen unbedingt verhindern.
P 230	Feucht halten mit ...

P 231	Unter inertem Gas handhaben.
P 232	Vor Feuchtigkeit schützen.
P 233	Behälter dicht verschlossen halten.
P 234	Nur im Originalbehälter aufbewahren.
P 235	Kühl halten.
P 240	Behälter und zu befüllende Anlage erden.
P 241	Explosionsgeschützte elektrische Anlagen/Lüftungsanlagen/Beleuchtungsanlagen/... /verwenden.
P 242	Nur funkenfreies Werkzeug verwenden.
P 243	Maßnahmen gegen elektrostatische Aufladungen treffen.
P 244	Druckminderer frei von Fett und Ölen halten.
P 250	Nicht schleifen/stoßen/... /reiben.
P 251	Behälter steht unter Druck: Nicht durchstechen oder verbrennen, auch nicht nach der Verwendung.
P 260	Staub/Rauch/Gas/Nebel/Dampf/Aerosol nicht einatmen.
P 261	Einatmen von Staub/Rauch/Gas/Nebel/Dampf/Aerosol vermeiden.
P 262	Nicht in die Augen, auf die Haut oder auf die Kleidung gelangen lassen.
P 263	Kontakt während der Schwangerschaft/ und der Stillzeit vermeiden.
P 264	Nach Gebrauch ... gründlich waschen.
P 270	Bei Gebrauch nicht essen, trinken oder rauchen.
P 271	Nur im Freien oder in gut belüfteten Räumen verwenden.
P 272	Kontaminierte Arbeitskleidung nicht außerhalb des Arbeitsplatzes tragen.
P 273	Freisetzung in die Umwelt vermeiden.
P 280	Schutzhandschuhe/Schutzkleidung/Augenschutz/Gesichtsschutz tragen.
P 281	Vorgeschriebene persönliche Schutzausrüstung verwenden.
P 282	Schutzhandschuhe/Gesichtsschild/Augenschutz mit Kälteisolierung tragen.
P 283	Schwer entflammbare/flammhemmende Kleidung tragen.
P 284	Atemschutz tragen.
P 285	Bei unzureichender Belüftung Atemschutz tragen.

Sicherheitshinweise – Reaktion

P 301	Bei Verschlucken:
P 302	Bei Berührung mit der Haut:
P 303	Bei Berührung mit der Haut (oder dem Haar):
P 304	Bei Einatmen:
P 305	Bei Kontakt mit den Augen:
P 306	Bei kontaminierter Kleidung:
P 307	Bei Exposition:
P 308	Bei Exposition oder falls betroffen:
P 309	Bei Exposition oder Unwohlsein:
P 310	Sofort Giftinformationszentrum oder Arzt anrufen.
P 311	Giftinformationszentrum oder Arzt anrufen.
P 312	Bei Unwohlsein Giftinformationszentrum oder Arzt anrufen.
P 313	Ärztlichen Rat einholen/ärztliche Hilfe hinzuziehen.
P 314	Bei Unwohlsein ärztlichen Rat einholen/ärztliche Hilfe hinzuziehen.
P 315	Sofort ärztlichen Rat einholen/ärztliche Hilfe hinzuziehen.
P 320	Besondere Behandlung dringend erforderlich. (siehe ... auf diesem Kennzeichnungsetikett).
P 321	Besondere Behandlung (siehe ... auf diesem Kennzeichnungsetikett).
P 322	Gezielte Maßnahmen (siehe ... auf diesem Kennzeichenetikett).
P 330	Mund ausspülen.
P 331	KEIN Erbrechen herbeiführen.
P 332	Bei Hautreizung:
P 333	Bei Hautreizung oder -ausschlag:
P 334	In kaltes Wasser tauchen/nassen Verband anlegen.
P 335	Lose Partikel von der Haut abbürsten.
P 336	Vereiste Bereiche mit lauwarmem Wasser auftauen. Betroffene Bereiche nicht reiben.
P 337	Bei anhaltender Augenreizung:
P 338	Eventuell vorhandene Kontaktlinsen nach Möglichkeit entfernen. Weiter ausspülen.
P 340	Die betroffene Person an die frische Luft bringen und in einer Position ruhigstellen, die das Atmen erleichtert.
P 341	Bei Atembeschwerden an die frische Luft bringen und in einer Position ruhigstellen, die das Atmen erleichtert.
P 342	Bei Symptomen der Atemwege:
P 350	Behutsam mit viel Wasser und Seife waschen.
P 351	Einige Minuten lang behutsam mit Wasser ausspülen.
P 352	Mit viel Wasser und Seife waschen.
P 353	Haut mit Wasser abwaschen/duschen.
P 360	Kontaminierte Kleidung und Haut sofort mit viel Wasser abwaschen und danach Kleidung ausziehen.
P 361	Alle kontaminierten Kleidungsstücke sofort ausziehen.
P 362	Kontaminierte Kleidung ausziehen und vor erneutem Tragen waschen.
P 363	Kontaminierte Kleidung vor erneutem Tragen waschen.
P 370	Bei Brand:
P 371	Bei Großbrand und großen Mengen:
P 372	Explosionsgefahr bei Brand.
P 373	KEINE Brandbekämpfung, wenn das Feuer explosive Stoffe/Gemische/Erzeugnisse erreicht.
P 374	Brandbekämpfung mit üblichen Vorsichtsmaßnahmen aus angemessener Entfernung
P 375	Wegen Explosionsgefahr Brand aus der Entfernung bekämpfen.
P 376	Undichtigkeit vermeiden, wenn gefahrlos möglich.
P 377	Brand von ausströmendem Gas: Nicht löschen, bis Undichtigkeit gefahrlos beseitigt werden kann.
P 378	... zum Löschen verwenden.
P 380	Umgebung räumen.

Sicherheitshinweise – Lagerung

P 381	Alle Zündquellen entfernen, wenn gefahrlos möglich.
P 390	Verschüttete Mengen aufnehmen, um Materialschäden zu vermeiden.
P 391	Verschüttete Mengen aufnehmen.
P 401	... aufbewahren.
P 402	An einem trockenen Ort aufbewahren.
P 403	An einem gut belüfteten Ort aufbewahren.
P 404	In einem geschlossenen Behälter aufbewahren.
P 405	Unter Verschluss aufbewahren.
P 406	In korrosionsbeständigem/... Behälter mit widerstandsfähiger Innenauskleidung lagern.
P 407	Luftspalt zwischen Stapeln/Paletten lassen.
P 410	Vor Sonnenbestrahlung schützen.
P 411	Bei Temperaturen von nicht mehr als ... °C/... °F aufbewahren.
P 412	Nicht Temperaturen von mehr als 50 °C/122 °F aussetzen.
P 413	Schüttgut in Mengen von mehr als ... kg/ ... lbs bei Temperaturen von nicht mehr als ... °C/ ... °F aufbewahren.
P 420	Von anderen Materialien entfernt aufbewahren.
P 422	Inhalt in/unter ... aufbewahren.

Sicherheitshinweise – Entsorgung

P 501	Inhalt/Behälter ... zuführen.

Zeichnerische Darstellung von Versuchsaufbauten

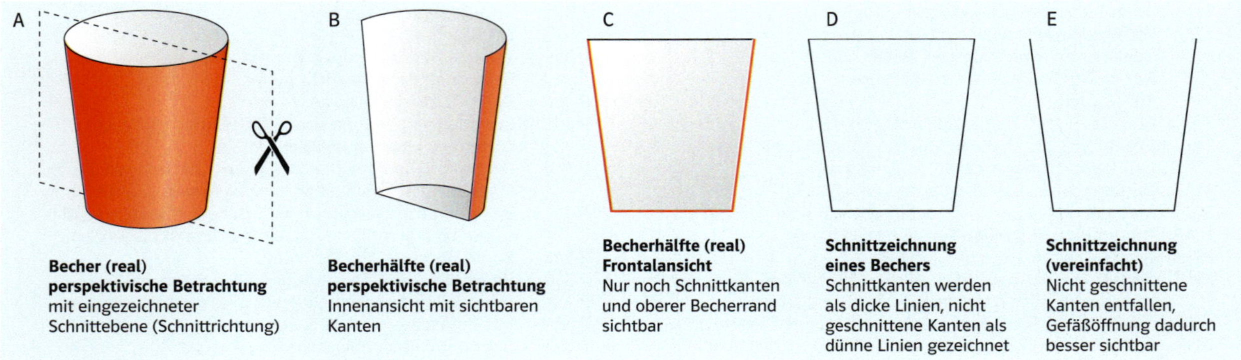

B1 Vom realen Gegenstand zur Schnittzeichnung

Chemische Experimente werden mit speziellen **Laborgeräten** durchgeführt. Werden *mehrere* solcher Geräte zu einer Versuchsapparatur zusammengebaut, kann eine Skizze den Aufbau und die Funktion der Apparatur verdeutlichen und eine Hilfe bei der Beschreibung und Auswertung des Experiments sein. Im Folgenden wird gezeigt, wie man Geräte und Apparaturen *zweckmäßig zeichnerisch darstellen* kann.

Die Schnittdarstellung [B1]. Schneidet man einen Becher aus Pappe der Länge nach in der Mitte durch (A) und betrachtet die Innenseite einer Hälfte, erkennt man die Schnittkanten und Halbbögen der Becheröffnung und des Bodens (B). Bei *frontaler* Betrachtung (C) sieht man nur noch Schnittkanten und Becherrand (als gerade Linie). Diese Ansicht eignet sich gut für zeichnerische Zwecke: Das Bild ist einfach und enthält alles Wesentliche. Schnittlinien werden dick, die übrigen sichtbaren Kanten dünn gezeichnet (D). Oft lässt man auch noch die dünnen Linien weg (E). Man erhält eine **einfache Schnittdarstellung**.

Zeichnung von Apparaturen. [B2] zeigt eine Destillationsapparatur als Foto, [B3] als *einfache Schnittdarstellung*. In der *Zeichnung* ist die Apparatur *nicht mit allen Einzelteilen* wiedergegeben. Das Stativmaterial fehlt ganz, da es nur zur Befestigung dient; die Zeichnung gewinnt dadurch an Übersichtlichkeit. Dagegen müssen die *entscheidenden Geräte* deutlich gezeichnet und benannt sowie ihre Verbindungen untereinander dargestellt sein.

Bei manchen Geräten ist jedoch eine *exakte* Schnittdarstellung unnötig (z. B. Brenner) oder unzweckmäßig (z. B. Keramik-Drahtnetz, Thermometer, Dreifuß). Man stellt diese Geräte ebenfalls frontal betrachtet, aber in einer vereinfachten oder symbolhaften Form dar.

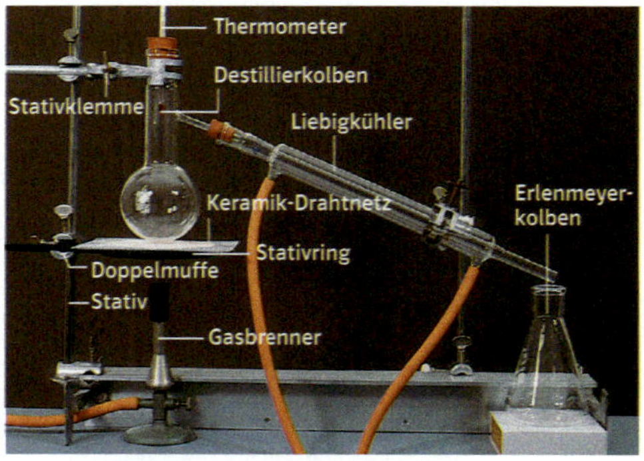

B2 Foto einer Destillationsapparatur

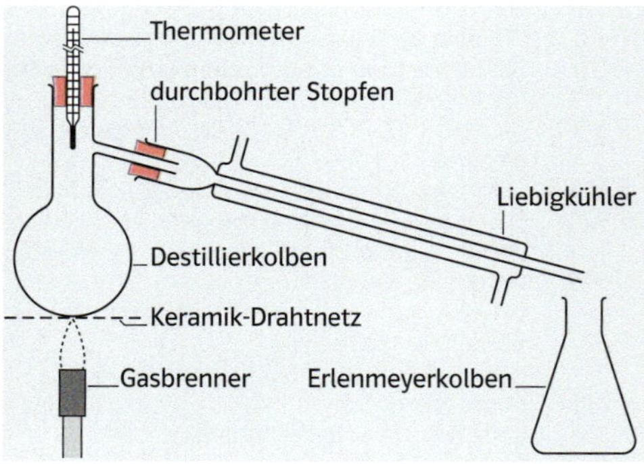

B3 Schnittzeichnung einer Destillationsapparatur

Laborgeräte

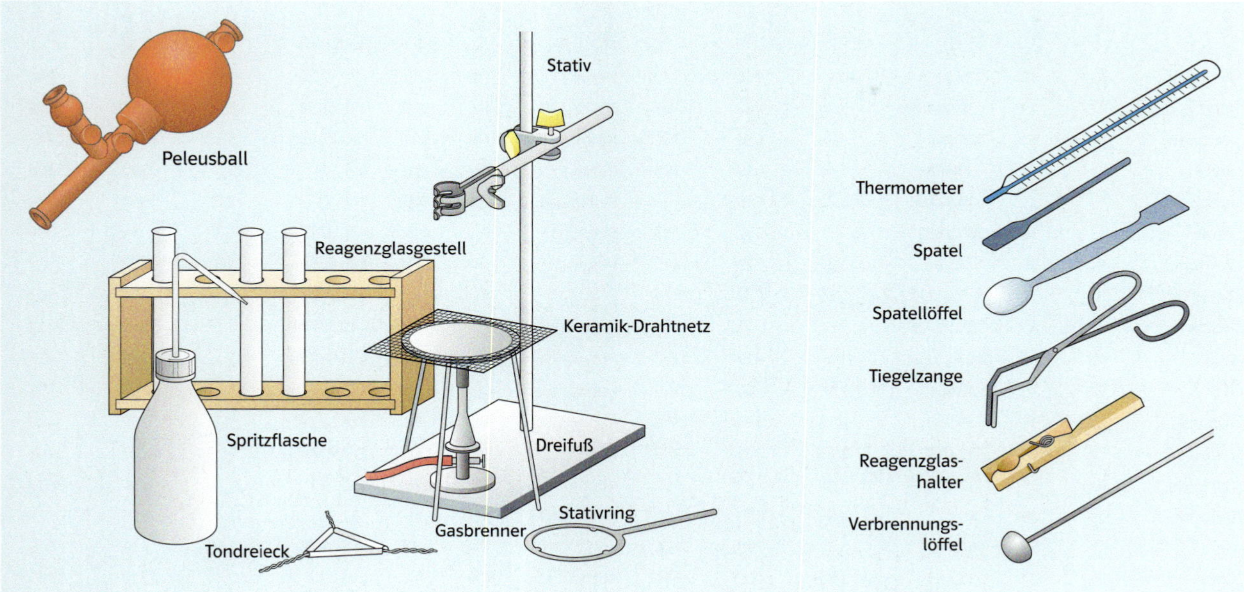

So zeichnet man z. B. in einem Versuchsprotokoll:

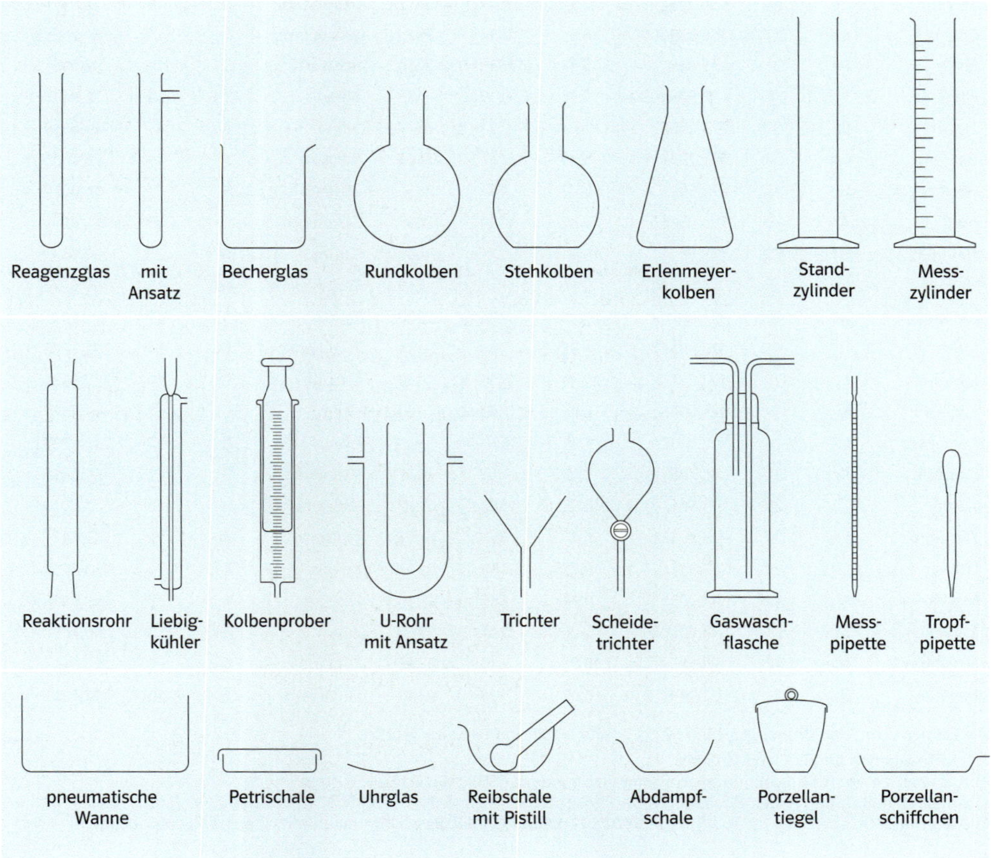

Tabellen

Chemische Elemente und Eigenschaften der elementaren Stoffe

Name	Zeichen	Ordnungszahl	Atommasse in u [4]	Dichte [1] in g/cm³ (Gase: g/l)	Schmelztemperatur in °C	Siedetemperatur in °C	Name	Zeichen	Ordnungszahl	Atommasse in u [4]	Dichte [1] in g/cm³ (Gase: g/l)	Schmelztemperatur in °C	Siedetemperatur in °C
Actinium	Ac	89	227,0278*	10,1	1050	3200	Neon	Ne	10	20,1797	0,84	−249	−246
Aluminium	Al	13	26,981538	2,70	660	2467	Nickel	Ni	28	58,6934	8,90	1455	2730
Antimon	Sb	51	121,760	6,68	630	1750	Niob	Nb	41	92,90638	8,57	2468	4742
Argon	Ar	18	39,948	1,66	−189	−186	Osmium	Os	76	190,23	22,5	2700	5300
Arsen	As	33	74,92160	5,72	613 s	—	Palladium	Pd	46	106,42	12,0	1554	2970
Astat	At	85	209,9862*	—	302	337	Phosphor	P	15	30,973761	1,82 [3]	44 [3]	280
Barium	Ba	56	137,327	3,51	725	1640	Platin	Pt	78	195,078	21,4	1772	3827
Beryllium	Be	4	9,012182	1,85	1278	2970	Polonium	Po	84	208,9824*	9,4	254	962
Bismut	Bi	83	208,98038	9,8	271	1560	Praseodym	Pr	59	140,90765	6,77	931	3512
Blei	Pb	82	207,2	11,4	327	1740	Protactinium	Pa	91	231,03588	15,4	1840	4030
Bor	B	5	10,811	2,34	2300	2550	Quecksilber	Hg	80	200,59	13,55	−39	356
Brom	Br	35	79,904	3,12	−7	59	Radium	Ra	88	226,0254*	5,0	700	1140
Cadmium	Cd	48	112,411	8,65	321	765	Radon	Rn	86	222,0176*	9,23	−71	−62
Caesium	Cs	55	132,90545	1,88	28	669	Rhenium	Re	75	186,207	20,5	3180	5627
Calcium	Ca	20	40,078	1,54	839	1484	Rhodium	Rh	45	102,90550	12,4	1966	3727
Cer	Ce	58	140,116	6,65	799	3426	Rubidium	Rb	37	85,4678	1,53	39	686
Chlor	Cl	17	35,453	2,99	−101	−35	Ruthenium	Ru	44	101,07	12,3	2310	3900
Chrom	Cr	24	51,9961	7,20	1857	2672	Sauerstoff	O	8	15,9994	1,33	−219	−183
Cobalt	Co	27	58,933200	8,9	1495	2870	Scandium	Sc	21	44,955910	3,0	1541	2831
Eisen	Fe	26	55,845	7,87	1535	2750	Schwefel	S	16	32,065	2,07 (rh)	119 (mo)	444
Fluor	F	9	18,9984032	1,58	−219	−188	Selen	Se	34	78,96	4,81	217	685
Francium	Fr	87	223,0197*	—	27	677	Silber	Ag	47	107,8682	10,5	962	2212
Gallium	Ga	31	69,723	5,90	30	2403	Silicium	Si	14	28,0855	2,32	1410	2355
Germanium	Ge	32	72,64	5,32	937	2830	Stickstoff	N	7	14,0067	1,17	−210	−196
Gold	Au	79	196,96655	19,32	1064	3080	Strontium	Sr	38	87,62	2,60	769	1384
Hafnium	Hf	72	178,49	13,3	2227	4602	Tantal	Ta	73	180,9479	16,6	2996	5425
Helium	He	2	4,002602	0,17	−272 p	−269	Technetium	Tc*	43	97,9072*	11,5	2172	4877
Indium	In	49	114,818	7,30	156	2080	Tellur	Te	52	127,60	6,0	449	990
Iod	I	53	126,90447	4,93	113	184	Thallium	Tl	81	204,3833	11,8	303	1457
Iridium	Ir	77	192,217	22,41	2410	4130	Thorium	Th	90	232,0381	11,7	1750	4790
Kalium	K	19	39,0983	0,86	63	760	Titan	Ti	22	47,867	4,51	1660	3287
Kohlenstoff	C	6	12,0107	2,25 [2]	3650 s [2]	—	Uran	U	92	238,02891	19,0	1132	3818
Krypton	Kr	36	83,798	3,48	−157	−152	Vanadium	V	23	50,9415	5,96	1890	3380
Kupfer	Cu	29	63,546	8,92	1083	2567	Wasserstoff	H	1	1,00794	0,083	−259	−253
Lanthan	La	57	138,9055	6,17	921	3457	Wolfram	W	74	183,84	19,3	3410	5660
Lithium	Li	3	6,941	0,53	180	1342	Xenon	Xe	54	131,293	5,49	−112	−107
Magnesium	Mg	12	24,3050	1,74	649	1107	Yttrium	Y	39	88,90585	4,47	1522	3338
Mangan	Mn	25	54,938049	7,20	1244	1962	Zink	Zn	30	65,409	7,14	419	907
Molybdän	Mo	42	95,94	10,2	2610	5560	Zinn	Sn	50	118,710	7,30	232	2270
Natrium	Na	11	22,989770	0,97	98	883	Zirconium	Zr	40	91,224	6,49	1852	4377

Die Elemente mit den Ordnungszahlen 60 bis 71 und ab 93 sind nicht aufgeführt.

s = sublimiert
p = unter Druck
— = Werte nicht bekannt

1) Dichteangaben für 20 °C und 1013 hPa
2) Angaben gelten für Graphit; Diamant: Schmelztemperatur 3550 °C, Dichte 3,51 g/cm³
3) Angaben gelten für weißen Phosphor; roter Phosphor: Schmelztemperatur 590 °C (p), Dichte 2,34 g/cm³
4) Atommasseneinheit u: 1 u = 0,000 000 000 000 000 000 000 001 660 54 g (*Atommasse des langlebigsten Isotops)

Eigenschaften einiger Gase

Name, Formel	Dichte in g/l [1]	Siedetemp. in °C	Löslichkeit in Wasser [1] [2]
Wasserstoff (H_2)	0,090	−253	0,022
Helium (He)	0,178	−269	0,01
Stickstoff (N_2)	1,250	−196	0,024
Sauerstoff (O_2)	1,429	−183	0,05
Chlor (Cl_2)	3,214	−35	4,61
Ammoniak (NH_3)	0,771	−33,4	1175
Schwefelwasserstoff (H_2S)	1,539	−60	4,7
Chlorwasserstoff (HCl)	1,639	−85	525
Kohlenstoffdioxid (CO_2)	1,977	−78,5 [3]	1,71
Luft	1,293	−194,4	0,03
Schwefeldioxid (SO_2)	2,926	−10,0	79,8

[1] bei 0 °C und 1013 hPa
[2] Quotient aus dem Volumen der (lösbaren) Gasportion und dem Volumen des Wassers (bei 0 °C und 1013 hPa)
[3] Sublimationstemperatur

Größen und Einheiten

Name	Zeichen	Größe, Beziehung	Erläuterungen	Einheitenname	Einheitenzeichen
Masse	m			[Kilo]gramm	[k]g
Volumen	V		Produkt aus drei Längen	Kubik[zenti]meter Liter Milliliter	[c]m³ 1 l = 1 dm³ 1 ml = 1 cm³
Dichte	ϱ	$\varrho = \frac{m}{V}$	m: Masse der Stoffportion V: Volumen der Stoffportion		g/cm³ 1 g/l = 0,001 g/cm³
Massenanteil	w	$w_1 = \frac{m_1}{m_S}$	m_1: Masse des Bestandteils 1 m_S: Summe aller Massen (Gesamtmasse)	Prozent	1 $1\% = \frac{1}{100}$
Volumenanteil	φ	$\varphi_1 = \frac{V_1}{V_S}$	V_1: Volumen des Bestandteils 1 V_S: Summe aller Volumina vor dem Mischen	Prozent	1 $1\% = \frac{1}{100}$
Massen-konzentration	β	$\beta = \frac{m_1}{V}$	m_1: Masse des gelösten Bestandteils V: Volumen der Lösung		g/l
Kraft	F	$F = m \cdot a$	a: Beschleunigung	Newton	$1\,N = \frac{1\,kg \cdot m}{s^2}$
Druck	p	$p = \frac{F}{A}$	A: Flächeninhalt	Pascal Bar Millibar	$1\,Pa = 1\frac{N}{m^2}$ $1\,bar = 10^5\,Pa$ 1 mbar = 1 hPa
Energie	E	$W = F \cdot s$	Energie ist die Fähigkeit zur Arbeit W s: Weglänge	Joule Kilojoule	1 J = 1 N · m kJ
Celsiustemperatur	t, ϑ			Grad Celsius	°C
thermodynamische Temperatur	T	$\frac{T}{K} = \frac{t}{°C} + 273{,}15$		Kelvin	K

Dezimale Vielfache und Teile von Einheiten

Vorsatz		Faktor
p	Piko	10^{-12}
n	Nano	10^{-9}
µ	Mikro	10^{-6}
m	Milli	10^{-3}
c	Zenti	10^{-2}
d	Dezi	10^{-1}
da	Deka	10
h	Hekto	10^{2}
k	Kilo	10^{3}
M	Mega	10^{6}
G	Giga	10^{9}

Umrechnung von Massen- und Volumeneinheiten

1 Tonne = 1000 Kilogramm = 1 000 000 Gramm
1 t = 1000 kg = 1 000 000 g = 10^6 g

1 Gramm = 1000 Milligramm = 1 000 000 Mikrogramm
1 g = 1000 mg = 1 000 000 µg = 10^6 µg

1 Kubikmeter = 1000 Kubikdezimeter = 1000 Liter
1 m³ = 1000 dm³ = 10^3 dm³ = 1000 l = 10^3 l

1 Kubikdezimeter = 1000 Kubikzentimeter = 1 Liter
1 dm³ = 1000 cm³ = 1 l

1 Kubikzentimeter = 0,001 Liter = 1 Milliliter
1 cm³ = 0,001 l = 1 ml

Kohlenstoffverbindungen und funktionelle Gruppen

Namen der Verbindungsklassen		**Beispiele**	
Strukturformeln und Namen der funktionellen Gruppen		**Namen und Strukturformeln**	
Alkene Ungesättigte Fettsäuren		Ethen	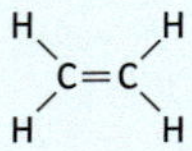
C=C-Doppelbindung (C=C-Zweifachbindung)	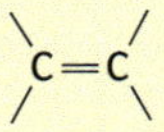	Ölsäure ((*Z*)-Octadec-9-en-säure)	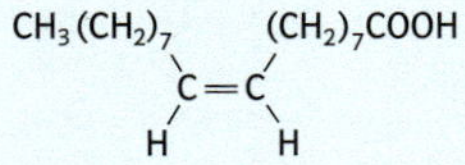
Alkohole		Ethanol	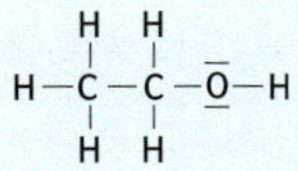
Hydroxygruppe	$-\overline{O}-H$	Propantriol (Glycerin)	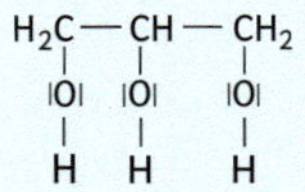
Aldehyde		Methanal (Formaldehyd)	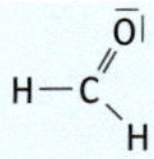
Aldehydgruppe	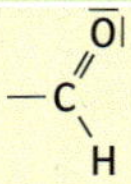	Ethanal (Acetaldehyd)	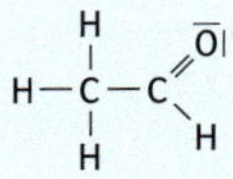
Ketone		Propanon (Aceton)	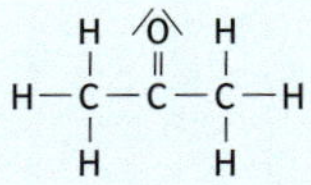
Ketogruppe	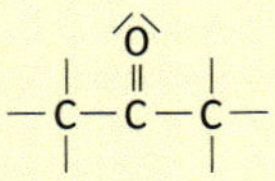	Butanon (Ethylmethylketon)	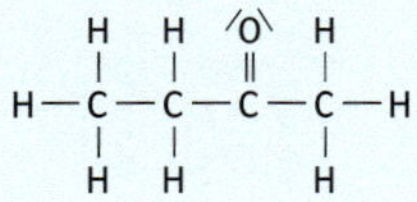
Carbonsäuren		Methansäure (Ameisensäure)	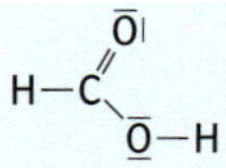
Carboxygruppe	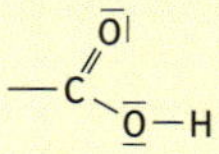	Ethansäure (Essigsäure)	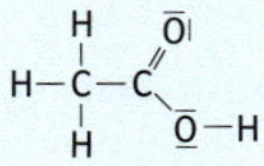
Ester (Carbonsäureester) Fette (Fettsäureglycerinester)		Ethansäurebutylester (Essigsäurebutylester, Butylethanoat, Butylacetat)	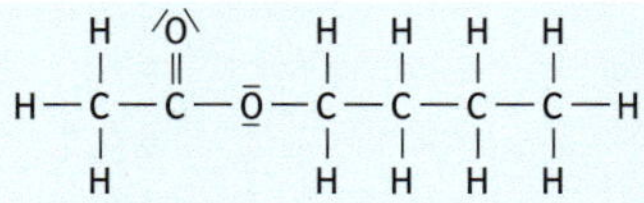
Estergruppe	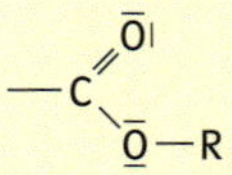	1-Ölsäure-2-linolsäure- 3-linolensäure-glycerinester	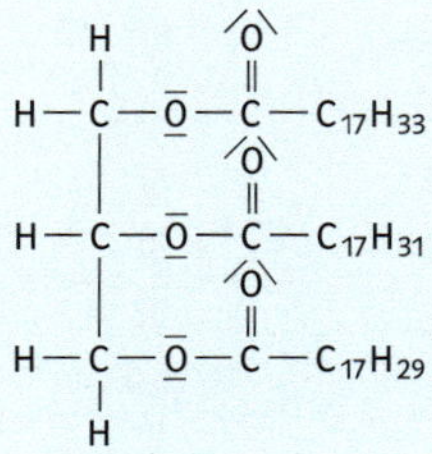

Stichwortverzeichnis

F

G

Bildquellenverzeichnis

U1.1 Thinkstock (Jacek Chabraszewski), München; **U1.2** shutterstock.com (Chepko Danil Vitalevich), New York, NY; **U1.3** iStockphoto (PapaBear), Calgary, Alberta;

8.3 Klett-Archiv (Sascha Reuen), Stuttgart; **9.1** Fotex GmbH (Rainer Mader), Hamburg; **9.2** PS-Fotodesign, Linz/Rhein; **9.3** DigitalVision (Digital Vision), Maintal-Dörnigheim; **9.4** Elex AG, Schwerzenbach; **9.5** Thomas Seilnacht, Bern; **10.1** f1 online digitale Bildagentur (Paul F1online), Frankfurt; **10.3** Getty Images (photonica/Sean Justice), München; **12.1** Getty Images (Taxi/Chris Salvo), München; **12.2; 12.3** Klett-Archiv, Stuttgart; **14.1** Klett-Archiv (Reinhard Schmitt-Hartmann), Stuttgart; **18.1** Becker Chemie GmbH, Leopoldshöhe; **18.2** Klett-Archiv (Karl-Heinz Sonntag), Stuttgart; **19.1** plainpicture GmbH & Co. KG (Aldo Pavan), Hamburg; **19.2** Avenue Images GmbH (JupiterImages), Hamburg; **19.3** Getty Images (Stuart Westmorland), München; **19.4** Picture-Alliance (dpa), Frankfurt; **19.5** Getty Images (The Image BanK/ Meola/RR), München; **19.6** akg-images, Berlin; **20.2** Klett-Archiv (Eberhard Theophel), Stuttgart; **20.3a** StockFood GmbH (Rua Castilho), München; **20.3b** Pati-Versand.de, Herzlake; **20.3c** Mauritius Images (ib/Ulrich Niehoff), Mittenwald; **20.4** plainpicture GmbH & Co. KG (Elektrons 08), Hamburg; **20.6** Fotolia.com (PhotographyByMK), New York; **20.7** Fotolia.com (Daniel Fuhr), New York; **21.8** Fotolia.com (DeVIce), New York; **21.9** normaldesign, Schwäbisch Gmünd; **22.1a** Klett-Archiv, Stuttgart; **22.1b** Klett-Archiv (Toni Cramer), Stuttgart; **22.2a** Klett-Archiv (Hartmut Fahrenhorst), Stuttgart; **22.2b** Hermann Eisenbeiss, Bad Kohlgrub; **23.5; 23.6** Klett-Archiv, Stuttgart; **23.7** Klett-Archiv (Edgar Brückl), Stuttgart; **24.1** Klett-Archiv (Fabian H. Silberzahn), Stuttgart; **27.2** Corbis RF (Royalty-Free), Berlin; **29.1** FOCUS (IBM/ SPL), Hamburg; **29.2** Avenue Images GmbH (Ingram), Hamburg; **29.3; 30.2** Klett-Archiv, Stuttgart; **31.3** Mauritius Images (IPS), Mittenwald; **31.4** Klett-Archiv (Zuckerfabrik Digital), Stuttgart; **32.1** Daimler AG, Stuttgart; **32.2** akg-images, Berlin; **32.3** Deutsches Museum, München; **33.1a** Mauritius Images (Mitterer), Mittenwald; **33.1b** f1 online digitale Bildagentur (Prisma/Prisma), Frankfurt; **33.2** Avenue Images GmbH (Corbis), Hamburg; **33.3** Klett-Archiv (Hartmut Fahrenhorst), Stuttgart; **34.1; 34.2** Klett-Archiv, Stuttgart; **35.E1** Messer Cutting Systems, Groß-Umstadt; **37.2; 37.3** Klett-Archiv, Stuttgart; **38.2** Thomas Seilnacht, Bern; **39.3** PIXTAL, New York NY; **40.1** Klett-Archiv (Werkstatt Fotografie Neumann), Stuttgart; **40.2; 40.3; 40.4a** Klett-Archiv, Stuttgart; **40.4b** Prof. Dr. Peter Menzel, Stuttgart; **41.5** Keystone (Volkmar Schulz), Hamburg; **41.6** Klett-Archiv, Stuttgart; **41.7** Klett-Archiv (Alfred Kemper), Stuttgart; **42.1** Getty Images (Time Life Pictures/Mansell), München; **43.1** akg-images, Berlin; **46.3; 46.4** Deutsches Museum, München; **46.5** Klett-Archiv, Stuttgart; **49.1** Helga Lade - Okapia (Mula), Frankfurt; **49.2** StockFood GmbH (Buntrock), München; **49.3** Klett-Archiv (Hartmut Fahrenhorst), Stuttgart; **49.4** Klett-Archiv, Stuttgart; **49.5** Getty Images (John W. Banagan), München; **49.6** Corbis (Raga), Berlin; **49.7** Getty Images (Ben Edwards), München; **50.1** iStockphoto (Wijnand Loven), Calgary, Alberta; **50.2** Ullstein Bild GmbH (imagebroker.net), Berlin; **50.3** Fotolia.com (pe-foto), New York; **50.4** Klett-Archiv (Toni Cramer), Stuttgart; **51.5** Fotolia.com (maunzel), New York; **51.6** iStockphoto (kati1313), Calgary, Alberta; **51.7** Thinkstock (Hemera), München; **52.1** Harald Kaiser, Alfdorf-Vordersteinenberg; **52.2** Klett-Archiv, Stuttgart; **53.1; 53.3** SÜDSALZ GmbH, Heilbronn; **53.2** Imago (Imagebroker), Berlin; **54.1** MEV Verlag GmbH, Augsburg; **54.2** Stadt- und Hospitalarchiv, Schwäbisch Hall; **54.3** Gesundheit und Tourismus für Bad Kreuznach GmbH (Dominik Ketz), Bad Kreuznach; **55.0; 55.4** Stadt- und Hospitalarchiv, Schwäbisch Hall; **59.1; 59.2; 59.3a** Klett-Archiv, Stuttgart; **59.3b** Bettina Sommer, Köngen; **60.1** Thomas Seilnacht, Bern; **60.2a–d** Klett-Archiv (Seilnacht), Stuttgart; **60.2e; 60.3; 61.5; 61.6; 62.1; 62.2; 62.3** Klett-Archiv, Stuttgart; **63.1** PantherMedia GmbH (Christian Schwier), München; **63.2** Fotolia.com (DeVIce), New York; **63.4; 64.1; 64.2; 65.4; 66.1; 66.2; 66.3; 66.4; 67.5; 68.1** Klett-Archiv, Stuttgart; **69.E1** Corbis (Underwood & Underwood), Berlin; **71.2** Deutsches Museum, München; **76.1** FOCUS (SPL/National Cancer Institute), Hamburg; **76.2** VISUM Foto GmbH, Hannover; **76.3** Klett-Archiv, Stuttgart; **77.1** Bildarchiv Stanko Petek (www.LUFTBILD.com), Radolfzell; **77.3; 79.1; 79.2** Klett-Archiv, Stuttgart; **79.3** Mauritius Images, Mittenwald; **80.1a; 80.1b** Klett-Archiv, Stuttgart; **80.1c** Klett-Archiv (Zuckerfabrik Digital), Stuttgart; **80.2** Okapia (Nigel Cattlin/Holt Studios/OK), Frankfurt; **81.3; 83.3** Klett-Archiv, Stuttgart; **85.1** iStockphoto (Dieter Hawlan), Calgary, Alberta; **85.2** Fotolia.com (Lars Christensen), New York; **85.3** shutterstock.com (Stocksnapp), New York, NY; **85.4** MEV Verlag GmbH, Augsburg; **85.5** Getty Images (Photographer's Choice), München; **86.1** Bridgeman Images (Look and Learn), Berlin; **86.4** Thomas Seilnacht, Bern; **87.5** Getty Images (Riser/Piecework Productions), München; **87.6** Bilderberg (Klaus Bossemeyer), Hamburg; **87.7** Mauritius Images (age), Mittenwald; **88.2** Klett-Archiv, Stuttgart; **89.3** Getty Images (Photonica/Darren Robb), München; **89.5** Jochen Tack, Essen; **91.3a** MEV Verlag GmbH, Augsburg; **91.3b** Klett-Archiv, Stuttgart; **91.3c** Corbis (Bob Rowan, Progressive Image), Berlin; **91.3d** Mauritius Images (Rossenbach), Mittenwald; **91.4** Getty Images (Riser/Terje Rakke), München; **91.6** Action Press GmbH (Markus Hansen), Hamburg; **92.1** Klett-Archiv (Zuckerfabrik Digital), Stuttgart; **92.3** PantherMedia GmbH (Sergiy Serdyuk), München; **92.4** Klett-Archiv, Stuttgart; **93.E1** Deutsches Museum, München; **93.E2; 93.E3** akg-images, Berlin; **94.3** akg-images, Berlin; **95.5; 96.2** Klett-Archiv, Stuttgart; **97.3** Getty Images (Sorensen), München; **100.2a; 100.2b** Avenue Images GmbH (Corbis RF), Hamburg; **100.2c; 100.2d** Comstock, Luxemburg; **100.2e** Dream Maker Software (RF), Colorado; **102.3** Klett-Archiv, Stuttgart; **103.1** Das Luftbild-Archiv, Wenningsen; **103.2; 103.5** MEV Verlag GmbH, Augsburg; **103.3** heliocentris Energiesysteme GmbH, Berlin; **103.4** Fraunhofer ISE, Freiburg; **105.1** Klett-Archiv (Zuckerfabrik Digital), Stuttgart; **105.3** Deutsche BP AG, Bochum; **105.4** Klett-Archiv, Stuttgart; **106.6** Fotolia.com (Sebastian Wolf), New York; **107.9** Feuerwehrpresse Wolfgang Jendsch, Radolfzell; **107.E1** TOTAL WALTHER GmbH; **108.3** Dietmar Gust, Berlin; **109.6** YOUR PHOTO TODAY (FNR), Taufkirchen; **112.2** Daimler AG, Stuttgart; **112.4** Adam Opel AG (Gerhard Gräf), Rüsselsheim; **113.7** Gerhard Braun, Schwäbisch Hall; **115.2** Mauritius Images (Spectrum), Mittenwald; **117.1** Getty Images (Mario Lalich), München; **117.2** Avenue Images GmbH (Corbis/RF), Hamburg; **117.3** Fotocent.de, Wedemark; **117.4** Getty Images (Jitalia17), München; **117.5** ThyssenKrupp Rasselstein GmbH; **117.6** Mauritius Images (age), Mittenwald; **118.1a; 118.1c** Ulrike Medenbach Wissenschaftliche Fotografie, Witten; **118.1b** Klett-Archiv (Aribert Jung), Stuttgart; **118.1d; 118.3** Thomas Seilnacht, Bern; **119.4** f1 online digitale Bildagentur (R.B.M.PhotoArt), Frankfurt; **119.5** Klett-Archiv, Stuttgart; **119.6a** Klett-Archiv (Eberhard Theophel), Stuttgart; **119.6b; 119.7** MEV Verlag GmbH, Augsburg; **120.1** shutterstock.com, New York, NY; **120.2** Argum (Falk Heller), München; **120.3** Getty Images (JFB), München; **120.4** BMW AG, München; **121.6** Picture-Alliance (ZB/Andreas Lander), Frankfurt; **121.7** Bosch Rexroth AG; **121.8** Klett-Archiv (Toni Wiedemann), Stuttgart; **122.2** Klett-Archiv (Seilnacht), Stuttgart; **123.3** Klett-Archiv (Zuckerfabrik Digital), Stuttgart; **124.1; 124.3** Wolfram Schmidt Fotografie, Regensburg; **124.2** Elmar Hahn Studios, Veitshöchheim und Mainfränkisches Museum, Würzburg; **125.4** Hermann Huber, Giengen; **125.6** Ullstein Bild GmbH (KPA), Berlin;

126.1; 127.1 Klett-Archiv, Stuttgart; **127.2** Ulrike Medenbach Wissenschaftliche Fotografie, Witten; **127.3** Getty Images (The Image Bank/Jack Ambrose), München; **128.1** Harald Kaiser, Alfdorf-Vordersteinenberg; **129.4** Elektro-Thermit GmbH & Co. KG, Halle; **129.6; 129.7; 130.1; 130.2** Klett-Archiv, Stuttgart; **131.1a; 131.1b** Hermann Eisenbeiss, Bad Kohlgrub; **131.1c** Thomas Seilnacht, Bern; **132.1** Landespolizeidirektion Tirol (Anton Koler, Sölden), Innsbruck; **132.2** Südtiroler Archäologiemuseum - www.iceman.it (Augustin Ochsenreiter), Bozen; **132.3** Südtiroler Archäologiemuseum - www.iceman.it; **132.4** Römisch-Germanisches Zentralmuseum (Christian Beck), Mainz; **133.5** Klett-Archiv (Aribert Jung), Stuttgart; **133.6** Arco Images GmbH (Diez), Lünen; **134.1** Hermann Eisenbeiss, Bad Kohlgrub; **134.2** Klett-Archiv, Stuttgart; **134.3** Joachim Schumacher, Gelsenkirchen; **134.4** FOCUS (Martin Bond), Hamburg; **135.5** Picture-Alliance (dpa), Frankfurt; **137.2** Picture-Alliance (dpa/Felix Heyder), Frankfurt; **138.1** iStockphoto (tcp), Calgary, Alberta; **138.2** Picture-Alliance (dpa), Frankfurt; **138.3** CC-BY-SA-4.0 (Störfix), Mountain View; **139.4** PantherMedia GmbH (Knut Niehus), München; **139.5** iStockphoto (nsj-images), Calgary, Alberta; **139.6** iStockphoto (onilmilk), Calgary, Alberta; **139.7** Mauritius Images (Lindner), Mittenwald; **140.1** creativ collection Verlag GmbH, Freiburg; **140.2** Klett-Archiv, Stuttgart; **141.1** Mauritius Images (age), Mittenwald; **141.2** Klett-Archiv, Stuttgart; **141.3** Getty Images (stone/Paul Hurd), München; **142.2a; 142.2c** Klett-Archiv (Thomas Seilnacht), Stuttgart; **142.2b; 142.2d** Hermann Eisenbeiss, Bad Kohlgrub; **145.1** Thinkstock (Digital Vision), München; **145.2** shutterstock.com (Olga Lyubkina), New York, NY; **145.3** Thinkstock (g-miner), München; **145.4** Thinkstock (belchonock), München; **145.5** Thinkstock (iStock/scanrail), München; **146.1** Bettina Sommer, Köngen; **146.2** MEV Verlag GmbH, Augsburg; **146.3** Fotosearch Stock Photography (RF), Waukesha, WI; **147.5** Picture-Alliance (Chad Ehlers), Frankfurt; **147.6** Fotolia.com (Hemeroskopion), New York; **147.7** shutterstock.com (Africa Studio), New York, NY; **147.9** Bettina Sommer, Köngen; **150.1** Deutsches Museum, München; **151.6** Klett-Archiv, Stuttgart; **153.1** LAZI film foto, Stuttgart; **153.5** Carl Zeiss AG, Oberkochen; **153.6** Okapia (Karl Gottfried Vock), Frankfurt; **154.2; 156.2** Klett-Archiv, Stuttgart; **157.4** Klett-Archiv (Zuckerfabrik Digital), Stuttgart; **158.6; 158.7; 158.8; 162.1** Klett-Archiv, Stuttgart; **162.E1** Mauritius Images (Grafica), Mittenwald; **162.E2** Mauritius Images (Cash), Mittenwald; **164.3** Getty Images (Taxi/Denis Boissavy), München; **165.4** Mauritius Images (Ripp), Mittenwald; **166.1** Kage Mikrofotografie, Lauterstein; **166.2** Helga Lade - Okapia (Dr. Lorenz), Frankfurt; **166.3** Deutsches Museum, München; **169.3** Klett-Archiv (Bettina Sommer), Stuttgart; **169.4; 169.5** Klett-Archiv (Zuckerfabrik Digital), Stuttgart; **172.0** NREL, Golden, Colorado; **172.1a; 172.1b** Klett-Archiv, Stuttgart; **173.2** Picture-Alliance (Kay Nietfeld), Frankfurt; **173.4** TOPICMedia (Willner), Putzbrunn; **175.1** Okapia (Steinmetz), Frankfurt; **175.2** Picture-Alliance (Roland Scheidemann), Frankfurt; **176.2** Bettina Sommer, Köngen; **177.1** Klett-Archiv (Ralph Grimmel), Stuttgart; **177.2** Prof. Dr. Peter Menzel, Stuttgart; **177.3** Deutsches Museum, München; **178.1; 179.4; 180.1** Klett-Archiv, Stuttgart; **180.2** Thomas Seilnacht, Bern; **181.3; 182.2** Klett-Archiv, Stuttgart; **183.1; 183.4** Klett-Archiv (Zuckerfabrik Digital), Stuttgart; **183.3** Avenue Images GmbH (Inspirestock), Hamburg; **186.7** StockFood GmbH (Johansen), München; **187.1** iStockphoto (RF), Calgary, Alberta; **187.2** Bettina Sommer, Köngen; **187.3; 187.4** Klett-Archiv (Zuckerfabrik Digital), Stuttgart; **187.5** vario images (Juergen Moers), Bonn; **187.6** Okapia (Hans Reinhard), Frankfurt; **187.7** PantherMedia GmbH (Carl-Jürgen Bautsch), München; **188.1a** Corbis (Maximilian Stock Ltd/PhotoCuisine), Berlin; **188.1b** Fotolia.com (Stefan Körber), New York; **188.1c** Fotolia.com (PhotoSG), New York; **188.1d** StockFood GmbH (Amos Schliack), München; **188.2** Klett-Archiv, Stuttgart; **188.3** ThyssenKrupp Steel Europe AG, Duisburg; **188.4** Mauritius Images (J. Bauer), Mittenwald; **189.5** YOUR PHOTO TODAY (BSIP), Taufkirchen; **189.7** f1 online digitale Bildagentur (Onoky), Frankfurt; **189.8a** Fotolia.com (foodinaire), New York; **189.8b** shutterstock.com (Toranico), New York, NY; **190.1** Getty Images (The Image Bank/Laurie Rubin), München; **190.2; 190.3** Klett-Archiv (Zuckerfabrik Digital), Stuttgart; **191.8; 192.1; 192.4** Klett-Archiv, Stuttgart; **192.2; 193.7** Klett-Archiv (Zuckerfabrik Digital), Stuttgart; **194.1** Klett-Archiv, Stuttgart; **194.2; 194.3** Klett-Archiv (Edgar Brückl), Stuttgart; **195.7** Klett-Archiv (Zuckerfabrik Digital), Stuttgart; **195.8** Klett-Archiv (Hartmut Fahrenhorst), Stuttgart; **196.1** Klett-Archiv, Stuttgart; **197.5** Royal Danish Academy of Sciences and Letters, Kopenhagen; **198.2; 199.6** Klett-Archiv, Stuttgart; **200.1** Avenue Images GmbH (Blend Images), Hamburg; **200.2** Klett-Archiv, Stuttgart; **201.3a** Klett-Archiv (Ralph Grimmel), Stuttgart; **201.3b** Picture-Alliance (ZB/Soeren Stache), Frankfurt; **201.4** Corel Corporation Deutschland, Unterschleissheim; **202.1; 202.2** Klett-Archiv, Stuttgart; **202.3** akg-images, Berlin; **203.4; 203.5; 203.6** Klett-Archiv, Stuttgart; **204.1** Klett-Archiv (Zuckerfabrik Digital), Stuttgart; **205.1** Alamy Images (Antiques & Collectables), Abingdon, Oxon; **205.2; 205.3** Klett-Archiv (Peter Zehentmeier), Stuttgart; **206.1; 206.2; 208.3; 210.3** Klett-Archiv, Stuttgart; **212.2** Bernhard Wagner, Breisach; **213.5a** Regierungspräsidium Stuttgart, Landesamt für Denkmalpflege; **213.5b** Regierungspräsidium Stuttgart, Landesamt für Denkmalpflege (Iris Geiger-Messner); **214.1** Klett-Archiv, Stuttgart; **214.3** Prof. Dr. Rüdiger Blume, Oerlinghausen; **215.4** Thinkstock (Hemera), München; **215.5** Thomas Seilnacht, Bern; **216.1a** Getty Images (Dorling Kindersley), München; **216.1b** Avenue Images GmbH (imagesource), Hamburg; **216.1c** iStockphoto (Roberto A Sanchez), Calgary, Alberta; **216.1d** Getty Images/Potodisc/S. Pearce/Photolink; **216.1e** Getty Images (Iconica/Johner), München; **217.1** Bettina Sommer, Köngen; **217.3** Klett-Archiv (Aribert Jung), Stuttgart; **218.1** Klett-Archiv, Stuttgart; **218.2a** MEV Verlag GmbH, Augsburg; **218.2b** Klett-Archiv (Aribert Jung), Stuttgart; **218.3** Klett-Archiv (Zehentmeier), Stuttgart; **218.4** BigStockPhoto.com (Mircea), Davis, CA; **219.1; 220.1** Klett-Archiv, Stuttgart; **220.2** Klett-Archiv (Zuckerfabrik Digital), Stuttgart; **220.3** BigStockPhoto.com (AGorohov), Davis, CA; **221.1** Thinkstock (Anna Karwowska/Hemera), München; **221.2** Corbis (Bohemian Nomad Picturemakers), Berlin; **221.3** Avenue Images GmbH (Stockbyte Platinum), Hamburg; **221.4** Ullstein Bild GmbH (CARO/Klaus), Berlin; **221.5** shutterstock.com (tanya_emsh), New York, NY; **222.1** iStockphoto (isitsharp), Calgary, Alberta; **222.2** iStockphoto (AngiePhotos), Calgary, Alberta; **222.3** VISUM Foto GmbH (Joe Carini), Hannover; **222.4a** Otto, Hamburg; **222.4b** Rahmenlos, Karlsfeld bei München; **222.5** Fotolia.com (Maksim Tselishchev), New York; **223.8** Fotolia.com (Christian Maurer), New York; **223.9** Thinkstock (UmbertoPantalone), München; **223.10** DSD - Duales System Holding GmbH & Co. KG, Köln; **224.3** Bettina Sommer, Köngen; **225.3** Fotolia.com (Tom Schmucker), New York; **226.1** Klett-Archiv (Bettina Sommer), Stuttgart; **226.2** MEV Verlag GmbH, Augsburg; **227.6** adidas AG, Herzogenaurach; **227.7** dreamstime.com (Stephan Pietzko), Brentwood, TN; **228.1** Fotolia.com (Gerhard Seybert), New York; **229.2a** Avenue Images GmbH (ImageSource), Hamburg; **229.2b** Getty Images (Photo and Co), München; **229.2c** Imago (Claus Bergmann), Berlin; **229.3a; 229.3b** PlasticsEurope, Brüssel; **229.3c** Klett-Archiv (Eberhard Theophel), Stuttgart; **229.4a** BASF SE, Ludwigshafen/Rhein; **229.4b** Klett-Archiv, Stuttgart; **229.5a** raumPROBE, Stuttgart; **229.5b** Klett-Archiv (Ralph Grimmel), Stuttgart; **230.1** Fotolia.com (sarikhani), New York; **230.2** CC-BY-3.0 (Frank Murmann), siehe *1; **230.3a** Hoechst GmbH, Firmenarchiv, Frankfurt am Main;

230.3b Helga Lade - Okapia (D. Rose), Frankfurt; **230.3c** f1 online digitale Bildagentur (C. Gray), Frankfurt; **230.3d** Thinkstock (gabrielasauciuc), München; **230.3e** Okapia, Frankfurt; **231.1** Corbis (ROBERT GALBRAITH/Reuters), Berlin; **231.3** gemeinfrei (Wikimedia/ By Vberger); **231.4** Getty Images (MIKE CLARKE/AFP), München; **233.5** Fotolia.com (Max Tactic), New York; **233.6** Norrøna, www.norrona.com; **234.2** Fotolia.com (contrastwerkstatt), New York; **234.3** Fotolia.com (Monkey Business), New York; **235.0** Fotolia.com (stockphoto-graf), New York; **235.4** Fotolia.com (Alterfalter), New York; **236.1a; 236.1c; 236.1e** Gudrun Sjödén, München; **236.1b** shutterstock.com (rgbspace), New York, NY; **236.1d** Fotolia.com (Eric Gevaert), New York; **236.1f** Getty Images, München; **237.2a** Caro Fotoagentur (Bastian), Berlin; **237.2b** Bettina Sommer, Köngen; **237.2c** BAUR Versand (GmbH & Co KG), Burgkunstadt; **238.2** European Bioplastics, Berlin; **238.3** Mauritius Images (Busse Yankushev), Mittenwald; **238.P1** Klett-Archiv (Axel Justus), Stuttgart; **240.4** iStockphoto (Vadym Tynenko), Calgary, Alberta; **240.6** shutterstock.com (Subbotina Anna), New York, NY; **241.1** shutterstock.com (ajt), New York, NY; **241.2** Thinkstock (Photodisc/ Ableimages), München; **241.3** Peter Wirtz, Fotografie, Dormagen; **241.4** Thinkstock (iStock/ Honorata Kawecka), München; **241.5** BASF SE, Ludwigshafen/Rhein; **242.2** Kessler-Medien, Saarbrücken; **242.3** Picture-Alliance (dpa/Oliver Stratmann), Frankfurt; **242.4** Boehringer Ingelheim, Ingelheim am Rhein; **243.6** akg-images, Berlin; **243.7** Deutscher Brauer-Bund e.V., Berlin; **245.1a** iStockphoto (Wojtek Kryczka), Calgary, Alberta; **245.1b** Helga Lade - Okapia (Fischer), Frankfurt; **245.1c** Okapia, Frankfurt; **245.1d; 245.1e; 245.2a; 245.2b** Deutscher Brauer-Bund e.V., Berlin; **246.2; 248.1a** Klett-Archiv, Stuttgart; **248.1b** Klett-Archiv (Zuckerfabrik Digital), Stuttgart; **249.2** Klett-Archiv, Stuttgart; **250.1** AIR LIQUIDE Deutschland GmbH, Düsseldorf; **252.2** OFRU Recycling GmbH + Co. KG, Babenhausen/Germany; **253.1** Fotosearch Stock Photography, Waukesha, WI; **253.2** Mauritius Images (Phototake), Mittenwald; **253.3** Thinkstock (iStock/Rudi Lange), München; **255.4; 255.5** Deutsches Museum, München; **256.2** Picture-Alliance (dpa), Frankfurt; **257.E1** Deutsches Museum, München; **258.1** Corbis (W. Cody), Berlin; **258.2** Argus (Hartmut Schwarzbach), Hamburg; **258.3** Peter Wirtz, Fotografie, Dormagen; **259.5** Picture-Alliance (ZB/Thomas Schulze), Frankfurt; **260.1** VISUM Foto GmbH (Thomas Langreder), Hannover; **261.2** Kage Mikrofotografie, Lauterstein; **262.3** gemeinfrei; **263.1** Fotosearch Stock Photography (PhotoDisc), Waukesha, WI; **263.2** Getty Images RF (Harris, Holly), München; **263.3** Avenue Images GmbH (Getty/Stockdisc), Hamburg; **263.4** IfMU GmbH (www.ifmu.de), Wolfratshausen; **263.5** Avenue Images GmbH (Rubberball), Hamburg; **263.6** Bildagentur-online (Shout), Burgkunstadt; **264.2** 123rf (Michael Pettigrew), Nidderau; **264.3** Glow Images GmbH (ScienceFaction), München; **265.4** Klett-Archiv (Toni Cramer), Stuttgart; **265.5** Getty Images (DigitalVision/Henrik Sorensen), München; **265.6** Picture-Alliance (AP/Michael Probst), Frankfurt; **266.1** akg-images, Berlin; **267.1** Klett-Archiv (Edgar Brückl), Stuttgart; **267.2; 268.3** Klett-Archiv, Stuttgart; **268.4** Klett-Archiv (Gerhard Bouchon, Tübingen), Stuttgart; **269.5** Mauritius Images (Freytag), Mittenwald; **269.6; 269.7; 272.3** Klett-Archiv, Stuttgart; **272.4** Klett-Archiv (Werkstatt Fotografie), Stuttgart; **273.5** Ralph Lueger Fotografie, Essen; **275.11** Klett-Archiv, Stuttgart; **275.12** nach: Karte zum Ökologischen Gewässerzustand in Rheinland-Pfalz 2015, Ministerium für Umwelt, Landwirtschaft, Ernährung, Weinbau und Forsten, Mainz; **278.1; 279.5** Klett-Archiv, Stuttgart; **279.8** Klett-Archiv (Zuckerfabrik Digital), Stuttgart; **280.2** Klett-Archiv, Stuttgart; **282.1** FOCUS (ANDREW LAMBERT PHOTOGRAPHY/SPL), Hamburg; **282.3** Klett-Archiv, Stuttgart; **283.6** Naturwissenschaftliches Technikum Dr. Künkele, Landau; **284.1** Mauritius Images (Science Photos Library), Mittenwald; **285.2** Imago (PanoramiC), Berlin; **286.1** creativ collection Verlag GmbH, Freiburg; **286.2** Ullstein Bild GmbH (Malzkorn), Berlin; **287.5, 287.6, 287.7** nach: W. Schänzer: Doping und Dopinganalytik. Chemie in unserer Zeit. 31, Nr. 5 (1997) 218 – 228; **289.2** Klett-Archiv (Thomas Seilnacht), Stuttgart; **291.1** Getty Images (ollo), München; **291.2** Thomas Seilnacht, Bern; **291.3** Picture-Alliance (dpa/dpaweb/Patrick Pleul), Frankfurt; **291.4** Okapia, Frankfurt; **291.5** Thinkstock (iStock/fotokostic), München; **292.1a** Fotolia.com (marcfotodesign), New York; **292.1b** Fotolia.com (Klaus-Peter Adler), New York; **292.2** Bundesarchiv, Koblenz; **293.3** iStockphoto (Rudyanto Wijaya), Calgary, Alberta; **293.4** EGN, Viersen; **293.6** Picture-Alliance (dpa/Patzelt), Frankfurt; **293.7** Fotolia.com (fergregory), New York; **296.1** akg-images, Berlin; **297.1** Penn Salt Manufacturing; **297.3** gemeinfrei; **297.4** Bundesarchiv (Zentralbild Krüger), Koblenz; **298.2** Fotolia.com (yellow-hammer), New York; **298.3** Fotolia.com (dessauer), New York; **298.4a** Picture-Alliance (WILDLIFE/D. Harms), Frankfurt; **298.4b** Picture-Alliance (WILDLIFE), Frankfurt; **299.5** NABU, Rinteln; **300.1** Picture Press (Camera Press), Hamburg; **300.2** Klett-Archiv (Alfred Marzell), Stuttgart; **303.3** shutter-stock.com (Shebeko), New York, NY; **304.1** Avenue Images GmbH (Digital Vision), Hamburg; **305.4** Getty Images (Cultura/Getty Images), München; **305.5** Getty Images (NASA), München; **305.6; 306.1** Klett-Archiv, Stuttgart; **306.3** Picture-Alliance (dpa), Frankfurt; **307.1** Getty Images (Hulton Archive), München; **307.2** gemeinfrei (public domain/Gösta Florman/The Royal Library); **308.1** Imago (Xinhua/Lin Yiguang), Berlin; **309.3** CC-BY-SA-4.0 (Timo Halén), Mountain View; **309.4; 309.5** SOCIÉTÉ SUISSE DES EXPLOSIFS SA, Brig; **312.1a** Fotolia.com (rcfotostock), New York; **312.1b** Fotolia.com (Malte Reiter), New York; **312.2** SOCIÉTÉ SUISSE DES EXPLOSIFS SA, Brig; **312.3** iStockphoto (PapaBear), Calgary, Alberta; **314.3** Klett-Archiv, Stuttgart; **314.4** Fotolia.com (Matze), New York; **315.1** Getty Images (The Image Bank/China Tourism Press), München; **315.2** Getty Images (STOCK4B-RF), München; **315.3** Juniors Bildarchiv (R. Dirscherl), Hamburg; **315.4** Mauritius Images (Von Ravenswaay), Mittenwald; **315.5** Getty Images/Digital Vision; **315.6** Picture-Alliance, Frankfurt; **317.6** akg-images, Berlin; **317.7** Logo, Stuttgart; **319.2** Avenue Images GmbH (Stockbyte), Hamburg; **319.4** Klett-Archiv, Stuttgart; **320.2** Imago (Jens Koehler), Berlin; **321.3** FOCUS (Michael Födgen), Hamburg; **321.4** Klett-Archiv, Stuttgart; **323.3** shutterstock.com (THANAN), New York, NY; **323.4** Klett-Archiv (Alfred Marzell), Stuttgart; **323.5a** Mauritius Images (Jeff O'Brien), Mittenwald; **323.5b** Fotolia.com (Alterfalter), New York; **324.3** CC-BY-SA-4.0 (Fritz Geller-Grimm), Mountain View; **327.1** Bettina Sommer, Köngen; **328.1** Corel Corporation Deutschland, Unterschleissheim; **329.4** Getty Images (Steve Gschmeissner/SPL), München; **329.5** Okapia (Reinhard Dirscherl), Frankfurt; **330.2; 331.3** NASA Goddard Space Flight Center (Tom Bridgman and the Ceres Science Team), Greenbelt, Maryland; **333.8** DKRZ, Hamburg; **336.2** Mauritius Images (Alaska Stock), Mittenwald; **336.3** Getty Images (Stocktrek Images), München; **337.4** Ullstein Bild GmbH (Köhler), Berlin; **337.5** Avenue Images GmbH (image 100), Hamburg; **338.1** Alfred-Wegener-Institut/realTV group, Kiel; **338.2** Arco Images GmbH (Marschall, H), Lünen; **338.3** Imago, Berlin; **338.4** Fotolia.com (Peter Hermes Furian), New York; **340.2** FOCUS (SPL/Pasieka), Hamburg; **341.4** Fotolia.com (by-studio), New York; **341.6** Gregor Honsel für Technology Review, Hannover; **341.7a** Alamy Images (Nigel Cattlin), Abingdon, Oxon; **341.7b** Reinhard-Tierfoto, Heiligkreuzsteinach; **344.4** Dietmar Gust, Berlin; **345.1** Fotolia.com (pixelplot), New York; **345.2** all images direct (Friedrich Saurer), Deisenhofen; **345.3** Stiftung GRS Batterien, Hamburg; **345.4** Josephine Pabst, Köln; **345.5** Getty Images (Image Source), München;

345.6 iStockphoto (delectus), Calgary, Alberta; **346.1** Fotosearch Stock Photography (Ilandrea), Waukesha, WI; **346.2** Fotosearch Stock Photography (webking), Waukesha, WI; **346.3** Landesbildungsserver Baden-Württemberg: http://www.schule-bw.de/unterricht/faecher/physik/online_material/e_lehre_1/spannung/voltareihe.htm; **346.5** Yamaha Motor Deutschland GmbH, Neuss; **347.6** heliocentris Energiesysteme GmbH, Berlin; **347.8** Thomas Seilnacht, Bern; **347.9** iStockphoto (Guillermo Perales Gonzalez), Calgary, Alberta; **349.2; 349.3; 350.1** Klett-Archiv, Stuttgart; **351.2** Picture-Alliance (dpa), Frankfurt; **351.4** Caro Fotoagentur (Hoffmann), Berlin; **352.1** Klett-Archiv, Stuttgart; **354.1** FOCUS (Tim Vernon, LTH NHS Trust/SPL), Hamburg; **354.2** Klett-Archiv (normaldesign GbR), Stuttgart; **354.4a; 354.4b** Klett-Archiv (Zuckerfabrik Digital), Stuttgart; **355.6** iStockphoto (Edin), Calgary, Alberta; **355.7** Klett-Archiv (Bettina Sommer), Stuttgart; **357.5** shutterstock.com (Christopher Tan Teck Hean), New York, NY; **358.2** AUDI AG, Ingolstadt; **359.4** Andreas Marek; **360.2** www.pd-f.de (www.flyer.ch), Göttingen; **361.1** akg-images (PictureContact), Berlin; **361.3** Stiftung GRS Batterien, Hamburg; **363.4** Daimler AG, Stuttgart; **363.5** Johnson Controls Power Solutions Europe, Hannover; **364.6** Klett-Archiv, Stuttgart; **364.7** dreamstime.com (Sergio Schnitzler), Brentwood, TN; **364.9** 123rf (Konur Koldas), Nidderau; **365.1** Fotolia.com (maram), New York; **365.2** Klett-Archiv, Stuttgart; **365.3** Thomas Seilnacht, Bern; **365.4** Fotolia.com (wojtek), New York; **365.5** heliocentris Energiesysteme GmbH, Berlin; **367.6** Klett-Archiv (Thomas Seilnacht), Stuttgart; **368.4** Klett-Archiv, Stuttgart; **369.5a; 369.5b** PlasticsEurope, Brüssel; **369.5c** Klett-Archiv (Eberhard Theophel), Stuttgart; **369.5d** raumPROBE, Stuttgart; **369.5e** Klett-Archiv (Ralph Grimmel), Stuttgart; **370.1** Fotocent.de, Wedemark; **370.3, 372.3** Klett-Archiv, Stuttgart; **372.4** Mauritius Images (Alamy), Mittenwald; **373.5a** MEV Verlag GmbH, Augsburg; **373.5b** Klett-Archiv, Stuttgart; **373.5c** Corbis (Bob Rowan, Progressive Image), Berlin; **373.5d** Alamy Images (Zoonar/Karin Jähne), Abingdon, Oxon; **373.6** Alamy Images (Friedrich Stark), Abingdon, Oxon; **373.7** Alamy Images (Oleksiy Maksymenko Photography), Abingdon, Oxon; **374.1** Mauritius Images (Rawi), Mittenwald; **378.2** Intro, Berlin; **382.2** Klett-Archiv, Stuttgart

Gestaltung Bildperiodensystem: normaldesign, Schwäbisch Gmünd

Sollte es in einem Einzelfall nicht gelungen sein, den korrekten Rechteinhaber ausfindig zu machen, so werden berechtigte Ansprüche selbstverständlich im Rahmen der üblichen Regelungen abgegolten.

Erläuterungen zu einigen Abbildungen des PSE

Elementsymbol mit Ordnungszahl	Beschreibung der Abbildung
1 H	**Wasserstoff** wird in roten Stahlflaschen aufbewahrt.
2 He	**Helium** wird in grau/gelben Stahlflaschen aufbewahrt.
3 Li	**Lithium** wird wegen seiner hohen Reaktionsfähigkeit unter Paraffinöl aufbewahrt.
4 Be	elementares **Beryllium**
5 B	elementares **Bor**
6 C	**Kohlenstoff** in der Modifikation Graphit
7 N	**Stickstoff** wird in grün/schwarzen Stahlflaschen aufbewahrt.
8 O	**Sauerstoff** wird in grau/weißen Stahlflaschen aufbewahrt.
9 F	**Fluor** wird in grau/gelben Stahlflaschen aufbewahrt.
10 Ne	**Neon** erzeugt bei der elektrischen Entladung in Leuchtröhren rotes Licht.
11 Na	**Natrium** wird wegen seiner hohen Reaktionsfähigkeit unter Paraffinöl aufbewahrt.
12 Mg	**Magnesium**band
13 Al	**Aluminium**folie wird als Verpackungsmaterial für Lebensmittel verwendet.
14 Si	**Silicium** ist der Grundbestandteil in Mikrochips.
15 P	schwarzer und weißer **Phosphor**
16 S	**Schwefel** in Stangenform
17 Cl	**Chlor** ist gelbgrün und besitzt eine bleichende Wirkung.

Elementsymbol mit Ordnungszahl	Beschreibung der Abbildung
18 Ar	**Argon** erzeugt bei der elektrischen Entladung in Leuchtröhren rotstichig blaues Licht.
19 K	**Kalium** wird wegen seiner hohen Reaktionsfähigkeit unter Paraffinöl aufbewahrt.
20 Ca	elementares **Calcium**
21 Sc	elementares **Scandium**
22 Ti	Künstliche Hüftgelenke sind zumeist aus **Titan**.
23 V	**Vanadium** ist als Legierungsbestandteil in Werkzeugen enthalten.
24 Cr	Sanitär-Armaturen werden häufig mit einer **Chrom**schicht überzogen.
25 Mn	**Mangan**haltiger Stahl ist hart und fest. Er wird z. B. für technische Federn verwendet.
26 Fe	Nägel sind oft aus **Eisen**.
27 Co	In Rasierklingen ist **Cobalt** als Legierungsbestandteil enthalten. Es sorgt für verschleißfestes Schneiden.
28 Ni	In Nickel-Metallhydrid-Akkumulatoren dienen **Nickel**verbindungen als Anode.
29 Cu	**Kupfer**draht
30 Zn	Eine **Zink**beschichtung z. B. auf Gießkannen dient als Rostschutz.
31 Ga	**Gallium** schmilzt etwas oberhalb der Zimmertemperatur.
32 Ge	Wegen ihrer hohen Brechungsindizes werden **Germanium**verbindungen dem Glas von optischen Linsen beigemengt.
33 As	**Arsen** ist als Arsen-Gallium-Legierung in Leuchtdioden enthalten. Dort ist es für die rote Farbe verantwortlich.
34 Se	**Selen** ist in Selen-Hefe-Tabletten enthalten, welche die Regenerierung von Haut, Haaren und Nägeln fördern.

Elementsymbol mit Ordnungszahl	Beschreibung der Abbildung
35 Br	**Brom** besitzt eine braungelbe Farbe. Es liegt bei Zimmertemperatur als Flüssigkeit und Gas vor.
36 Kr	**Krypton** ist als Füllgas in vielen Glühlampen enthalten.
37 Rb	**Rubidium** wird wegen seiner hohen Reaktionsfähigkeit in zugeschmolzenen Glasröhrchen aufbewahrt.
38 Sr	**Strontium** wird wegen seiner hohen Reaktionsfähigkeit unter Paraffinöl aufbewahrt.
39 Y	**Yttrium**verbindungen verursachen die rote Farbe in manchen Lasern.
40 Zr	**Zirconium** verbrennt unter hellem Leuchten und wird deshalb in Blitzlampen eingesetzt.
41 Nb	**Niob** wird als Legierungsbestandteil in chirurgischen Geräten (z. B. Arztscheren) verwendet.
42 Mo	**Molybdän** wird als Anodenwerkstoff in Elektronenröhren (z. B. Bildröhren) verwendet.
43 Tc	radioaktives **Technetium**
44 Ru	**Ruthenium**legierungen sind besonders hart und werden deshalb z. B. für Federn von Füllfederhaltern verwendet.
45 Rh	**Rhodium** dient als Beschichtungsmaterial für viele medizinische Geräte (z. B. Mundspiegel beim Zahnarzt).
46 Pd	Manche Zahnkronen bestehen aus **Palladium**-Gold-Legierungen.
47 Ag	Silberbesteck besteht aus einer **Silber**legierung oder ist mit einer Silberschicht überzogen.
48 Cd	**Cadmium** bildet die Kathode in Nickel-Cadmium-Akkumulatoren.
49 In	**Indium**verbindungen werden vor allem in der Halbleiterindustrie z. B. zur Herstellung von Transistoren eingesetzt.
50 Sn	Konservendosen bestehen aus Weißblech, das ist mit **Zinn** beschichtetes Stahlblech.
51 Sb	**Antimon**-Blei-Schmelzen dehnen sich beim Erstarren aus und dienen deshalb als Gusswerkstoffe für Bleilettern.

Elementsymbol mit Ordnungszahl	Beschreibung der Abbildung
52 Te	**Tellur** wird bei der Herstellung von Autoreifen zur Vulkanisierung benötigt.
53 I	**Iod** ist schwarz-violett und sublimiert bei Zimmertemperatur zu violettfarbigem Ioddampf.
54 Xe	**Xenon** wird als Füllgas für Hochdrucklampen verwendet.
55 Cs	**Caesium** wird wegen seiner hohen Reaktionsfähigkeit in zugeschmolzenen Glasröhrchen aufbewahrt.
56 Ba	**Barium** wird wird wegen der hohen Reaktionsfähigkeit unter Paraffinöl aufbewahrt.
72 Hf	elementares **Hafnium**
73 Ta	**Tantal** wird in Kondensatoren verwendet.
74 W	Wegen seiner hohen Schmelztemperatur wird **Wolfram** als Glühdraht in Glühlampen verwendet.
75 Re	Wegen seiner hohen Schmelztemperatur wird **Rhenium** als Glühdraht in elektrischen Feuerzeugen verwendet.
76 Os	**Osmium**legierungen werden z. B. zur Lagerung von Kompassnadeln verwendet.
77 Ir	Viele chirurgische Geräte (z. B. Injektionsnadeln) bestehen aus **Iridium**legierungen.
78 Pt	Die Hohlräume des Autoabgaskatalysators sind oft mit Platin beschichtet. Dabei wirkt **Platin** als Katalysator.
79 Au	**Gold**barren
80 Hg	**Quecksilber** wird zur Füllung von vielen Flüssigkeitsthermometern verwendet.
81 Tl	**Thallium** ist sehr giftig und fruchtschädigend. Es wird daher in einem verschlossenen Gefäß aufbewahrt.
82 Pb	**Blei** bildet in Autoakkus die Anode.
83 Bi	**Bismut** wird als Schmelzdraht in Schmelzsicherungen verwendet.

Periodensystem der Elemente

mittlere Atommasse in u — 186,2
Ordnungszahl — 75
Re — Elementsymbol
Elementname — Rhenium

Metalle / Halbmetalle / Nichtmetalle

fest / gasförmig / flüssig

Nebengruppen

	I (1)	II (2)	III A (3)	IV A (4)	V A (5)	VI A (6)	VII A (7)	VIII A (8/9/1	
1	1,0 1 H Wasserstoff								
2	6,9 3 Li Lithium	9,0 4 Be Beryllium							
3	23,0 11 Na Natrium	24,3 12 Mg Magnesium							
4	39,1 19 K Kalium	40,1 20 Ca Calcium	45,0 21 Sc Scandium	47,9 22 Ti Titan	50,9 23 V Vanadium	52,0 24 Cr Chrom	54,9 25 Mn Mangan	55,8 26 Fe Eisen	58,9 27 Cc Cobalt
5	85,5 37 Rb Rubidium	87,6 38 Sr Strontium	88,9 39 Y Yttrium	91,2 40 Zr Zirconium	92,9 41 Nb Niob	95,9 42 Mo Molybdän	98 43 Tc 4,2·10^6 a Technetium	101,1 44 Ru Ruthenium	102,9 45 Rh Rhodiu
6	132,9 55 Cs Caesium	137,3 56 Ba Barium	57–71 Lanthanoide	178,5 72 Hf Hafnium	180,9 73 Ta Tantal	183,8 74 W Wolfram	186,2 75 Re Rhenium	190,2 76 Os Osmium	192,2 77 Ir Iridium
7	223 87 Fr 22 min Francium	226 88 Ra 1600 a Radium	89–103 Actinoide	267 104 Rf 1,3 h Rutherfordium	268 105 Db 27 h Dubnium	271 106 Sg 1,9 min Seaborgium	270 107 Bh 61 s Bohrium	277 108 Hs 34 s Hassium	278 109 M 4,4 Meitneriu

Lanthanoide	138,9 57 La Lanthan	140,1 58 Ce Cer	140,9 59 Pr Praseodym	144,2 60 Nd Neodym	145 61 Pm 17,7 a Promethium	150,4 62 Sm Samarium	152,0 63 Eu Europiu
Actinoide	227 89 Ac 22 a Actinium	232 90 Th 1,4·10^10 a Thorium	231 91 Pa 3,3·10^4 a Protactinium	238 92 U 4,5·10^9 a Uran	237 93 Np 2,1·10^6 a Neptunium	244 94 Pu 8,0·10^7 a Plutonium	243 95 Ar 7364 a Americiu